Illustrator デザインレシピ集

奥田直子 著

技術評論社

本書の執筆環境

本書は、Mac環境でAdobe Illustrator 2021を使用した場合を例に画面図を掲載しています。ワークスペース(026ページ参照)は[初期設定(クラシック)]、ツールバー(017ページ参照)は二列表示、[詳細]に設定しています。
また、キーボード操作はMac環境を前提に記述しています。Windows環境で使用する場合は、command キーの代わりに Ctrl キー、option キーの代わりに Alt キーをご使用ください。

注意

ご購入・ご利用の前に必ずお読み下さい

本書に記載された内容は、情報の提供のみを目的としています。したがって、本書を用いた運用は、必ずお客様自身の責任と判断によっておこなってください。これらの情報の運用の結果について、技術評論社および著者はいかなる責任も負いません。

本書記載の情報は、2021年3月現在のものを掲載していますので、ご利用時には、変更されている場合もあります。
また、ソフトウェアに関する記述は、特に断りのないかぎり、2021年3月現在での最新バージョンをもとにしています。ソフトウェアはバージョンアップされる場合があり、本書での説明とは機能内容や画面図などが異なってしまうこともありえます。

以上の注意事項をご承諾いただいた上で、本書をご利用願います。これらの注意事項をお読みいただかずに、お問い合わせいただいても、技術評論社および著者は対処しかねます。あらかじめ、ご承知おきください。

はじめに

このたびは本書をお手に取ってくださりありがとうございます。

本書は、おもにIllustratorを使い始めた方から、「使えるようにはなったけどもう少し使いこなせるようになりたい」といった方までを対象に書かせていただきました。初めて使うような方でも、何とか理解できるようにしたつもりです。

各項目のタイトルは、目的別に「〜したい」という表記にしているため、正しいツールの名称や専門用語が分からなくても、イメージで内容を検索できるようになっています。

全体を通して各ツールの基本的な操作方法を中心に解説していますが、ロゴや地図の制作手順など、具体的な応用方法も紹介させていただいています。始めから順に読み進めなくても、気になる項目から読んでいただくだけで、内容が理解できるようになっているはずです。

私がIllustratorを初めて触ったのは15歳のときでした。当時はどんなソフトかまったく理解しておらず、とりあえずペンのマークが描かれているツールであれば鉛筆のように絵が描けるのだろうと思って、ペンツールで線を描こうとしてみました。しかし、ベジェ曲線の操作の仕方も、そもそもそれがどういったものであるのかも知らなかった当時の私は、ぐにゃぐにゃと不思議な動きをするペンツールに怯え、アプリケーションが壊れているのではないかと思って強制終了したことを今でも覚えています。

そんなペンツールの使い方すら分からなかった私でも、今ではこうして出版のお話をいただけるようになるまでは使えるようになったのだなぁと、執筆中に何度も感慨深く思っていました。

「Illustratorはなんだか難しそうだし、使いこなせなさそう……」

そう思われがちですし、最初は操作が難しいと感じることもあるかもしれません。でもそれは本当に一瞬で、Illustratorは慣れてしまえばとてもわかりやすいアプリケーションだと思っています。それに、使わない機能は使わないままでまったく問題ありません（私も使っていない機能はたくさんあります）。グラフィックの制作に少しでも興味がある方は、ぜひ一度Illustratorを触ってみてほしいな、と思います。

デザイナーを目指している学生さんはもちろん、デザイナーになったばかりの方、Illustratorで資料を作ってみたい方、趣味でイラストを描きたい方など、様々な方に本書を少しでも役立てていただけたらうれしいです。

2021年3月17日　奥田直子

本書の読み方

❶ 項目名

Illustratorを使って実現したい操作やテクニックを示しています。

❷ 使用機能

目的を実現するために、おもに使用するIllustratorの機能です。

❸ 概要

項目内で解説するIllustratorの機能や、その用途などの概要です。

❹ 作例

解説している操作やテクニックの作例です。Before/After形式で掲載している場合もあります。

❺ 解説

目的を実現するための具体的な操作手順や機能を解説しています。

❻ Point

操作にあたってのポイントやコツをまとめています。

❼ Memo

操作や機能について、補足の情報をまとめています。

サンプルファイルについて

ご使用にあたっての注意

本書掲載の多くのテクニックは、サンプルファイルを用意しております。提供するファイルは、学習を目的とした使用のみを許諾しています。商用・非商用を問わず、ご自身の制作物に利用することはできません。また、ファイルから一部の素材を抜き出して使用することもできません。
サンプルファイルは、通常の使用においては何の問題も発生しないことを確認しておりますが、万が一障害が発生し、その結果いかなる損害が発生したとしても、弊社および著者は何ら責任を負うものではありませんし、一切の保証をいたしかねます。必ずご自身の責任においてご利用ください。
サンプルファイルは、著作権法上の保護を受けています。収録されているファイルの一部あるいは全部について、いかなる方法においても無断で複写、複製、再配布することは禁じられています。

ダウンロード方法

サンプルファイルは、以下の技術評論社Webサイトからダウンロードできます。

URL
https://gihyo.jp/book/2021/978-4-297-12062-7/support

ダウンロードには、以下のIDとパスワードの入力が必要です。

ID	ILLUSTRATOR
パスワード	SZPVD4FTK6

サイトにアクセスの上、IDとパスワードを入力し、[ダウンロード] ボタンをクリックしてください。

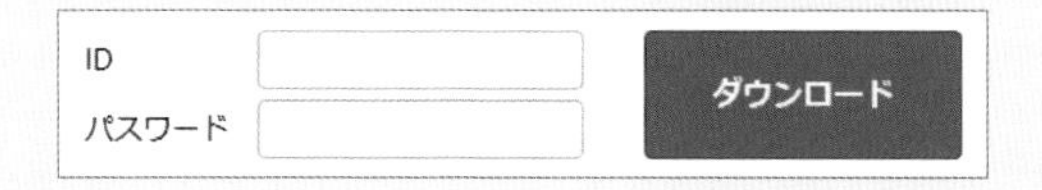

IDとパスワードの入力にあたっては、お間違えのないようご注意ください。うまくダウンロードできないときは、すべて半角文字で入力しているか、英字の大文字・小文字の区別ができているかについて、よくお確かめください。
ダウンロードしていただくファイルは、ZIP形式の圧縮ファイルです。展開してお使いください。ダウンロードにミスがあると正しく展開できませんので、ご注意ください。

CONTENTS

Chapter 1 基礎知識と基本操作 015

Chapter 2 パスと図形の基本の描画 051

基礎知識と基本操作

Chapter

1

001 Illustratorの特徴を知りたい

使用機能	ー

Illustratorは、主に「ベクター形式」のデータを描画するドローソフトです。ロゴ、パッケージ、メニュー表、ポスターなどの様々なデザインや、線が明瞭なイラストを作成するのに適しています。

ラスター形式とベクター形式の違い

描画ソフトには、「ラスター形式」を採用したペイントソフトと、「ベクター形式」を採用したドローソフトの2種類があります。
Photoshopなどで採用しているラスター形式では、1ピクセルごとに色と濃度の情報を記録して文字や図形を描画します。データがドット絵のように作成されるため、作成したデータを拡大表示すると、エッジがギザギザになっているのがわかります。ラスター形式で作成した画像データを「ビットマップ画像」といいます。
一方、Illustratorが採用しているベクター形式では、画像は直線や円などの図形情報の集まりとして表現されており、数式化されています。作成したデータは、どれだけ拡大表示してもエッジがなめらかです。

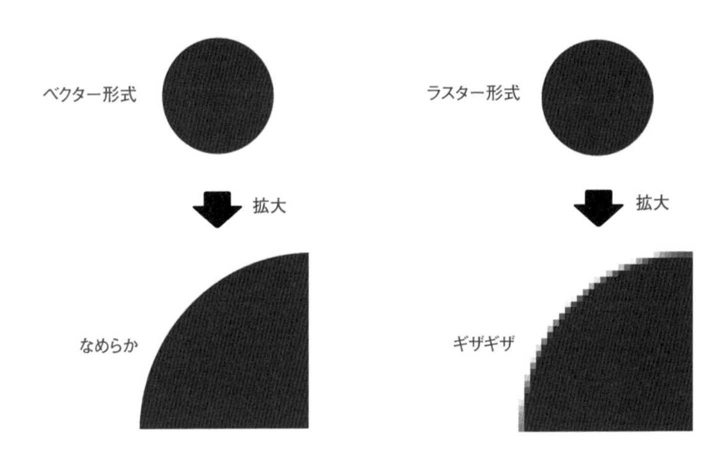

ベクター形式のメリット・デメリット

ベクター形式のデータは数式的な表現になっているため、拡大しても劣化することがありません。例えば、30mm×40mmのサイズで作成したロゴを、高さが1mを超えるサイズに拡大してお店の看板としてプリントするような、極端な使用も可能です。一方で、水彩画のような微妙な色合いで不規則に変化する表現が苦手です。

002 ツールバーの基本操作を知りたい

使用機能 ツールバー

Illustratorを起動すると、様々なツールを格納した「ツールバー」が表示されます。オブジェクトの作成、選択、編集などの基本的な操作は、ツールバーのツールを使って実行します。ここではツールバーの基本操作を見ていきます。

ツールバーの基本操作

使用したいツールをクリックして選択します。ツールボタン右下に[▼]マークがある場合は、複数のツールがグループ化されています。ツールグループ内のすべてのツールのリストを表示するには、次のいずれかの操作を行います。

- ツールの上でマウスのボタンを長押しすると❶、ツールグループ内のすべてのツールが表示されます❷。このとき、リストの右端の▼をクリックすると❸、ツールグループが独立します❹。

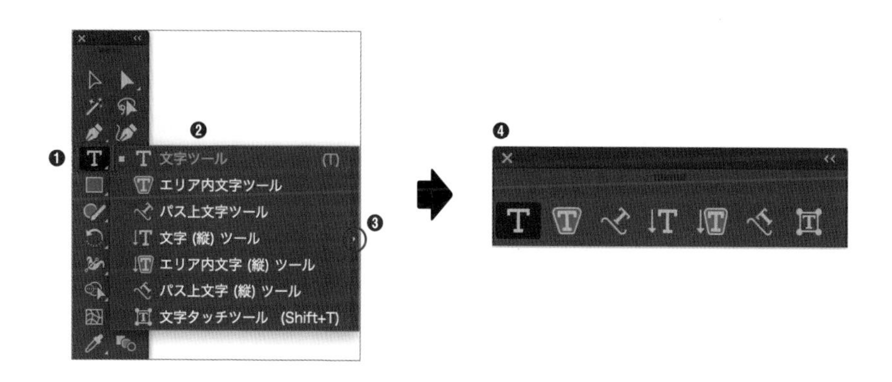

- option キーを押しながらツールをクリックすると、グループ内のツールを順に切り替えて選択できます。

ツールのショートカット

ツールのショートカットは、ツールボタンにマウスポインタを合わせたときに表示される[ツールヒント]、[すべてのツール]ドロワー、またはツールグループで確認できます。例えば右の図では、[ブラシ]ツールのショートカットがBキーであることがわかります。

ツールバーの種類

ツールバーには、[基本]と[詳細]の2種類があります(CC2019以降)。これらは[すべてのツール]ドロワーのメニューから切り替えることができます。

- **基本** …… 使用頻度の高いツールが厳選されたツールバーです。Illustratorの起動時にデフォルトで表示されます。
- **詳細** …… すべてのツールが含まれたツールバーです。

詳細ツールバーを表示するには、基本ツールバーの下部に表示されている[ツールバーを編集]ボタンをクリックします❶。[すべてのツール]ドロワーが表示されるので❷、右上の[メニュー]ボタンをクリックし❸、[詳細]を選択します❹。

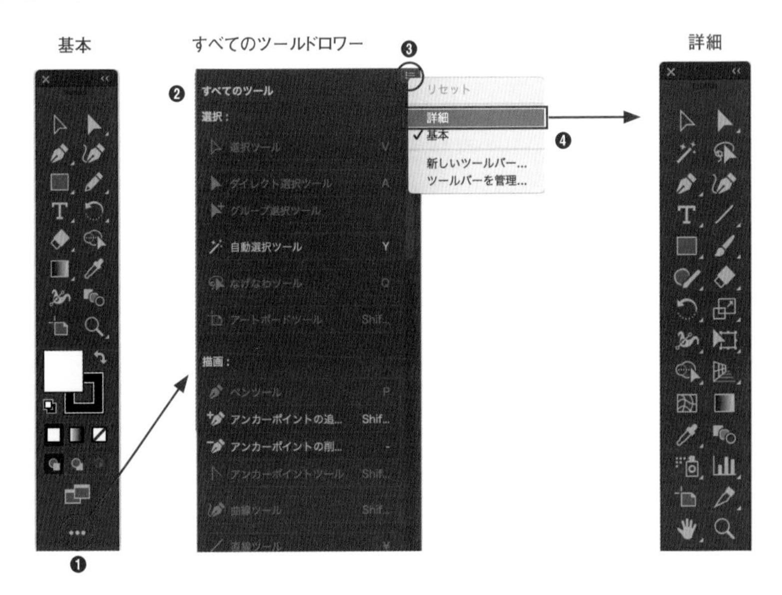

ツールバーの列数の切り替え

ツールバーはデフォルトでは一列表示になっています。ツールバー右上のアイコンをクリックすると、二列表示に切り替えることができます。もう一度クリックすると、一列表示に戻ります。

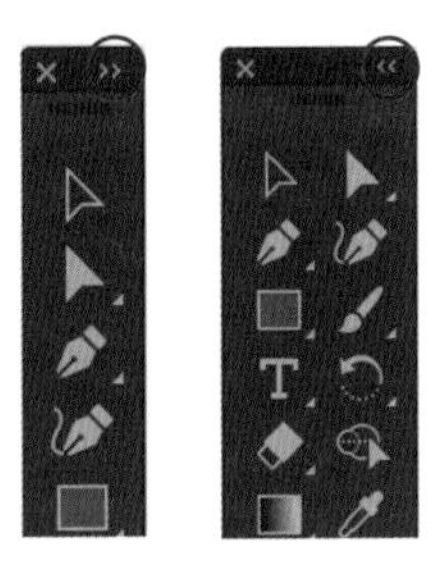

003 オリジナルのツールバーを作りたい

使用機能 | ツールバー

よく使うツールだけを集めて、オリジナルのツールバーを作成・保存することができます（CC 2019以降の機能）。

オリジナルのツールバーの作成

1 ツールバーの下部に表示されている［ツールバーを編集］ボタンをクリックします❶。［すべてのツール］ドロワーが表示されるので、右上の［メニュー］ボタンをクリックし❷、［新しいツールバー］を選択します❸。

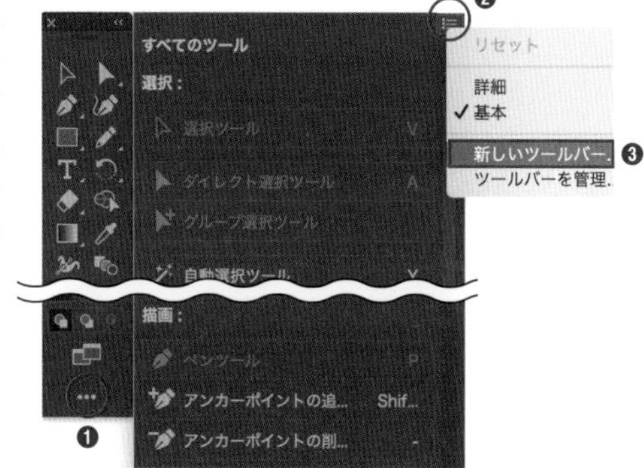

2 ［新しいツールバー］ダイアログが表示されるので、［名前］を入力し❶、［OK］ボタンをクリックします❷。新規ツールバーが作成されます。

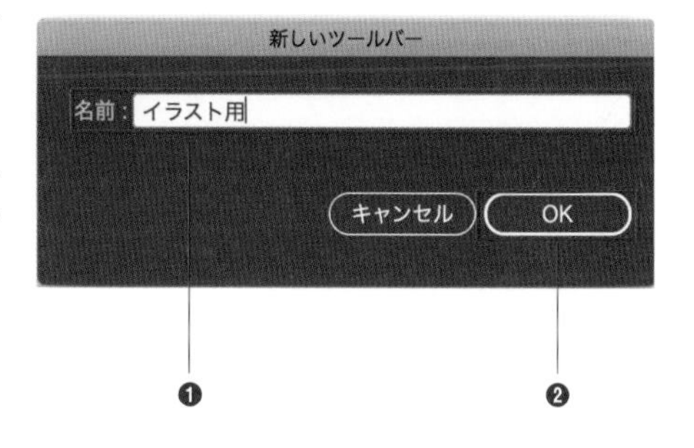

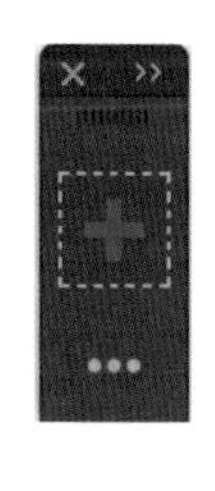

3 新規ツールバーの［ツールバーを編集］ボタンをクリックします❶。［すべてのツール］ドロワーが表示されるので、追加したいツールにマウスポインタを合わせ❷、新規ツールバーの［＋］エリアにドラッグ&ドロップします❸。すると、ツールが追加されます❹。

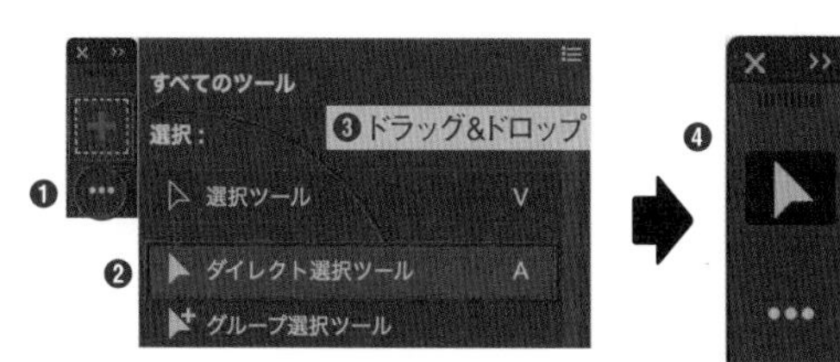

4 追加したツールの上または下に、その他の必要なツールをドラッグ&ドロップして追加していきます。作成したツールバーは自動的に保存されます。

オリジナルのツールバーの表示

[ウィンドウ] メニュー→ [ツールバー] をクリックし❶、作成したツールバーを選択します❷。

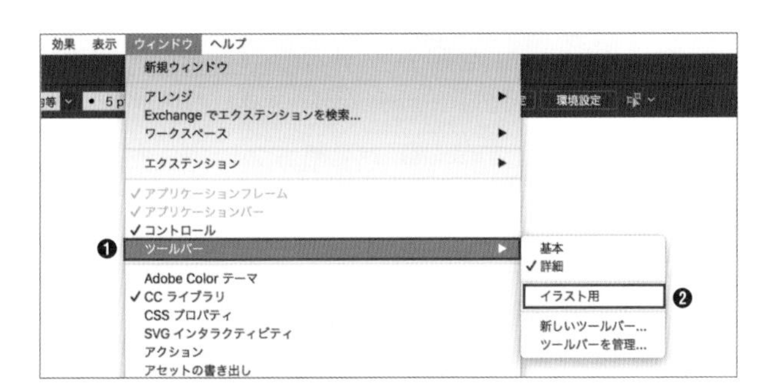

オリジナルのツールバーの削除

[ウィンドウ] メニュー→ [ツールバー] → [ツールバーを管理] をクリックします❶。[ツールバーを管理] ダイアログが表示されるので、削除するツールバーを選択し❷、[ツールバーを削除] ボタンをクリックして❸、[OK] ボタンをクリックします❹。

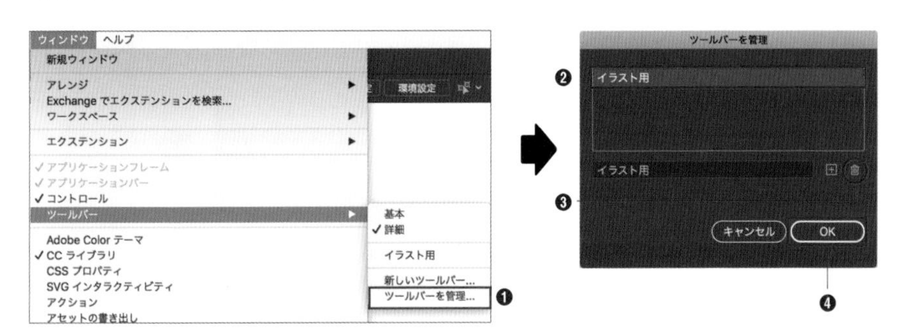

004 パネルの基本操作について知りたい

使用機能 パネル

Illustratorの操作において、パネルは頻繁に利用します。パネルは、並べ替えたり、接続したりするなど、配置を柔軟に変更することができます。作業を快適にするためにも操作方法を理解しておく必要があります。

パネルの表示

すべてのパネルは、[ウィンドウ] メニューから表示することができます。表示したいパネル名をクリックすると、パネルが表示されて、[ウィンドウ] メニューのパネル名の先頭にチェックマークが入ります。すでに表示されているパネルにはチェックマークが入っています。再度 [ウィンドウ] メニューからパネル名をクリックすると、パネルが非表示になり、チェックマークが外れます。

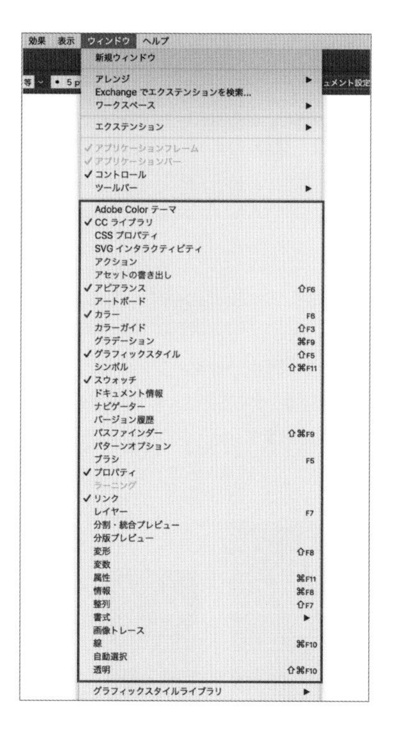

パネルの操作

パネルに表示されているオプションを設定することで、現在選択しているツールの設定を変更したり、オブジェクトに編集を加えることができます。パネルの配置などの基本操作は次の通りです。

● **アイコンパネルに切り替え**

パネル右上のアイコンをクリックすると❶、折りたたまれてアイコンパネル化します。もう一度クリックすると❷、パネルが展開します。

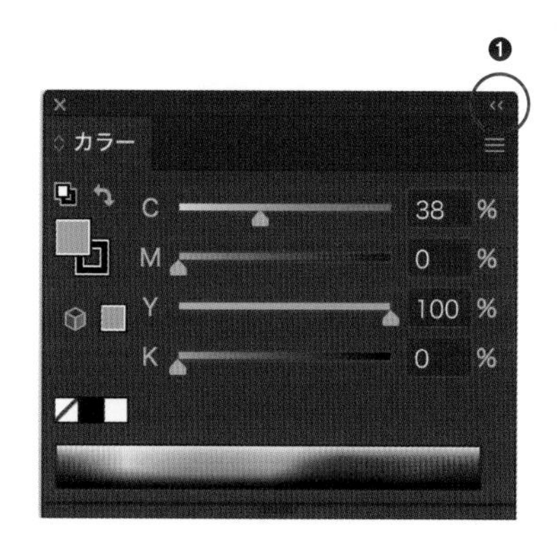

● **パネルの折りたたみとオプションの表示**

タブをダブルクリックすると❶、折りたたまれてタブのみの表示になります。
再度ダブルクリックすると展開します❷。

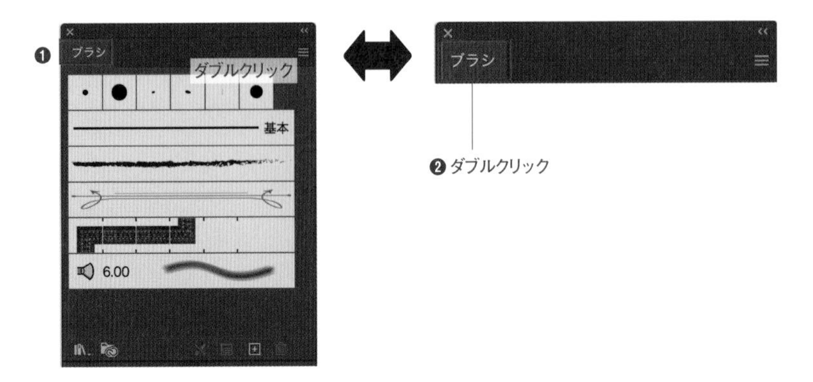

パネルによっては、オプションが非表示になっています。表示するには、タブ左端のアイコンをクリックするか❶、タブをダブルクリックします。または、パネル右上の［メニュー］ボタンをクリックして❷、［オプションを表示］を選択します❸。

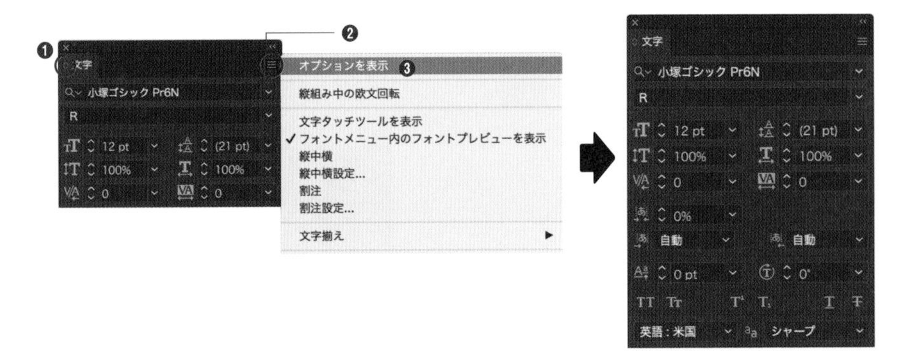

パネル右上の［メニュー］ボタンをクリックして［オプションを隠す］をクリックすると、オプションが非表示になります。タブ左端のアイコンをクリック（またはタブをダブルクリック）するごとに、オプションの表示、オプションの非表示、タブのみの表示、と表示の切り替えが繰り返されます。

● **パネルの移動**

パネル上部にマウスポインタを合わせてドラッグします。

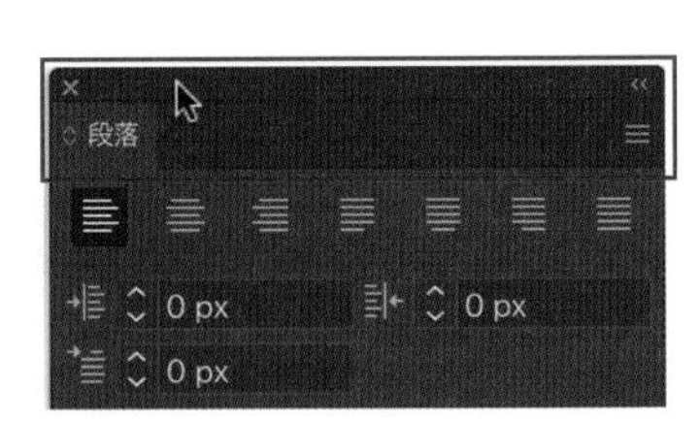

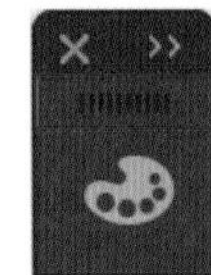

● **パネルのグループ化**

パネルを別のパネルの上にドラッグすると❶、青色でドロップゾーンがハイライト表示されます❷。マウスから指を離すと、パネル同士がグループ化します❸。

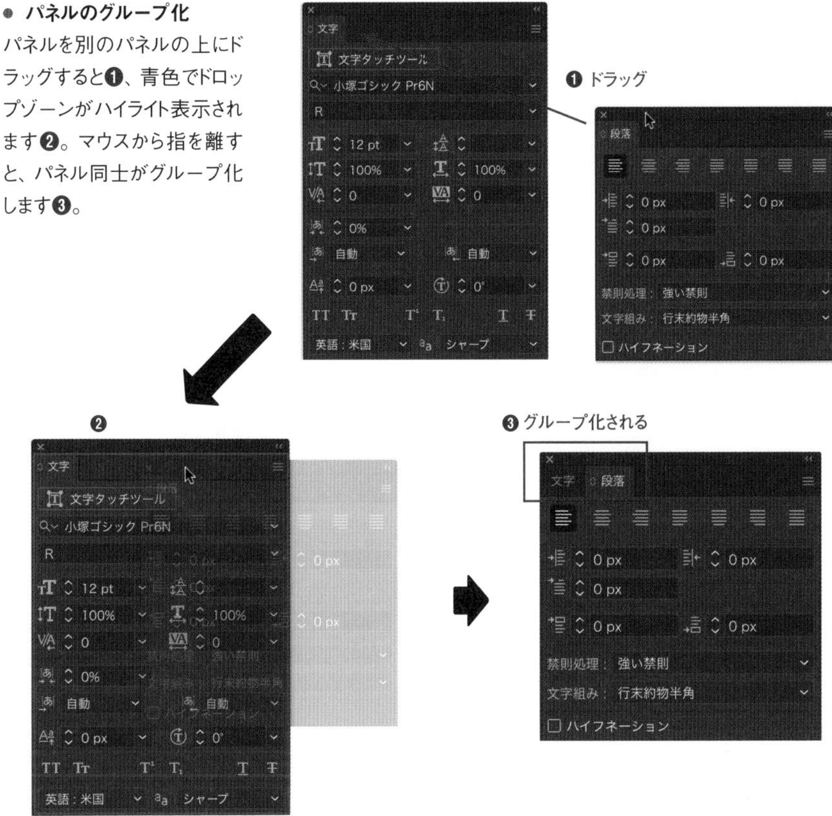

グループ化されたパネルの非表示パネルは、タブをクリックすると表示されます。また、タブをパネルの外にドラッグすると、グループから解除されます。

● **パネルの接続（ドッキング）**

パネルを別のパネルの上または下にあるドロップゾーンにドラッグします。

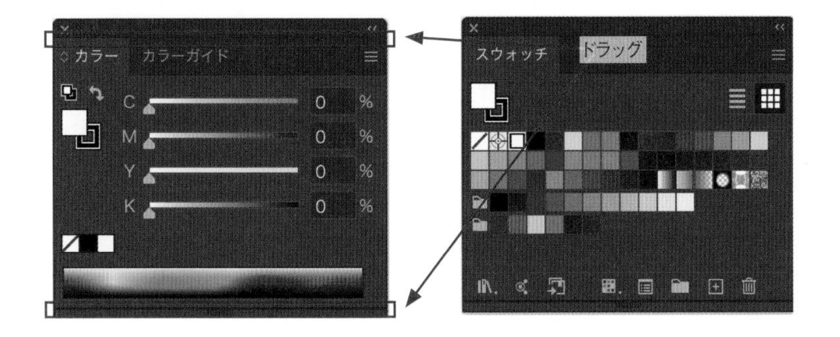

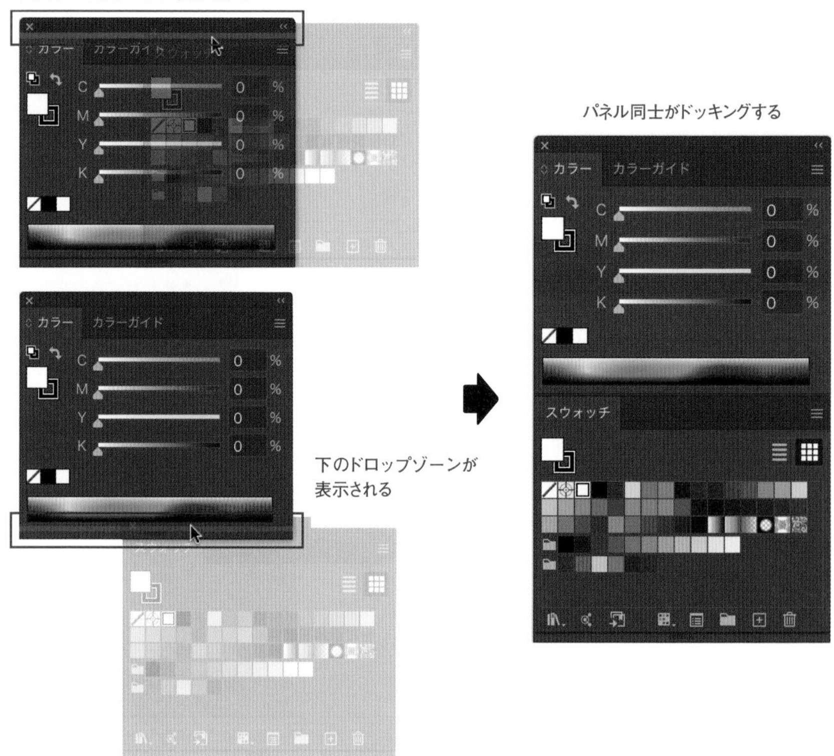

接続したパネルは、上のパネルをドラッグすると、一緒に移動します。下のパネルをドラッグすると、接続が解除されます。

● **ドキュメントウィンドウにパネルを接続（ドッキング）**

パネルをドキュメントウィンドウの左または右にドラッグします。

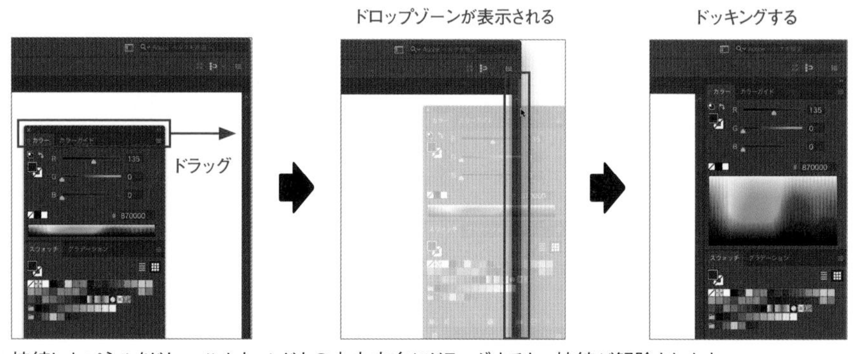

接続したパネルをドキュメントウィンドウの中央方向にドラッグすると、接続が解除されます。

コントロールパネルと［プロパティ］パネル

コントロールパネルと［プロパティ］パネルには、ツールの設定を変更したり、オブジェクトに編集を加えたりするためのオプションが表示されます。表示されるオプションの内容は、現在選択しているツールやオブジェクトに合わせて変わります。例えばテキストオブジェクトを選択しているときは、フォント、サイズ、カラーなどの設定や、その他の使用頻度の高い機能、ショートカットボタンを自動的に表示してくれます。
コントロールパネルは、ワークスペースを［初期設定（クラシック）］に設定しているときに表示されます ▸▸005。

コントロールパネル

［プロパティ］パネル（CC 2018以降の機能）

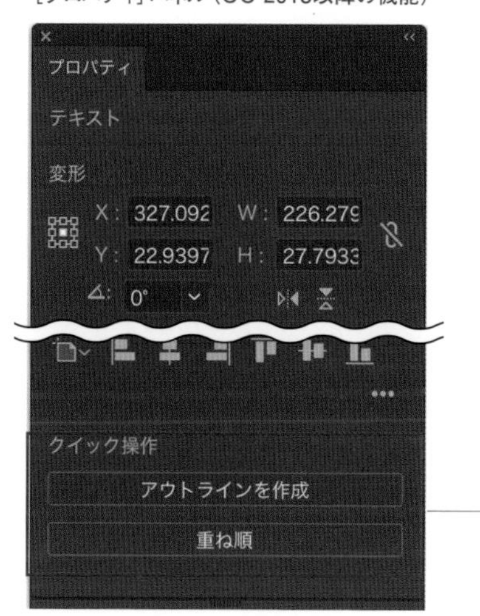

すべてのパネルの非表示／表示

キーボードの tab キーを押すと、ツールバーとコントロールパネルを含めたすべてのパネルの表示と非表示を切り替えることができます。また、shift ＋ tab キーを押すと、ツールバー（ドキュメントウィンドウにドッキングしている場合を除く）とコントロールパネルを除く、すべてのパネルの表示と非表示を切り替えることができます。

ワークスペースの配置を変更したい

使用機能　ワークスペース

ツールバーやパネルの表示、配置のしかたは、ワークスペース機能で管理されます。個人個人で、使いやすいと感じるパネルの配置は異なるので、自分に合ったワークスペースに変更するとよいでしょう。ワークスペースは、カスタマイズして保存しておくことができます。

オリジナルのワークスペースの保存

1 ツールバーやパネルの表示、配置を使いやすいように変更します。

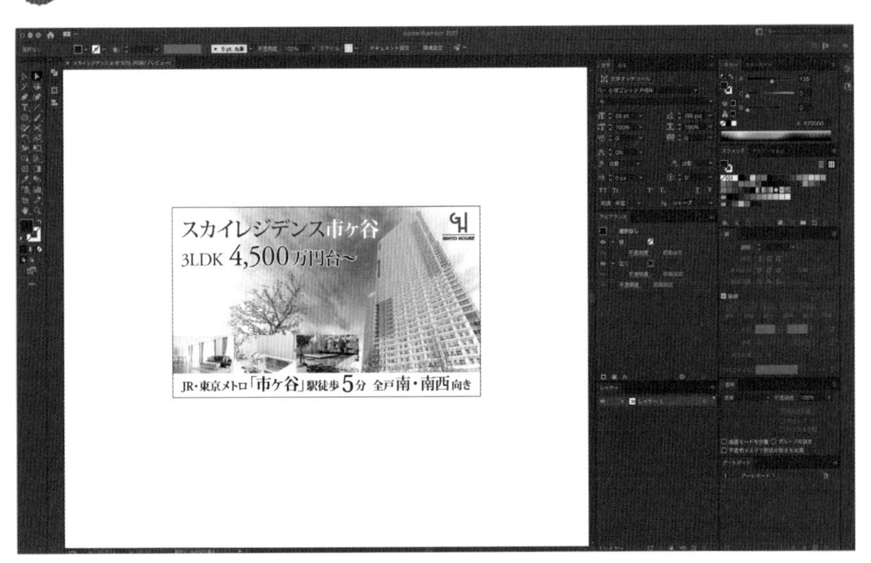

2 [ウィンドウ]メニュー→[ワークスペース]→[新規ワークスペース]をクリックします❶。[新規ワークスペース]ダイアログが表示されるので、[名前]を入力して❷、[OK]ボタンをクリックします❸。すると、現在のワークスペースが保存されます。

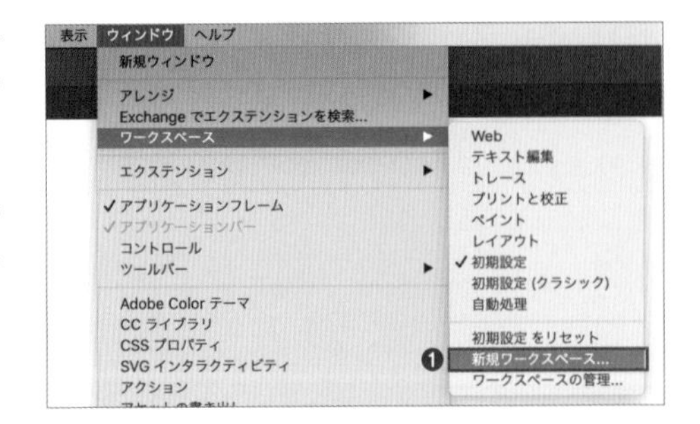

ワークスペースの変更

[ウィンドウ]メニュー→[ワークスペース]をクリックすると、ワークスペースを選択できます。あらかじめ[Web][テキスト編集][トレース][プリントと校正][ペイント][レイアウト][初期設定][初期設定(クラシック)][自動処理]が用意されています。オリジナルのワークスペースも、保存するとここに表示されます❶。現在のワークスペースでパネルの配置を変更した後、元に戻したい場合は[「ワークスペース名」をリセット]をクリックします。[初期設定]または[初期設定(クラシック)]をクリックすると、ワークスペースが初期化されます。

保存したワークスペースの削除

[ウィンドウ]メニュー→[ワークスペース]→[ワークスペースの管理]をクリックします❶。[ワークスペースの管理]ダイアログが表示されるので、ワークスペースを選択して❷、[ワークスペースを削除]ボタンをクリックし❸、[OK]ボタンをクリックします❹。

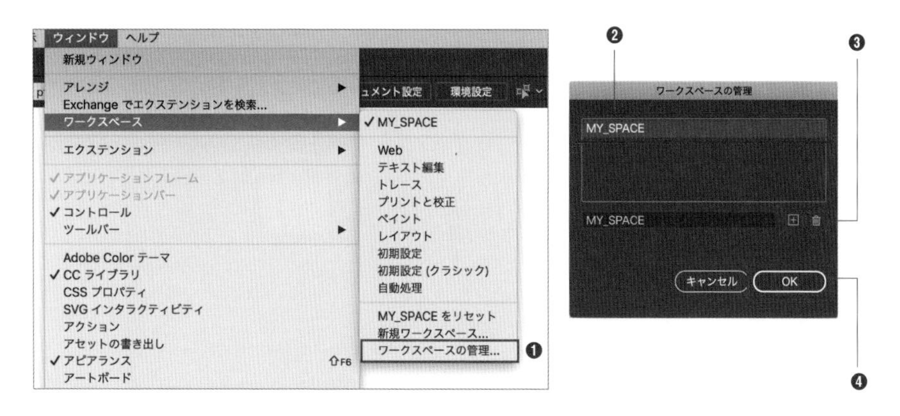

ワークスペースの明るさや色などを変更したい

使用機能 | 環境設定

ワークスペースは、デフォルトではブラックを基調とした色に設定されています。ワークスペースの色や操作性に関わる部分は、ユーザーインターフェイス機能で、自分の使い勝手や好みに合わせて変更することができます。

環境設定の変更

1 [Illustrator] メニュー→ [環境設定] → [ユーザーインターフェイス] をクリックします。

2 [環境設定] ダイアログの [ユーザーインターフェイス] 項目が表示されます。各項目の設定を変更し、[OK] ボタンをクリックします。

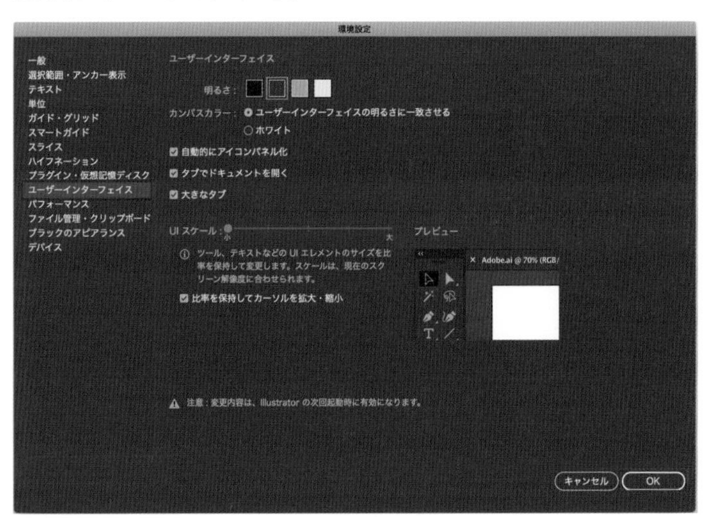

ユーザーインターフェイスの設定項目

ユーザーインターフェイスで設定可能な主な項目を紹介します。

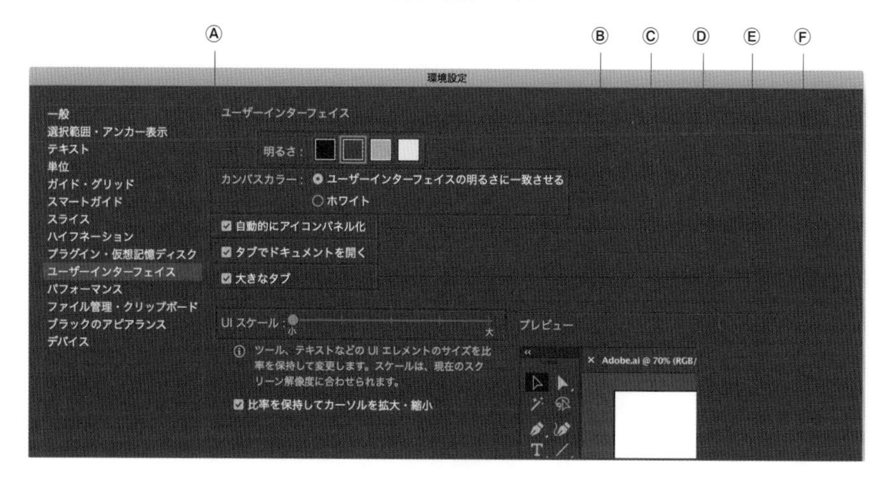

Ⓐ**明るさ** …… 左から順に［暗］［やや暗め］［やや明るめ］［明］を選択できます。デフォルトでは［やや暗め］に設定されています。右の画面は［明］に設定した例です。

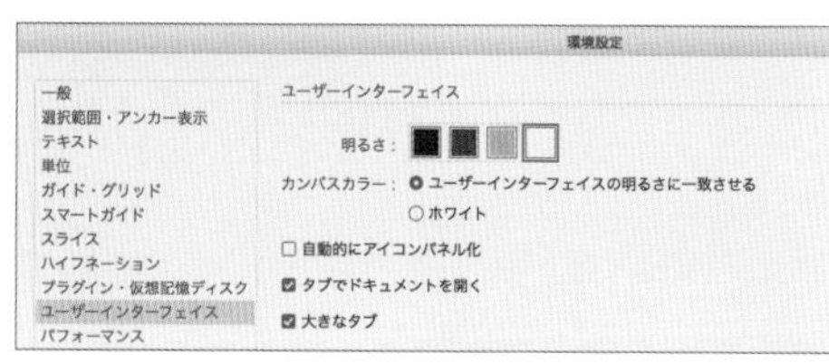

Ⓑ**カンバスカラー** …… アートボードの外側のエリアを「カンバス」といいます。ここではカンバスのカラーを選択できます。

Ⓒ**自動的にアイコンパネル化** …… このオプションにチェックを入れると、ドキュメントウィンドウをクリックしたときに、表示されているパネルが自動的にアイコンパネルになります。

Ⓓ**タブでドキュメントを開く** …… このオプションにチェックを入れると、ドキュメントウィンドウが複数あるときにタブで表示されます。チェックを外すと、ドキュメントウィンドウがそれぞれ独立して開きます。

Ⓔ**大きなタブ** …… このオプションにチェックを入れると、タブの高さが高くなります。

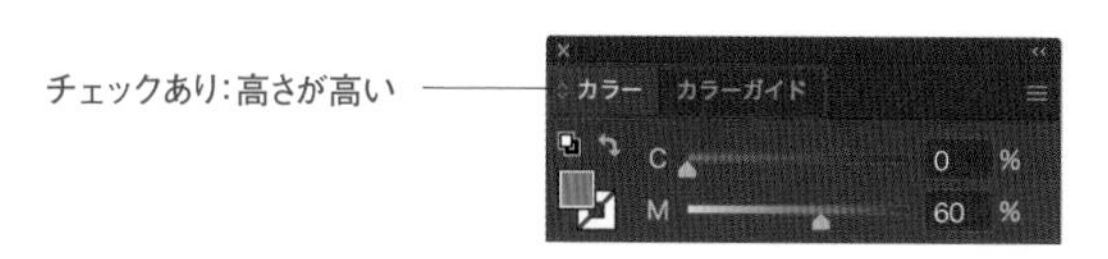

Ⓕ**UIスケール** …… ユーザーインターフェイス全般のスケールを変更します（CC 2019以降の機能）。［UIスケール］を変更したときのみ、再起動が必要です。

007 サイズや移動距離などの単位を変更したい

使用機能　単位（環境設定）

作業内容によって、オブジェクトのサイズ測定や移動距離などに使用する単位が異なります。シーンに合わせて作業をしやすい単位に変更しておきましょう。

作業環境の単位

[Illustrator] メニュー→ [環境設定] → [単位] をクリックします。[環境設定] ダイアログの [単位] 項目が表示されるので、各項目を設定し、[OK] ボタンをクリックします。

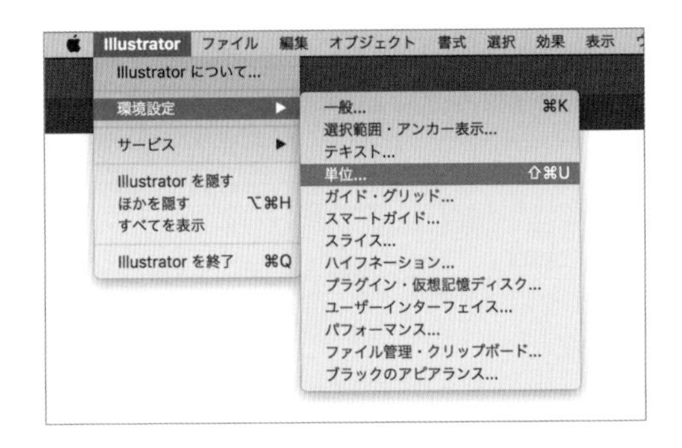

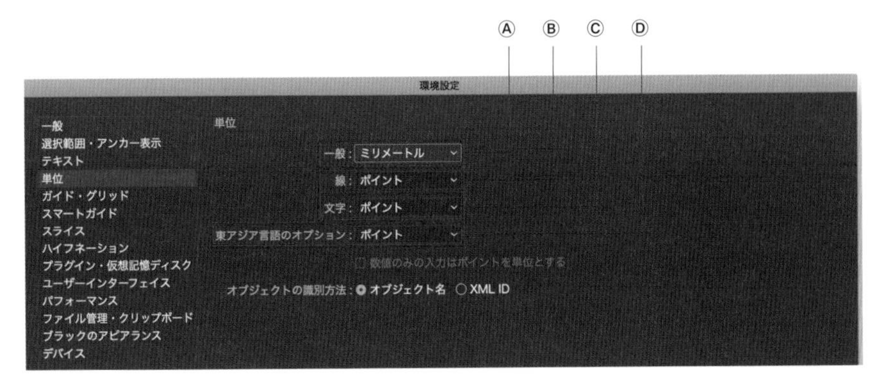

Ⓐ**一般** …… 一般的な測定に使用する単位です。

Ⓑ**線** …… 線に使用する単位です。

Ⓒ**文字** …… 文字に使用する単位です。

Ⓓ**東アジア言語のオプション** …… 日本語を含む東アジア言語の書式設定オプションに使用する単位です。

オブジェクトの移動単位・角丸の半径の初期値

方向キーを押した時にオブジェクトが移動 ▸▸031 する単位や、[角丸長方形] ツール ▸▸025 で描画する際の角丸の半径を設定することができます。[Illustrator] メニュー→ [環境設定] → [一般] をクリックします。[環境設定] ダイアログの [一般] 項目が表示されるので、[キー入力] でオブジェクトが移動する単位Ⓐ、[角丸の半径] で角丸の半径の初期値を設定しますⒷ。

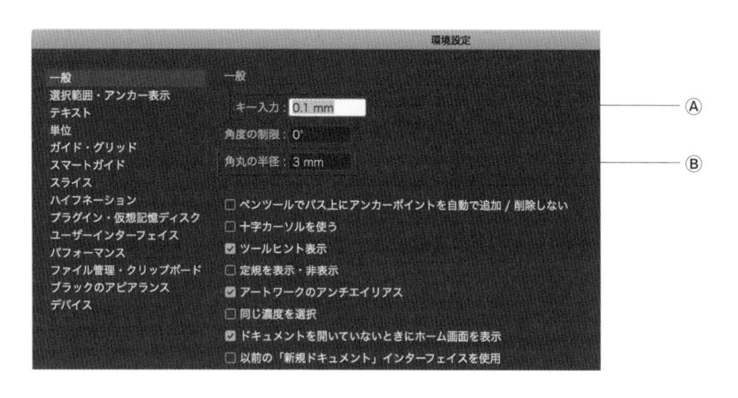

Short Cut 環境設定 (一般) : command + K キー

POINT

[キー入力] のデフォルトの値は「1pt」に設定されており、作業環境の単位を「ミリメートル」に設定した場合「0.3528mm」に自動的に計算されます。「ミリメートル」に設定する際は、あわせて [キー入力] を「0.1mm」などのきりのいい数字に設定しておくと、オブジェクトの移動距離の計算がしやすくなります。

新規ドキュメントを作成したい

使用機能　新規ドキュメント

Illustratorでの制作作業は、新規ドキュメントの作成で開始します。制作内容に応じてドキュメントのサイズなど様々な設定を行います。新規ドキュメントを作成するのに便利なプリセットも数多く用意されています。

新規ドキュメントの作成

[ファイル] メニュー→ [新規] をクリックします。[新規ドキュメント] ダイアログが表示されるので、[最近使用したもの] [保存済み] [モバイル] [Web] [印刷] [フィルムとビデオ] [アートとイラスト] からカテゴリを選択し❶、[空のドキュメントプリセット] から制作内容に適したプリセットを選択します❷。例えば [印刷] カテゴリでは [A4] [B4]など用紙サイズを選択できます。Web用の制作について、詳細は ▸▸208 を参照してください。ファイル名を入力して❸、必要に応じて設定を変更し❹、[作成] ボタンをクリックします❺。

Short Cut　新規：command＋Nキー

[新規ドキュメント] ダイアログの [すべてのプリセットを表示] をクリックすると、その他の選択肢が表示されます。また、[Adobe Stockで他のテンプレートを検索] を利用するとWebブラウザが起動し、[Adobe Stock] ▸▸221 の中からテンプレートを検索できます。
[プリセットの詳細] では、ドキュメントに裁ち落とし ▸▸229 を設定することもできます。

CC2015以前のインターフェイスを使用

[Illustrator] メニュー→[環境設定]→[一般] をクリックします。[環境設定] ダイアログの [一般] 項目が表示されるので❶、[以前の「新規ドキュメント」インターフェイスを使用] にチェックを入れ❷、[OK] ボタンをクリックします。

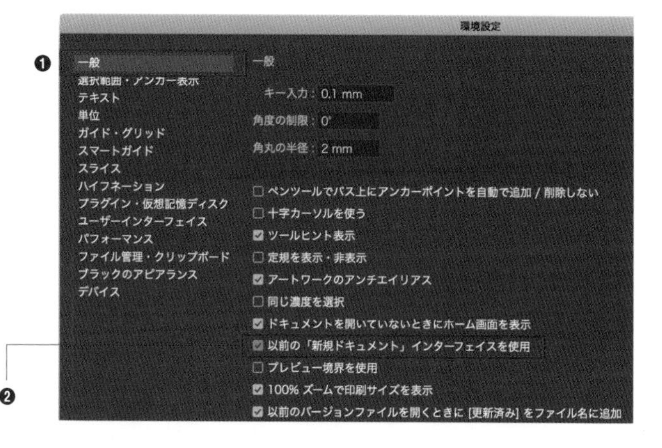

CC2015以前と同じインターフェイスが表示されます。以前のインターフェイスに慣れている方はこちらから設定しても構いません。

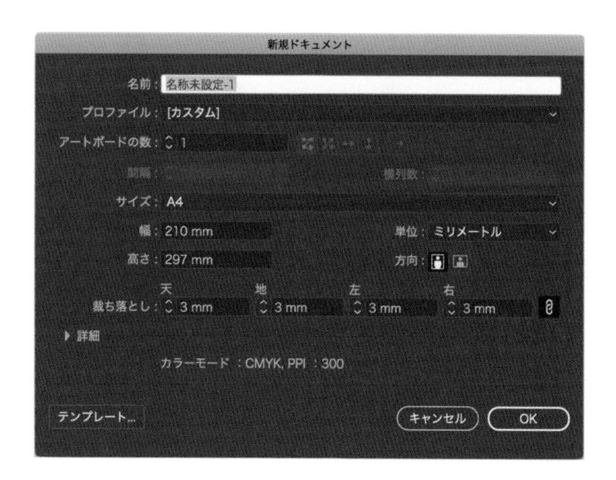

009 ドキュメントを保存したい

使用機能　保存

作成したドキュメントの保存操作を解説します。Illustrator 2020以降、作成したドキュメントは、ローカルのマシンだけでなくクラウドにも保存できます。

ドキュメントの保存操作

[ファイル] メニュー→ [保存] をクリックします。ダイアログが表示されるので、[クラウドドキュメントに保存] Ⓐか [コンピューターに保存] Ⓑを選択します。

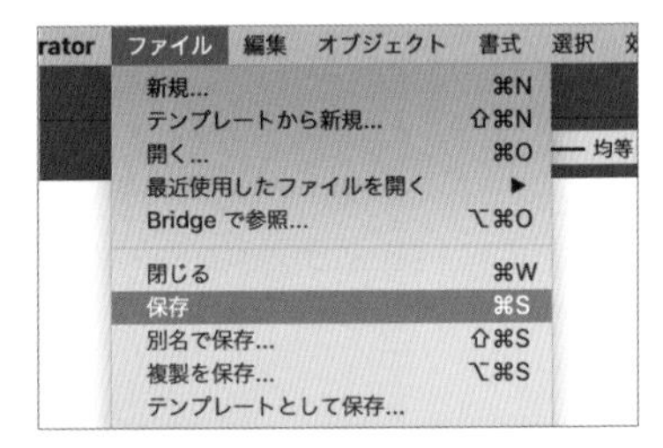

Short Cut　保存：command＋Sキー

Memo　このダイアログを表示しないようにするには、[次回から表示しない] にチェックを入れます。すると、[コンピューターに保存] Ⓑを選択したときと同じ画面が表示されるようになります。

Ⓐクラウドドキュメントを保存

Illustrator 2020から追加された[クラウドドキュメント]を利用すると、アドビ社が提供するクラウド(Creative Cloud)にドキュメントを保存できます。クラウドに保存すると、Illustratorがインストールされているデバイスであれば、別の環境からもインターネットを利用してドキュメントにアクセスできます。また、インターネットに接続していなくても、ドキュメントの設定によっては利用可能です▸▸011。編集内容はクラウドを通じて自動的に保存されます。

[クラウドドキュメントに保存]を選択したら、[ドキュメント名]にファイル名を入力し❶、[保存]ボタンをクリックします❷。なお、クラウドドキュメント内にフォルダーを作成する場合は、[新規フォルダーを作成]ボタンをクリックします❸。

Memo

保存先をローカルのマシンに変更したいときは、[コンピューター]ボタンをクリックします。

ドキュメントがクラウドドキュメントに保存されます。ドキュメントのタブにクラウドのマークが入り❶、拡張子が[.aic]になります❷。

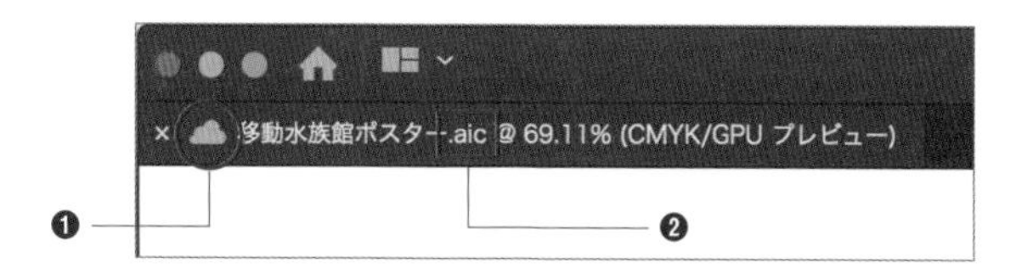

Memo

クラウドドキュメントにリンク画像▸▸104を一緒に保存することはできないので、リンク切れに注意が必要です。外出先など、別の環境でドキュメントを編集することがある場合は、あらかじめリンクファイルを埋め込んでおくと▸▸108問題を回避できます。

Ⓑコンピューターに保存

従来通りにローカルのマシンに保存する場合は、［コンピューターに保存］を選択したら、ダイアログが表示されるので［名前］と❶、保存先の［場所］を設定し❷、［保存］ボタンをクリックします❸。

Memo 保存先をクラウドに変更したいときは、［クラウドドキュメントを保存］ボタンをクリックします。

［Illustratorオプション］ダイアログが表示されるので、［バージョン］を選択し❶、各オプションにチェックを入れて❷、［OK］ボタンをクリックします❸。

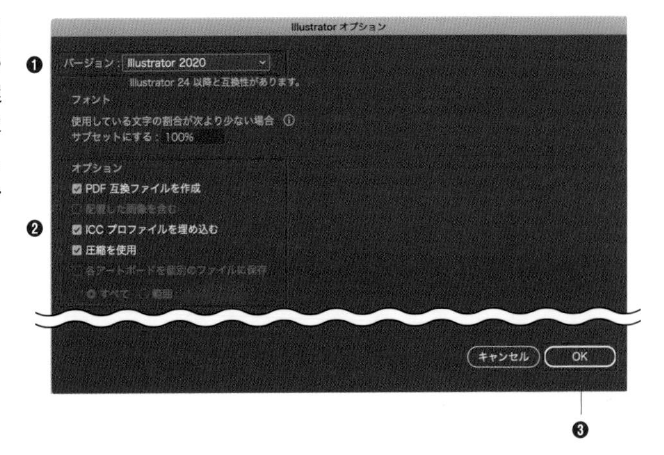

設定できるオプションは次の通りです。

- **PDF互換ファイルを作成** …… PDF形式に対応している他のアプリケーションでドキュメントを開くことができます。チェックを外すとデータ容量が軽くなります。
- **配置した画像を含む** …… リンクファイルがすべて埋め込まれます。リンクしておきたい場合はチェックを外します。
- **ICCプロファイルを埋め込む** …… 作業用スペースとして使用しているカラープロファイルが埋め込まれます ▸▸012。
- **圧縮を使用** …… PDFデータが圧縮され、データ容量が軽くなります。
- **各アートボードを個別のファイルに保存** …… ドキュメント内にアートボードを複数作成していて、それらを個別のファイルに保存したいときにチェックを入れます ▸▸224。

Memo CC2019以前で開く可能性がある場合は、CCのバージョンを問わず［Illustrator CC（レガシー）］を選択します。

010 ドキュメントを様々なファイル形式で保存・書き出ししたい

使用機能　保存、別名保存、書き出し

ドキュメントを保存する際には、EPS、PDFといったファイル形式で保存することができます。また、PSDやJPEGなどの形式で書き出しすることもできます。

様々なファイル形式で保存

[ファイル]メニュー→[別名で保存]をクリックします。未保存のドキュメントの場合は[保存]をクリックし、[保存]操作では、[コンピューターに保存]を選択します▸▸009。ダイアログが表示されるので[名前]と❶、保存先の[場所]を設定し❷、[ファイル形式]から任意の形式を選択します❸。[保存]ボタンをクリックします❹。

Short Cut　保存：command＋Sキー、別名で保存：shift＋command＋Sキー

保存できるファイル形式は、次の表の通りです。

ファイル形式	説明
Adobe Illustrator (ai)	Illustratorで編集するための専用フォーマットです。下位バージョンで開くように設定することもできます▶▶009。
Illustrator EPS (eps)	Illustrator以外のソフトにも利用されている、汎用的なフォーマットです。印刷物に適している形式で、ベクター画像とビットマップ画像の両方を扱うことができます。
Illustrator Template (ait)	作成したドキュメントをテンプレート化して保存するときのファイル形式です▶▶231。
Adobe PDF (pdf)	アドビ社が開発した、文章や画像を含む電子文書のフォーマットです。Acrobat Readerなどのソフトウェアで閲覧・印刷が可能です。
SVG圧縮 (svgz)	以下のSVG形式を圧縮して軽量化しているフォーマットです。
SVG (svg)	ベクター形式の画像フォーマットです。画質を維持したまま拡大縮小が可能なため、Webでの使用に向いています。

※ファイル形式の括弧内は拡張子です。

様々なファイル形式に書き出し

[ファイル]メニュー→[書き出し]→[書き出し形式]をクリックします。

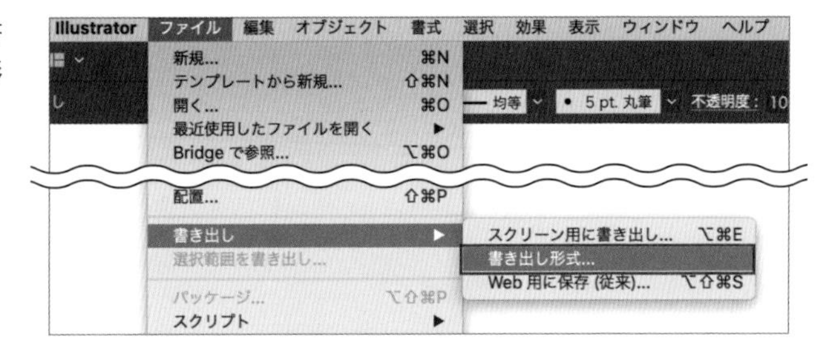

ダイアログが表示されるので、[名前]と❶、書き出し先の[場所]を設定し❷、[ファイル形式]から任意の形式を選択して❸、[書き出し]ボタンをクリックします❹。

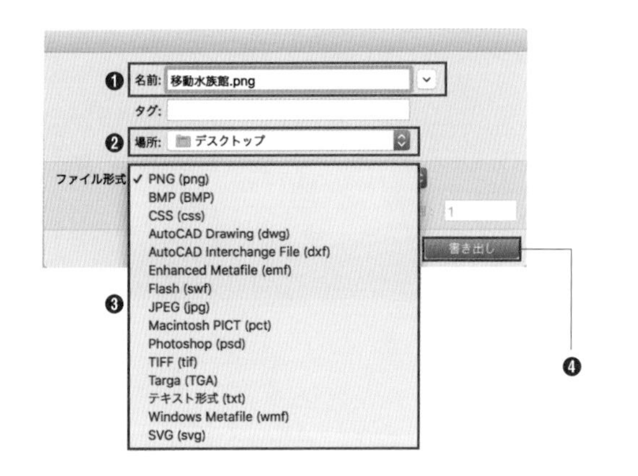

書き出しできるファイル形式は、次の表の通りです。

ファイル形式	特徴	複数のアートボードを書き出し
PNG (png)	画質を劣化させずに圧縮するビットマップ画像形式です。オプションで解像度、アンチエイリアスを設定できます。透過することができます。	
BMP (BMP)	Windowsで標準対応しているビットマップ画像形式です。オプションでカラーモード、解像度、アンチエイリアスを設定できます。	
CSS (css)	Illustratorで作成したオブジェクトやテキストの属性をCSSコードで書き出します。	
Autodesk RealDWG (dwg)	オートデスク社製のソフトウェア「AutoCAD」に対応したファイル形式です。	
Autodesk RealDWG (dxf)	オートデスク社製のソフトウェア「AutoCAD」に対応したファイル形式です。	
Enhanced Metafile (emf)	Windowsで標準対応しているベクター画像形式です。	
Flash (swf)	アニメーションWebグラフィック用のベクター画像形式です。	対応
JPEG (jpg)	写真の保存などに使用されている汎用的なビットマップ画像形式です。オプションで画質、圧縮方式、解像度などを設定できます。	対応
Machintosh PICT (pct)	クラシックなMac OSで標準的に利用されていた画像形式です。	
Photoshop (psd)	Photoshopの標準ファイル形式です。	対応
TIFF (tif)	汎用的なビットマップ画像形式です。オプションでカラーモード、解像度、アンチエイリアスを設定できます。解像度の高いファイルとして書き出したいときに選択します。透過することができます。	対応
Targa (TGA)	Truevison社のビデオボードを搭載したシステムで使用されるラスター画像形式です。	
テキスト形式 (txt)	アートワーク内のテキストをテキストファイルに書き出すときに使用します。	
Windows Metafile (wmf)	Windowsが標準で対応しているベクター画像形式です。Illustratorで作成したデータをMicrosoft Wordなどに貼りつけたいときに使用します。	
SVG (svg)	ベクター形式の画像フォーマットです。画質を維持したまま拡大縮小が可能なため、Webでの使用に向いています。	対応

Memo

ファイル形式によっては、ダイアログの[アートボードごとに保存]にチェックを入れないと、アートボード外に配置しているオブジェクトも書き出されてしまうので注意が必要です。

011 クラウドドキュメントを編集したい

使用機能　クラウドドキュメント

クラウドドキュメントは、同一のAdobe IDでログインしていれば、外出先からでもIllustratorで開くことができます。

クラウドドキュメントを開く

1 ホーム画面の［クラウドドキュメント］タブをクリックします。

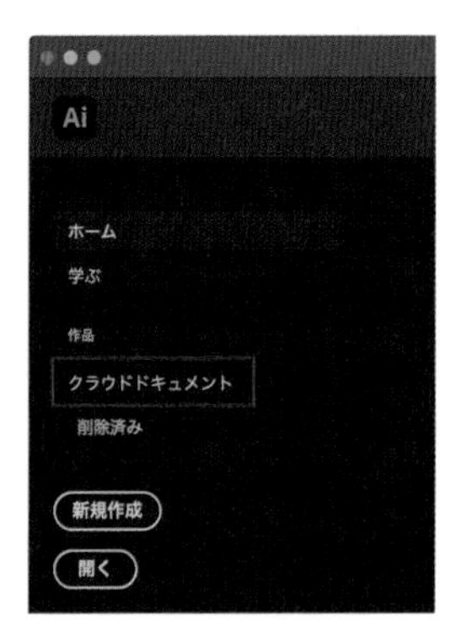

すでにドキュメントファイルを開いているときは、コントロールパネル ▶▶004 の上部にある［ホーム］ボタンをクリックしてホームに移動します。

2 保存されているクラウドドキュメントの一覧が表示されます。サムネイルをクリックすると、ファイルが開きます。

クラウドドキュメントの削除・名前変更

ドキュメントを削除したり、名前を変更したりする場合は、[…] ボタンをクリックして、目的の操作を選択します。

クラウドドキュメントを削除すると、[削除済み] に保管され、Creative Cloudの容量を消費します。完全に削除したい場合は、ホームの [削除済み] タブをクリックし、ドキュメント下部の [･･･] ボタンをクリックし、[完全に削除] を選択します。

オフラインでクラウドドキュメントを編集

[オフラインでも常時使用] をクリックすると、インターネットがつながっていない環境（＝オフライン）でもドキュメントを編集できるようになります。オフラインで行った編集内容は、オンラインに戻ったときにクラウドドキュメントに反映されます。

[オフラインでも常時使用] を適用したドキュメントは、サムネイルの右下のアイコンが緑色のチェックマークになります。

012 ドキュメントのカラーモードを設定したい

使用機能　ドキュメントのカラーモード

Illustratorで制作を行う上では、カラーモードの設定がかかせません。適切でないカラーモードで作成すると、グラフィックが仕上がりのタイミングなどに意図していない色になってしまうことがあります。

ドキュメントのカラーモードの設定

[ファイル] メニュー→ [ドキュメントのカラーモード] から、[CMYKカラー] または [RGBカラー] を選択します。一般的に、印刷物を制作する場合は [CMYK]、Web用素材などPCモニターで表示する制作物の場合は [RGB] を選択します。

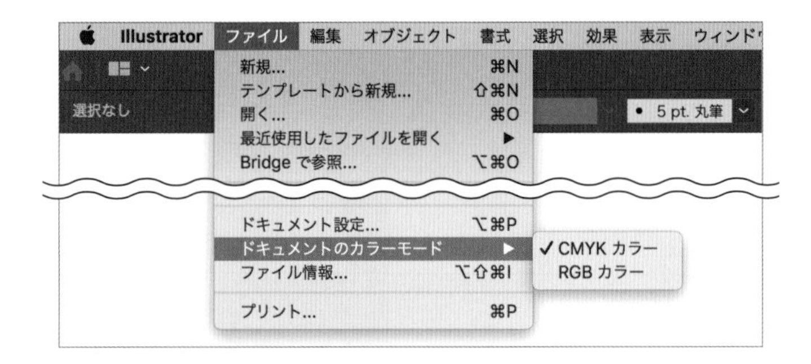

POINT

ドキュメントのカラーモードに合わせて、[カラー] パネルの設定 ▸▸049 も変更されます。

作業環境のカラー設定

[編集] メニュー→ [カラー設定] から、制作物に適した作業用スペースを設定します。カラー設定をしておくと、自分の作業環境と納品先の作業環境の違いで予期せぬ色の変化が生じることを防止できます。

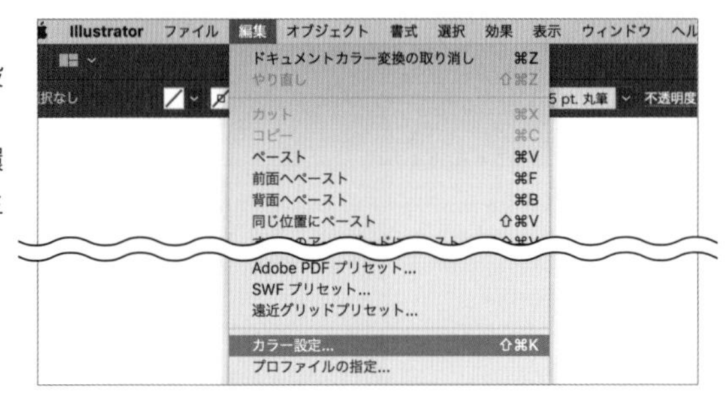

[カラー設定]ダイアログが表示されるので、作業用スペースを設定します。[作業用スペース]の[RGB]、[CMYK]にカラープロファイルを設定します❶。カラープロファイルとは、ICCに準拠したカラーマネジメントを行うための規格です。[カラーマネジメントポリシー]では、カラープロファイルの扱いを設定することができます❷。

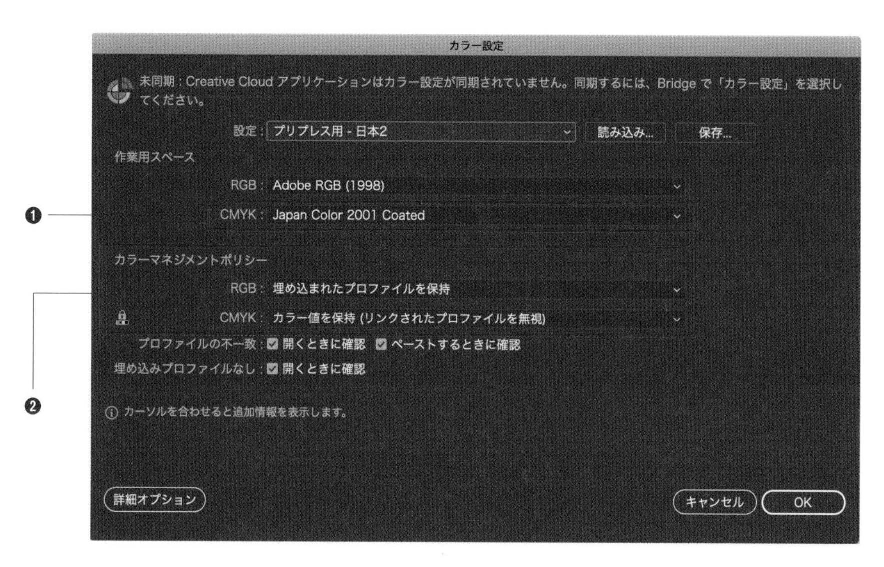

Memo

印刷会社では各社で推奨の設定を設けていることが一般的です。事前に入稿先の印刷会社に確認をとってからカラー設定をするようにしましょう。ただし、多くの場合、[プリプレス用ー日本2]が利用されているようです。
作業用スペースの[CMYK]のカラープロファイルは、コート紙に印刷する場合は[Japan Color 2001 Coated](インキの総容量が350%)、マット紙に印刷する場合は[Japan Color 2001 Uncoated](インキの総容量が310%)の設定が推奨されることが一般的です。Web用の設定については▸▸208を参照してください。

校正用のカラープロファイルの変更

[校正設定]に指定したカラープロファイルで、印刷時の色をシミュレートできます。[表示]メニュー→[校正設定]をクリックします。すると、現在設定しているカラープロファイルにチェックマークが表示されています。[カスタム]をクリックすると、[校正設定]ダイアログが表示されます。

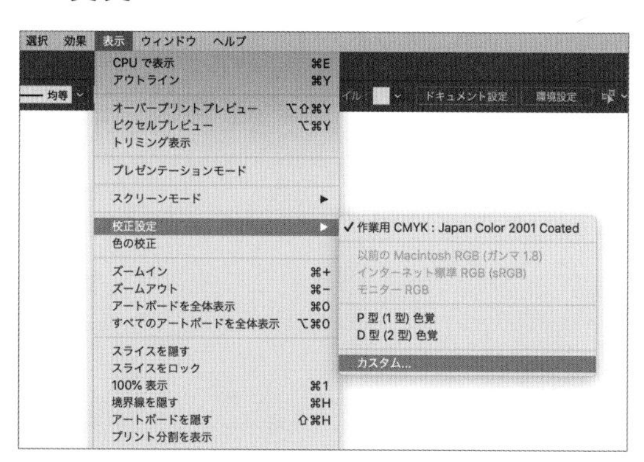

[シミュレートするデバイス] から目的のカラープロファイルを選択します。ここでは、[Japan Color 2002 Newspaper] を選択します。[プレビュー] にチェックを入れると、シミュレートが表示されます。

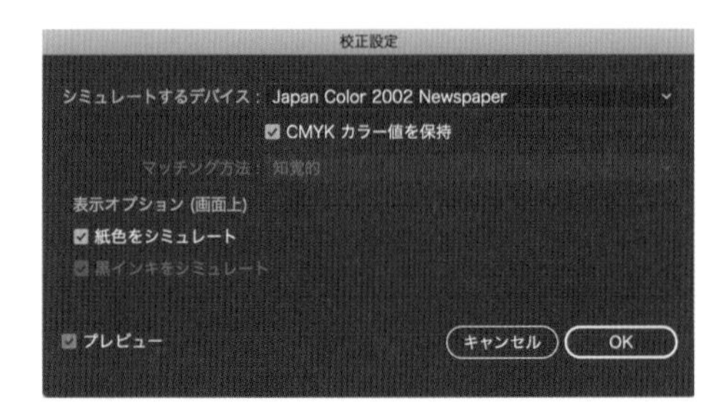

Memo

通常は作業用カラープロファイルと同じ設定になります。ここでは「Japan Color 2002 Newspaper」を選ぶことで、新聞紙に印刷したときの色の見え方をシミュレートしています。

色の校正のオン・オフを切り替え

[表示] メニュー→ [色の校正] をクリックします。オンにすると [色の校正] にチェックが表示され、ドキュメントウィンドウの上部にシミュレート中のカラープロファイルが表示されます。

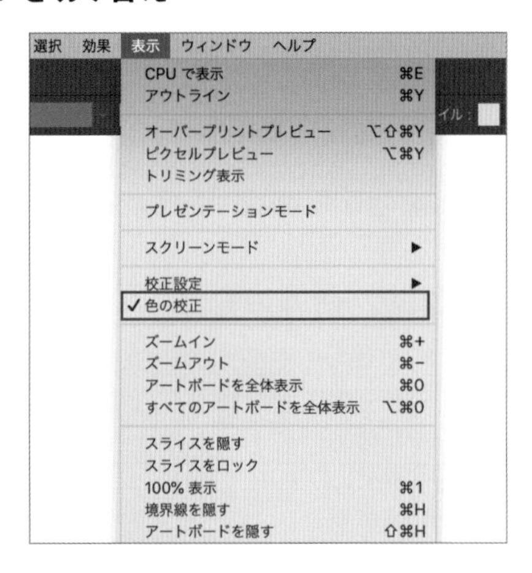

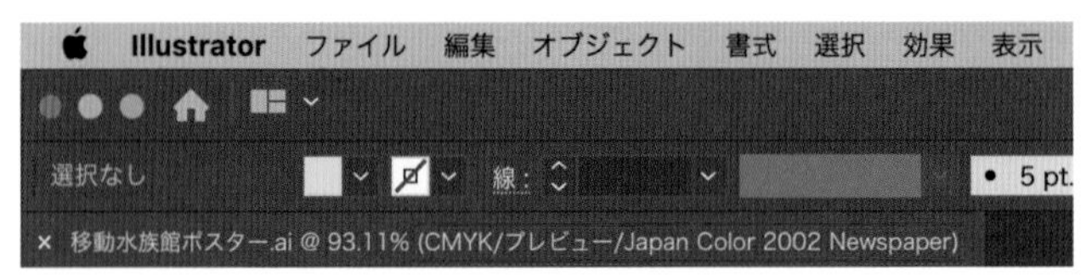

013 画面表示が広いモードに変更したい

使用機能 スクリーンモード

「スクリーンモード」を変更すると、ドキュメントのタブやメニューバー、パネルを非表示にして画面の表示を広くすることができます。

スクリーンモードの変更

ツールバーの［スクリーンモードを変更］ボタンをクリックして、スクリーンモードを選択します❶。または、［表示］メニュー→［スクリーンモード］から選択します❷。通常は「標準スクリーンモード」で表示されています。

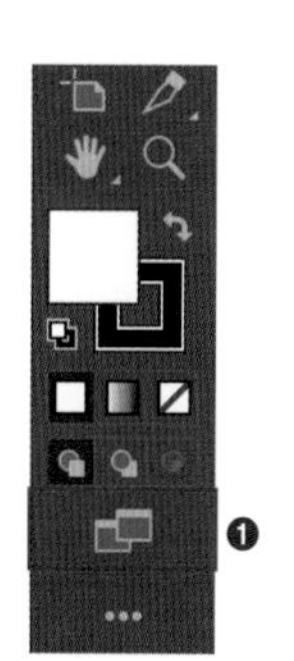

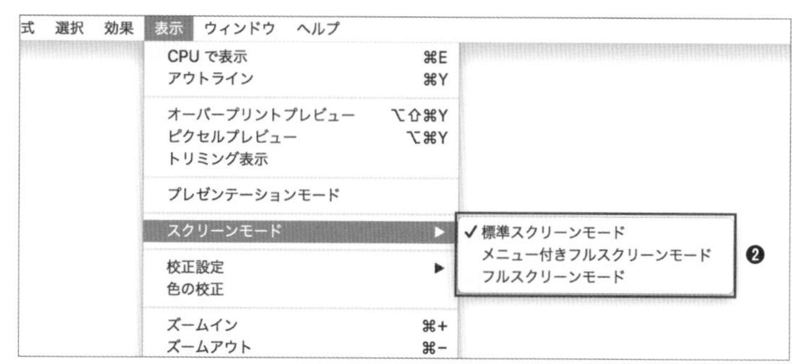

● 標準スクリーンモード

● メニュー付きフルスクリーンモード

● フルスクリーンモード

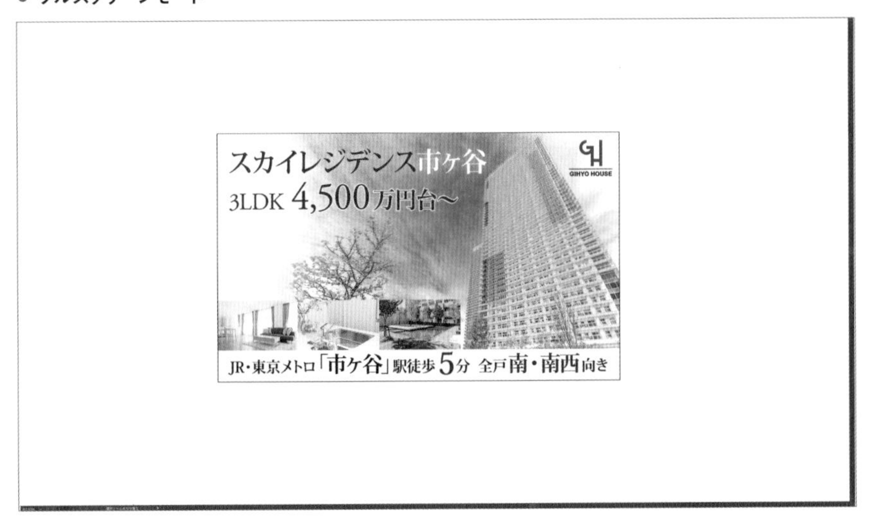

Short Cut スクリーンモードを変更：Fキー

Memo 「メニュー付きフルスクリーンモード」と「フルスクリーンモード」は、escキーを押すと解除することができます。

014 画面の表示倍率を変更したい

使用機能 ［ズーム］ツール、［ナビゲーター］パネル

アートワークの細部を拡大して編集する場合など、表示倍率の変更が必要になることは頻繁にあります。操作方法と一緒にショートカットを覚えておくとよいでしょう。

［ズーム］ツールの使用

［ズーム］ツールを使用して表示倍率を変更することができます。この操作は、「アニメーションズーム」機能が有効になっている場合と無効になっている場合で変わります。［Illustrator］メニュー→［環境設定］→［パフォーマンス］をクリックすると、［環境設定］ダイアログの［パフォーマンス］項目が表示されます。［アニメーションズーム］にチェックを入れると有効になり、チェックを外すと無効になります。デフォルトでは有効になっています。

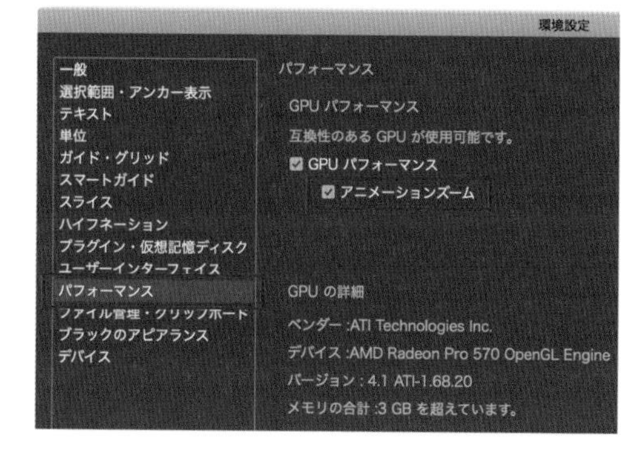

● **［アニメーションズーム］が有効になっている場合**

［ズーム］ツールを選択し、拡大したい場合はドキュメントウィンドウの上で右方向にドラッグします。縮小したい場合は左方向にドラッグします。このとき、クリックした位置を起点に拡大・縮小します。

右方向にドラッグ：拡大

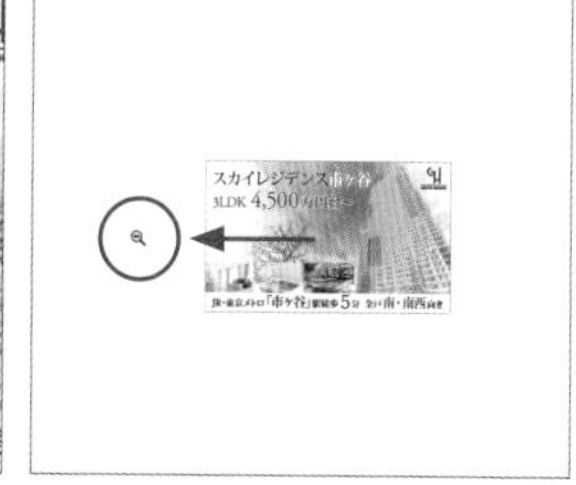

左方向にドラッグ：縮小

● **［アニメーションズーム］が無効になっている場合**

［ズーム］ツールを選択し、クリックすると拡大表示されます。また、拡大したい領域の対角線上をドラッグすると、その範囲が拡大表示されます。このとき、ドラッグしている範囲にマーキーという点線の長方形が表示されますが、操作中に Space キーを押しながらドラッグするとマーキーを移動することができます。

また、option キーを押している間は、[ズーム] ツールのアイコンに「−」が表示され、クリックすると縮小表示できます。

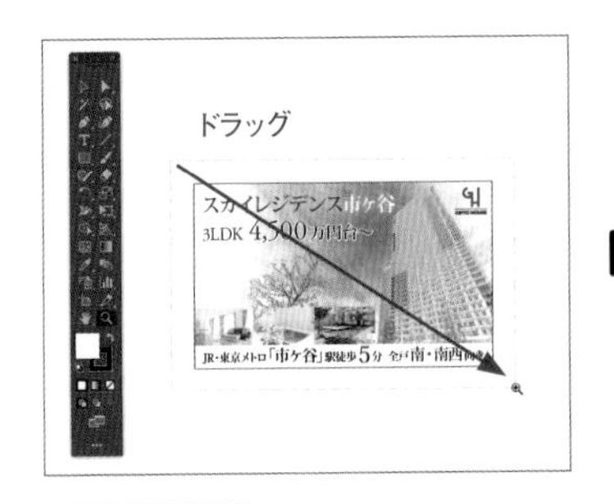

Short Cut [ズーム] ツール (の選択):Z キー

[表示] メニューの使用

[表示] メニューをクリックすると、以下の操作を選択できます。

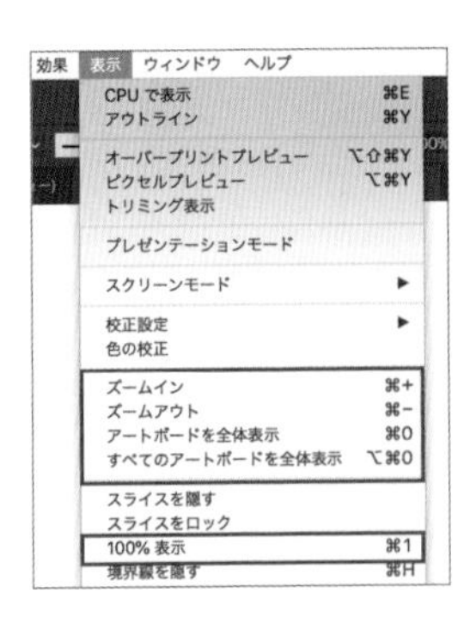

- **ズームイン** …… 画面が拡大表示されます。
- **ズームアウト** …… 画面が縮小表示されます。
- **アートボードを全体表示** …… 現在表示しているアートボードの全体が表示されます。
- **すべてのアートボードを全体表示** …… ドキュメント内で複数のアートボードを作成しているときに ▸▸222、すべてのアートボードが表示されます。
- **100%表示** …… 画面を100%表示にします。

Short Cut
ズームイン:command + + キー、ズームアウト:command + − キー
アートボードを全体表示:command + 0 キー
※ [手のひら] ツール をダブルクリックしてもショートカットできます。
すべてのアートボードを全体表示:option + command + 0 キー
100%表示:command + 1 キー
※ [ズーム] ツールをダブルクリックしてもショートカットできます。

ズームレベルの指定

ドキュメントウィンドウ左下にあるステータスバーに、現在の表示倍率が表示されています。表示倍率右の▼ボタンをクリックすると、ズームレベルを選択できます。また、ボックスに倍率を数値で直接入力することも可能です。

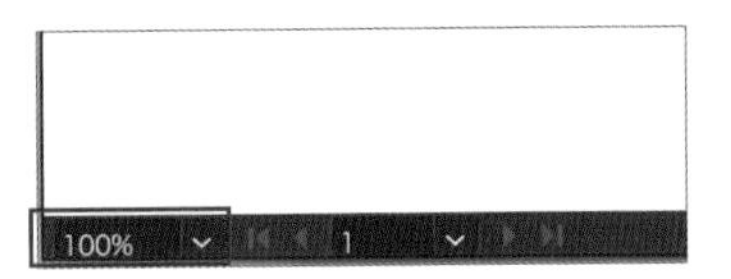

015 ドキュメントウィンドウの表示範囲を変更したい

使用機能　[ナビゲーター] パネル、[手のひら] ツール

アートワークを拡大表示しているときや、ドキュメント上にたくさんのオブジェクトがあるときなど、現在画面に表示している範囲から移動したいことはよくあります。

[ナビゲーター] パネルの使用

[ウィンドウ] メニュー→[ナビゲーター] をクリックします。[ナビゲーター] パネルが表示されます。[ナビゲーター] パネルには、現在の表示範囲が赤い四角形で示されています。

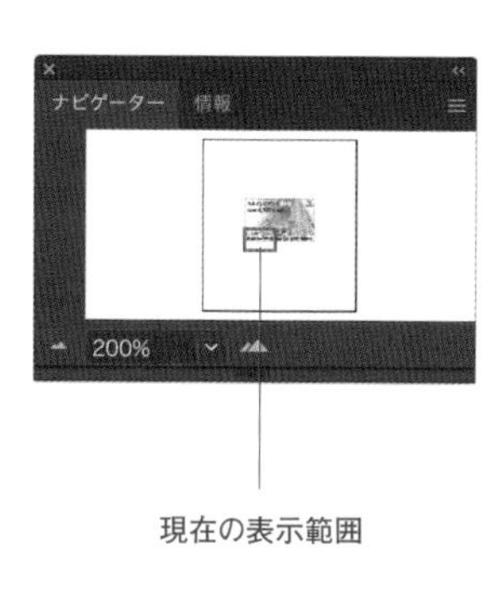

現在の表示範囲

[ナビゲーター] パネル内の任意の位置をクリック、もしくは任意の位置までドラッグすると、表示範囲が移動します。

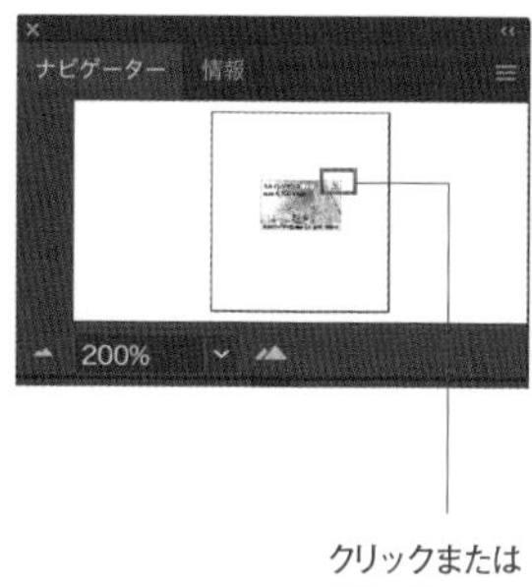

クリックまたは
ドラッグ

表示範囲が変わる

Memo

[ナビゲーター] パネルの [ズームアウト] ボタンをクリックすると画面が縮小表示され❶、[ズームイン] ボタンをクリックすると画面が拡大表示されます❷。[ズーム] ボックスに倍率を数値で直接入力することも可能です❸。

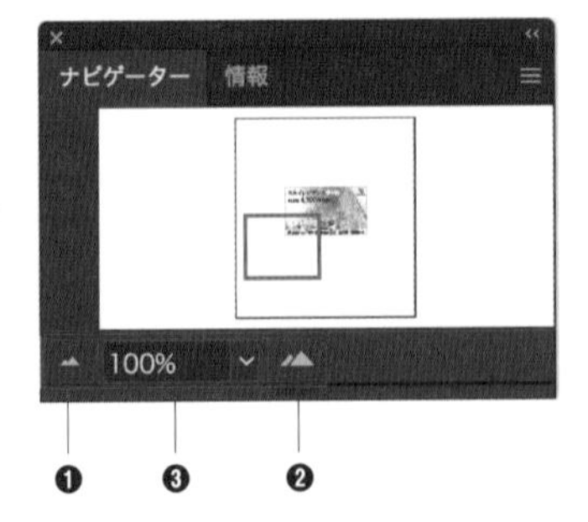

[手のひら] ツールの使用

1 ツールバーから [手のひら] ツールを選択します。

Short Cut space キー

2 ドキュメント上をドラッグすると、表示範囲を移動します。

パスと図形の基本の描画

Chapter

2

016 パスの基本を知りたい

使用機能　パス

Illustratorでは、「パス」という線を用いて図形の描画などを行います。パスが、Illustratorでの描画の基本単位になります。ここではパスの構成要素などの基礎知識を解説します。

パスの構成要素

パスは、「アンカーポイント」と「セグメント」で構成されます。

● アンカーポイント

[ペン]ツールなどで線や図形を作成すると、線の上に小さな四角い点が作成されます。この点を「アンカーポイント」といい、パスの関節のような役割を担っています。

● セグメント

2点のアンカーポイントを結ぶ線を「セグメント」といいます。直線と曲線があります。

● 方向線

曲線セグメントを結ぶアンカーポイントからは、「方向線」(ハンドル)が伸びています。方向線の先端の小さな丸い点を「方向点」といいます。方向点をドラッグして方向線を操作することで、曲線の形状を調整することができます。

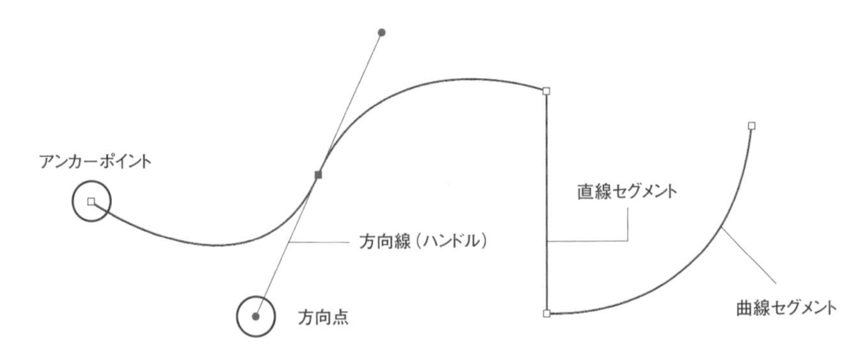

コーナーポイントとスムーズポイント

セグメントを結ぶアンカーポイントには、「コーナーポイント」と「スムーズポイント」の2種類があります。コーナーポイントは尖っていて、セグメント同士が方向を大きく変えて連結されます。スムーズポイントは丸まっていて、曲線セグメント同士が連続して連結されます。

● コーナーポイント

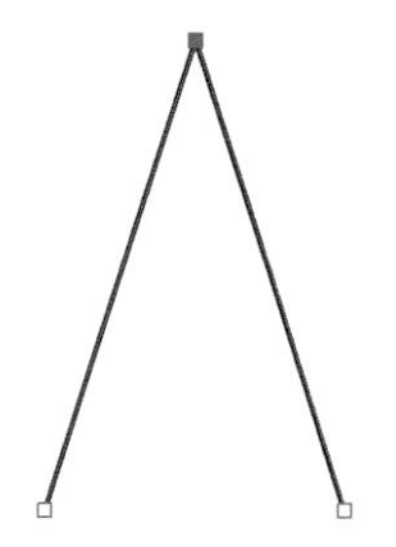

直線セグメントのみを連結したコーナーポイント

曲線セグメントを連結したコーナーポイント

● スムーズポイント

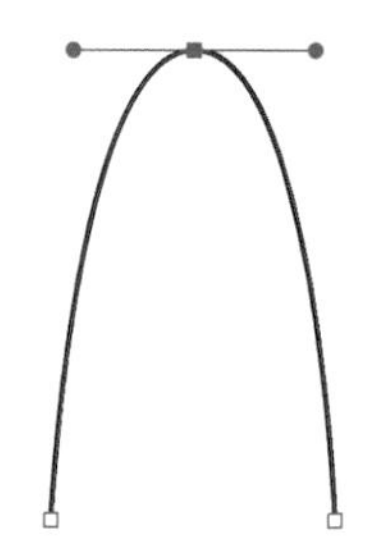

連結できるのは曲線セグメントのみ

オープンパスとクローズパス

アンカーポイントの始点と終点が閉じられていないパスを「オープンパス」、始点と終点が連結して閉じられているパスを「クローズパス」といいます。

● オープンパス

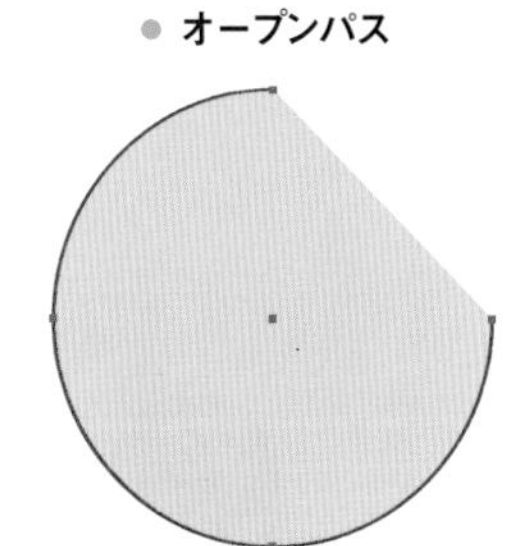

● クローズパス

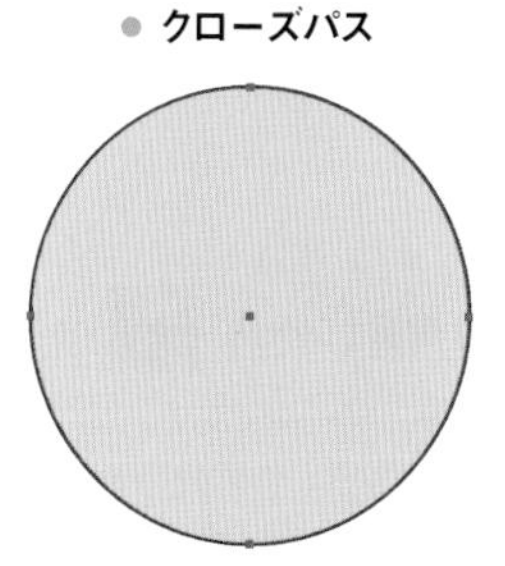

オブジェクト

パスで作成された線や図形は「オブジェクト」という単位になります。オブジェクトには、[線]と[塗り]という属性があります▸▸049。オープンパスの場合、[塗り]は始点のアンカーポイントと終点のアンカーポイントを直線で結ぶ形状で閉じられます。
Illustratorでは、複数のオブジェクトを重ねて「アートワーク」を作成します。複数のオブジェクトは、ひとまとめにして扱えるようにグループ機能があります▸▸040。
なお、線や図形以外のオブジェクトに、テキストがあります▸▸128。

パスとして描かれた線と、属性としての[線]の違いに注意しましょう。

017 選択ツールの使い分け方を知りたい

使用機能 [選択]ツール、[ダイレクト選択]ツール、[グループ選択]ツール、[自動選択]ツール、[なげなわ]ツール

パスやオブジェクトを操作するためには、まず対象の選択が必要です。Illustratorにはいくつかの選択ツールがあり、用途やシーンに応じて使い分けると便利です。

選択ツールの種類

主な選択ツールには、[選択]ツールⒶ、[ダイレクト選択]ツールⒷ、[グループ選択]ツールⒸ、[自動選択]ツールⒹ、[なげなわ]ツールⒺの5種類があります。なかでも[選択]ツールと[ダイレクト選択]ツールは使用頻度が高いので、使い方と一緒にショートカットを覚えておくとよいでしょう。

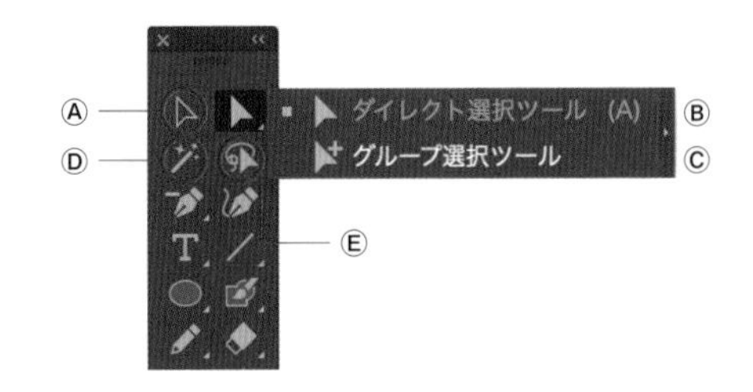

[選択]ツール

[選択]ツールでクリックまたは囲むようにドラッグすると、パスやオブジェクトを選択できます。グループ化したオブジェクト ▸▸040 では、全体が選択されます。

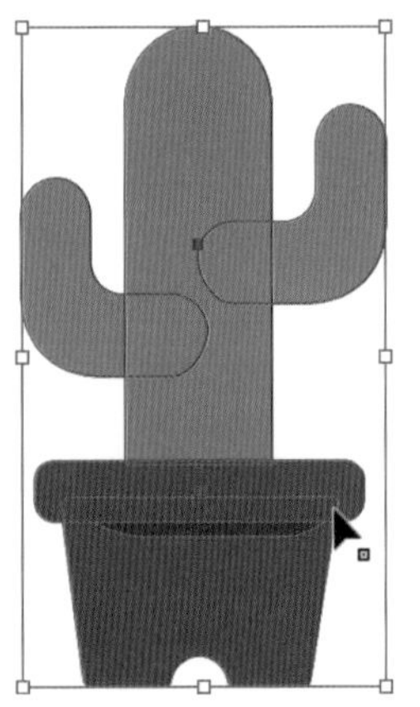

グループ化したオブジェクトを選択ツールで選択した場合

Short Cut [選択]ツール(の選択):Vキー

Memo 他のツールを使用中にcommandキーを押すと、キーを押している間は[選択]ツールに切り替わります。

● [ダイレクト選択] ツール

クリックまたは囲むようにドラッグすると、オブジェクトの一部を選択❶したり、アンカーポイントやセグメント❷、複数のアンカーポイントを選択❸したりすることができます。

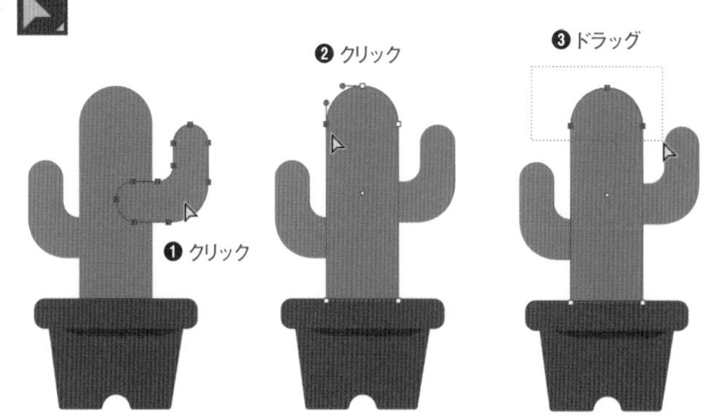

Short Cut　[ダイレクト選択] ツール(の選択):Aキー

● [グループ選択] ツール 

グループ化されたオブジェクトをクリックするごとに、ひとつ上のグループが選択されて、オブジェクトの選択範囲が増えていきます。

以下の例は、「グループ化したサボテン」Ⓐと「グループ化した鉢」Ⓑをさらにグループ化したオブジェクトⒸです。このような、段階を分けてグループ化したオブジェクトの場合は、2回目のクリックで1回目に選択したオブジェクトをグループ化しているグループ全体が選択され、3回目のクリックでそのグループをまとめているさらに上のグループ全体が選択されます。

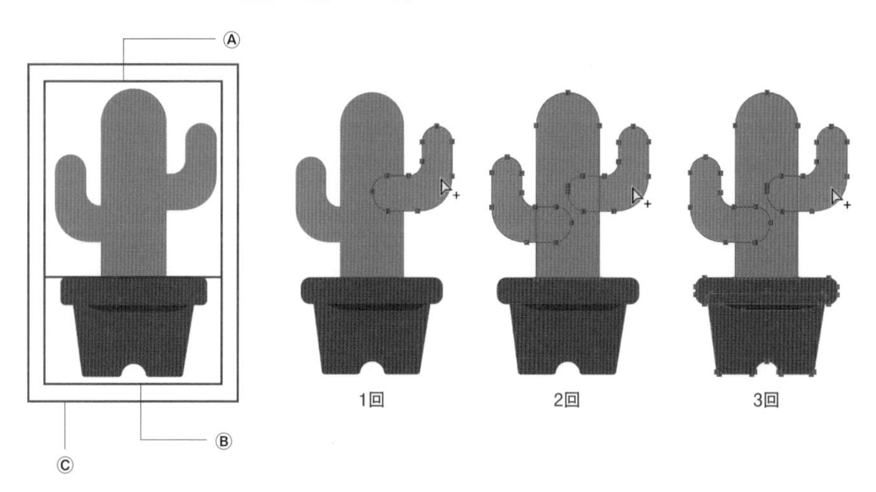

Memo

[ダイレクト選択] ツール使用時、同時にoptionキーを押していると[グループ選択] ツールになります。

● [自動選択] ツール 

オブジェクトをクリックすると❶、カラー、線幅、線のカラーなどの属性が同じオブジェクトが選択されます❷。右の例は、同じカラーのオブジェクトを選択している例です。

Short Cut [自動選択] ツール (の選択) : Yキー

[自動選択] ツールをダブルクリックすると [自動選択] パネルが表示され、[自動選択] に含めたい範囲をオプションで選択できます。許容値を設定することで、選択の精度を変更することができます。右の設定では、許容値「20」までの類似カラー、線幅の差が2mm以内の線を選択することができます。

● [なげなわ] ツール 

オブジェクト全体または一部を囲むようにドラッグすると❶、囲んだ範囲内にあるアンカーポイント、セグメントが選択されます❷。

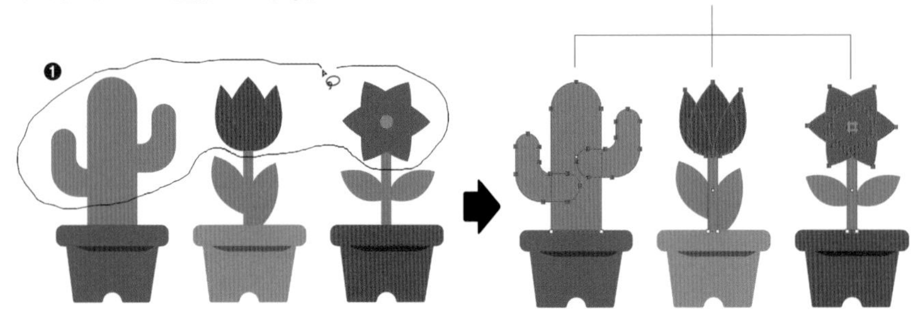

Short Cut [なげなわ] ツール (の選択) : Qキー

018 [ペン]ツールを使って線を描画したい

使用機能 [ペン]ツール

[ペン]ツールは、現実の筆記用具のペンとはまったくの別物といってよく、マウス操作によって「ベジェ曲線」というパスを描画します。初めて使うときは難しく感じるかもしれませんが、慣れると思い通りのパスを描くことができます。

[ペン]ツールの選択とカラーの設定

ツールバーから[ペン]ツールを選択します❶。ツールバーの[塗り]のボックスをクリックして前面に表示し❷、「なし」をクリックして❸[塗り]を「なし」に設定します。[線]のボックスをダブルクリックすると❹、[カラーピッカー]ダイアログが表示されるので、カラーを設定し❺、[OK]ボタンをクリックします❻。ここでは「C:0 M:0 Y:0 K:100」に設定します。なお、カラーの設定方法は他にもあります ▸▸049。

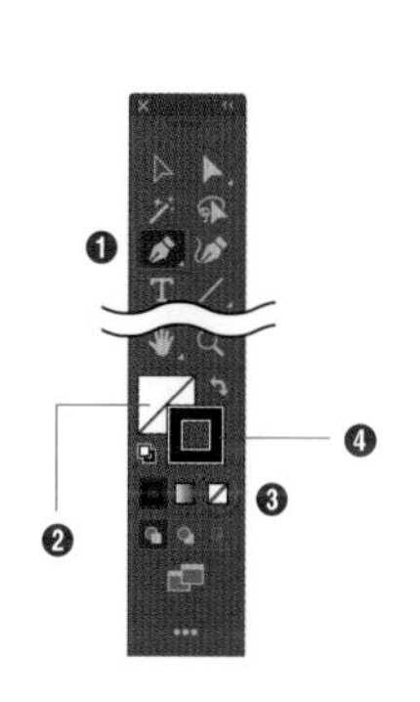

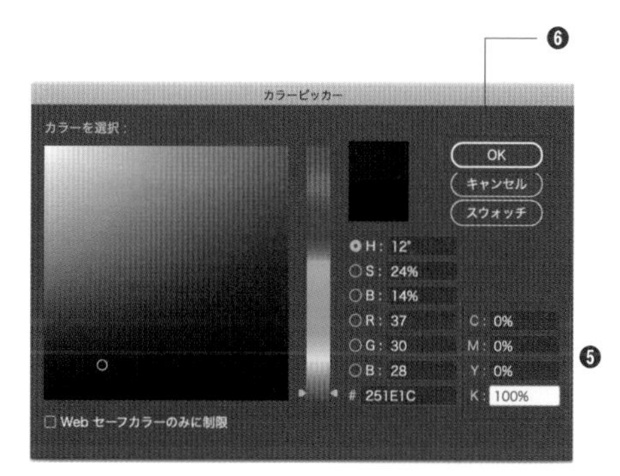

直線の描き方

[ペン]ツールを選択し、直線の描画を開始したい位置でクリックします。次に、直線の描画を終了したい位置でクリックします。すると、クリックした位置を結ぶ直線が描画されます。クリックを繰り返すと、直線が連続的に描画されます。

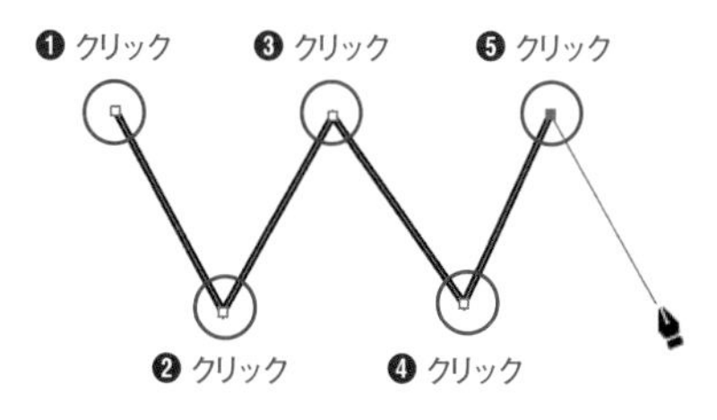

Memo

[直線]ツールを選択してドラッグ操作することでも、直線を描画することができます。ただし、[直線]ツールは1本の直線を描画するツールのため、[ペン]ツールのように、コーナーポイントで連結した直線を描画することはできません。

曲線の描き方

1 曲線の描画を開始したい位置でマウスのボタンを押すと、その位置にアンカーポイントが作成され❶、そのままドラッグすると❷、マウスポインタに合わせて方向線が伸びます❸。このとき、アンカーポイントを境にした反対方向にも同じ長さの方向線が伸びます❹。

2 マウスから指を離してマウスポインタを移動すると❶、アンカーポイントとマウスポインタの先を結ぶ曲線がプレビューされます❷。

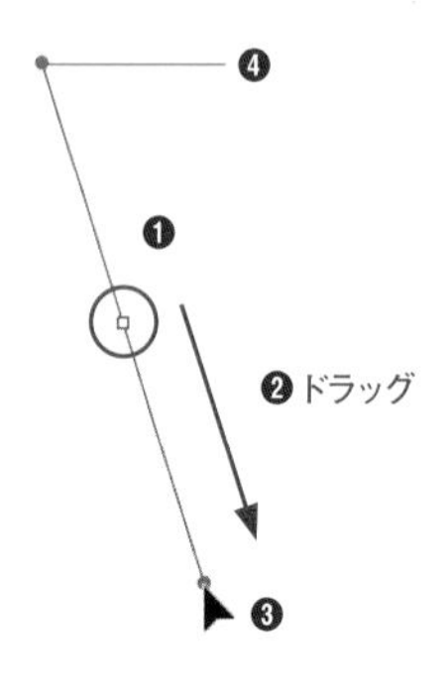

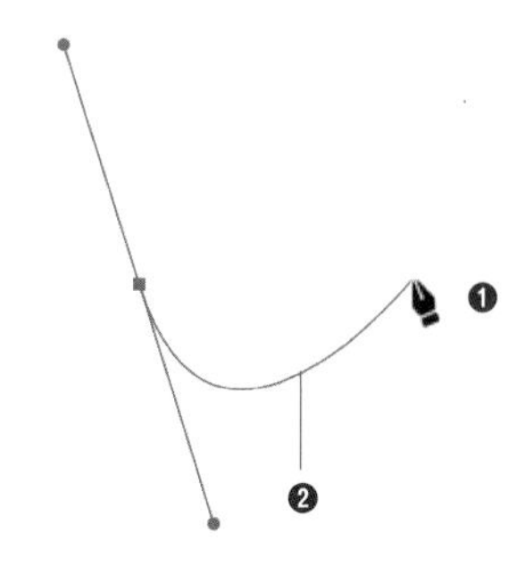

3 曲線の描画を終了したい位置でマウスのボタンを押し❶、そのままドラッグします❷。ドラッグの長さや角度によって曲線のプレビューが変化します。イメージ通りの形状になったらマウスのボタンから指を離します❸。すると、曲線が作成されます❹。

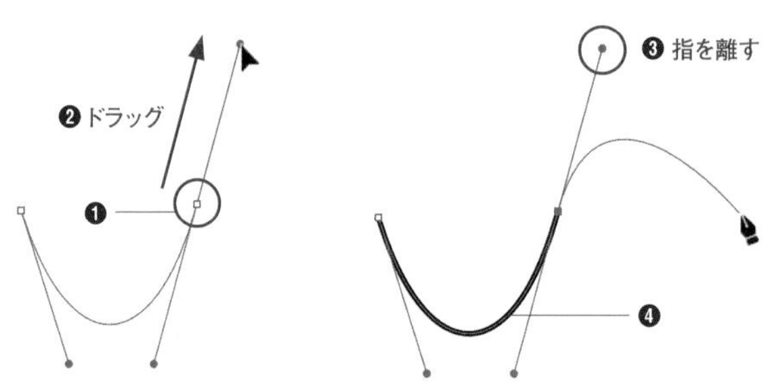

4 3の手順を繰り返すと、連続した曲線が作成できます。

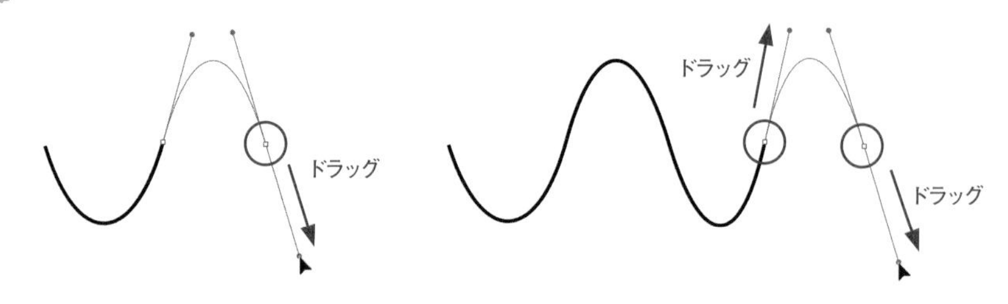

Memo

2の手順で表示される曲線のプレビューはラバーバンドという機能で、表示／非表示を設定できます。[Illustrator]メニュー→[環境設定]→[選択範囲・アンカー表示]をクリックすると、[環境設定]ダイアログの[選択範囲・アンカー表示] 項目が表示されるので、[ラバーバンドを有効にする] を設定します。[ラバーバンドを有効にする] にチェックを入れると、曲線のプレビューが表示されます (デフォルトではチェックが入っています)。

描画の終了

オープンパスを作成するか、クローズパスを作成するかで、描画の終了操作は異なります。

Ⓐオープンパスを作成したい場合

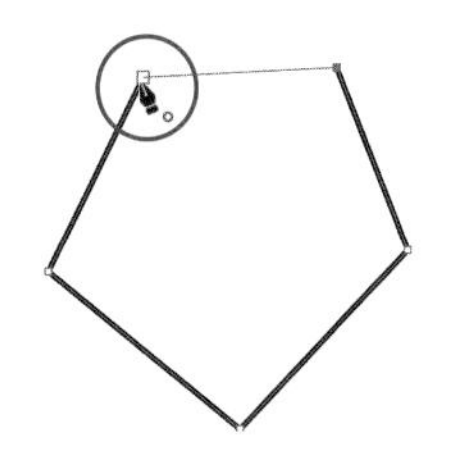

下記のいずれかの方法で描画を終了します。

- command キーを押しながらドキュメントの空いたスペースをクリックする
- ツールバーから他のツールを選択する
- Enter キーを押す

Ⓑクローズパスを作成したい場合

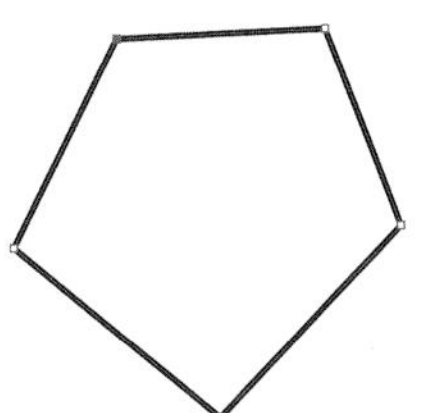

最初に作成したアンカーポイント（始点）の上にマウスポインタを合わせると、マウスポインタの右下に小さな円が表示されます。この状態でクリックまたはドラッグします。クリックしたときは直線、ドラッグしたときは曲線が最後に描画されて終了します。

曲線セグメントの調整

曲線セグメントの形状を調整するには、[ダイレクト選択] ツールか [アンカーポイント] ツールで方向点をドラッグします。

- **[ダイレクト選択] ツールの利用**

[ダイレクト選択] ツールで方向点をドラッグすると❶、スムーズポイントを維持したまま❷、隣接する曲線セグメントも一緒に変形します❸。選択中の方向線に対応する曲線セグメントは、方向線の向きに沿うように頂点が移動し、方向線が長くなるほど角度が急なカーブになります

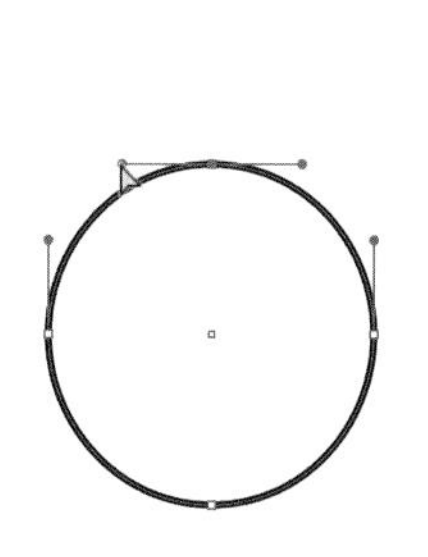

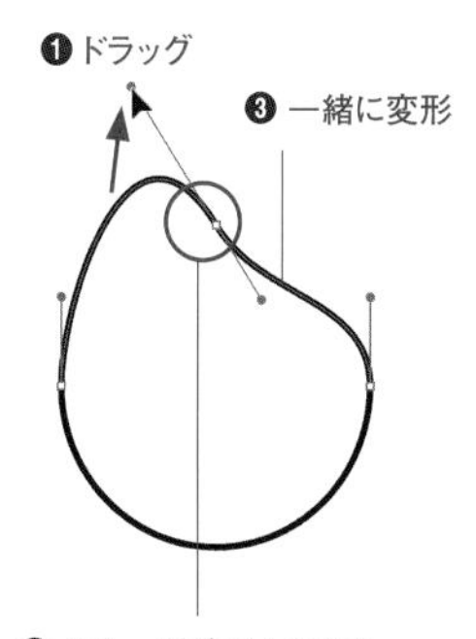

● [アンカーポイント]ツールの利用

[アンカーポイント]ツールでドラッグすると❶、選択中の方向線に対応する曲線セグメントのみ変形し❷、隣接する曲線セグメントの形状は変化しません❸。また、両セグメントを結ぶアンカーポイントは、コーナーポイントに切り替わります❹。

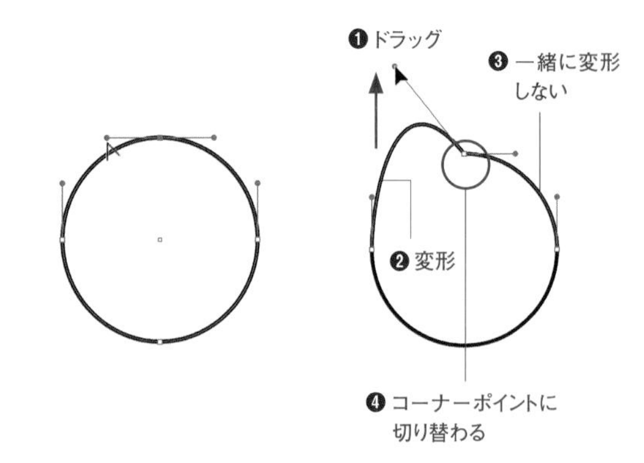

Memo

[アンカーポイント]ツールは、[ペン]ツールをマウスのボタンで長押し、または option キーを押しながらクリックすると表示されます。

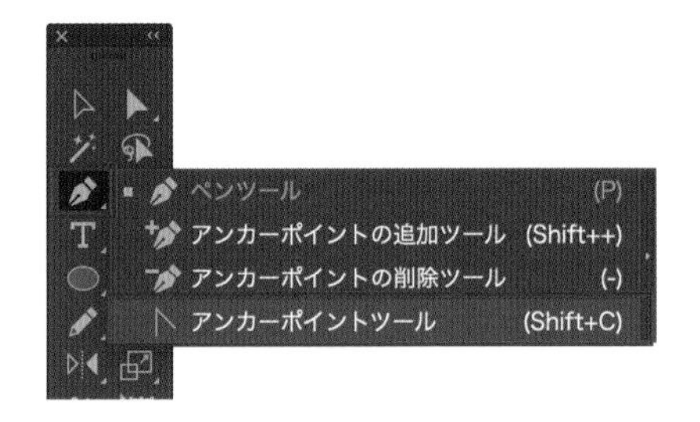

Short Cut [アンカーポイント]ツール(の選択):shift + C キー

● アンカーポイントの移動

アンカーポイントを[ダイレクト選択]ツールでドラッグするか、アンカーポイントを選択して方向キーを押します。

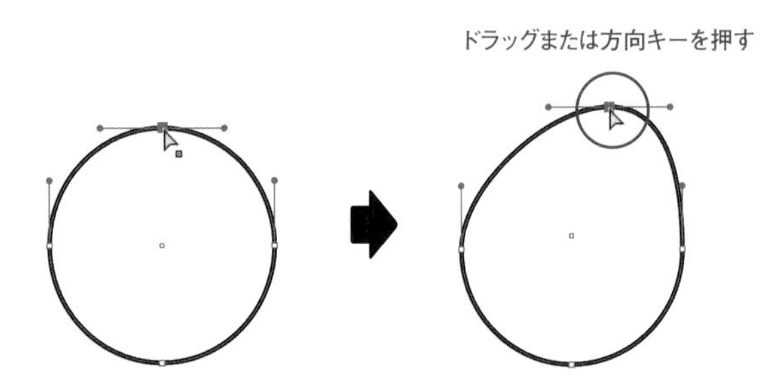

コーナーポイントとスムーズポイントの切り替え

コーナーポイントとスムーズポイントは切り替えることができます。下記のいずれかの方法で切り替えます。

- [アンカーポイント] ツール でアンカーポイントをクリックまたはドラッグする
- アンカーポイントを選択し、コントロールパネル ▸▸004 の [変換] のいずれかのボタンをクリックする

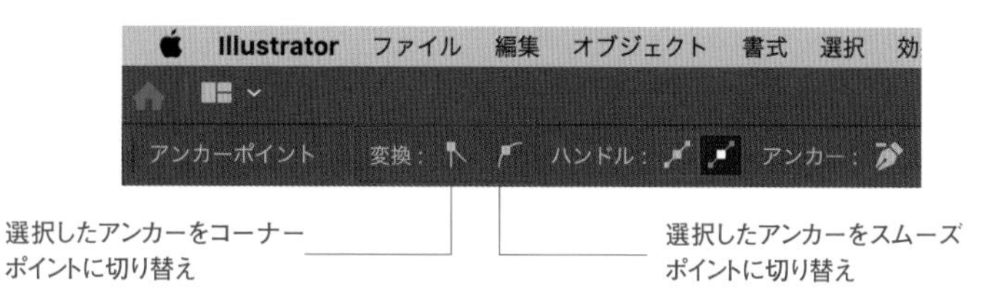

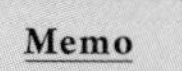

アンカーポイントは、選択すると色が変わります。

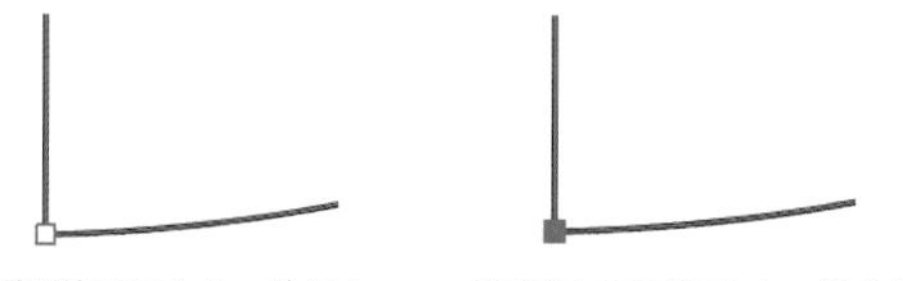

未選択のアンカーポイント　選択されているアンカーポイント

コーナーポイントで結合された曲線セグメントを描画

[ペン] ツールの使用中、option キーを押している間は [コーナーポイント] ツールに切り替わります。この機能を利用すると、コーナーポイントで結合された曲線セグメントを描画することができます。
まず、曲線セグメントを描画します。

option キーを押しながら方向点をドラッグします❶。方向線がアンカーポイントを境に折れ曲がり、ドラッグした方向に伸びます❷。

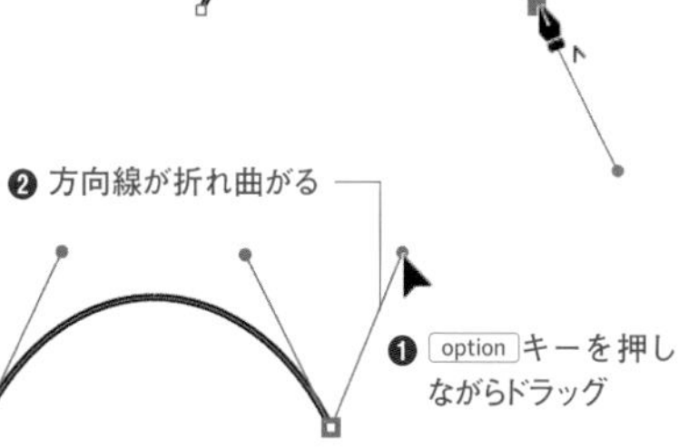

続けて曲線セグメントを描くと、コーナーポイントで結合された曲線になります。

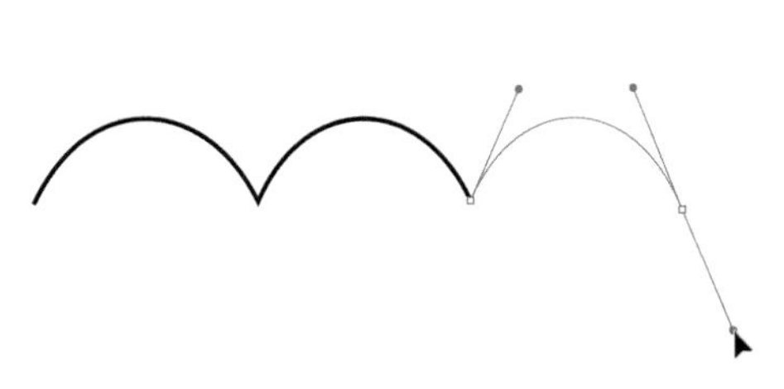

曲線セグメントと直線セグメントを連続して描画

曲線セグメントと直線セグメントを連続して描画するには、次のように行います。

Ⓐ曲線セグメントから直線セグメントを連結

曲線セグメントを描画し、方向線が伸びているアンカーポイントをクリックします❶。すると、片側の方向線が削除され、直線の開始位置となります❷。

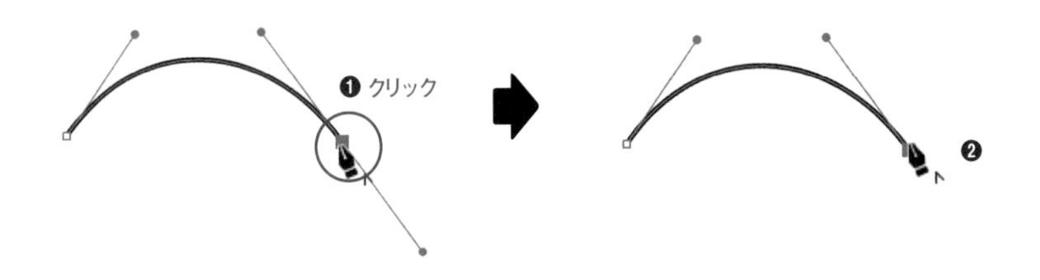

マウスポインタを直線の終了位置に移動してクリックすると❶、曲線セグメントに続けて直線セグメントが描画されます❷。

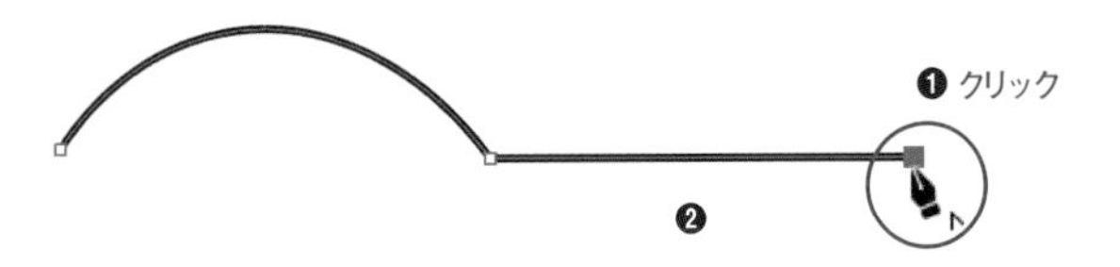

Ⓑ直線セグメントから曲線セグメントを連結

直線セグメントの終点のアンカーポイントをドラッグすると、方向線が引き出され、曲線の開始位置となります❶。マウスポインタを曲線の終了位置に移動してドラッグすると❷、直線セグメントに続けて曲線セグメントが描画されます❸。

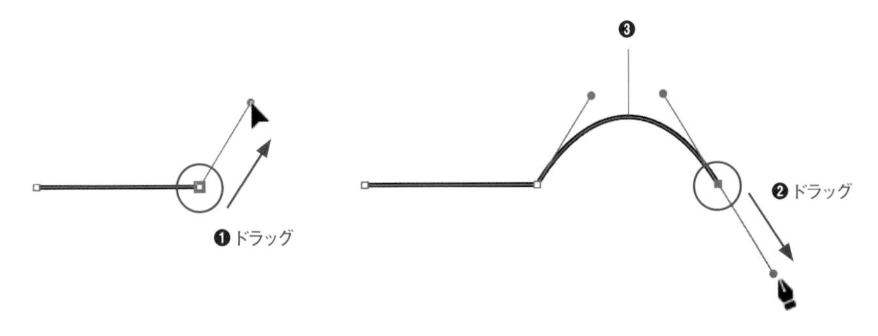

019 アンカーポイントを追加してパスを細かく調整したい

使用機能 ［アンカーポイントの追加］ツール、［アンカーポイントの削除］ツール

セグメントにアンカーポイントを追加することで、より細かくパスを調整することができるようになります。また、余分なアンカーポイントを削除することもできます。

任意の位置にアンカーポイントを追加

1 ツールバーの［ペン］ツールをマウスのボタンで長押しまたは option キーを押しながらクリックして❶、［アンカーポイントの追加］ツールを選択します❷。

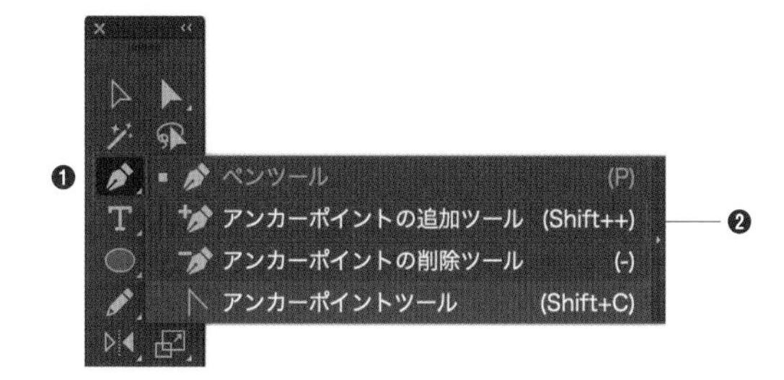

Short Cut ［アンカーポイントの追加］ツール（の選択）：shift ＋ ＋ キー

2 オブジェクトのセグメントをクリックします❶。クリックした位置にアンカーポイントが追加され❷、同時に方向線、方向点も表示されます。ここでは、［楕円形］ツールで作成した ▸▸025 円形のオブジェクトにパスを追加しています。

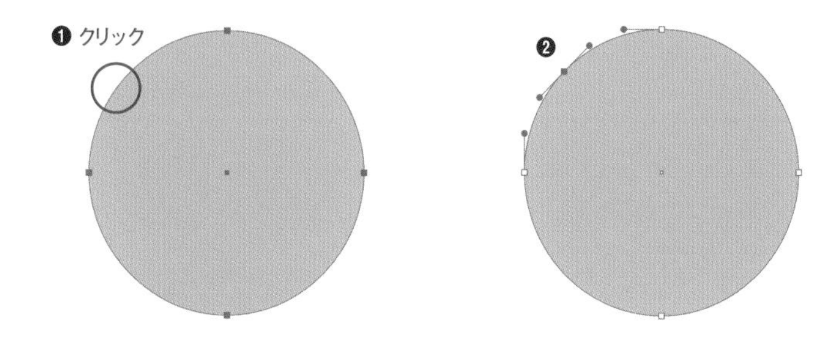

Memo

選択ツールでオブジェクトを選択し、［ペン］ツールでセグメントの上にマウスポインタを合わせると、自動的に［アンカーポイントの追加］ツールに切り替わります。

オブジェクトの全セグメントにアンカーポイントを追加

1 選択ツールでオブジェクトを選択して❶、[オブジェクト] メニュー→ [パス] → [アンカーポイントの追加] をクリックします❷。

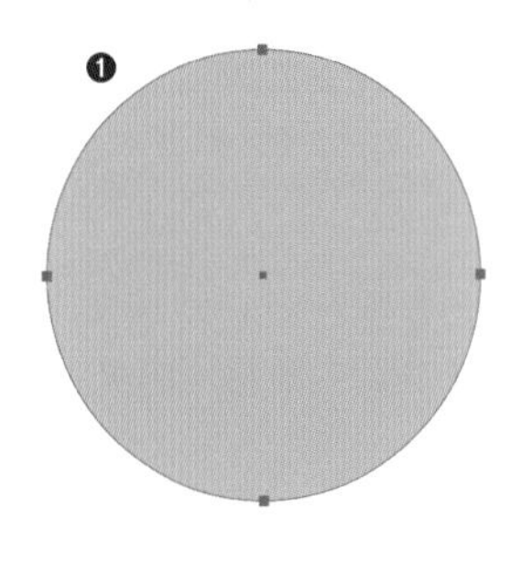

2 全セグメントの中央にアンカーポイントが追加されます。

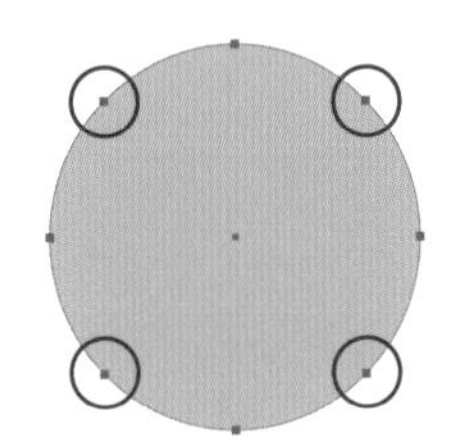

任意のアンカーポイントを削除

1 ツールバーの [ペン] ツールをマウスのボタンで長押しまたは option キーを押しながらクリックして❶、[アンカーポイントの削除] ツールを選択します❷。

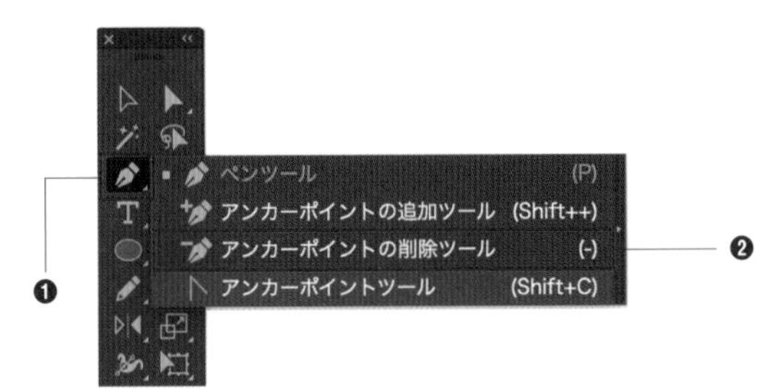

Short Cut [アンカーポイントの削除] ツール (の選択) : -キー

2 削除したいアンカーポイントをクリックします❶。すると、アンカーポイントが削除され、隣接していたふたつのセグメントが結合されて変形します❷。

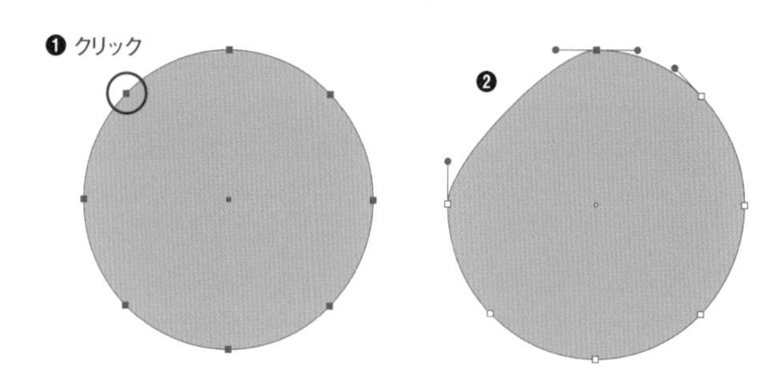

選択ツールでオブジェクトを選択し、[ペン] ツールでアンカーポイントの上にマウスポインタを合わせると、自動的に[アンカーポイントの削除] ツールに切り替わります。

一度に複数のアンカーポイントを削除

1 [ダイレクト選択] ツールを選択し、shift キーを押しながら、複数のアンカーポイントをクリックします❶。[オブジェクト] メニュー→ [パス] → [アンカーポイントの削除] をクリックします❷。

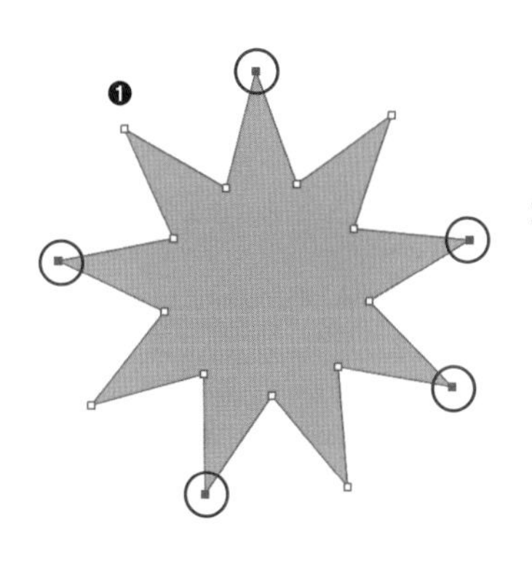

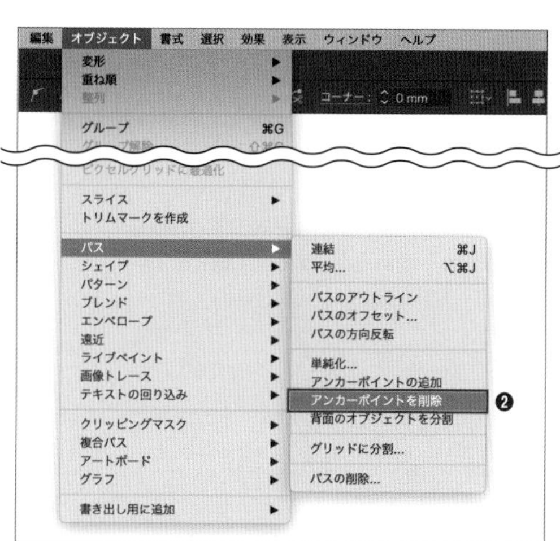

2 選択したアンカーポイントが削除されます。

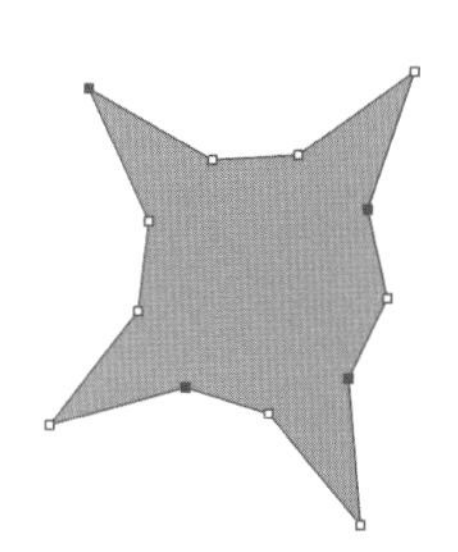

020 クリック操作で曲線を描画したい

使用機能 ［曲線］ツール

［曲線］ツールを使用すると、クリックした地点を結ぶように曲線を作成することができます。このツールでは方向線を操作しません。

曲線の描画

1 ［曲線］ツールを選択します。［塗り］のカラーを「なし」、［線］のカラーを任意の色に設定します ▸▸018。

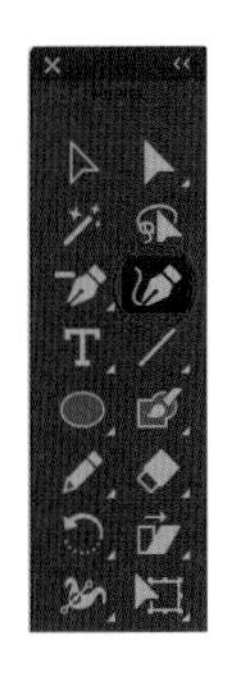

2 ドキュメント上で2箇所クリックし、2点のアンカーポイントを作成します❶。マウスポインタを移動すると❷、2点のアンカーポイントとマウスポインタの現在位置を結ぶ曲線が、ラバーバンド機能 ▸▸018 でプレビューされます❸。

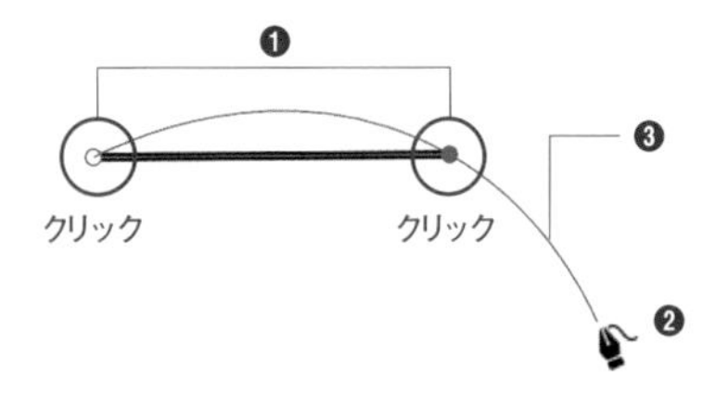

3 クリックすると❶、プレビューされていた曲線がセグメントとして確定します❷。クリック動作を続けると、スムーズポイントで結ばれた曲線を連続して描画することができます。

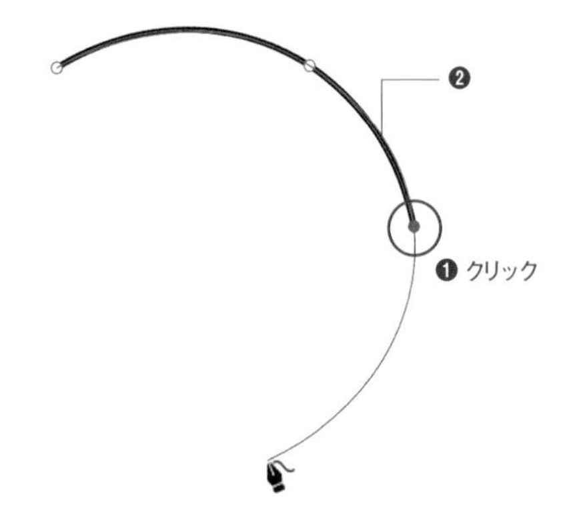

曲線から直線への切り替え

曲線を描画中に、最後のアンカーポイントをダブルクリックするか、option キーを押しながらクリックします❶。すると、[コーナーポイント] が作成されます。この操作を2回繰り返すことで❷、直線を描画することができます。続けて新たな位置をクリックすると、再び [スムーズポイント] が作成され、曲線を描画します。

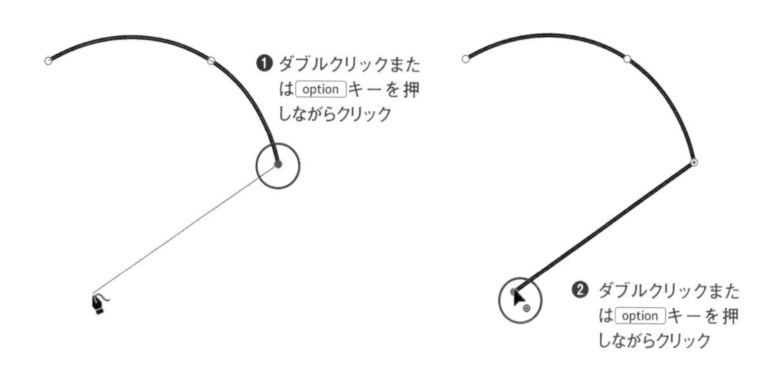

描画の終了

オープンパスを作成するか、クローズパスを作成するかで、描画の終了操作は異なります。クローズパスを作成するには始点をクリックします。オープンパスにするには、esc キーを押します。

POINT

[曲線] ツールで描いたパスは、以下のような操作が可能です。

- **スムーズポイントの追加** …… [曲線] ツールで、パスの追加したい位置をクリックします。
- **スムーズポイントとコーナーポイントを切り替え** …… [曲線] ツールで、切り替えたいアンカーポイントをダブルクリックします。
- **アンカーポイントの移動** …… 移動したいアンカーポイントを [曲線] ツールまたは [ダイレクト選択] ツールでドラッグします。
- **アンカーポイントの削除** …… [曲線] ツールまたは [ダイレクト選択] ツールでアンカーポイントを選択してから、delete キーを押します。削除しても、パスが途切れることはなく、曲線が保持されます。

021 離れたパスや交差するパスを連結したい

使用機能　パスの連結、[連結] ツール

離れた位置にあるオープンパスや交差するパスを、簡単に連結してクローズパスにすることができます。

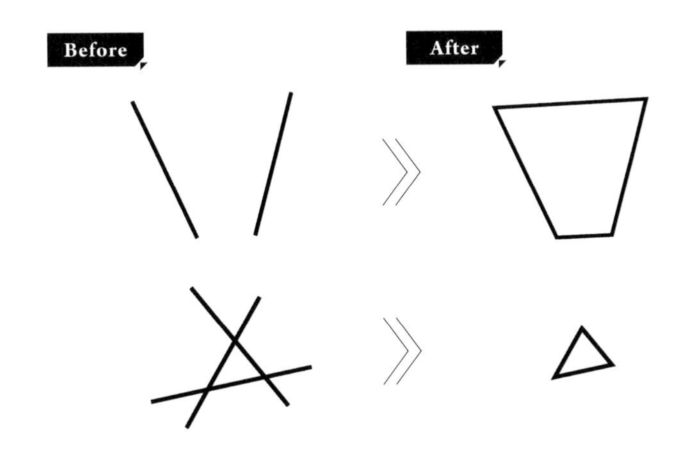

離れたオープンパスの連結

1 選択ツールでふたつ以上の離れたオープンパスを選択して❶、[オブジェクト] メニュー→ [パス] → [連結] をクリックします❷。

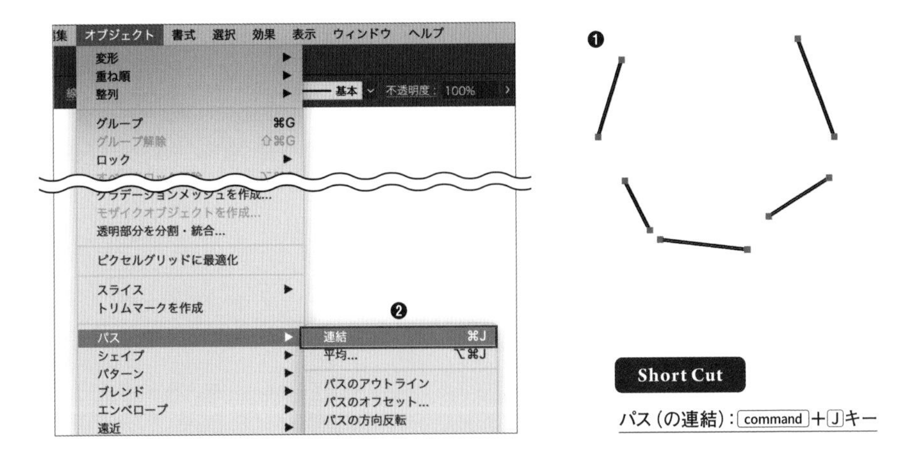

Short Cut

パス（の連結）：command＋Jキー

2 パスの最短距離にある端点同士が直線で連結します。このとき、最も離れている端点同士は連結されません。

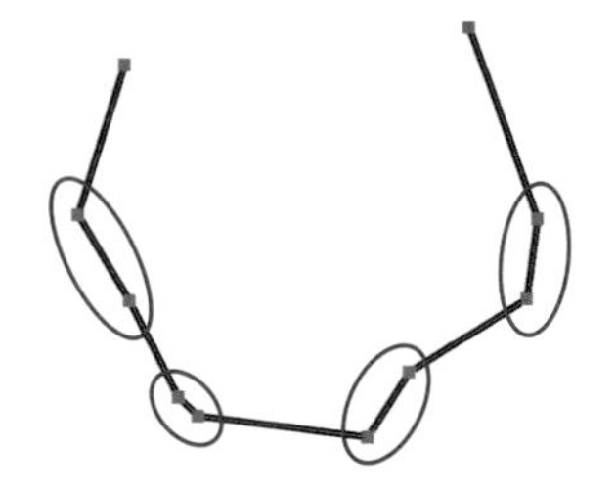

3 もう一度［オブジェクト］メニュー→［パス］→［連結］をクリックすると、残っていた端点同士が連結され、クローズパスになります。

交差するパスの連結

1 ツールバーの［Shaper］ツールをマウスのボタンで長押しまたは option キーを押しながらクリックして❶、［連結］ツールを選択します❷。

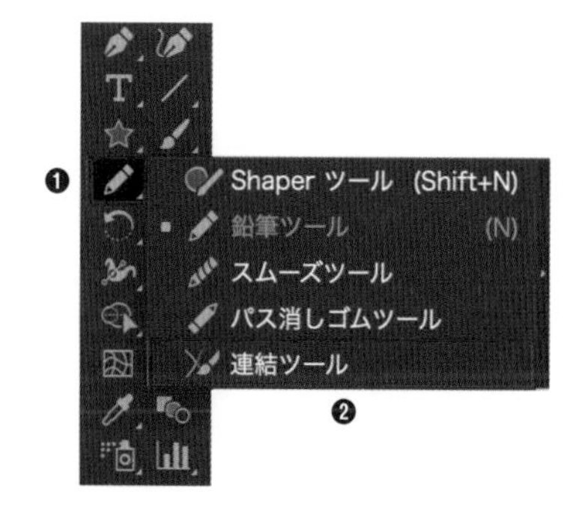

2 交差したオブジェクトの、はみ出している部分をドラッグします❶。するとドラッグした部分のパスが削除され、交差している部分がコーナーポイントで連結されます❷。

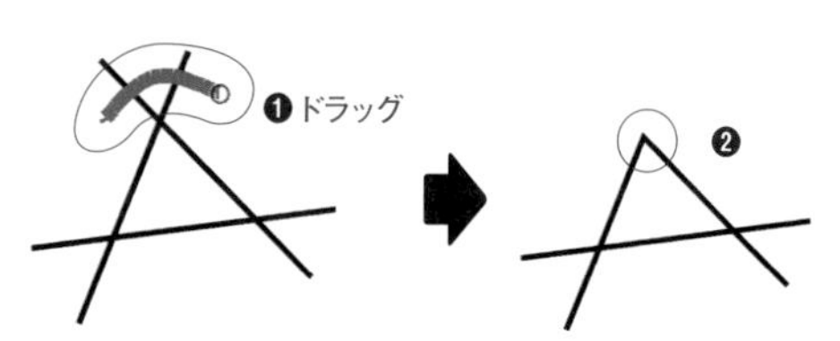

3 2の手順を繰り返してはみ出た部分をすべて削除すると、パスの交差で作られていた図形がクローズパスになります。

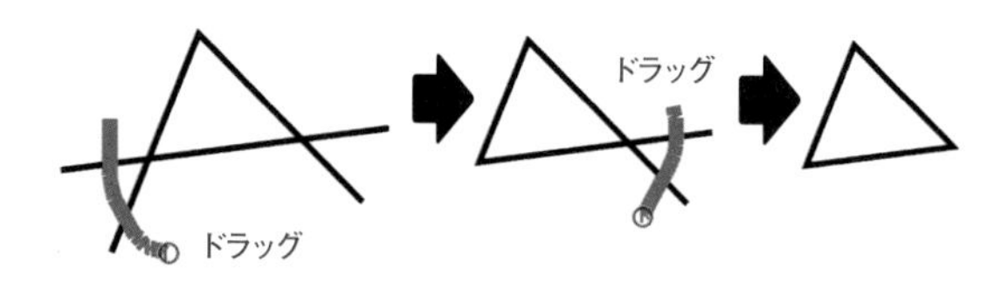

Memo ［連結］ツールは、一度に1箇所の部分でのみ使用できます。

022 鉛筆で描くように ドラッグ操作でパスを描画したい

使用機能 [鉛筆]ツール

[鉛筆]ツールを使用すると、ドラッグした跡がそのままパスになり、アンカーポイントが自動で追加されます。ペンタブレットを使用してイラストを描くときに、特に便利なツールです。

1 ツールバーの[Shaper]ツールをマウスのボタンで長押しまたは option キーを押しながらクリックして、[鉛筆]ツールを選択します。[塗り]のカラーを「なし」、[線]のカラーを任意の色に設定します ▸▸018。

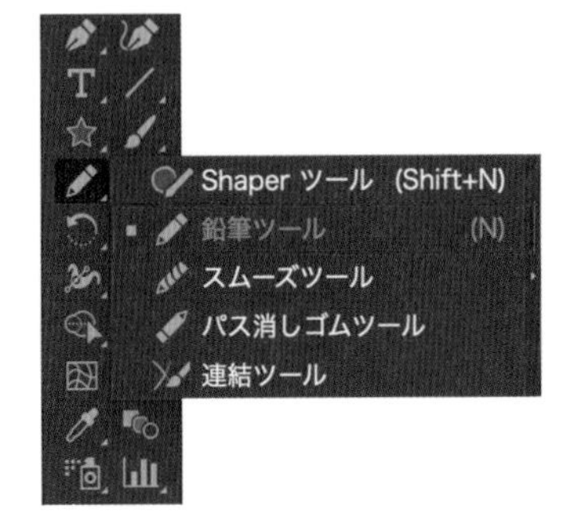

2 ドキュメント上でドラッグすると❶、ドラッグした跡がそのままパスになります❷。このとき、アンカーポイントが自動的に追加されます❸。

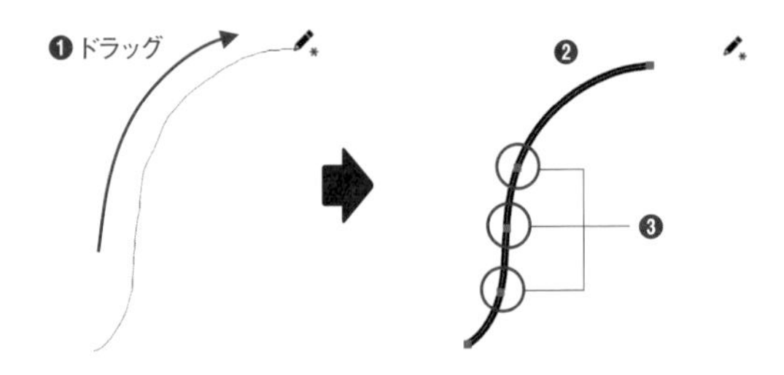

3 パスの端点にマウスポインタを近づけると、マウスポインタの右下に「/」記号が表示されます❶。この状態でドラッグすると❷、パスの続きを描くことができます。

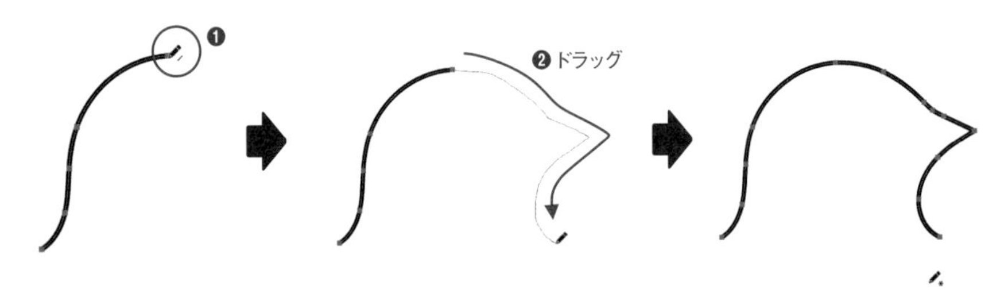

Memo

パスの続きを描くことができない場合は、後述の[鉛筆ツールオプション]ダイアログで[選択したパスを編集]にチェックを入れます。

4 ドラッグして始点に終点を近づけると、マウスポインタの右下に小さな円が表示されます❶。この状態でマウスのボタンを離すと、クローズパスが作成されます❷。

クローズパスの作成ができない場合は、以下の［鉛筆ツールオプション］ダイアログで［両端が次の範囲内のときにパスを閉じる］にチェックを入れます。

鉛筆ツールオプション

［鉛筆］ツールでドラッグした跡の精度などを、［鉛筆ツールオプション］ダイアログで設定することができます。ツールバーの［鉛筆］ツールをダブルクリックすると、［鉛筆ツールオプション］ダイアログが表示されます。

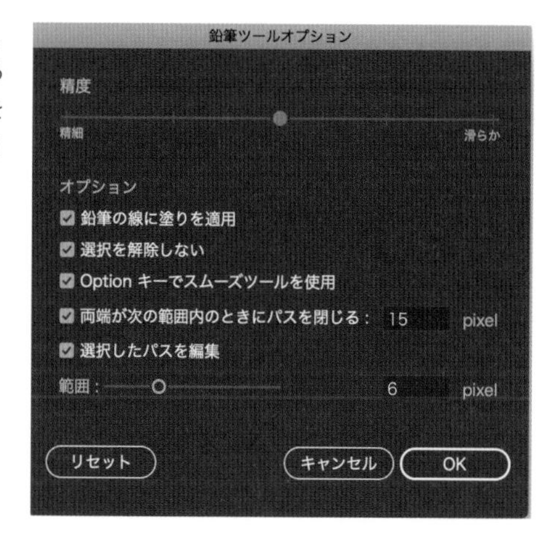

- **精度** …… ドラッグした跡をパス化するときの精度を設定します。スライダーを左の［精細］に移動するほどドラッグ跡に忠実なパスを描画し、アンカーポイントの数も多くなります。逆に右の［滑らか］に移動するほど、ドラッグ跡がなめらかに調整されます。
- **鉛筆の線に塗りを適用** …… ［鉛筆］ツールを使って作成したパスに対して、塗りのカラーを適用します。なお、チェックを入れる前に作成していた線には適用されませんので、必要な場合は、あとから手動で塗りのカラーを設定します。
- **Optionキーでスムーズツールを使用** …… ［鉛筆］ツールを使用している際に option キーを押すと、［スムーズ］ツールに切り替えることができます。なお、この設定は［ブラシ］ツールにも適用されます。
- **両端が次の範囲内のときにパスを閉じる** …… パスの終点を、始点から一定の範囲内に近づけたとき、パスが自動的に閉じてクローズパスになります。範囲は右のボックスで設定できます。
- **選択したパスを編集** …… マウスポインタを、選択したパスに一定の距離まで近づけたときに、そのパスを編集できるようにするかどうかを指定します。距離は［範囲］のスライダーまたはボックスで設定できます。

023 作成したパスの一部分を調整したい

使用機能　[鉛筆] ツール、[スムーズ] ツール

パスの一部分を修正したいときは、アンカーポイントや方向線を調整してパスを変形するよりも、[鉛筆] ツールで描き直してしまうほうが早いことがあります。ここでは、いくつかパスを調整する方法を紹介します。

[鉛筆] ツールでパスを修正

[鉛筆] ツールでパスを上書きするように修正することができます。選択ツールで、修正したいパスを選択します❶。[鉛筆] ツールを選択し、修正したいパスの近くから新しいパスを上書きするように描画します❷。すると、パスが修正されます❸。

Memo

この方法を利用するには、[鉛筆ツールオプション] ダイアログで [選択したパスを編集] を設定する必要があります ▸▸022。

[鉛筆] ツールでふたつのパスを合体

[鉛筆] ツールで、ふたつのパスを合体することができます。選択ツールで、ふたつのパスを選択します❶。[鉛筆] ツールを選択し、片方のパスからもう片方のパスへつなげるようにパスを描画します❷。同様に、もう一度パスをつなぐパスを描画します❸。すると、ふたつのパスが合体します❹。ここではクローズパスを例にしていますが、クローズパスとオープンパスや、オープンパスとオープンパスを合体することもできます。

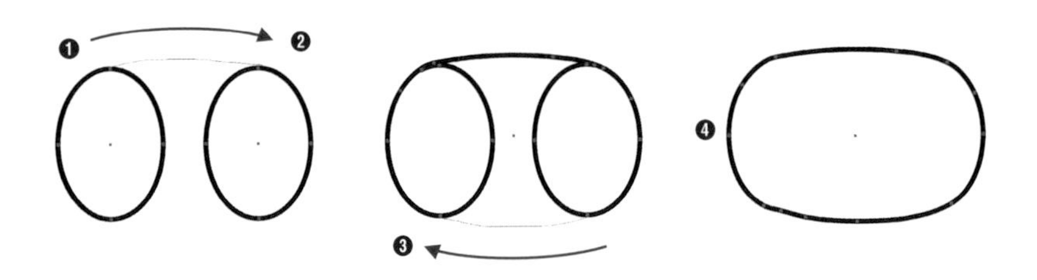

[スムーズ] ツールでパスをなめらかに調整

選択ツールでなめらかに調整したいパスを選択します❶。ツールバーの [Shaper] ツールを option キーを押しながらクリックして、[スムーズ] ツールを選択し、パスをなぞるようにドラッグします❷。すると、アンカーポイントが減り、パスがなめらかになります❸。

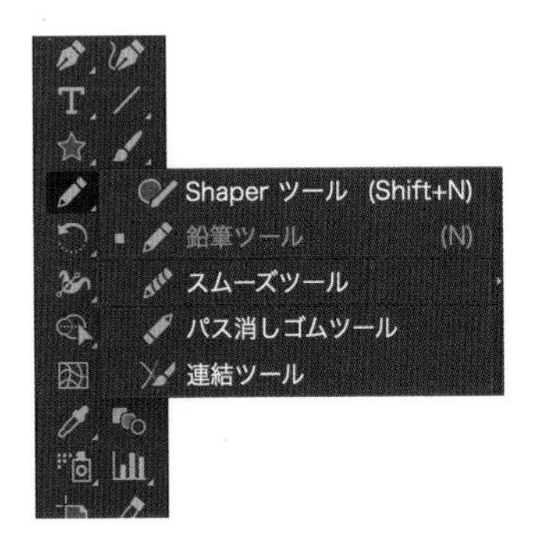

POINT

パスを一気になぞると、形状が大きく変形してしまうことがあります。エリアを細かく分けてなぞるようにします。

Memo

[鉛筆ツールオプション] ダイアログで [Optionキーでスムーズツールオプションに切り替え] を設定しておくと、[鉛筆] ツールの使用中に option キーを押して [スムーズ] ツールに切り替えることができます ▸▸022。

Chap 2 パスと図形の基本の描画

024 「塗り」でパスを描画したい

使用機能 ［塗りブラシ］ツール

［塗りブラシ］ツールで描画したパスは、［塗り］で構成されます。サインペンで描いたようなやわらかな文字やイラストを表現することができます。

塗りのパスを描画

1 ツールバーから［塗りブラシ］ツールを選択します❶。［線］または［塗り］のカラーを任意の色に設定します ▸▸018 ❷。

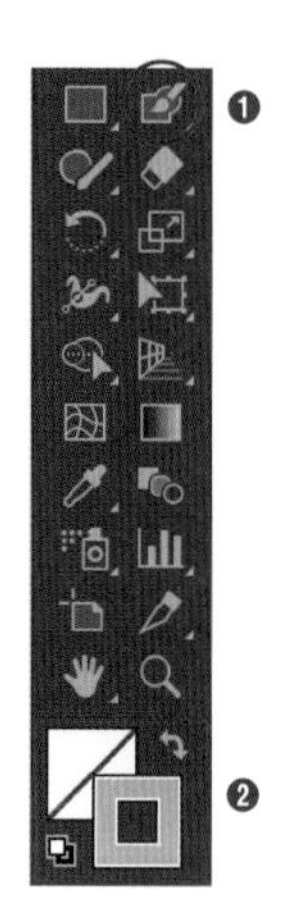

2 ドキュメント上でドラッグすると、ドラッグした跡に沿って［塗り］のオブジェクトが描画されます❶。このとき、［塗り］には［線］のカラーに設定した色が適用されます❷。

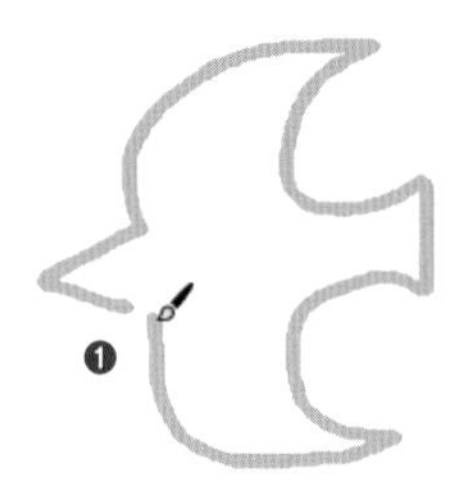

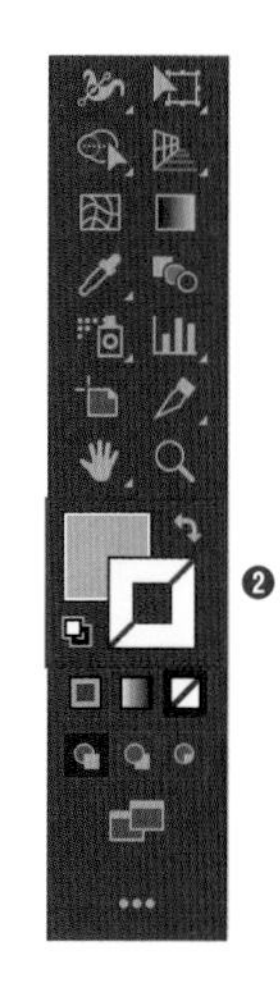

Memo

1の手順で［線］と［塗り］のカラー両方を設定した場合は、［線］に設定した色がオブジェクトの［塗り］に適用されます。

オブジェクトの塗りつぶし

始点と終点がつながるようにパスを描画すると❶、中心がくりぬかれた複合パス ▸▸072 が作成されます。外側または内側のどちらかのパスを［グループ選択］ツールで選択し❷、delete キーで削除すると、色で塗りつぶしたオブジェクトになります❸。

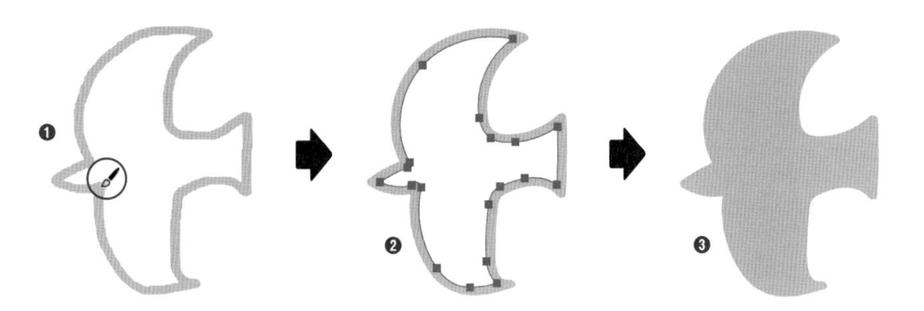

オブジェクトにパスを結合

［塗りブラシ］ツールで既存のオブジェクトと同じカラーでパスを重ねるように描画すると❶、パスはオブジェクトと自動的に結合します❷。内側のパスを削除すると、既存のオブジェクトの塗りつぶし範囲が広がったような結果になります❸。

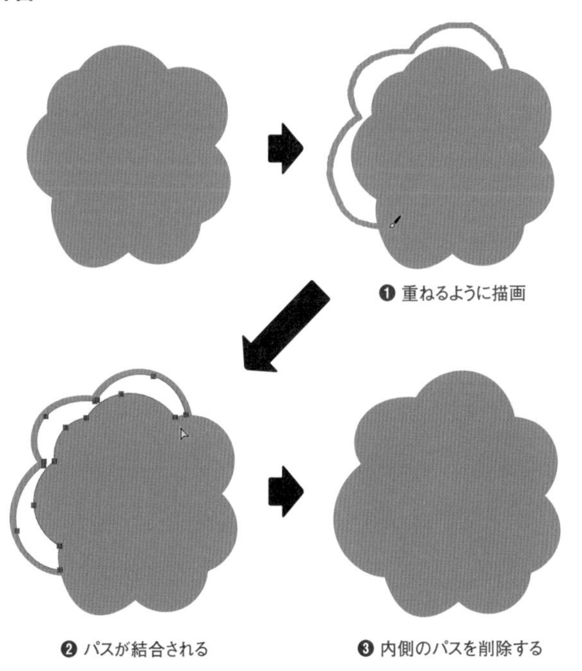

塗りブラシツールオプション

[塗りブラシ] ツールの動作オプションは変更することができます。ツールバーの [塗りブラシ] ツールをダブルクリックすると [塗りブラシツールオプション] ダイアログが表示されます。

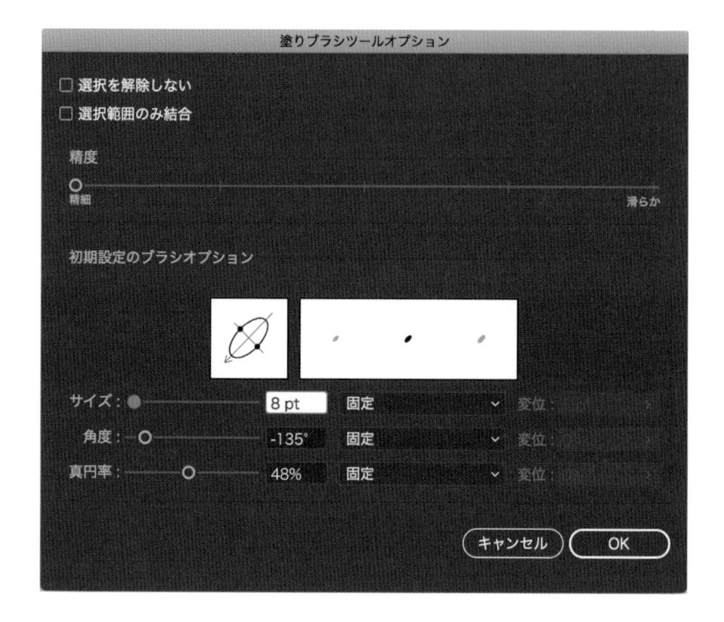

- **選択を解除しない** …… パスの描画中、結合されたパスがずっと選択されたままになります。
- **選択範囲のみ結合** …… 描画したパスは、選択されている既存のパスとのみ結合されます。選択されていない別のパスと交差しても結合しません。
- **精度** …… ドラッグした跡をパス化するときの精度を設定します。スライダーを左の [精細] に移動するほどドラッグ跡に忠実なパスを描画し、アンカーポイントの数も多くなります。逆に右の [滑らか] に移動するほど、ドラッグ跡がなめらかに調整されます。
- **サイズ** …… ブラシのサイズを設定します。右のボックスで設定できます。
- **角度** …… ブラシの回転角度を設定します。右のボックスで設定できます。
- **真円率** …… ブラシの丸みを設定します。右のボックスで設定できます。値を大きくするほど、ペン先が丸くなります。

025 四角形や円などの図形を描きたい

使用機能 [長方形]ツール、[角丸長方形]ツール、[楕円形]ツール、[多角形]ツール、[スター]ツール

四角形、円、星型などのパスには、[ペン]ツールなどを使用するのではなく、各図形ツールを使用すると正確に描画できます。どの図形ツールも基本的な操作は共通しています。

図形ツールの選択とカラーの設定

ツールバーの[長方形]ツールをマウスのボタンで長押し、または option キーを押しながらクリックし❶、各図形ツールを選択します。描画する図形の[塗り]と[線]のカラーを設定します。ツールバーの[塗り]のボックスをダブルクリックすると❷、[カラーピッカー]ダイアログが表示されるので、任意のカラーを設定し❸、[OK]ボタンをクリックします❹。同様に、[線]のボックスをダブルクリックすると❺、[カラーピッカー]ダイアログが表示されるので、任意のカラーを設定し、[OK]ボタンをクリックします。なお、カラーの設定方法は他にもあります ▸▸049。

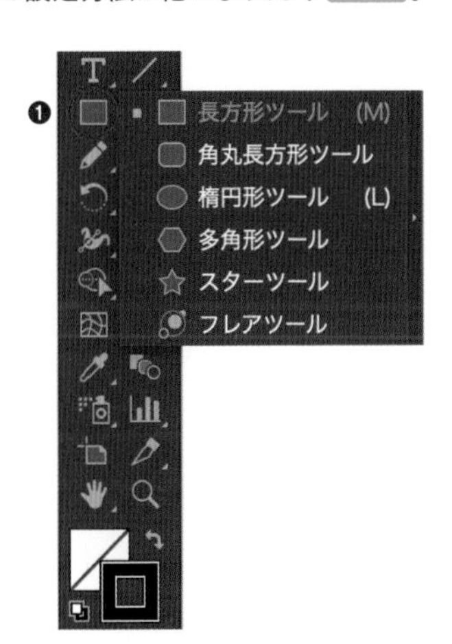

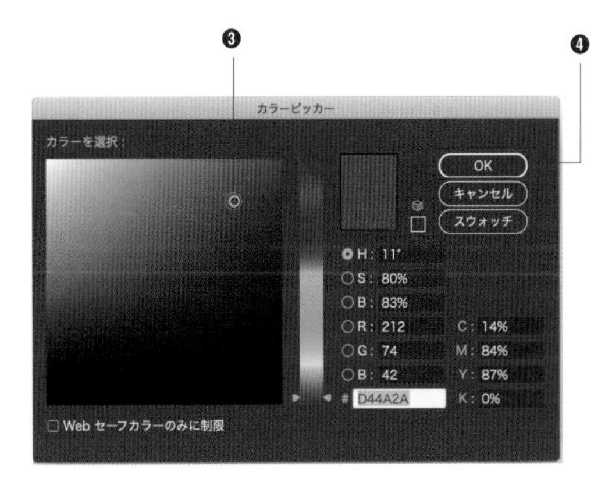

四角形の描画

ツールバーから[長方形]ツール(角丸の長方形を描画する際は[角丸長方形]ツール)を選択します。目的に合わせて次のⒶ～Ⓒいずれかの操作を行います。

Short Cut [長方形]ツール(の選択)：Ⓜキー

Ⓐドラッグ操作で長方形の描画

作成を開始する位置にマウスポインタを合わせ、対角線を描くようにドラッグします❶。このとき、option キーを押しながらドラッグすると、開始位置を中心にして長方形を描画します❷。

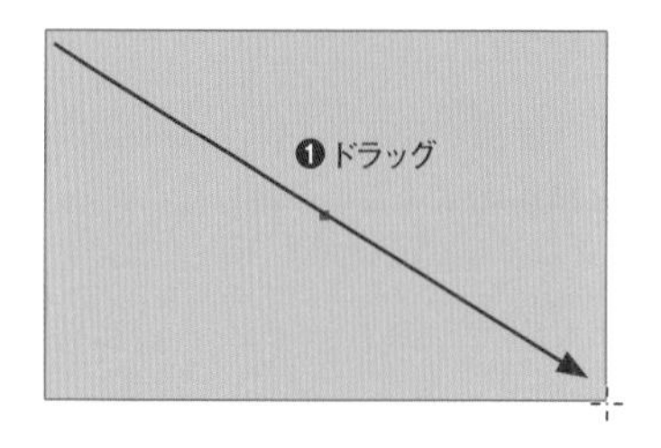

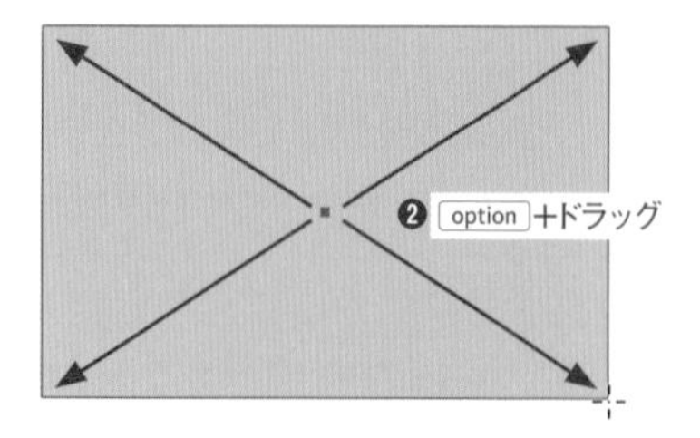

Ⓑドラッグ操作で正方形の描画

作成を開始する位置にマウスポインタを合わせ、shift キーを押しながら対角線を描くようにドラッグします❶。このとき、さらに option キーを押しながらドラッグすると、開始位置を中心にして正方形を描画します❷。

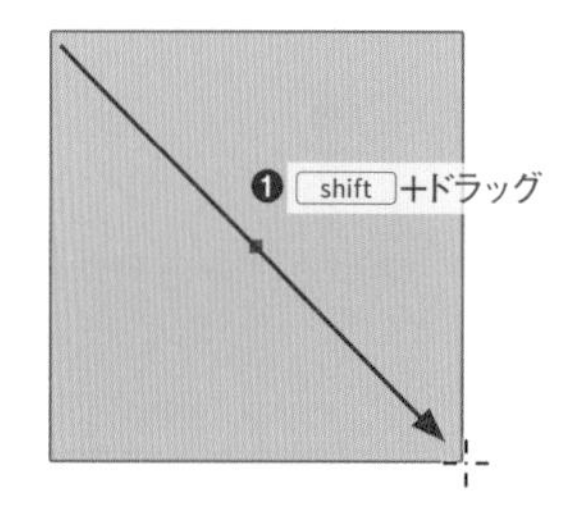

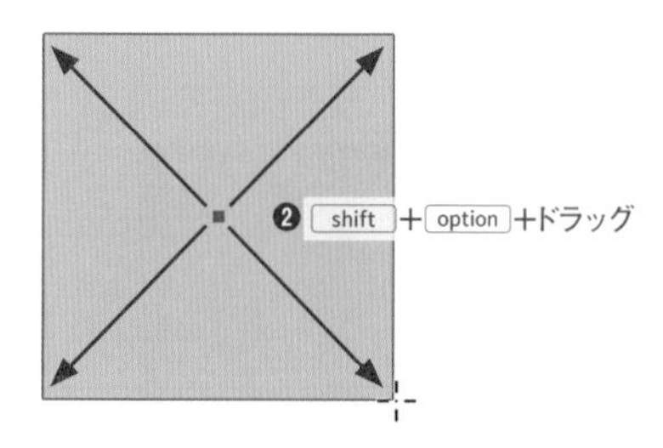

Ⓒ幅と高さを指定して描画

作成を開始する位置をクリックします。[長方形] ダイアログが表示されるので、[幅] と [高さ] を入力して❶、[OK] ボタンをクリックします❷。角丸長方形の場合は、角丸の半径も入力します❸。

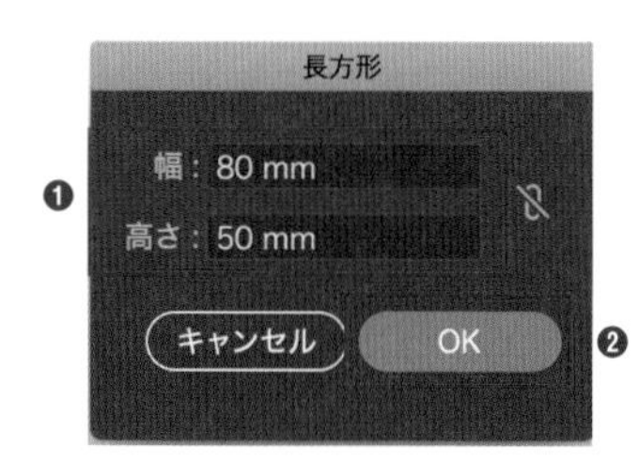

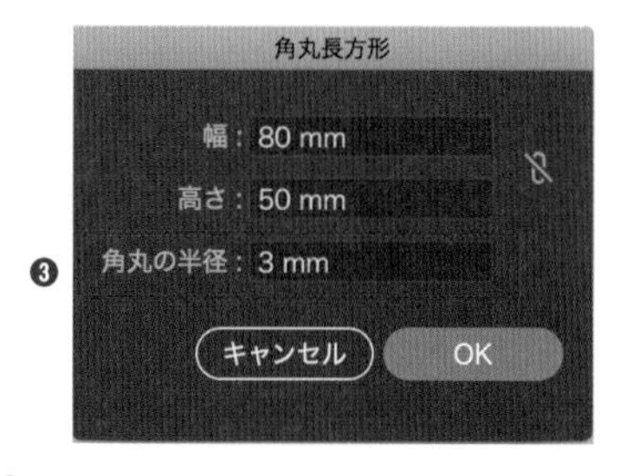

Memo

[角丸長方形] ツールを使ってⒶまたはⒷの方法で描画する際、角丸の半径を変更するには、ドラッグしているときに↑キーまたは↓キーを押します。描画後に調整する場合はコーナーウィジェットを使用します ▸▸042。

[角丸長方形] ツールを使ってⒶまたはⒷの方法で描画する際、ドラッグしているときに←キーを押すと、角丸の半径が「0」(＝長方形) になり、→キーを押すと、角丸の半径が最大 (＝半円状) になります。

円の描画

ツールバーから［楕円形］ツールを選択します。目的に合わせて次のⒶ〜Ⓒいずれかの操作を行います。

Short Cut ［楕円形］ツール（の選択）：L

Ⓐドラッグ操作で楕円の描画

作成を開始する位置にマウスポインタを合わせ、楕円を囲む長方形の対角線を描くようにドラッグします❶。このとき、option キーを押しながらドラッグすると、開始位置を中心に楕円を描画します❷。

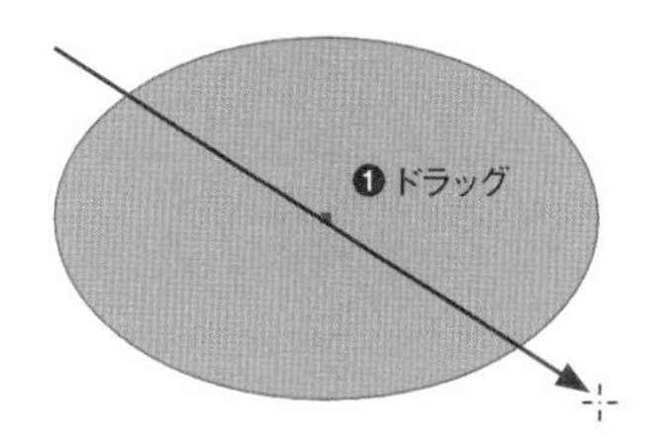

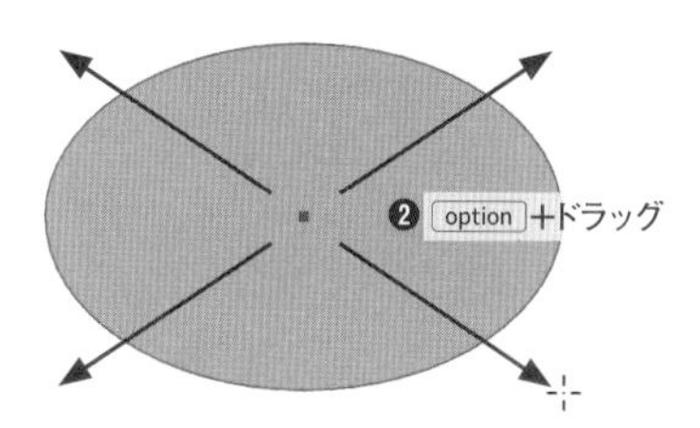

Ⓑドラッグ操作で正円の描画

作成を開始する位置にマウスポインタを合わせ、shift キーを押しながら円を囲む正方形の対角線を描くようにドラッグします❶。このとき、さらに option キーを押しながらドラッグすると、開始位置を中心にして正円を描画します❷。

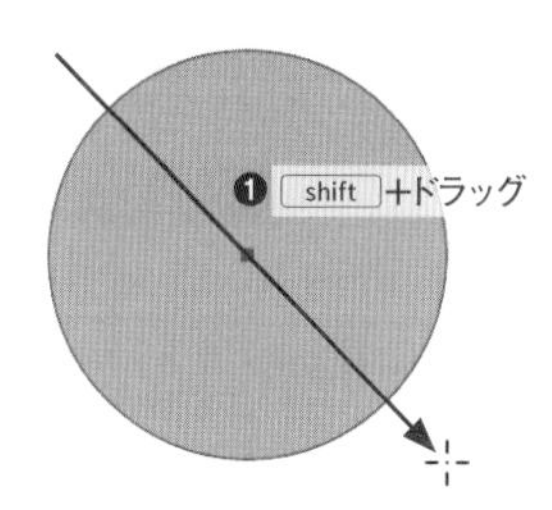

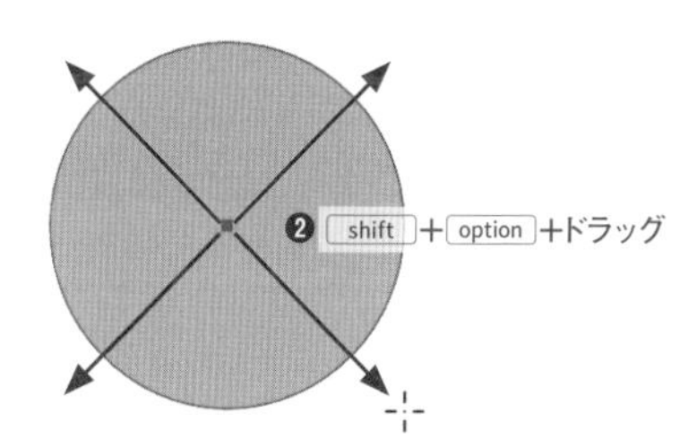

Ⓒ幅と高さを指定して描画

作成を開始する位置をクリックします。［楕円形］ダイアログが表示されるので、［幅］と［高さ］を入力して❶、［OK］ボタンをクリックします❷。

正多角形（正三角形を含む）の描画

ツールバーから［多角形］ツールを選択します。目的に合わせて次のⒶⒷいずれかの操作を行います。

Ⓐドラッグ操作で正多角形を描画

作成を開始する位置にマウスポインタを合わせ、ドラッグして多角形を描画します❶。このとき、正多角形は開始位置を中心にして描画されます。弧を描くようにマウスポインタをドラッグすると、正多角形を回転できます❷。また、shiftキーを押しながらドラッグすると、底辺が水平になるように描画できます❸。

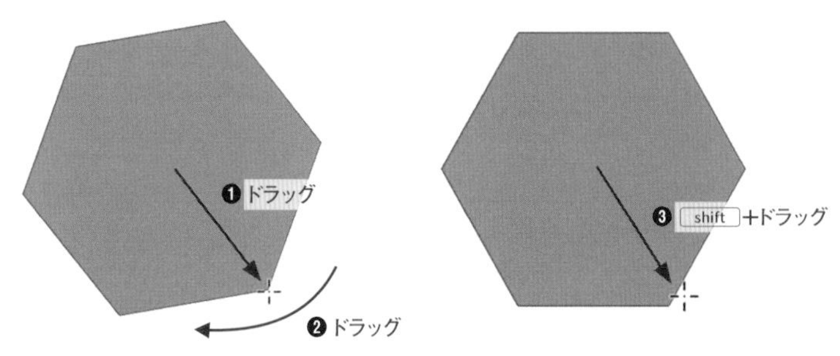

正多角形の頂点の数を増やしたいときはドラッグ中に↑キーを❶、減らしたいときはドラッグ中に↓キーを押します❷。頂点の最小数は3つで、正三角形になります。

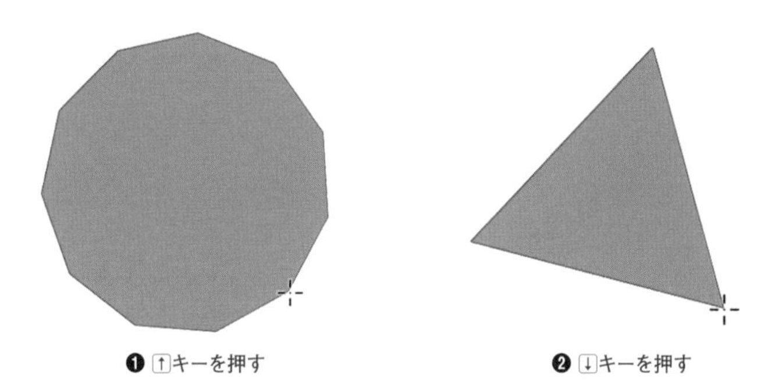

Ⓑ半径と辺の数を指定して描画

作成を開始する位置をクリックします。［多角形］ダイアログが表示されるので、［半径］と［辺の数］を入力して❶、［OK］ボタンをクリックします❷。

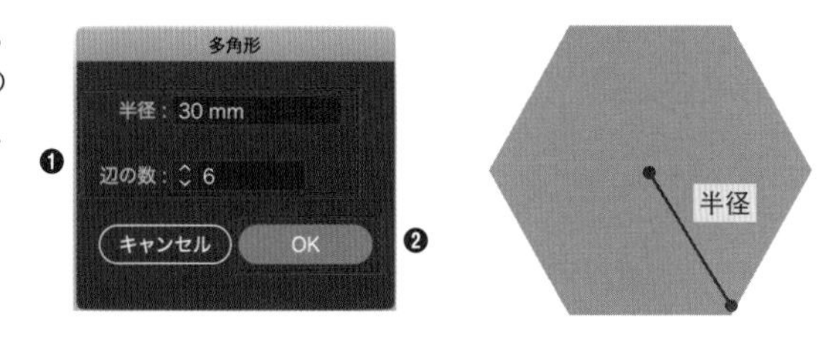

星型を描く

ツールバーから[スター]ツール を選択します。目的に合わせて次のⒶⒷいずれかの操作を行います。

Ⓐドラッグ操作で星型を描画

作成を開始する位置にマウスポインタを合わせ、ドラッグして星型を描画します❶。このとき、星型は開始位置を中心にして描画されます。弧を描くようにマウスポインタをドラッグすると、星型を回転できます❷。また、shiftキーを押しながらドラッグすると、頂点を結んだときの底辺が水平になるように描画できます❸。

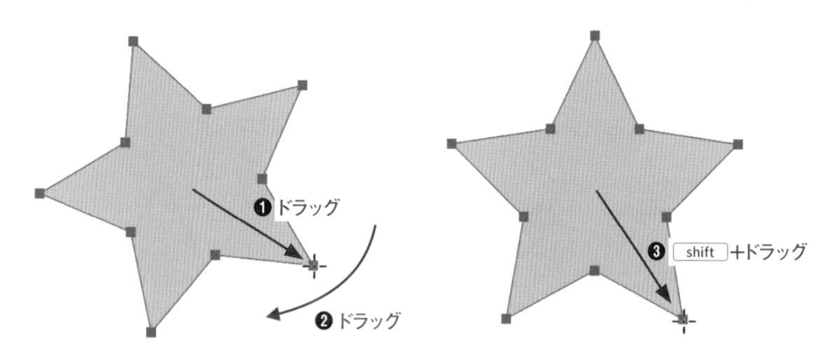

Memo

commandキーを押しながらドラッグすると、角の形状が変化します。内側にドラッグすると鋭角になり、外側にドラッグすると鈍角になります。また、optionキーを押しながらドラッグすると、星型正多角形になります。

星型の角を増やしたいときはドラッグ中に↑キーを❶、減らしたいときはドラッグ中に↓キーを押します❷。頂点の最小数は3つで、正三角形になります。

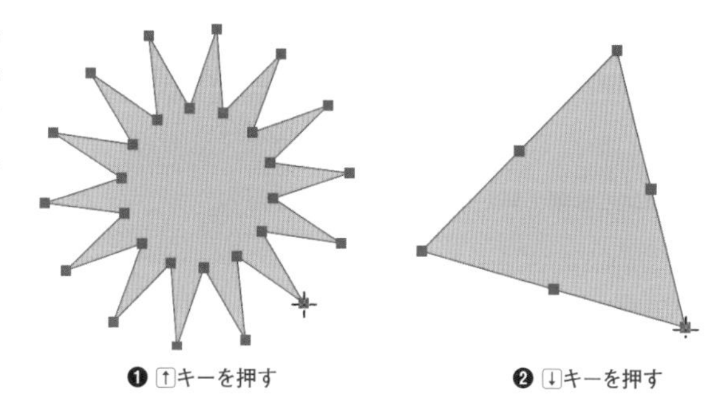

Ⓑ半径と点の数を指定して描画

作成を開始する位置をクリックします。[スター]ダイアログが表示されるので、[第1半径]と[第2半径]、[点の数]を入力して❶、[OK]ボタンをクリックします❷。

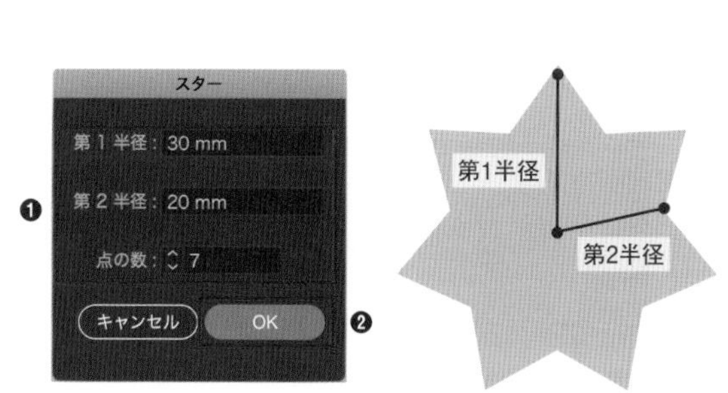

026 元のパスとひと回りサイズが異なるパスを作りたい

使用機能 パスのオフセット

指定したパスの周りを縁取るように、新しくパスを作成することができます。この操作は様々な応用が可能です ▸▸084。

パスのオフセット

選択ツールでパスを選択し、[オブジェクト] メニュー→ [パス] → [パスのオフセット] をクリックします。

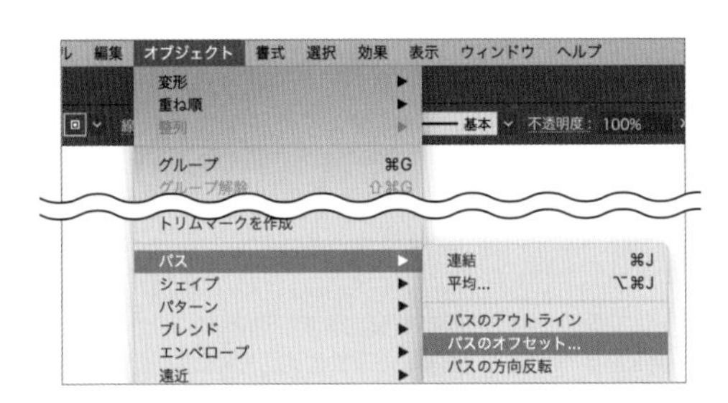

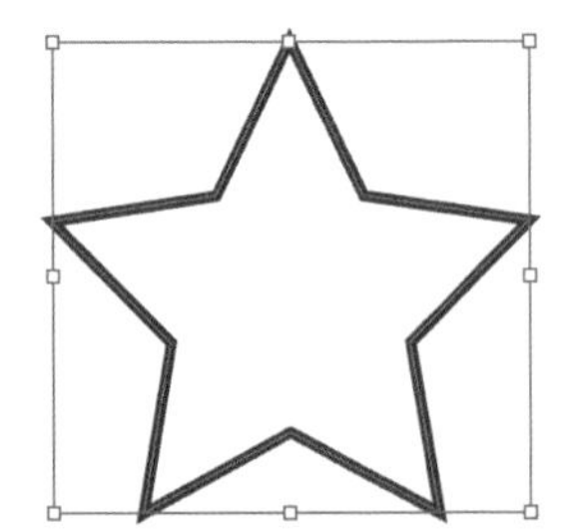

[パスのオフセット] ダイアログが表示されるので、[オフセット] に値を入力します。入力した値の距離に、新たなパスが作成されます。[角の形状] は [マイター] [ラウンド] [ベベル] ▸▸086 から選択することができます。[OK] ボタンをクリックして確定します。

● **パスの外側に新たなパスを作成する場合**

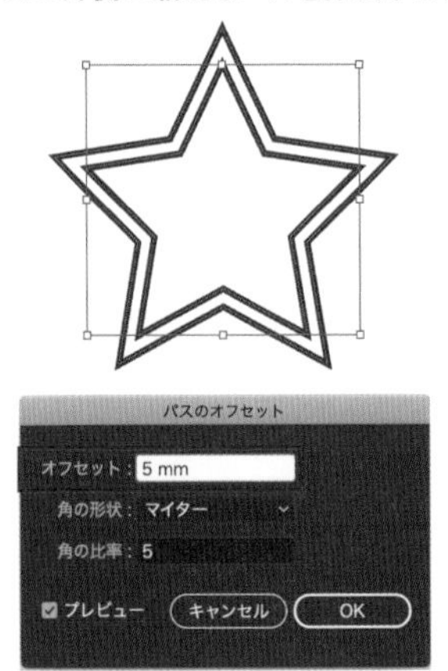

＋の値を入力する

● **パスの内側に新たなパスを作成する場合**

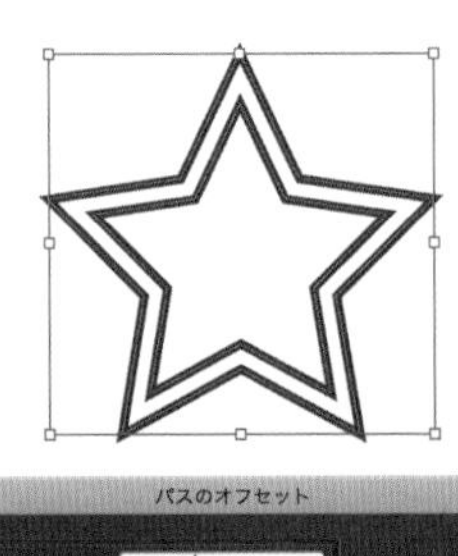

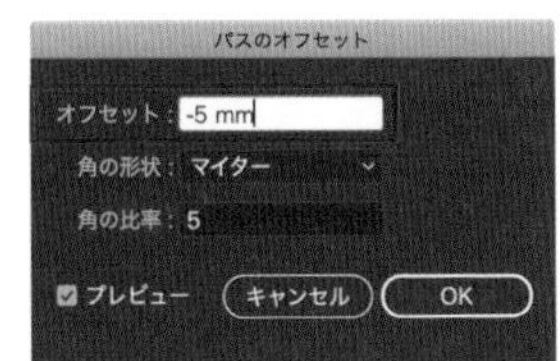

－の値を入力する

027 グリッドや定規をガイドとして使いたい

使用機能 グリッド、定規

マス目つきのノートのように、アートボードにグリッドを表示することができます。［定規］と併用することで、オブジェクトの配置などの目安にできて便利です。

グリッドを表示

1 ［表示］メニュー→［グリッドを表示］（または［グリッドを隠す］）をクリックして、グリッドの表示・非表示を切り替えることができます。

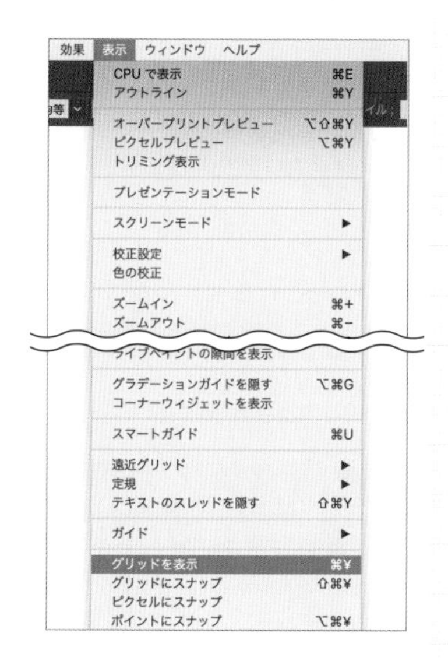

Memo

グリッドのカラーやスタイルは、変更することができます。［Illustrator］メニュー→［環境設定］→［ガイド・グリッド］をクリックすると、［環境設定］ダイアログの［ガイド・グリッド］項目が表示されるので、［カラー］や［スタイル］を設定します。

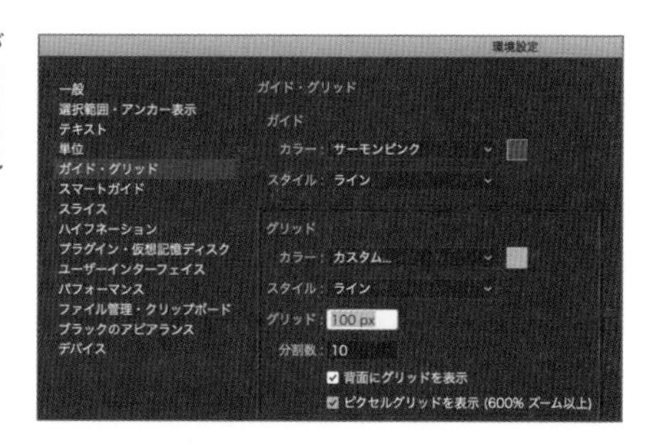

グリッドにスナップ

［表示］メニュー→［グリッドにスナップ］をクリックして有効にすると、オブジェクトの作成や移動の際、パスのアンカーやバウンディングボックスのコーナーをグリッドに揃えることができます。

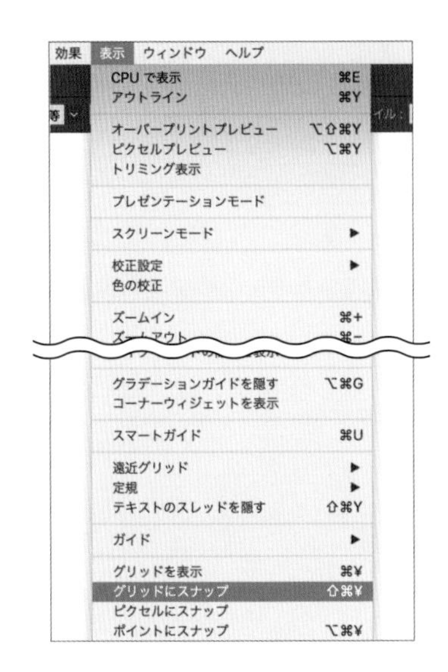

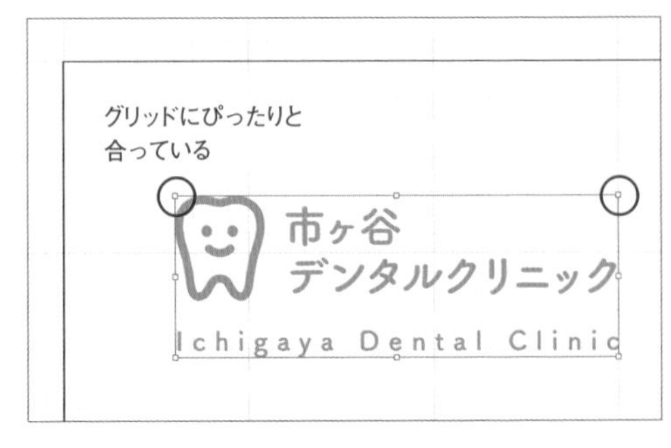

定規を表示

［表示］メニュー→［定規］→［定規を表示］（または［定規を隠す］）をクリックして、定規の表示・非表示を切り替えることができます。定規を表示しておくと、アートボードの原点（座標0,0）からオブジェクトまでの距離や、アートワークのサイズが分かりやすくなります。また、定規からアートボードにドラッグすることで、ガイドを作成することもできます ▸▸028。

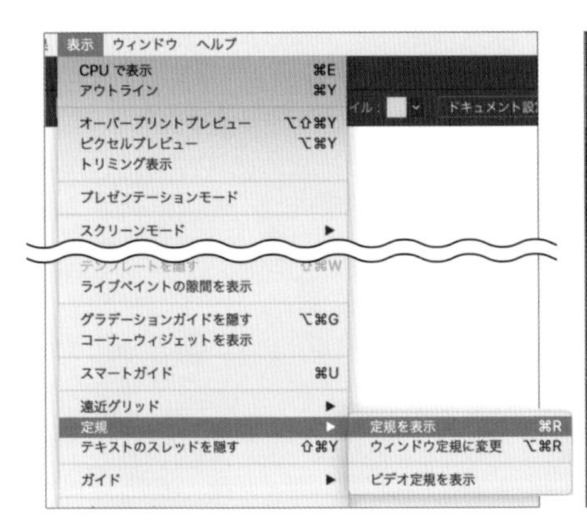

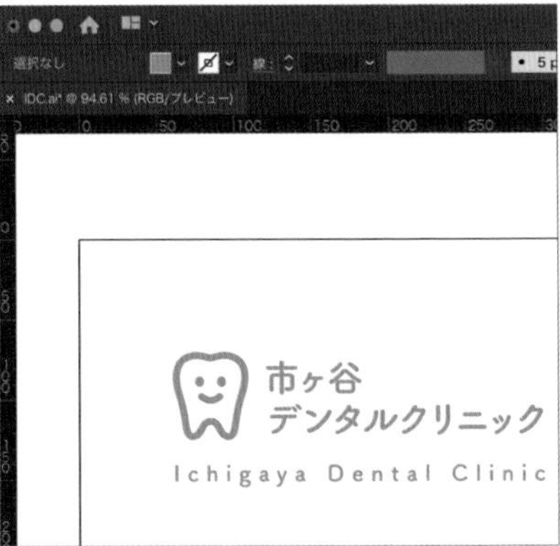

定規の種類

定規には「ウィンドウ定規」と「アートボード定規」の2種類があります。［表示］メニュー→［定規］の［ウィンドウに変更］（または［アートボード定規に変更］）をクリックして切り替えることができます。

- **ウィンドウ定規** …… 複数のアートボードがある場合、1枚目のアートボードの左上を座標の原点にします（＝原点は固定です）。
- **アートボード定規** …… 複数のアートボードがある場合、アクティブになっているアートボードの左上を座標の原点にします（＝すべてのアートボードの左上が原点になります）。

座標の原点をリセット

アートボードを移動する ▸▸222 などして、アートボードの座標の原点が（0, 0）でなくなったときは❶、定規の左上をダブルクリック❷すると（0, 0）にリセットされます❸。

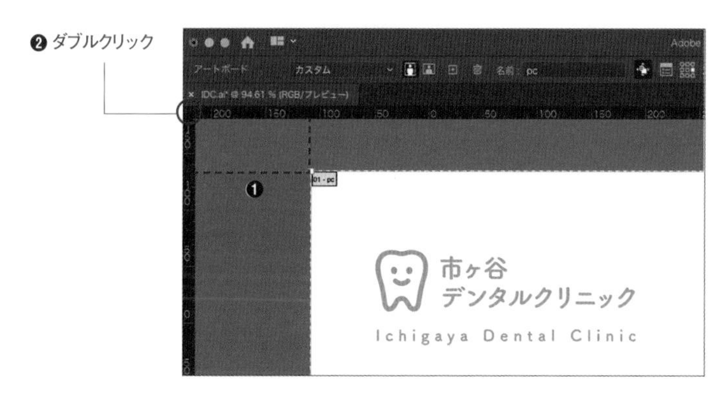

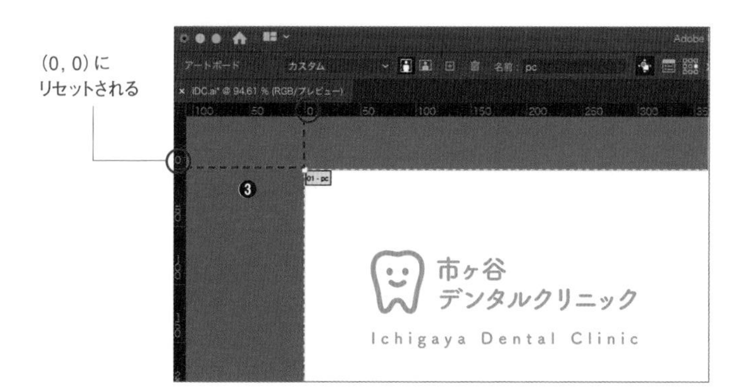

028 ガイドを作成したい

使用機能 | 定規

パスや図形の作成位置を正確に決めたいときには、ガイド機能が役立ちます。Illustratorでは、ドキュメントウィンドウに垂直または水平の直線のガイドを表示することができます。

ガイドの作成

1 [表示]メニュー→[定規]→[定規を表示]をクリックし❶、ドキュメントウィンドウに定規を表示します❷。

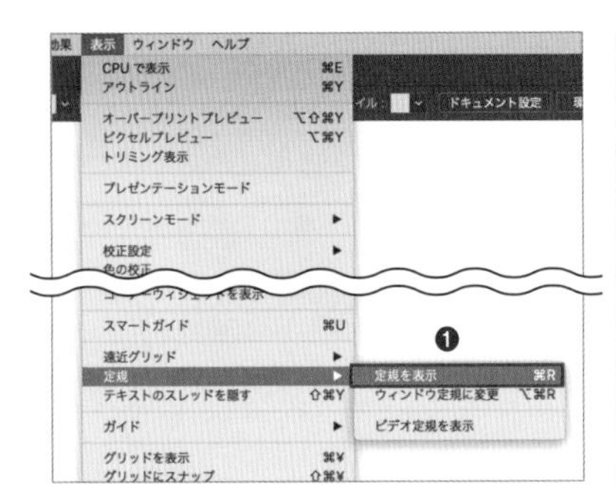

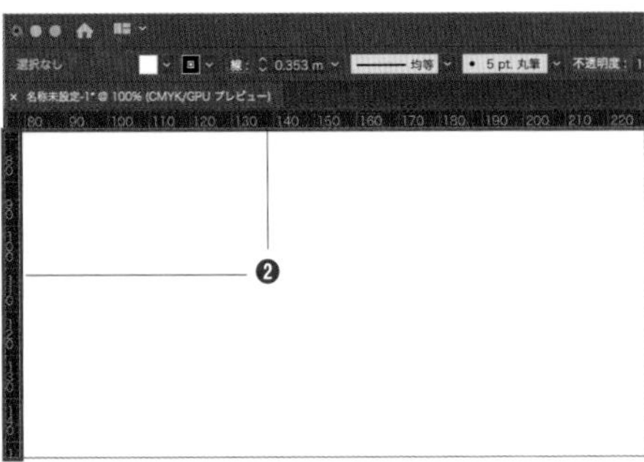

Short Cut 定規を表示／定規を非表示：command＋Rキー

2 ドキュメントウィンドウ左側の定規にマウスポインタを合わせると、一時的に[選択]ツールになります。定規の任意の位置からドラッグすると、垂直方向のガイドが作成されるので、ガイドを配置したい位置でマウスのボタンを離します❶。同様に、ドキュメントウィンドウ上側の定規にマウスポインタを合わせ、ガイドを配置したい位置までドラッグします❷。すると水平方向のガイドが作成されます。

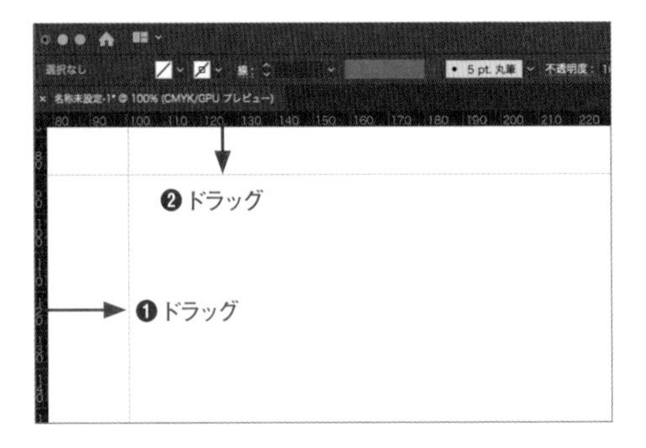

ガイドは画面に表示されるだけで、プリントはされません。

Memo

ガイドのカラーとスタイルは、変更することができます。[Illustrator]メニュー→[環境設定]→[ガイド・グリッド]をクリックすると、[環境設定]ダイアログの[ガイド・グリッド]項目が表示されるので、[カラー]と[スタイル]を設定します。

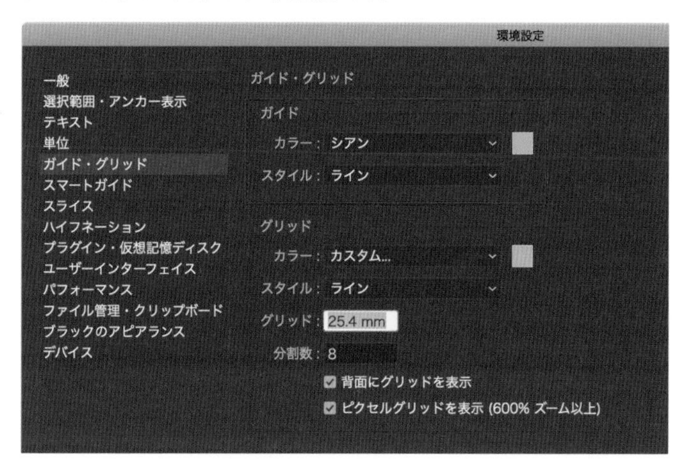

ガイドの移動・削除・非表示・ロック

ガイドは選択ツールで選択し、移動や削除することができます。また、ガイドは表示／非表示を切り替えることができます。ガイドが邪魔なときは一時的に非表示にしておきます。ガイドをロックしておくと、不用意にガイドを動かしてしまうといったミスを防ぐことができます。

● ガイドの移動

選択ツールでガイドにマウスポインタを合わせます。そのまま移動したい位置にドラッグします。

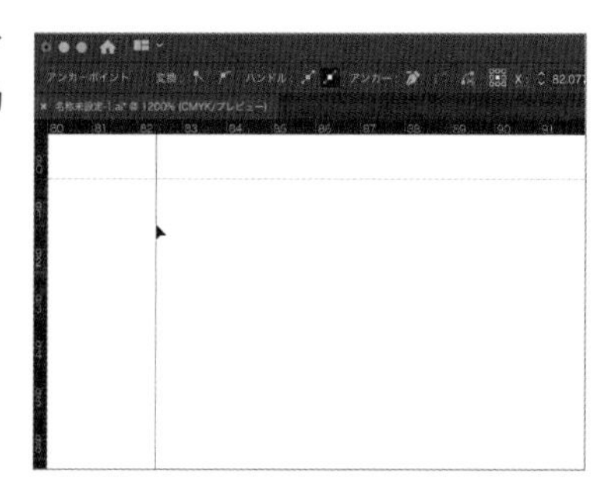

● ガイドの削除

選択ツールで削除したいガイドをクリックします。ガイドが選択されて色が変わるので、キーボードの delete キーを押します。すると、選択されたガイドが削除されます。

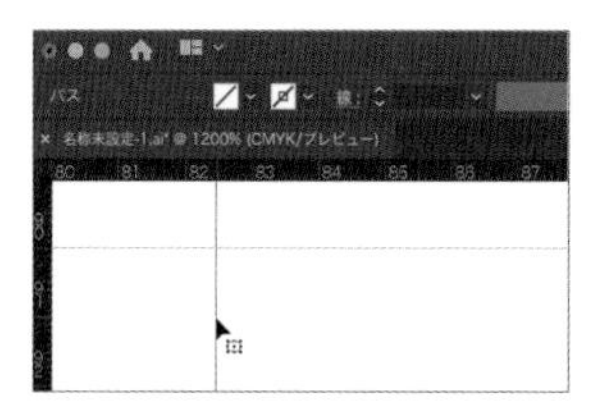

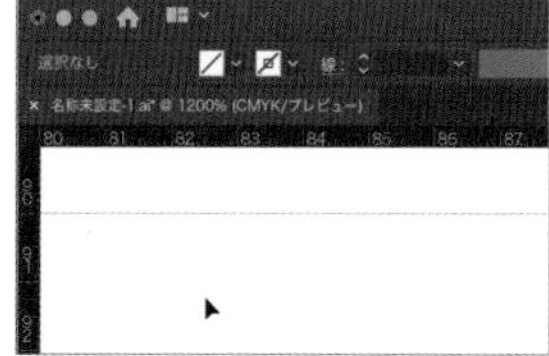

[表示]メニュー→[ガイド]→[ガイドを消去]をクリックすると、すべてのガイドが削除されます。

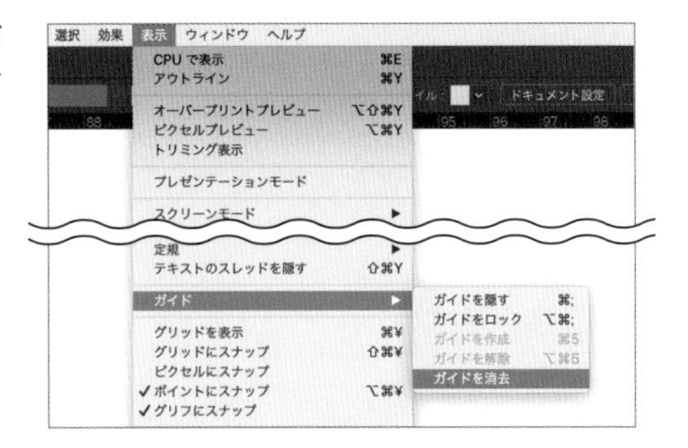

● **ガイドの非表示**

[表示]メニュー→[ガイド]→[ガイドを隠す]をクリックすると、ガイドが非表示になります。もう一度[表示]メニュー→[ガイド]にマウスポインタを合わせると[ガイドを表示]を選択でき、クリックするとガイドが表示されます。

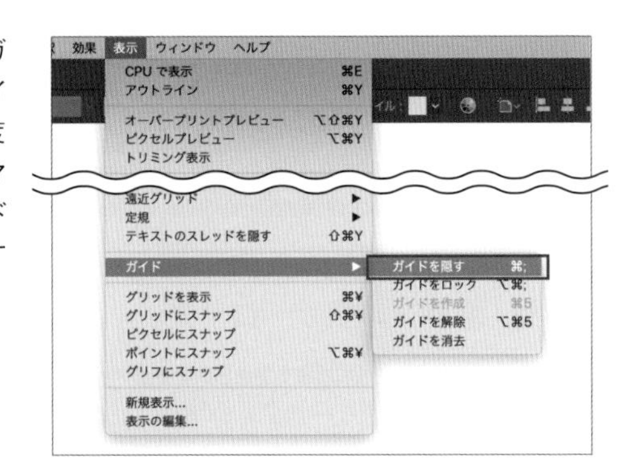

Short Cut ガイドを隠す／ガイドを表示：command＋;キー

● **選択したガイドのロック**

選択ツールをでロックしたいガイドをクリックし、[オブジェクト]メニュー→[ロック]をクリックします。すると、選択されたガイドがロックされます。[オブジェクト]メニュー→[すべてをロック解除]をクリックすると、ガイドがロック解除されます。

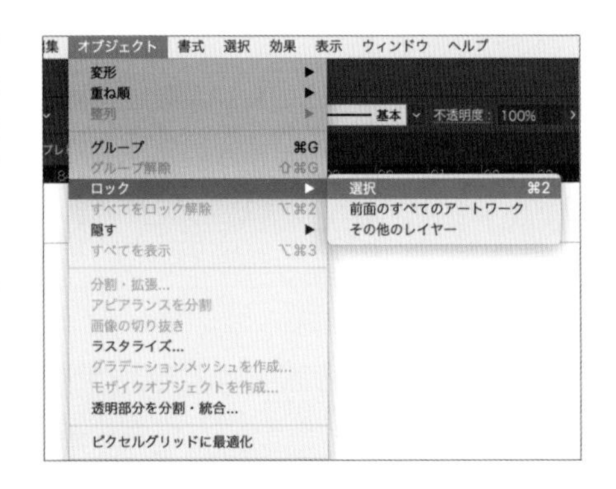

Short Cut ロック：command＋2キー

● すべてのガイドのロック

[表示] メニュー→ [ガイド] → [ガイドをロック] をクリックすると、[ガイドをロック] にチェックが入り、すべてのガイドをロックすることができます。もう一度 [表示] メニュー→ [ガイド] → [ガイドをロック] をクリックすると、[ガイドをロック] のチェックが外れ、すべてのガイドのロックが解除されます。

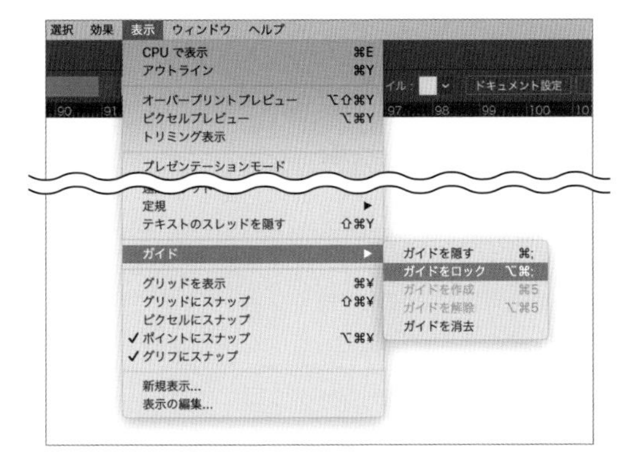

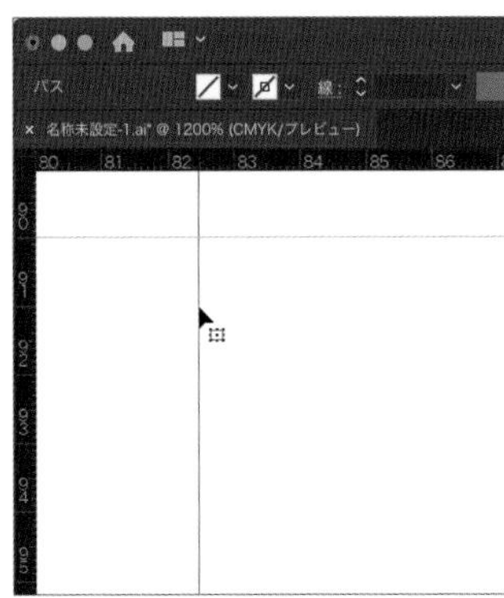

Short Cut ガイドをロック：option + command + ; キー

Memo

ドキュメントを control キーを押しながらクリックすると（Windowsでは右クリック）、メニューが表示され、[定規を表示] [ガイドを隠す] [ガイドをロック] を選択できます。ガイドが非表示のときは [ガイドを隠す] ではなく [ガイドを表示] を選択できます。ガイドがロックされているときは、[ガイドをロック解除] をクリックするとガイドのロックが解除されます。

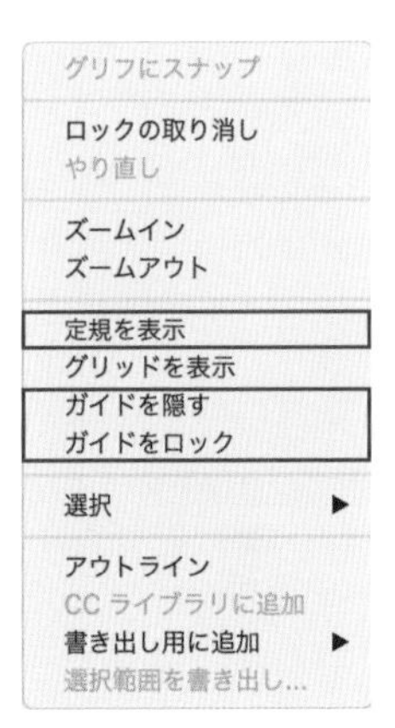

029 図形をガイドにしたい

使用機能 ガイドを作成

作成したパスや図形などのオブジェクトをガイドにすることができます。

1 ガイドにしたいオブジェクトを作成します❶。選択ツールでオブジェクトを選択して、[表示] メニュー→[ガイド]→[ガイドを作成] をクリックします❷。

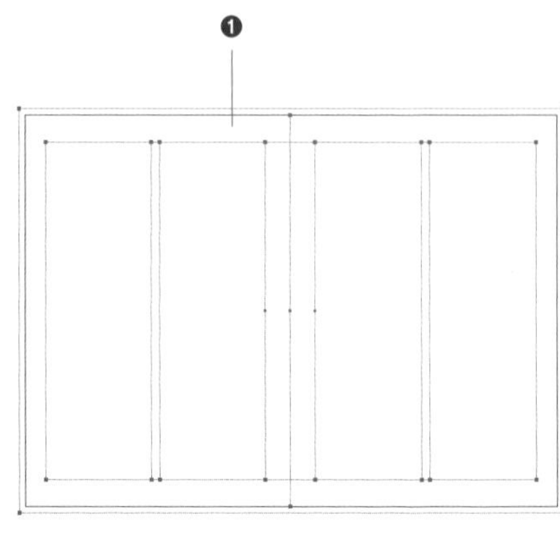

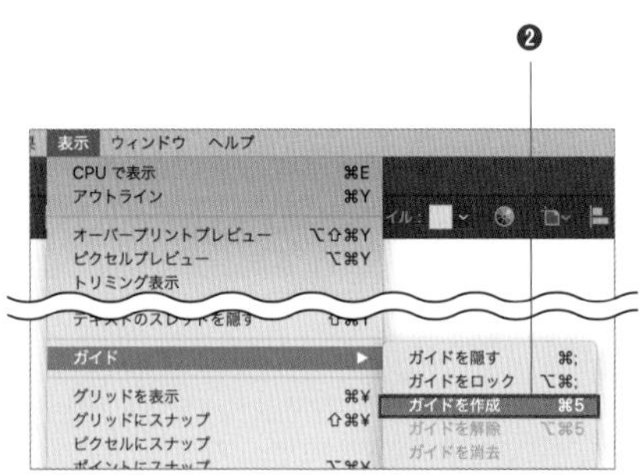

2 オブジェクトがガイドに変換されます。

Short Cut ガイドを作成：command＋5キー

Memo

3Dオブジェクト ▶▶173 やテキストオブジェクトはガイドにできません。文字をガイドにしたい場合は、アウトライン化してオブジェクトにします ▶▶156 。

Memo

ガイドから元のオブジェクトに戻すには、選択ツールでガイドを選択し、[表示] メニュー→[ガイド]→[ガイドを解除] をクリックします。

030 オブジェクトをガイドやポイントに正確に合わせたい

使用機能 ポイントにスナップ、スマートガイド

オブジェクトを、ガイドや他のオブジェクトのアンカーポイントに合わせて移動するとき、目視だけでは微妙にずれてしまいます。ぴったりとスナップするには［ポイントにスナップ］または［スマートガイド］を使います。

ポイントにスナップ

［表示］メニュー→［ポイントにスナップ］をクリックすると、［ポイントにスナップ］の先頭にチェックが入り、ポイントにスナップ機能が有効になります。再度［表示］メニュー→［ポイントにスナップ］をクリックすると、チェックが外れ、無効になります。

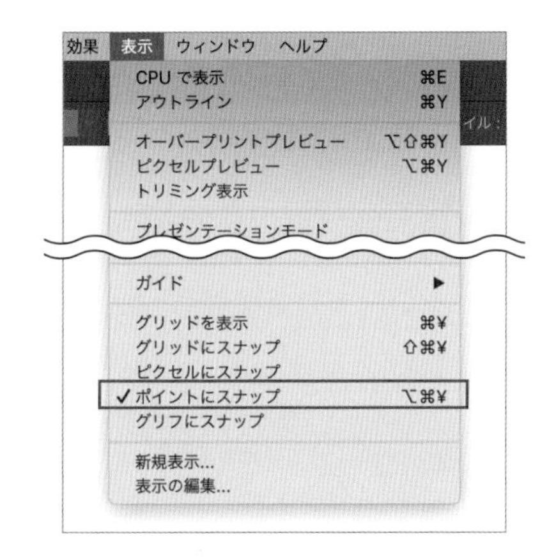

Short Cut ポイントにスナップ：option＋command＋¥キー

選択ツールでスナップしたいオブジェクトのポイントやセグメントを、スナップ先のオブジェクトのポイントまでドラッグします❶。ポイントから指定の範囲（スナップの許容値）に近付くと、オブジェクトは吸い寄せられるようにスナップ先に正確に配置されます❷。このとき、マウスポインタが変化します。

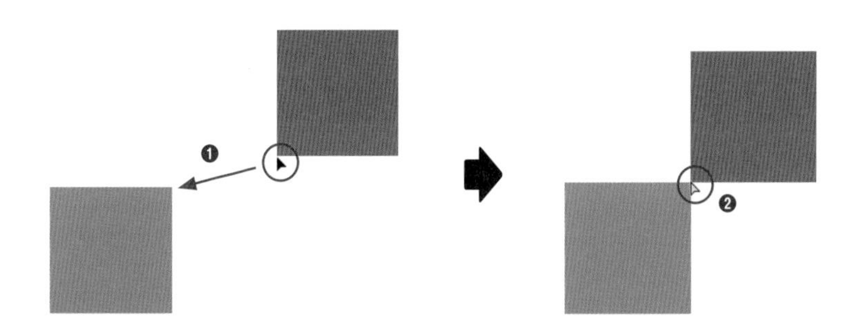

Memo スナップの許容値は、変更することができます。[Illustrator]メニュー→[環境設定]→[選択範囲・アンカー表示]をクリックすると、[環境設定]ダイアログの[選択範囲・アンカー表示]項目が表示されるので、[ポイントにスナップ]を設定します。

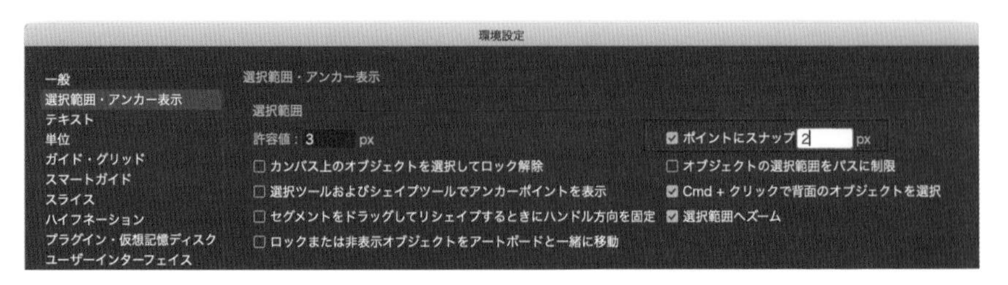

スマートガイド

[表示]メニュー→[スマートガイド]をクリックすると、[スマートガイド]の先頭にチェックが入り、スマートガイド機能が有効になります。再度[表示]メニュー→[スマートガイド]をクリックすると、チェックが外れ、無効になります。

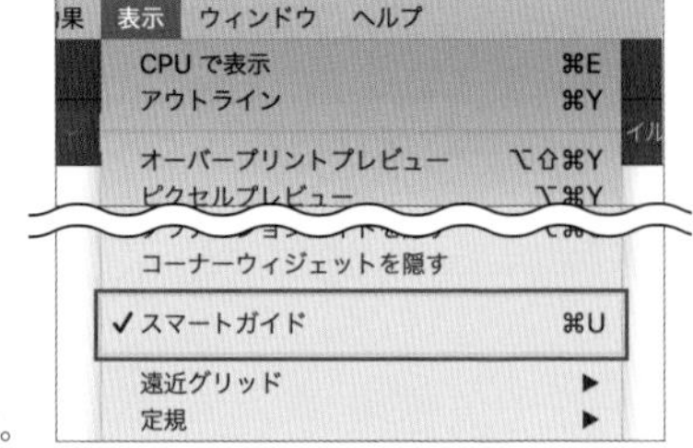

Short Cut スマートガイド：command＋Uキー
※スマートガイドの有効／無効が切り替わります。

スマートガイドを有効にすると、オブジェクトを移動するときに一時的なガイドが表示され、別のオブジェクトのポイントやガイドにスナップします。

● ポイントにスナップ

選択ツールでスナップしたいオブジェクトのアンカーポイントにマウスポインタを合わせると[アンカー]と表示されます❶。スナップ先のオブジェクトのポイントまでドラッグします❷。ポイントから指定の範囲（スナップの許容値）に近付くと、オブジェクトは吸い寄せられるようにスナップ先に正確に配置されます❸。同時に、ガイドと[交差]の文字が表示されます。また、移動距離が表示されます❹。

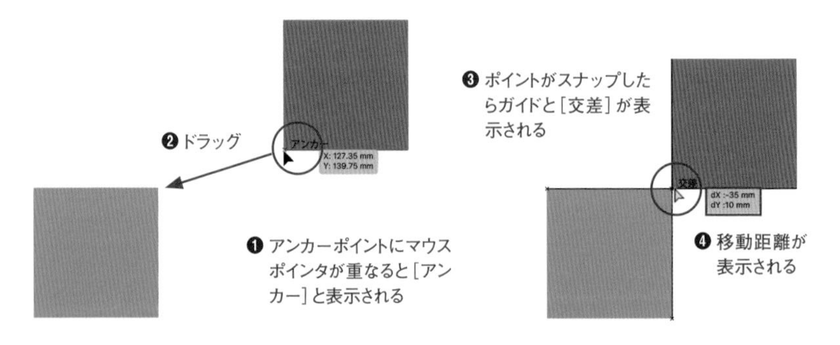

● **パスにスナップ**

選択ツールでスナップしたいオブジェクトのパスセグメントにマウスポインタを合わせると、[パス] と表示されます❶。スナップ先のオブジェクトのパスまでドラッグします❷。パスから指定の範囲(スナップの許容値)に近付くと、オブジェクトは吸い寄せられるようにスナップ先のパスに正確に配置されます❸。同時に、ガイドと [×] の印が表示されます。また、移動距離が表示されます❹。

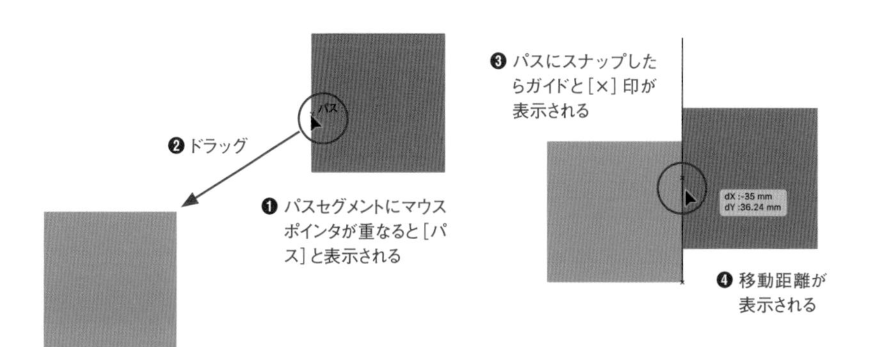

● **ガイドにスナップ**

選択ツールでスナップしたいオブジェクトのパスセグメントにマウスポインタを合わせると、[パス] と表示されます❶。スナップ先のガイドまでドラッグします❷。ガイドから指定の範囲 (スナップの許容値) に近付くと、オブジェクトは吸い寄せられるようにガイドに正確に配置されます❸。同時に、[×] の印が表示されます。また、移動距離が表示されます❹。

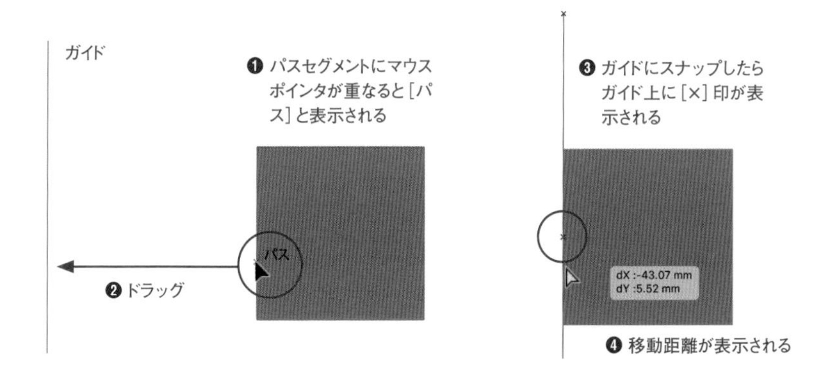

● **スマートガイドを使った描画**

ガイド ▸▸028 やオブジェクトのパスなどにマウスポインタが重なったとき、スマートガイドが表示されます。表示を参考にすると、ガイドを基準にパスを描画することができます。以下の例では、ガイドを基準にしながら[長方形]ツールで長方形を描画 ▸▸025 しています。

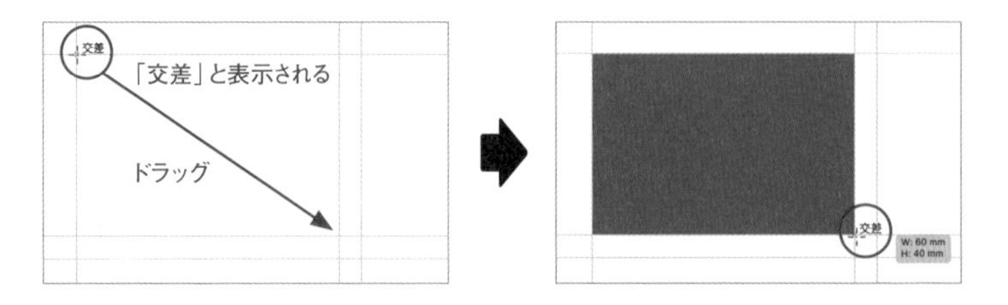

Memo

スマートガイドのカラーやスナップの許容値は、変更することができます。[Illustrator]メニュー→[環境設定]→[スマートガイド]をクリックすると、[環境設定]ダイアログの[スマートガイド]項目が表示されるので、[オブジェクトガイド]と[スナップの許容値]を設定します。

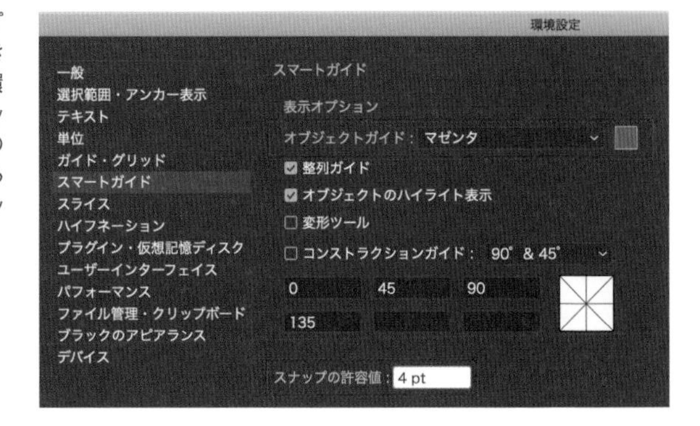

Memo

スマートガイドは、オブジェクトを作成したり、移動・変形したりするときにも一時的なガイドを表示します。下図では、一番右の鉢植えを右方向にドラッグしているとき、3つの鉢植えが等間隔になった瞬間にスマートガイドが表示されています。

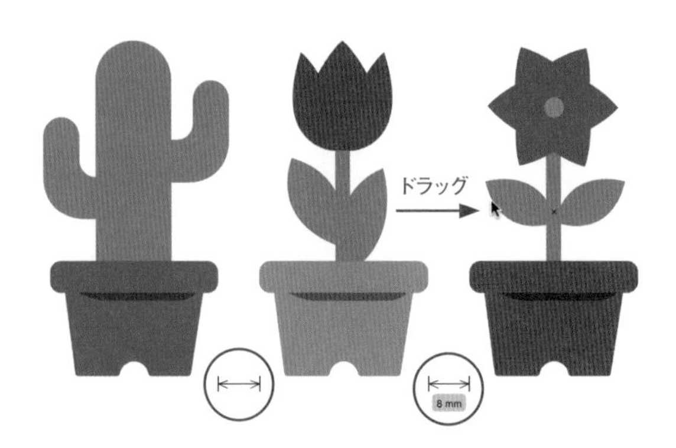

オブジェクトの
整理と加工・修正

Chapter

3

031 オブジェクトの移動を数値で指定したい

使用機能 移動

オブジェクトの移動はドラッグ操作がシンプルな方法ですが、「右方向にあと2mm移動したい」といった場合には不便です。そのような場合には、具体的に数値を指定する方法があります。

1 選択ツールでオブジェクトを選択し❶、Enterキーを押します。

2 ［移動］ダイアログが表示されるので、［プレビュー］にチェックを入れ❶、移動させたい方向の入力スペースに、数値を入力します。ここでは黄色のアイコンを左方向に57mm移動させるため、［水平方向］に［-57mm］と入力します❷。［OK］ボタンをクリックします❸。

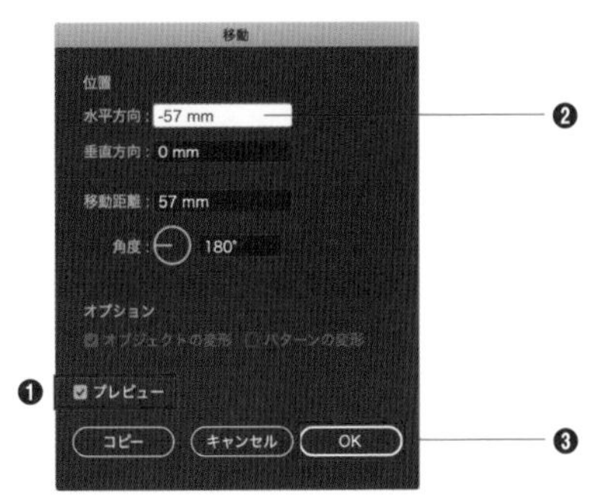

POINT

上方向と左方向に移動させたい場合は数字の前に「－」（マイナス）をつけます（各数値の入力方法は下図を参照）。

Memo

オブジェクトを少しずつ移動させたいときは、オブジェクトを選択したままキーボードの方向キーを押します。方向キーでの移動距離は、［環境設定］ダイアログの［キー入力］で設定できます▸▸007。

032 オブジェクトを拡大・縮小したい

使用機能 [選択]ツール、[拡大・縮小]ツール

オブジェクトを拡大・縮小するには、目分量でドラッグ操作する方法と、数値を指定する方法の2種類があります。

縦横比を保って目分量で拡大・縮小

選択ツールでオブジェクトを選択します❶。オブジェクトの周りにバウンディングボックスが表示されるので、shift キーを押しながらバウンディングボックスの角の白いハンドルをドラッグします❷。

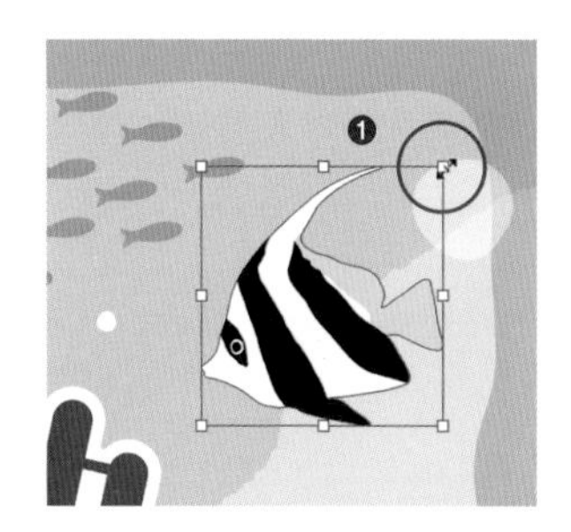

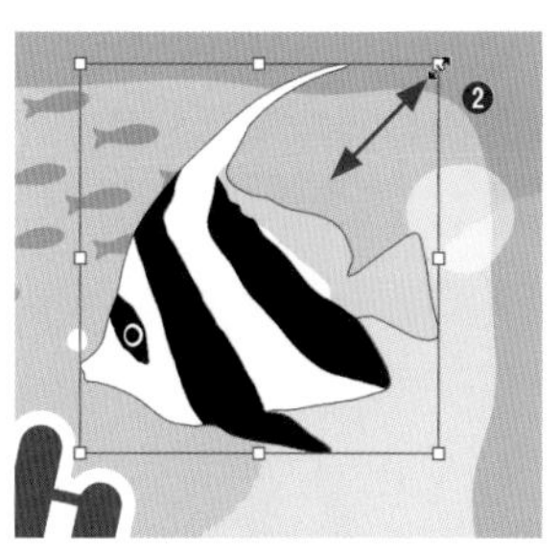

Memo

オブジェクトの中心の位置を保ったまま拡大・縮小したい場合は、option キーを押しながらドラッグします。

縦横比を保たず目分量で拡大・縮小

shift キーを押さずに、バウンディングボックスの角の白いハンドルをドラッグします❶。

数値を指定して拡大・縮小

1 選択ツールでオブジェクトを選択し❶、[拡大・縮小]ツールをダブルクリックします❷。

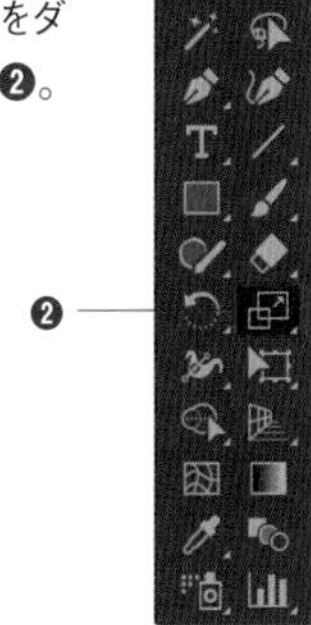

2 [拡大・縮小]ダイアログが表示されるので、[縦横比を固定]の入力スペースに比率を入力し❶、[OK]ボタンをクリックします❷。

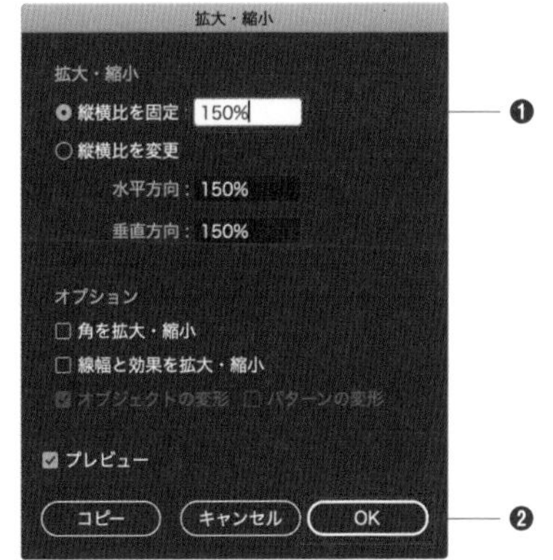

Memo

[拡大・縮小]ツールの基準点は、デフォルトではオブジェクトの中心に設定されています❶。基準点を別の位置に指定したい場合は、[拡大・縮小]ツールをクリックし、カーソルが十字に変わったことを確認してからクリックします❷。すると、クリックした位置が基準点になります❸。

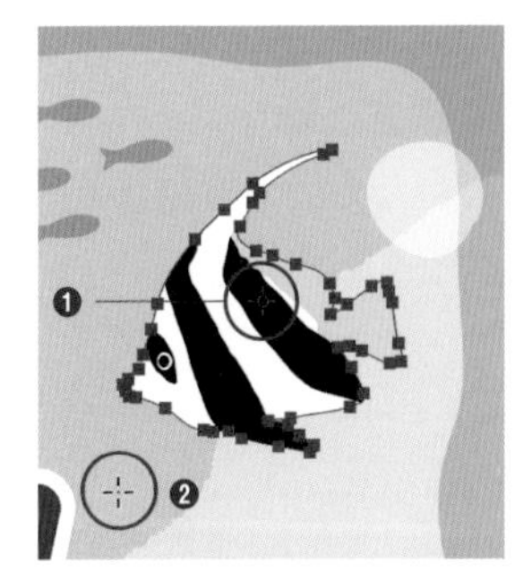

033 位置を保ったまま複数のオブジェクトを変形したい

使用機能 個別に変形

複数のオブジェクトをまとめて拡大・縮小などの変形をすると、すべてのオブジェクトが変形の基準点の方向に移動してしまいます。ここでは、各オブジェクトの位置を保ったまま、複数のオブジェクトを一括で変形する方法を紹介します。

Before

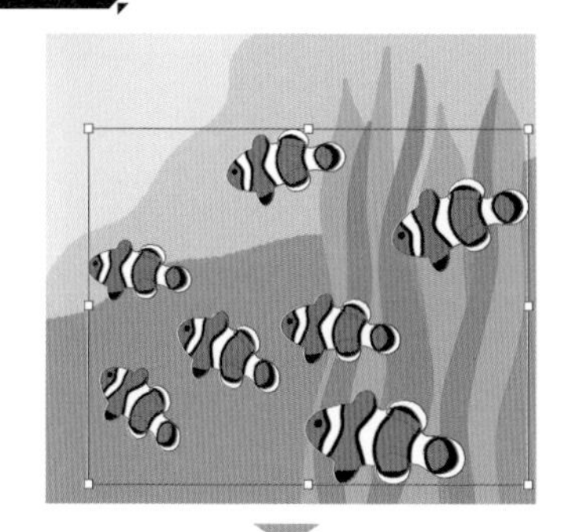

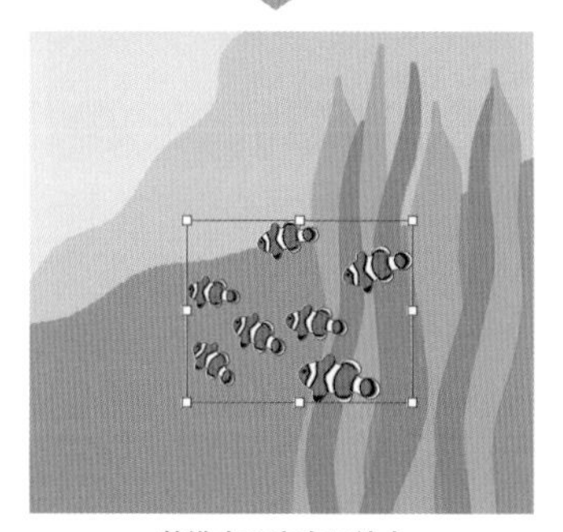

基準点の方向に縮小

After

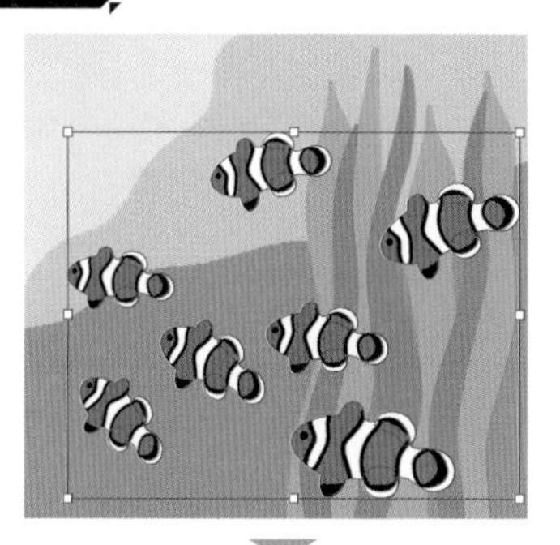

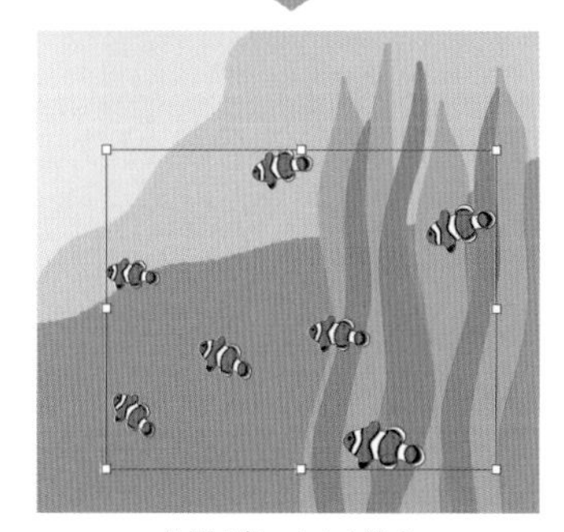

位置を保ったまま縮小

拡大・縮小

1 選択ツールで複数のオブジェクトを選択し❶、[オブジェクト]メニュー→[変形]→[個別に変形]をクリックします❷。

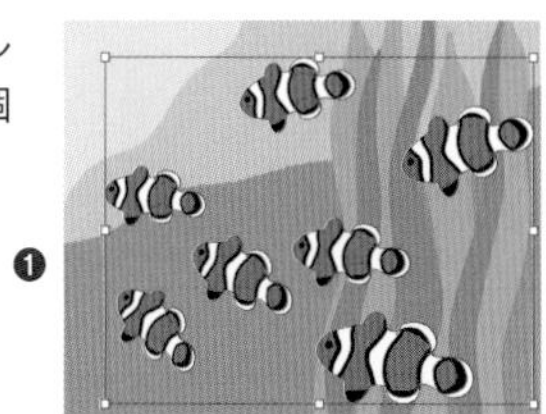

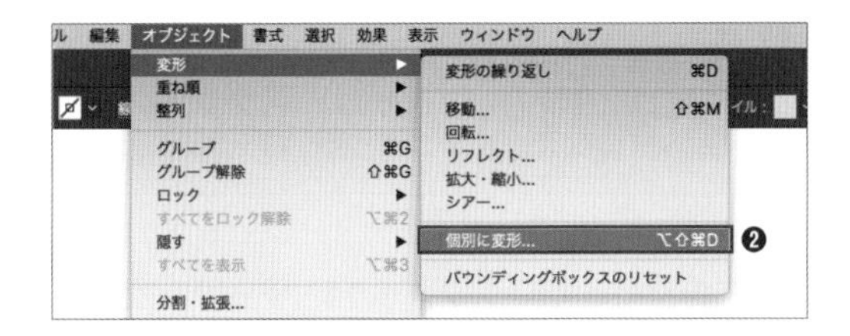

あらかじめオブジェクトごとにグループ化しておきます。すべてのオブジェクトがひとつのグループになっている場合は、グループを解除します ▶▶040。

2 [個別に変形] ダイアログが表示されるので❶、[プレビュー] にチェックを入れ❷、[拡大・縮小] の [水平方向] [垂直方向] に比率を入力します。ここでは「60%」と入力します❸。すると、オブジェクトがそれぞれの位置を保ったまま縮小されます❹。

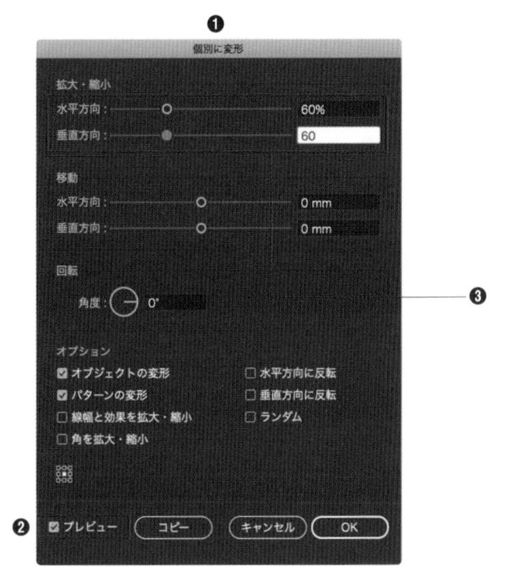

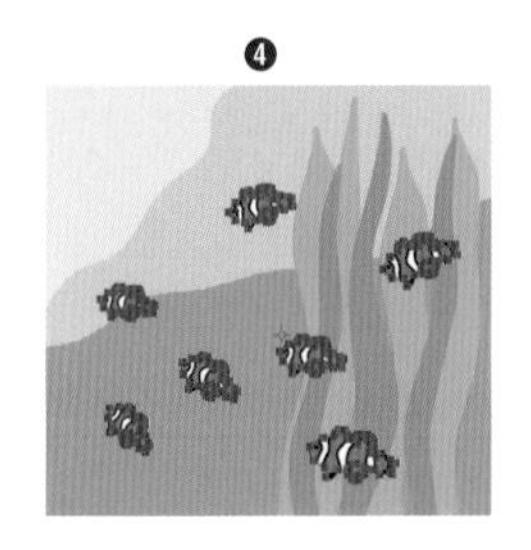

Memo

複数のオブジェクトのサイズをランダムに変形したい場合は、[ランダム] にチェックを入れます。すると指定した比率から100%の間で、ランダムに変形します。

移動・回転

[移動] で距離を指定したり、[回転] で角度を指定したりすると、各オブジェクトがそれぞれの位置を保ちながら変形します。

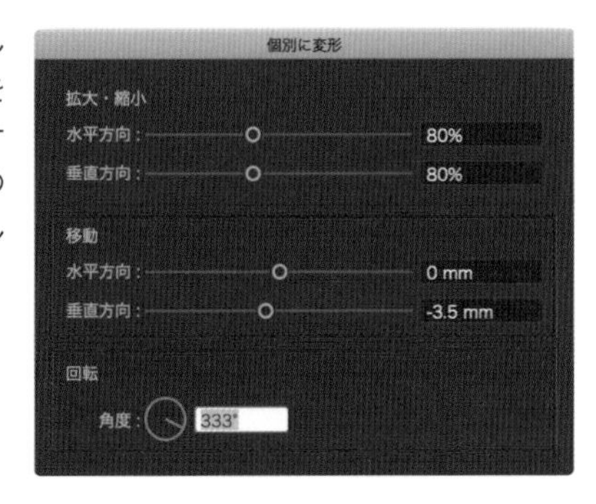

034 オブジェクトを回転したい

使用機能 | バウンディングボックス、[回転] ツール

オブジェクトの回転は、デザインワークやイラストの描画において使用頻度が非常に高い操作です。複数の操作方法があるので、覚えておきましょう。

目分量で回転

選択ツールでオブジェクトを選択し、バウンディングボックスの角の白いハンドルにマウスポインタを近づけると、形状が変化します❶。そのまま回転させたい方向にドラッグします❷。

角度を指定して回転

選択ツールでオブジェクトを選択し❶、[回転] ツールをダブルクリックします❷。[回転] ダイアログが表示されるので、角度を入力します❸。

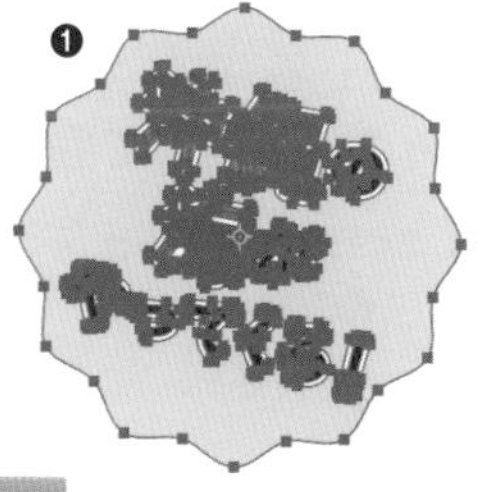

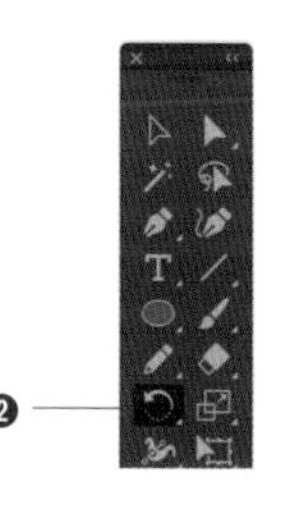

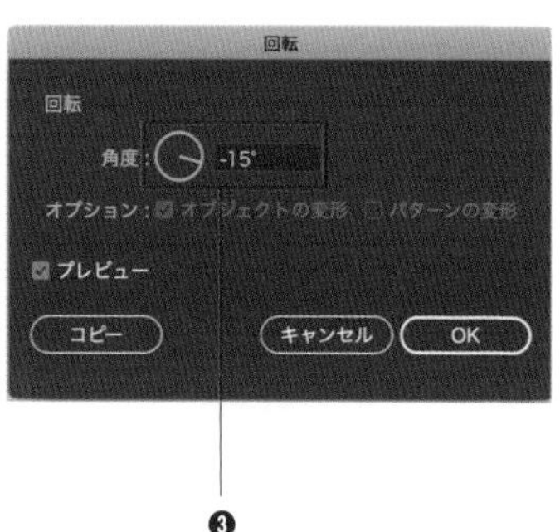

POINT

時計回りに回転したいときは角度の頭に「－」(マイナス) を入力します (下図参照)。

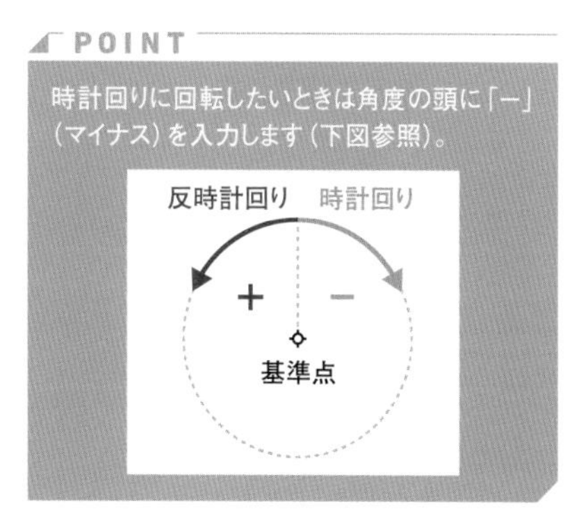

設定した基準点を中心に目分量で回転

回転の基準点は、デフォルトではオブジェクトの中心に設定されています。[回転]ツールを選択し、マウスポインタが十字になった状態で基準点にしたい位置をクリックすると、そこが基準点として設定されます❶。この状態でオブジェクトをドラッグすると、基準点を中心に回転します❷。

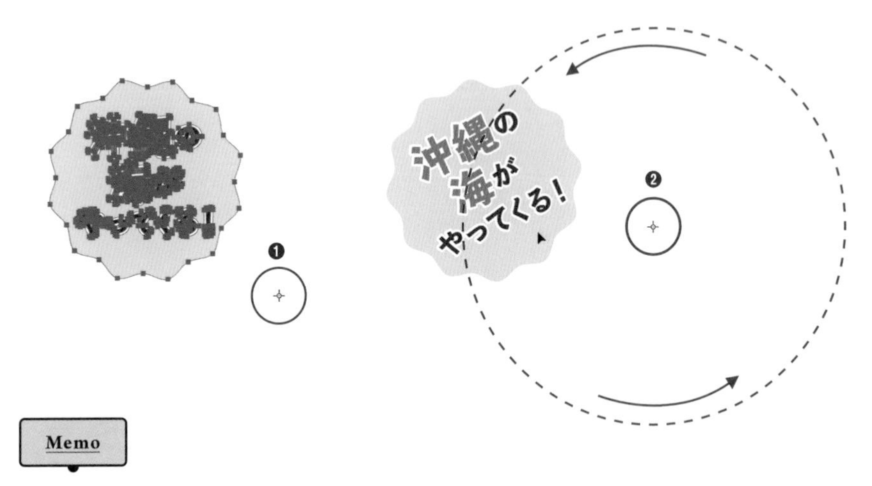

Memo

shift キーを押しながら回転すると、45度ずつ回転します。

設定した基準点を中心に角度を指定して回転

基準点にしたい位置を option キーを押しながらクリックすると、基準点が指定され❶、同時に[回転]ダイアログが表示されます❷。角度を指定して❸[OK]ボタンをクリックすると❹、設定した基準点を中心に回転します。

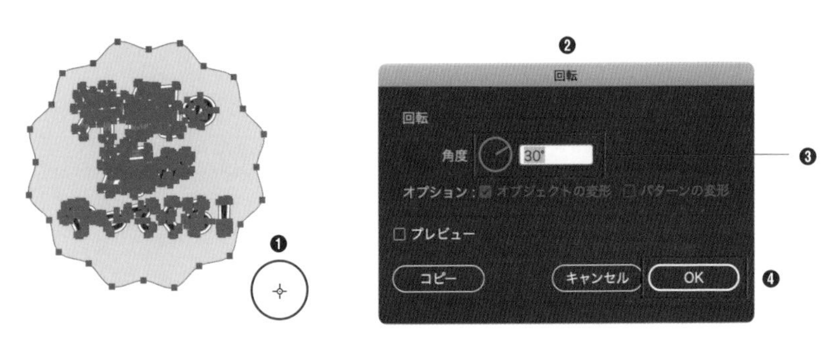

035 オブジェクトを複製したい

使用機能　移動、拡大・縮小、回転など

オブジェクトの複製には、オブジェクトを選択してコピー＆ペーストするという操作の他にも、いろいろな方法があります。

option キーを押しながらドラッグ操作

選択ツールでオブジェクトを選択し❶、option キーを押したまま複製したい位置にドラッグします❷。

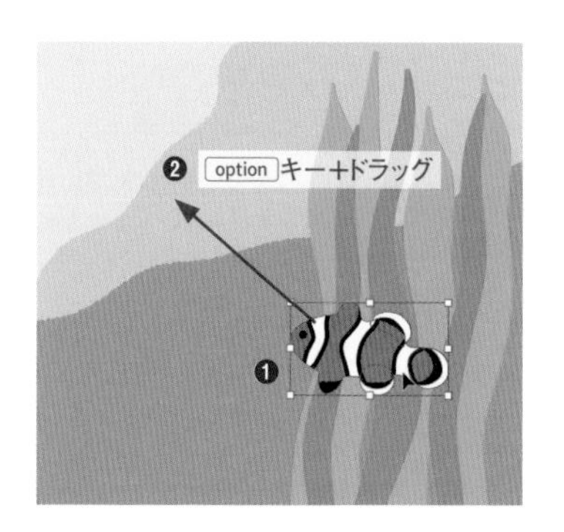

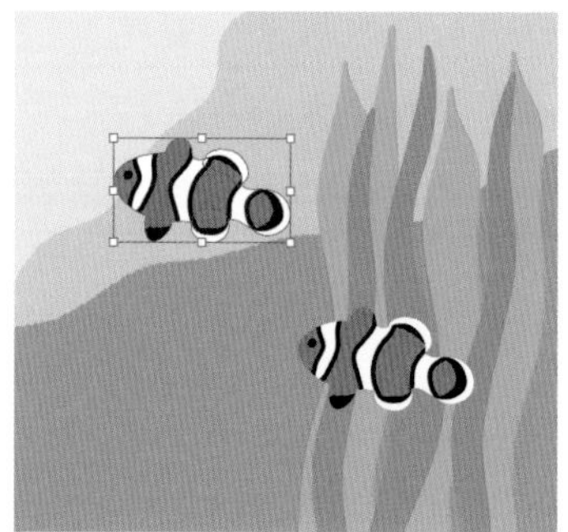

ダイアログから複製

[移動]、[拡大・縮小]、[回転] などのダイアログの [コピー] ボタンをクリックすると、変形後のオブジェクトが複製されます。ここでは [移動] ダイアログを例にします。

選択ツールでオブジェクトを選択し❶、Enter キーを押すと [移動] ダイアログが表示されます。[水平方向] と [垂直方向] に任意の数値を入力し（ここでは水平方向に「−20mm」）❷、[コピー] ボタンをクリックすると❸、指定方向にオブジェクトが複製されます❹。

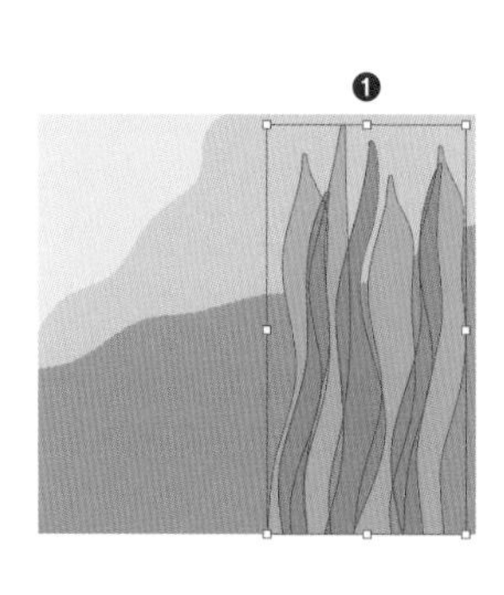

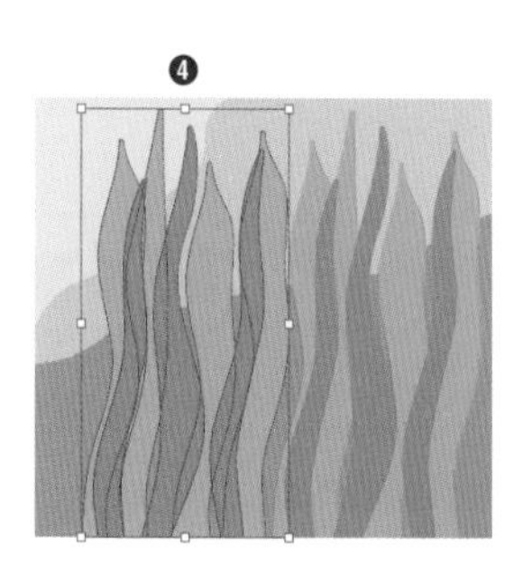

036 同じ変形の操作を繰り返したい

使用機能　変形の繰り返し

規則的な模様を作る際などには、ひとつ前に実行した変形操作を繰り返すと便利です。変形とは、移動、回転、拡大・縮小、リフレクト、シアーのことをいいます。

1 ここでは例として、[移動] による複製を繰り返して、等間隔に並ぶ窓のイラストを作成します。選択ツールでオブジェクトを選択し❶、option キーを押したまま右方向にドラッグし❷、移動と同時に複製します❸。

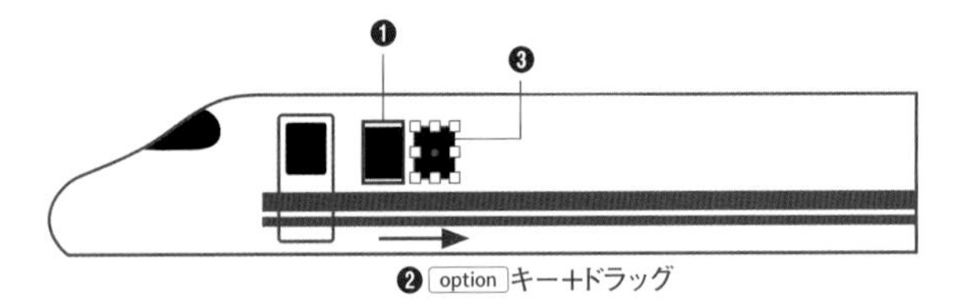

Memo

オブジェクトを水平に移動したいときは、ドラッグする際、shift キーを同時に押します。

2 [オブジェクト] メニュー→ [変形] → [変形の繰り返し] をクリックします❶。すると 1 の手順の変形を繰り返し、同じ間隔でオブジェクトが複製されます❷。この操作を繰り返すと、作例のようにオブジェクトを等間隔に増やすことができます❸。

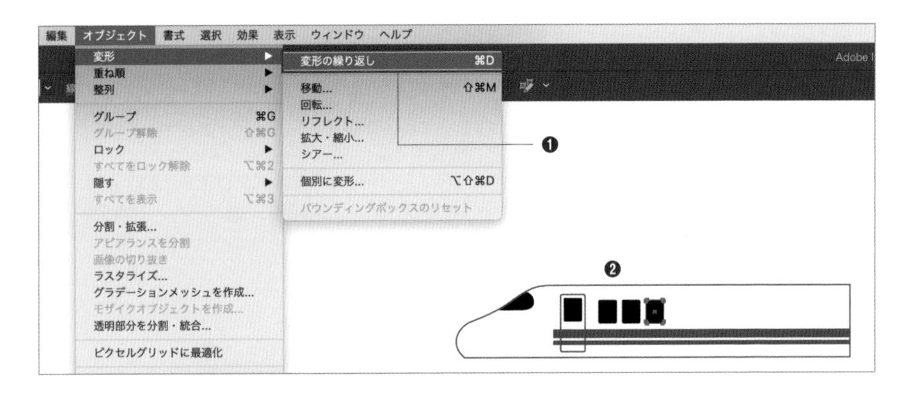

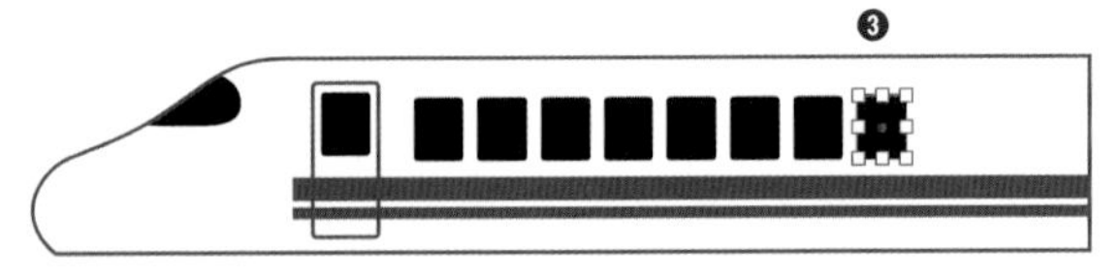

ここでは [移動] を例にしていますが、[回転] や [拡大・縮小] などの変形も、同様に繰り返すことができます。

Short Cut　変形の繰り返し：command + D キー

037 オブジェクトやパスを整列・分布させたい

使用機能 | 整列

複数のオブジェクトやパスを等間隔に整列させたり、端に揃えたり、数値を指定して分布させたりすることができます。

[整列] パネル

[ウィンドウ] メニュー→ [整列] をクリックすると、[整列] パネルが表示されます。[整列] パネルには、[整列] [分布] [等間隔に分布] の3つのセクションに分かれてボタンが並んでいます。選択ツールで複数のオブジェクトやパスを選択し、各ボタンをクリックすると、整列・分布が適用されます。

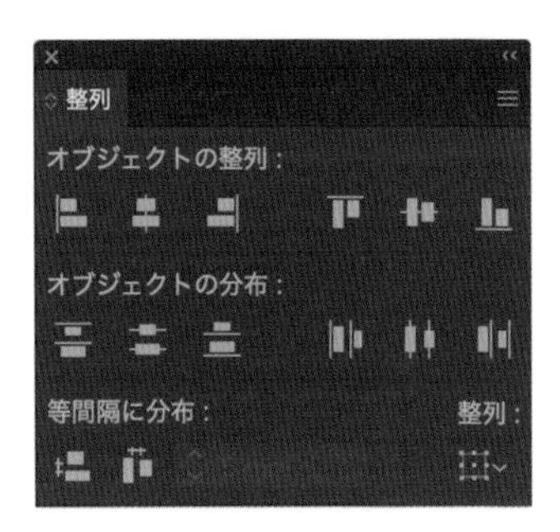

ひとつのオブジェクトを基準に整列

選択ツールですべてのオブジェクトを選択後❶、基準にしたいオブジェクトをクリックすると❷、それが [キーオブジェクト] となり、オブジェクトが強調表示されます❸。
この状態で整列ボタンをクリックすると、キーオブジェクトを基準に整列が適用されます。

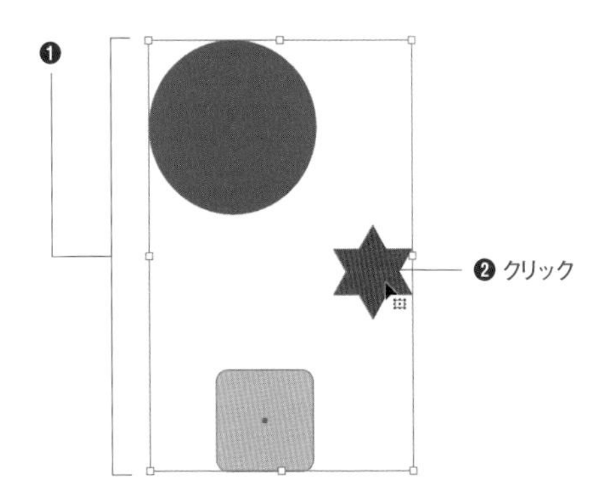

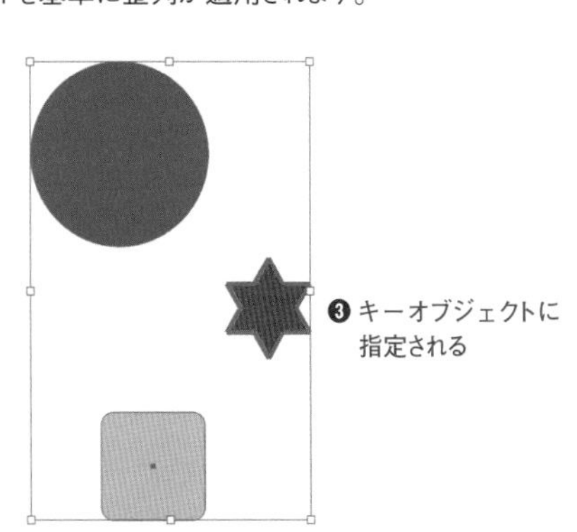

Chap 3 オブジェクトの整理と加工・修正

オブジェクトの整列

選択した複数のオブジェクトを、基準に合わせて整列します。

ボタン名	水平方向左に整列 	水平方向中央に整列 	水平方向右に整列 
説明	左端に位置しているオブジェクトまたはキーオブジェクトの左端を基準に整列します。	すべてのオブジェクトまたはキーオブジェクトの中央に整列します。	右端に位置しているオブジェクトまたはキーオブジェクトの右端を基準に整列します。
整列前のオブジェクト 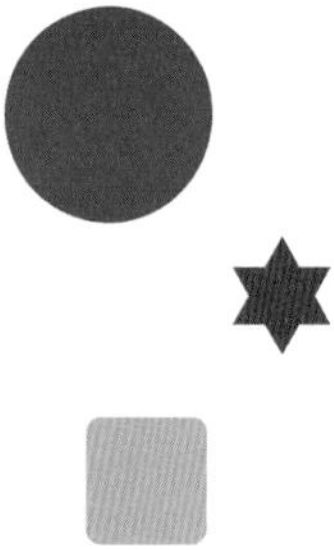	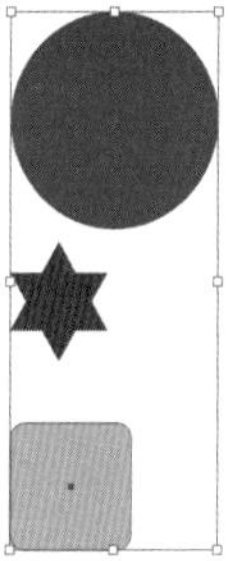	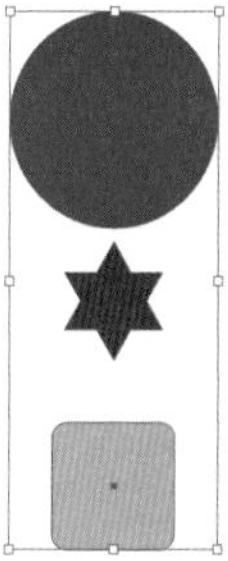	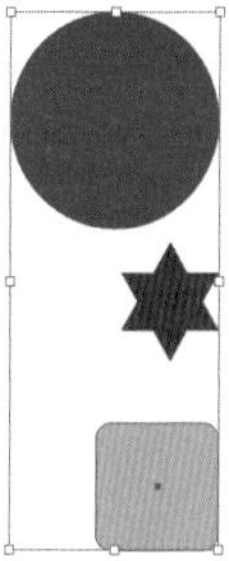

ボタン名	垂直方向上に整列 	垂直方向中央に整列 	垂直方向下に整列 
説明	最上部に位置しているオブジェクトまたはキーオブジェクトの上端を基準に整列します。	すべてのオブジェクトまたはキーオブジェクトの中央に整列します。	最下部に位置しているオブジェクトまたはキーオブジェクトの底面を基準に整列します。
整列前のオブジェクト 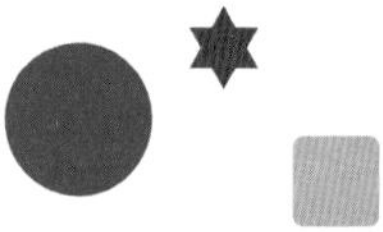		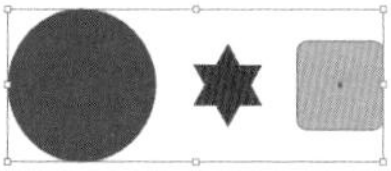	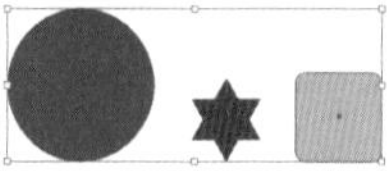

オブジェクトの分布

選択した複数のオブジェクトの、両端のオブジェクトの位置を固定したまま、基準に合わせて等間隔に分布します。

ボタン名	垂直方向上に分布	垂直方向中央に分布	垂直方向下に分布
説明	両端のオブジェクトまたはキーオブジェクトの上端を基準に等間隔に分布します。	両端のオブジェクトまたはキーオブジェクトの中央を基準に等間隔に分布します。	両端のオブジェクトまたはキーオブジェクトの底面を基準に等間隔に分布します。
整列前のオブジェクト 	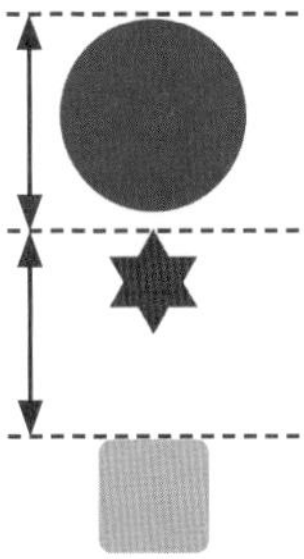	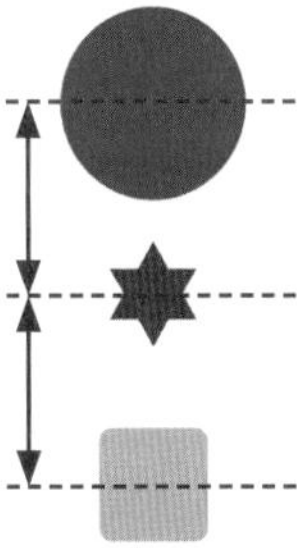	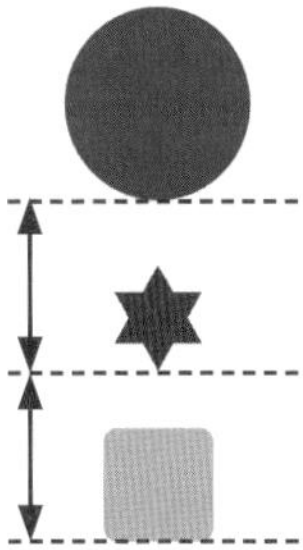

ボタン名	水平方向左に分布	水平方向中央に分布	水平方向右に分布
説明	両端のオブジェクトまたはキーオブジェクトの左端を基準に等間隔に分布します。	両端のオブジェクトまたはキーオブジェクトの中央を基準に等間隔に分布します。	両端のオブジェクトまたはキーオブジェクトの右端を基準に等間隔に分布します。
整列前のオブジェクト 	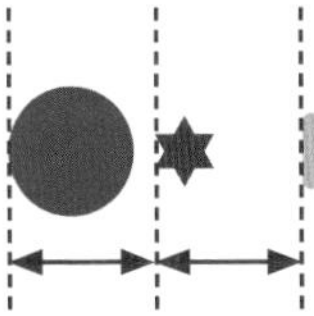	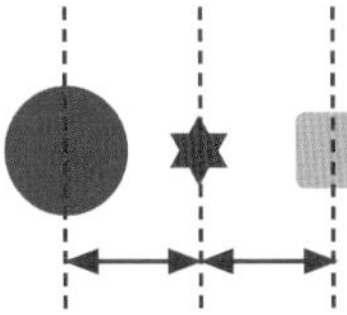	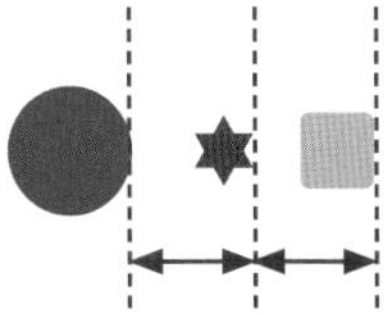

等間隔に分布

キーオブジェクトを基準に、選択したすべてのオブジェクトを指定の間隔で分布させます。

キーオブジェクトを指定すると❶、間隔を数値入力できるようになります❷。

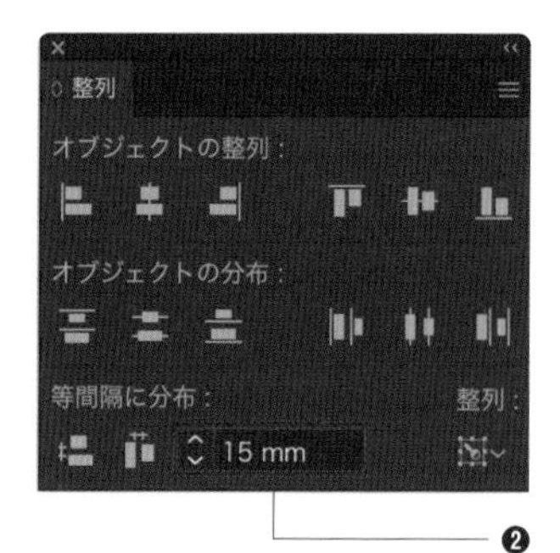

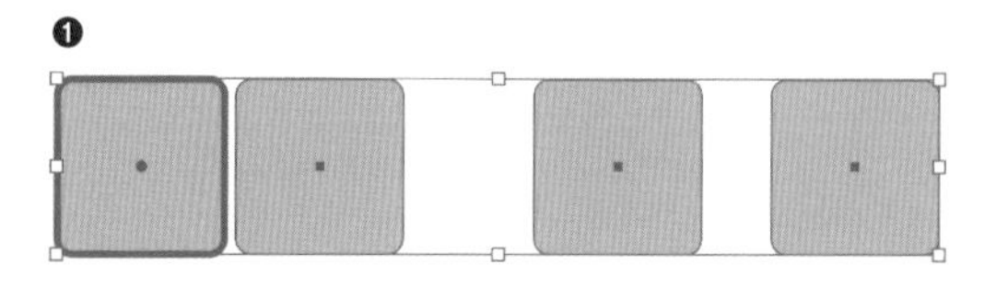

いずれかの［等間隔に分布］ボタンをクリックします。ここでは［水平方向等間隔に分布］ボタンをクリックします❶。すると、キーオブジェクトを基準に指定した数値でオブジェクトが分布します❷。

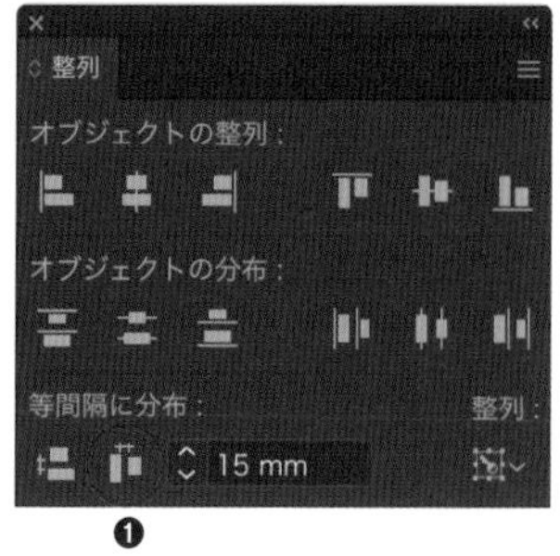

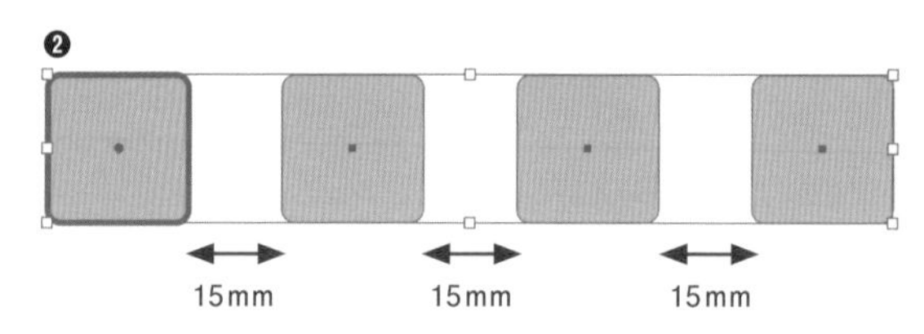

整列の基準の設定

整列を適用する際は、［整列］パネルの［整列］ボタンであらかじめ基準を設定しておきます。

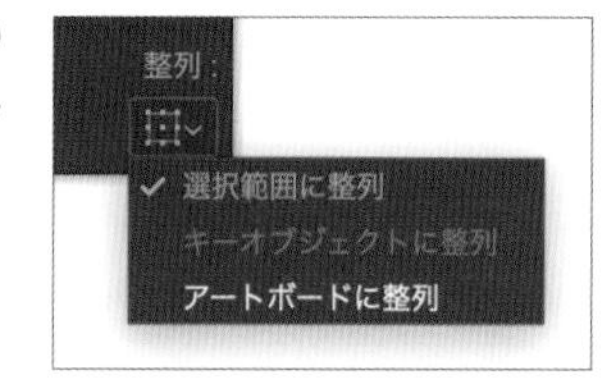

- **選択範囲に整列** …… 選択範囲を基準に整列が適用されます。デフォルトではこの設定になっています。
- **キーオブジェクトに整列** …… キーオブジェクトを基準に整列が適用されます。キーオブジェクトを設定したときは、自動で［キーオブジェクトに整列］が選択されます。
- **アートボードに整列** …… アートボードを基準に整列が適用されます。アートボードの中心にオブジェクトを配置したいときなどに便利です。

【例】オブジェクトを一直線かつ等間隔に整列

1 選択ツールですべてのオブジェクトを選択し❶、[オブジェクトの整列]の[垂直方向下に整列]ボタンをクリックします❷。すると一番下のオブジェクトの下端のラインに合わせて整列します❸。

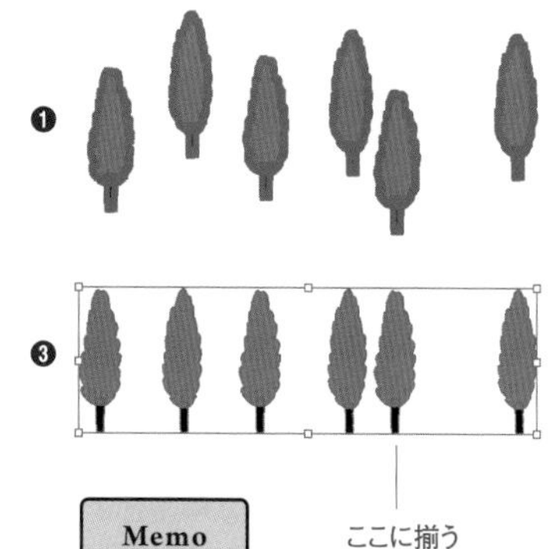

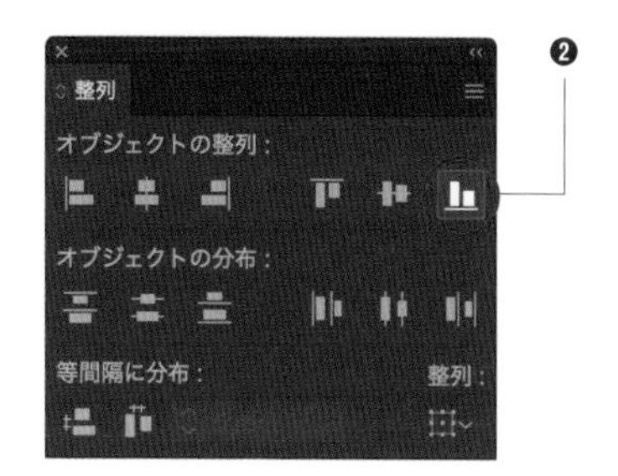

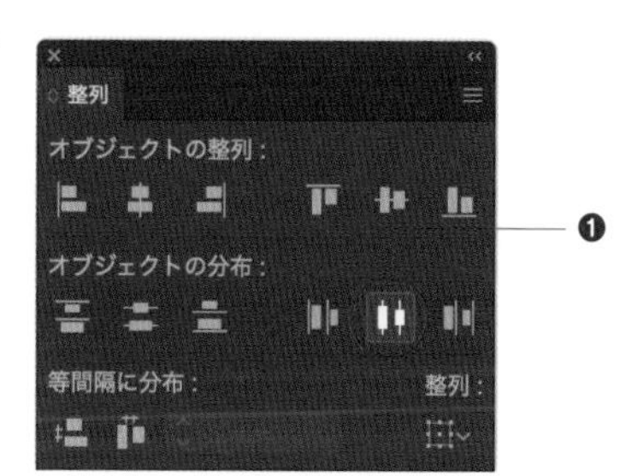

ここに揃う

Memo

あらかじめ木のイラストは個別にグループ化しています。

2 [オブジェクトの分布]の[水平方向中央に分布]ボタンをクリックします❶。これで左端と右端のオブジェクトの位置を固定したまま、それぞれのオブジェクトの中心を基準に、等間隔に分布します❷。

【例】キーオブジェクトに整列

1 黄色の図形と、文字のオブジェクトを選択したのち❶、黄色の図形をクリックしてキーオブジェクトに設定します❷。

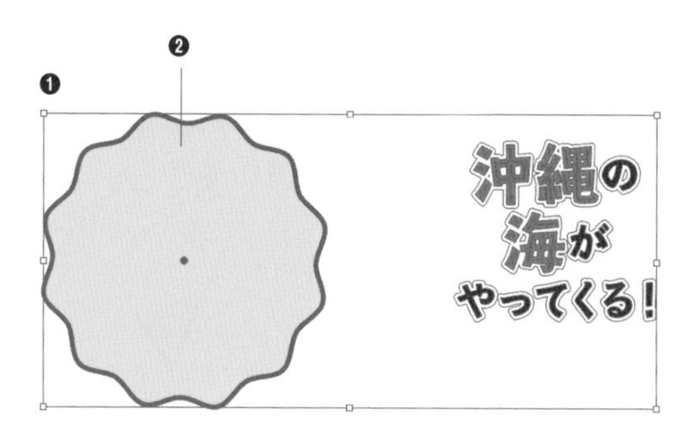

2 ［水平方向中央に分布］ボタンと［垂直方向中央に分布］ボタンをクリックすると❶、キーオブジェクトの中心に文字が整列されます❷。

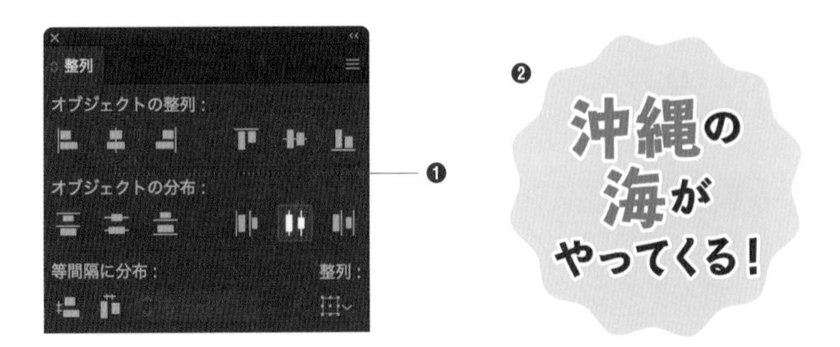

【例】アンカーポイントを整列

1 選択ツールでアンカーポイントを選択すると❶、［整列］パネルの各セクションの対象が［オブジェクト］から［アンカーポイント］に変更されます❷。

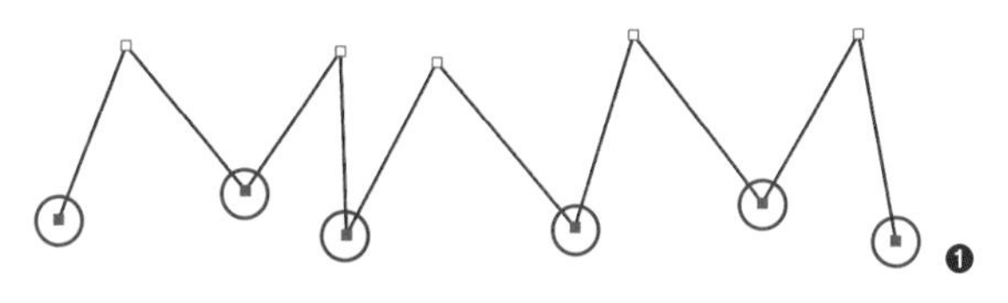

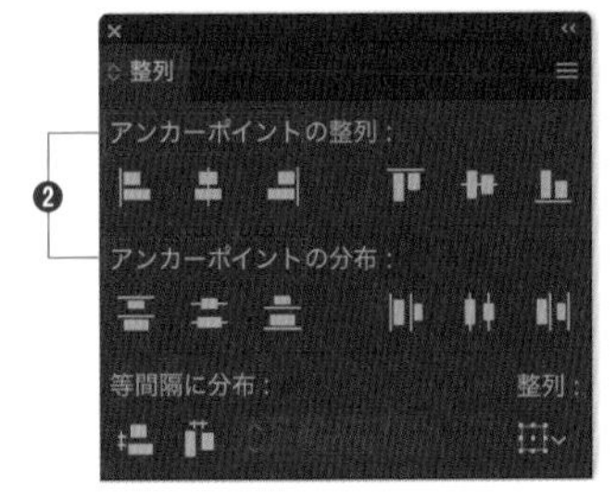

2 ［垂直方向下に整列］ボタンと［水平方向中央に分布］ボタンをクリックすると、以下のようにアンカーポイントが整列します。

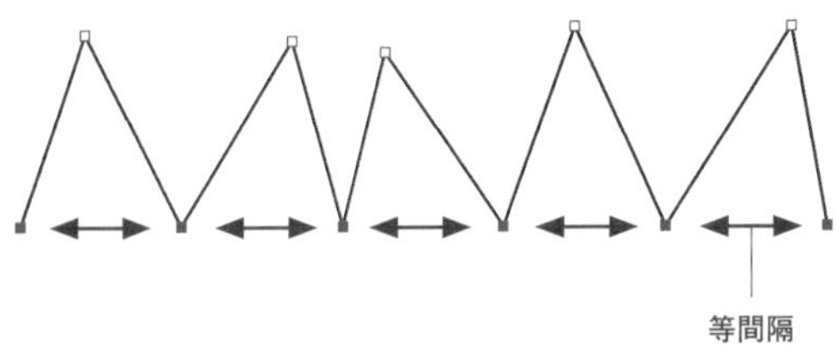

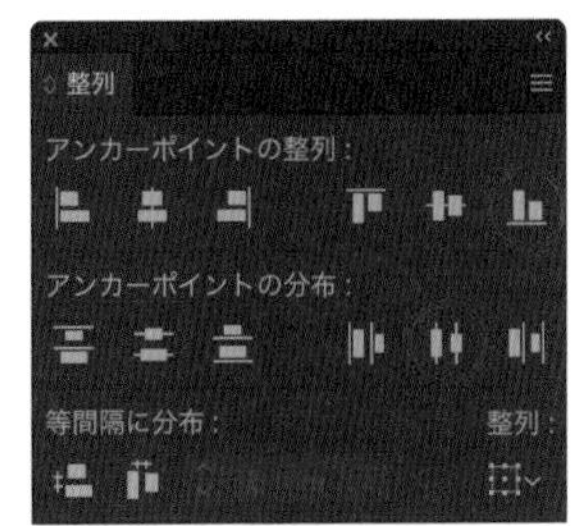

Memo ひとつにグループ化された複数のオブジェクトは整列できません。

038 回転後のバウンディングボックスをリセットしたい

使用機能 バウンディングボックスのリセット

オブジェクトを回転すると、バウンディングボックスも一緒に回転します。これを水平垂直にリセットすることができます。

1 選択ツールでオブジェクトを選択し❶、[オブジェクト] メニュー→[変形]→[バウンディングボックスのリセット] をクリックします❷。

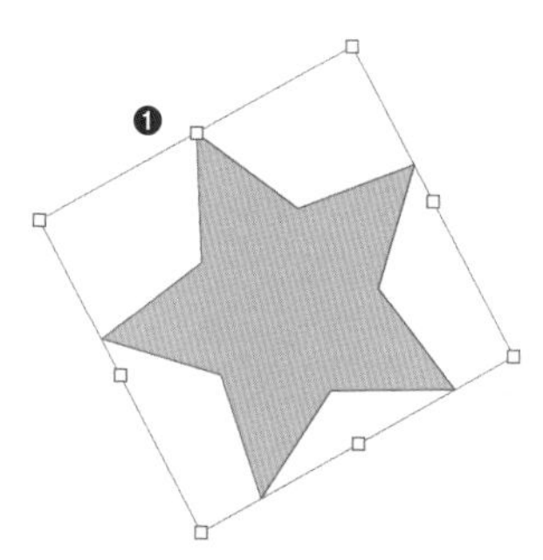

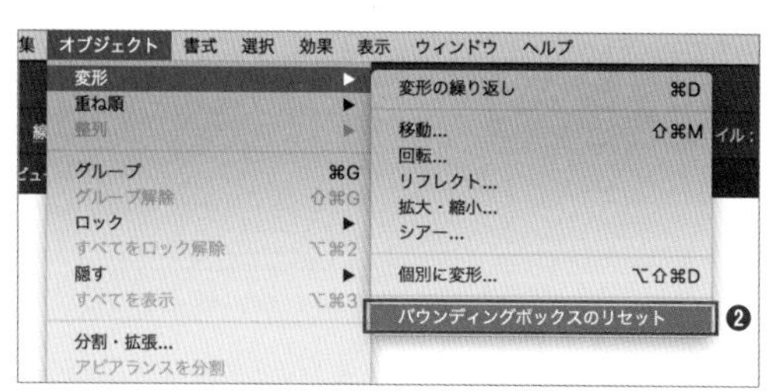

2 バウンディングボックスがリセットされます。

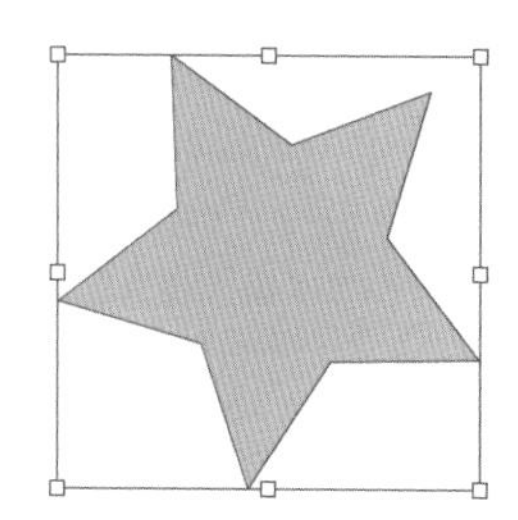

Memo

オブジェクトを、control キーを押しながらクリックしても(Windowsでは右クリック)[変形] メニューを表示できます。

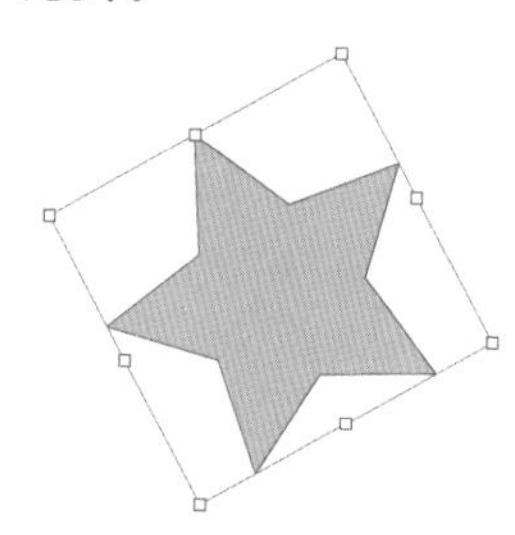

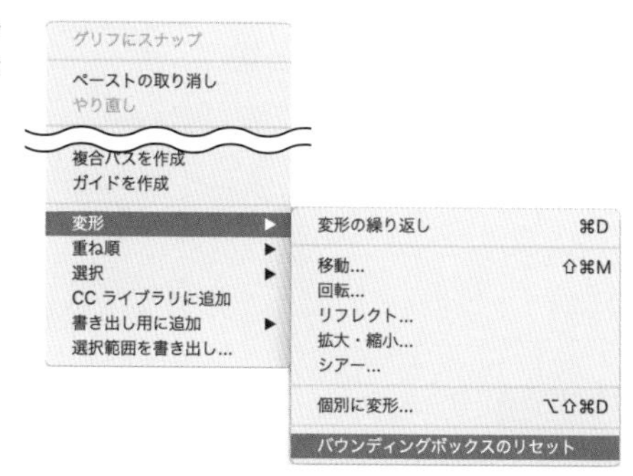

039 バウンディングボックス・境界線を非表示にしたい

使用機能 バウンディングボックス、境界線

アートワークの細部を確認しながら作業を進めているときなどに、バウンディングボックスやオブジェクトの境界線が邪魔になることがあります。これらは非表示にすることができます。

バウンディングボックスの表示の切り替え

バウンディングボックスは、オブジェクトを選択したとき、周りに表示されるボックスです。拡大・縮小や回転の操作に利用できます。[表示]メニュー→[バウンディングボックスを隠す]をクリックするとバウンディングンボックスが非表示になります。表示したいときは[表示]メニュー→[バウンディングボックスを表示]をクリックします。

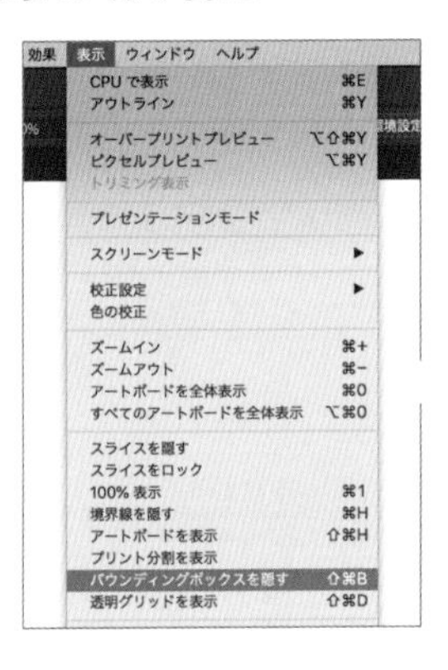

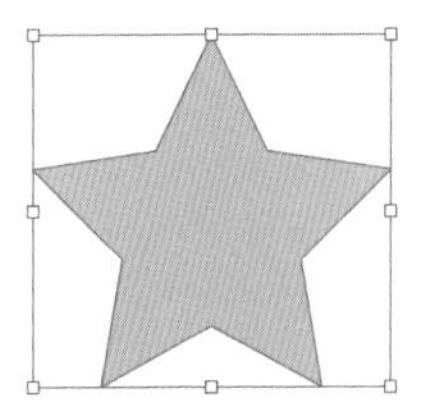

バウンディングボックス表示

バウンディングボックス非表示

Short Cut

バウンディングボックスを隠す/表示：command + shift + B キー

境界線の表示の切り替え

デフォルトでは、パスを縁取るような[境界線]が表示されています。非表示にするには、[表示]メニュー→[境界線を隠す]をクリックします。表示したいときは[表示]メニュー→[境界線を表示]をクリックします。

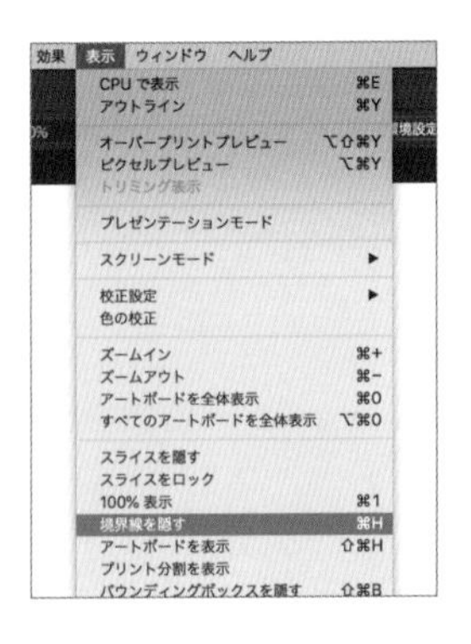

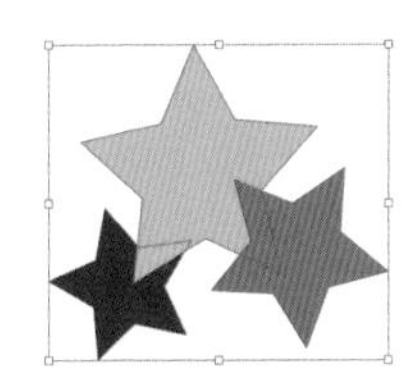

境界線表示

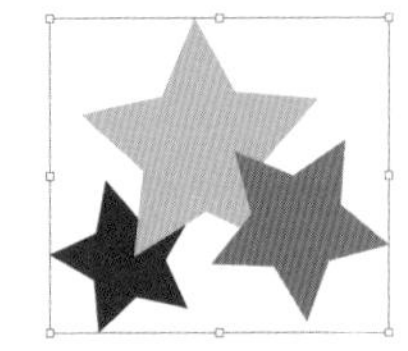

境界線非表示

Short Cut

境界線を隠す/表示：command + H キー

040 複数のオブジェクトをグループ化したい

使用機能 グループ

複数のオブジェクトをまとめて扱う機能がグループです。使用頻度が高いので、ショートカットも一緒に覚えておくと便利です。

1 選択ツールで複数のオブジェクトを選択し❶、［オブジェクト］メニュー→［グループ］をクリックします❷。

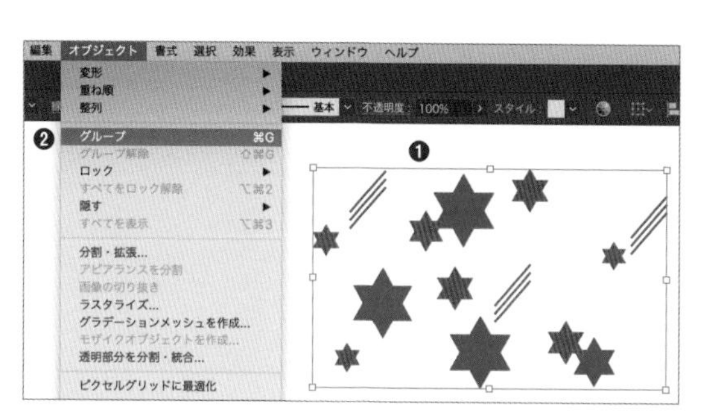

2 選択したオブジェクトがグループ化され、1クリックですべてのオブジェクトを選択できるようになります。

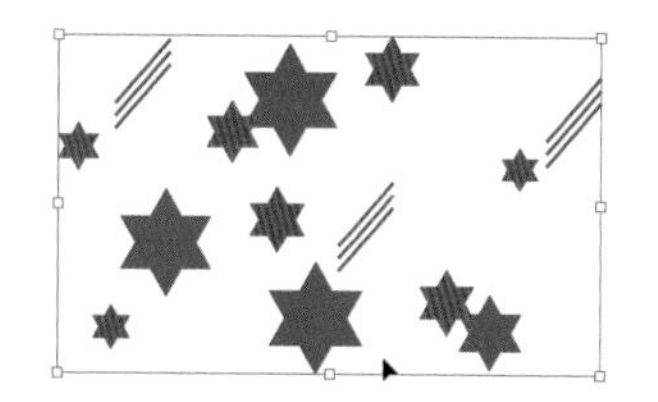

Memo

グループを解除するときは［オブジェクト］メニュー→［グループ解除］をクリックします。

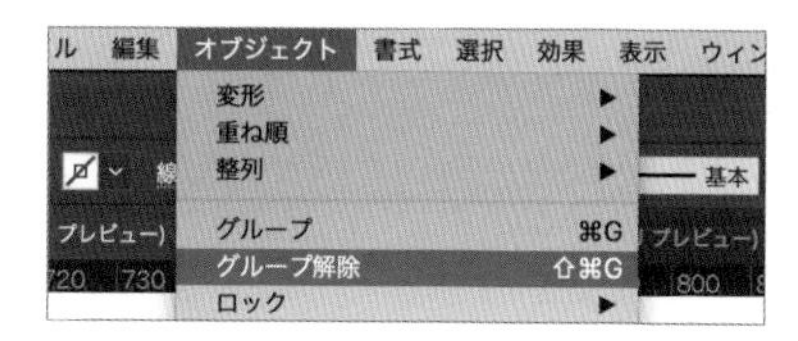

Memo

グループ化したオブジェクトのパーツを選択する場合は、［ダイレクト選択］ツールまたは［グループ選択］ツールを使用します ▸▸017。

Memo

グループ化したオブジェクトをさらに他のグループとまとめて、大きなグループにすることができます。［レイヤー］パネル ▸▸045 を利用すると、どのように整理されているか確認することができます。

Short Cut

グループ：command＋Gキー、グループ解除：command＋shift＋Gキー

041 グループやクリッピングマスク内のオブジェクトを編集したい

使用機能 | 編集モード

グループ化したオブジェクトのパーツやクリッピングマスクの内側のオブジェクトは、グループを維持したまま編集することができます。

環境設定

[Illustrator] メニュー→ [一般] をクリックします❶。[環境設定] ダイアログが表示されるので、[ダブルクリックして編集モード] にチェックを入れ❷、[OK] ボタンをクリックします❸。

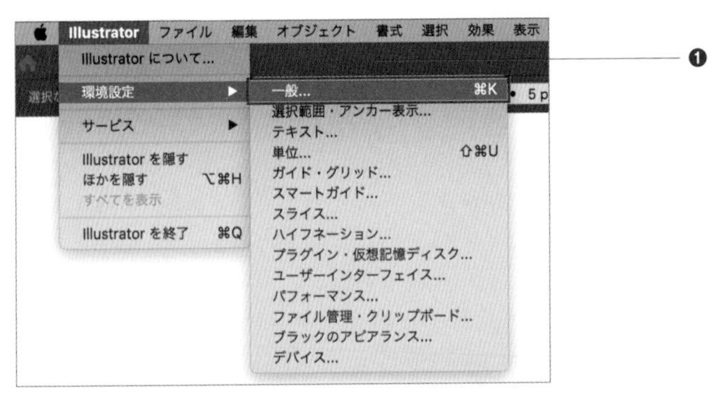

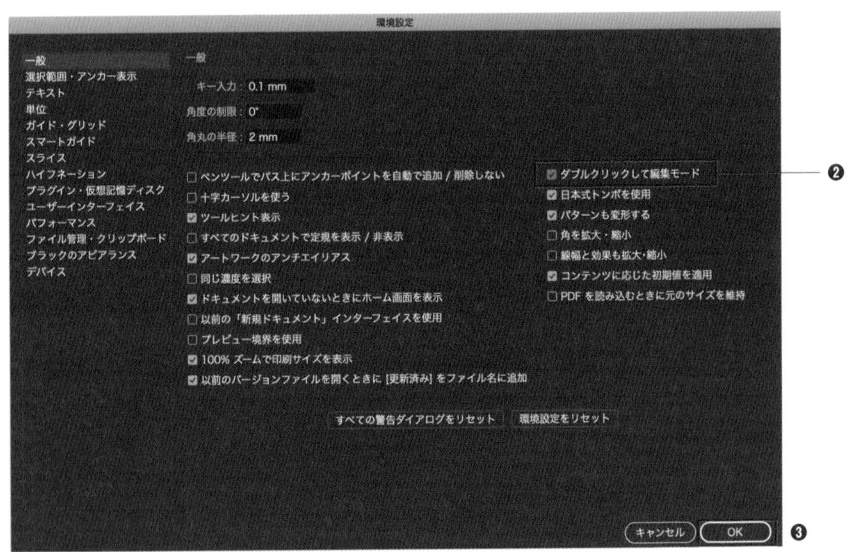

グループ化したオブジェクトの編集

1. グループ化したオブジェクトや、クリッピングマスクをかけたオブジェクトをダブルクリックします。ここでは、くちばし、足、尾羽と、クリッピングマスクをかけた頭〜胴体をすべてグループ化した鳥のイラストを例にします。

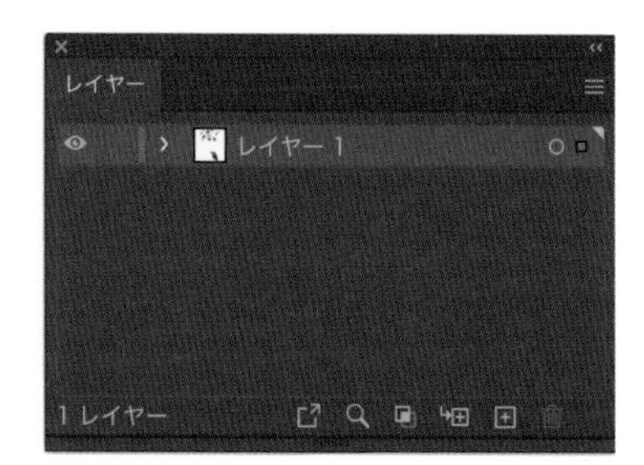

ダブルクリック

2. [編集モード] に切り替わり、グループのパーツごとに選択・編集できるようになります。

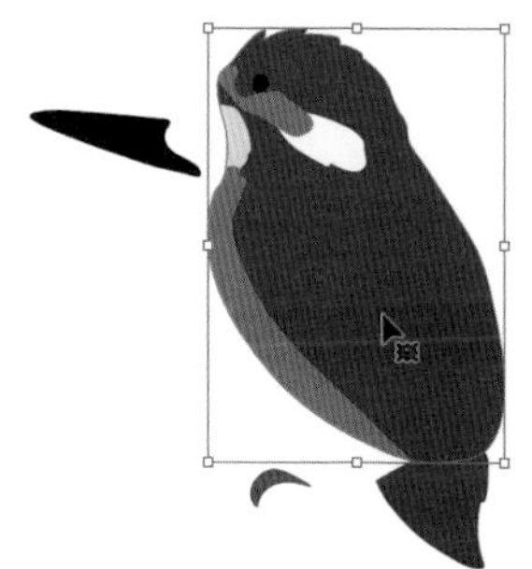
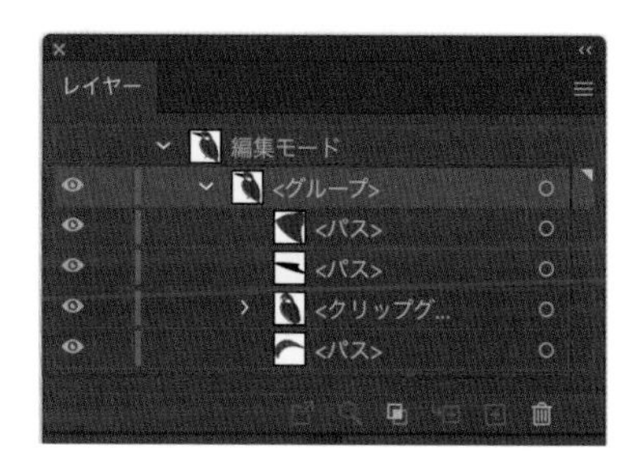

移動や回転など、パーツごとに編集できる

Memo

編集モード中は、ドキュメントの左上に編集中の階層が表示されます。この階層は、レイヤーパネルの内容と連動しています。

クリッピングマスク内のオブジェクトを編集

クリッピングマスクをかけたオブジェクトをダブルクリックすると、階層が進み、クリッピングマスク内（＝クリップグループ）のオブジェクトを選択・編集できるようになります。

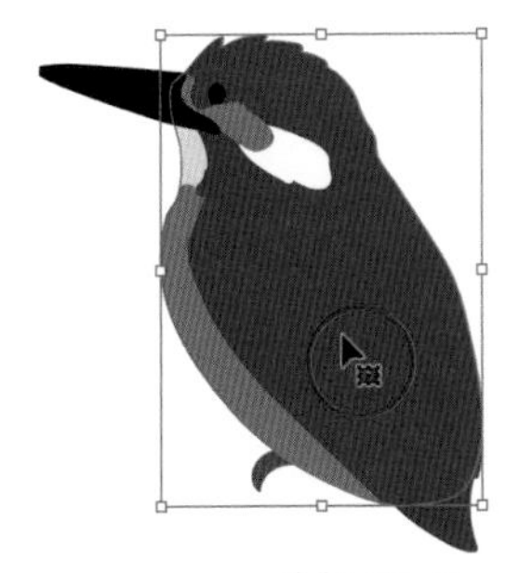

ダブルクリック

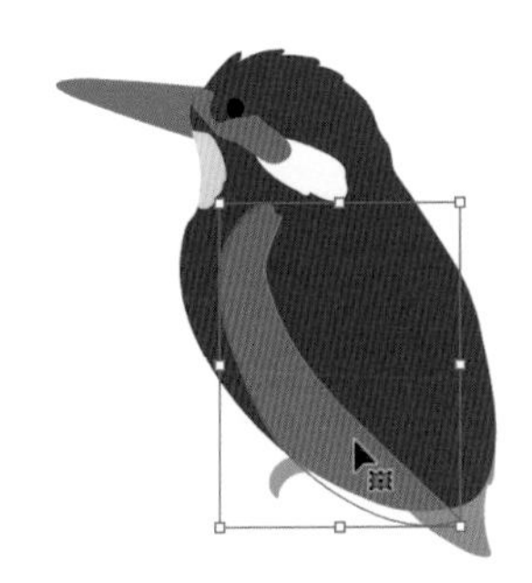

クリッピングマスク内のオブジェクトを編集できる

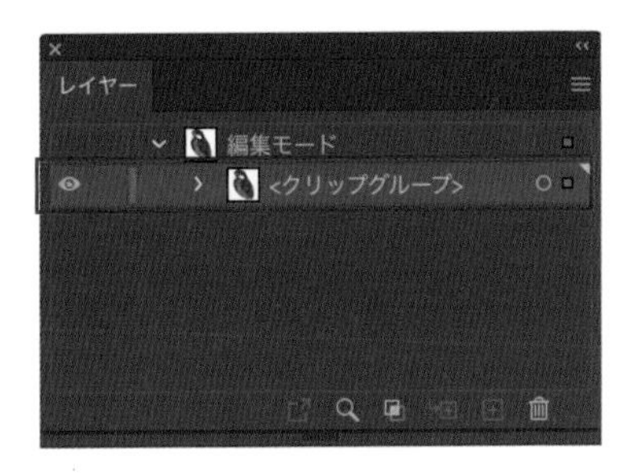

このとき、クリップグループ以外のオブジェクトは編集できなくなります。編集不可のオブジェクトは、色が薄く表示されます。

クリップグループ内のオブジェクトをダブルクリックすると、該当のオブジェクトのみを編集することができます。

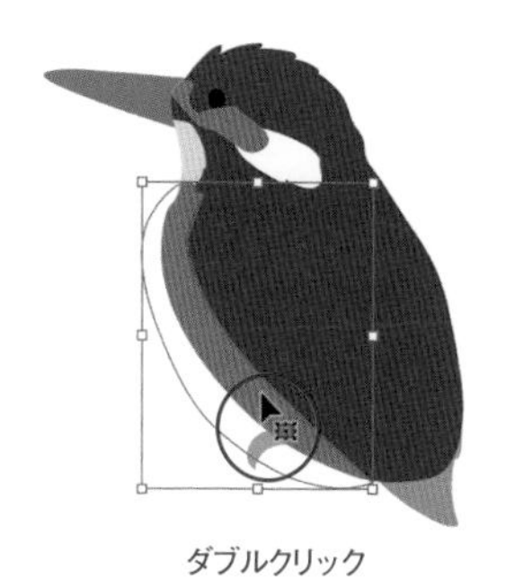

ダブルクリック

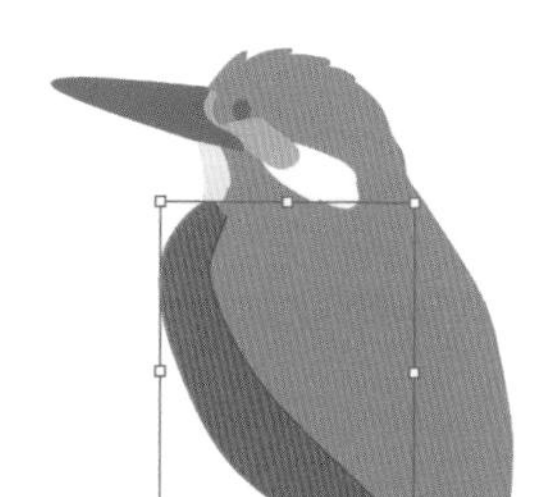

編集する階層の移動と編集モードの終了

ドキュメント左上で、編集したい階層をクリックします。

をクリックすると、ひとつ前の階層に移動します。

編集モードを終了するには、ドキュメントの空いたスペースをダブルクリックするか、
を消えるまでクリックします。

042 オブジェクトの角を丸くするなどの加工がしたい

使用機能　ライブコーナー

ライブコーナーの機能を利用すると、オブジェクトの角をドラッグするだけで丸くしたり凹ませたりすることができます。

オブジェクトの角にライブコーナーを適用

1 選択ツールでオブジェクトを選択すると、四隅にコーナーウィジェット（二重丸のようなマーク）が表示されます。

サーバーメンテナンスのお知らせ

定期メンテナンスにつき、
7/10（日）1:00〜5:00の間、
サーバーにアクセスすることができません。

コーナーウィジェットが表示されない場合は、[表示]メニュー→[コーナーウィジェットを表示]をクリックします。

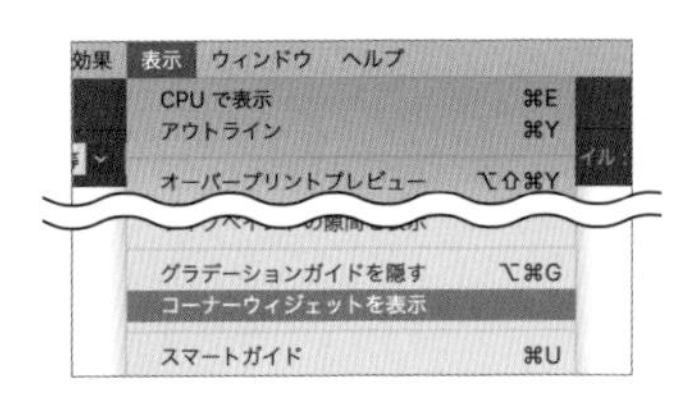

2 コーナーウィジェットにマウスポインタを合わせると、カーソルの右下にマークが表示されます。

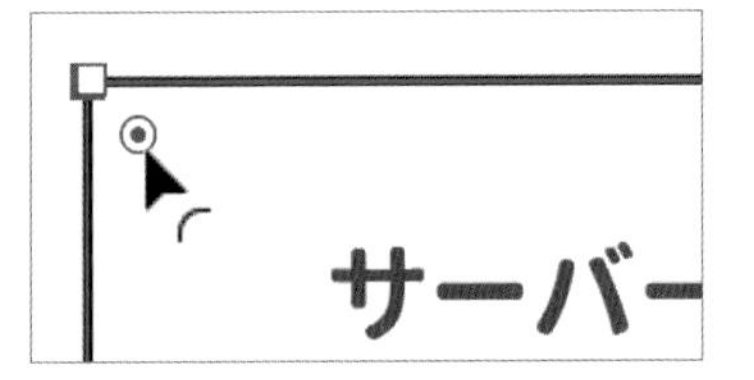

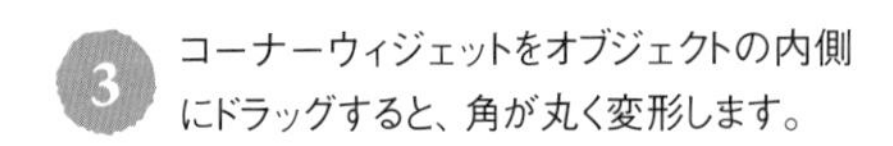

3 コーナーウィジェットをオブジェクトの内側にドラッグすると、角が丸く変形します。

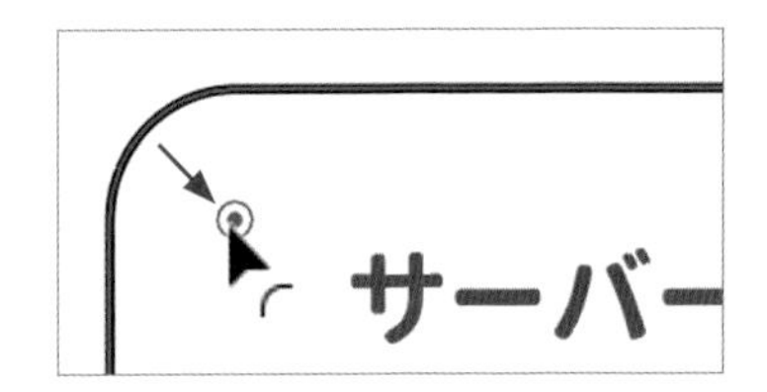

一部の角にライブコーナーを適用

[ダイレクト選択]ツールで一部の角を選択し（複数選択する場合は shift キーを押しながらクリック）、ドラッグします。

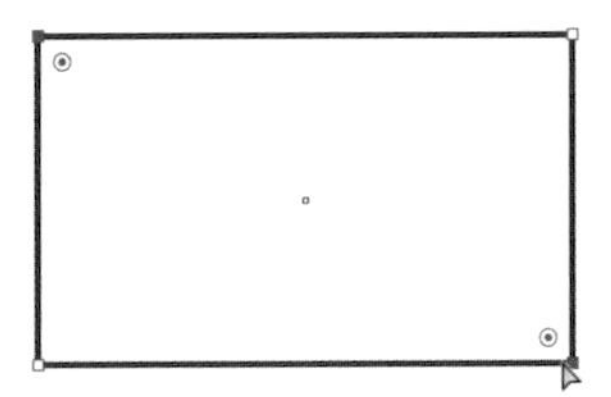

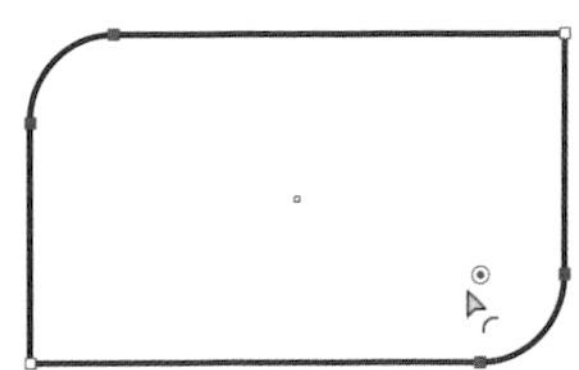

角の半径とデザインを指定・変更

コーナーウィジェットの使用中は、コントロールパネル▸▸004で角の種類と❶、半径を指定・変更することができます❷。

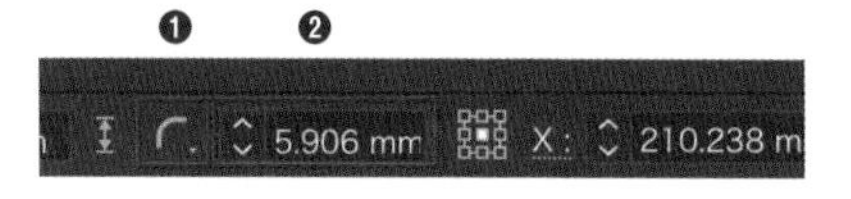

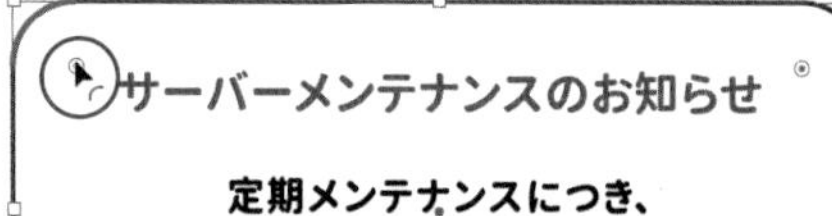

ボタンをクリックすると、3種類の角のデザインを選択できます。

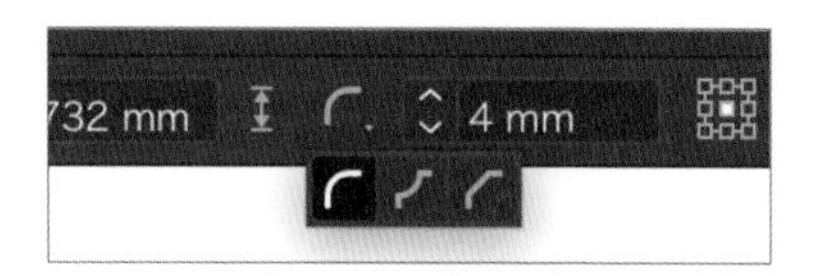

角丸（外側）

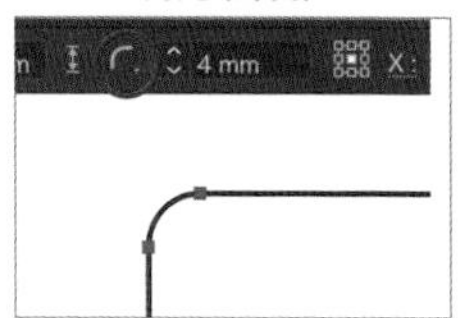

角丸（内側）

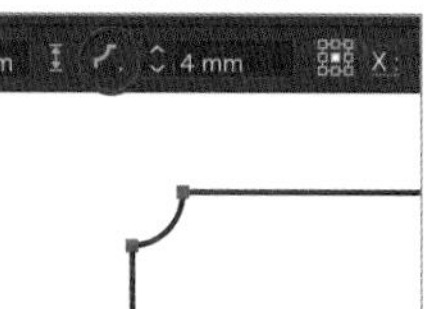

面取り

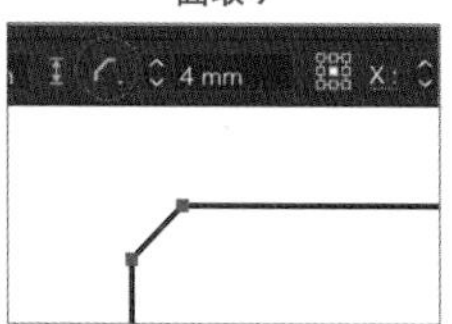

Memo

複雑なシェイプでもライブコーナーを適用することができます。
オブジェクトを［ダイレクト選択］ツールで選択すると、コーナーウィジェットが表示されます。

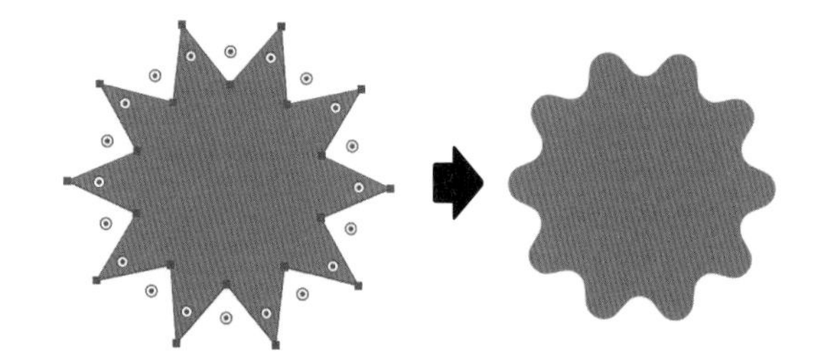

ライブコーナーのリセット

コントロールパネルのライブコーナーの数値を「0」に設定するか、コーナーウィジェットを外側にドラッグします。

043 アートワークの構成をアウトライン表示したい

使用機能 | アウトライン、プレビュー

アートワークの構成を確認したいときは、塗りや線のカラーを非表示にし、アウトラインのみを表示する方法があります。

1 [表示] メニュー→ [アウトライン] をクリックします❶。するとアウトラインが表示されます❷。

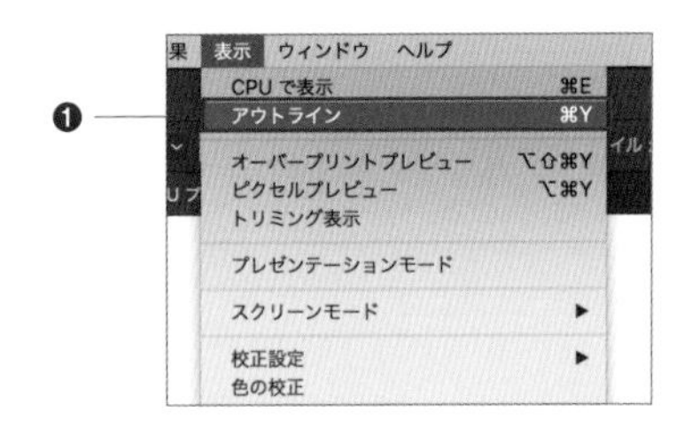

❷

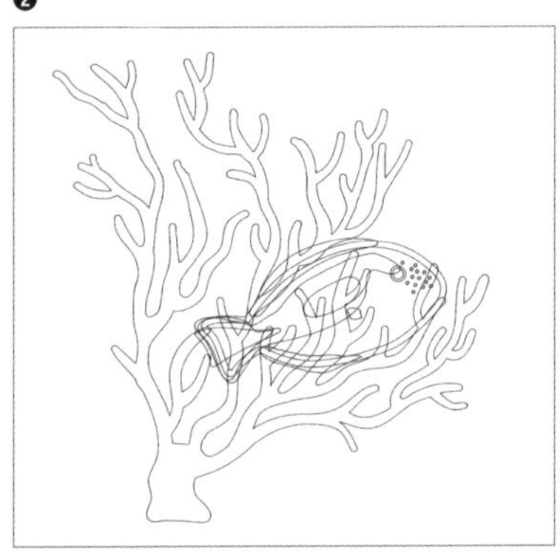

2 [表示] メニュー→ [プレビュー] をクリックすると、通常の表示に戻ります。

Short Cut アウトライン／プレビュー：command＋Yキー
※アウトライン表示とプレビュー表示が切り替わります。

044 オブジェクトやパスの削除・分割ツールを使い分けたい

使用機能　[消しゴム]ツール、[はさみ]ツール、[ナイフ]ツール、[パス消しゴム]ツール

[消しゴム]ツール、[はさみ]ツール、[ナイフ]ツール、[パス消しゴム]ツールは、いずれもパスを切ったり、オブジェクトの一部分を削除したりするツールです。目的に合わせて使い分けます。

削除・分割ツールの種類

ツールバーの[消しゴム]ツールをマウスのボタンで長押しすると、[はさみ]ツール、[ナイフ]ツールを選択できます。[Shaper]ツールを、マウスのボタンで長押しすると、[パス消しゴム]ツールを選択できます。

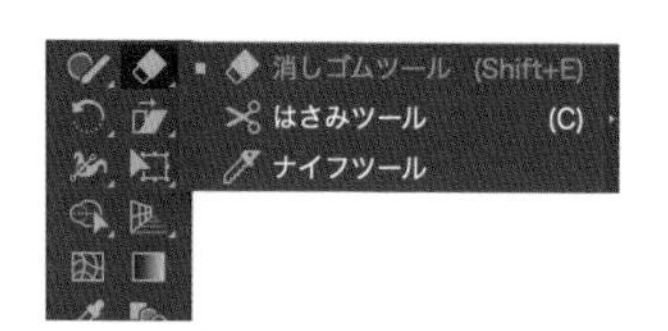

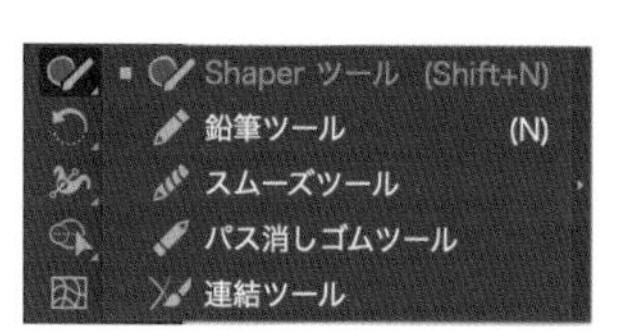

[消しゴム]ツール 

マウスの軌跡に沿ってオブジェクトが消えます。塗りのオブジェクトを[消しゴム]ツールで削除すると、実際の消しゴムで消したような結果になります。

複数のオブジェクトが重なっている場合、ドラッグした部分はすべての階層のオブジェクトが削除されますⒶ。一部のオブジェクトだけ消したいときは、[選択]ツールや[ダイレクト選択]ツールで選択してから[消しゴム]ツールでドラッグしますⒷ。

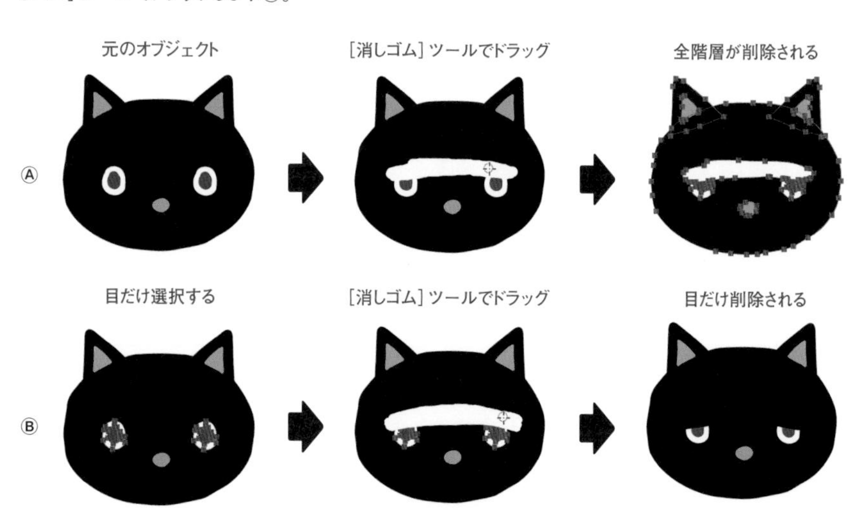

Memo

［消しゴム］ツールをダブルクリックすると［消しゴム］ツールオプションが表示されます。消しゴムの真円率や角度、サイズを変更することができます。

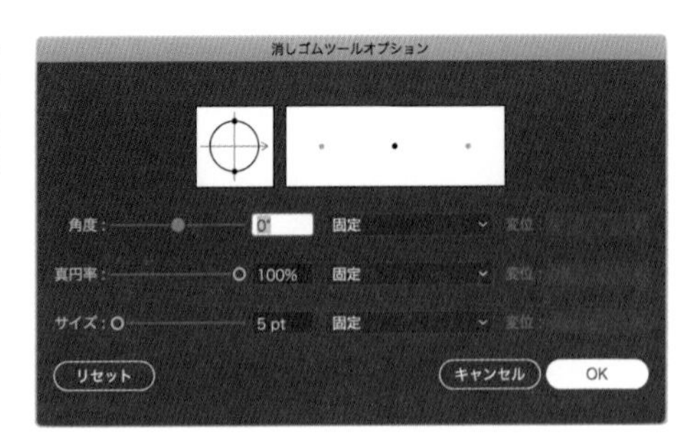

Memo

消しゴムのサイズは[キーで小さく、]キーで大きくすることができます。

● ［はさみ］ツール 

パスの途中を切りたいときに便利です。パスのセグメント上をクリックするとアンカーポイントが作成され、そこを境に切断されます。例えば、四角形のパスの一部を［はさみ］ツールで切ったとします。作成されたアンカーポイントを［ダイレクト選択］ツールで上方向にドラッグすると、右図のようにふたが開いたような見た目になります。

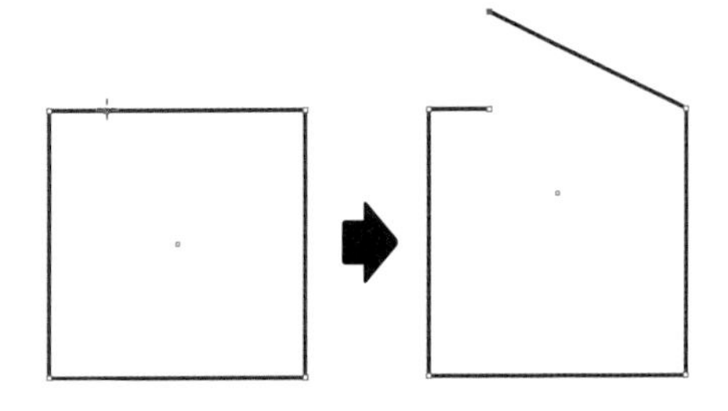

● ［ナイフ］ツール 

オブジェクトを大まかに分割したいときに便利です。ただし、曲線を引くと分割の跡が自動的になめらかなラインに補正されるので、あまり緻密な操作はできません。option キーを押しながらドラッグするとまっすぐな線で分割されます。さらに option ＋ shift キーを押しながらドラッグすると水平・垂直に分割されます。

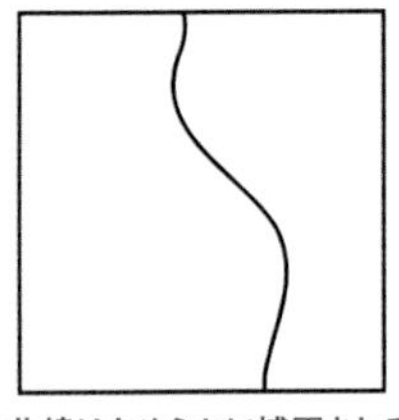

曲線はなめらかに補正される

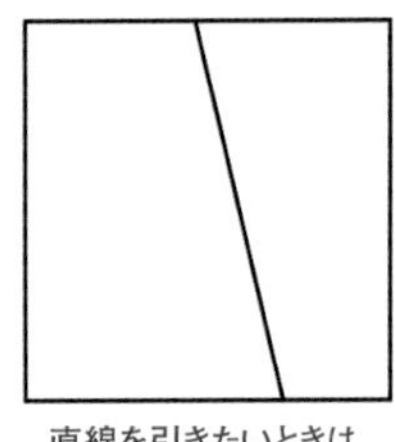

直線を引きたいときは option キーを押す

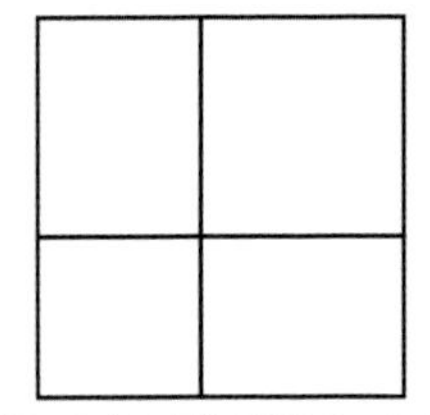

水平・垂直な直線を引きたいときは option ＋ shift キー

Memo

［ナイフ］ツールはクローズパスのオブジェクトにのみ使用できます。
オープンパスのオブジェクトには使用できません。

● [パス消しゴム] ツール 

選択したパスのセグメント上をなぞると、なぞった部分だけ削除します。鉛筆で書いた線を消しゴムで消したようなイメージです。以下は、[パス消しゴム] ツールでランダムな点線を描いた例です。

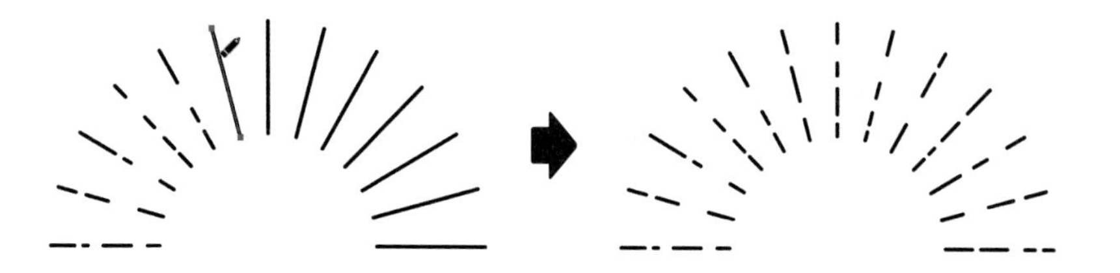

削除・分割ツールの違い

各ツールの違いを以下の表に整理します。

ツール名	[消しゴム] ツール	[はさみ] ツール	[ナイフ] ツール	[パス消しゴム] ツール
操作方法	オブジェクト上をドラッグ	パス上をクリック	オブジェクト上をドラッグ	パス上をドラッグ
操作後のパスの種類	クローズパス	オープンパス	クローズパス	オープンパス
操作後の略図（水色の線は操作前の形）				

※ [はさみ] ツールと [ナイフ] ツールの略図は、わかりやすいように切り口で切り離しています。

045 レイヤーでアートワークを整理したい

使用機能 ［レイヤー］パネル

レイヤーとは透明なフィルムのようなものです。複数のレイヤーを重ねて階層ごとに情報をまとめると、［レイヤー］パネルのさまざまな機能を使用してスムーズな操作ができるようになります。

レイヤーとは

レイヤーとは透明なフィルムのようなもので、ドキュメントには必ずレイヤーがひとつ作成されます。レイヤーを複数作成することで、アートワークをパーツごとに階層化することができます。［ウィンドウ］メニューから［レイヤー］パネルを表示することができます。
レイヤーが階層化すると、下層にサブレイヤーが作成されます。

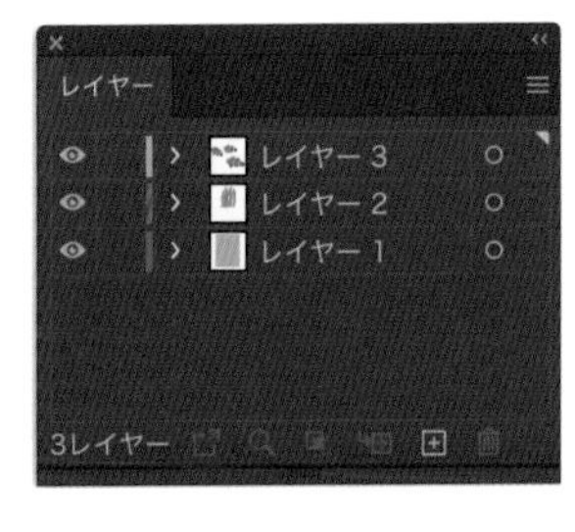

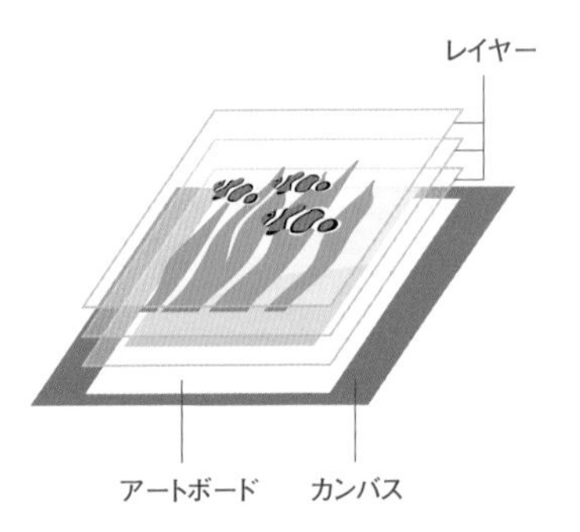

レイヤーの名前とカラーの変更

［レイヤー］パネルのレイヤーをダブルクリックすると❶、［レイヤーオプション］ダイアログが表示されます❷。［名前］にレイヤー名を入力します❸。レイヤーのカラーは、［カラー］をクリックすると設定することができます❹。最後に［OK］ボタンをクリックします❺。

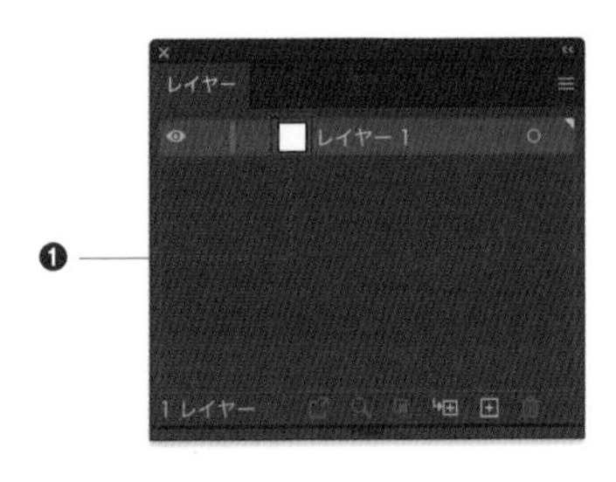

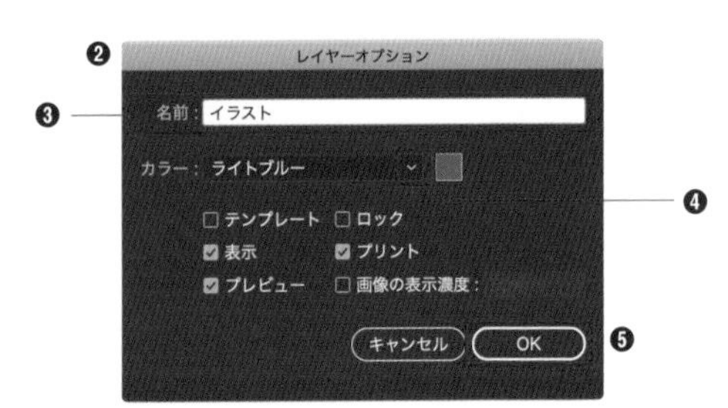

Memo レイヤーのカラーは、オブジェクトを選択したときの境界線やバウンディングボックスなどのカラーに反映されます。

レイヤーの新規作成

[レイヤー]パネル右下の[新規レイヤーを作成]ボタンをクリックしますⒶ。また、[新規サブレイヤーを作成]ボタンをクリックするとⒷ、選択中のレイヤーの下層にサブレイヤーを作成できますⒸ。

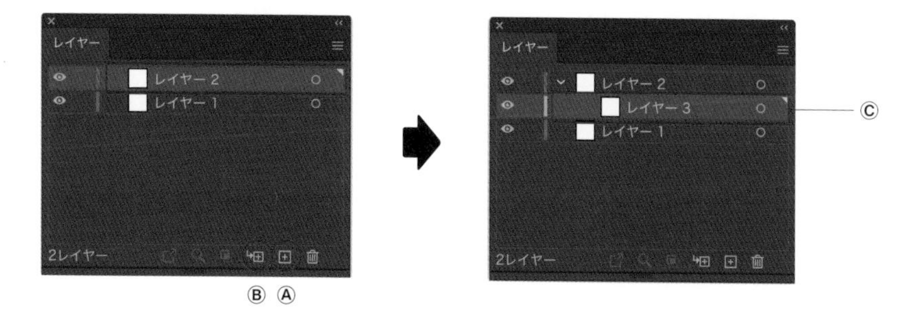

Memo 作成したレイヤーは、ドラッグ&ドロップで階層を移動することができます。

オブジェクトを別のレイヤーに移動

選択ツールでオブジェクトを選択すると❶、レイヤーの右端にカラーボックスが表示されます❷。カラーボックスを移動先のレイヤーまでドラッグします❸。

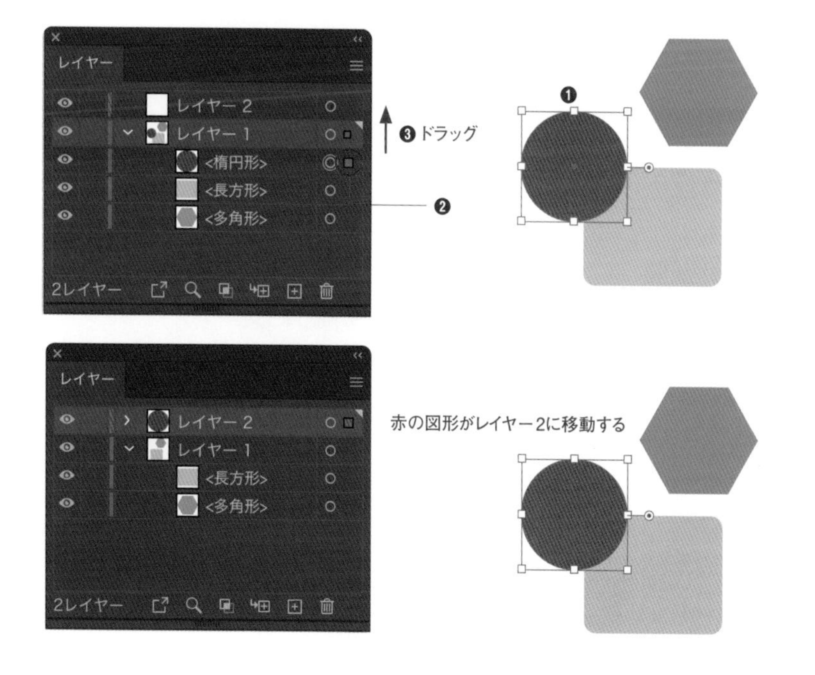

レイヤーの複製

下記のいずれかの方法で複製します。

Ⓐ 複製したいレイヤーを選択し、右上の［メニュー］ボタンから［レイヤーを複製］をクリックする
Ⓑ 複製したいレイヤーを［新規レイヤーを作成］ボタンまでドラッグする
Ⓒ option キーを押しながら、複製したいレイヤーを複製先の位置までドラッグする

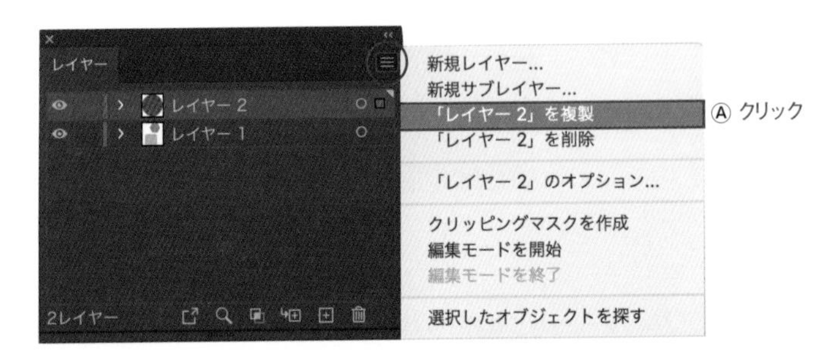

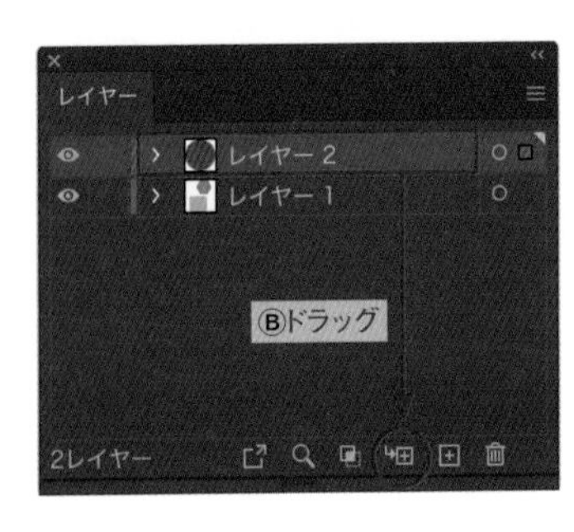

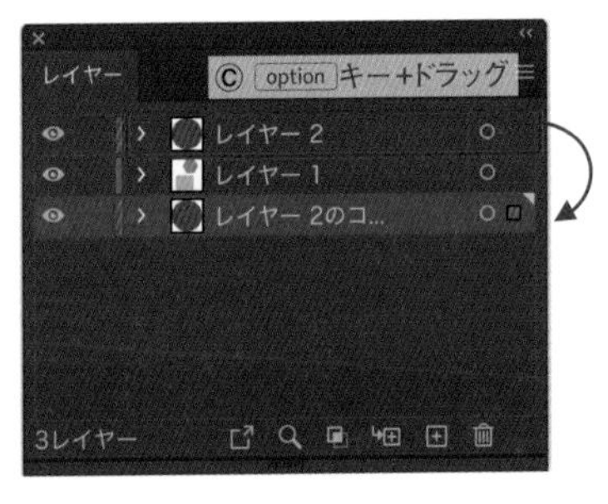

Memo レイヤーの複製は、データのバックアップなどにも活用できます。複製したレイヤーにロックをかけて非表示にしておくと、バックアップになります。

レイヤーの削除

Ⓐ レイヤーを選択し、右上の［メニュー］ボタンから［レイヤーを削除］をクリックする
Ⓑ レイヤーを［選択項目を削除］ボタンまでドラッグする

Ⓐ
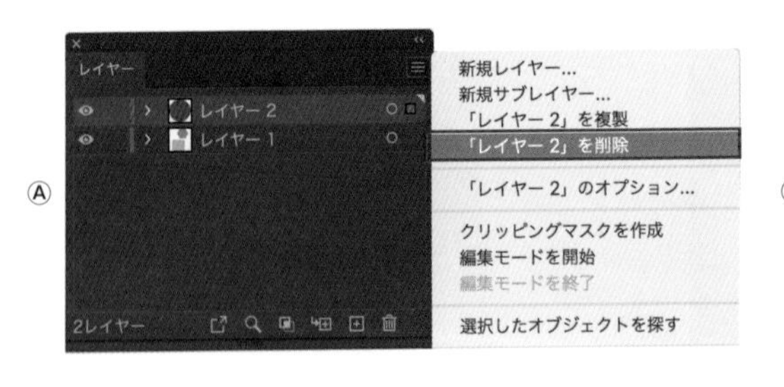

Ⓑ
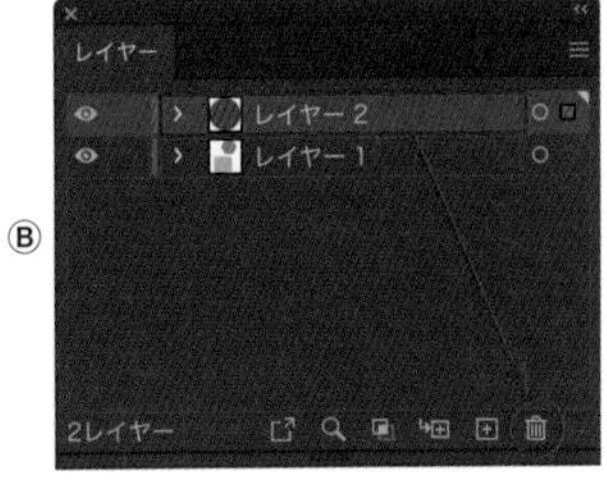

レイヤーの表示・非表示の変更

レイヤーの左端の［表示コラム］をクリックすることで、各レイヤーの表示・非表示の切り替えができます。また、レイヤーが表示されているとき、command キーを押しながら［表示コラム］をクリックすると、アウトライン表示になります。

表示コラム

【表示】

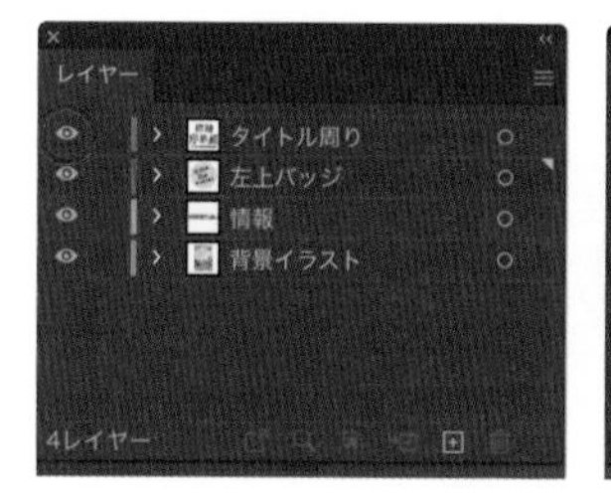

【非表示】

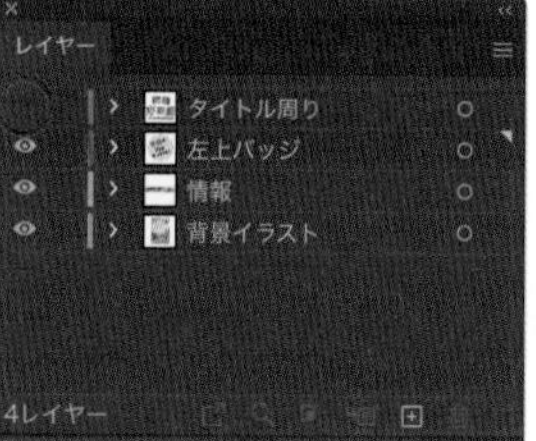

【アウトライン表示】

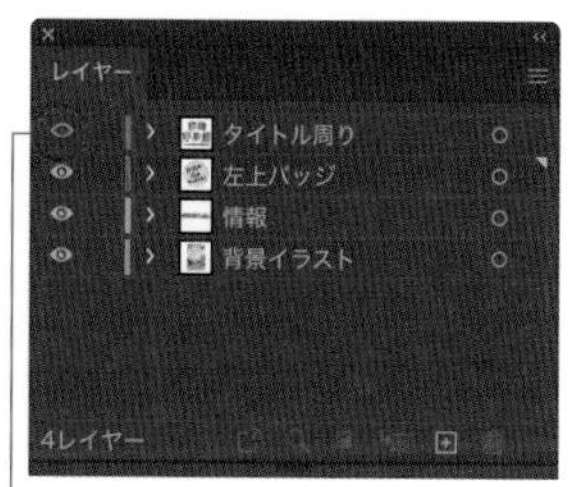

command キー＋クリック

レイヤーのロック

［編集コラム］の空欄をクリックすると、ロックアイコンが表示され、レイヤーの編集ができなくなります。ロックアイコンをクリックすると、編集コラムが空欄になり、ロックが解除されます。

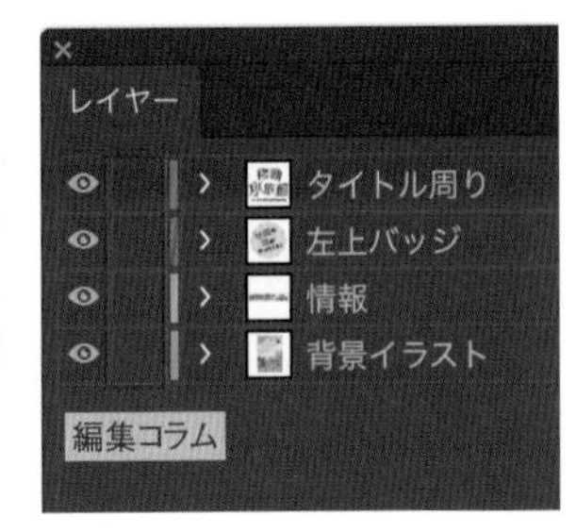

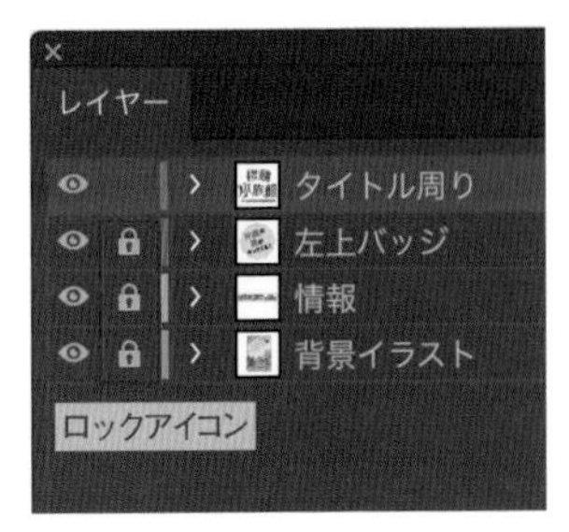

サブレイヤーの確認

レイヤーのサムネイルの横の［>］ボタンをクリックすると❶、サブレイヤーが表示され❷、アートワークを構成するオブジェクトの階層を確認することができます。アートワークを作成すると、サブレイヤーは自動で作成されます。グループ化されているオブジェクトは、＜グループ＞という名前になっており、さらに階層化されています。サブレイヤーの順番を入れ替えて、オブジェクトを編集することができます。

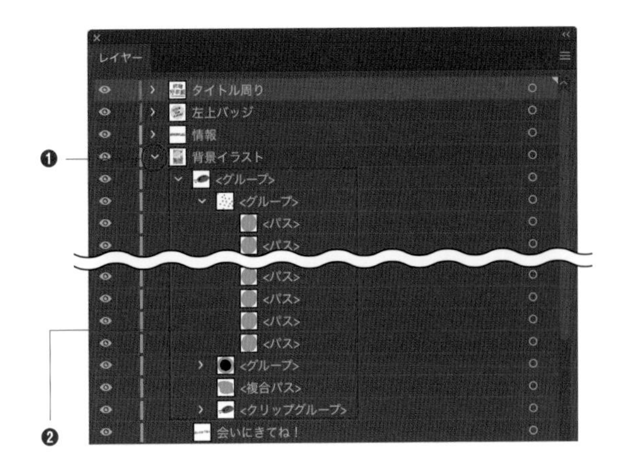

サブレイヤーの順番の入れ替えに伴い、オブジェクトの表示も後ろに移動する

サブレイヤーの検索

指定のオブジェクトのサブレイヤーにジャンプしたいときは、選択ツールでオブジェクトを選択し❶、［選択したオブジェクトを探す］ボタンをクリックします❷。

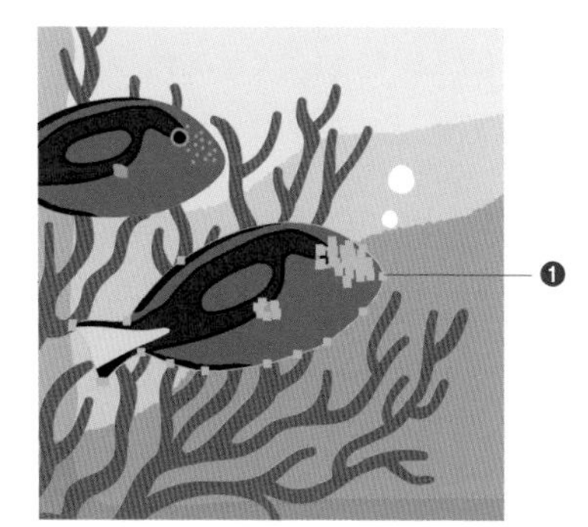

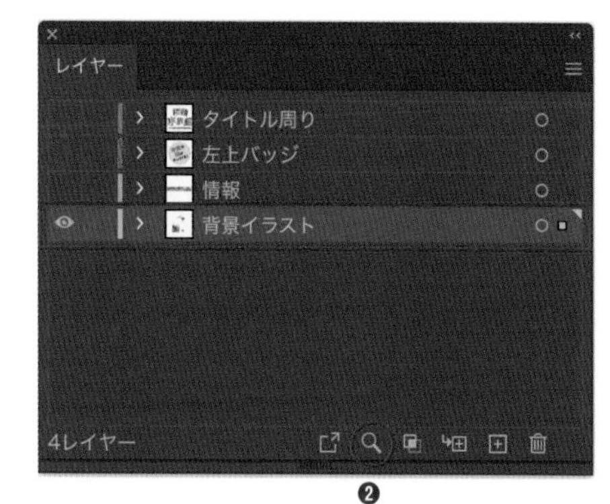

該当のサブレイヤーにジャンプする

046 オブジェクトを一時的に編集できないようにしたい

使用機能 ロック

数多くのオブジェクトが重なっていたり隣接していたりするときなどは、動かしたくないオブジェクトにロックをかけると便利です。使用頻度が高い機能なので、ショートカットを覚えておくとよいでしょう。

1 選択ツールでオブジェクトを選択し❶、[オブジェクト] メニュー→ [ロック] → [選択] をクリックします❷。

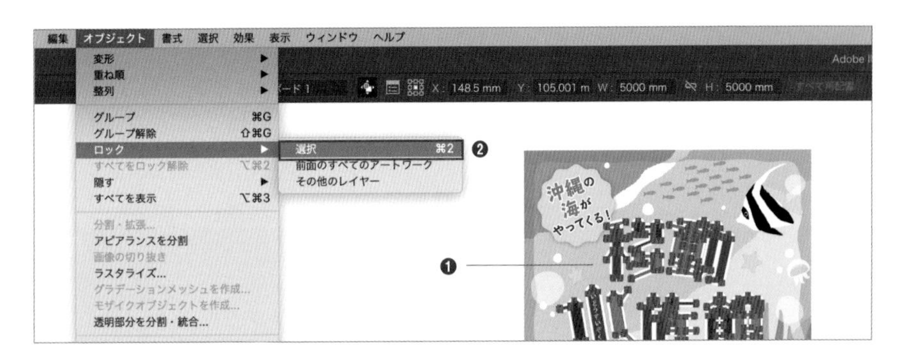

2 オブジェクトにロックがかかります。アートワークを全選択しても、ロックしたオブジェクトは選択されません❶。

3 ロックを解除するときは、[オブジェクト] メニュー→ [すべてのロックを解除] をクリックします。

Memo

複数のオブジェクトをロックしている場合、すべてのロックが解除されます。

Short Cut

(選択したオブジェクトを) ロック: command + 2 キー
すべてのロックを解除: command + option + 2 キー

047 オブジェクトを一時的に非表示にしたい

使用機能 ｜ 隠す

背面のオブジェクトを編集したいときなど、前面のオブジェクトが邪魔になるときは、一時的に非表示にすると便利です。

1 選択ツールでオブジェクトを選択し❶、[オブジェクト] メニュー→ [隠す] → [選択] をクリックします❷。

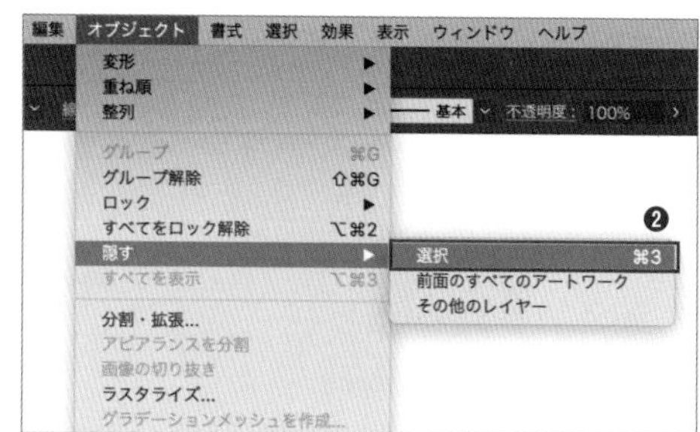

2 オブジェクトが非表示になります。

3 オブジェクトを再表示したいときは、[オブジェクト] メニュー→ [すべてを表示] をクリックします。

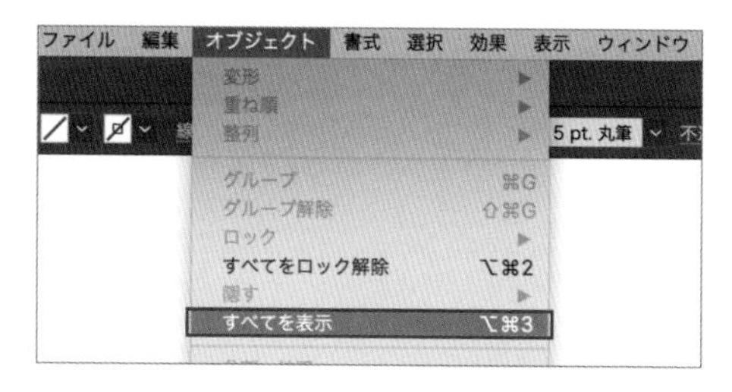

複数のオブジェクトを非表示にしている場合、すべてのオブジェクトが表示されます。

Short Cut

(選択したオブジェクトを) 隠す: command + 3 キー
すべてを表示: command + option + 3 キー

048 位置を指定してオブジェクトをペーストしたい

使用機能　コピー、カット、ペースト

コピーまたはカットしたオブジェクトをペーストする際、選択したオブジェクトの前面・背面など、位置を指定することができます。

ペーストの使い分け

以下では、中央の黄緑色の角丸長方形をカットして各種ペーストを行った場合の結果を解説していきます（すべてのオブジェクトは同一のレイヤーに配置されているものとします）。

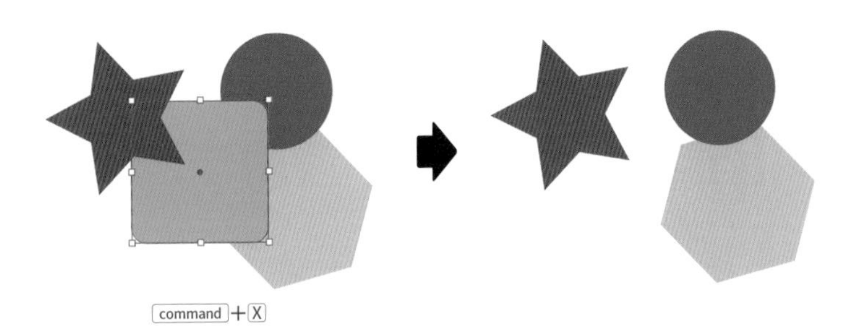

● **前面へペースト**

もともとのオブジェクトの位置と同じ座標の最前面にペーストします。クリックした指定のオブジェクトの前面にペーストすることもできます。また、別のアートボードを指定して前面へペーストした場合、同じ座標にペーストされます。

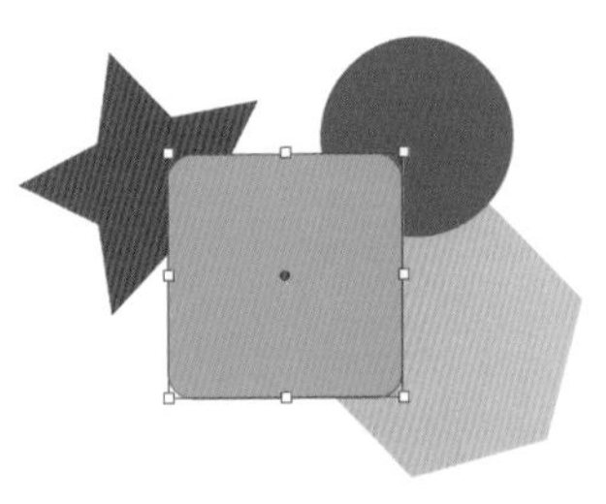

● **背面へペースト**

もともとのオブジェクトの位置と同じ座標の最背面にペーストします。クリックした指定のオブジェクトの背面にペーストすることもできます。また、別のアートボードを指定して背面へペーストした場合、同じ座標にペーストされます。

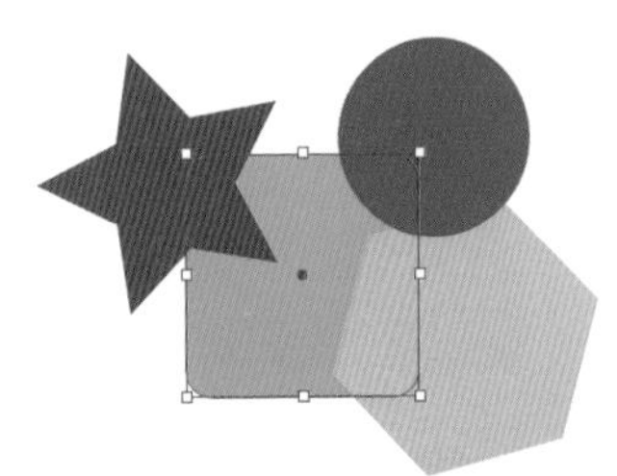

Short Cut

カット：command + X キー
背面へペースト：command + B キー
前面へペースト：command + F キー

- **すべてのアートボードにペースト**

複数のアートボードの同じ座標にペーストします。

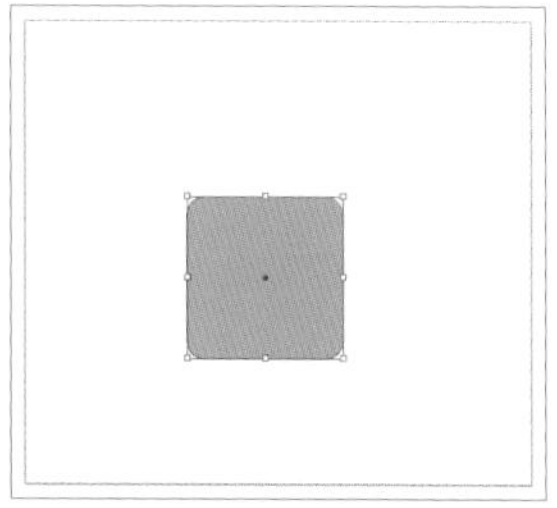

同じ座標にペーストされる

Short Cut すべてのアートボードにペースト：option ＋ shift ＋ command ＋ V キー

- **コピー元のレイヤーにペースト**

複数のレイヤーに分かれているオブジェクトを、レイヤー情報を記憶しながらコピー＆ペーストすることができます。[レイヤー] パネルの右上のメニューボタンをクリックし、[コピー元のレイヤーにペースト] にチェックを入れた状態にします。これで複数のオブジェクトをまとめてコピー＆ペーストしても、ひとつのレイヤーにまとまってしまうことがありません。

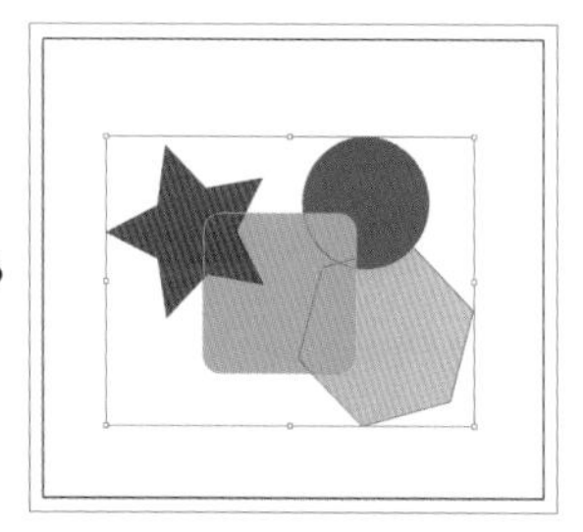

レイヤー情報が残ったまま
ペーストされる

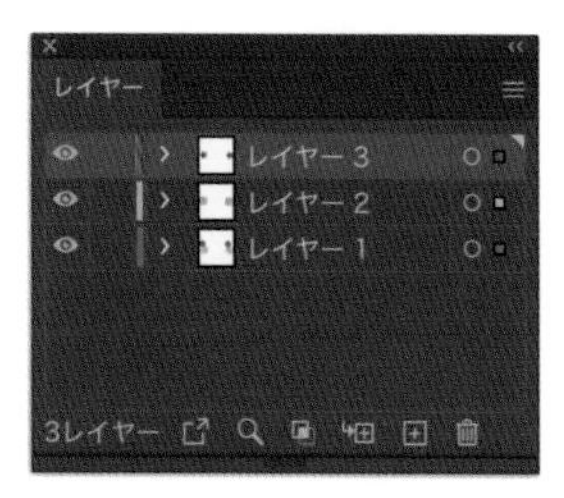

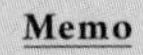

[コピー元のレイヤーにペースト] を有効にしている場合、新規ドキュメントにオブジェクトをコピー＆ペーストする際も、レイヤー情報ごとペーストすることができます。

前後関係を指定してペースト

1 オブジェクトを選択し❶、[編集] メニュー→ [カット] をクリックします❷。

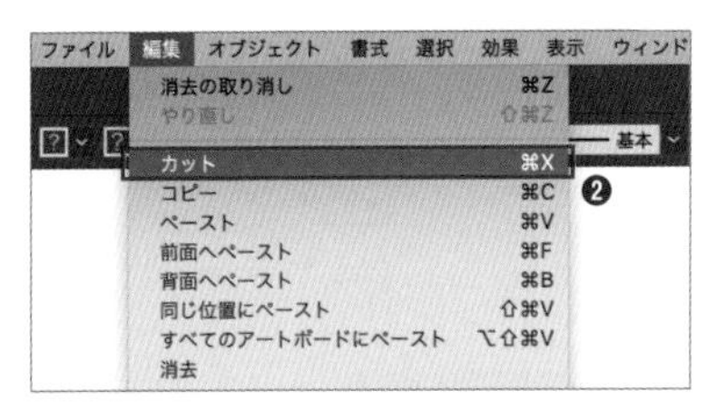

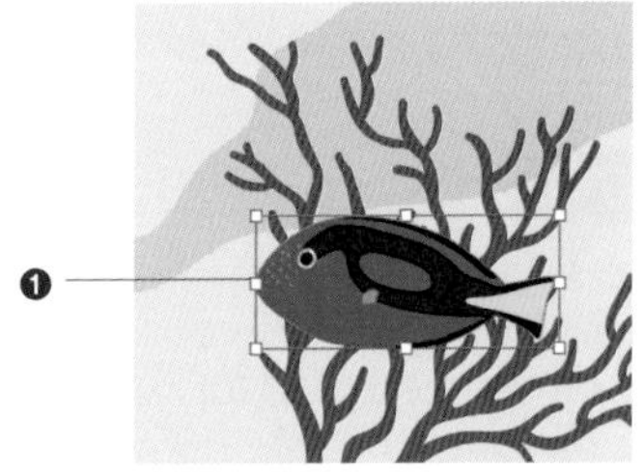

2 オブジェクトがカットされます。前後関係の基準とするオブジェクトを選択し❶、[編集] メニュー→ [背面へペースト] をクリックします❷。

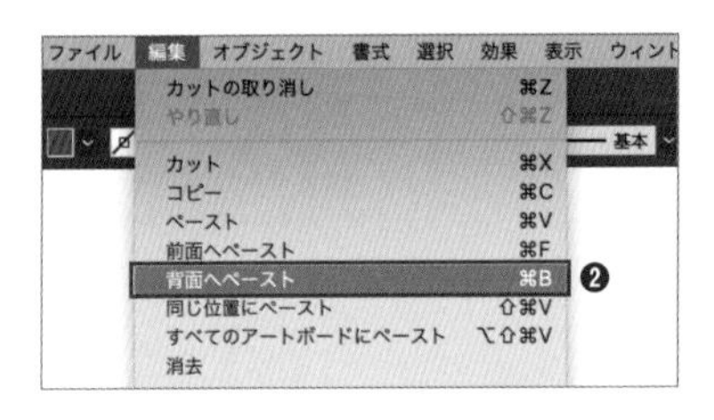

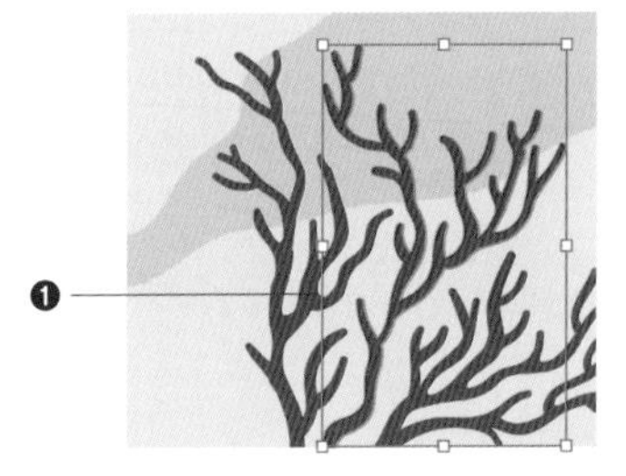

3 カットしたオブジェクトが、選択したオブジェクトの背面にペーストされます。

Memo

前面にペーストしたい場合は、[編集] メニュー→ [前面へペースト] をクリックします。

オブジェクトの
カラー設定

Chapter

4

049 オブジェクトの塗りと線のカラーを設定したい

使用機能　[カラー] パネル、ツールバー、コントロールパネル

[塗り] と [線] のカラー設定は初歩的な操作ですが、多くの機能があるのでしっかりと覚えておく必要があります。

[塗り] と [線] のカラー

選択ツールなどでオブジェクトを選択すると、[カラー] パネル、ツールバー、コントロールパネル ▸▸004、[プロパティ] パネルなどに [塗りのカラー] Ⓐと [線のカラー] Ⓑのボックスが表示されます。右の例では塗りのカラーが白、線のカラーが黒になっています。

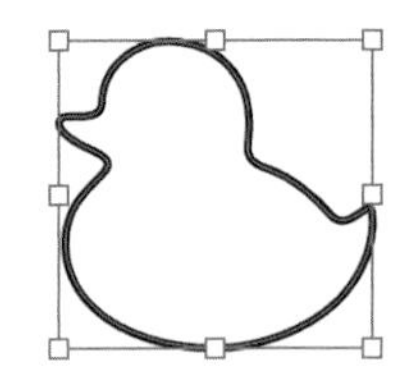

[カラー] パネル

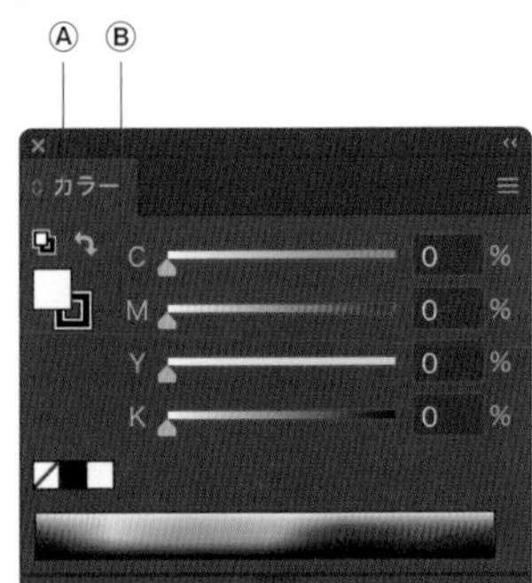

ツールバー

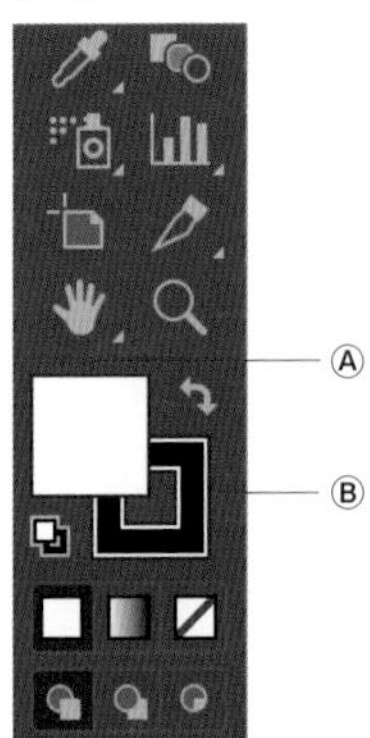

[プロパティ] パネル

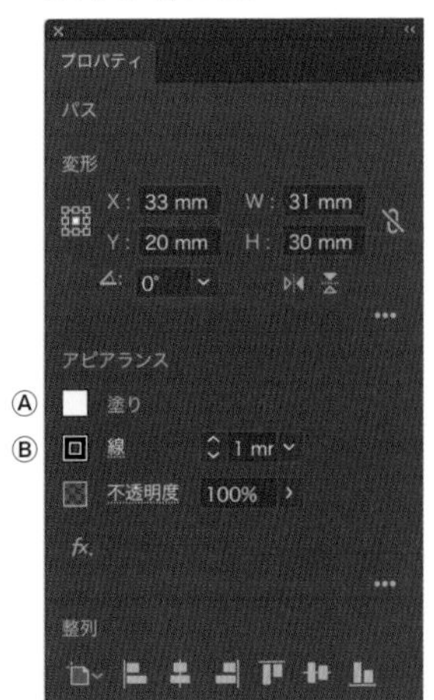

コントロールパネル

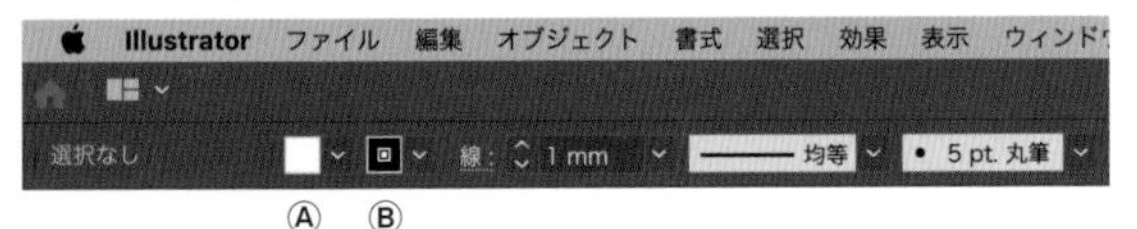

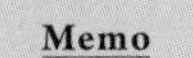
Memo

全体的に色で塗りつぶされているボックスが [塗りのカラー]、枠線のみに色がついているボックスが [線のカラー] です。
それぞれのボックスは、クリックしたほうが手前に表示され、選択されます。

線のカラーが選択されている状態

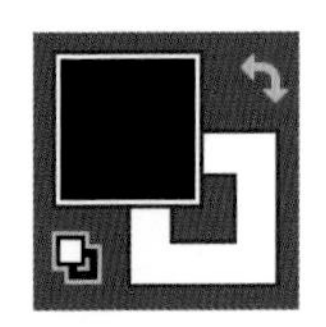

塗りのカラーが選択されている状態

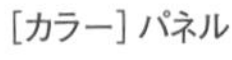

[塗り]と[線]のカラーの設定

[塗り]と[線]のカラーは、オブジェクトを作成する前後どちらでも設定することができます。
[塗りのカラー]ボックスもしくは[線のカラー]ボックスをクリックして選択された状態にし、ツールバー、[カラー]パネル、コントロールパネルのいずれかからカラーを設定します。[スウォッチ]パネルを利用する方法もあります ▸▸051。
[カラー]パネルで設定する方法は下記の通りです。[ウィンドウ]メニュー→[カラー]をクリックすると[カラー]パネルが表示されます。

Ⓐカラースライダーをドラッグまたはクリックする
Ⓑ数値を入力する
Ⓒカラースペクトルバーをクリックする
Ⓓカラーのボックスをダブルクリックし、表示されるカラーピッカーで指定する

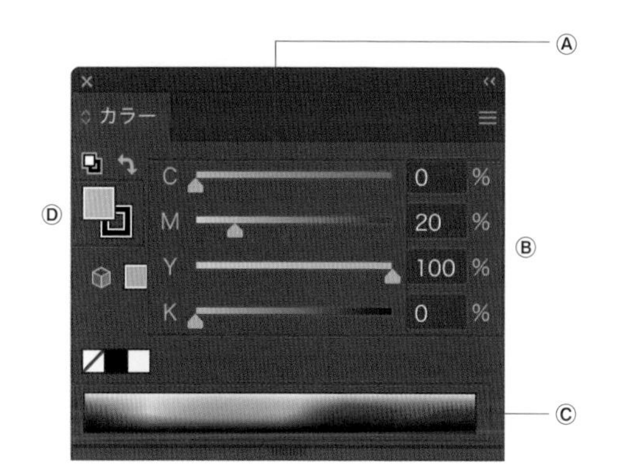

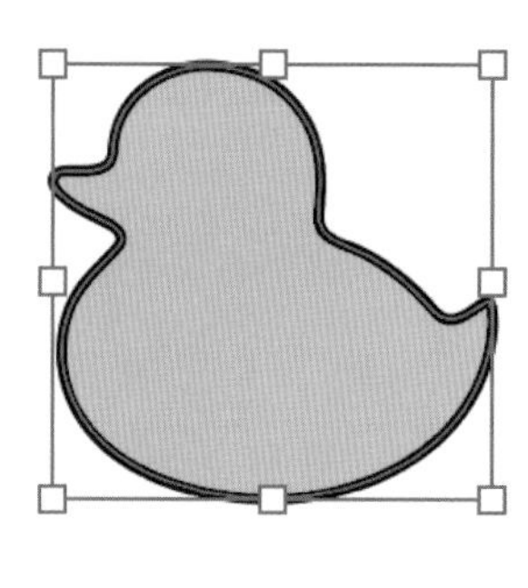

Memo

[カラー]パネル下部を下方向にドラッグすると、パネルの縦幅が伸びてカラースペクトルバーを広く表示できます。

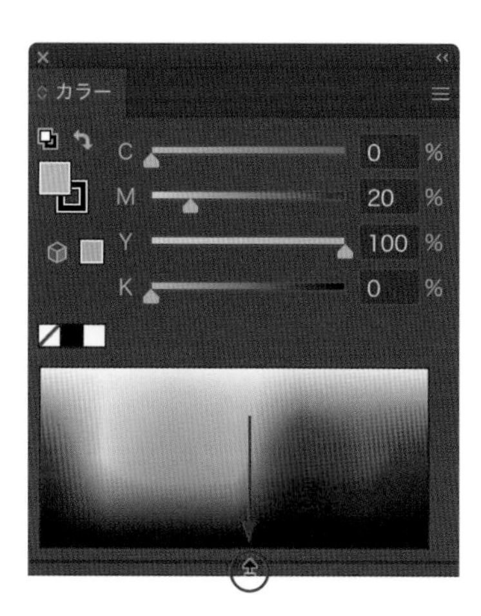

カラーピッカー

[塗りのカラー] ボックス、[線のカラー] ボックスをダブルクリックすると [カラーピッカー] ダイアログが表示されます。グラデーションで表示されている「カラーフィールド」「カラースペクトル」をクリックもしくはドラッグするか、各カラー値の数値を入力することでカラーを指定します。

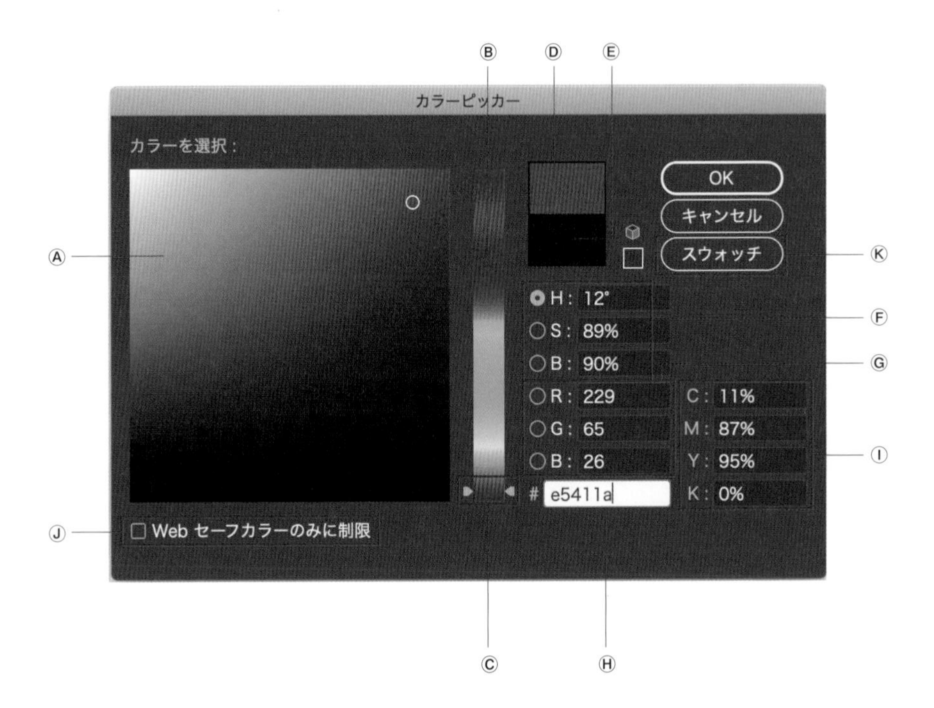

Ⓐ**カラーフィールド** …… クリックもしくはドラッグでカラーを指定します。白い丸で表示されている位置が現在のカラーです。

Ⓑ**カラースペクトル** …… クリックもしくはドラッグでカラーを指定します。

Ⓒ**カラースライダー** …… ドラッグしてカラースペクトルからカラーを選択します。なお、カラースペクトルをクリックもしくはドラッグすると、その位置にカラースライダーが移動します。

Ⓓ**新しいカラー** …… 現在選択しているカラーが表示されます。

Ⓔ**元のカラー** …… 変更前のカラーが表示されます。

Ⓕ**HSBカラー値** …… 「H」(＝色相/Hue)、「S」(＝彩度/Saturation)、「B」(＝明度/Brightness)の3つの属性からカラーを指定します。それぞれのボタンをクリックすると、カラーフィールドとカラースペクトルの表示が切り替わります。

左からH→S→B

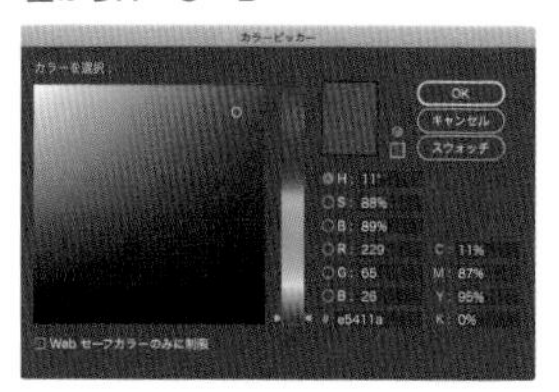
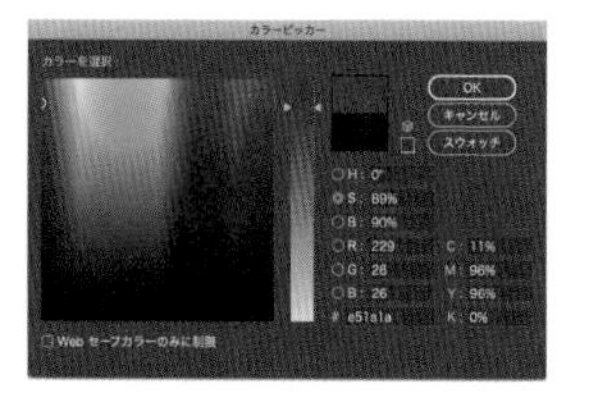
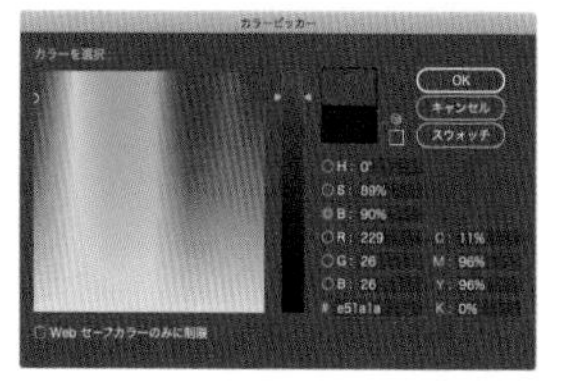

Ⓖ**RGBカラー値** …… 「R」(=Red)、「G」(=Green)、「B」(=Blue) の3つの色域からカラーを指定します。それぞれのボタンをクリックすると、カラーフィールドとカラースペクトルの表示が切り替わります。

左からR→G→B

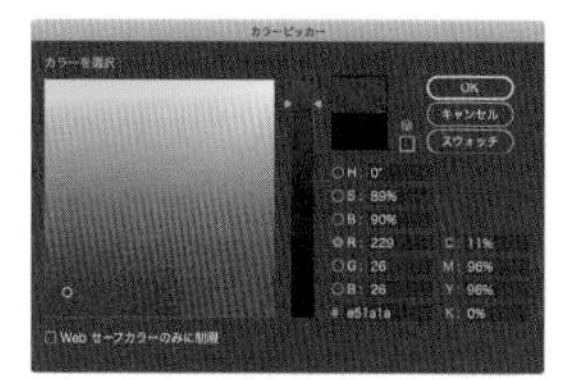
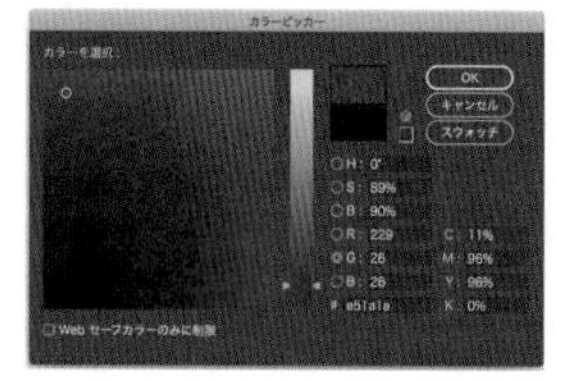
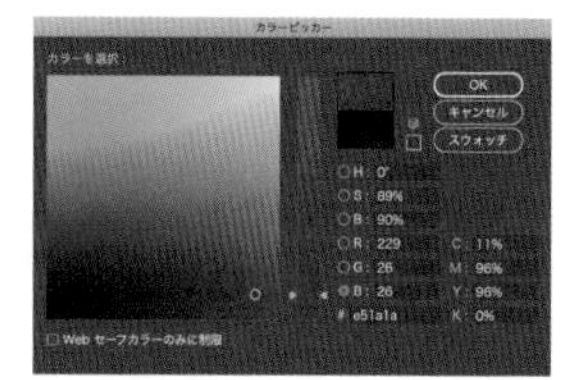

Ⓗ**16進カラー値** …… RGBの各カラー値を2桁の16進数に変換し、それらを連結して表示したカラーコードです。カラーコードを入力してカラーを指定することができます。

Ⓘ**CMYKカラー値** …… 「C」(=Cyan)「M」(=Magenta)「Y」(=Yellow)「K」(=Key plate) の4つを配合してカラーを指定します。

Ⓙ**Webセーフカラーのみに制限** …… Webセーフカラーとは、フルカラーをサポートしていないモニター環境でも色の見え方の違いを防ぐことができるカラーです。チェックを入れておくと、Webセーフカラーのみを表示します。

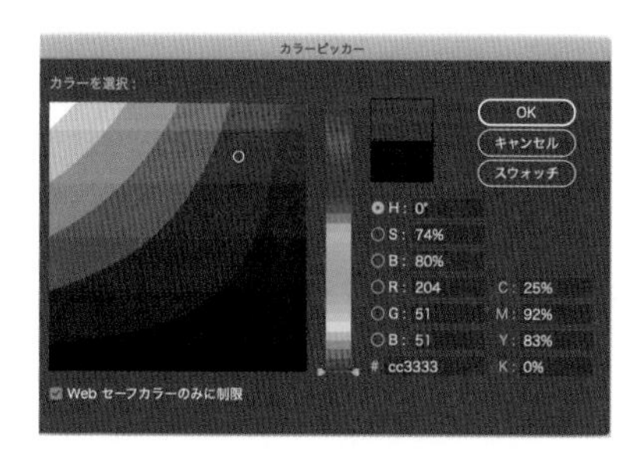

Ⓚ **[スウォッチ] ボタン** …… [スウォッチ] パネルに保存されているスウォッチを表示し▸▸051、[カラーモデル] ボタンに変わります。[カラーモデル]ボタンをクリックすると、カラーフィールドの表示に戻ります。

カラーを指定しない場合

カラーを指定しない場合は、[カラー] パネル、ツールバー、[スウォッチ] パネルなどから[なし]を選択します。[なし]を選択すると、[カラー] パネルのカラースライダーが非表示になります。

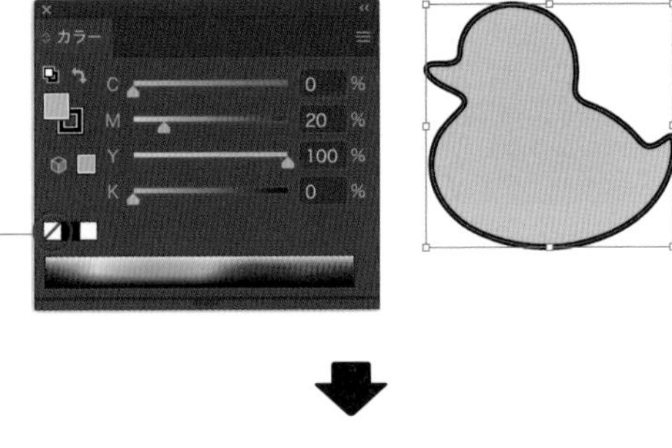

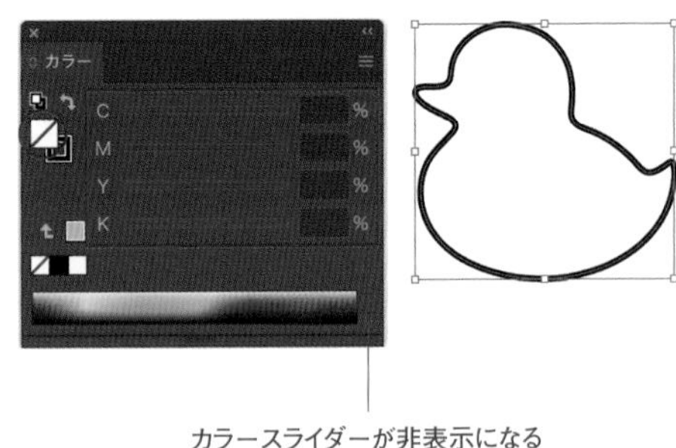

ツールバー、[スウォッチ] パネル
からも選択可能

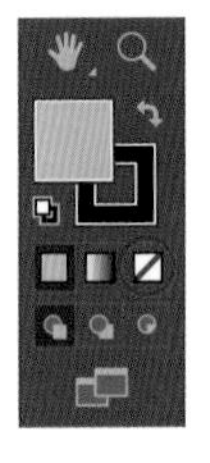

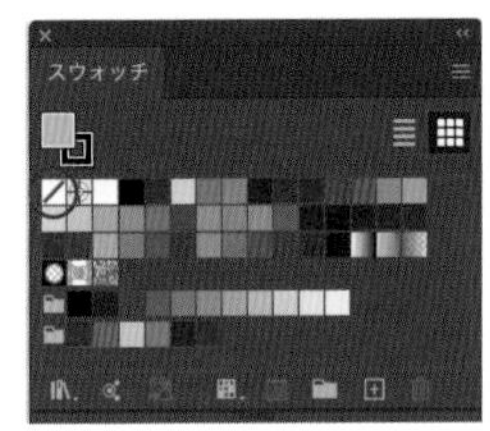

カラーモードの変更

[カラー] パネル右上の [メニュー] ボタンをクリックするとⒶ、カラーモードを選択できます。色の濃淡を白〜黒で表現したいときはグレースケール、Web用のデータを作成するときはRGBやWebセーフRGB、直感的にカラーを作成したい場合はHSBなど、必要に応じてモードを選択します。

なお、[カラー] パネルのカラーモードを変更しても、ドキュメントのカラーモード ▸▸012 は変更されません。ドキュメントのカラーモードがCMYKの場合、RGBでカラーを指定しても、色域が違うため再現されません。このとき、カラーパネルに「色域外警告」が表示されますⒷ。

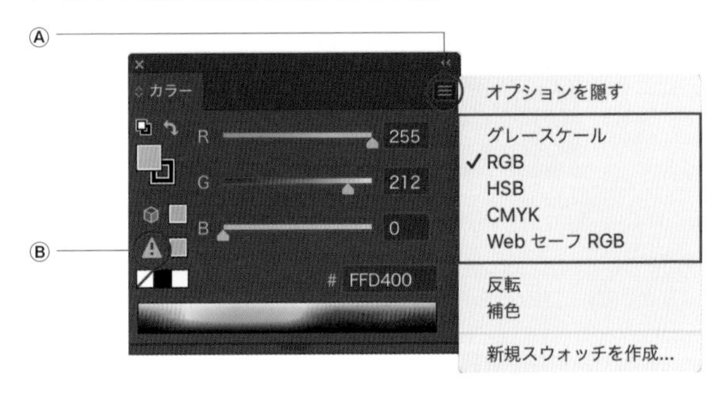

050 オブジェクトの塗りと線のカラーを入れ替えたい

使用機能 ［カラー］パネル

塗りと線のカラーの入れ替えは、それぞれを設定し直したりすることなく、ワンクリックで操作することができます。

1 選択ツールでオブジェクトを選択し、［ウィンドウ］メニュー→［カラー］をクリックします。［カラー］パネルが表示されるので、［塗りと線を入れ替え］ボタンをクリックします❶。

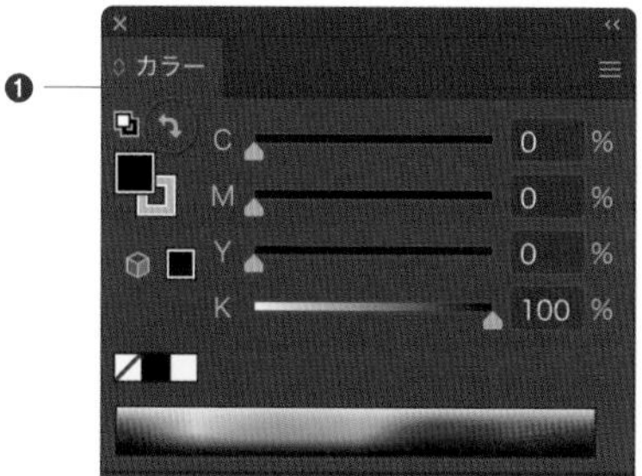

2 塗りと線のカラーが入れ替わります。

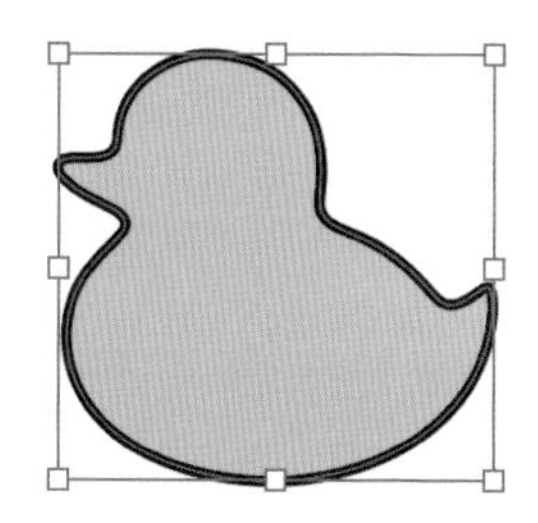

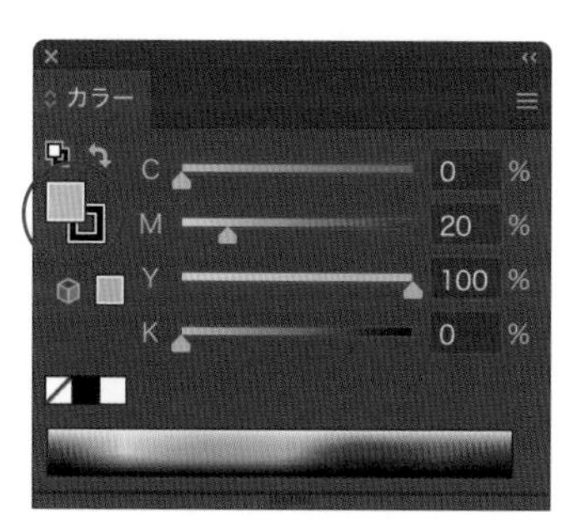

Short Cut 塗りと線を入れ替え：shift＋Xキー

051 カラーを登録して使用したい

使用機能　[スウォッチ]パネル

スウォッチ機能により、保存しておきたいカラーは、[スウォッチ]パネルに登録できます。[スウォッチ]パネルにはパレットのような役割があります。単色のカラーだけでなくグラデーション ▸▸059 やパターン ▸▸096 も登録することができます。

スウォッチの登録

[カラー]パネルやツールバーに表示されているカラーは、[スウォッチ]パネル左上にも表示されます❶。[ウィンドウ]メニュー→[スウォッチ]をクリックして[スウォッチ]パネルを表示します。保存したいカラーが有効になっている状態で、[スウォッチ]パネル右下の[新規スウォッチ]ボタンをクリックします❷。

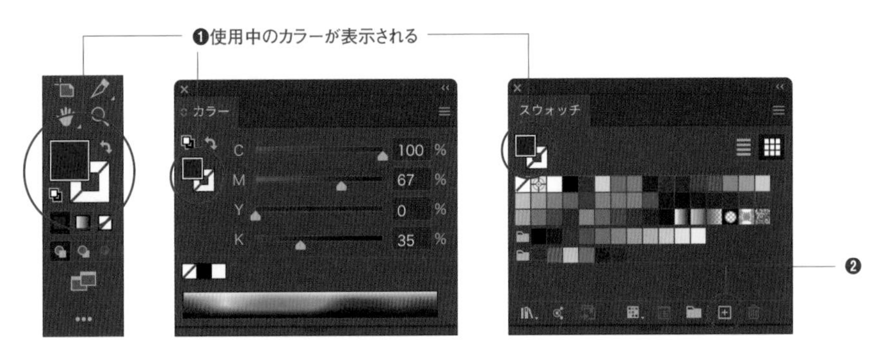

[新規スウォッチ]ダイアログが表示されます。名前やカラータイプなどの詳細を設定し、[OK]ボタンをクリックすると、スウォッチが登録されます。

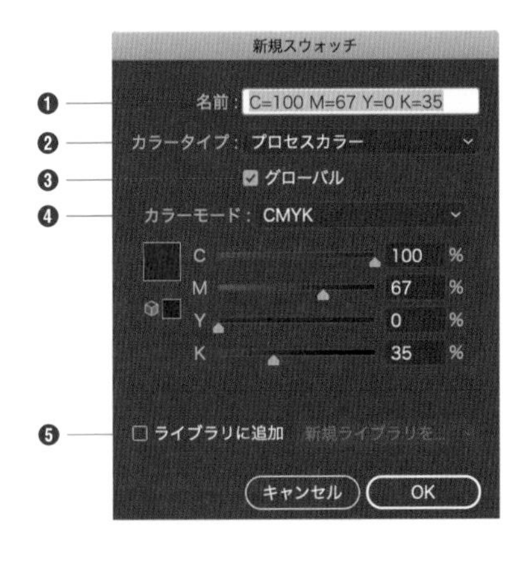

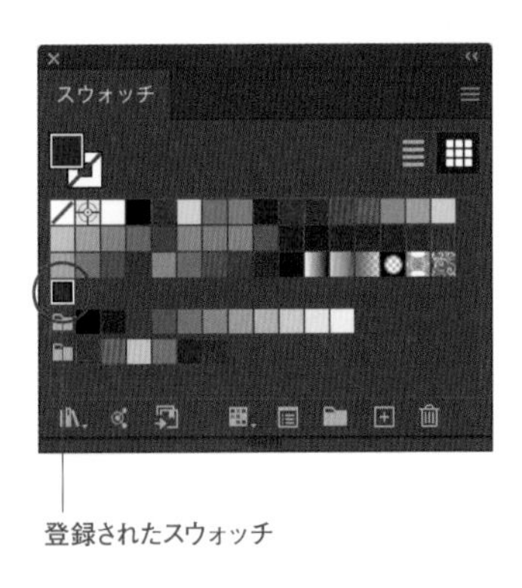

登録されたスウォッチ

❶名前 …… スウォッチの名前を設定します。初期設定では、自動でカラーの配合の値が入力されます。

❷カラータイプ …… [プロセスカラー]と[特色]からカラータイプを選びます。初期設定ではプロセスカラーに設定されています。印刷で特色を指定するとき以外は、プロセスカラーに設定します。

・プロセスカラー：シアン（C）、マゼンタ（M）、イエロー（Y）、ブラック（K）の4色の標準プロセスインクを混合してプリントします。

・特色：CMYKで表現した色ではない、あらかじめ調合されたインクでプリントします。なお、「DIC」や「PANTONE」などが特色の色見本として有名です。

❸グローバル …… チェックを入れると、スウォッチを[グローバルカラー]に設定します ▸▸052。

❹カラーモード …… グレースケール、RGB、CMYKなどのカラーモードを選択します。

❺ライブラリに追加 …… CCライブラリ ▸▸214 にスウォッチを登録します。

保存したいカラーを[スウォッチ]パネルの中心にドラッグ&ドロップすると❶、詳細設定をスキップしてスウォッチが登録されます。

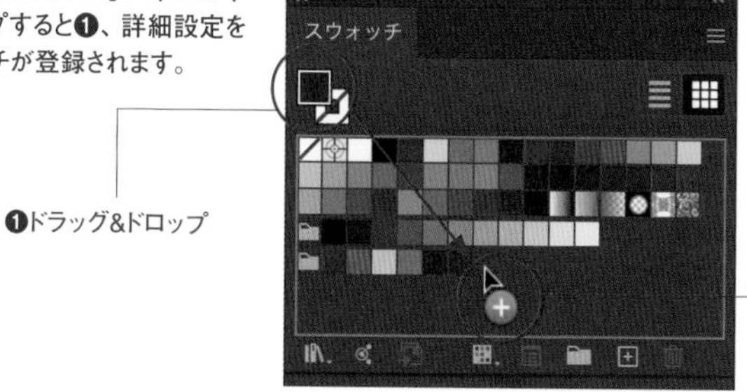

[+]マークが表示される

Memo

作成したスウォッチは、スウォッチを作成したドキュメントファイルと、スウォッチをカラーに適用しているオブジェクトに帰属します。新規ドキュメントを作成すると、そのドキュメントで使用する[スウォッチ]パネルは初期化されますが、スウォッチを適用したオブジェクトを別のドキュメントからコピー＆ペーストすると、スウォッチも一緒にコピーされます。

スウォッチの編集

スウォッチをダブルクリックすると、[スウォッチオプション]ダイアログで各項目を変更できます。

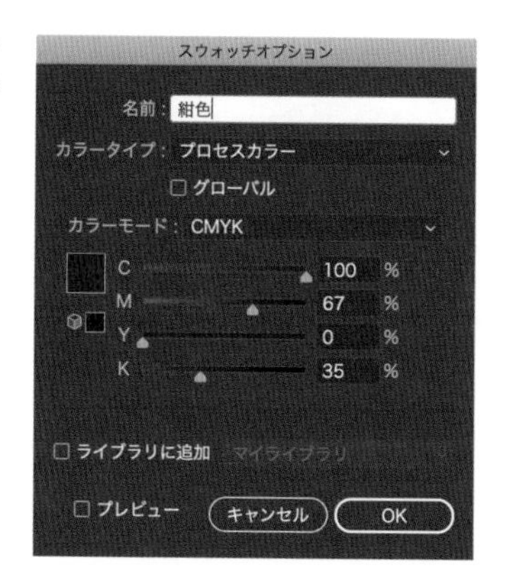

スウォッチのカラーの適用

オブジェクトを選択し❶、スウォッチをクリックします❷。

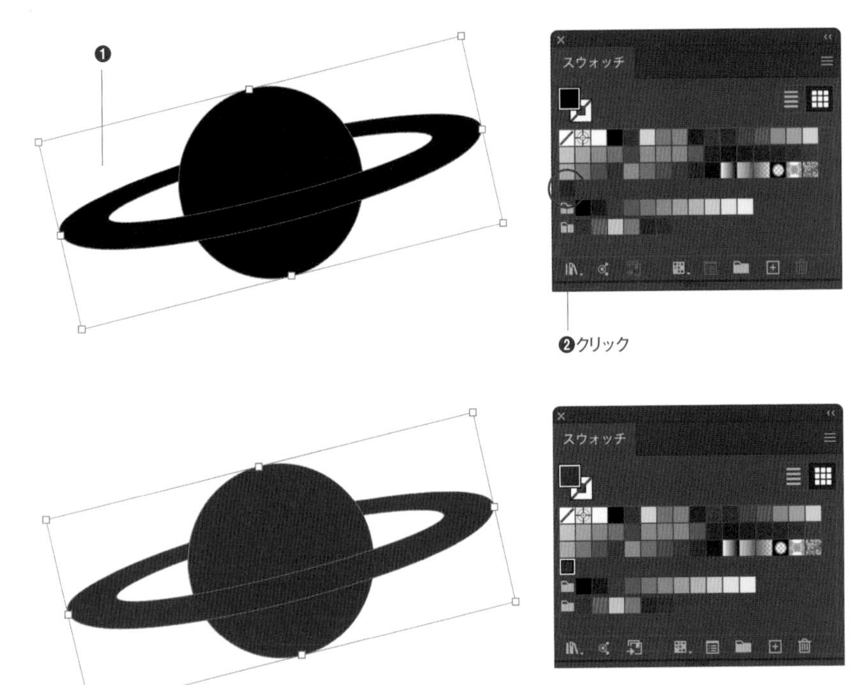

グルーバルカラーの濃淡の調整

グローバルカラーに設定したスウォッチは、[カラー]パネルでは単色のように表示されます。カラースライダーを左右にドラッグすると❶、オブジェクトに適用しているカラーの濃度を0〜100%の間で調整できます❷。

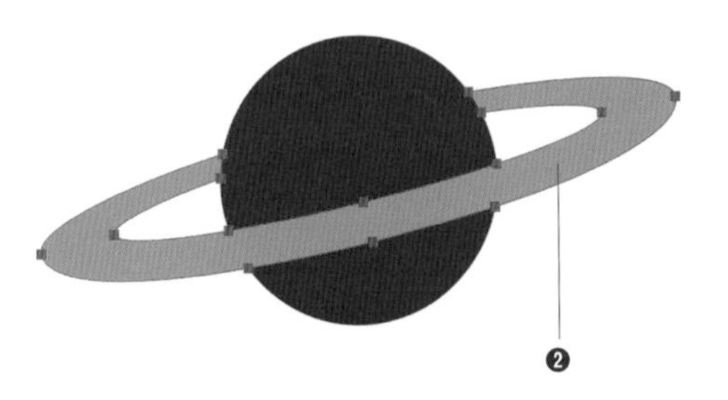

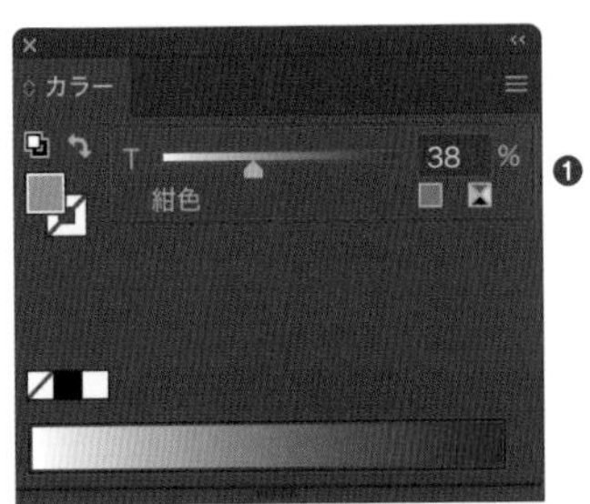

グローバルカラーの適用の解除

グローバルカラーに設定したスウォッチの適用を解除したい場合は、解除したいオブジェクトを選択し❶、[カラー] パネルの [CMYK] ボタンまたは [RGB] ボタンをクリックします❷。

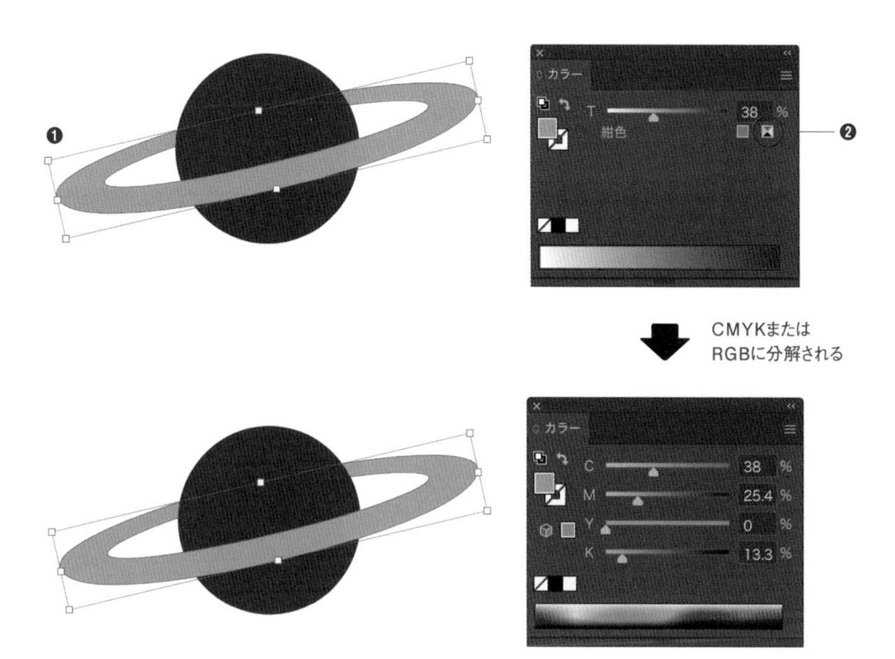

スウォッチの削除

スウォッチを [スウォッチを削除] ボタンにドラッグ&ドロップするかⒶ、スウォッチを選択して [スウォッチを削除] ボタンをクリックしますⒷ。[スウォッチを削除] ボタンをクリックしたときは、確認アラートが表示されます。

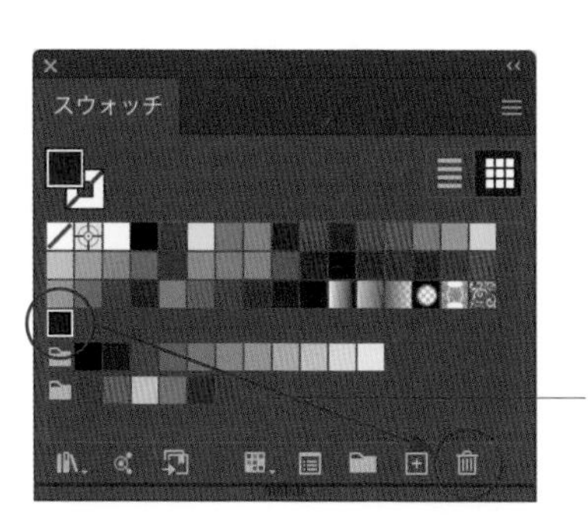

スウォッチライブラリの使用

Illustratorには多数のスウォッチが用意されています。[スウォッチ]パネルの[スウォッチライブラリメニュー]ボタンをクリックすると、ライブラリが表示されます。「DIC」や「PANTONE」などの特色の他に、カラー特性やシチュエーションに合ったスウォッチも用意されているので、色の選択に困ったときに参考にするとよいでしょう。

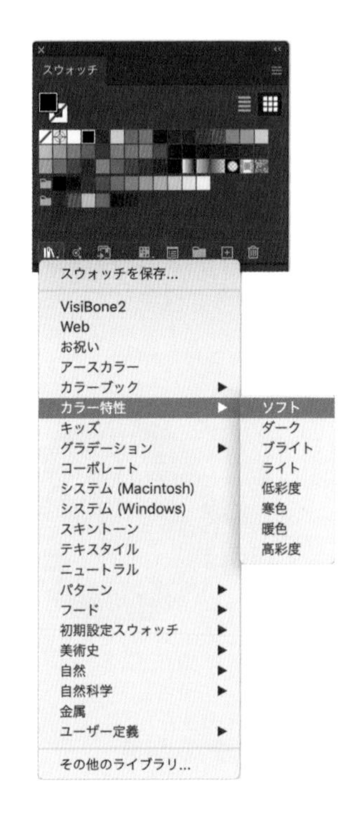

PANTONE

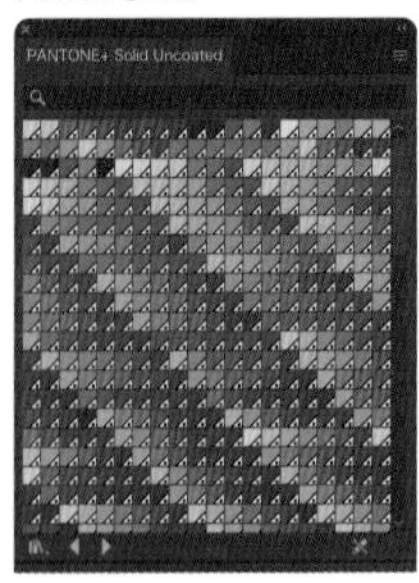

カラー特性など

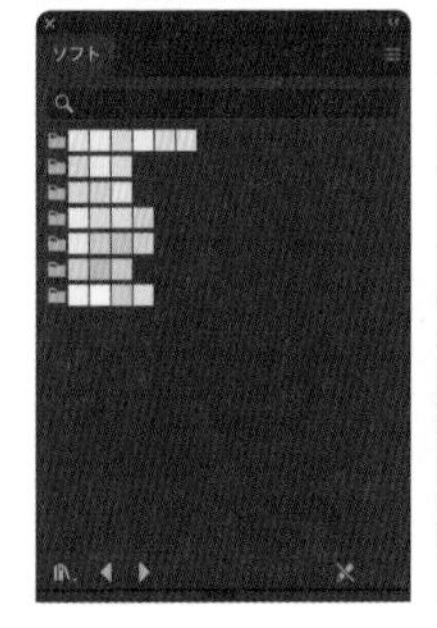

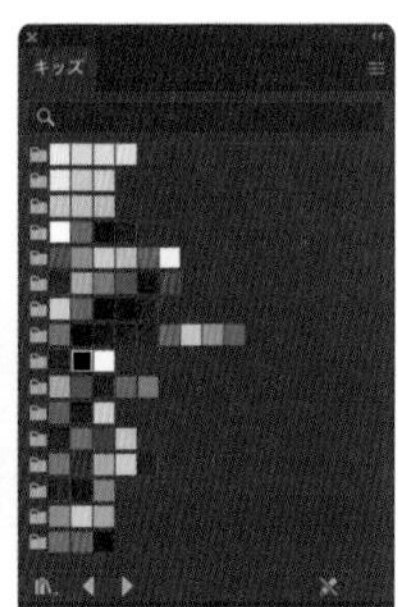

スウォッチを使用してオブジェクトのカラーを更新したい

使用機能 ［スウォッチ］パネル、グローバルカラー

グローバルカラーに設定したスウォッチをオブジェクトの塗りや線に適用すると、スウォッチのカラーとオブジェクトのカラーがリンクします。スウォッチのカラーを更新すると、そのスウォッチを適用しているすべてのオブジェクトのカラーが更新されます。

1 ［ウィンドウ］メニュー→［スウォッチ］をクリックします。［スウォッチ］パネルが表示されるので、スウォッチをダブルクリックします❶。［スウォッチオプション］ダイアログが表示されるので、［グローバル］にチェックを入れて❷［OK］ボタンをクリックします❸。スウォッチがグローバルカラーに設定され、右下に三角形が表示されます❹。

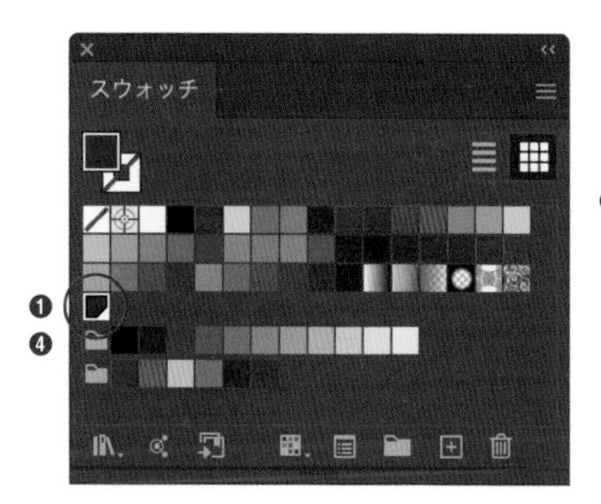

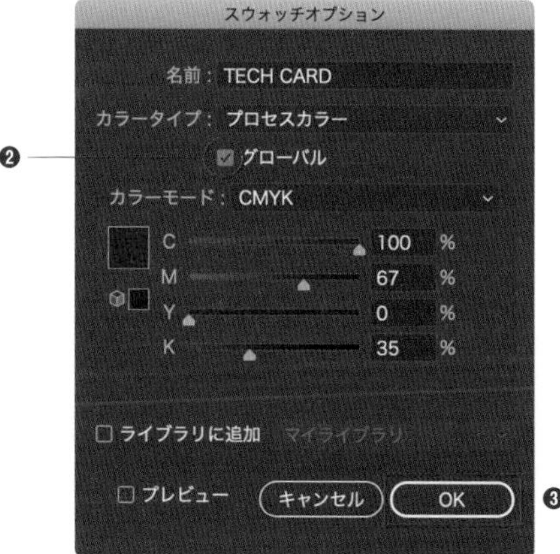

2 グローバルカラーのスウォッチを使用してアートワークを作成します❶。スウォッチをダブルクリックすると❷、［スウォッチオプション］ダイアログが表示されるので、［プレビュー］にチェックを入れます❸。

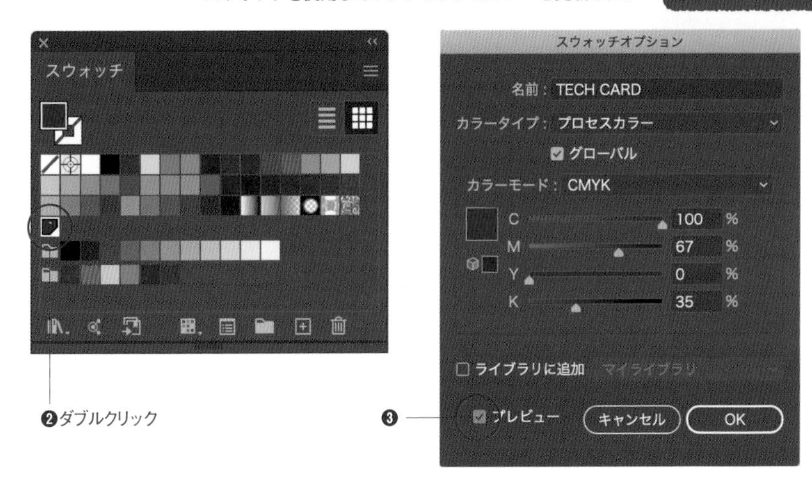

3 カラースライダーでスウォッチのカラーを変更すると❶、一括でカラーが更新されます❷。［OK］ボタンをクリックして確定します❸。

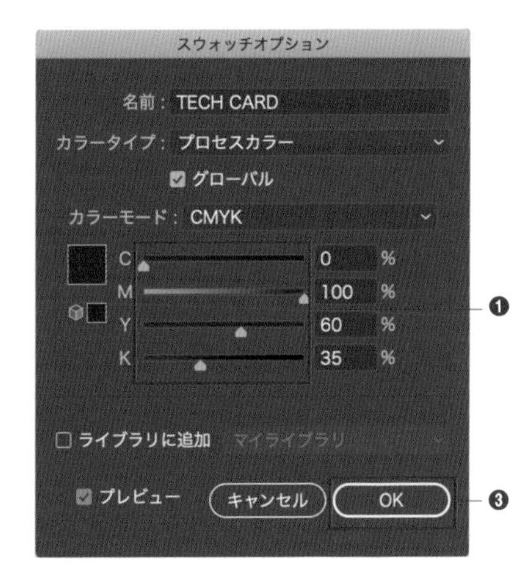

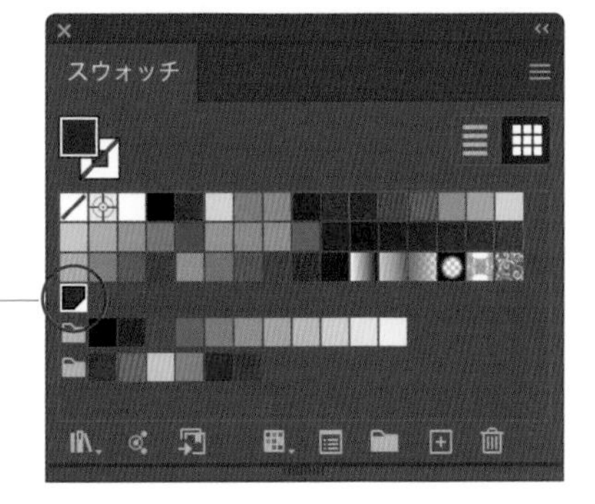

053 複数のカラーを一括でグローバルカラーに変換したい

使用機能 [スウォッチ] パネル

複数のカラーを一括でグローバルカラーに変換し、グローバルカラーのスウォッチとして保存することができます。複数箇所の線や塗りで使用している特定のカラーを変更したいときに便利です。

1 選択ツールでアートワーク全体を選択し❶、[ウィンドウ] メニュー→[スウォッチ] をクリックします。[スウォッチ] パネルが表示されるので、右上の [メニュー] ボタンをクリックします❷。

❶

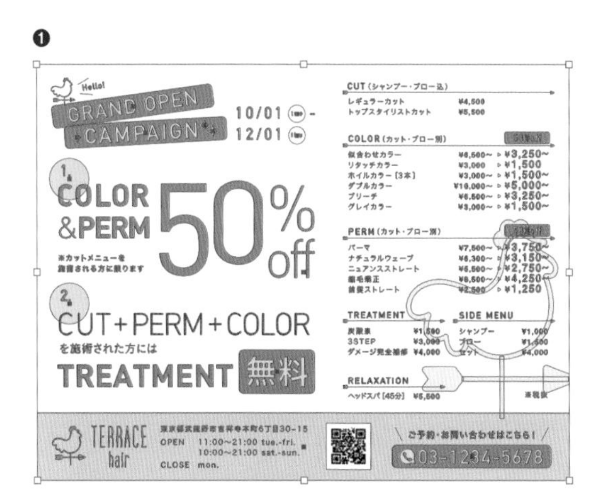

❷

ここでは、[スウォッチ] パネルにデフォルトで登録されているスウォッチをすべて削除しています。

2 [選択したカラーを追加] をクリックします❶。

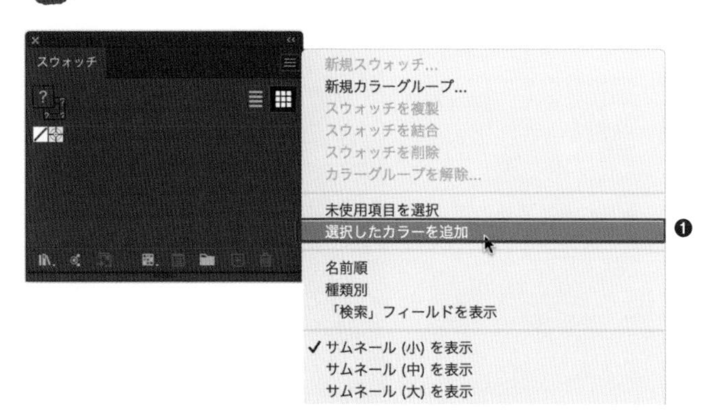

3 アートワークに使用しているカラーが、グローバルカラーのスウォッチとして登録されます❶。これらはすべてアートワークのそれぞれのカラーと紐付けされています。

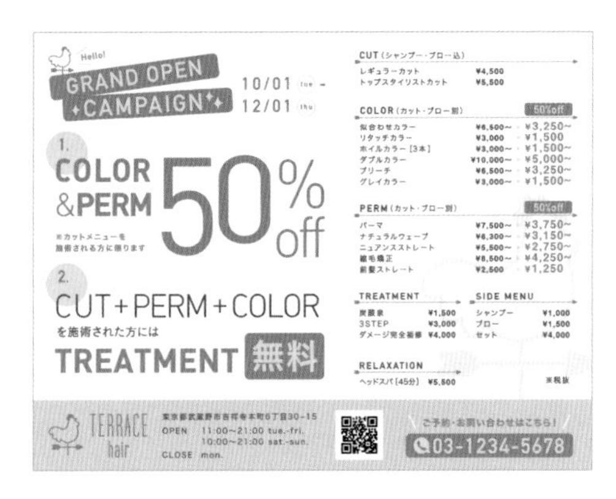

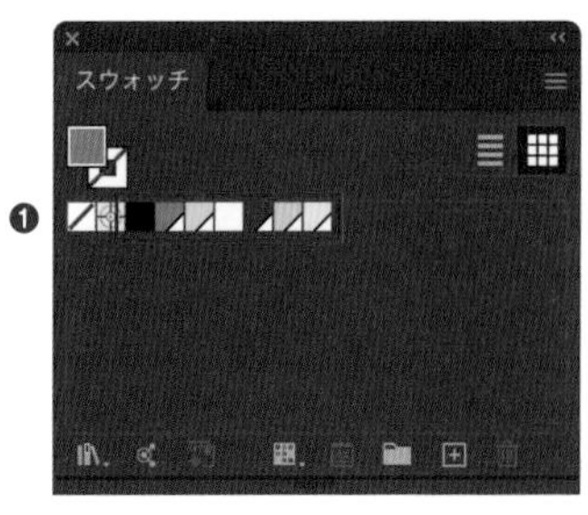

黒（C:0 M:0 Y:0 K:100）と白（C:0 M:0 Y:0 K:0）は通常のスウォッチとして登録されます。

Memo

選択したアートワークにグラデーション ▸▸059 が含まれている場合は、グラデーションの分岐カラーがすべてグローバルカラースウォッチとして登録されます。複雑なグラデーションが含まれている場合は、大量のスウォッチが登録されるので注意が必要です。

4 ［スウォッチ］パネルでグローバルカラースウォッチをダブルクリックします❶。［スウォッチオプション］ダイアログが表示されるので、カラーを編集すると❷、アートワークの該当のカラーに反映されます❸。

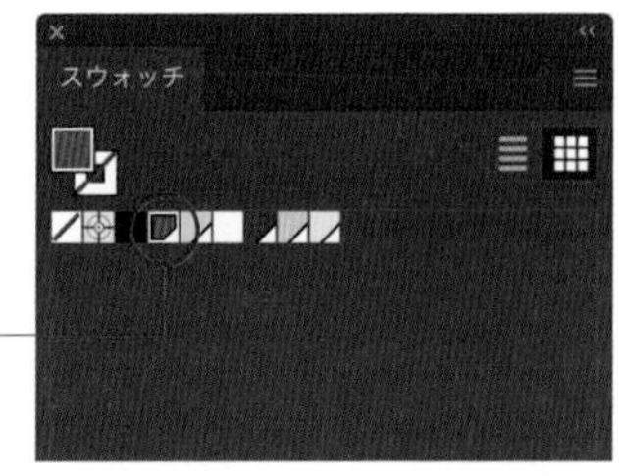

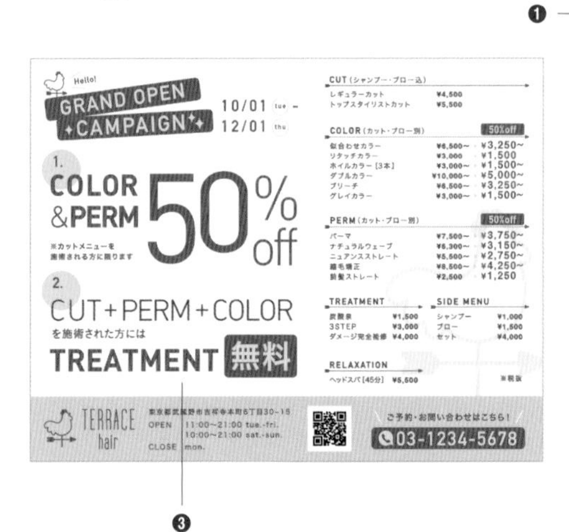

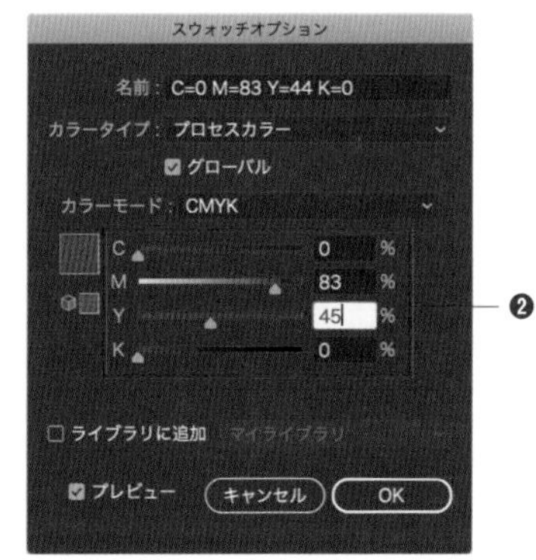

054 オブジェクトや画像からカラーを抽出したい

使用機能 [スポイト] ツール

オブジェクトや配置した画像などから、カラーを抽出することができます。ここでは写真の紅葉の色を抽出し、キャッチコピーを囲む四角形の塗りのカラーに適用します。

画像のカラーを抽出・適用

1 選択ツールでオブジェクトを選択します❶。

2 [スポイト] ツールを選択し、色を抽出したい場所をクリックします❷。すると、クリックした場所の色が、塗りのカラーに適用されます❸。

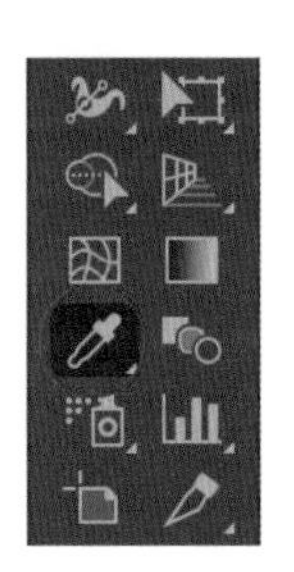

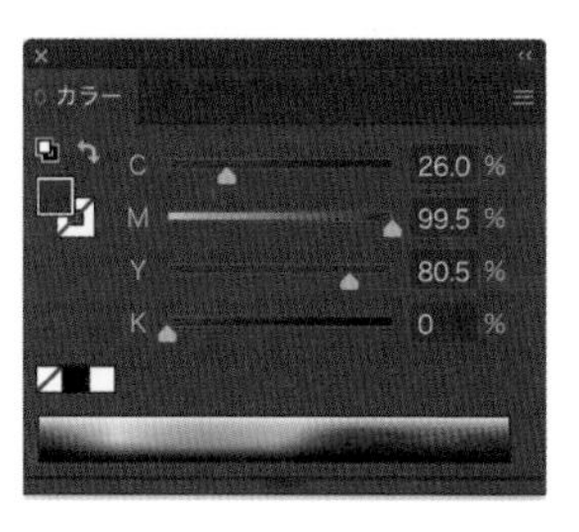

POINT

画像には [塗り] の情報しかないため、[スポイト] ツールでクリックすると [塗りのカラー] だけが抽出・適用されます。元のオブジェクトに [線のカラー] が適用されていた場合、適用後の [線のカラー] は「なし」になります。

Short Cut [スポイト] ツール (の選択) : I キー

Memo

[線のカラー] と [塗りのカラー] が設定されているオブジェクトをクリックすると、それら両方が抽出・適用されます。なお、[線のカラー] を抽出した場合、線幅も一緒に適用されます。

クリック

適用される

[塗りのカラー] と [線のカラー] どちらか一方に適用

1 オブジェクトを選択し、[塗り] と [線] どちらか、カラーを変更したいほうをクリックして手前に表示します。ここでは [塗りのカラー] を選択します。

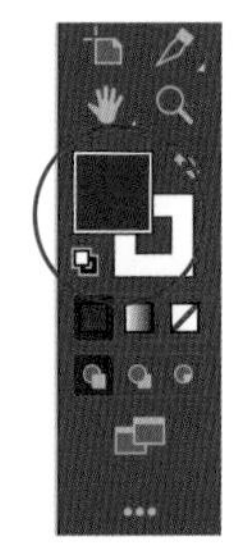

2 抽出したいカラーを shift キーを押しながらクリックします。ここでは、アヒルの緑色の線の部分をクリックします。すると選択していたオブジェクトの [塗り] のカラーに、アヒルの [線] のカラーが適用されます。

shift キー＋クリック

Memo

オブジェクトⒶを選択し、option キーを押しながらオブジェクトⒷを [スポイト] ツールでクリックすると、オブジェクトⒶのカラーやアピアランス ▸▸100 がオブジェクトⒷにコピーされます。

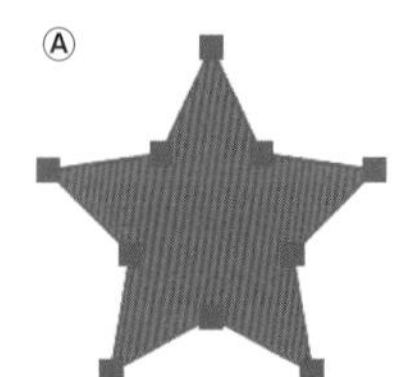

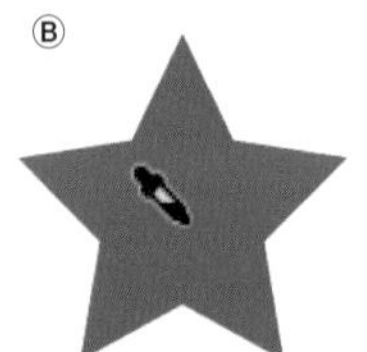

option キー＋クリック

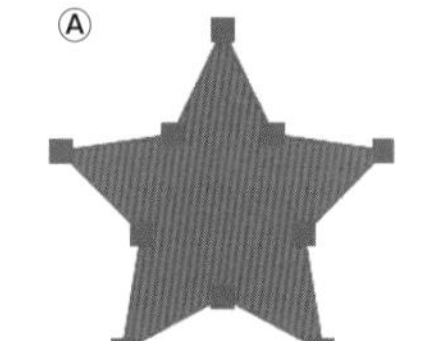

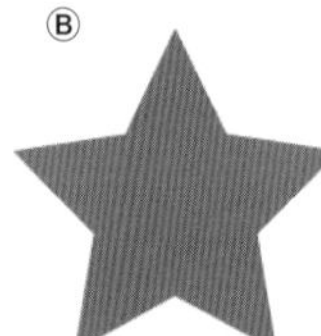

Ⓐのカラーが
Ⓑにコピーされる

055 デスクトップやWebブラウザからカラーを抽出したい

使用機能 ［スポイト］ツール

Illustratorのドキュメント上だけでなく、デスクトップやWebブラウザなどからもカラーを抽出することができます。ここではデスクトップのフォルダのカラーを抽出します。

1 選択ツールでオブジェクトを選択します。

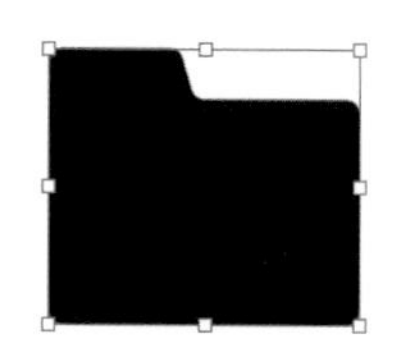

2 ［スポイト］ツールを選択し、オブジェクトの上からデスクトップのフォルダまでドラッグします❶。すると、［塗りのカラー］にデスクトップのフォルダのカラーが抽出されます❷。

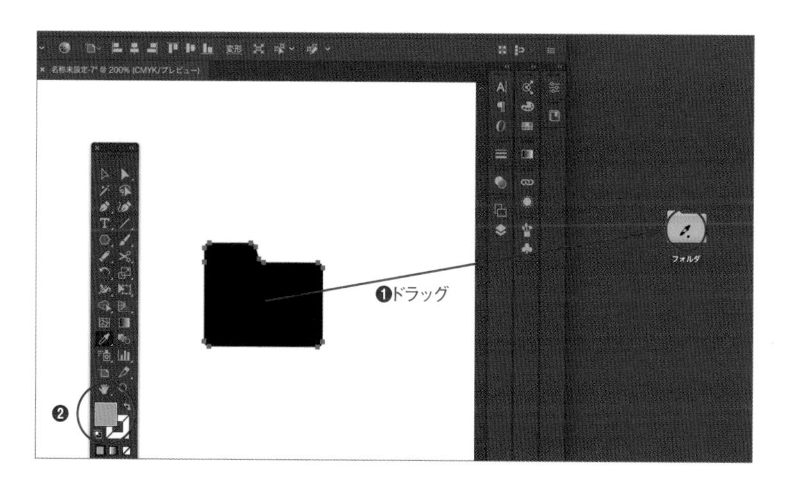

3 マウスから指を離すと、抽出したカラーがオブジェクトに適用されます。

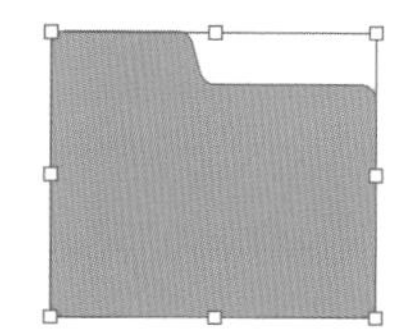

056 色相を保ったまま カラーの濃度を調整したい

使用機能 [カラー] パネル

[カラー] パネルでは、カラースライダーの数値の比率を保ったまま変更できます。これにより、色相を保ったままカラーの濃度を調整することができます。

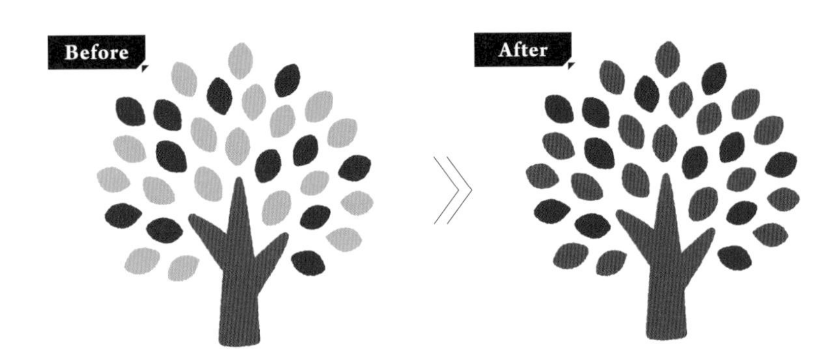

1 選択ツールでカラーの濃度を調節したいオブジェクトを選択します❶。

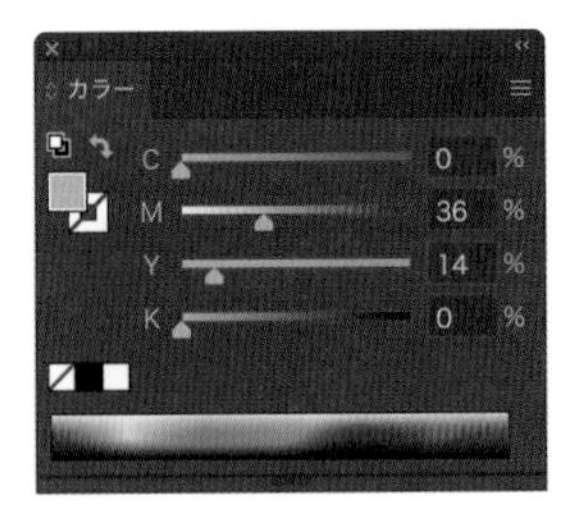

2 [ウィンドウ] メニュー→ [カラー] をクリックします。[カラー] パネルが表示されるので、shift キーまたは command キーを押しながら、いずれかひとつのカラースライダーをドラッグまたはクリックします。

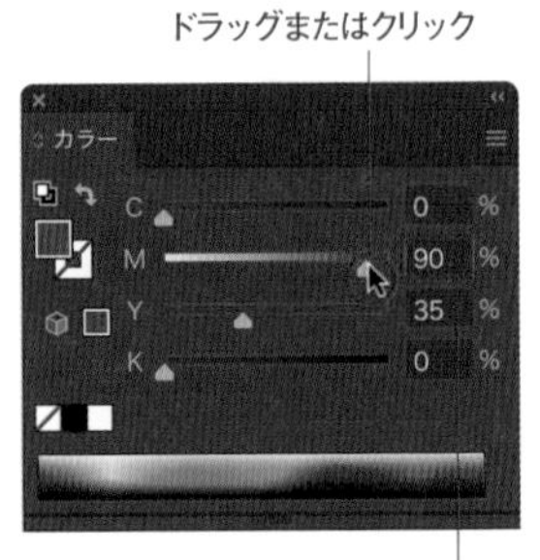

Memo

いずれかひとつの入力ボックスに数値を入力して、command または Enter キーをクリックしても操作できます。

057 オブジェクトの不透明度を変更したい

使用機能 [透明] パネル

オブジェクトの不透明度を変更したいことがあります。例えば、背面のアートワークが透けて見えるようにしたいときは、前面のオブジェクトの不透明度を変更します。

Before

After

1 選択ツールでオブジェクトを選択します❶。[ウィンドウ]メニュー→[透明]をクリックして[透明]パネルを表示します。

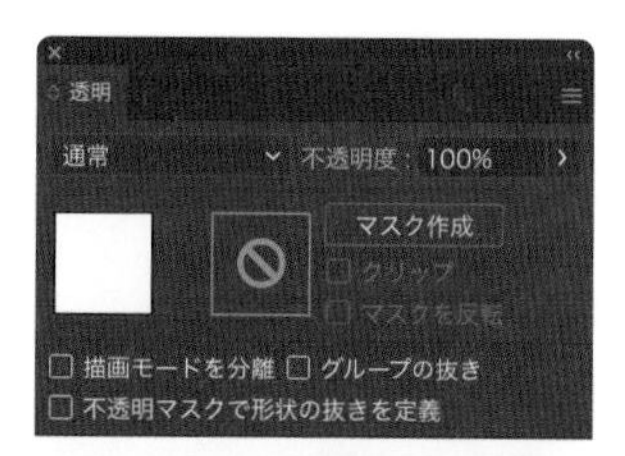

2 [透明]パネルの[不透明度]の右端の矢印ボタンをクリックすると❶、スライダーが表示されます。左右にドラッグすると❷、不透明度が変更されます❸。[不透明度]の数値を入力して変更することもできます。

058 重なり合うオブジェクトの色を掛け合わせたい

使用機能　透明パネル

[透明] パネルで [描画モード] を変更すると、重なり合うオブジェクトやテキストオブジェクト、画像などのカラーを掛け合わせることができます。

Before

After

描画モードの変更

選択ツールでオブジェクトを選択し❶、[ウィンドウ] メニュー→ [透明] をクリックします。[透明] パネルが表示されるので、描画モードをクリックすると❷、16種の描画モードが表示されます。

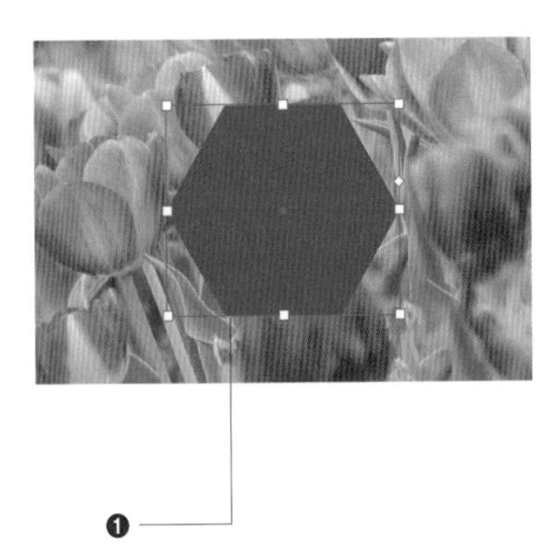

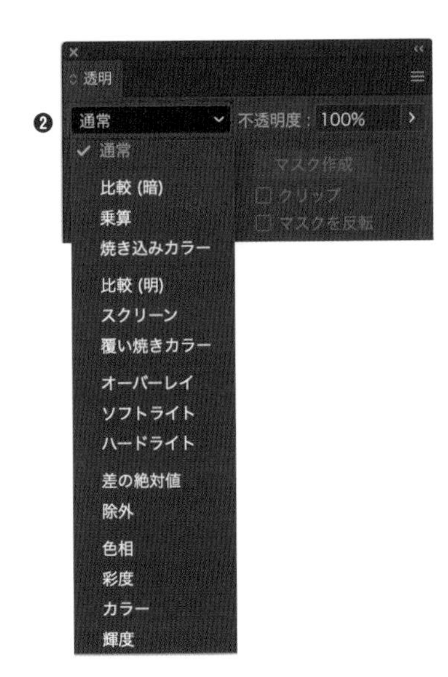

いずれかの描画モードをクリックすると❶、選択中のオブジェクトに描画モードが適用され、背面のオブジェクトのカラーとブレンドして表示されます❷。ここでは［乗算］を適用しています。

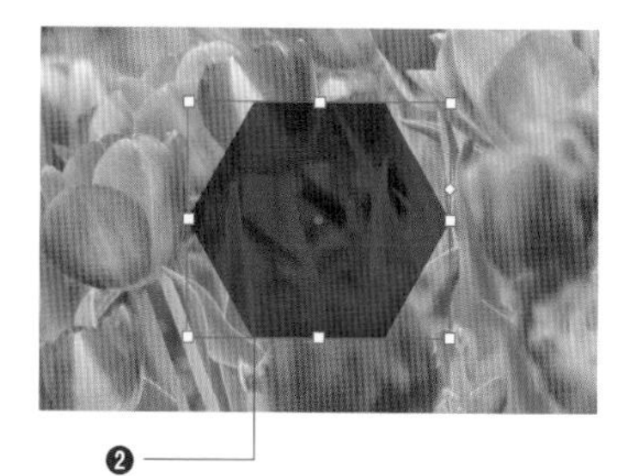

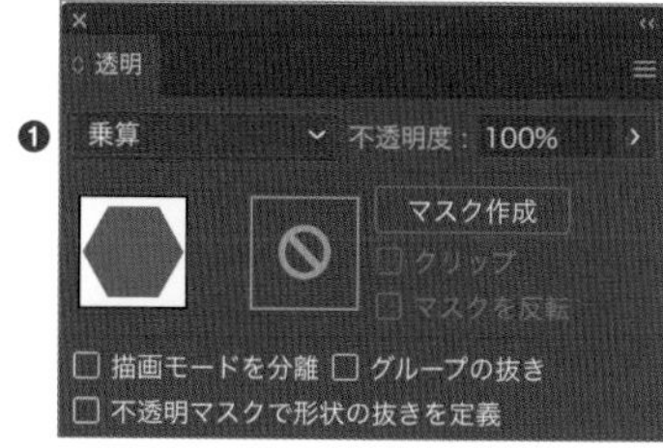

描画モードの種類

16種の描画モードは6つのカテゴリーに分けられています。同じカテゴリーの描画モードは、結果（最終カラー）が似た雰囲気や同じになることがあります（一番下の色相、彩度、カラー、輝度のカテゴリーを除く）。

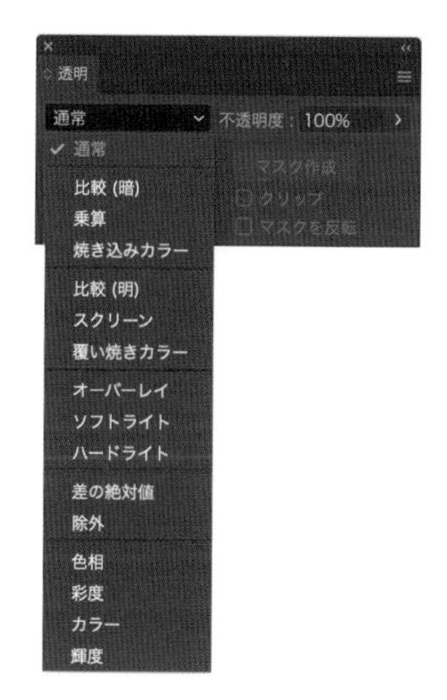

描画モードの違いを理解するために、まず以下の用語を確認しておきましょう。

❶**ブレンドカラー** …… 選択中のオブジェクト、グループ、またはレイヤーの元のカラーのこと
❷**ベースカラー** …… ブレンドカラーと重なる背面に配置されているオブジェクトのカラーのこと
❸**最終カラー** …… 描画モードでブレンドされたあとのカラーのこと

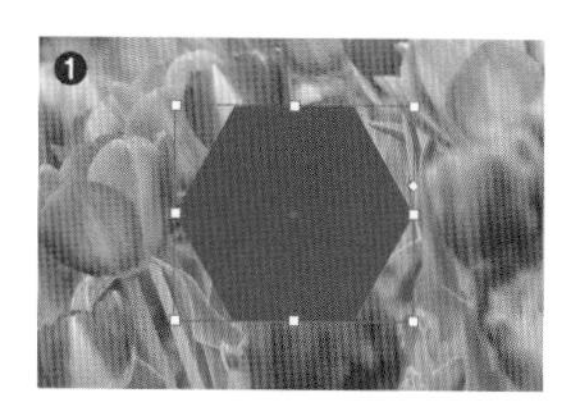

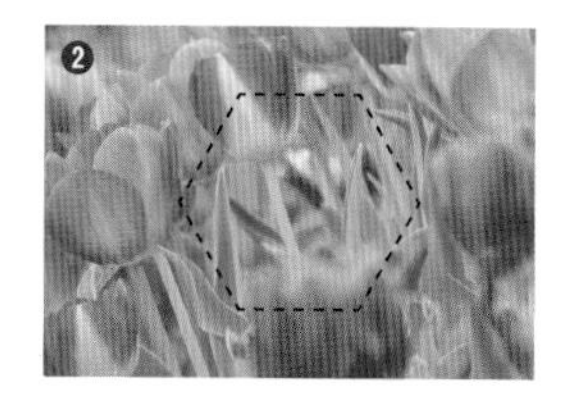

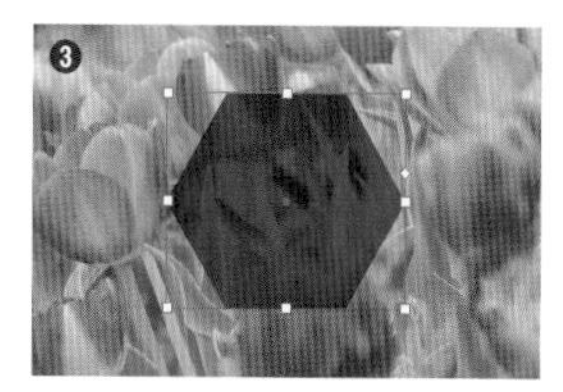

結果	モードの種類	説明	ロゴの描画モードを変更した例
―	通常	オブジェクトのそのままのカラーを表示します。デフォルトではこのモードに設定されています。	
最終カラーが暗くなる	比較（暗）	ベースカラーとブレンドカラーのどちらか暗い方を最終カラーにします。白のブレンドカラーは消えます。	
	乗算	ベースカラーとブレンドカラーを掛け合わせます。白のブレンドカラーは消えます。	
	焼き込みカラー	ベースカラーを暗くし、コントラストを上げます。白のブレンドカラーは消えます。	
最終カラーが明るくなる	比較（明）	ベースカラーとブレンドカラーのどちらか明るい方を最終カラーにします。ブレンドカラーより明るい部分は変化しません。	
	スクリーン	ベースカラーとブレンドカラーを反転して掛け合わせます。黒にスクリーンを適用しても、カラーは変化しません。白にスクリーンを適用すると白になります。	
	覆い焼きカラー	ベースカラーを明るくしてブレンドカラーに反映します。	
最終カラーのコントラストが上がる	オーバーレイ	ベースカラーに応じて、乗算かスクリーンを適用します。ベースカラーはブレンドカラーと混ぜ合わされ、元のカラーの明るさを反映します。	
	ソフトライト	ブレンドカラーが50%グレーより明るい場合は覆い焼きカラーが適用され、暗い場合は焼き込みカラーが適用されます。	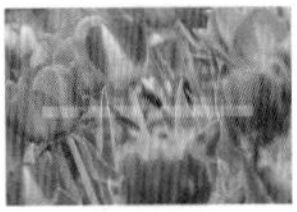
	ハードライト	ブレンドカラーが50%グレーより明るい場合はスクリーンが適用され、暗い場合は乗算が適用されます。	

階調が反転する	差の絶対値	明度の高さに応じて、ベースカラーからブレンドカラーを引くか、ブレンドカラーからベースカラーを引きます。	FLOWER PARK
	除外	差の絶対値モードと同様の効果が得られますが、コントラストがやや低くなります。	FLOWER PARK
色相・彩度・輝度を元に最終カラーが変わる	色相	ベースカラーの輝度と彩度、およびブレンドカラーの色相を持つ最終カラーが作成されます。	
	彩度	ベースカラーの輝度と色相、およびブレンドカラーの彩度を持つ最終カラーが作成されます。このモードを彩度のない(グレーの)部分に適用しても変化はありません。	
	カラー	ベースカラーの輝度、およびブレンドカラーの色相と彩度を持つ最終カラーが作成されます。	
	輝度	ベースカラーの色相と彩度、およびブレンドカラーの輝度を持つ最終カラーが作成されます。	FLOWER PARK

Memo

描画モードはよく使うものとそうでもないものがあります。すべての効果の最終カラーを完璧に想像することは困難なので、いろいろなモードを試しながら好みの最終カラーを見つけるとよいでしょう。

Memo

特色は入稿の際「特色インク」を指定するためのカラーのため▸▸051、描画モードを変更しても印刷に反映されません。

059 オブジェクトに グラデーションを適用したい

使用機能　[グラデーション] パネル、[グラデーション] ツール

グラデーション機能には、線状にグラデーションを描画する「線形グラデーション」と、円状にグラデーションを描画する「円形グラデーション」、カラー分岐点を自由に作成できる「フリーグラデーション」(CC2019以降の機能) の3種類があります。

グラデーションの種類

【線形グラデーション】

ふたつ以上の色を一直線に混ぜ合わせます。グラデーションの初期設定は、この線形グラデーションに設定されています。
オブジェクト (テキストオブジェクトを含む) の塗り・線両方に適用できます。
右のオブジェクトは太めの線に適用した例です。

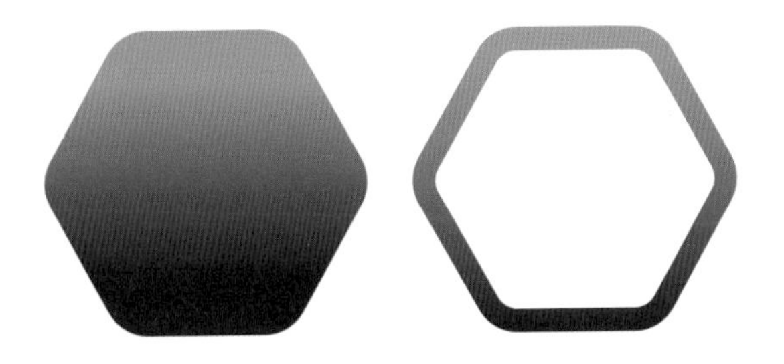

【円形グラデーション】

ふたつ以上の色を円形に混ぜ合わせます。
オブジェクト (テキストオブジェクトを含む) の塗り・線両方に適用できます。

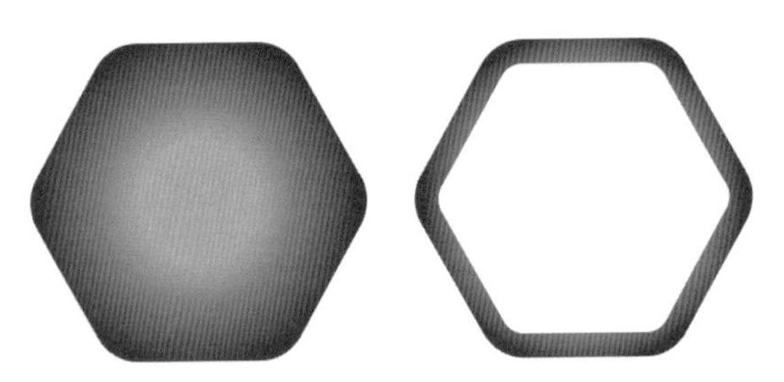

【フリーグラデーション】

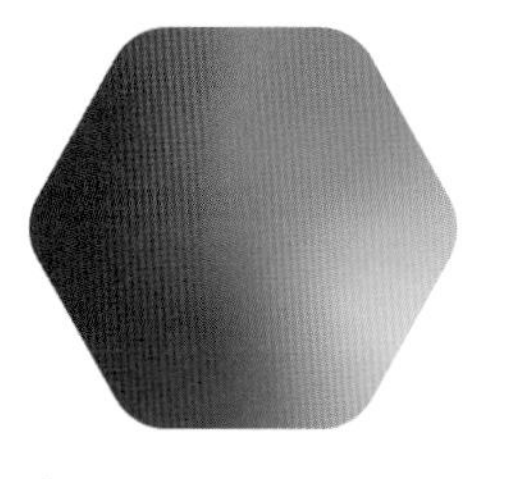

オブジェクトの任意の場所にカラー分岐点を作成し、自由なグラデーションを作成します。
オブジェクト（テキストオブジェクトを除く）の塗りのみに適用できます。
フリーグラデーションの設定方法は以下の2種類があります。

- **【ポイント】** カラー分岐点の周囲の領域が混ざり合います。

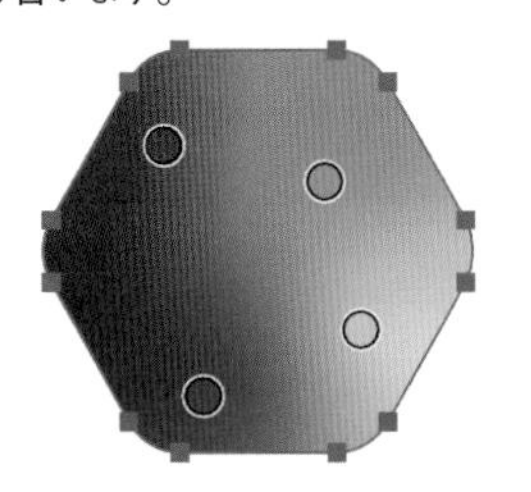

- **【ライン】** カラー分岐点が線状に混ざり合います。

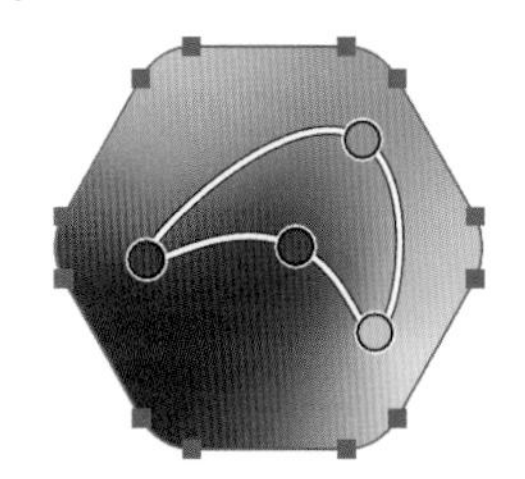

■ ［グラデーション］パネル

［ウィンドウ］メニュー→［グラデーション］をクリックすると、［グラデーション］パネルが表示されます。グラデーションの作成や設定は、［グラデーション］パネルで行います。

Ⓐ**適用中または以前に使用したグラデーション** …… グレースケール、RGB、CMYKなどのカラーモードを選択します。オブジェクトを選択した状態でクリックすると、表示中のグラデーションがオブジェクトに適用されます。
Ⓑ**既存のグラデーションのドロップダウンリスト** …… クリックすると、既存のグラデーションが表示されます。
Ⓒ**塗りのカラー** …… 選択中のオブジェクトの塗りのカラーを表示します。クリックすると有効になります。

Ⓓ**線のカラー** …… 選択中のオブジェクトの線のカラーを表示します。クリックすると有効になります。
Ⓔ**反転グラデーション** …… グラデーションを反転します。
Ⓕ**種類** …… グラデーションの種類を選択します。[線形グラデーション]、[円形グラデーション]、[フリーグラデーション] の3種類から選択できます。フリーグラデーションは線には適用できません。
Ⓖ**線** …… 線に対してどのようにグラデーションを適用するかを選択します。[線にグラデーションを適用]、[パスに沿ってグラデーションを適用]、[パスに交差してグラデーションを適用] の3種類から選択できます。線にグラデーションを適用したとき有効になります。
Ⓗ**角度** …… グラデーションの角度を設定します。
Ⓘ**縦横比** …… 円形グラデーションの縦横比を設定します。デフォルトでは100％の正円に設定されます。オブジェクトに円形グラデーションを適用したとき有効になります。
Ⓙ**中間点** …… ドラッグで移動すると、ふたつのカラー分岐点の間で色の分割を調整できます。
Ⓚ**グラデーションスライダー** …… カラー分岐点をドラッグしてグラデーションを調整します。クリックした場所にカラー分岐点が作成されます。
Ⓛ**カラー分岐点** …… ドラッグしてグラデーションを調整します。削除するには、[分岐点を削除] ボタンをクリックするか、下方向にドラッグします。
Ⓜ**分岐点を削除** …… 選択したカラー分岐点を削除します。
Ⓝ**カラーピッカー** …… カラー分岐点を選択すると有効になります。クリックした位置のカラーをカラー分岐点に適用します。
Ⓞ**不透明度** …… カラー分岐点の透明度を変更します。
Ⓟ**位置** …… カラー分岐点の位置を表示・設定します。カラー分岐点をドラッグすると、現在置の数値が表示されます。数値を入力してカラー分岐点の位置を操作することもできます。

パスオブジェクトへのグラデーションの適用

選択ツールでオブジェクトを選択し、[塗り] や [線] どちらかを有効にします❶。[種類] から任意の形状グラデーションボタンをクリックします❷。

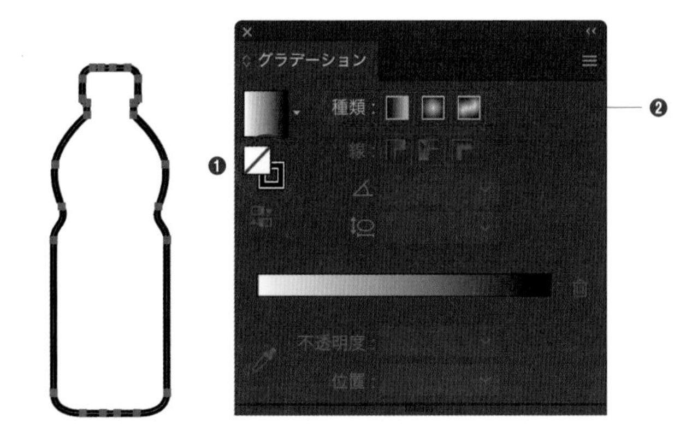

Memo

［線］を有効にした場合、［フリーグラデーション］は選択できないようになります。

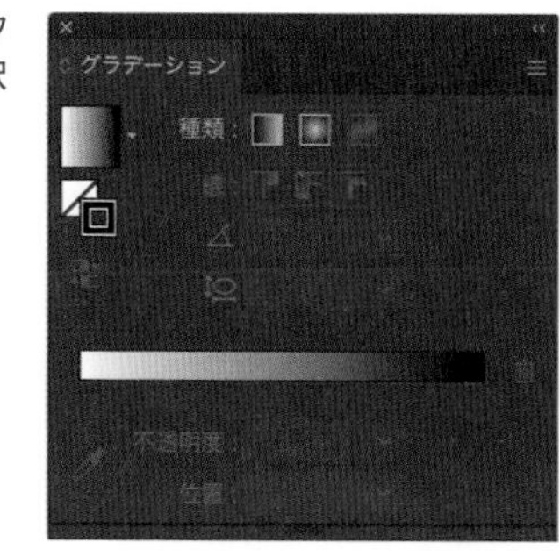

グラデーションが適用されます。

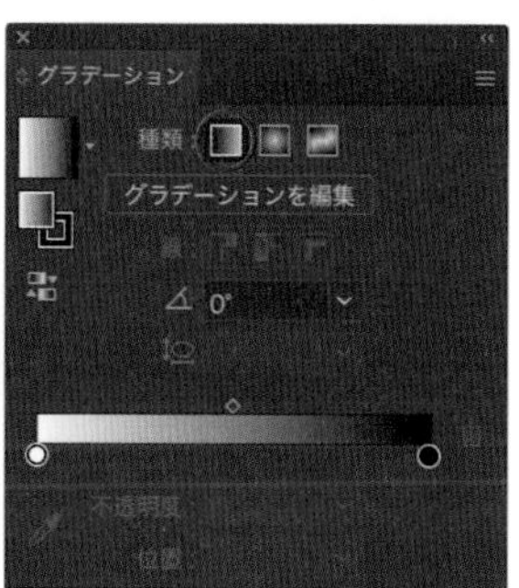

線形
グラデーション

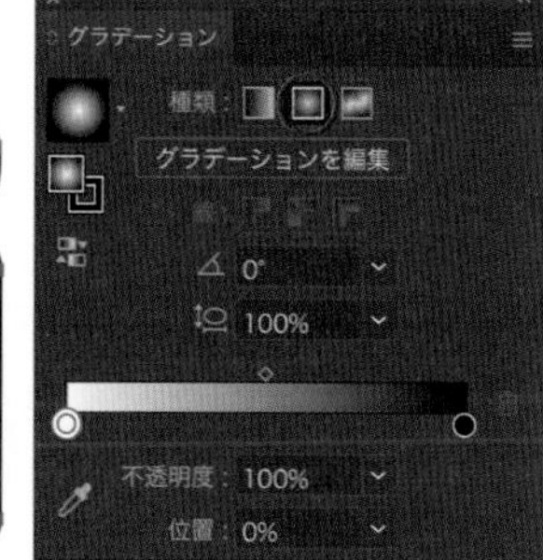

円形
グラデーション

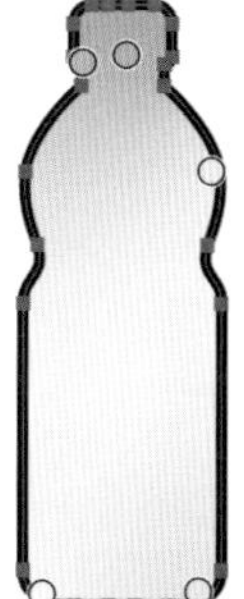

フリー
グラデーション

Memo

フリーグラデーションを適用すると、オブジェクトの形状に合わせて自動でカラー分岐点が作成されます。また、［グラデーション］パネルがフリーグラデーション用に変わります。

▶▶ 063

グラデーションのカラーの変更

カラー分岐点をダブルクリックすると❶、カラーを設定できるようになります。右上の［メニュー］ボタンをクリックすると❷、カラーモードを選択できます。

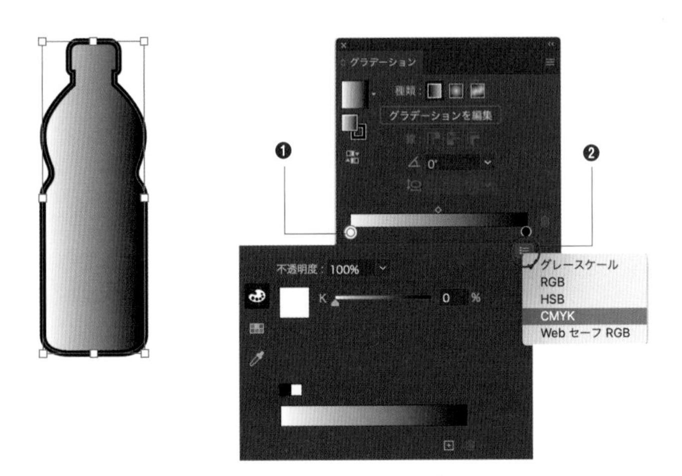

カラースライダーを調整してカラーを設定します。カラーは、［スウォッチ］パネルⒶやカラーピッカーⒷからも設定することができます。

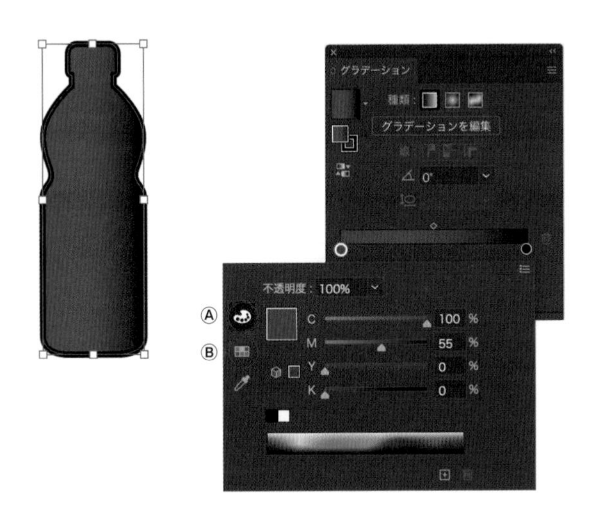

Memo

フリーグラデーションでは、カラーの変更方法が異なります ▶▶063。

060 テキストにグラデーションを適用したい

使用機能 ［グラデーション］パネル、［アピアランス］パネル

テキストオブジェクトにグラデーションを適用することができます。［アピアランス］パネルを使用します。

1 選択ツールでテキストオブジェクトを選択し❶、［ウィンドウ］メニュー→［アピアランス］をクリックします。［アピアランス］パネルが表示されるので、［新規塗りを追加］ボタンをクリックします❷。

❶ SPORTS DRINK

2 追加された塗りを選択して❶、［グラデーション］パネル左上のサムネイルをクリックすると❷、グラデーションが適用されます❸。

SPORTS DRINK ❸

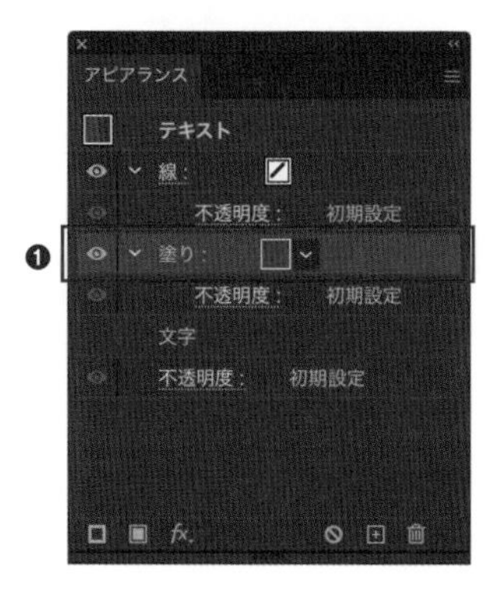

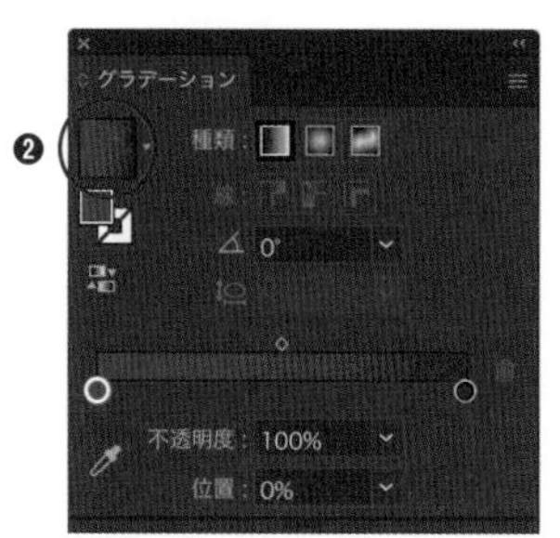

061 グラデーションの分岐と角度を調整したい

使用機能 ［グラデーション］パネル

［グラデーション］パネルの調整だけで、オブジェクトにイメージ通りのグラデーションを適用することは難しいかもしれません。「グラデーションガイド」を使うと、グラデーションの分岐や角度を確認しながら調整することができます。

1 選択ツールでグラデーションを適用しているオブジェクトを選択し❶、［ウィンドウ］メニュー→［グラデーション］をクリックします。［グラデーション］パネルが表示されるので、［グラデーションを編集］ボタンをクリックします❷。

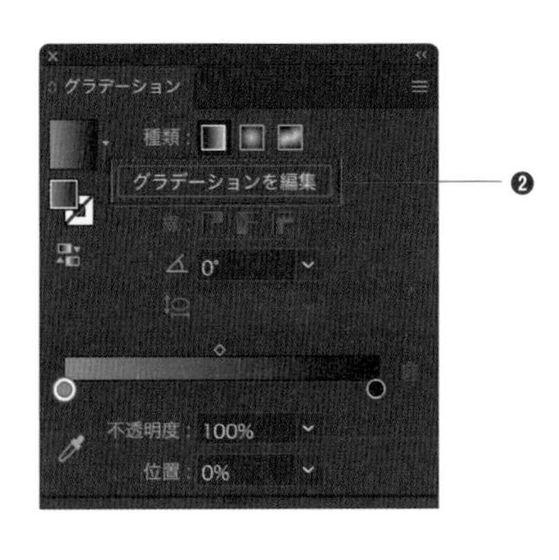

2 オブジェクトの上に［グラデーションガイド］が表示されます。

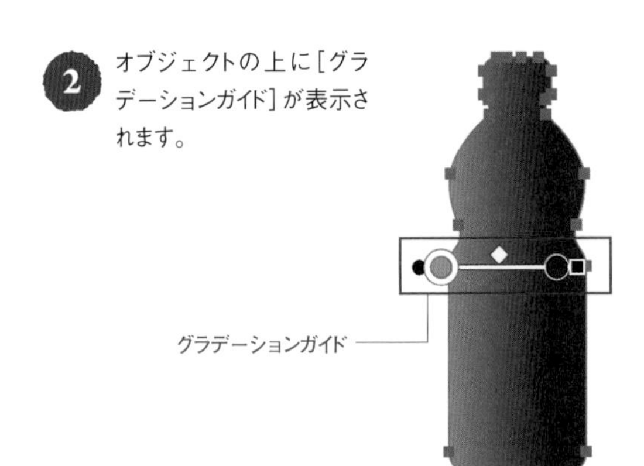

Memo

グラデーションガイドには、グラデーションスライダーと同様のカラー分岐点と中間点が表示されています。グラデーションガイドからも、カラー分岐点のカラーを編集したり、中間点を移動することができます。

3 オブジェクトの上でドラッグすると、マウスの軌跡が新たなグラデーションガイドになります❶。グラデーションガイドに沿ってグラデーションの分岐と角度が変わるので、イメージ通りのグラデーションになるようにドラッグします。

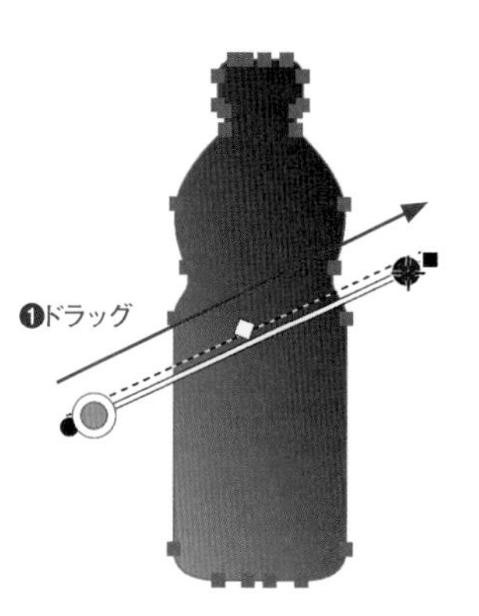

Memo

shift キーを押しながらドラッグすると、水平・垂直方向にグラデーションガイドを作成します。

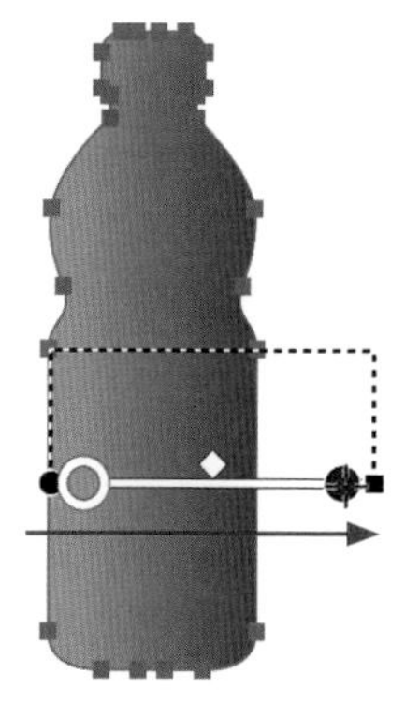

Memo

グラデーションガイドの表示・非表示は[表示]メニュー→[グラデーションガイドを隠す]または[グラデーションガイドを表示]をクリックすると切り替えることができます。

Short Cut グラデーションガイドを隠す／表示：option ＋ command ＋ G キー

062 複数のオブジェクトにグラデーションを適用したい

使用機能　[グラデーション] パネル

複数のオブジェクトにまとめてグラデーションを適用することができます。このとき、複数のオブジェクトの境界をまたぐような、ひとつのグラデーションにすることができます。

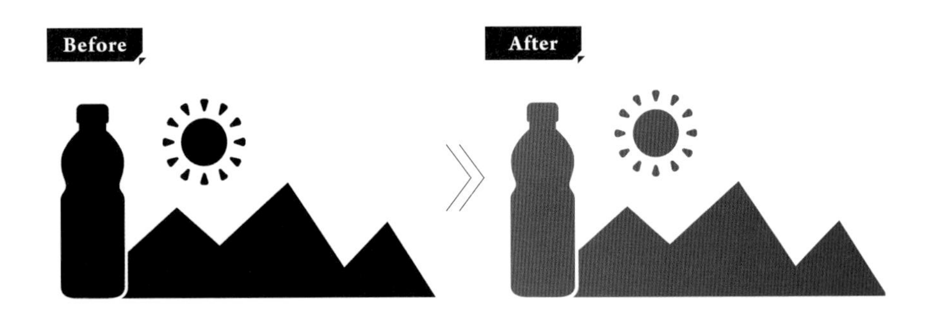

1 選択ツールで複数のオブジェクトを選択し❶、[ウィンドウ] メニュー→[グラデーション] をクリックします。[グラデーション] パネルが表示されるので、左上のサムネイルをクリックします❷。

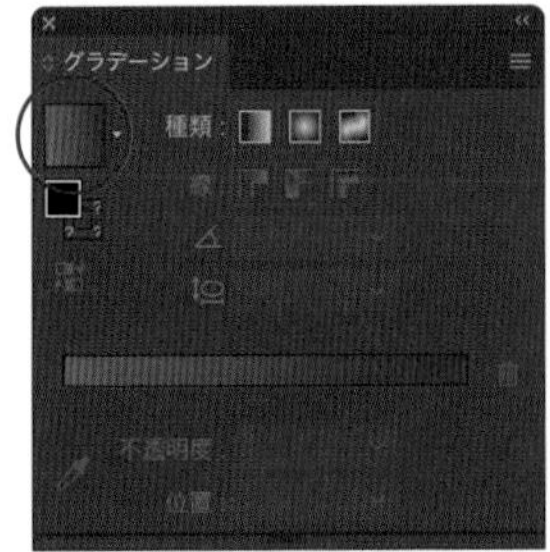

2 すべてのオブジェクトにグラデーションが適用されます。

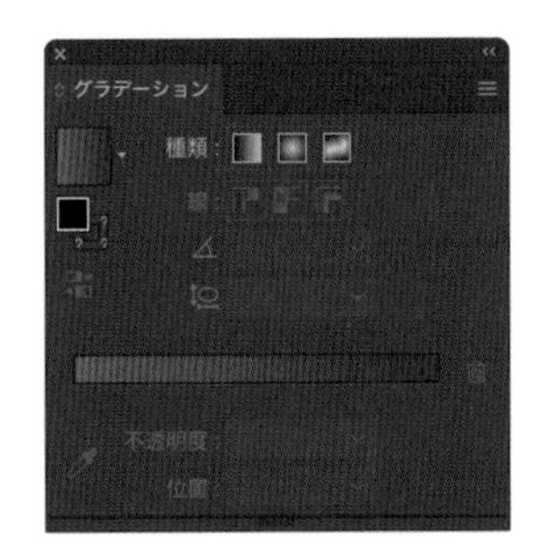

Memo

グラデーションガイドがそれぞれのオブジェクトに合わせて作成されるため、オブジェクトごとに独立したグラデーションになります。

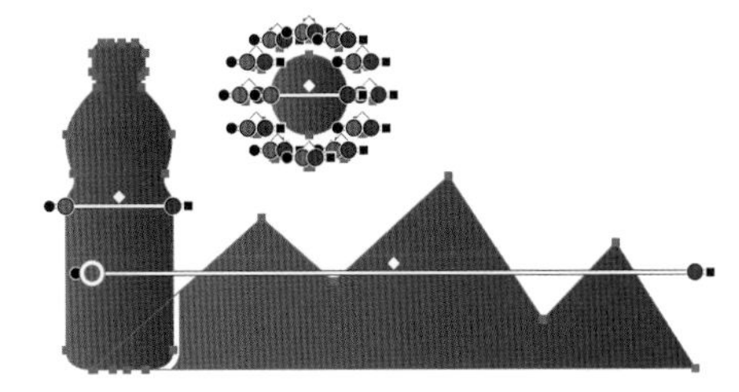

3 ［グラデーション］ツールで、すべてのオブジェクトの上をドラッグします❶。するとすべてのオブジェクトのグラデーションガイドの始点と終点が統一され、オブジェクトの境界をまたいでグラデーションが適用されます❷。

❶

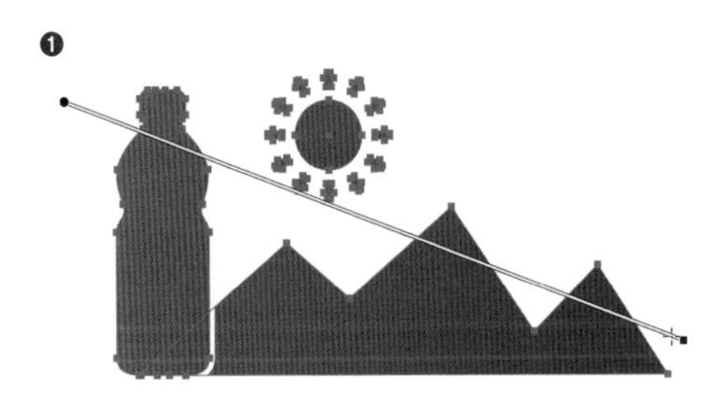

❷

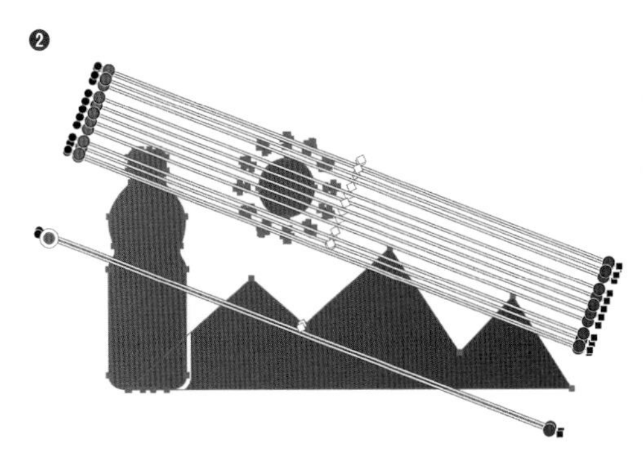

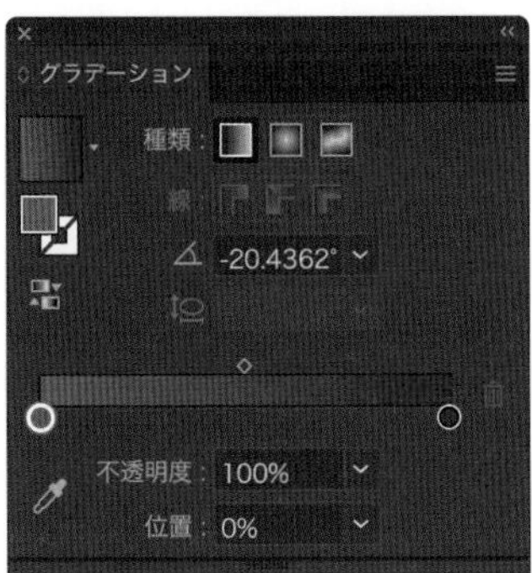

063 自由度の高いグラデーションを作成したい

使用機能 ［グラデーション］パネル

フリーグラデーション機能（CC2019以降）を利用すると、オブジェクトの自由な位置に色の分岐点を作成してグラデーションを作成できます。

描画モードの変更

1 選択ツールでオブジェクトを選択し❶、［ウィンドウ］メニュー→［グラデーション］をクリックします。［グラデーション］パネルが表示されるので、［フリーグラデーション］ボタンをクリックします❷。

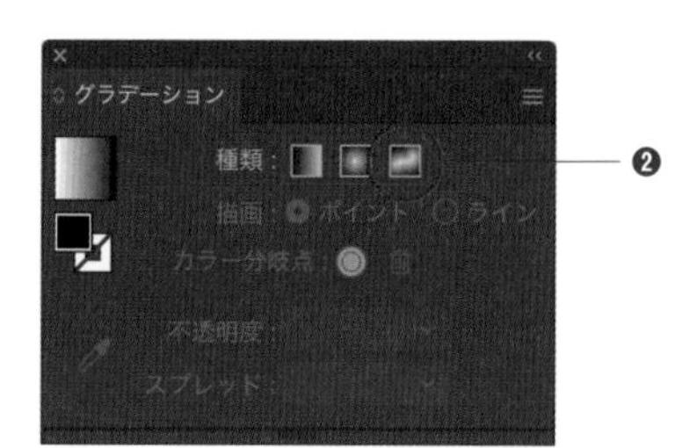

2 オブジェクトにフリーグラデーションが適用され ▸▸059、自動的に［カラー分岐点］が作成されます❶。デフォルトでは、描画モードは［ポイント］モードが選択されます❷。

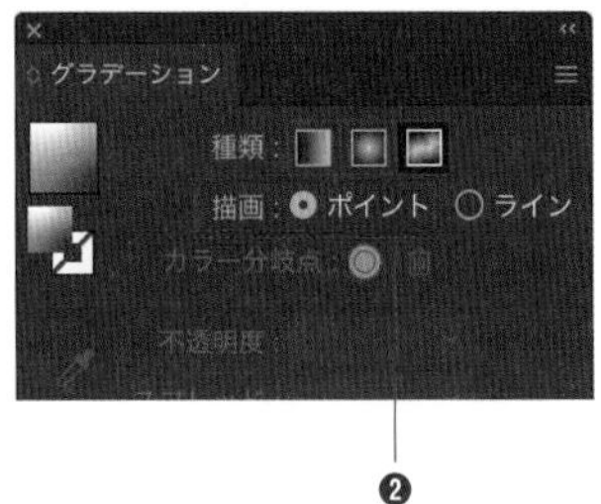

［ポイント］モードで作成

カラー分岐点を操作して、イメージしているグラデーションを作成します。

Ⓐ**移動** …… カラー分岐点をドラッグします。
Ⓑ**カラーの変更** …… カラー分岐点をダブルクリックすると、カラーの設定ができるようになります。

Ⓒ**新規作成** …… オブジェクト内の、カラー分岐点を作成したい場所をクリックします。

Ⓓ**削除** …… カラー分岐点を選択して［分岐点を削除］ボタン🗑をクリックするか、オブジェクトの外側までドラッグします。

Ⓔ**カラーの広がりの調整** …… ［グラデーション］パネルの［スプレッド］を0%（デフォルト）～100%の間で設定するか、カラー分岐点の周囲に破線で表示されている円状のスプレッドエリアをドラッグします。

スプレッドエリアを広げると、［グラデーション］パネルの［スプレッド］の値に反映される

完成したら、ツールバーの別のツールをクリックするか、command キーを押しながらドキュメントのグラデーションオブジェクト以外の場所をクリックして、グラデーションの編集を終了します。

再度グラデーションを編集するときは、グラデーションオブジェクトを選択し、［グラデーション］パネルの［グラデーションを編集］ボタンをクリックします。

[ライン] モードで作成

1 [グラデーション] パネルで [ライン] モードをクリックし、カラー分岐点を順番にクリックします。クリックした順にカラー分岐点同士が線でつながります。

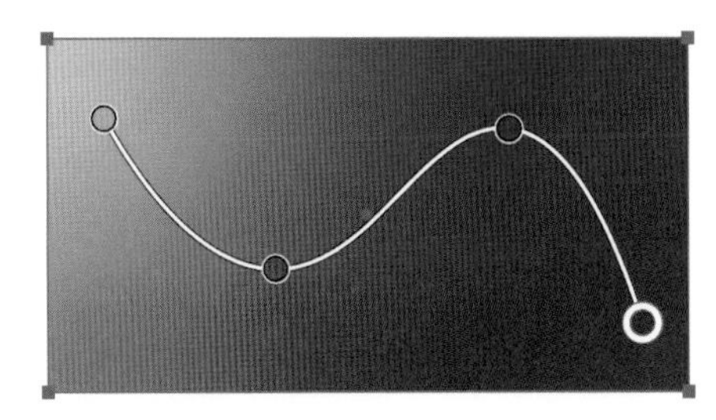

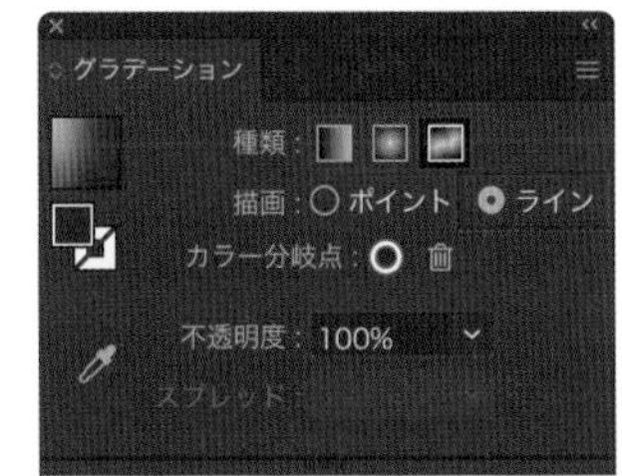

2 カラー分岐点をドラッグすると線の形状が変化し、グラデーションも変化します。

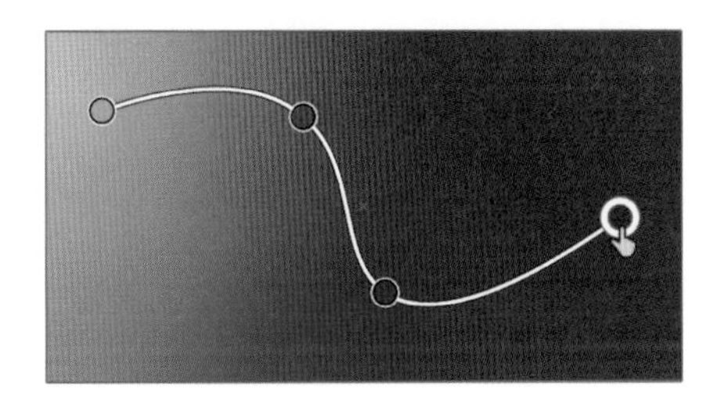

064 グラデーションの不透明度を変更したい

使用機能 [グラデーション] パネル

グラデーション作成の際に不透明度を調整すると、背面にあるオブジェクトの色を活かしたグラデーションを描画することができます。

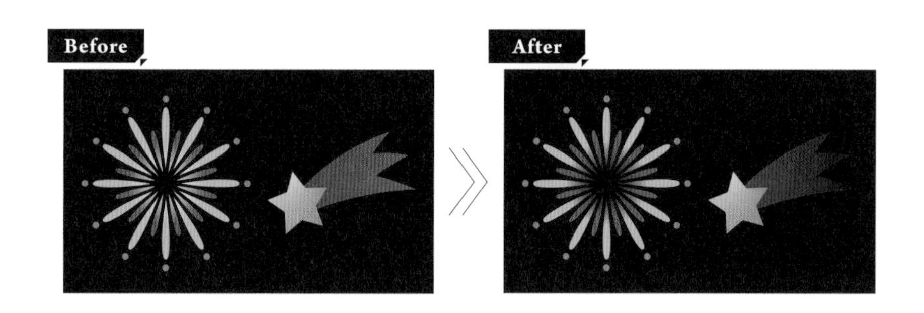

1 選択ツールでグラデーションを適用しているオブジェクトを選択し❶、[ウィンドウ] メニュー→[グラデーション] をクリックします。[グラデーション] パネルが表示されるので、不透明度を変更したいカラー分岐点をクリックします❷。

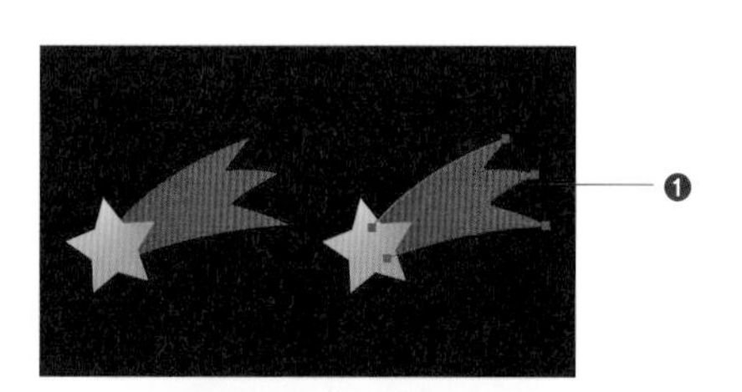

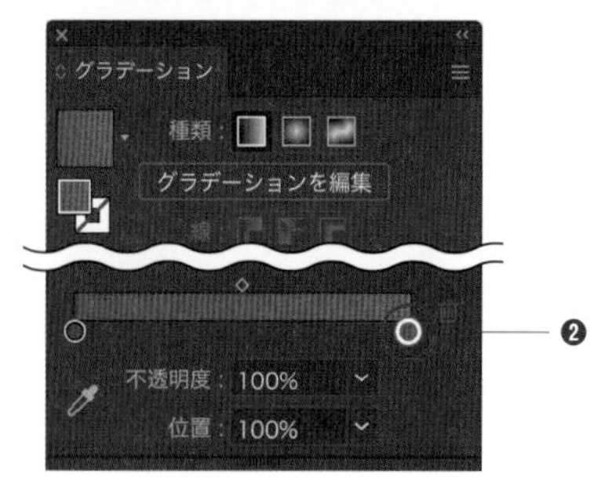

2 [不透明度] の数値を0%〜100%の間で変更します。

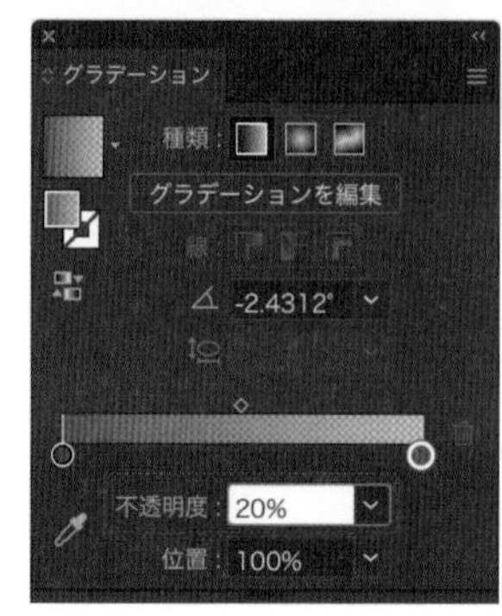

065 オブジェクトの配色を一括で変更したい

使用機能　オブジェクトを再配色

複数の色が使われているアートワークのカラーを一括で変更することができます。イラストやロゴの作成で、カラーバリエーションを確認したいときなどに便利です。

元の配色のバランスを保って再配色

1 選択ツールでオブジェクトを選択し❶、[編集] メニュー→ [カラーを編集] → [オブジェクトを再配色] をクリックします❷。

❶

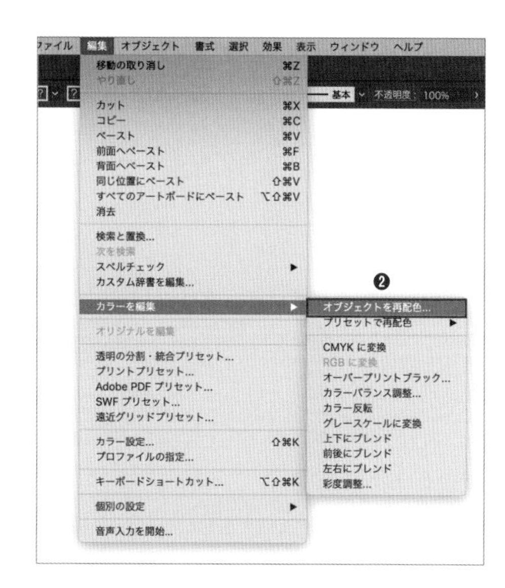

Memo

コントロールパネル ▶▶004 の [オブジェクトを再配色] ボタンをクリックしても操作できます。

2 ダイアログが表示されます。［ハーモニーカラー］ボタンがリンクされている状態（デフォルト）で❶、［すべてのカラー］に表示されているハンドルをドラッグします❷。すべてのハンドルが連動して動き❸、配色のバランスを保ったまま全カラーが変化します❹。

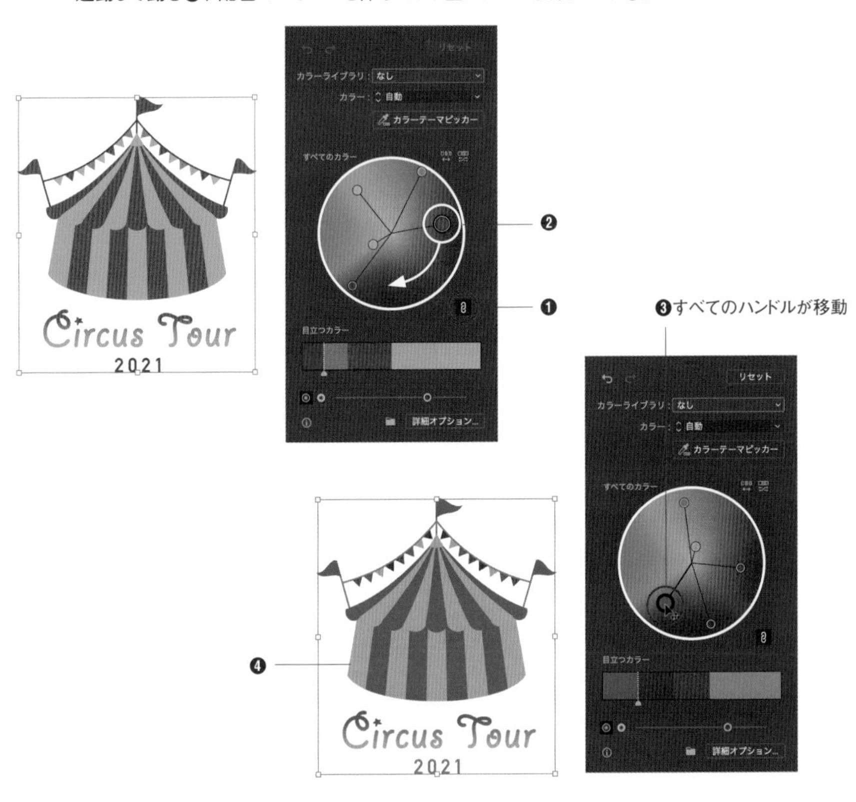

POINT

下部のスライダーでは明度を調整することができます。

オブジェクトや画像のカラーを参照して再配色

1 ここでは画像のカラーを参照し、オブジェクトに配色します。オブジェクトを選択して❶、[カラーテーマピッカー] ボタンをクリックして有効にし❷、画像をクリックします❸。

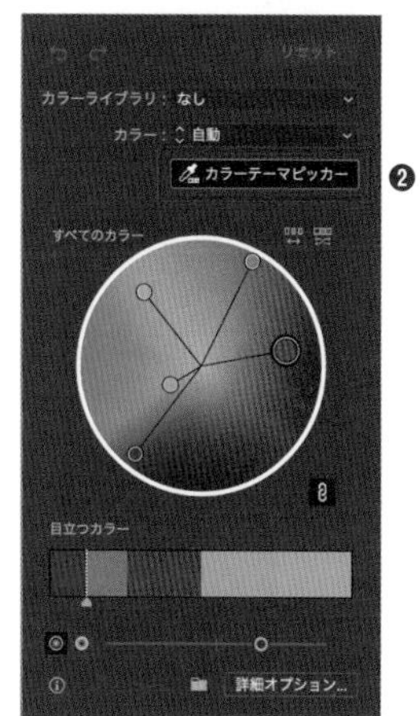

2 参照した画像の [目立つカラー] の配分を自動で抽出し❶、オブジェクトに配色します❷。

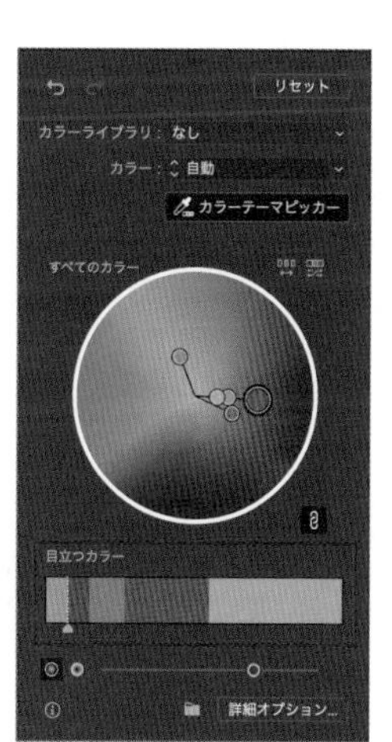

オブジェクト全体の色味を一括で調整したい

使用機能　カラーバランス調整

全体的にもう少し青みを足したいなど、具体的な色味の調整を加えたいことがあります。そのようなときは、カラーバランス調整の機能を利用すると便利です。

1 選択ツールでオブジェクトを選択し❶、[編集]メニュー→[カラーを編集]→[カラーバランス調整]をクリックします❷。

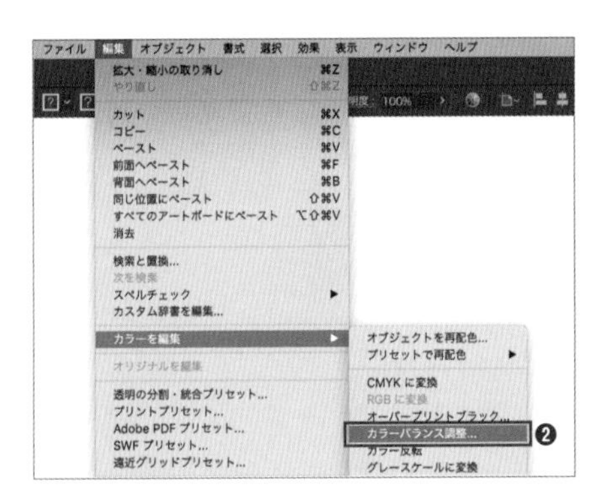

2 [カラー調整]ダイアログが表示されるので、[プレビュー]にチェックを入れます。[調整設定]の[塗り]と[線]両方にチェックを入れて❶、[シアン]～[ブラック]のスライダーをドラッグするか、数値を入力します❷。入力した数値が、すべての塗りと線のカラーに加算されます❸。ここではシアンを20%、イエローを75%足しています。

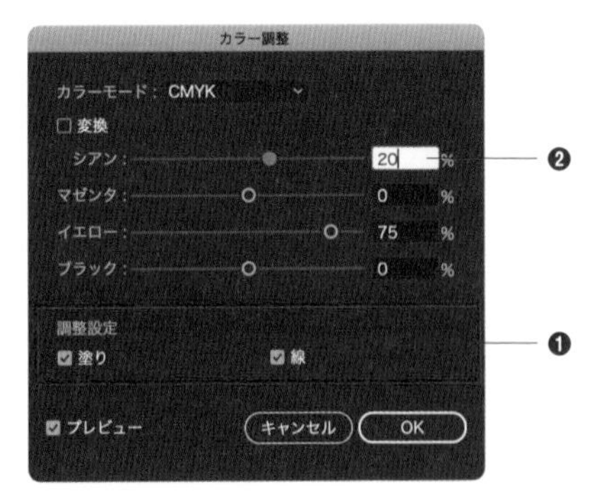

線や塗りのカラーが同じオブジェクトを一括で選択したい

使用機能 共通オブジェクトを選択

同じカラーを適用しているオブジェクトやテキストオブジェクトが複数あり、それらのカラーをすべて変更したいときに便利です。カラー以外の要素が共通しているオブジェクトを選択することもできます。

1 選択ツールでオブジェクトを選択すると❶、コントロールパネル ▸▸004 に［共通オブジェクトを選択］ボタンが表示されます❷。右側の［共通オプション選択］ボタンをクリックすると❸、共通オプションが表示されます❹。

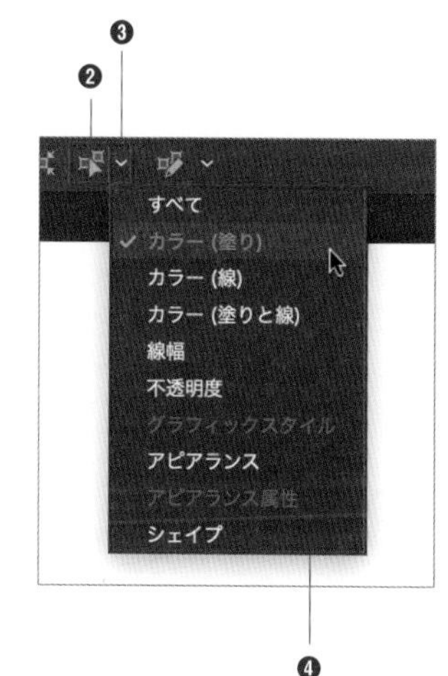

Memo

［選択］メニュー→［共通］からも共通オプションを選択できます。

2 目的のオプションをクリックすると、共通オプションが適用されているオブジェクトが選択されます。ここでは、紫色の煙突の［カラー（塗り）］を選択したので、塗りが紫色のオブジェクトがすべて選択されます。

Memo

一度選択した共通オプションの設定は、変更するまで保存されます。続けて同じ共通オプションを選択したいときは、［共通オブジェクトを選択］ボタンをクリックします。

068 類似の色を選択したい

使用機能　[自動選択]ツール

完全に一致している色ではなく、類似の色を選択することができます。類似の範囲も調整することができます。

1　[ウィンドウ]メニュー→[自動選択]をクリックします。[自動選択]パネルが表示されるので、[許容値]を0～100の間で設定します。

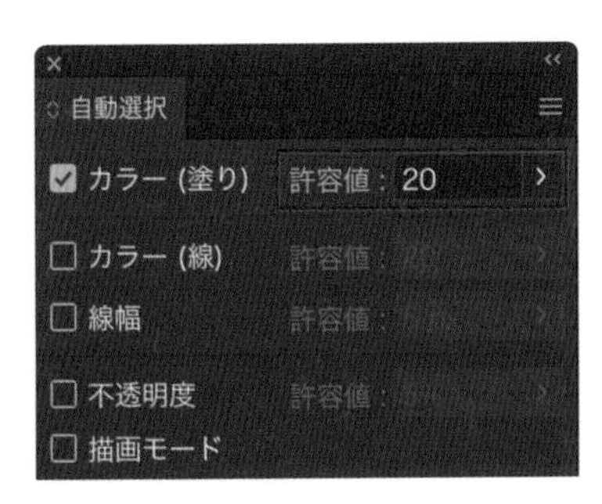

[カラー(塗り)]、[カラー(線)]、[線幅]、[不透明度]、[描画モード]にチェックを入れると、選択範囲の条件に追加されます。

2　類似色を選択したい場所をクリックすると、[自動選択]パネルの[許容値]の値に応じて類似色が選択されます。許容値を小さく設定すると選択範囲が狭まり、大きく設定すると選択範囲が広がります。

Memo

許容値を小さく設定すると選択範囲が狭まり、大きく設定すると選択範囲が広がります。

許容値:5

許容値:20

許容値:50

Memo

元のアートワークは、写真を［画像トレース］▶▶114 でトレースして作成したものです。空の青、木の緑、雲の白の類似している色を選択し、［パスファインダー］▶▶073 の［合体］でエリアごとに合成すると、作例のようになります。［自動選択］ツールは、このような精密なアートワークの類似色をひとまとめにし、色数を絞って単純化したいときに便利です。

元のアートワーク

画像をトレースすると、このように複雑なパスで再現され、データ容量が大きくなる

作例

類似色のエリアを合体すると、パスの数が減ってデータを軽くすることができる

069 配色サンプルを検索して使用したい

使用機能　Adobe Colorテーマ

[Adobe Colorテーマ] パネルでは、世界中のデザイナーが作成したカラーテーマを検索し、使用、編集やスウォッチに登録することができます。配色に迷ったときに参考になります。

カラーテーマの検索

[ウィンドウ] メニュー→ [Adobe Colorテーマ] をクリックします。[Adobe Colorテーマ] パネルが表示されるので、[検索] タブをクリックします❶。デフォルトでは [人気の高い順] のカラーテーマが表示されます。検索ボックスにキーワードを入力して Enter キーを押すと❷、検索結果が表示されます❸。[カテゴリー] をクリックすると、検索結果の表示方法を選択することができます❹。

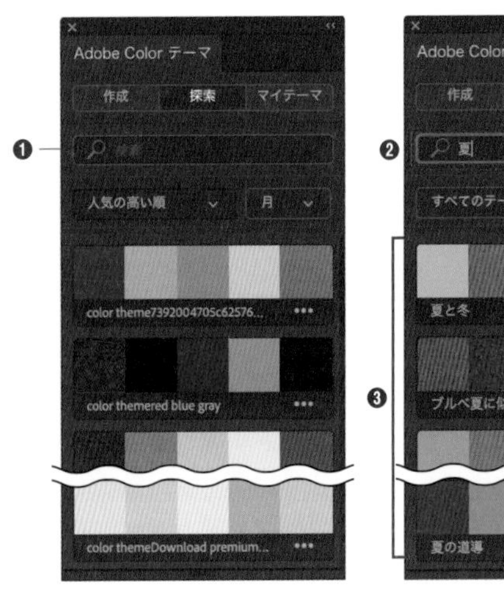

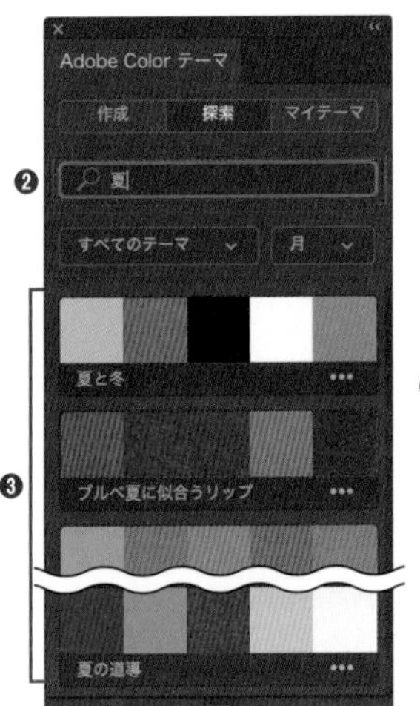

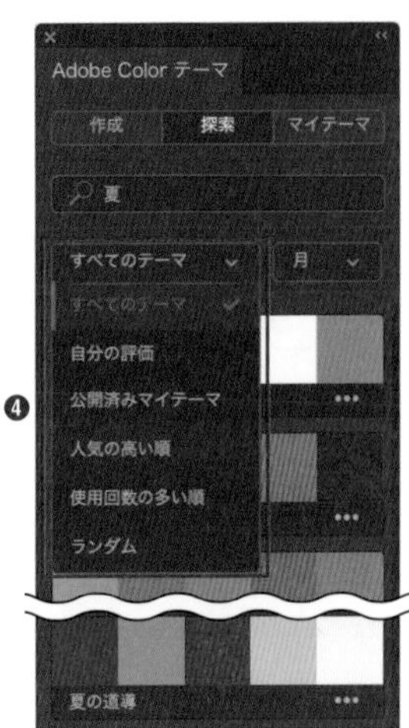

カラーテーマの使用

気に入ったカラーテーマが見つかったら、パネルから直接カラーを抽出することができます。カラーを適用したいオブジェクトを選択し❶、カラーテーマをクリックします❷。

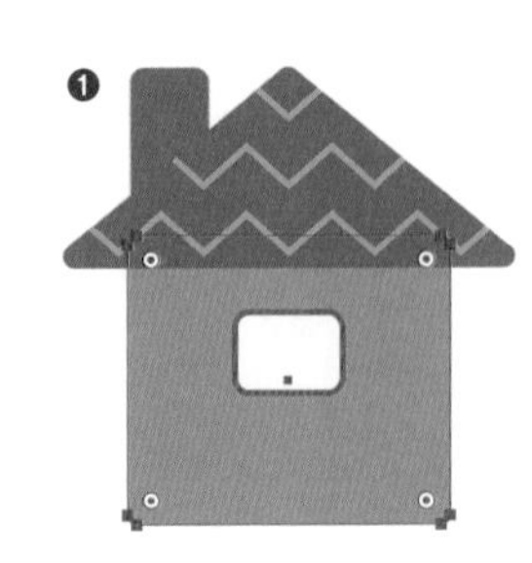

カラーテーマオプション

カラーテーマの右下の［メニュー］ボタンをクリックすると、オプションが表示されます。

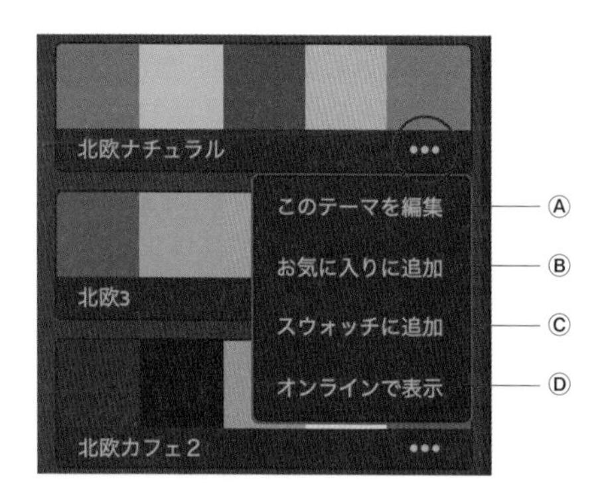

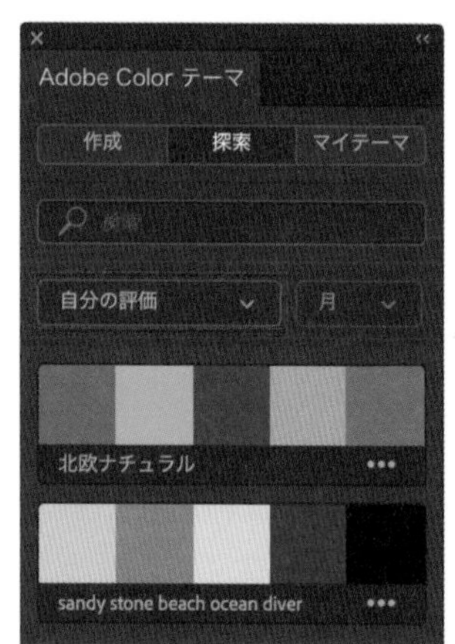

Ⓐ**このテーマを編集** …… ［作成］タブで、選択したカラーテーマを開き、編集します。
Ⓑ**お気に入りに追加** …… 選択したカラーテーマを、［自分の評価］カテゴリーに保存します。
Ⓒ**スウォッチに追加** …… 選択したカラーテーマを、［スウォッチ］パネルに追加します。
Ⓓ**オンラインで表示** …… カラーテーマと関連情報（カラーテーマの作成者、カラーテーマの共有日、レーティングやレビューなど）をブラウザに表示します。また、そのテーマをブラウザから評価、保存、共有および編集することもできます。

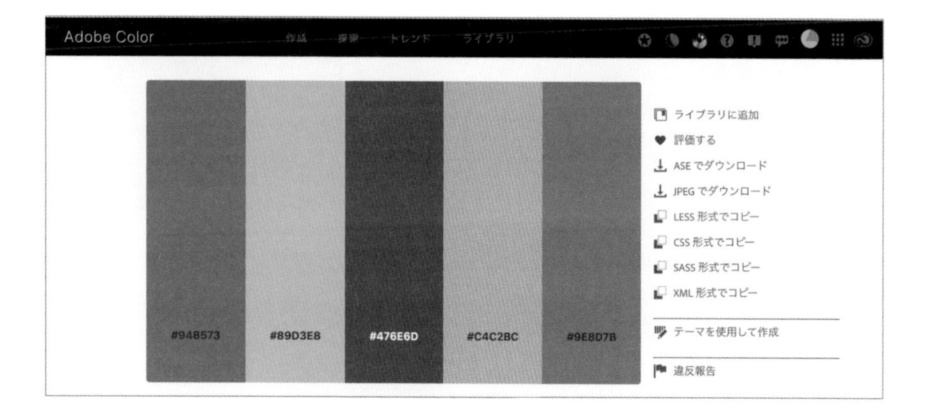

070 カラーテーマを作りたい

使用機能 | Adobe Colorテーマ

[Adobe Colorテーマ]パネルを利用すると、調和の取れた色の組み合わせを簡単に作成することができます。作成したカラーテーマは、オブジェクトのカラーに適用することができます。

カラーテーマの作成

1 [ウインドウ]メニュー→[Adobe Colorテーマ]をクリックします。[Adobe Colorテーマ]パネルが表示されるので、[作成]タブをクリックします❶。パネルの各機能は下記の通りです。

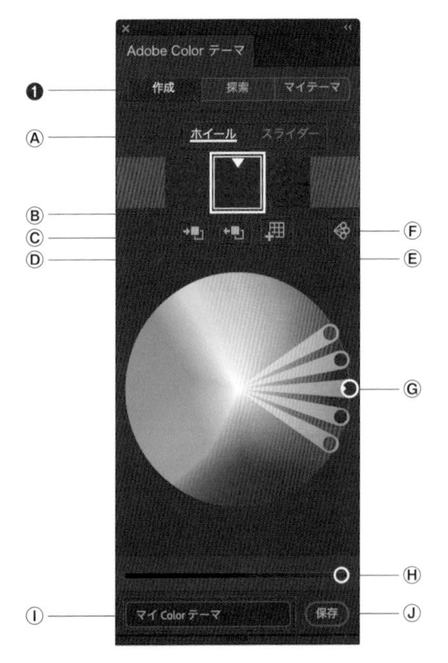

Ⓐカラーシステム
Ⓑカラー
Ⓒクリックしてアクティブカラーを設定
Ⓓアクティブカラーから選択したカラーを設定
Ⓔスウォッチパネルへの追加
Ⓕカラールール
Ⓖカラーホイール
Ⓗスライダー
Ⓘカラーテーマの名前を入力
Ⓙカラーテーマの保存

2 [カラールールの選択]ボタンをクリックして❶、テーマのベースになるカラールールを選択します❷。ここでは[類似色]を選択します。

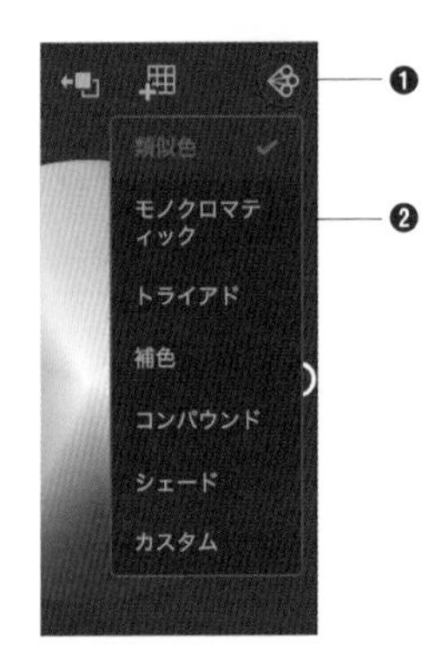

3 [ホイール]または[スライダー]を選択し❶、小さな三角形が表示されているベースカラーのサムネイルをクリックし❷、カラーホイールをドラッグするかⒶ、カラースライダーでベースカラーを設定しますⒷ。すると**2**で選択したカラールールに基づいて、カラーテーマが自動的に構築されます。

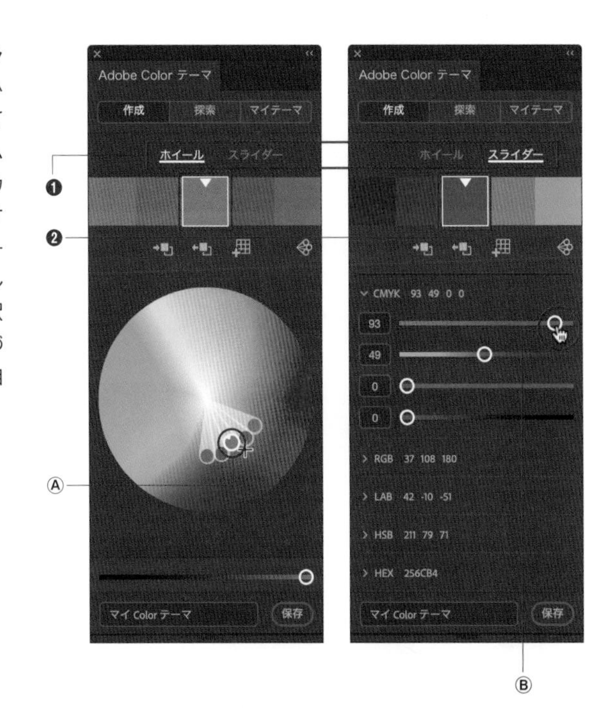

4 [Adobe Colorテーマ]パネル下部の「マイColorテーマ」と表示されたボックスをクリックして名前を変更し❶、[保存]ボタンをクリックします❷。

5 保存先が表示されるので選択し❶、[保存]ボタンをクリックします❷。[マイテーマ]から保存したカラーを確認することができます❸。

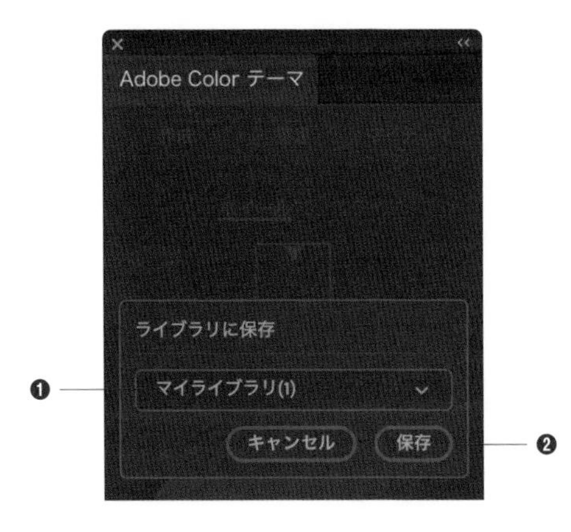

カラーテーマ作成時のオプション

カラーテーマの作成時に、次のいずれかのオプションを選択できます。

- ［クリックしてアクティブカラーの設定］ボタンをクリックすると❶、選択中のカラーテーマをワークスペースで有効にします❷。

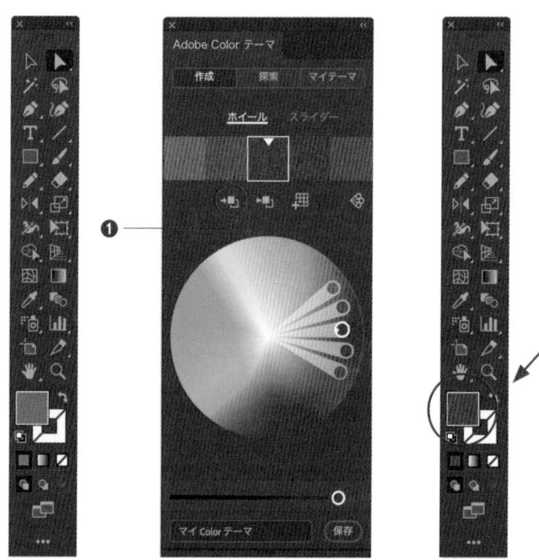

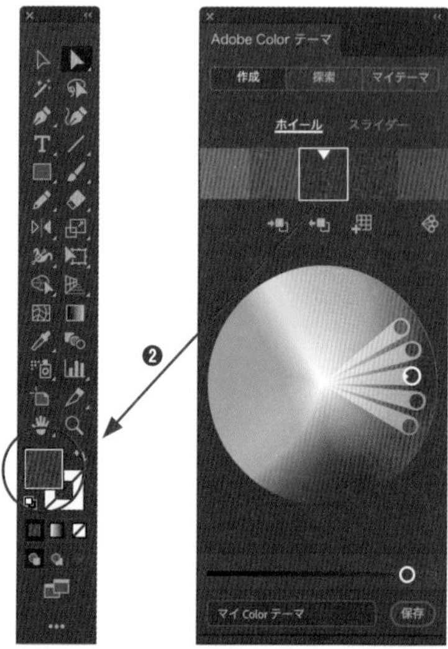

- ［アクティブカラーから選択したカラーを設定］ボタンをクリックすると❶、ワークスペースで選択している有効なカラーをカラーテーマに追加します❷。

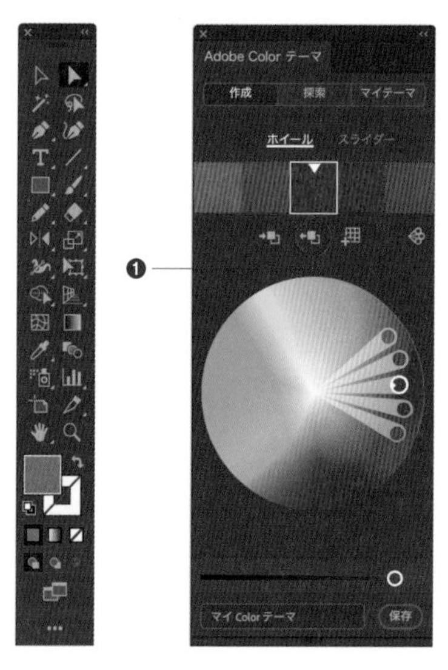

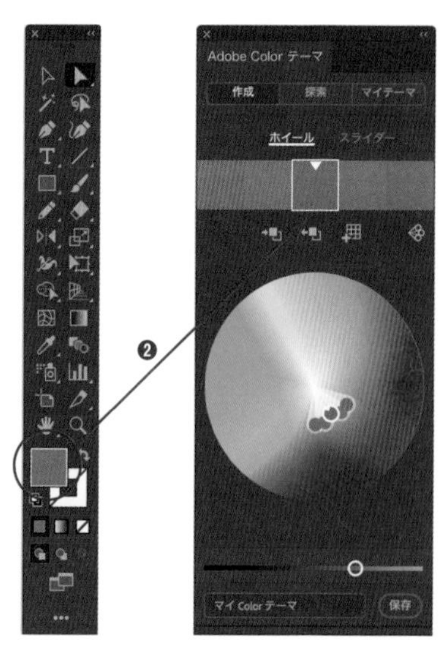

- ［スウォッチに追加］ボタンをクリックすると、カラーテーマを［スウォッチ］パネルに追加します。
- パネル下部のスライダーをクリックもしくはドラッグすると、明度を調整できます。

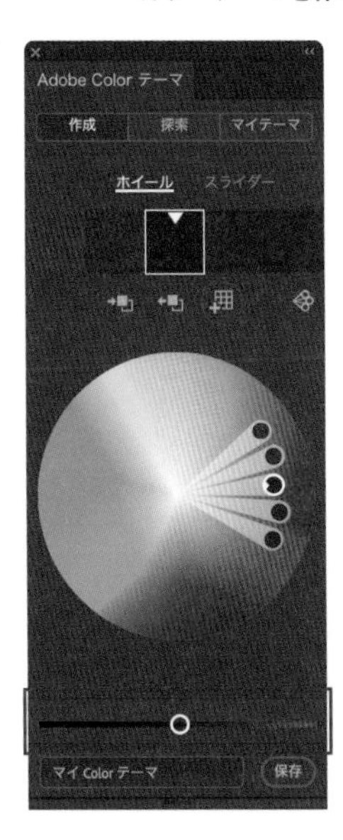

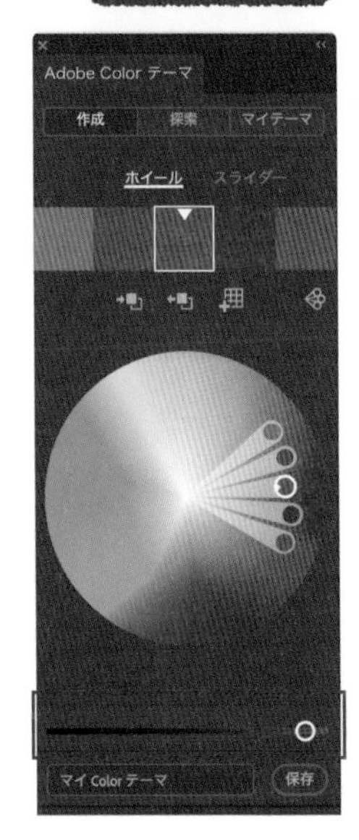

各カラールール

それぞれのカラールールで作成したカラーテーマのサンプルです。

- **類似色** …… 隣接するカラーを表示します。

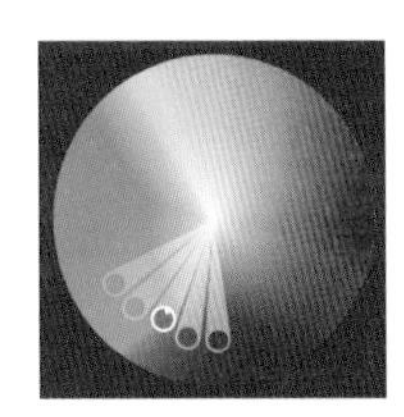

- **モノクロマティック** …… 同じ色相を共有しつつも、彩度と輝度が異なる5つのカラーを表示します。

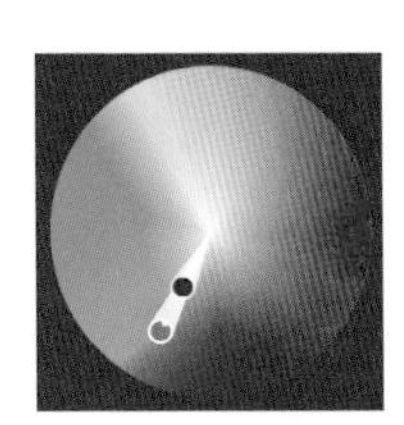

- **トライアド** …… カラーホイール上の3つの等間隔に配置されたカラーを表示します。

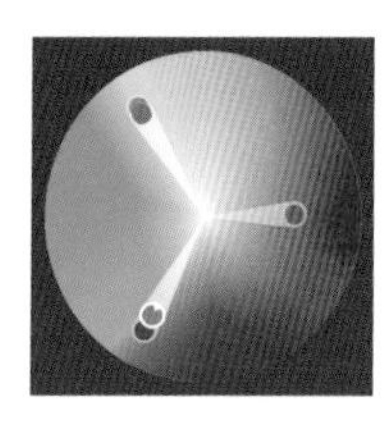

- **補色** …… カラーホイールの反対のカラーを表示します。

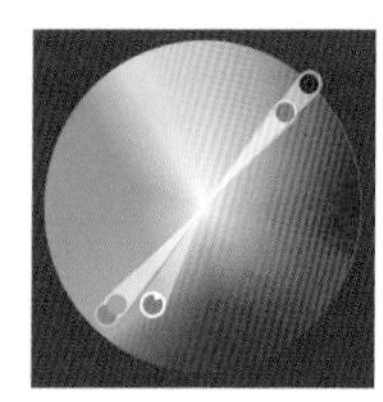

- **コンパウンド** …… 補色と類似色を混ぜて使用します。

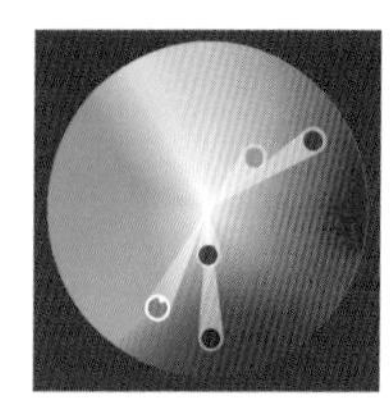

- **シェード** …… 同じ色相と彩度を共有しつつも、輝度が異なる5つのカラーを使用します。

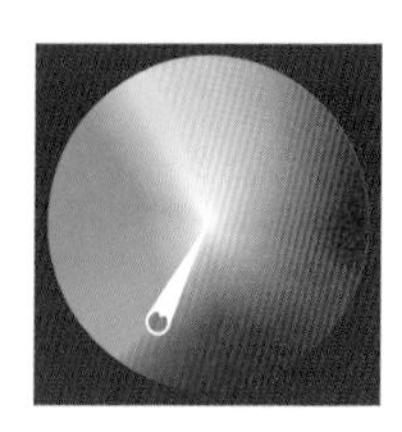
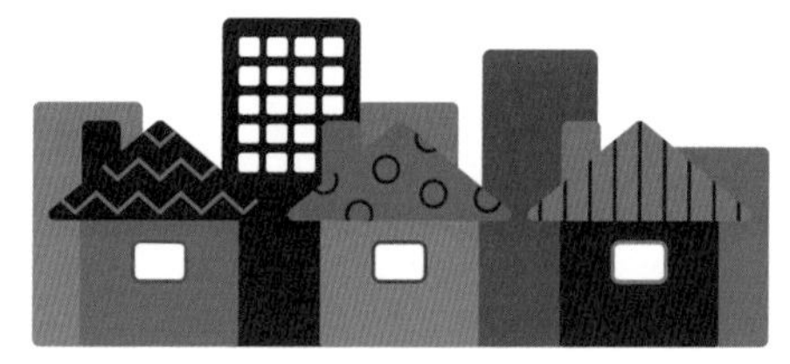

- **カスタム** …… ルールを使用せずに、パレットからカラーホイールのカラーを手動で選択できます。

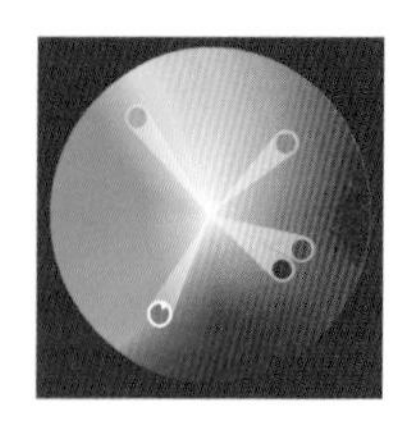

オブジェクトの変形と合成

Chapter

5

071 「線」を「塗り」に変換したい

使用機能　パスのアウトライン

線幅の設定されている「線」を「塗り」に変換することができます。「塗り」に変換することで、拡大・縮小時の線幅の管理が不要になったり、フリーグラデーションを使用できるようになったりするなどのメリットがあります。

1 塗りに変換したい線を選択します❶。

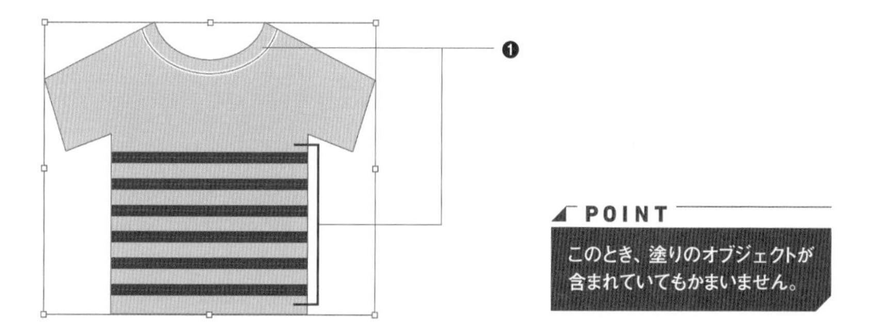

POINT
このとき、塗りのオブジェクトが含まれていてもかまいません。

2 ［オブジェクト］メニュー→［パス］→［パスのアウトライン］をクリックします❶。すると線が塗りのオブジェクトに変換されます❷。

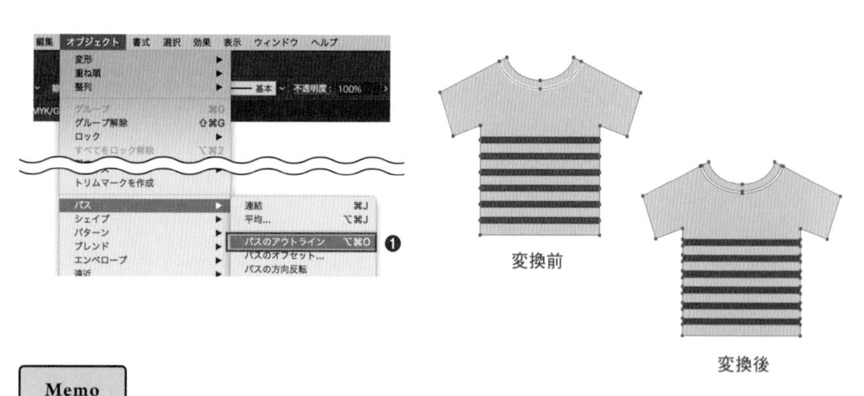

Memo

線幅の設定された［線］の輪郭にはパスがありません。輪郭に沿ったパスを作成することを「アウトライン化」といいます。一度アウトライン化すると元の状態に戻せません。簡易的なバックアップとして、あらかじめアートボードの外に元のオブジェクトをコピー＆ペーストしておくと安心です。

072 複数のオブジェクトのパスをまとめてひとつのパスとして扱いたい

使用機能　複合パス

複数の独立したオブジェクトのパスをひとつのパスとして扱い、ひとつのアピアランス▸▸100に統合する機能を「複合パス」といいます。複数のオブジェクトでクリッピングマスク▸▸075を作成する場合や、ドーナツのような穴のあいたオブジェクトを作成する際に便利です。

複合パスの作成

ふたつ以上のオブジェクトを選択し、[オブジェクト]メニュー→[複合パス]→[作成]をクリックします。これで複合パスが作成されます。

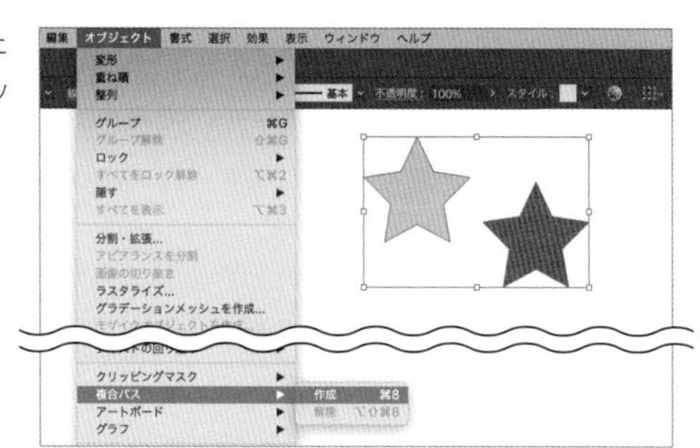

複合パスになったオブジェクトのカラーには、複合前に最下層にあったオブジェクトの設定が適用されます。

Short Cut　複合パス（の作成）：command＋8キー

離れた位置にあるオブジェクトの複合パス

横並びになった3つの星の構成を[レイヤー]パネル▸▸045で確認すると、黄色の星が最下層に配置されていることがわかります❶。これらの星を複合パスにすると、下図のような結果になります。

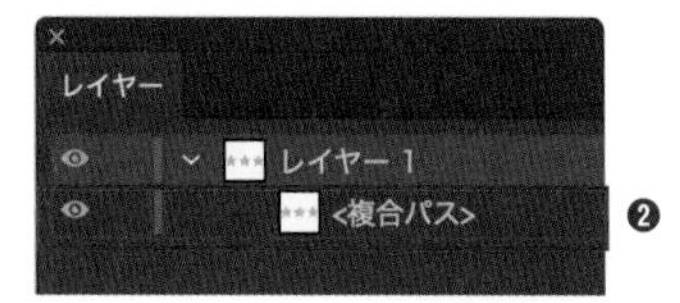

[レイヤー]パネルで構成を確認すると、3つの星がひとつの複合パスになっています❷。カラーは、もともと最下層にあった星の[黄色]が適用されていることがわかります。

重なったオブジェクトの複合パス

ピンク色の大きな星の上に、黄色の小さな星が重なっているオブジェクトがあります❶。［レイヤー］パネルで構成を確認すると、前面に黄色の星、背面にピンク色の星が配置されていることが確認できます❷。この両方を選択して［アピアランス］パネルを確認すると、ふたつのオブジェクトが選択されていることから、［アピアランスの混在］と表記されています❸。

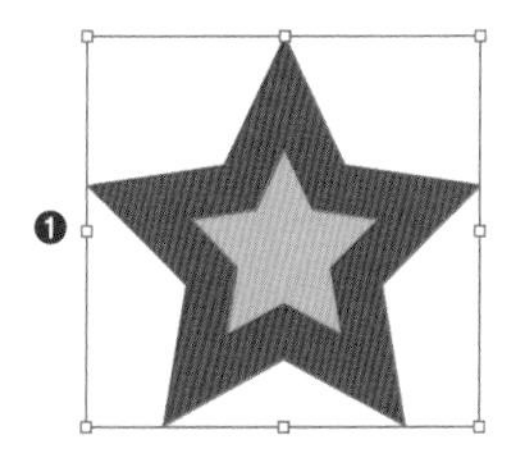

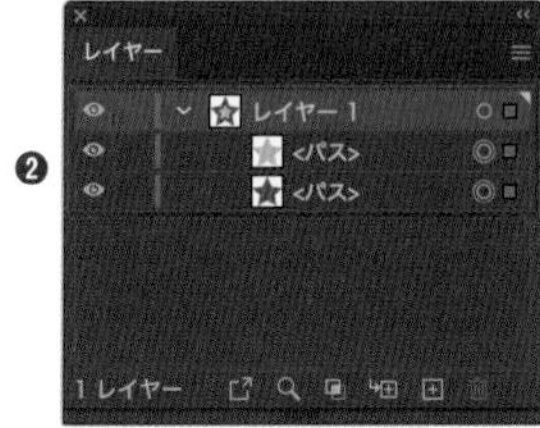

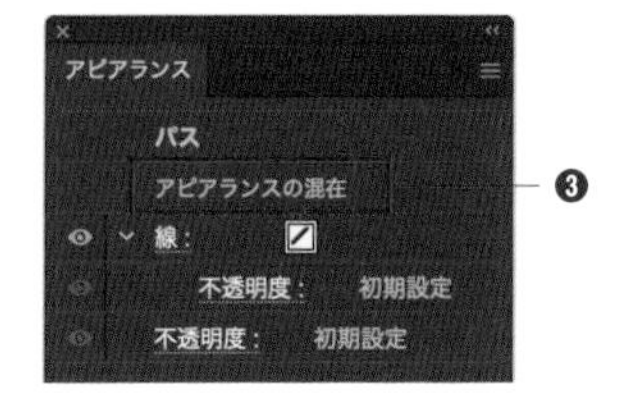

このふたつの重なった星を複合パスにすると、下図のような結果になります。
［レイヤー］パネルで構成を確認すると、ふたつの星がひとつの［複合パス］になり❶、大きな星が小さな星でくり抜かれた状態になっていることがわかります❷。塗りのカラーにはもともと最背面に配置されていた大きな星の［ピンク色］が適用されています。［アピアランス］パネルを確認すると、［複合パス］として統合されたパスのアピアランスが表示されています❸。

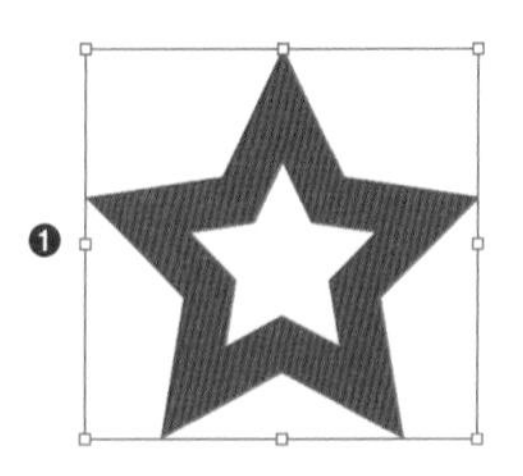

POINT

［グループ化］と［複合パス］の違い

- **グループ化** …… 複数のオブジェクトを同時に選択できるようにまとめる機能です。それぞれのオブジェクトは個々のアピアランスを保持しています。グループ化したオブジェクトでクリッピングマスクは作成できません。
- **複合パス** …… 複数のオブジェクトのアピアランスを統合し、概念としてひとつのパスに変換します。ひとつのパスになるため、クリッピングマスクを作成できます。

複合パスの解除

オブジェクトを選択し、［オブジェクト］メニュー→［複合パス］→［解除］をクリックします。

Short Cut 複合パス（の解除）：command＋option＋shift＋8キー

073 重なり合ったオブジェクトを組み合わせて新たなオブジェクトを作りたい

使用機能 ［パスファインダー］パネル

Illustratorには、オブジェクトを合成する方法が数多くありますが、ここでは［パスファインダー］パネルを使用する方法を紹介します。使用頻度が高い機能とそれほど高くない機能があります。まずは便利だと感じる機能を覚えておきましょう。

［パスファインダー］パネル

［パスファインダー］パネルには10個のボタンがあり、すべて複数のオブジェクトを合成するために使用します。重なり合ったオブジェクトを選択し、いずれかのボタンをクリックするとオブジェクトが合成されます。［形状モード］の4つのボタンは、option キーを押しながらクリックすることで「複合シェイプ」を作成することができ❶、［パスファインダー］の6つのボタンは「複合シェイプ」を作成することはできません❷。

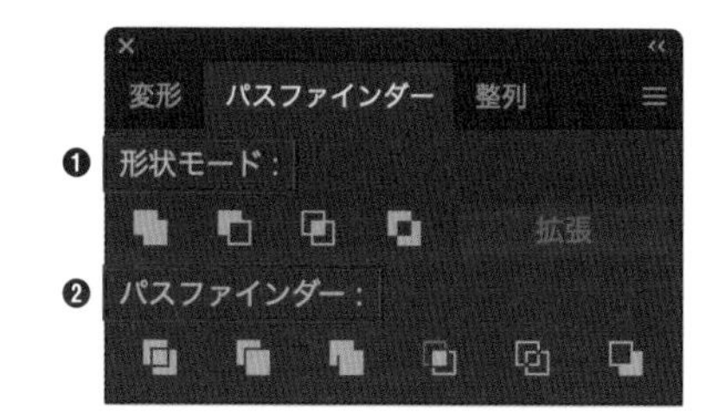

複合シェイプとは

複合シェイプとは元のオブジェクトの形状を残したまま、見た目だけ合成する機能で、オブジェクトを個別に編集することが可能です。複合シェイプを作成したときは、［パスファインダー］パネルの［拡張］ボタンが表示され、クリックすると合成が確定します❶。複合シェイプはひとつのクローズパスとなり、一度確定したら元のオブジェクトの編集はできなくなります。なお、ひとつのクローズパスで形成されたオブジェクトをシェイプといいます。

Memo

複合シェイプでもクリッピングマスクを作成できます。

形状モード

選択ツールで重なり合っているオブジェクトを選択し、option キーを押しながらいずれかのボタンをクリックすると、[複合シェイプ] が作成されます。

● **合体**

オブジェクトを合体します。カラーは最前面オブジェクトの設定が適用されます。

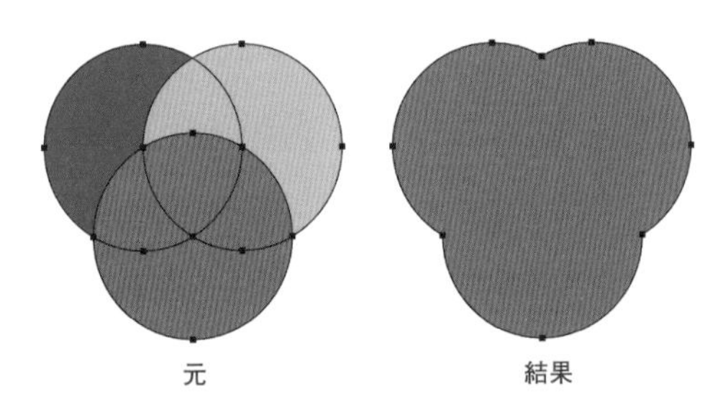

【例】

次のイラストの例では、猫の耳と頭を複合シェイプに変換しています❶。アピアランスはひとつに結合されますが、「拡張」するまでは下図(一番右)のように複合したパーツを個別に編集することができます❷。

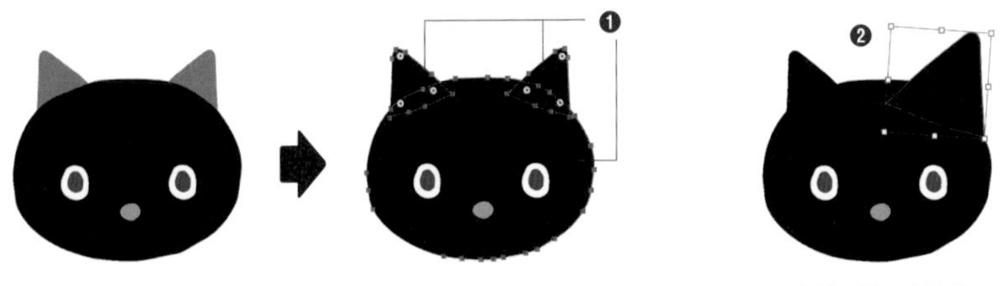

右側の耳のみ拡大

● **前面オブジェクトで型抜き** 

前面オブジェクトで最背面オブジェクトに重なっているエリアを削除します。カラーは背面オブジェクトの設定が適用され、前面オブジェクトは削除されます。

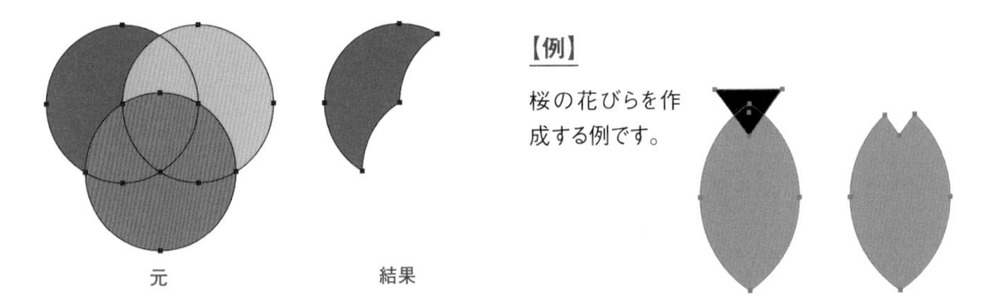

● 交差

前面オブジェクトと背面オブジェクトが交差したエリアのみを残します。カラーは前面オブジェクトの設定が適用されます。

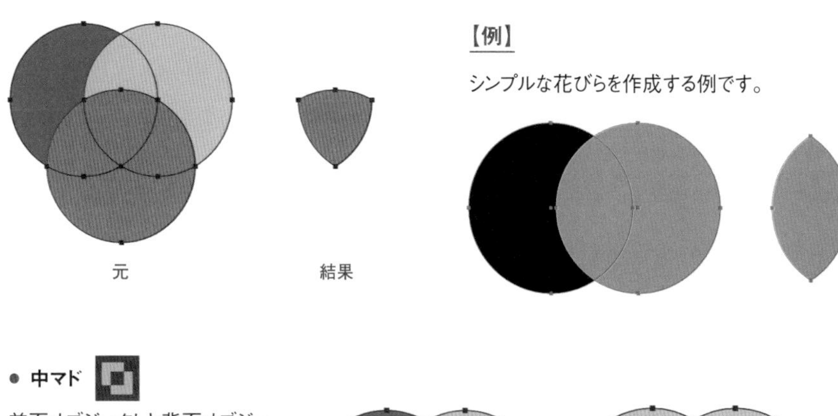

● 中マド

前面オブジェクトと背面オブジェクトが交差したエリア以外を残します。カラーは前面オブジェクトの設定が適用されます。

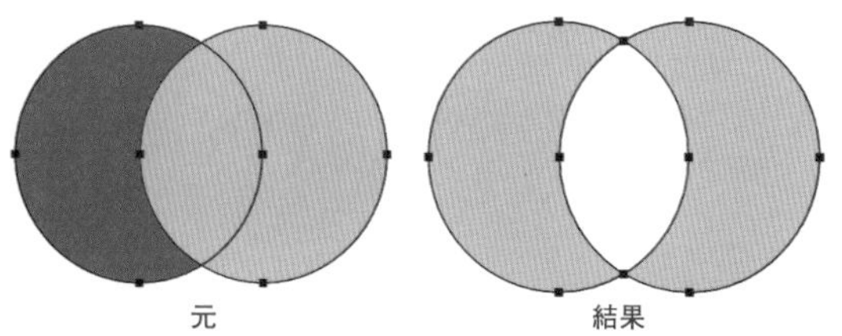

パスファインダー

重なり合っているオブジェクトを合成し、新しいシェイプを作成します。作成されたシェイプはグループ化され、アピアランスはそれぞれ元のオブジェクトのものが適用されます。パスファインダーでは形状モードのように複合シェイプを作成することはできません。

● 分割

オブジェクトが重なり合ったエリアを分割します。境界線でパスを分割したいときに便利です。

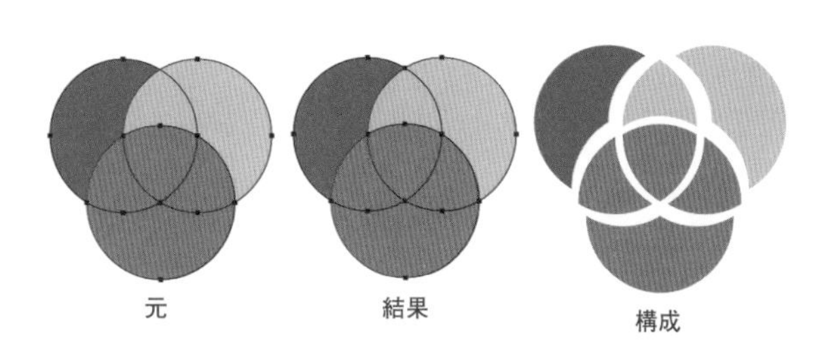

【例】

線で塗りのオブジェクトを分割すると、次のような縞模様のオブジェクトを描くことができます。

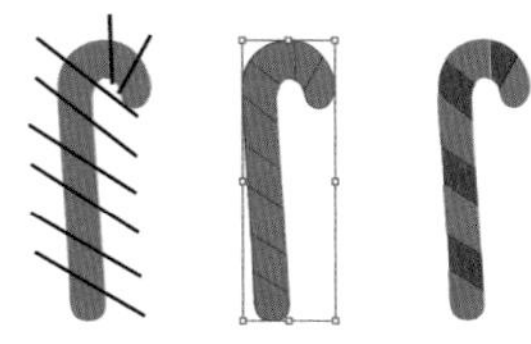

● **刈り込み**

重なり合ったオブジェクトの隠れた部分を削除します。同じカラーのオブジェクトは結合されません。

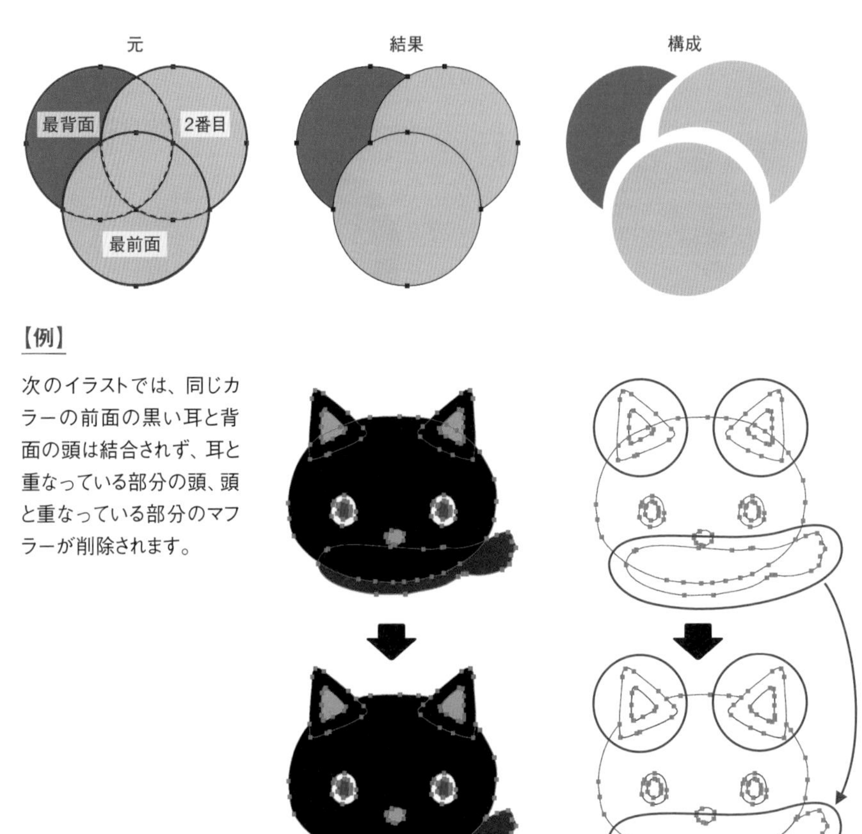

【例】

次のイラストでは、同じカラーの前面の黒い耳と背面の頭は結合されず、耳と重なっている部分の頭、頭と重なっている部分のマフラーが削除されます。

● **合流**

重なり合ったオブジェクトの隠れた部分を削除し、同じカラーのオブジェクトを結合します。

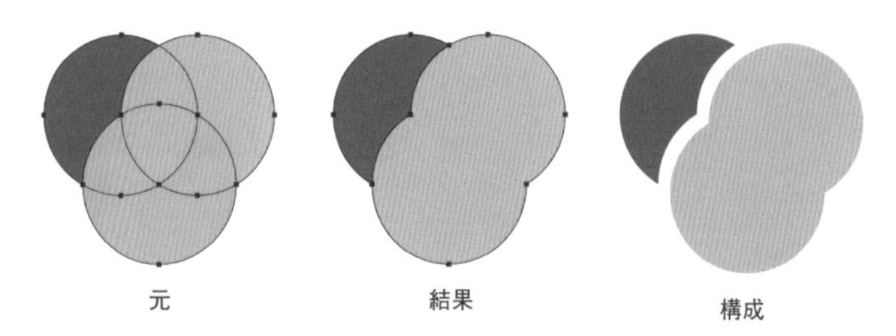

【例】

次のイラストでは、同じカラーの黒い耳と頭は結合されています。赤いマフラーは、黒い頭と重なっている背面の部分が削除されます。

● 切り抜き

最前面のオブジェクトに隠れたオブジェクトを残します。最背面のオブジェクトは前面のオブジェクトに重なった部分が削除されます。最前面のオブジェクトの、何とも重なっていない部分は透明のシェイプになります。

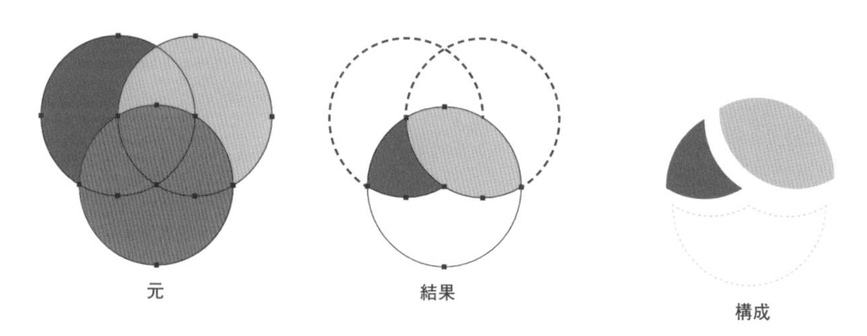

● **アウトライン**

オブジェクトの重なり合った部分が分割され、すべてのシェイプがばらばらのパスになります。元のオブジェクトの塗りのカラーは、合成後、線のカラーに引き継がれますが、[アウトライン]を適用すると線幅が自動的に0ptに設定されるため、適用直後はモニターによっては表示が乱れます。下図は、[アウトライン]の合成結果がわかりやすいように線幅を1ptに設定しています。

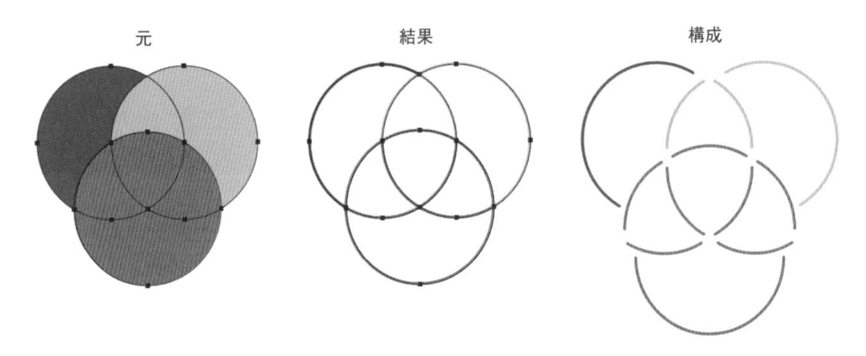

● **背面オブジェクトで型抜き** 

最前面オブジェクトの、背面オブジェクトと重なっているエリアが削除されます。カラーは前面オブジェクトの設定が適用されます。

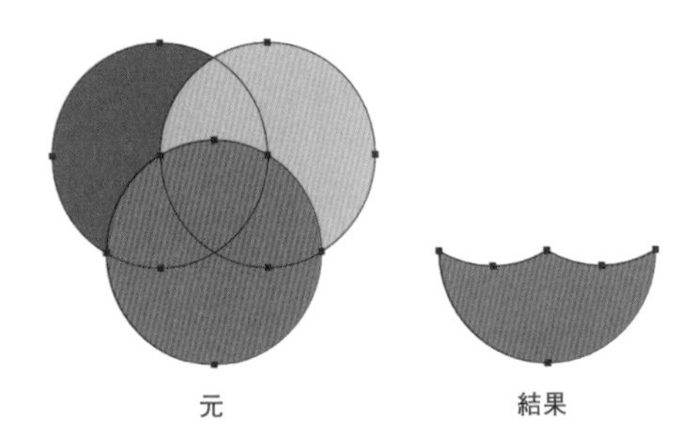

重なり合ったオブジェクトの一部を結合・削除したい

使用機能 ［シェイプ形成］ツール

知恵の輪や土星のイラストのように、重なり合ったオブジェクトの一部が背面に回っているようなオブジェクトは、［シェイプ形成］ツールを使用すると手早く作成することができます。また、重なり合ったオブジェクトのパスを境界にして、オブジェクトの一部を削除することもできます。

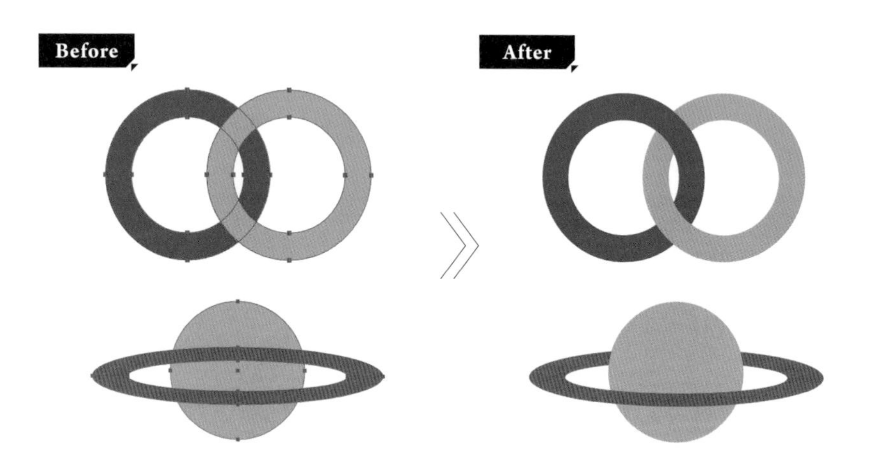

重なり合ったオブジェクトの一部の結合

1 オブジェクトを重ねて並べ、選択ツールでその両方を選択します。

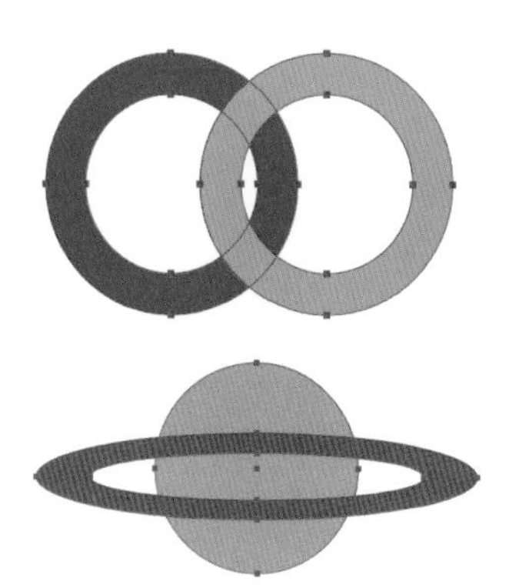

2 ［シェイプ形成］ツールを選択します。オブジェクトにマウスポインタを乗せると、選択している領域が強調表示になります。

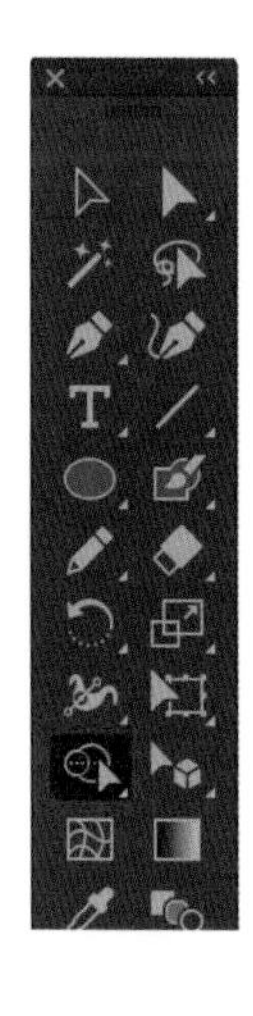

3 結合したい範囲をドラッグします❶。

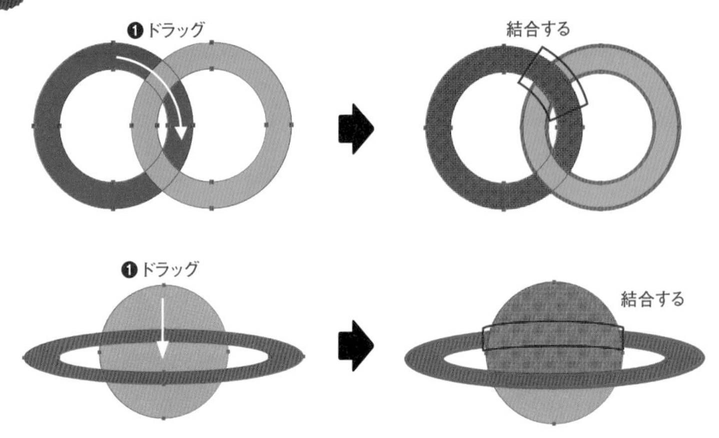

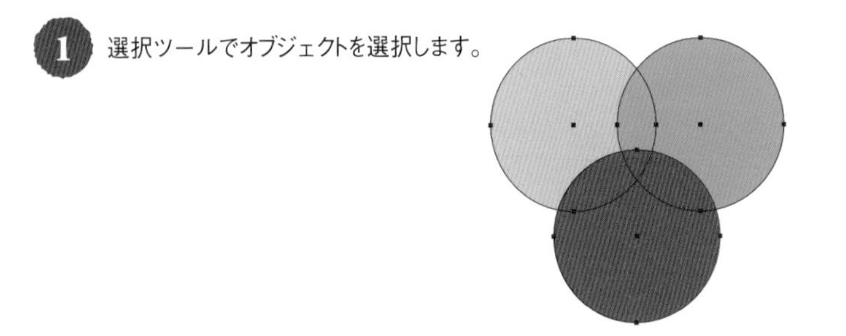

重なり合ったオブジェクトの一部の削除

1 選択ツールでオブジェクトを選択します。

2 ［シェイプ形成］ツールを選択し、option キーを押すと、マウスポインタに「－」が表示されます。この状態で削除したい箇所をクリックまたはドラッグします❶。

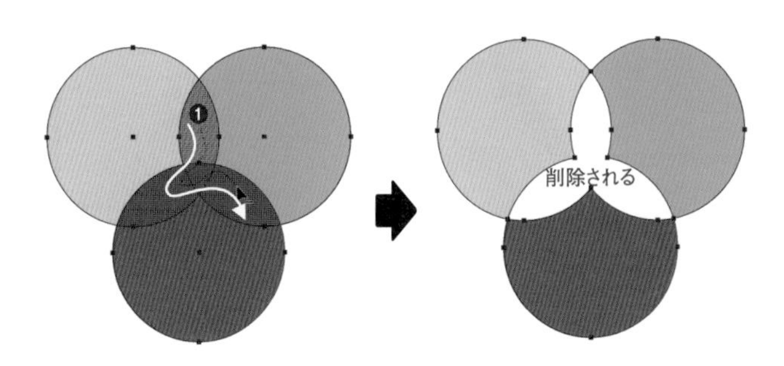

075 アートワークを任意の形状で切り抜きたい

使用機能 クリッピングマスク

シェイプでアートワークを切り抜くことを「クリッピングマスク」といいます。アートワークの切り抜かれた部分は削除されず、クリッピングマスクの背面に隠れた状態になるため、切り抜き部分をあとから編集することができます。

1 アートワークの前面に傘を重ねます❶。ここでは星を散りばめた模様を、傘のピンク色の部分の形状で切り抜きます。

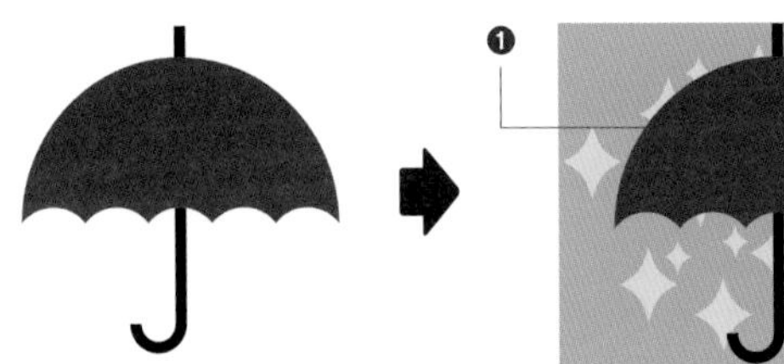

2 選択ツールで傘のピンク色の部分と模様を選択します❶。

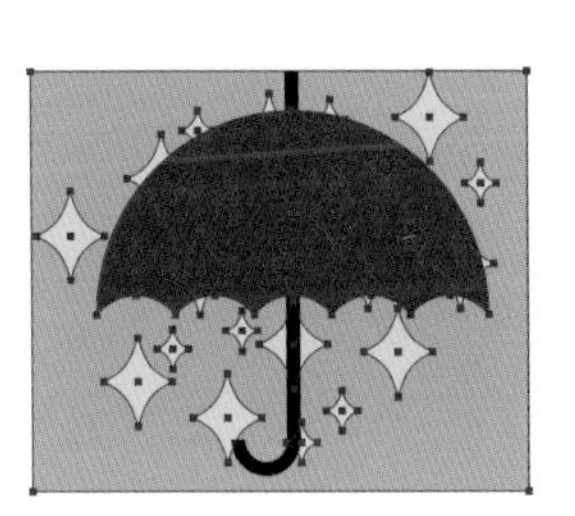

Memo

あらかじめ模様をグループ化しておくと ▸▸040、このときに一括で選択できて便利です。

3 ［オブジェクト］メニュー→［クリッピングマスク］→［作成］をクリックします。すると、模様が傘の形状で切り抜かれます。

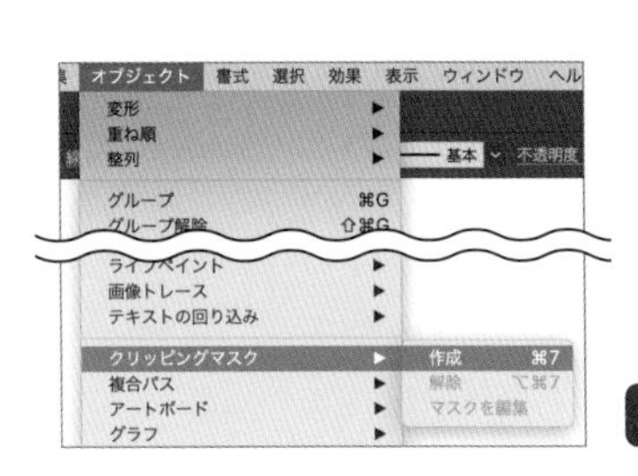

Memo

クリッピングマスクでアートワークを切り抜くことを、一般的に「マスクをかける」と表現します。

Short Cut クリッピングマスク（の作成）：command＋7キー

マスク範囲の調整

切り抜いたあとも、マスク範囲の調整が可能です。画面では切り抜かれて見えなくなっている部分も、アウトライン表示 ▶▶043 にすると、背面に存在していることがわかります。[ダイレクト選択]ツールもしくは[グループ選択]ツールで模様だけを選択し、見え方のバランスが整うように上下左右に移動させます。

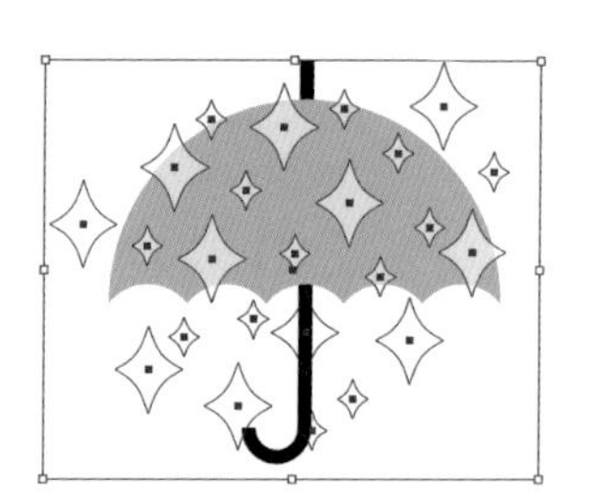

このとき、[境界線を非表示] ▶▶039 にしておくと、全体像が見やすくなります。

クリッピングマスクの解除

選択ツールでクリッピングマスクを適用したオブジェクトを選択し、[オブジェクト]メニュー→[クリッピングマスク]→[解除]をクリックします。

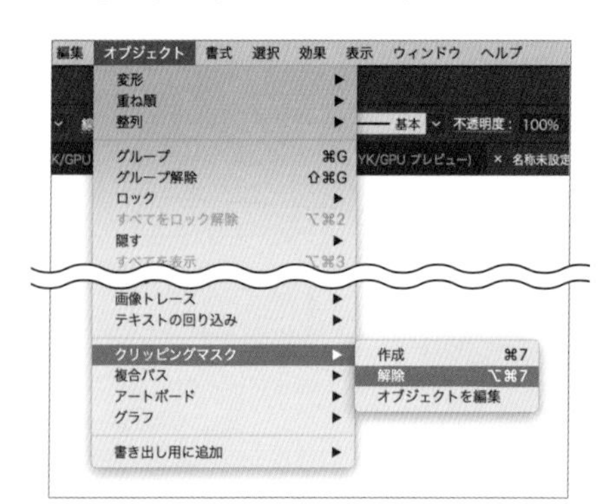

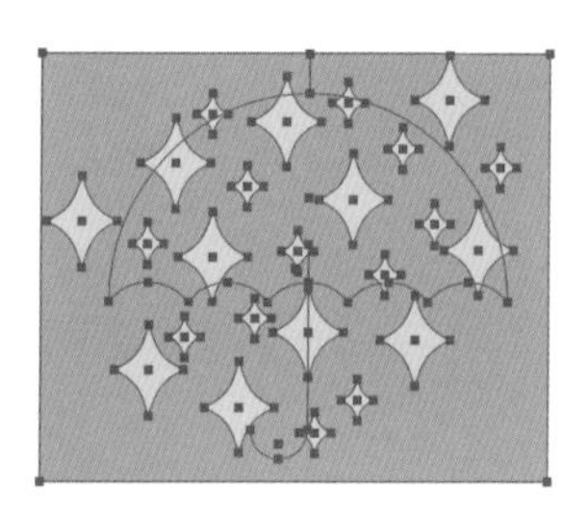

Memo

解除すると、クリッピングマスクに使用していたシェイプは塗り・線ともに透明になります。

Short Cut クリッピングマスク（の解除）：command＋shift＋7キー

POINT

複合パスでクリッピングマスクを作成することもできます。

076 グラデーションでマスクをかけたい

使用機能　[透明] パネル、グラデーション

グラデーションを適用したオブジェクトを利用して、アートワークが徐々に透明になっていくような濃淡のあるマスクをかけることができます。

グラデーションによるマスクの作成

1 グラデーションを適用したオブジェクト ▸▸059 と画像などのアートワークを用意し、画像を切り抜きたい場所に合わせてオブジェクトを前面に重ねます❶。

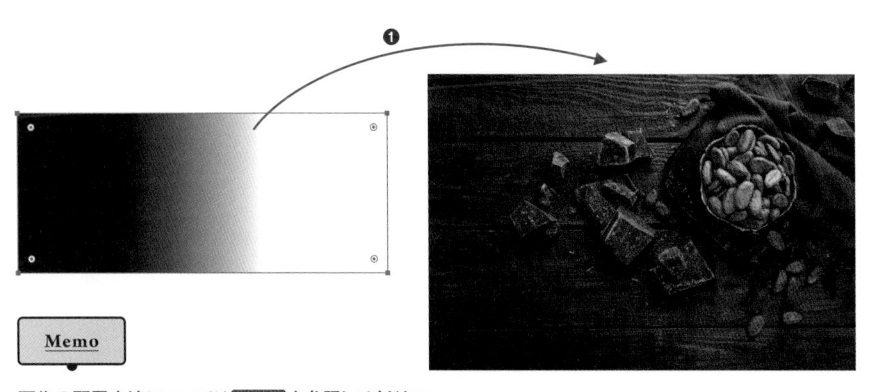

Memo

画像の配置方法については ▸▸104 を参照してください。

Memo

マスクを作成するためのグラデーションはどのようなカラーで構成されていても構いません。ただし、作例のような単純な濃淡を表現したい場合は、調整が簡単なグレースケールで作成することを推奨します。ブラックの濃い部分が透過し、ホワイトの部分が透けずに表示されます。

背面が完全に透過するブラック

CMYKカラーの場合　C:0 M:0 Y:0 K:100

RGBカラーの場合　R:0 G:0 B:0

グレースケールの場合　K:100

2 ［ウィンドウ］メニュー→［透明］をクリックします。［透明］パネルが表示されるので、選択ツールでオブジェクトと配置画像の両方を選択して［マスク作成］ボタンをクリックします❶。するとオブジェクトがマスクオブジェクトに変換され、濃淡のあるマスクが作成されます❷。

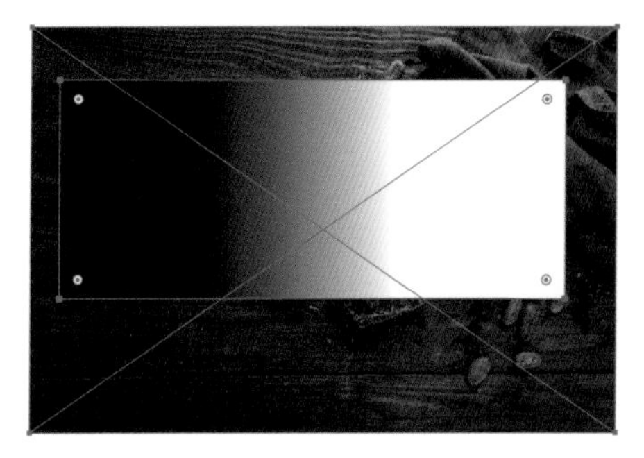

❷

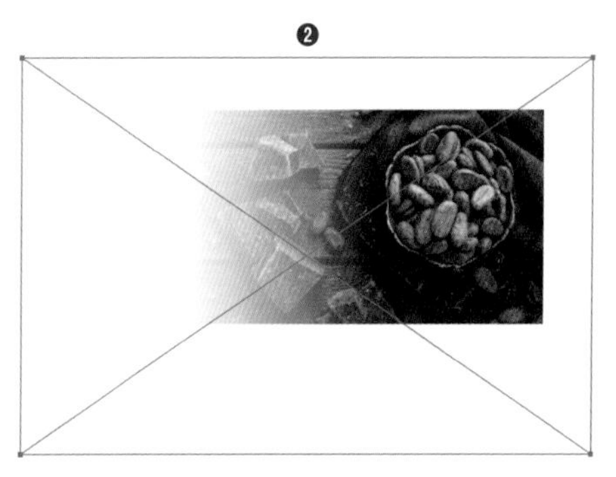

マスクの編集

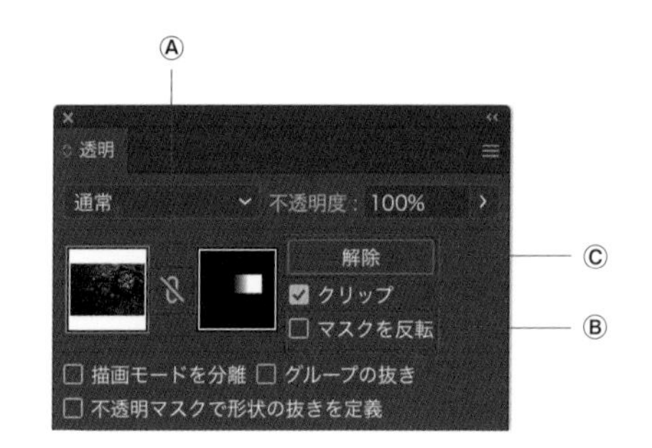

Ⓐ範囲の編集

［透明］パネルの［リンク］ボタンをクリックし、配置画像とマスクオブジェクトとのリンクを解除します。これで配置画像を移動したり、拡大・縮小などの編集をしたりすることができます。編集が完了したら再度［リンク］ボタンをクリックします。

Ⓑグラデーションの反転

［マスクを反転］にチェックを入れます。

Ⓒマスクの解除

［解除］ボタンをクリックします。

077 左右対称なオブジェクトを作成したい

使用機能　[リフレクト] ツール

アナログだと難しいシンメトリー表現ですが、Illustratorでは、オブジェクトを反転・コピーすることで簡単に作成することができます。

1 シンメトリーの片側になるオブジェクトを選択し❶、ツールバーの [リフレクト] ツールをクリックします❷。するとマウスポインタが十字に変わります。

2 反転の基準点にしたい箇所を option キーを押しながらクリックすると❶、[リフレクト] ダイアログが表示されます。ここでは左右に反転したいので、リフレクトの軸は [垂直] を選択し❷、[コピー] ボタンをクリックします❸。すると、左右対象のイラストが完成します❹。

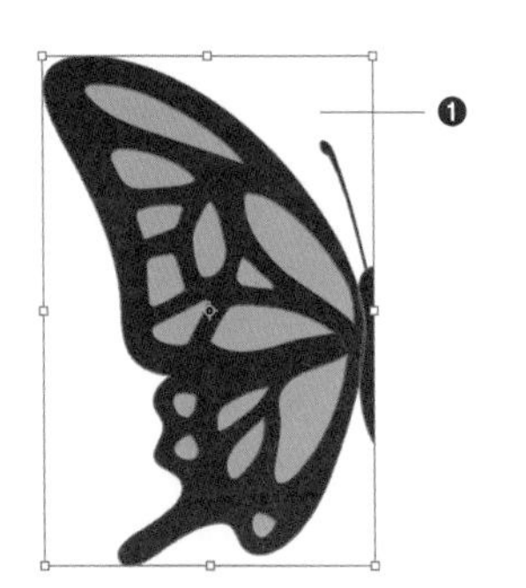

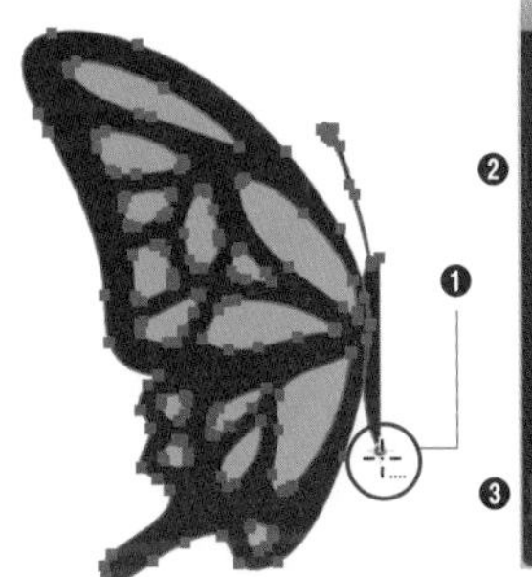

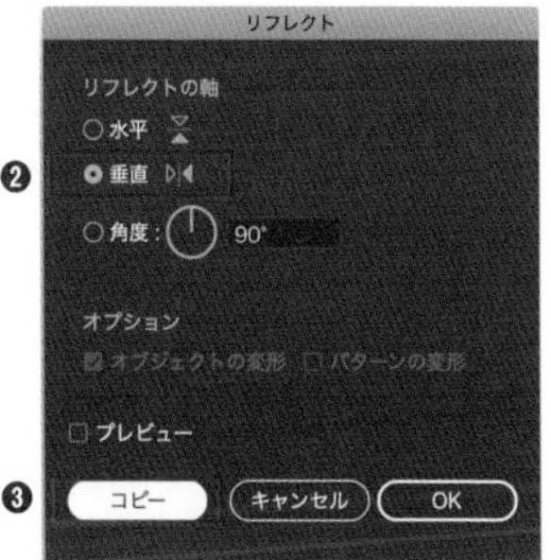

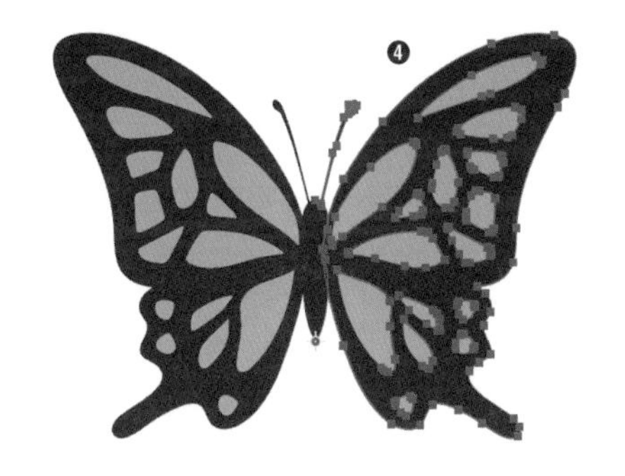

POINT

基準点の位置がずれると、イラストの中心にすき間ができてしまいます。基準点をぴったり指定できるように、[スマートガイド] を有効にしておくと便利です ▸▸030。

オブジェクトを選択して、ツールバーの [リフレクト] ツールを option キーを押さずにダブルクリックすると、オブジェクトの中心を基準点にリフレクトします。

078 完成形を確認しながら左右対称なオブジェクトを作成したい

使用機能 ｜ 変形

ここでは鏡を合わせるように完成形を確認しながら、シンメトリーなオブジェクトを作成する方法を紹介します。顔のイラストを描くときなどに便利です。

1 ガイドを作成し ▸▸028 ❶、ガイドを境界に片側のオブジェクトを作成します❷。作成したオブジェクトはグループ化します。

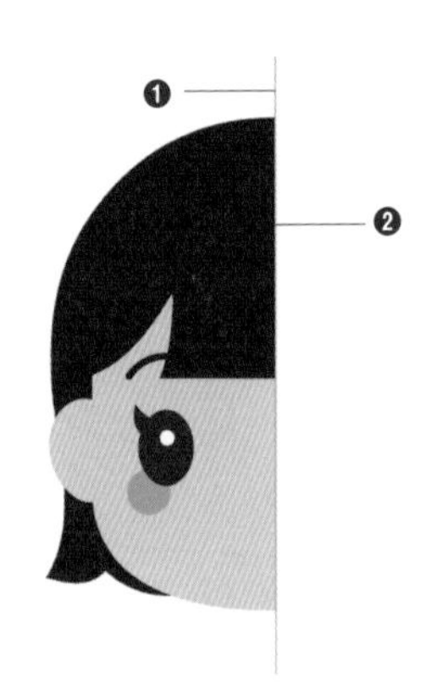

2 選択ツールでオブジェクトを選択して❶、[ウィンドウ]メニュー→[アピアランス]をクリックします。[アピアランス]パネルが表示されるので、[新規効果を追加]ボタン→[パスの変形]→[変形]をクリックします❷。

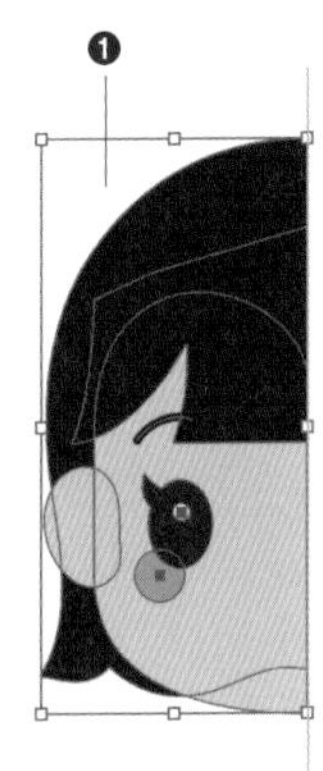

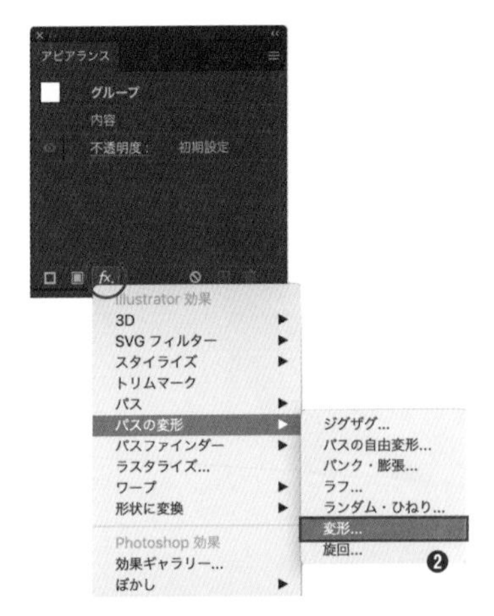

3 [変形効果]ダイアログが表示されるので、[プレビュー]にチェックを入れ❶、基準点を右端に設定します❷。オプションの[水平方向に反転]にチェックを入れ❸、コピーに「1」と入力し❹、[OK]ボタンをクリックします❺。

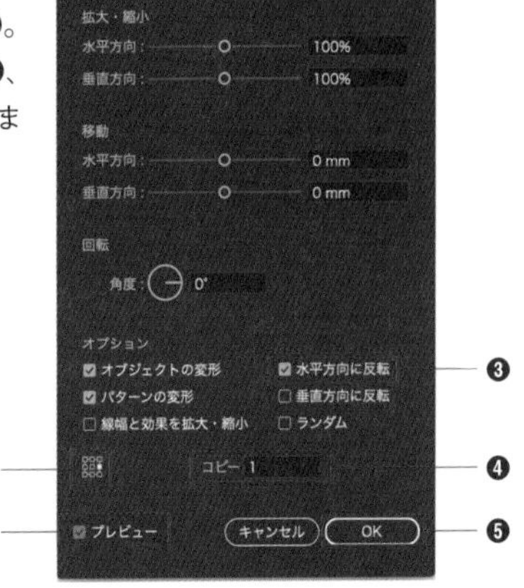

4 シンメトリーな状態がプレビューされます。この状態で、元のオブジェクト（ここでは左側のオブジェクト）に編集を加えると❶、反転した片側にも反映されます❷。

5 ［オブジェクト］メニュー→［アピアランスを分割］をクリックします❶。反転プレビューされていた右側が、オブジェクトに変換されます❷。

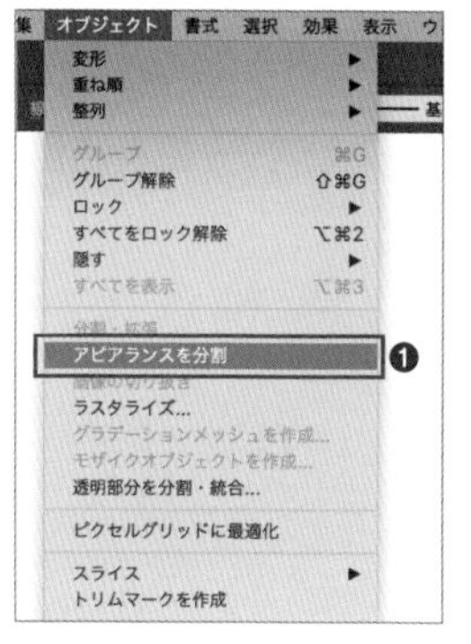

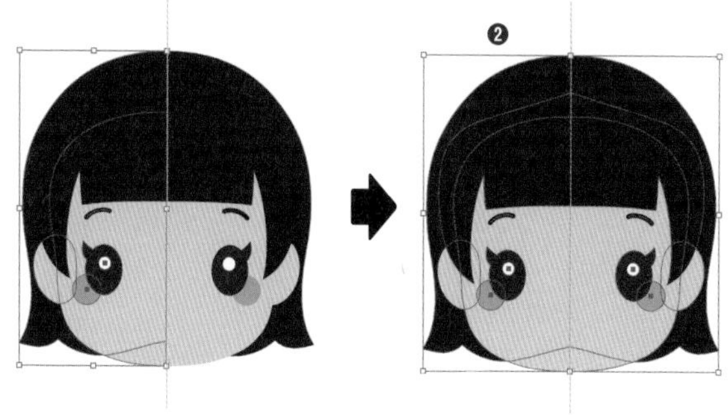

Memo

上下に反転したいときは、3の手順で基準を中央下にして［垂直方向に反転］にチェックを入れます。

変形効果
拡大・縮小
水平方向： 100%
垂直方向： 100%
移動
水平方向： 0 mm
垂直方向： 0 mm
回転
角度： 0°
オプション
☑ オブジェクトの変形　☐ 水平方向に反転
☐ パターンの変形　☑ 垂直方向に反転
☐ 線幅と効果を拡大・縮小　☐ ランダム
コピー 1
☑ プレビュー　キャンセル　OK

079 オブジェクトを斜めに変形したい

使用機能　[シアー] ツール

オブジェクトを斜めに変形する機能をシアーと呼びます。ひとつのオブジェクトだけでなく、複数のオブジェクトを同時に変形することもできます。オブジェクトに斜めの影をつけるときにも応用できます。

傾きを目分量で調整

1 選択ツールでオブジェクトを選択し、[シアー]ツールをクリックします❶。すると オブジェクトの中心に基準点⊹が表示され❷、マウスポインタが十字に変わります。

2 目的の形状になるようにドキュメント上でドラッグします。ここでは基準点をオブジェクトの中心にした状態で左斜め上方向にドラッグします。

Memo

基準点をオブジェクトの中心以外に設定したいときは、基準点にしたい場所をクリックするか、基準点をドラッグ&ドロップで移動します。

3 オブジェクトの垂直軸に沿ってシアーする場合は任意の位置から上下方向に、水平軸に沿ってシアーする場合は左右方向にドラッグします。オブジェクトの幅または高さを変えずにシアーするには、shift キーを押しながらドラッグします。

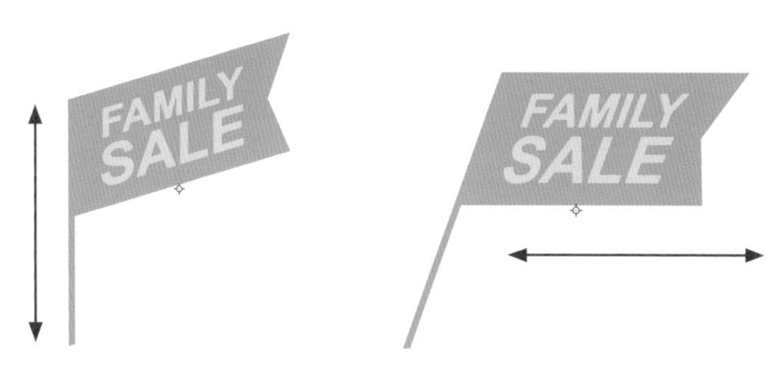

傾きを数値で指定

1 オブジェクトを選択し、ツールバーの［シアー］ツールをダブルクリックします。

Memo オブジェクトの中心以外に基準点を設定する場合は、［シアー］ツールを選択し、option キーを押しながら任意の場所をクリックします。

2 ［シアー］ダイアログが表示されるので、［プレビュー］にチェックを入れ、［シアーの角度］を−360〜360度の範囲で入力します。［シアーの角度］とはオブジェクトを傾ける角度のことです。

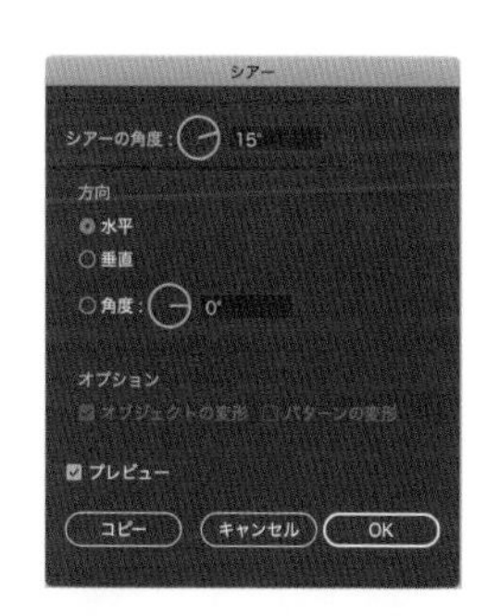

3 オブジェクトのシアーの基準となる軸（方向）を選択します。水平、垂直以外の軸を指定する場合は、水平軸からの角度を−360〜360度の範囲で入力します。［OK］ボタンをクリックすると確定します。

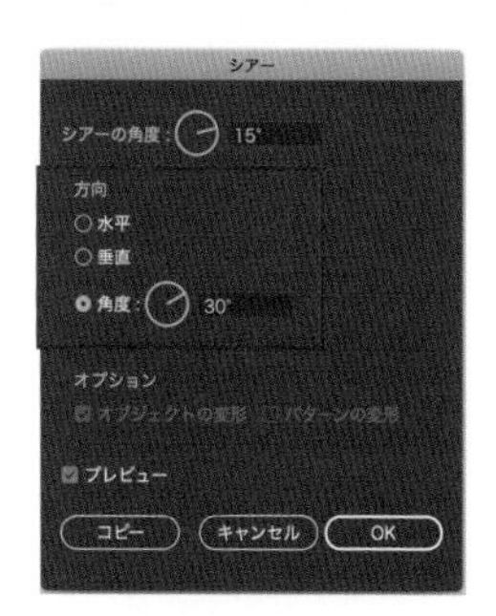

080 オブジェクトを任意のシェイプに沿って変形したい

使用機能 | エンベロープ

シェイプに沿ってオブジェクトを変形する機能をエンベロープといいます。ロゴマークを箱の側面に印刷したイメージ図の作成など、様々な利用が可能です。

Before

After

エンベロープによる変形

1 ここではオブジェクトを、柱巻広告のような形状に変形させます。オブジェクトの前面にエンベロープ用のシェイプを配置します。このとき、シェイプからオブジェクトがはみ出ていても構いません。

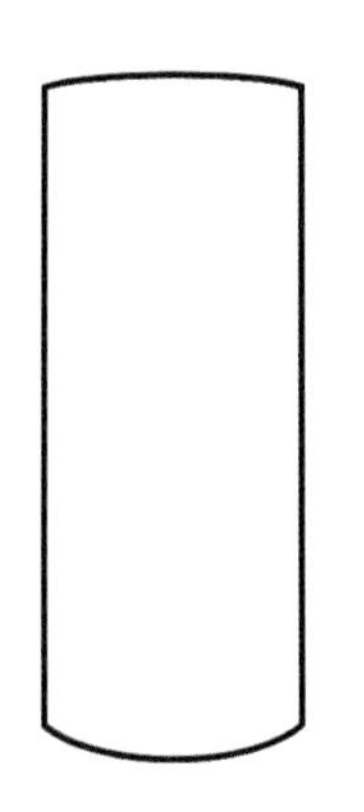

POINT

オブジェクトはあらかじめグループ化しておきます。

Memo

配置画像を使用する場合は、あらかじめ埋め込みの操作が必要です▶▶108。

2 選択ツールでオブジェクトと前面のシェイプ両方を選択し、[オブジェクト]メニュー→[エンベロープ]→[最前面のオブジェクトで作成]をクリックします❶。するとオブジェクトが最前面のシェイプに沿って変形します❷。

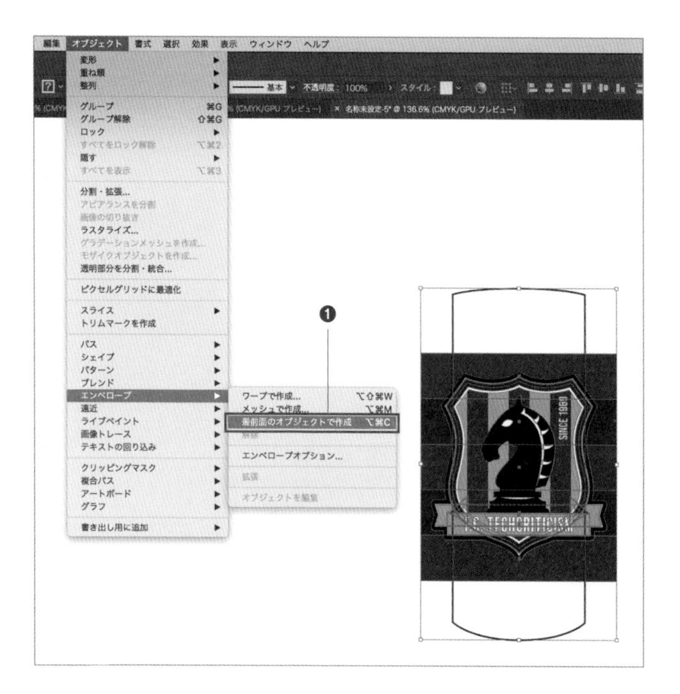

Memo エンベロープにオブジェクトをどの程度合わせるかについて、精度を指定することができます。コントロールパネル ▸▸004 の[エンベロープオプション]ボタンをクリックし、[エンベロープオプション]ダイアログを開きます。[精度]のパーセント値を上げると、変形されたパスにポイントが追加され、より精度の高い結果になります。ただし、パスのポイントが増えると変形の動作が遅くなる場合があります。

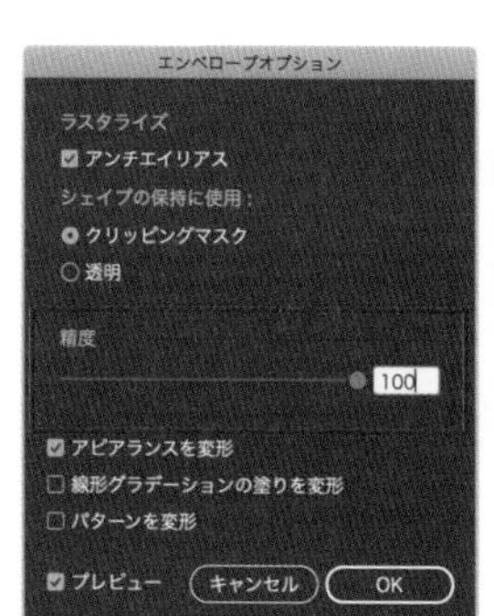

エンベロープ内のオブジェクトの編集

コントロールパネル ▸▸004 の［オブジェクトを編集］ボタンをクリックします。すると元のオブジェクトがアウトラインで表示されるので、［ダイレクト選択］ツールもしくは［グループ選択］ツールでパーツを選択し、編集を加えます。ただし、このモードはパーツの微調整や移動などの軽度な修正向けです。大幅な修正をする場合は一度エンベロープを解除（［オブジェクト］メニュー→［エンベロープ］→［解除］）し、再度エンベロープをかけ直すことを推奨します。

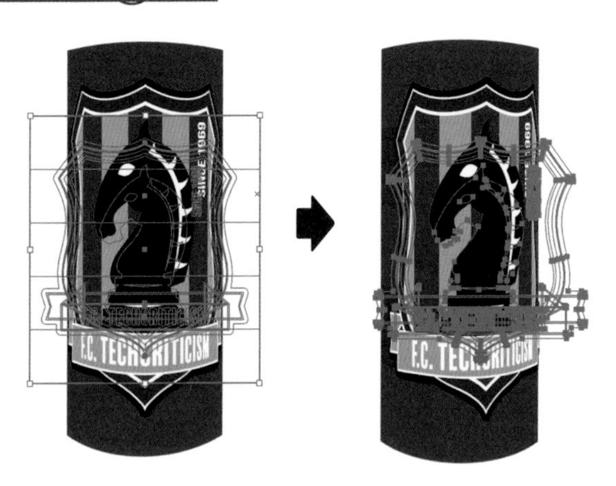

（例）エンブレムのみ右に移動

エンベロープの結果の確定

オブジェクトを選択して［オブジェクト］メニュー→［分割・拡張］をクリックします。［分割・拡張］ダイアログが表示されるので、［OK］ボタンをクリックします。分割・拡張すると、オブジェクトを正確に変形（拡大・縮小・回転など）することができるようになります。分割・拡張をせずに変形すると、歪みなどが生じて思うような結果にならないことがあります。

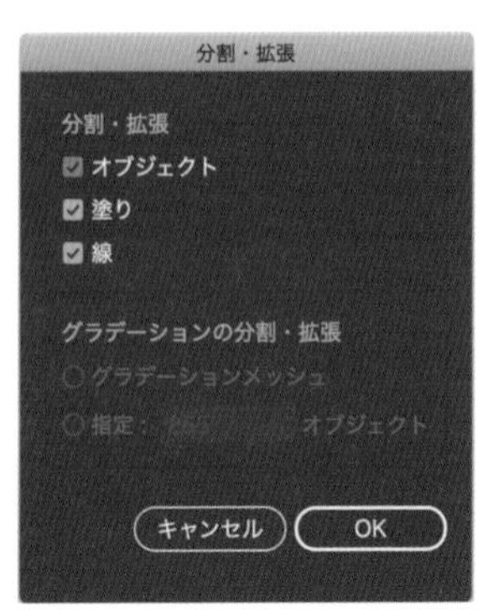

081 オブジェクトをアーチ状や波状に変形したい

使用機能 ワープ

オブジェクトをアーチ状や波状など、あらかじめ用意された形状に変形させることができます。見出しのデザインやアイコンの作成時に便利な機能です。

1 選択ツールでオブジェクトを選択し、[ウィンドウ] メニュー→ [アピアランス] をクリックします。[アピアランス] パネルが表示されるので、[新規効果の追加] ボタンをクリックし❶、[ワープ] から各スタイルを選択します❷。

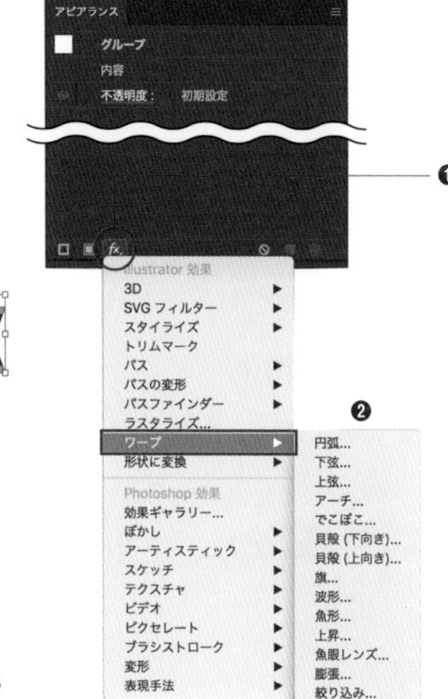

Memo

オブジェクトを選択し、[効果] メニュー→ [ワープ] から各スタイルを選択しても構いません。

2 [ワープオプション] ダイアログが表示されます。イメージ通りになるように各スライダーを左右にドラッグするか、数値を入力します❶。

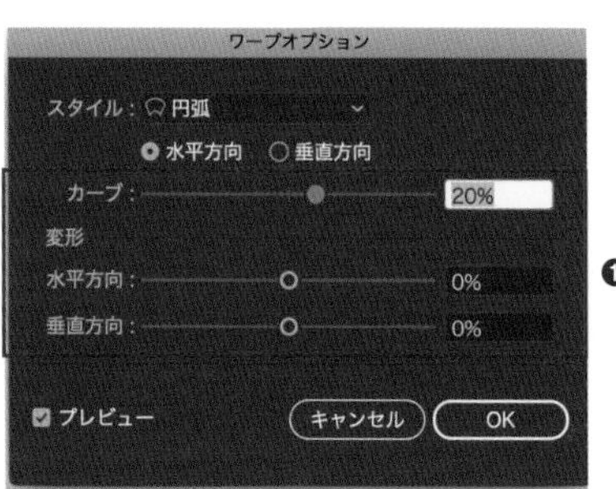

3 適用したスタイルは［アピアランス］パネルに表示されます。［ワープ：(スタイル名)］のように表示されており、クリックすると［ワープオプション］ダイアログが表示され、スタイルや変形の設定を変更することができます。

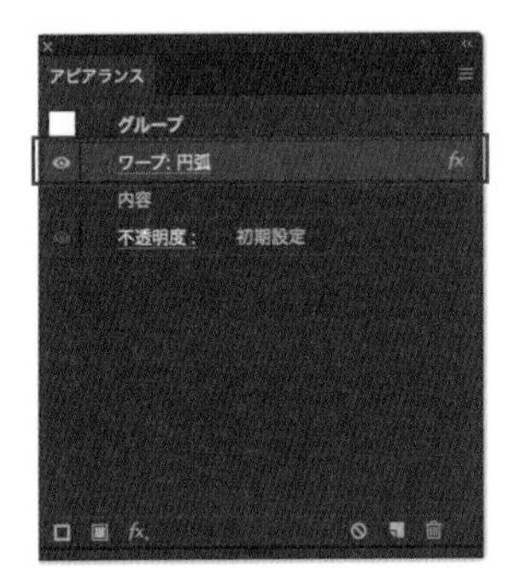

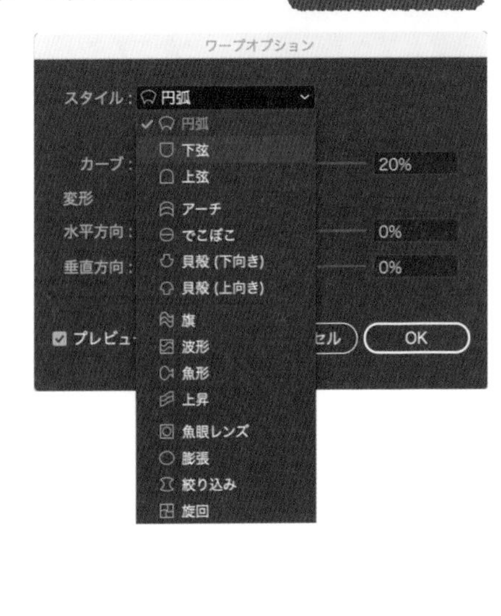

スタイルの適用例

ワープ機能では次のようなスタイルを適用できます。

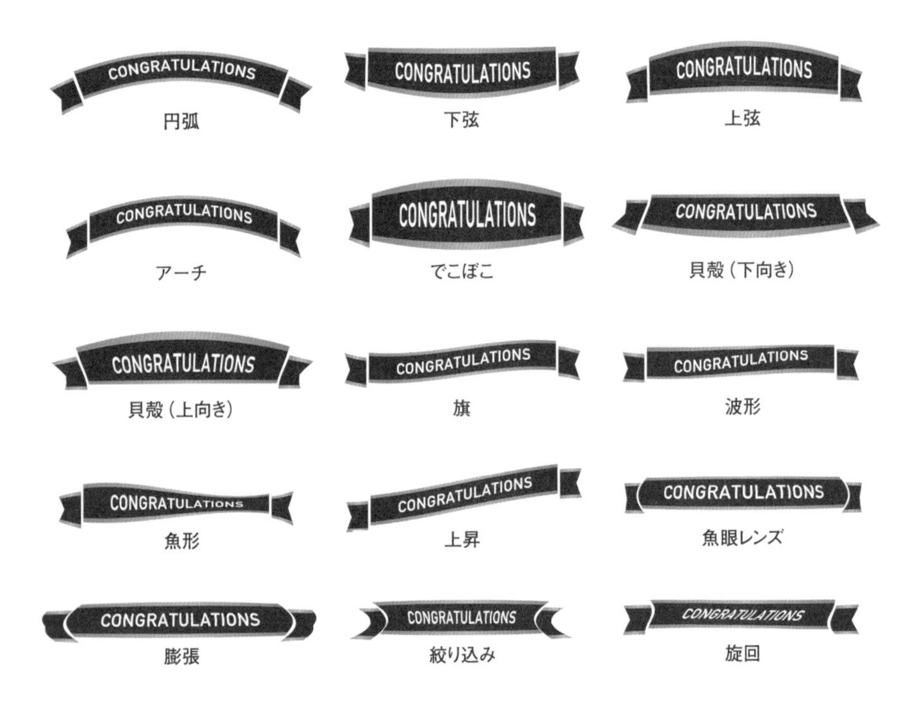

082 オブジェクトを自由に変形したい

使用機能 [自由変形] ツール

ドラッグ操作だけで、オブジェクトを自由に変形することができます。遠近感のあるオブジェクトを作成したいときに便利です。

タッチウィジェットの機能

オブジェクトを選択した状態で❶、ツールバーの［自由変形］ツールをクリックすると❷、タッチウィジェットが表示されます❸。

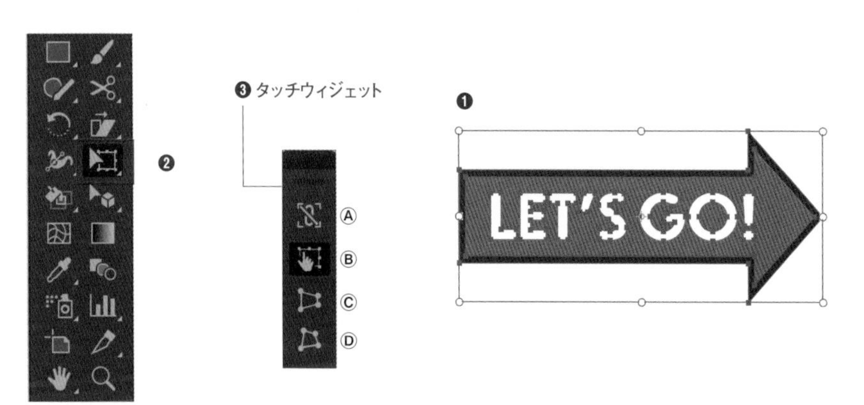

Ⓐ**縦横比固定** …… ［自由変形］と［パスの自由変形］の選択時に有効にすると、縦横比を固定してオブジェクトを変形します。shift キーを押しながら変形するのと似た機能です。

Ⓑ**自由変形** …… ハンドルをドラッグすると、オブジェクトの拡大・縮小、回転、反転の他、シアーをかけることができます。バウンディングボックスによる変形と似た機能です。

Ⓒ**遠近変形** …… ハンドルをドラッグすると、上下左右均等に遠近感を出しながらオブジェクトを変形します。

Ⓓ**パスの自由変形** …… ハンドルをドラッグした方向にオブジェクトが変形します。自由な遠近感を出すことができます。

遠近感のあるオブジェクトに変形

1 選択ツールでオブジェクトを選択し❶、[自由変形]ツールをクリックして[タッチウィジェット]を表示します。

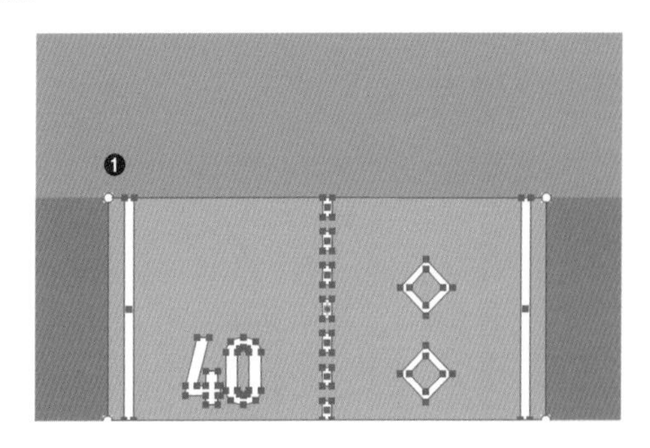

2 [遠近変形]をクリックし❶、オブジェクト上部のハンドルを内側にドラッグして❷、遠近感を出します。

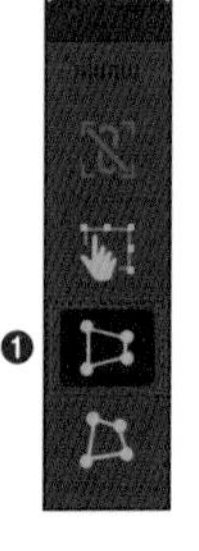

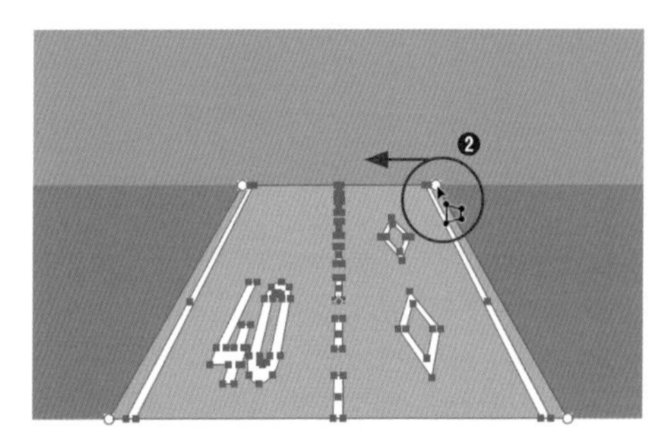

3 [自由変形]をクリックし❶、[縦横比固定]をクリックして有効にします❷。オブジェクト上部の中央のハンドルを左方向にドラッグします❸。

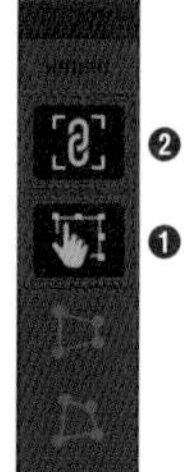

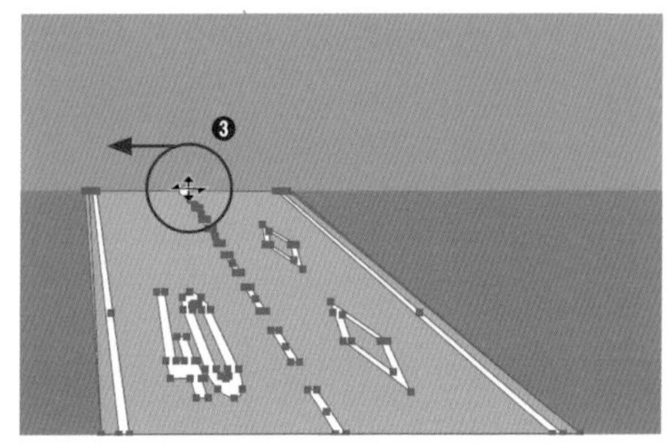

4 ［遠近変形］をクリックし❶、オブジェクト下部のハンドルを外側にドラッグします❷。

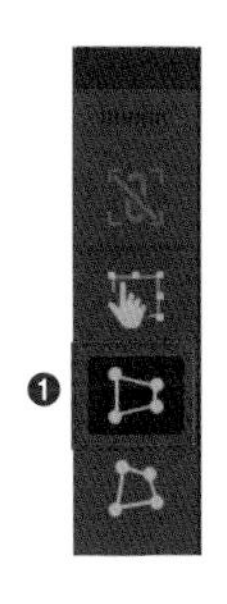

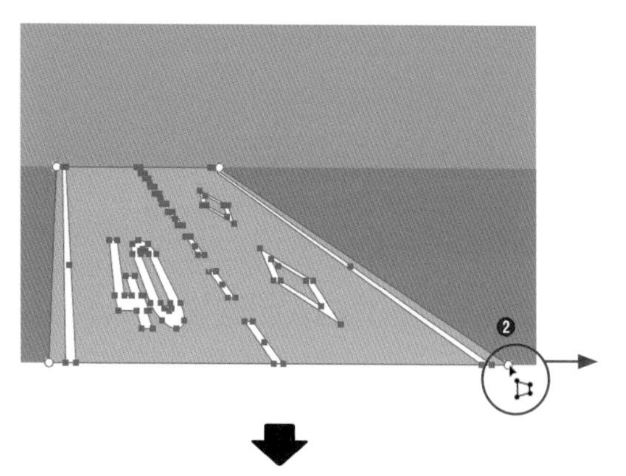

Memo

［自由変形］ツールは、テキストやビットマップ画像には対応していません。文字を自由変形したいときは、文字にアウトラインをかけます▸▸156。

ふたつのオブジェクトの間に中間オブジェクトを自動生成したい

使用機能　ブレンド

ふたつのオブジェクトを「ブレンド」すると、それらの間に新たな形状(=ブレンドオブジェクト)が自動生成されます。元のオブジェクトのカラーや形状が異なる場合、ブレンドオブジェクトのカラーと形状はグラデーションのようになめらかに変化・変形します。

ふたつのオブジェクトをブレンド

1 選択ツールでふたつのオブジェクトを選択し❶、[オブジェクト]メニュー→[ブレンド]→[作成]をクリックします❷。

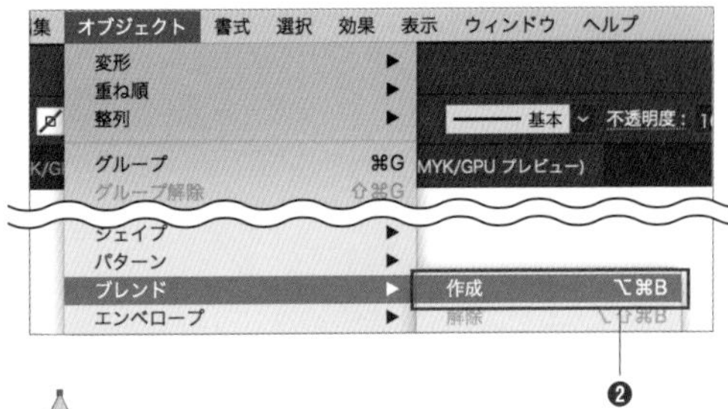

❶

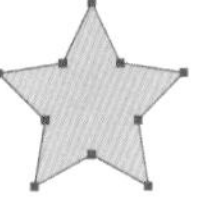

Memo

ツールバーの[ブレンド]ツールを選択し、オブジェクトを順にクリックしても構いません。3つ以上のオブジェクトをまとめてブレンドすることもできます。その場合は、[ブレンド]ツールでブレンドしたい順にオブジェクトをクリックします。

Short Cut　ブレンド(の作成):command+option+Bキー

2 オブジェクトがブレンドされます。

Memo

初期設定では、オブジェクト同士がカラーをなめらかに変化させながら棒状に結合します([スムーズカラー]という設定です)。

Memo　重なったオブジェクトをブレンドすることもできます。

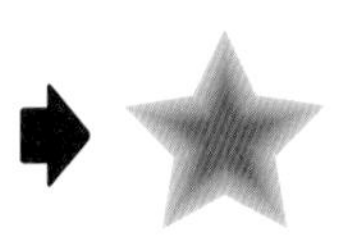

3 オブジェクトの間に生成するブレンドオブジェクトの数（＝ステップ数）や間隔（＝距離）は、［ブレンドオプション］から指定できます。［オブジェクト］メニュー→［ブレンド］→［ブレンドオプション］をクリックするか、ツールバーの［ブレンド］ツールをダブルクリックすると、［ブレンドオプション］ダイアログが表示されます。

4 初期設定では［間隔］が［スムーズカラー］に設定されています。クリックして［ステップ数］を選択すると、ブレンドオブジェクトの数を指定することができます。ここではステップ数を「3」に指定します❶。生成された3つのブレンドオブジェクトの形状は丸から星型に、カラーは赤から黄色に徐々に変化しているのがわかります❷。イメージ通りの結果になったら、［OK］ボタンをクリックします❸。

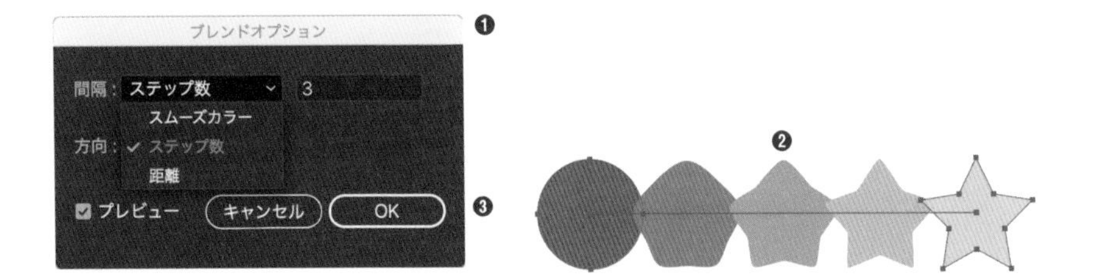

ブレンド軸の利用

ブレンドオブジェクトのステップは、元のオブジェクト同士を結ぶ「ブレンド軸」というパスに沿って整列します。ブレンド軸に編集を加えると、ブレンドオブジェクトが追従します。また、元のオブジェクトを［ダイレクト選択］ツールで選択・移動すると、ブレンドオブジェクトの間隔が再計算されます。

ブレンド軸を［ペン］ツールでなぞって編集した例

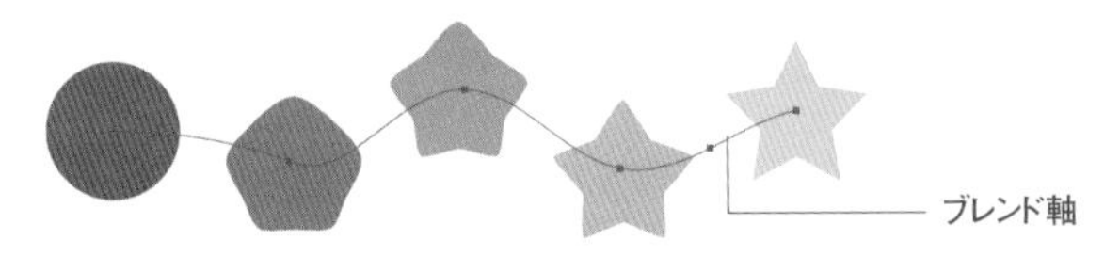

［ダイレクト選択］ツールで黄色い星を右方向に移動させた例

別に用意したパスをブレンド軸に設定し直すことも可能です。新しいパスとブレンドオブジェクトを選択し❶、[オブジェクト] メニュー→ [ブレンド] → [ブレンド軸を置き換え] をクリックします❷。するとブレンド軸が置き換わります❸。

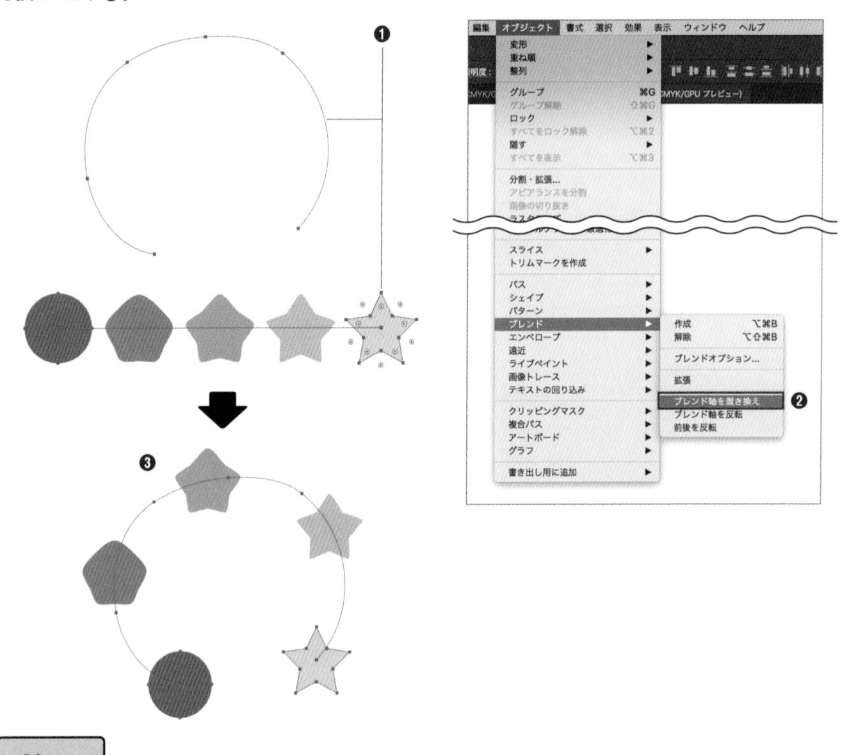

Memo

元のオブジェクトの片方の天地を反転すると、ブレンドオブジェクトが捻じれます。

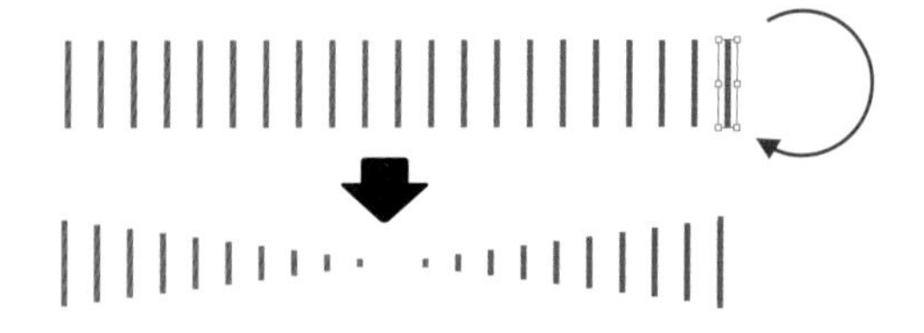

Memo

ブレンドはグラデーションオブジェクトにも適用できるので、次のようなボールチェーンのイラストを作成することもできます。

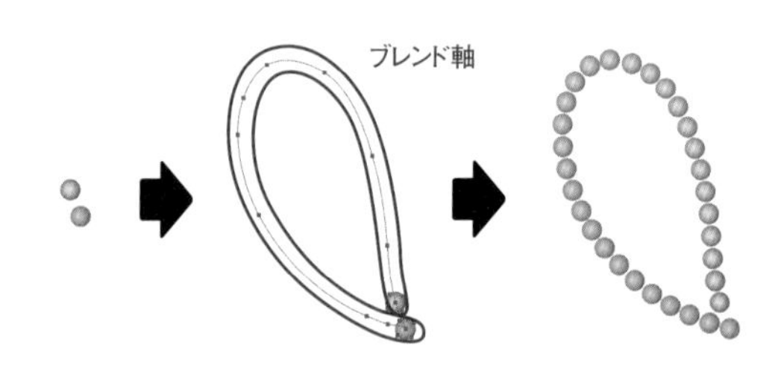

084 オブジェクトの縁取り線を作成したい

使用機能 | パスのオフセット

パスのオフセット機能を使用すると、オブジェクトの形状に沿った線を作成できます。ステッカーの縁取りのような線を作成したいときに便利です。

1 オブジェクトをコピーし、前面に同じオブジェクトをペーストします 048。

2 コピーしたオブジェクトをパスファインダーで合体し 073、単体のシェイプに変換します。

Memo

元のオブジェクトに「線」の要素がある場合は、事前にアウトライン化 071 しておきます。また、クリッピングマスクをかけている場合は、隠れている範囲を含んだシェイプになってしまいます。マスクオブジェクト 076 の外側にはみ出ているオブジェクトは、[グループ選択] ツールで選択するなどして削除します。

3 作成したシェイプを選択して❶、[オブジェクト] メニュー→ [パス] → [パスのオフセット] をクリックします❷。

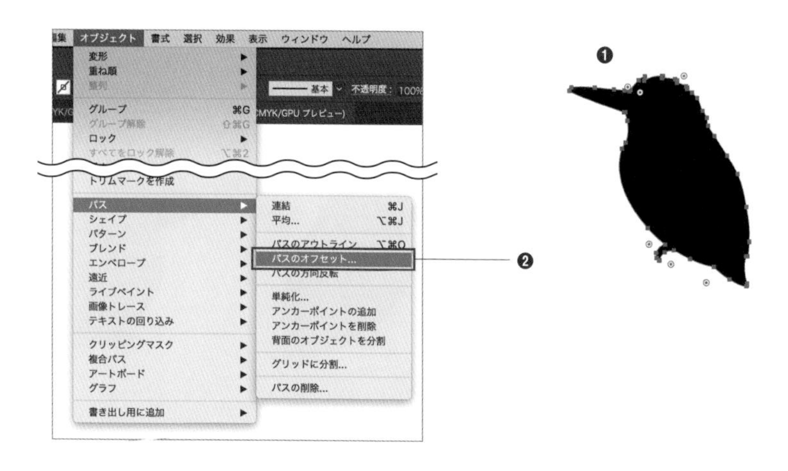

4 ［パスのオフセット］ダイアログが表示されるので、［プレビュー］にチェックを入れます❶。［オフセット］に、線を作成する位置までの距離を入力します❷。［角の形状］は［ラウンド］を選択し❸、［OK］ボタンをクリックします❹。

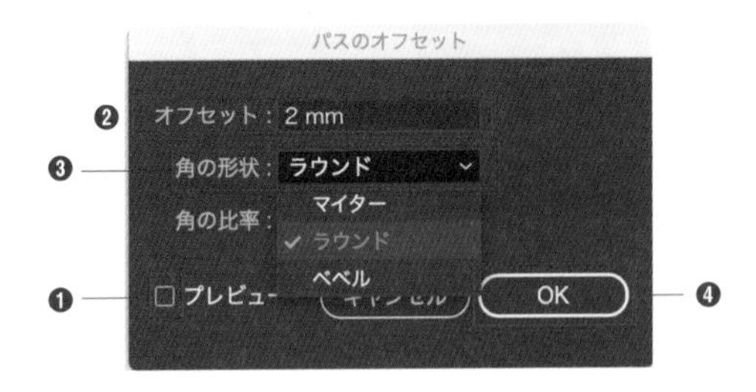

5 元のシェイプより指定の数値だけ外側に拡大した［塗り］のシェイプが作成されます❶。［塗り］を［線］に反転させます❷。

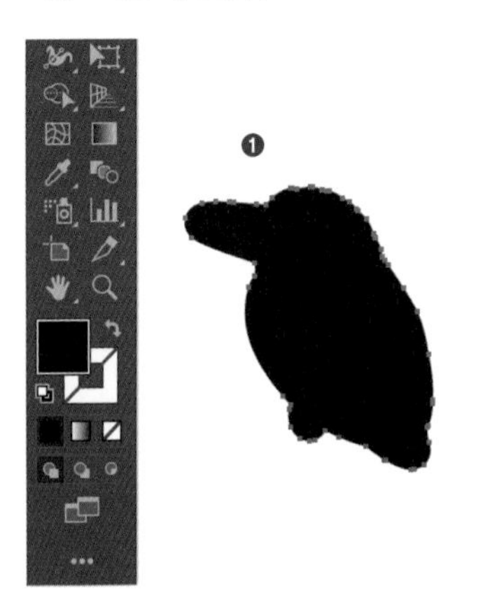

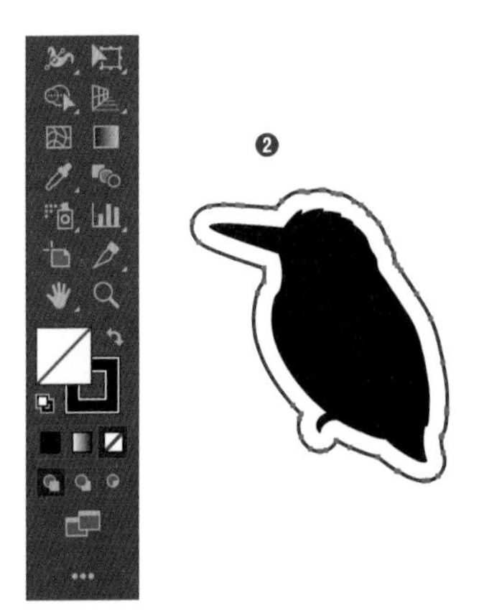

6 2の手順で作成した［塗り］のシェイプを削除します。

2の手順で作成したシェイプの線幅を広げ、［パスのアウトライン］▸▸071で線をアウトライン化し、内側の不要なパスを削除するという方法でも、同様の結果が得られます。

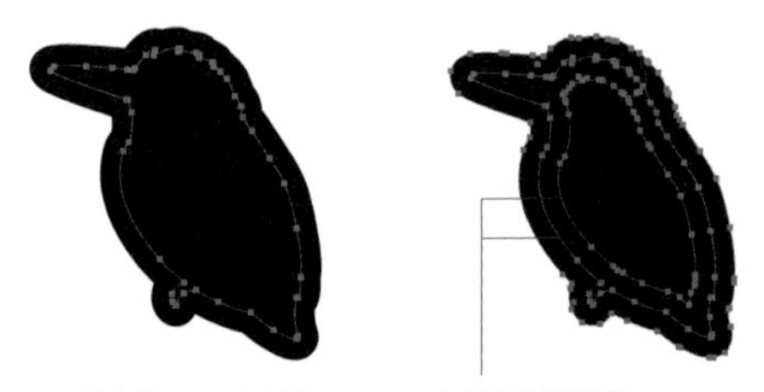

085 類似オブジェクトを一括で選択・編集したい

使用機能 | 類似のシェイプを一括編集（CC2019以降の機能）

ひとつのオブジェクトを、コピー＆ペーストでドキュメント内の複数箇所に複製することはよくあります。それらすべてを編集したいとき、ひとつひとつ選択して行うのではなく、一括で処理する方法があります。

類似オブジェクトの選択

ここでは同一ドキュメント上で、アートボードをまたいで使用しているオブジェクトを一括で編集していきます。まず、選択ツールで編集したいオブジェクト（ここでは風見鶏のロゴマーク）をひとつ選択します。

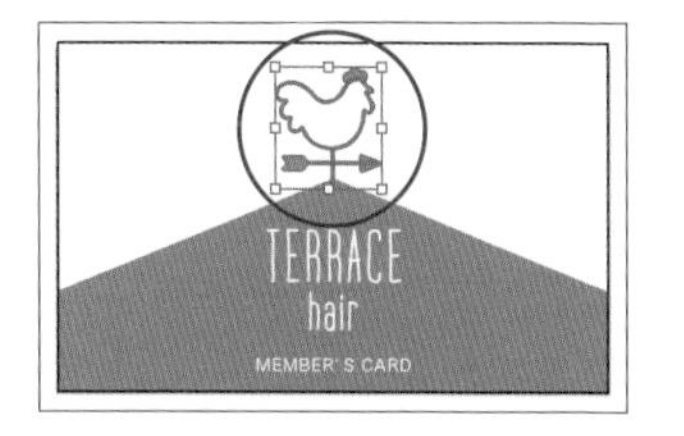

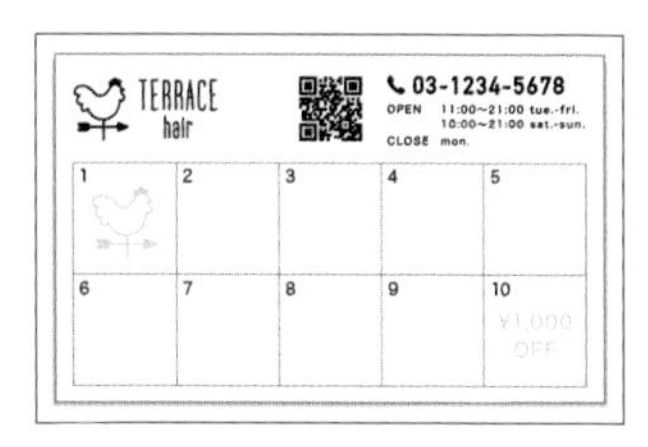

POINT

作例のように複数のパスで構成されているオブジェクトは、複製前にグループ化しておく必要があります。また、見た目が同じオブジェクトでも、グループ内のオブジェクトの階層順が異なる場合は［類似オブジェクト］として認識されないため、グループ化するタイミングには注意が必要です。

コントロールパネル ▸▸004 の［類似のシェイプを一括編集］ボタンの横にある［オブジェクトを一括選択オプション］ボタンをクリックします❶。

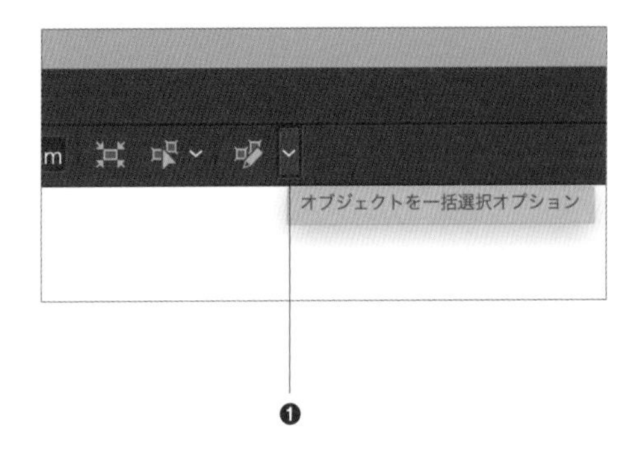

もしくは［プロパティ］パネルの［オブジェクトを一括選択］ボタンの横の［オブジェクトを一括選択オプション］ボタンをクリックします。

一括選択するためのオプションが表示されます。必要に応じて、各オプションにチェックを入れます。

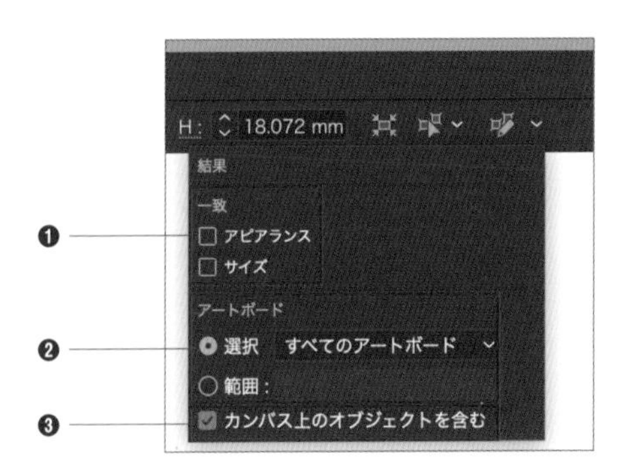

❶**一致** …… 各項目にチェックを入れると、それぞれが一致するオブジェクトのみを選択することができます。

❷**アートボード** …… 一括選択を適用するアートボードを指定できます。
［選択］では、アートボードの形状を選択します。
［範囲］では、選択範囲に適用したいアートボードの通し番号を入力します ▸▸223。複数選択する場合は「1,2,5」のようにカンマで区切ります。

❸**カンバス上のオブジェクトを含む** …… カンバス上のオブジェクトを選択範囲に入れたい場合は、この項目にチェックを入れます。

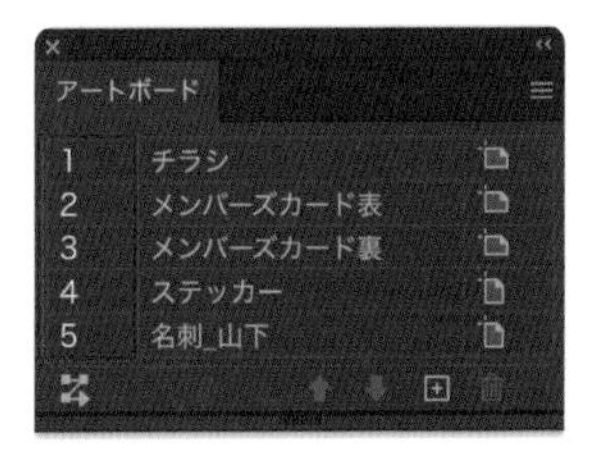

コントロールパネルの［類似のシェイプを一括編集］ボタン、もしくは［プロパティ］パネルの［オブジェクトを一括選択］ボタンをクリックします。すると、3の手順で設定したオプションが適用される、すべてのオブジェクトが選択されます。元となるオブジェクトはバウンディングボックスで囲まれ、一括選択されたオブジェクトはハイライト表示されます。

オプションを選択しなかった場合

すべての類似オブジェクトが選択される

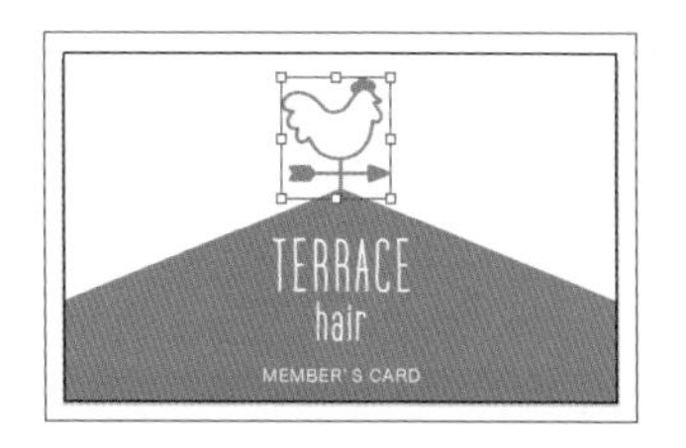

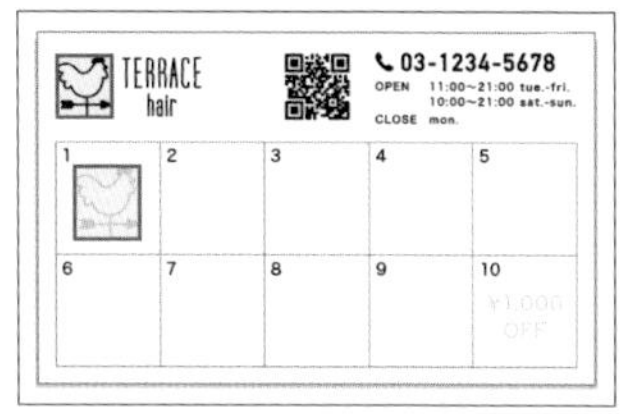

アピアランスが一致するオブジェクトを選択した場合

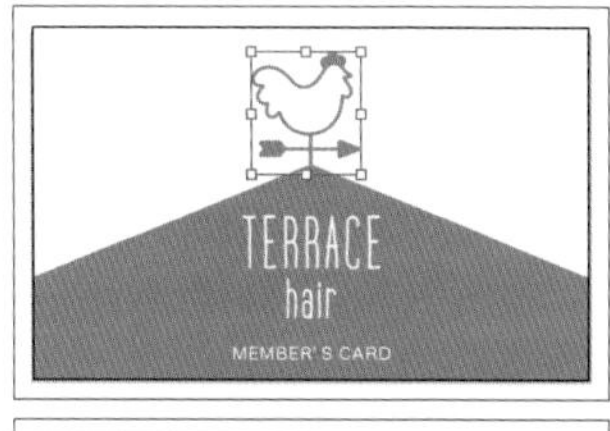

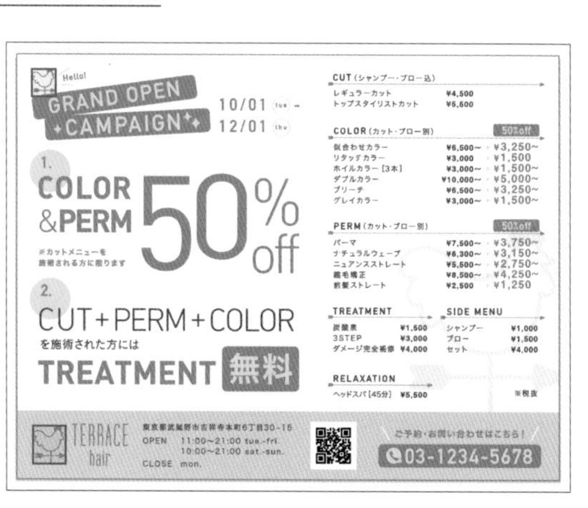

アピアランスが一致しているオブジェクトが選択される
（この場合、グリーンの風見鶏のみ）

類似オブジェクトの編集

元のオブジェクトを編集すると❶、選択された他の類似オブジェクトにも編集内容が反映されます❷。

❶ 編集する（左に回転）

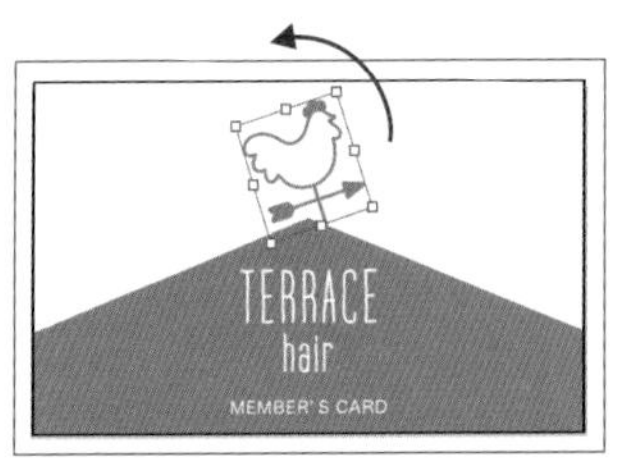

❷ 他のオブジェクトにも反映される

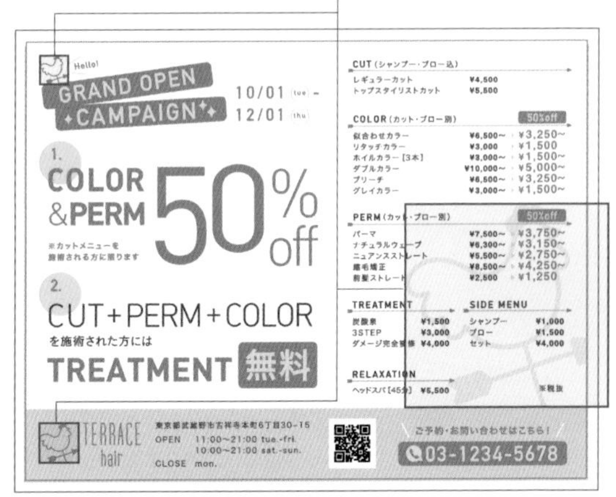

「シンボル」の機能を利用しても、オブジェクトを一括で編集することができます ▶▶160。

Memo

オブジェクトの一部を編集することもできます。4の手順のオブジェクトが選択された状態で、shift キーを押しながら［グループ選択］ツールで不要な部分をクリックし、選択を外します。ここでは鶏の胴体と矢の十字を外し、カラーを変更しています。

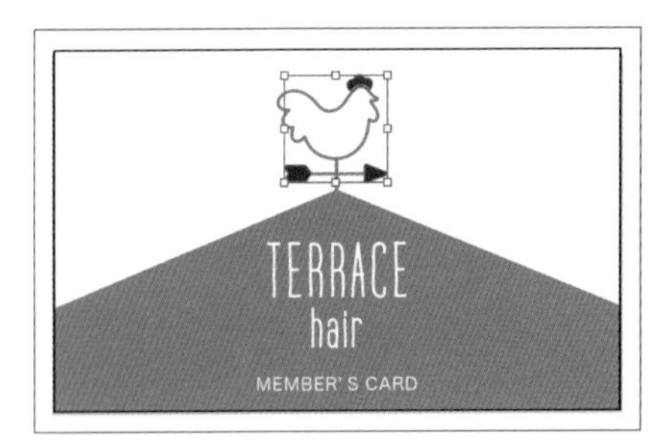

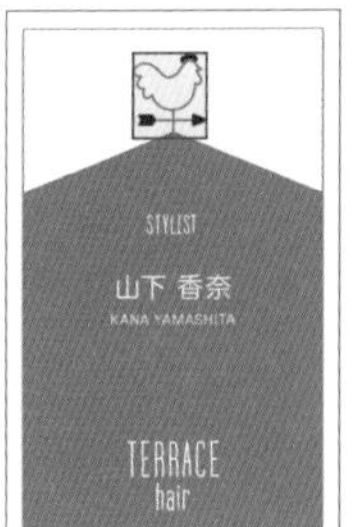

Memo

画像（リンク画像・埋め込み画像とも）とテキストオブジェクトは［オブジェクトを一括選択］に対応していません。

線・塗り・パターンのスタイル設定

Chapter

6

086 線の基本を理解したい

使用機能 [線] パネル

線の設定は [線] パネルで行います。ここでは [線] パネルの使い方と、線の基本について詳しく見ていきます。

[線] パネル

[ウィンドウ] メニュー→ [線] をクリックすると [線] パネルが表示されます。[線] パネルでは、線の幅や線の端の形状などを設定することができます。また、コントロールパネル ▶▶004 から同様の設定を行うことができます。オブジェクトを選択しているときには、[プロパティ] パネルから設定することもできます。

[線] パネル

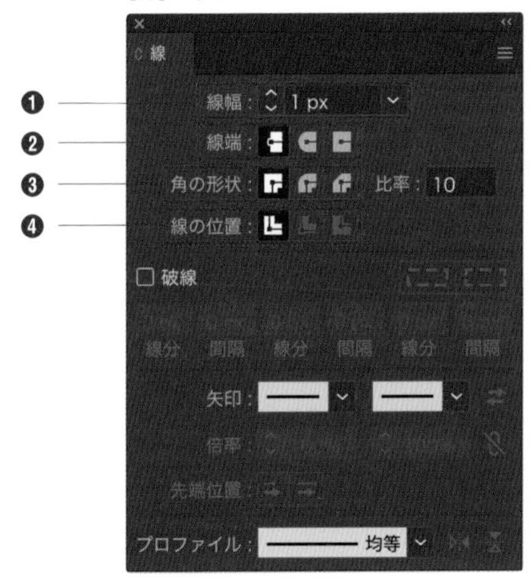

コントロールパネル

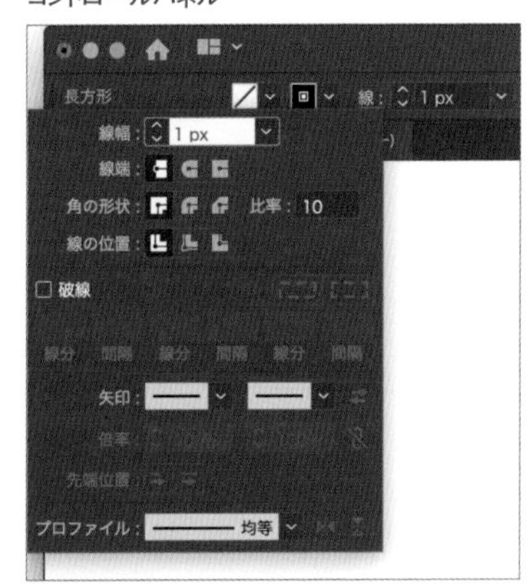

[プロパティ] パネル

❶**線幅** …… 線の幅 (太さ) を設定します。
❷**線端** …… 線の端の形状を設定します。
❸**角の形状** …… 角の形状を設定します。
❹**線の位置** …… 線の位置を設定します。

線幅の設定

線幅は、[線幅] の右の▼ボタンをクリックして選ぶほか❶、直接数値を入力することも可能です。設定外の単位を入力しても❷、設定中の単位に計算されて反映されます❸。

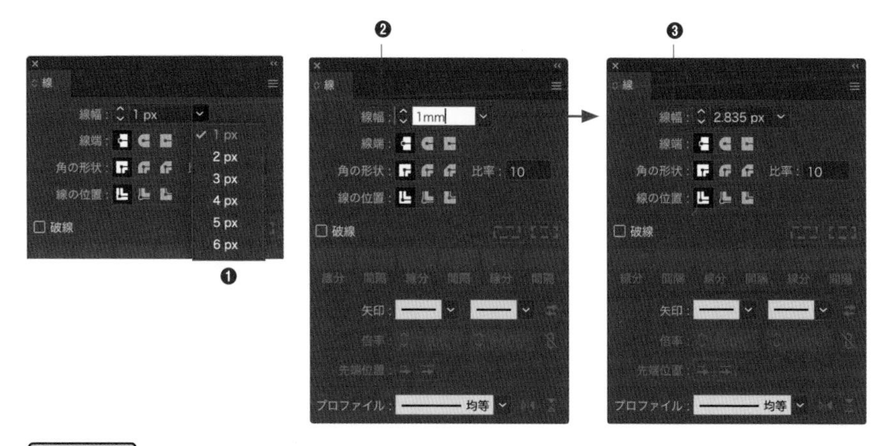

Memo

線幅の単位を変更するには [Illustrator] メニュー→ [環境設定] → [単位] をクリックします。[環境設定] ダイアログの [単位] 項目が表示されるので、[線] で設定を変更することができます ▶▶007 。

線端の設定

オープンパスの線の端の形状を、次の3種類から選択できます。

● **線端なし**

線の端が直角になります。線幅とパスの端が同じです。デフォルトではこれに設定されています。

● **丸型線端**

線の端が半円になります。線幅の半分だけパスの端から線が延長されます。

● **突出線端**

線の端が直角になります。線幅の半分だけパスの端から線が延長されます。

角の形状の設定

オープンパス・クローズパス両方の角の形状を、次の3種類から選択できます。

- **マイター結合**

角が尖った形になります。

- **ラウンド結合**

角が丸い形になります。

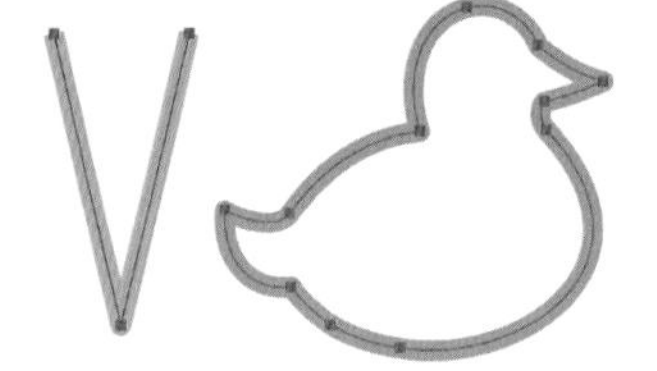

- **ベベル結合**

角を切り落としたような形になります。

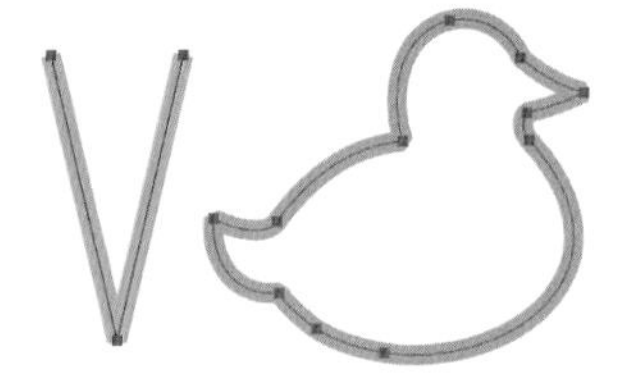

- **マイター結合とベベル結合の切り替え**

マイター結合は角が尖りすぎると、自動的にベベル結合（角を切り落としたような形）に切り替えられます。この切り替えのタイミングは、［比率］で設定します。角の比率には、「1～500」までの値を指定でき、デフォルトでは「10」に設定されています。これは、ポイントの長さが線幅の「10倍」になると、マイター結合からベベル結合に切り替えるという意味になります。

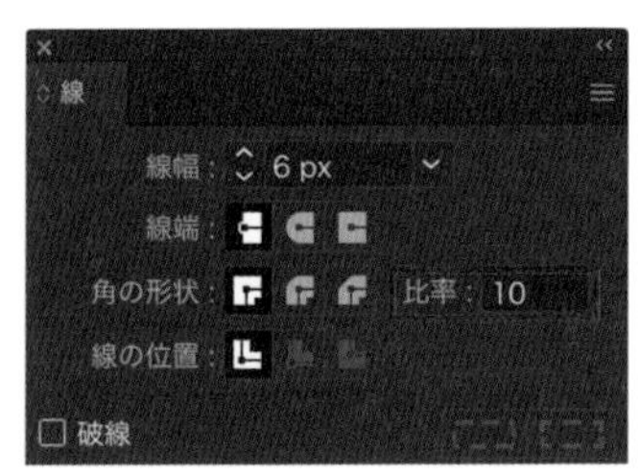

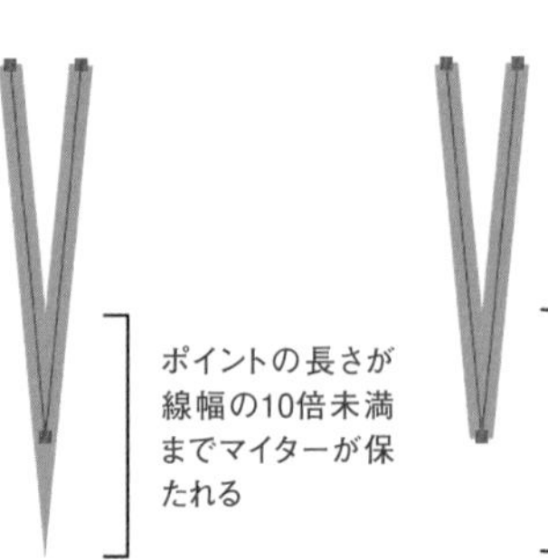

ポイントの長さが線幅の10倍未満までマイターが保たれる

線幅の10倍を超えるとベベルに切り替わる

Memo

角の比率を「1」に設定すると、「1倍」以上という意味になるので、常にベベル結合になります。

線の位置の設定

クローズパスの、パスに対する線の位置を次の3種類から選択できます。

● 線を中央に揃える 

パスを中心に線が配置されます。デフォルトではこれに設定されています。

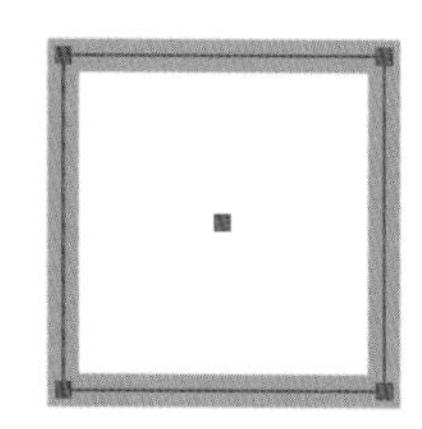

● 線を内側に揃える 

パスの内側に線が配置されます。Webデザインにおいてバナーなどを作成する際、この設定にしておくと便利です。

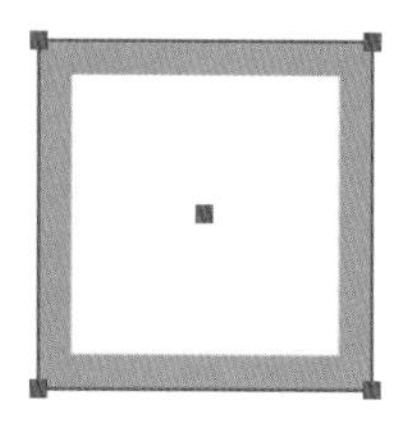

● 線を外側に揃える 

パスの外側に線が配置されます。

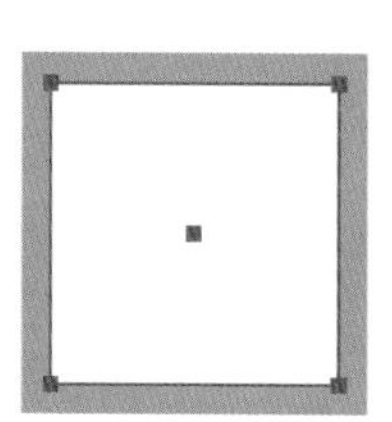

087 破線・点線を作成したい

使用機能　[線] パネル

[線] パネルの [破線] オプションで、点線または破線を作成することができます。破線・点線は使用頻度が非常に高く、いろいろなシーンで応用できるので、仕組みをしっかり理解しておくとよいでしょう。

破線の作成

1 選択ツールでオブジェクトを選択し❶、[線] パネルの [破線] にチェックを入れます❷。

❶

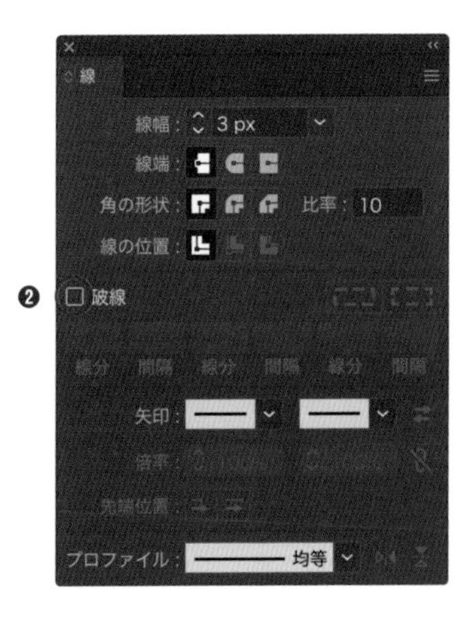

2 線が破線になります❶。[線分] にのみ数値を入力すると❷、等間隔の破線が作成されます。

❶

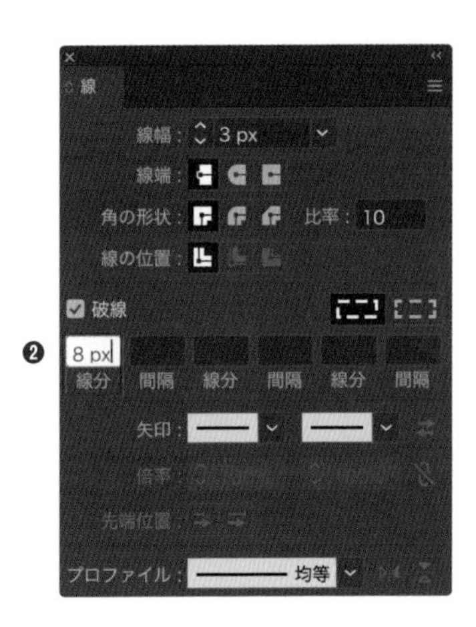

Memo

[破線] にチェックを入れると、デフォルトでは12ptの破線が適用されます。

破線の設定

破線は、[線分]（＝破線の長さ）と[間隔]（＝破線と破線の間）を指定することでパターンが決定されます。入力ボックスに入力した数値を繰り返して破線に適用されます。すべての入力ボックスに数値を入力する必要はありません。[線分]と[間隔]は最大3パターン指定できます。

[線分]と[間隔]を1パターン指定した例

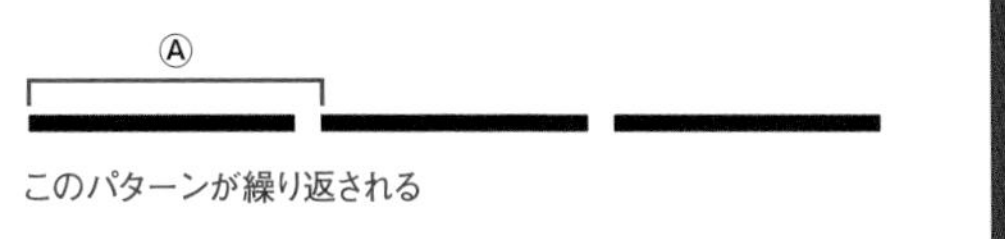

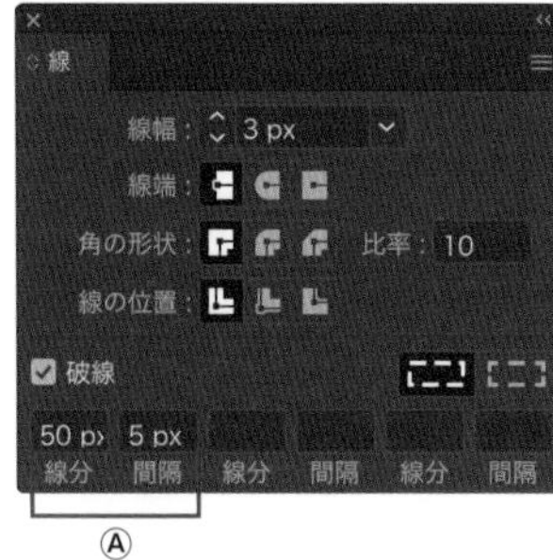

[線分]と[間隔]を3パターン指定した例

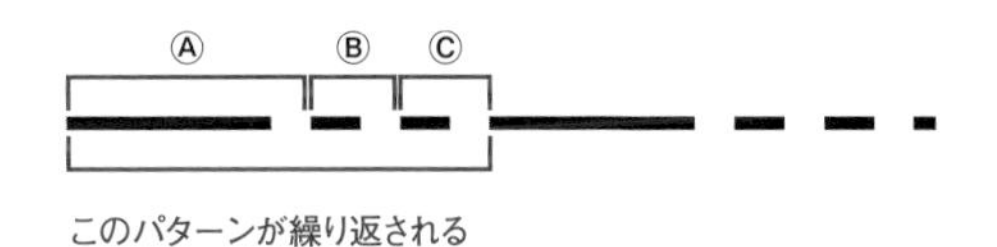

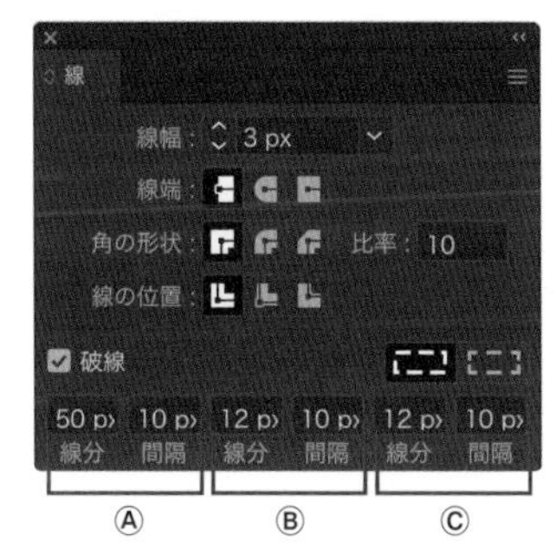

[線端]を[丸型線端]に設定すると、破線の端が丸くなります。

点線の作成

[線端]を[丸型線端]に設定し、[線分]を「0」、[間隔]に任意の数値を入力します。

コーナーやパス先端の破線の調整

[コーナーやパス先端に破線の先端を整列] ボタンをクリックすると、線分と間隔の長さを自動調整し、破線の先端や図形のコーナーを整列します。

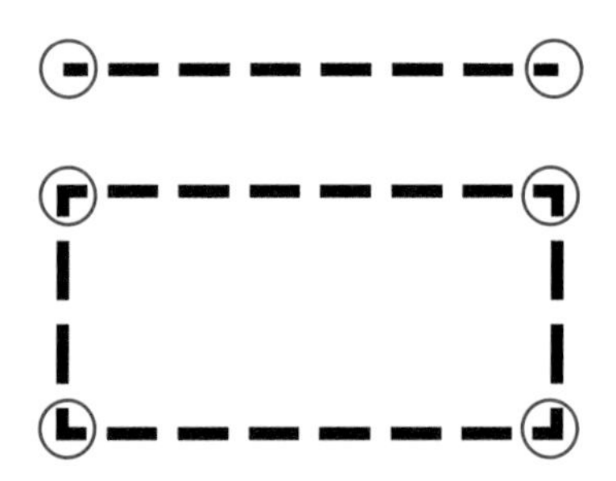

[線分と間隔の正確な長さを保持] ボタンをクリックすると、線分と間隔の正しい長さは保持されますが、破線の両端の線分の長さや、図形のコーナーが揃いません。

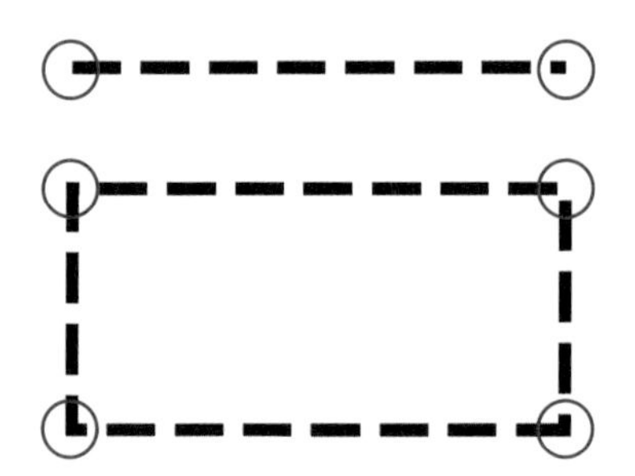

088 矢印を作成したい

使用機能 ［線］パネル

［線］パネルには39種類の矢印オプションが用意されています。先端の形状が三角形以外の矢印も簡単に作成することができます。

矢印の作成

1 選択ツールでオブジェクトを選択し❶［線］パネルの［矢印］の右の▼ボタンをクリックすると❷、矢印を選択できます❸。

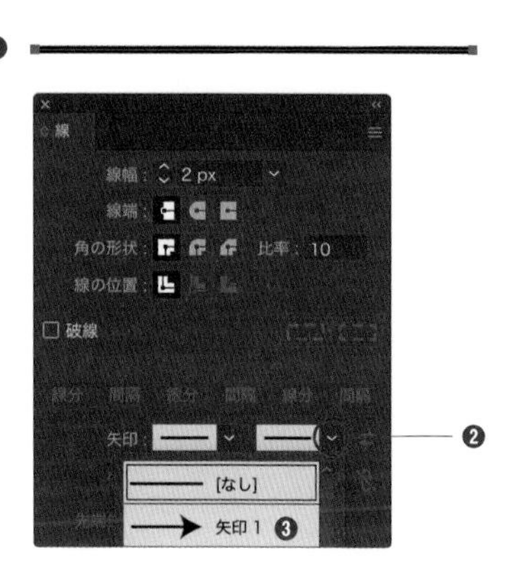

2 任意の矢印を選択すると❶、先端に適用されます❷。ここではパスの終点に［矢印1］を適用しています。

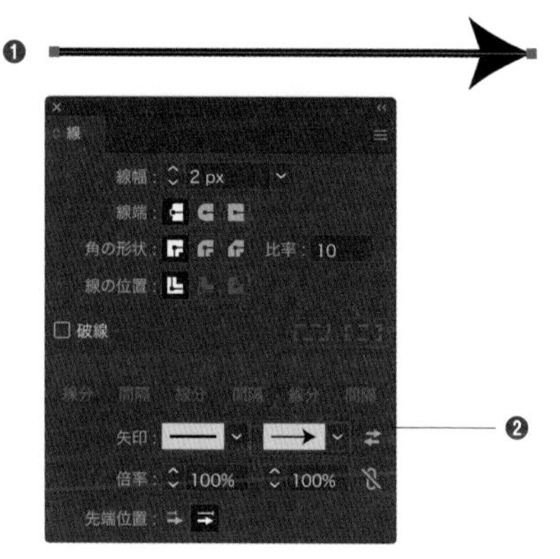

Memo 左側で始点、右側で終点の先端の形状を設定できます。矢印の種類は以下の39種類です。

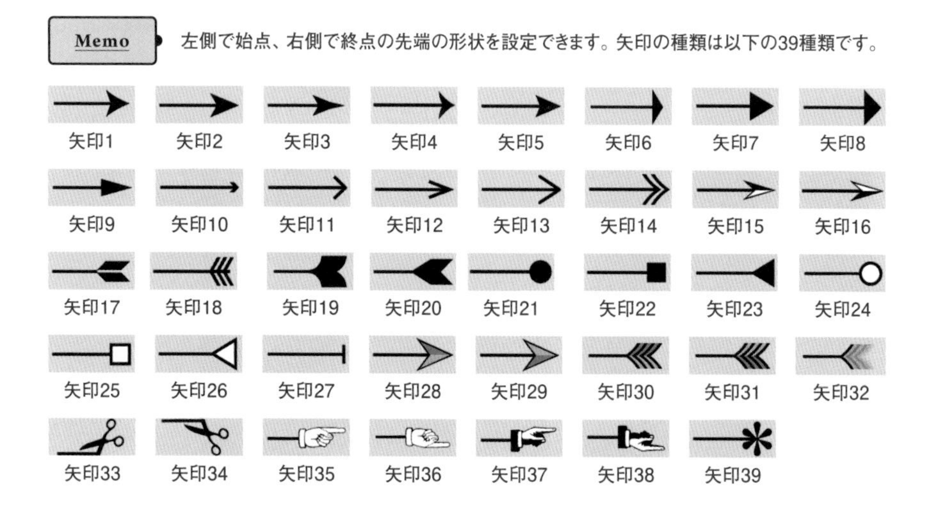

Memo 破線・点線や、可変線幅 ▶▶089 にも矢印を適用することができます。

Memo 線幅を変更すると、先端のサイズも合わせて変化します。

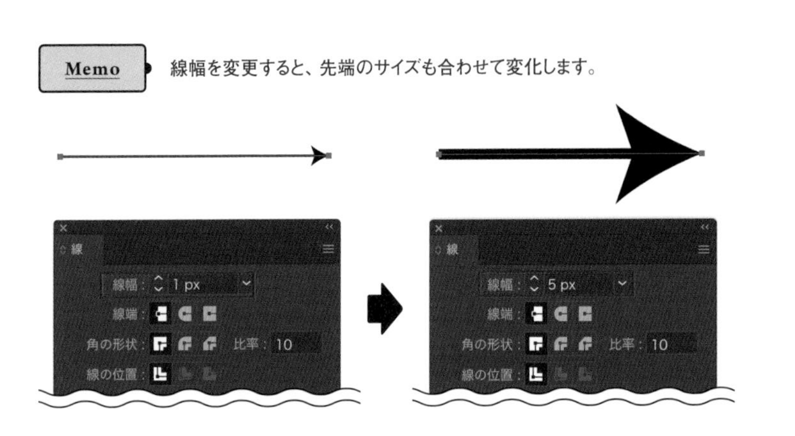

先端のサイズの調整

線幅を変えずに矢印の先端のサイズだけ変更するには、[倍率]の値を変更します。「100%」を超えた値も適用することができます。

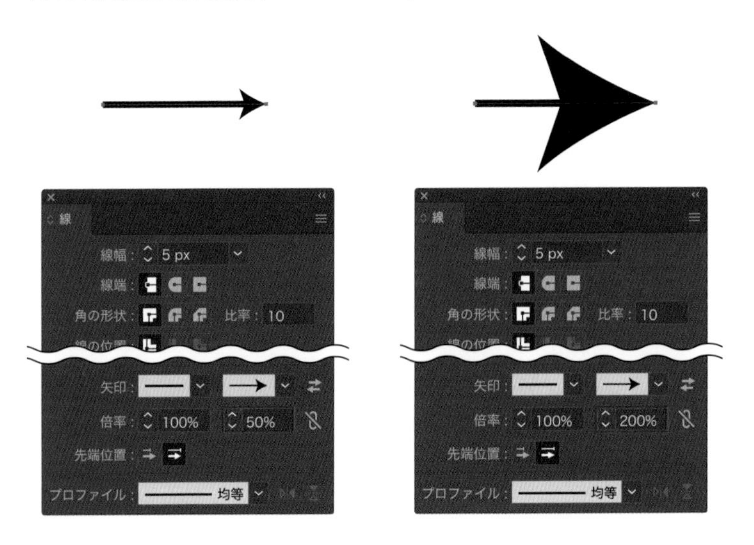

矢印の向きの入れ替え

[矢印の始点と終点を入れ替え] ボタンをクリックします。

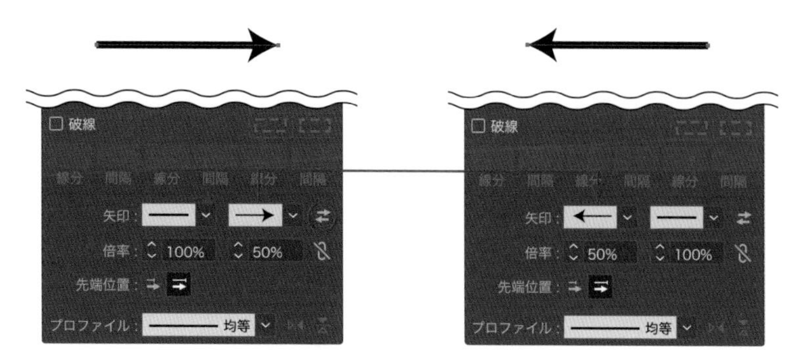

先端の位置の変更

[先端位置] で、矢印の先端の位置を変更することができます。

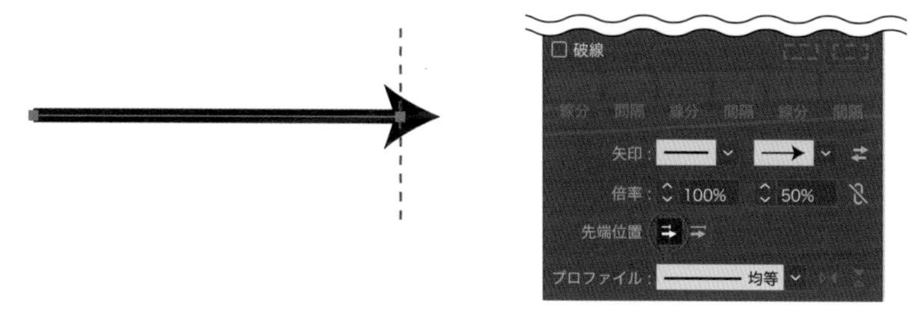

● 矢の先端をパスの終点に配置（デフォルト）

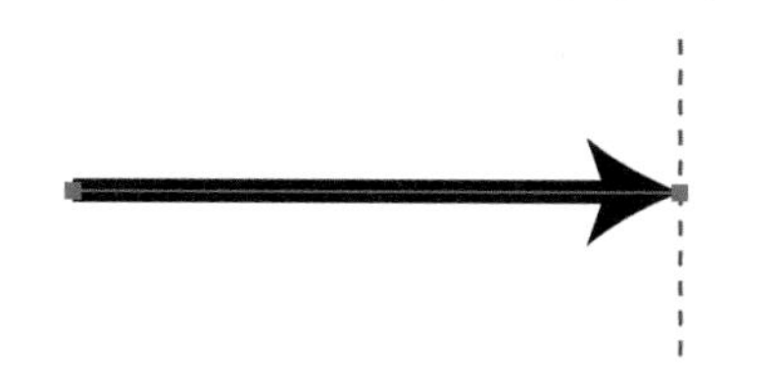

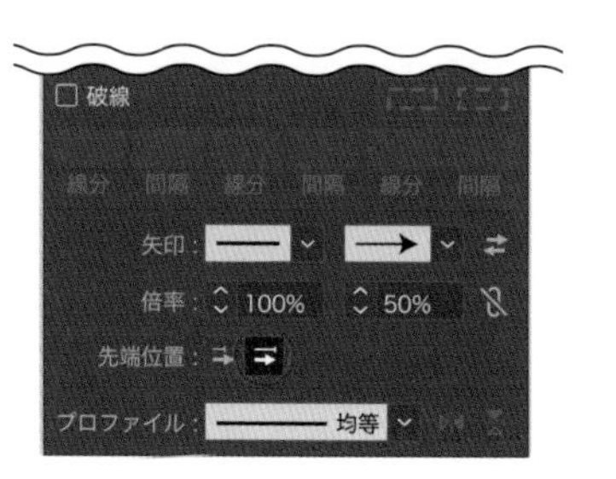

089 線幅に強弱をつけたい

使用機能 ［線幅］ツール

線は任意の位置で線幅の強弱をつけることができます。線幅の強弱をつけた線を［可変線幅］といいます。線に表情をつけることができるので、イラスト描画などに活用されます。

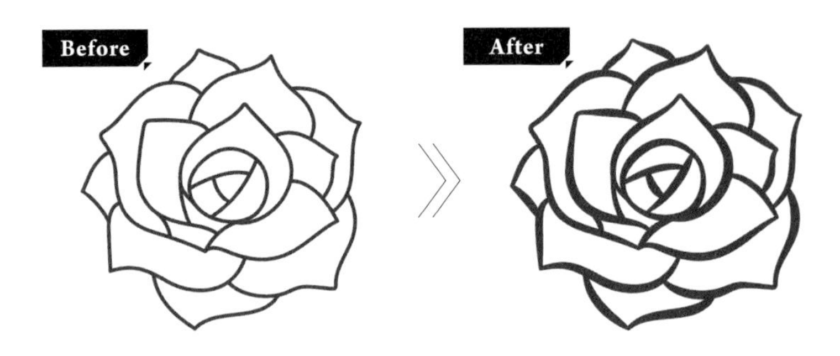

線幅の強弱を変更

1 ［線幅］ツールを選択します。線幅に強弱をつけたい箇所にマウスポインタを合わせると、パス上にひし形の［線幅ポイント］が表示されます❶。

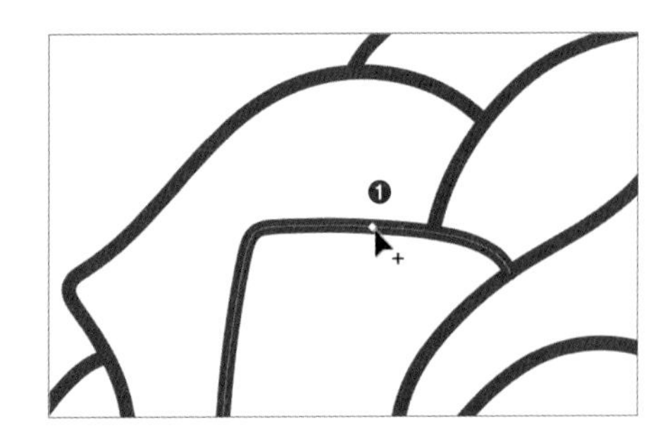

2 そのまま線幅に対して垂直に外側にドラッグすると❶、［線幅ポイント］を起点に線が太くなります❷。

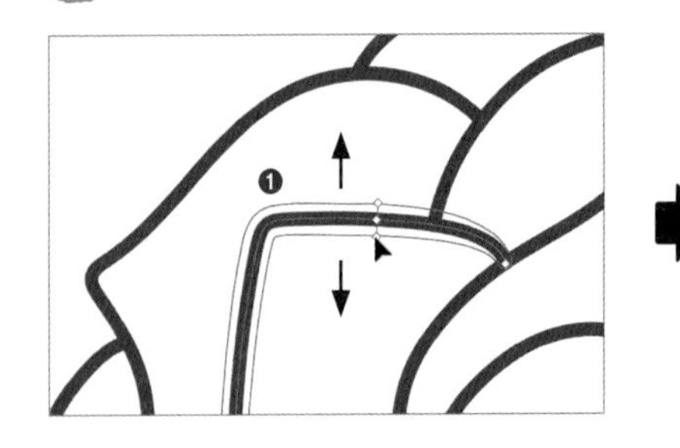

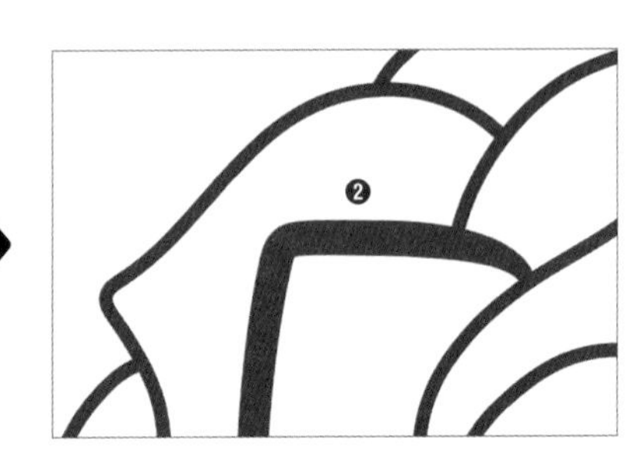

3 内側にドラッグすると❶、線が細くなります❷。

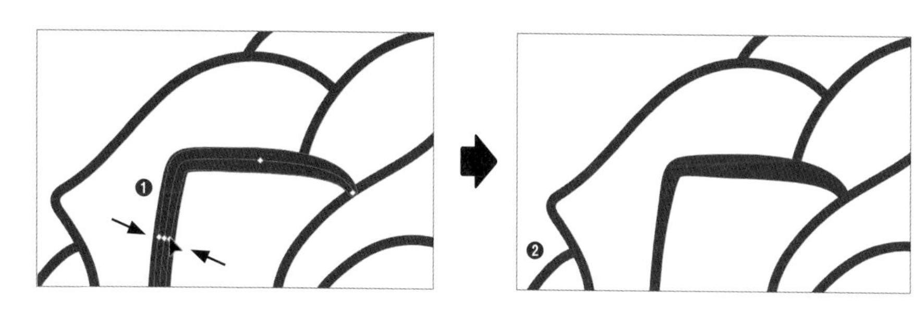

線幅ポイントの編集

線幅ポイントを編集することで、線幅の強弱を詳細に調整することができます。

● 線幅ポイントの移動

線幅ポイントを［線幅］ツールでパスに沿ってドラッグすると❶、移動させることができます❷。

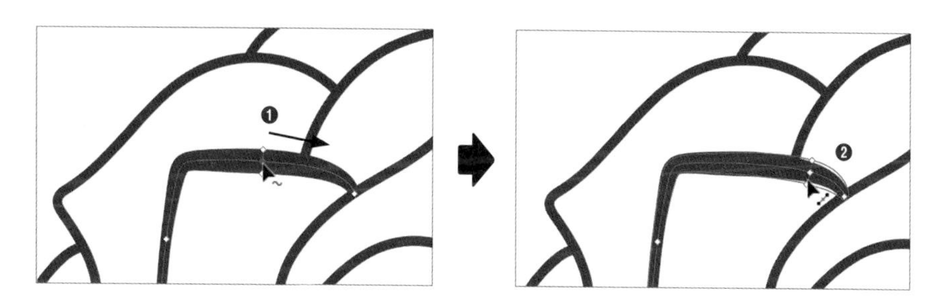

● 片側だけ線幅を変更

デフォルトではパスを中心に両側が同じ幅になりますが、下記のいずれかの方法で、片側の幅だけを調整することができます。

Ⓐ option キーを押しながらドラッグする

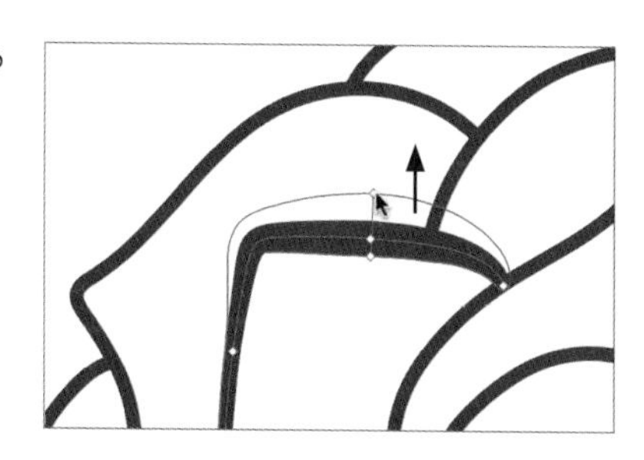

Ⓑ 線幅ポイントをダブルクリックし、[線幅ポイントを編集]ダイアログから片方の[側辺]の数値を変更する

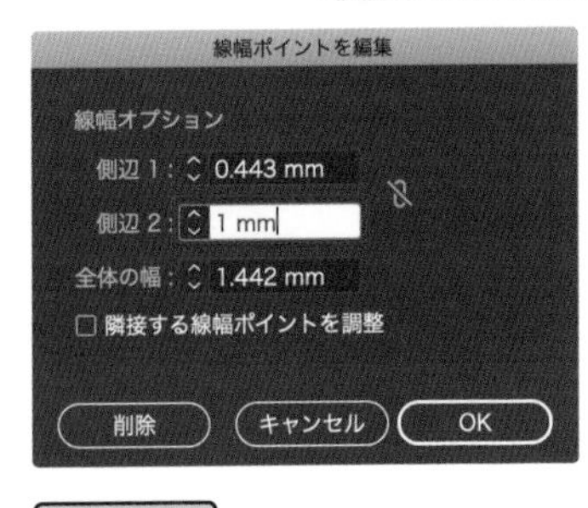

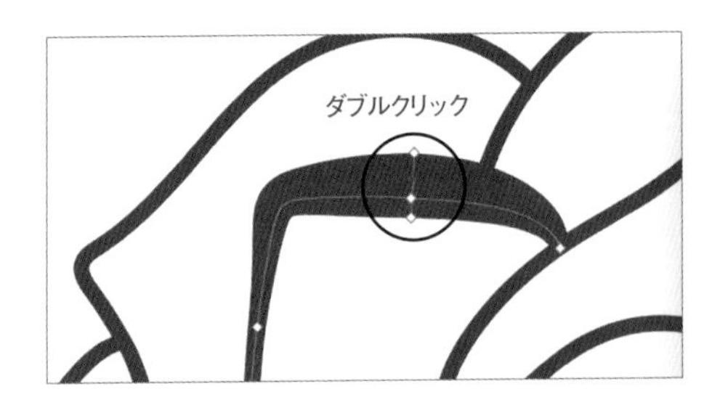

パスの始点から終点の向きを基準にして左側が[側辺1]、右側が[側辺2]です。

● **線幅の自動調整**

[線幅ポイントを編集]ダイアログの[隣接する線幅ポイントを調整]にチェックを入れると❶、隣接する線幅ポイントが調整され、なめらかな仕上がりになります❷。

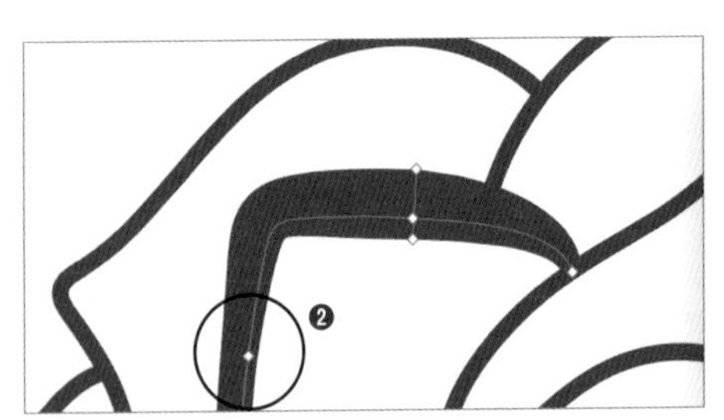

● **不要な線幅ポイントの削除**

[線幅]ツールで線幅ポイントをクリックし、delete キーを押します。

● **線幅プロファイルの使用**

[線]パネルの[プロファイル]の▼ボタンをクリックすると❶、6個のプリセットされた可変線幅が表示されます❷。線に適用するには、オブジェクトを選択し、任意の線幅プロファイルをクリックします。

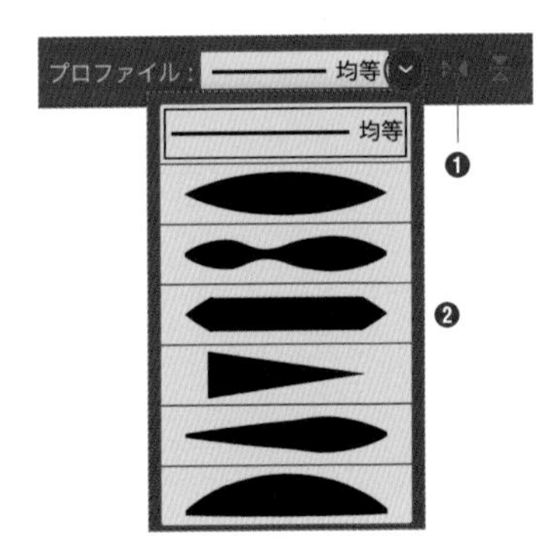

090 オリジナルの線幅を保存して再利用したい

使用機能 [線] パネル

オリジナルの可変線幅を作成して[可変線幅プロファイル]に保存すれば、他の線にも同じ特徴の線幅を適用することができます。

1 選択ツールで作成した可変線幅を選択し❶、[ウィンドウ]メニュー→[線]をクリックします。[線]パネルが表示されるので、[プロファイル]の右の▼をクリックし、[プロファイルに追加]ボタンをクリックします❷。

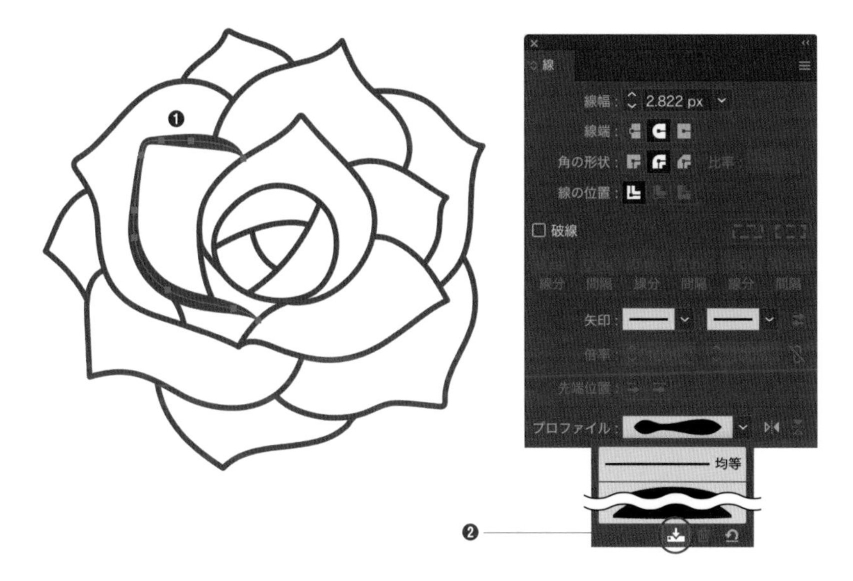

2 [可変線幅プロファイル]ダイアログが表示されるので❶、任意のプロファイル名を入力し❷、[OK]ボタンをクリックします❸。これでプロファイルに保存されます。

3 線を選択し❶、2 の手順で保存したプロファイルをクリックすると❷、適用されます❸。

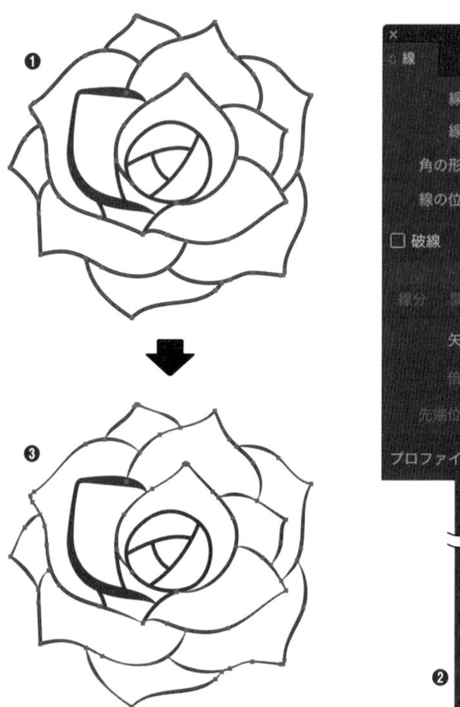

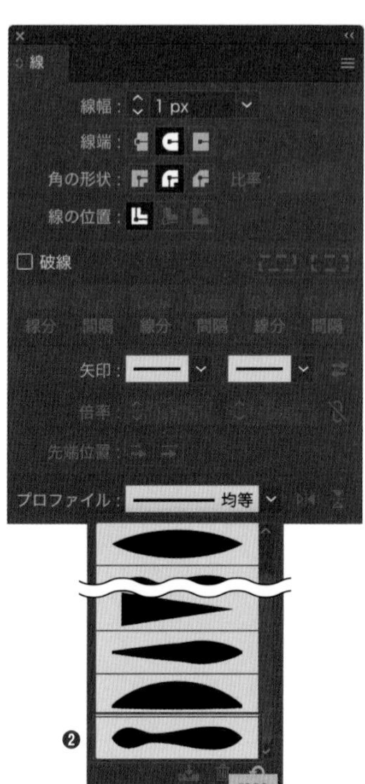

4 線幅を設定します❶。

POINT

[線幅] は、可変線幅の一番太い部分の値です。ここでは、1 の手順でプロファイルに追加した可変線幅が [2.822px] だったため、他の線にも同じ値を設定して見た目を揃えています。

091 ブラシの基本を理解したい

使用機能 [ブラシ] パネル、ブラシライブラリ

ブラシを使うと、パスに沿ってさまざまなアートワークを適用することができます。ブラシは5種類の特性に分かれています。

ブラシの種類

[ウィンドウ] メニュー→[ブラシ] をクリックすると [ブラシ] パネルが表示されます。[ブラシ] パネルのブラシは5種類に分かれています。

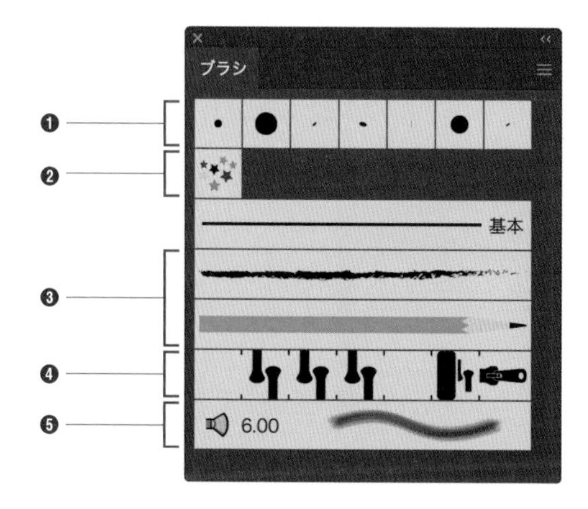

❶カリグラフィブラシ

ペン先が斜めにカットされた、カリグラフィペンで描いたような線を描画します ▸▸092。

❷散布ブラシ

パスに沿ってオブジェクトを散布します ▸▸093。

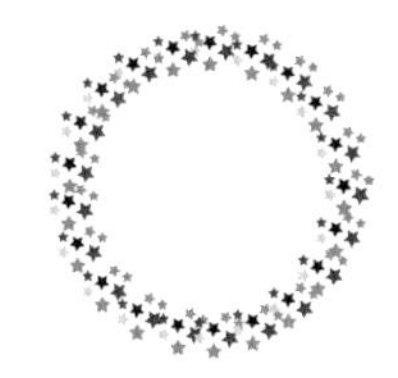

❸アートブラシ

オブジェクトの形状をパスの長さに合わせて伸縮します ▸▸094。

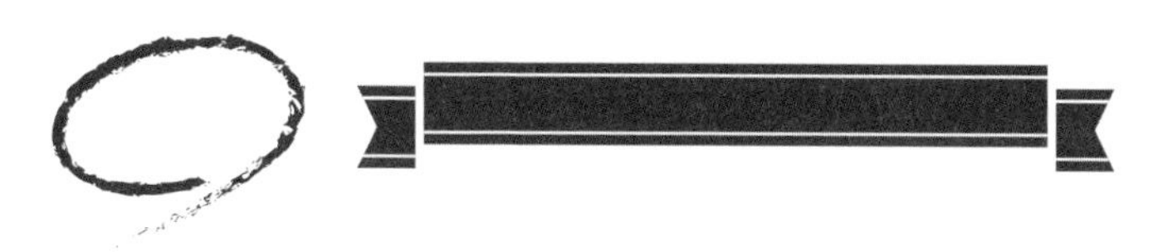

❹パターンブラシ

パスの始点、中間点、2つの角、終点の、最大5つのタイルにオブジェクトを登録し、パスに沿って配置します ▸▸095。

❺絵筆ブラシ

絵筆のように描画します。

ブラシライブラリ

[ブラシ] パネルに表示されているブラシ以外にも、多数のブラシが用意されています。[ブラシ] パネル左下のボタンをクリックⒶ、もしくは[ウィンドウ]メニュー→[ブラシライブラリ]にマウスポインタをあわせるとⒷ、ブラシライブラリが表示されます。

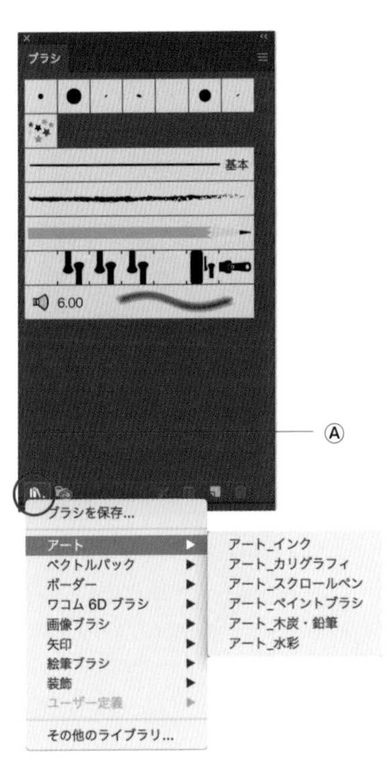

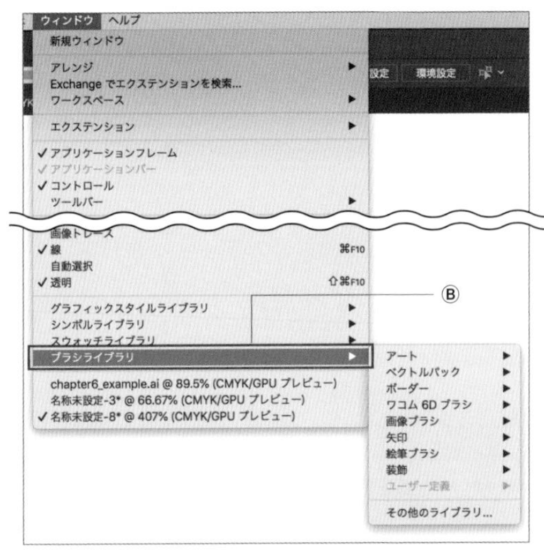

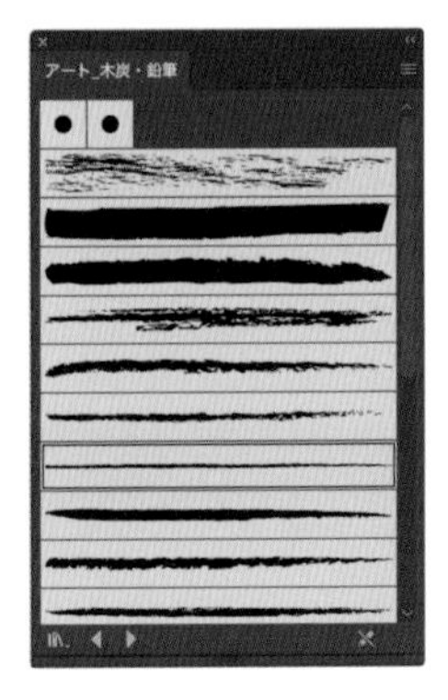

作成したパスにブラシを適用

選択ツールでパスを選択し❶、[ブラシ]パネル、またはブラシライブラリから任意のブラシをクリックします❷。

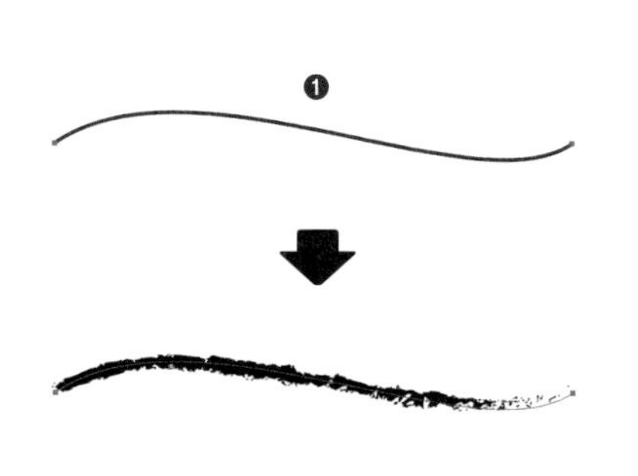

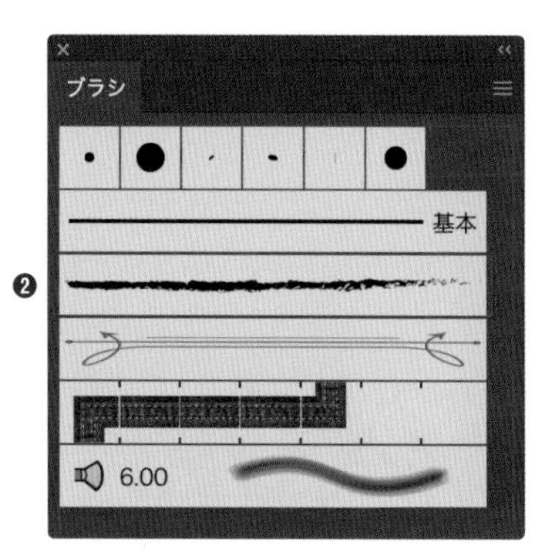

パスの作成と同時にブラシを適用

1 ブラシライブラリ、[ブラシ]パネルまたはブラシライブラリから任意のブラシをクリックします❶。[ブラシ]ツールを選択してドラッグすると、マウスの軌跡が点線で表示されます❷。

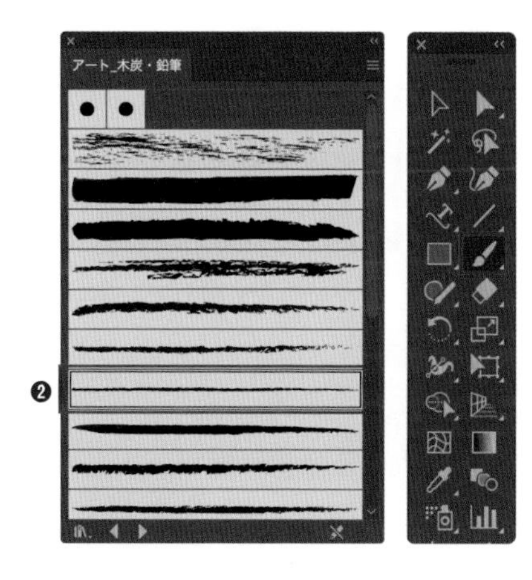

3 マウスのボタンを離すと、パスに 1 の手順で選択したブラシが適用されます❶。

クローズパスを作成する場合は、パスの終点で option キーを押しながらマウスのボタンを離します。このとき、マウスポインタの右下に小さな丸が表示されます。

092 カリグラフィブラシを使いこなしたい

使用機能　カリグラフィブラシ

カリグラフィブラシを適用しても、思った通りに仕上がらないことがあります。そのようなときには、太さや傾斜を調整します。

Before

After

1 [ウィンドウ] メニュー→ [ブラシ] をクリックします。 [ブラシ] パネルが表示されるので、パスに適用しているカリグラフィブラシをダブルクリックします。

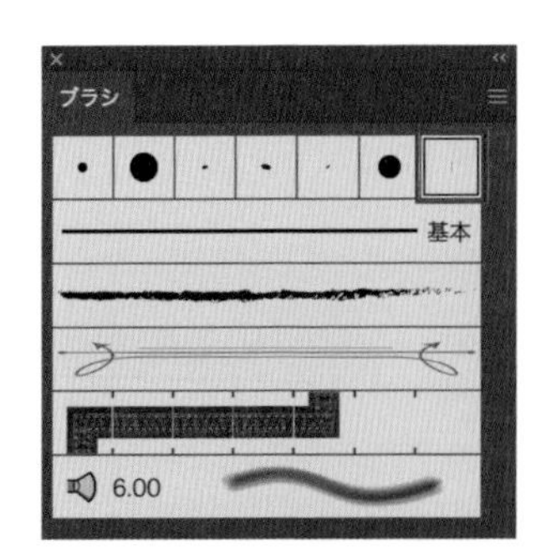

2 [カリグラフィブラシオプション] ダイアログが表示されるので、[プレビュー] にチェックを入れ❶、ブラシの [角度]、[真円率]、[直径] の値を調整します❷。イメージ通りになったら、[OK] ボタンをクリックします❸。

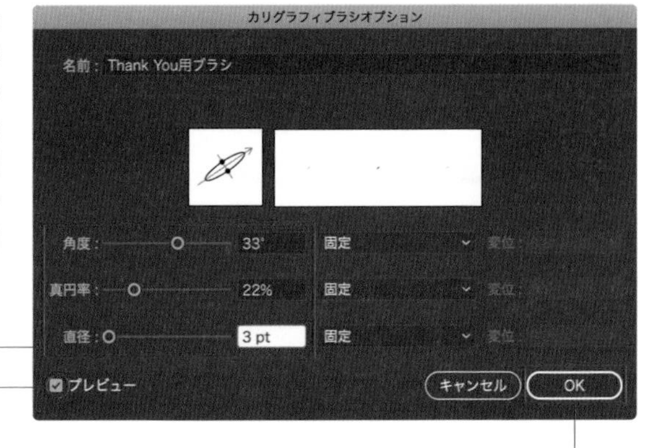

POINT

パスの境界線が邪魔な場合は、[表示] メニュー→ [境界線を隠す] をクリックして非表示にします ▸▸039。

3 アラートが表示されるので、[適用] ボタンをクリックします。

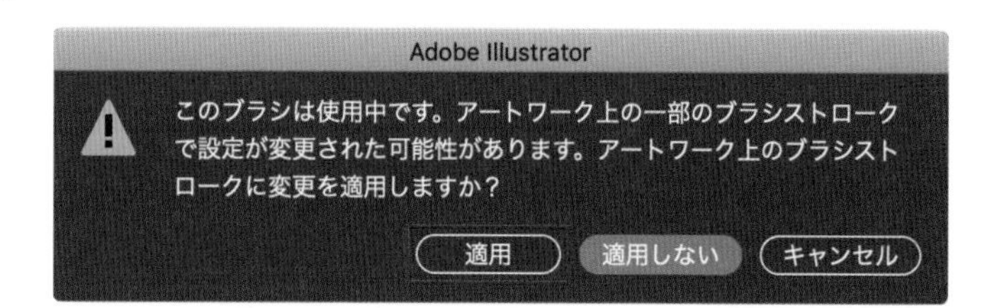

Memo

アラートは、編集したブラシをドキュメント内で使用中の場合に表示されます。ここでは作成中の「Thank You」のパスに変更を適用したいので、[適用] ボタンをクリックします。他のオブジェクトにもブラシを適用している場合は、変更が適用されるので注意が必要です。

093 パスに沿って飾りのオブジェクトを散りばめたい

使用機能 | 散布ブラシ

散布ブラシを使うと、オブジェクトをパスに沿って散布します。枠線の装飾などに便利です。

散布ブラシの登録

1 選択ツールでブラシとして登録したいオブジェクトを選択し❶、[ウィンドウ]メニュー→[ブラシ]をクリックします。[ブラシ]パネルが表示されるので、ドラッグ&ドロップします❷。

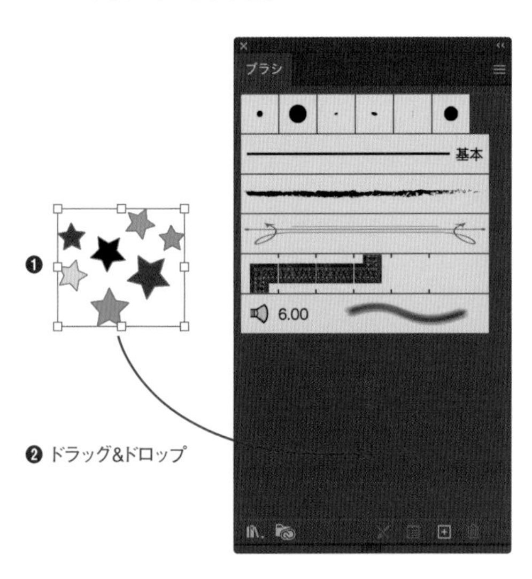

2 [新規ブラシ]ダイアログが表示されるので❶、[散布ブラシ]を選択し❷、[OK]ボタンをクリックします❸。

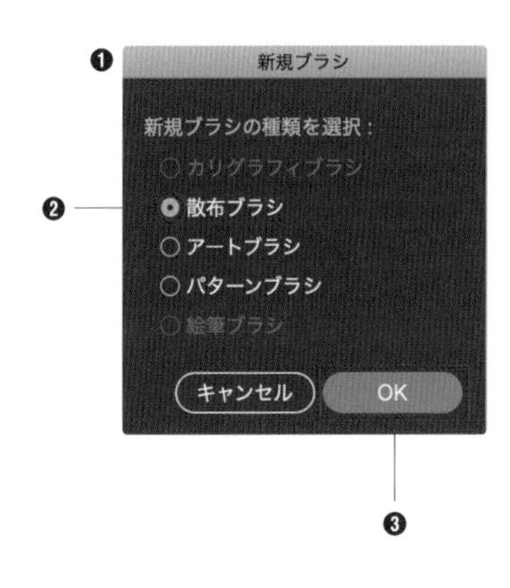

3 ［散布ブラシオプション］ダイアログが表示されるので、［OK］ボタンをクリックします❶。

4 ［ブラシ］パネルにオブジェクトが散布ブラシとして登録されます。

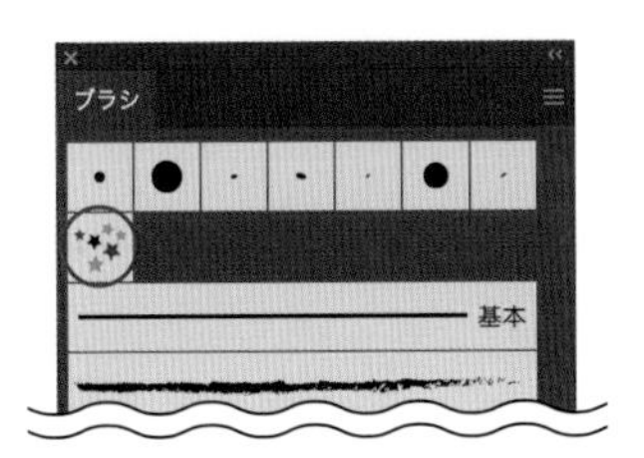

散布ブラシの適用

1 パスを作成して選択し❶、4の手順で登録した散布ブラシをクリックします❷。

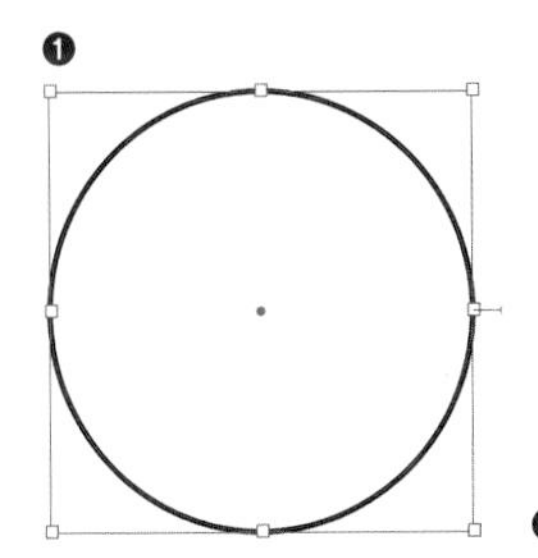

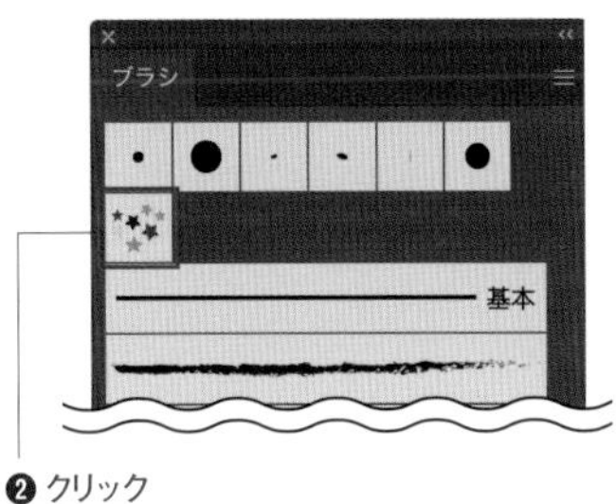

2 パスにブラシが適用されます。

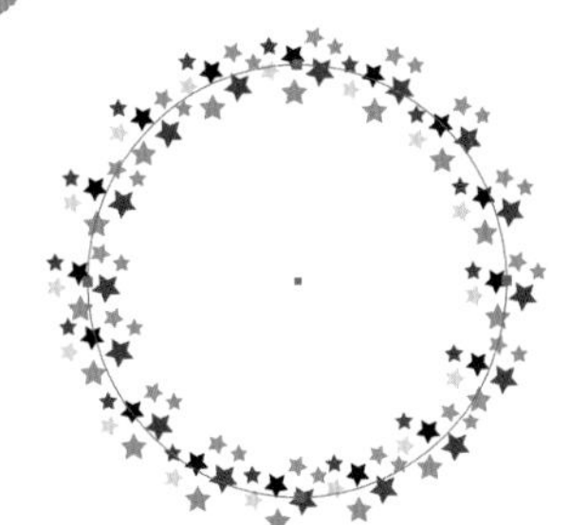

Memo

散布されたオブジェクトのサイズは、［線幅］で変更できます。線幅を太くするとオブジェクトが拡大し、細くすると縮小します。

散布ブラシの設定の変更

1 [ブラシ] パネルで設定を変更したい散布ブラシをダブルクリックします。

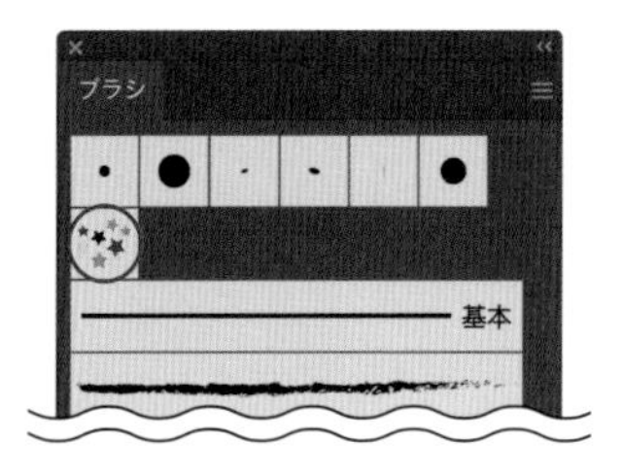

2 [散布ブラシオプション] ダイアログが表示されるので、[プレビュー] にチェックを入れ❶、[サイズ]、[間隔]、[散布]、[回転] の値を調整します❷。イメージ通りになったら、[OK] ボタンをクリックします❸。

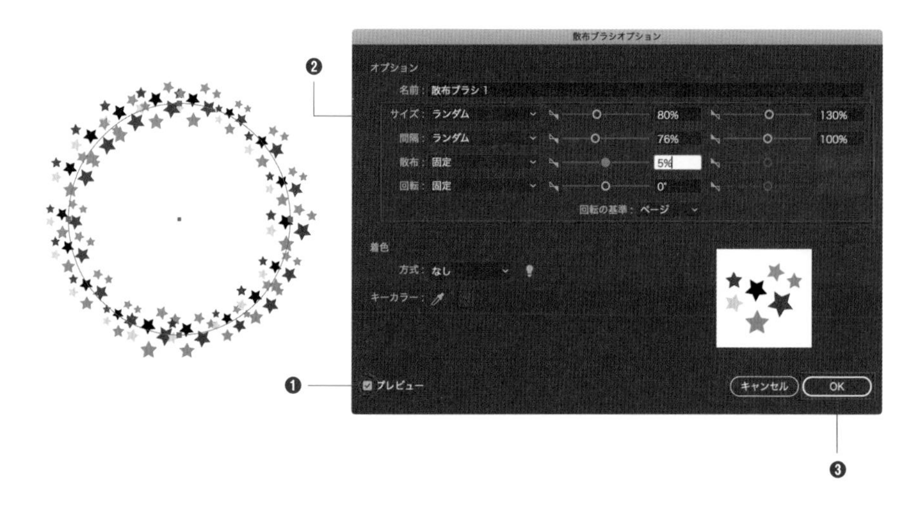

3 編集したブラシをドキュメント内で使用中の場合はアラートが表示されます。オブジェクトにブラシの変更を適用したい場合は [適用] ボタンをクリックします。

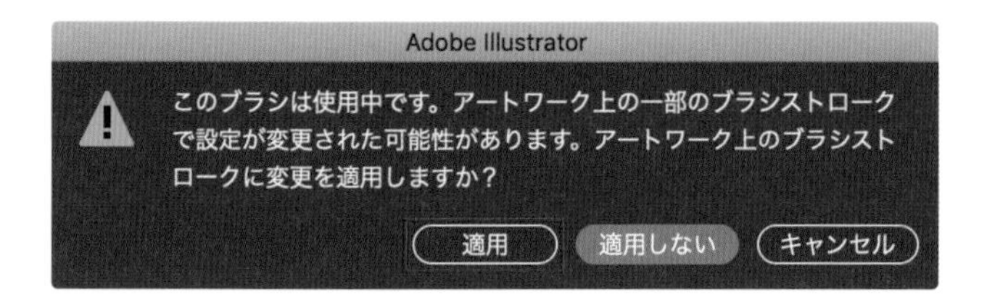

094 アートブラシで伸縮するオリジナルのブラシを作りたい

使用機能　[ブラシ] パネル、アートブラシ

[アートブラシ] では、パスの長さに合わせてオブジェクトが伸縮するブラシを作成できます。伸縮する範囲は、オブジェクトの一部分に限定することもできます。

ブラシの登録

ここではリボンの中央部分だけが伸縮するブラシを作成します。選択ツールでブラシとして登録したいオブジェクトを選択し❶、[ウィンドウ] メニュー→ [ブラシ] をクリックします。 [ブラシ] パネルが表示されるので、ドラッグするか❷、[新規ブラシ] ボタンをクリックします❸。[新規ブラシ] ダイアログが表示されるので、[アートブラシ] にチェックを入れ❹、[OK] ボタンをクリックします❺。

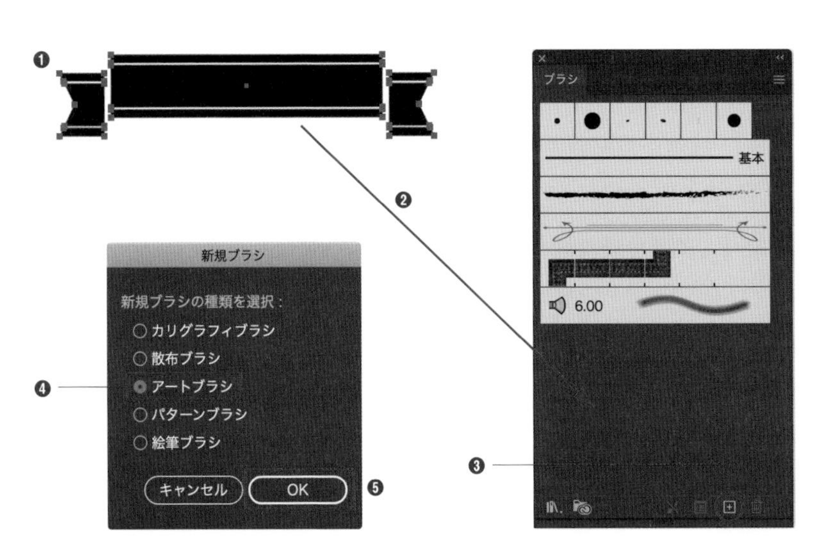

[アートブラシオプション] ダイアログが表示されるので❶、下記の項目を設定し、[OK] ボタンをクリックします❷。

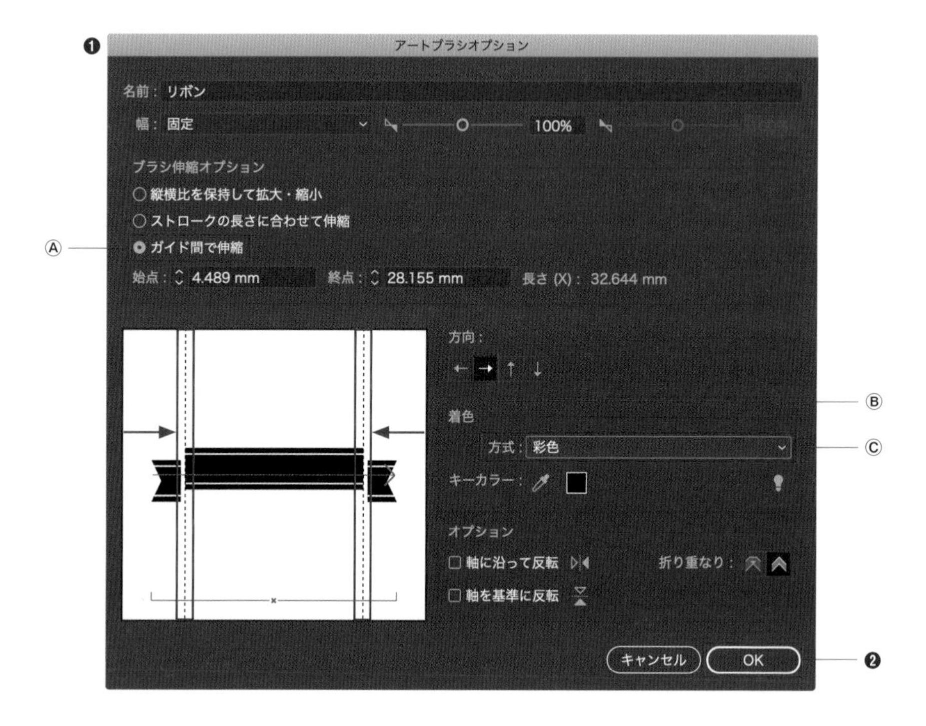

Ⓐブラシ伸縮オプション

[ガイド間で伸縮] を選択し、プレビュー内の破線を伸縮したいエリアの始点と終点にドラッグして設定します。パスの長さに合わせてオブジェクト全体を伸縮したい場合は[ストロークの長さに合わせて伸縮]を選択します。

Ⓑ方向

オブジェクトが伸縮する方向を設定します。ここでは [左から右へストローク] を選択します。

Ⓒ着色

ブラシにカラーを適用するか否かを設定します。 [なし]、[彩色]、[彩色と陰影]、[色相のシフト] の4種類から選択できます。ここでは [彩色] に設定します。

ブラシが登録されます。

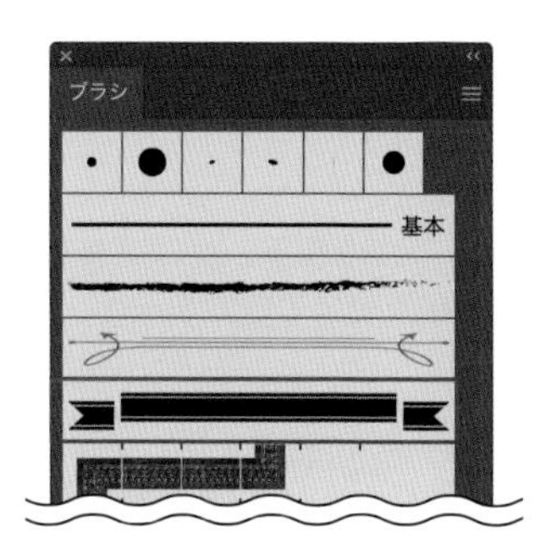

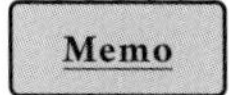

［アートブラシオプション］ダイアログの［ヒント］ボタンをクリックすると、彩色のヒントが表示されます。

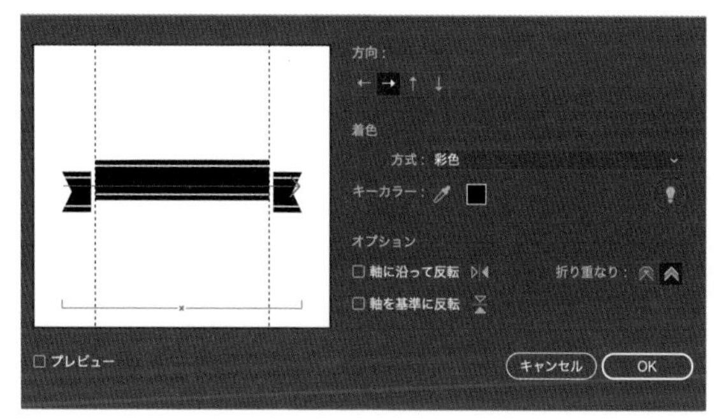

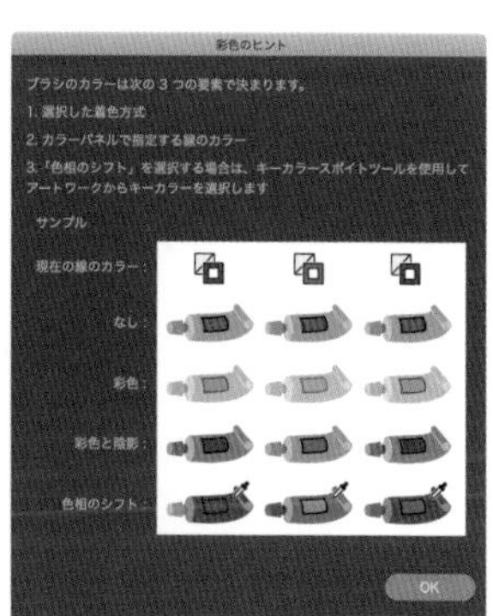

POINT

［着色］の設定を［彩色］に設定した場合、色のついた線にブラシを適用すると、下図のような結果になります。曲線にブラシを適用すると、パスの形状に合わせてブラシも変形します。

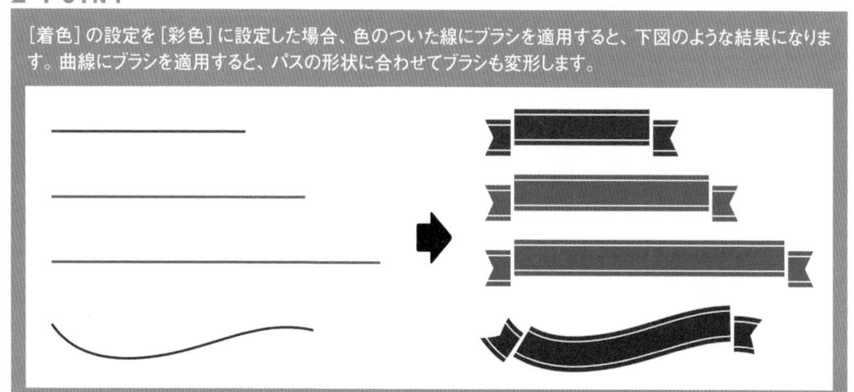

095 パターンブラシで伸縮する オリジナルのブラシを作りたい

使用機能 ［ブラシ］パネル、パターンブラシ、［スウォッチ］パネル

［パターンブラシ］では、最大5つのパーツを組み合わせて、伸縮するブラシを作ることができます。コーナー（角）部分にもデザインを指定することができるので、細かな表現が可能です。

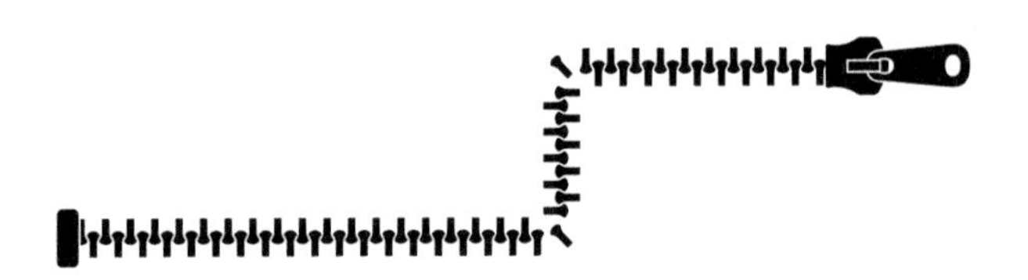

パターンブラシの作成

1 ここでは伸縮するファスナーを作成します。まず、各パーツを描画ツールで作成します。ここでは、ファスナーの下止め、エレメントの曲がり角のパーツ2種類、エレメントのまっすぐな部分のパーツ、スライダーの計5種類を用意します。

2 ［ウィンドウ］メニュー→［スウォッチ］をクリックします。［スウォッチ］パネルが表示されるので、各パーツをひとつずつドラッグし❶、パターンとして登録します❷。

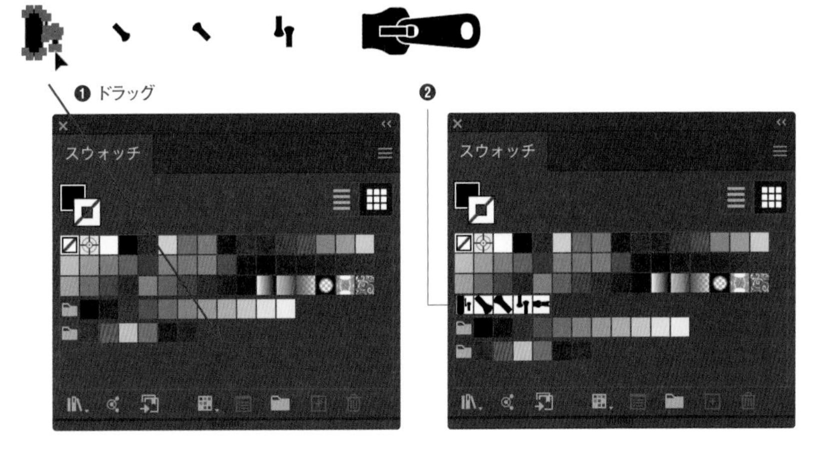

3 [ウィンドウ] メニュー→ [ブラシ] をクリックします。[ブラシ] パネルが表示されるので、[新規ブラシ] ボタンをクリックします❶。[新規ブラシ] ダイアログが表示されるので❷、[パターンブラシ] を選択して❸、[OK] ボタンをクリックします❹。

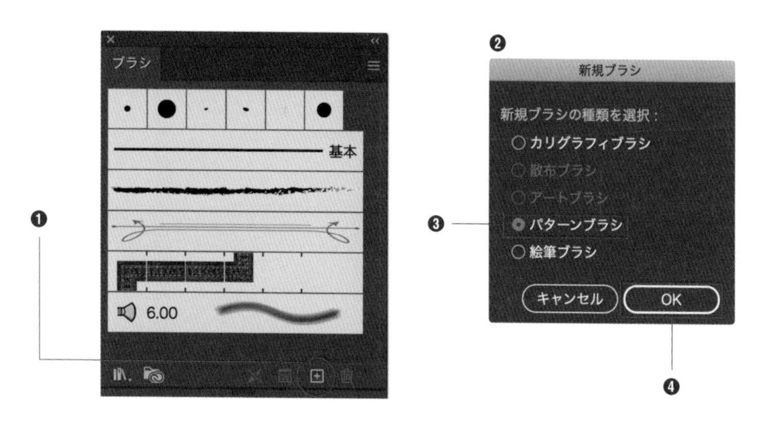

4 [パターンブラシオプション] ダイアログが表示されるので、5つのタイル（左から [外角タイル] [サイドタイル] [内角タイル] [最初のタイル] [最後のタイル]）に、2の手順でスウォッチに登録したパターンをそれぞれ適用していきます。各タイルの右の▼ボタンをクリックすると、[スウォッチ] パネルに登録されているパターンが表示されるので、それぞれのタイルに対応するパターンを選択します。

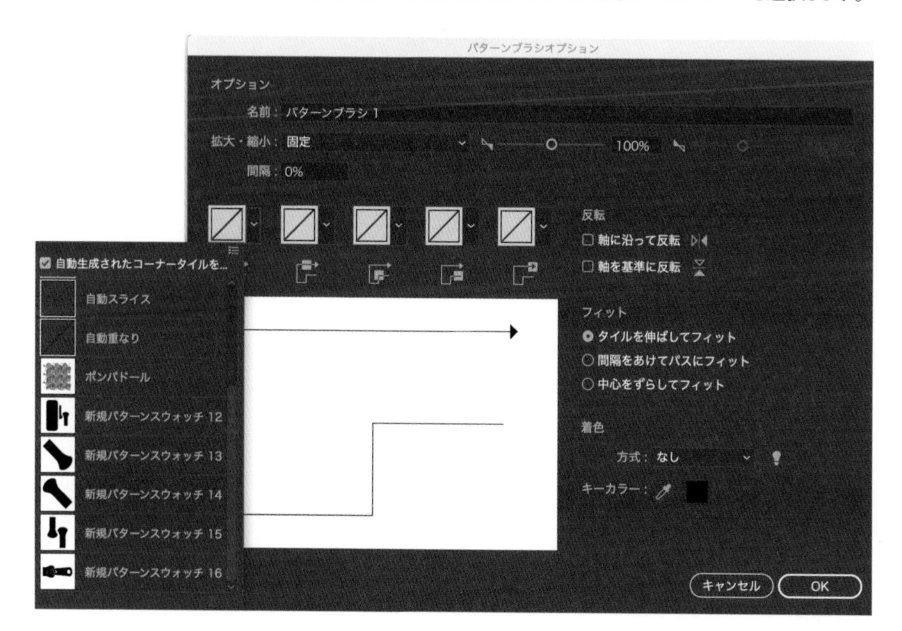

Memo

各タイルの下にはパターンが定義される位置が図解されています。[プレビュー] にチェックを入れると、完成形を確認しながら進めることができます。

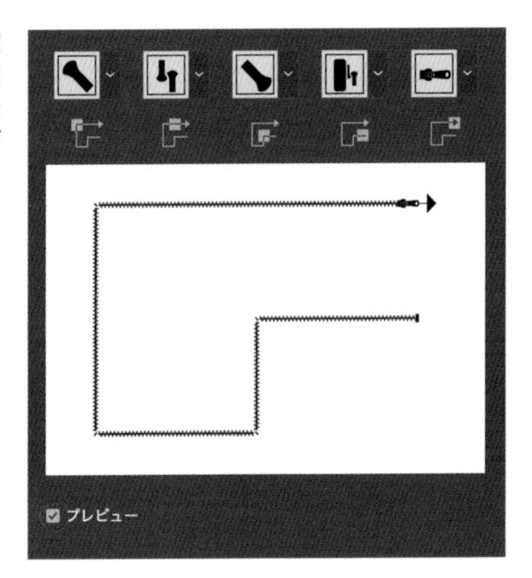

5 [フィット] で、パスの形状にタイルをどのように配置するかを指定します。ここでは、[間隔をあけてパスにフィット] を選択します❶。イメージ通りにプレビューされたら、[OK] ボタンをクリックします❷。これでブラシが登録されます。

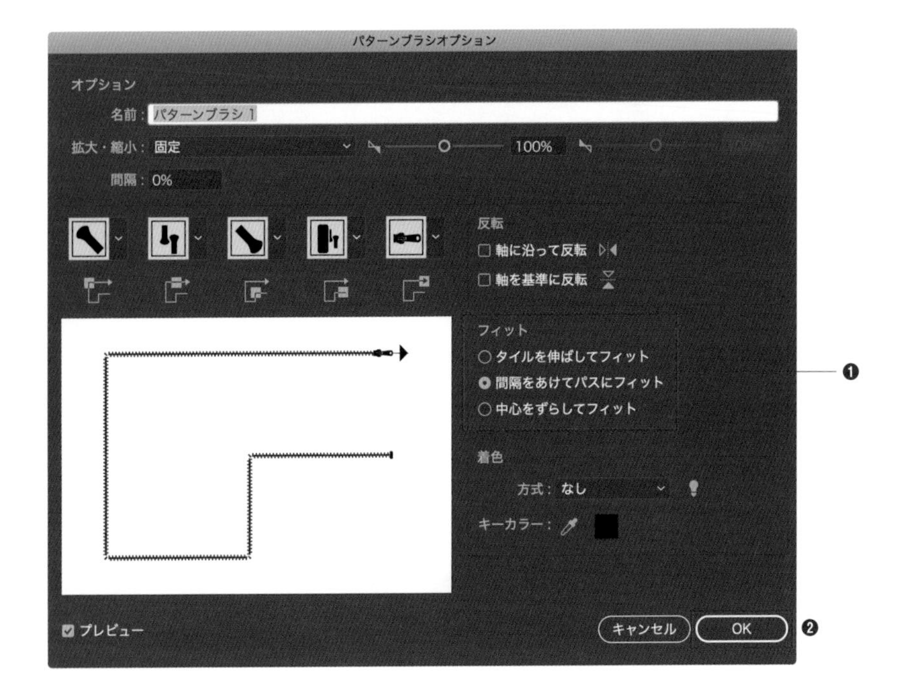

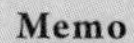

Memo

[フィット] で設定できるオプションは次の通りです。

タイルを伸ばしてフィット
パスに合わせてパターンタイルが伸縮します。このオプションを選択すると、位置によってパターンの形状が変化します。
間隔をあけてパスにフィット
パスに合わせてパターンタイルの間に空白が挿入されます。
中心をずらしてフィット
パターンがパスの中心ではなく、わずかに内側や外側にずれて適用されます。

パターンブラシの適用

パスを選択し❶、ブラシをクリックして適用します❷。

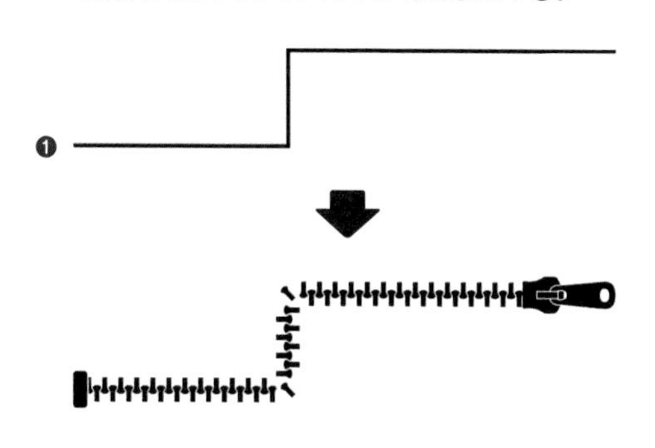

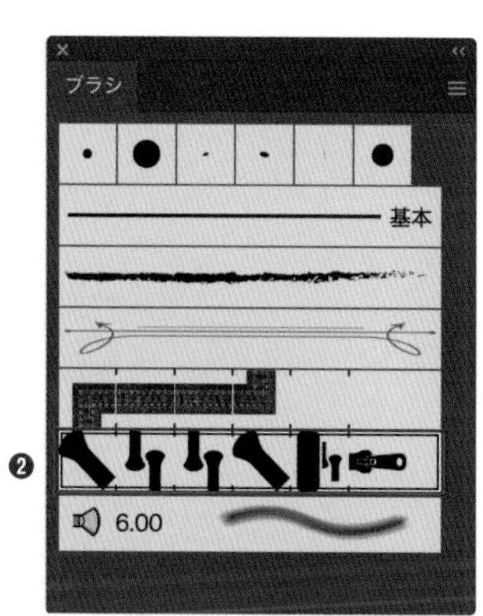

POINT

5つのタイルすべてを登録せず、[サイドタイル] だけでパターンブラシを作成することもできます。[サイドタイル] だけで作成したパターンブラシは、散布ブラシと似たブラシになります。

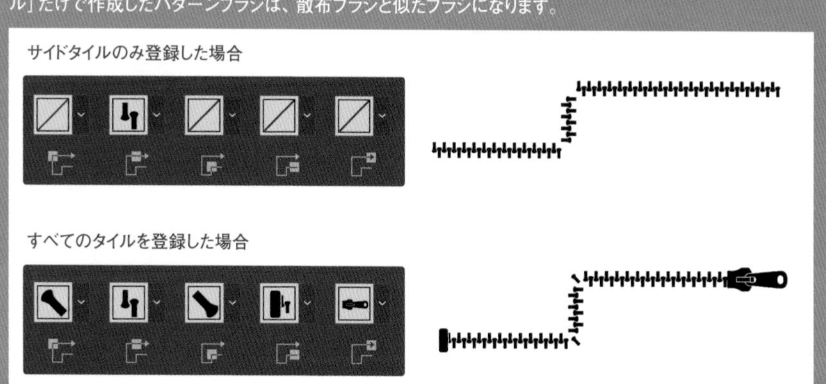

096 オブジェクトにパターンを適用したい

使用機能　スウォッチライブラリ

[スウォッチライブラリ]には多数のパターンが保存されており、使用することができます。

1 [ウィンドウ]メニュー→[スウォッチライブラリ]→[パターン]にマウスポインタを合わせて、任意のパターンライブラリを選択すると❶、各パターンライブラリのパネルが表示されます❷。

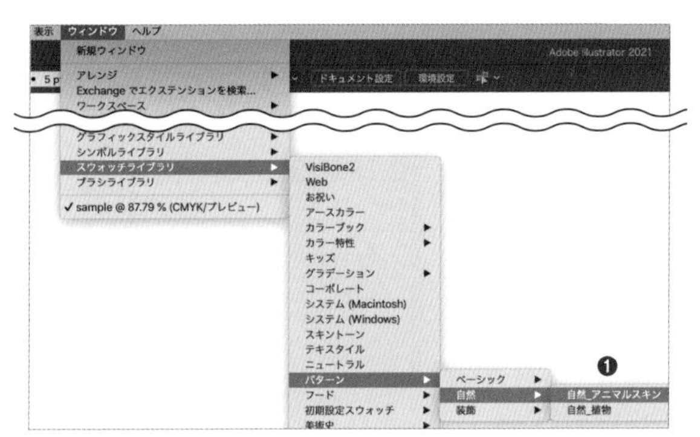

2 選択ツールでオブジェクトを選択し❶、[塗り]もしくは[線]を有効にして❷、任意のパターンスウォッチをクリックします❸。するとパターンが適用されます❹。

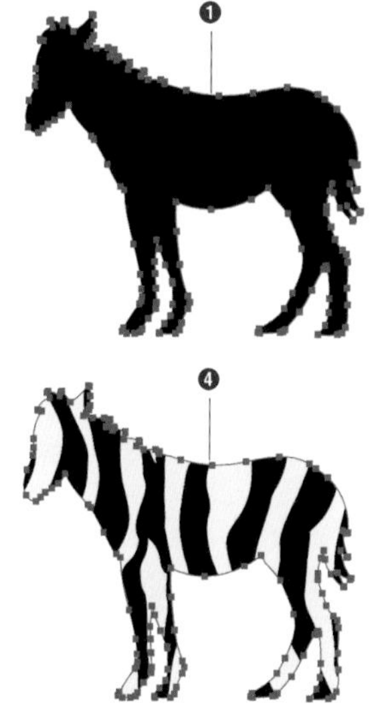

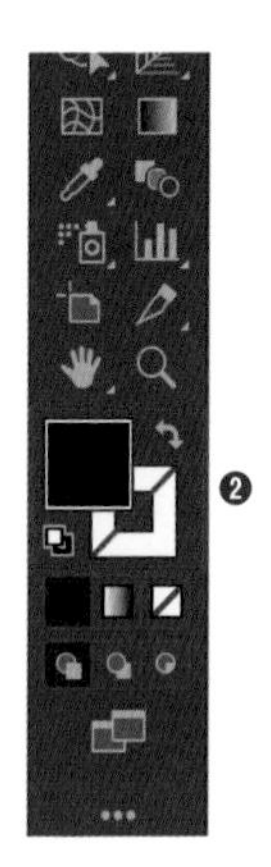

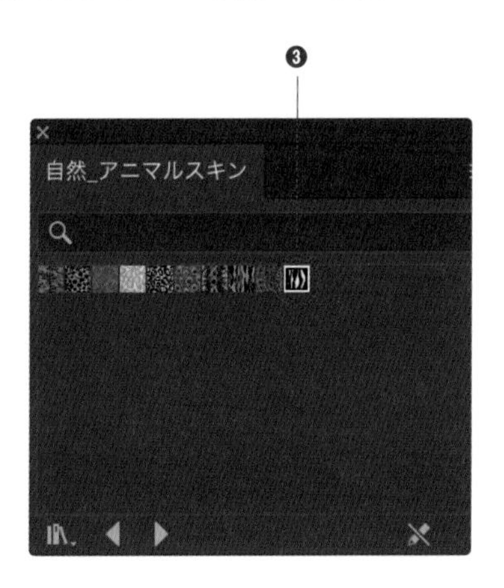

Memo

各パターンライブラリのパネルから使用したパターンスウォッチは、[スウォッチ]パネルに自動で追加されます。スウォッチをダブルクリックして、パターンを編集することもできます。

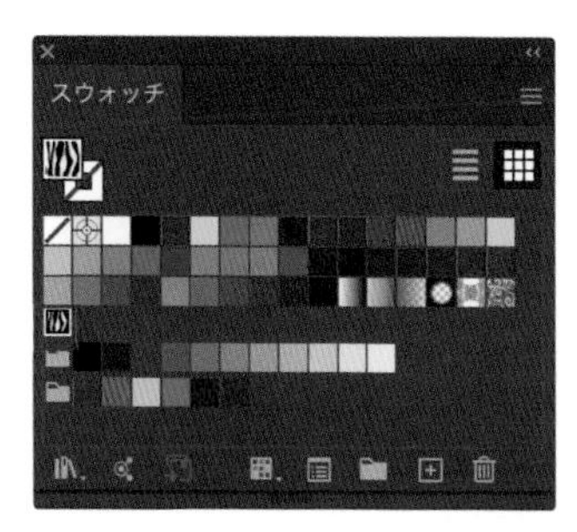

Memo

パターンは線やテキストオブジェクトにも適用することができます。

POINT

パターンライブラリには、次のようなパターンがあります。

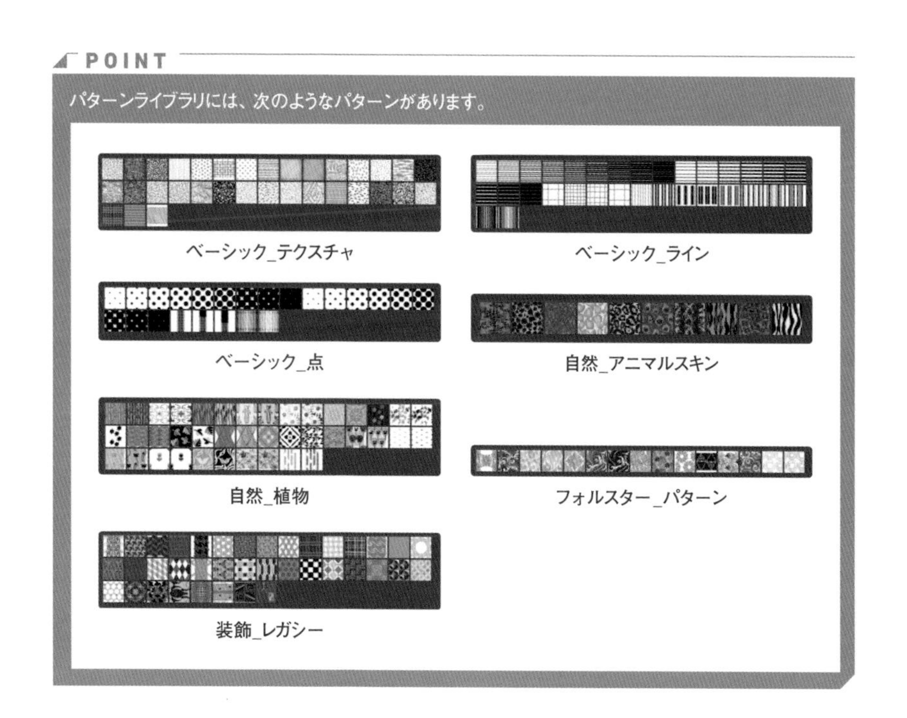

097 ひとつのオブジェクトだけでシンプルなパターンを作りたい

使用機能 [スウォッチ] パネル、パターン編集モード

ひとつのオブジェクトだけで構成されるシンプルなパターンは、簡単に作ることができます。

パターンの作成

パターンに使用するオブジェクトを作成します。選択ツールでオブジェクトを選択し❶、[ウィンドウ] メニュー→ [スウォッチ] をクリックします。[スウォッチ] パネルが表示されるので、ドラッグして登録します❷。

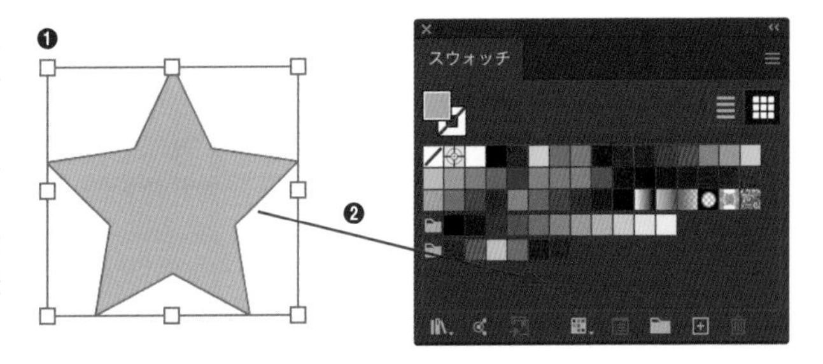

[スウォッチ] パネルに登録されたオブジェクトのパターンスウォッチをダブルクリックします❶。パターン編集モードに切り替わり、パターンのプレビューと❷ [パターンオプション] パネルが表示されます❸。オブジェクトの周りを囲う四角形は [タイル] の境界線です❹。パターンは、タイルの並び方を定義することで作成されます。

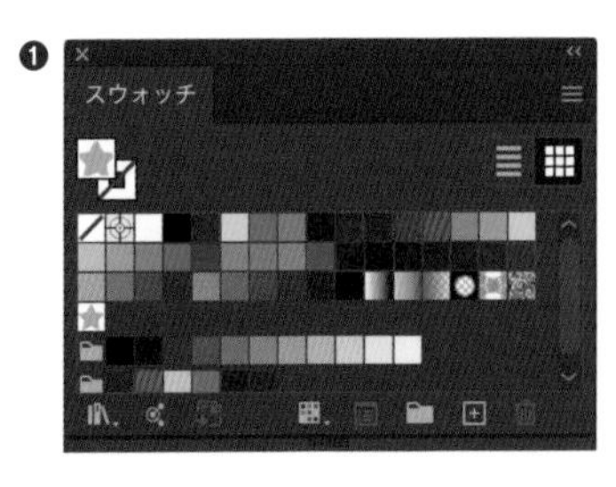

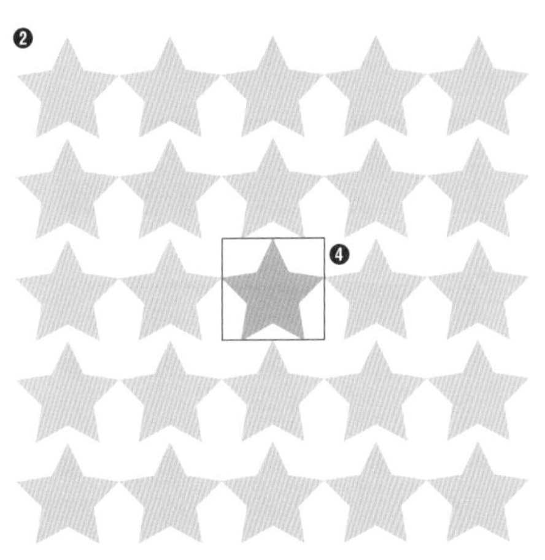

パターンのオプションを設定します。

❶タイルの種類 …… [グリッド]、[レンガ(縦)]、[レンガ(横)]、[六角形(縦)]、[六角形(横)]からタイルの並び方を選択します。

グリッド　レンガ(縦)　レンガ(横)

六角形(横)　六角形(縦)

❷幅/高さ …… タイルの幅/高さを設定して、オブジェクト同士の間隔を調整します。

❸**パターンタイルツール** …… クリックして有効にすると、タイルの境界線がバウンディングボックスで表示されます。ポイントをドラッグしてタイルを拡大・縮小することで、オブジェクト同士の間隔を調整します。

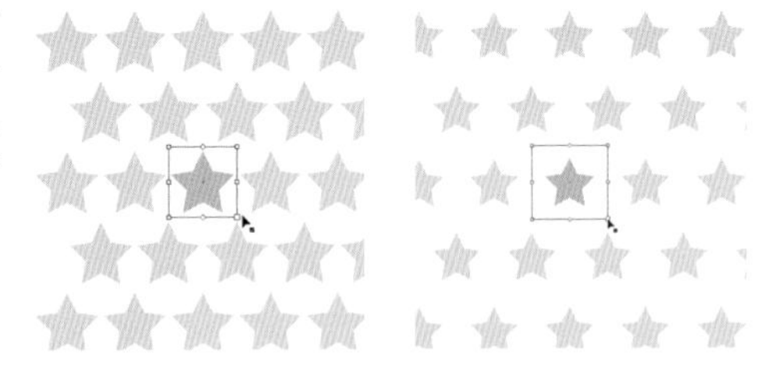

❹**コピー数** …… パターンをプレビューする際の、元のアートワークをコピーする数を設定します。オプションで、コピーの表示濃度、タイルの境界線の表示、スウォッチの境界の表示を設定することができます。

オブジェクト同士の間隔は、❷と❸いずれかの方法で設定します。

5 イメージ通りになったら、ドキュメントの左上の［○完了］をクリックします❶。これでパターンが保存されます❷。

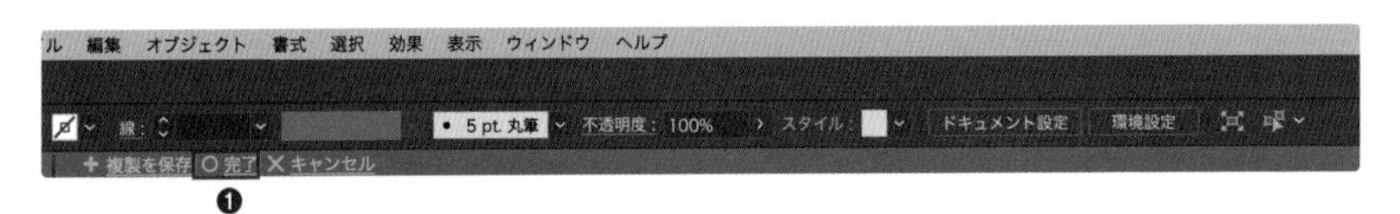

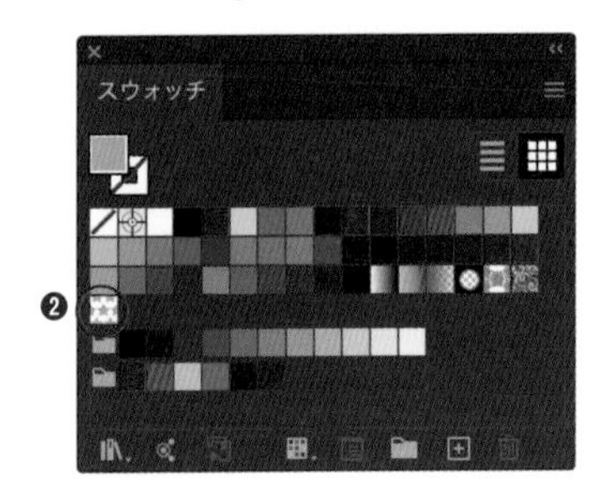

作成したパターンは、［スウォッチ］パネルからオブジェクトに適用することができます ▸▸051 。

Memo

テキストオブジェクトをパターンに設定することもできます。ただし、使用フォントがない環境でパターンを使用するとフォントが置き換わってしまうので注意が必要です。

THANK YOU!!

098 複雑なパターンを作りたい

使用機能　[スウォッチ] パネル、パターン編集モード

複数のオブジェクトで構成されるような複雑なパターン柄は、パターン編集モードを使うと簡単に作成できます。

パターンの作成

1 パターンの元となるイメージを作成し❶、[ウィンドウ] メニュー→[スウォッチ] をクリックします。[スウォッチ] パネルが表示されるので、ドラッグします❷。

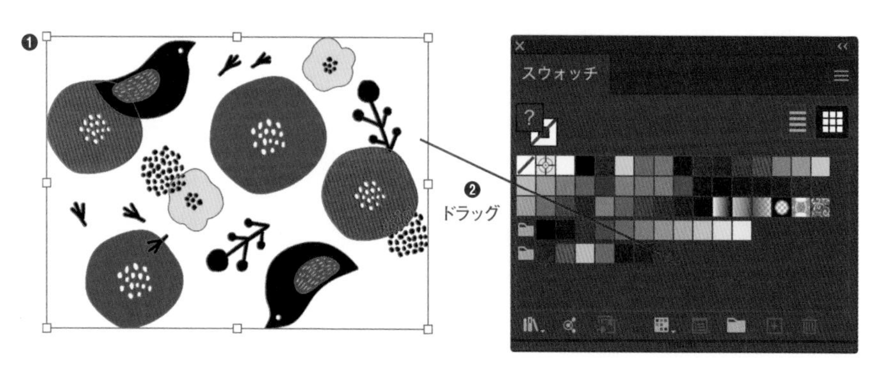

Memo

それぞれのオブジェクトはパーツごとにグループ化し、全体のグループ化はしないでおくと、あとの作業がやりやすくなります。

2 パターンスウォッチとして登録されます。

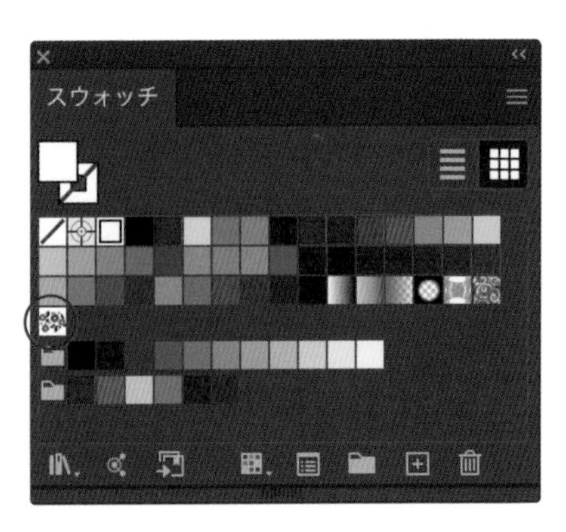

3 登録したスウォッチをダブルクリックすると、パターン編集モードになり、［パターンオプション］パネルが表示されます❶。ここでは、四隅に空白ができており❷、またそれぞれのオブジェクトの配置のバランスがあまりよくないので、バランスを整えていきます。

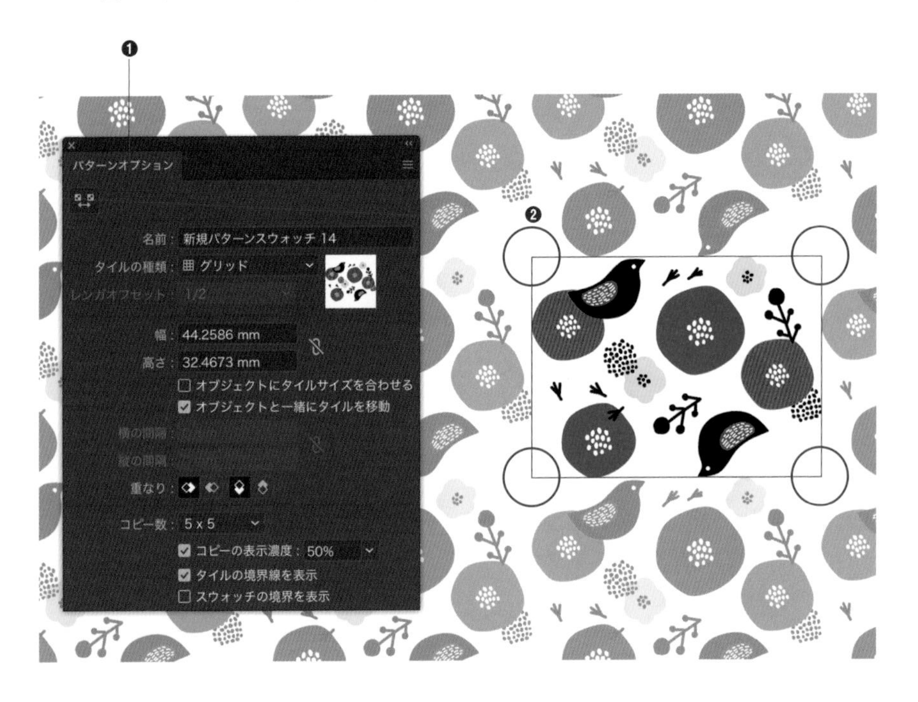

プレビュー範囲を変更したいときは、［コピー数］を変更します。

4 ［幅］と［高さ］を調整します❶。各オブジェクトを選択ツールで選択し、配置や角度、サイズを調整します❷。

Memo

オブジェクトをタイルからはみ出して配置すると、すき間が埋まって自然なパターンを作成できます。

5 オブジェクトの配置の調整が終わったら、［コピーの表示濃度］を「100%」にし❶、［タイルの境界線を表示］のチェックを外してオフにして❷、パターンの最終確認をします。

6 ドキュメントの左上の[○完了]をクリックすると、パターンが保存されます。

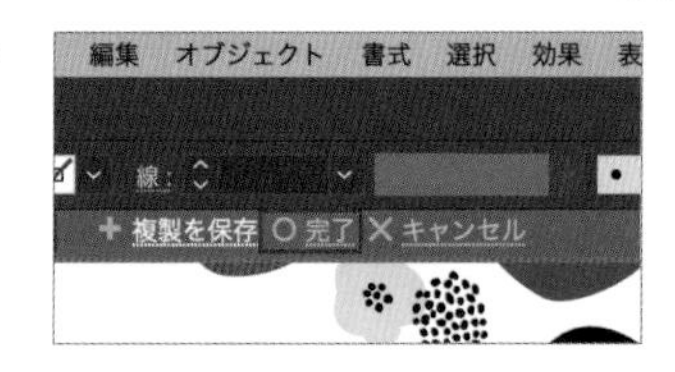

パターンの編集

パターン編集モードでは、パターンを構成するオブジェクトを削除したり新たに作成したりするなど、さまざまな編集作業が可能です。[スウォッチ]パネルのパターンスウォッチをダブルクリックし、パターン編集モードにします。

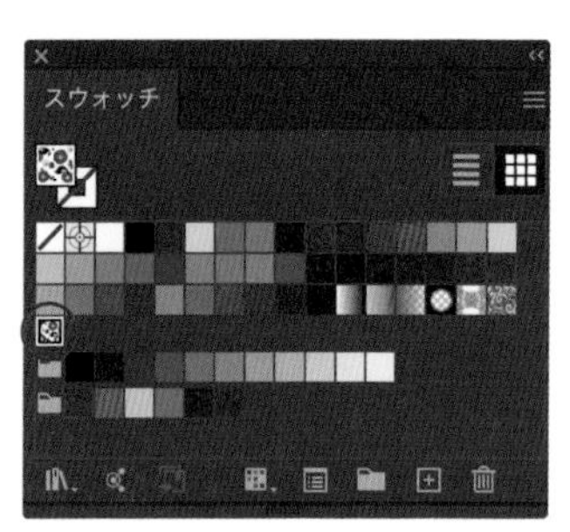

タイルの境界線の内側は、通常のアートボードと同じようにオブジェクトの削除や新規作成、カラーの編集などができます❶。プレビューでパターンのバランスを確認しながら編集し、[○完了]をクリックします❷。

元のパターンがオブジェクトに適用されている場合、パターンの修正がオブジェクトに反映されます。

パターンのバリエーションを複数作りたいときは、スウォッチライブラリでパターンスウォッチを複製し、それぞれを編集・保存します。

099 パターンを適用している オブジェクトを変形したい

使用機能 | 変形オプション

オブジェクトに［拡大・縮小］、［移動］、［回転］などの操作を行う場合、オブジェクトの変形に伴ってパターンを変形するかどうかを設定することができます。また、パターンのみを変形することもできます。

パターンの変形

オブジェクトに各種変形を適用する際に表示されるダイアログのオプションに、［パターンの変形］という項目があります。このオプションにチェックを入れると、オブジェクトの変形に伴ってパターンが変形し、チェックを外すとオブジェクトだけが変形します。ここでは［回転］▸▸034を例にします。

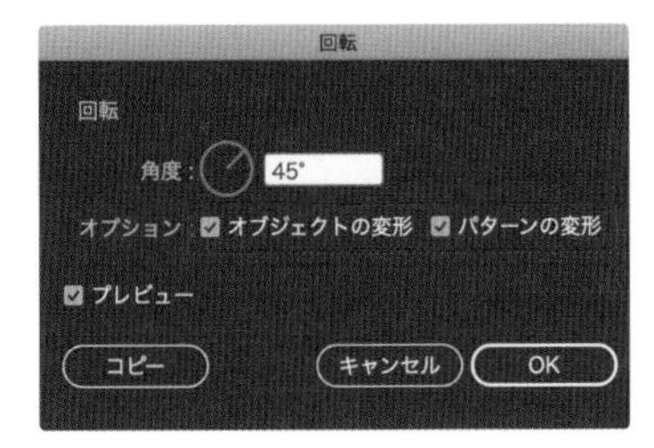

元のオブジェクト

● オブジェクトと一緒にパターンを変形

［オブジェクトの変形］と［パターンの変形］両方のチェックを入れた場合、オブジェクトと一緒にパターンも回転します。

● オブジェクトのみ変形

［オブジェクトの変形］にチェックを入れ、［パターンの変形］のチェックを外した場合、オブジェクトのみ回転し、パターンは動きません。

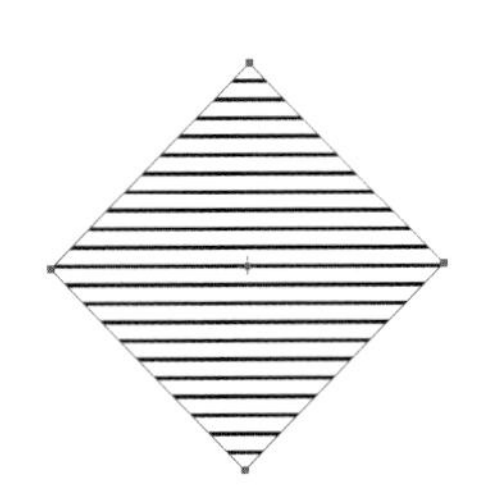

● パターンのみ変形

［オブジェクトの変形］のチェックを外し、［パターンの変形］のみにチェックを入れた場合、オブジェクトはそのままで、パターンだけ変形します。

100

ひとつのオブジェクトに複数の線や塗り、効果を適用したい

使用機能 ［アピアランス］パネル

［アピアランス］パネルを使うと、ひとつのオブジェクトやテキストオブジェクトなどに複数の線・塗り・効果を適用することができ、それらの見た目の情報（アピアランス）を一括で管理することができます。

アピアランスとは

英単語の「appearance」には「外観」「外見」といった意味があり、Illustratorにおいても、オブジェクトの「見た目」のことを意味します。Illustratorで作成するアートワーク（オブジェクト・テキストオブジェクト・配置画像など）はすべて［線］、［塗り］、［不透明度］、［効果］の組み合わせで構成されており、これら4つの要素を「アピアランス属性」と呼びます。

右のサンプルは、テキスト以外の図形部分は、［アピアランス］パネルを使用して、ひとつの円形オブジェクトに複数の効果を適用したものです。ジグザグした白い円と黒い縁のついた黄色い円を、ひとつのオブジェクトのアピアランスだけで表現しています。

［アピアランス］パネルの見方

［ウィンドウ］メニュー→［アピアランス］をクリックすると、［アピアランス］パネルが表示されます。以下のような黒の線と塗りだけのオブジェクトのアピアランスを確認すると、［線］［塗り］［不透明度］の3つのアピアランスが適用されていることがわかります。これらをクリックすると、設定を編集することができます。

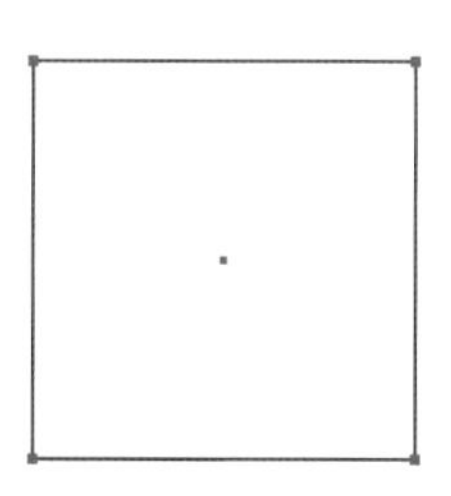

左下部の3つのボタン（左から［新規線の追加］、［新規塗りの追加］、［新規効果の追加］）は、オブジェクトに新たにアピアランスを追加するときに使用します。新たなアピアランスを追加した場合は、［アピアランス］パネルに情報が表示されます。

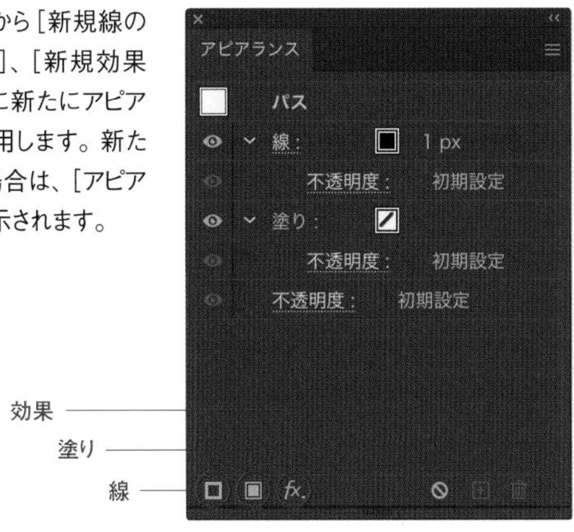

アピアランスは順番が重要で、上から順番にオブジェクトに効果が適用されます。サンプルのアイコンのアピアランスを見てみます。
このオブジェクトを上から順に読み解いていくと、

Ⓐジグザグの［効果］を全体にかけていて
Ⓑ追加した白い［塗り］を［変形］で縦横50％に縮小していて
Ⓒ4pxの黒い［線］がついていて
Ⓓ黄色い［塗り］がある

円形のオブジェクトという意味になっています。
右端に［fx］というマークがついているのが、［効果］のアピアランスです。英語で効果を意味する「effects」を省略して「fx」と表記したのが由来とされます。

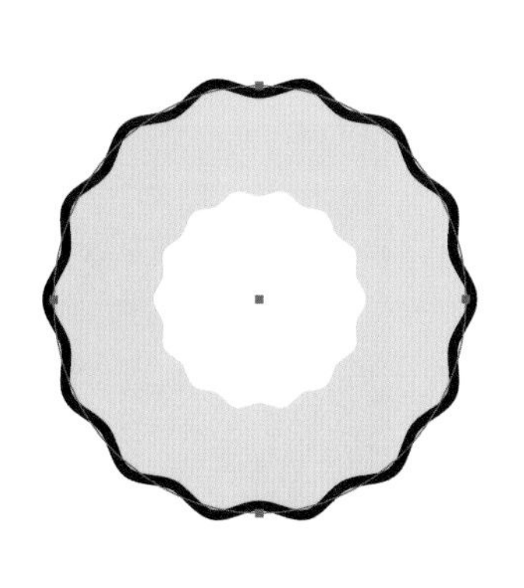

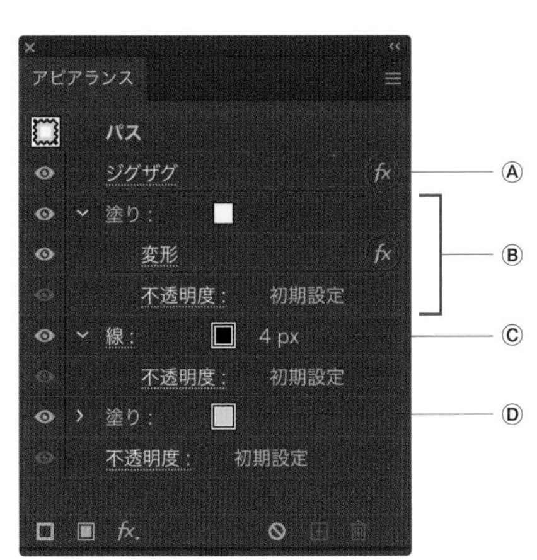

アピアランスの適用方法

1 ここではサンプルのようなアイコンの図形部分をアピアランスだけで作成します。図形ツールで直径「180px」の、[塗り] [線] ともにカラーなしの正円を作成します。

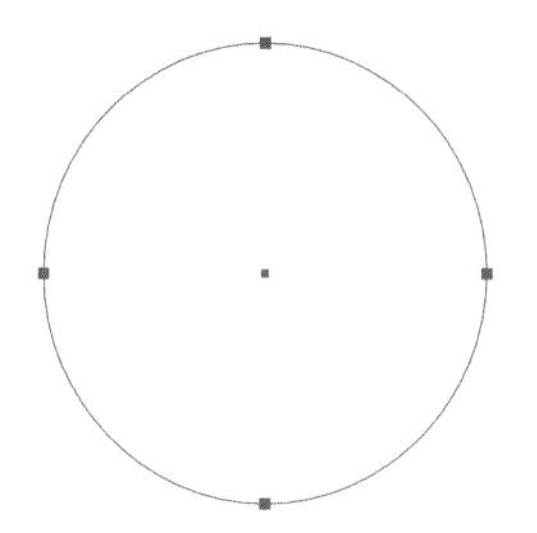

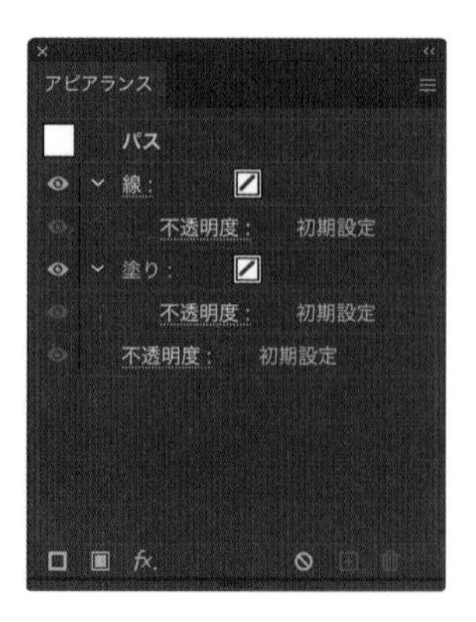

2 [アピアランス] パネルの [線] のカラーを黒、線幅を「4px」に❶、[塗り] を黄色に設定します❷。

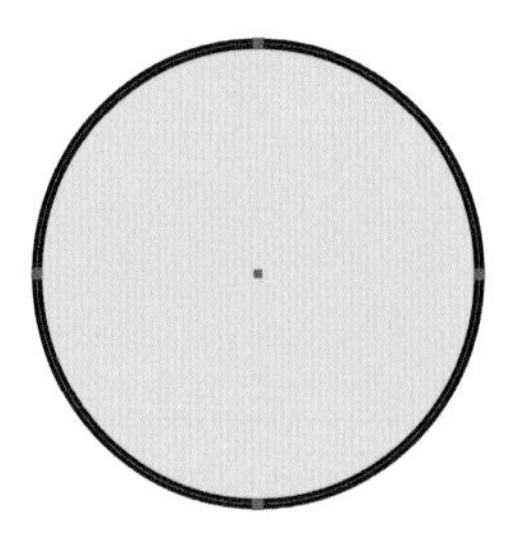

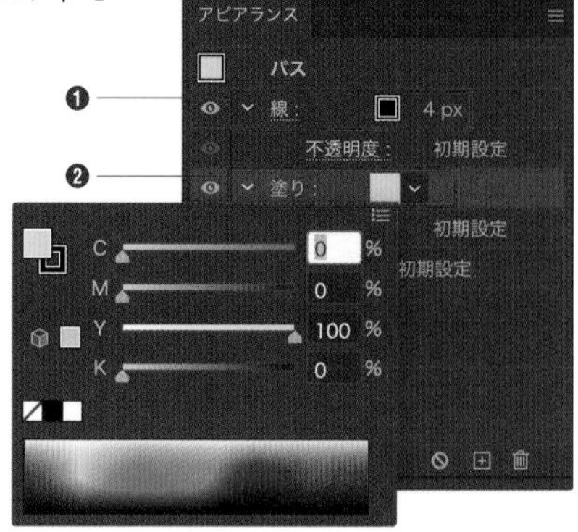

3 [アピアランス] パネル左下の [新規塗りを追加] ボタンをクリックします❶。すると黄色の塗りが新たに追加されます❷。これを最上部までドラッグして移動します❸。

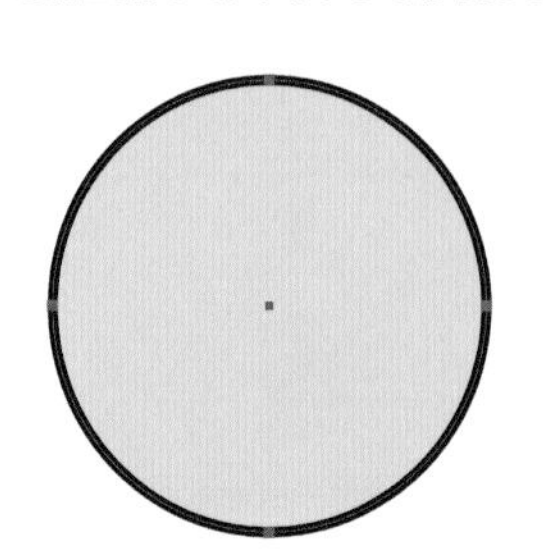

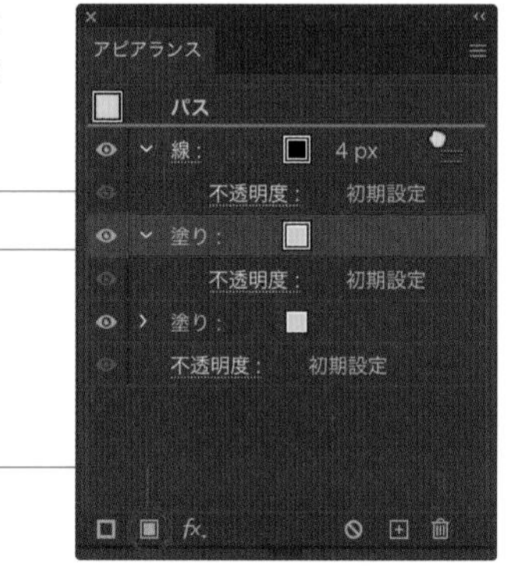

4 最上部の［塗り］を選択し、カラーを白に変更します❶。さらに［新規効果の追加］ボタンをクリックして❷、［パスの変形］→［変形］を選択します❸。

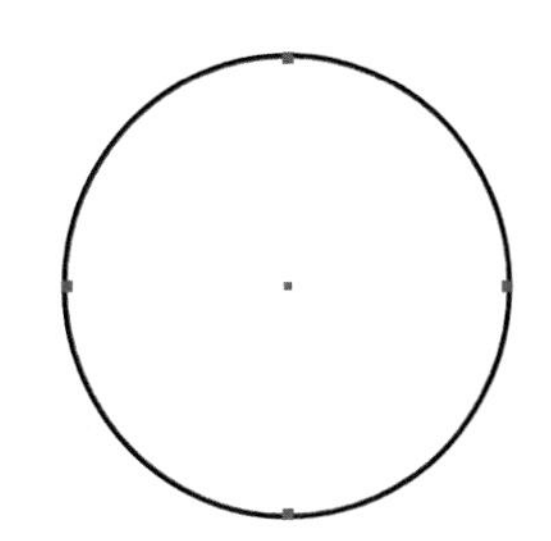

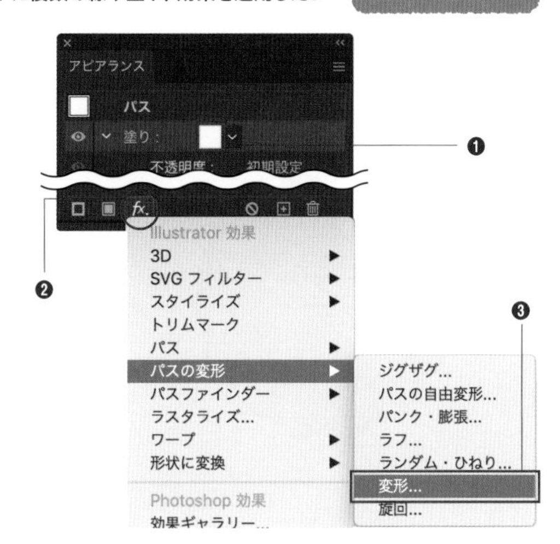

5 ［変形効果］ダイアログが表示されるので❶、［拡大・縮小］の水平方向と垂直方向ともに「50%」と入力し❷、［OK］ボタンをクリックします❸。すると、白い円が50％縮小されます❹。

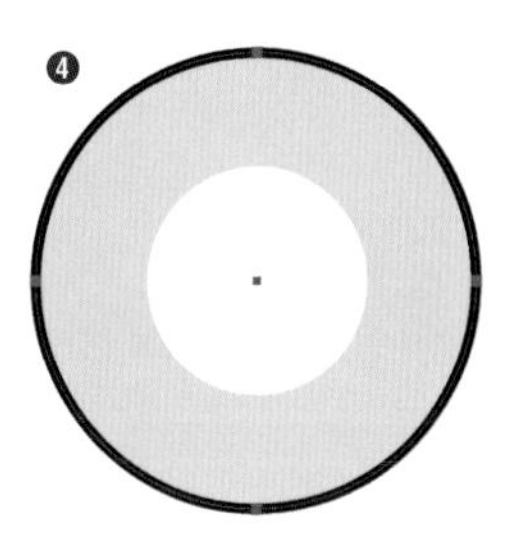

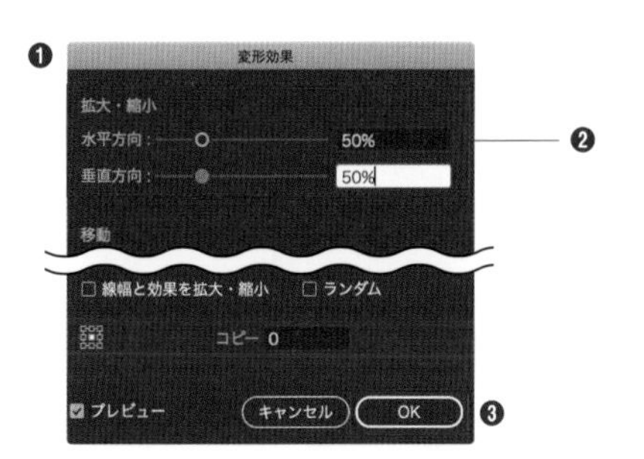

6 どのアピアランスも選択されていない状態で［アピアランス］パネルの［新規効果の追加］ボタンをクリックし❶、［パスの変形］→［ジグザグ］をクリックします❷。

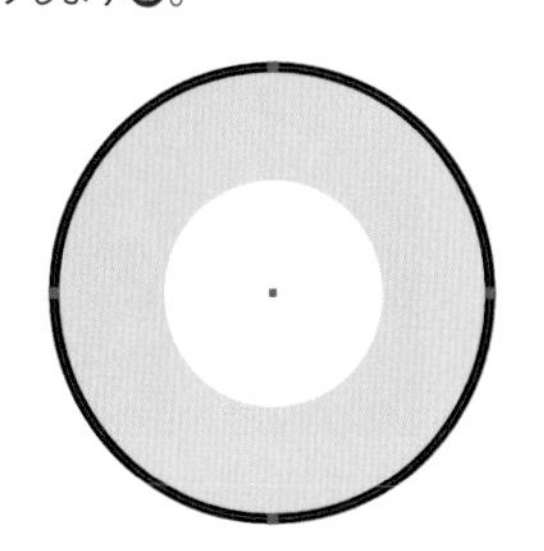

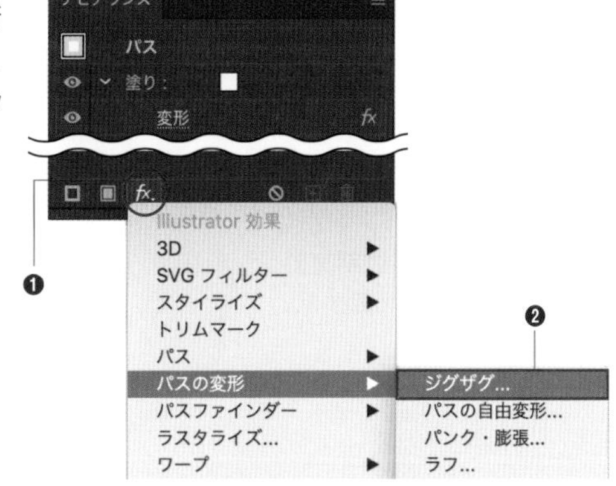

7 ［ジグザグ］ダイアログが表示されるので、［プレビュー］にチェックを入れ❶、［大きさ］と［折り返し］の値を調整します❷。また、ここでは［ポイント］は［滑らかに］を選択します❸。イメージ通りになったら、［OK］ボタンをクリックします❹。

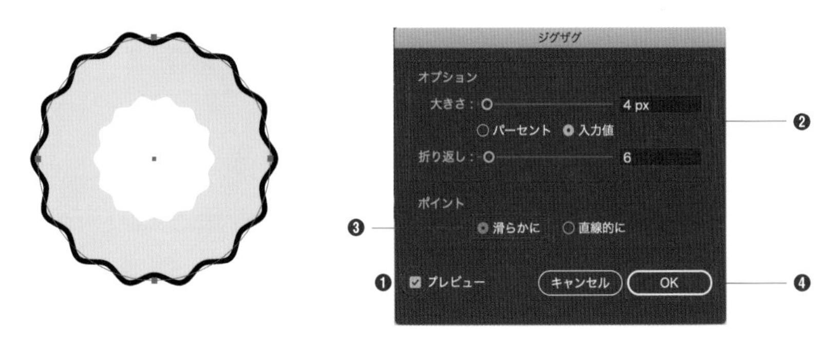

8 すべてのアピアランスに［ジグザグ］の効果が適用されます。これでひとつのオブジェクトに複数のアピアランスを適用することができました。

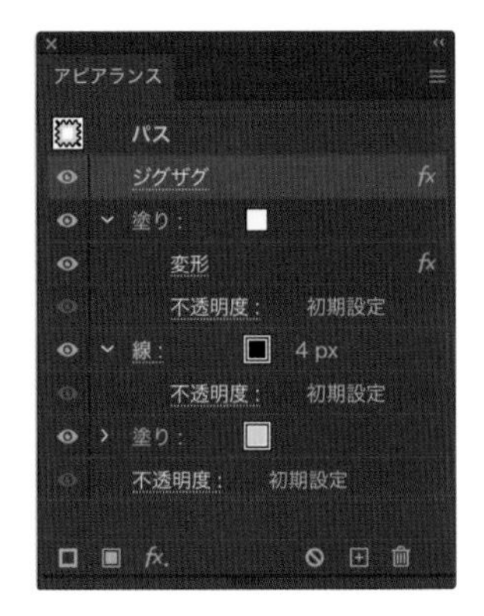

Memo

各アピアランスは、ドラッグすることで上下を入れ替えることができます。アピアランスをすべて消去したいときは［アピアランス］パネル下部の［アピアランスを消去］ボタンをクリックします。

アピアランスの分割

アピアランスを適用しているオブジェクトは、「ひとつのオブジェクト」に複数のアピアランス属性（［線］、［塗り］、［不透明度］、［効果］）を見た目だけ重ねている状態といえます。

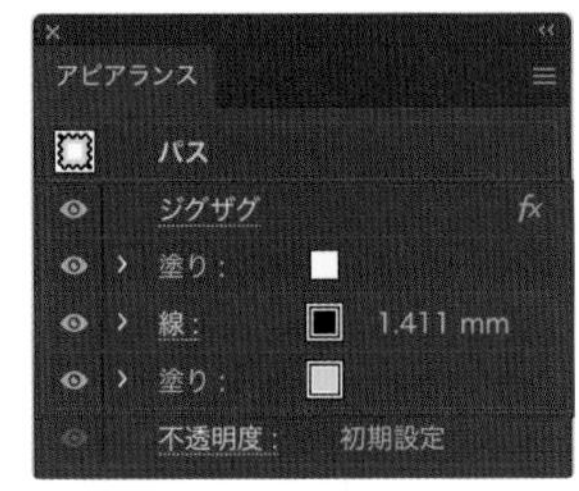

複数のアピアランス属性

見た目では輪郭がジグザグになっていたり、中央に小さな円が重なっていたりするように見えるこの作例も、アウトライン表示 ▸▸043 にしてみると、ひとつの円であることがわかります。

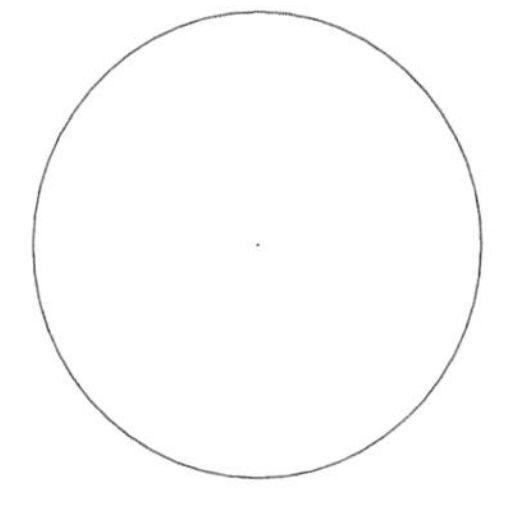

アウトライン表示

アピアランスを適用しているオブジェクトを選択し、[オブジェクト] メニュー→ [アピアランスを分割] をクリックすると、オブジェクトに適用しているアピアランス属性を、それぞれ個別のパスオブジェクトに変換することができます。

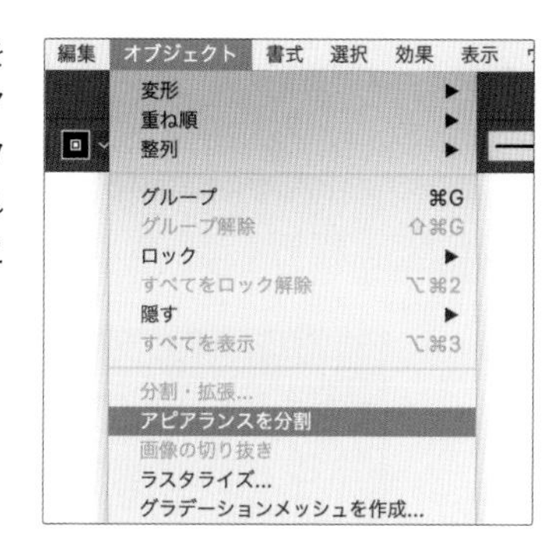

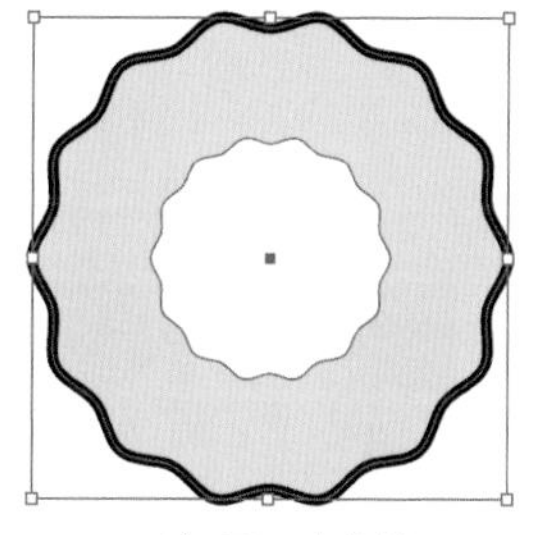

アピアランスを分割

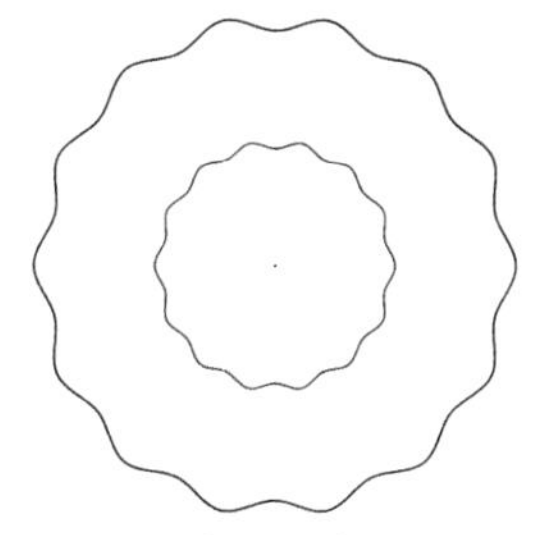

アウトライン表示

アピアランスで効果を適用したオブジェクトは、拡大・縮小したり回転させたりすると、見た目が崩れてしまうことがあります。形状が完全に決まった段階でアピアランスを分割しておくと、思いがけない変形を未然に防ぐことができます。

一度アピアランスを分割すると、アピアランスの編集ができなくなります。アピアランスを分割する場合は、元のオブジェクトをアートボードの外にコピー＆ペーストするなどして、バックアップを取っておくことをお勧めします。

101 グラフィックスタイルを適用したい

使用機能　グラフィックスタイル、アピアランス

複数のアピアランスのセットのことを「グラフィックスタイル」といいます。[グラフィックスタイル]パネルには、作成したアピアランスのセットを保存し、それらを他のシェイプやテキストなどのオブジェクトに適用することができます。

グラフィックスタイルの適用

選択ツールで新規オブジェクトを選択し❶、[ウィンドウ]メニュー→[グラフィックスタイル]をクリックします。[グラフィックスタイル]パネルが表示されるので、任意のグラフィックスタイルをクリックすると❷、アピアランスが適用されます❸。

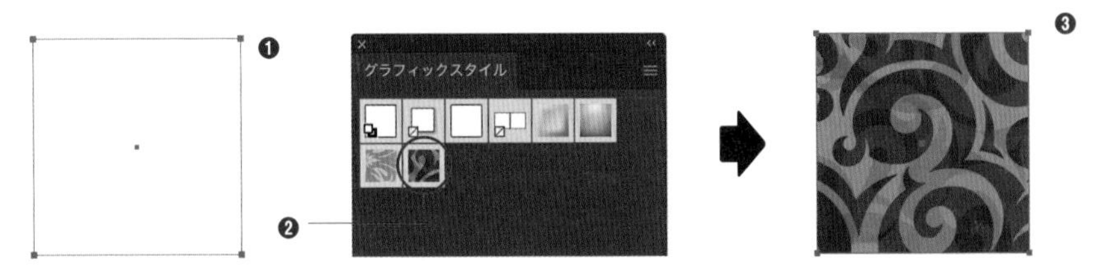

Memo

[グラフィックスタイル]パネルには、デフォルトでいくつかのグラフィックスタイルが用意されています。また、パネル左下の[グラフィックスタイルライブラリメニュー]ボタンをクリックすると、複数のスタイルが用意されているので、必要に応じて使用するとよいでしょう。

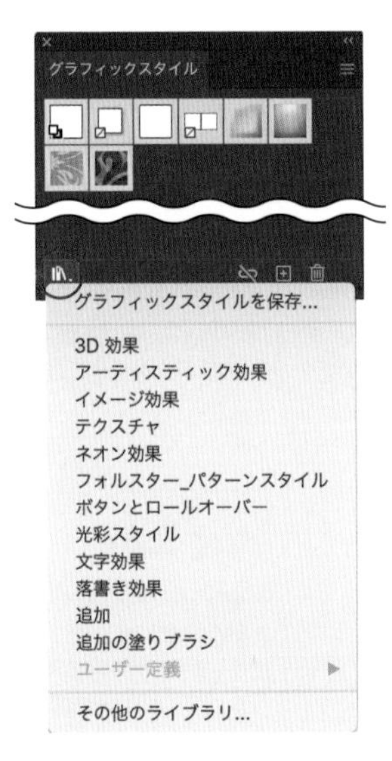

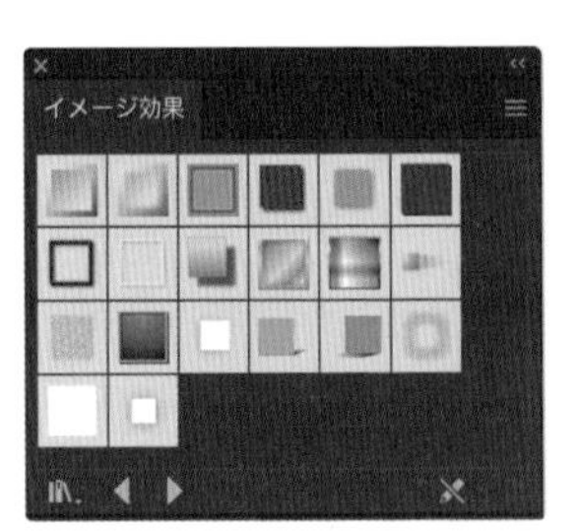

102 作成したアピアランスを保存して再利用したい

使用機能 グラフィックスタイル、アピアランス

多くの手順を経て作成したアピアランスをもう一度再現したいときに、いちから設定し直すのは面倒です。何度も使うアピアランスは、「グラフィックスタイル」に保存すれば再利用できるようになります。

1 選択ツールでアピアランスを適用しているオブジェクトを選択し❶、[ウィンドウ]メニュー→[グラフィックスタイル]をクリックします。[グラフィックスタイル]パネルが表示されるので、[新規グラフィックスタイル]ボタンをクリックします❷。

2 [グラフィックスタイル]パネルに追加されます。

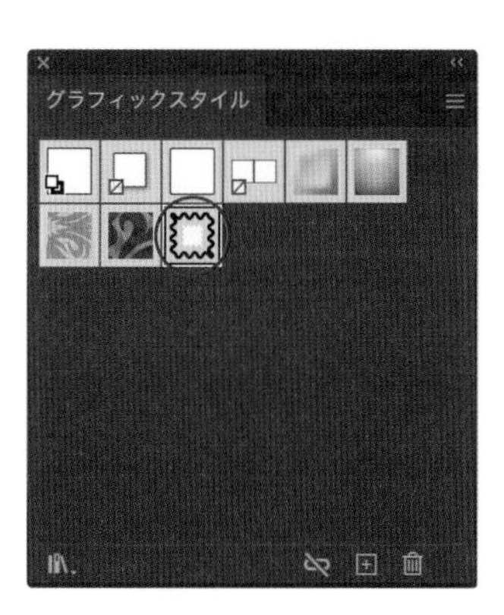

103 オブジェクトのアピアランスを抽出したい

使用機能　[スポイト] ツール

スポイトツールでは、カラーの情報だけでなく▸▸054、アピアランスを抽出することができます。

1 [スポイト] ツールをダブルクリックします。[スポイトツールオプション] ダイアログが表示されるので、[スポイトの抽出] と [スポイトの適用] 両方の [アピアランス] にチェックを入れて❶、[OK] ボタンをクリックします❷。

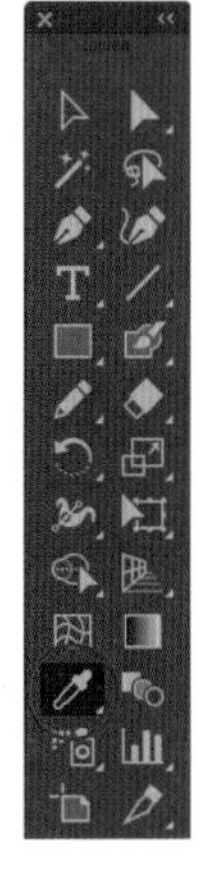

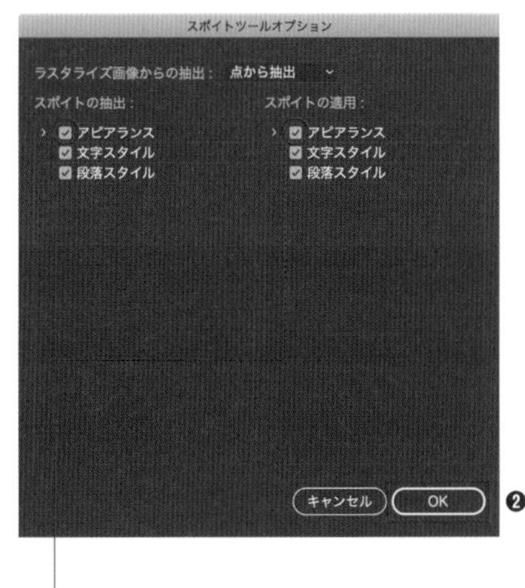

2 選択ツールでオブジェクトを選択し、アピアランスを適用したオブジェクトを [スポイト] ツールでクリックします。ここでは、テキストオブジェクトを選択します。

HAPPY BIRTHDAY

THANK YOU

3 アピアランスが抽出・適用されます。

HAPPY BIRTHDAY

THANK YOU

画像の配置・Photoshopとの連携

Chapter

7

104 画像を配置したい

使用機能　配置

画像や写真などの外部ファイルをドキュメントに配置することができます。配置にはいくつかの方法がありますので、状況に応じて使い分けるようにしましょう。

[配置] コマンドで配置

1 [ファイル] メニュー→ [配置] をクリックします❶。ダイアログが表示されるので❷、画像が保存されているフォルダを選択します。

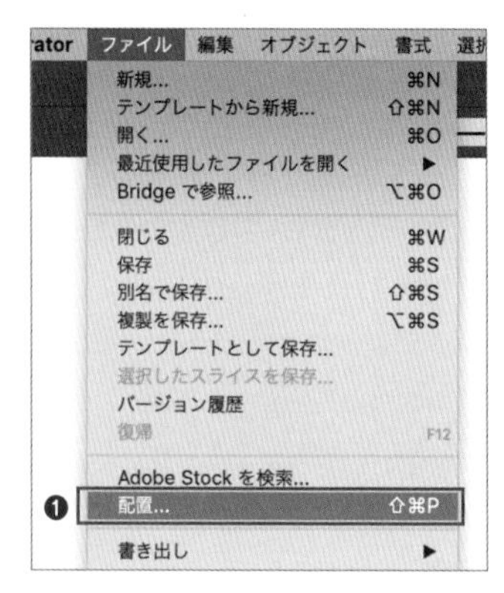

2 配置したい画像ファイルを選択し❶、[リンク] にチェックを入れ❷、[配置] ボタンをクリックします❸。

3 マウスポインタの形が変わり、その右下に配置画像のサムネイルが表示されます❶。任意の画像サイズになるように、ドキュメント上をドラッグして長方形を描きます❷。

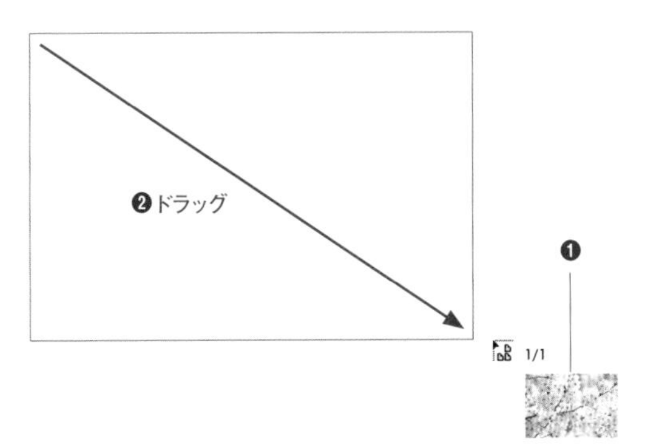

Memo

ここで描かれる長方形の縦横比は、オリジナルの画像の縦横比に一致します。

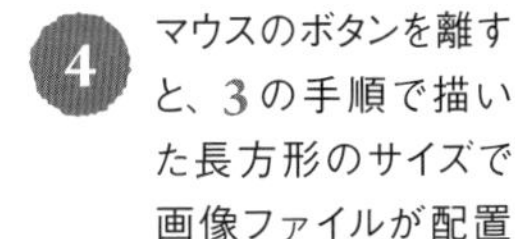

4 マウスのボタンを離すと、3の手順で描いた長方形のサイズで画像ファイルが配置されます。

Memo

3でドラッグせずにクリックすると、オリジナルの画像サイズで配置されます。

POINT

2で［リンク］にチェックを入れない場合は、［埋め込みファイル］として配置されます。リンクと埋め込みの違いは次の通りです。

・リンク

Illustratorドキュメントから「外部ファイルを参照している」状態です。配置されている画像はプレビュー表示になり、画像ファイルを含んでいない分、Illustratorファイルの容量は［埋め込み］に比べて軽くなります。また、元の画像ファイルを修正した場合、リンク画像にも修正内容が反映されるため、修正しやすいことが利点になります。
欠点としては、リンク元の画像ファイルを削除したり移動したりしてしまった場合、リンクが切れて画像が表示されなくなることがあります。画像ファイルの管理に注意が必要です。

・埋め込み

画像を埋め込んで配置した状態です。「元の画像」を保存しておく必要がないことが利点です。欠点としては、埋め込み画像の合計ファイルサイズが大きくなると、環境によってはIllustratorの動作が遅くなる場合があります。また、画像に修正が必要になった際は、修正した画像を埋め込み直すという手間が発生します。

[配置] コマンドで複数の画像を配置

1 前項目の **2** の手順で、shift キーもしくは command キーを押しながら複数の画像ファイル (ここでは3枚) を選択し❶、[配置] ボタンをクリックします❷。

2 マウスポインタ横の数字の分母が、**1** の手順で選択した枚数になります。クリックするたびにポインターの右下に表示されているサムネイルの画像が順に配置されます。このとき、キーボードの方向キーを押すと、読み込み中の画像リスト内を移動し、配置する画像ファイルの順番を変更することができます。

Memo

配置をキャンセルする際は、方向キーで該当する画像サムネイルに移動し、esc キーを押します。

ドラッグ&ドロップで配置

1 Finder（WindowsではExplorer）で画像ファイルを選択し❶、Illustratorドキュメントにドラッグ&ドロップします❷。

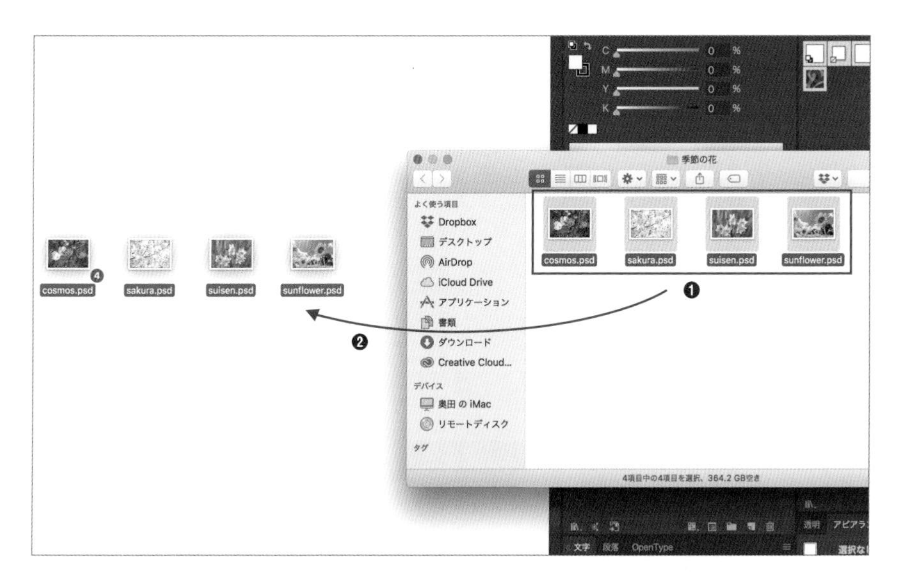

2 オリジナルの画像サイズで一括して配置されます。

Memo

画像を配置する際、非表示レイヤーやロックされているレイヤーが選択されていると、アラートが表示されます。

[リンク] パネルの見方

[ウィンドウ] メニュー→ [リンク] をクリックすると、[リンク] パネルが表示されます。[リンク] パネルでは、ドキュメントに配置されている画像ファイルの一覧と、それらの詳細を確認することができます。パネル左下の [リンク情報を表示] ボタンをクリックすると❶、ファイル形式、カラースペース、ファイルの保存場所、配置時の拡大・縮小率などの詳細が表示されます。
ファイル形式に括弧書きで「リンクファイル」と表示されていますが❷、埋め込み画像の場合は「埋め込みファイル」と表示されます。また、リストの右端に [埋め込みファイル] のアイコンが表示されます❸。

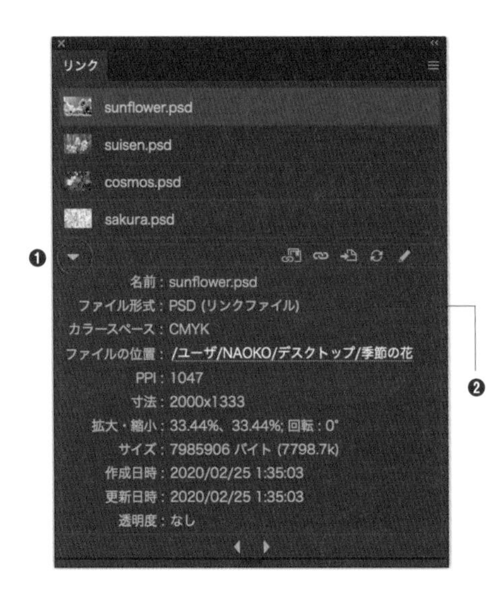

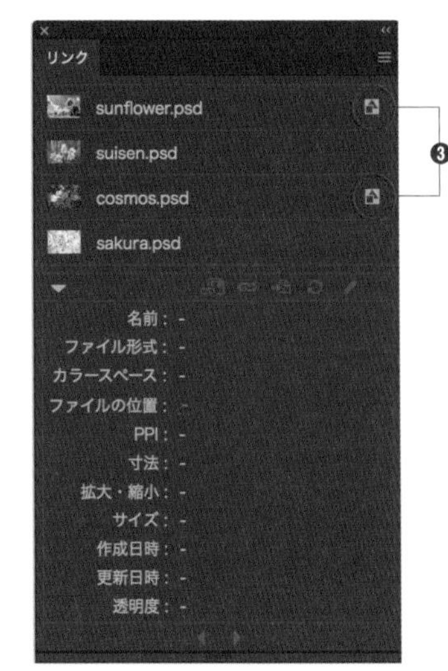

105 指定した図形の中に画像を配置したい

使用機能 | 内側描画モード

先に枠組みを作っておいて、後から指定した枠内に画像を配置することができます。この方法では配置画像にクリッピングマスク ▸▸075 をかける手間を省くことができます。

Before

■大人気！カニ食べ尽くしといちご狩り♪イルミネーションも楽しもう

6,990~7,990円

毎年人気のツアーが今年度も始まりました。カニといちごをたらふく食べた後は壮大なイルミネーションで癒されませんか？

■奥日光の紅葉を堪能！3滝巡り♪華厳の滝・竜頭の滝・湯滝

6,990~7,990円

華厳の滝は日本三名瀑のひとつ。落差はなんと約97m！映画のようなスケールの滝をご堪能ください♪昼食は嬉しい山の幸たっぷりのビュッフェです^-^

■秋の味覚の王様！松茸ごはんに舌鼓♪石和温泉でリラックス

9,990円

この旅の目玉は何と言っても昼食の松茸ごはん食べ放題を含む《松茸尽くし御膳》！最後は石和温泉で日頃の疲れからリフレッシュ♪

After

おすすめ日帰りバスツアー | 景色とグルメを１日で堪能！

■大人気！カニ食べ尽くしといちご狩り♪イルミネーションも楽しもう

6,990~7,990円

毎年人気のツアーが今年度も始まりました。カニといちごをたらふく食べた後は壮大なイルミネーションで癒されませんか？

■奥日光の紅葉を堪能！3滝巡り♪華厳の滝・竜頭の滝・湯滝

6,990~7,990円

華厳の滝は日本三名瀑のひとつ。落差はなんと約97m！映画のようなスケールの滝をご堪能ください♪昼食は嬉しい山の幸たっぷりのビュッフェです^-^

■秋の味覚の王様！松茸ごはんに舌鼓♪石和温泉でリラックス

9,990円

この旅の目玉は何と言っても昼食の松茸ごはん食べ放題を含む《松茸尽くし御膳》！最後は石和温泉で日頃の疲れからリフレッシュ♪

1 選択ツールで画像ファイルを配置したいオブジェクトを選択し❶、ツールバー下部の［内側描画］ボタンをクリックします❷。すると、オブジェクトの四隅に点線が表示されます❸。

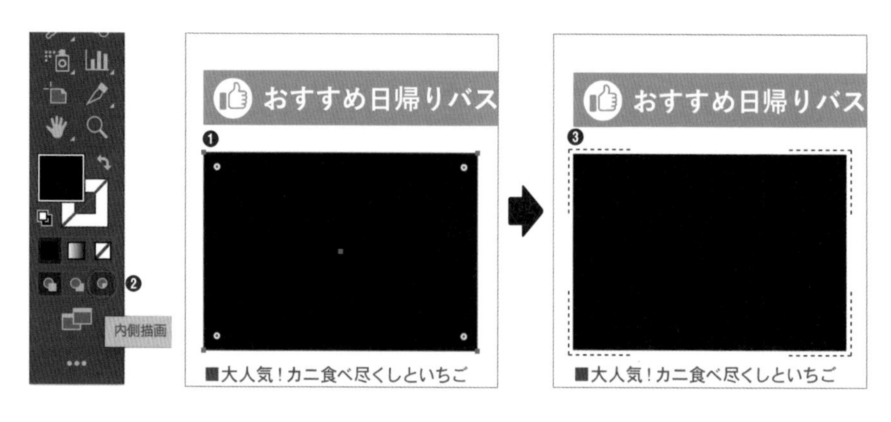

2 ［ファイル］メニュー→［配置］をクリックします❶。ダイアログが表示されるので画像ファイルを選択して❷、［配置］ボタンをクリックします❸。

3 オブジェクト上で配置したい画像サイズになるよう、ドラッグして長方形を描きます❶。するとオブジェクト内に画像ファイルが配置されます❷。

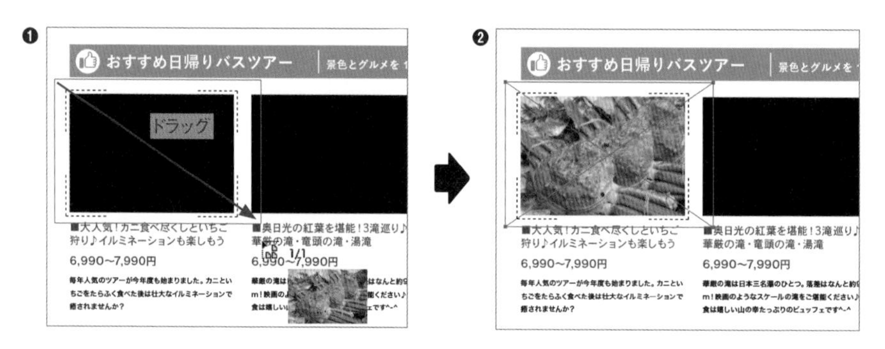

4 新しいオブジェクトを選択し❶、ツールバー下部の［標準描画］ボタンをクリックして通常のモードに戻します❷。その後、再度ツールバー下部の［内側描画］ボタンをクリックします❸。

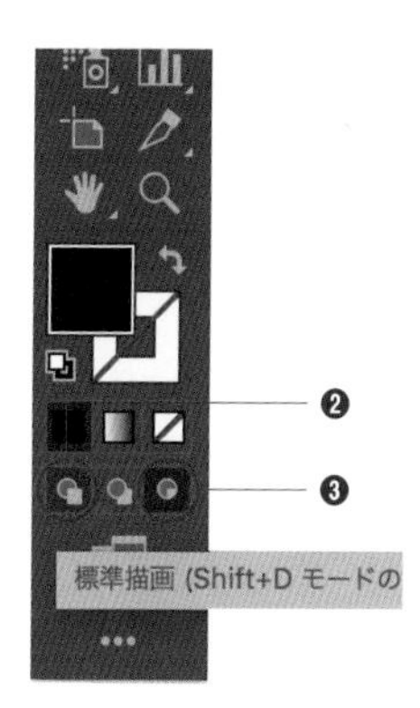

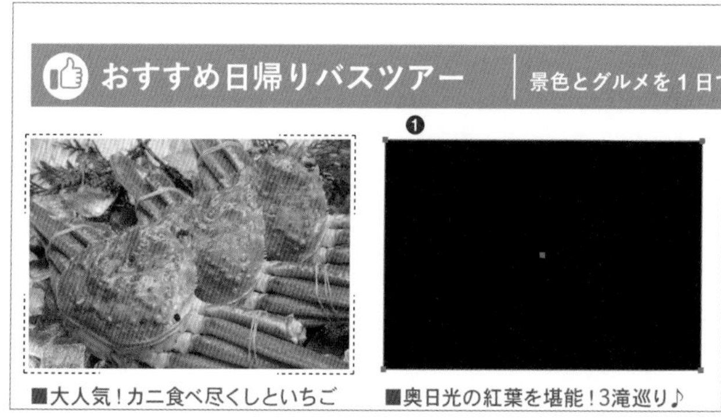

Memo 別のオブジェクトの操作に移りたいときは、一度［内側描画］を解除する必要があります。

5 オブジェクトの四隅に点線が表示されていることを確認したら、2、3の手順を繰り返して画像ファイルを配置します。

Memo

ツールバーの［標準描画］、［背面描画］、［内側描画］ボタンでは次のような設定がが可能です。

- **標準描画（デフォルト）** …… 新規のオブジェクトを前面に描画します。
- **背面描画** …… 新規のオブジェクトを背面に描画します。
- **内側描画** …… 選択したオブジェクトの内側に描画します。

Short Cut 内側描画（背面描画）／標準描画：shift＋Dキー

※内側描画モードと標準描画モードが切り替わります。オブジェクトを選択していない状態では、標準描画モードと背面描画モードが切り替わります。

106 配置しているリンク画像を別の画像に差し替えたい

使用機能　配置、置換

配置しているリンク画像を、別の画像ファイルに差し替えることができます。このとき、元の画像ファイルと同じ倍率を保持したままになります。

Before

■大人気！カニ食べ尽くしといちご狩り♪イルミネーションも楽しもう

6,990〜7,990円

毎年人気のツアーが今年度も始まりました。カニといちごをたらふく食べた後は壮大なイルミネーションで癒されませんか？

After

■大人気！カニ食べ尽くしといちご狩り♪イルミネーションも楽しもう

6,990〜7,990円

毎年人気のツアーが今年度も始まりました。カニといちごをたらふく食べた後は壮大なイルミネーションで癒されませんか？

1 選択ツールで差し替えたいリンク画像を選択し❶、[ウィンドウ]メニュー→[リンク]をクリックします。[リンク]パネルが表示されるので、選択されていることを確認します❷。

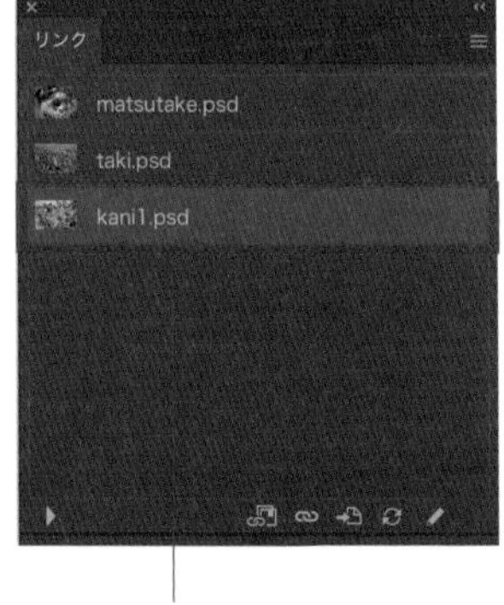

2 [リンク] パネルの [リンクを再設定] ボタンをクリックすると❶、ダイアログが表示されるので、差し替え用の画像ファイルを選択します❷。[置換] にチェックを入れて❸、[配置] ボタンをクリックします❹。

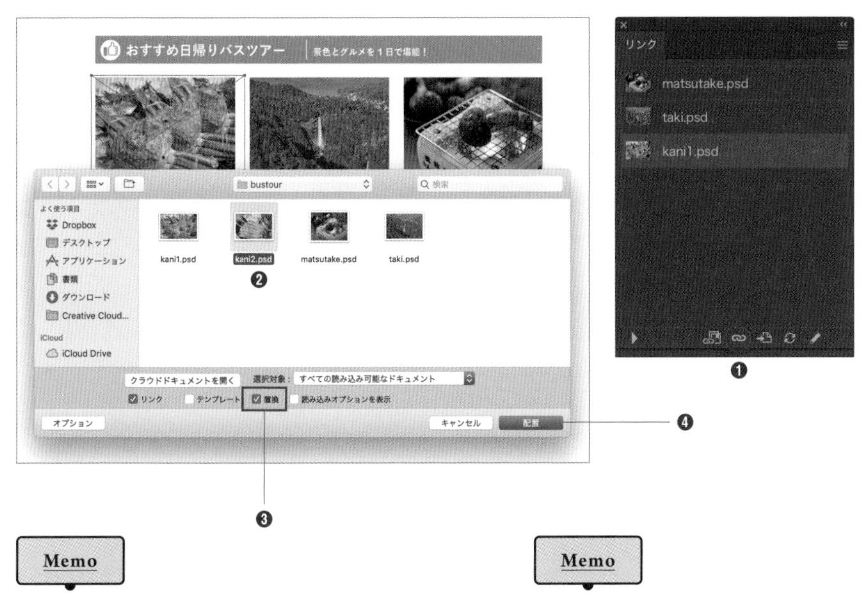

Memo

[リンク] パネルの [リンクを再設定] ボタンから差し替えを行う場合は、デフォルトで [置換] にチェックが入ります。

Memo

[ファイル] メニュー→ [配置] をクリックしても、ダイアログを表示することができます。

3 リンク画像が差し替えられます。

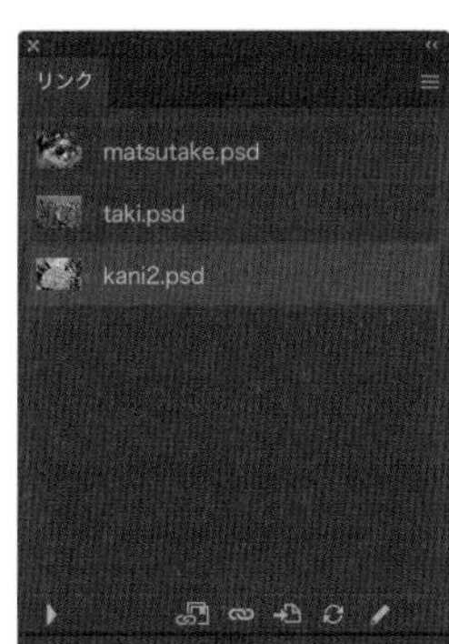

Chap 7 画像の配置・Photoshopとの連携

リンク画像の元画像（オリジナルファイル）を編集したい

使用機能　オリジナルを編集

Finder（WindowsではExplorer）からリンク画像を開いて編集するのではなく、Illustratorドキュメントから直接オリジナルファイルを開くことができます。

1　選択ツールで配置しているリンク画像を選択し❶、コントロールパネル ▸▸004 の［オリジナルを編集］ボタンをクリックします❷。

Memo　［選択］ツールもしくは［ダイレクト選択］ツールで、option キーを押しながらリンク画像をダブルクリックしても構いません。

2　オリジナルファイルが作成元のアプリケーションで開きます❶。ここではオリジナルファイルがPSDファイルのため、Photoshopが起動します。

3 Photoshopでオリジナルファイルを編集し、保存します。ここでは画像の彩度とコントラストを上げています。

4 Illustratorの操作に戻るとアラートが表示されます。[はい]ボタンをクリックすると❶、配置しているリンク画像に編集内容が反映されます❷。

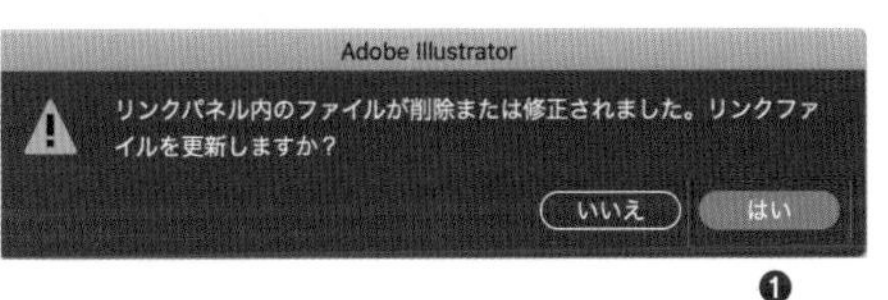

❶

❷

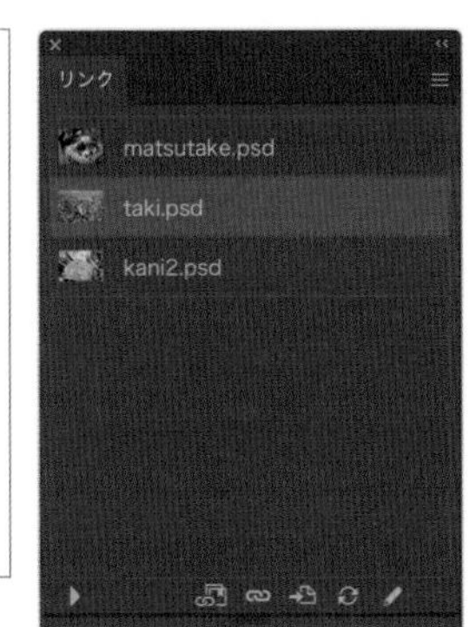

108 リンク画像を埋め込みたい

使用機能 | 埋め込み

リンク画像として配置した画像は、あとから埋め込み画像に変更することができます。埋め込み操作にはいくつかの方法があります。

コントロールパネルからの埋め込み

埋め込みたいリンク画像を［ダイレクト選択］ツールで選択し❶、コントロールパネル ▸▸004 の［埋め込み］ボタンをクリックします❷。ピンポイントで埋め込みたい画像を選択するときに便利です。

Memo

画像を複数選択するときは、shift キーを押しながら1点ずつ選択します。

［リンク］パネルからの埋め込み

［ウィンドウ］メニュー→［リンク］をクリックすると、［リンク］パネルが表示されます。［リンク］パネルから埋め込みたい画像を選択します❶。右上の［メニュー］ボタンをクリックし❷、［画像を埋め込み］を選択します❸。複数の画像をまとめて埋め込みたいときに便利です。

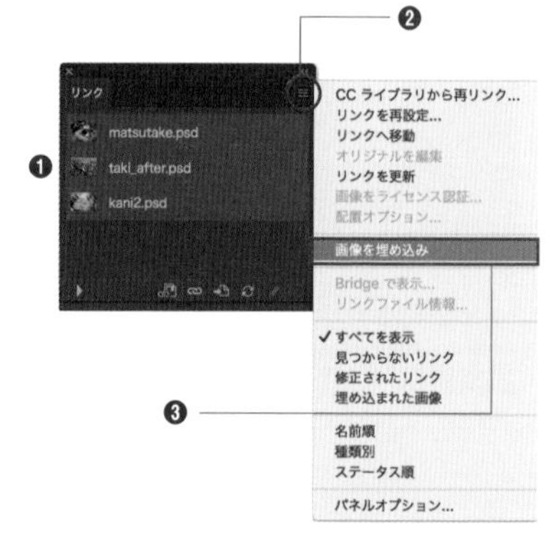

109 埋め込み画像を解除して新たに画像ファイルとして保存したい

使用機能 埋め込みを解除

埋め込まれた画像を元に、新たに画像ファイルを作成することができます。埋め込み前の編集履歴まで復元することはできませんが、埋め込み画像を編集したいときに便利です。

1 選択ツールで埋め込み画像を選択し❶、コントロールパネル ▸▸004 の［埋め込みを解除］ボタンをクリックします❷。

2 ダイアログが表示されるので❶、任意のファイル名を入力し❷、保存場所とファイル形式を選択して❸、［保存］ボタンをクリックします❹。

❶
❷ 名前: matsutake
タグ:
❸ 場所: デスクトップ
ファイル形式： Photoshop (*.PSD)
キャンセル 保存 ❹

3 指定した保存場所に画像ファイルが保存され、埋め込み画像がリンク画像に変換されます。

110 PSDファイルのレイヤー分けをそのまま活かして配置したい

使用機能 | 埋め込み

複数のレイヤーで構成されているPSDファイルをIllustratorドキュメントに配置する際、PSDファイルのレイヤー構造をそのまま活かすことができます。

1 作例のPSDファイルは、5つのレイヤーに分かれています。

2 PSDファイルを、Illustratorドキュメントにリンクファイルとして配置します。

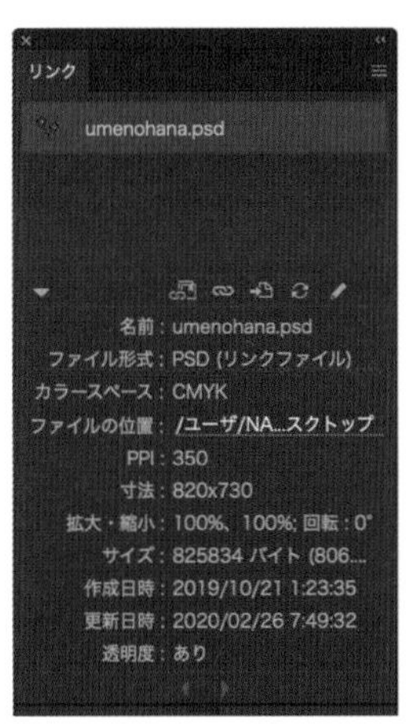

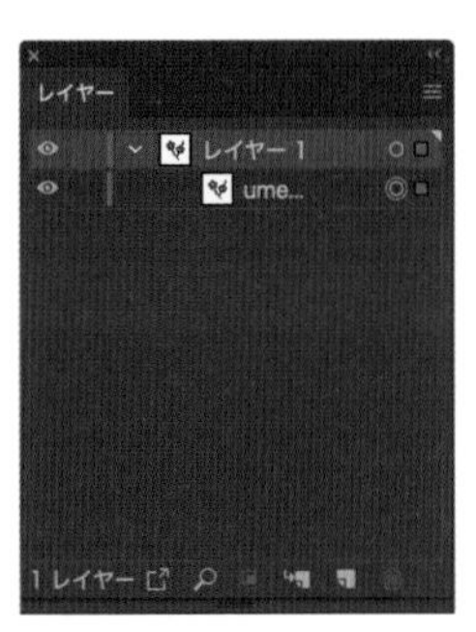

3 選択ツールで配置画像を選択し❶、コントロールパネル ▶▶004 の［埋め込み］ボタンをクリックします❷。

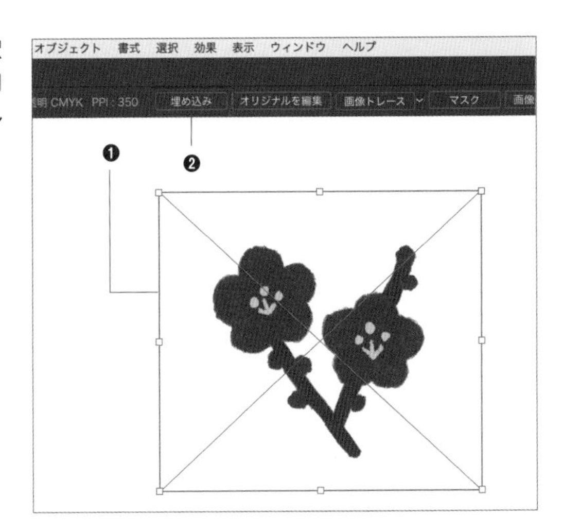

Memo

［リンク］パネルの［メニュー］ボタンをクリックし、［画像を埋め込み］をクリックしても構いません。

4 ［Photoshop読み込みオプション］ダイアログが表示されるので❶、オプションの［レイヤーをオブジェクトに変換］にチェックを入れ❷、［OK］ボタンをクリックします❸。

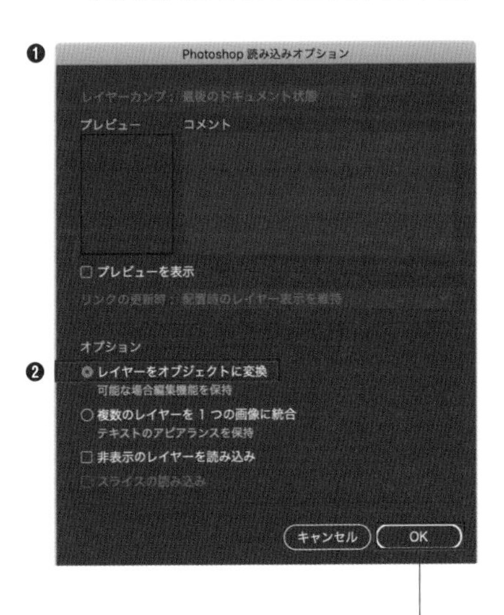

5 配置画像が、オリジナルファイルと同様のレイヤーに分かれます。

リンクが切れてしまったときの対処法を知りたい

使用機能 | 配置

リンク画像として配置されている画像を別のフォルダに移動したりすると、Illustratorドキュメントを開いたときに画像が表示されなくなることがあります。これを「リンク切れ」と呼びます。リンク切れしたときは、リンク画像を指定し直す必要があります。

リンク切れのアラート

リンク切れしているドキュメントファイルを開くと、該当の画像ファイル名を明記したアラートが表示されます。画像の保存場所が分かっている場合は[置換]ボタン、すぐには分からない場合は[無視]ボタンをクリックします。

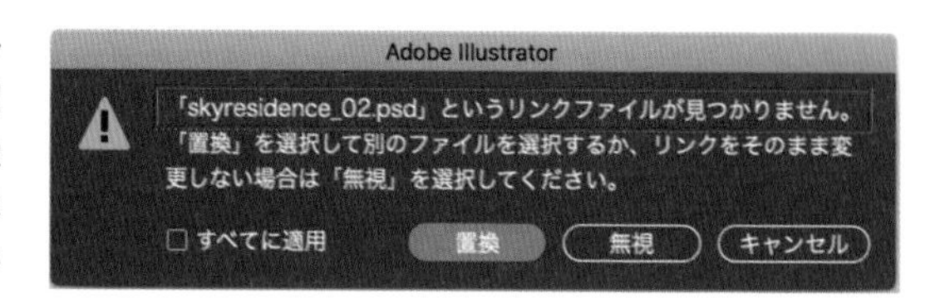

画像の保存場所が分かっている場合

アラートの［置換］ボタンをクリックすると、ダイアログが表示されます❶。保存場所に移動して、リンク画像を選択し［置換］ボタンをクリックします❷。このとき、ダイアログにリンク画像の名前が表示されているので❸、それを確認しながらファイルを検索するとよいでしょう。

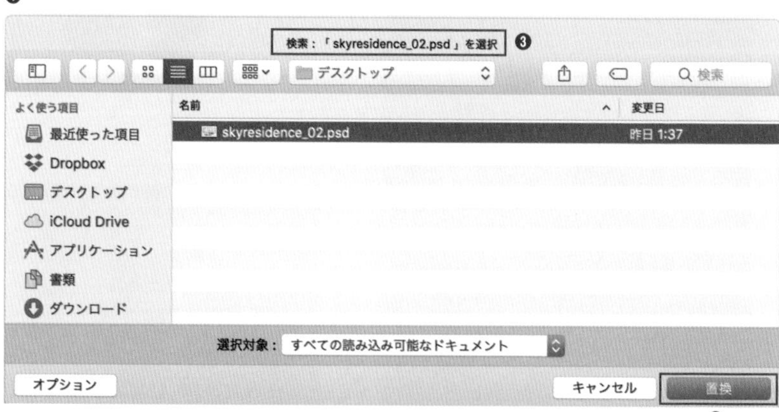

リンク切れが解消されて、ファイルが開きます。

画像の保存場所がすぐには分からない場合

アラートの［無視］ボタンをクリックすると、ドキュメントファイルが開き、リンク切れした状態でアートワークが表示されます❶。［リンク］パネルを確認すると、リンク切れしているファイル名に［!］マークが表示されています❷。

❶ リンク切れで画像が表示されていない

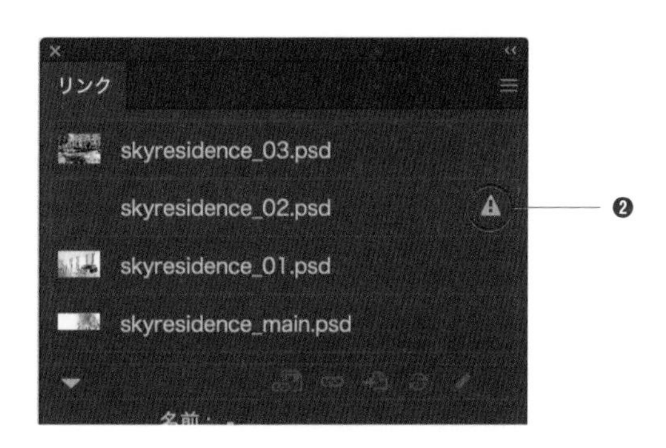

リンク切れしているファイル名をクリックし、[リンク]パネル下部の[リンクへ移動]ボタンをクリックすると❶、リンク画像の配置場所が選択されます❷。この状態で[リンクを再設定]ボタンをクリックすると❸、ダイアログが表示されます❹。リンク画像を探して見つかったら選択し❺、[配置]ボタンをクリックします❻。するとリンク切れが解消されます。

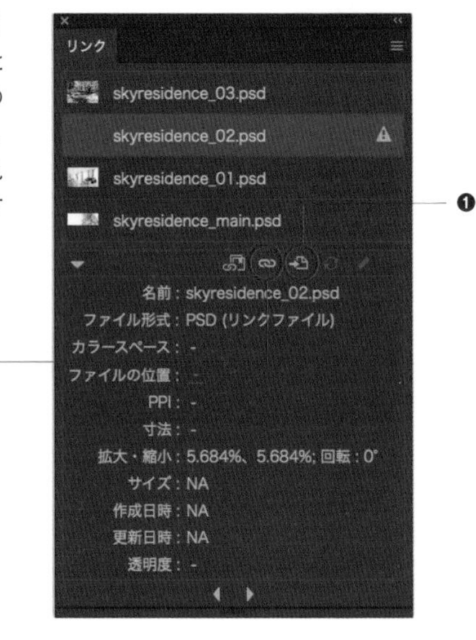

Memo Illustratorドキュメントファイルとリンク画像を別々の階層に保存すると、リンク切れが起こりやすくなります。それらをあらかじめ同じフォルダに保存するか、ドキュメントファイルの保存後に[パッケージ]を実行することで、リンク切れを未然に防ぐことができます▸▸227。

112 レイヤーを保持したまま PSDファイルに書き出したい

使用機能 書き出し

Illustratorで作成したデータは、Photoshop形式に書き出して加工することができます。このとき、より編集しやすくするためにはレイヤーを保持したまま書き出すとよいでしょう。

1 アートワークをレイヤーに整理しておきます。

Memo

アピアランス ▸▸100 を重ねて作成したオブジェクトは、オブジェクトを選択して［オブジェクト］メニュー→［アピアランスを分割］をクリックしてから、レイヤーに分けます。

POINT

レイヤーに名前を付けておくと、Photoshop形式に書き出したときにも保持されます。また、あらかじめアートボードとアートワークのサイズを揃えておくと ▸▸222 、書き出したファイルに余分な余白が作成されません。

2 選択ツールでアートワークを選択し❶、［ファイル］メニュー→［書き出し］→［書き出し形式］をクリックします❷。

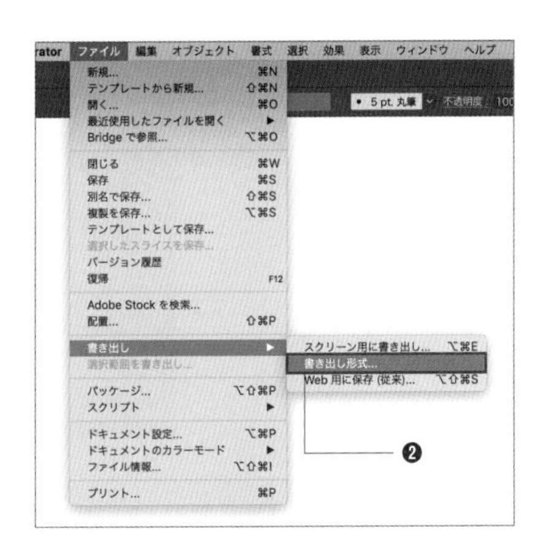

3 ダイアログが表示されるので、任意のファイル名を入力し❶、保存場所とファイル形式を選択します❷。ここでは、ファイル形式は［Photoshop（psd）］を選択します。［アートボードごとに作成］にチェックを入れて❸、［書き出し］ボタンをクリックします❹。

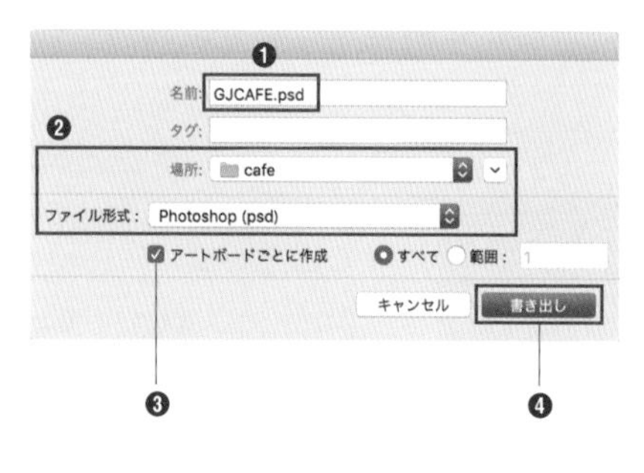

4 ［Photoshop書き出しオプション］ダイアログが表示されるので❶、任意のカラーモードを選択し、解像度を設定します❷。オプションは、［レイヤーを保持］を選択します❸。［テキストの編集機能を保持］と［編集機能を最大限に保持］にチェックを入れておくと、さらに細かくレイヤー情報を保持できます❹。［OK］ボタンをクリックします❺。

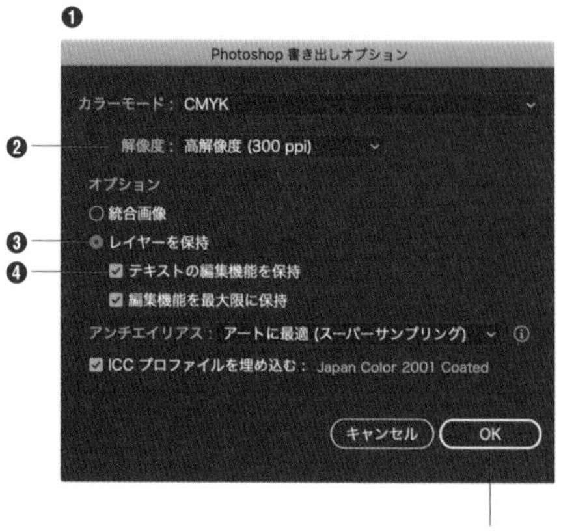

5 書き出されたPSDファイルを開いてみると、レイヤーが保持された状態で書き出されていることが確認できます。

Memo

テキストのカーニングの情報は引き継がれないことがあります。

113 Photoshopから画像の一部を配置したい

使用機能 ドラッグ&ドロップ

Photoshopで編集中の画像の一部を、ドラッグ&ドロップで簡単にIllustratorドキュメントにコピーすることができます。

1 Photoshopで、選択ツールなどを利用して画像の必要な部分を選択します❶。

2 Photoshopの［移動］ツールでIllustratorドキュメントに直接ドラッグ&ドロップします。

3 Illustratorドキュメントに［埋め込み画像］として配置されます。

Memo ここで配置した埋め込み画像を新たに画像ファイルとして保存し、リンク画像にすることができます▶▶109。

114 画像ファイルをパスオブジェクトに変換したい

使用機能　[画像トレース] パネル

トレース機能を使うと、画像ファイルをパスオブジェクトに変換できます。トレースの精度は調整できるので、適宜行います。

1 トレースしたい画像をIllustratorドキュメントに配置します。[ウィンドウ] メニュー→[画像トレース] をクリックします。

2 [画像トレース] パネルが表示されるので、配置画像を選択して❶、[プリセット] メニューをクリックし❷、任意のプリセットを選択します❸。ここでは、[写真 (低精度)] を選択します。

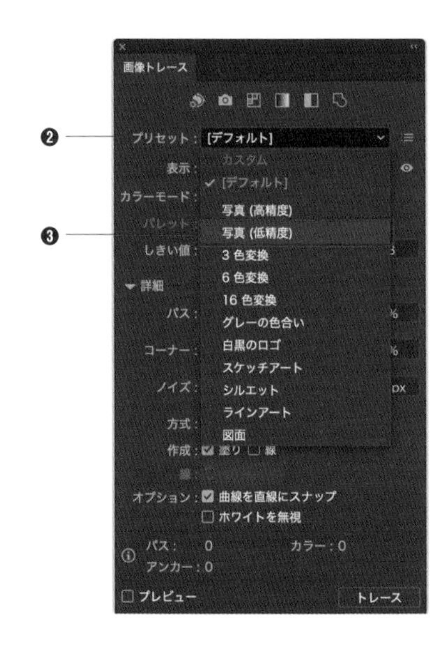

3 配置画像の情報が大きいと、アラートが表示されます。問題なければ［OK］ボタンをクリックします。

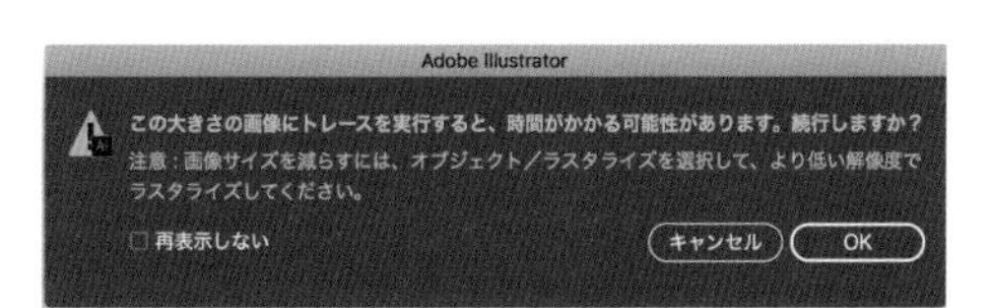

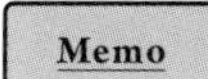

トレースの精度を上げるためには、解像度の高い画像を配置する必要があります。

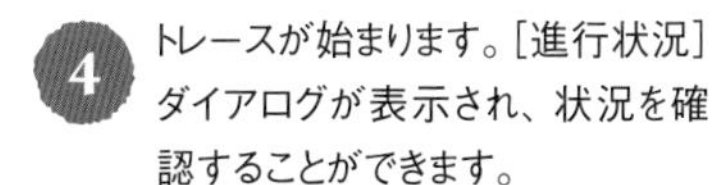

4 トレースが始まります。［進行状況］ダイアログが表示され、状況を確認することができます。

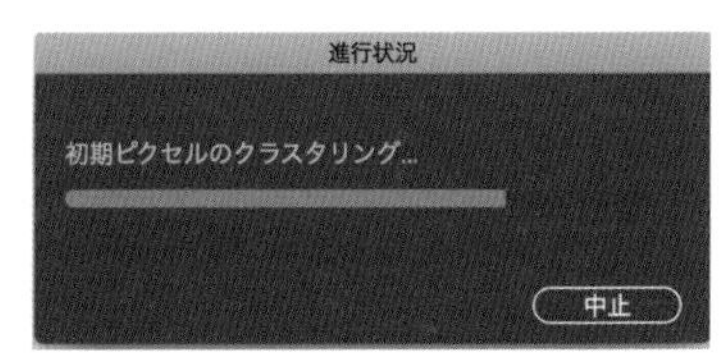

5 トレースが完了すると、プレビューが表示されます❶。イメージ通りの仕上がりでなければ、［画像トレース］パネルで各項目の値を調整します❷。調整するごとに、プレビューが更新されます。

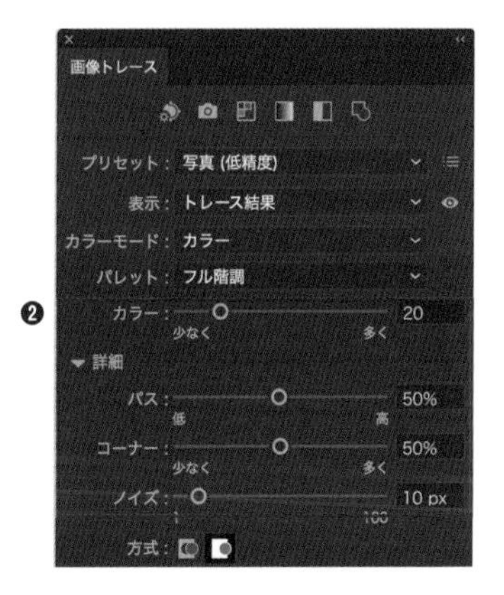

6 コントロールパネル ▸▸004 の［拡張］ボタンをクリックすると❶、トレース結果がパスデータに変換されます❷。

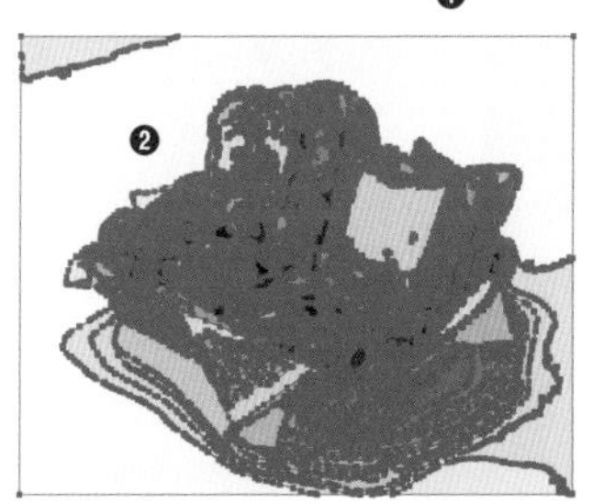

7 不要な部分を［ダイレクト選択］ツールで選択し、delete キーを押して削除します。

115 スキャンした手描きのイラストをパスオブジェクトに変換したい

使用機能 トレース

トレース機能を使うと、手描きのイラストや文字などもパスオブジェクトに変換できます。パスデータに変換することで、色や効果の変更をするのが簡単になるメリットがあります。

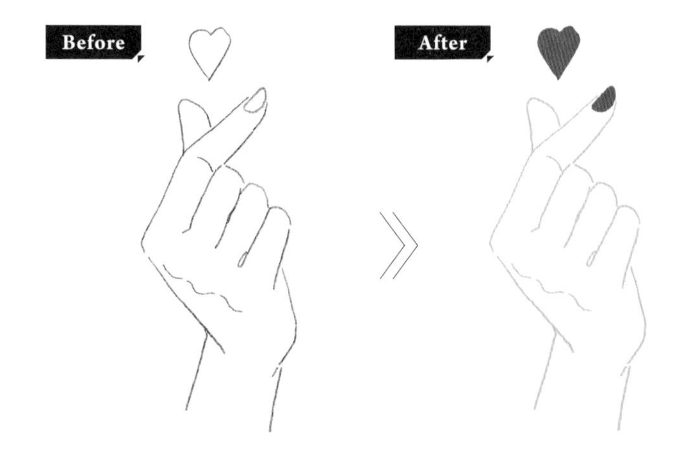

Photoshopでの画像処理

1 手描きのイラストをスキャナーでスキャンするなどして、TIFF形式などで保存します。カラーモードは「グレースケール」、解像度は「350dpi」以上に設定します。スキャンしたファイルをPhotoshopで開き、余分なゴミなどを[消しゴム]ツールで削除しておきます。

Memo

ここでは解像度600dpiでスキャンしています。

2 ［イメージ］メニュー→［色調補正］→［レベル補正］をクリックします。［レベル補正］ダイアログが表示されるので、［入力レベル］の中心のスライダーを右方向にドラッグし❶、線の濃度を上げます。イメージ通りになったら、［OK］ボタンをクリックします❷。

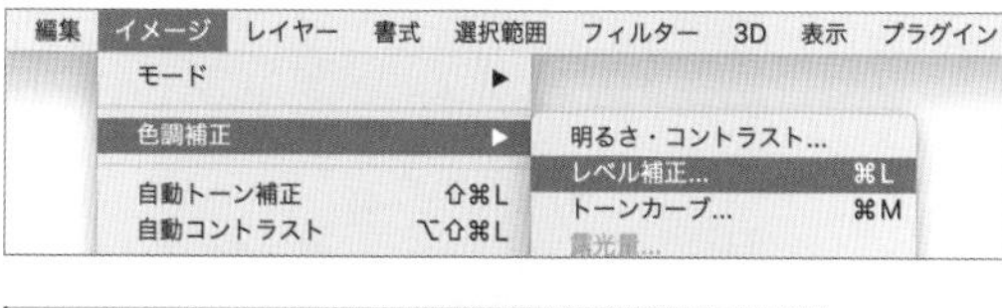

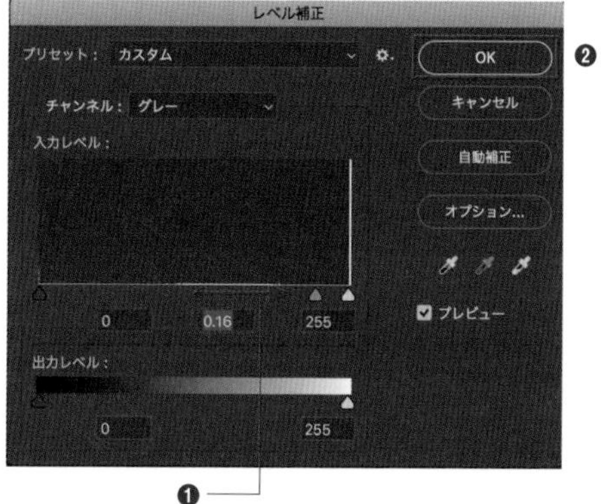

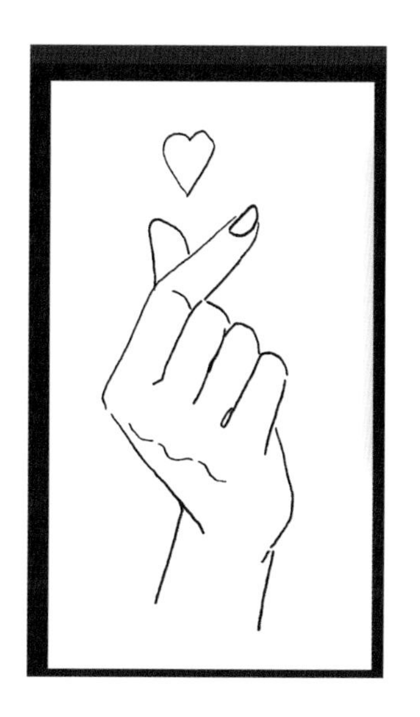

3 ［イメージ］メニュー→［モード］→［モノクロ2階調］をクリックします。［モノクロ2階調］ダイアログが表示されるので❶、［出力］に任意の値（600～1500推奨）を入力し❷、［OK］ボタンをクリックします❸。この状態でファイルを保存します。

Memo

［出力］の値は大きいほどトレースの際の精度が上がりますが、データの容量が大きくなりすぎるとメモリ不足の発生につながります。線のディテールを再現したい場合は、1500pixel/inchに設定します。ディテールを省略して滑らかなパスにしたい場合は、600pixel/inchで十分です。

Illustratorでのトレース

保存した画像ファイルをIllustratorに配置し、[ウィンドウ]メニュー→[画像トレース]をクリックします。[画像トレース]パネルが表示されるので[詳細]の左の▼ボタンをクリックし❶、下記のオプションを設定します。このとき、[プレビュー]にチェックを入れておきます❷。

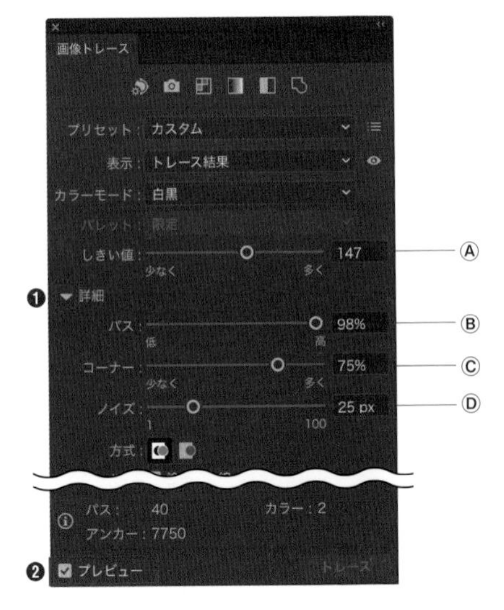

Ⓐ**しきい値** …… 線の太さを設定することができます。しきい値を大きくすると、トレース結果の線が太くなります。これは、しきい値より明るいピクセルは白に、暗いピクセルは黒に変換されるためです。

Ⓑ**パス** …… 値が大きいほど精密に再現します。線画をトレースする際は「97」～「100」を推奨します。

Ⓒ**コーナー** …… 値が大きいほど、コーナーの強調が強くなります。

Ⓓ**ノイズ** …… 値が大きいほど、画像のノイズを軽減します。大きくしすぎると、トレースの際にディテールがつぶれてしまうことがあります。

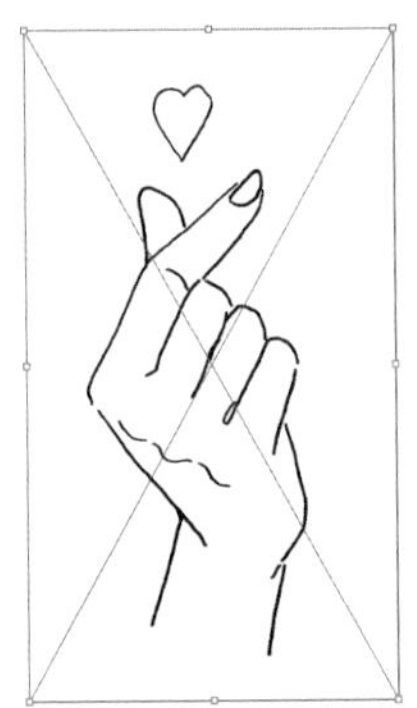

コントロールパネル ▸▸004 の[拡張]ボタンをクリックすると、トレース結果が白と黒の塗りのデータに変換されます。

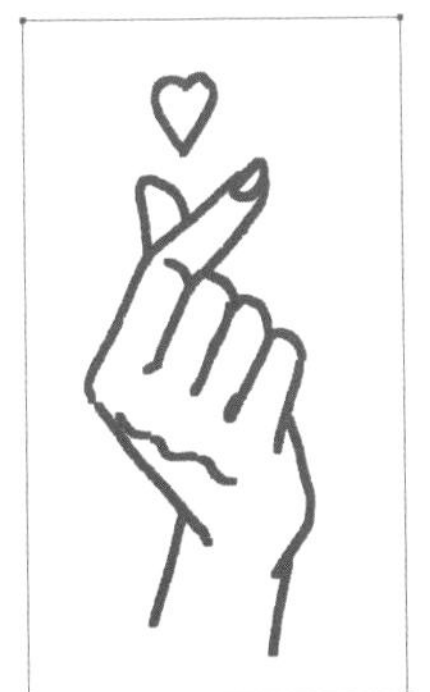

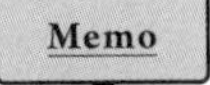

不要な部分は削除します。トレース後のデータはグループ化されているので、必要に応じてグループ解除します。

Photoshopで作成したパスをIllustratorドキュメントで使用したい

使用機能 | 埋め込み

Photoshopで切り抜きに使用したパスを、Illustratorでそのまま使用することができます。パスをシルエットとして使用するときなどに便利です。

1 クリッピングパスで切り抜いたPSDファイルをドキュメントに配置し❶、コントロールパネル ▸▸004 の［埋め込み］ボタンをクリックして❷、画像を埋め込みます。

Memo

クリッピングパスとは、Illustratorの［クリッピングマスク］と同様に、Photoshopで画像の一部を切り抜くときに使用する機能です。

2 ［表示］メニュー→［アウトライン］をクリックし、アウトライン表示にします ▸▸043。すると、クリッピングパスが表示されていることがわかります。

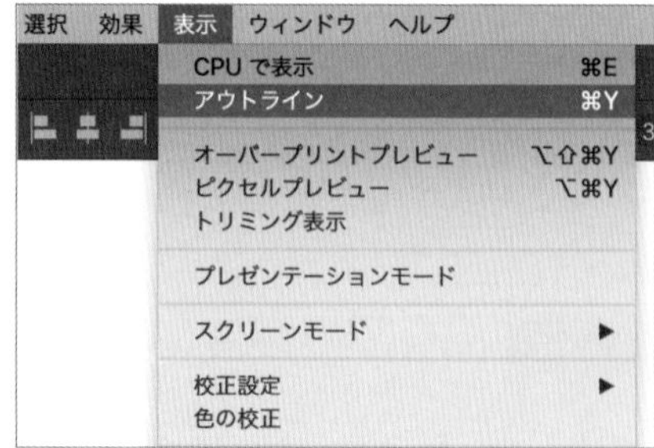

3 ［グループ選択］ツールで、パスの左上から右下にかけてドラッグすると❶、クリッピングパスの部分だけが選択されます❷。［表示］メニュー→［プレビュー］をクリックしてプレビュー表示に戻します。

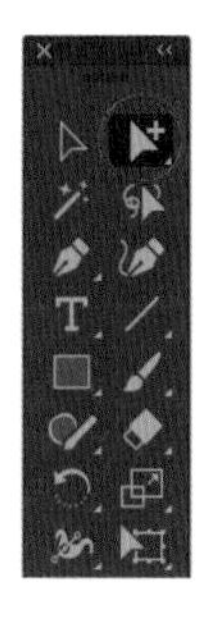

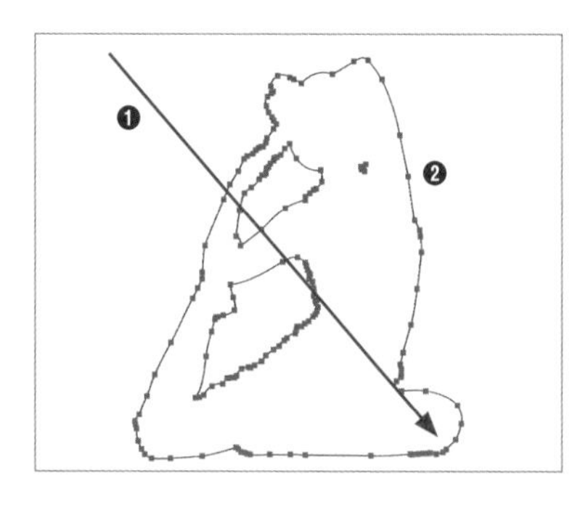

選択　効果　表示　ウィンドウ　ヘルプ
CPU で表示 ⌘E
プレビュー ⌘Y
オーバープリントプレビュー ⌥⇧⌘Y
ピクセルプレビュー ⌥⌘Y
トリミング表示
プレゼンテーションモード

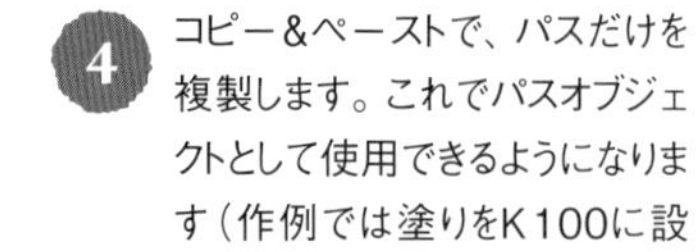

4 コピー＆ペーストで、パスだけを複製します。これでパスオブジェクトとして使用できるようになります（作例では塗りをK100に設定しています）。

画像・オブジェクトの加工

Chapter

8

117 画像やオブジェクトをモザイク加工したい

使用機能　モザイクオブジェクト

モザイクは、複数のタイルを並べる表現技法です。ここでは画像やオブジェクトを複数のタイルに変換し、モザイクにする方法を紹介します。

Before

After

モザイクに変換

1 選択ツールで配置画像を選択し❶、コントロールパネル ▸▸004 の［埋め込み］ボタンをクリックして画像を埋め込みます❷。

Memo

モザイクオブジェクトに変換できるのはビットマップ画像のみです。
配置画像は埋め込むとビットマップ画像になります。

2 選択ツールで画像を選択し❶、[オブジェクト] メニュー→ [モザイクオブジェクトを作成] をクリックします❷。

3 [モザイクオブジェクトを作成] ダイアログが表示されるので、[幅] にタイルの任意の数を入力し❶、[比率を使用] ボタンをクリックします❷。すると、画像の比率に合わせて自動的に [高さ] の数値が計算・入力されます❸。[OK] ボタンをクリックします❹。

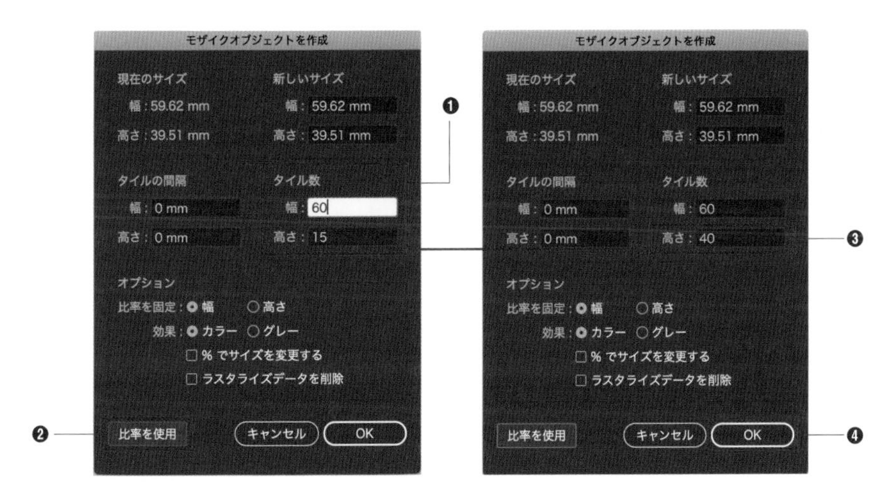

[ラスタライズデータを削除] にチェックを入れると、元のアートワークは削除され、モザイクオブジェクトだけが保存されます。

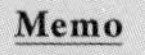

パスオブジェクトをモザイク加工する場合は、オブジェクトを選択し、[オブジェクト] メニュー→ [ラスタライズ] をクリックして、1枚のビットマップ画像に変換します▸▸179。

丸いモザイクへの変換

1 選択ツールでモザイクオブジェクトを選択し❶、[効果] メニュー→ [スタイライズ] → [角を丸くする] をクリックします❷。

❶

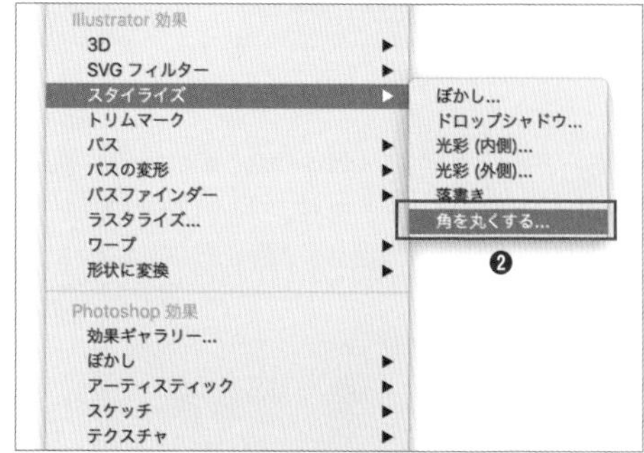

2 [角を丸くする] ダイアログが表示されるので [半径] を設定し❶、[OK] ボタンをクリックすると❷、丸いモザイクに変換されます❸。

❶ ❷

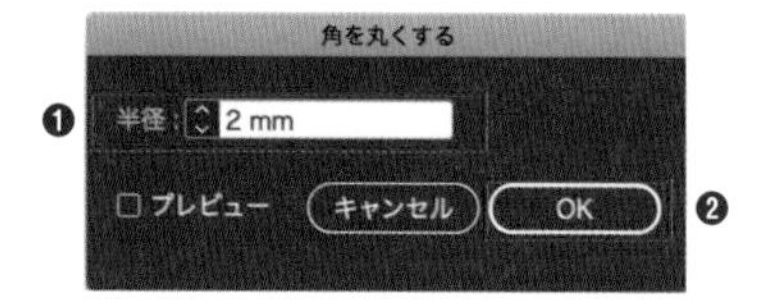

❸

118 画像やオブジェクト全体に表情のあるぼかし効果を加えたい

使用機能　ぼかし（Photoshop効果）

ぼかし機能でオブジェクトや画像全体をぼかすことができます。単純にぼかすだけでなく、放射状や回転状など、表情のあるぼかし効果を適用することができます。

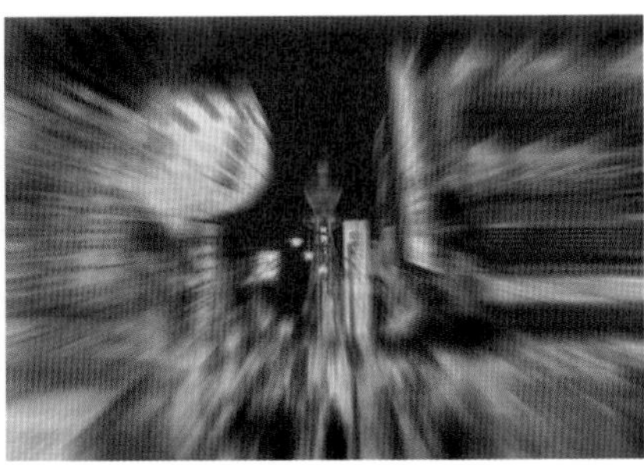

ぼかし効果の設定

選択ツールで画像やオブジェクトを選択し❶、[アピアランス] パネルの [新規効果の追加] ボタン→ [ぼかし] をクリックします❷。すると、[ガウス] [放射状] [詳細] の3種類が表示されます❸。

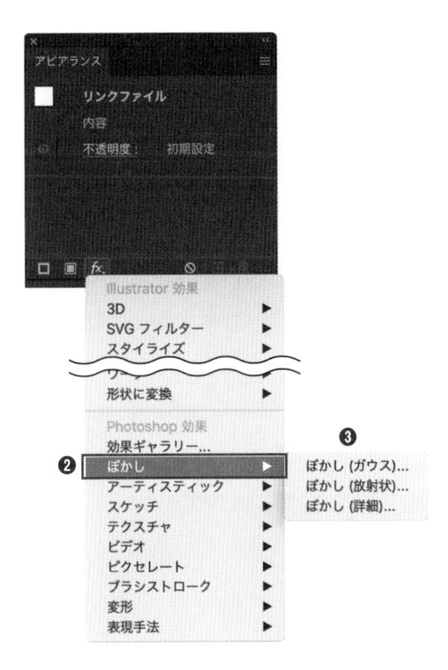

Memo

Photoshop効果のぼかし機能はテキストオブジェクトにも適用できます。

● **ガウス**

画像やオブジェクトの全体を均等にぼかします。［ぼかし（ガウス）］ダイアログで［プレビュー］にチェックを入れ、［半径］のスライダーでぼかし具合を調整します。

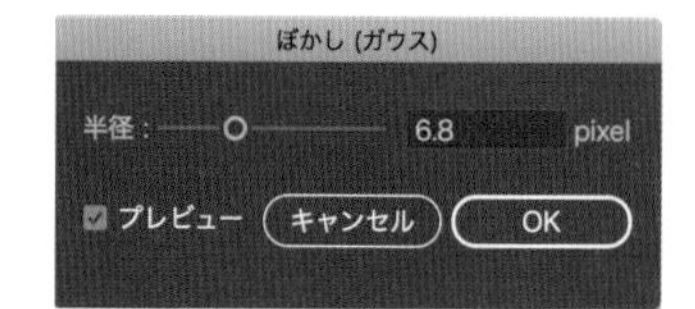

● **放射状**

画像やオブジェクトを放射状にぼかします。［ぼかし（放射状）］ダイアログで各項目を設定すると、［ぼかしの中心］に線でイメージが表示されます。プレビュー機能がないので、［OK］ボタンをクリックして結果を確認します。

Ⓐ**量** …… スライダーか入力ボックスで放射の量を調整します。
Ⓑ**方法** …… 「回転」と「ズーム」から選択することできます。
Ⓒ**画質** …… 仕上がりの画質を設定します。
Ⓓ**ぼかしの中心** …… クリックした位置をぼかしの中心に設定します。

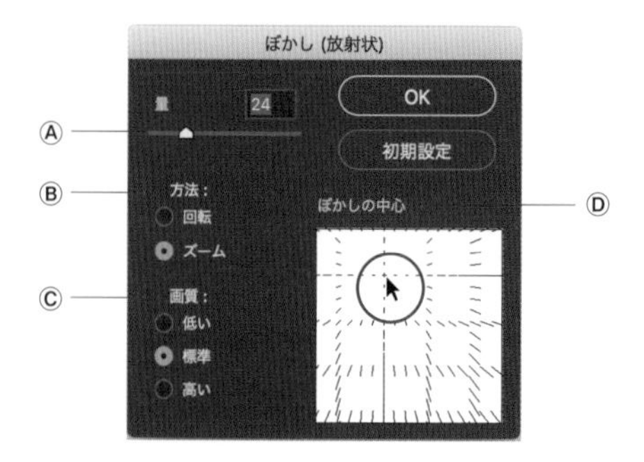

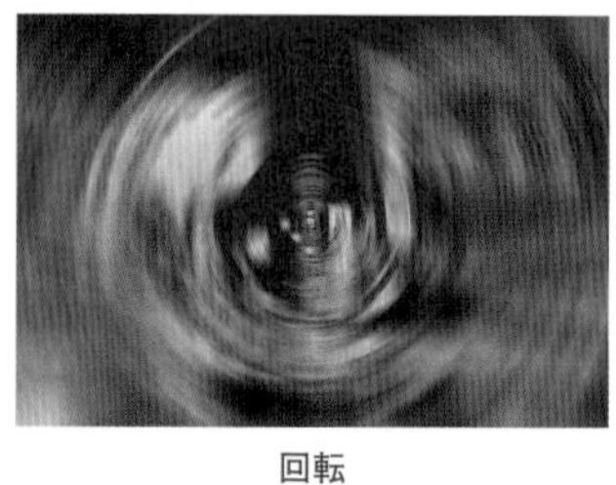
回転

ズーム

● **詳細**

ディテールをぼかします。写真の加工に向いた機能です。プレビューを確認しながら、[半径]と[しきい値]をスライダーで調整します。[モード]を「標準」、「エッジのみ」、「エッジをオーバーレイ」の3種類から選択できます。

ぼかしなし

モード：標準

モード：エッジのみ

モード：エッジのオーバーレイ

119 画像やオブジェクトの輪郭をぼかしたい

使用機能 ぼかし（Illustrator効果）

ぼかし機能で、画像やオブジェクトの輪郭をぼかすことができます。アートワークを柔らかな印象にしたいときに便利です。

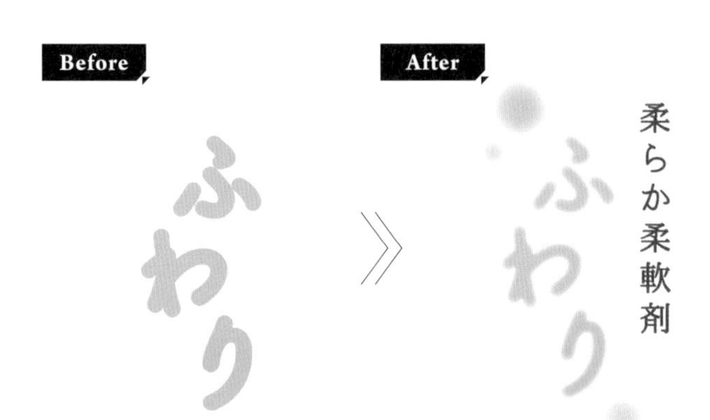

1 選択ツールでオブジェクトや画像を選択し❶、［ウィンドウ］メニュー→［アピアランス］をクリックします。［アピアランス］パネルが表示されるので、［新規効果の追加］ボタン→［スタイライズ］→［ぼかし］をクリックします❷。

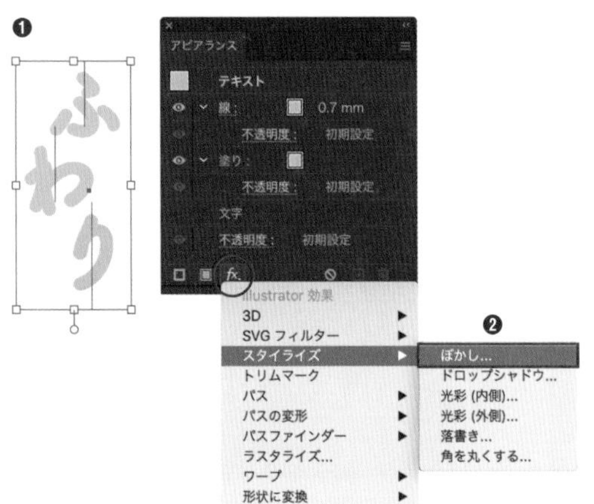

2 ［ぼかし］ダイアログが表示されるので❶、［プレビュー］にチェックを入れ❷、［半径］の値を入力します❸。半径は、輪郭からオブジェクトの中心に向かってぼかしの入る距離です。［OK］ボタンをクリックするとぼかしが適用されます❹。

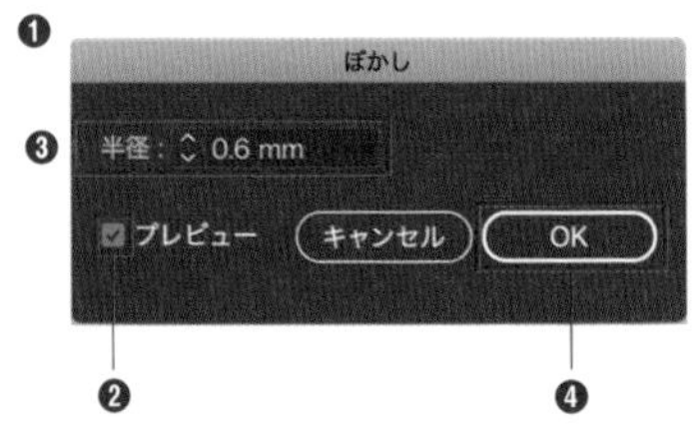

Memo

Illustrator効果のぼかし機能は、テキストオブジェクトやマスクオブジェクト ▶▶076 にも適用することができます。

120 オブジェクトや画像にテクスチャを適用したい

使用機能 | テクスチャライザー(Photoshop効果)

レンガやカンバス生地などのさまざまな質感を、オブジェクトや画像(配置・埋め込みどちらでも可)に適用することができます。

Before

After

テクスチャの適用方法

選択ツールでオブジェクトや画像を選択し❶、[ウィンドウ] メニュー→ [アピアランス] をクリックします。[アピアランス] パネルが表示されるので、[新規効果の追加] ボタン→ [テクスチャ] → [テクスチャライザー] をクリックします❷。

❶

[テクスチャライザー] ダイアログが表示されるので❶、左のプレビュー画面を確認しながら各項目を調整します❷。イメージ通りに調整できたら、[OK] ボタンをクリックして適用します❸。

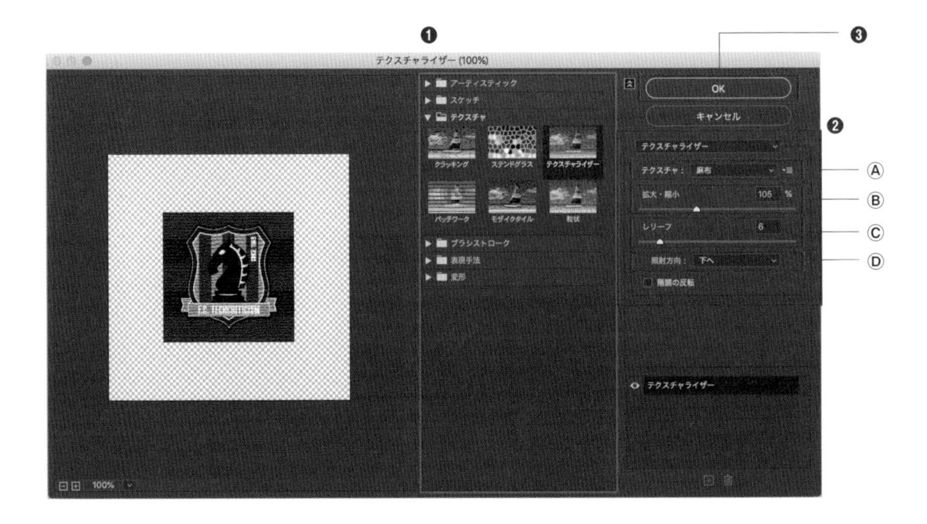

Ⓐ**テクスチャ** …… テクスチャの種類を選択します。
Ⓑ**拡大・縮小** …… テクスチャのサイズを調整します。
Ⓒ**レリーフ** …… テクスチャの凹凸を調整します。
Ⓓ**照射方向** …… 影の落ちる方向を選択できます。

テクスチャの種類

テクスチャの種類には [レンガ] [麻布] [カンバス] [砂岩] の4種類があります。

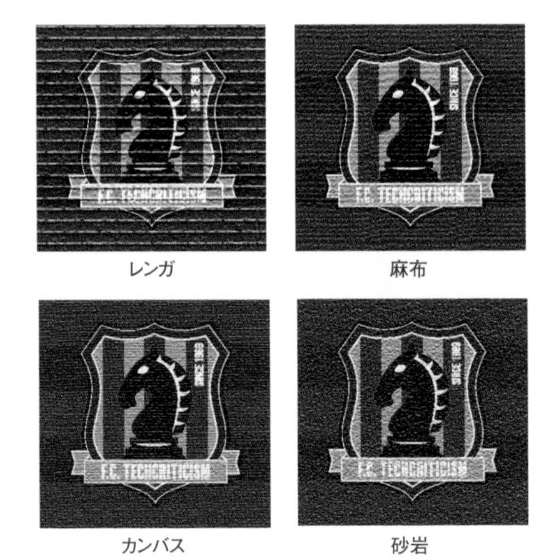

レンガ　麻布
カンバス　砂岩

121 画像をモノクロデッサン風に加工したい

使用機能　Photoshop効果

効果オプションを使うと、写真などを木炭で描いたデッサン風に加工することができます。この効果は、濃淡差のあるアートワークに向いています。

Before

After

1 選択ツールで画像を選択し❶、[ウィンドウ] メニュー→ [アピアランス] をクリックします。[アピアランス] パネルが表示されるので、[新規効果の追加] ボタン→ [スケッチ] → [チョーク・木炭画] をクリックします❷。

2 ［チョーク・木炭画］ダイアログが表示されるので❶、左のプレビュー画面を確認しながら各項目を調整します❷。このとき、全体が確認できるように、プレビューサイズを調整すると作業しやすくなります❸。イメージ通りに調整できたら、［OK］ボタンをクリックして適用します❹。

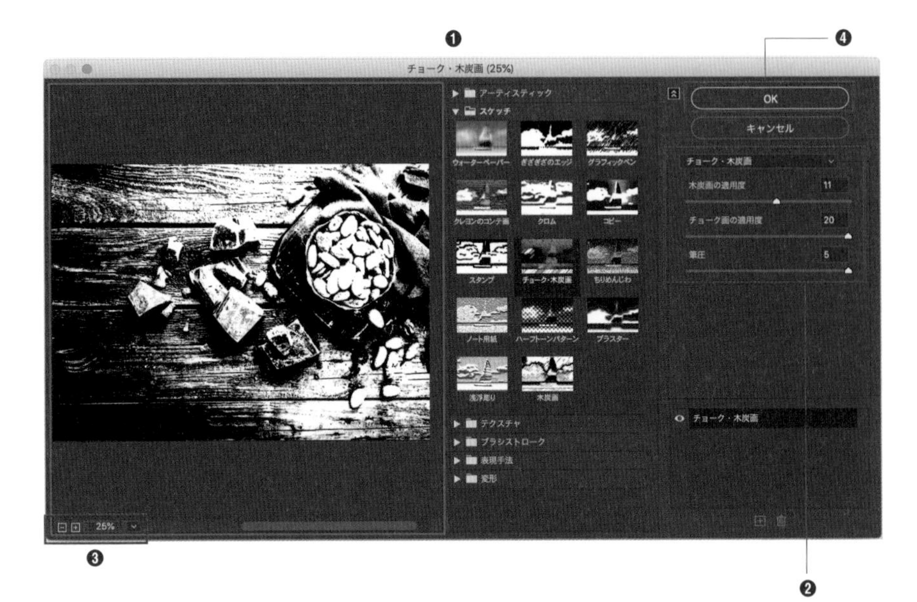

Memo
［チョーク・木炭画］を適用すると、画像がチョーク画や木炭画で描かれたように変換されます。以下の項目を設定できます。

- **木炭画の適用度** …… 画像の影の部分を黒い斜線で描画します。
- **チョーク画の適用度** …… 画像の影の部分を白い斜線で描画します。
- **筆圧** …… 画像全体のコントラストを調整します。

3 スケッチ効果を高めるために効果を重ねます。［アピアランス］パネルの［新規効果の追加］ボタン→［ブラシストローク］→［ストローク（スプレー）］をクリックします❶。

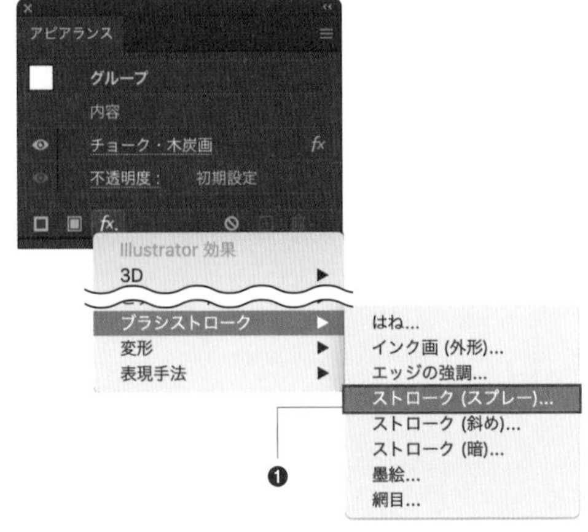

4 ［ストローク（スプレー）］ダイアログが表示されるので❶、左のプレビュー画面を確認しながら各項目を調整します❷。イメージ通りに調整できたら、［OK］ボタンをクリックして適用します❸。

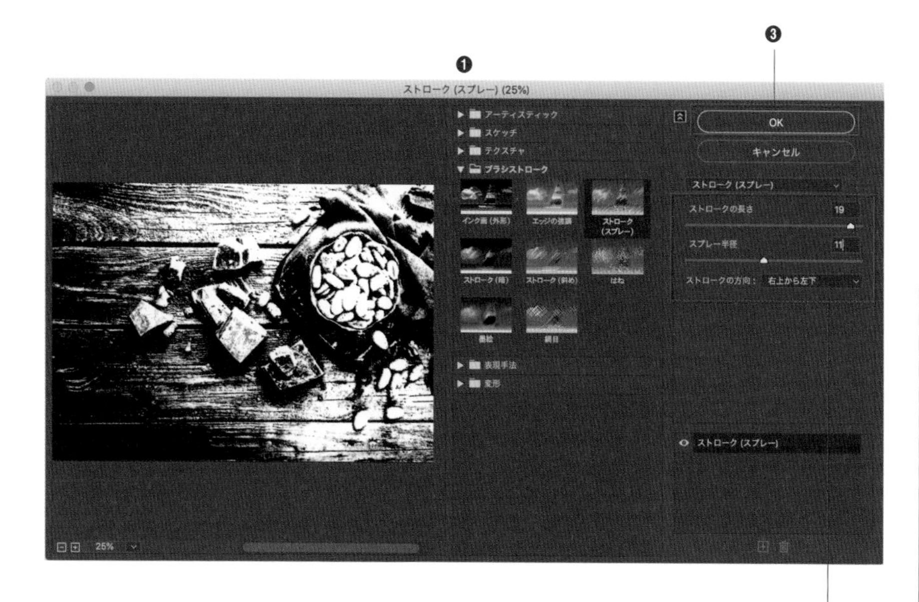

Memo

［ストローク（スプレー）］を適用すると、画像が斜めの線でスプレーされたように変換されます。以下の項目を設定できます。

- **ストロークの長さ** …… 斜めの線の半径を設定します。
- **スプレー半径** …… スプレーの半径を設定します。
- **ストロークの方向** …… 斜めの方向を設定します。

122 画像やオブジェクトを絵画風に加工したい

使用機能 Photoshop効果

効果オプションを使うと、画像やオブジェクトなどをキャンバスに絵の具で描いた絵のように変換することができます。

Before

1 選択ツールで画像やオブジェクトを選択し❶、［ウィンドウ］メニュー→［アピアランス］をクリックします。［アピアランス］パネルが表示されるので、［新規効果の追加］ボタン→［アーティスティック］→［粗いパステル画］をクリックします❷。

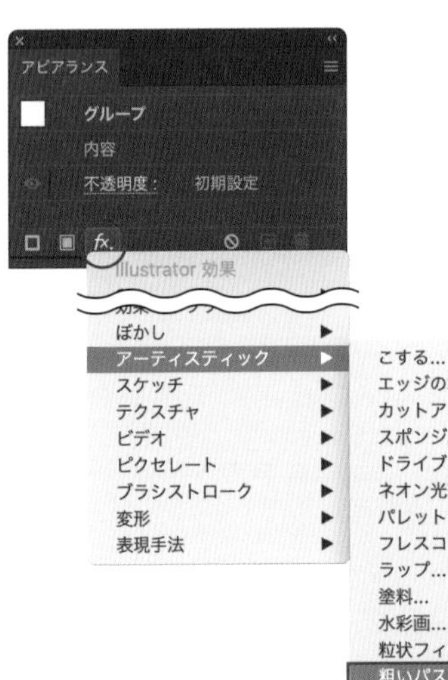

2 ［粗いパステル画］ダイアログが表示されるので❶、左のプレビュー画面を確認しながら各項目を調整します❷。全体が確認できるように、プレビューサイズを調整すると作業しやすくなります❸。イメージ通りに調整できたら、［OK］ボタンをクリックして適用します❹。

Memo

［粗いパステル画］を適用すると、パステル画で描いたように変換されます。
以下の項目を設定できます。

- **ストロークの長さ** ……斜めの線の半径を設定します。
- **ストロークの正確さ** ……斜めの方向を設定します。
- **テクスチャ** ……テクスチャの種類を選択します。
- **拡大・縮小** ……テクスチャのサイズを調整します。
- **レリーフ** ……テクスチャの凹凸を調整します。
- **照射方向** ……影の落ちる方向を選択できます。

Memo

パスオブジェクトを絵画風に
加工しても効果的です。

123 画像やオブジェクトをポップアート風に加工したい

使用機能 カラーハーフトーン

カラーハーフトーンを適用すると、画像やオブジェクトのカラーを分解し、網点（印刷物の濃淡を表現するための小さな点）に変換します。ここでは網点を利用して、画像やオブジェクトをアメリカンポップアート風に加工します。

Before

After

カラーハーフトーンの適用

1 選択ツールで画像やオブジェクトを選択し❶、［ウィンドウ］メニュー→［アピアランス］をクリックします。［アピアランス］パネルが表示されるので、［新規効果の追加］ボタン→［ピクセレート］→［カラーハーフトーン］をクリックします❷。

❶

Memo

ここでは以下のような画像を使用しています。

- **サイズ**…幅80mm×高さ55mm
- **解像度**…350dpi
- **カラーモード**…CMYK

2 ［カラーハーフトーン］ダイアログが表示されるので、各項目を設定します。ここでは、元画像のサイズ（幅1000px×高さ667px）に対して、最大半径を「15pixel」❶、チャンネルをすべて「45度」に設定します❷。

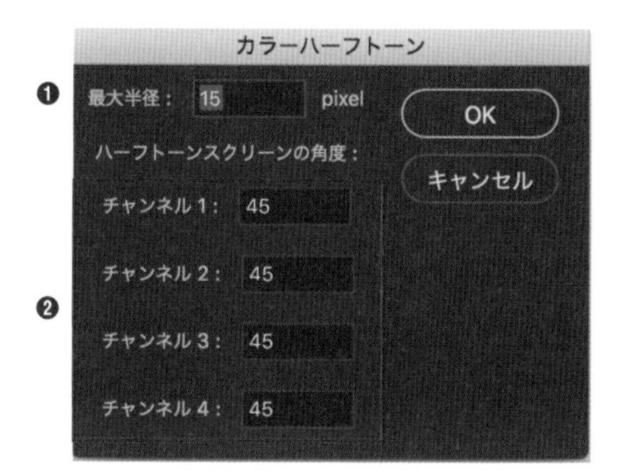

Memo

2 の手順でデフォルトの値を適用すると、次のように加工されます。

Memo

各値を初期設定に戻したいときは、command キーを押します。［OK］ボタンの下に［初期設定］ボタンが出現するので、クリックします。

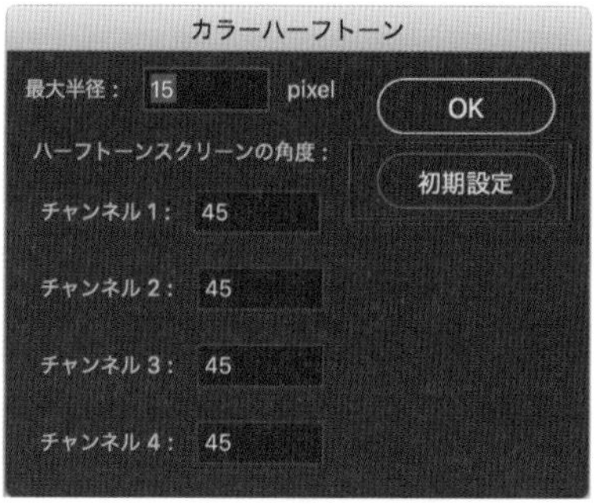

カラーハーフトーン
最大半径：15 pixel
OK
ハーフトーンスクリーンの角度：
初期設定
チャンネル 1：45
チャンネル 2：45
チャンネル 3：45
チャンネル 4：45

カラーハーフトーンの設定項目

Ⓐ**最大半径** …… 4〜127ピクセルの範囲で、任意の値を入力します。この数値が網点のサイズになります。

Ⓑ**ハーフトーンスクリーンの角度** …… −360〜360度の範囲で、各［チャンネル］に任意の角度を入力します。角度を変更することにより、各チャンネルの網点が重なる表現が生まれます。デフォルトでは、一般的にカラー分解で使用されている値が入力されます。

Ⓒ**チャンネル** …… ドキュメントのカラーモードによって、有効になるチャンネルが変わります。

- **CMYKカラー** …… チャンネル1〜4をすべて使用します。1から順に、C（シアン）、M（マゼンタ）、Y（イエロー）、K（ブラック）となります。
- **RGBカラー** …… チャンネル1〜3を使用します。1から順に、R（レッド）、G（グリーン）、B（ブルー）となります。
- **特色（スポットカラー）** …… チャンネル1のみ使用します。
- **グレースケール** …… チャンネル4のみ使用します。

POINT

ハーフトーンは、各チャンネルの濃度が1〜99％のときに網点で表現されます。濃度が高くなるほど網点のサイズが大きくなり、密度が増します。下図はグレースケールの円形（サイズ：20×20mm）をハーフトーンにした結果のサンプルです。

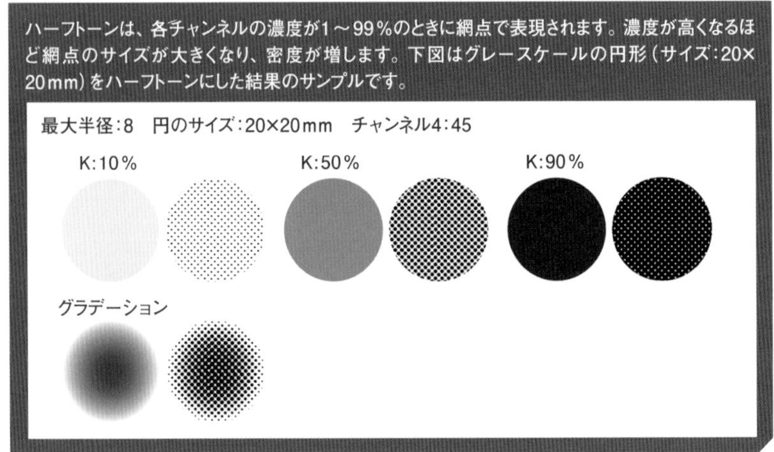

124 オブジェクトを落書き風に加工したい

使用機能　落書き

パスオブジェクトを、線でジグザグに描いた落書き風に変換することができます。線の設定を変更することで、さまざまなタッチの落書きを表現できます。

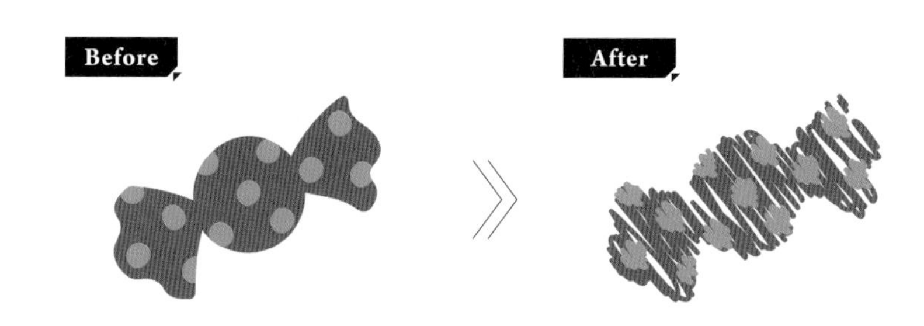

落書きの設定

選択ツールでオブジェクトを選択し❶、[ウィンドウ] メニュー→ [アピアランス] をクリックします。 [アピアランス] パネルが表示されるので、[新規効果の追加] ボタン→ [スタイライズ] → [落書き] をクリックします❷。

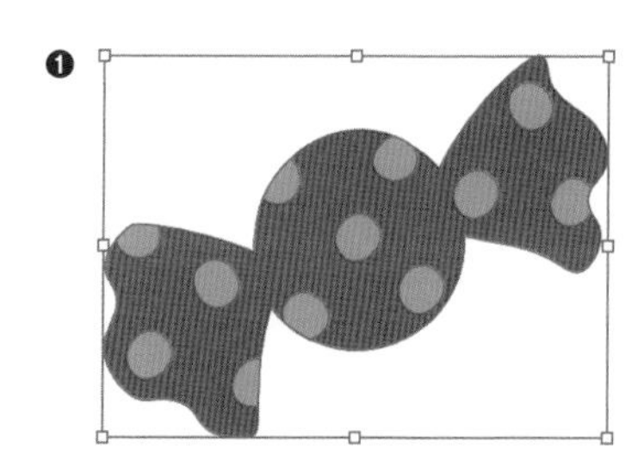

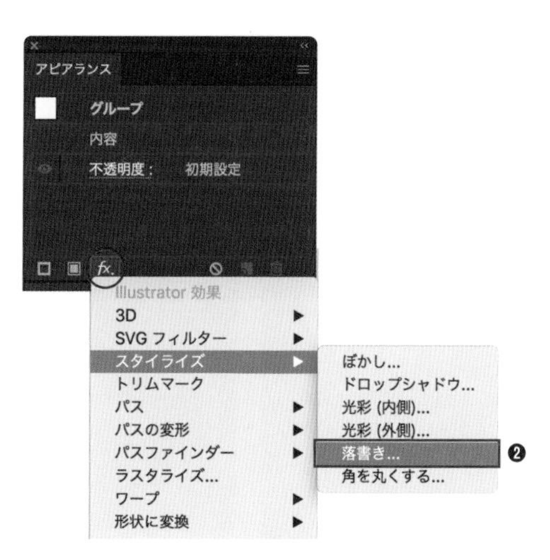

［落書きオプション］ダイアログが表示されるので❶、［プレビュー］にチェックを入れ❷、各項目を設定します。

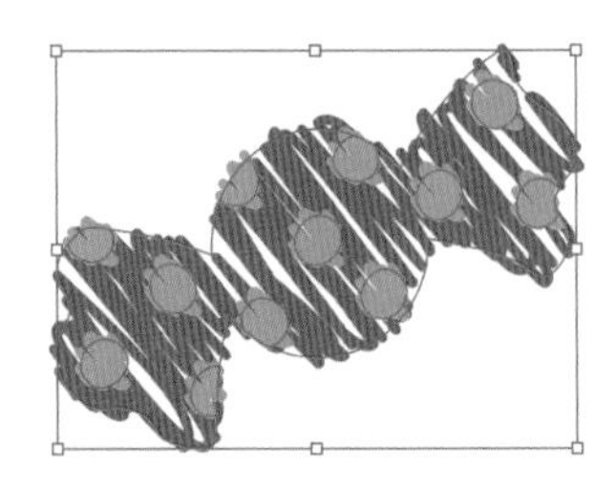

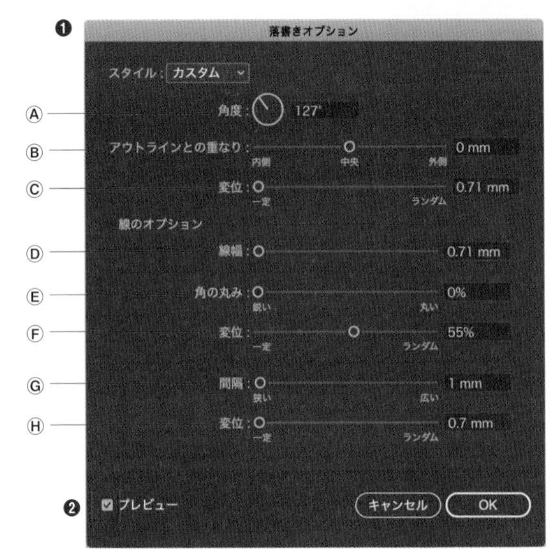

Ⓐ**角度** …… ジグザグ線が折り返す角度を設定します。
Ⓑ**アウトラインとの重なり** …… ジグザグ線とパスのアウトラインの重なりを設定します。内側に設定すると小さなジグザグになり、外側に設定するとアウトラインからはみ出た大きなジグザグになります。
Ⓒ**変位（アウトラインとの重なり）** …… ジグザグ線とアウトラインの重なりの変位を設定します。ランダムに設定すると、ジグザグ線がアウトラインからランダムにはみ出します。
Ⓓ**線幅** …… 線の幅を設定します。
Ⓔ**角の丸み** …… ジグザグの角の丸みを設定します。
Ⓕ**変位（角の丸み）** …… 角の丸みの変位を設定します。ランダムに設定すると、角の丸みがランダムになります。
Ⓖ**間隔** …… ジグザグの間隔を設定します。
Ⓗ**変位（間隔）** …… 間隔の変位を設定します。ランダムに設定すると、間隔がランダムになります。

POINT

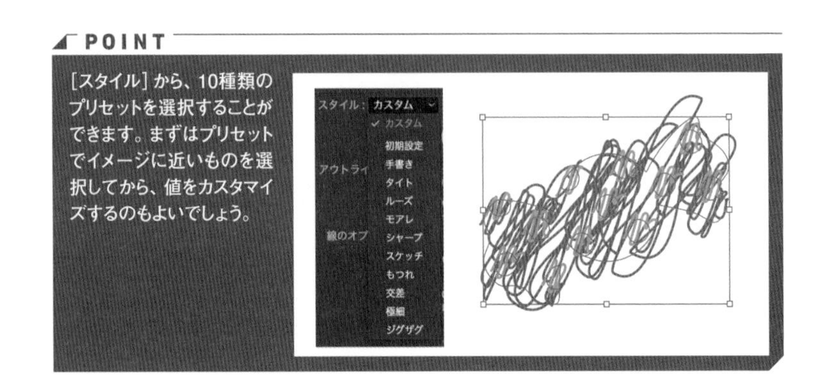

［スタイル］から、10種類のプリセットを選択することができます。まずはプリセットでイメージに近いものを選択してから、値をカスタマイズするのもよいでしょう。

画像やオブジェクトに影をつけたい

使用機能 ドロップシャドウ

画像やパスオブジェクト、テキストオブジェクトなどのアートワークに影をつけることは頻繁にあるので、覚えておきたいテクニックです。

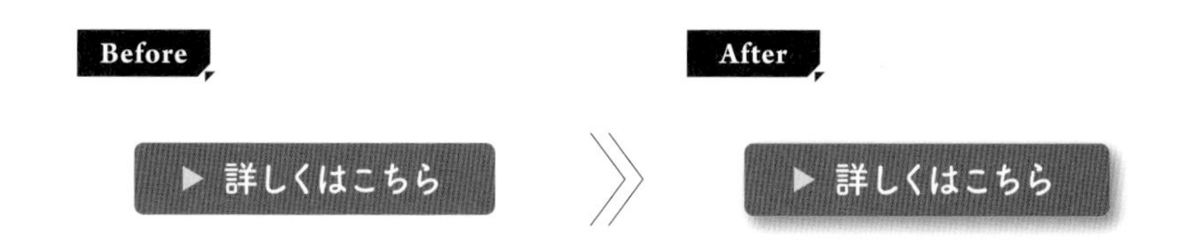

ドロップシャドウの設定方法

1 選択ツールでオブジェクトを選択し❶、[ウィンドウ] メニュー→ [アピアランス] をクリックします。[アピアランス] パネルが表示されるので、[新規効果の追加] ボタン→ [スタイライズ] → [ドロップシャドウ] をクリックします❷。

❶

2 [ドロップシャドウ] ダイアログが表示されるので、[プレビュー] にチェックを入れ❶、各項目を設定します❷。イメージ通りになったら、[OK] ボタンをクリックします❸。

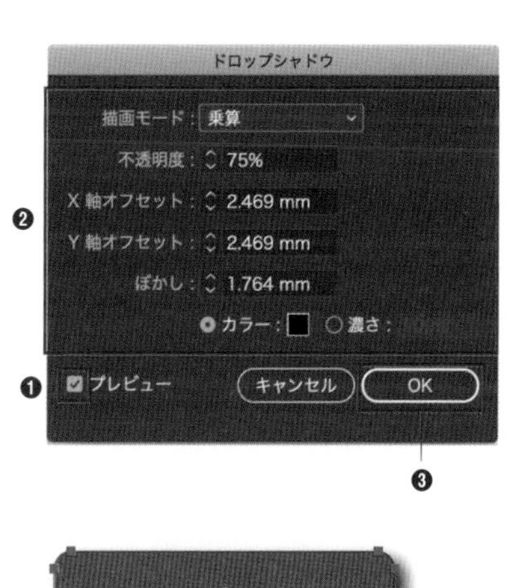

ドロップシャドウの設定項目

ドロップシャドウの設定項目は次の通りです。

Ⓐ**描画モード** …… ドロップシャドウの描画モードを選択します。
Ⓑ**不透明度** …… ドロップシャドウの不透明度を指定します。
Ⓒ**X軸オフセット／Y軸オフセット** …… オブジェクトからX軸（横方向）／Y軸（縦方向）への距離を指定します。どちらも「0」に設定すると、オブジェクトの真下にドロップシャドウを作成します。

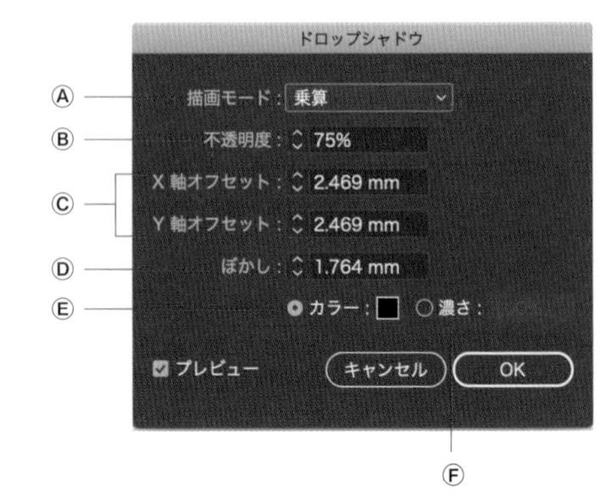

Ⓓ**ぼかし** …… 輪郭からぼかしの入る距離を入力します。「0」に指定すると、オブジェクトの輪郭そのままのドロップシャドウになります。
Ⓔ**カラー** …… ドロップシャドウのカラーを指定します。カラーのサムネイルをクリックするとカラーピッカー ▸▸049 が表示されます。
Ⓕ**濃さ** …… オブジェクトのカラーに指定の濃度のブラックを混ぜたカラーのドロップシャドウを作成します。

濃さ：0％

濃さ：50％

濃さ：100％

Memo

ドロップシャドウは、複数のオブジェクトにも適用できます。複数のオブジェクトをグループ化しているかどうかで結果が変わります。

グループ化していない

グループ化している

126 画像やオブジェクトを光らせたい

使用機能 | 光彩

画像やパスオブジェクト、テキストオブジェクトなどに、光っているような効果を加えることができます。

1 選択ツールでオブジェクトを選択し❶、[ウィンドウ]メニュー→[アピアランス]をクリックします。[アピアランス]パネルが表示されるので、[新規効果の追加]ボタン→[スタイライズ]→[光彩(外側)](または[光彩(内側)])をクリックします❷。

❶
初夏

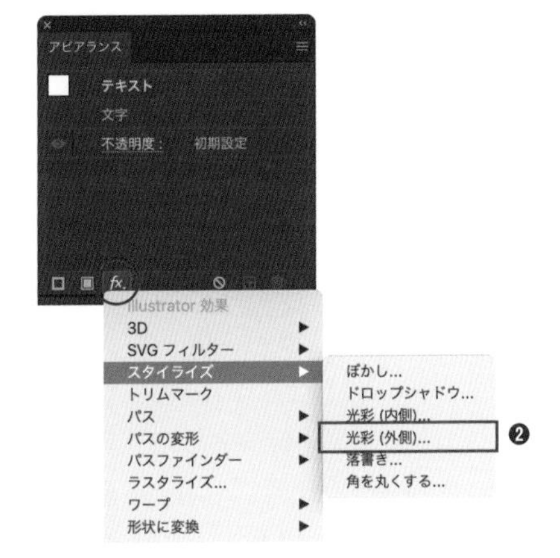

カラーが白のオブジェクトを使用しているので、ここではアウトライン表示にしています ▸▸043。

Memo

[光彩(外側)]はオブジェクトのパスのアウトラインの外側に、[光彩(内側)]はオブジェクトのパスのアウトラインの内側に光を放ちます。

2 [光彩(外側)](または[光彩(内側)])ダイアログが表示されるので❶、[プレビュー]にチェックを入れ❷、各項目を設定します❸。イメージ通りになったら、[OK]ボタンをクリックします❹。

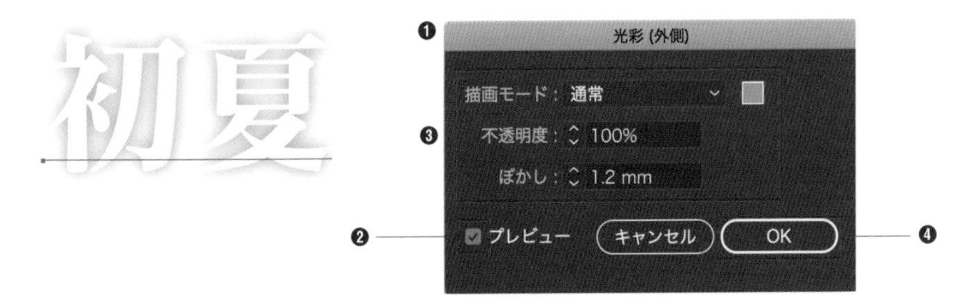

POINT

［光彩（内側）］ダイアログでは、ぼかしの起点を［中心］と［境界線］から選択することができます。

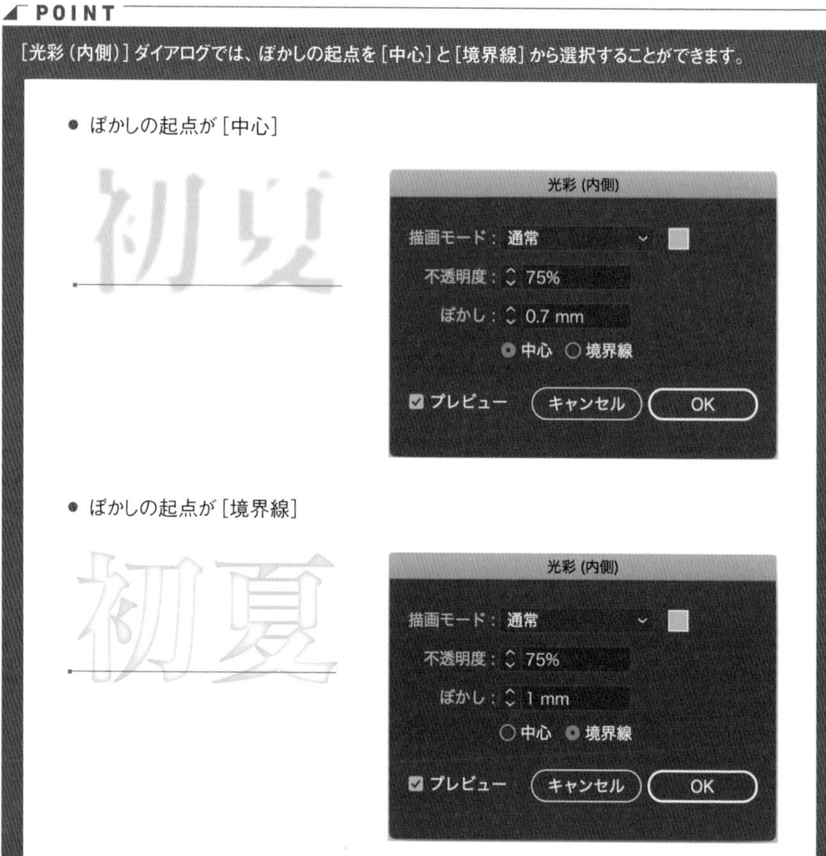

画像やオブジェクトに レンズフレアの効果を加えたい

使用機能 [フレア] ツール

[フレア] ツールを使うと、画像やオブジェクトに、写真のレンズフレアのような効果を加えることができます。

Before

After

1 ツールバーの [長方形] ツールをマウスのボタンで長押し、または option キーを押しながらクリックして [フレア] ツールを選択します。

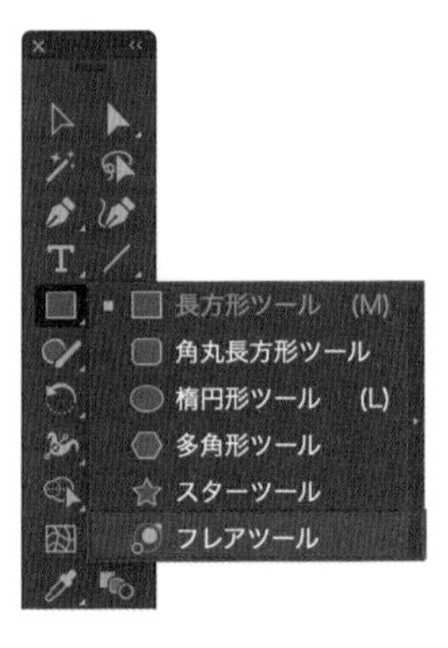

2 オブジェクトや画像のレンズフレアの中心にしたい位置をクリックし❶、斜め方向にドラッグします❷。するとレンズフレアが作成されます。

3 もう一箇所離れた場所でドラッグすると❶、その距離に応じてリングが作成されます❷。ドラッグしている間リングの数を増やしたいときは、キーボードの↑キーを、減らしたいときは↓キーを押します。

4 画像からフレアがはみ出た場合は、クリッピングマスク ▶▶075 で隠します。

Memo

[フレア] ツールをダブルクリックすると、[フレアツールオプション] ダイアログが表示されます。作成したフレアを選択して各項目を編集すると、選択中のフレアに変更が適用されます。

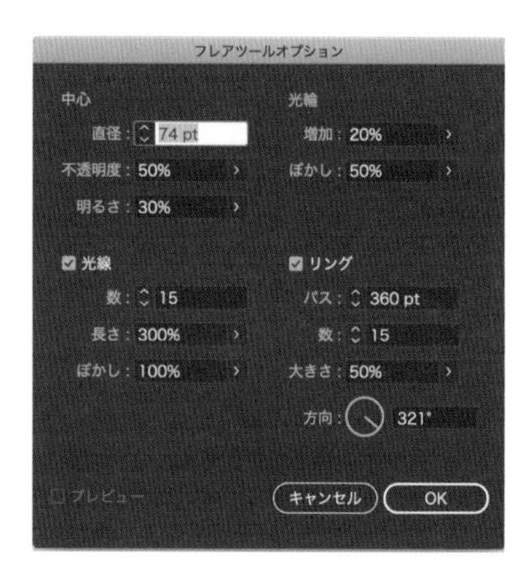

文字・書式・段落の設定

Chapter

9

128 文字を入力したい

使用機能　[文字] ツール

文字の入力方法には、「ポイント文字」と「エリア内文字」▸▸140の2種類があります。ここでは「ポイント文字」の入力方法を解説します。「ポイント文字」では、クリックした位置が始点となり、入力した分だけ文字列が伸びていきます。この入力方法は、短めのテキスト作成に向いています。

ポイント文字の入力

1 [文字] ツール、または [文字 (縦)] ツールを選択します。すると、マウスポインタの形が変わります。テキストの入力を開始したい位置をクリックします。

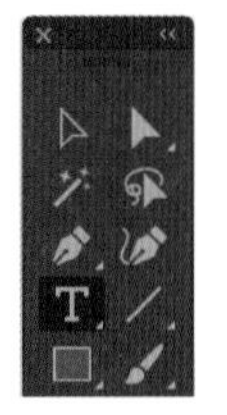

Short Cut　[文字] ツール (の選択) : T キー

2 カーソルが点滅し❶、文字が入力できるようになるので、キーボードを使って入力します❷。サンプルテキスト (「山路を登りながら」) が表示されたときは削除します。

❷ 技術養蜂場の ❶

3 入力が終わったら、command キーを押しながらアートボードをクリック、またはツールバーのいずれかのツールをクリックします。すると、テキストの入力状態が終了します。

POINT

[文字] ツールで既存のオブジェクトをクリックしないように注意します。クリックすると、そのオブジェクトが [テキストエリア] または [パス上文字] ▸▸146 に変換されます。テキストを入力する場所にオブジェクトがすでに存在する場合は、そのオブジェクトをロックするか非表示にするなどして、一時的に編集できないようにします。

サンプルテキストの有効化・無効化

文字を入力する際、デフォルトでは最初にサンプルテキストが入力されます。サンプルテキストの有効・無効を切り替えるには、[Illustrator] メニュー→[環境設定]→[テキスト] をクリックします。

山路を登りながら

[環境設定] ダイアログの [テキスト] の項目が表示されます。[新規テキストオブジェクトにサンプルテキストを割り付け] のチェックを外し❶、[OK] ボタンをクリックすると❷、サンプルテキストの割り付けが無効になります。チェックを入れると有効になります。

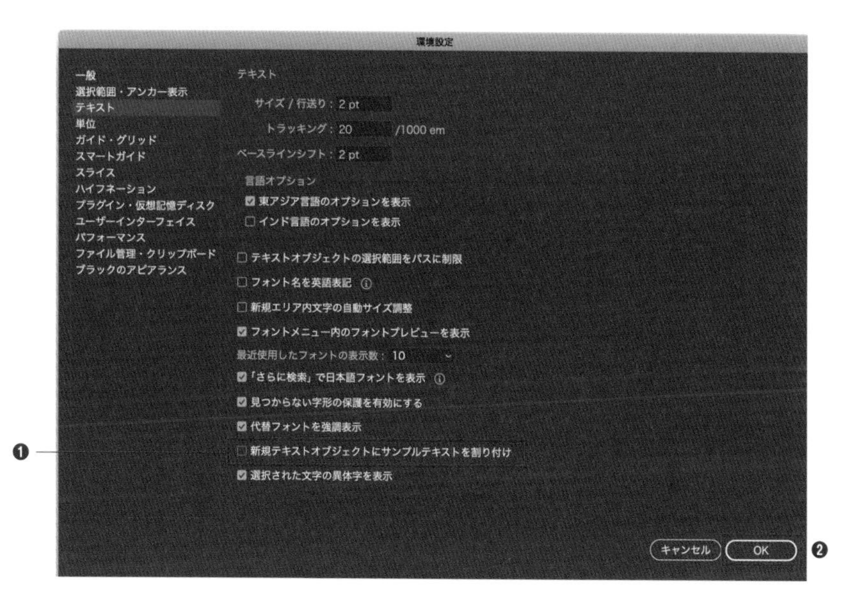

Memo

サンプルテキストの割り付けを無効に設定しているときにも、一時的にサンプルテキストを割りつけることができます。[文字] ツールを選択し、control キーを押しながらクリックします(Windowsでは右クリック)。表示されたメニューから [サンプルテキストの割り付け] を選択します。

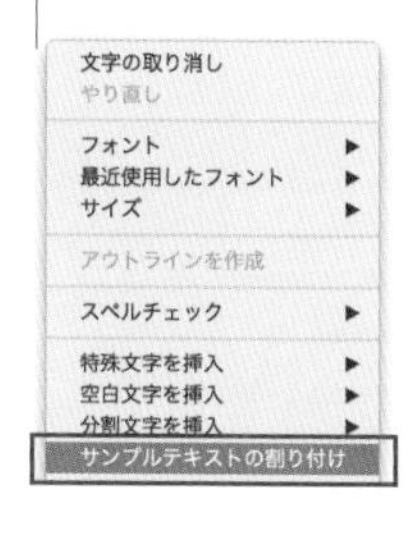

129 フォントを変更したい

使用機能　[文字] パネル

フォントは [文字] パネルから変更することができます。フォントスタイルが用意されているフォントでは、太さを変更したり、斜体にしたりすることができます。

フォントの変更

選択ツールで入力した文字を選択し❶、[ウィンドウ] メニュー→[書式]→[文字]をクリックします。[文字] パネルが表示されるので、[フォントファミリを設定] 右の▼ボタンをクリックして❷、フォントを選択します❸。使用フォントが決まっている場合は、フォントを選択してから文字を入力しても構いません。

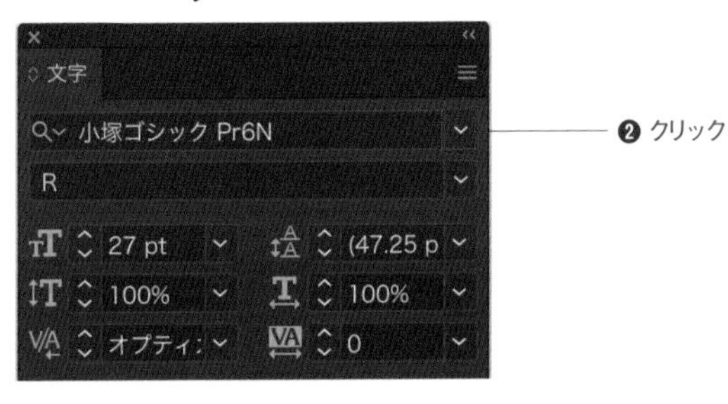

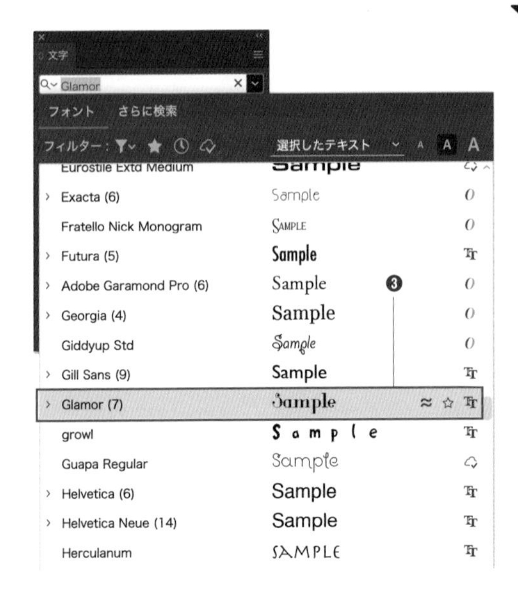

honey bee

Memo

入力した文字を選択した場合は、コントロールパネル ▸▸004 や [プロパティ] パネルからもフォントを変更することができます。

フォントスタイルの変更

フォントスタイルが用意されているフォントでは、［フォントスタイルを設定］ボタンをクリックして、フォントスタイルを選択することができます。フォントスタイルとして、ウェイト（太さ）の異なるフォントや、イタリック体（斜体）が用意されていることがあります。用意されているフォントスタイルの種類はフォントによって異なります。

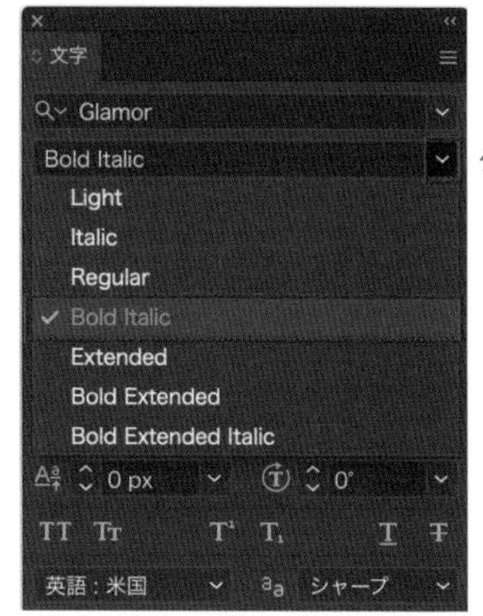

honey bee

一般的に用意されていることが多いスタイルは下記の通りです。

- **Regular** …… 標準
- **Medium** …… 中太字
- **Bold** …… 太字
- **Italic** …… 斜体

Memo

フォントスタイルが用意されていないフォントの太さを変更したり、斜体にしたりしたいときは、［線］パネルで線幅を追加したり▸▸086、［シアー］ツールでシアーをかけたりしてみてください▸▸079。擬似的に太字や斜体に変更することができます。

honey bee

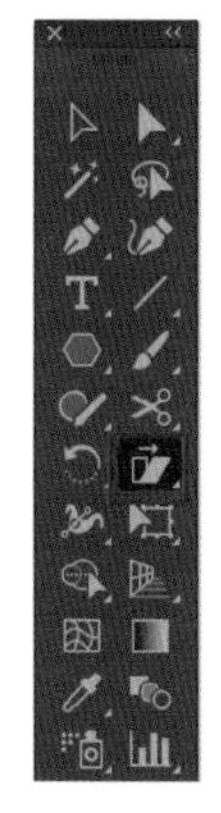

honey bee

130 フォントのサイズや縦横の比率を変更したい

使用機能　[文字] パネル、バウンディングボックス

フォントのサイズや縦横の比率の変更方法を確認しましょう。Illustratorには、ほかのアプリケーションと同じようなインターフェースだけでなく、細かな設定方法が用意されています。

[文字] パネルでのサイズ調整

[ウィンドウ] メニュー→ [書式] → [文字] をクリックすると、[文字] パネルが表示されます。フォントサイズは [文字] パネルの [フォントサイズを設定] で変更できます。次の3つの方法があります。

Ⓐ [フォントサイズを設定] にサイズを数値で入力します。
Ⓑ [フォントサイズを設定] 左の上下ボタン をクリックします。この方法では、サイズは「1」ずつ増減します。また、shift キーを押しながらクリックすると10単位ごとに増減し、command キーを押しながらクリックすると「0.1」ずつ増減します。
Ⓒ [フォントサイズを設定] 右のボタン をクリックし、任意のサイズを選択します。この方法では、選択できる数値が限られており細かな設定ができません。

技術養蜂場の
こだわり

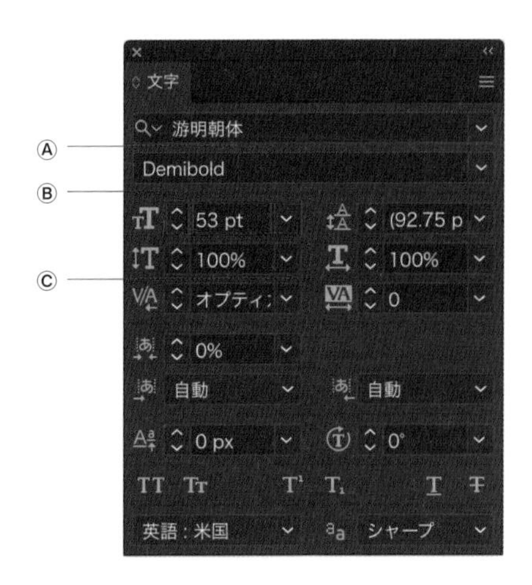

[文字] パネルでの縦横比の調整

[文字] パネルで [垂直比率]、[水平比率] を変更します。これらのボックスも [フォントサイズを設定] と同様に3つの方法で設定が可能です。

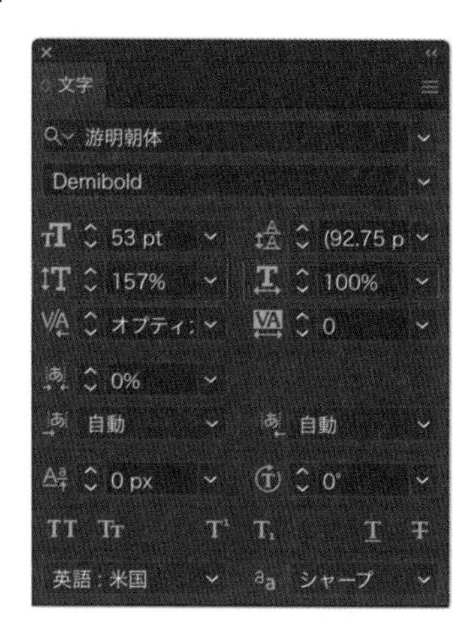

こだわり

こだわり

POINT

一部の文字だけサイズを変えたい、という場合があります。このようなときには、フォントサイズを変更するのではなく、縦横の比率を変更しましょう。全体のフォントサイズの変更が必要になったときに、テキストが同じ比率を保つので便利です。

縦横の比率を指定してサイズを変更する

フォントサイズを変更しても、サイズの比率が保たれる

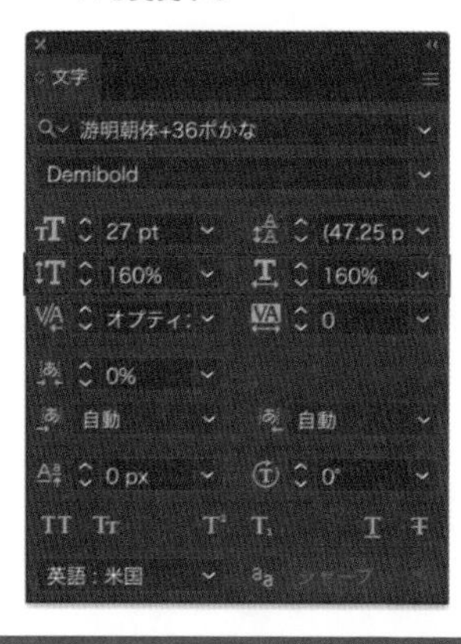

バウンディングボックスでの調整

ポイント文字は、バウンディングボックスでもフォントのサイズや縦横の比率を調整することができます。選択ツールでテキストを選択し、バウンディングボックスのハンドルを shift キーを押しながらドラッグします❶。フォントの縦横比を保ったまま、テキストが拡大・縮小します❷。

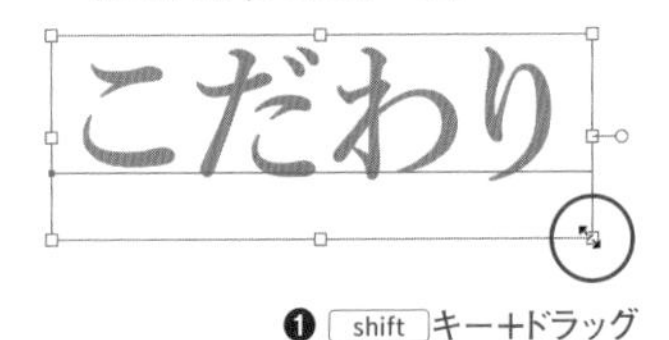

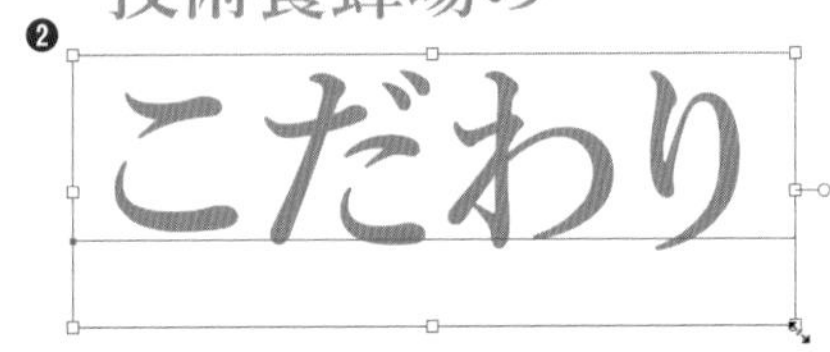

バウンディングボックスのハンドルを shift キーを押さずにドラッグすると❶、フォントの縦横比と無関係に文字が拡大・縮小します❷。このとき、[文字] パネルの [水平比率] を確認すると、値が変化しています❸。

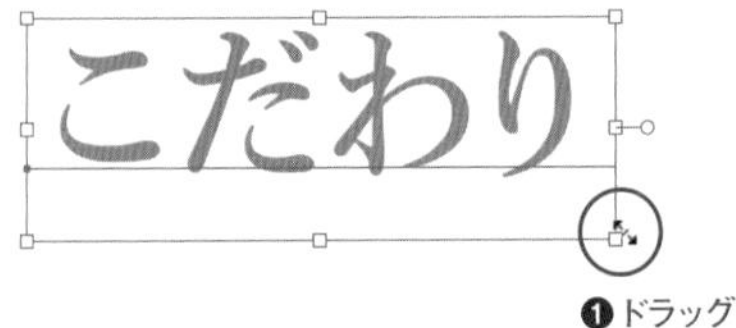

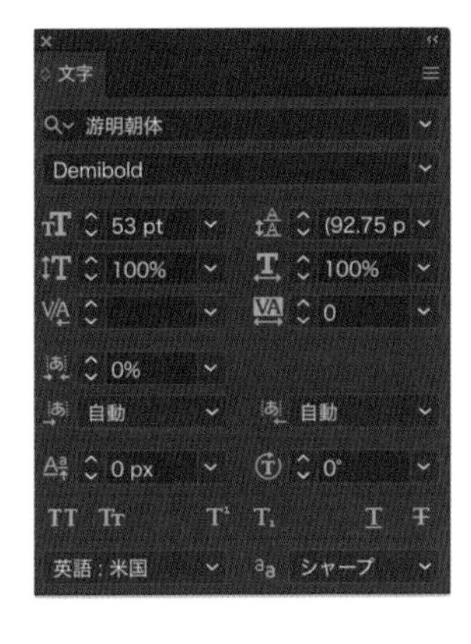

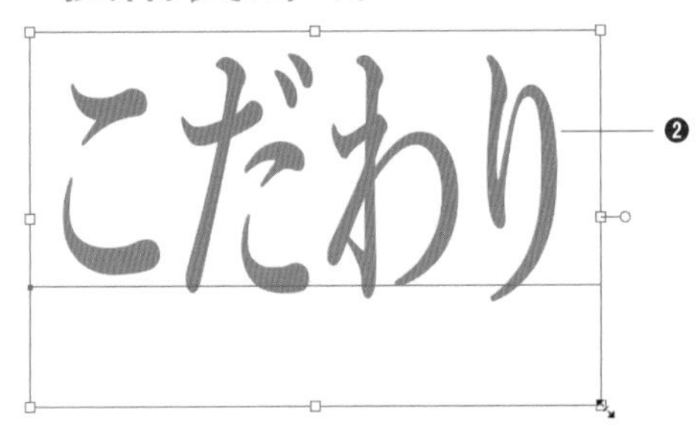

131 文字の間隔を調整したい

使用機能　カーニング、トラッキング、文字ツメ

文字の間隔を整えるだけで、文章が読みやすくなったり、洗練された印象になったりします。文字の間隔は、3種類の方法で調整することができます。

カーニング、トラッキング、文字ツメ

カーニングは、文字と文字の間を調整する機能です。横書きの場合は文字の右側の間隔が調整され、縦書きの場合は文字の下側の間隔が調整されます。トラッキング機能では、まとまったテキストの文字間が一括で調整されます。
文字ツメは、文字の前後の間隔を調整する機能です。

カーニング　技術評論社

文字ツメ　技術評論社

トラッキング　技 術 評 論 社

技術評論社

自動カーニング

[ウィンドウ] メニュー→ [書式] → [文字] をクリックします。 [文字] パネルが表示されるので、[カーニング] 右のボタンをクリックし❶、[メトリクス] [オプティカル] [和文等幅] の3種類から選択します❷。デフォルトでは [等幅] (=0) に設定されます。

- 等幅 (0)　Yesterday　ディスク
- メトリクス　Yesterday　ディスク
- オプティカル　Yesterday　ディスク
- 和文等幅　Yesterday　ディスク

- **メトリクス** …… 書体に組み込まれた「ペアカーニング情報」に基づいて間隔を詰めます。フォントデザイナーが意図した通りに間隔が自動調整されます。たとえば、一般的に「Y」や「W」は、等幅では前後の文字との間隔が空き過ぎてしまいますが、メトリクスでは自然に詰まるように設定されています。ペアカーニング情報を持たないフォントでは、メトリクスを適用しても間隔が変化しません。

等幅（0）　**Yellow Wanted**

メトリクス　**Yellow Wanted**

- **オプティカル** …… 文字の形状に基づいて文字間のスペースを調整します。［メトリクス］で効果が出ない場合、または1行に複数のフォントや異なるサイズのフォントが混在している場合に有効です。
- **和文等幅** …… 欧文フォントに対しては［メトリクス］が適用され、和文フォントに対しては［等幅］が適用されます。

手動カーニング

［文字］ツールを選択し、カーニングしたい文字と文字の間をクリックして、option＋方向キーを押します。間隔を詰めたい場合、横書きでは←キー、縦書きでは↑キーを使用します。逆に間隔を広げたい場合、横書きでは→キー、縦書きでは↓キーを使用します。また、このときにcommandキーも同時に押すと、5倍の単位で間隔が調整されます。

文字の間隔を調整する単位は、［Illustrator］メニュー→［環境設定］→［テキスト］で表示される［環境設定］ダイアログの［テキスト］項目にある［トラッキング］で設定できます。

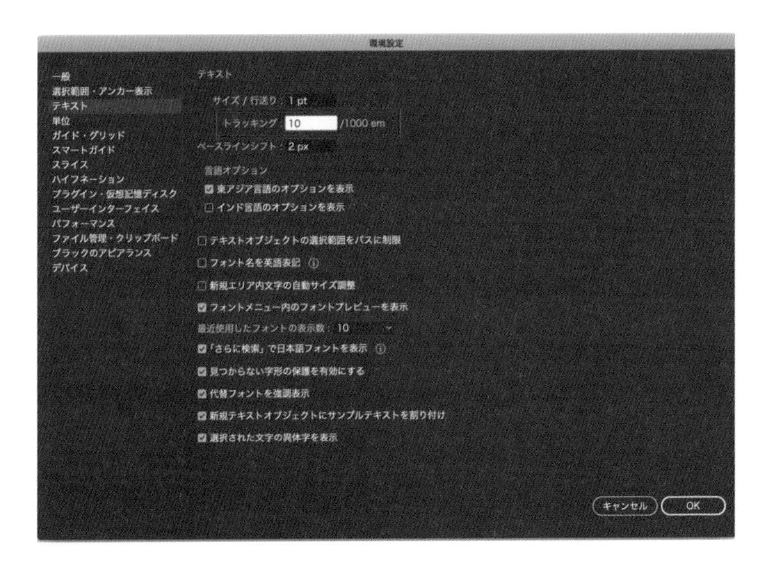

Memo

［環境設定］ダイアログの［トラッキング］項目で使用されている「em」は、1em＝フォントサイズを1とする単位です。たとえば、フォントサイズが15ptの場合、1em＝15ptになります。

トラッキング

間隔を調整したいテキストをすべて選択し、[文字]パネルの[トラッキング]で数値を設定します。手動カーニングと同様のキー操作で調整することも可能です。

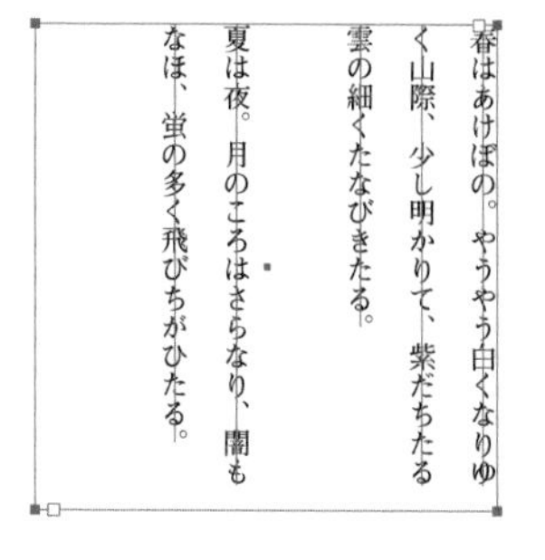

選択したテキストのすべての文字間が、設定した数値に調整されます。

春はあけぼの。やうやう
白くなりゆく山際、少し
明かりて、紫だちたる雲
の細くたなびきたる。
夏は夜。月のころはさら
なり、闇もなほ、蛍の多
く飛びちがひたる。

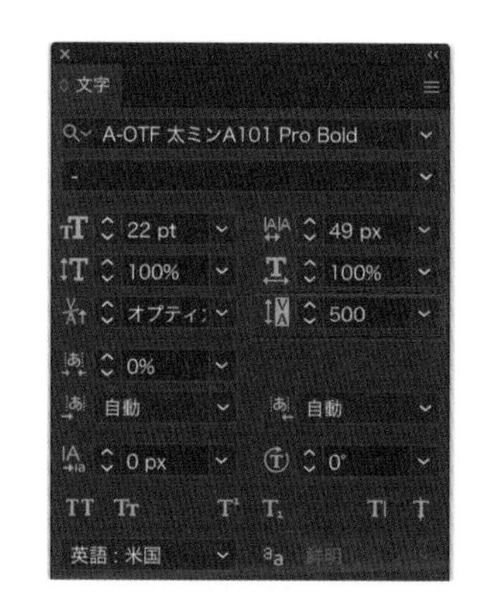

文字ツメ

文字の前後の空きを「0％～100％」で指定します。パーセンテージが高くなるほど、文字の間隔が狭くなります。

- 文字ツメ 0％

秋は夕暮れ。夕日の差して山の端いと近うなりたるに、烏の寝所へ行くとて、三つ四つ、二つ三つなど飛び急ぐさへあはれなり。まいて雁などの連ねたるが、いと小さく見ゆるは、いとをかし。日入り果てて、風の音、虫の音など、はた言ふべきにあらず。

- 文字ツメ 80％

秋は夕暮れ。夕日の差して山の端いと近うなりたるに、烏の寝所へ行くとて、三つ四つ、二つ三つなど飛び急ぐさへあはれなり。まいて雁などの連ねたるが、いと小さく見ゆるは、いとをかし。日入り果てて、風の音、虫の音など、はた言ふべきにあらず。

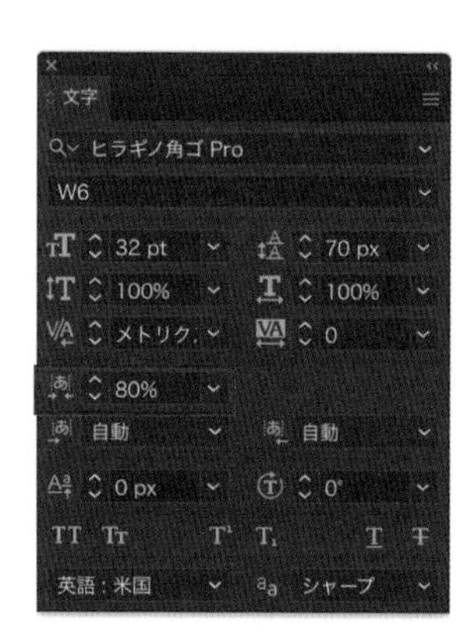

132 行の間隔を調整したい

使用機能　行送り

行の間隔を「行送り」といいます。文字の間隔と同様、行送りも文章の読みやすさや見栄えに影響します。調整方法を覚えておきましょう。

行の間隔の調整

行送りは、デフォルトでは[行送り(自動)]に設定されています。手動で調整するには、選択ツールでテキストを選択し、[ウィンドウ]メニュー→[書式]→[文字]をクリックします。[文字]パネルが表示されるので、[行送り]で数値を設定します。option+方向キーを押して調整することも可能です。間隔を詰めたい場合、横書きでは↑キー、縦書きでは→キーを使用します。逆に間隔を広げたい場合、横書きでは↓キー、縦書きでは←キーを使用します。また、このときにcommandキーも同時に押すと、5倍の単位で間隔が調整されます。

- 行送り 自動

冬はつとめて。
雪の降りたるは言ふべきにもあらず、霜のいと白きも、
またさらでもいと寒きに、火など急ぎおこして、
炭持て渡るも、いとつきづきし。
昼になりて、ぬるくゆるびもていけば、
火桶の火も、白き灰がちになりてわろし。

- 行送り 80pt

冬はつとめて。

雪の降りたるは言ふべきにもあらず、霜のいと白きも、

またさらでもいと寒きに、火など急ぎおこして、

炭持て渡るも、いとつきづきし。

昼になりて、ぬるくゆるびもていけば、

火桶の火も、白き灰がちになりてわろし。

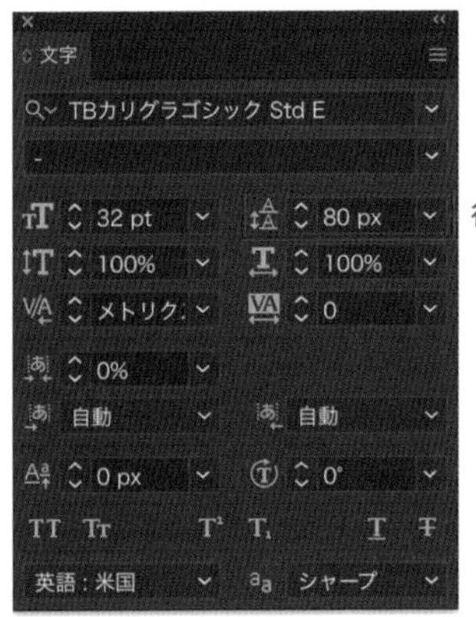

行送り

Memo　行の間隔は、デフォルトではフォントサイズの[175%]の値に設定されています。

テキストの一部分を選択して行送りした場合は、選択した行と次の行の間隔を調整します。

冬はつとめて。
雪の降りたるは言ふべきにもあらず、霜のいと白きも、
またさらでもいと寒きに、火など急ぎおこして、
炭持て渡るも、いとつきづきし。

昼になりて、ぬるくゆるびもていけば、
火桶の火も、白き灰がちになりてわろし。

選択した行と次の行の間が調整される

133 文字のベースラインを調整したい

使用機能 ベースラインシフト、文字揃え

文字列のベースラインは、デフォルトでは中央揃えに設定されています。そのため、同じ文字列内でフォントサイズを個別に変更すると、不安定な印象に見えることがあります。ベースラインを揃えることで読みやすさや見栄えが変わるので、調整方法を覚えておきましょう。

Before 待望のNEWアルバムついにリリース!!

After 待望のNEWアルバムついにリリース!!

ベースラインシフトで個別に調整

ベースラインを調整したい文字を選択し❶、[ウィンドウ]メニュー→[書式]→[文字]をクリックします。[文字]パネルが表示されるので、[ベースラインシフトを設定]の数値を設定します❷。デフォルトでは「0」に設定されています。マイナスに調整するとベースラインが下がり、プラスに調整するとベースラインが上がります。

❶ 待望のNEWアルバムついにリリース!!

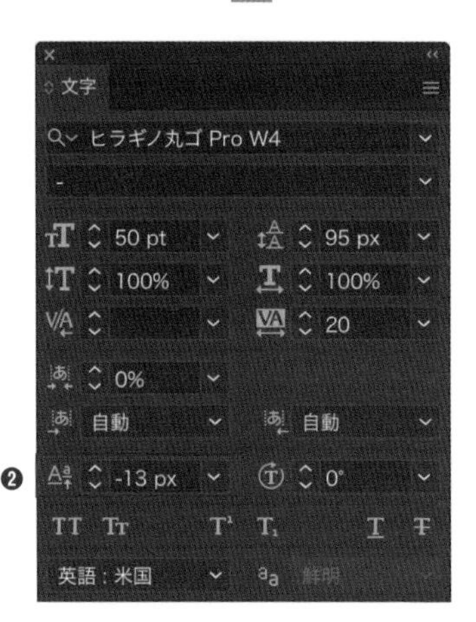

Memo

ベースラインの調整は option ＋ shift ＋方向キーでも可能です。ベースラインを上げたいときは↑キー、下げたいときは↓キーを使用します。

Chap 9 文字・書式・段落の設定

ベースラインを調整する単位は設定することができます。[Illustrator] メニュー→ [環境設定] → [テキスト] をクリックすると [環境設定] ダイアログの [テキスト] 項目が表示されるので、[ベースラインシフト] を設定します。

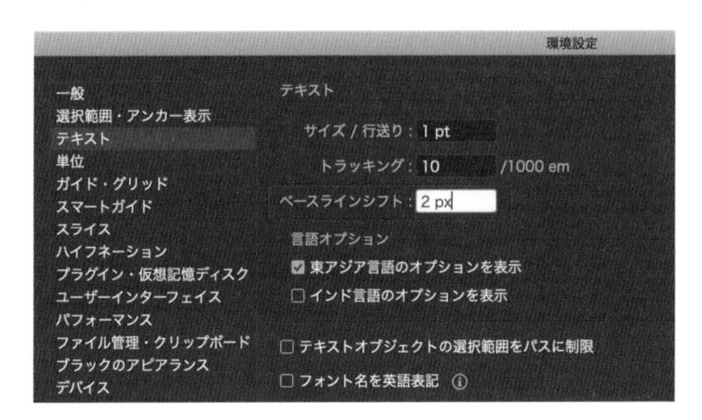

オプションの [文字揃え] で一括調整

選択ツールでテキストを選択し、[文字] パネル右上の [メニュー] ボタンをクリックして❶、[文字揃え] から任意の文字揃えを選択します❷。デフォルトでは [中央] に設定されています。ここでは下揃えにするため、[欧文ベースライン] を選択しています。

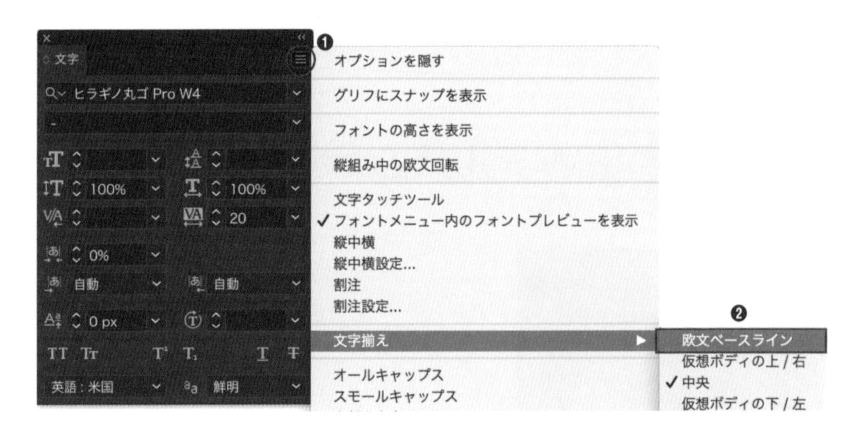

● デフォルト　待望のNEWアルバムついにリリース!!

● 欧文ベースライン　待望のNEWアルバムついにリリース!!

134 ベースラインを揃えたまま文字を回転させたい

使用機能 | 文字回転

テキストの一部または全体を、ベースラインを揃えたまま回転させることができます。文字を目立たせたいときの手法のひとつです。

文字の回転

一文字ずつ回転するには、文字ツールで回転したい文字を選択して❶、[ウィンドウ] メニュー→[書式]→[文字] をクリックします。[文字] パネルが表示されるので、[文字回転] に角度を入力します❷。

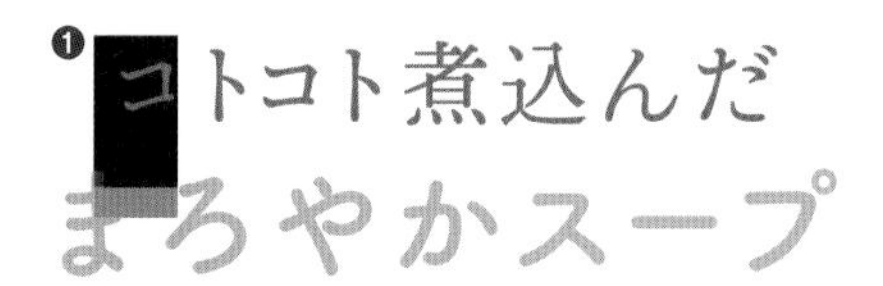

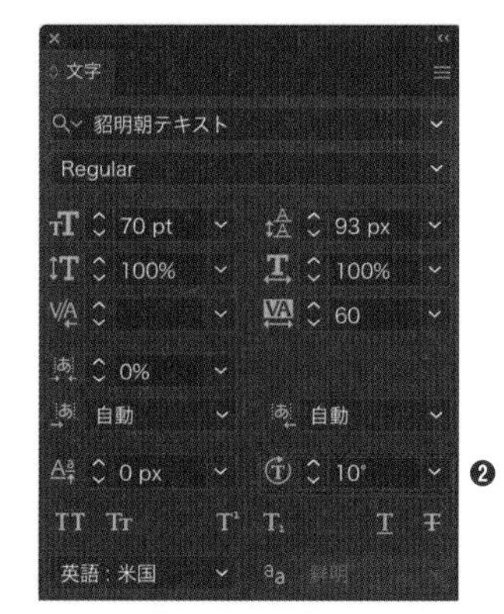

テキスト全体を選択して、[文字回転] に角度を入力した場合は❶、すべての文字が同じベースライン上で回転します❷。

Memo

ベースラインに関係なく、文字の回転などの変形を行うこともできます ▸▸183。

Chap 9 文字・書式・段落の設定

135 OpenTypeフォントの合字や装飾を設定したい

使用機能　［OpenType］パネル

OpenTypeフォントには、合字、飾り文字、ペアカーニングなどの高度な機能が備わっています。フォントによって設定できる機能が異なり、思わぬ装飾が見つかることもあります。主な機能を紹介します。

合字

OpenTypeフォントの中には、「fi」「ff」「st」などの欧文が合体するフォントがあります。これを合字といいます。［ウィンドウ］メニュー→［書式］→［OpenType］をクリックすると、［OpenType］パネルが表示されます。［OpenType］パネルの［欧文合字］ボタンⒶや［任意の合字］ボタンⒷが有効になっている場合、クリックすると合字の適用・解除を切り替えることができます。

● **ここでの使用フォント** …… Adobe Jenson Pro（Semibold）

official　ofﬁcial

Christmas　Christmas

装飾

OpenTypeフォントの中には、装飾がバリエーションとして備わっているものがあります。［OpenType］パネルの［デザインのセット］ボタンⒶが有効になっているフォントは、クリックしてスタイルを選択すると、装飾が適用されます。［デザインのセット］ボタンは、CC 2018以降の機能です。

● **ここでの使用フォント** …… Hummingbird（Regular）

Merry Christmas

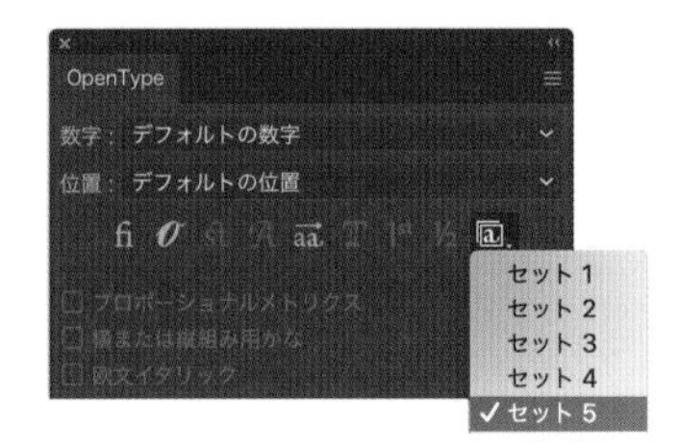

また、[スワッシュ字形] ボタンⒷや [デザインのバリエーション] ボタンⒸなどの装飾ボタンが有効になっている場合も、クリックすると文字の一部に装飾が適用されます。

● **ここでの使用フォント** …… LiebeGerda (Regular)

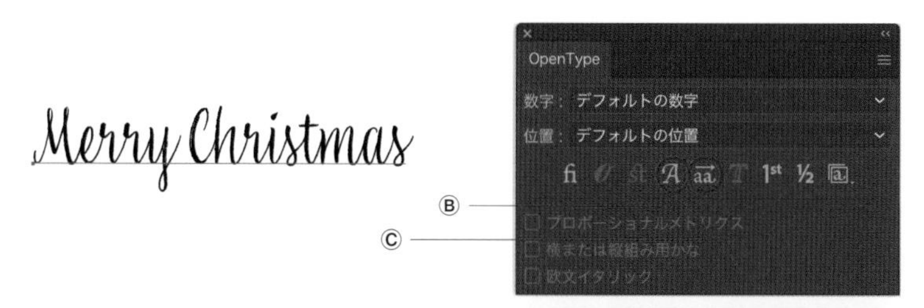

スワッシュ字形

文字の一部が跳ねたように装飾される

デザインのバリエーション

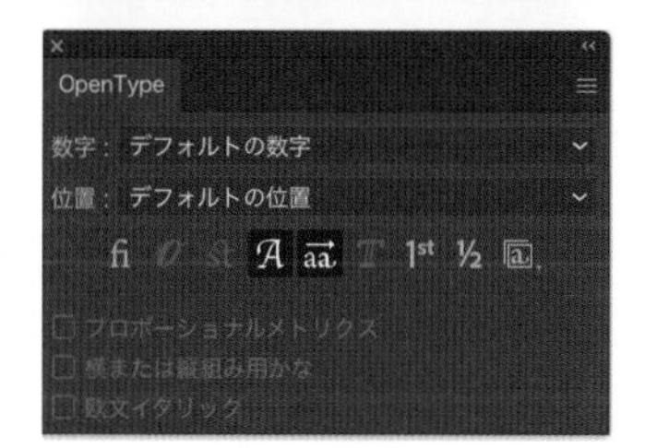

文字の一部のデザインが変わる

Memo フォントによって装飾される部分が変わります。まずは試しに適用してみましょう。

分数

[OpenType] パネルの [スラッシュを用いた分数] ボタンが有効になっているフォントは、クリックすると合字にすることができます。

● **ここでの使用フォント** …… 游明朝体

1/2 ➡ ½

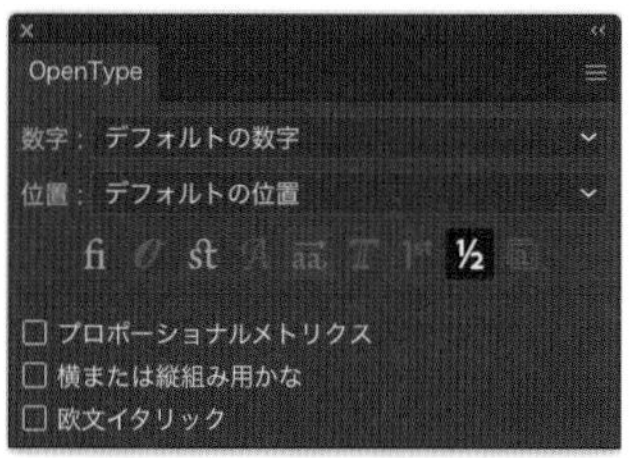

136 上付き文字・下付き文字を作成したい

使用機能　上付き文字ボタン、下付き文字ボタン

化学式や数式などの作成で上付き文字・下付き文字が必要なことがあります。フォントサイズやベースラインを手動で調整しなくても、ボタン操作ひとつで作成できます。

上付き文字・下付き文字の適用

文字ツールで操作対象の文字を選択して、[ウィンドウ]メニュー→[書式]→[文字]をクリックします。[文字] パネルが表示されるので、[上付き文字] ボタンまたは [下付き文字] ボタンをクリックします。

● 上付き文字

$(x+y)^2=x2+2xy+y2$

$(x+y)^2=x^2+2xy+y2$

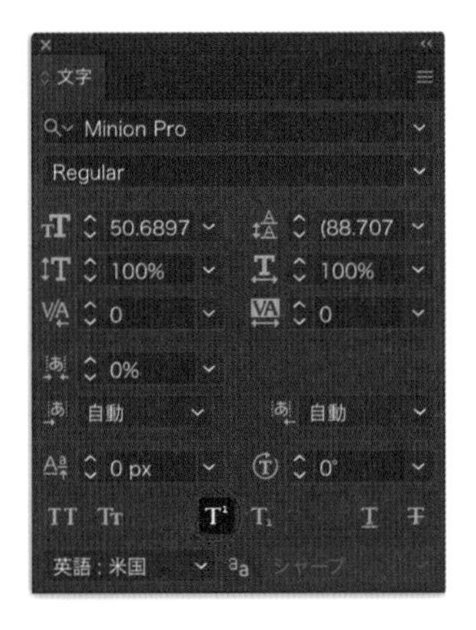

● 下付き文字

H_2O

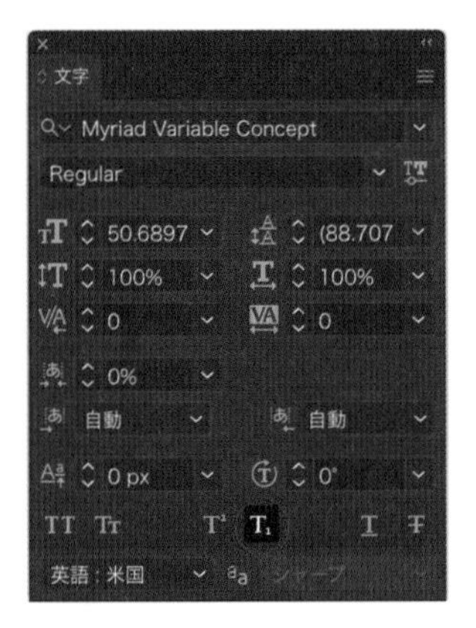

137 文字に下線や打ち消し線をつけたい

使用機能　下線ボタン、打ち消し線ボタン

文章の強調などの目的で、下線や打ち消し線（取り消し線）をつけたいことがあります。ボタン操作ひとつで作成できます。

下線や打ち消し線の適用

文字ツールで操作対象の文字を選択して❶、[ウィンドウ] メニュー→[書式]→[文字] をクリックします。[文字] パネルが表示されるので、[下線] ボタンまたは [打ち消し線] ボタンをクリックします❷。

● 下線

❶ドラッグ

この度はご購入いただきありがとうございます。

この度はご購入いただきありがとうございます。

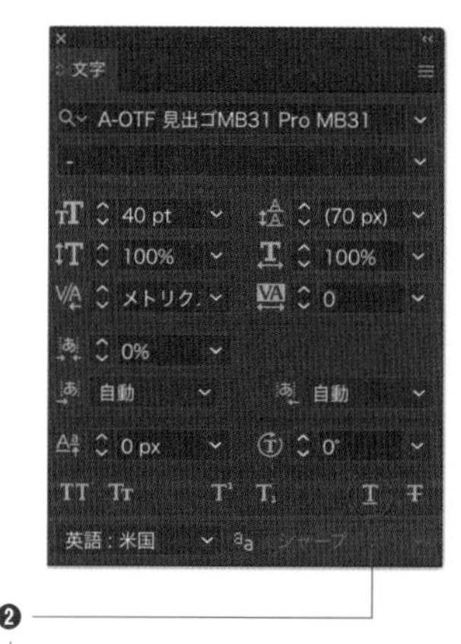

❷

● 打ち消し線

❶ドラッグ

現在、発送までにお時間をいただいております。

~~現在、発送までにお時間をいただいております。~~

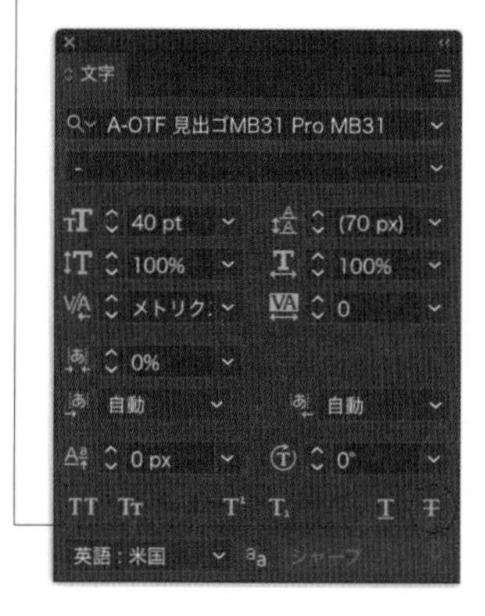

Memo

下線と打ち消し線には、文字の [塗り] のカラーが適用されます。

138 縦書き・横書きの方向を変更したい

使用機能　組み方向

テキストを横書きまたは縦書きに変更する必要が出てくることがあります。そのようなときは、[文字] ツールまたは [文字 (縦)] ツールを選び直して再入力することなく、簡単に変更することができます。

1 選択ツールでテキストを選択し、[書式] メニュー→ [組み方向] → [横組み] または [縦組み] をクリックします。ここでは、元が横書きのテキストを縦書きに変更するので、[縦組み] を選択します。

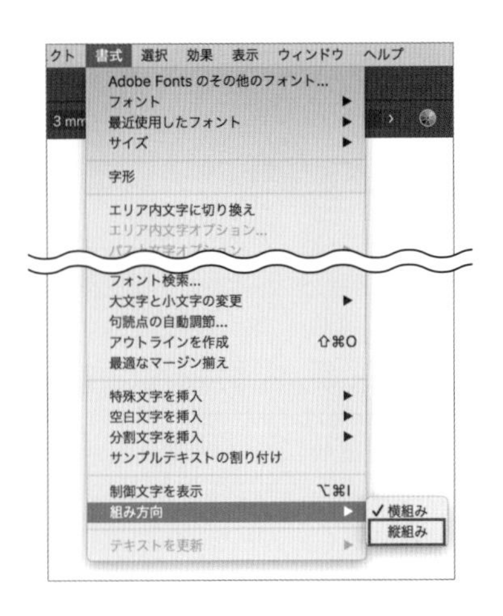

株式会社 技術評論社

2 テキストの方向が変更されます。

株式会社
技術評論社

Memo

印刷用語で文字や図版、写真をレイアウトすることを「組版」といいますが、文字が流れる方向のことを「組み方向」と呼びます。日本語組版には縦組みと横組みがあります。

139 縦書きのテキスト内の英数字を部分的に横書きにしたい

使用機能 縦中横、縦組み中の欧文回転

半角英数字は、デフォルトのままだと縦書きのテキスト内では90°回転してしまいます。ここでは、縦書きのテキストの中で部分的に横書きにする機能を使い、英数字を読みやすくします。

英数字をまとめて横書きに変換

文字ツールで、横書きにしたい文字列を選択します❶。[ウィンドウ]メニュー→[書式]→[文字]をクリックします。[文字]パネルが表示されるので、右上の[メニュー]ボタンをクリックし❷、[縦中横]をクリックします❸。選択した文字列が横書きになります。

オプションを隠す
グリフにスナップを表示
フォントの高さを表示
縦組み中の欧文回転
文字タッチツール
✓フォントメニュー内のフォントプレビューを表示
縦中横
縦中横設定...
割注
割注設定...
文字揃え

東京都新宿区市谷左内町21-13
HYORONビル4階

英数字を一文字ずつ回転

文字ツールで回転したい文字列を選択します❶。[文字]パネル右上の[メニュー]ボタンをクリックし❷、[縦組み中の欧文回転]をクリックします❸。選択した文字列の文字が1文字ずつ回転します。

東京都新宿区市谷左内町21-13
HYORONビル4階

140 オブジェクト内に文字を流し込みたい

使用機能　[文字]ツール、図形ツール

「エリア内文字」を使うと、オブジェクト内にテキストを流し込むことができます。テキストはオブジェクト内で自動的に折り返されます。この入力方法は、いわゆるテキストボックスを作成し、文章を整えてレイアウトするときに用いられます。四角形以外のオブジェクトでも使用できます。

[文字]ツールでのテキストエリア作成

1 [文字]ツールか[文字(縦)]ツールを選択し❶、ドラッグして長方形を作成します❷。

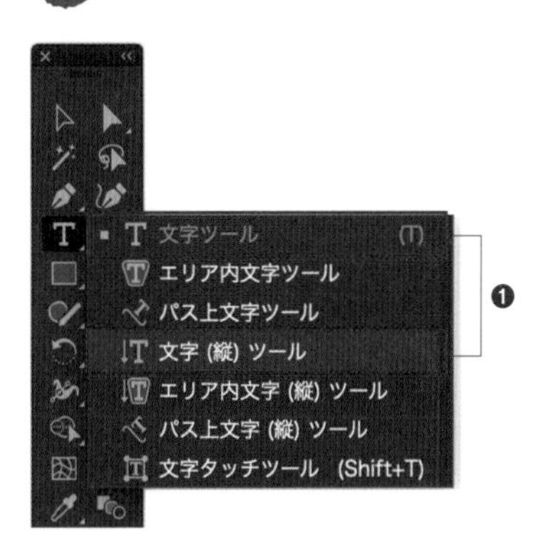

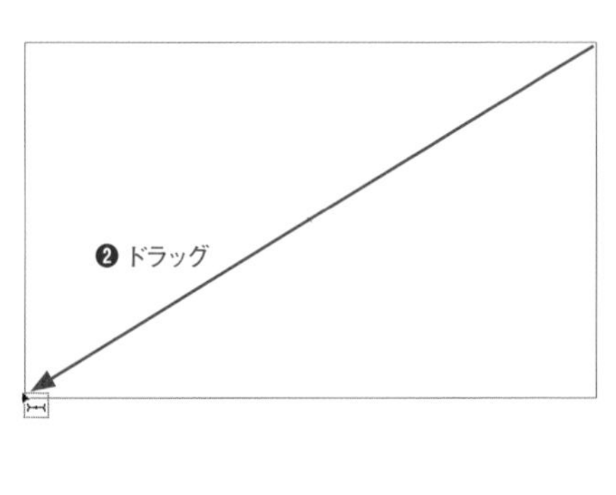

Memo

ここでは[文字(縦)]ツールを選択しています。

2 キーボードでテキストを入力します。

私はその人を常に先生と
呼んでいた。だからここで
もただ先生と書くだけで本
名は打ち明けない。これは
世間を憚かる遠慮というよ
りも、その方が私にとって
自然だからである。

オブジェクト内への文字の流し込み

1 図形ツールでテキストエリアとして使用したいオブジェクトを作成します。

Memo

オブジェクトの塗りや線にカラーが設定されていても、3の手順で自動的に削除されます。

2 ［文字］ツール、［エリア内文字］ツール、［文字（縦）］ツール、［エリア内文字（縦）］ツールのいずれかのツールでオブジェクトのパスをクリックします。

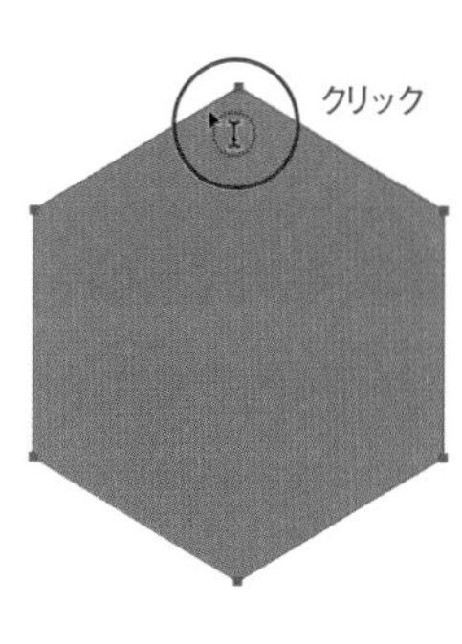

3 カーソルが点滅し、文字が入力できるようになるので、キーボードを使ってテキストを入力します。

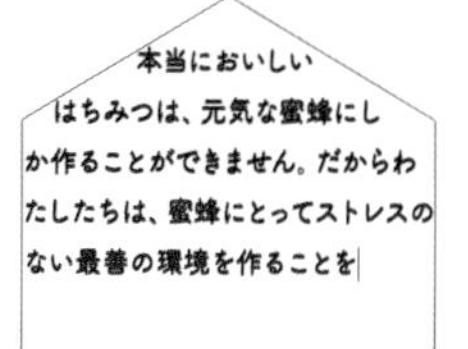

Memo

テキストがエリア内に収まらない場合は、テキストエリアの最後に赤い［+］マークが表示されます。テキストエリアを広げると、あふれたテキストが表示されます。別のテキストエリアにつなげて、あふれた分のテキストを流し込むこともできます ▶▶142。

POINT

テキスト入力中の［手のひら］ツール ▶▶015 のショートカットキーは option キーになります。

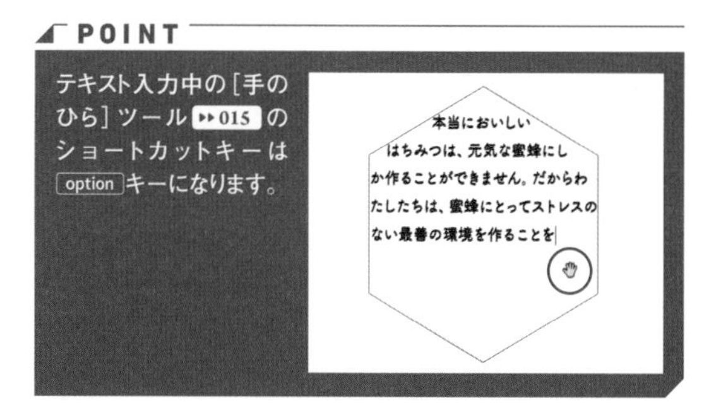

141 段組みを作成したい

使用機能 スレッドテキスト、エリア内文字オプション

Illustratorで段組みを作成するには、テキストボックスを利用します。作成にはふたつの方法があります。

あらかじめレイアウトを指定

1 [長方形] ツールで長方形を作成して並べます。これをテキストボックスのレイアウトにします。段組みのイメージ通りになるよう、必要な数の長方形を作成・配置します。

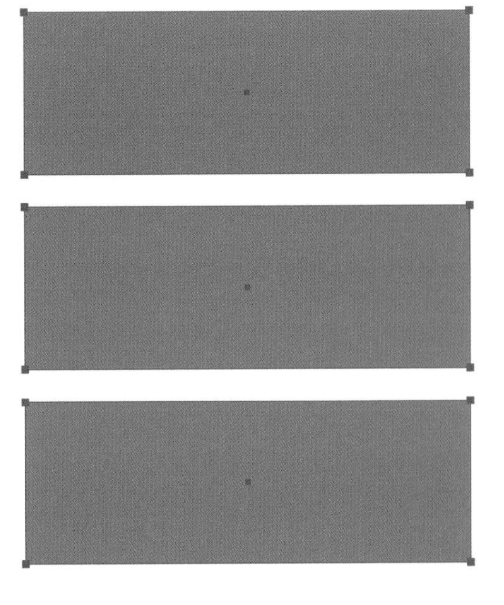

2 選択ツールですべてのオブジェクトを選択し、[書式] メニュー→ [スレッドテキストオプション] → [作成] をクリックします。

3 オブジェクトが連結され、スレッドテキストボックスになります❶。デフォルトでは横組みの設定になっており、上段のテキストボックスの右下から下段のテキストボックスの左上方向に文字列がリンクします❷。

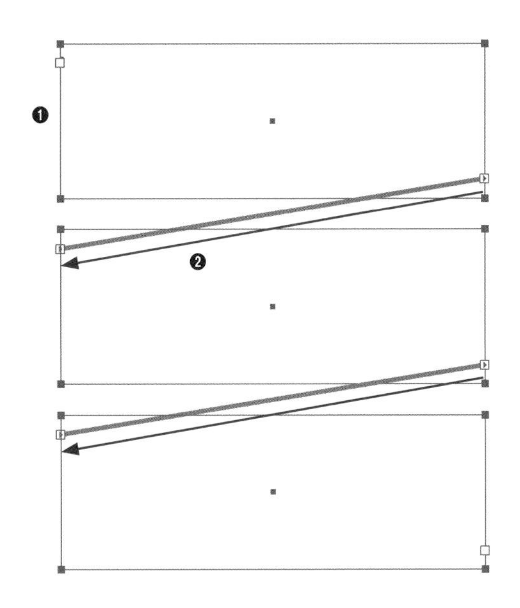

Memo

テキストボックスからあふれた文字列は、リンクに沿って、連結された次のテキストボックスに流し込まれます。

4 縦組みにしたい場合は、[書式]メニュー→[組み方向]→[縦組み]をクリックします❶。すると、組み方向の変更に伴って、リンクの方向も自動的に変更されます❷。

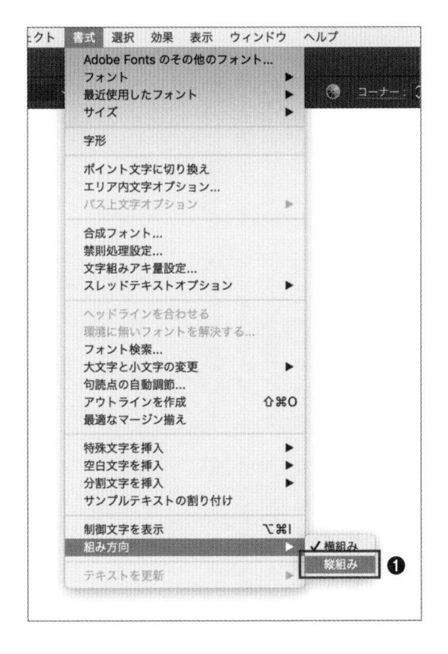

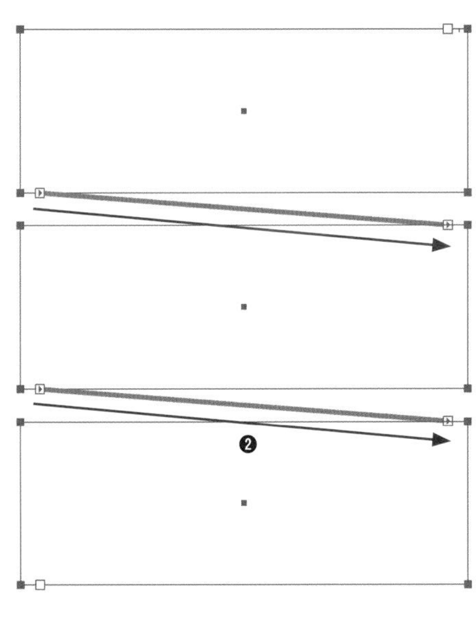

5 ［文字（縦）］ツールを選択し❶、ひとつ目のテキストボックスのパス上をクリックします❷。

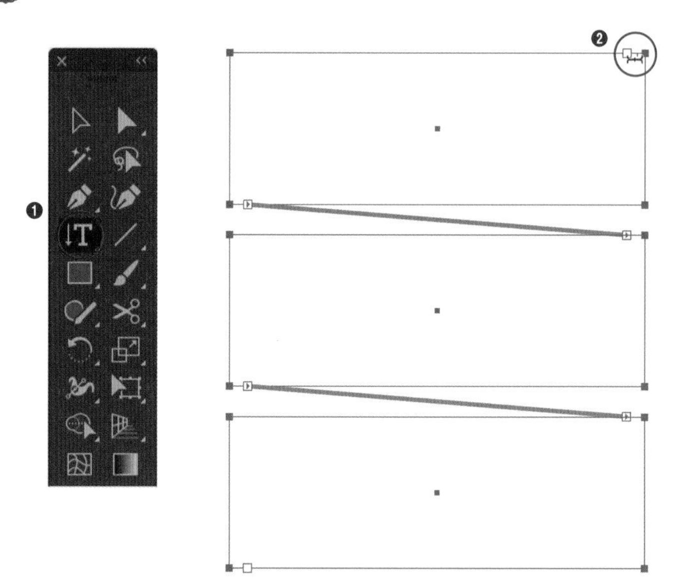

6 あらかじめコピーしておいたテキストをペーストします。すると、スレッドテキストボックスに流し込まれます。

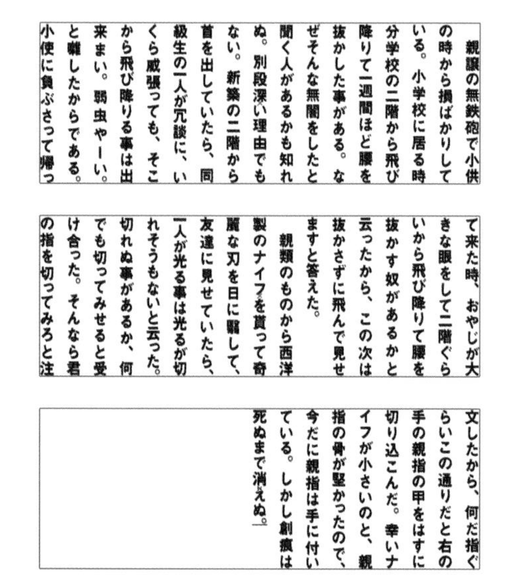

テキストボックスを段組みに変換

1 選択ツールでテキストボックスを選択し❶、[書式] メニュー→ [エリア内文字オプション] をクリックします❷。

2 [エリア内文字オプション] ダイアログが表示されるので、[プレビュー] にチェックを入れて❶、行・列の [段数]、[サイズ]、[間隔] など各項目を設定します❷。オプションで [テキストの方向] を変更することもできます。[OK] ボタンをクリックします❸。

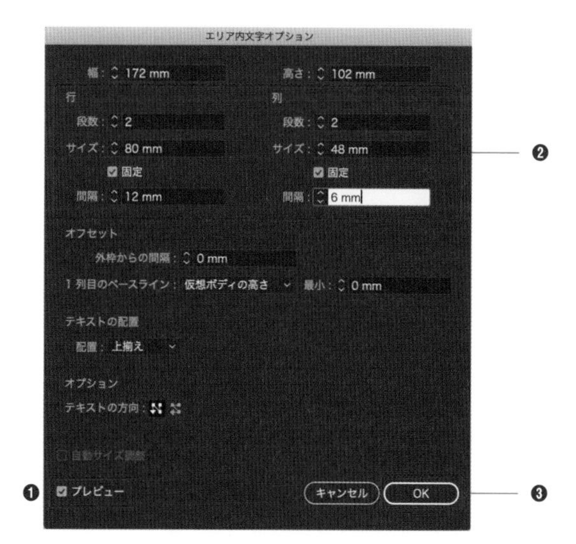

3 テキストボックスが設定した段組みに変換されます。

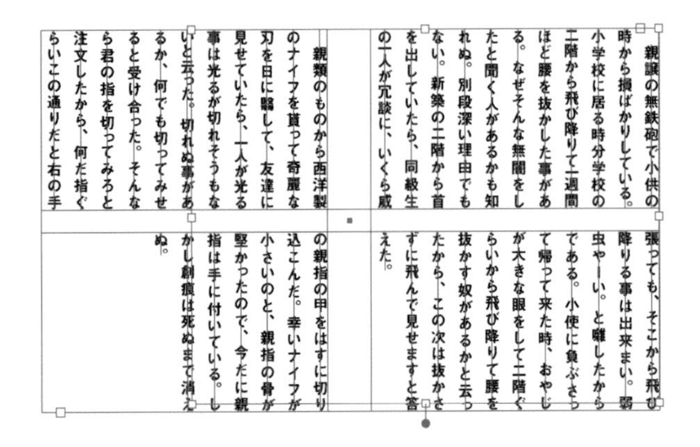

[エリア内文字オプション] ダイアログ設定項目

[エリア内文字オプション] ダイアログで設定できる段組みの項目は以下の図のようになっています。

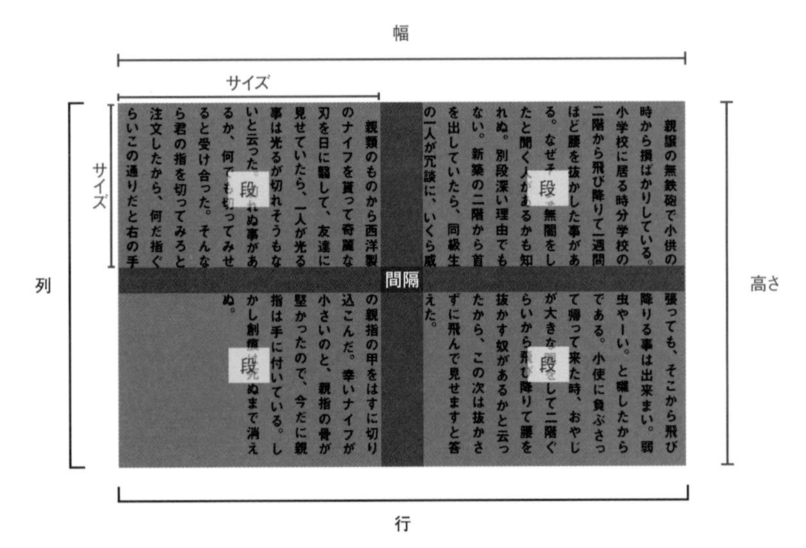

POINT

[エリア内文字オプション] ダイアログで行・列の [固定] にチェックを入れると設定内容が固定され、全体の [幅] と [高さ] が自動的に逆算されます。幅と高さを最初に決めてから段組みを設定したいときは、[固定] のチェックを外します。

142 あふれたテキストを別のオブジェクト内へ流し込みたい

使用機能　スレッドテキスト

テキストボックスからあふれたテキストを、別のテキストボックスに流し込むことができます。

1 ［ダイレクト選択］ツールで赤い［＋］マークをクリックします❶。すると、マウスポインタが に変わります。この状態で、テキストを流し込みたいオブジェクトをクリックします❷。

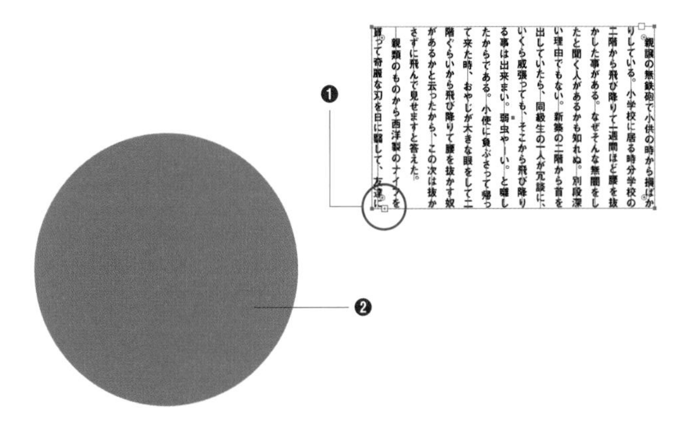

2 オブジェクトがテキストボックスに変換され、あふれていたテキストが流し込まれます❶。双方のオブジェクト間には、リンクが表示されます❷。

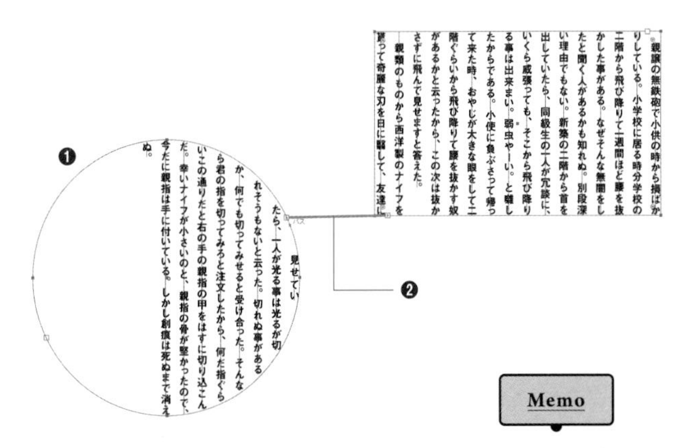

Memo

1でマウスポインタの形が変化した後、任意の場所でドラッグするとテキストボックスが作成され、あふれたテキストが流し込まれます。

143 テキストの行揃えや段落を設定したい

使用機能　[段落] パネル

テキストは、テキストエリアやパスの範囲内で、上下や左右に行揃えをしたり均等に配置したりすることができます。また、字下げなどを設定することもできます。

[段落] パネルの見方

[ウィンドウ] メニュー→[書式]→[段落] をクリックすると、[段落] パネルが表示されます。[段落] パネルには以下のような機能があります。順に解説します。

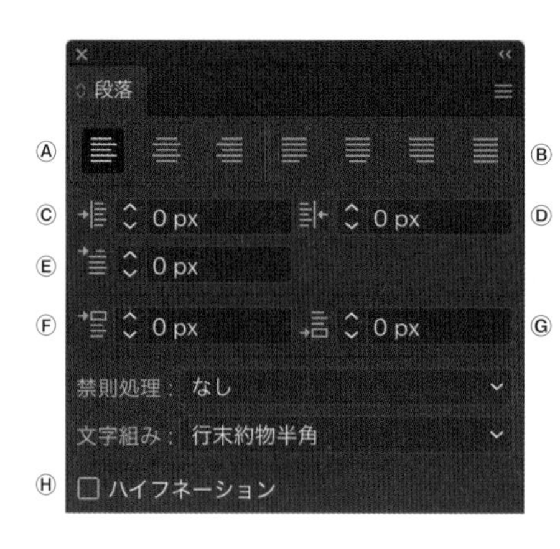

Ⓐ行揃え
Ⓑ均等配置
Ⓒ左インデント
Ⓓ右インデント
Ⓔ1行目左インデント
Ⓕ段落前のスペース
Ⓖ段落後のスペース
Ⓗハイフネーション

行揃え

テキストの行を一定の基準で揃えます。横組みの場合デフォルトでは [左揃え] に、縦組みの場合は [上揃え] に設定されています。ポイント文字、エリア内文字、パス上文字などの、すべてのテキストオブジェクトで利用できます。

● **左揃え**

親譲の無鉄砲で小供の時から損ばかりしている。

小学校に居る時分学校の二階から飛び降りて一週間ほど

腰を抜かした事がある。

なぜそんな無闇をしたと聞く人があるかも知れぬ。

● 中央揃え

親譲の無鉄砲で小供の時から損ばかりしている。
小学校に居る時分学校の二階から飛び降りて一週間ほど
腰を抜かした事がある。
なぜそんな無闇をしたと聞く人があるかも知れぬ。

● 右揃え

親譲の無鉄砲で小供の時から損ばかりしている。
小学校に居る時分学校の二階から飛び降りて一週間ほど
腰を抜かした事がある。
なぜそんな無闇をしたと聞く人があるかも知れぬ。

POINT

[段落]パネルは、選択しているテキストの組み方向に合わせて向きが変わります。縦組みの行揃えは、上揃え、中央揃え、下揃えを選ぶことができます。

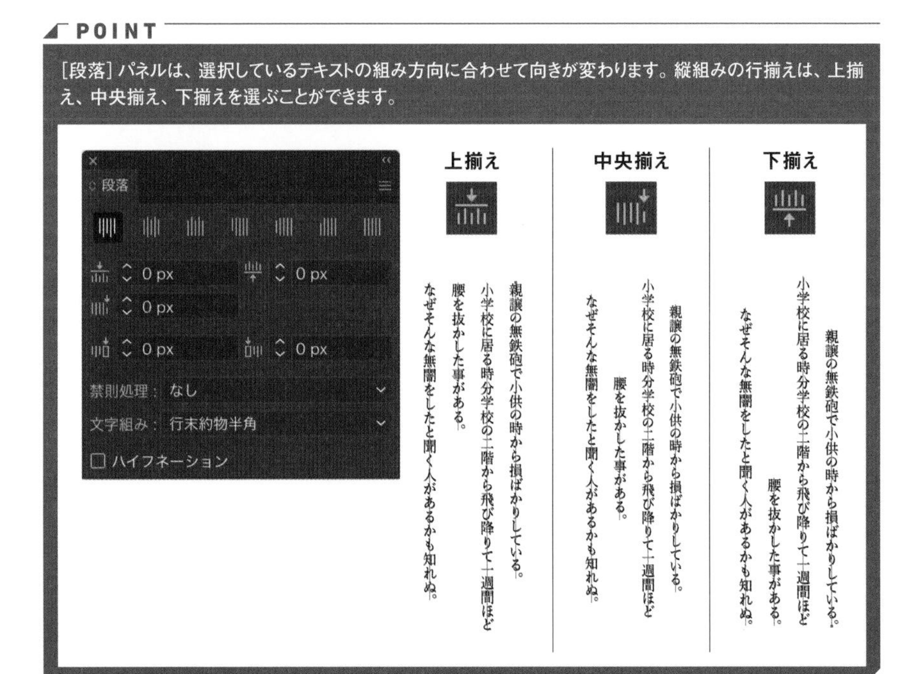

均等配置

テキストの段落が両端で揃います。段落の最終行は、左右、中央、または両端で揃えることができます。

● 均等配置（最終行左揃え）

坊ちゃん　夏目漱石

親譲の無鉄砲で小供の時から損ばかりしている。小学校に居る時分
学校の二階から飛び降りて一週間ほど腰を抜かした事がある。なぜ
そんな無闇をしたと聞く人があるかも知れぬ。

最終行が左揃え

● 均等配置（最終行中央揃え）

坊ちゃん　夏目漱石

親譲の無鉄砲で小供の時から損ばかりしている。小学校に居る時分
学校の二階から飛び降りて一週間ほど腰を抜かした事がある。なぜ
そんな無闇をしたと聞く人があるかも知れぬ。

最終行が中央揃え

● 均等配置（最終行右揃え）

坊ちゃん　夏目漱石

親譲の無鉄砲で小供の時から損ばかりしている。小学校に居る時分
学校の二階から飛び降りて一週間ほど腰を抜かした事がある。なぜ
そんな無闇をしたと聞く人があるかも知れぬ。

最終行が右揃え

● 両端揃え

坊　ち　ゃ　ん　夏　目　漱　石

親譲の無鉄砲で小供の時から損ばかりしている。小学校に居る時分
学校の二階から飛び降りて一週間ほど腰を抜かした事がある。なぜ
そ ん な 無 闇 を し た と 聞 く 人 が あ る か も 知 れ ぬ。

すべての行が両端揃え

インデント

インデントとは［字下げ］のことです。エリア内文字のテキストエリアにインデントを設定します。以下の例では、左右に15pt、1行目の左に11ptのインデントを設定しています。

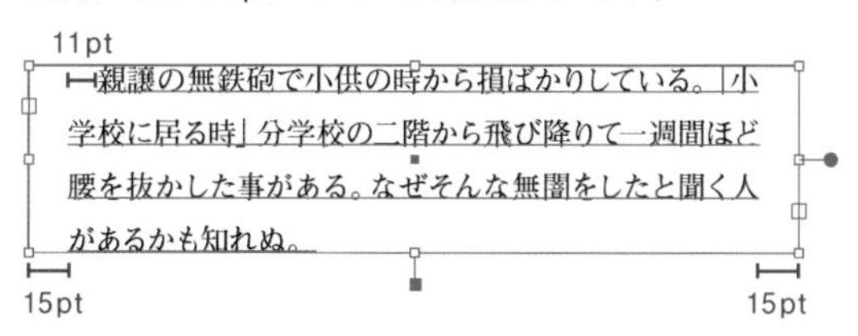

段落前後のスペース

段落の前後に、指定の数値分のスペースを入れます。作例は、段落のあとに15ptのスペースを設定しています。

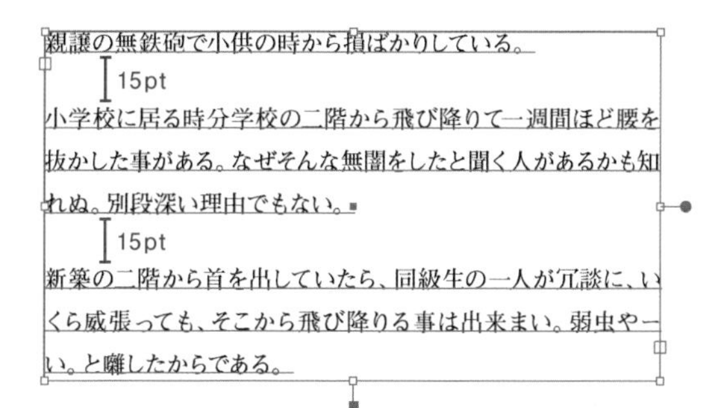

ハイフネーション

欧文で使用します。チェックを入れると、エリア内文字で単語の途中に折り返しが発生した場合、自動でハイフンを挿入します。

But I must explain to you how all this mistak-
en idea of denouncing pleasure and praising
pain was born and I wil give you a complete
account of the sistem, and expound the actual
teachings of the great explorer of the truth,
the master-builder of human happiness.

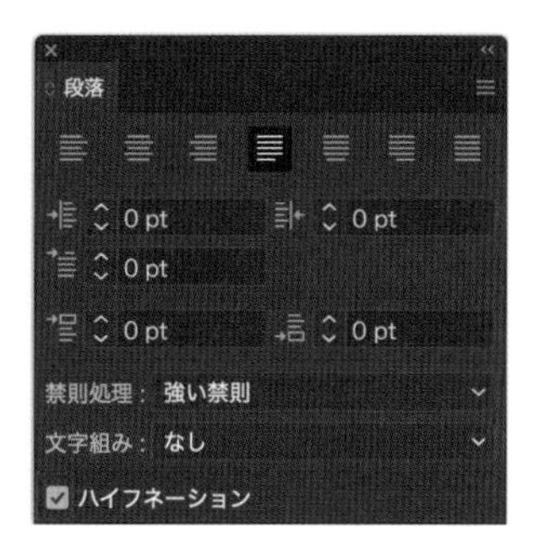

句読点のぶら下がり

句読点がテキストエリアの端に来たときの配置を設定します。[禁則処理]を[強い禁則]に設定し❶、[段落]パネル右上の[メニュー]ボタンをクリックして❷、[ぶら下がり]の[標準]または[強制]を選択します❸。
[標準]では句読点がエリアにぴったり沿うように配置され、[強制]では外に追い出されます。

● 標準

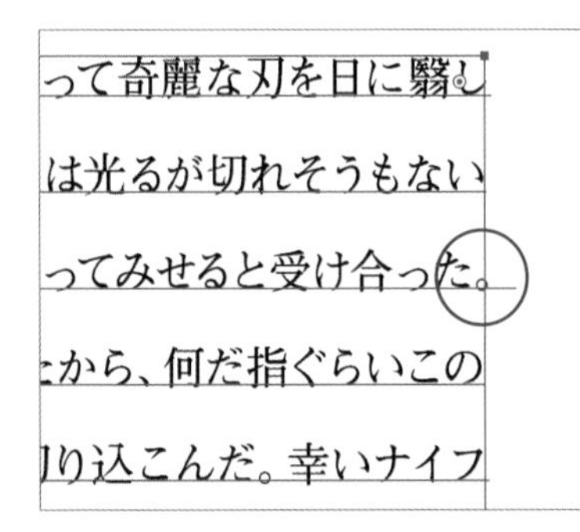

● 強制

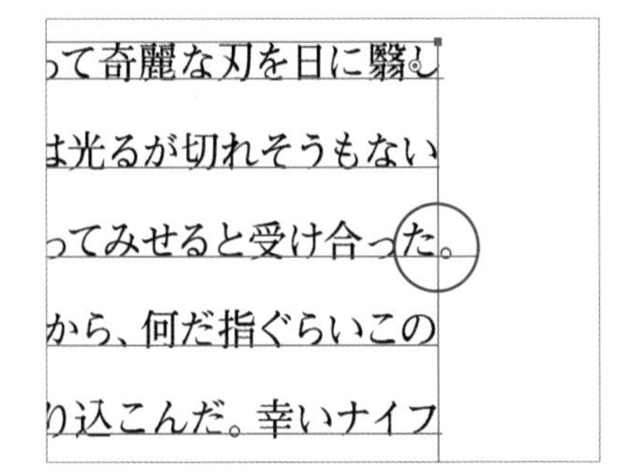

144 括弧や句読点などの前後の空きを調整したい

使用機能 文字組み

括弧や句読点などの記述記号を約物といいます。約物の前後の空きを、半角設定にするか、全角設定にするか設定することができます。テキストの見せ方を詳細に設定する機能です。

■ 約物の前後の空きの調整

選択ツールでテキストを選択し❶、[ウィンドウ] メニュー→[書式]→[段落] をクリックします。[段落] パネルが表示されるので、[文字組み] からメニューを選択します❷。

❶
親類のものから西洋製のナイフをもらって綺麗
（きれい）な刃を日に翳して。友達（ともだち
）に見せていたら、1人が光る事は光るが切れ
そうもないと云った。

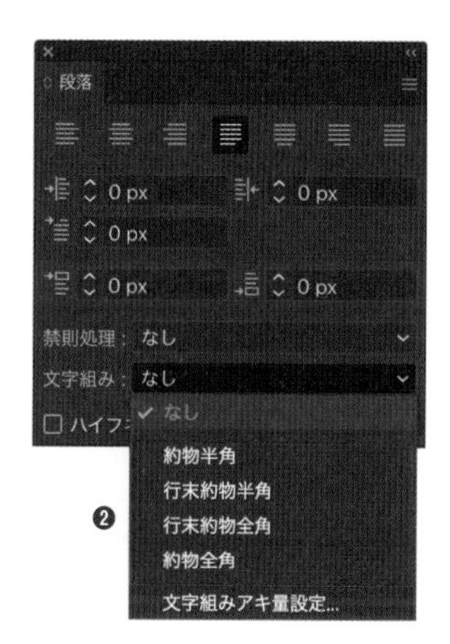

- **約物半角** …… すべての約物の空きを詰めて半角の間隔にします。

親類のものから西洋製のナイフをもらって綺麗（
きれい）な刃を日に翳して。友達（ともだち）に見
せていたら、1 人が光る事は光るが切れそうもな
いと云った。

- **行末約物半角** …… 行頭・行末の約物の空きを詰めて半角の間隔にします。

親類のものから西洋製のナイフをもらって綺麗
（きれい）な刃を日に翳して。友達（ともだち）
に見せていたら、1 人が光る事は光るが切れそ
うもないと云った。

- **行末約物全角** …… 行頭の約物の空きを詰めて半角の間隔にします。

親類のものから西洋製のナイフをもらって綺麗
(きれい) な刃を日に翳して。友達 (ともだち)
に見せていたら、1 人が光る事は光るが切れそ
うもないと云った。

- **約物全角** …… 約物の空きを詰めず、全角のままにします。

親類のものから西洋製のナイフをもらって綺麗
（きれい）な刃を日に翳して。友達（ともだち
）に見せていたら、1 人が光る事は光るが切れ
そうもないと云った。

オリジナルの設定を作成

約物の前後の空きを詳細に設定したい場合は、[文字組みアキ量設定] ダイアログで個別の空きを設定します。ここでは、[約物半角] をベースに一部の設定をカスタマイズします。
[段落] パネルの [文字組み] から [文字組みアキ量設定] を選択します。[文字組みアキ量設定] ダイアログが表示されるので❶、[新規] ボタンをクリックします❷。

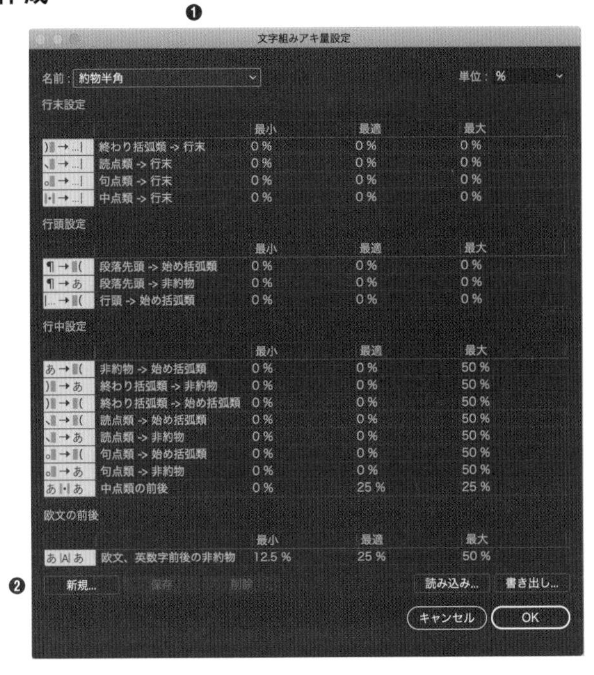

元となるセットを選択し❶、[OK] ボタンをクリックします❷。

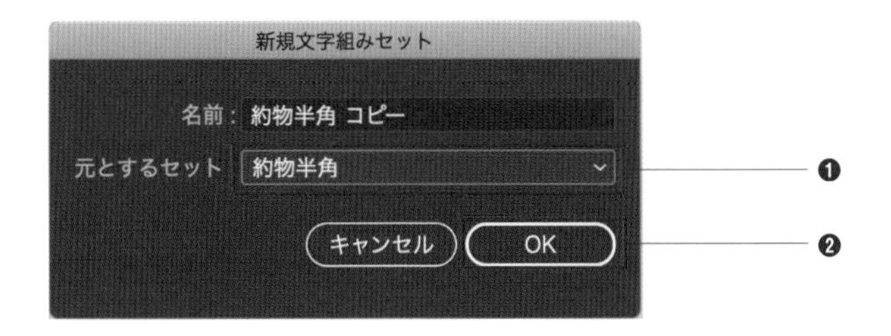

ここでは下記の設定を変更し、[保存] ボタン→ [OK] ボタンをクリックします。

- **読点類→非約物** …… [最小] 50%、[最適] 50%
- **句点類→非約物** …… [最小] 50%、[最適] 50%
- **欧文、英数字前後の約物** …… [最小] 0%、[最適] 0%、[最大] 0%

元の設定

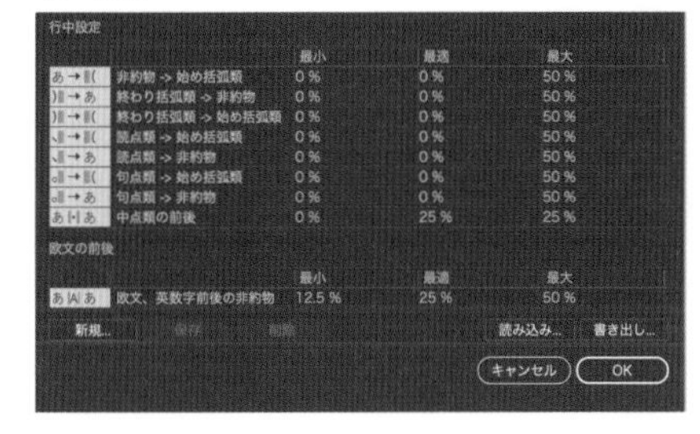

カスタマイズ

行中設定

	最小	最適	最大
非約物 -> 始め括弧類	0 %	0 %	50 %
終わり括弧類 -> 非約物	0 %	0 %	50 %
終わり括弧類 -> 始め括弧類	0 %	0 %	50 %
読点類 -> 始め括弧類	0 %	0 %	50 %
読点類 -> 非約物	50 %	50 %	50 %
句点類 -> 始め括弧類	0 %	0 %	50 %
句点類 -> 非約物	50 %	50 %	50 %
中点類の前後	0 %	25 %	25 %

欧文の前後

	最小	最適	最大
欧文、英数字前後の非約物	0 %	0 %	0 %

新規... 保存 削除 読み込み... 書き出し...

キャンセル OK

[約物半角] をベースに、変更した設定が反映された文字組みセットが作成されます。登録したオリジナルの文字組みは、[段落] パネルの [文字組み] から使用できます。

元の設定（約物半角）

親類のものから西洋製の Knife をもらって綺麗（きれい）な刃を日に翳して。友達（ともだち）に見せていたら、1 人が光る事は光るが切れそうもないと云った。

すべての約物が半角の間隔になっていて、
英数字の前後には空きがある

カスタマイズ

親類のものから西洋製のKnifeをもらって綺麗（きれい）な刃を日に翳して。友達（ともだち）に見せていたら、1人が光る事は光るが切れそうもないと云った。

句読点と文字の間に50%分の空きができ、
英数字の前後の空きが詰まっている

オリジナルの文字組みは、登録後に編集または削除することができます。

145 オブジェクトの周りにテキストを回り込ませたい

使用機能　テキストの回り込み

テキストボックスと重なる位置に画像などのオブジェクトを配置する際、オブジェクトを避けながらテキストを回り込ませることができます。

テキストの回り込みの設定

1 テキストボックスの前面にオブジェクトを配置します。

本当においしいはちみ
つは、元気な蜜蜂にしか作
ることができません。だからわた
したちは、蜜蜂にとってストレスのな
い最善の環境を作ることをいちばん
切にしています。できるだけ自然
い状態の巣箱をつくり、徹底
理しています。

2 オブジェクトを選択し、[オブジェクト] メニュー→ [テキストの回り込み] → [作成] をクリックします。

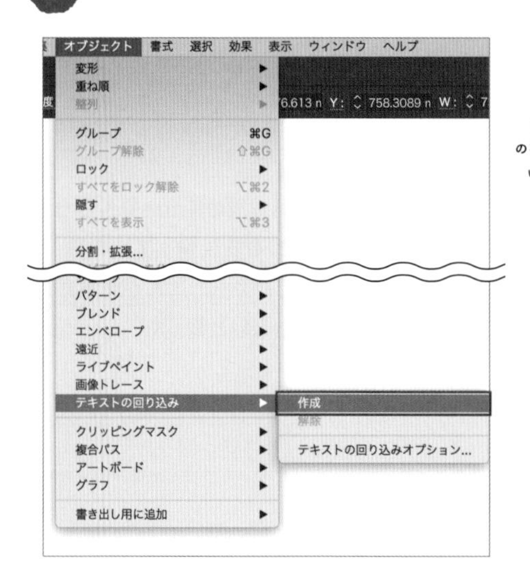

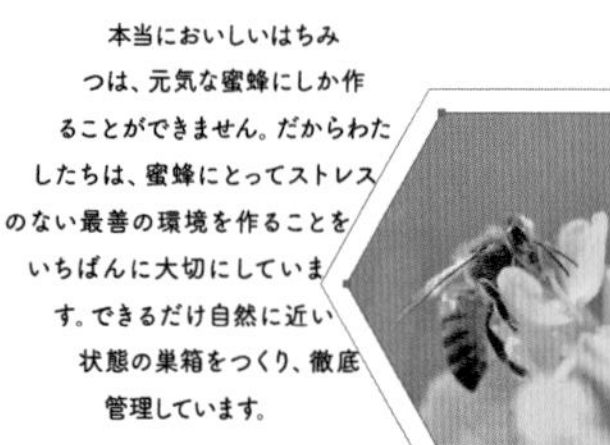

3 [オブジェクト] メニュー→ [テキストの回り込み] → [テキストの回り込みオプション]をクリックします。[テキストの回り込みオプション] ダイアログが表示されるので❶、[オフセット] を設定し❷ [OK] ボタンをクリックします❸。

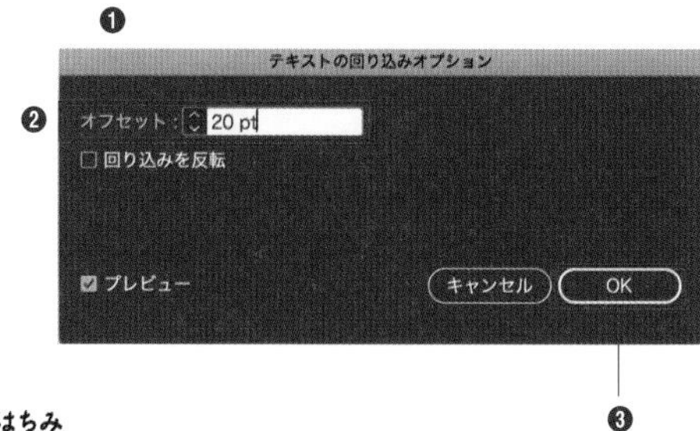

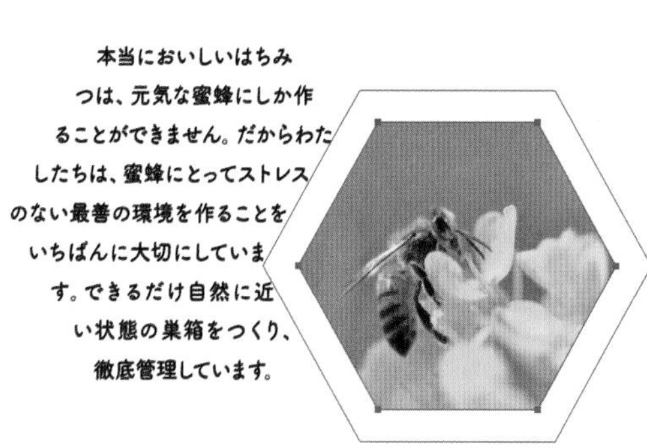

Memo

[オフセット] は、オブジェクトからテキストまでの距離です。

テキストの回り込みの解除

オブジェクトを選択し、[オブジェクト] メニュー→ [テキストの回り込み] → [解除] をクリックします。

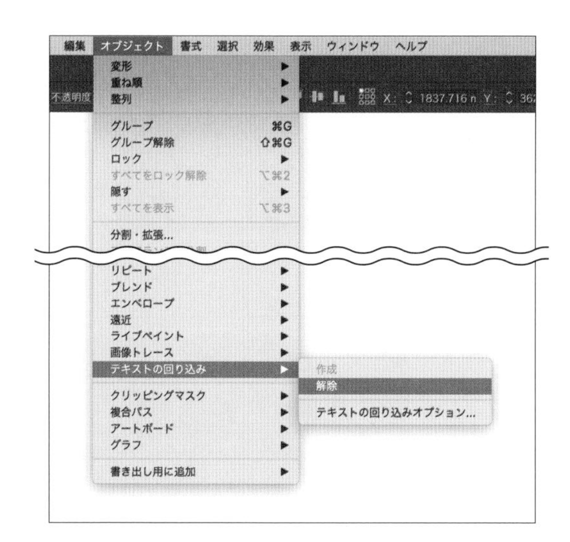

Memo

オブジェクトにテキストの回り込みを適用していると、マシン環境によってはIllustratorの動作が重たくなります。

146 自由なパスに沿ってテキストを入力したい

使用機能 [パス上文字] ツール

パスに沿ってテキストを入力することができます。動きのあるテキストを作成したいときには、効果的です。

1 ベースラインとなるパスを作成します。

このとき、パスに塗りや線の属性が適用されていても、テキストを入力すると自動的に削除されます。

2 [文字] ツール、[パス上文字] ツール、または [パス上文字 (縦)] ツールを選択し❶、パス上でクリックします❷。クリックした位置がテキストの起点となり、カーソルが表示されます❸。

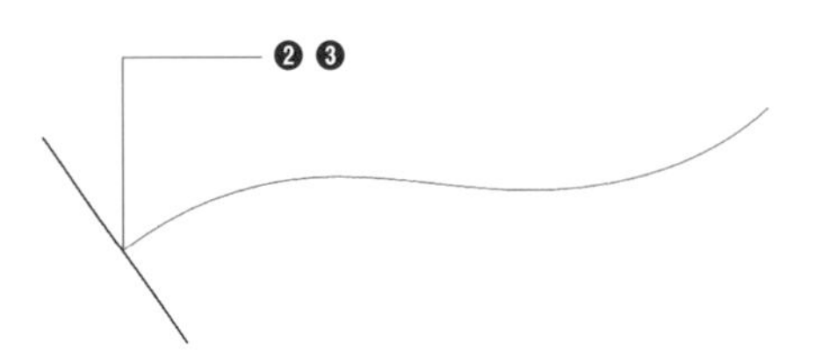

文字ツール (T)
エリア内文字ツール
パス上文字ツール
文字 (縦) ツール
エリア内文字 (縦) ツール
パス上文字 (縦) ツール ❶
文字タッチツール (Shift+T)

3 文字を入力すると、パスに沿ってテキストが作成されます。

Happy Bir

POINT

テキストがパスに収まらない場合は、パスの末尾に赤い [+] マークが表示されます。パスを伸ばすか、フォントサイズを小さくするなどしてテキスト全体がパス内に収まるようにすると、あふれた文字が表示されるようになります。

147 パス上に入力されたテキストの位置を調整したい

使用機能　ブラケット

パス上に入力したテキストは、位置を調整することができます。円形のパスでは、パスの内側にテキストを移動することもできます。

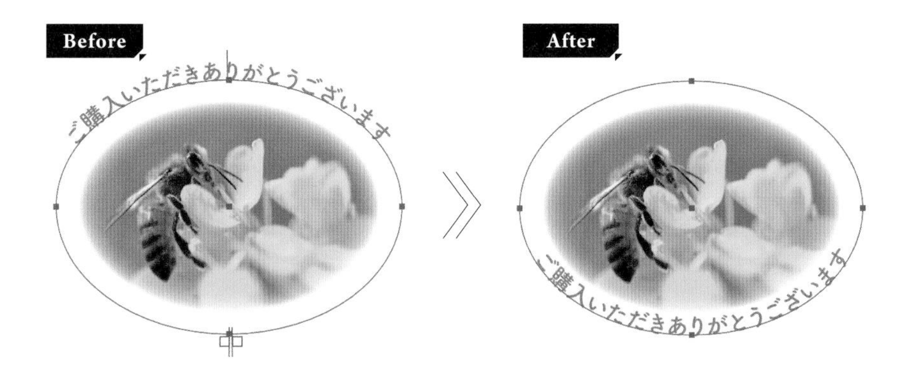

パス上のテキストの操作

1 パスに沿ってテキストを入力し ▸▸146 、選択します❶。すると、テキストの先頭、パスの末尾、およびその中間点に「ブラケット」と呼ばれる線が表示されます❷。先頭と末尾のブラケットの間がテキストエリアになります。

2 マウスポインタをブラケットに合わせると、ポインタの横に小さな矢印のついたアイコンが表示されます。

先頭　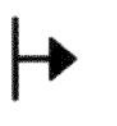 中央　 末尾

3 先頭のブラケットをパスに沿ってドラッグすると❶、テキストがパスに沿って移動します❷。

4 中央のブラケットをパスの反対側にドラッグすると❶、テキストがパスを境にして反転します❷。

円形のパスでの移動

円形のパスでは、中央のブラケットを内側にドラッグすると❶、
円の内側に文字を配置することができます❷。

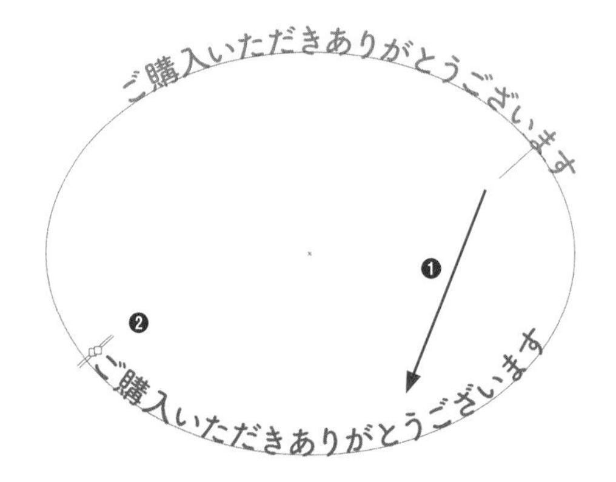

148 フォントを検索したい

使用機能　フィルター

多数のフォントがインストールされている環境では、フォントを検索したいことがあります。フォント名がわかる場合は名前で検索します。欧文フォントは、分類や書体の属性でフィルタをかけて絞り込むこともできます。

フォント名での検索

[ウィンドウ]メニュー→[書式]→[文字]をクリックします。[文字]パネルが表示されるので、[フォントファミリを設定]左のアイコンをクリックし❶、[任意文字検索]または[頭文字検索]を選択します❷。

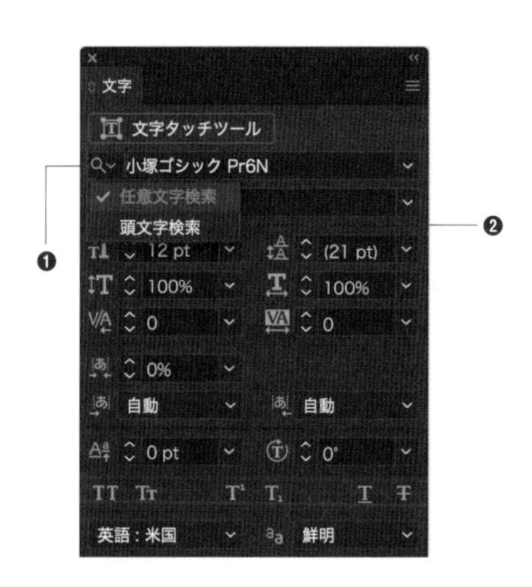

コントロールパネル ▶▶004 から操作することも可能です。

- **任意文字検索**……フォント名の一部を[フォントファミリを設定]ボックスに入力すると❶、一致するフォントが検索されます❷。

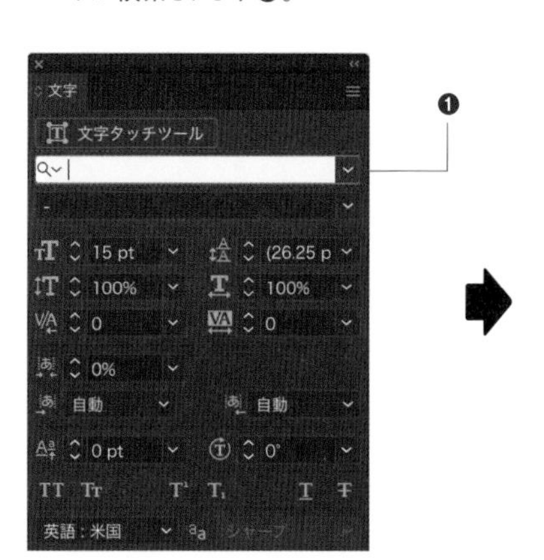

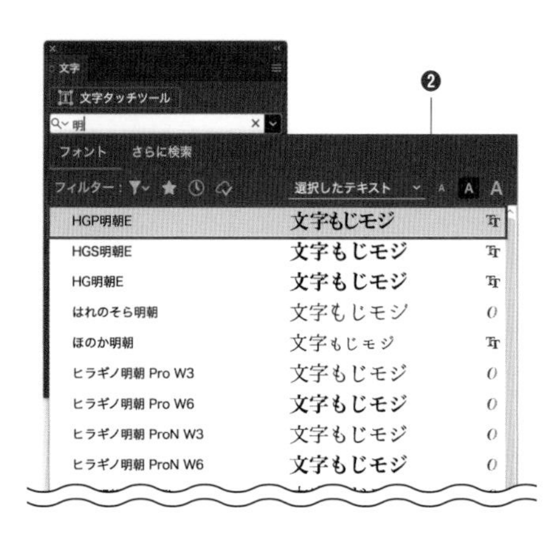

- **頭文字検索**……フォント名の頭文字を[フォントファミリを設定]ボックスに入力すると❶、一致する頭文字までジャンプします❷。

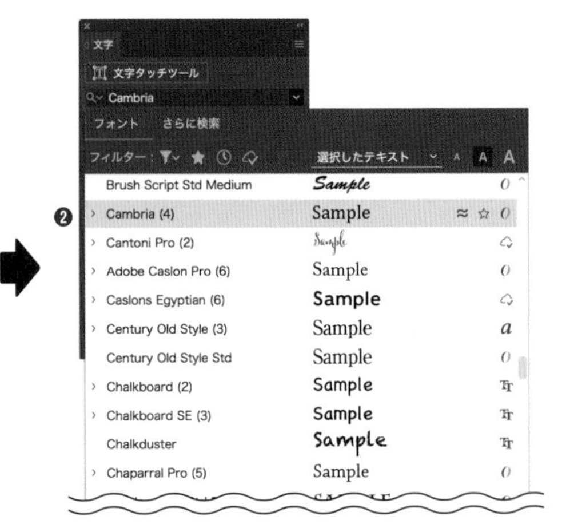

▬ 欧文フォントのフィルタでの絞り込み

[文字]パネルまたはコントロールパネル ▸▸004 の、[フォントファミリを設定]メニューを開くと、フォント一覧が表示されます❶。[フィルター]右の[分類フィルター]ボタンをクリックします❷。すると、[分類]と[書体の属性]が表示されます❸。

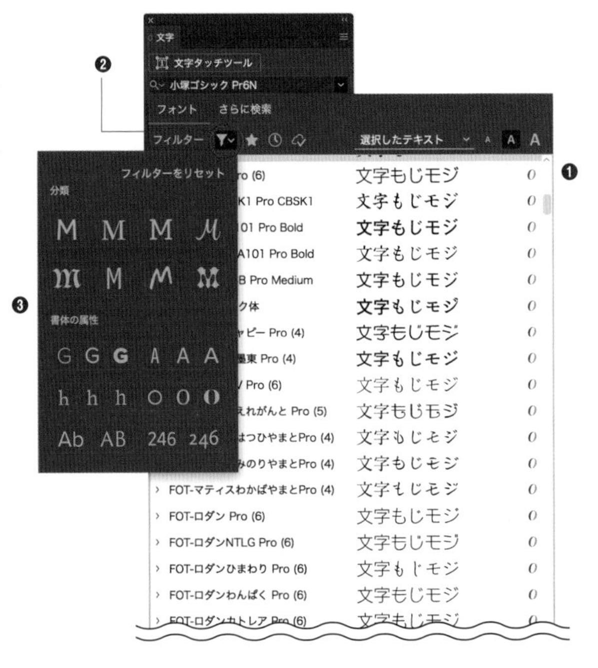

それぞれのボタンにマウスポインタを合わせると、ヒントが表示されます。イメージに近い分類と、書体の属性のボタンをクリックしてフォントを絞り込みます。書体の属性は複数選択できます。

【分類】

- **サンセリフ** …… セリフのない書体
  (「セリフ」とは文字の端につけられる飾り。いわゆる「ひげ」)
- **セリフ** …… セリフのある書体
- **スラブセリフ** …… 太いセリフのついた書体
- **スクリプト** …… 流れるような手書き風書体
- **ブラックレター** …… 古風なゴシック期の書体
- **モノスペース** …… 等幅書体
- **ハンド** …… 手書き書体
- **装飾** …… スワッシュ、デザイン、不定形書体

【書体の属性】

- **太さ**
- **幅**
- **xハイト**(小文字の「x」の高さのこと)
- **コントラスト**
- **大文字と小文字/大文字のみ**
- **ライニング数字/オールドスタイル数字**

Memo

フィルターをリセットしたいときは、[フィルターをリセット] ボタンをクリックします。

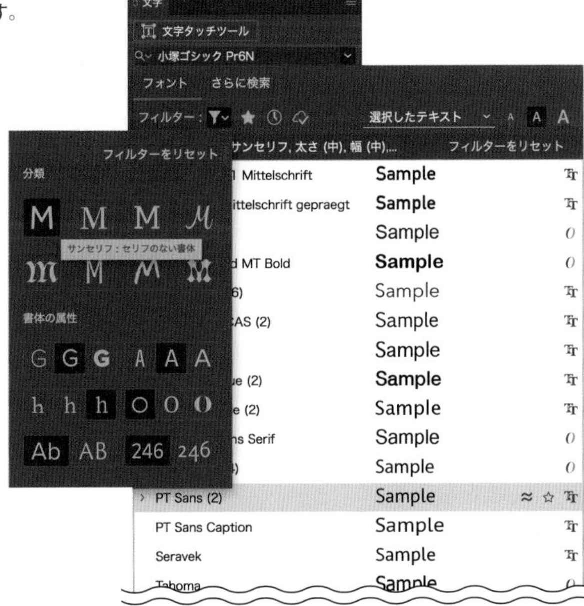

149 お気に入りのフォントをすぐ使えるようにしたい

使用機能　お気に入りに追加

よく使用するフォントは、インターネットブラウザのブックマーク機能のように、お気に入りに登録することができます。

フォントのお気に入り登録

[文字] パネルまたはコントロールパネル ▸▸004 の、[フォントファミリを設定] 右の▼ボタンをクリックするとフォント一覧が表示されます❶。各フォントの右側にある [お気に入りに追加] アイコンをクリックすると❷、お気に入りに追加されます。再度アイコンをクリックすると、お気に入りを解除することができます。

[フィルター] の [お気に入りのフォントを表示] ボタンをクリックすると❶、お気に入りに追加したフォントの一覧が表示されます❷。

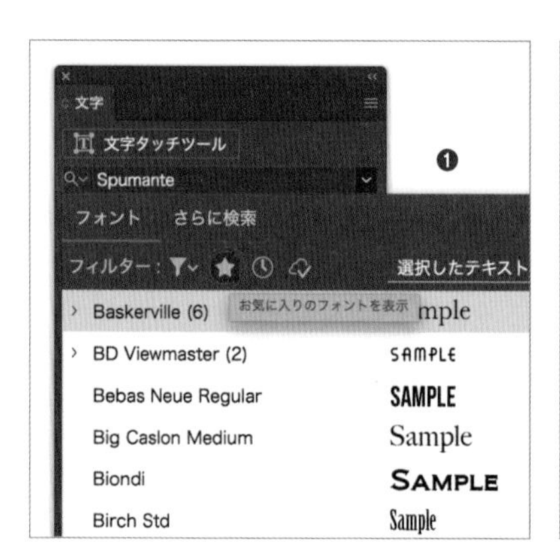

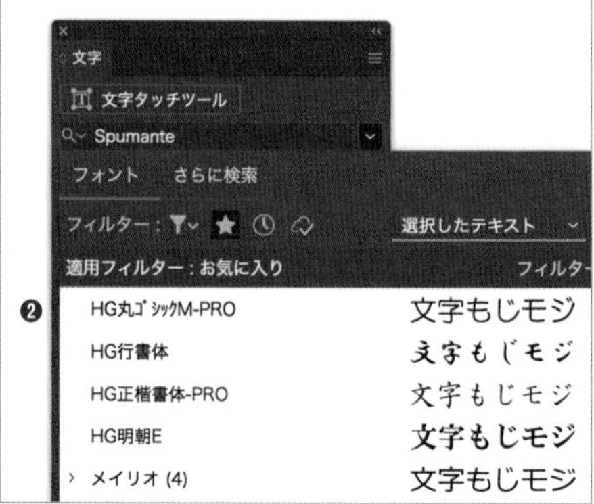

150 選択中のフォントと類似するフォントを表示したい

使用機能　類似フォントを表示

使用フォントのイメージが固まりつつあるけれど、いくつか類似のフォントと比較しながら候補を絞り込みたい、と思うことがよくあります。類似フォントを表示する機能があるので、利用してみましょう。

1 ［文字］パネルまたはコントロールパネル ▸▸004 の、［フォントファミリを設定］右の▼ボタンをクリックすると❶フォント一覧が表示されます❷。各フォントの右側にある［類似フォントを表示］アイコンをクリックします❸。

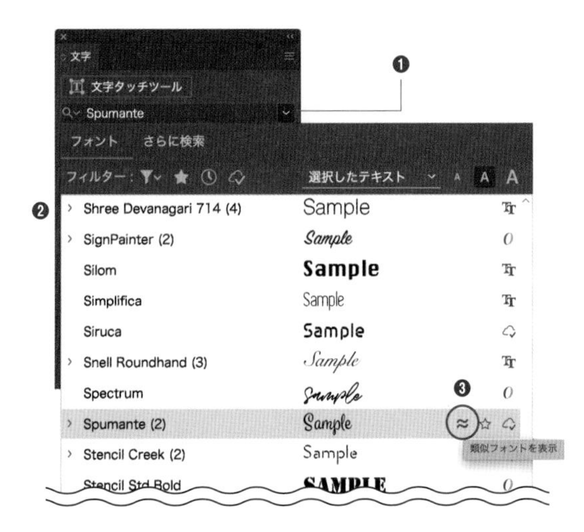

2 類似フォントが一覧で表示されます。

151 フォントを一括で置き換えたい

使用機能 フォント検索

アートワークで使用しているフォントを、一括で別のフォントに置き換えることができます。チラシやパンフレットなど、多数のフォントを使用している制作物の修正に便利です。

1 ［書式］メニュー→［フォント検索］をクリックします。

2 ［フォント検索］ダイアログが表示され、［ドキュメントフォント］にアートワークで使用されているフォントの一覧が表示されます❶。置き換えたいフォントをクリックして選択します。

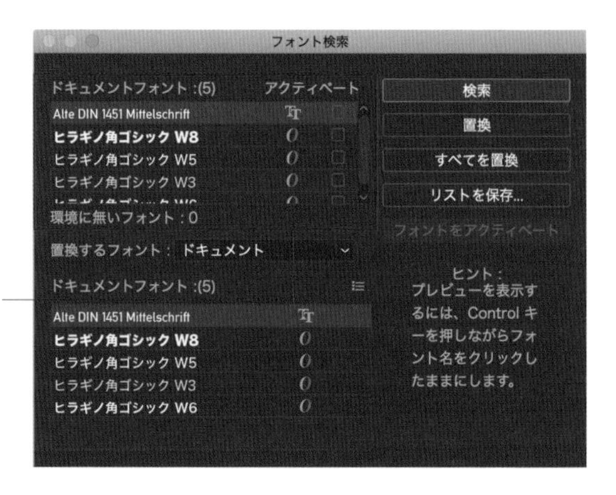

3 ［置換するフォント］を［システム］に設定します。すると、マシン環境にインストールされているすべてのフォントが表示されます。

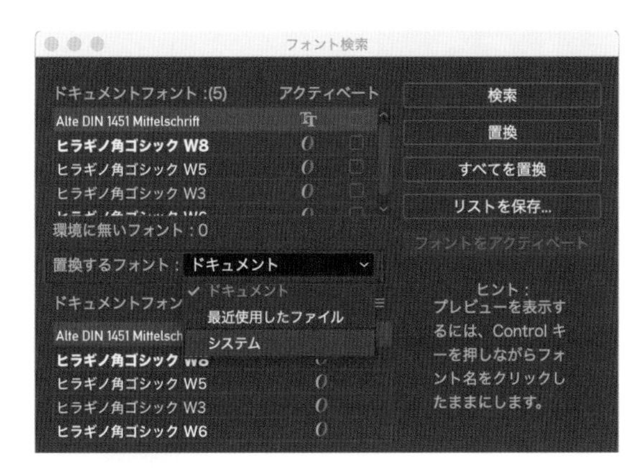

4 使用フォントを選択し❶、［すべてを置換］ボタンをクリックします❷。するとフォントが置換されます❸。

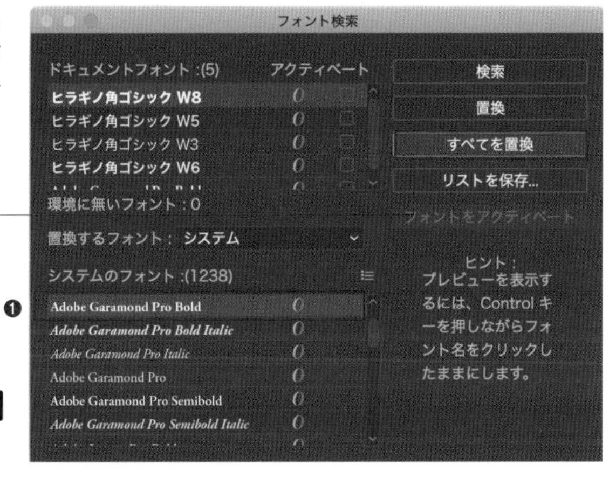

Memo

フォントを置換すると、フォントサイズの違いなどによってデザインが崩れることがあります。これは避けることができないので、フォントを置換した後は調整が必要です。

152 合成フォントを作りたい

使用機能 合成フォント

合成フォントとは、複数の書体を組み合わせたフォントのことです。ひらがな、漢字、英数字、約物などにそれぞれ個別にフォントを指定して、オリジナルの組み合わせを作ることができます。フォントのウェイトやベースラインなどの細かな設定もできます。

1 [書式] メニュー→ [合成フォント] をクリックします。

2 [合成フォント] ダイアログが表示されるので❶、[新規] ボタンをクリックします❷。[新規合成フォント] ダイアログが表示されるので、[名前] に任意の名前を入力し❸、[元とするセット] を選択して❹、[OK] ボタンをクリックします❺。[合成フォント] ダイアログに戻るので、[OK] ボタンをクリックします❻。

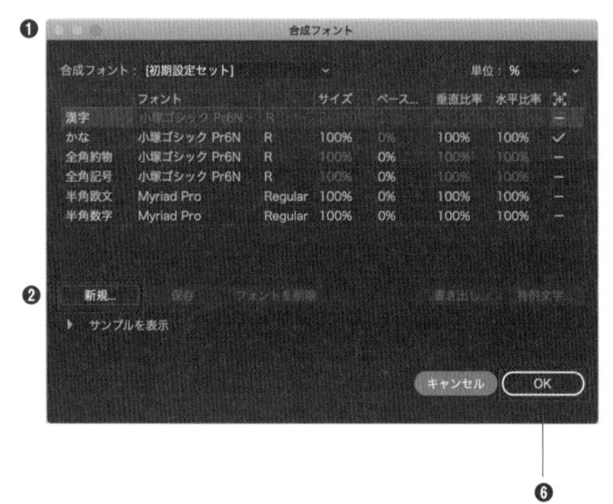

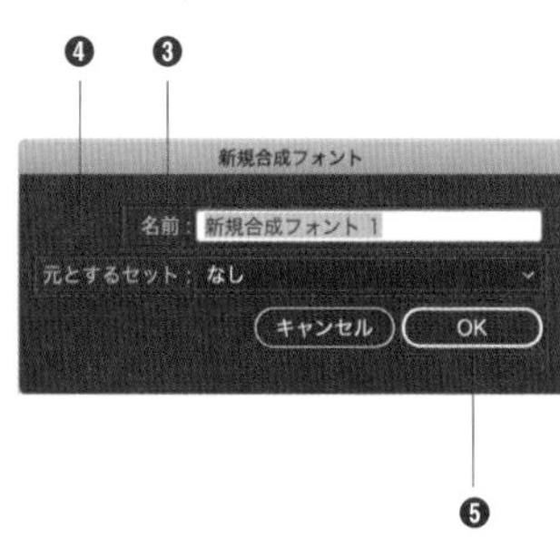

Memo

[元とするセット] では、ベースにしたい既存の合成フォントがある場合は選択し、ない場合は [なし] のままにします。

3 漢字、かな、約物などのフォント、ウェイト、ベースラインなどを設定します❶。ここでは、以下のように設定しています。［サンプルを表示］左の▼ボタンをクリックし❷、設定した合成フォントのサンプルを確認して❸、［保存］ボタンをクリックします❹。［OK］ボタンをクリックします❺。

- **漢字、全角記号** …… ヒラギノ角ゴシック（W4）
- **かな、全角約物** …… ヒラギノ明朝ProN（W3）
- **半角欧文、半角数字** …… Arial（Regular）

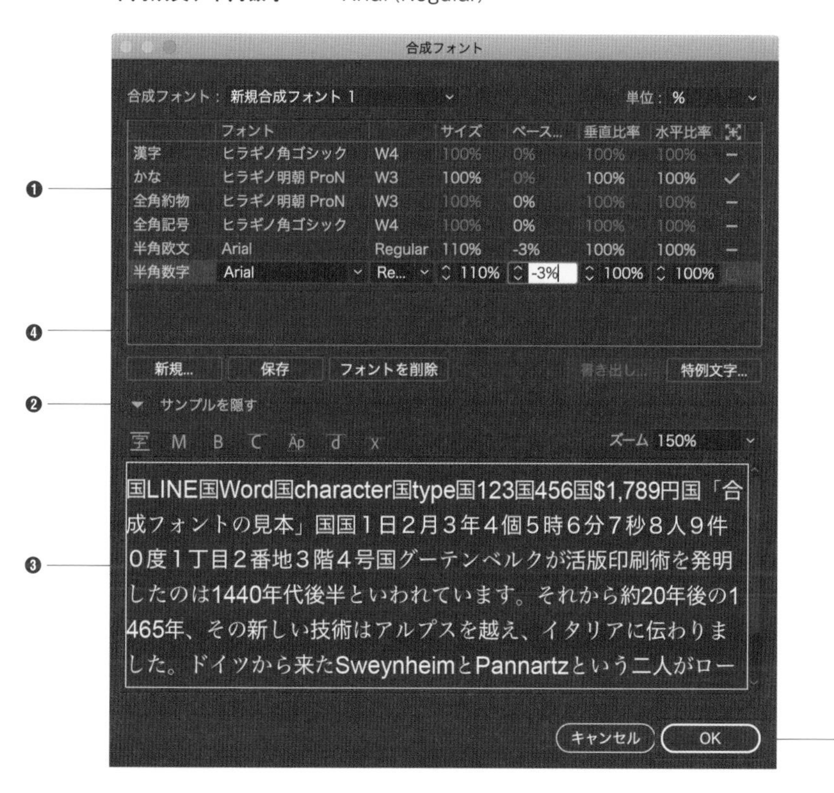

Memo

［サンプルを隠す］の下に配置されたボタンをクリックすると、平均字面や欧文ベースラインなどを確認することができます。平均字面とは、フォントデザイナーが全角文字をデザインする際に使用する高さと幅のことです。欧文ベースラインは、欧文をデザインする際に使用する基準線のことです。

平均字面

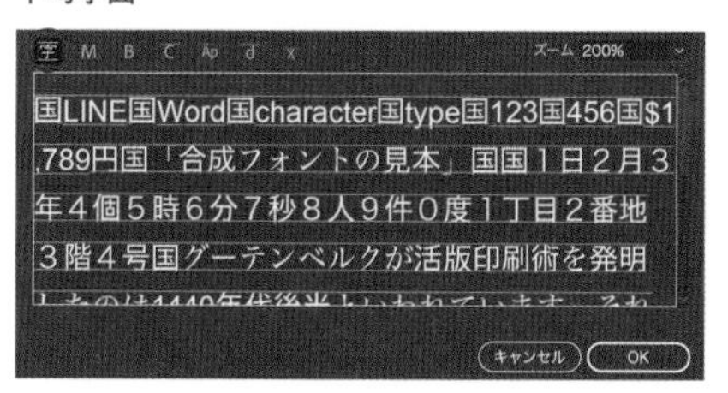

欧文ベースライン

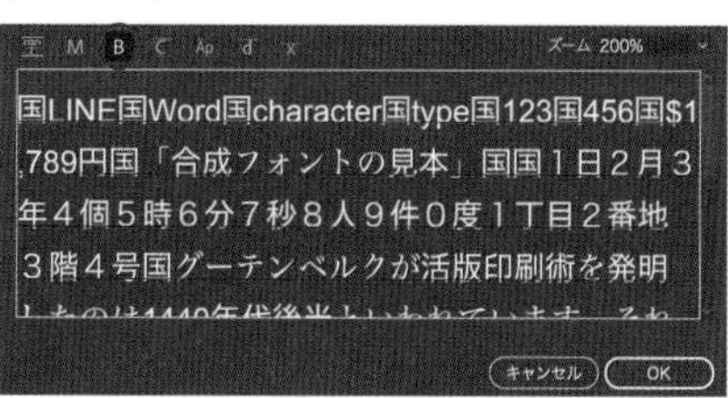

POINT

ここでは、[Arial] を半角欧文と半角数字に設定していますが、フォントのサイズがほかのフォントより小さく見えるため、[110%] に設定しています。また、デフォルトのままだとほかのフォントよりベースラインが上がって見えるため、[−3%] に設定しています。

4 [文字] パネルのフォント一覧を確認すると、作成した合成フォントが選択できるようになっています。

そのころ私は、New York City の博物局に勤めて居りました。
18 等官でしたから役所のなかでも、ずうっと下の方でしたし俸給もほんのわずかでしたが、受持ちが標本の採集や整理で生れ付き好きなことでしたから、私は毎日ずいぶん愉快にはたらきました。

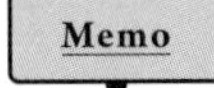

作成した合成フォントは、[合成フォント] ダイアログから再編集することができます。テキストに適用中の合成フォントに変更を加えると、3 の手順で保存したタイミングで変更内容が反映されます。

153 文字列をまとめて置換したい

使用機能　検索と置換

ワープロソフトのように、文字列を検索して指定の文字列に一括で置換することができます。

1 ［編集］メニュー→［検索と置換］をクリックします。

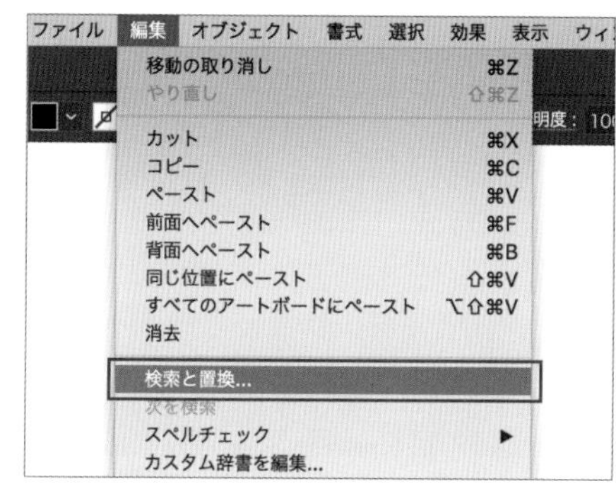

2 ［検索と置換］ダイアログが表示されるので❶、［検索文字列］に置換したい文字列❷、［置換文字列］に置換後の文字列を入力します❸。［検索］ボタンをクリックします❹。

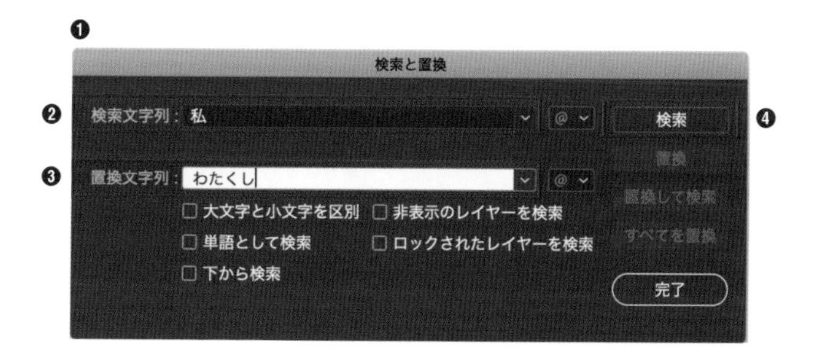

そのころ私は、モリーオ市の博物局に勤めて居りました。

十八等官でしたから役所のなかでも、ずうっと下の方でしたし俸給ほうきゅうもほんのわずかでしたが、受持ちが標本の採集や整理で生れ付き好きなことでしたから、私は毎日ずいぶん愉快にはたらきました。殊にそのころ、モリーオ市では競馬場を植物園に拵こしらえ直すというので、その景色のいいまわりにアカシヤを植え込んだ広い地面が、切符売場や信号所の建物のついたまま、私どもの役所の方へまわって来たものですから、私はすぐ宿直という名前で月賦で買った小さな蓄音器と二十枚ばかりのレコードをもって、その番小屋にひとり住むことになりました。

3 テキスト中の、ひとつ目の検索文字列が選択されます❶。［すべてを置換］ボタンをクリックします❷。

❶

そのころ私は、モリーオ市の博物局に勤めて居りました。
十八等官でしたから役所のなかでも、ずうっと下の方でしたし俸給ほうきゅうもほんのわずかでしたが、受持ちが標本の採集や整理で生れ付き好きなことでしたから、私は毎日ずいぶん愉快にはたらきました。殊にそのころ、モリーオ市では競馬場を植物園に拵こしらえ直すというので、その景色のいいまわりにアカシヤを植え込んだ広い地面が、切符売場や信号所の建物のついたまま、私どもの役所の方へまわって来たものですから、私はすぐ宿直という名前で月賦で買った小さな蓄音器と二十枚ばかりのレコードをもって、その番小屋にひとり住むことになりました。

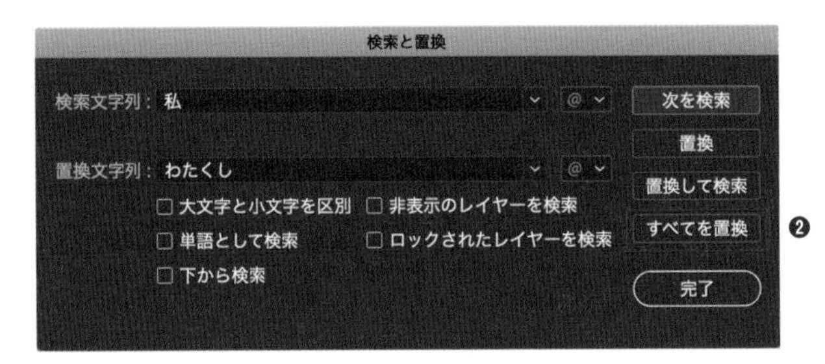

ひとつずつ置換したいときは［置換］ボタンをクリックします。

Memo オプションで、欧文の大文字と小文字の区別や、非表示またはロックされたレイヤーも含めた検索などを設定することができます。

4 すべての検索文字列が一括で置き換えられ、変更された数がアラートで表示されます❶。［OK］ボタンをクリックすると❷、［検索と置換］ダイアログに戻るので［完了］ボタンをクリックします❸。

そのころわたくしは、モリーオ市の博物局に勤めて居りました。
十八等官でしたから役所のなかでも、ずうっと下の方でしたし俸給ほうきゅうもほんのわずかでしたが、受持ちが標本の採集や整理で生れ付き好きなことでしたから、わたくしは毎日ずいぶん愉快にはたらきました。殊にそのころ、モリーオ市では競馬場を植物園に拵こしらえ直すというので、その景色のいいまわりにアカシヤを植え込んだ広い地面が、切符売場や信号所の建物のついたまま、わたくしどもの役所の方へまわって来たものですから、わたくしはすぐ宿直という名前で月賦で買った小さな蓄音器と二十枚ばかりのレコードをもって、その番小屋にひとり住むことになりました。

154 欧文にスペルミスがないかチェックしたい

使用機能 スペルチェック

Illustratorには欧文のスペルチェック機能も備わっています。

スペルミスの自動修正

1 欧文のテキストを選択し、control キーを押しながらクリックします（Windowsでは右クリック）❶。［スペルチェック］→［スペルチェック］を選択します❷。

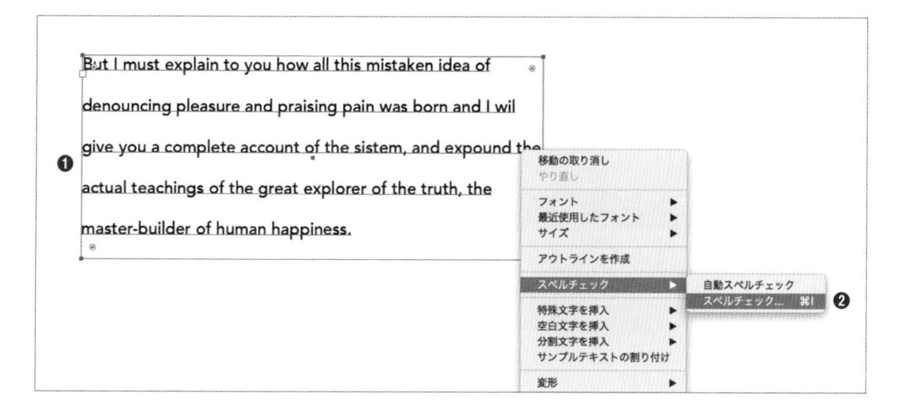

Short Cut スペルチェック：command ＋ I キー

2 ［スペルチェック］ダイアログが表示されるので❶、［開始］ボタンをクリックします❷。

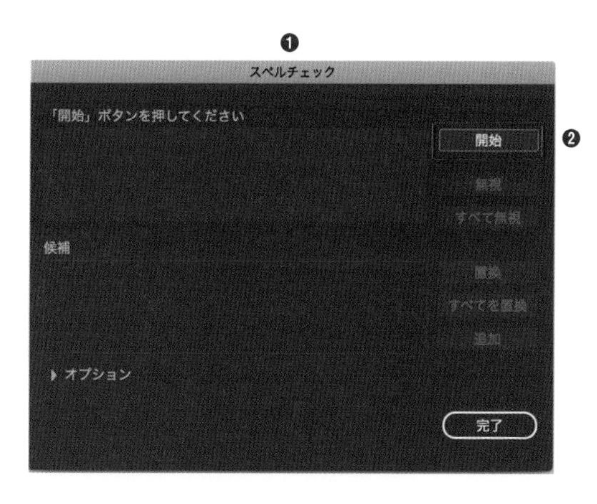

3 スペルミスがある単語が検出され❶、[候補]に正しいスペルの単語の候補が表示されます❷。ここでは「will」を選択し❸、[置換]ボタンをクリックします❹。

But I must explain to you how all this mistaken idea of denouncing pleasure and praising pain was born and I wil ❶ give you a complete account of the sistem, and expound the actual teachings of the great explorer of the truth, the master-builder of human happiness.

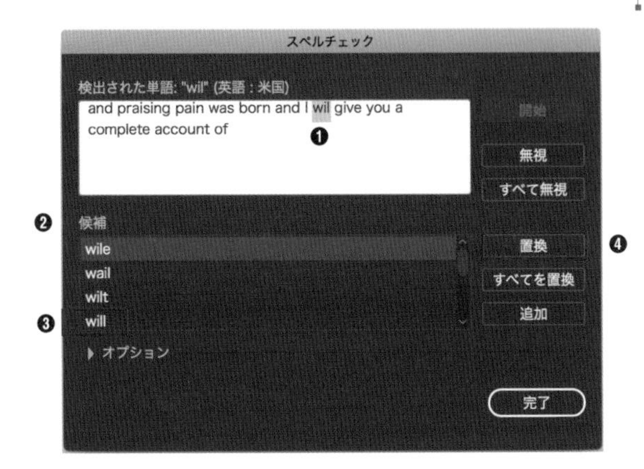

4 「will」に修正され❶、次のスペルミスの単語が検出されます❷。

But I must explain to you how all this mistaken idea of denouncing pleasure and praising pain was born and I will ❶ give you a complete account of the sistem ❷, and expound the actual teachings of the great explorer of the truth, the master-builder of human happiness.

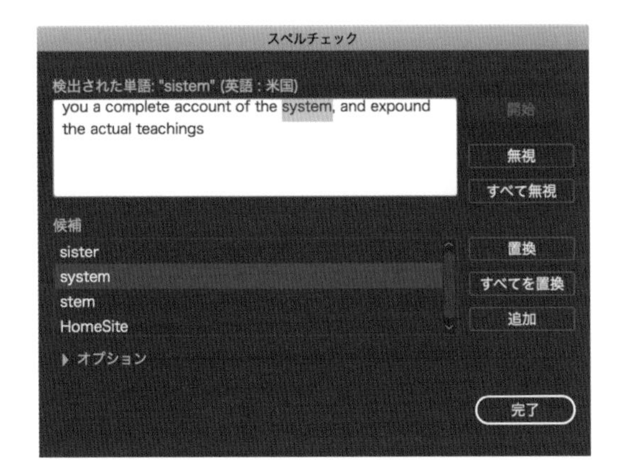

5 [スペルチェックが完了しました]というメッセージが表示されたら❶、[完了]ボタンをクリックします❷。

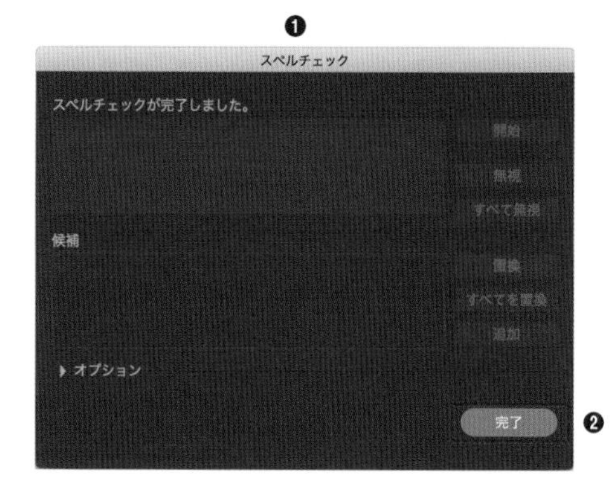

スペルミスの検出

1 選択ツールで欧文のテキストを選択し❶、control キーを押しながらクリックします（Windowsでは右クリック）❷。[スペルチェック]→[自動スペルチェック]を選択します❸。

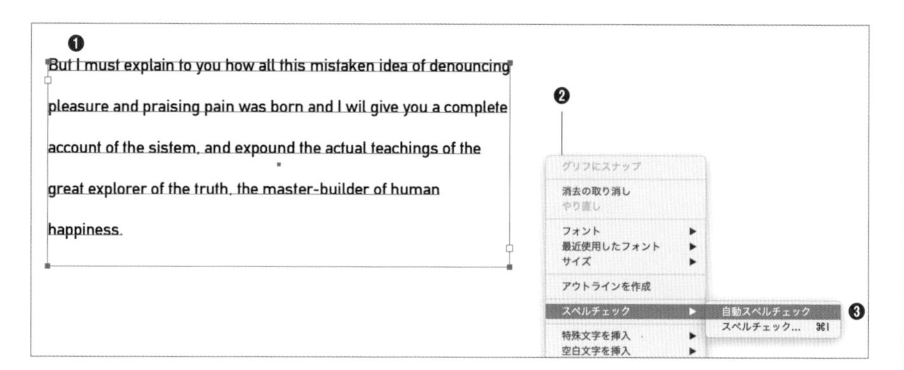

2 スペルミスの箇所にアンダーラインが表示されます❶。正しいスペルに修正すると、アンダーラインが消えます❷。

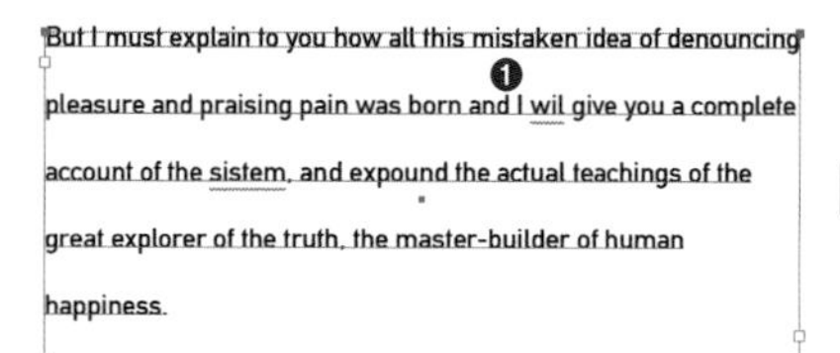

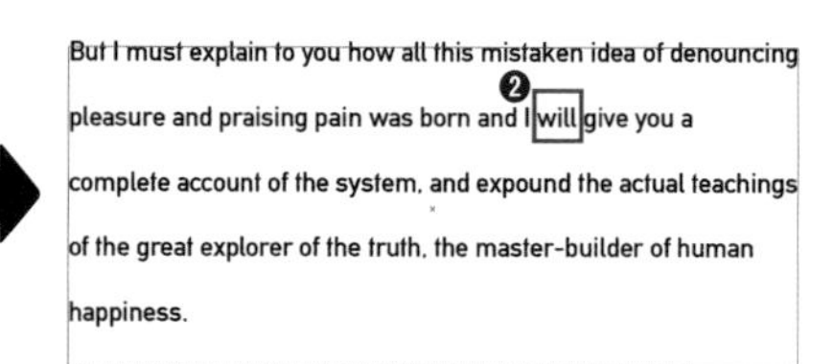

Memo 入力中のテキストも、検出対象になります。欧文を作成するときは、[自動スペルチェック]を有効にしておくと便利です。自動スペルチェックは、2020以降の機能です。

155 欧文の大文字・小文字を切り替えたい

使用機能 | 大文字と小文字の変更

欧文には、すべて大文字にする、1文字目だけ大文字にする、などの使い分けがあります。大文字・小文字の変更が必要な場合、ひとつひとつ手作業で修正しなくても、一括で行うことができます。

1 選択ツールで大文字・小文字を変更したいテキストを選択し❶、［書式］メニュー→［大文字と小文字の変更］から、任意のメニューをクリックします❷。

2 選択したメニューが反映されます。

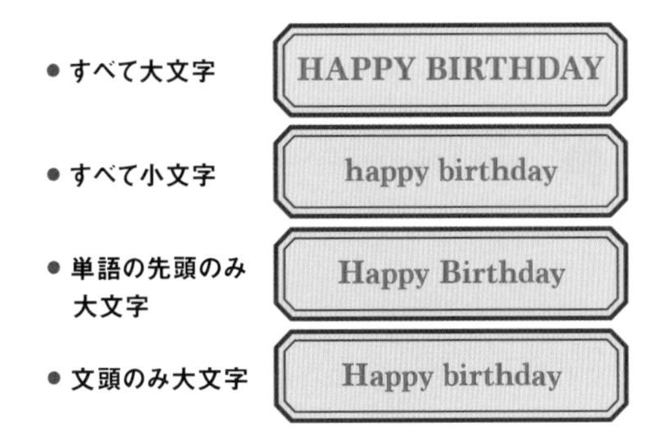

156 テキストをパスオブジェクトに変換したい

使用機能 アウトライン

テキストオブジェクトのままでは、文字の形でクリッピングマスクを作成したり、文字に特殊な加工を適用したりするような操作はできません。このような場合、テキストオブジェクトをパスオブジェクトに変換します。

1 選択ツールでテキストオブジェクトを選択し❶、[書式]メニュー→[アウトラインを作成]をクリックします❷。

2 テキストオブジェクトがパスオブジェクトに変換されます。

PHOTO
GALLERY

Memo

テキストオブジェクトをパスオブジェクトに変換することを「アウトライン化」といいます。一度アウトライン化したら、テキストオブジェクトに戻すことができません。テキスト情報が失われ、テキストの修正やフォントの変更などができなくなります。あとでテキストを編集する可能性がある場合は、バックアップを取っておくとよいでしょう。

アイコン・ラベル・素材の作成テクニック

Chapter

10

157 シンプルなシェイプを組み合わせてマークを作りたい

使用機能　図形ツール、リフレクト

円や長方形などのシェイプを組み合わせると、いろいろなマークを作ることができます。アイコン作成などに役立つ基本的なテクニックを紹介します。

太陽マーク

1 ［楕円形］ツールを選択し❶、shift キーを押しながらドラッグして正円を作成します❷。［塗り］のカラーは任意の色を設定します。

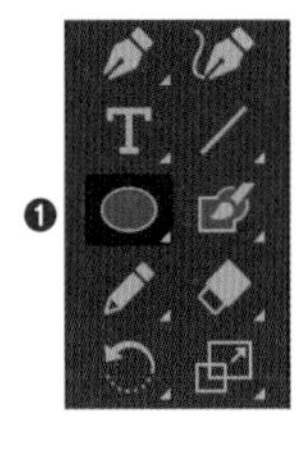

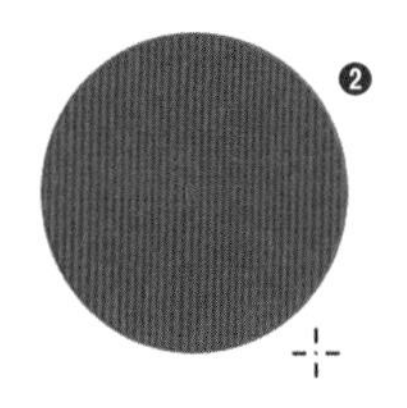

2 ［表示］メニュー→［スマートガイド］をクリックし、スマートガイドを有効にします。

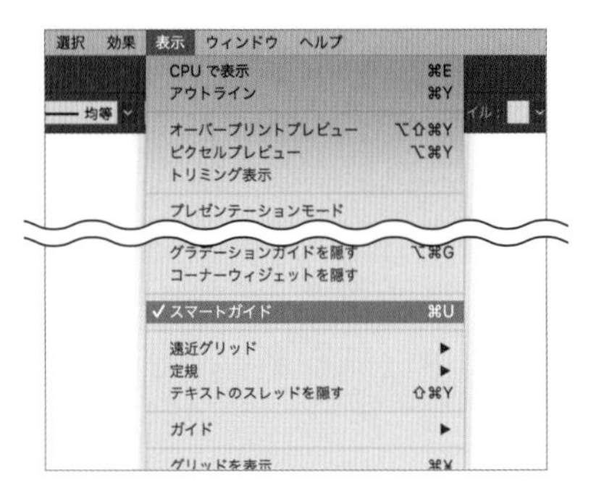

3 ［ペン］ツールで円の中心から伸びるスマートガイド上に線を作成します。

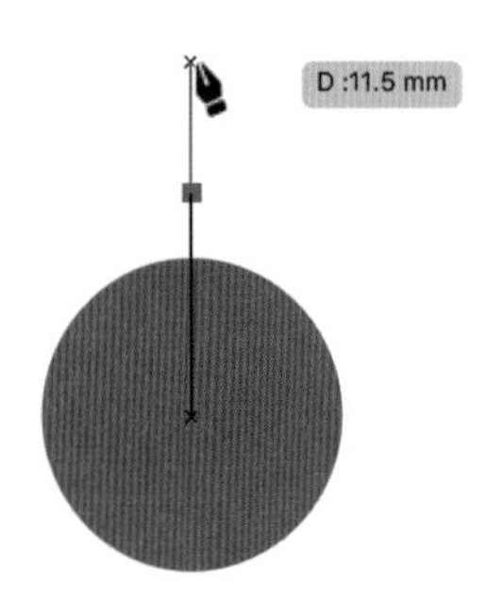

Memo　円の中心と、円の頂点のアンカーポイントを結ぶ延長線上にマウスポインタが重なったとき、スマートガイドが表示されます。ここではスマートガイドの色を「ブラック」に設定しています。

4 選択ツールで線を選択して[回転]ツールを選択し❶、option キーを押しながら円の中心でクリックします❷。[回転]ダイアログが表示されるので、「角度」に「30」と入力して❸、[コピー]ボタンをクリックします❹。

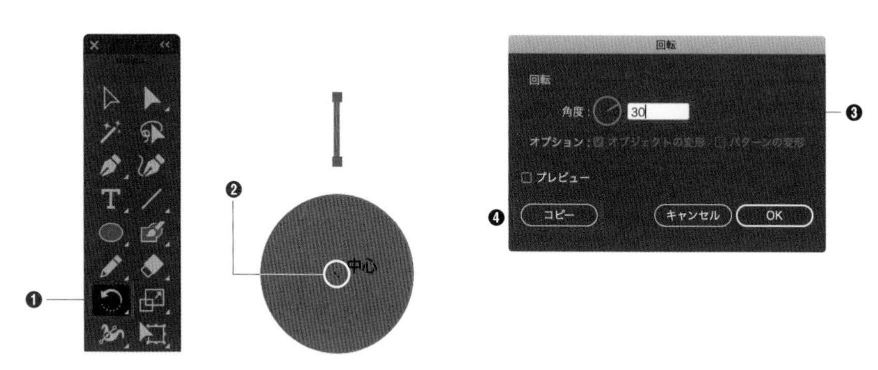

5 円の中心を基準点にして線が30°回転した状態でコピーされます。

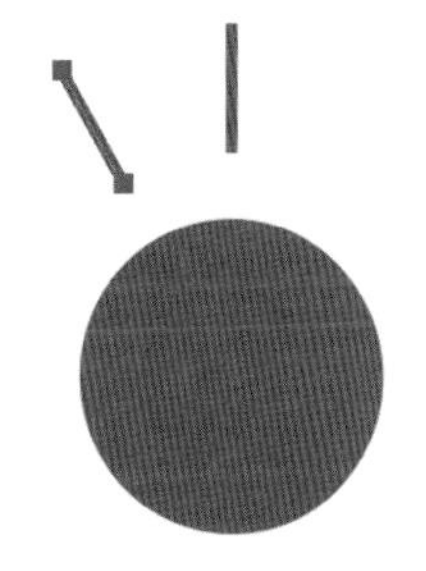

6 [オブジェクト]メニュー→[変形]→[変形の繰り返し]をクリックし、1周するまで回転・コピーを繰り返します ▸▸036。

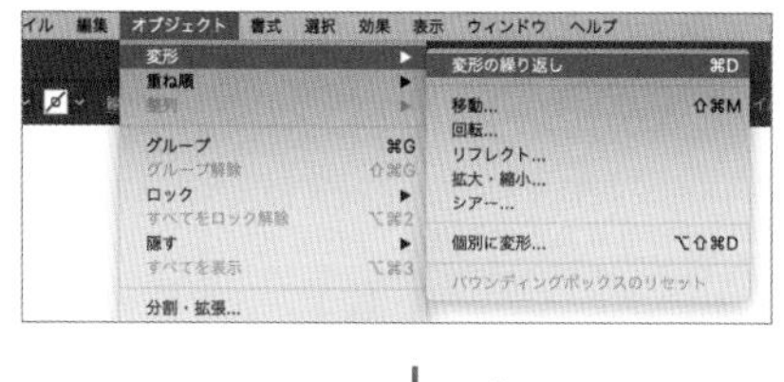

雲マーク

1 [楕円形]ツールで楕円を作成します❶。塗りは任意の色を設定します。
楕円を複数作成して、雲の形になるように重ねます❷。

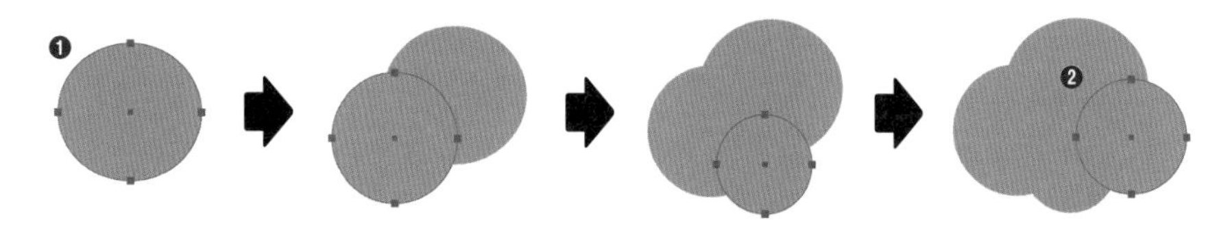

2 選択ツールで楕円をすべて選択し❶、[ウィンドウ]メニュー→[パスファインダー]をクリックします。[パスファインダー]パネルが表示されるので、[合体]ボタンをクリックします❷。

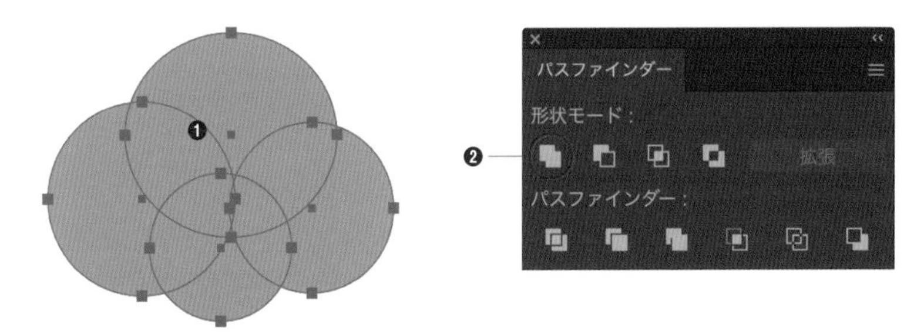

Memo option キーを押しながら[合体]ボタンをクリックすると、あとで編集が可能な複合シェイプになります ▸▸073 。

傘マーク

1 [楕円形]ツールで shift キーを押しながらドラッグして正円を作成します。線のカラーは任意の色を設定します。

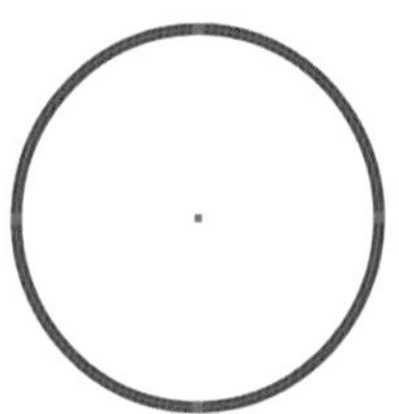

2 [楕円形]ツールで小さな正円を作成し❶、コピー&ペーストで3つほど複製します❷。図のように正円の中心よりやや下に、水平に並べます。

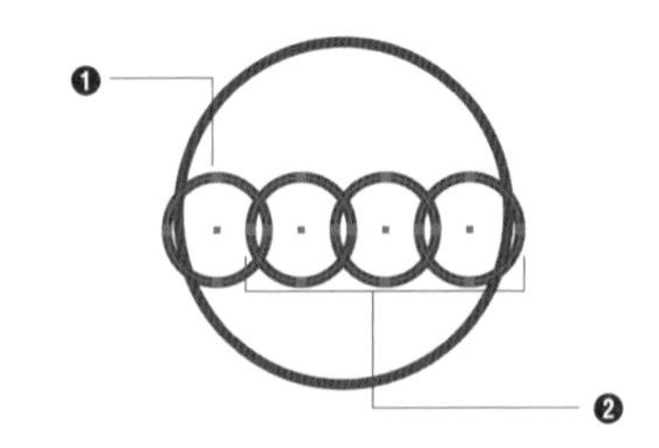

3 [シェイプ形成]ツールを選択し❶、傘の形状が残るように、option キーを押しながら不要な部分をドラッグします❷。

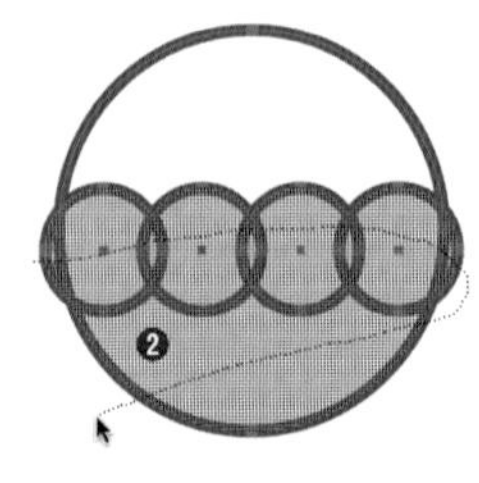

4 ［楕円形］ツールで shift キーを押しながらドラッグして正円を作成します❶。［ダイレクト選択］ツールで頂点のアンカーポイントを選択し❷、delete キーで削除します。

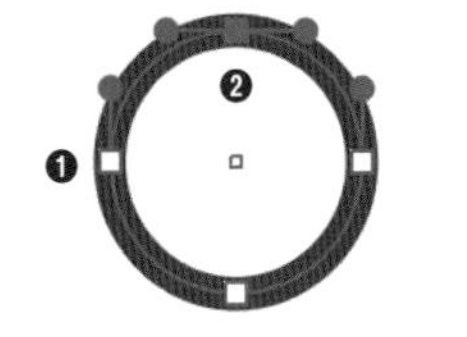

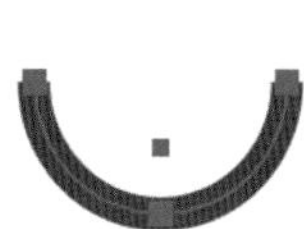

5 ［ペン］ツールを選択します。4の手順で作成した半円の端のアンカーポイントをクリックし❶、shift キーを押しながら真上へ伸びる線を作成します❷。

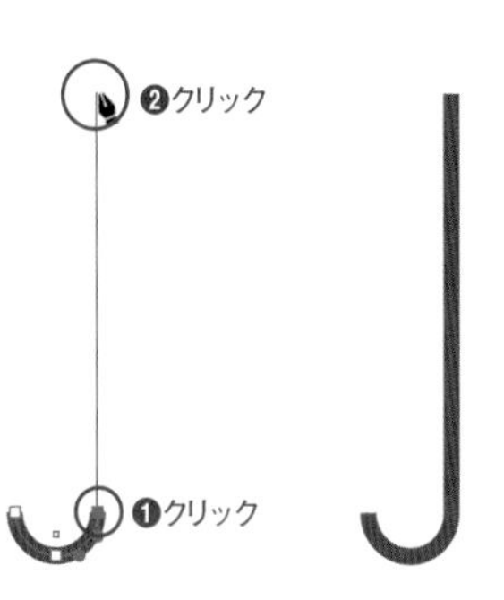

6 3の手順で作成した傘と5の手順で作成した柄の部分を左右の中央で揃えて重ねます❶。［塗りと線を入れ替え］ボタンをクリックして、傘の［塗り］と［線］のカラーを入れ替えます❷。

ハートマーク

1 ［長方形］ツールで任意のサイズの正方形を作成します❶。［楕円形］ツールで円の直径を正方形の辺と同じ値に指定して正円をふたつ作成します❷。［線］のカラーは任意の色を設定します。

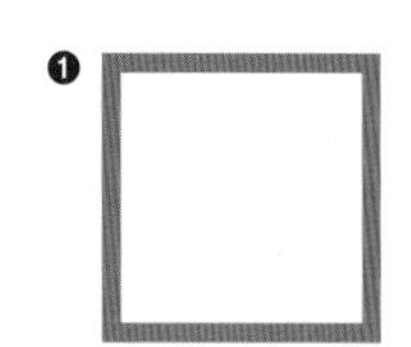

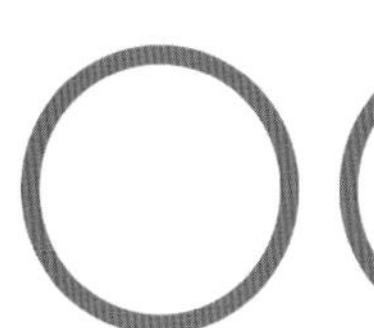
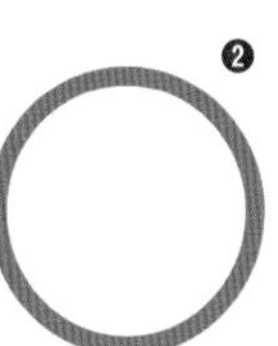

2 [表示] メニュー→ [スマートガイド] をクリックし、スマートガイドを有効にします。

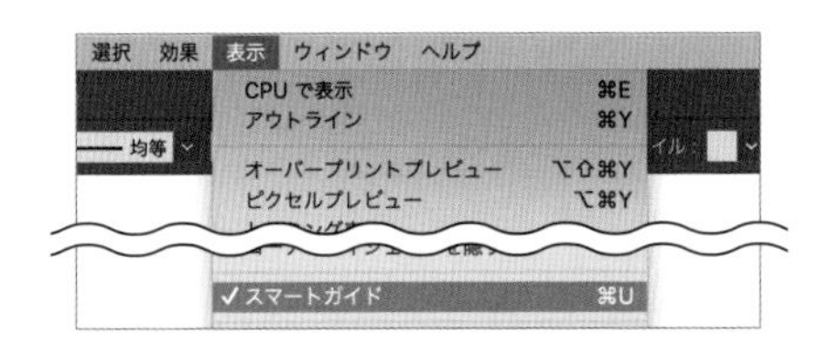

3 図のように正方形の右上のアンカーポイントとふたつの円のアンカーポイントが交差するよう、オブジェクトを移動します。

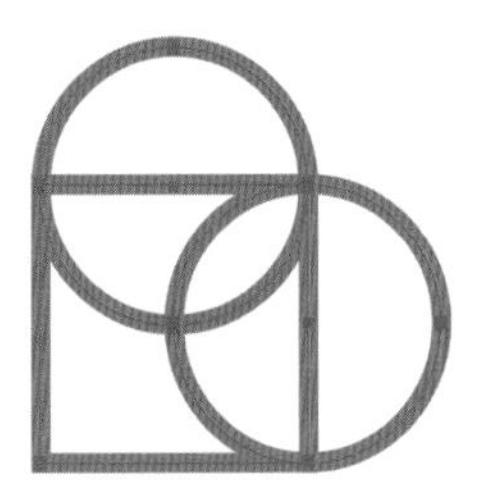

POINT

[表示] メニュー→ [アウトライン] をクリックし、アウトライン表示にすると、アンカーポイントが正確に交差しているかどうかを確認できます ▸▸043。

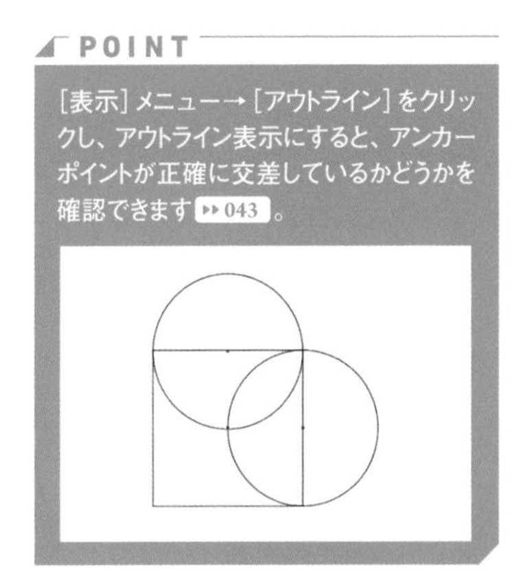

4 選択ツールですべてのオブジェクトを選択し❶、ツールバーの [回転] ツールをダブルクリックします❷。[回転] ダイアログが表示されるので、「角度」に「45」と入力して❸、[OK] ボタンをクリックします❹。

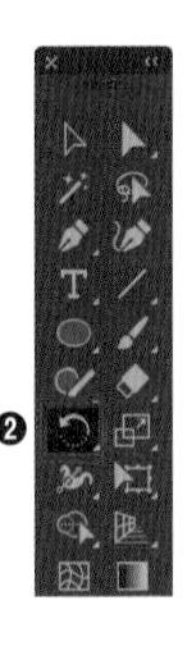

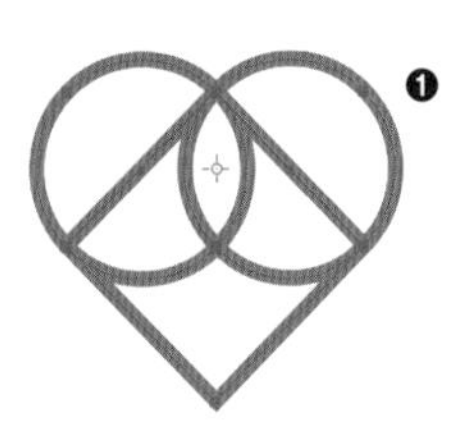

5 [ウィンドウ] メニュー→ [パスファインダー] をクリックします。[パスファインダー] パネルが表示されるので、[合体] ボタンをクリックします。

葉のマーク

1 ［楕円形］ツールを選択し、楕円を作成します。線のカラーは任意の色を設定します。［アンカーポイント］ツールを選択し、楕円の頂点のアンカーポイントをクリックして❶、コーナーポイントに変換します❷。

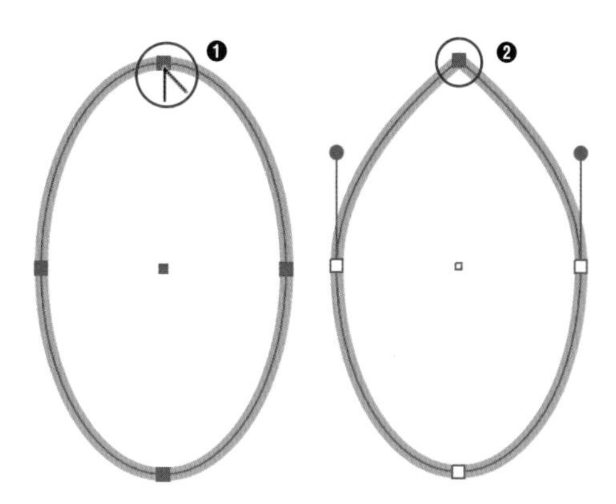

2 ［ダイレクト選択］ツールで左または右半分を選択し、delete キーで削除します。

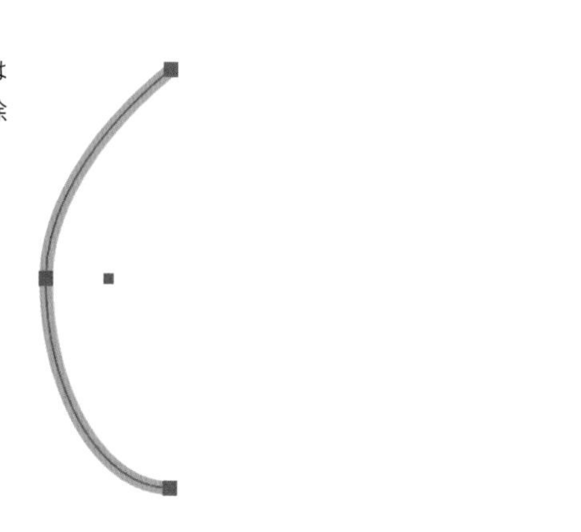

3 ［ダイレクト選択］ツールを選択し、パスの中央のアンカーポイントをクリックします❶。ハンドルをドラッグして❷、自然なカーブになるように形を調整します。

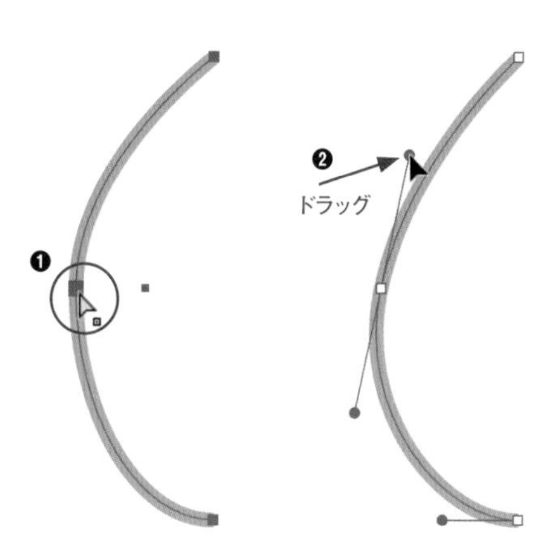

4 パスを選択し❶、[リフレクト]ツールを選択します❷。option キーを押しながらパスの端点をクリックすると❸、[リフレクト]ダイアログが表示されます❹。[リフレクトの軸]を「垂直」に設定し❺、[コピー] ボタンをクリックします❻。

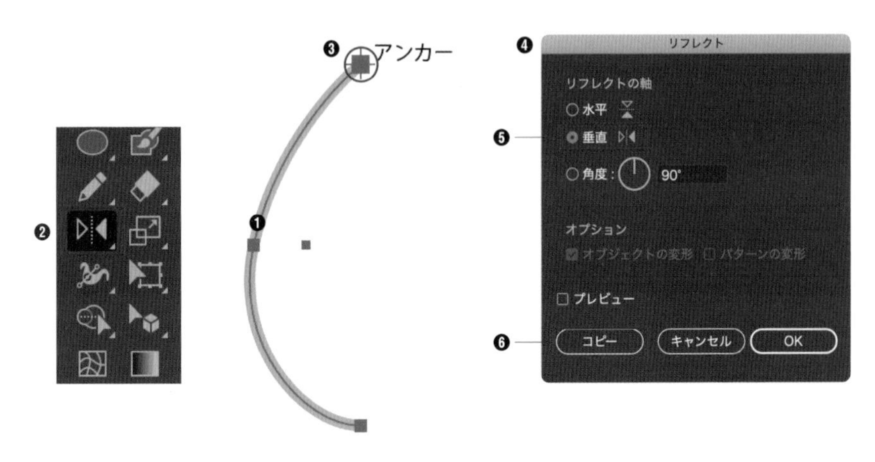

5 パスの端点を基準点にして、パスが反転した状態でコピーされます❶。ふたつのパスを選択し、[オブジェクト] メニュー→ [パス] → [連結] をクリックします ▸▸021。

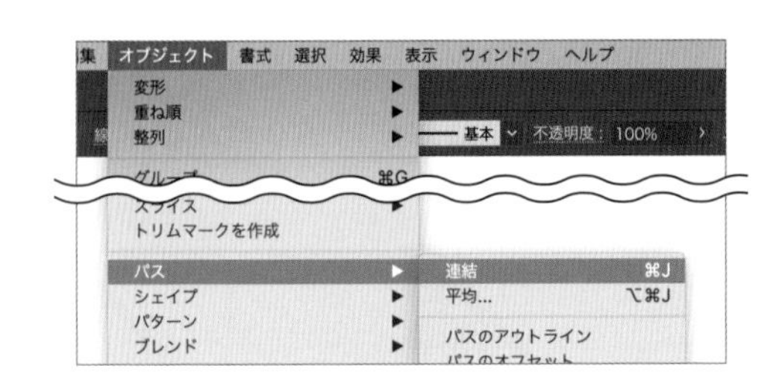

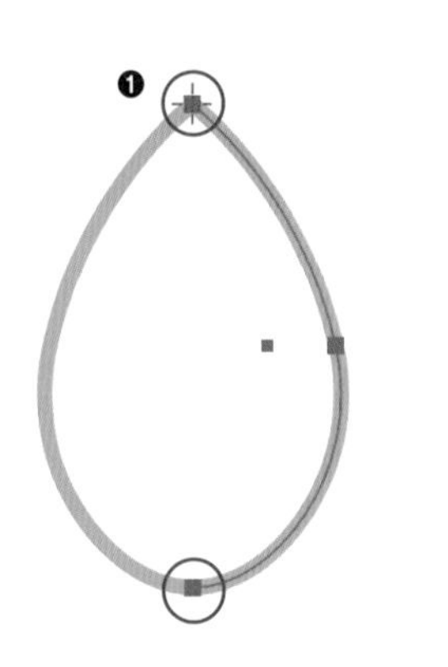

6 [ペン] ツールで葉脈の部分を描き込みます。

158 変形効果を使って簡単にマークを作りたい

使用機能　パンク・膨張、ジグザグ

キラキラマークや花マークのような形状は、パスを作成して描き起こすことなく、図形に変形効果を適用するだけで簡単に作成することができます。

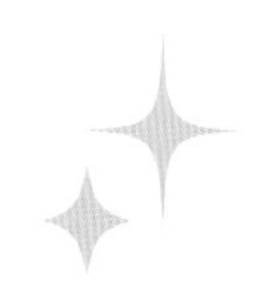

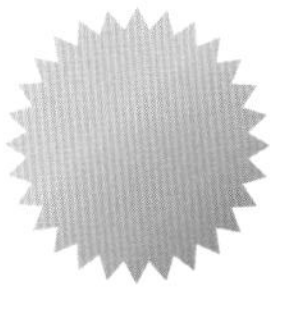

キラキラマーク

1 ［楕円形］ツールで縦に長い楕円を作成します❶。［ウィンドウ］メニュー→［アピアランス］をクリックします。［アピアランス］パネルが表示されるので、［新規効果を追加］ボタンをクリックし❷、［パスの変形］→［パンク・膨張］を選択します❸。

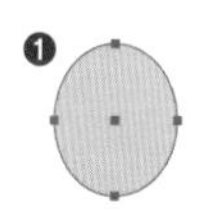

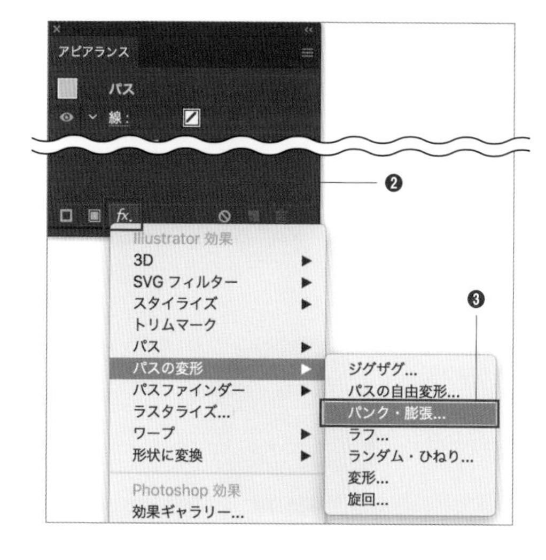

2 ［パンク・膨張］ダイアログが表示されます❶。［プレビュー］にチェックを入れ❷、［収縮］方向にスライダーをドラッグします❸。イメージ通りになったら、［OK］ボタンをクリックします❹。

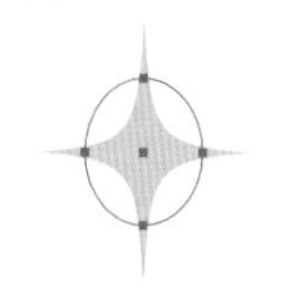

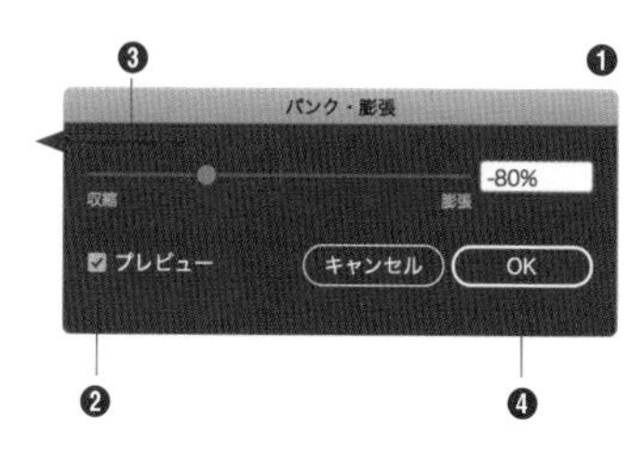

花マーク

1 [多角形] ツールで頂点数が多めの多角形を作成します。[アピアランス] パネルの [新規効果を追加] ボタンをクリックし、[パスの変形] → [パンク・膨張] を選択します。

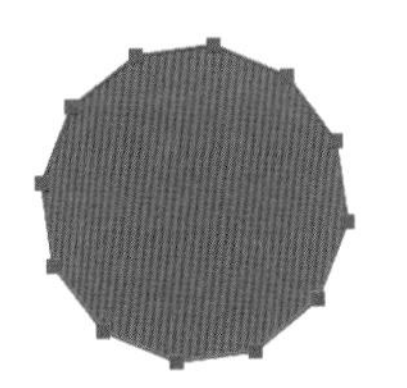

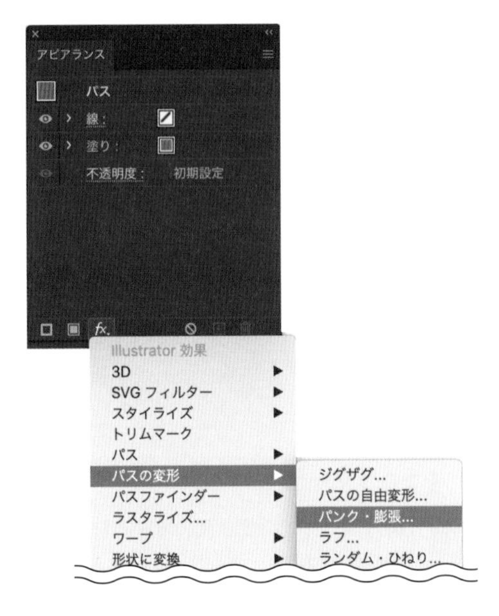

2 [パンク・膨張] ダイアログが表示されます❶。[プレビュー] にチェックを入れ❷、[膨張] 方向にスライダーをドラッグします❸。イメージ通りになったら、[OK] ボタンをクリックします❹。

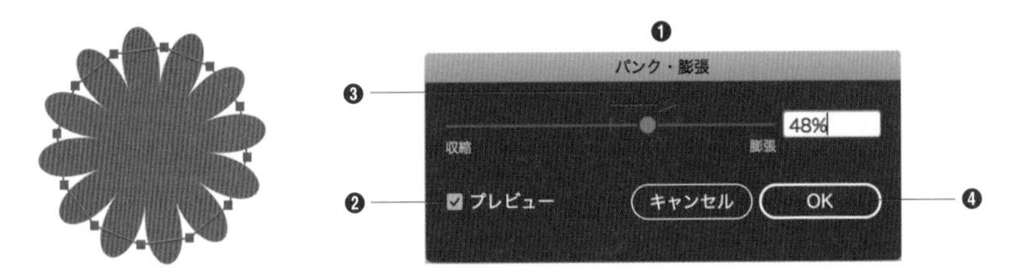

爆発マーク

1 [多角形] ツールで多角形を作成します。[アピアランス] パネルの [新規効果を追加] ボタンをクリックし、[パスの変形] → [パンク・膨張] を選択します。

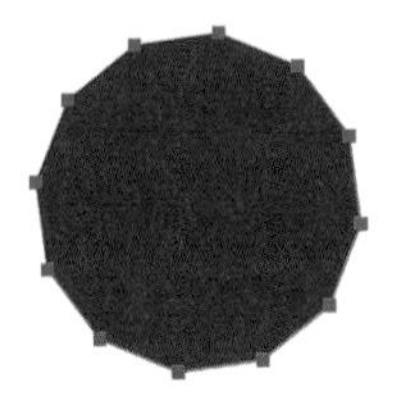

2 [パンク・膨張]ダイアログが表示されます❶。[プレビュー]にチェックを入れ❷、[収縮]方向にスライダーをドラッグします❸。イメージ通りになったら、[OK]ボタンをクリックします❹。

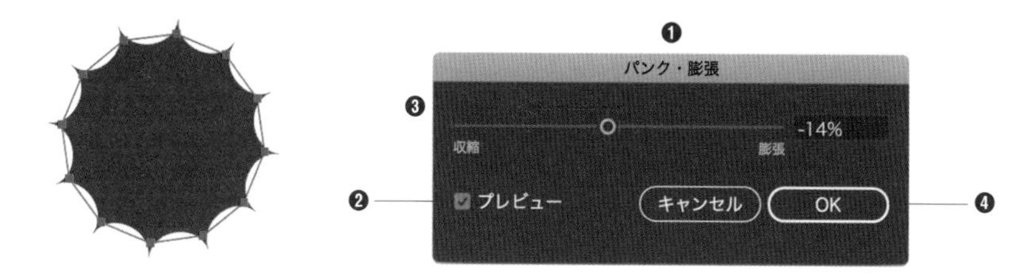

ジグザグマーク

1 [楕円形]ツールで shift キーを押しながらドラッグして正円を作成します❶。[アピアランス]パネルの[新規効果を追加]ボタンをクリックし❷、[パスの変形]→[ジグザグ]を選択します❸。

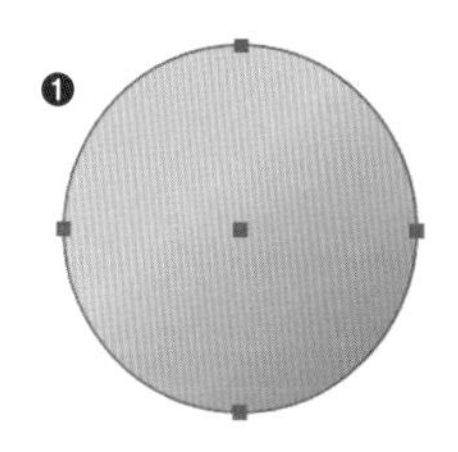

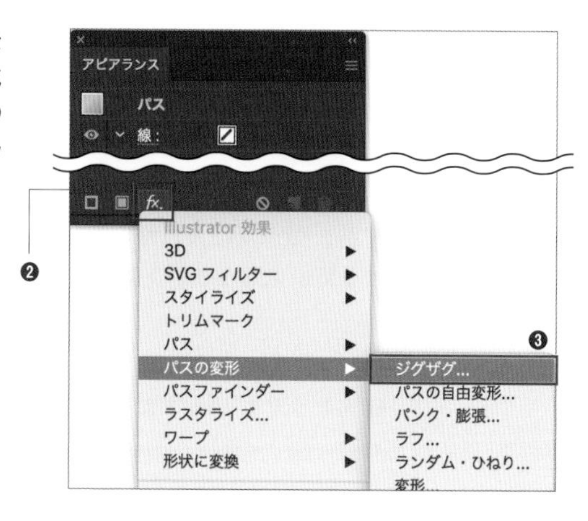

2 [ジグザグ]ダイアログが表示されます❶。[プレビュー]にチェックを入れ❷、[大きさ]と[折り返し]のスライダーをドラッグします❸。[ポイント]は[直線的に]を選択します❹。イメージ通りになったら、[OK]ボタンをクリックします❺。

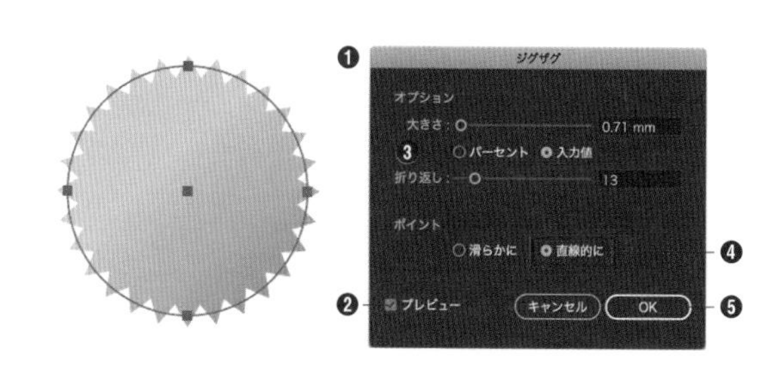

POINT

[ジグザグ]ダイアログで、[ポイント]を「滑らかに」に設定すると、なめらかなジグザグマークになります。

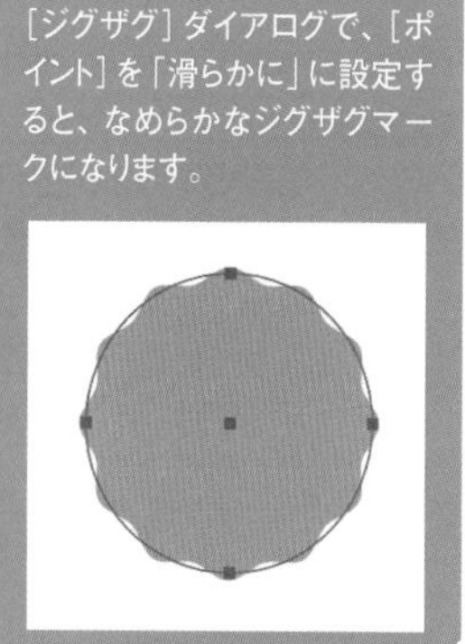

159 オブジェクトを登録して再利用できるようにしたい

使用機能　[シンボル] パネル

何度も使うアイコンやロゴマークなどのオブジェクトは、[シンボル] に登録すると便利です。シンボルの機能でオブジェクトを一括で管理することができ、再利用しやすくなります。

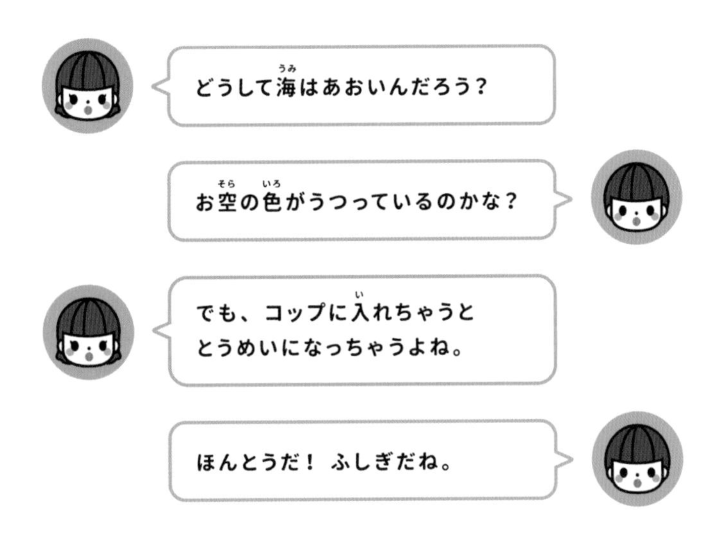

シンボルとは

オブジェクトは [シンボル] パネルに登録することができます。[ウィンドウ] メニュー→ [シンボル] をクリックすると、[シンボル] パネルが表示されます。登録されたシンボルはマスターシンボルといい、ドキュメントに配置することでシンボルがコピーされます。コピーされた側をシンボルインスタンスといいます。マスターシンボルとシンボルインスタンスはリンクしており、マスターシンボル（＝親）を編集すると、シンボルインスタンス（＝子）に編集内容が反映されます。

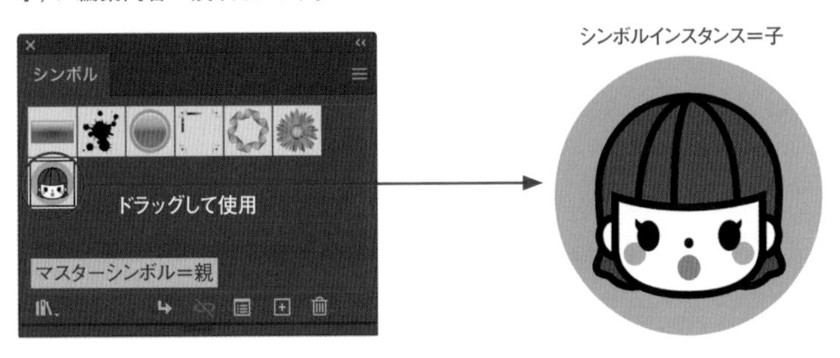

また、シンボルインスタンスを複数配置しても、ドキュメントのファイルサイズにはほとんど影響しません。同じオブジェクトをパスオブジェクトのまま複製するのと、シンボルに登録してシンボルインスタンスを複製するのとでは、ファイルサイズに大きな差が生まれます(後者のほうが軽くなります)。
同じオブジェクトを複数箇所で使用する場合はシンボルとして登録し、シンボルインスタンスを配置するとよいでしょう。

シンボルの登録

シンボルとして登録したいオブジェクトを選択し❶、[シンボル] パネルにドラッグします❷。

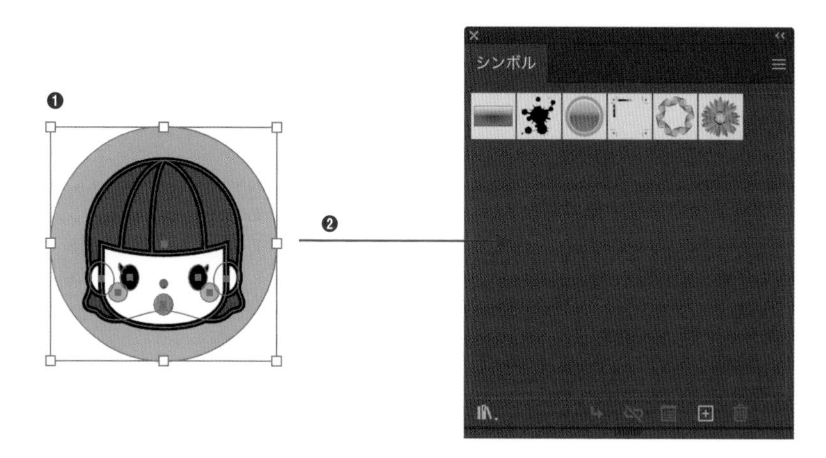

[シンボルオプション] ダイアログが表示されます❶。任意の名前を入力し❷、[シンボルの種類]を選択します❸。シンボルの種類には[ダイナミックシンボル]と[スタティックシンボル]があります。シンボルインスタンスを配置したあとに、カラーなどを個別に編集する予定がある場合は [ダイナミックシンボル] ▸▸161、個別の編集予定がない場合は [スタティックシンボル] を選択します。他の項目はデフォルトのまま変更せず、[OK] ボタンをクリックします❹。

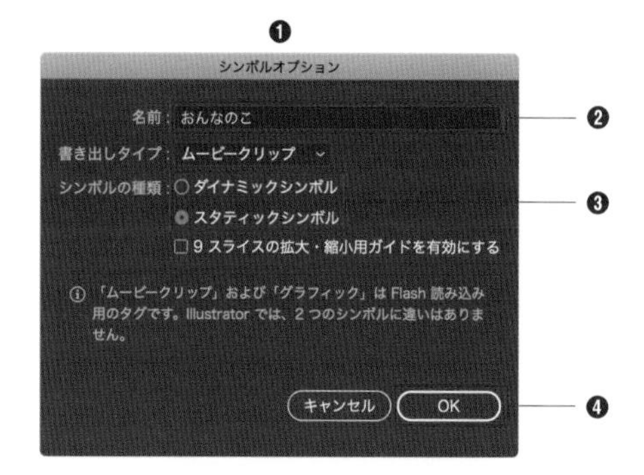

これでシンボル (マスターシンボル) として登録されます。なお、登録が完了すると、元のオブジェクトはシンボルインスタンスに変換されます。

Memo [書き出しタイプ] は [ムービークリップ] と [グラフィック] のどちらを選択しても構いません。

シンボルの使用

[シンボル] パネルからドキュメントにドラッグするかⒶ、[シンボルインスタンスを配置] ボタンⒷをクリックして配置します。

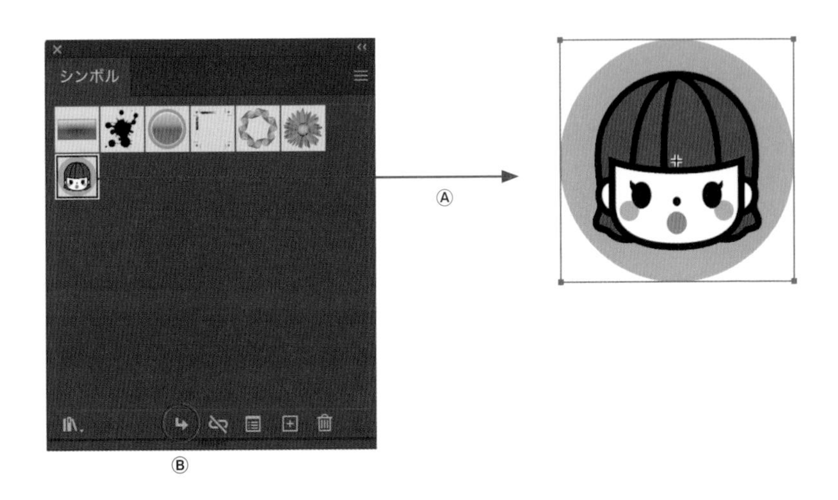

シンボルインスタンスをパスオブジェクトに変換

配置したシンボルインスタンスを選択し❶、[シンボル] パネル下部の [シンボルへのリンクを解除] ボタンをクリックします❷。

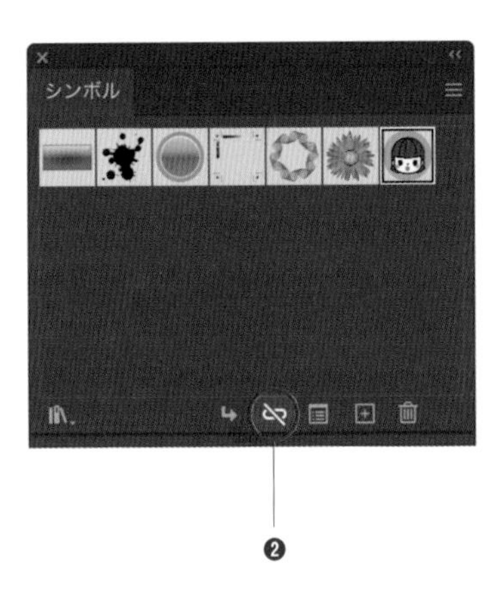

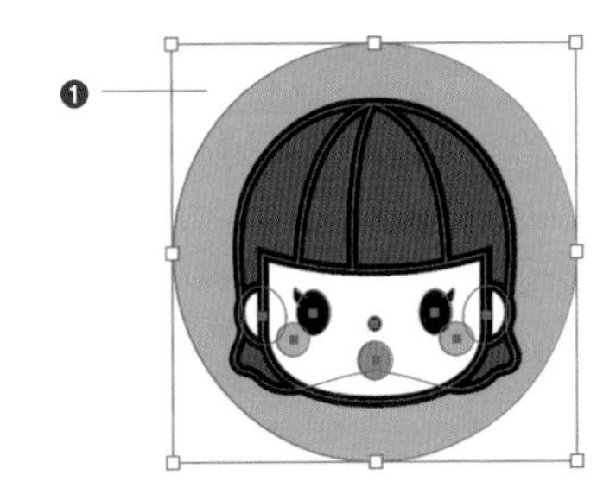

160 配置したシンボルインスタンスをまとめて修正したい

使用機能　[シンボル] パネル

配置したあとにシンボルインスタンスの修正が必要になった場合は、マスターシンボルを編集します。すると、すべてのシンボルインスタンスに編集内容が反映されます。

マスターシンボルの修正

[シンボル] パネルのサムネイルをダブルクリックします❶。画面が編集モードに切り替わるので、マスターシンボルを修正します❷。ここではアイコンの髪の色と口の形を修正しています。

編集が完了したら、画面左上の矢印をクリックするか❶、ドキュメント上をダブルクリックします。すると、マスターシンボルで編集した内容がすべてのシンボルインスタンスに反映されます❷。

Memo　リンクを解除してシンボルインスタンスをパスオブジェクトに変換していると、編集内容が反映されません。

161 シンボルインスタンスに個別の修正や共通の修正を加えたい

使用機能 ［シンボル］パネル

「ダイナミックシンボル」に設定したシンボルインスタンスは、マスターシンボルで共通の編集を加えるだけでなく、個々のシンボルインスタンスに個別の編集を加えることもできます。

1 選択ツールでシンボルとして登録したいオブジェクトを選択し❶、［シンボル］パネルにドラッグします❷。

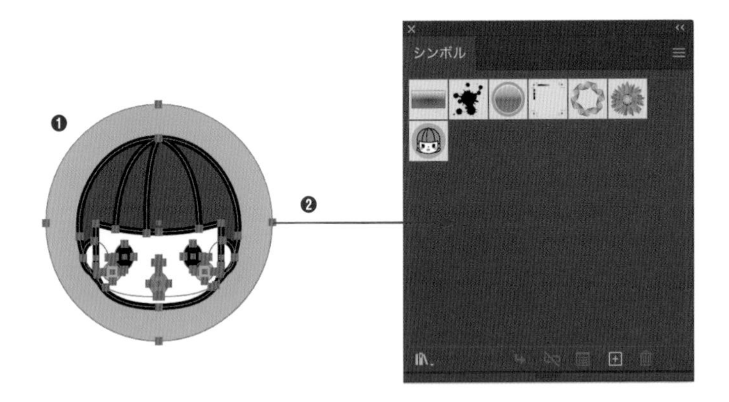

2 ［シンボルオプション］ダイアログが表示されます。任意の名前を入力し❶、［シンボルの種類］に［ダイナミックシンボル］を選択して❷、［OK］ボタンをクリックします❸。

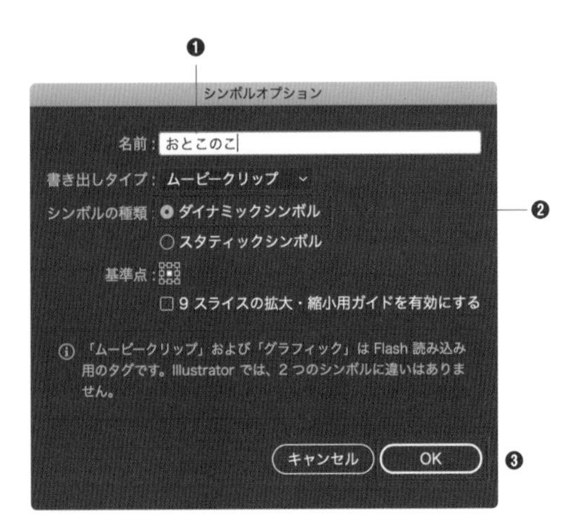

Memo

［ダイナミックシンボル］に設定すると、サムネイルの右下に［＋］マークが表示されます。

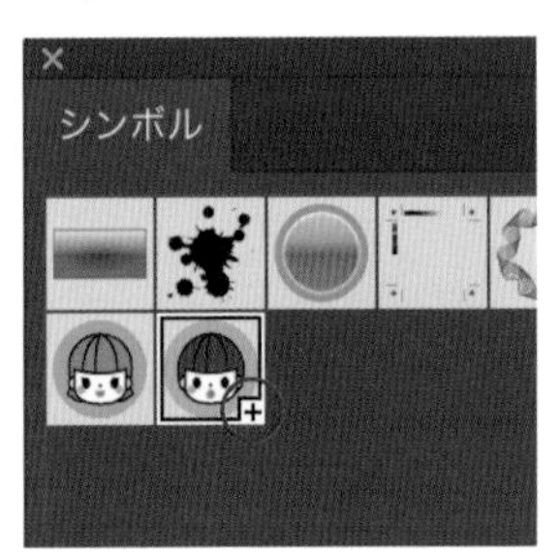

3 ドキュメントにシンボルインスタンスを複数配置します。［ダイレクト選択］ツールを選択し、配置したシンボルインスタンスのパーツを選択して個別の修正を加えます。ここでは、アイコンの髪の色を個別に修正します。

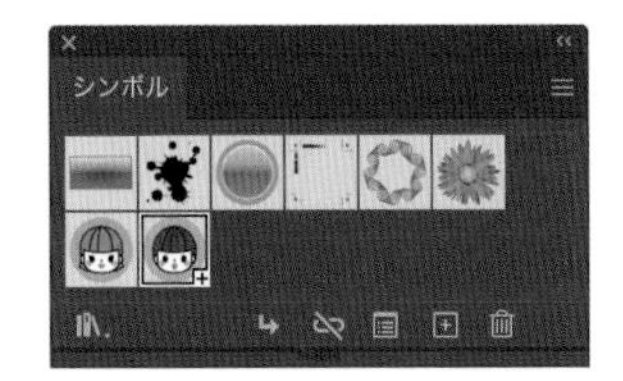

4 ［シンボル］パネルのマスターシンボルをダブルクリックします❶。画面が編集モードに切り替わるので、マスターシンボルに修正を加えます❷。ここではアイコンの片目と口の形を修正しています。

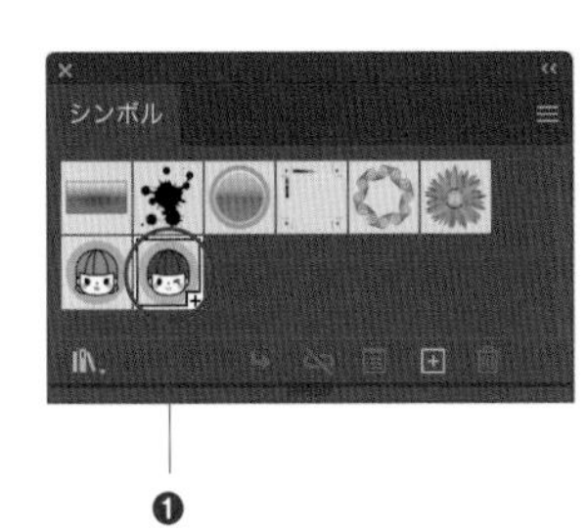

5 編集が完了したら、画面左上の矢印をクリックするか❶、ドキュメント上をダブルクリックします。各シンボルインスタンスの個別の修正を保ったまま、マスターシンボルの編集内容が反映されます。

❶ 選択なし 線： 1 pt おとこのこ

162 シンボルインスタンスをスプレーのように散布したい

使用機能 [シンボル] パネル、[シンボルスプレー] ツール

シンボルとして登録したオブジェクトは、[シンボルスプレー] ツールでスプレーのように散布することができます。この機能を使うと様々な模様を作ることができます。

1 選択ツールでシンボルとして登録したいオブジェクトを選択し❶、[ウィンドウ] メニュー→ [シンボル]をクリックします。[シンボル]パネルが表示されるので、ドラッグします❷。[シンボルオプション] ダイアログが表示されるので❸、任意の名前を入力し❹、[OK] ボタンをクリックします❺。

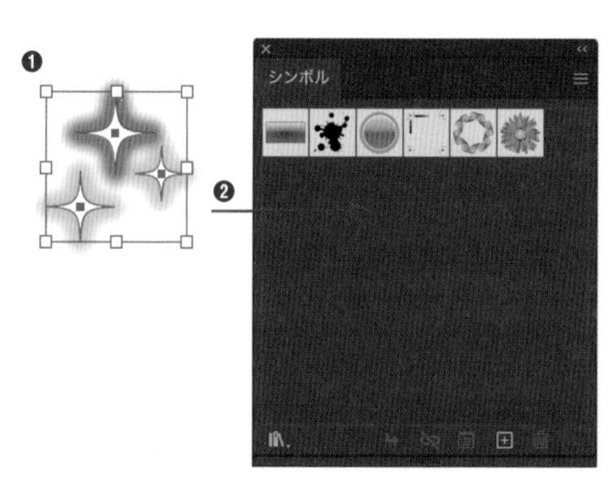

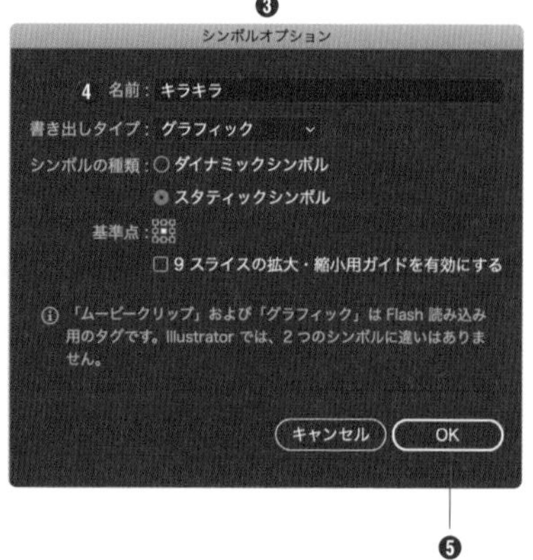

Memo シンボルの種類は、ダイナミックシンボルでもスタティックシンボルでもどちらでも構いません。

2 [シンボルスプレー] ツールをダブルクリックします。[シンボルツールオプション] ダイアログが表示されるので❶、[直径] を設定して❷、[OK] ボタンをクリックします❸。

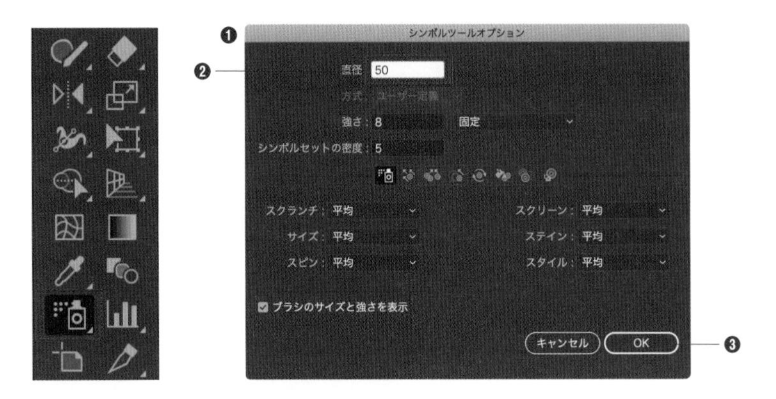

POINT

[シンボルツールオプション] ダイアログは、いつでも設定を変更することができます。まずはデフォルトの設定で操作してみて、必要に応じてあとからオプションを調整するのがいいでしょう。

3 [シンボルスプレー] ツールでドキュメント上をドラッグすると、シンボルインスタンスがマウスポインタの軌跡に沿って散布されます。

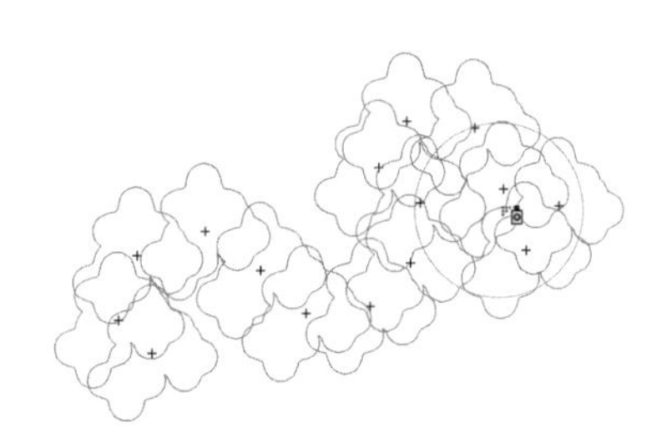

Memo

散布されたシンボルインスタンスの集まりを、「シンボルインスタンスセット」といいます。

163 散布したシンボルインスタンスを調整したい

使用機能 ［シンボルシフト］ツール、［シンボルスクランチ］ツールなど各種シンボルツール

［シンボルスプレー］ツールで散布したシンボルインスタンスは、様々なシンボルツールを利用して、配置やサイズ、回転方向などを調整することができます。

各種シンボルツールの利用

［シンボルスプレー］ツールをマウスのボタンで長押し、または option キーを押しながらクリックすると、各種シンボルツールに切り替えることができます。
以降では、次のようなシンボルインスタンスセットをベースに、各種シンボルツールを解説します。

位置

［シンボルシフト］ツールを利用すると、各シンボルインスタンスの位置を調整できます。シンボルインスタンスセット上でドラッグすると、ドラッグした方向に一定の規則で移動します。

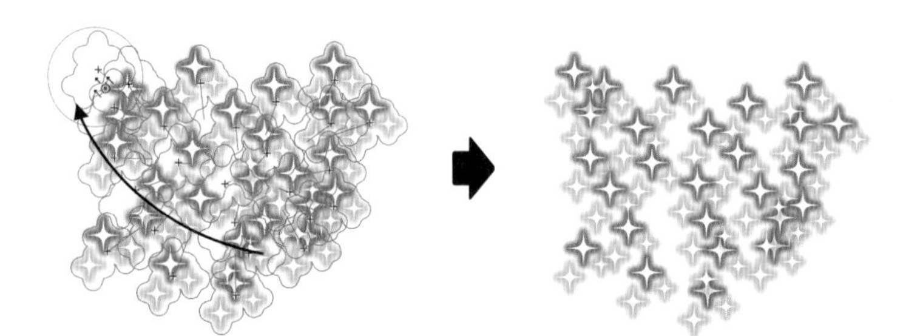

また、ひとつひとつのシンボルインスタンスの重なり順を変更することができます。shift キーを押しながらクリックしたシンボルインスタンスは、重なり順が前面に移動します。重なり順を背面に移動するには、shift ＋ option キーを押しながら該当のシンボルインスタンスをクリックします。

密度

[シンボルスクランチ] ツールを利用すると、シンボルインスタンスセットの密度を調整できます。クリックすると密度が高くなり、option キーを押しながらクリックすると密度が低くなります。

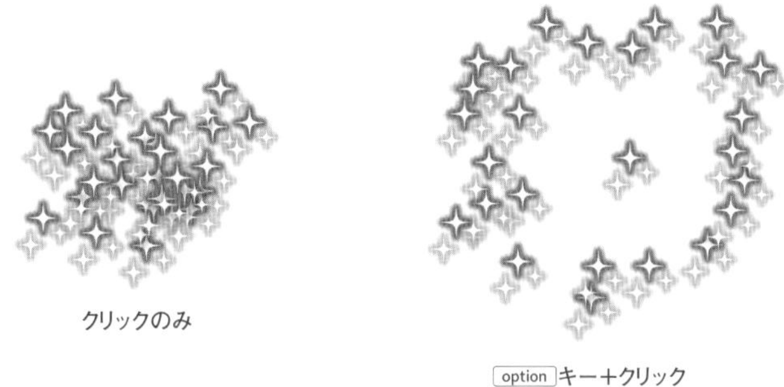

クリックのみ

option キー＋クリック

サイズ

[シンボルリサイズ] ツールを利用すると、各シンボルインスタンスのサイズが一定の規則で拡大・縮小します。クリックすると拡大し、option キーを押しながらクリックすると縮小します。

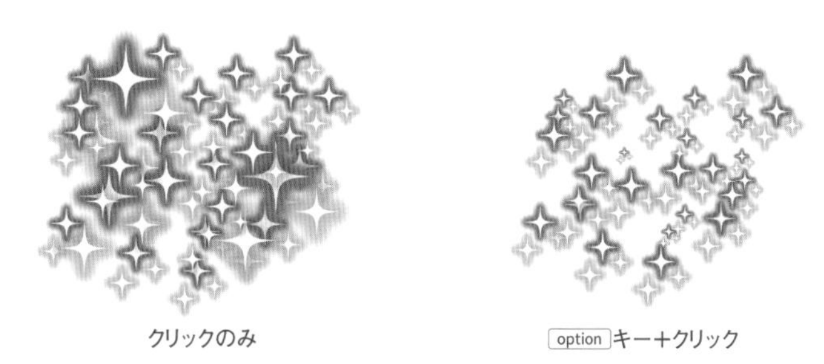

クリックのみ

option キー＋クリック

回転

[シンボルスピン] ツールを利用すると、各シンボルインスタンスが一定の規則で回転します。シンボルインスタンスセット上をドラッグすると、各シンボルインスタンスに矢印が表示され、矢印の向きにインスタンスが回転します。

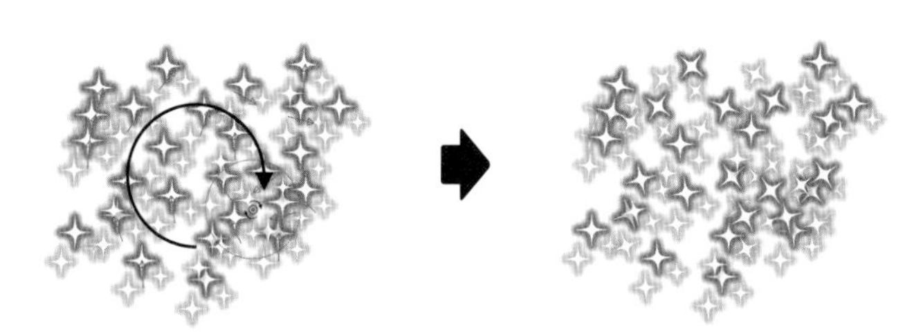

カラー

[シンボルステイン] ツールを利用すると、各シンボルインスタンスの [塗り] のカラーを調整できます。シンボルインスタンスセット上でドラッグすると、現在有効になっている [塗り] のカラーが適用されます。option キーを押しながらドラッグすると、適用する [塗り] の量が減少します。

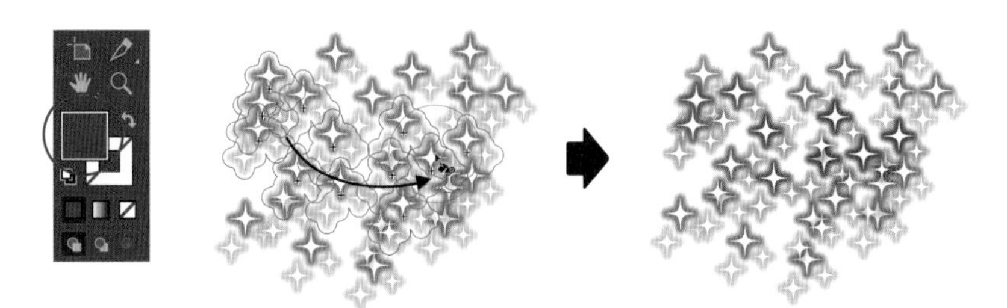

透明度

[シンボルスクリーン] ツールを利用すると、各シンボルインスタンスの透明度を調整できます。シンボルインスタンスセット上でクリックまたはドラッグすると、透明度が上がります。option キーを押しながらクリックまたはドラッグすると透明度が下がります。

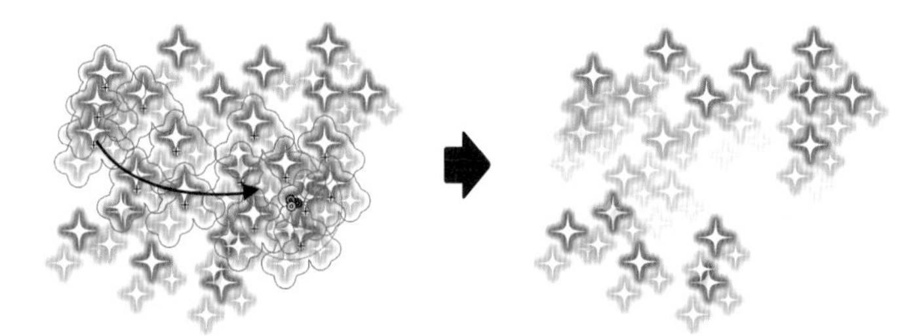

グラフィックスタイル

[シンボルスタイル] ツールを利用すると、各シンボルインスタンスにグラフィックスタイルを適用できます。[グラフィックスタイル] パネルで利用したいグラフィックを選択し、[シンボルスタイル] ツールを選択します。シンボルインスタンスセット上でクリックまたはドラッグすると、選択中のグラフィックスタイルが適用されます。

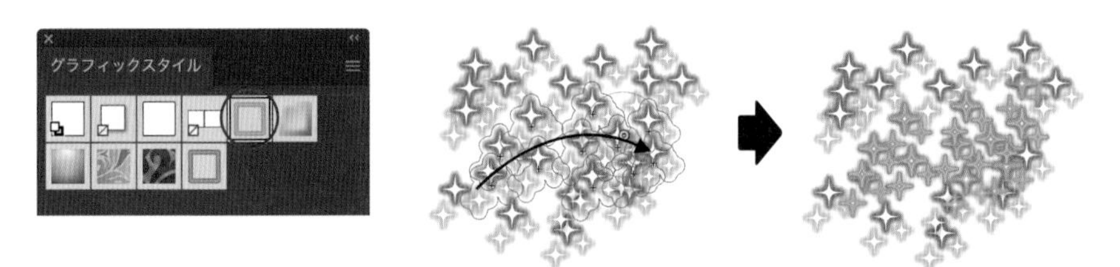

164 オリジナルのレース素材を作りたい

使用機能 リフレクト、回転

レース柄は複雑そうに見えますが、オブジェクトの回転とコピーをうまく利用すると、簡単に作成することができます。ここでは円形のレース素材を作成します。

1 ［鉛筆］ツールで適当な線を描きます。

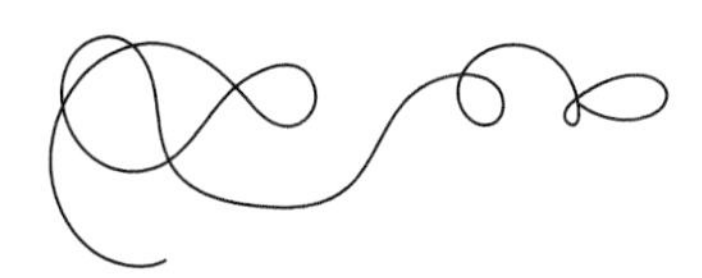

2 選択ツールで線を選択し❶、［リフレクト］ツールをダブルクリックします❷。［リフレクト］ダイアログが表示されるので、［水平］を選択し❸、［コピー］ボタンをクリックします❹。

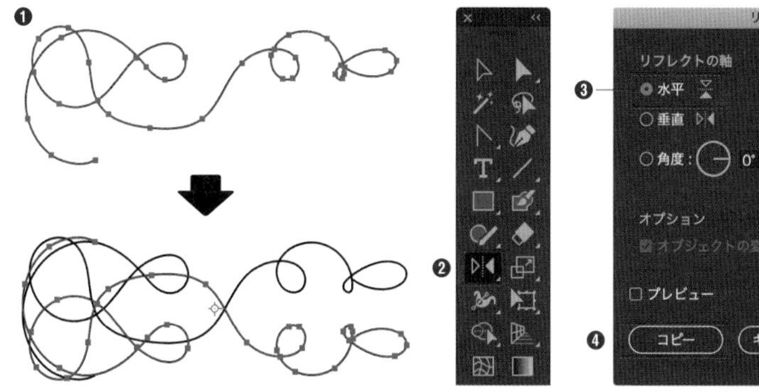

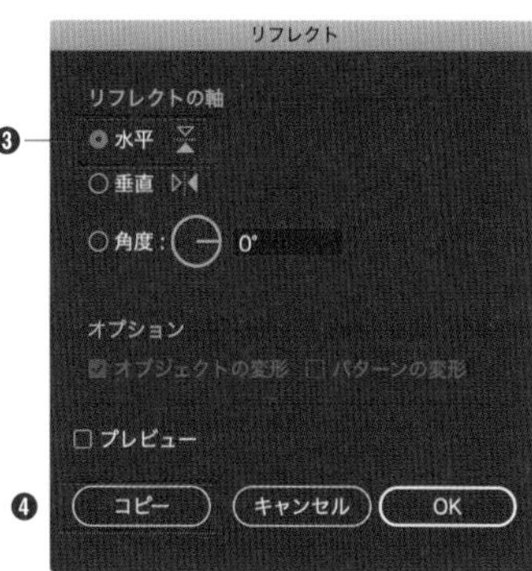

3 複製した線と元の線を選択し❶、[リフレクト]ツールをダブルクリックします。[リフレクト]ダイアログが表示されるので[垂直]を選択し❷、[コピー]ボタンをクリックします❸。

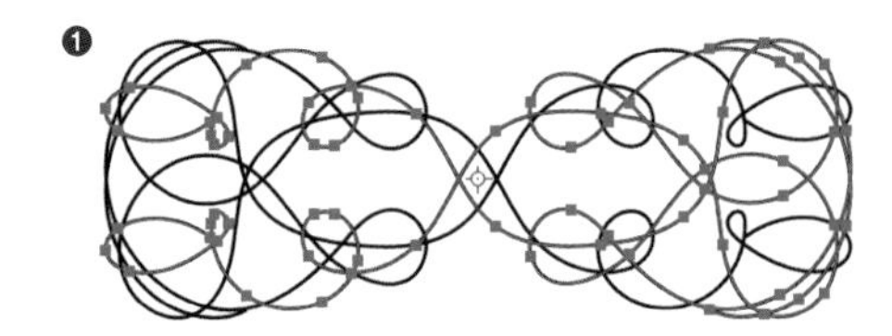

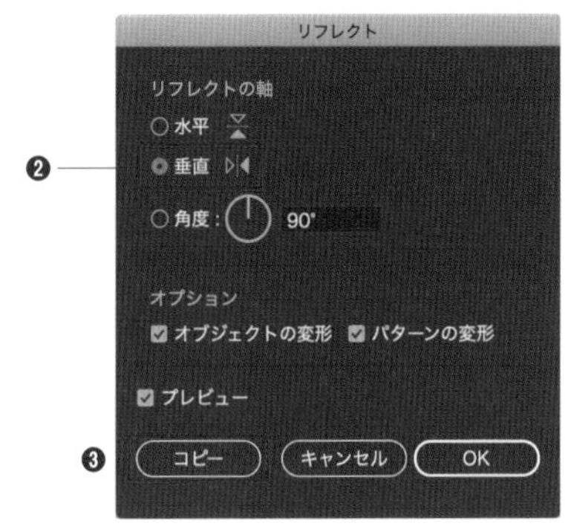

4 すべての線を選択し❶、[回転]ツールをダブルクリックします❷。[回転]ダイアログが表示されるので、「角度」に任意の角度を入力し❸、[コピー]ボタンをクリックします❹。ここでは「30」に設定しています。

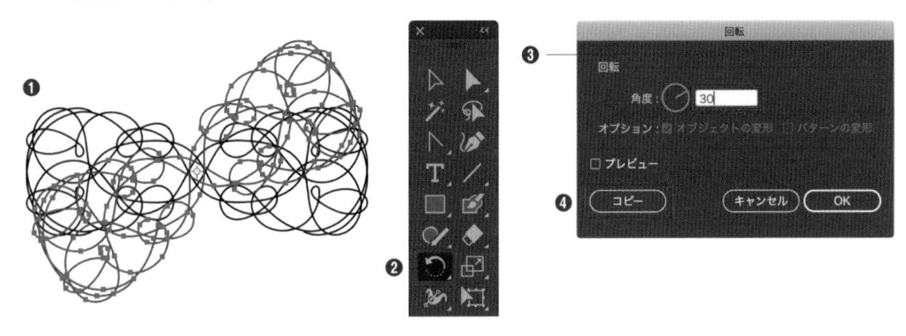

5 [オブジェクト]メニュー→[変形]→[変形の繰り返し]をクリックします。1周するまで回転のコピーを繰り返します。

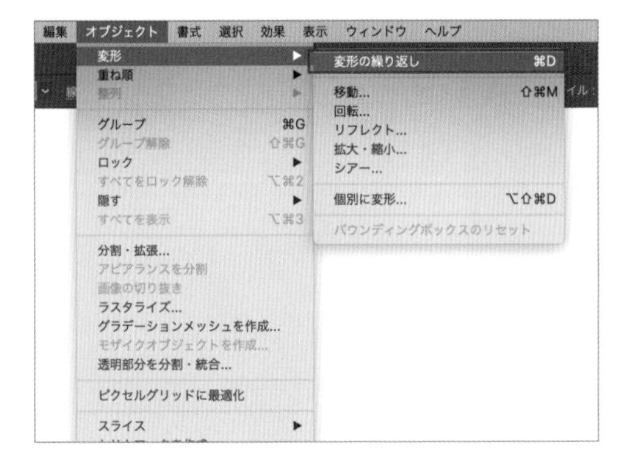

165 缶バッジ風のアイコン素材を作りたい

使用機能 ぼかし、光彩、パスファインダー

アートワークの上に乗算で重ねるだけで、缶バッジ風に見える素材を作成します。実際の缶バッジが光を反射しているイメージを再現するように作成します。コツをつかむと、様々な形状の缶バッジ風素材が作れます。

素材

適用後

1 [楕円形] ツールで正円を作成します。ここでは、以下のように設定しています。

幅と高さ …… 30mm
塗りのカラー …… C:0 M:0 Y:0 K:50

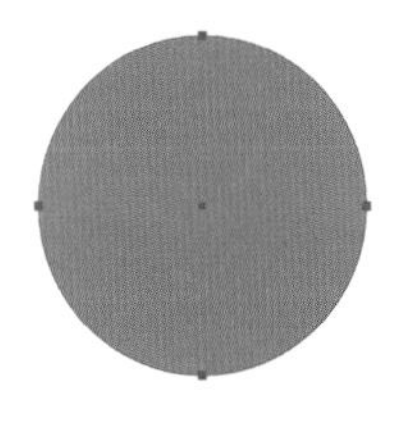

2 選択ツールで円を選択し、[オブジェクト] メニュー→ [パス] → [パスのオフセット] をクリックします。

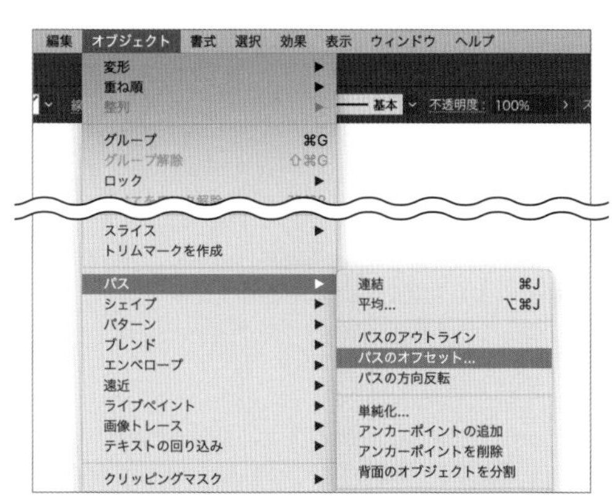

3 [パスのオフセット] ダイアログが表示されるので、[オフセット] を設定し❷、[OK] ボタンをクリックします❸。ここでは「−1.5mm」に設定しています。小さな円が複製されるので、[塗り] のカラーを白に設定します❹。

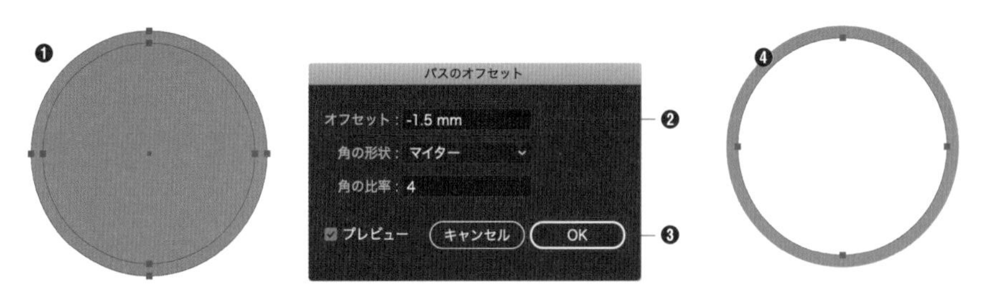

4 3の手順で作成した円をコピーして、前面にペーストします ▸▸048。複製した円の [塗り] はベースの円と同じ色に設定します❶。バウンディングボックスをドラッグして❷、図のように円を3で作成した円より幅がやや大きめの楕円に変形し ▸▸032、回転させます❸。

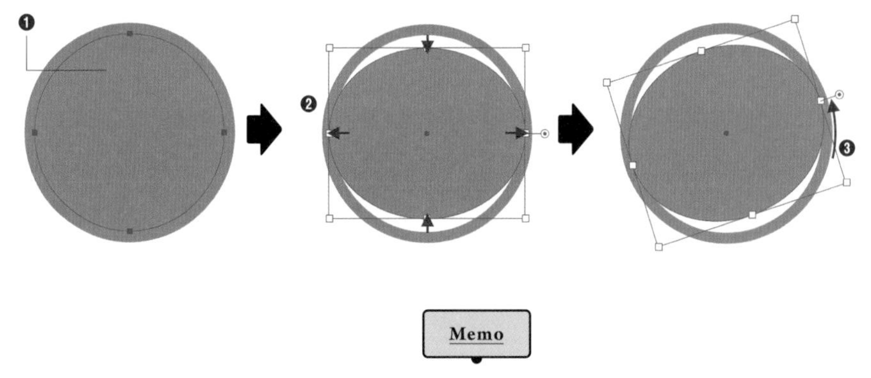

Memo

缶バッジのフチに光が反射している様子をイメージします。

Memo

ここまでで作成した円の重なりは、右の[レイヤー]パネルの通りです。

1番目 …… 4の手順で作成した楕円
2番目 …… 3の手順で作成した [塗り] が白の円
3番目 …… 1の手順で作成したベースの円

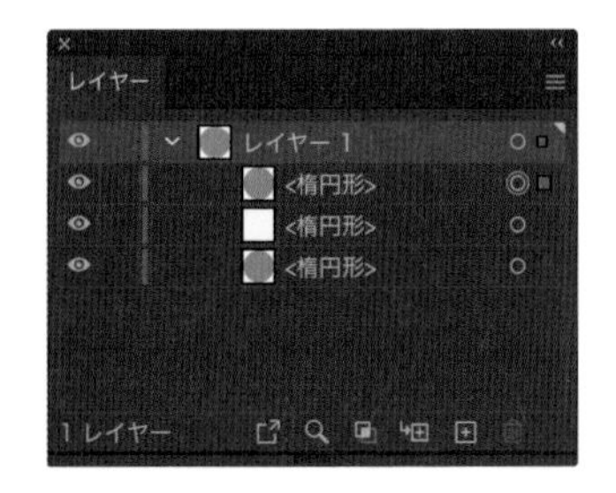

5 3と4の手順で作成した円を選択し❶、[ウィンドウ] メニュー→ [パスファインダー] をクリックします。[パスファインダー] パネルが表示されるので、[前面オブジェクトで型抜き] ボタンをクリックします❷。

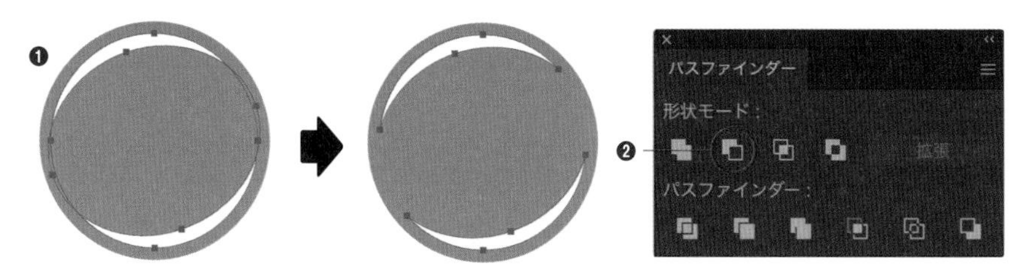

6 型抜きされたオブジェクトを選択し❶、[ウィンドウ] メニュー→ [アピアランス] をクリックします。[アピアランス] パネルが表示されるので [新規効果を追加] ボタンをクリックして、[スタイライズ] → [ぼかし] を選択します。[ぼかし] ダイアログが表示されるので [半径] を設定し❷、[OK] ボタンをクリックします❸。ここでは、[0.8mm] に設定しています。

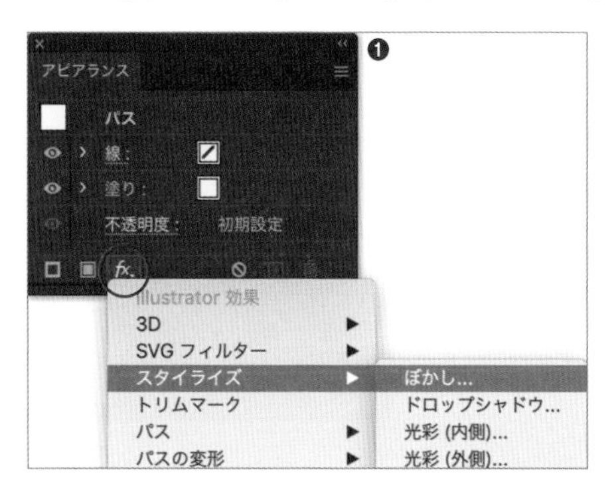

7 ベースの円を選択し❶、[アピアランス] パネルの [新規効果を追加] ボタンをクリックして、[スタイライズ] → [光彩 (内側)] を選択します❷。

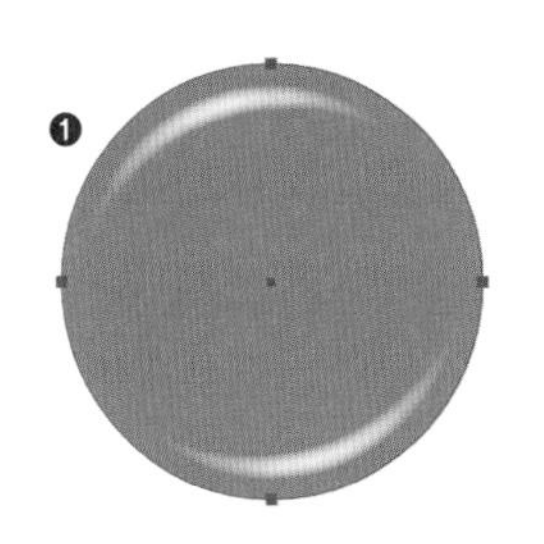

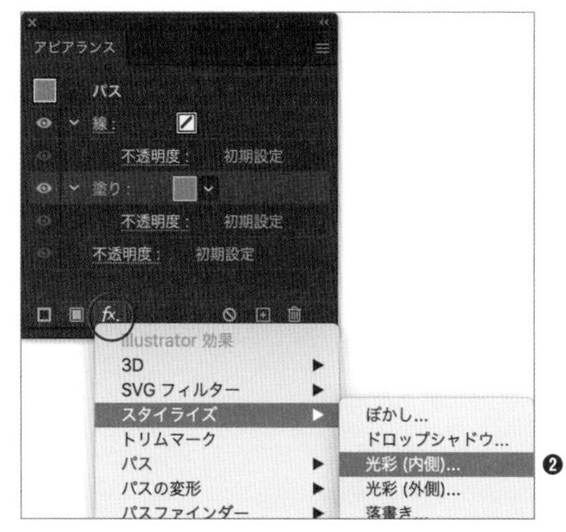

8 ［光彩（内側）］ダイアログが表示されるので各項目を設定し❶、［OK］ボタンをクリックします❷。ここでは、以下のように設定しています。

- **描画モード** …… 乗算
- **カラー** …… K:40
- **不透明度** …… 80％
- **ぼかし** …… 1.5mm、境界線

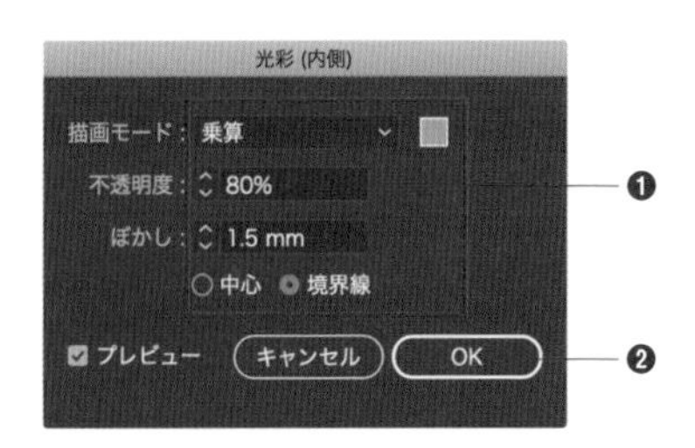

9 缶バッジ風に加工したいオブジェクトや画像の前面に、これまでの手順で作成した素材を配置します。［アピアランス］パネルでベースの円の［塗り］を白に変更し❶、［不透明度］を「乗算」に設定します❷。

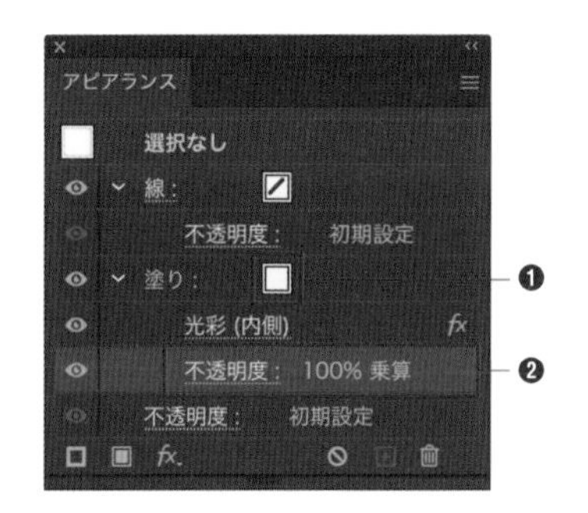

POINT

缶バッジ風に加工したいオブジェクトや画像は、あらかじめ素材と同じサイズの円でマスクをかけておきます。

Memo

同様の工程で、角丸長方形の缶バッジ風アイコンを作ることもできます。

166 オリジナルの吹き出しを作りたい

使用機能 パスファインダー、エンベロープ、線幅プロファイル、パンク・膨張

オリジナルの吹き出しを作成する方法を紹介します。単純な作図にひと手間加えると、様々な印象の吹き出しを作ることができます。

スタンダードな吹き出し

1 ［楕円形］ツールで楕円を作成します❶。［ペン］ツールで楕円に重なるように吹き出しの尻尾を描きます❷。

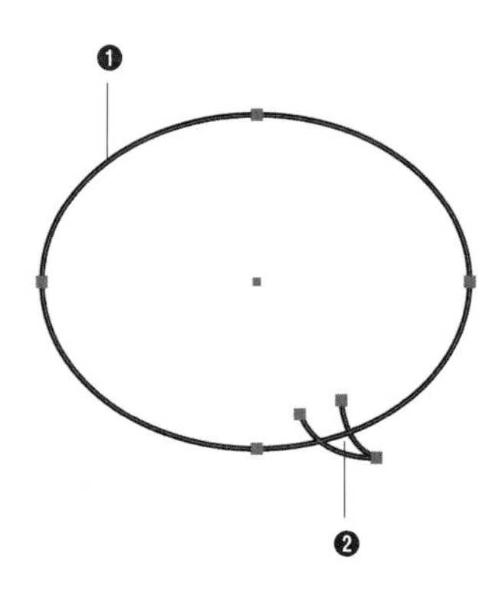

2 ［ウィンドウ］メニュー→［アピアランス］をクリックします。［アピアランス］パネルが表示されるので、［新規効果を追加］ボタンをクリックして、［ワープ］→［でこぼこ］を選択します。

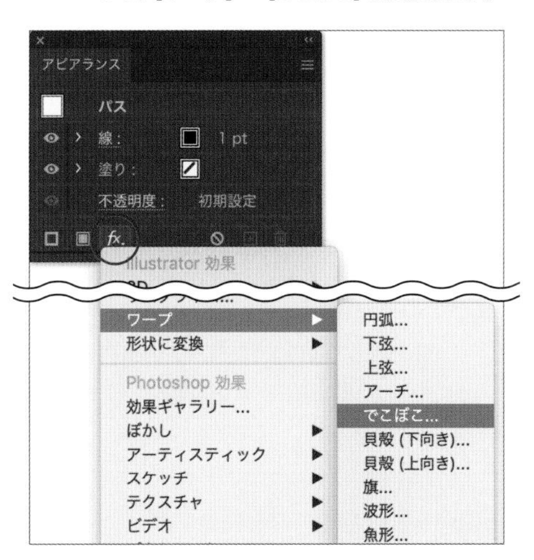

3 ［ワープオプション］ダイアログでが表示されるので❶、［垂直方向］にチェックを入れ❷、［カーブ］をマイナス方向に調整します❸。

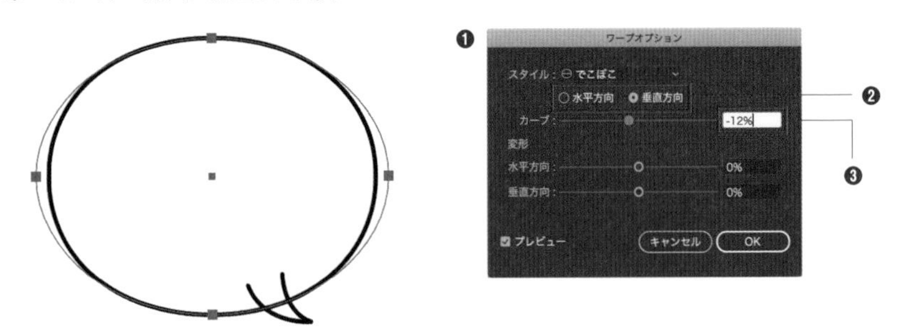

4 楕円と尻尾を選択し❶、［ウィンドウ］メニュー→［パスファインダー］をクリックします。［パスファインダー］パネルが表示されるので、option キーを押しながら［合体］ボタンをクリックします❷。

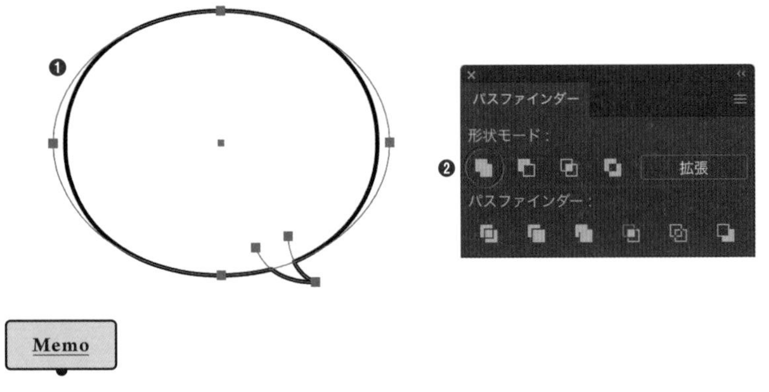

Memo

ここで作成した吹き出しは、編集可能な複合シェイプになります。

雲形の吹き出し

1 ［楕円形］ツールでベースとなる楕円を作成します❶。続けて小さな楕円を複数作成し、図のようにベースの楕円に沿って、雲形になるように配置していきます❷。

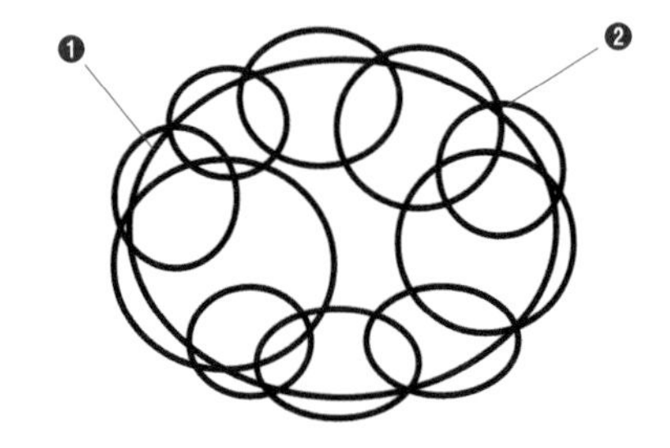

2 すべてのオブジェクトを選択し、[パスファインダー] パネルの [合体] ボタンをクリックします。

3 [ダイレクト選択] ツールを選択し、オブジェクトを形成するアーチの先端にあるひとつひとつのアンカーポイントを、shift キーを押しながらクリックします❶。コントロールパネル ▸▸004 の [選択したアンカーポイントでパスをカット] ボタンをクリックします❷。これでオブジェクトが1本1本のアーチに分割されます。

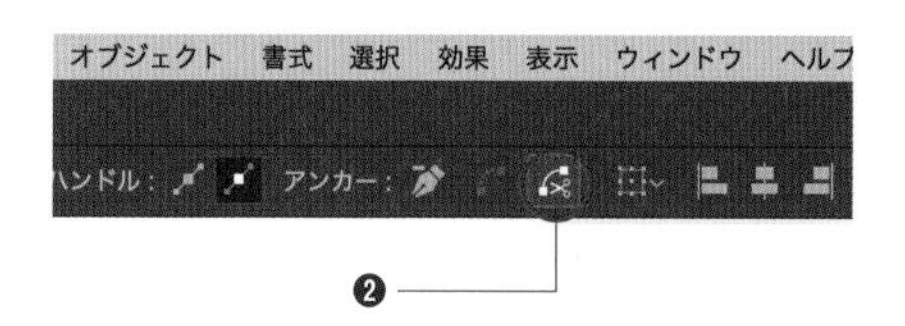

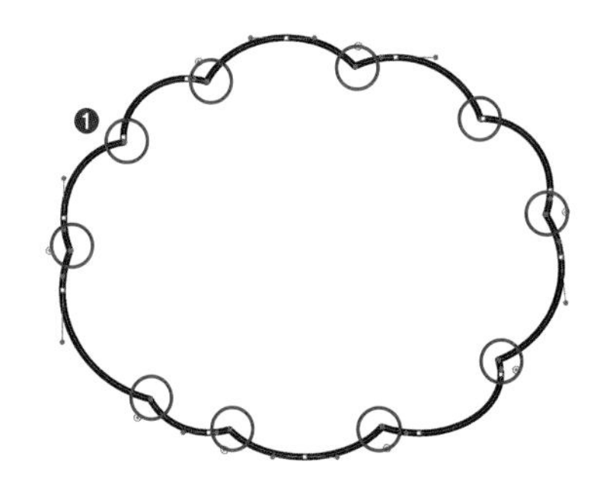

4 すべてのオブジェクトを選択し、[ウィンドウ] メニュー→ [線] をクリックします。[線] パネルが表示されるので、[プロファイル] から [線幅プロファイル1] を適用します❶。各アーチの位置、大きさ、角度をイメージ通りになるように調整します❷。

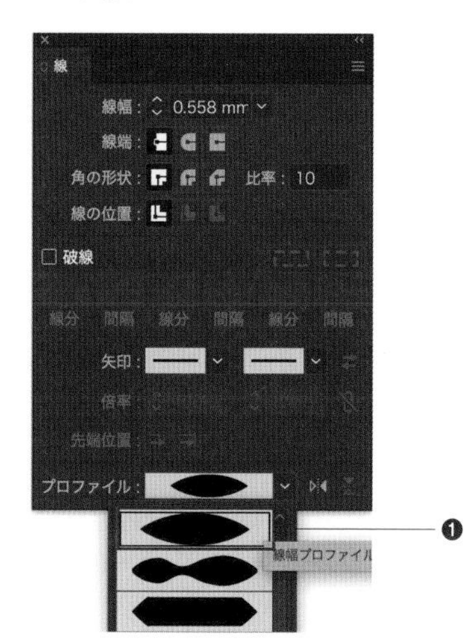

5 [ペン] ツールを選択し、尻尾を描いて吹き出しにつけます。

パンク調の吹き出し

1 [ペン]ツールで不規則な多角形を作成します。多角形を選択し❶、[アピアランス] パネルの [新規効果を追加] ボタンをクリックして、[パスの変形] → [パンク・膨張] を選択します❷。

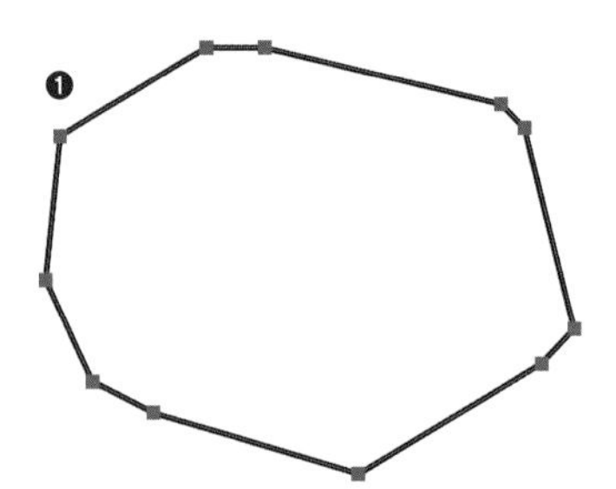

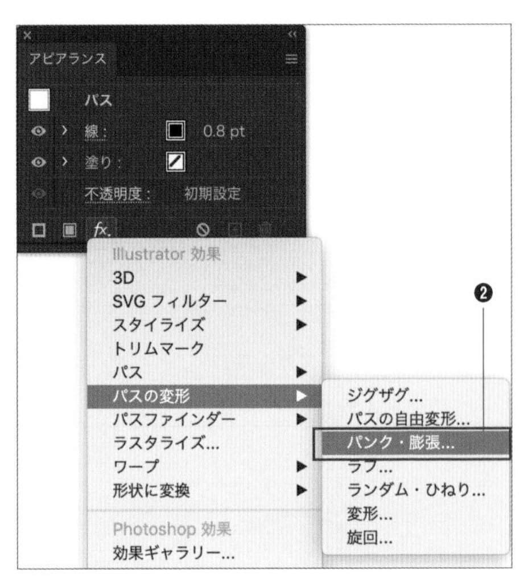

2 [パンク・膨張] ダイアログが表示されるので、[プレビュー] にチェックを入れ❶、[収縮] 方向にスライダーをドラッグします❷。イメージ通りになったら、[OK] ボタンをクリックします❸。

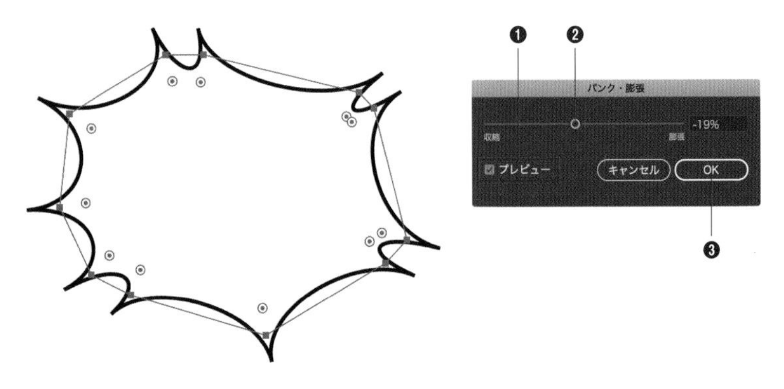

167 集中線を描きたい ❶太い集中線

使用機能 ［楕円形］ツール、線

チラシやバナーなどの背景によく用いられる太い集中線は、破線 ▸▸087 を応用すると簡単に作ることができます。

1 ［楕円形］ツールで正円を作成します。ここでは［幅］と［高さ］を「30mm」に設定しています。

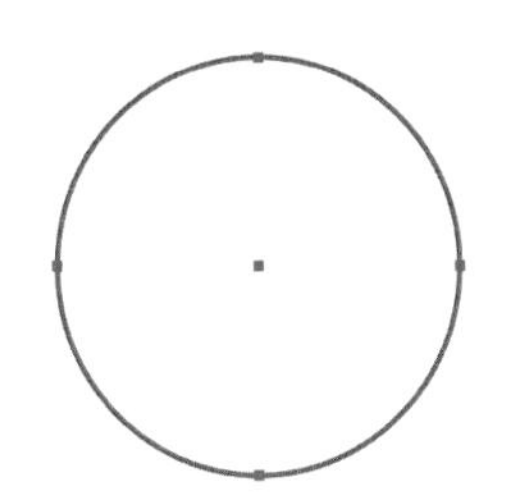

2 ［ウィンドウ］メニュー→［線］をクリックします。［線］パネルが表示されるので［線幅］を円の直径と同じ値に設定し（ここでは30mm）❶、［破線］にチェックを入れ❷、［線分］と［間隔］に任意の値を入力します❸。ここでは、以下のように設定しています。

- **線分** …… 3mm
- **間隔** …… 2.4mm

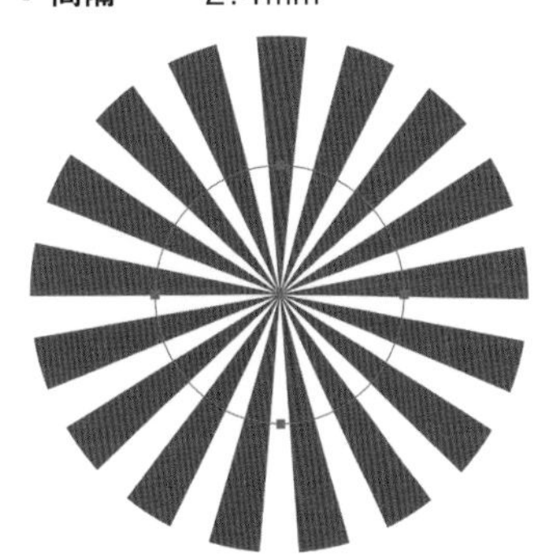

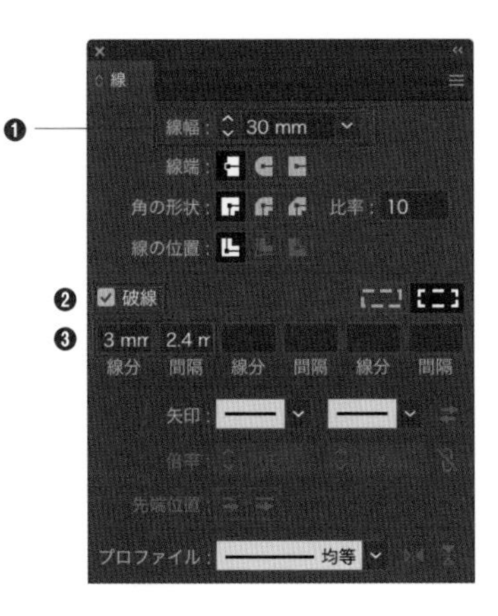

3 ［オブジェクト］メニュー→［パス］→［パスのアウトライン］をクリックします。すると線が塗りのオブジェクトに変換されます ▸▸071。

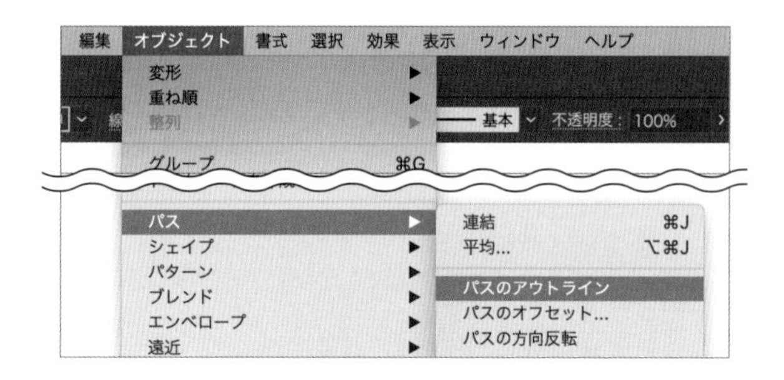

Memo

集中線の背面に塗りのオブジェクトを作成し、クリッピングマスク ▸▸075 で必要な部分だけ切り抜くと、冒頭の作例のようなバナーを作成することができます。

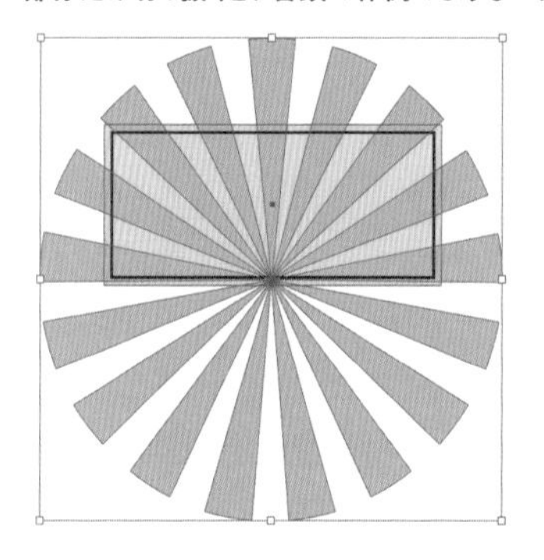

168 集中線を描きたい ❷漫画のような集中線

使用機能 パターンブラシ、線

漫画の表現でよく見られる先端の細くなった集中線は、パターンブラシで簡単に作ることができます。

1 [ペン]ツールで長さと間隔がランダムで平行な黒の線を作成します❶。右端の線だけカラーを「なし」に設定します❷。

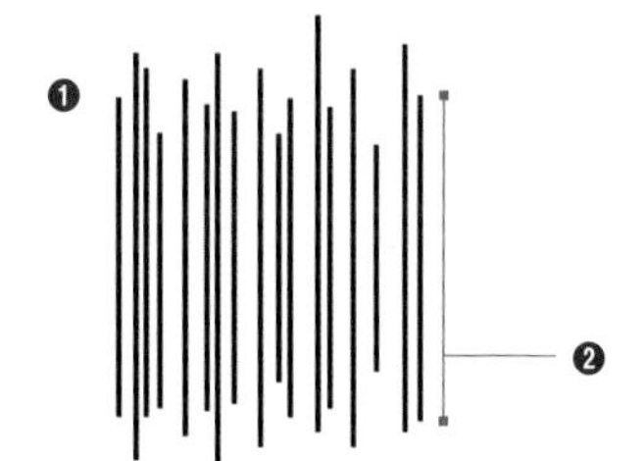

Memo

[ペン]ツールで shift キーを押しながらドラッグすると、垂直な線を描画できます。

POINT

線の本数に指定はありませんが、少ないと単調な集中線になります。作例のように15～20本ほど作成すると仕上がりのバランスがよくなります。なお、右端の線だけカラーをなしに設定するのは、このあとの工程でブラシをクローズパスに適用する際、ブラシの始点と終点が不自然に交わらないようにするためです。

2 カラーを「なし」にした線以外をすべて選択して❶、[ウィンドウ]メニュー→[線]をクリックします。[線]パネルが表示されるので、[プロファイル]から[線幅プロファイル1]を適用します❷。

[線幅プロファイル1]は、線の端が細くなっているので漫画風の集中線の作成に適しています。

3 [ウィンドウ]メニュー→[ブラシ]をクリックし、[ブラシ]パネルを表示します。選択ツールで作成したオブジェクトを選択し、[ブラシ]パネルにドラッグします。[新規ブラシ]ダイアログが表示されるので、[パターンブラシ]を選択し❶、[OK]ボタンをクリックします❷。

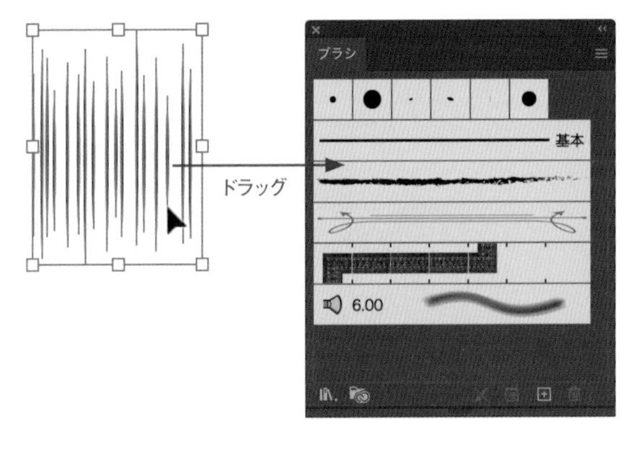

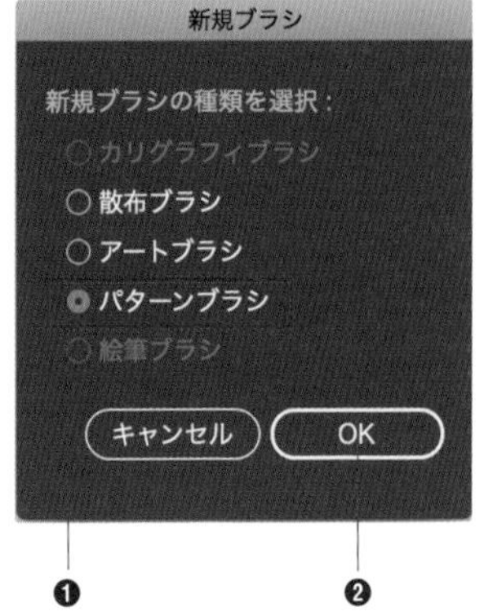

4 ［パターンブラシオプション］ダイアログが表示されるので❶、任意の名前をつけて❷、他の項目はデフォルトのまま［OK］ボタンをクリックします❸。

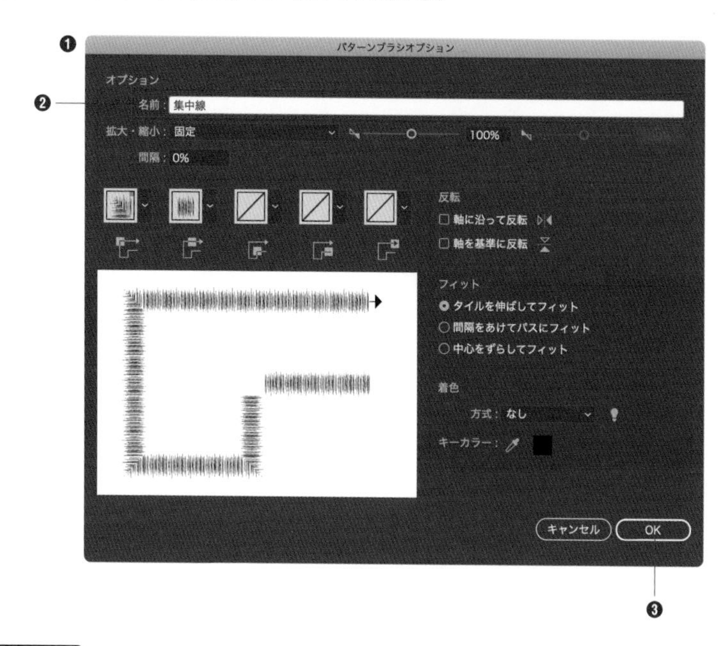

Memo ［線］のカラー設定をブラシに適用したい場合は、［着色］の［方式］を［彩色］に設定します。

5 ［楕円形］ツールで円を作成します。4 の手順で作成したブラシストロークをクリックして❶、ブラシを適用します❷。

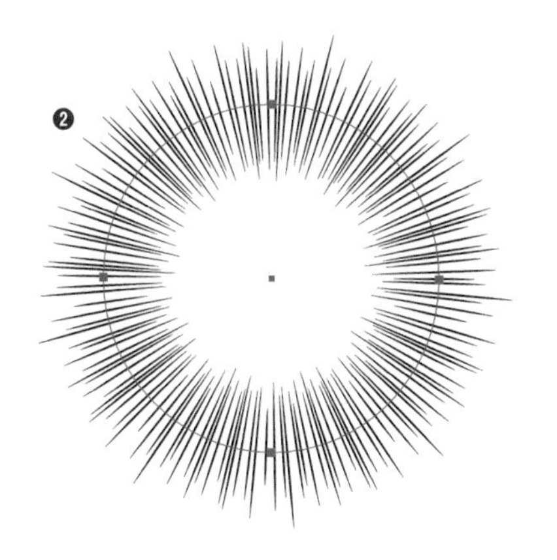

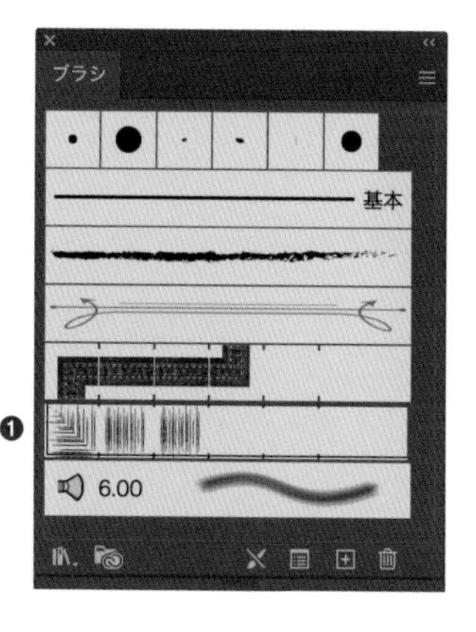

169 オリジナルのラベルを作りたい

使用機能 ［アピアランス］パネル

ベースとなるオブジェクトに［アピアランス］パネルで線や塗り、効果を追加すると、アイディア次第で様々な種類のラベルを作ることができます。

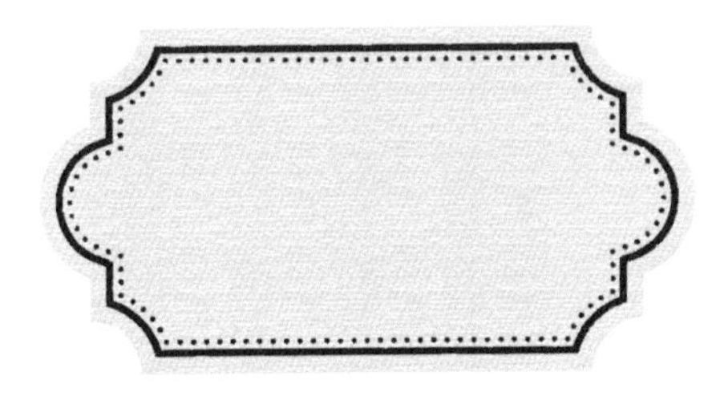

四角いラベル

1 ［長方形］ツールを選択して長方形を作成します。ここでは、右のように設定しています。

- **横** …… 50mm
- **縦** …… 30mm
- **塗りのカラー** …… C:3 M:3 Y:7 K:7

2 長方形の角に表示されているコーナーウィジェット ▸▸042 を内側にドラッグして❶、角を丸くします❷。option キーを押しながらコーナーウィジェットをクリックすると、角の形状が変形します❸。

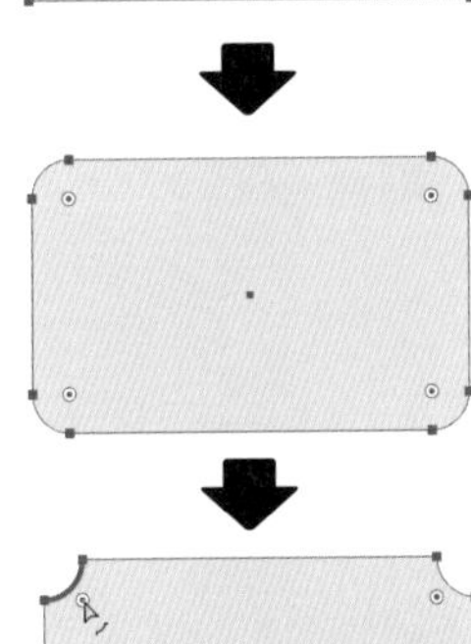

2 ［楕円形］ツールで shift キーを押しながらドラッグして正円を作成します❶。ひとつ複製して図のように長方形の左右に配置します❷。選択ツールでオブジェクトをすべて選択して、［ウィンドウ］メニュー→［パスファインダー］をクリックします。［パスファインダー］パネルが表示されるので、［合体］ボタンをクリックします❸。

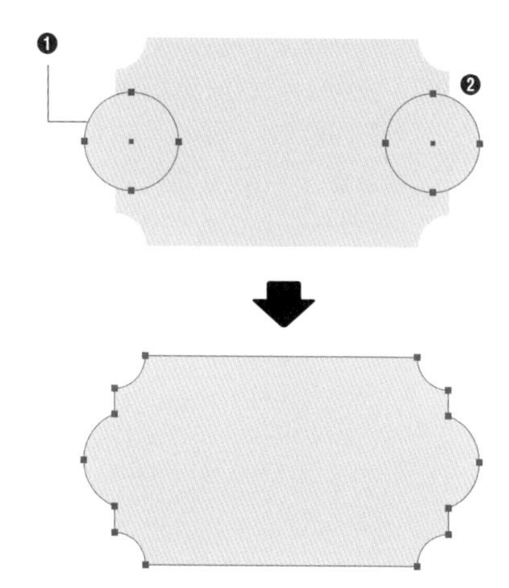

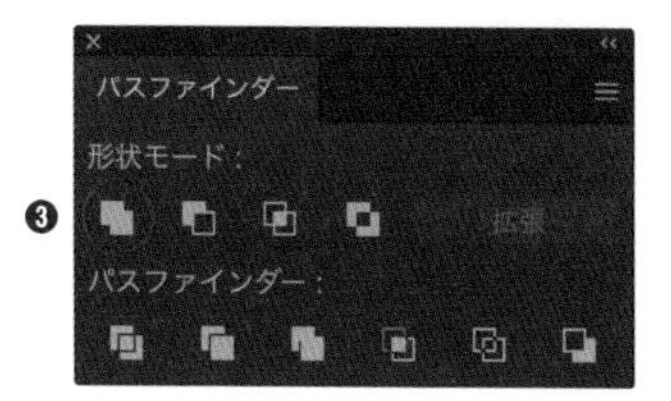

3 ［ウィンドウ］メニュー→［アピアランス］をクリックします。［アピアランス］パネルが表示されるので、［線］の［線幅］、［カラー］、［不透明度］を右のように設定します。［線］を選択したまま、［新規効果を追加］ボタン→［パス］→［パスのオフセット］をクリックします。

Ⓐ**線幅** …… 0.7mm
Ⓑ**カラー** …… C:100 M:77 Y:27 K:0
Ⓒ**不透明度** …… 100%、乗算

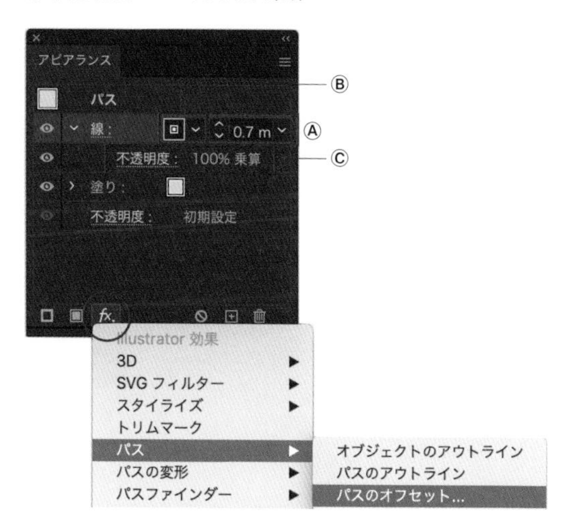

4 ［パスのオフセット］ダイアログが表示されるので、［オフセット］、［角の形状］を設定します。ここでは、下記のように設定します。

- **オフセット** …… −1.8mm
- **角の形状** …… マイター

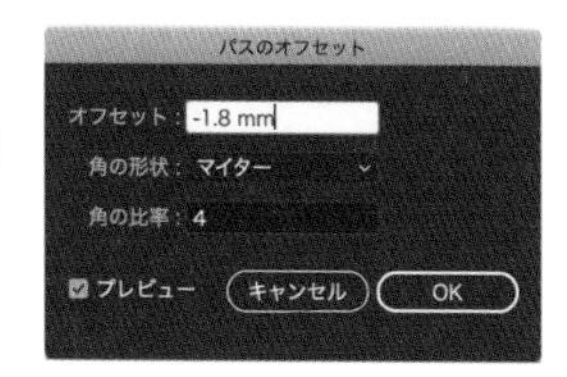

5 [アピアランス] パネルの [新規線を追加] ボタンをクリックして、オブジェクトに [線] を追加します。ここでは、下記のように設定します。

Ⓐ**線幅** …… 0.5mm
Ⓑ**カラー** …… C:100 M:77 Y:27 K:0
Ⓒ**不透明度** …… 100%、乗算

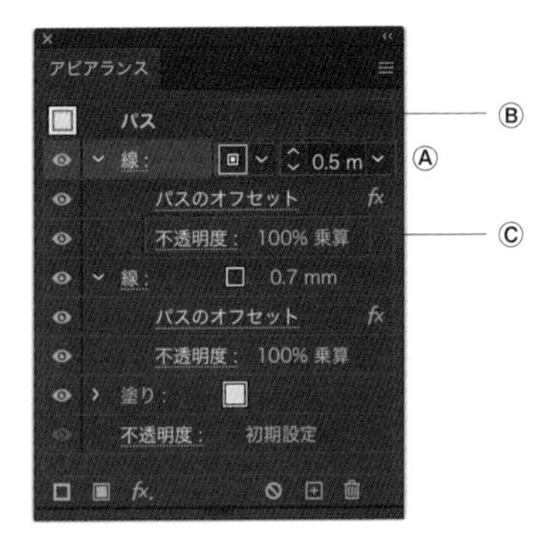

6 5の手順で追加した [線] をクリックして [線端]、[破線] を下記のように設定します。この [線] を選択したまま、[新規効果を追加] ボタン→ [パス] → [パスのオフセット] をクリックします。

Ⓐ**線端** …… 丸形
Ⓑ**破線** …… [線分] 0mm、[間隔] 1.2mm

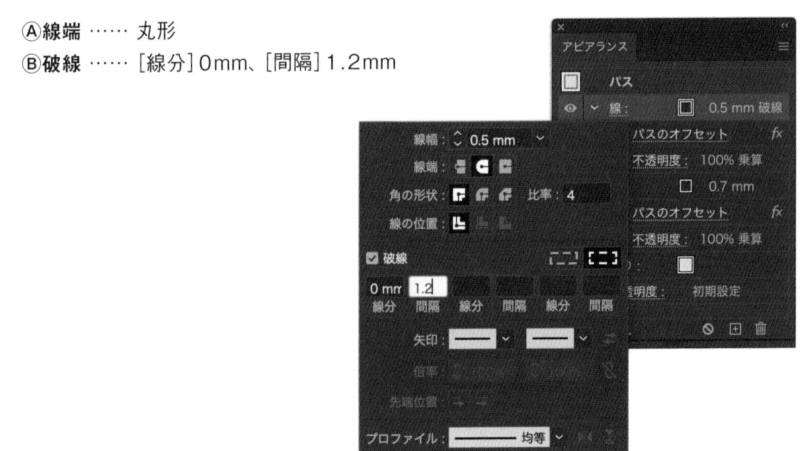

7 [パスのオフセット] ダイアログが表示されるので、[オフセット]、[角の形状] を設定します。ここでは、下記のように設定します。

- **オフセット** …… −2.8mm
- **角の形状** …… マイター

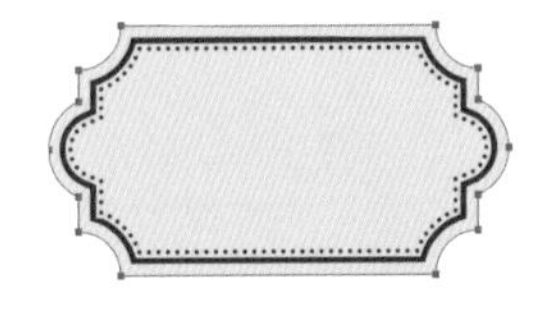

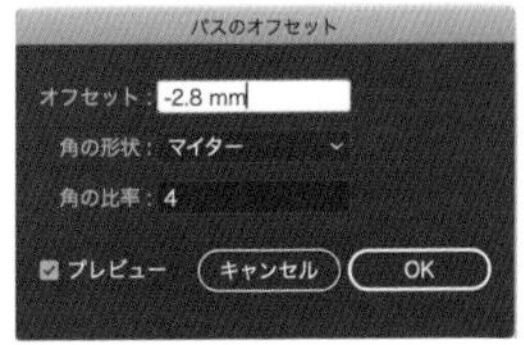

8 4の手順で設定した［線］を選択し、［アピアランス］パネルの［新規効果を追加］ボタンをクリックして、［Photoshop効果］→［ブラシストローク］→［はね］を選択します。表示される［はね］ダイアログで各項目を設定し❶、［OK］ボタンをクリックします❷。ここでは下記のように設定します。5の手順で追加した［線］にも同じ［はね］の効果を適用します。

- **スプレー半径** …… 4
- **滑らかさ** …… 15

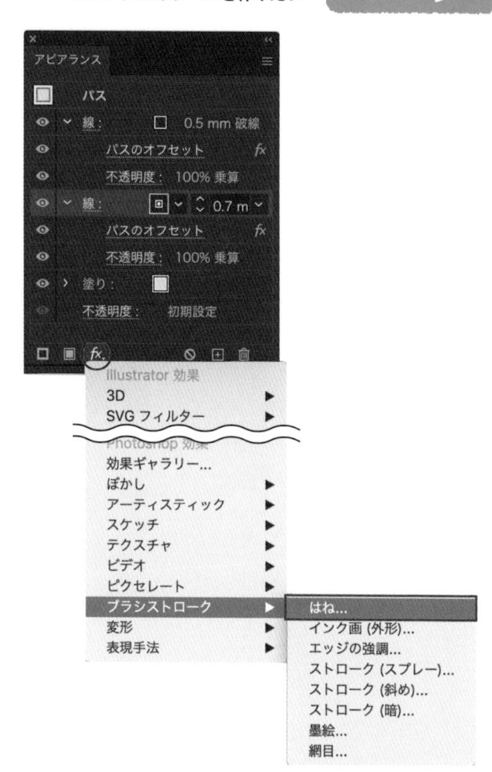

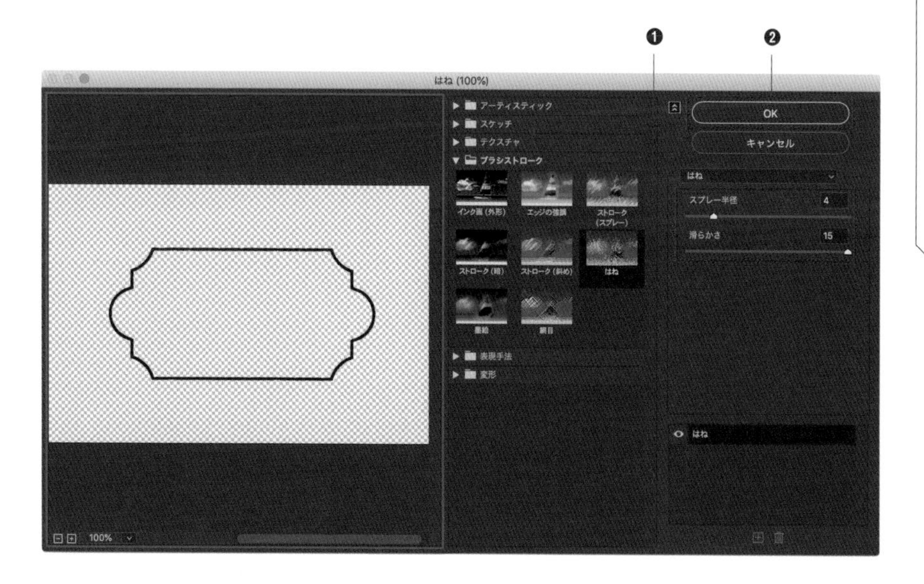

9 ［塗り］を選択し、［アピアランス］パネルの［新規効果を追加］ボタンをクリックして、［Photoshop効果］→［アーティスティック］→［粗いパステル画］をクリックします。［粗いパステル画］ダイアログが表示されるので、各項目を設定し、［OK］ボタンをクリックします。ここでは下記のように設定します。

- **ストロークの長さ** …… 10
- **ストロークの正確さ** …… 3
- **テクスチャ** …… カンバス
- **拡大・縮小** …… 89%
- **レリーフ** …… 16
- **照射方向** …… 下へ

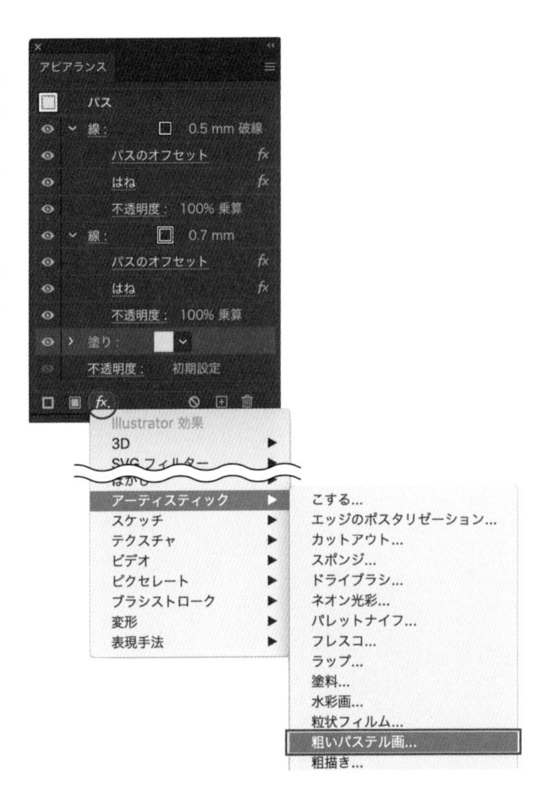

ジグザグ形のラベル

1 [楕円形] ツールで正円を作成します❶。ここでは [幅] と [高さ] を「25mm」に設定しています。[ウィンドウ] メニュー→ [アピアランス] をクリックします。[アピアランス] パネルが表示されるので、[線] のカラーを「なし」にし❷、[塗り] を任意のグラデーション ▸▸059 に設定します❸。

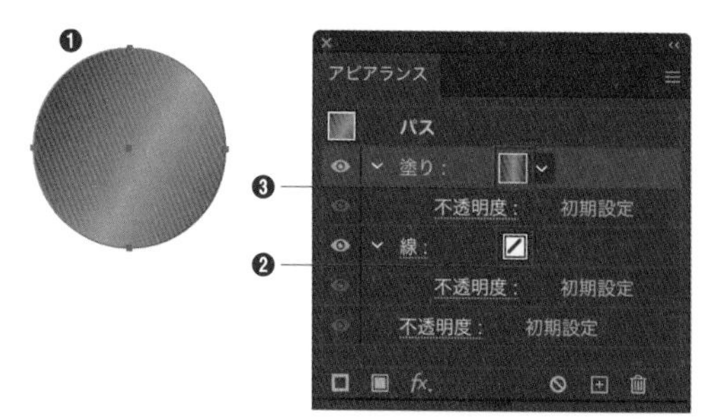

2 [アピアランス] パネルの [新規塗りを追加] ボタンをクリックして、オブジェクトに [塗り] を追加します。ここでは、以下のように設定します。

- **カラー** …… 白
- **不透明度** …… 50%

3 2の手順で追加した [塗り] を選択した状態で、[アピアランス] パネルの [新規効果を追加] ボタン→ [パスの変形] → [変形] をクリックします❶。[変形効果] ダイアログが表示されるので、[拡大・縮小] の水平方向と垂直方向ともに「72%」と入力し❷、[OK] ボタンをクリックします❸。

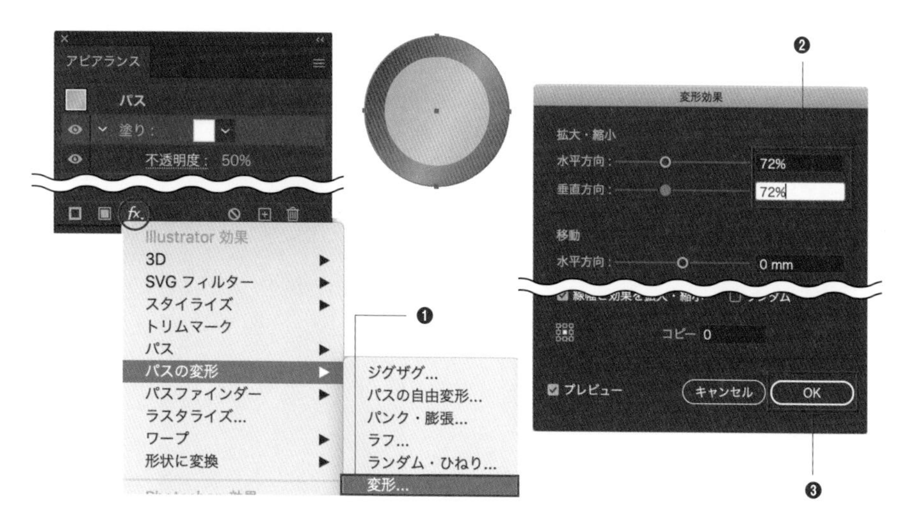

4 [アピアランス] パネル下部の空いたスペースをクリックして、どのアピアランスも選択されていない状態にします❶。[アピアランス] パネルの [新規効果を追加] ボタンをクリックして [パスの変形] → [ジグザグ] を選択します❷。

5 [ジグザグ] ダイアログが表示されるので、各項目を設定します。ここでは、以下のように設定します。

Ⓐ**大きさ** …… 1.4mm、入力値
Ⓑ**折り返し** …… 5
Ⓒ**ポイント** …… 直線的に

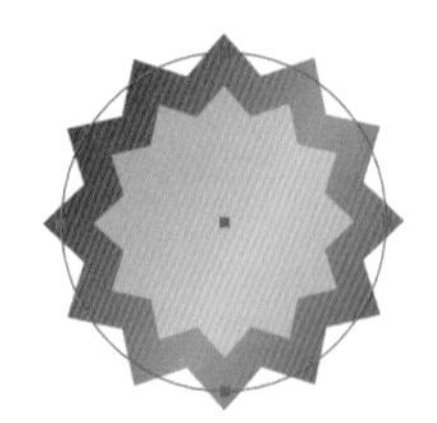

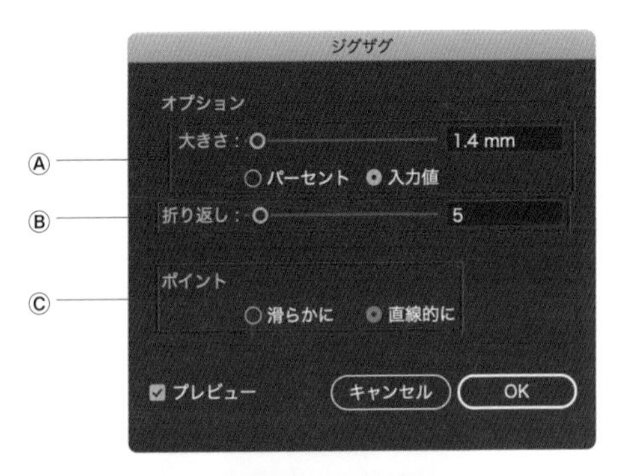

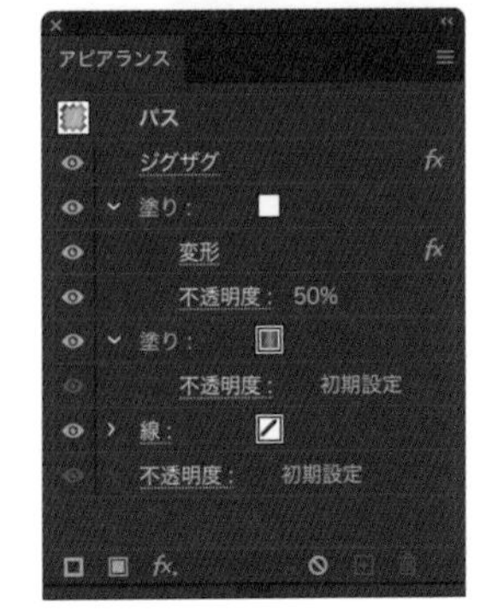

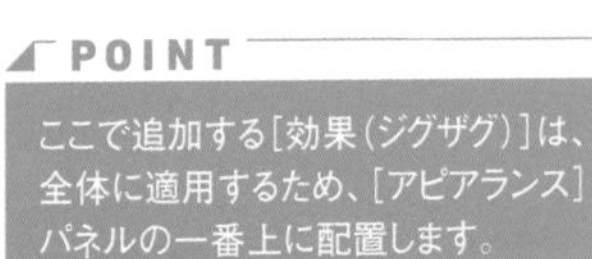
POINT

ここで追加する[効果(ジグザグ)]は、全体に適用するため、[アピアランス] パネルの一番上に配置します。

170 メダル風ラベルを作りたい

使用機能 グラデーション、[アピアランス] パネル

グラデーションに光彩の効果を加えると、メダルのような印象を表現することができます。

1 [楕円形] ツールで [幅] と [高さ] が「40mm」の正円を作成します。[ウィンドウ] メニュー→ [スウォッチライブラリ] → [グラデーション] → [メタル] をクリックします。[メタル] パネルが表示されるので、[ゴールド] をクリックして [塗り] のカラーに適用します。

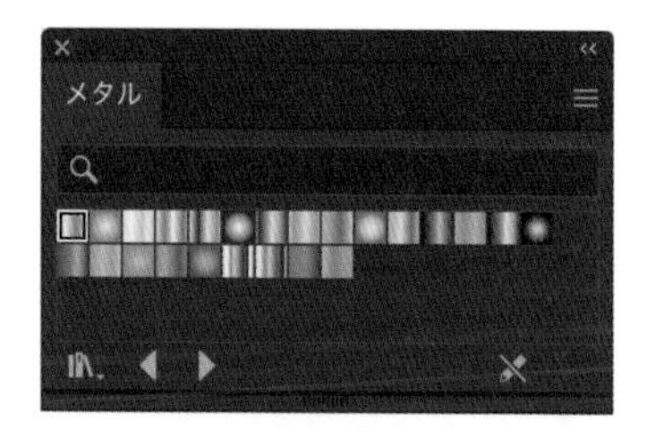

2 [ウィンドウ] メニュー→ [アピアランス] をクリックします。[アピアランス] パネルが表示されるので、[線] を下記のように設定します。

- **線幅** …… 0.35mm
- **カラー** …… ゴールド (手順 1 と同じカラー)

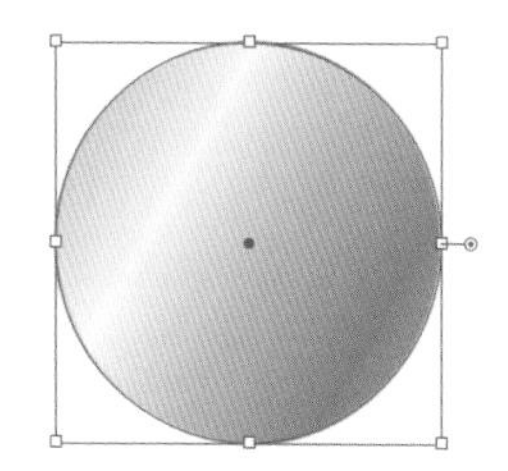

3 2で設定した[線]を選択し、[アピアランス]パネルの[新規効果を追加]ボタンをクリックして[パスの変形]→[変形]を選択します。[変形効果]ダイアログが表示されるので、[拡大・縮小]の水平方向と垂直方向ともに、ここでは「48%」と入力し、[OK]ボタンをクリックします。

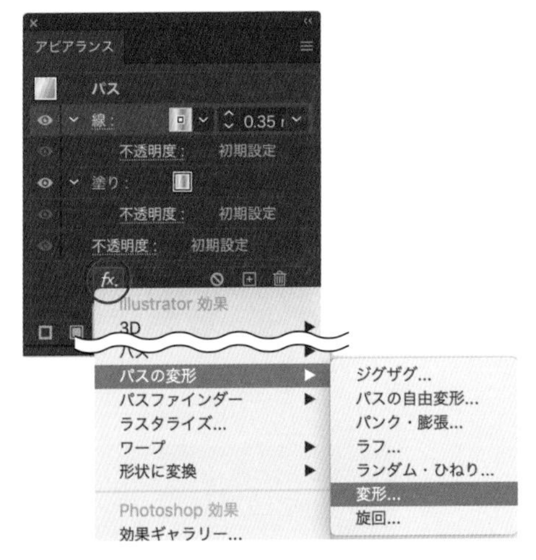

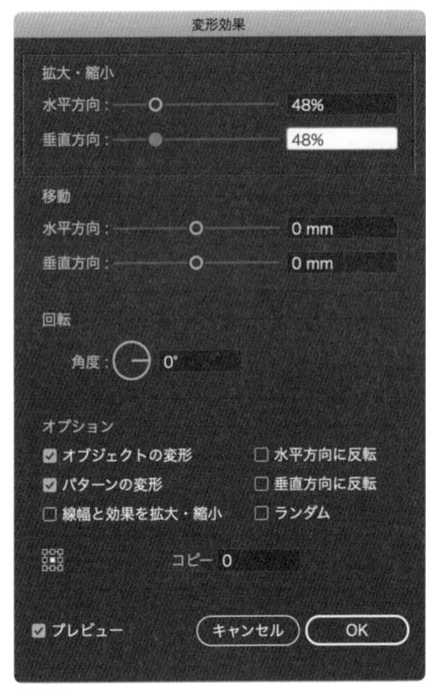

4 [アピアランス]パネルの[新規線を追加]ボタンをクリックして、オブジェクトに[線]を追加します❶。線幅とカラーを2の手順と同じ設定にします❷。

5 3と同じ手順で［変形］の効果を適用し、［拡大・縮小］の水平方向と垂直方向ともに、ここでは「93%」と入力し、［OK］ボタンをクリックします。

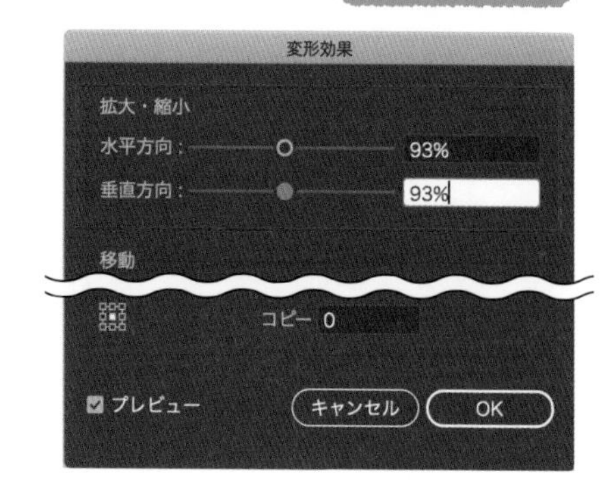

6 装飾用のパターンブラシを作成します。［最後のタイル］、［サイドタイル］、［最初のタイル］のパターン用として下記のようなオブジェクトを作成し❶、［スウォッチ］パネルに登録します ▸▸095。

❶

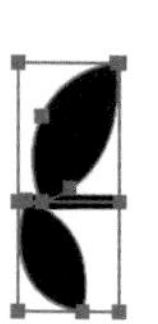

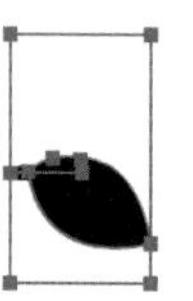

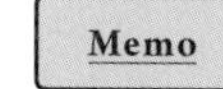

ここではブラシの軸を揃えるために、各パーツの最背面に［塗り］・［線］のカラーがともに［なし］の、高さが同じ長方形を作成します。

7 ［ウィンドウ］メニュー→［ブラシ］をクリックします。［ブラシ］パネルが表示されるので、［新規ブラシ］ボタンをクリックします❶。［新規ブラシ］ダイアログが表示されるので、［パターンブラシ］を選択して❷、［OK］ボタンをクリックします❸。

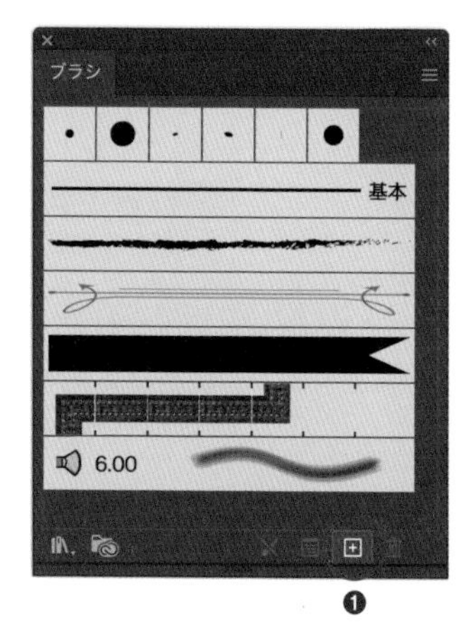

8 [パターンブラシオプション] ダイアログが表示されます。6 の手順で [スウォッチ] パネルに登録したパターン用の素材を、タイルに登録します ▶▶095 。[フィット] は [タイルを伸ばしてフィット] ❶、[着色] の [方式] は [彩色] を設定します❷。[OK] ボタンをクリックします❸。

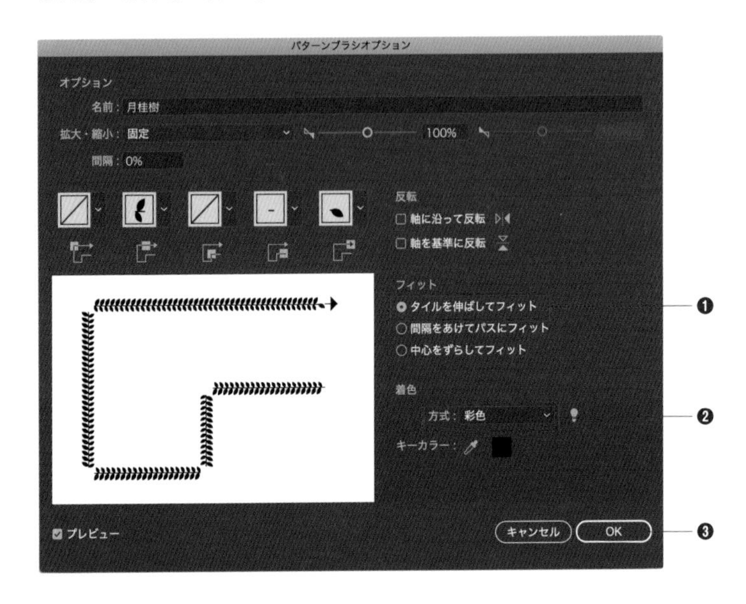

9 メダル左半分の装飾部分にパスを作成し、登録したブラシを適用します❶。ブラシを適用したパスを選択し [オブジェクト] メニュー→ [アピアランスを分割] をクリックします❷。

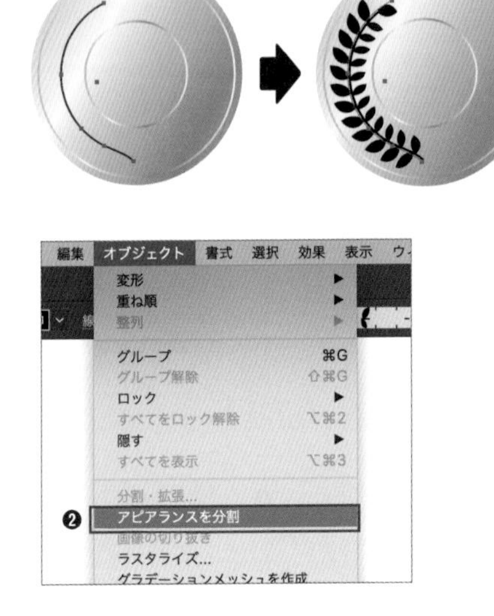

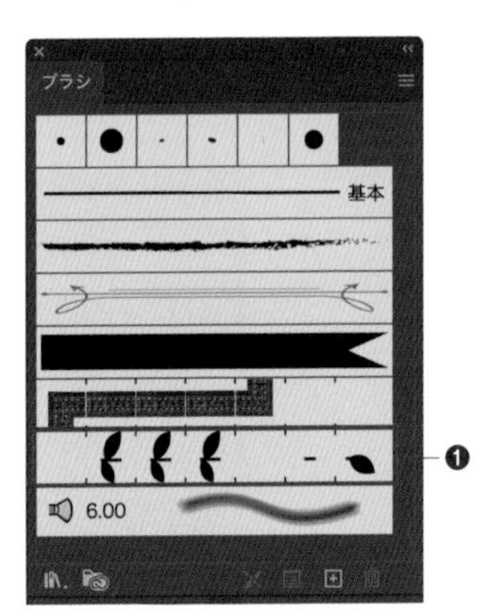

10 作成したオブジェクトを選択し、[リフレクト]ツールを選択して❶、反転の基準点にしたい箇所を option キーを押しながらクリックします❷。[リクレクト]ダイアログが表示されるのでリフレクトの軸は[垂直]を選択し❸、[コピー]ボタンをクリックします❹。

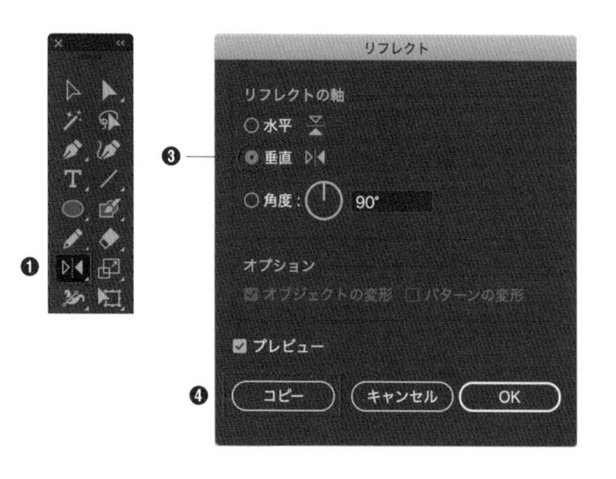

11 [ダイレクト選択]ツールで葉を選択し、不要な葉を削除したり、配置を微調整したりします❶。あらかじめ用意しておいたクラウンのイラストを配置します❷。

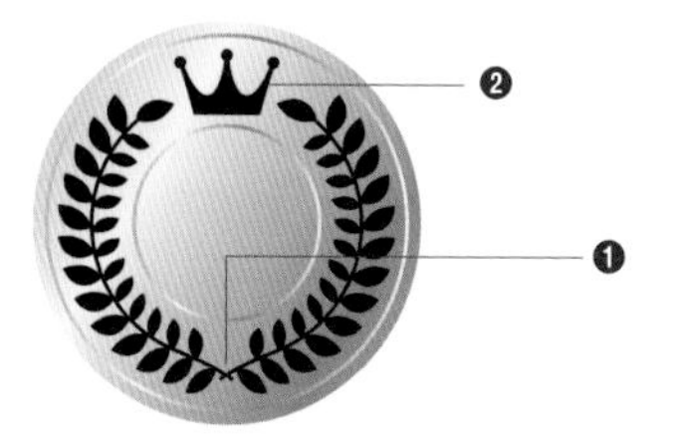

12 11の手順で作成した装飾をグループ化し、塗りにゴールドのグラデーションを設定します。

13 [文字]ツールを選択し、テキスト(ここでは「GOLD」)を入力します。塗りにゴールドのグラデーションを設定します。

14 テキストと装飾を選択し❶、[アピアランス]パネルの[新規効果を追加]ボタンをクリックして[スタイライズ]→[光彩(内側)]を選択します❷。

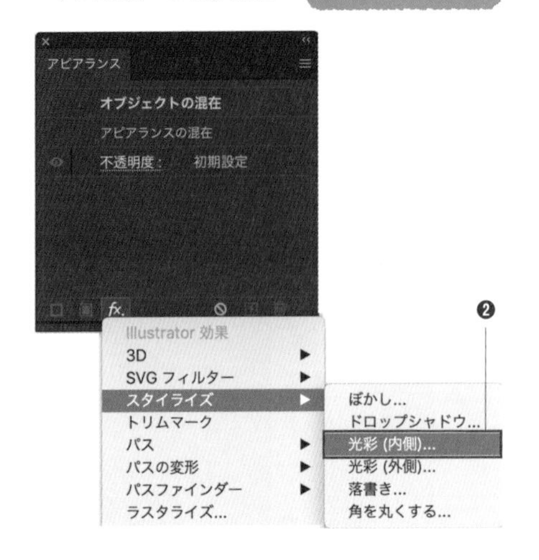

15 表示される[光彩(内側)]ダイアログで、ここでは、以下のように設定します。

Ⓐ**描画モード** …… 乗算
Ⓑ**カラー** …… C:25 M:35 Y:79 K:0
Ⓒ**ぼかし** …… 0.3mm、境界線

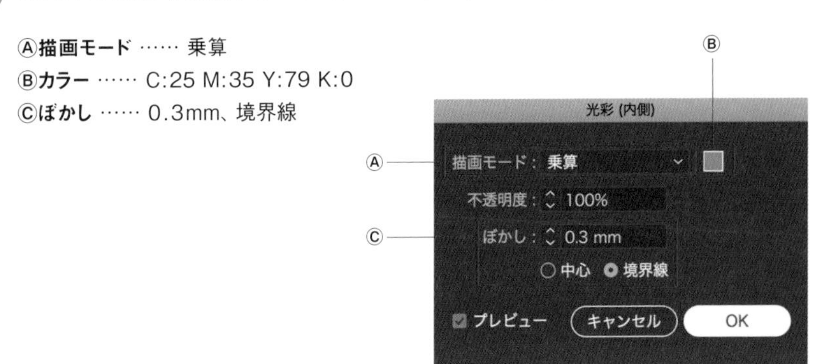

16 あらかじめ用意しておいたリボンのイラストを背面に配置します。

Memo

[オブジェクトを再配色] ▸▸065 でカラーを再配色し、テキストを入力し直せば、冒頭の作例のように別の色のメダルを作ることができます。

イラスト描画の
テクニック

Chapter

11

キャラクターイラストのポーズを簡単に変えたい

使用機能　[パペットワープ] ツール（CC 2018以降の機能）

キャラクターイラストのポーズを変えたいとき、少しずつパスを調整しながら描き直すといった工程を踏まずに、一部分だけを変形させることができます。

アートワークの変形の準備

1 [Illustrator] メニュー→ [環境設定] → [一般] をクリックします。[環境設定] ダイアログの [一般] 項目が表示されるので❶、[コンテンツに応じた初期値を適用] オプションのチェックを外し❷、[OK] ボタンをクリックします❸。

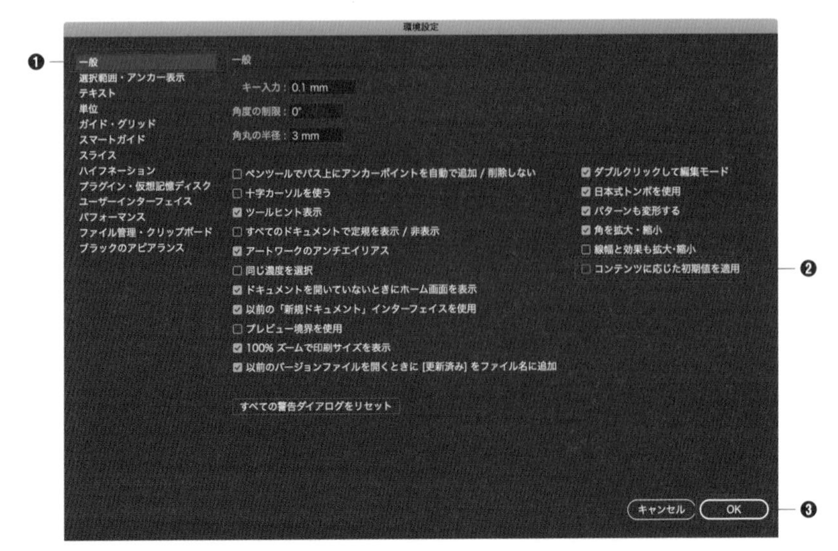

2 選択ツールで変形させたいアートワークを選択し❶、[パペットワープ] ツールを選択します❷。

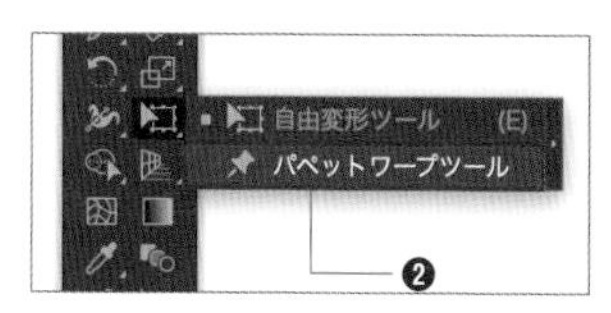

3 変形させたい領域または固定したい領域をクリックします。クリックした箇所にピンが追加され❶、ピンを中心にメッシュ（網目）が表示されます❷。

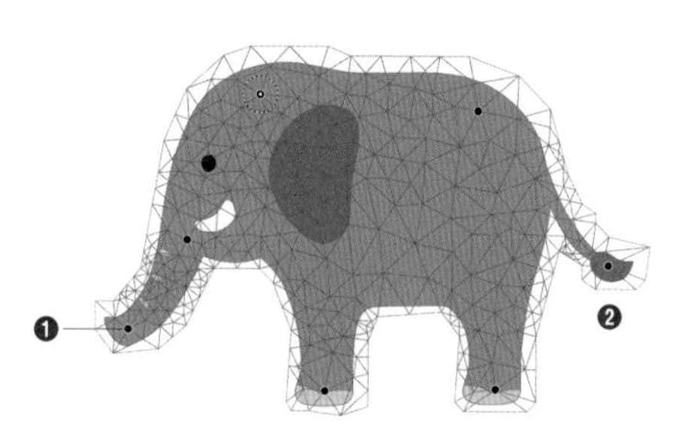

Memo 1の手順で［コンテンツに応じた初期値を適用］オプションのチェックをつけたままにした場合は、適切な位置が予測され、アートワークにピンが自動追加されます。

Memo ピンをクリックして選択し、delete キーを押すと削除されます。

Memo コントロールパネル ▸▸004 または［プロパティ］パネルの［メッシュを表示］のチェックを外すと、メッシュが非表示になります。アートワークが見えにくくなるので、非表示にすることを推奨します。

Adobe Illustrator 2020
すべてのピンを選択 メッシュを拡大：2 px ☐メッシュを表示 X: 88.181 mm Y: 203.1

アートワークの変形

ピンをドラッグして❶、アートワークを変形します。このとき、隣接しているピンによって❷、周囲の領域の状態は固定されます。

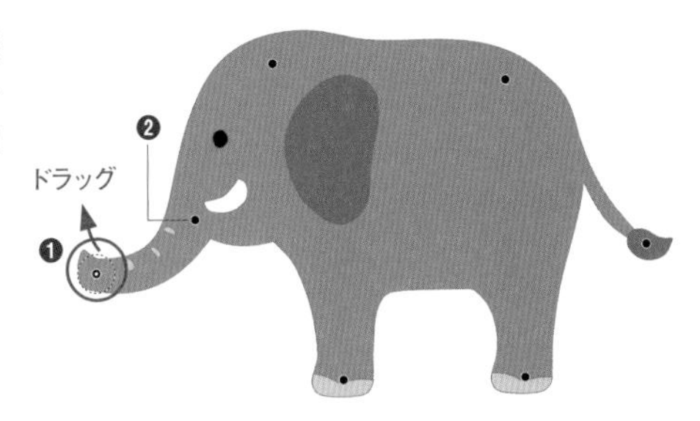

Memo

複数のピンを選択する場合は、shift キーを押しながらクリックします。すべてのピンを選択する場合は、コントロールパネル ▶▶004 から［すべてのピンを選択］を選択します。

アートワークの回転

マウスポインタをピンから少し離れた点線内に置きます❶。するとマウスポインタの形が回転マークに変化するので、ドラッグして回転させます❷。

Memo

［パペットワープ］ツールは、テキストオブジェクトにも適用することができます。ただし、適用すると自動的にアウトライン化 ▶▶156 されますので、必要に応じて操作前にバックアップをとっておきましょう。

172 遠近グリッドで遠近法に従ったイラストを描きたい

使用機能 [遠近グリッド] ツール

[遠近グリッド] ツールを利用すると、正確に遠近法に従ったイラストを描画できます。一見、複雑そうな機能なので、敬遠してしまいがちなツールですが、使い方を理解すれば便利です。

遠近グリッドの基礎知識

[遠近グリッド] ツールを選択すると❶、「選択面ウィジェット」というコントローラーと❷、グリッド（デフォルトでは二点遠近法）が表示されます❸。各グリッドの面に沿ってアートワークを描画したり配置したりすることで、遠近感のあるアートワークを作成することができます。

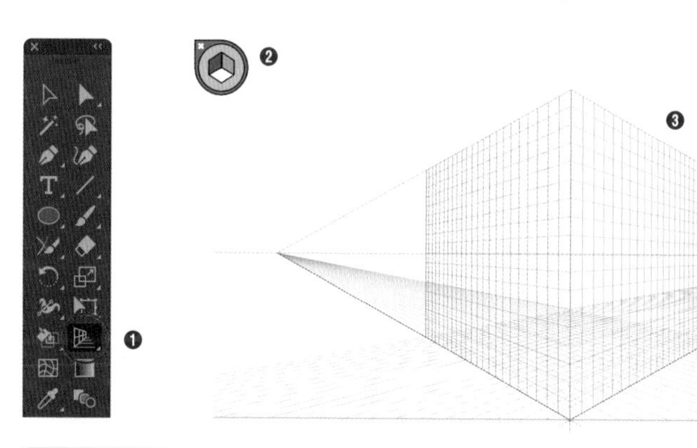

Short Cut [遠近グリッド] ツール（の選択）：command＋shift＋Iキー

選択面ウィジェット

グリッドの選択面を切り替えるときに使用します。[遠近グリッド] ツールと [遠近図形選択] ツール、または [長方形] ツールなどの図形ツール選択時にのみ操作できます。
立方体アイコンの各面をクリックするとグリッドの [左面] [右面] [水平面] を、立方体アイコンの背景部分をクリックすると、[グリッドに依存しない] を選択することができます。
立方体アイコンの各面の色とグリッドの各面の色は共通しているので、現在操作しているのがどの面なのかわかりやすくなっています。[×] ボタンをクリックすると、遠近グリッドが非表示になります。

左面

水平面

右面

グリッドに依存しない

Memo [グリッドに依存しない] を選択すると、オブジェクトに遠近法は適用されず、通常の操作を行うことができます。

Short Cut
左面グリッド：1キー
水平面グリッド：2キー
右面グリッド：3キー
グリッドに依存しない：4キー
遠近グリッドを非表示：command+shift+Iキー

遠近グリッドのプリセット

一点遠近法（一点透視法）、二点遠近法（二点透視法）および三点遠近法（三点透視法）のプリセットが用意されています。［表示］メニュー→［遠近グリッド］からクリックすることができます。

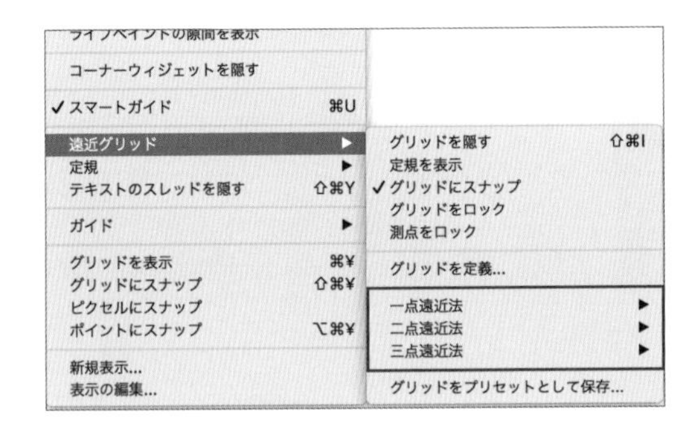

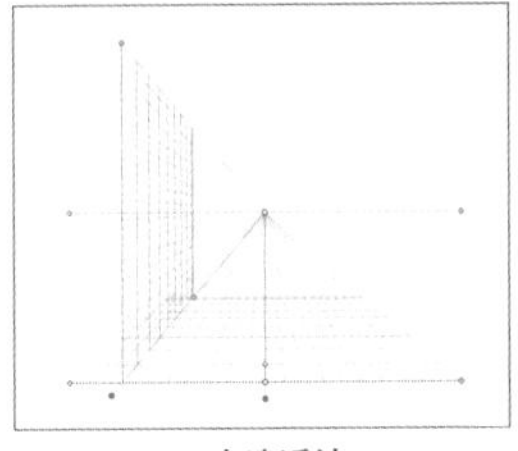
一点遠近法

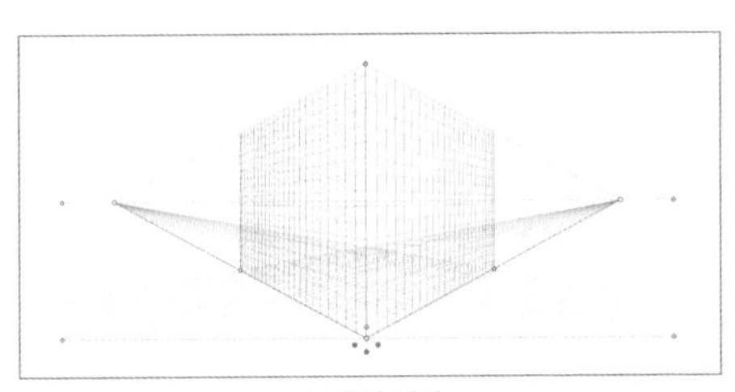
二点遠近法

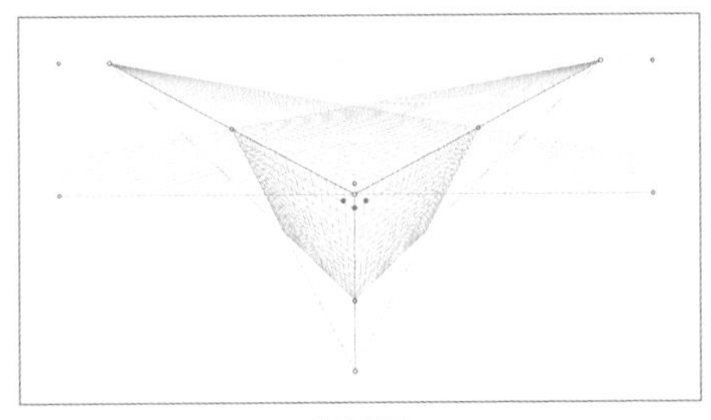
三点遠近法

遠近グリッドの基本操作

遠近グリッドは、Ⓐ～Ⓛのウィジェットを［遠近グリッド］ツールでドラッグすることでカスタマイズできます。

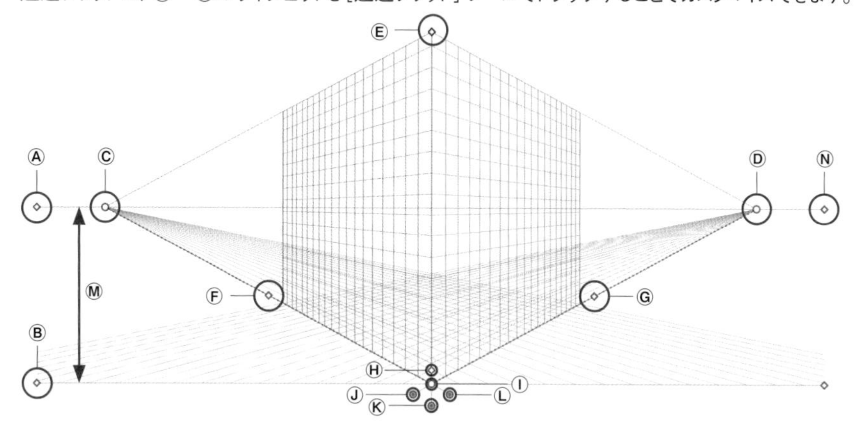

Ⓐ**水平線レベル** …… 上下にドラッグして水平方向の高さを定義します。
Ⓑ**地表レベル** …… ドラッグすると遠近グリッドが移動します。
Ⓒ**左消点** …… 左右にドラッグして左消点を定義します。
Ⓓ**右消点** …… 左右にドラッグして右消点を定義します。
Ⓔ**垂直方向のグリッド範囲** …… 上下にドラッグして垂直方向のグリッド範囲を定義します。
Ⓕ**左面グリッドの範囲** …… 左右にドラッグして左面グリッドの範囲を定義します。
Ⓖ**右面グリッドの範囲** …… 左右にドラッグして右面グリッドの範囲を定義します。
Ⓗ**グリッドセルのサイズ** …… 上下にドラッグしてグリッドセルのサイズを定義します。
Ⓘ**原点** …… 左右にドラッグして原点を定義します。
Ⓙ**右面グリッドのコントロール** …… 左右にドラッグして右面グリッドを定義します。
Ⓚ**水平面グリッドのコントロール** …… 上下にドラッグして水平面グリッドを定義します。
Ⓛ**左面グリッドのコントロール** …… 左右にドラッグして左面グリッドを定義します。
Ⓜ**水平方向の高さ** …… 水平線レベルウィジェットをドラッグして定義します。
Ⓝ**水平線**

【例】カスタマイズした遠近グリッド

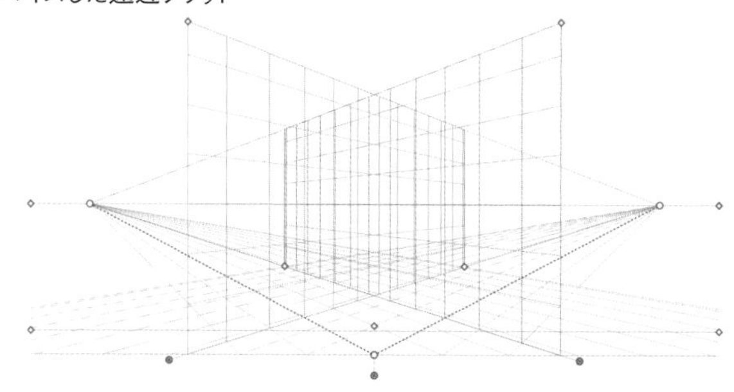

遠近グリッドでのオブジェクト描画

1 選択面ウィジェットをクリックし、グリッドの面を選択します。

2 [長方形]ツールなどの図形ツールを選択し、ドラッグして図形を作成します❶。すると、選択した面に沿って、遠近法に従った図形が描画されます。図形のサイズを編集したいときはアンカーポイントをドラッグします❷。図形の位置を変更したいときは、図形の内側をドラッグします❸。

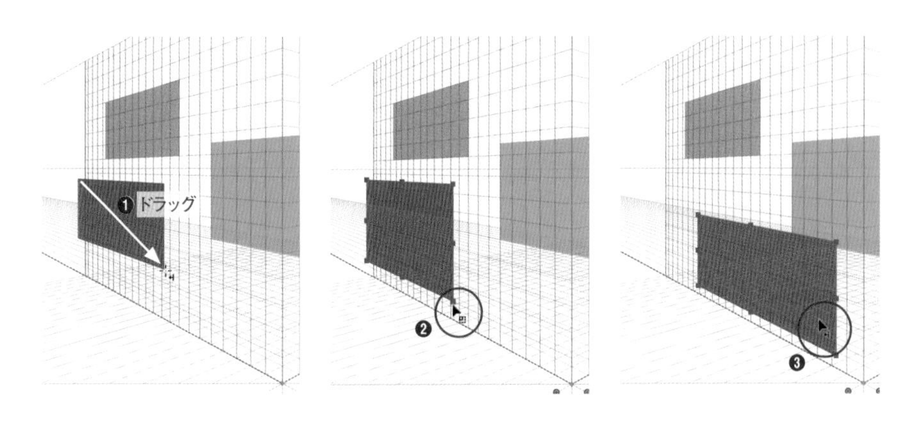

3 選択面ウィジェットで別の面をクリックすると、面を切り替えて描画することができます。

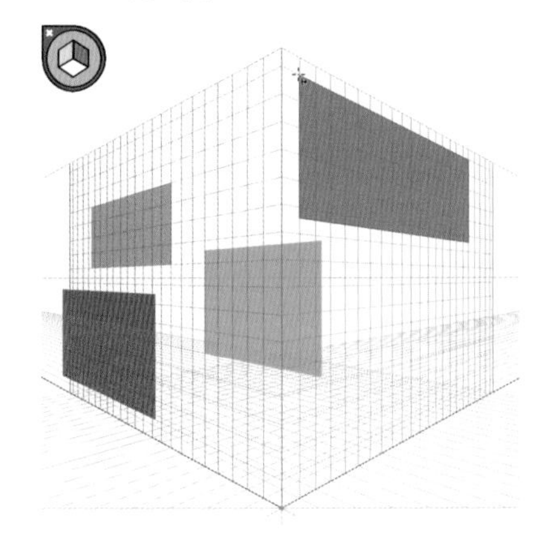

4 遠近グリッドを非表示にすると、アートワークだけの表示になります。

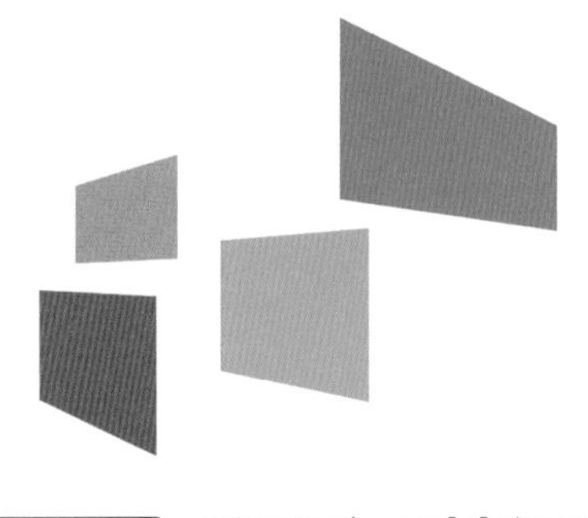

Memo
選択面ウィジェットの[×]ボタンは、[遠近グリッド]ツール、[遠近図形選択]ツール、図形ツールでクリックすることができます。

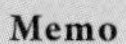

Memo

3つの面を切り替えながら、イラストを描画していくことも可能です。

遠近グリッドへのアートワークの配置

1 選択面ウィジェットをクリックし、グリッドの面を選択します❶。[遠近図形選択]ツールを選択し❷、あらかじめ作成しておいたアートワークを選択して❸、遠近グリッドにドラッグ&ドロップします❹。すると選択した面に沿ってアートワークが変形します❺。

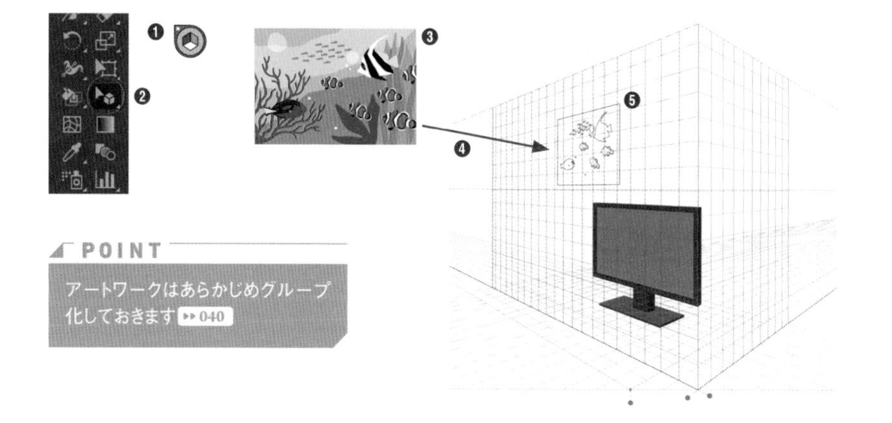

POINT

アートワークはあらかじめグループ化しておきます ▸▸040

2 アートワークのサイズや位置をドラッグして調整します。

Memo

テキストオブジェクトも遠近グリッドに配置することができます。ただし、配置すると自動的にアウトライン化 ▸▸156 されますので、必要に応じて操作前にバックアップをとっておきましょう。

173 3Dオブジェクトを作成したい

使用機能 3D

ベースのオブジェクトに奥行きを加えたり、回転を施したりすることで、手軽に3Dのオブジェクトを作成することができます。3DCGソフトウェアのような複雑なモデリングはできませんが、単純な立体物であれば簡単に作成できます。

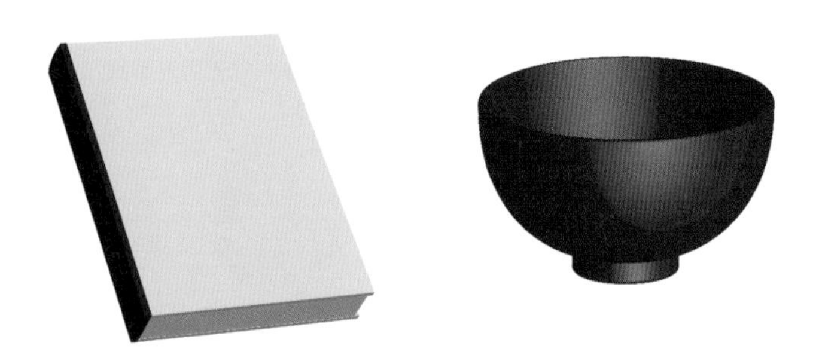

奥行きを加えて立体を作成

1 描画ツールでベースのオブジェクトを作成します。ここでは、本を上（または下）から見た断面図を作成します。

POINT

ベースのオブジェクトは、奥行きを加える前の断面図です。金太郎飴をイメージするとわかりやすいかもしれません。

Memo

ベースのオブジェクトのZ軸方向に奥行きが加わります。オブジェクトの軸は、常にベースのオブジェクトの正面に対して垂直になります。

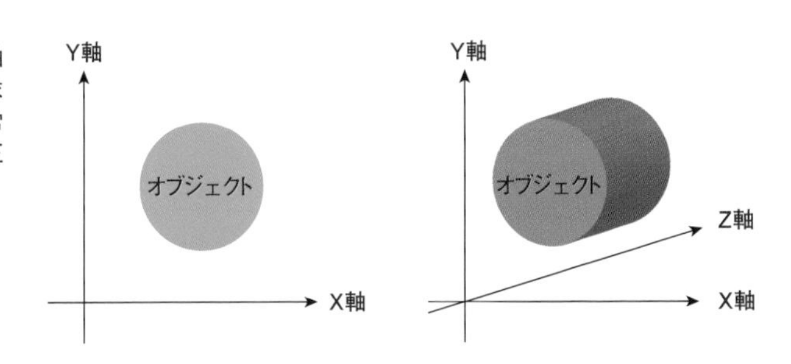

2 作成したオブジェクトをグループ化し❶ ▸▸040 、[ウィンドウ] メニュー→[アピアランス] をクリックします。[アピアランス] パネルが表示されるので、[新規効果を追加] ボタンをクリックして❷、[3D] → [押し出し・ベベル] を選択します❸。

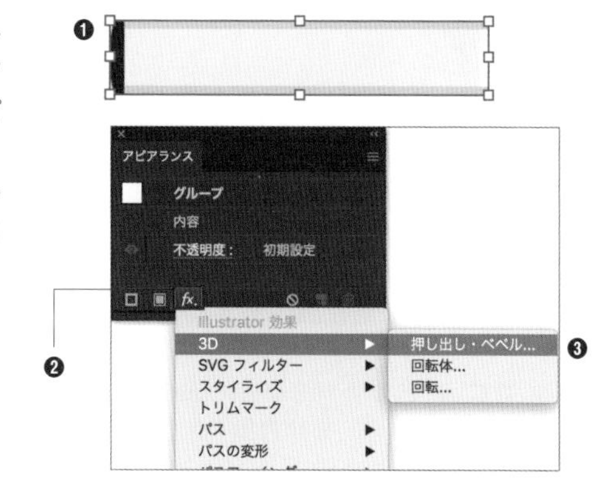

3 [3D 押し出し・ベベルオプション] ダイアログが表示されるので❶、[プレビュー] にチェックを入れ❷、[押し出しの奥行き] を設定します❸。ここでは、「120pt」にします。立方体を任意の方向にドラッグして回転し❹、3Dオブジェクトの向きを設定します。イメージ通りになったら、[OK] ボタンをクリックします❺。

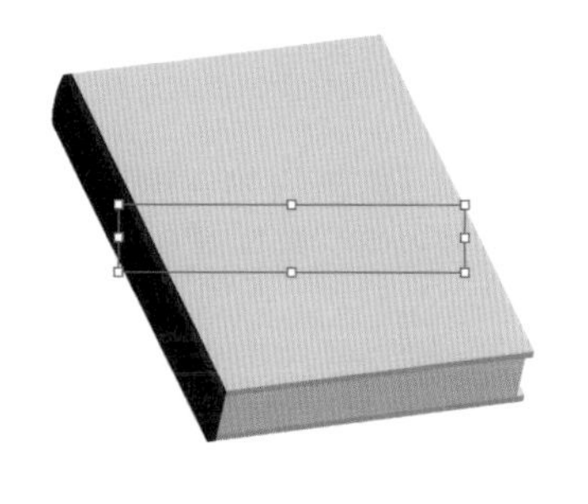

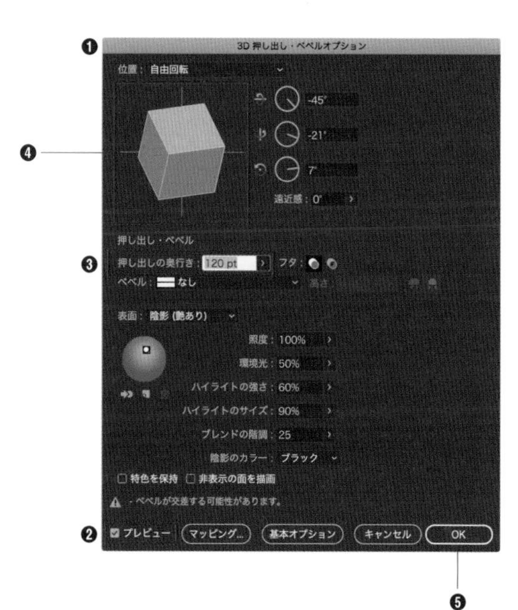

Memo

このあと3Dの編集を行う可能性がない場合は、オブジェクトを選択して [オブジェクト] メニュー→ [アピアランスを分割] をクリックしてパスオブジェクトに変換します。

Memo

「押し出し・ベベル」はテキストに適用することもできます。このとき、テキストはアウトライン化されず ▸▸156 、テキストオブジェクトの状態を保ちます。

回転体を作成

1 ベースのオブジェクトを作成します。ここでは、お椀を中央で縦に割った断面図を作成します。

POINT

ベースのオブジェクトの左右どちらかを軸に設定して、回転体を作成することをイメージして描画します。

2 作成したオブジェクトを選択し、［アピアランス］パネルの［新規効果を追加］ボタンをクリックして［3D］→［回転体］を選択します。

3 ［3D 回転体オプション］ダイアログが表示されるので❶、［プレビュー］にチェックを入れ❷、［回転軸］を設定します❸。ここでは「左端」に設定します。［新規ライト］ボタンをクリックして❹、ライトの位置を調整します❺。［OK］ボタンをクリックします❻。

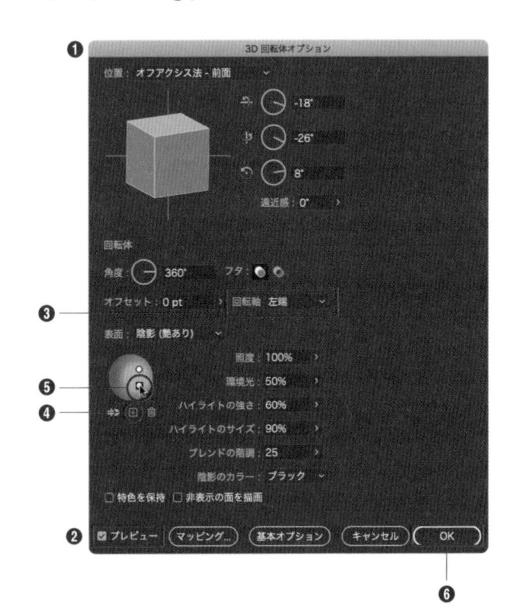

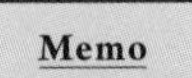

ここでは、お椀の質感を表現するためライトをふたつ作成しています。

174 3Dオブジェクトの表面にアートワークを貼りつけたい

使用機能　3D、マッピング

オブジェクトの形状に沿ってアートワークを描き加えるのは大変な作業ですが、「マッピング」機能を使うと、3Dオブジェクトにアートワークを貼りつけることができます。

1 マッピングしたいアートワークを作成し❶、[ウィンドウ]メニュー→[シンボル]をクリックします。[シンボル]パネルが表示されるので、アートワークをドラッグします❷。ここでは、前項で作成した本の3Dオブジェクトに対し、表紙と背にマッピングする2種類のアートワークを登録します。

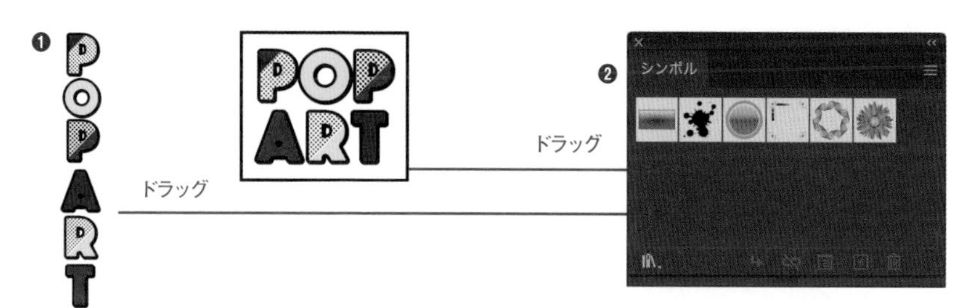

2 [シンボルオプション]ダイアログが表示されるので、名前を入力し❶、[シンボルの種類]で[スタティックシンボル]を選択して❷、[OK]ボタンをクリックします❸。

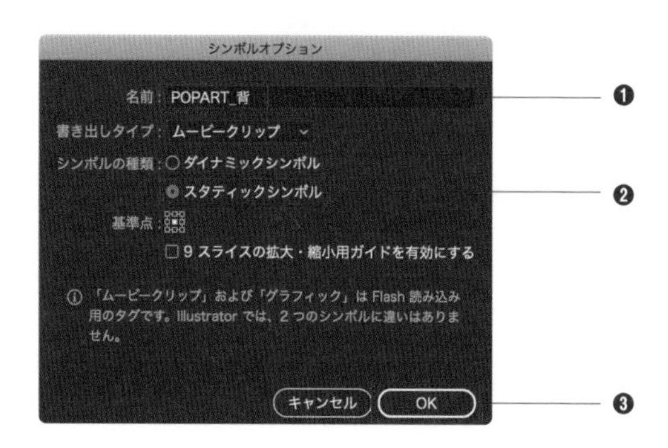

3 選択ツールで3Dオブジェクトを選択し❶、[ウィンドウ] メニュー→ [アピアランス] をクリックします。[アピアランス] パネルが表示されるので、[3D 押し出し・ベベル] をクリックします❷。

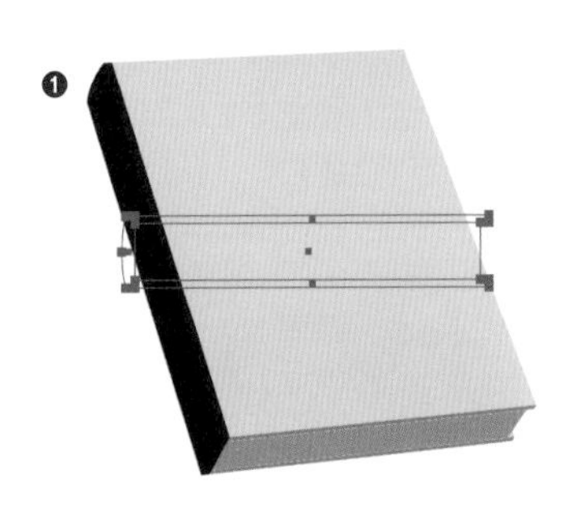

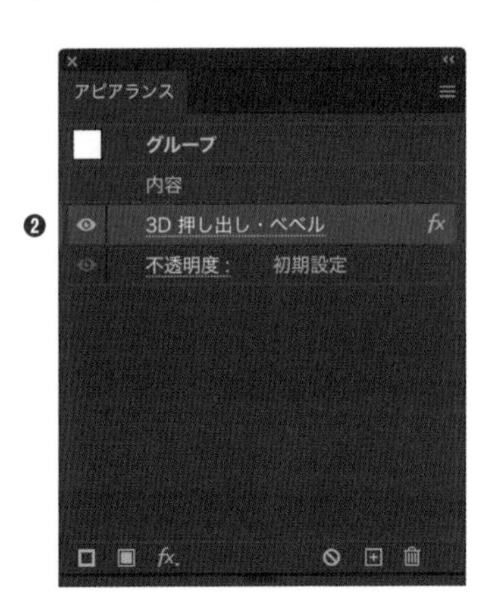

4 [3D 押し出し・ベベルオプション] ダイアログが表示されるので❶、[マッピング] ボタンをクリックします❷。

5 [アートをマップ]ダイアログが表示されるので、[プレビュー]にチェックを入れます❶。[表面]の[次の面] ボタンをクリックし❷、アートワークをマッピングする面を探して選択します。このとき3Dオブジェクトに、選択中の面が赤い線で表示されます❸。

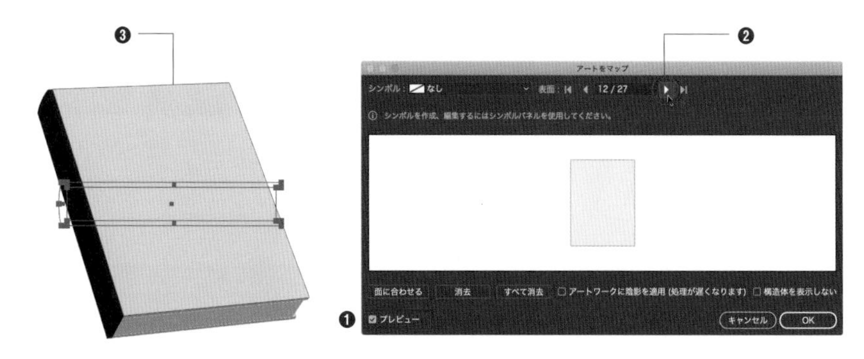

6 [シンボル] 右の▼ボタンをクリックし❶、マッピングしたいアートワークを選択します❷。

7 マッピングされたイメージが表示されます❶。バウンディングボックスをドラッグして❷、アートワークのサイズや位置を調整します。

Memo アートワークの縦横比を変更したくない場合は、shift キーを押しながらドラッグします。

8 ［表面］の［次の面］ボタンをクリックして背の面を選択し❶、6 ～ 7と同様の手順でアートワークを選択してサイズや位置を調整します❷。［OK］ボタンをクリックします❸。

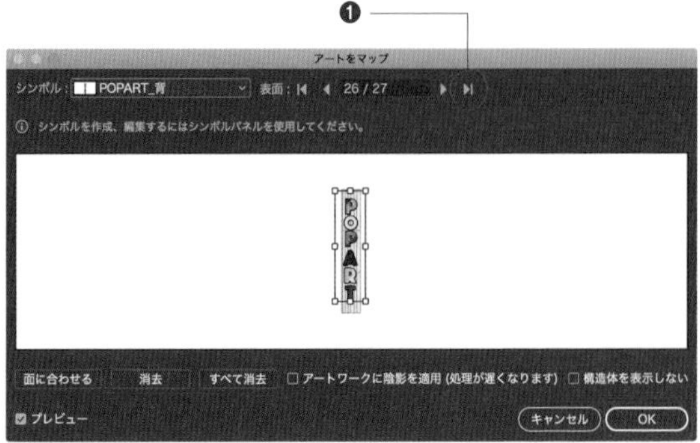

Memo

［回転体］で作成した3Dオブジェクトも同様の操作で、任意の面にアートワークをマッピングできます。

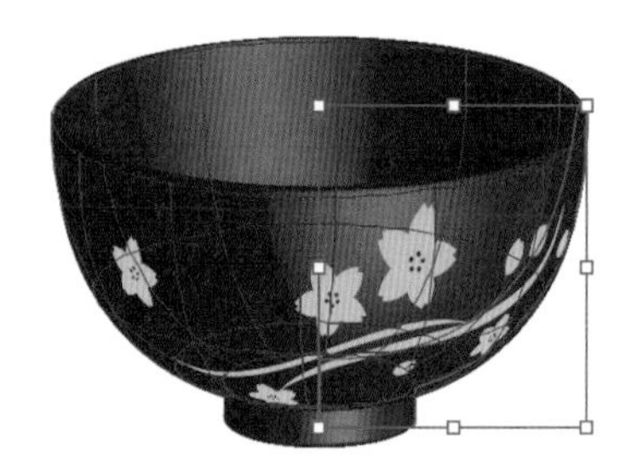

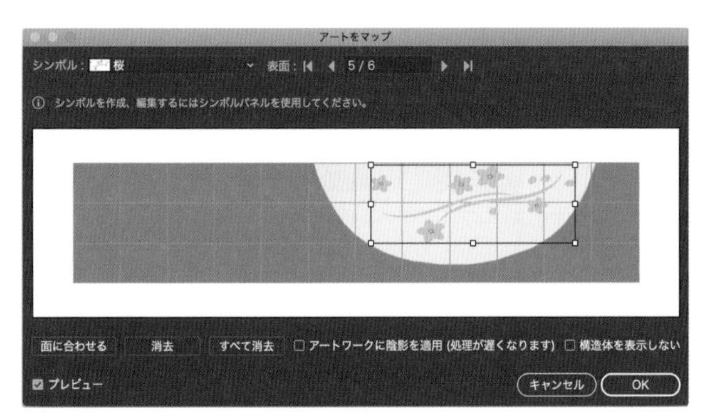

175 グラデーションで写実的に描画したい

使用機能 | メッシュ

グラデーションを駆使した写実的なイラストは、メッシュオブジェクトで描画すると表現できます。複雑そうに見える機能ですが、直感的な操作が可能です。 一方で、イラストの完成度を高めるためにはデッサン力が必要といえます。

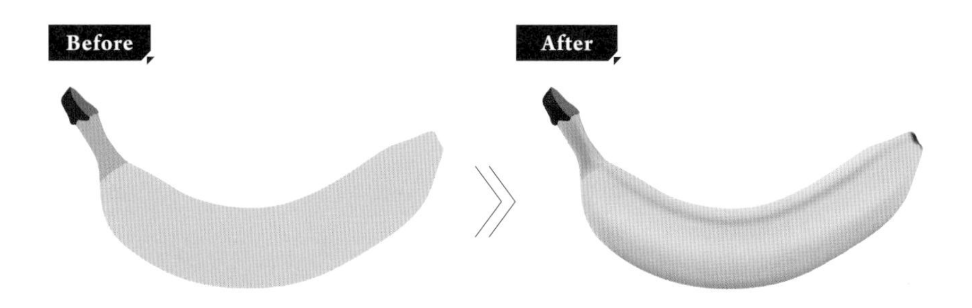

メッシュオブジェクトとは

メッシュオブジェクトは、メッシュライン、メッシュポイント、メッシュパッチ、アンカーポイントで構成されます。

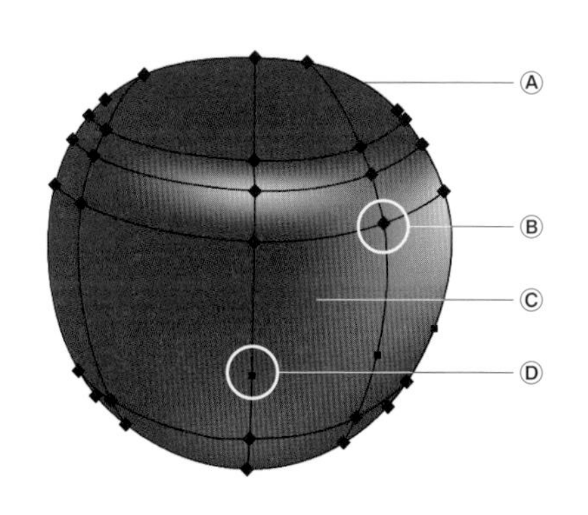

Ⓐ メッシュライン

オブジェクトをメッシュオブジェクトに変換したときに作成される網状のラインが、メッシュラインです。メッシュラインを利用して複数のカラーがにじみ合うグラデーションを定義できます。メッシュライン上のアンカーポイントを移動・編集すると、カラーのにじみ方や、カラーの適用範囲を変更できます。

Ⓑ メッシュポイント

メッシュラインの交点にあるひし形のポイントがメッシュポイントです。アンカーポイントの一種ですが、移動、追加、削除などの編集ができるだけでなく、カラーを適用・編集できます。

Ⓒ メッシュパッチ

メッシュラインによって作られる網目のひとつひとつがメッシュパッチです。メッシュパッチにはカラーを適用することができます。

Ⓓ アンカーポイント

正方形のポイントは通常のアンカーポイントです ▸▸018。［アンカーポイントの追加］ツールなどで、追加、削除、編集、移動することができます。カラーの適用はできません。

メッシュオブジェクトの描画

1 描画ツールでベースのオブジェクトを描画します。

POINT

ベースのオブジェクトはひとまとめに描かず、パーツごとに分けて描きます。

2 [メッシュ] ツールを選択し❶、メッシュポイントに設定したい位置をクリックします❷。メッシュラインとメッシュポイントが作成され❸、オブジェクトがメッシュオブジェクトに変換されます。

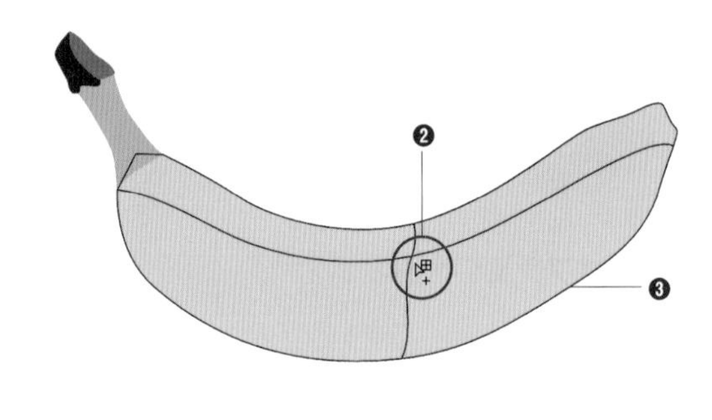

Memo

メッシュポイントには現在の塗りのカラーが適用されます。カラーを適用せずにメッシュポイントを追加するには、shift キーを押しながらクリックします。

Memo

メッシュオブジェクトは、複合パスやテキストオブジェクトには適用できません。

3 グラデーションのポイントとなる箇所のすべてに、メッシュポイントを追加します。

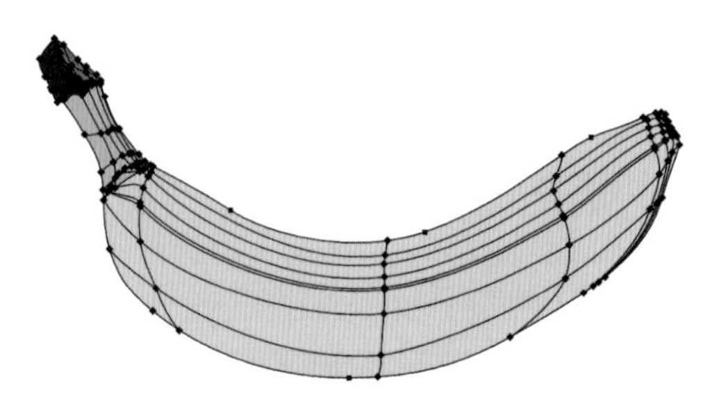

4 ［ダイレクト選択］ツールまたは［メッシュ］ツールで、任意のメッシュポイントやメッシュパッチを選択します❶。［カラー］パネルで［塗り］のカラーを選択すると、カラーが流し込まれます❷。

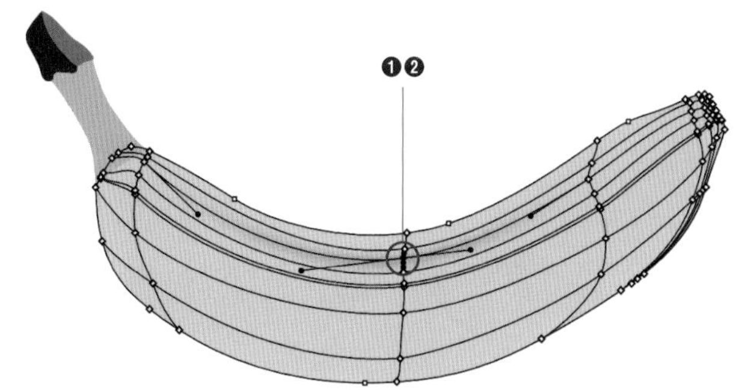

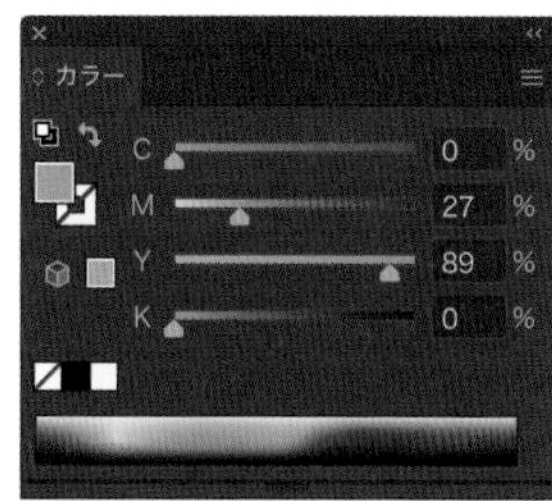

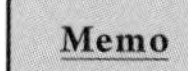

［スウォッチ］パネルのカラーを適用することも可能です。

5 4の操作を繰り返して、グラデーションを重ねていきます。ドキュメントの空いたスペースをクリックして操作を終了します。

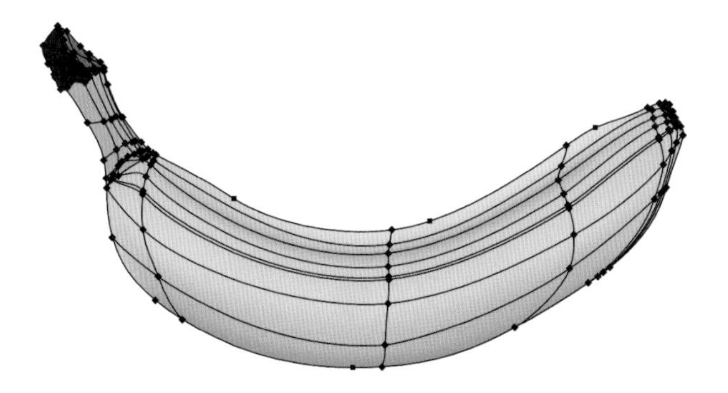

メッシュポイントの編集

メッシュポイントは次のような編集操作が可能です。

● メッシュポイントの削除

[メッシュ] ツールを選択して、option キーを押しながらメッシュポイントをクリックします。

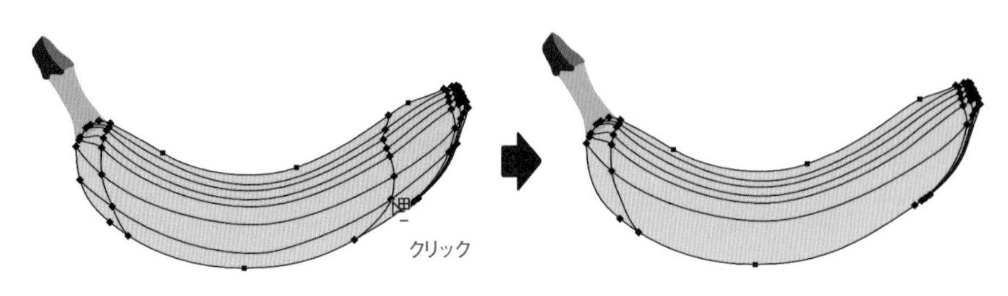

● メッシュポイントの移動

[メッシュ] ツールまたは [ダイレクト選択] ツールを選択して、メッシュポイントをドラッグします。

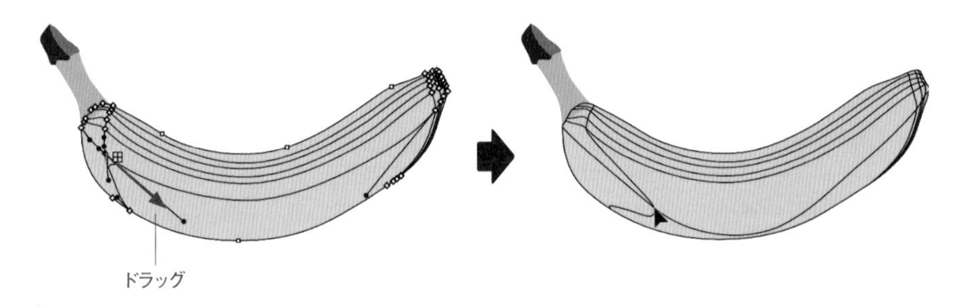

● メッシュラインに沿ってメッシュポイントを移動

[メッシュ] ツールを選択して、shift キーを押しながらメッシュポイントをドラッグします。

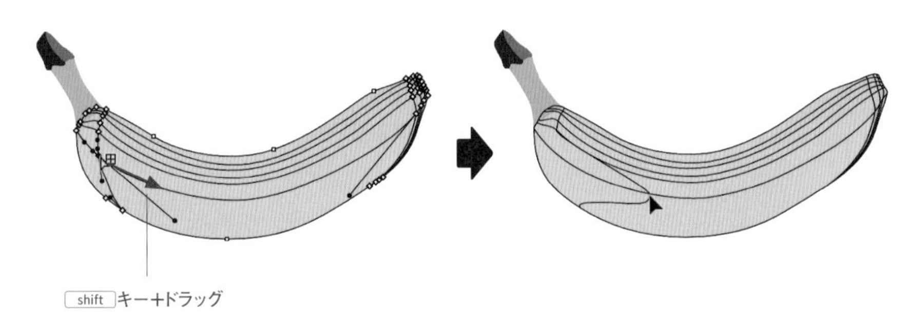

176 イラストの輪郭線をランダムにブレた線にしたい

使用機能 パスの変形（ラフ）、アピアランスを分割

パスで作成した線は不自然なほどなめらかな線なので、デジタルの印象が強くなります。ラフ機能を使うと、輪郭線がランダムに崩れ、クレヨンで描いたような印象を与えることができます。

Before

After

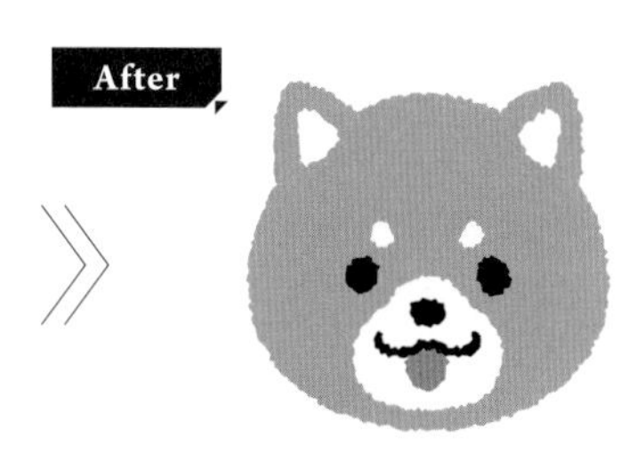

1 オブジェクトを選択し、［ウィンドウ］メニュー→［アピアランス］をクリックします。［アピアランス］パネルが表示されるので、［新規効果を追加］ボタンをクリックして❶、［パスの変形］→［ラフ］を選択します❷。

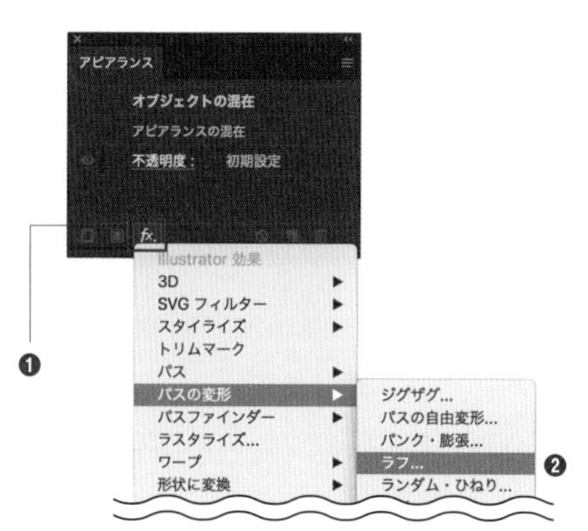

2 ［ラフ］ダイアログが表示されるので、プレビューにチェックを入れ❶、各項目を設定します❷。ここでは、「入力値」に設定し、［サイズ］を「0.25mm」、［ポイント］は［丸く］を選択します。［OK］ボタンをクリックします❸。

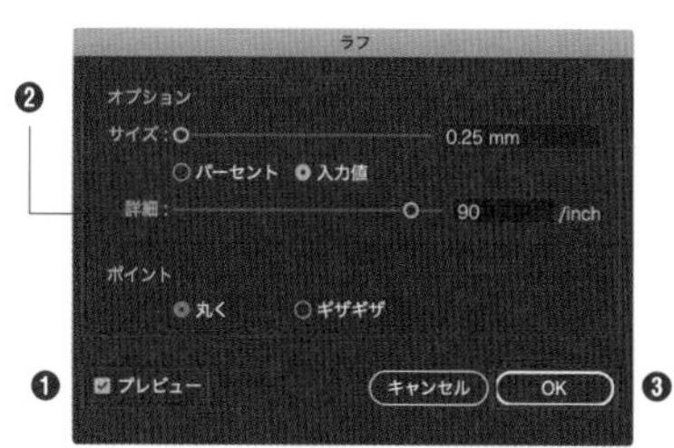

POINT

オブジェクトを選択し、［オブジェクト］メニュー→［アピアランスを分割］をクリックして、アピアランスを分割すると ▸▸100、拡大・縮小しても線のブレ具合が維持されるようになります。

177 手書き風の線で描ける ブラシを作りたい

使用機能 ［ブラシ］パネル、パスの変形（ラフ）

散布ブラシ ▸▸093 を応用して、手書き風の線で描けるブラシを作成します。筆跡をあたたかみのある線にしたいときに便利です。

散布ブラシの作成

1 描画ツールで、歪みのある点を作成します。ここでは、以下のような点を作成しています。

- **サイズ** …… 最大幅1.2mm
- **塗りのカラー** …… 黒（C:0 M:0 Y:0 K:100）

Memo この点がブラシの太さになるので、あまり大きすぎたり小さすぎたりしないように注意します。

2 ［ウィンドウ］メニュー→［ブラシ］をクリックします。［ブラシ］パネルが表示されるので、作成した点をドラッグします❶。［新規ブラシ］ダイアログが表示されるので、「散布ブラシ」を選択して❷、［OK］ボタンをクリックします❸。

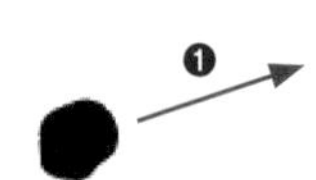

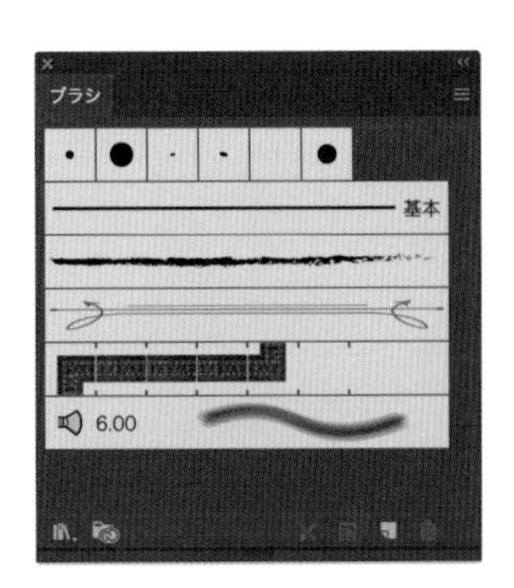

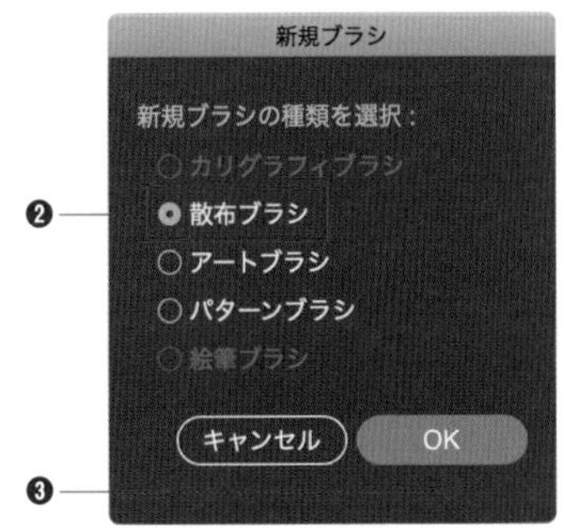

3 [散布ブラシオプション]ダイアログが表示されるので、[名前]に任意の名前を入力し❶、[サイズ]、[間隔]、[散布]、[回転]をすべて「ランダム」に設定します❷。[OK]ボタンをクリックします❸。

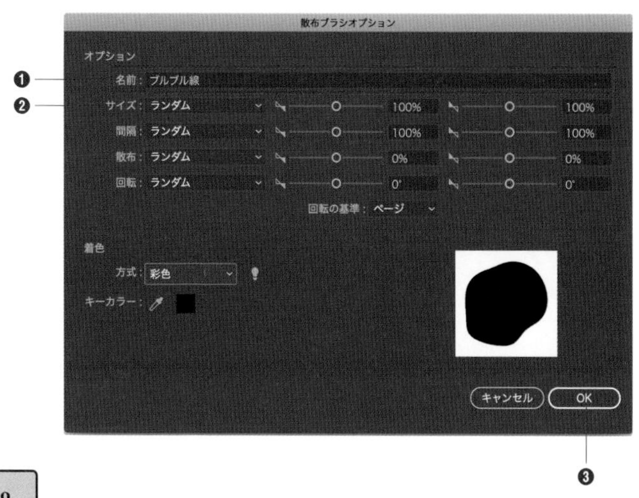

Memo

[線]のカラーをブラシのカラーに適用したい場合は、[着色]の[方式]を[彩色]に設定します。

4 [楕円形]ツールを選択し、楕円を作成します。オブジェクトを選択し❶、[ブラシ]パネルにある3で作成したブラシをクリックして❷、パスにブラシを適用します。

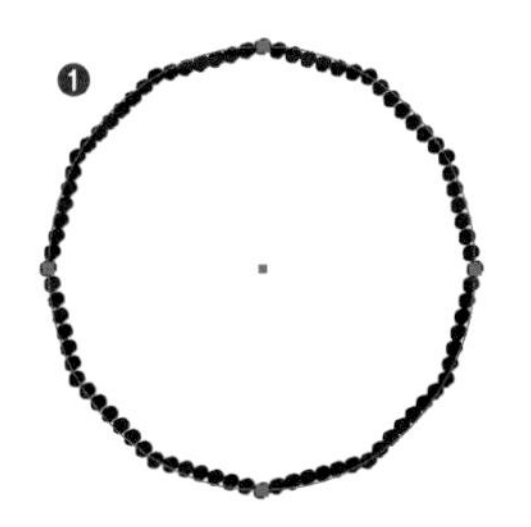

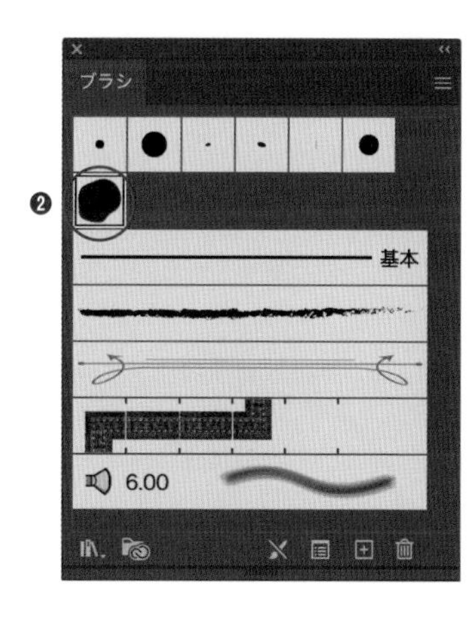

Memo

ここで作成する楕円は、ブラシ作成時のプレビューに使用するものです。確認しやすければ、どんな楕円でも構いません。

5 ［ブラシ］パネルにある3で作成したブラシをダブルクリックします。［散布ブラシオプション］ダイアログが表示されるので、［プレビュー］にチェックを入れ❶、プレビュー用の楕円を確認しながら❷、［サイズ］、［間隔］、［散布］、［回転］の各数値を調整します❸。ここでは、以下のように設定しています。イメージ通りのラインになったら、［OK］ボタンをクリックします❹。

- **サイズ** …… ランダム、85%、110%
- **間隔** …… ランダム、27%、73%
- **散布** …… ランダム、−5%、5%
- **回転** …… ランダム、−180%、180%

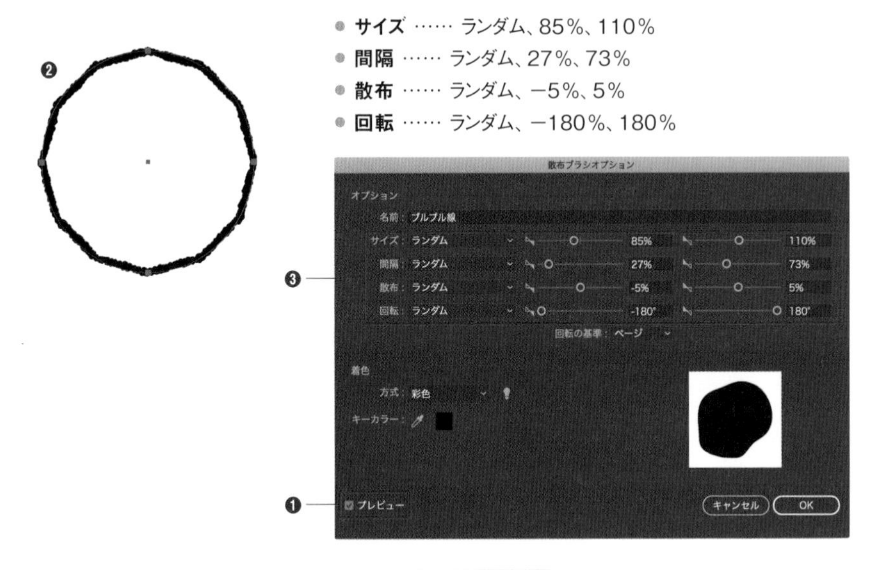

POINT

ここでは線を作成したいので、［間隔］の合計値を「100%未満」に設定してすき間をなくすのがポイントです。その他の項目は、プレビューを確認しながらイメージ通りになるように調整します。

曲線をなめらかに調整する方法

ここで作成したブラシは、曲線に適用したときに角が生じてしまうという問題があります。問題の解消のためには、ブラシを適用したオブジェクトごとに調整が必要です。選択ツールでパスを選択し❶、［効果］メニュー→［パスの変形］→［ラフ］をクリックします❷。

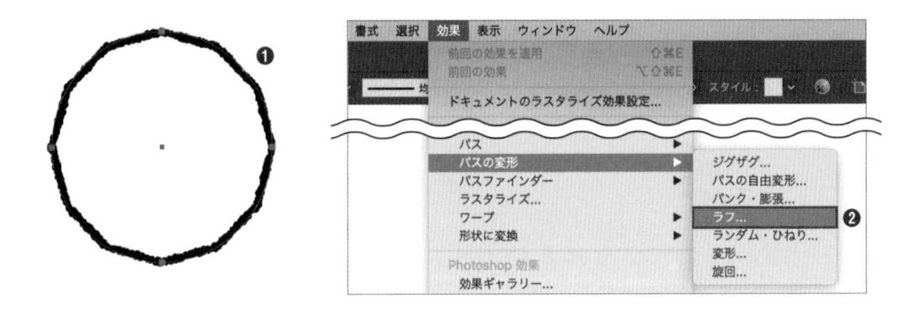

［ラフ］ダイアログが表示されるので、［サイズ］を「0％」にし❶、［詳細］のスライダーを右方向にドラッグします❷。イメージ通りなめらかになったら、［OK］ボタンをクリックします❸。

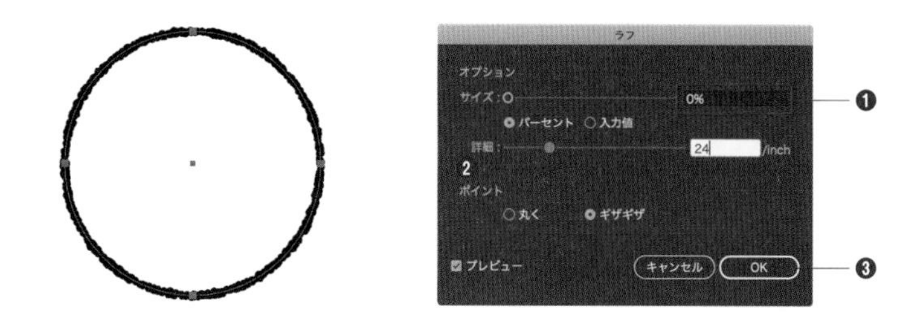

アートワークを選択して❶、作成したブラシをクリックすると❷、なめらかなラインのブラシが適用されます❸。

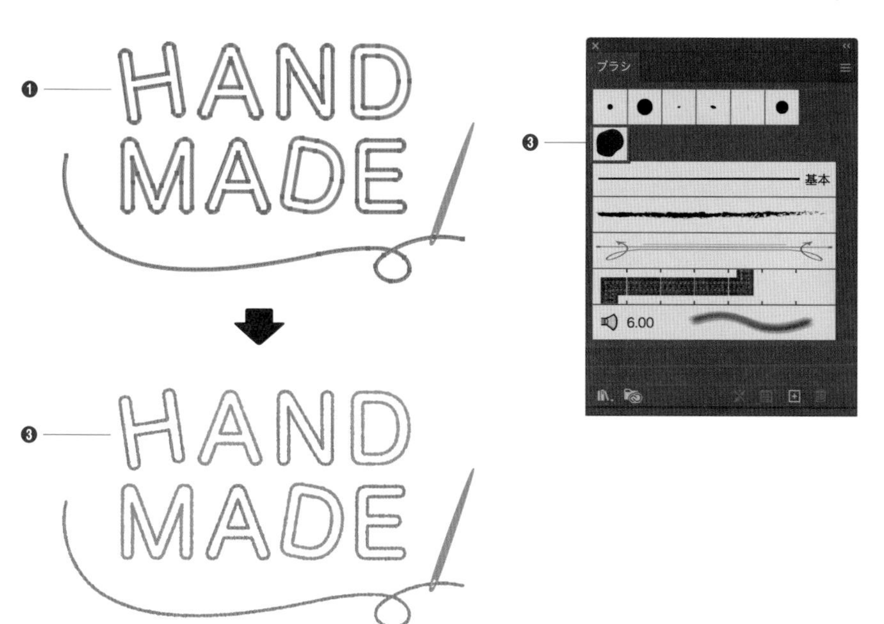

178 オブジェクトを塗り絵のように塗りつぶしたい

使用機能　[ライブペイント] ツール

線で区切られてできたエリアを着色するような場合には、塗りのオブジェクトを作成することなくエリアごとに塗りつぶすことができます。

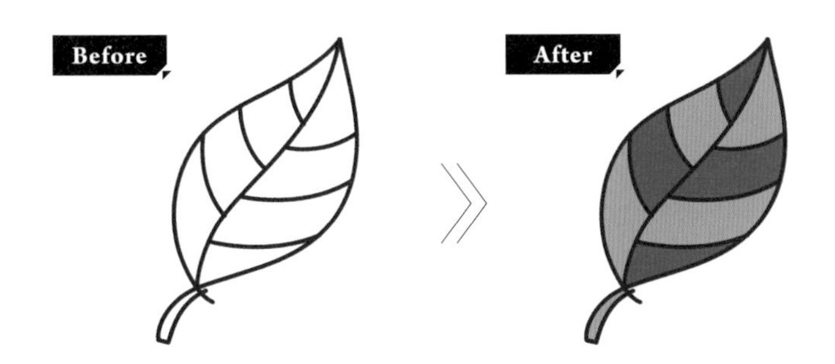

[ライブペイント] ツールの適用

1 選択ツールでオブジェクトを選択し❶、[ライブペイント] ツールを選択して❷、オブジェクトをクリックします❸。

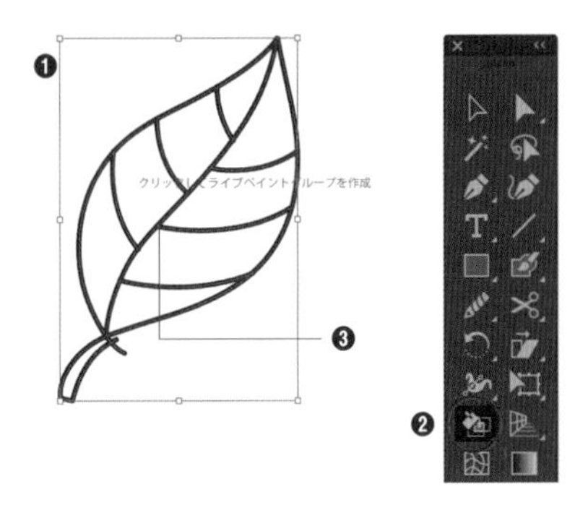

2 ライブペイントグループにマウスポインタをあわせると❶、マウスポインタの上にひとつまたは3つのカラーが表示されます❷。赤く囲まれたエリアでクリックすると、このカラーで塗りつぶされます❸。

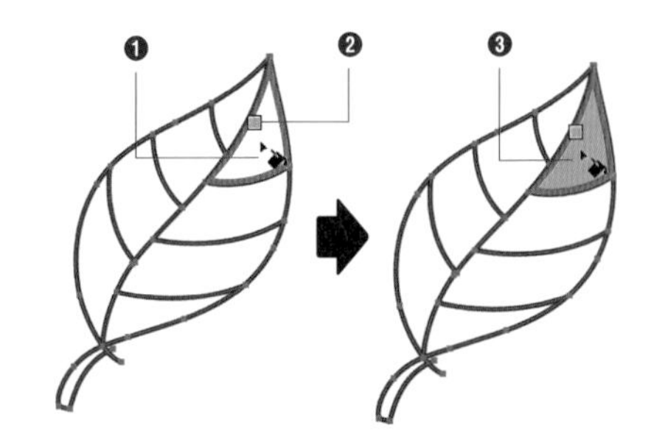

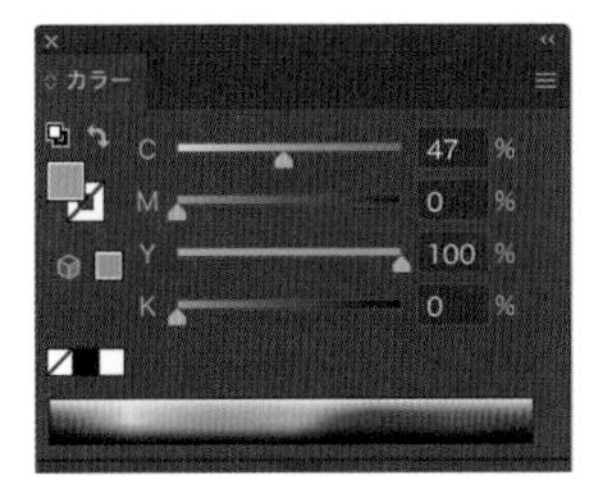

オブジェクトをクリックするときに、「クリックしてライブペイントグループを作成」というメッセージが表示されます。

POINT

[スウォッチ] パネルでカラーを選択している場合に3つのカラーが表示され、中央のカラーが選択しているカラーになります。左右には、[スウォッチ] パネルで隣接しているカラーが表示され、キーボードの←キーまたは→キーでアクセスすることができます。

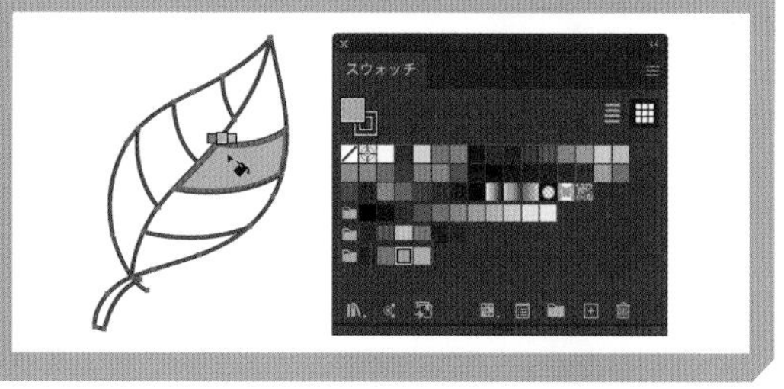

オブジェクトのすき間に対応

1 選択ツールでライブペイントグループを作成したオブジェクトを選択し❶、[オブジェクト] メニュー→[ライブペイント] → [隙間オプション] をクリックします❷。

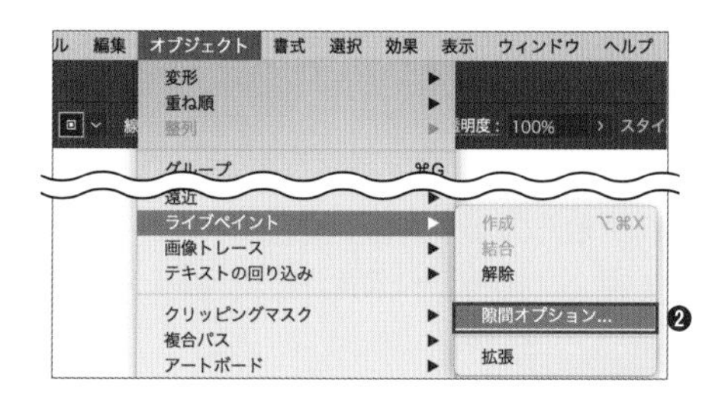

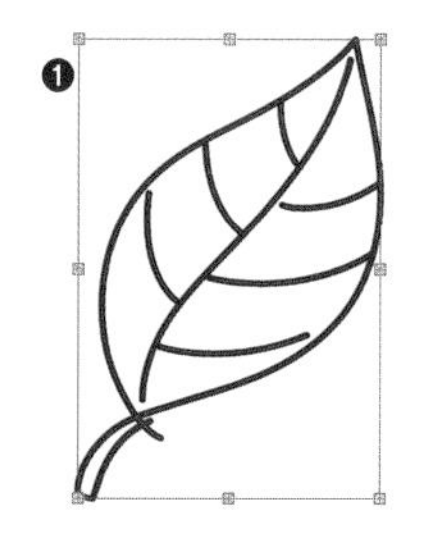

2 [隙間オプション] ダイアログが表示されます。[隙間の検出] にチェックを入れ❶、[塗りの許容サイズ] を設定します❷。ここでは [中程度の隙間] を選択します。すると、検出されたすき間に赤いラインが表示されます❸。[OK] ボタンをクリックします❹。

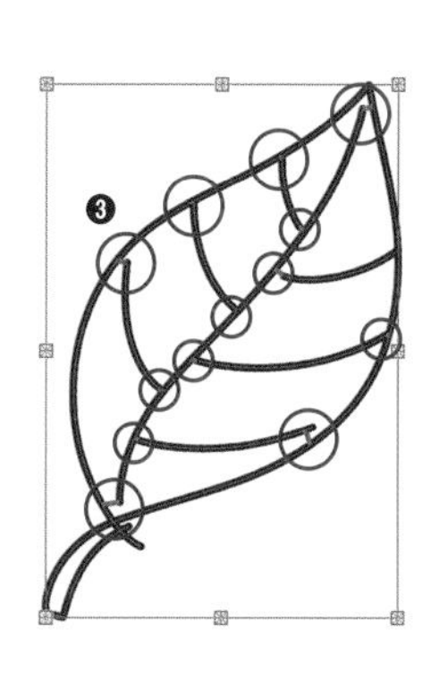

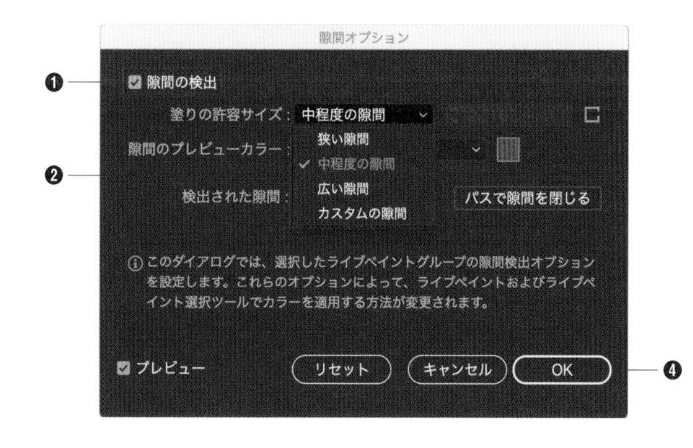

Memo [塗りの許容サイズ] では、すき間の広さを「狭い隙間」「中程度の隙間」「広い隙間」「カスタムの隙間」の4種類から設定できます。

3 ［ライブペイント］ツールを選択して前項の手順で塗りつぶします。すき間が空いていても、エリアに分けて塗りつぶすことができます。

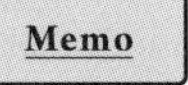

2 で［パスで隙間を閉じる］ボタンをクリックすると、すき間にパスが作成されます。

［ライブペイント］ツールは、［線幅］ツールや線幅プロファイルで線幅を変更しているオブジェクトには対応していません。

ライブペイントグループを線と塗りに変換

ライブペイントグループは、パーツごとの線と塗りのオブジェクトに変換することができます。ライブペイントグループを選択し❶、［オブジェクト］メニュー→［ライブペイント］→［拡張］をクリックします❷。

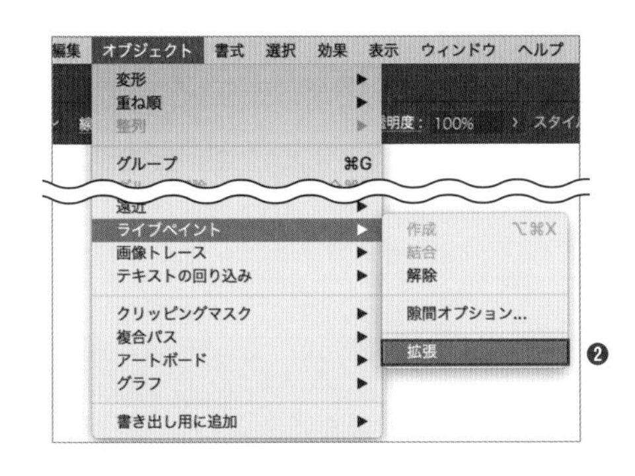

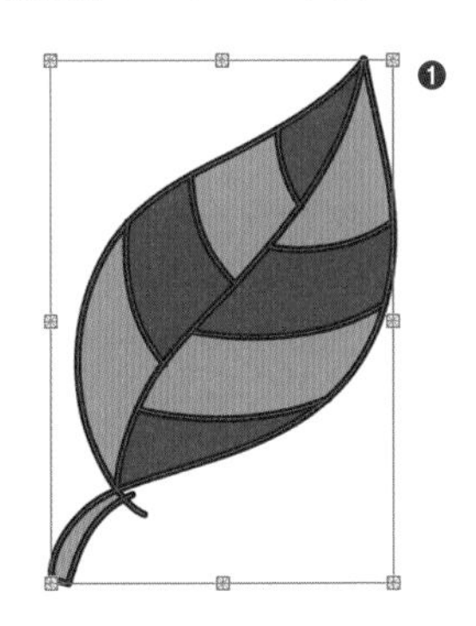

線と塗りのオブジェクトに変換すると、パーツごとに選択・編集することができます。

179 パスオブジェクトをドット絵に変換したい

使用機能｜モザイクオブジェクト、パスファインダー

モザイクオブジェクト ▸117 を応用すると、パスオブジェクトをドット絵に変換することができます。調整のひと手間がかかりますが、おおまかな形状を自動作成してくれるので、地道にドットで描画する必要はありません。

1 パスオブジェクトを作成して選択し❶、［オブジェクト］メニュー→［ラスタライズ］をクリックします❷。

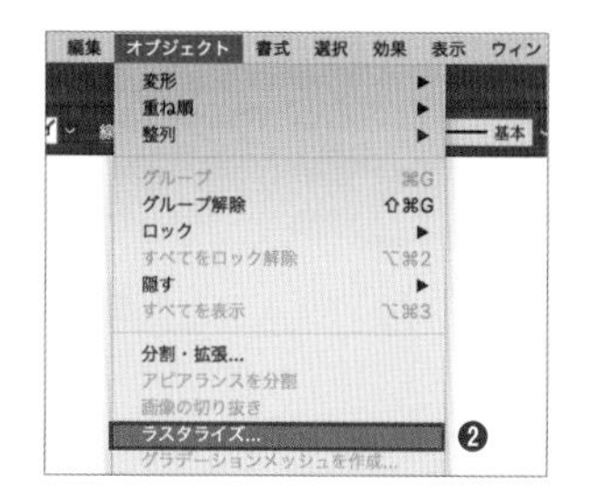

2 ［ラスタライズ］ダイアログが表示されるので、任意のカラーモードを選択して❶、［OK］ボタンをクリックします❷。

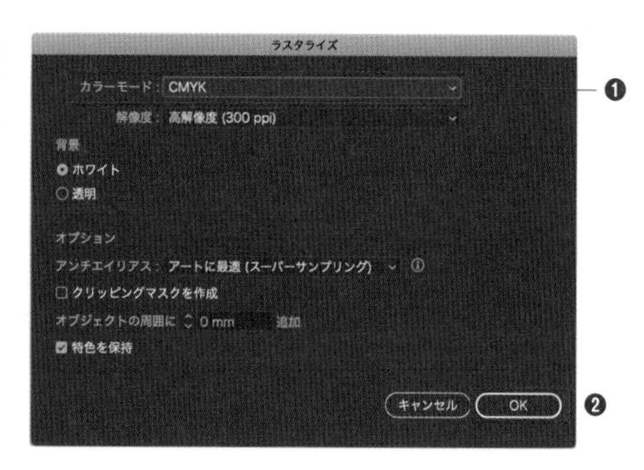

3 ［オブジェクト］メニュー→［モザイクオブジェクトを作成］をクリックします。

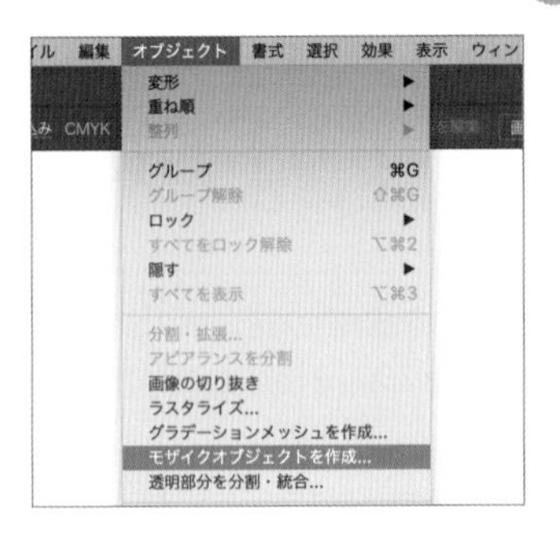

4 ［モザイクオブジェクトを作成］ダイアログが表示されるので、［タイル数］の［幅］に任意の値を入力し❶、［比率を使用］ボタンをクリックします❷。すると［タイル数］の［高さ］の値が自動的に計算・入力されます❸。［ラスタライズデータを削除］にチェックを入れ❹、［OK］ボタンをクリックします❺。

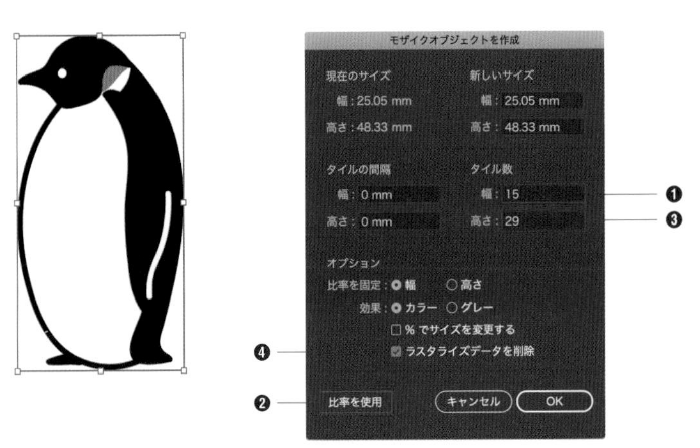

5 パスオブジェクトがモザイクオブジェクトに変換されます。不要な部分を選択・削除し、カラーを調整します。

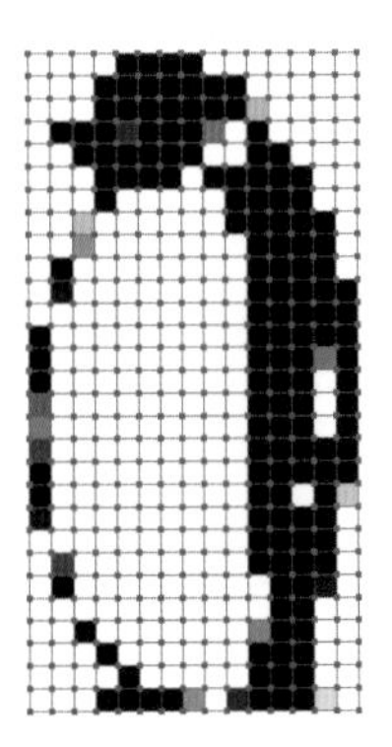

180 細部を編集しながら全体像をリアルタイムで確認したい

使用機能 新規ウィンドウ

アートボードを拡大表示して細部のパスなどを調整したあと、全体を確認するために100％表示に戻し、再度拡大して細部を調整……という操作を繰り返すことがあります。2画面表示を使えば、全体像を確認しながら細かな作業ができるため、表示切り替えの手間を省くことができます。

1. ［表示］メニュー→［新規ウィンドウ］をクリックします。すると、同一のファイルが新規のウィンドウで表示されます。

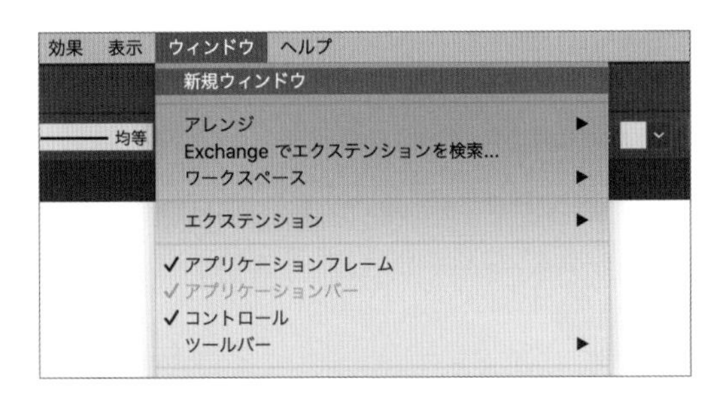

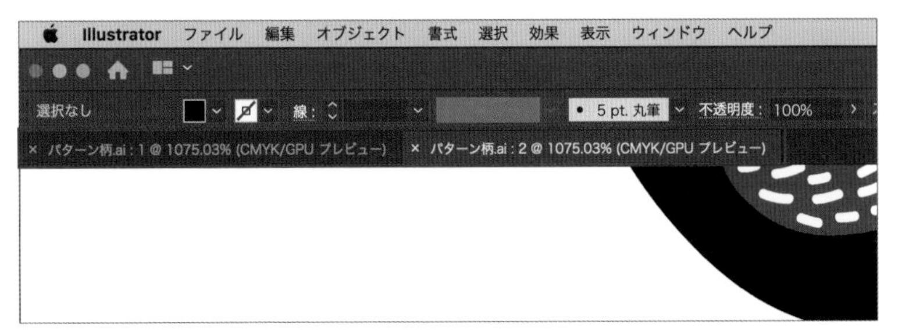

Memo

ファイル名.aiの後ろに「:1」「:2」という風に番号が振られます。

2 片方のウィンドウをワークスペースの右端までドラッグし❶、2画面表示にします。ウィンドウの幅を調整し❷、片方のウィンドウを全体表示にします。

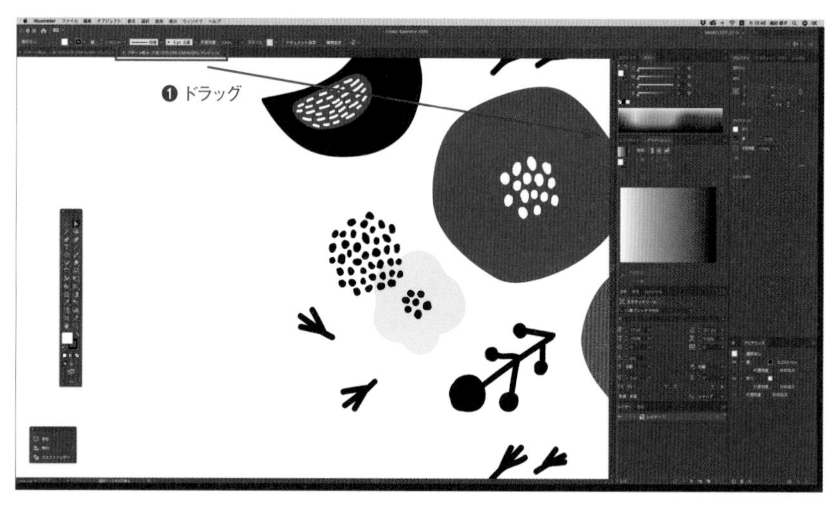

POINT

このふたつのウィンドウは同一のファイルを表示しているので、片方で修正した内容はリアルタイムでもう片方のウィンドウに反映されます。

ロゴ・タイトル・装飾文字の作成テクニック

Chapter

12

181 袋文字を作りたい

使用機能　[文字] ツール、[アピアランス] パネル、[カラー] パネル

輪郭線だけのテキストを袋文字といいます。線にカラーを設定するだけでも簡単に作ることができますが、線の太さによってはテキストがつぶれてしまうことがあります。ここでは [アピアランス] パネルを使って袋文字を作っていきます。

塗りが単色の袋文字

1 [文字] ツールでテキストを入力します❶。このとき、テキストの [塗り] と [線] のカラーは「なし」に設定しておきます❷。

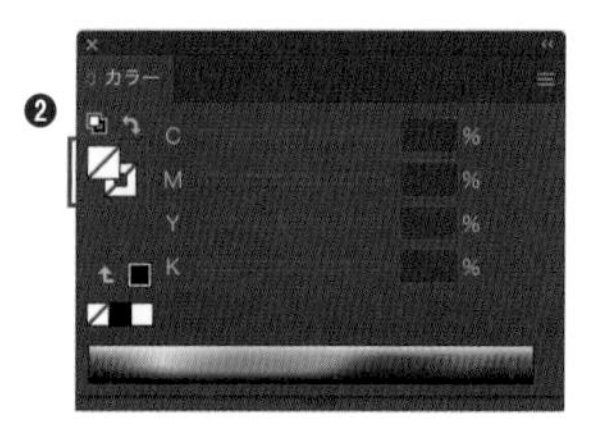

Memo

ここでは [アウトライン] で表示しています ▸▸043。

2 選択ツールでテキストを選択し❶、[ウィンドウ] メニュー→ [アピアランス] をクリックします。[アピアランス] パネルが表示されるので、[新規線の追加] ボタンをクリックします❷。すると [線] と [塗り] が新規追加されます❸。

3 追加された［線］を選択し❶、［文字］の下部にドラッグします❷。

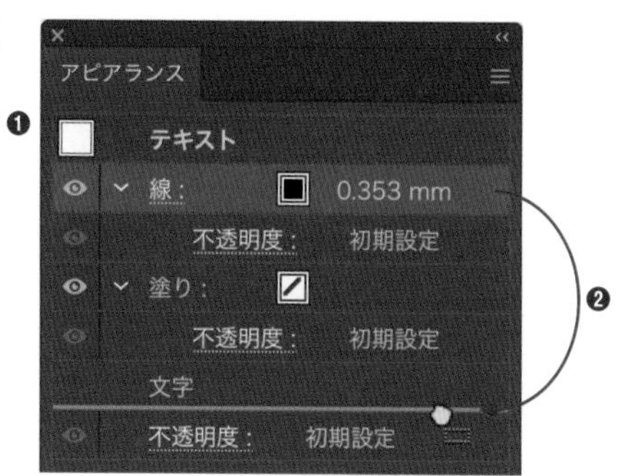

4 ［線］のカラーを shift キーを押しながらクリックし❶、任意の色に設定します❷。また、線の幅を任意の太さに設定します❸。

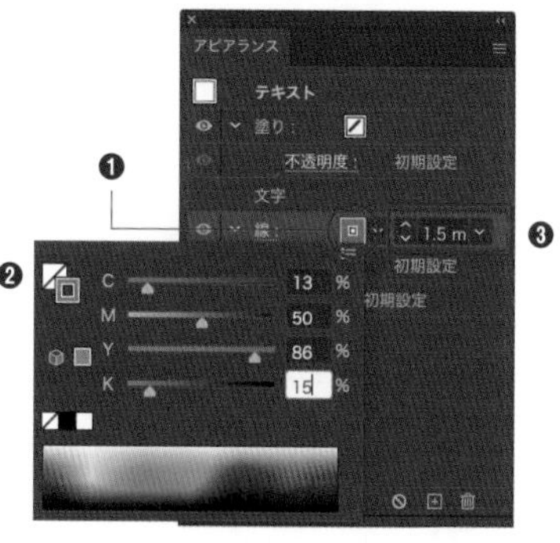

5 ［アピアランス］パネルの［塗り］を選択します。4の手順と同様に、［塗り］のカラーを設定します。

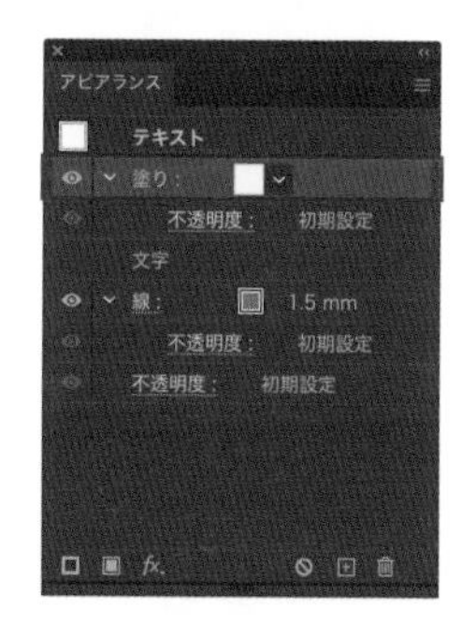

POINT

ツールバーやコントロールパネルの［線］［塗り］でカラーを指定すると、線が塗りの前面に配置されているため、線幅を太くしたときに次の図のように塗りがつぶれてしまいます。［アピアランス］パネルではもともとの線と塗りの位置関係を変更することができない仕様のため、［線］と［塗り］を新規に追加しています。

文字ごとに塗りが異なる袋文字

前ページの 4 の手順の後、[アピアランス] パネルで [塗り] を設定せずに、[文字] をダブルクリックするかⒶ、選択ツールでテキストをドラッグして選択しますⒷ。すると、[文字] のアピアランスが表示されます。

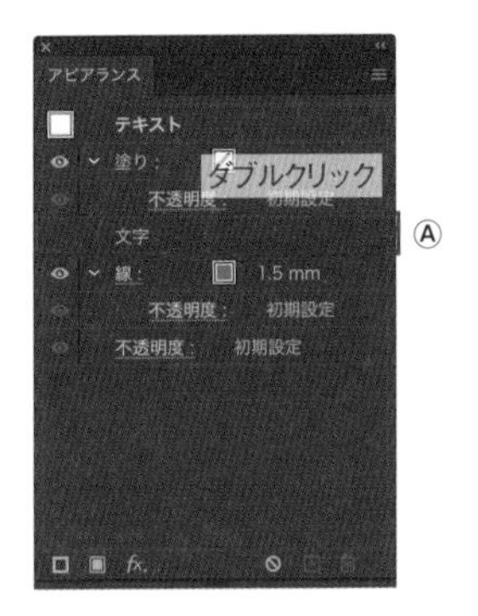

選択ツールで個々の文字をドラッグして選択し❶、[塗り] のカラーを shift キーを押しながらクリックして❷、任意の色に設定します❸。

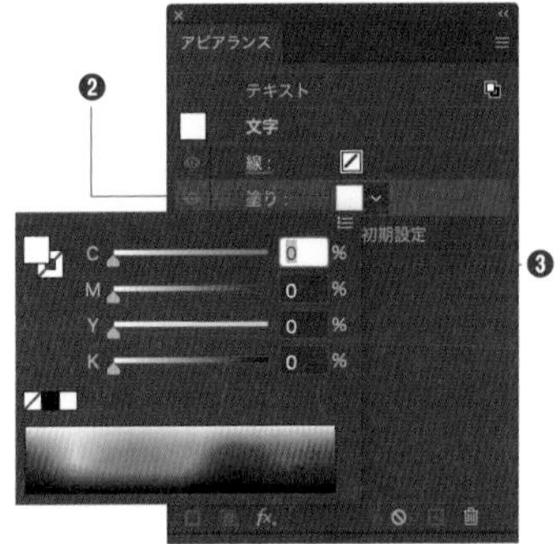

POINT

単色の袋文字を作る場合も、ここで紹介したように [文字] のアピアランスでカラーを指定することが可能です。しかし、[アピアランス] パネルで塗りや線を数多く重ねていくうちに、[文字] のアピアランスでカラーを設定していることを忘れてしまうなどして、混乱を招くことがあります。単色の場合は前項の方法で作ることを推奨します。

182 テキストを四角形や楕円で囲みたい

使用機能　[文字] ツール、[アピアランス] パネル、[カラー] パネル

テキストを図形で囲むには、図形ツールで描いた長方形や円の上にテキストを配置する方法があります。しかし、テキストの長さが変更になると、併せて図形のサイズの修正が必要になります。ここで紹介するのは、テキストを編集しても常に指定の幅や高さを保った図形に自動修正されるという便利なテクニックです。

1　[文字]ツールでテキストを入力して任意の色に設定し、選択ツールで選択します❶。[ウィンドウ]メニュー→[アピアランス]をクリックします。[アピアランス]パネルが表示されるので、[新規線の追加]ボタンをクリックします❷。すると[アピアランス]パネルに[線]と[塗り]が新規追加されます❸。

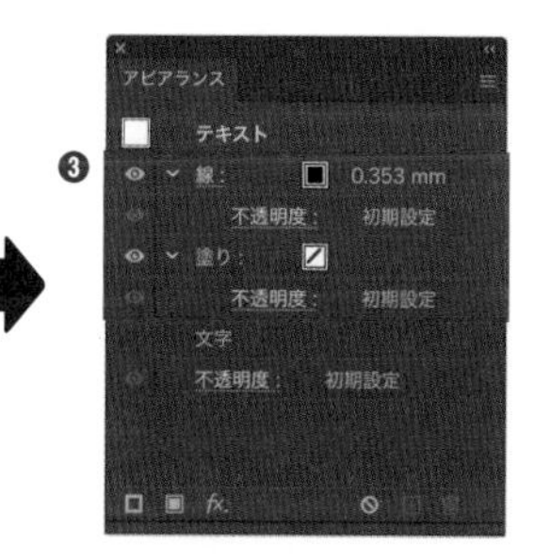

2　[線]と[塗り]のカラーを shift キーを押しながらクリックし❶、任意の色に設定します。また、線の幅を任意の太さに設定します❷。

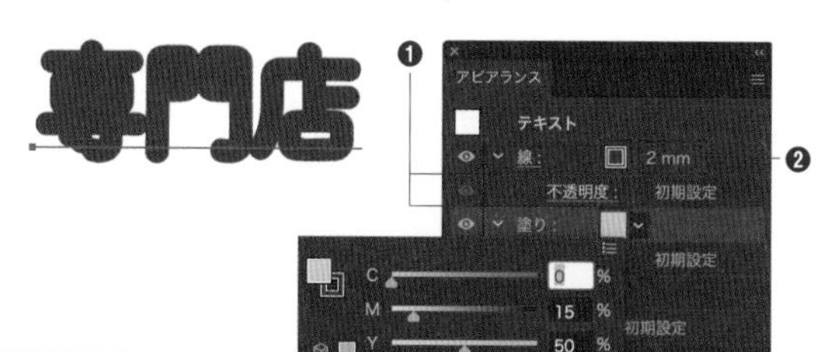

POINT

あとの工程で、この線と塗りが図形に適用されるため、線の幅とカラーは図形用に設定します。

3 ［線］と［塗り］を、［文字］の下部にドラッグで移動します。

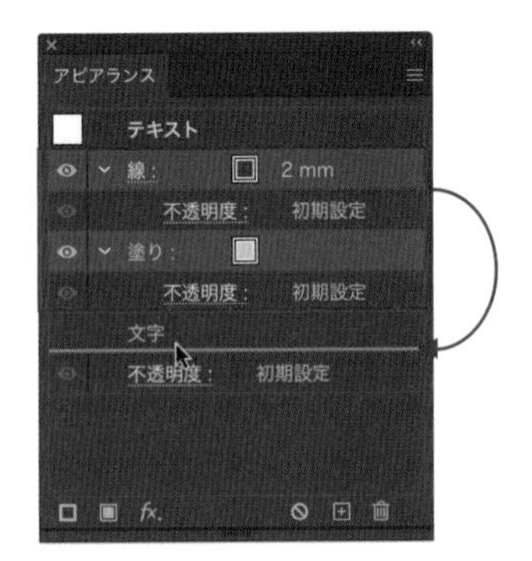

[アピアランス］パネルではそれぞれの項目の順番が重要です。［文字］の下部に移動する際、［線］と［塗り］の順番は［線］を上、［塗り］を下にします。

4 ［線］を選択し❶、［アピアランス］パネルの［新規効果の追加］ボタン→［形状に変換］から❷、任意の形状をクリックします。ここでは［角丸長方形］を選択します❸。

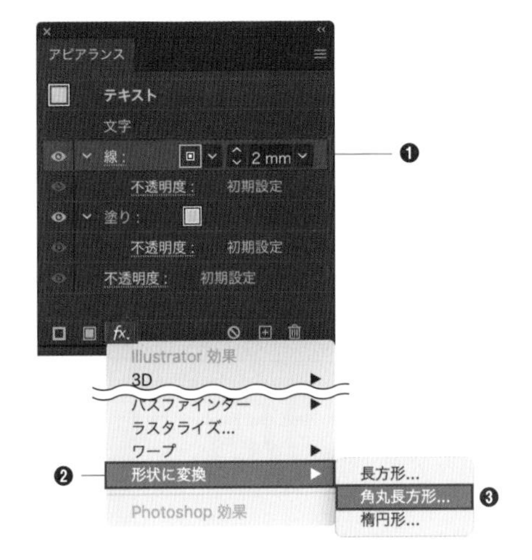

5 テキストの周りに角丸長方形が作成され、［形状オプション］ダイアログが表示されます。［プレビュー］にチェックを入れて❶、［サイズ］を［値を追加］に設定します❷。［幅に追加］と［高さに追加］に、それぞれテキストの左右（幅）と上下（高さ）の余白を設定します❸。イメージ通りになったら、［OK］ボタンをクリックします❹。ここではサイズ「56pt」のテキストに対し、下記の値を設定しています。

- **幅** …… 6mm
- **高さ** …… 4mm
- **角丸** …… 6mm

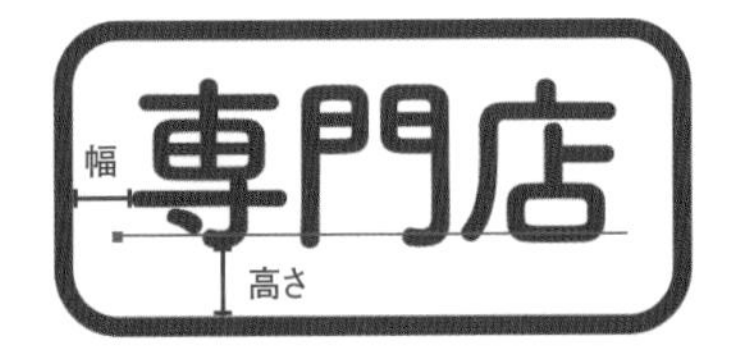

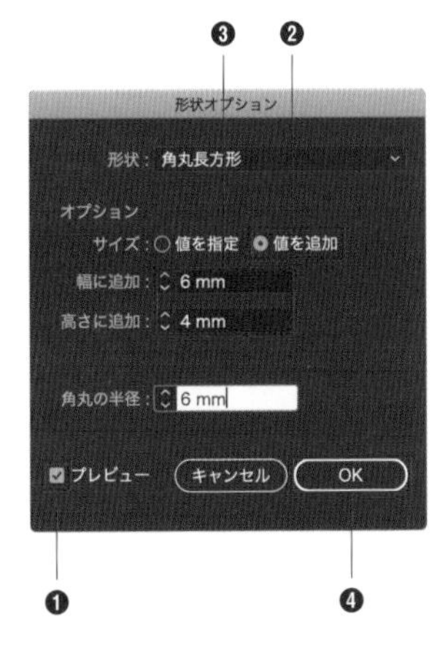

POINT

[サイズ]を[値を追加]に設定することで、テキストの文字数の増減に合わせてサイズが自動修正される図形になります。
・[値を指定]：テキストの文字数やサイズに関係なく、図形のサイズが固定されます。
・[値を追加]：テキストの文字数やサイズの変更に合わせて、テキストとの余白を保ちながら図形が伸縮します。

6 [塗り]を選択し❶、[新規効果の追加]ボタン→[形状に変換]から[線]と同じ形状を選択します❷。

7 [形状オプション]ダイアログが表示されるので、5の手順で[線]に設定したオプションと同様の設定にし❶、[OK]ボタンをクリックします❷。これでテキストを編集すると、文字の増減に合わせて図形のサイズが自動修正されるようになります❸。

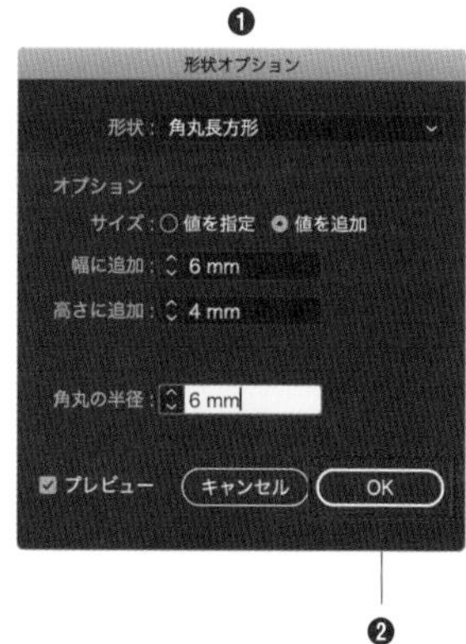

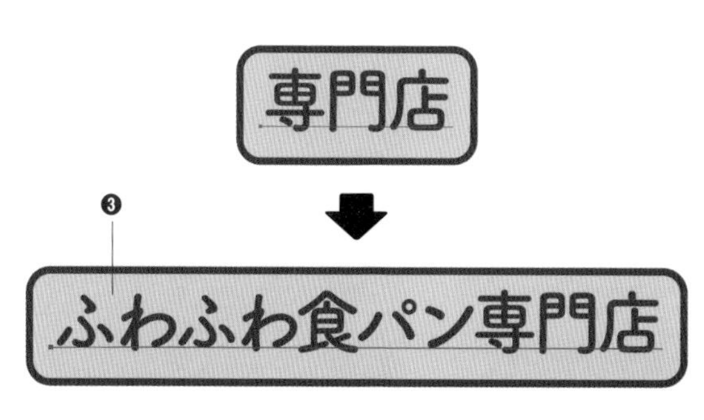

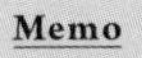

複数のテキストをグループ化したものに対しても、図形を適用することができます。

お客様へお願い

当店の食パンは、おひとり様につき
ご購入は【2本まで】と制限させていただいております。
ご理解のほど、どうぞよろしくお願いいたします。

テキストと図形のずれの調整

フォントによっては、作例のようにテキストが図形の中心から上下にずれてしまうことがあります。中心で揃えるには、図形に変形した線と塗りの位置を操作します。

下の余白が広く、中心より上にずれている

図形に変形した[線]を選択し❶、[新規効果の追加]ボタン→[パスの変形]→[変形]をクリックします❷。[変形効果]ダイアログが表示されます❸。[プレビュー]にチェックを入れて❹、[移動]の[垂直方向]の値を調整します❺。イメージ通りになったら、[OK]ボタンをクリックします❻。この設定を[塗り]でも行います。

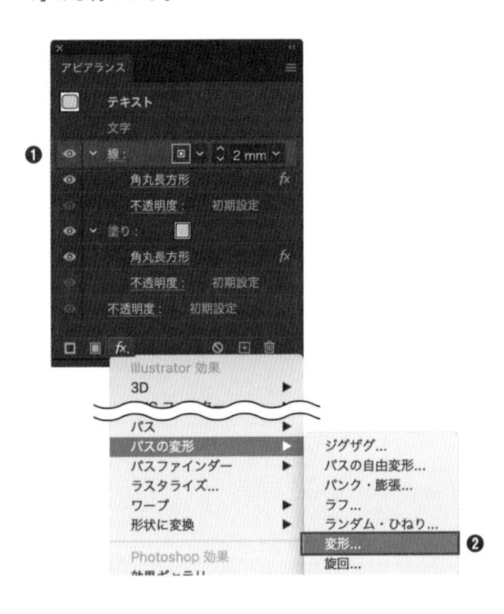

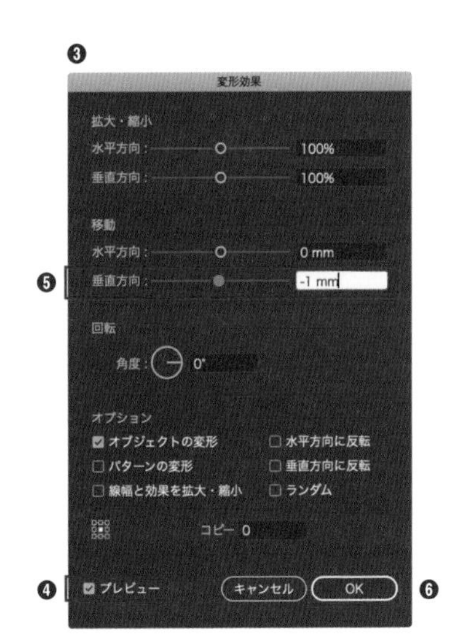

183 テキストの文字のサイズや角度を一文字ごとに変えたい

使用機能 ［文字］ツール、［文字タッチ］ツール

［文字タッチ］ツールを使うと、テキストオブジェクトのまま、一文字ごとに移動、回転などの編集を加えることができます。ロゴや見出しの作成に便利です。

一文字単位で移動、回転、拡大・縮小

1 ［文字］ツールでテキストを入力して選択ツールで選択し❶、［ウィンドウ］メニュー→［書式］→［文字］をクリックします。［文字］パネルが表示されるので、［文字タッチツール］ボタンをクリックします❷。マウスポインタが に変わったのを確認し、編集したい文字の上でクリックすると❸、文字の周りにバウンディングボックスのような四角形が表示されます❹。

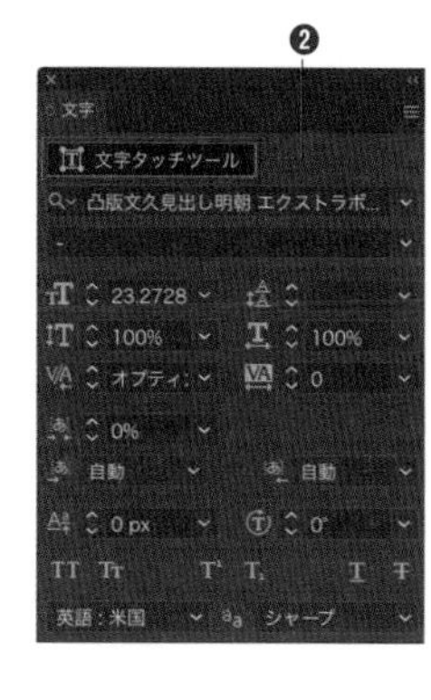

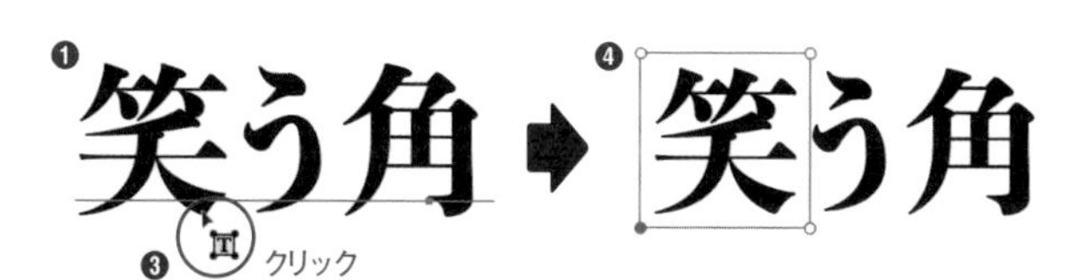

Memo

［文字タッチツール］ボタンが表示されていない場合は、［文字］パネル右上の［メニュー］ボタンをクリックし、［文字タッチツール］をクリックします。

2 白丸のポイントをドラッグすると、文字が変形します。左下のポイントまたは文字の中心をドラッグすると、文字が移動します。

3 別の文字の編集に移りたいときは、その文字をクリックします。2 ～ 3の手順を繰り返して、一文字ずつ編集をします。ドキュメントの空いたスペースをクリックして操作を終了します。

POINT

文字タッチツールでは、以下のような操作が可能です。

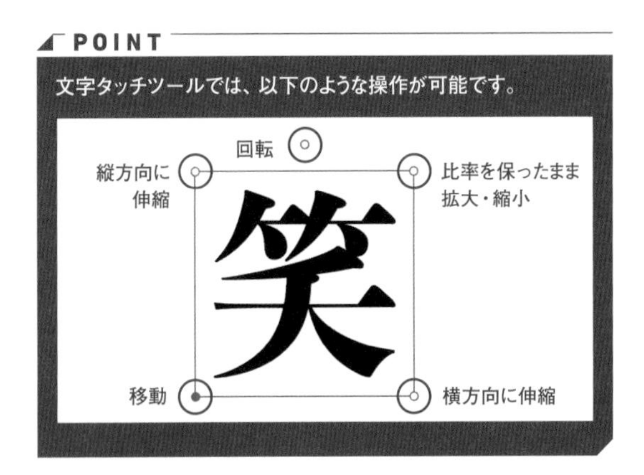

一文字単位でカラー変更、文字修正

［文字タッチ］ツールで編集したテキストオブジェクトは、［文字］ツールで一文字単位で選択して、［カラー］パネルでカラーを変更したり、文字を修正したりすることができます。

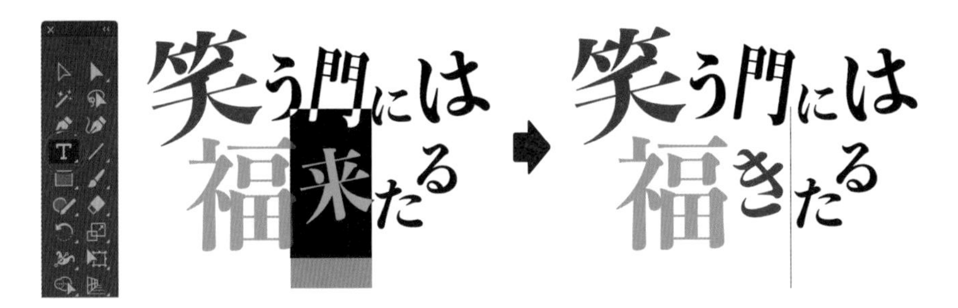

編集内容のリセット

［文字タッチ］ツールでの編集内容をリセットするには、［文字］パネル右上の［メニュー］ボタンをクリックし、［パネルを初期化］を選択します。このとき、フォントの設定など文字書式がリセットされてしまうので注意が必要です。

184 テキストを単純な形状に変形したい

使用機能 ［文字］ツール、ワープ

ワープオプションの機能を使うと、テキストオブジェクトのままで文字の形状を変形することができます。

1 ［文字］ツールでテキストを入力して選択ツールで選択し❶、［ウィンドウ］メニュー→［アピアランス］をクリックします。［アピアランス］パネルが表示されるので、［新規効果の追加］ボタン→［ワープ］からワープスタイルをクリックします❷。ここでは［下弦］を選択します。

❶

FESTIVAL

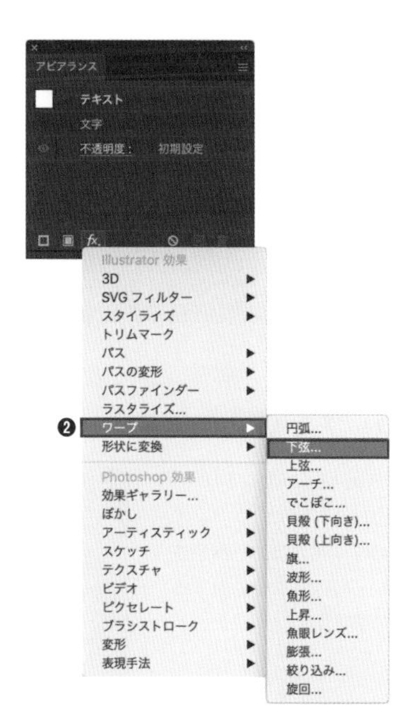

Memo

［オブジェクト］メニュー→［エンベロープ］→［ワープで作成］をクリックすると、スタイルを選択せずに［ワープオプション］ダイアログを表示できます。

2 [ワープオプション]ダイアログが表示されます❶。[プレビュー]にチェックを入れて❷、各項目を設定します❸。イメージ通りになったら、[OK]ボタンをクリックします❹。

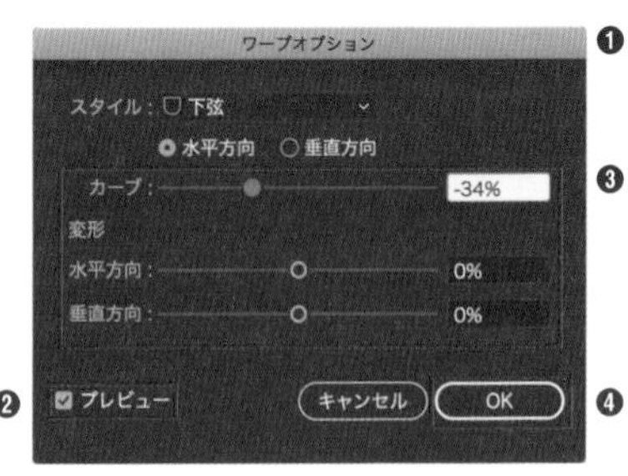

Memo ここでは[水平方向]にチェックを入れて[カーブ]をマイナス方向に調整し、テキストの下部を半円状に凹ませています。

POINT

テキストオブジェクトを保持しているため、[文字]パネルで形状を調整したり(ここではテキストの縦横の比率を変更しています)、テキストを修正したりすることができます。

ワープスタイルの変更

[アピアランス]パネルで[ワープ]をクリックすると[ワープオプション]ダイアログが表示され、ワープスタイルを変更することができます。

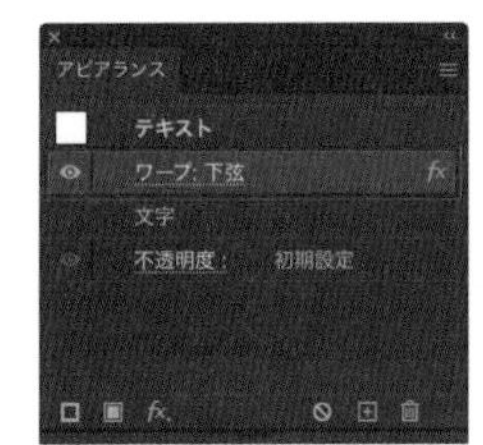

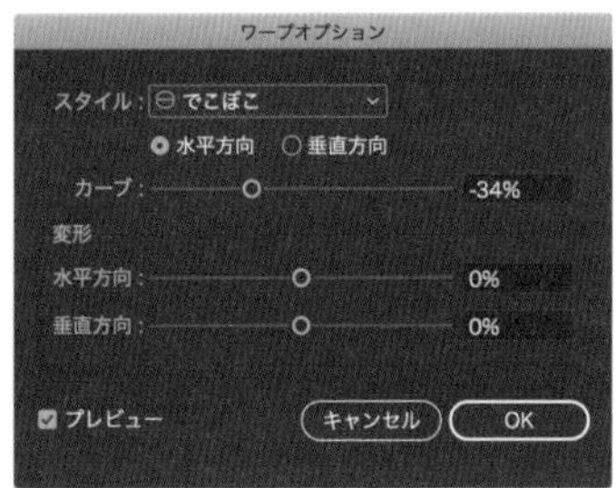

POINT

作例のアピアランスは、以下のように作成します。
[アピアランス] パネルで、[文字] の上に [塗り]、[文字] の下に [線] を作成します。
・フォントサイズ …… 25mm
・塗り …… カラー [C:0 M:84 Y:14 K:0]
・線 …… カラー [C:0 M:0 Y:0 K:100]、線幅 [3mm]

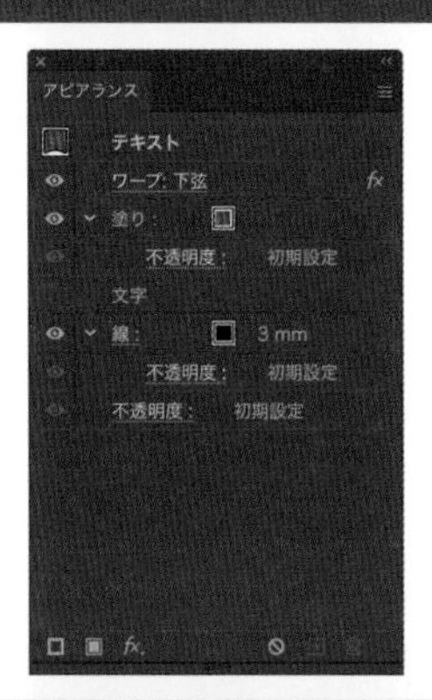

[線] を選択し❶、[新規効果の追加] ボタンから [パスの変形] → [変形] を選択します❷。[変形効果] ダイアログが表示されます❸。文字に影が落ちているような効果にするため、ここでは [移動] を [コピー] します。[移動] の [垂直方向] に値 (ここでは「2mm」) を入力し❹、始点を設定して❺、[コピー] に「1」と入力します❻。最後に [OK] ボタンをクリックします❼。

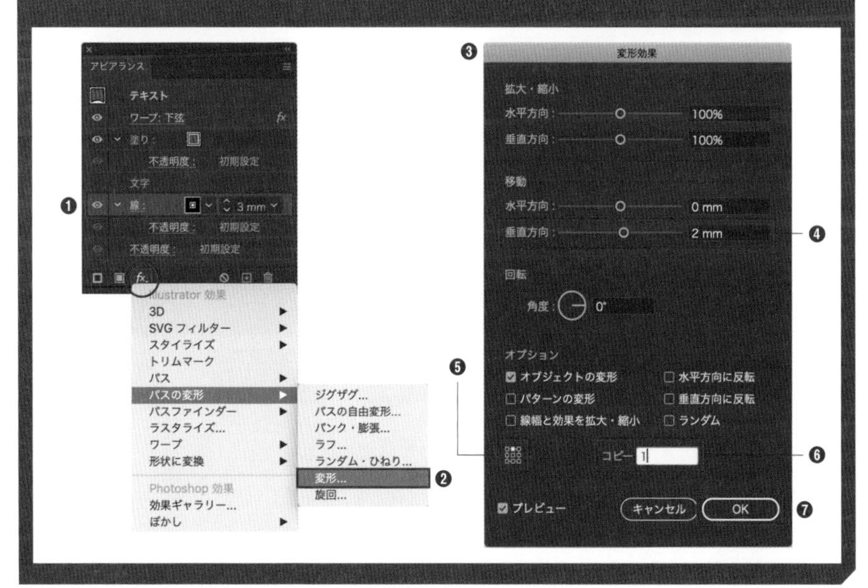

ワープスタイル一覧

ワープスタイルには次のような種類があります。

水平方向

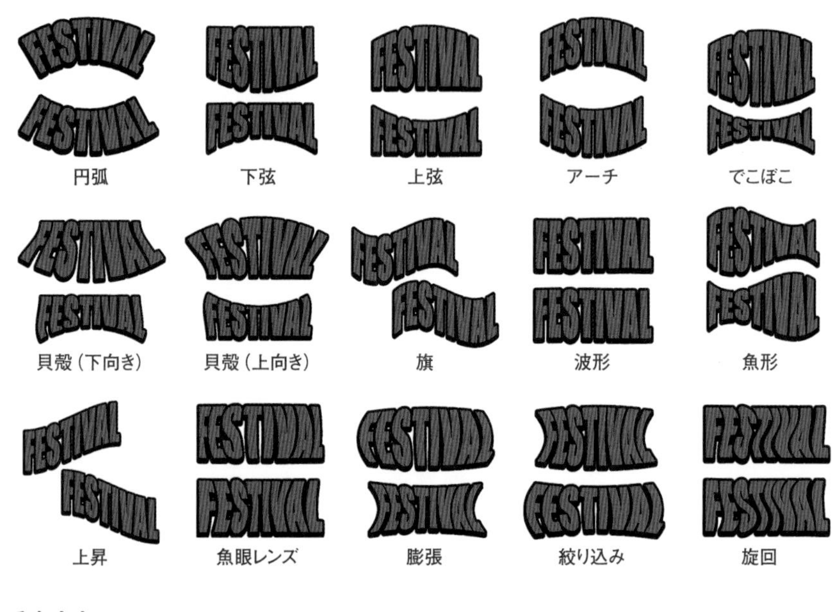

垂直方向

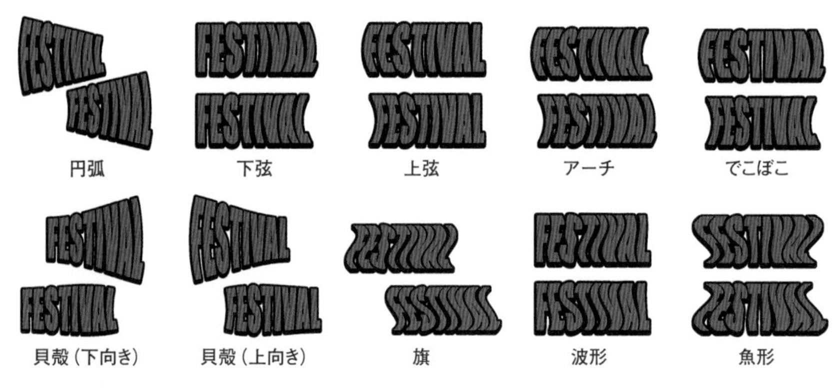

上昇

Memo

魚眼レンズ、膨張、絞り込み、旋回は水平方向・垂直方向の結果が同じになります。

185 テキストを自由な形状に変形したい

使用機能　[文字]ツール、エンベロープメッシュ

エンベロープメッシュ機能を使うと、テキストオブジェクトのまま文字の形状を自由に変形することができます。

1 [文字]ツールでテキストを入力して選択ツールで選択し❶、[オブジェクト]メニュー→[エンベロープ]→[メッシュで作成]をクリックします❷。

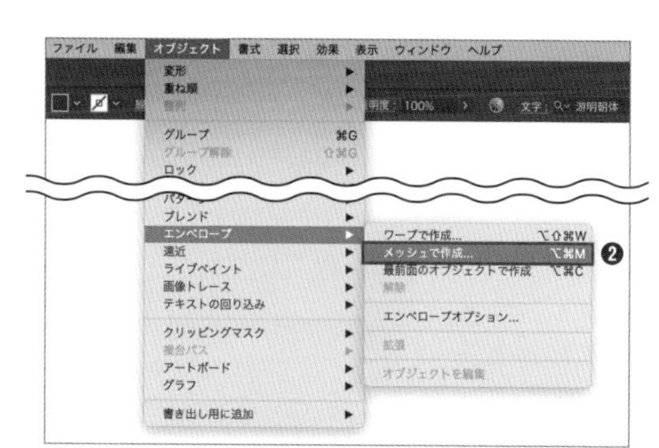

2 [エンベロープメッシュ]ダイアログが表示されるので❶、[プレビュー]にチェックを入れ❷、文字を変形しやすいように[メッシュ]の[行数]と[列数]を設定します❸。ここでは行数「4」、列数「3」のメッシュ(グリッド)を作成します。

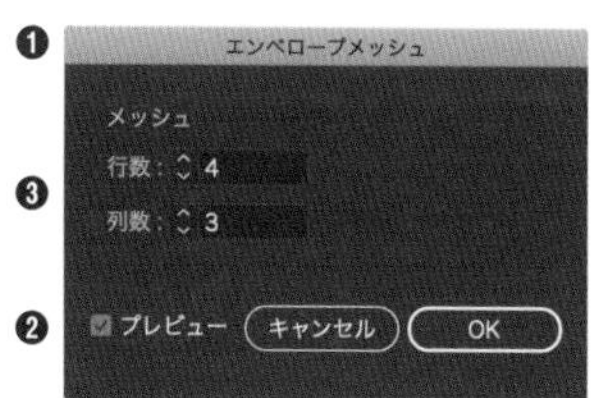

3 [ダイレクト選択]ツールまたは[メッシュ]ツールで任意のアンカーポイントやハンドルをドラッグすると、テキストが変形します。イメージ通りになるまでこの操作を繰り返します。ドキュメントの空いたスペースをクリックして操作を終了します。

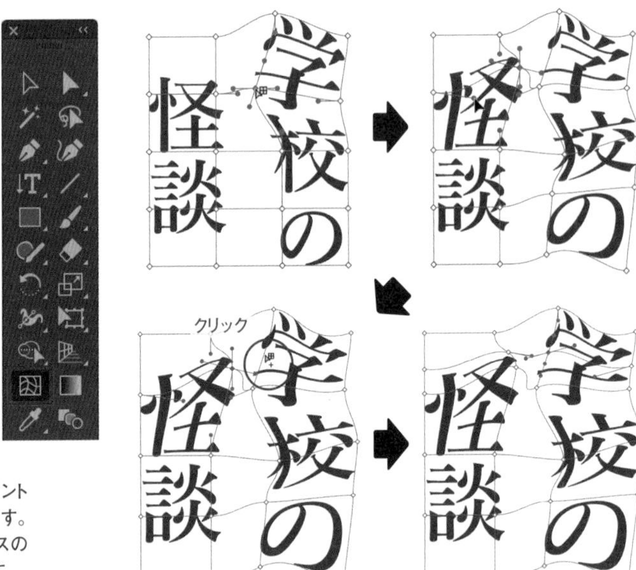

Memo

メッシュにアンカーポイントを追加することもできます。[メッシュ]ツールでパスのセグメントをクリックします。

POINT

テキストの変形中に文字修正などテキストの編集を行うときは、コントロールパネルの[オブジェクトを編集]ボタンをクリックします。テキストが選択状態になり、編集できるようになります。編集後は[エンベロープを編集]ボタンをクリックすると、エンベロープメッシュが表示され、テキストの変形ができるようになります。

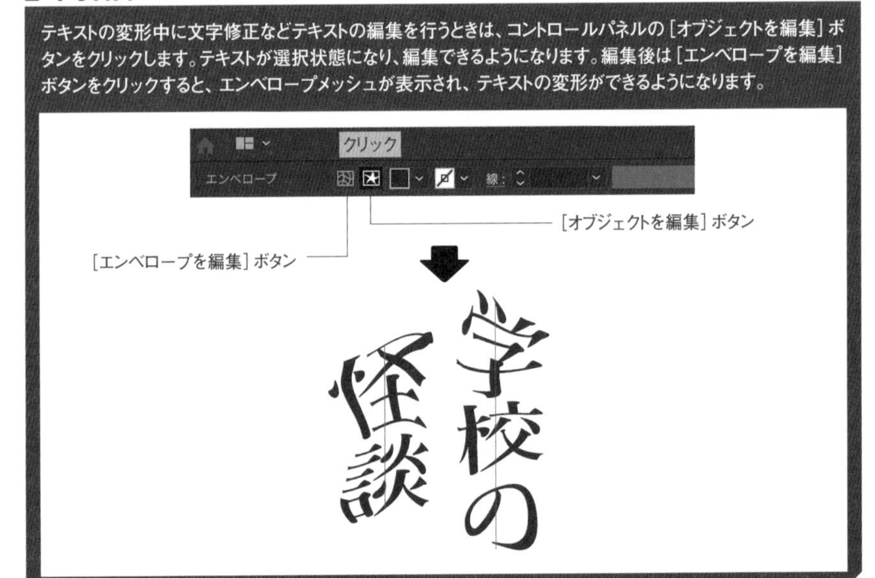

186 簡単に文字を装飾したい

使用機能　グラフィックスタイルライブラリ、［アピアランス］パネル

グラフィックスタイル ▸▸101 は、テキストにも適用することができます。ライブラリに数多くの効果が用意されているので、まずはいろいろ試してイメージに合うスタイルを見つけ、適宜編集を加えるのがよいでしょう。

1 ［文字］ツールでテキストを入力します。［ウィンドウ］メニュー→［グラフィックスタイルライブラリ］から［文字効果］をクリックします。

DANCE
BATTLE!!

2 ［文字効果］パネルが表示されます。選択ツールでテキストを選択して❶、［文字効果］パネルのアイコンを control キーを押しながらマウスのボタンを長押しすると（Windowsではマウスの右ボタンを長押し）、プレビューを確認することができます❷。

❶ DANCE
BATTLE!!

control キー＋マウス長押し

❷

3 効果を適用するには、アイコンをクリックします。

クリックして適用

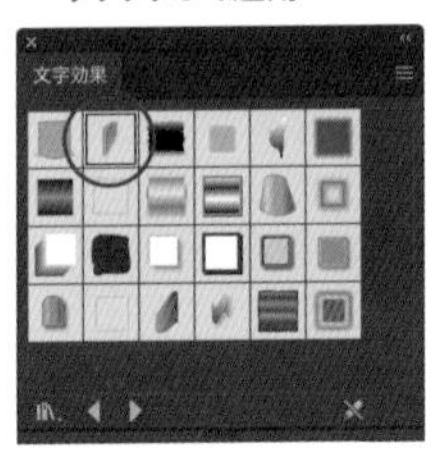

4 [ウィンドウ] メニュー→ [アピアランス] をクリックします。 [アピアランス] パネルが表示されるのでさらに編集を加えます。ここではカラーを変更しています。

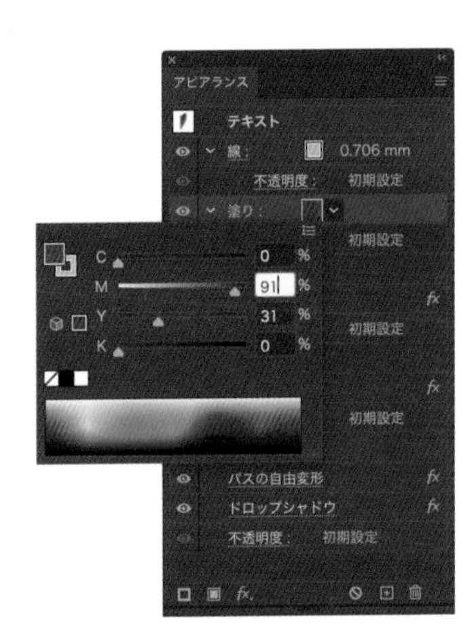

Memo

グラフィックスタイルライブラリにある [文字の効果] 以外の効果も、テキストに適用できます。

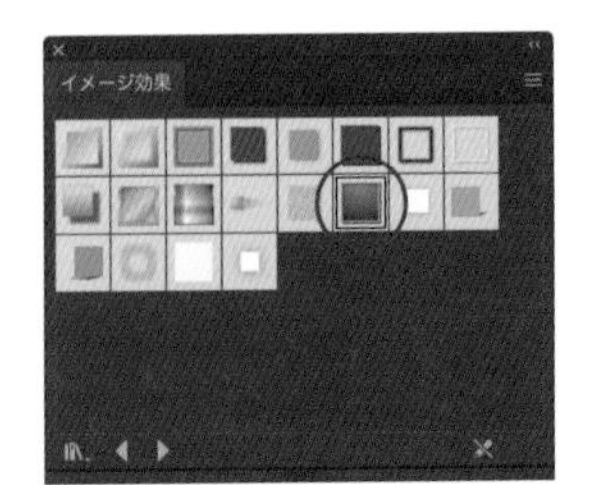

187 インパクトの強い装飾文字を作りたい

使用機能 [アピアランス]パネル、[グラデーション]パネル、ブレンド、[シアー]ツール、[フレア]ツール

チラシ広告の見出しのようなインパクトの強い装飾文字は、アピアランスで塗りと線を重ね、それらに効果を適用することで作ることができます。

文字の装飾

1 [文字]ツールでテキストを入力します。ここでは下記の設定にしています。

- **フォントサイズ** …… 75pt
- **塗り** …… カラーなし
- **線** …… カラーなし

Memo カラーなしのテキストなので、1の手順ではアウトライン表示にしています ▸▸043。

2 選択ツールでテキストを選択して❶、[ウィンドウ]メニュー→[アピアランス]をクリックします。[アピアランス]パネルが表示されるので、[新規塗りの追加]ボタンをクリックし❷、[塗り]を追加します❸。

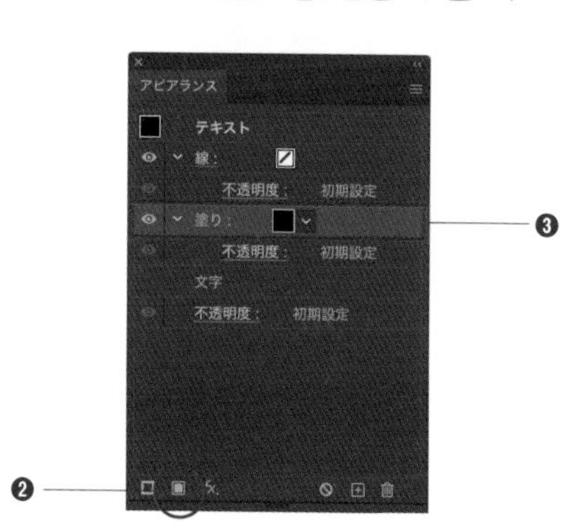

3 追加した[塗り]を選択して❶、[ウィンドウ]メニュー→[グラデーション]をクリックします。[グラデーション]パネルが表示されるので❷、[塗り]のカラーに次の設定でゴールド風の線型グラデーションを適用します ▶▶059。

Ⓐ**角度** …… −90°

Ⓑ**カラー分岐点左**

- **カラー** …… C:0 M:3 Y:83 K:0
- **位置** …… 10%

Ⓒ**カラー分岐点中央**

- **カラー** …… C:0 M:5 Y:27 K:0
- **位置** …… 50%

Ⓓ**カラー分岐点右**

- **カラー** …… C:7 M:19 Y:100 K:0
- **位置** …… 78%

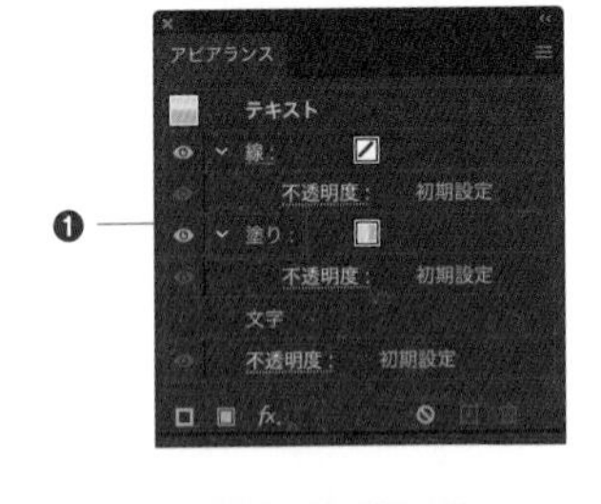

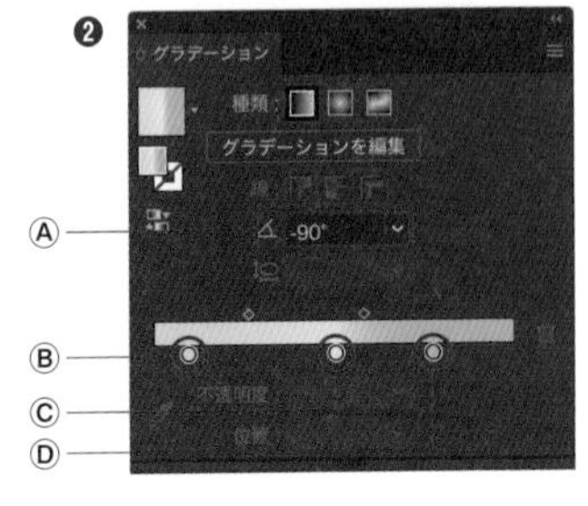

大感謝祭

Memo

ゴールドのグラデーションがうまく作れない場合は、[ウィンドウ]メニュー→[スウォッチライブラリ]→[グラデーション]から、[メタル]スウォッチを利用すると便利です。

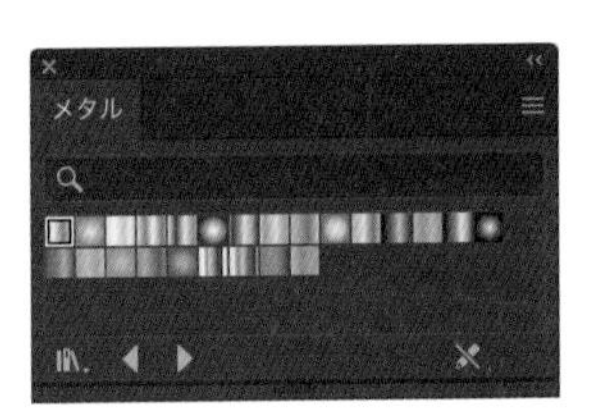

4 [線]のカラーを shift キーを押しながらクリックし、カラーを設定します❶。また、[線]をクリックして❷、[線幅]と[角の形状]を設定します❸。ここでは以下のように設定します。

Ⓐ**カラー**
…… C:0 M:63 Y:89 K:13

Ⓑ**線幅** …… 0.4mm

Ⓒ**角の形状** …… ラウンド結合

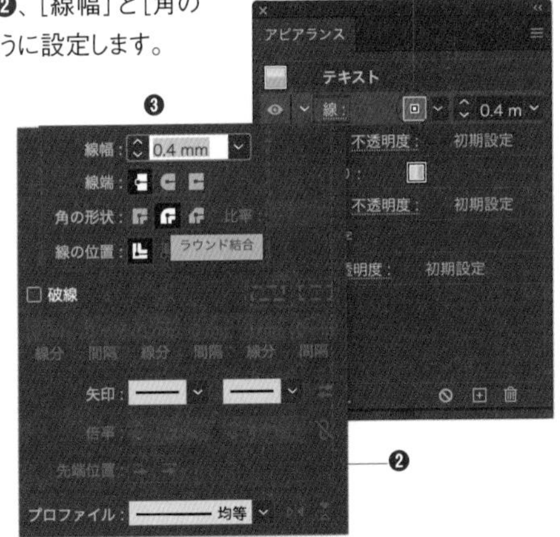

5 [線]を選択し❶、[アピアランス]パネルの[新規効果の追加]ボタン→[スタイライズ]→[ドロップシャドウ]をクリックします❷。[ドロップシャドウ]ダイアログが表示されるので、各項目を右のように設定し、[OK]ボタンをクリックします❸。

Ⓐ**描画モード** …… 乗算
Ⓑ**不透明度** …… 75%
Ⓒ**X軸オフセット** …… 0.2mm
Ⓓ**Y軸オフセット** …… 0.2mm
Ⓔ**ぼかし** …… 0.2mm
Ⓕ**カラー** …… K:80

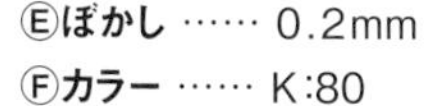

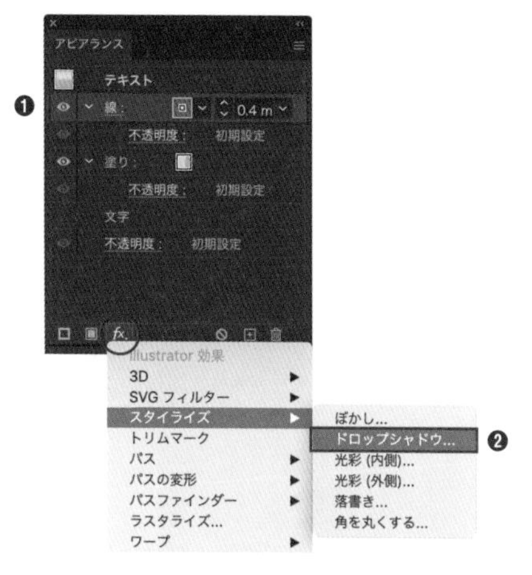

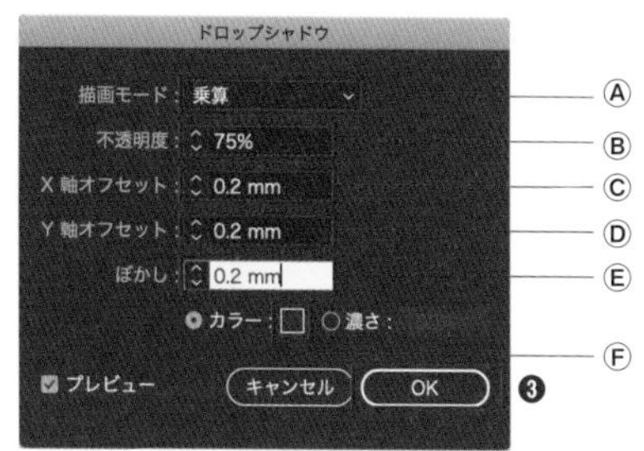

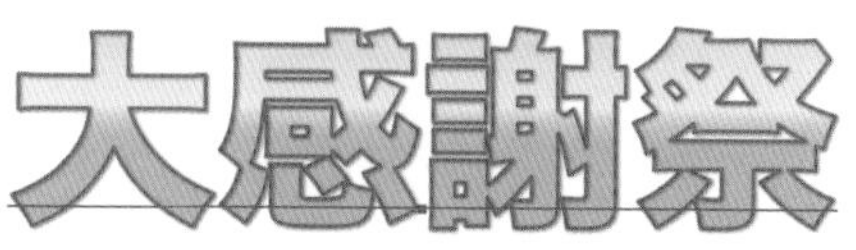

6 [アピアランス]パネルの[新規線を追加]ボタンをクリックして❶、[線]を追加します。3の手順で作成したゴールドの[塗り]の下に[線]を移動し❷、次のように設定します。

Ⓐ**カラー** …… C:0 M:0 Y:0 K:100
Ⓑ**線幅** …… 3.5mm
Ⓒ**角の形状** …… ラウンド結合

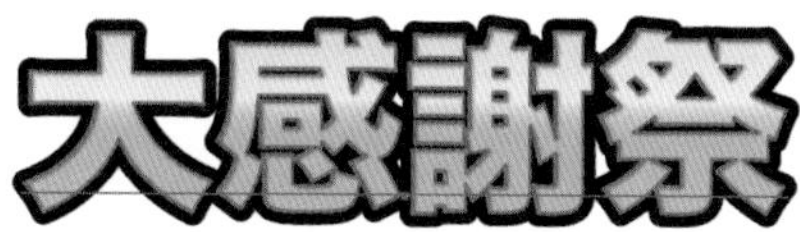

Memo

[線]を新規追加すると、前回作成した[線]と同じ設定の線が作成されます。

7 [アピアランス]パネルの[新規線を追加]ボタンをクリックして、[線]を追加します。6の手順で作成した[線]の下に[線]を移動し❶、右のように設定します。また、カラーに右の設定で赤のグラデーションを適用します。

[線]
Ⓐ**線幅** …… 8.5mm
Ⓑ**角の形状** …… ラウンド結合

[線]のカラー
Ⓒ**角度** …… −90°
Ⓓ**カラー分岐点左**
- **カラー** …… C:0 M:100 Y:100 K:0
- **位置** …… 0%

Ⓔ**カラー分岐点右**
- **カラー** …… C:0 M:100 Y:100 K:25
- **位置** …… 100%

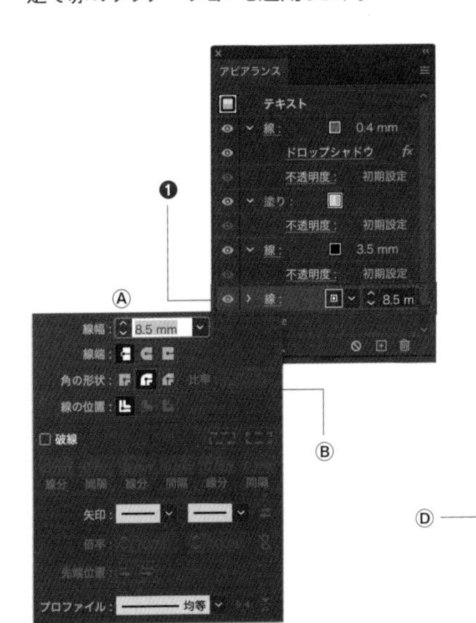

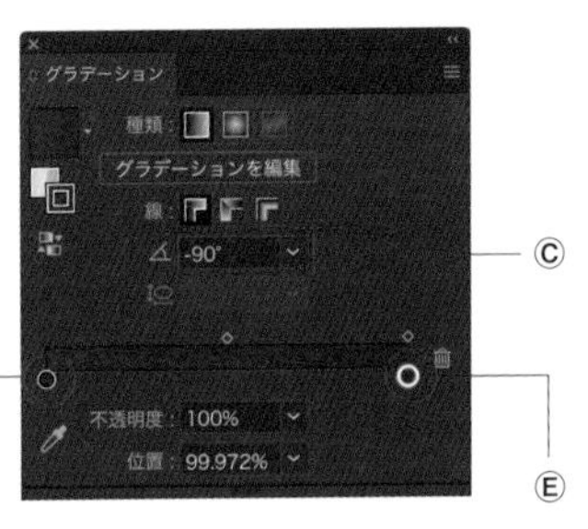

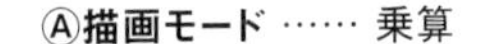

8 7の手順で作成した[線]を選択し❶、[アピアランス]パネルの[新規効果の追加]ボタン→[スタイライズ]→[光彩(内側)]をクリックします❷。[光彩(内側)]ダイアログが表示されるので、各項目を右のように設定し、[OK]ボタンをクリックします❸。

Ⓐ**描画モード** …… 乗算
Ⓑ**カラー** …… C:0 M:0 Y:0 K:100
Ⓒ**不透明度** …… 75%
Ⓓ**ぼかし** …… 0.7mm、境界線

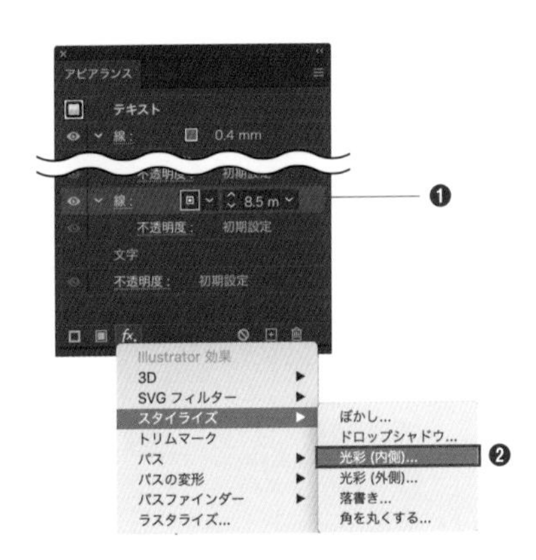

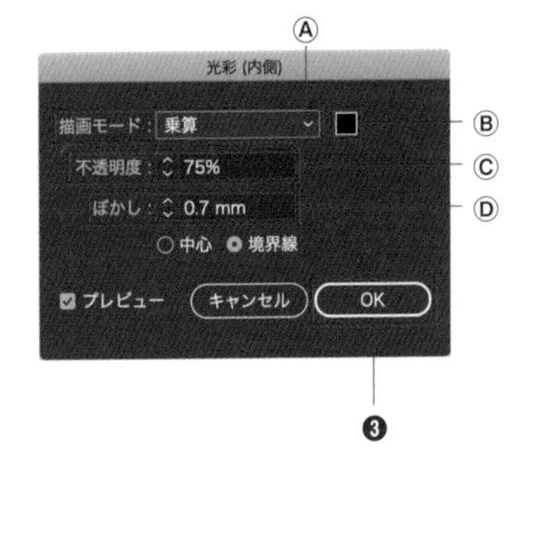

9 ［アピアランス］パネルの［新規線を追加］ボタンをクリックして、［線］を追加します。7の手順で作成した［線］の下に［線］を移動します❶。次のように設定します。

Ⓐ**カラー** ……3の手順で作成した塗りと同じゴールドのグラデーション
Ⓑ**線幅** ……10mm

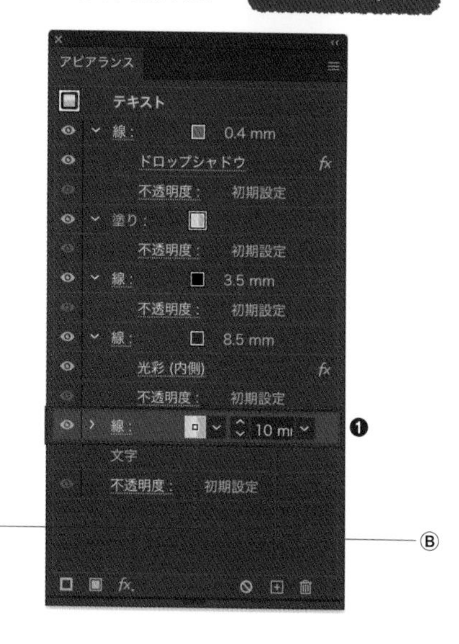

背景の作成

1 作成した装飾文字をコピー＆ペーストして複製します❶。複製した文字の、最下層にある［線］以外のアピアランスを shift キーを押しながら選択し❷、［選択した項目を削除］ボタンをクリックします❸。

❶複製

ゴールドのグラデーションの線のみ残る

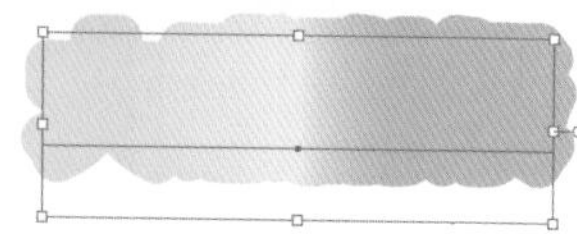

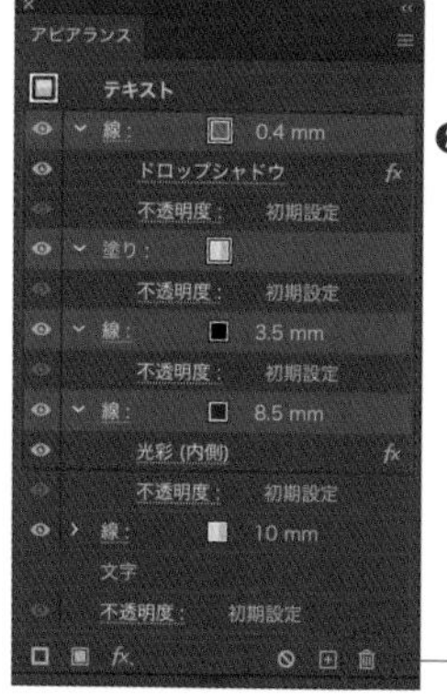

❷ shift キー＋クリック

❸クリック

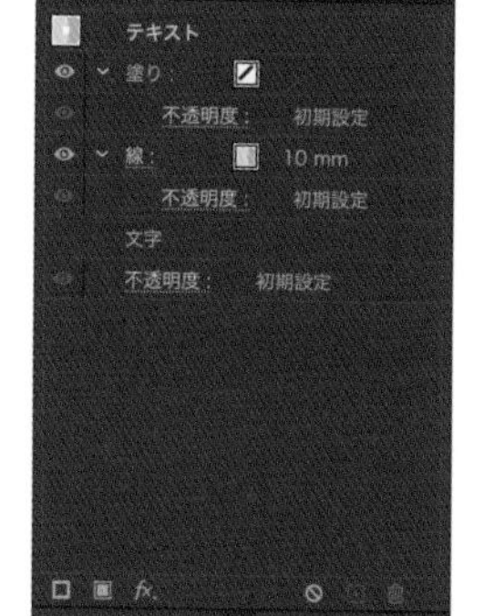

2 残ったオブジェクトを選択し❶、[オブジェクト] メニュー→ [アピアランスを分割] をクリックします❷。

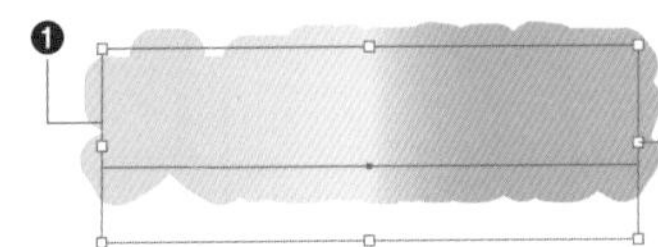

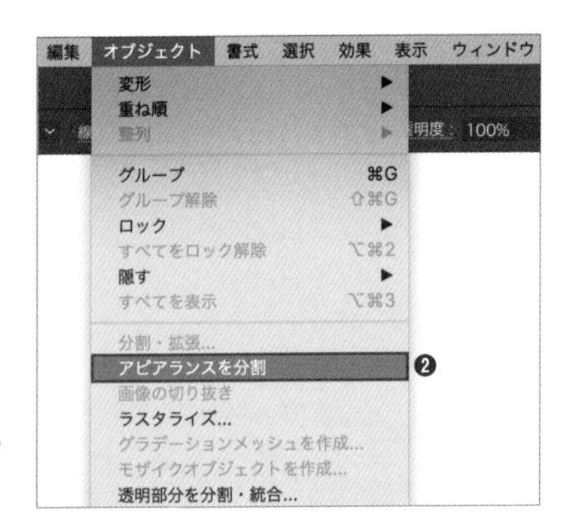

3 続けて [オブジェクト] メニュー→ [パス] → [パスのアウトライン] をクリックします❶。すると下図のような塗りのオブジェクトになります❷。

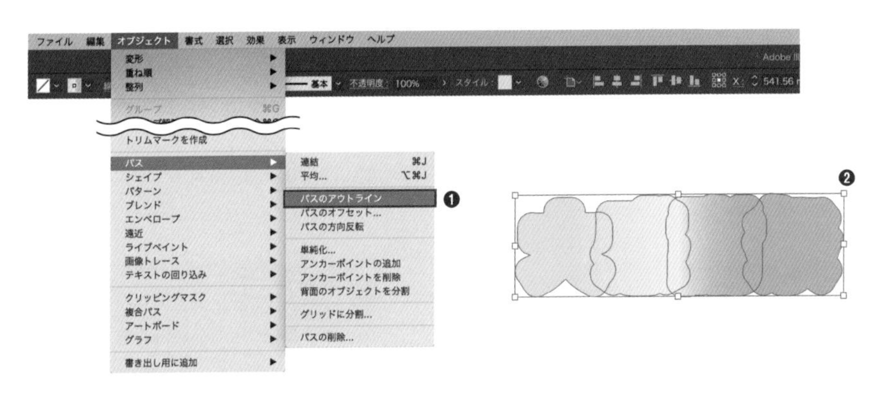

4 [ウィンドウ] メニュー→ [パスファインダー] をクリックします。[パスファインダー] パネルが表示されるので、[合体] ボタンをクリックして❶、**3** の手順で作成されたオブジェクトをひとつのオブジェクトに合体します。塗りのカラーを [C:0 M:100 Y:100 K:100] に設定します❷。

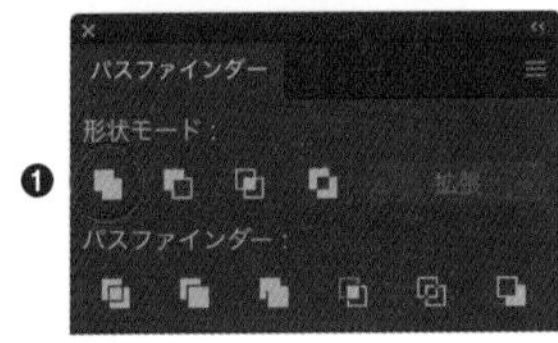

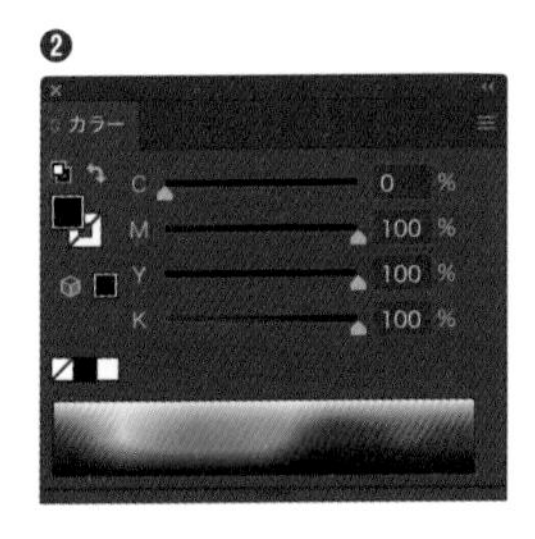

ここで塗りのカラーの黒に [M:100] と [Y:100] を混ぜているのは、このあとの工程でグラデーションカラーにきれいにブレンドするためです。

5 作成したオブジェクトを斜め右下の位置に複製し、縮小します❶。塗りのカラーを[C:0 M:100 Y:100 K:0]に設定します❷。

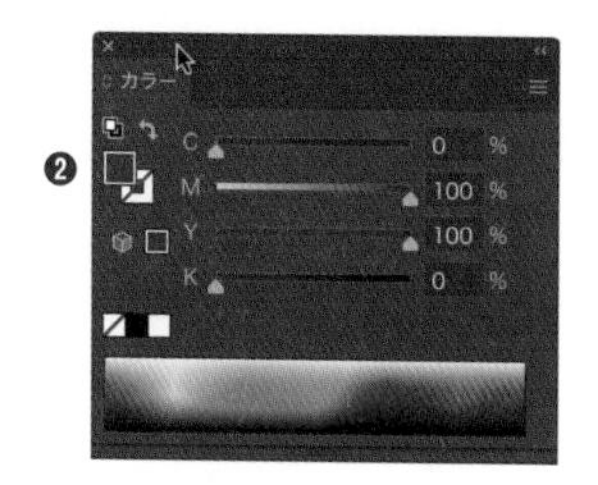

6 複製したオブジェクトを選択し❶、[オブジェクト]メニュー→[重ね順]→[最背面へ]をクリックします❷。

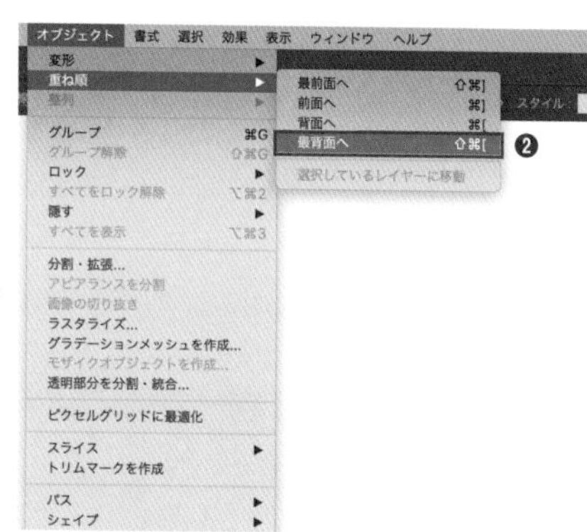

7 両方のオブジェクトを選択し、[オブジェクト]メニュー→[ブレンド]→[作成]をクリックします。

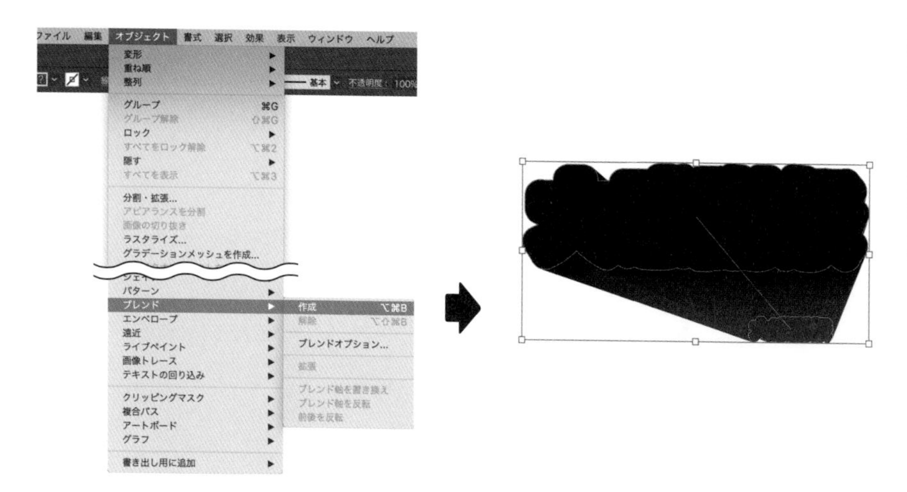

POINT

7の手順でブレンドの結果がグラデーションのようにならなかったら、ブレンドオプション ▸▸083 の設定が必要です。[オブジェクト]メニュー→[ブレンド]→[ブレンドオプション]をクリックすると、[ブレンドオプション]ダイアログが表示されるので、[間隔]を「スムーズカラー」に設定します。

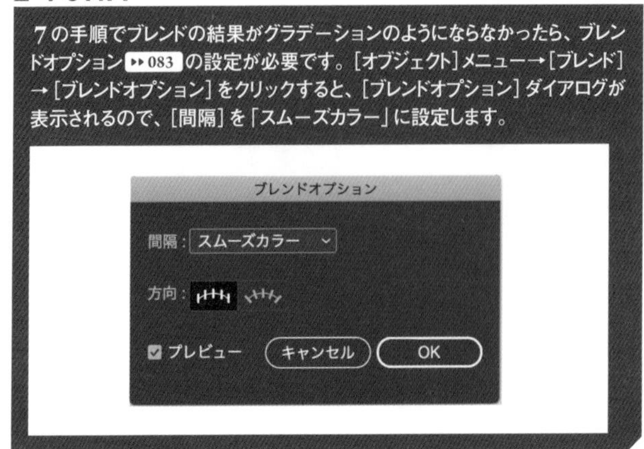

8 装飾文字と背景素材を重ねます。

9 装飾文字と背景素材を選択し、[シアー]ツールでシアーをかけます ▸▸079。また[フレア]ツールでフレアを加えます ▸▸127。

188 筆文字風の装飾文字を作りたい

使用機能 [文字] ツール、ブラシ、[楕円形] ツール、[鉛筆] ツール

筆文字のロゴマークなどを作成するには、実際に筆で書いた文字をスキャンしてベクターデータにするのが一般的です。ここでは、毛筆フォントで作成したテキストデータをブラシでアレンジして仕上げる方法を紹介します。

文字の装飾

1 [文字] ツールで文字を入力します❶。ここではサイズを「100pt」に設定しています。また、文字と合成する飾りを作成するため、ここでは文字の周りに [楕円形] ツールで円を作成します❷。

Memo

あらかじめ、毛筆フォントを用意しておく必要があります。線の太さに強弱のあるフォントを選んでおくと最終的な仕上がりが良くなります。

2 [パス消しゴム] ツールでなぞり、円の不要な部分を削除します。

3 [ウィンドウ] メニュー→ [ブラシライブラリ] → [アート] → [アート_木炭・鉛筆] をクリックします。[アート_木炭・鉛筆] パネルが表示されるので、文字と合成するパスを選択し❶、イメージに合うブラシをクリックして適用します❷。ここでは右のように設定します。

Ⓐ**ブラシ** …… 木炭（粗い）
Ⓑ**線幅** …… 0.7pt
Ⓒ**線端** …… 丸型線端
Ⓓ**角の形状** …… ラウンド結合

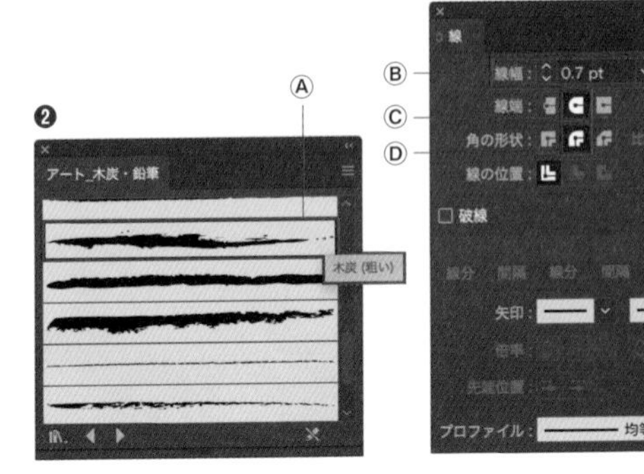

4 選択ツールで文字を選択して[書式]メニュー→[アウトラインを作成] をクリックします❶。**3** の手順で作成した線の先とつながるように、パスオブジェクトのパスを [鉛筆] ツールでなぞって編集します❷ ▸▸023。また、不要な部分は [消しゴム] ツールで削除します ▸▸044。

5 [オブジェクト] メニュー→ [パス] → [パスのオフセット] をクリックし、[パスのオフセット] ダイアログが表示されるので [オフセット] を設定して、オブジェクトを細くします。ここでは、オフセットの値を「−0.4mm」に設定します。

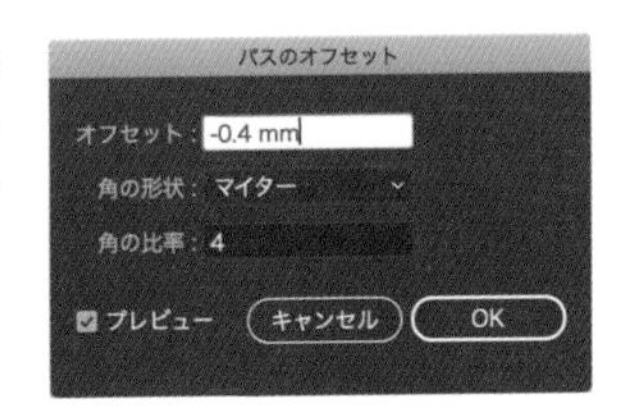

6 指定したサイズのオブジェクトが前面に作成されます。オブジェクトにロックをかけ ▶▶046、元のオブジェクトを選択し、delete キーを押して削除します。残ったオブジェクトのロックを解除します。

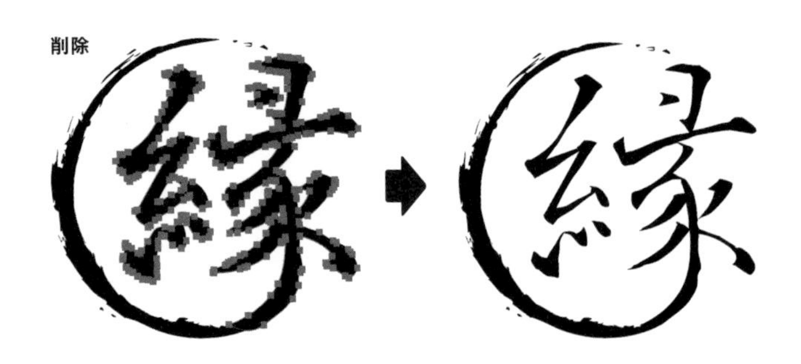

7 文字のパスオブジェクトを選択し、[アート_木炭・鉛筆] パネルから3の手順と同じブラシをクリックして適用します❶。設定も3の手順と同じにします❷。

8 文字のパスオブジェクトの形状を[鉛筆]ツールなどで整えます。下図のように尖っている箇所は、対面にある鋭角のパスが原因なので、[ダイレクト選択]ツールでコーナーにあるアンカーポイントをクリックし、コーナーウィジェットをドラッグしてコーナーを丸くします ▶▶042。

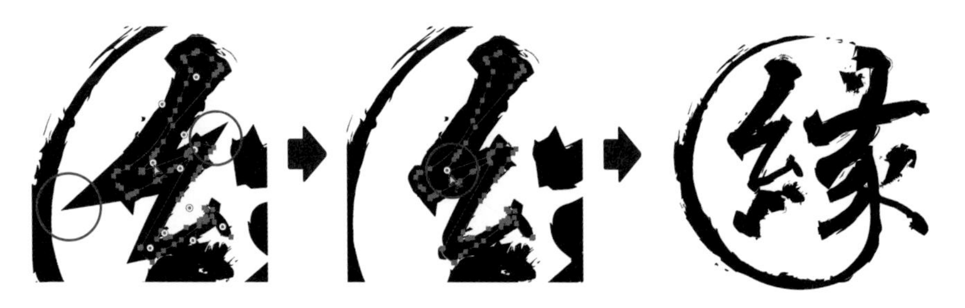

Memo パスが密集しすぎている箇所は、適用するブラシによっては余計なノイズが入ることがあります。[スムーズ]ツールなどでパスを減らして整えます ▶▶023。

9 イメージ通りになったら、すべてのオブジェクトを選択し❶、[オブジェクト]メニュー→[アピアランスを分割]をクリックします❷。

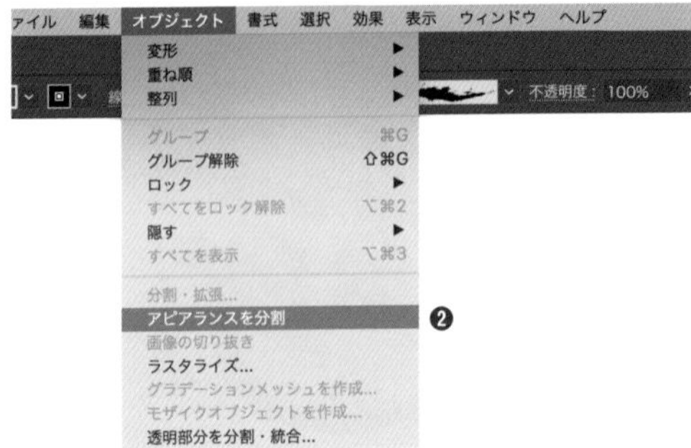

10 すべてのオブジェクトを選択し❶、[パスファインダー]パネルの[合体]をクリックします❷ ▸▸073。

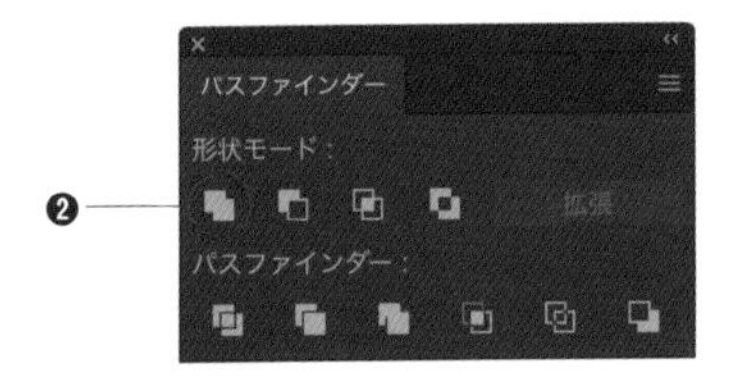

Memo

[ダイレクト選択]ツールで不要なオブジェクトを選択して削除し、[鉛筆]ツールでオブジェクトの細かな形状を整えます。

11 ワンポイントに変更するオブジェクトを[グループ選択]ツールでクリックし、カットして[オブジェクト]メニュー→[前面へペースト]をクリックします。ここでは、ワンポイントとして塗りを[C:40 M:100 Y:100 K:0]に設定します。

189 コーヒーショップ風の円形デザインを作りたい

使用機能　[楕円形] ツール、[アピアランス] パネル、[文字] ツール

コーヒーショップなどに見られる円形デザインは、アピアランスで線と塗りを重ねていくと作成できます。

ベースの円の作成

1 [楕円形] ツールで正円を作成します。ここでは、下記のように設定します。

- **[幅]と[高さ]** …… 50mm
  - **・[塗り]のカラー** …… C:100 M:50 Y:35 K:0
  - **・[線]のカラー** …… 白
  - **・線幅** …… 0.8mm

2 [ウィンドウ] メニュー→ [アピアランス] をクリックします。[アピアランス] パネルが表示されるので、[線] を選択し❶、[新規効果の追加] ボタン→ [パスの変形] → [変形] をクリックします❷。

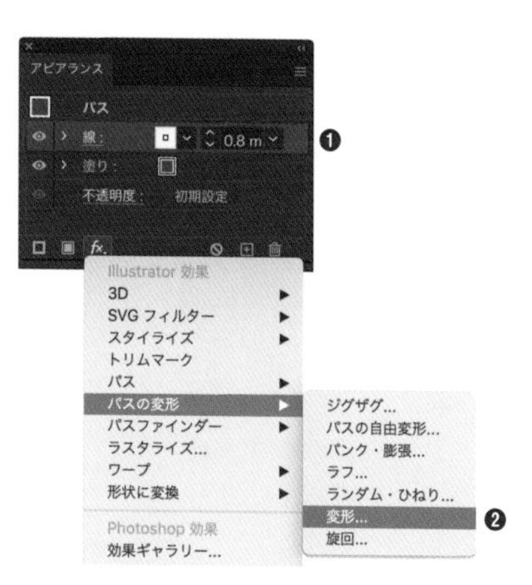

3 ［変形効果］ダイアログが表示されるので、ここでは下記のように設定し、［OK］ボタンをクリックします❸。

［拡大・縮小］
Ⓐ**水平方向** …… 95%
Ⓑ**垂直方向** …… 95%

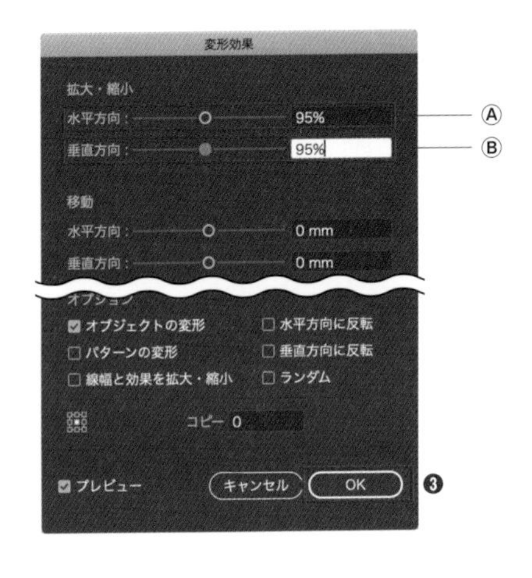

4 ［アピアランス］パネルの［新規線を追加］ボタンをクリックし❶、［線］を追加します。3の手順で変形した［線］の上に［線］を移動します❷。［線幅］は「1.6mm」に設定します❸。［新規効果の追加］ボタン→［パスの変形］→［変形］をクリックします❹。［変形効果］ダイアログが表示されるので、ここでは下記のように設定し、［OK］ボタンをクリックします❺。

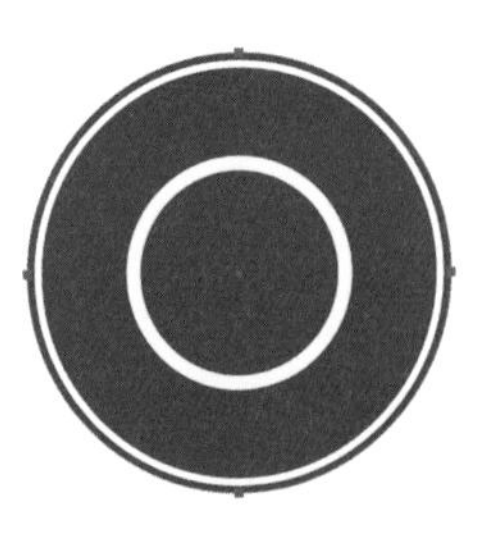

［拡大・縮小］
Ⓐ**水平方向** …… 50%　Ⓑ**垂直方向** …… 50%

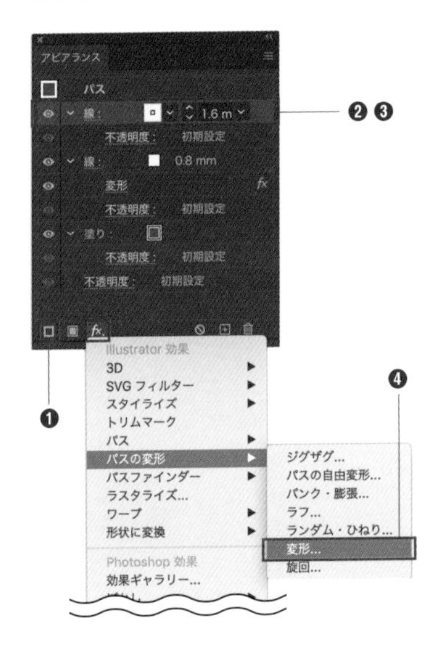

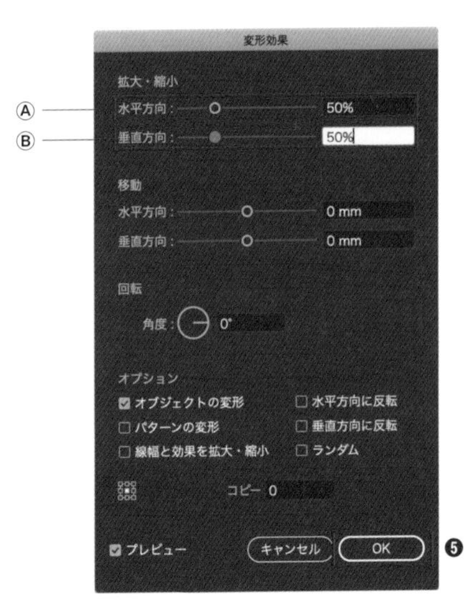

5 ［アピアランス］パネルの［新規塗りを追加］ボタンをクリックし❶、［塗り］を追加します。4の手順で作成した［線］の上に［塗り］を移動します❷。カラーは［C:75 M:90 Y:100 K:32］に設定します❸。［新規効果の追加］ボタン→［パスの変形］→［変形］をクリックします❹。［変形効果］ダイアログが表示されるので、ここでは下記のように設定し、［OK］ボタンをクリックします❺。

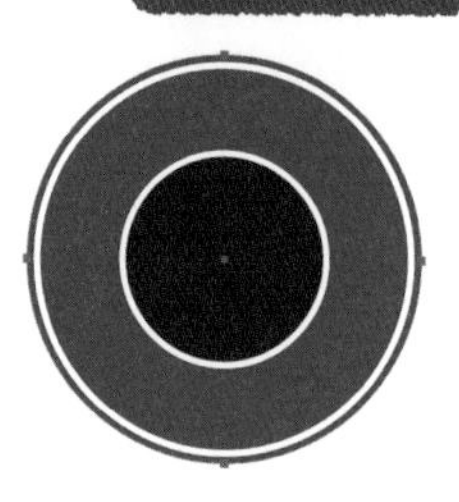

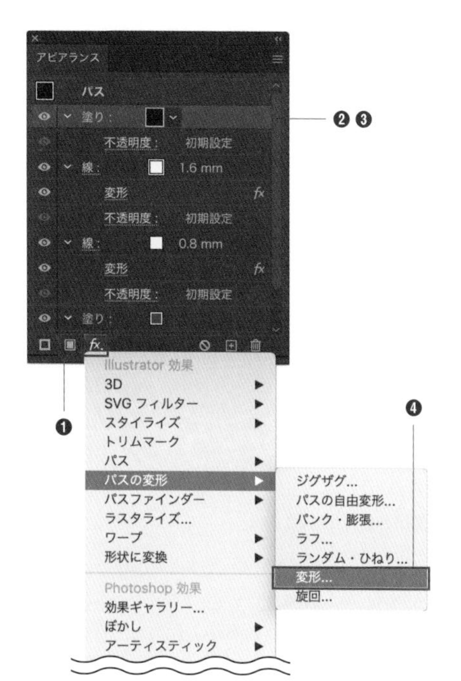

［拡大・縮小］
Ⓐ水平方向 …… 50％
Ⓑ垂直方向 …… 50％

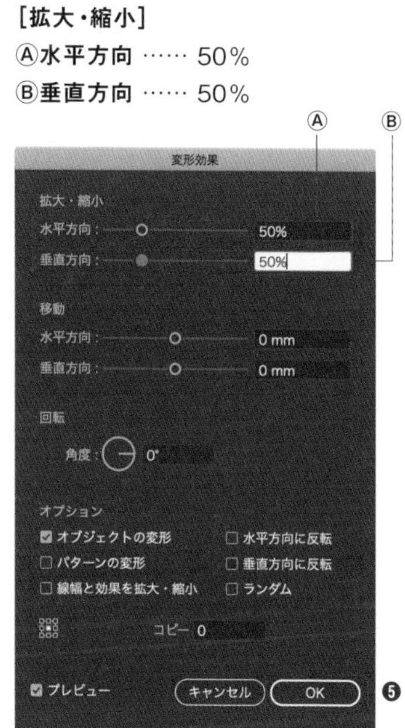

文字の入力

1 ［楕円形］ツールで、［幅］と［高さ］が「30mm」、［塗り］と［線］ともにカラーなしの円形オブジェクトを作成します❶。この円を前項で作成した円形オブジェクトの前面に配置し、［ウィンドウ］メニュー→［整列］をクリックします。［整列］パネルが表示されるので、［水平方向中央に整列］ボタンと［垂直方向中央に整列］ボタンをクリックして中央に揃えます❷。

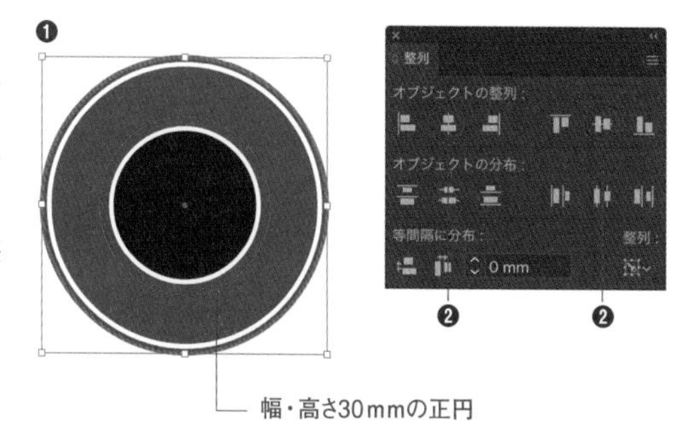

2 ［パス上文字］ツールを選択し、**1** の手順で作成した円のパスをクリックして❶、ここでは下記のように設定し、テキストを入力します❷。

- **フォントサイズ** …… 25pt
- **カラー** …… 白

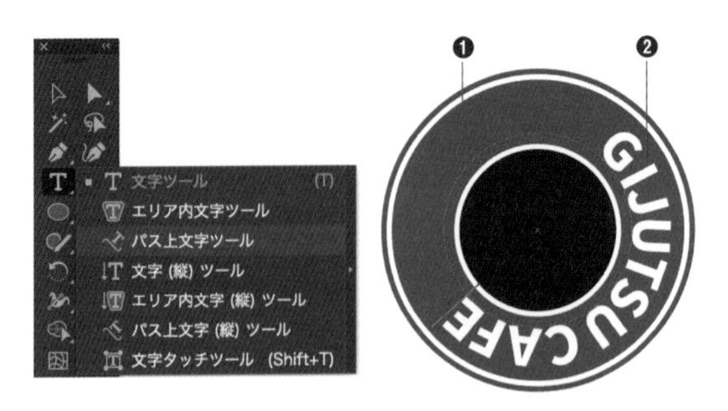

3 ［選択］ツールまたは［ダイレクト選択］ツールを選択します。すると「ブラケット」と呼ばれるハンドルが表示されます❶。command キーを押しながらブラケットをドラッグして、テキストを移動します❷。

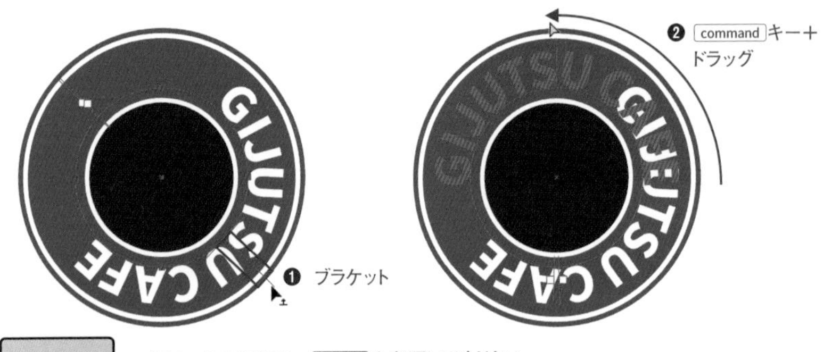

Memo ブラケットの詳細は、▶▶147 を参照してください。

4 下側のテキストを入力するための円形オブジェクトを作成して追加します。**1** の手順と同様にして［幅］と［高さ］が「45mm」、［塗り］と［線］ともにカラーなしの円形オブジェクトを作成します❶。この円を編集中の円形オブジェクトの前面に配置し、［整列］パネルの［水平方向中央に整列］ボタンと［垂直方向中央に整列］ボタンをクリックして中央に揃えます❷。

5 ［パス上文字］ツールを選択し、**4** の手順で作成した円のパスをクリックして❶、ここでは下記のように設定し、テキストを入力します❷。

- **フォントサイズ** …… 25pt
- **カラー** …… 任意

※あとの工程で白に変更します。

6 ［選択］ツールまたは［ダイレクト選択］ツールを選択します。ブラケットを下方向にドラッグすると❶、テキストが円の内側に移動します❷。

7 テキストのカラーを白に変更します❶。また、［文字］パネルの［ベースラインシフトを設定］で文字の位置を調整します❷。ここでは「3pt」に設定します。

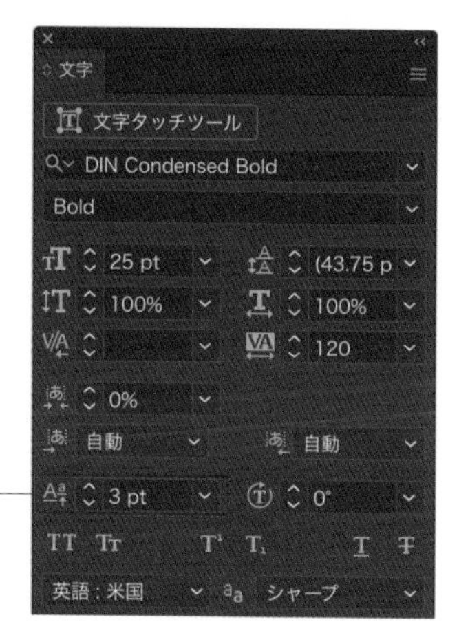

8 あらかじめ作成しておいたイラストを中央に配置します。

190 ヴィンテージ風の装飾文字を作りたい

使用機能 ブラシ、[透明] パネル、半透明マスク、[文字] ツール

ブラシをテクスチャーにして、簡単にヴィンテージ風の装飾文字を作ることができます。

装飾文字のベースの作成

1 [文字] ツールで文字を入力します。ここでは、下記の設定にしています。

- **サイズ** …… 50pt
- **塗りのカラー**
  …… C:10 M:65 Y:100 K:67

Memo フォントはウェイトの太い種類を推奨します。

2 [ペン] ツールで飾りのオブジェクトを作成します。カラーは、下記の設定にしています。

- **塗りのカラー**
  …… C:0 M:100 Y:100 K:25

3 選択ツールで飾りのオブジェクトを選択し、[ウィンドウ] メニュー→ [アピアランス] をクリックします。[アピアランス] パネルが表示されるので、[新規効果の追加] ボタン→ [ワープ] → [旗] をクリックします。

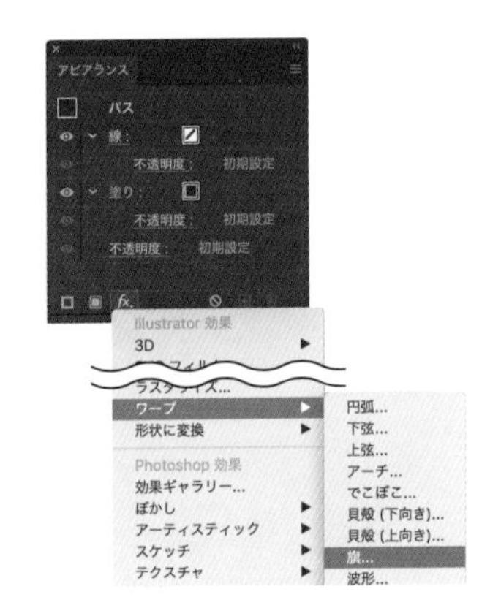

4 [ワープオプション]ダイアログが表示されるので、各項目を設定します。ここでは下記のように設定し、[OK]ボタンをクリックします。

Ⓐ**スタイル** …… 旗、水平方向
Ⓑ**カーブ** …… 44%
Ⓒ**水平方向** …… −7%
Ⓓ**垂直方向** …… 3%

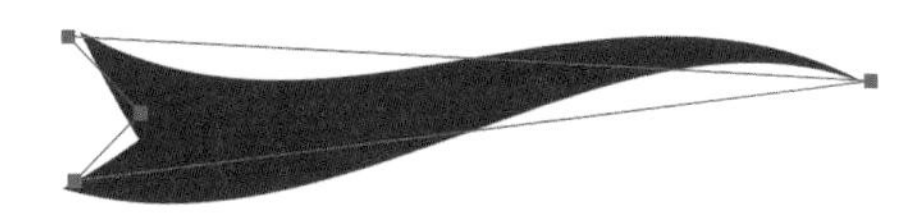

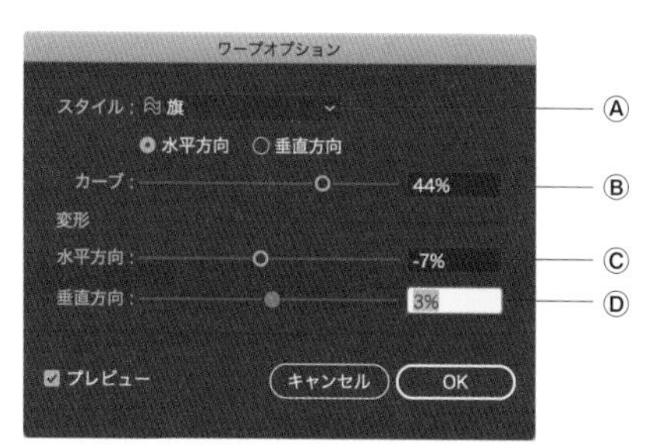

5 飾りのオブジェクトを選択し❶、[オブジェクト]メニュー→[アピアランスを分割]をクリックします❷。

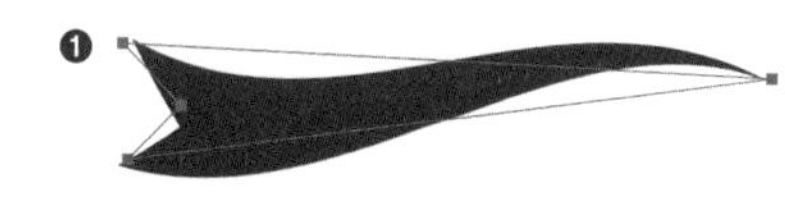

6 **1**の手順で作成したテキストの下に飾りのオブジェクトを配置します。

7 [ダイレクト選択]ツールで、飾りのオブジェクトの下側のパスセグメントをクリックし、コピーします❶。[編集]メニュー→[前面へペースト]をクリックし❷、パスの[塗り]のカラーを「なし」に設定します。

Chap 12 ロゴ・タイトル・装飾文字の作成テクニック

8 7の手順でコピー＆ペーストしたパスを下方向へ移動します❶。［パス上文字］ツールでパスをクリックし、テキストを入力します❷ ▸▸146。テキストの位置を調整し、［回転］ツールで全体に角度をつけます❸。

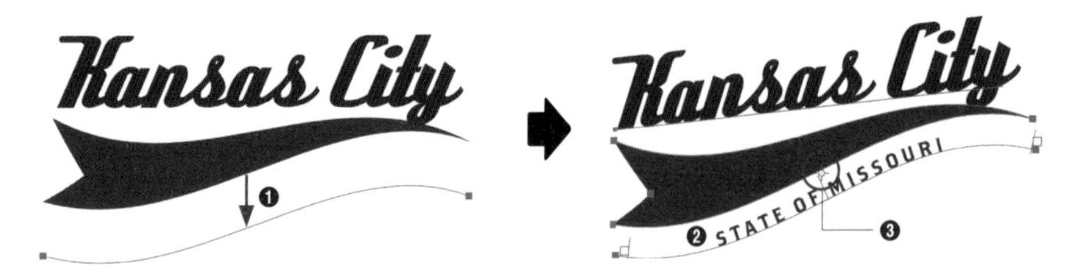

ヴィンテージ風のテクスチャの作成・適用

1 前項で作成した装飾文字にロックをかけます ▸▸046。

2 ［ウィンドウ］メニュー→［ブラシライブラリ］→［アート］から［アート_木炭・鉛筆］をクリックします。［アート_木炭・鉛筆］パネルが表示されるので、［チョーク］を選択し、全体にバランスよくパスを描画します。

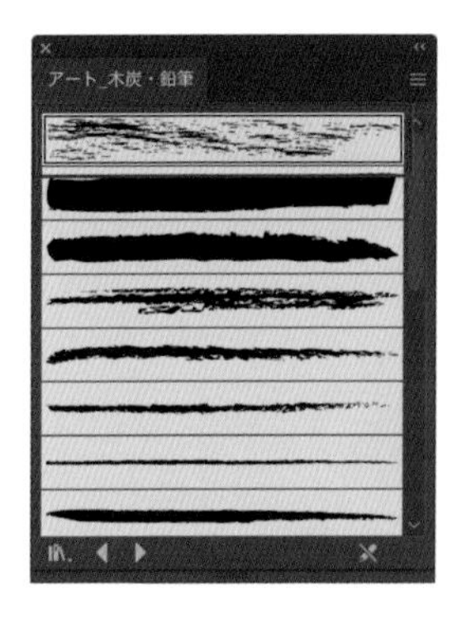

Memo

アートブラシはパスの長さに合わせて伸縮するので、テクスチャが間延びしないように短めのパスを描画します。

3 描画したパスをすべて選択し、グループ化します ▸▸040。

4 装飾文字のロックを解除します ▸▸046。3の手順でグループ化したパスと装飾文字を選択し❶、［ウィンドウ］メニュー→［透明］をクリックします。［透明］パネルが表示されるので、［マスク作成］ボタンをクリックします❷。

5 [透明]パネルの[クリップ]のチェックを外します❶。
すると、ブラシで描画した部分が白く抜けます❷。

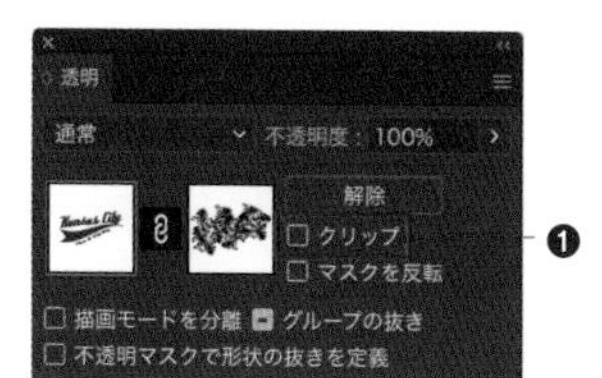

Memo

ブラシのパスを調整したいときは、[透明]パネルの右側のサムネイルをクリックします。すると、既存のパスを選択したり、新たにパスを追加したりできるようになります。編集が完了したら、左側のサムネイルをクリックして編集モードを終了させます。

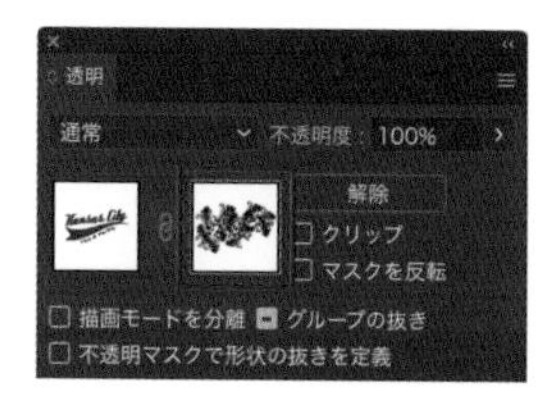

6 [効果]メニュー→[ブラシストローク]→[はね]をクリックします。[はね]ダイアログが表示されるので❶、プレビューを確認しながら各項目を調整して❷、装飾文字のエッジをかすれさせます。ここでは右記のように設定しています。イメージ通りになったら、[OK]ボタンをクリックします❸。

Ⓐ**スプレー半径** …… 19
Ⓑ**滑らかさ** …… 15

立方体の側面に文字が貼りついたようなマークを作りたい

使用機能 ［遠近グリッド］ツール、［遠近図形選択］ツール

［遠近グリッド］ツールを使うと▸▸172、オブジェクトを遠近法に従って描画し、立体オブジェクトを作成することができます。

1 立方体のそれぞれの面で使用する、文字を四角形で囲んだ素材を用意します。

POINT

それぞれの素材は文字と四角形をグループ化▸▸040しておきます。また、文字はテキストオブジェクトのままでもアウトラインをかけた状態でもかまいません（このあとの工程で［遠近グリッド］ツールを使うと自動的にアウトラインがかかります）。

2 ツールバーの［遠近グリッド］ツールをクリックして、遠近グリッドを表示します。ここではデフォルトで表示される［二点遠近法］を使用します。

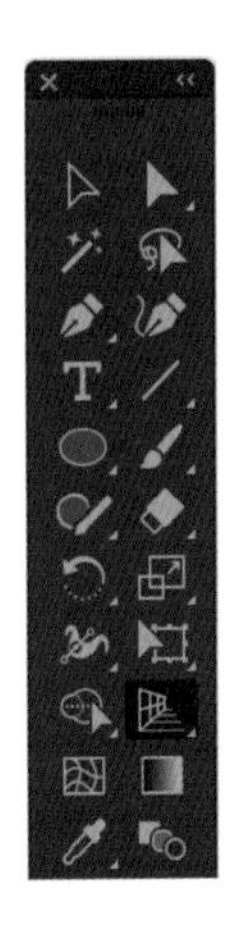
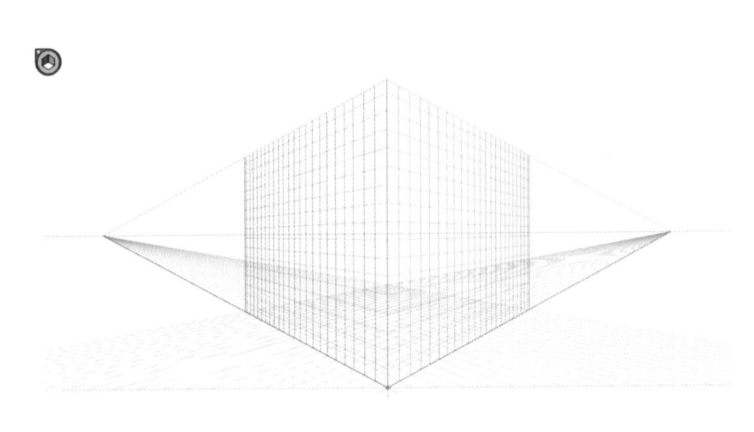

3 ツールバーの［遠近図形選択］ツールを選択し、［選択面ウィジェット］の「左面」をクリックします❶。［遠近図形選択］ツールでオブジェクトをクリックし❷、遠近グリッドの中心までドラッグします❸。

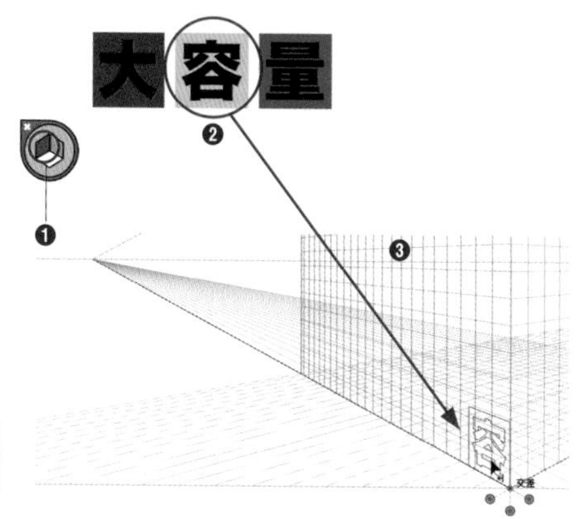

4 「右面」「水平面」用の素材も同様に、［遠近図形選択］ツールで、［選択面ウィジェット］の配置したい面をクリックし❶、各オブジェクトを遠近グリッドまでドラッグします❷。

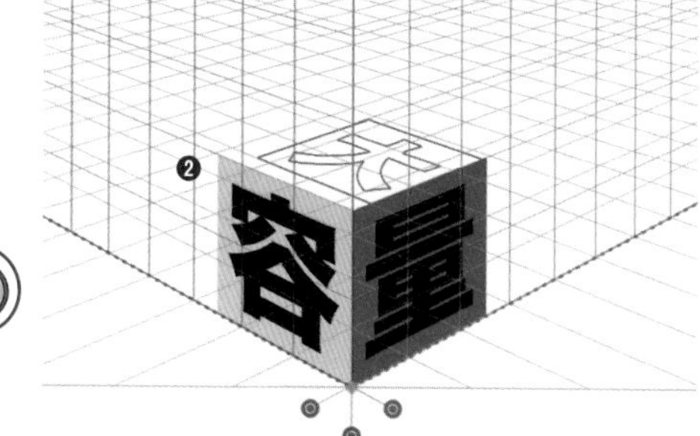

5 オブジェクトのサイズを変更したい場合は、オブジェクトのアンカーポイントをドラッグします。

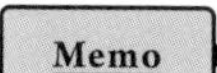

このとき、［バウンディングボックス］を有効にしておく必要があります ▸▸039。

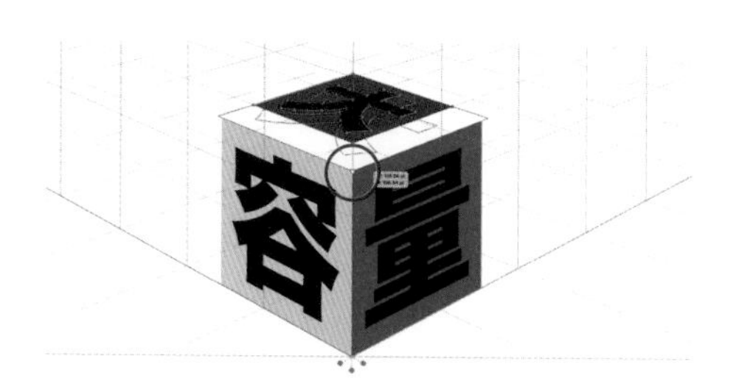

6 ［遠近図形選択］ツールで、［選択面ウィジェット］左上の［×］ボタンをクリックし、操作を終了します。

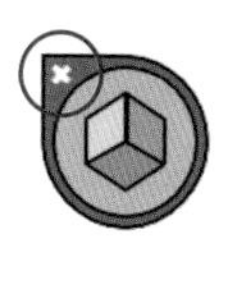

192 ネオン風の装飾文字を作りたい

使用機能　[アピアランス] パネル

ネオン風の文字は暗い色の背景によく映え、デザインによってはポップな印象やレトロな印象を与えます。Web用素材など、RGBカラーの制作物に向いているテクニックです。

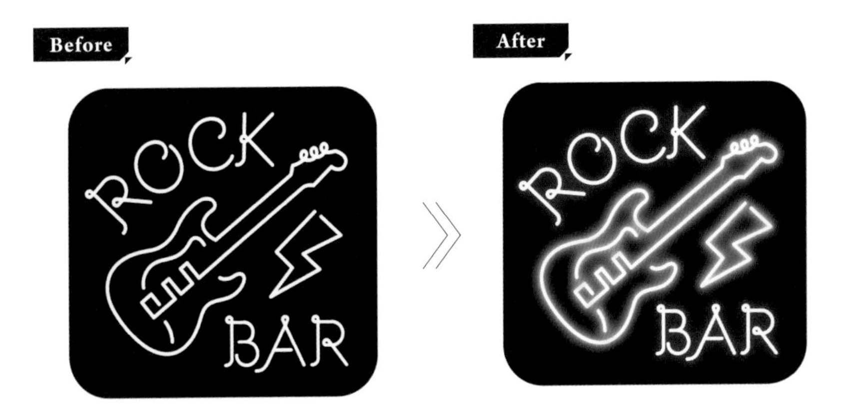

1 [文字] ツールや [ペン] ツールを使って、素材のベースを作成します。ここでは以下のような設定にしています。ドキュメントのカラーモードはRGBにします。

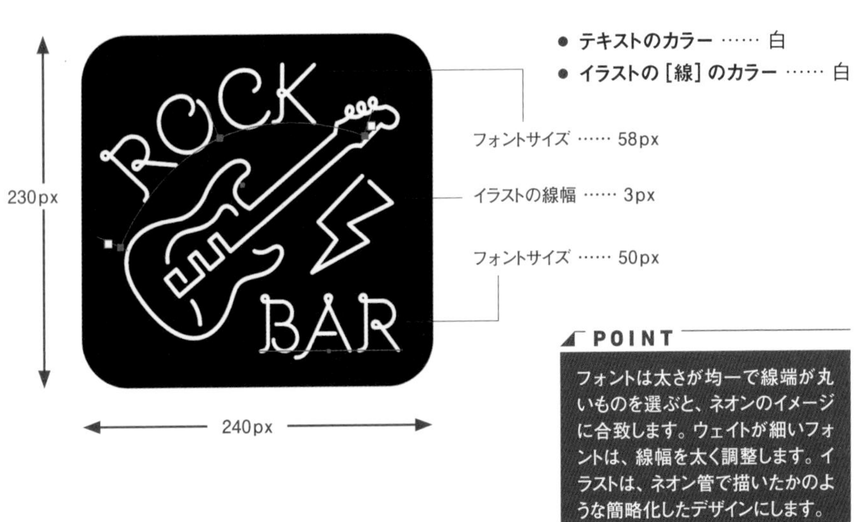

- **テキストのカラー** …… 白
- **イラストの [線] のカラー** …… 白

POINT

フォントは太さが均一で線端が丸いものを選ぶと、ネオンのイメージに合致します。ウェイトが細いフォントは、線幅を太く調整します。イラストは、ネオン管で描いたかのような簡略化したデザインにします。

2 テキストの[線]を選択し❶、[ウィンドウ]メニュー→[アピアランス]をクリックします。[アピアランス]パネルが表示されるので、[新規効果の追加]ボタン→[スタイライズ]→[光彩(外側)]をクリックします❷。[光彩(外側)]ダイアログが表示されるので、各項目を設定します。ここでは以下のように設定し、[OK]ボタンをクリックします❸。

Ⓐ**描画モード** …… 通常
Ⓑ**不透明度** …… 100%
Ⓒ**ぼかし** …… 1.5px
Ⓓ**カラー** ……R:255 G:77 B:196

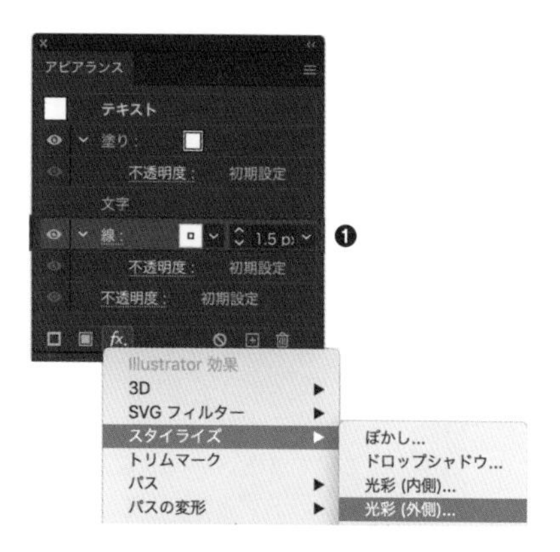

3 2の手順で適用した効果を選択し❶、[アピアランス]パネルの[選択した項目を複製]ボタンをクリックします❷。

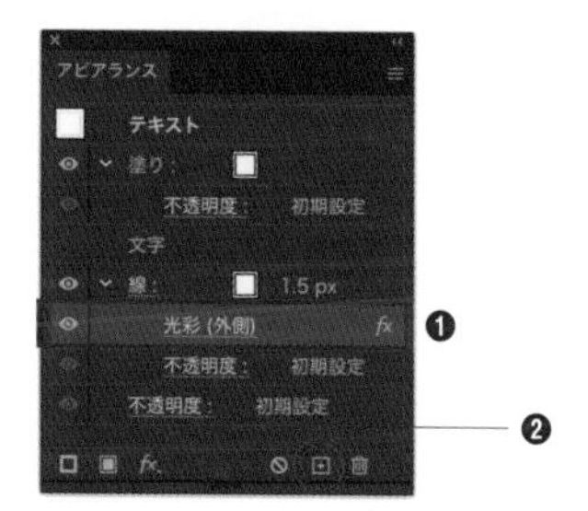

4 3の手順で複製した下層側の効果をクリックし❶、[光彩(外側)]ダイアログを表示します❷。[不透明度]を「50%」に、[ぼかし]を「3px」に設定します❸。

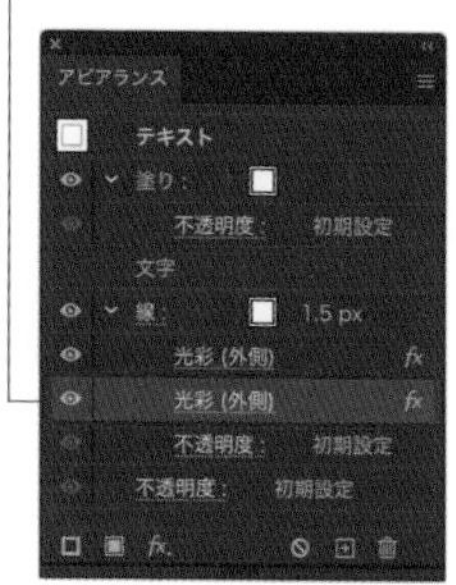

POINT

[不透明度]を複製元の半分に、[ぼかし]は複製元の2倍に設定しています。

5 イラストの各パーツも**2**～**4**の手順と同様に、[光彩（外側）]の効果を2つ適用します❶。それぞれのカラーは、ここでは以下のように設定しています。

Ⓐ**水色のパーツ** …… R:131 G:255 B:255
Ⓑ**黄色のパーツ** …… R:249 G:255 B:0

❶
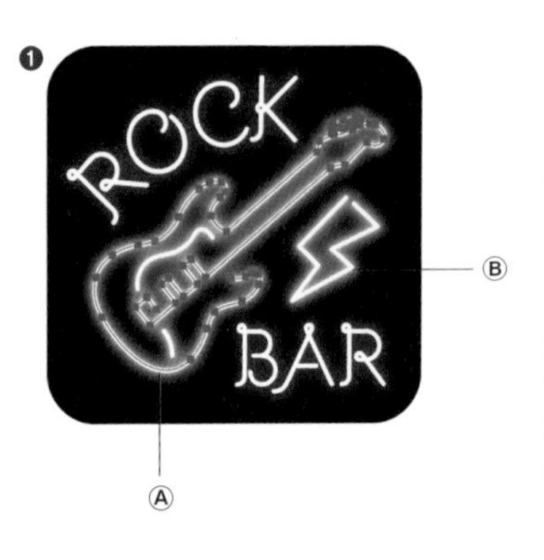

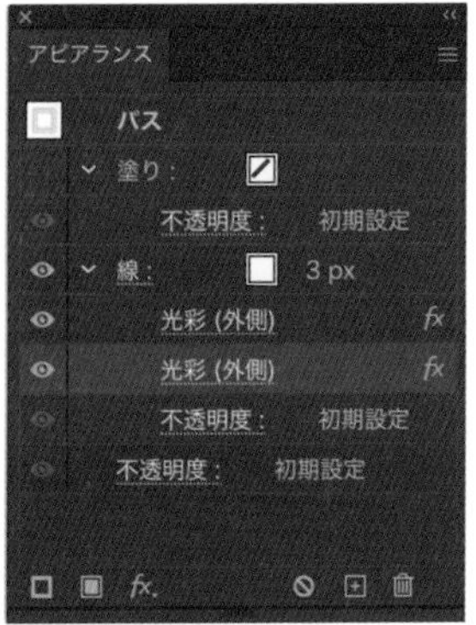

POINT

このテクニックは、Web用素材など、RGBカラーの制作物に推奨しています。CMYKカラーでは色域が適しておらず、鮮やかな色を再現できないため、注意が必要です。

Memo

[グラフィックスタイルライブラリ]の[ネオン効果]を使用すると、ここで紹介した方法とは違った印象のネオン風スタイルを適用することができます。

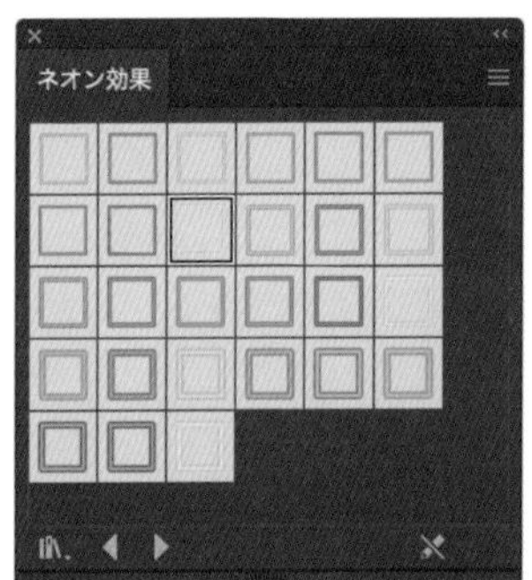

193 文字の一部の色や形を変えて装飾文字を作りたい

使用機能 パスファインダー、[ペン] ツール

文字の一部分の色や形を変える手法は、文字の装飾に大変よく使われます。テキストをアウトライン化して▸▸156ひと手間加えるだけですが、見違えるデザインになります。

Before

あおぞら
図書館

After

あおぞら
図書館

1 [文字] ツールでテキストを入力します。ここでは、以下のように設定しています。テキストを選択し❶、[書式] メニュー→ [アウトラインを作成] をクリックします❷。

- **フォントサイズ** …… 38pt
- **塗りのカラー** …… C:70 M:15 Y:0 K:0

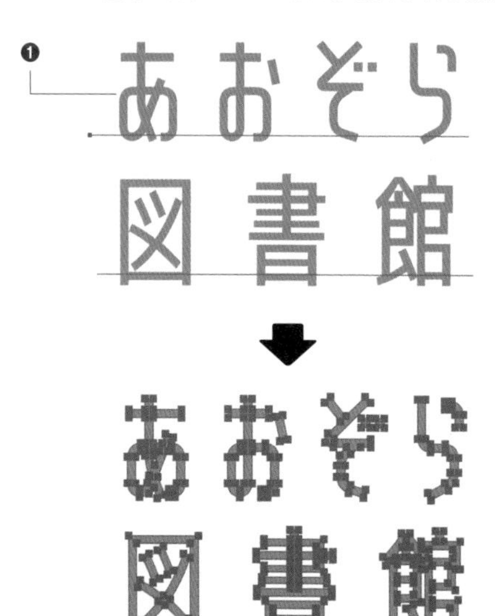

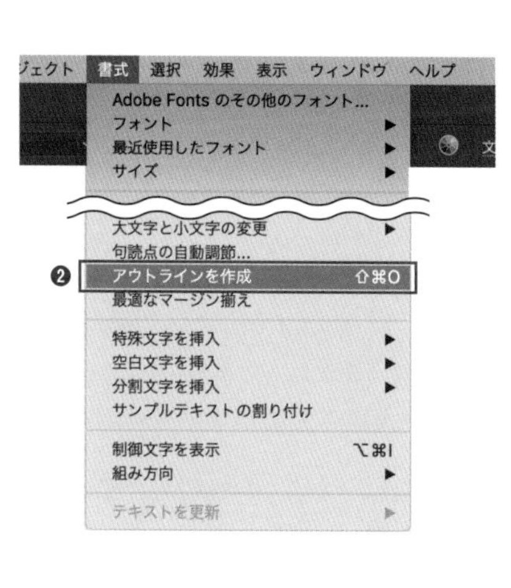

2 テキストの選択を解除し、[ペン]ツールで、文字の切り離したい部分にパスを作成します❶。

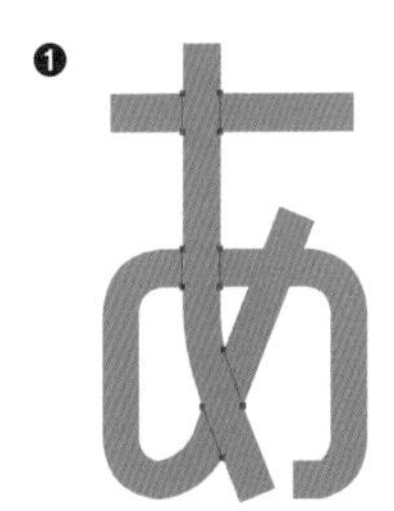

POINT

作業時は、拡大プレビューするなどしながら、文字オブジェクトの角とぴったり合うように慎重にパスを引いていきます。このとき、[スマートガイド]を有効にしておくと便利です ▶▶030。

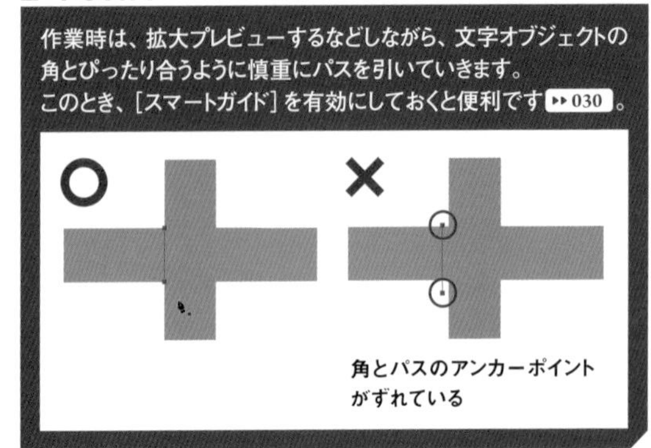

3 すべての文字に対して必要なパスを作成したら、文字とパスをすべて選択し❶、[ウィンドウ]メニュー→[パスファインダー]をクリックします。[パスファインダー]パネルが表示されるので、[分割]ボタンをクリックします❷。

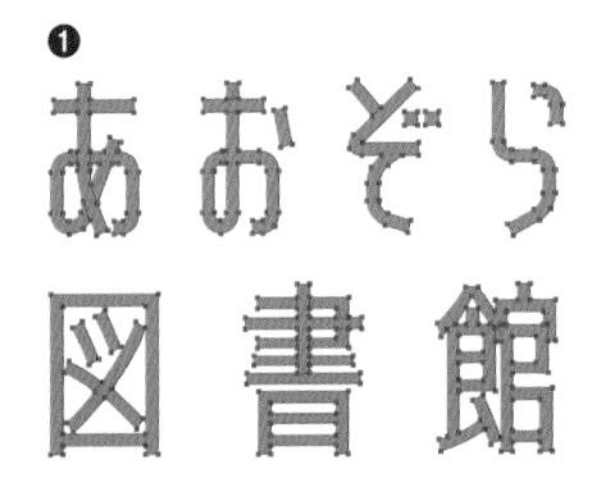

4 [グループ選択]ツールでパーツごとに選択し、塗りのカラーを変更します。

5 カラーを変更したパーツをすべて選択し❶、[オブジェクト]メニュー→[パス]→[パスのオフセット]をクリックします❷。

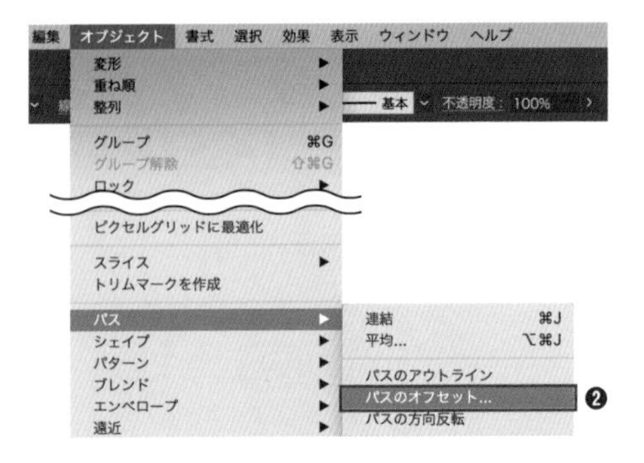

❻ ［パスのオフセット］ダイアログが表示されるので、「オフセット」の値を設定し❶、［OK］ボタンをクリックします❷。ここでは「0.2mm」に設定しています。

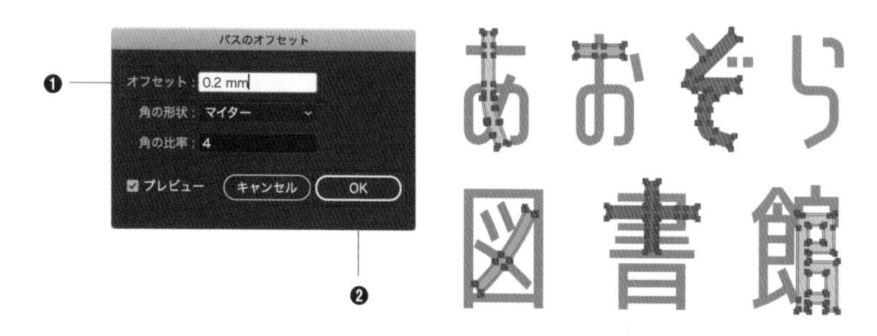

❼ オフセットで指定したサイズのオブジェクトが前面に作成されます。

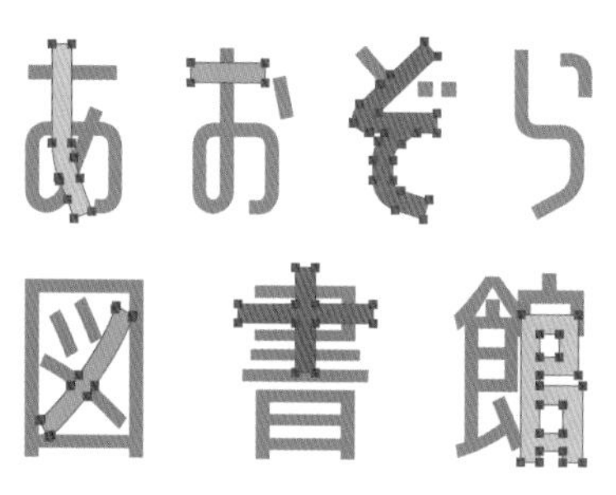

❽ 各文字のベースのパーツを［グループ選択］ツールで選択してカットし、背面にペーストします❶。［オブジェクト］メニュー→［複合パス］→［作成］をクリックします❷。

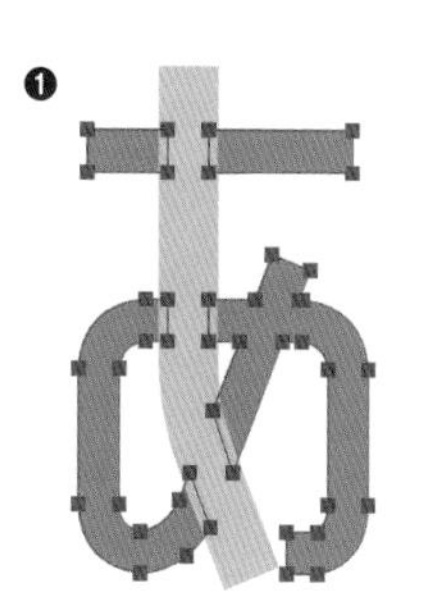

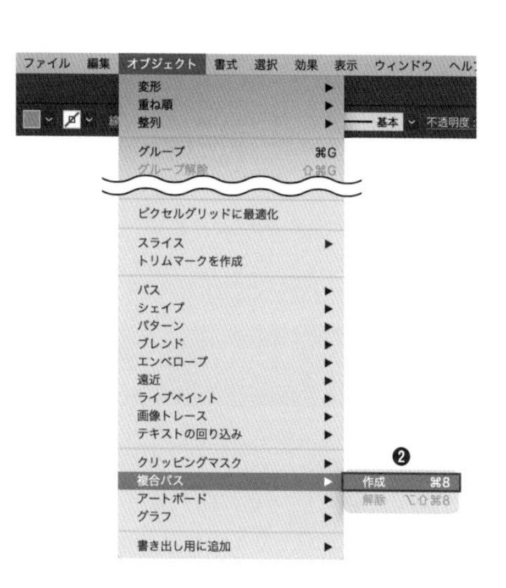

9 6の手順で作成したオブジェクトとベースのパーツを選択して❶、[パスファインダー]パネルの[前面オブジェクトで型抜き]ボタンをクリックします❷。すると、ベースのパーツが型抜きされ、カラーを変更したパーツとの間にすき間が作られます❸。この操作をすべての文字に対して行います。

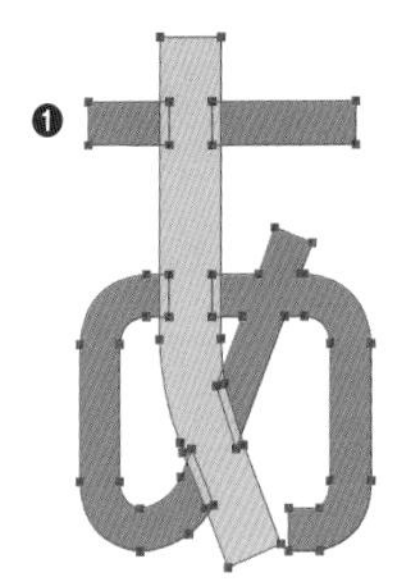

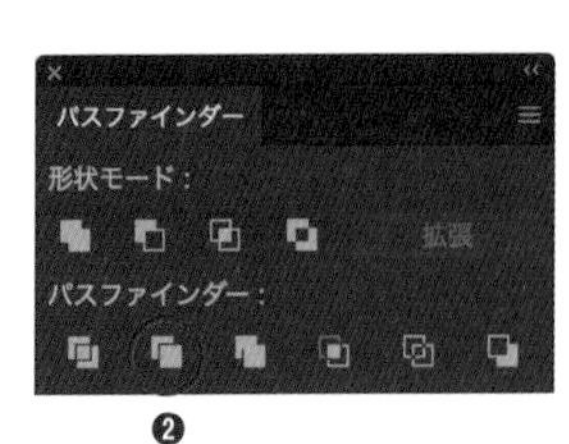

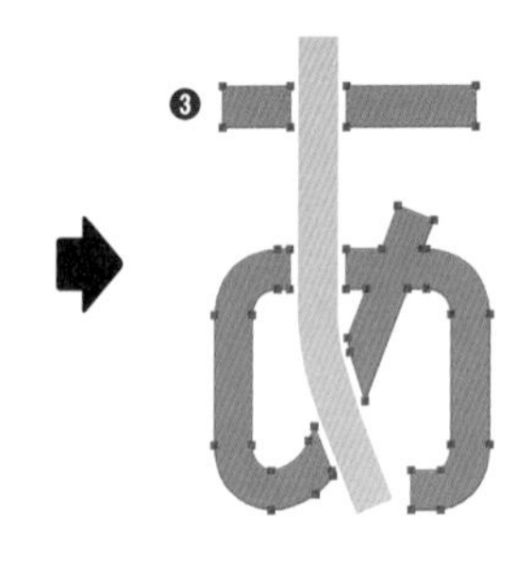

10 オブジェクトの角に[ライブコーナー]で丸みをつけます❶ ▸▸042。
文字の一部をイラストに変えてアクセントにします❷。

POINT

角の近くにアンカーポイントがある場合は、コーナーウィジェットが表示されません。[アンカーポイントの削除]ツールでアンカーポイントを削除すると、コーナーウィジェットが表示されます。

アンカーポイントを削除する

194 チョークアート風の装飾文字を作りたい

使用機能 [アピアランス] パネル、ブラシ

落書きの効果とブラシを使うと、簡単に文字をチョークアート風にアレンジすることができます。

1 [文字] ツールでテキストを入力します。ここではフォントサイズを [95pt] に設定しています。テキストを選択し❶、[書式] メニュー→[アウトラインを作成]をクリックします❷。[塗り]と[線]に任意のカラーを設定します❸。

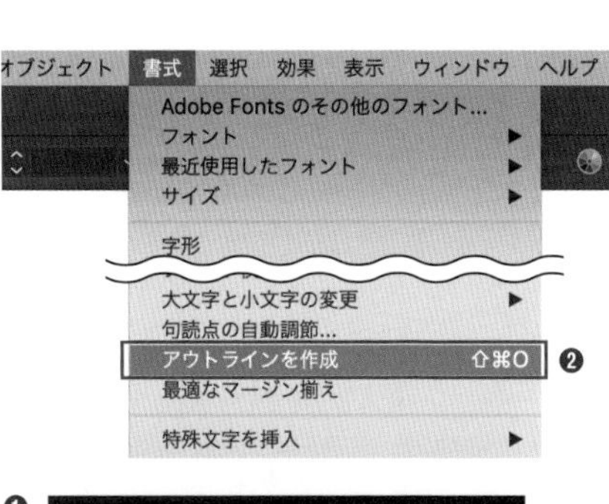

Memo

ここでは背景に黒板風の濃緑（C:60 M:13 Y:75 K:90）の長方形を配置しています。

2 [ウィンドウ] メニュー→[アピアランス]をクリックします。[アピアランス] パネルが表示されるので、[塗り]を選択し❶、[新規効果の追加] ボタン→[スタイライズ]→[落書き]をクリックします❷。

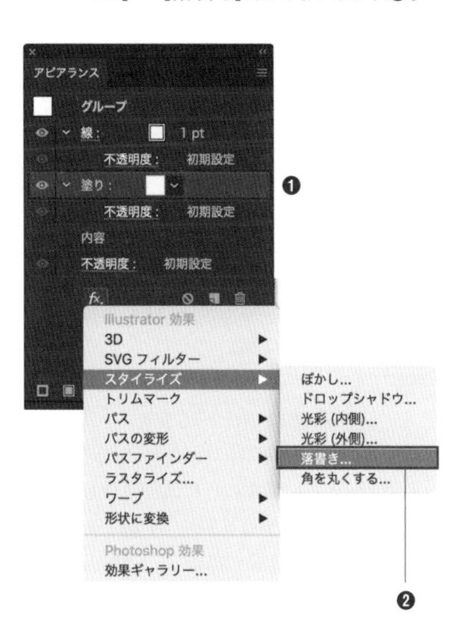

3 ［落書きオプション］ダイアログが表示されるので、［プレビュー］にチェックを入れて各項目を設定し、イメージ通りになったら、［OK］ボタンをクリックします。ここでは下記の設定にしています。

Ⓐ**角度** …… 30°
Ⓑ**アウトラインとの重なり** …… 0mm
Ⓒ**変位** …… 0.23mm
Ⓓ**線のオプション**
- **線幅** …… 0.15mm
- **角の丸み** …… 5%
- **変位** …… 9%
- **間隔** …… 0.5mm
- **変位** …… 0.3mm

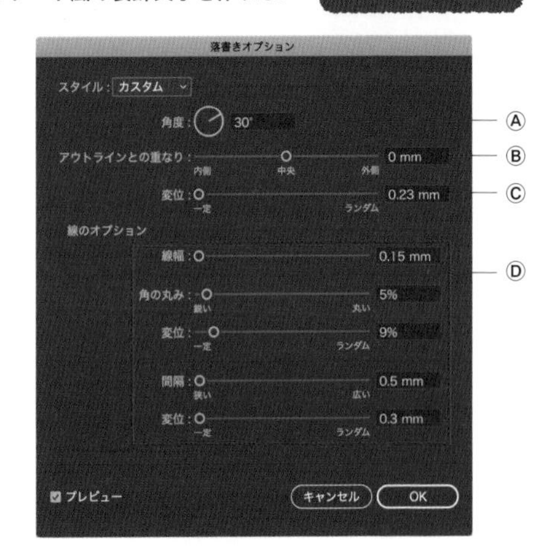

POINT

フォントの種類やサイズによって結果が大きく変わるので、イメージ通りになるまでプレビューを確認しながら設定項目の微調整を繰り返します。

4 装飾文字のオブジェクトを選択し、［オブジェクト］メニュー→［アピアランスを分割］をクリックします。

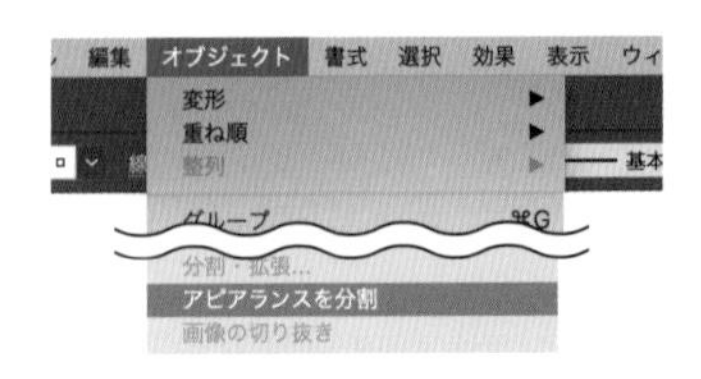

4 ［ウィンドウ］メニュー→［ブラシライブラリ］→［アート］→［アート_木炭・鉛筆］をクリックします。［アート_木炭・鉛筆］パネルが表示されるので、すべてのパスを選択して［木炭（鉛筆）］をクリックし❶、［線］パネルで線幅を調整します❷。

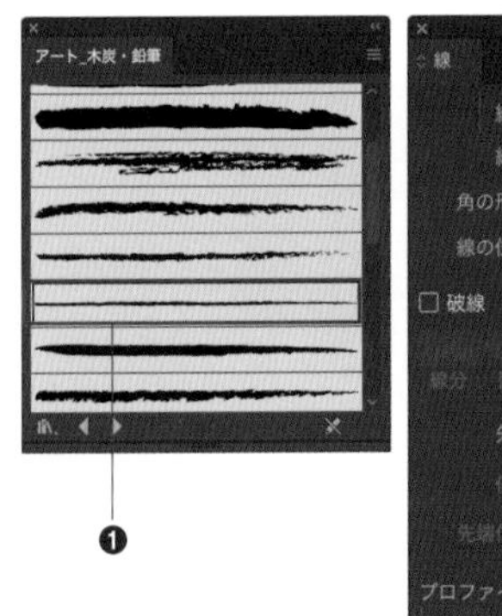

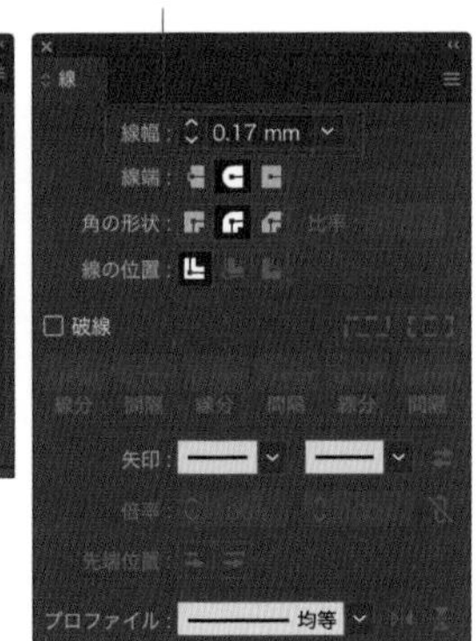

表・グラフ・地図の作成

Chapter

13

195 グラフを作りたい

使用機能　グラフツール

Illustratorでは、棒グラフ、折れ線グラフ、円グラフなど様々な種類のグラフを作成することができます。ここではグラフ機能の基本を解説します。

グラフ作成の基本

1 ツールバーの［棒グラフ］ツールをマウスのボタンで長押し、または option キーを押しながらクリックし❶、作成したいグラフのグラフツールを選択します❷。ここでは［折れ線グラフ］ツールを選択します。

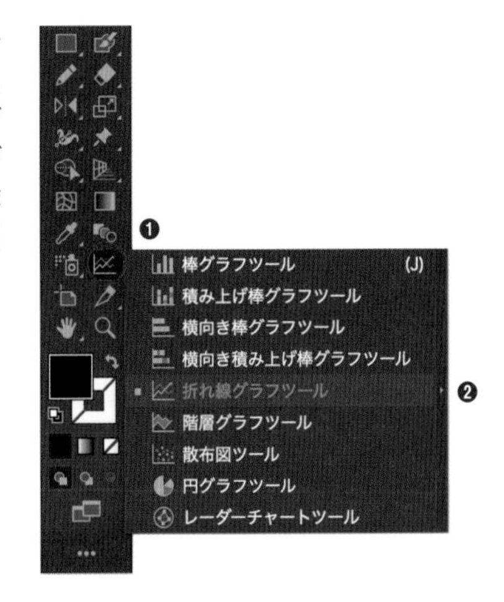

2 グラフの開始点とする位置にマウスポインタを合わせ❶、対角線上にドラッグして❷、グラフの範囲を指定します。

❶ ドラッグ開始

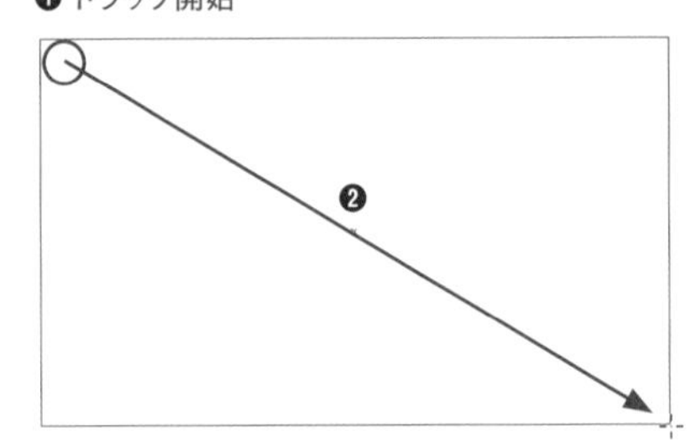

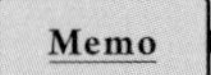

グラフを作成する位置でクリックすると、サイズを指定してグラフを作成できます。［グラフ］ダイアログが表示されるので、［幅］と［高さ］を入力して、［OK］ボタンをクリックします。

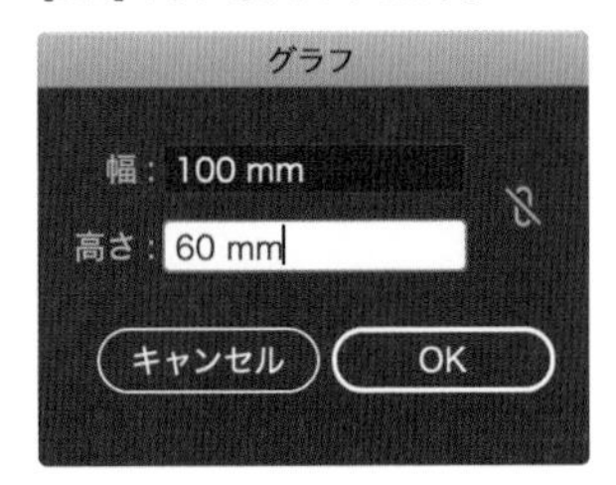

3 ［グラフデータウィンドウ］が表示され❶、空のグラフが作成されます❷。

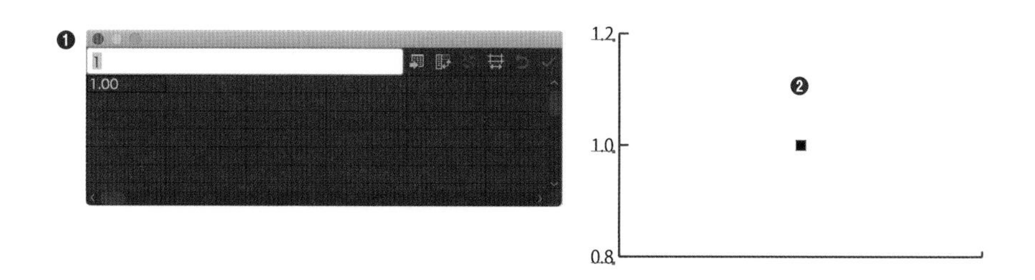

4 ［グラフデータウィンドウ］にグラフデータを入力し❶、右上の［適用］ボタン✓をクリックします❷。グラフデータの入力方法の詳細は後述します。

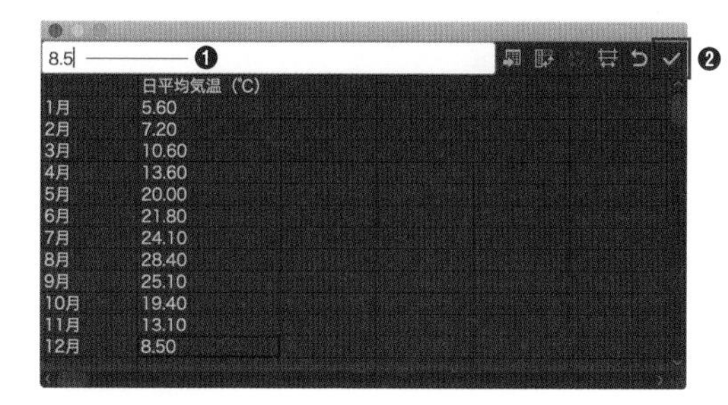

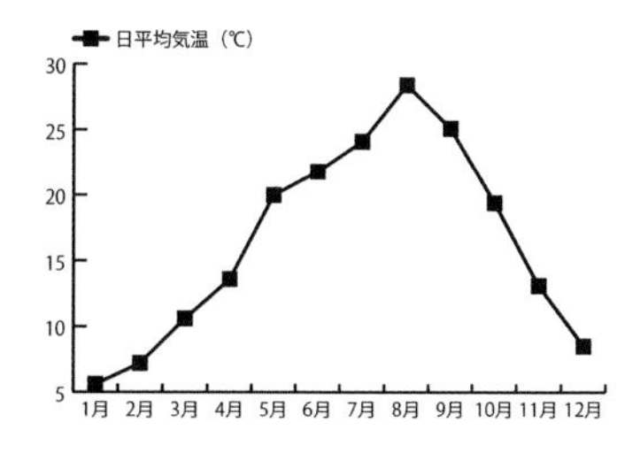

Short Cut （グラフデータの）適用：fn＋Enterキー（またはテンキーのEnterキー）

※テンキー以外のEnterキーを押すと、グラフデータウィンドウ内での改行になります。

5 ［閉じる］ボタンをクリックして、グラフデータウィンドウを閉じます。

Memo

グラフデータウィンドウは自動的に閉じることはありません。

グラフデータウィンドウの見方とデータの入力方法

グラフデータウィンドウは以下のような構成になっています。

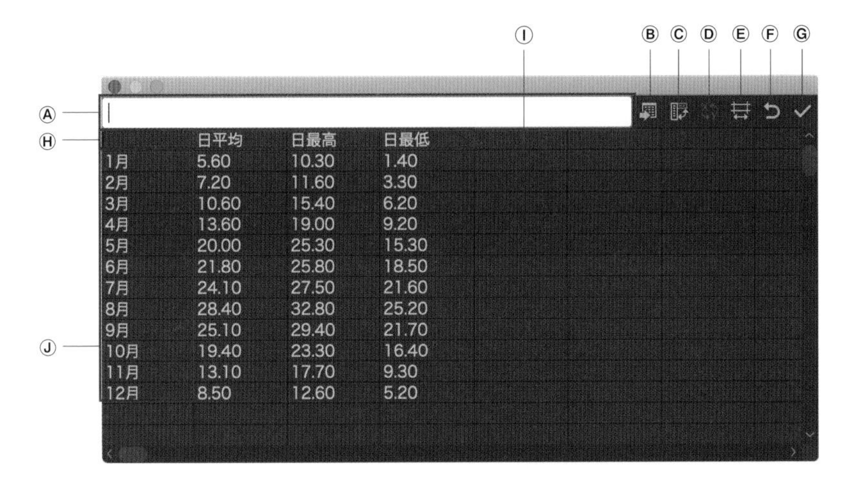

	日平均	日最高	日最低
1月	5.60	10.30	1.40
2月	7.20	11.60	3.30
3月	10.60	15.40	6.20
4月	13.60	19.00	9.20
5月	20.00	25.30	15.30
6月	21.80	25.80	18.50
7月	24.10	27.50	21.60
8月	28.40	32.80	25.20
9月	25.10	29.40	21.70
10月	19.40	23.30	16.40
11月	13.10	17.70	9.30
12月	8.50	12.60	5.20

名称	説明
Ⓐ入力ボックス	ここにデータを入力します。
Ⓑデータの読み込み	他のアプリケーションで作成したグラフデータのファイルを読み込みます ▸▸196。
Ⓒ行列置換	クリックすると行と列のデータが入れ替わります。
Ⓓxyを入れ替え	クリックするとグラフのx軸とy軸が入れ替わります。
Ⓔセル設定	[セル設定] ダイアログを表示し、セルの幅や小数点以下の桁数を設定します。
Ⓕ復帰	編集したグラフデータを元に戻します。
Ⓖ適用	編集したグラフデータを適用します。
Ⓗ空白セル	グラフに凡例を作成する場合、ここのセルは空白にしておきます。
Ⓘデータセットラベル	1行目に各データセットのラベルを入力します。入力したラベルは凡例として表示されます。凡例が不要な場合は入力しないでください。
Ⓙカテゴリー	1列目にカテゴリーのラベルを入力します。入力したラベルはグラフの軸などに表示されます。

前掲のグラフデータで折れ線グラフを作成すると、以下のようになります。

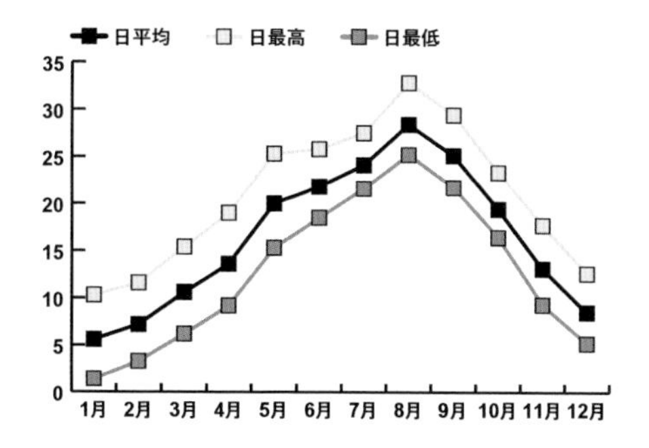

Memo
数字のみのデータセットラベルまたはカテゴリーを作成する場合は、半角の二重引用符(")で数字を囲みます。例:"2020"

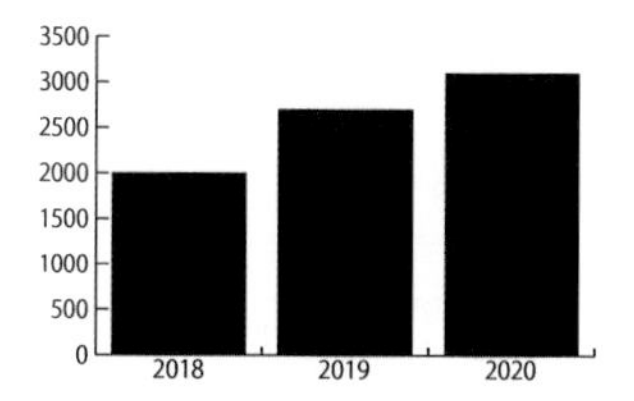

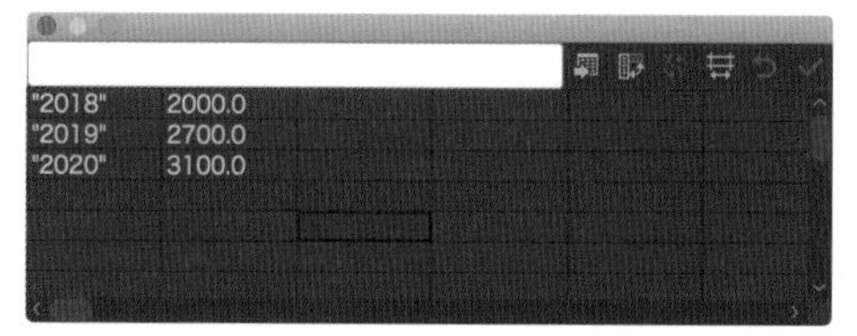

グラフデータウィンドウの見方とデータの入力方法

グラフ作成後にグラフデータを修正する場合は、選択ツールでグラフを選択して❶、[オブジェクト]メニュー→[グラフ]→[データ]をクリックします❷。グラフデータウィンドウが表示されるので、内容を修正して[適用]ボタンをクリックします。

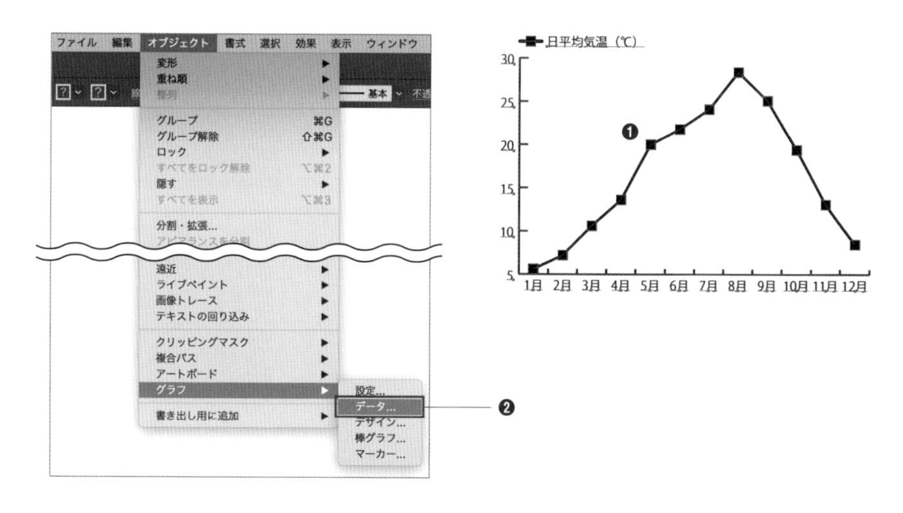

グラフ一覧

Illustratorで作成できるグラフには次表のようなものがあります。

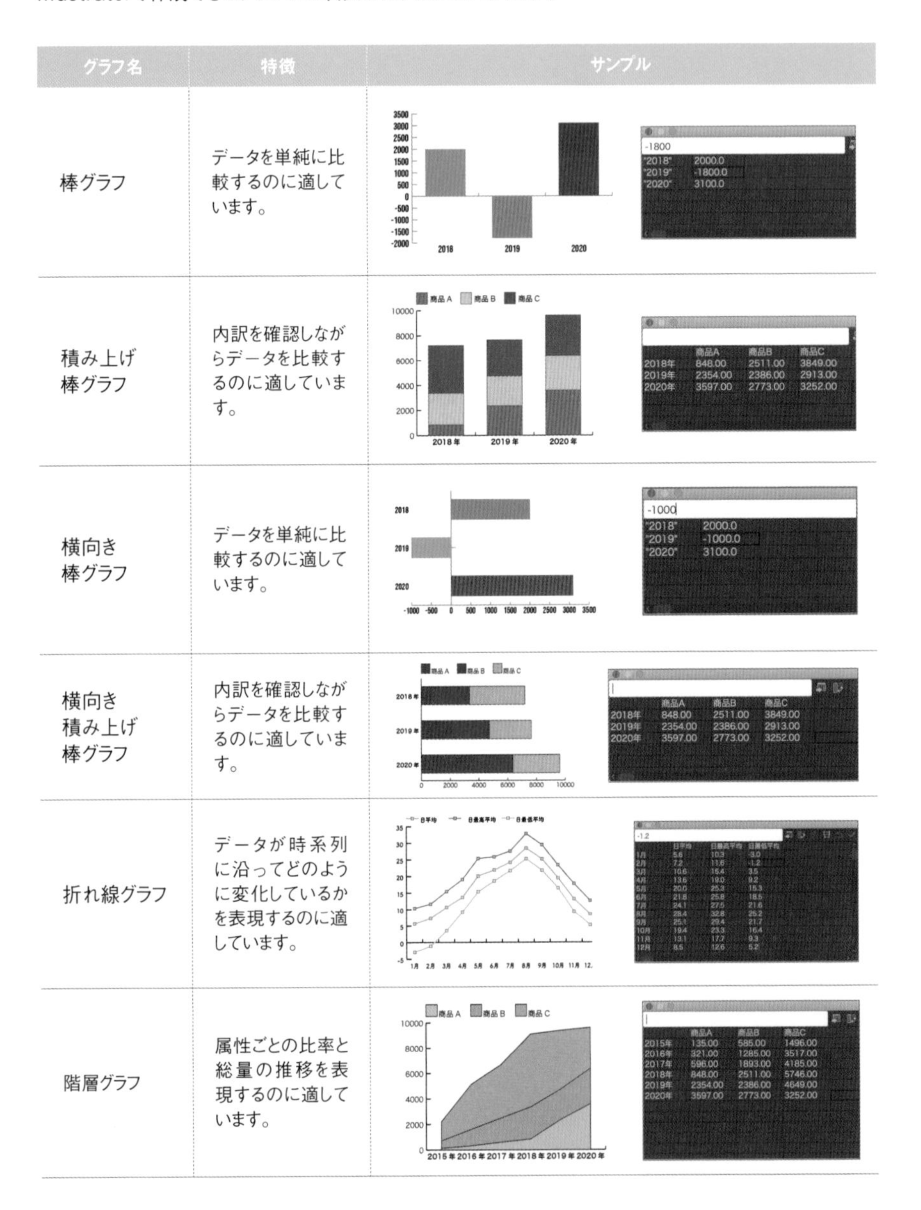

グラフ名	特徴	サンプル
棒グラフ	データを単純に比較するのに適しています。	
積み上げ棒グラフ	内訳を確認しながらデータを比較するのに適しています。	
横向き棒グラフ	データを単純に比較するのに適しています。	
横向き積み上げ棒グラフ	内訳を確認しながらデータを比較するのに適しています。	
折れ線グラフ	データが時系列に沿ってどのように変化しているかを表現するのに適しています。	
階層グラフ	属性ごとの比率と総量の推移を表現するのに適しています。	

散布図	データの相関を見るのに適しています。	商品A 商品B	商品A / 商品B 年齢 購入者 年齢 購入者 10.00 100.00 10.00 20.00 15.00 180.00 15.00 35.00 18.00 240.00 18.00 120.00 20.00 210.00 20.00 250.00 25.00 100.00 25.00 350.00 30.00 50.00 30.00 450.00 35.00 30.00 35.00 500.00 40.00 15.00 40.00 380.00
円グラフ	ある量に占める内訳を表現するのに適しています。	岐阜 佐賀 長崎 三重 愛知 石川	岐阜 佐賀 長崎 三重 愛知 石川 250.0 90.0 70.0 45.0 40.0 35.0
レーダーチャート	5種類以上のデータから特性を見るのに適しています。	1学期中間 1学期期末 数学 英語 化学 世界史 現代文	1学期中間 1学期期末 数学 75.00 92.00 英語 92.00 96.00 化学 80.00 62.00 世界史 53.00 75.00 現代文 62.00 68.00

「散布図」の作成にあたっては、次のような注意が必要です。

❶データセットラベルは、1行目の左端のセルから1列おきに入力する。
❷最初の列にY軸データを入力し、2番目の列にX軸データを入力する。
❸点と点を結ぶ線を削除するには、[オブジェクト] メニュー→ [グラフ] → [グラフ設定] をクリックして表示される [グラフ設定] ダイアログで、「各点を直線で結ぶ」オプションを無効にする。

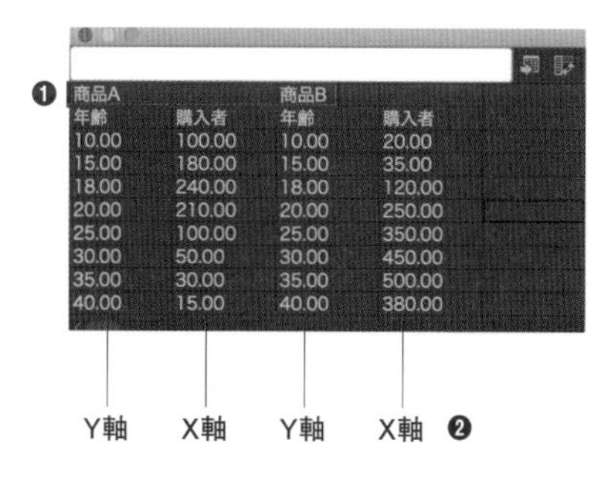

商品A		商品B	
年齢	購入者	年齢	購入者
10.00	100.00	10.00	20.00
15.00	180.00	15.00	35.00
18.00	240.00	18.00	120.00
20.00	210.00	20.00	250.00
25.00	100.00	25.00	350.00
30.00	50.00	30.00	450.00
35.00	30.00	35.00	500.00
40.00	15.00	40.00	380.00

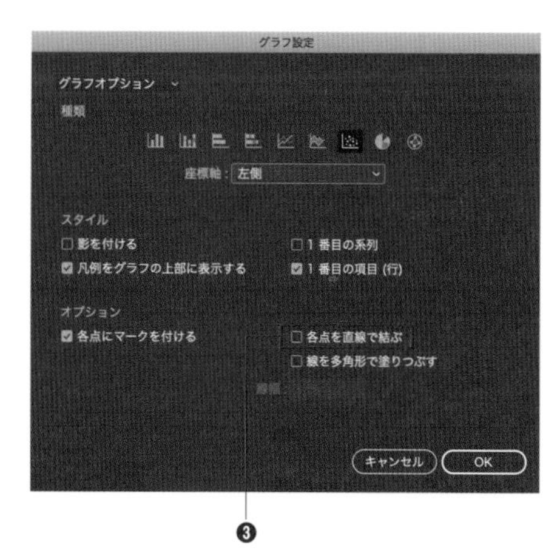

196 表計算ソフトやワープロソフトで作成したデータを使いたい

使用機能 グラフデータウィンドウ

Microsoft Excel、Googleスプレッドシートなどの表計算ソフトや、ワープロソフトで作成したデータは、グラフに使用することができます。

表計算ソフトのデータを使用

1 表計算ソフトでデータを入力し、表示します。使用するデータを選択し、コピーします。

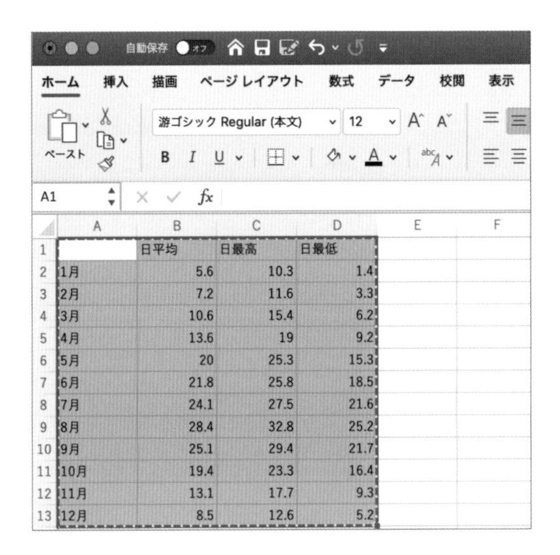

	日平均	日最高	日最低
1月	5.6	10.3	1.4
2月	7.2	11.6	3.3
3月	10.6	15.4	6.2
4月	13.6	19	9.2
5月	20	25.3	15.3
6月	21.8	25.8	18.5
7月	24.1	27.5	21.6
8月	28.4	32.8	25.2
9月	25.1	29.4	21.7
10月	19.4	23.3	16.4
11月	13.1	17.7	9.3
12月	8.5	12.6	5.2

2 Illustratorで新規グラフを作成し❶ ▸▸195、[グラフデータウィンドウ] の左上のセルをクリックします❷。

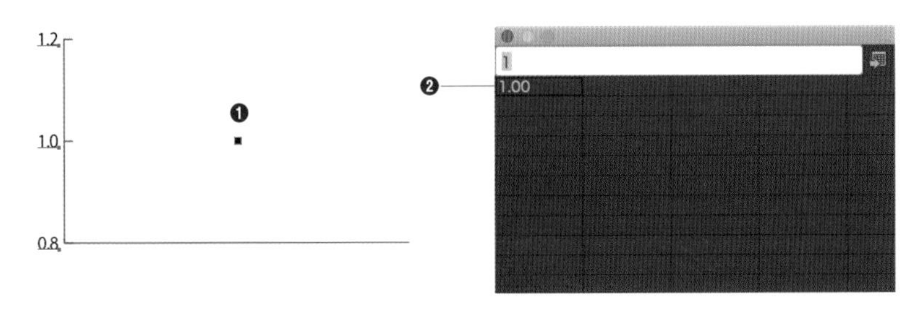

3 データをペーストして❶、[適用] ボタンをクリックします❷。グラフが作成されます❸。

❶ ペースト

	日平均	日最高	日最低
1月	5.60	10.30	1.40
2月	7.20	11.60	3.30
3月	10.60	15.40	6.20
4月	13.60	19.00	9.20
5月	20.00	25.30	15.30
6月	21.80	25.80	18.50
7月	24.10	27.50	21.60
8月	28.40	32.80	25.20
9月	25.10	29.40	21.70
10月	19.40	23.30	16.40
11月	13.10	17.70	9.30
12月	8.50	12.60	5.20

❷

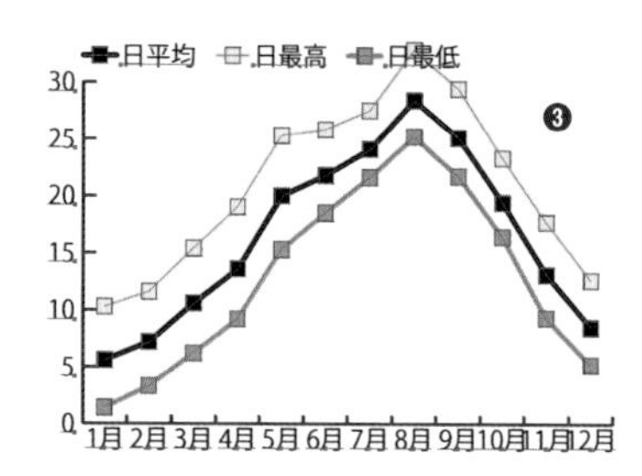

Memo

作例のように座標軸からグラフがはみ出てしまったときは、[オブジェクト] メニュー→ [グラフ] → [グラフ設定] をクリックし、[グラフ設定] ダイアログが表示されるので [数値の座標軸] の項目をクリックします❶。[データから座標値を計算する] のチェックを外して❷、[OK] ボタンをクリックすると❸、座標軸が自動調整されます。

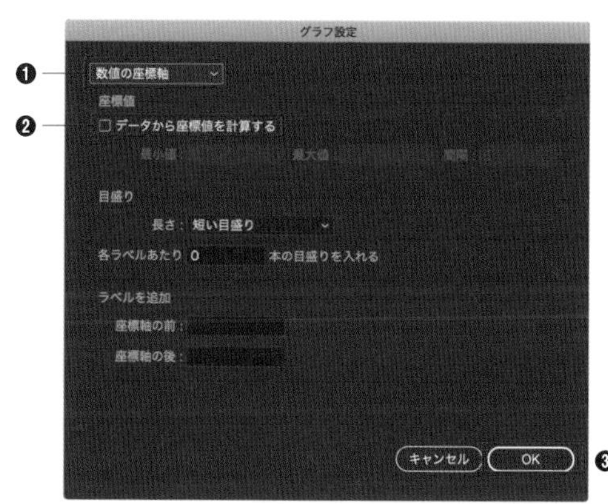

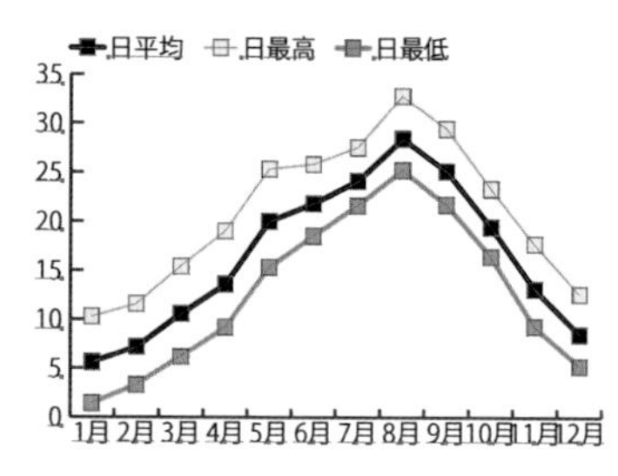

ワープロソフトのデータを使用

1 ワープロソフトで各セルのデータを tab キーで区切り、各行のデータを Enter キーで改行して入力します。データをテキストファイル形式（拡張子「.txt」）で保存します。

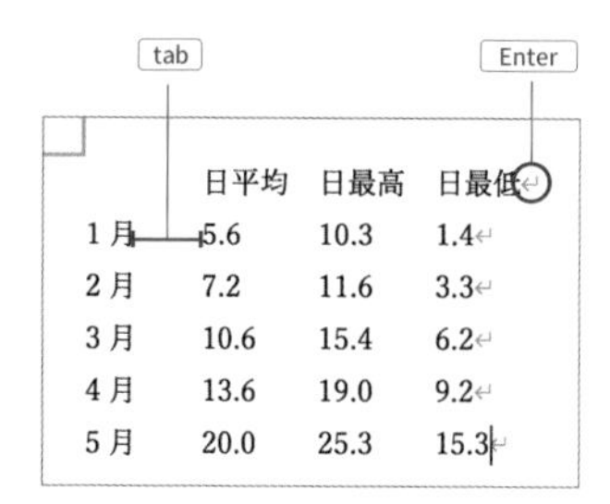

	日平均	日最高	日最低
1 月	5.6	10.3	1.4
2 月	7.2	11.6	3.3
3 月	10.6	15.4	6.2
4 月	13.6	19.0	9.2
5 月	20.0	25.3	15.3

テキストエディタなど、テキストファイル形式で保存できれば、どのようなアプリケーションでも構いません。文字化けしてしまうときは、テキストエンコードを「Shift-JIS」または「UTF-8」に変更してください。

2 Illustratorで新規グラフを作成し❶ ▶▶195 、[グラフデータウィンドウ] の [データの読み込み] ボタンをクリックします❷。

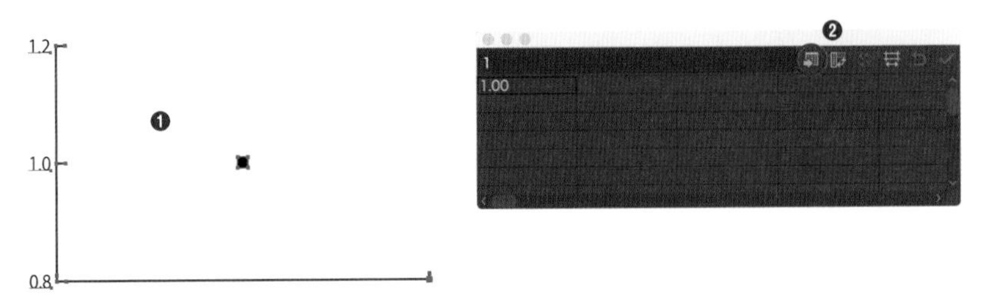

3 ダイアログが表示されるので、保存したテキストデータを選択し❶、[開く] ボタンをクリックします❷。

4 [グラフデータウィンドウ] にデータが入力されます❶。[適用] ボタンをクリックすると❷、グラフが作成されます❸。

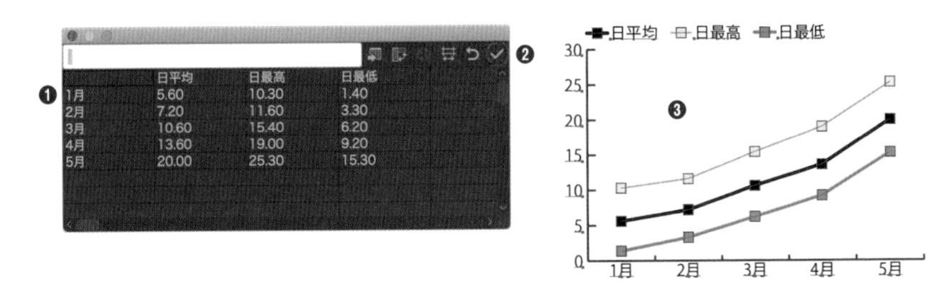

197 グラフをカスタマイズしたい

使用機能 ［グループ選択］ツール

Illustratorで作成したグラフは、フォントサイズやグラフの色、軸の位置などを変更できるほか、アピアランスを設定したり影を付けたりするなど、様々なスタイルを設定することができます。

グラフの線の太さとカラーの変更

［グループ選択］ツールを選択し❶、グラフの線を3回クリックすると❷、凡例を含めた線（X軸、Y軸のメモリを除く）がすべて選択されます。［カラー］パネルで任意のカラーに❸、［線］パネルで任意の線幅に変更します❹。グラフ上の点も同様に、［グループ選択］ツールで3回クリックして選択し、線や塗りのカラーを変更することができます。

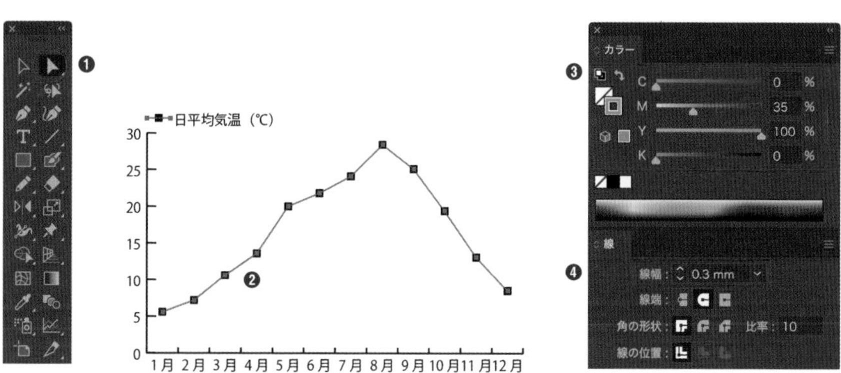

フォントの変更

［ダイレクト選択］ツールを選択し❶、フォントを変更したい文字を shift キーを押しながらドラッグします❷。文字が選択されたら、［文字］パネルでフォントを変更します❸。

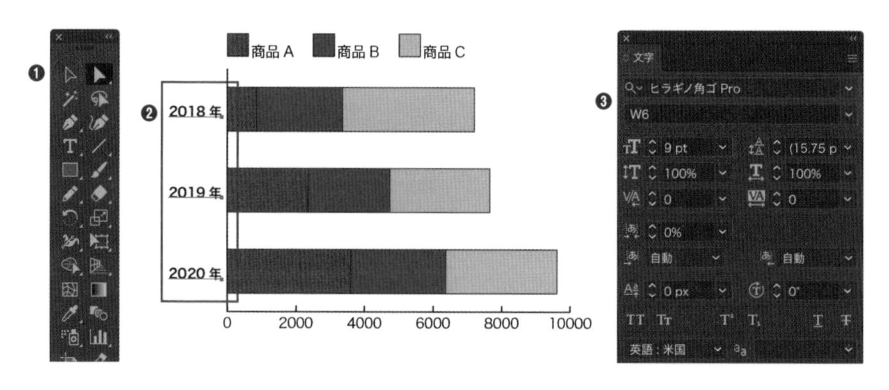

グラフの拡大・縮小

1 選択ツールで作成したグラフを選択します。

2 [拡大・縮小] ツールをダブルクリックします❶。[拡大・縮小] ダイアログが表示されるので、任意の値を指定します❷。

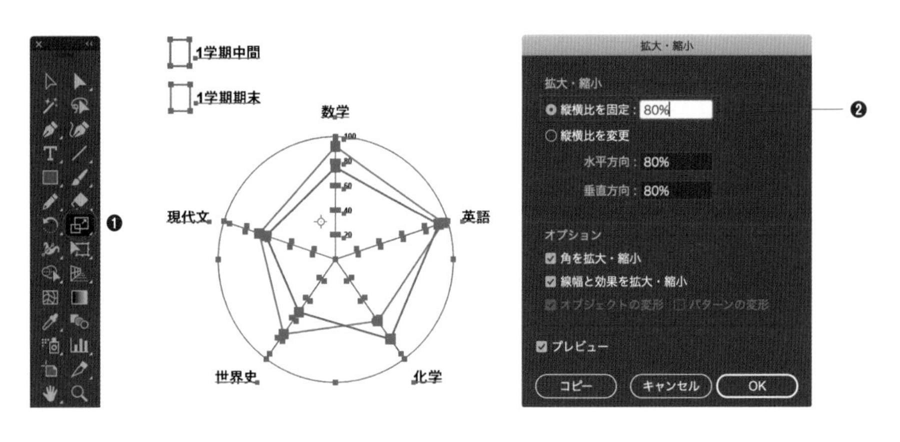

Memo

2 の手順で、[拡大・縮小] ツールを選択し、shift キーを押しながら任意の場所からドラッグして、目的のサイズに変形することもできます。

グラフの詳細を設定、変更

[オブジェクト]メニュー→[グラフ]→[設定]をクリックすると、[グラフ設定]ダイアログが表示されます。[グラフ設定]ダイアログを利用して、オプションを設定することができますが、グラフによって内容が変わります。

棒グラフの例

棒グラフの幅や各項目の幅を設定することができます。ここでは[各項目の幅]を「60%」に設定しています❶。また、スタイルで「影をつける」を有効にしています❷。

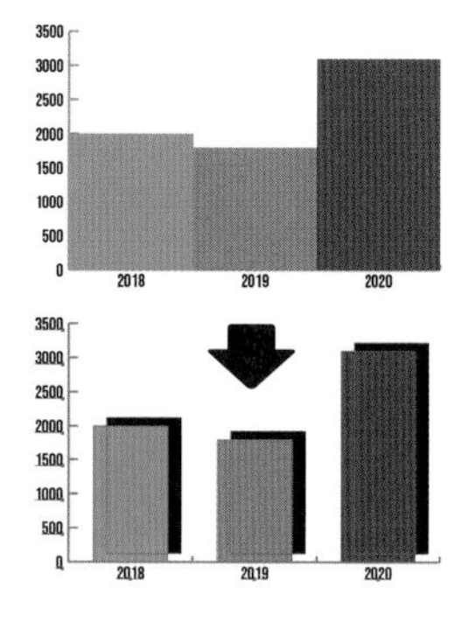

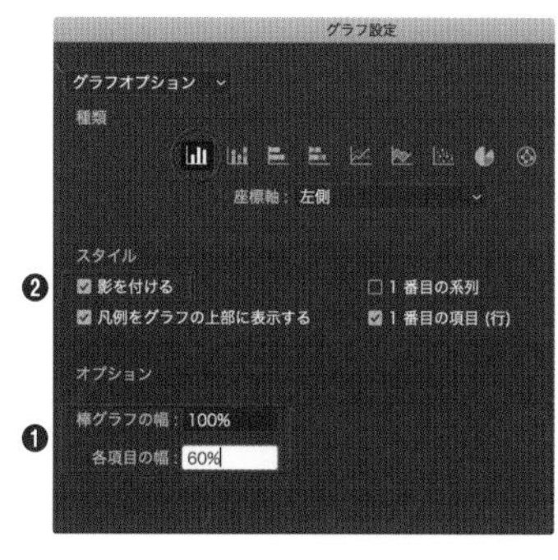

折れ線グラフの例

折れ線グラフの点や線の表示、点の位置、線の塗りつぶしなどを設定することができます。ここではすべてのオプションを有効にし❶、グラフの線を3pt幅の多角形で塗りつぶしています❷。

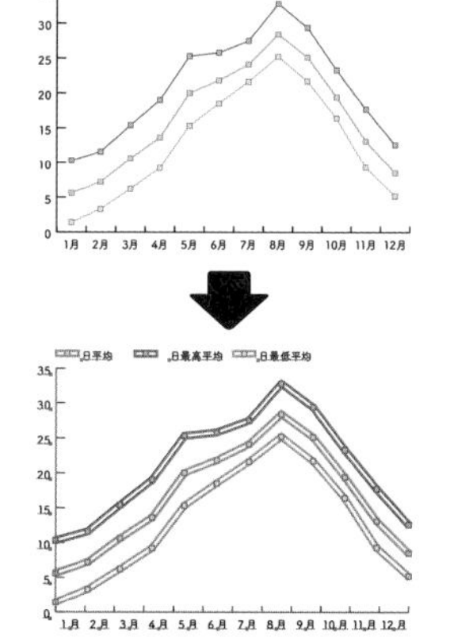

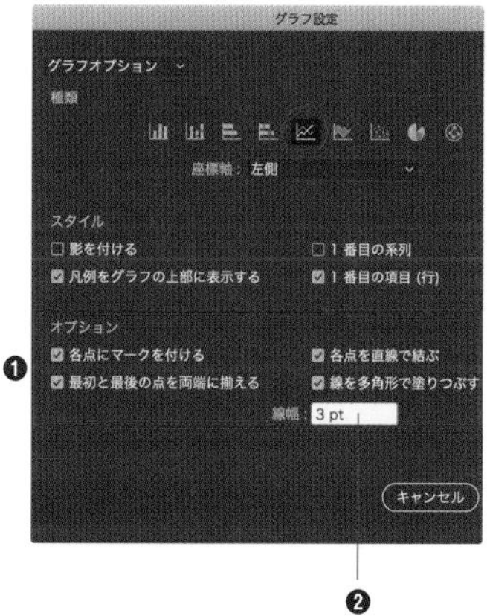

[グラフ設定]ダイアログの[グラフオプション]をクリックすると、[数値の座標軸]、[項目の座標軸]を選択できます。座標値や目盛りの設定の変更、ラベルへの文字や記号の追加などができます。

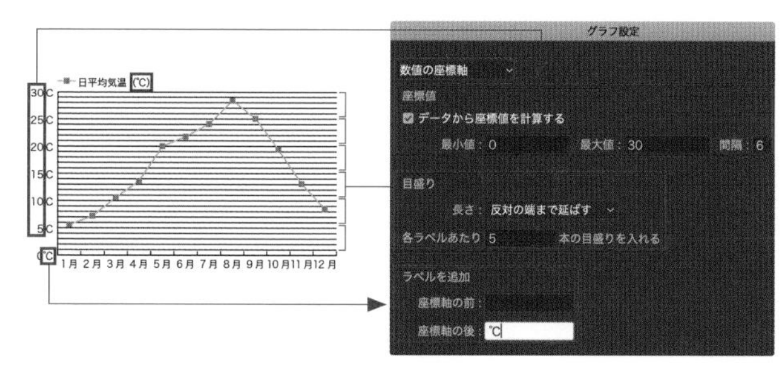

198 折れ線グラフにアートワークを適用したい

使用機能 グラフのデザイン

折れ線グラフの点にアートワークを適用することができます。わかりやすさや親しみやすさを表現したいときに役立ちます。

1 折れ線グラフを作成します❶。[グループ選択]ツールで折れ線グラフのマーカーボックスをひとつ選択してコピーします❷。あらかじめ作成しておいたアートワークの最背面にペーストします❸ ▸▸048。

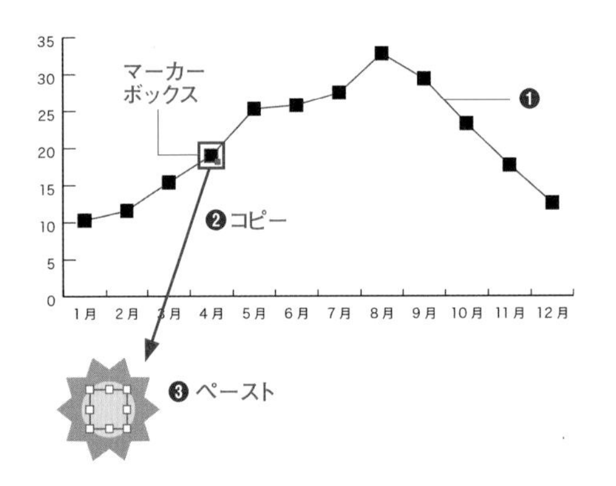

2 ペーストしたマーカーボックスの[塗り]と[線]のカラーを「なし」に設定し、アートワークとマーカーボックスをグループ化します ▸▸040。

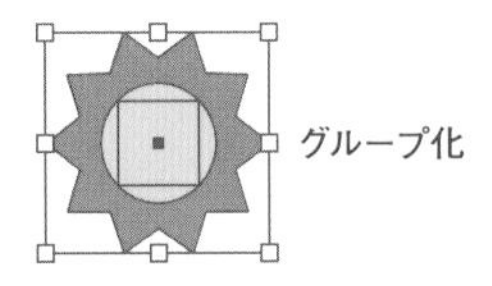

Memo

ここでコピー&ペーストしたマーカーボックスが、折れ線グラフにアートワークを適用する際のガイドになります。

3 アートワークを選択し❶、[オブジェクト]メニュー→[グラフ]→[デザイン]をクリックします❷。

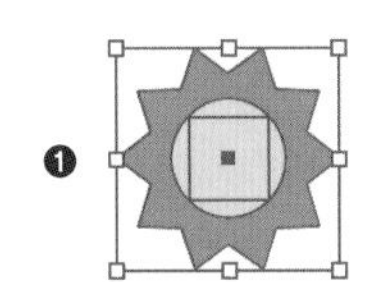

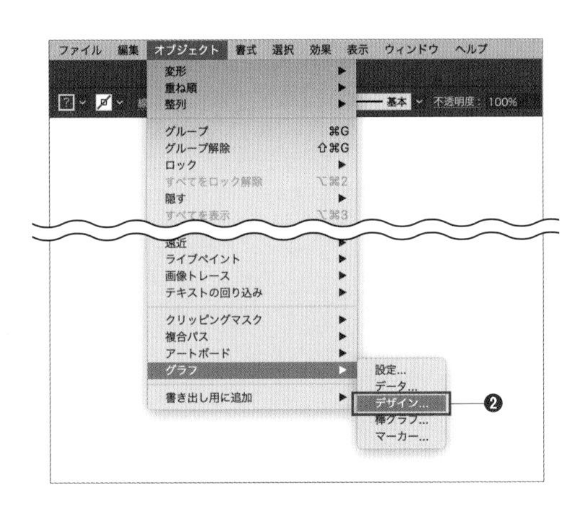

4 [グラフのデザイン] ダイアログが表示されるので、[新規デザイン] ボタンをクリックします❶。アートワークが「デザイン」として登録されます❷。

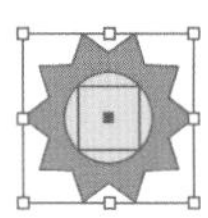

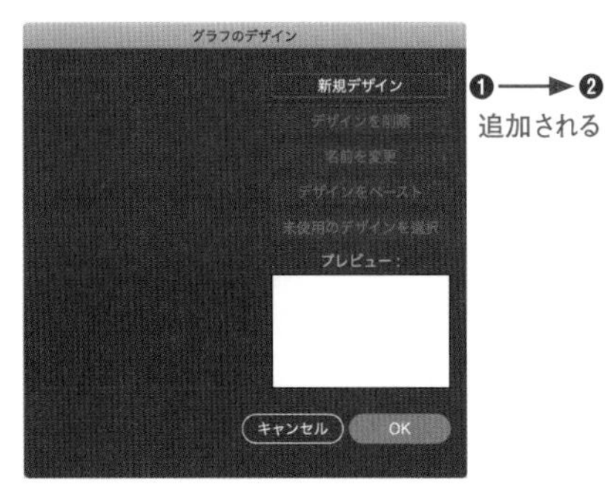

5 [名前を変更] ボタンをクリックします❶。[グラフのデザイン] ダイアログが表示されるので [名前] を入力し❷、[OK] ボタンをクリックします❸。ここでは「最高気温」と入力します。[グラフのデザイン] ダイアログに戻るので [OK] ボタンをクリックします❹。

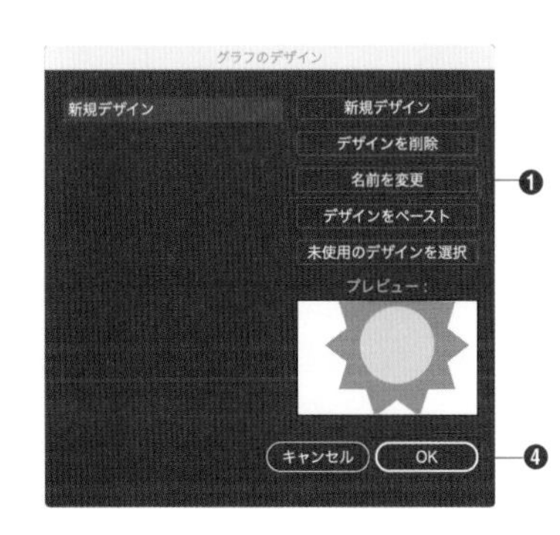

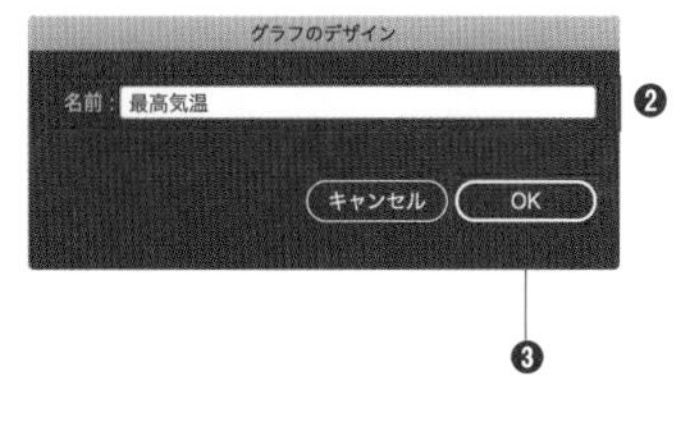

6 選択ツールで折れ線グラフを選択し❶、[オブジェクト] メニュー→[グラフ]→[マーカー] をクリックします❷。

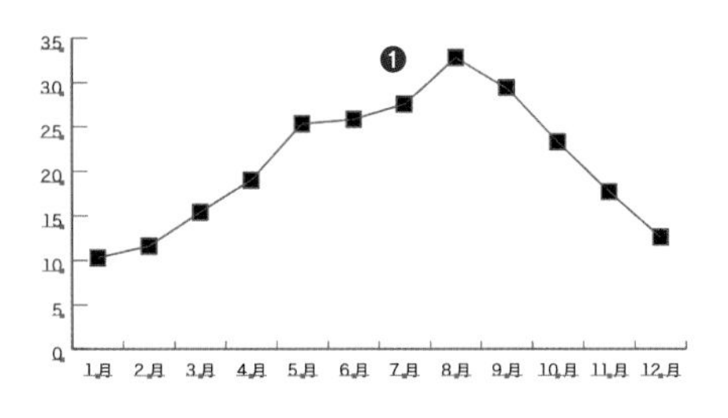

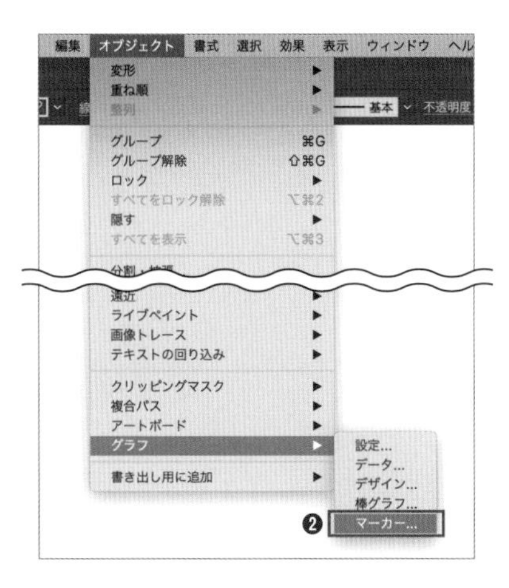

7 ［グラフのマーカー］ダイアログが表示されるので、5の手順で登録したデザイン「最高気温」を選択します❶。［OK］ボタンをクリックすると❷、マーカーにデザインが適用されます❸。

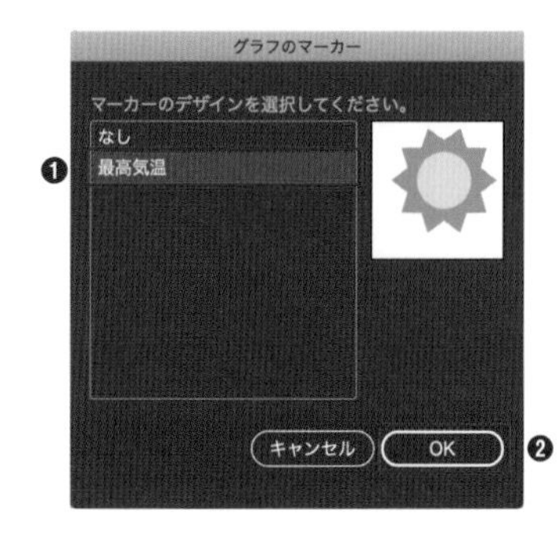

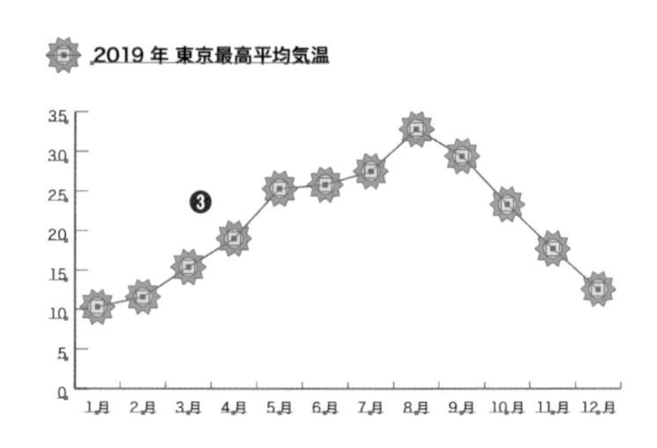

POINT

マーカーボックスのサイズに対して大きすぎるアートワークを作成してしまうと、マーカーにデザインを適用した際にグラフが見えにくくなってしまうことがあります。1の手順では、アートワークのサイズに注意しましょう。

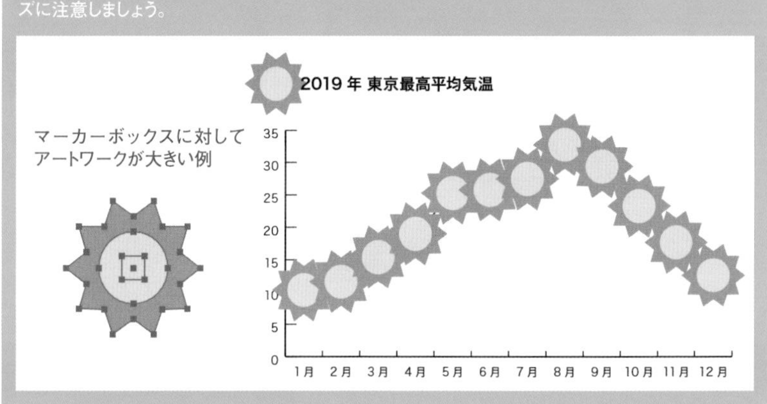

199 棒グラフにアートワークを適用したい

使用機能　グラフのデザイン

棒グラフにアートワークを適用することができます。アートワークが積み重なるタイプと伸縮するタイプの、ふたつの方法を紹介します。

積み重なるアートワークを適用

1 選択ツールで、あらかじめ作成しておいたアートワークを選択し❶、[オブジェクト]メニュー→[グラフ]→[デザイン]をクリックします❷。

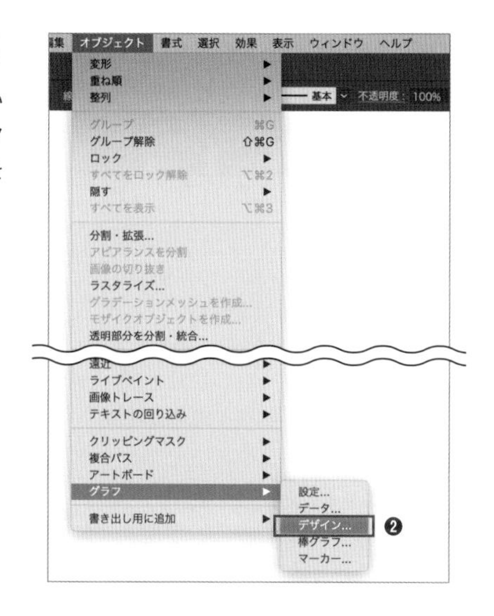

2 前項 4 ～ 5 の手順で、アートワークをデザインとして登録します ▸▸198。

3 選択ツールであらかじめ作成しておいた棒グラフを選択し❶、[オブジェクト]メニュー→[グラフ]→[棒グラフ]をクリックします❷。

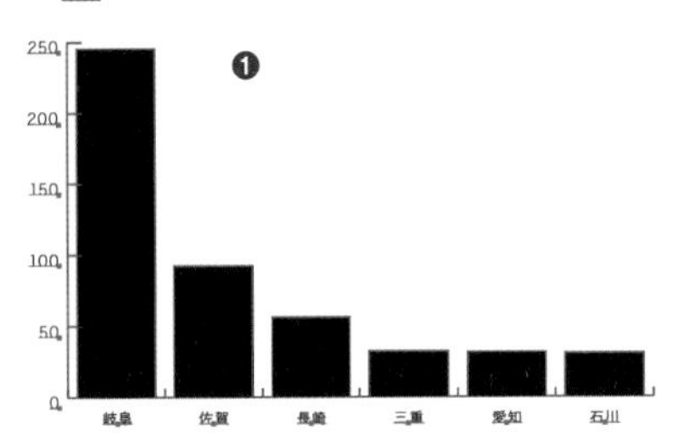

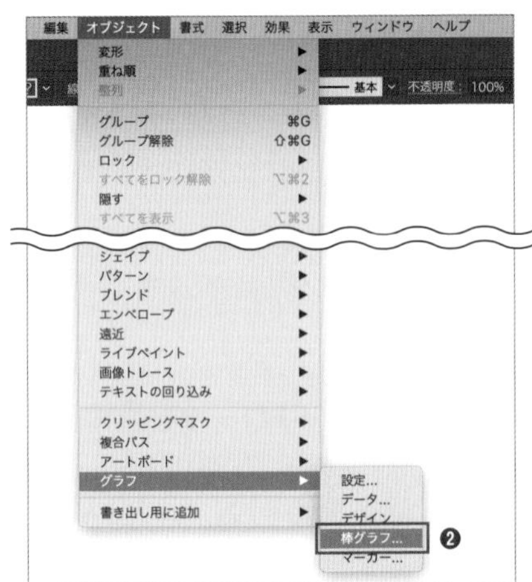

4 [棒グラフ設定]ダイアログが表示されるので、2 の手順で登録したデザインを選択し❶、各項目を設定します❷。ここでは、以下のように設定します。[OK]ボタンをクリックします。

- **棒グラフ形式** …… 繰り返し
- **1つのデザインマーカーに対応するグラフの値** …… 25
- **端数** …… 区切る

Memo [端数]を[区切る]に設定すると、棒グラフの値がアートワークの高さの倍数にならなかった場合、一番上のアートワークが途中で切れます。

5 棒グラフにデザインが適用されます。ここでは、グラフの25単位にひとつ、陶磁器のアートワークが表示されます。

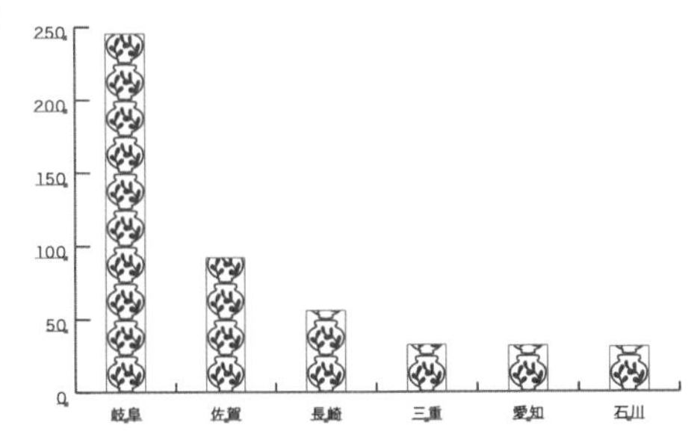

POINT

アートワークの縦横比を正しく適用するには、[グラフ設定]ダイアログで棒グラフの[横幅]を「100%」に設定しておく必要があります▶▶197。仮に「60%」に設定した場合、適用したアートワークの横幅も60%に変形します。

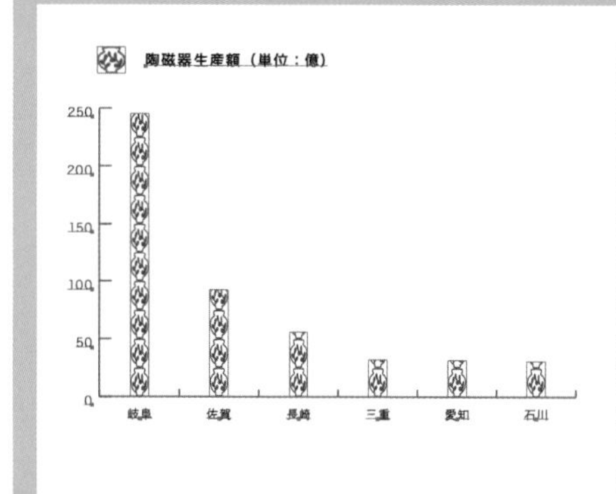

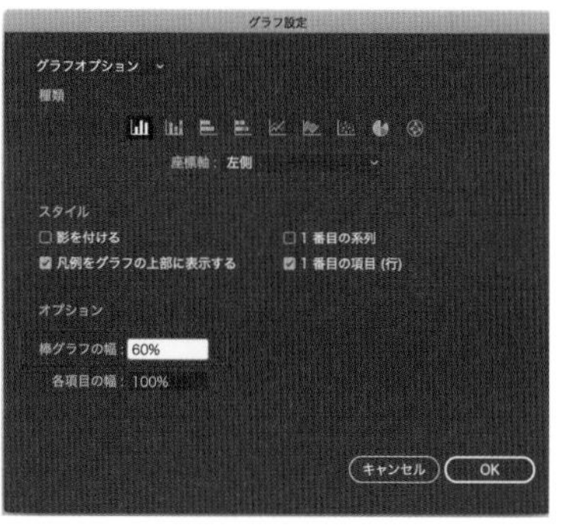

伸縮するアートワークを適用

1 [長方形]ツールであらかじめ作成しておいたアートワークの最背面に長方形を作成します。[塗り]と[線]はともにカラーなしに設定します。この長方形が、デザインとして登録される範囲になります。

2 [ペン]ツールで水平な線を2本作成し、アートワークの伸縮させたい範囲を挟むように配置します。ここでは、木の幹にあたる範囲に配置します。

Memo

ここで作成する線は、1 の手順で作成した長方形の内側に収まる長さにします。

3 オブジェクトをすべて選択し、グループ化します▶▶040。

4 ［ダイレクト選択］ツールまたは［グループ選択］ツールで 2 の手順で作成した2本の線を選択します❶。［表示］メニュー→［ガイド］→［ガイドを作成］をクリックしてガイドに変換します❷。

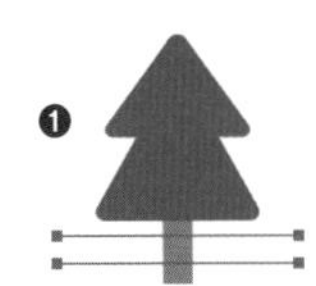

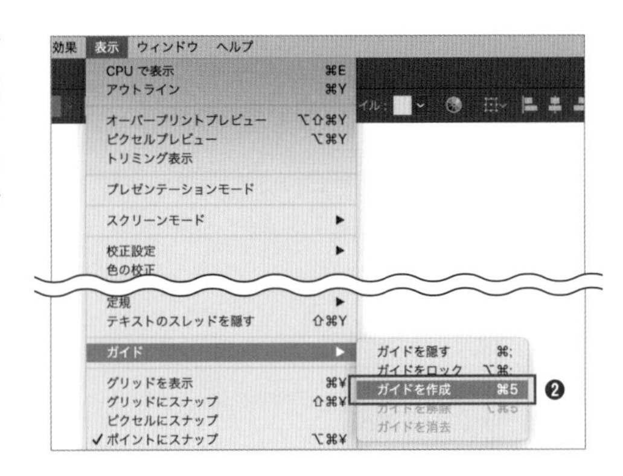

5 ［表示］メニュー→［ガイド］にマウスポインタをあわせ、ガイドにロックがかかっていたら［ガイドをロック解除］をクリックします。

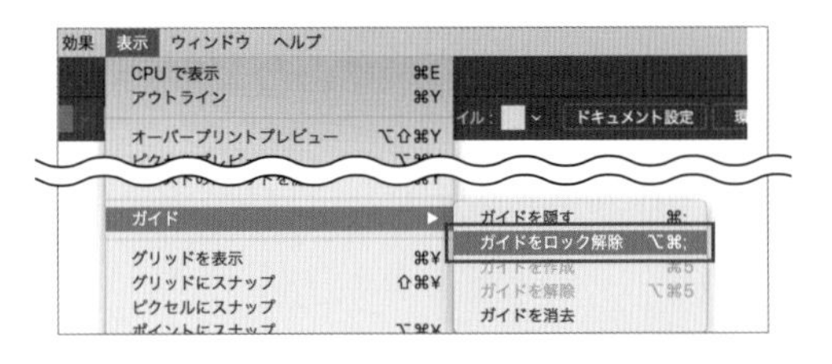

Memo

［ガイドをロック］が表示されていたら、すでにガイドにロックがかかっていない状態です。そのままで構いません。

POINT

このとき、アートワークを移動して、ガイドとアートワークが一緒に移動することを確認します。

6 選択ツールでアートワークを選択し❶、［オブジェクト］メニュー→［グラフ］→［デザイン］をクリックします。前項 4 ～ 5 の手順で、アートワークをデザインとして登録します❷ ▸▸198。

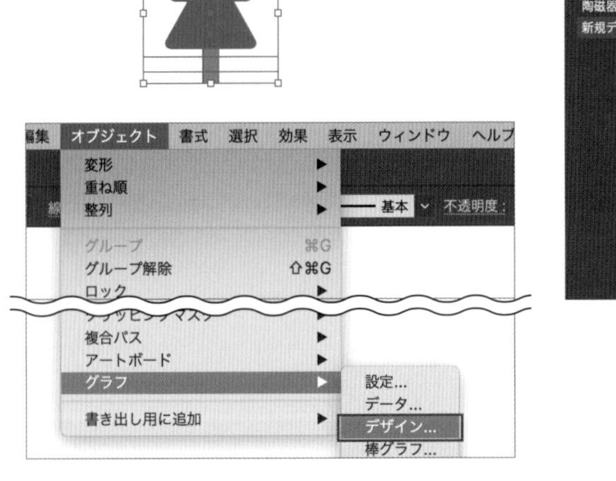

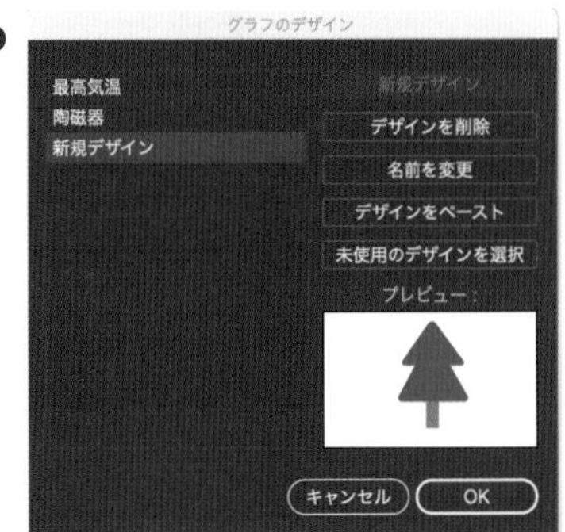

7 選択ツールであらかじめ作成しておいた棒グラフを選択し❶、[オブジェクト] メニュー→ [グラフ] → [棒グラフ] をクリックします❷。[棒グラフ設定] ダイアログが表示されるので、6の手順で登録したデザインを選択し❸、[棒グラフ形式] に [ガイドライン間を伸縮] を選択して❹、[OK] ボタンをクリックします❺。

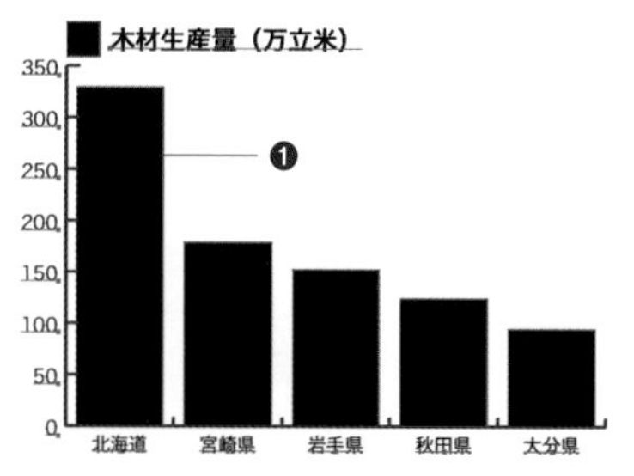

8 棒グラフにデザインが適用されます。ここでは、ガイドで指定した木の幹が伸縮するグラフが表示されます。

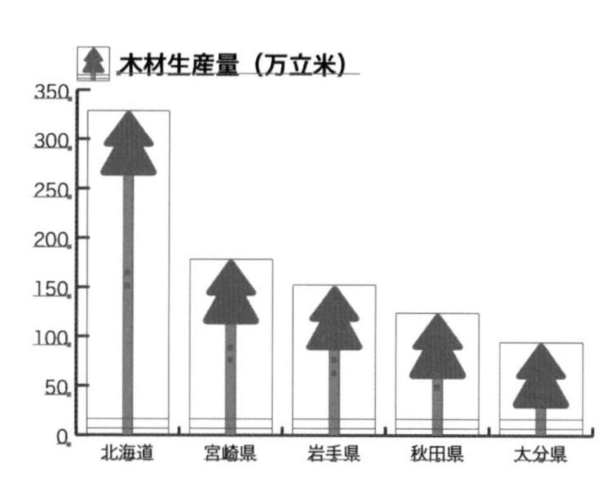

200 作成したグラフの種類を変更したい

使用機能 グラフ設定

折れ線グラフを棒グラフに変更するなど、一度作成したグラフを別の種類のグラフに変更することができます。

1 選択ツールで変更したいグラフを選択します❶。［オブジェクト］メニュー→［グラフ］→［設定］をクリックします❷。

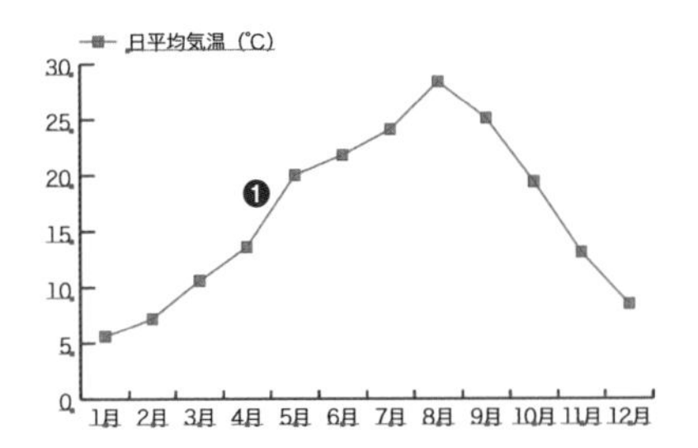

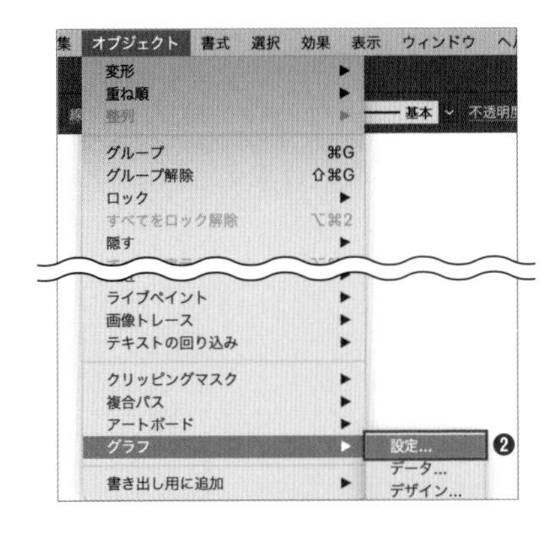

2 ［グラフ設定］ダイアログが表示されるので、［種類］から目的のグラフボタンをクリックし❶、［OK］ボタンをクリックします❷。ここでは［棒グラフ］を選択しています。

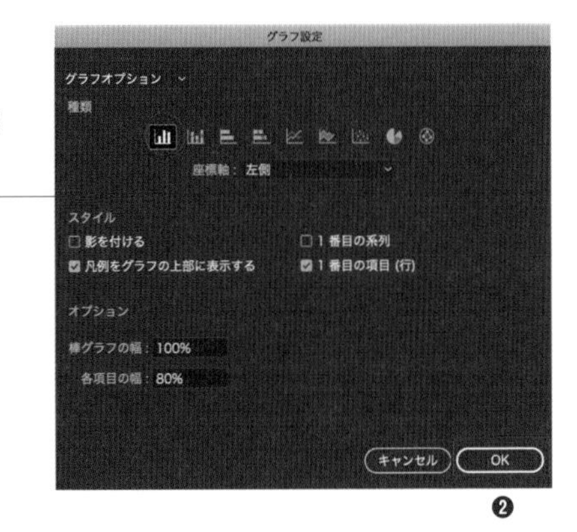

3 グラフの種類が、折れ線グラフから棒グラフに変更されます。

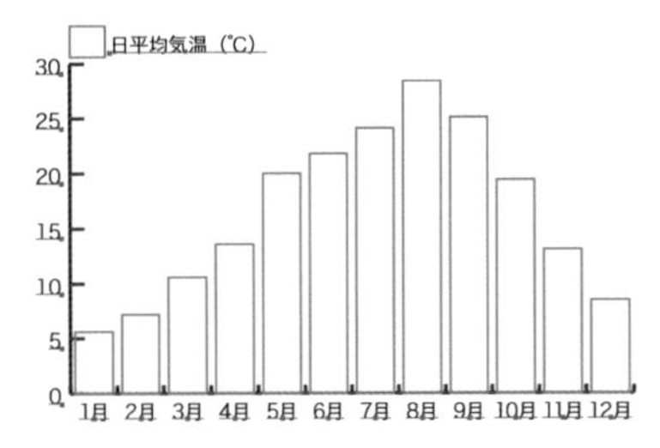

201 種類の異なるグラフを組み合わせたい

使用機能 グラフ設定

グラフ設定を利用して、折れ線グラフと棒グラフなど、種類の異なるグラフを組み合わせたグラフを作成することができます。

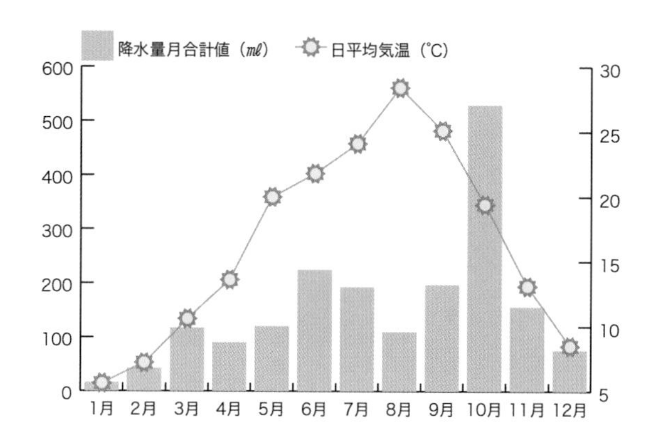

1 組み合わせたい2種類のグラフのデータをもとに、どちらか片方の種類でグラフを作成します❶。［グループ選択］ツールを選択し、グラフの種類を変更したいデータの凡例をダブルクリックします❷。すると、凡例とデータセットがすべて選択されます。ここでは最初に棒グラフを作成し、「日平均気温」のグラフを選択して折れ線グラフに変更します。

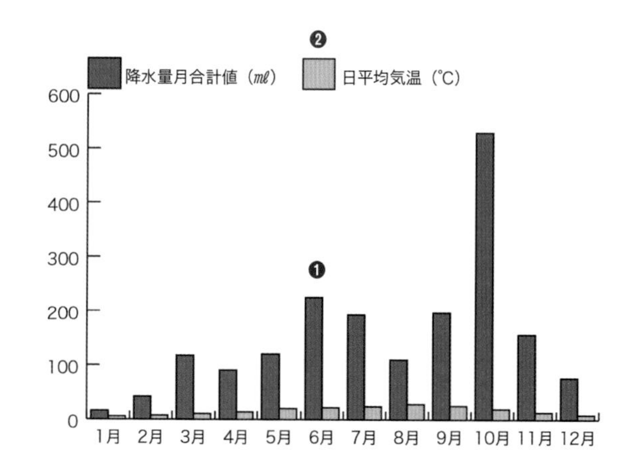

Memo

最初に作成するグラフでは、凡例を作成するようにします ▸▸195。

Chap 13 表・グラフ・地図の作成

2 ［オブジェクト］メニュー→［グラフ］→［設定］をクリックします。［グラフ設定］ダイアログが表示されるので、グラフの［種類］と［座標軸］を変更します。ここでは［種類］に「折れ線グラフ」を選択し❶、［座標軸］を「右側」に設定します❷。［OK］ボタンをクリックします❸。

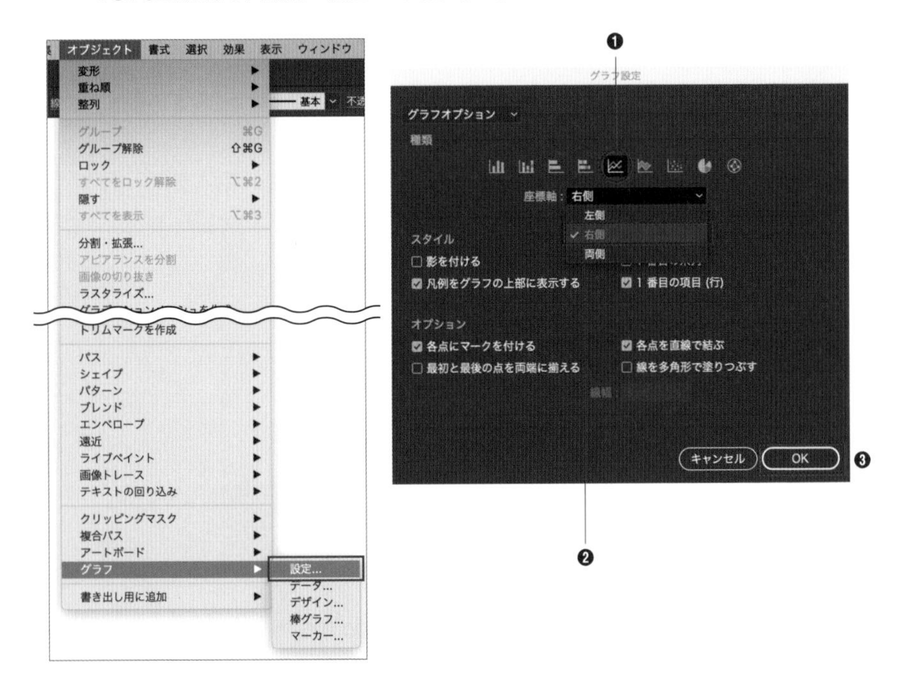

3 日平均気温のグラフの種類が折れ線グラフに変更され、座標軸が右側に表示されます。

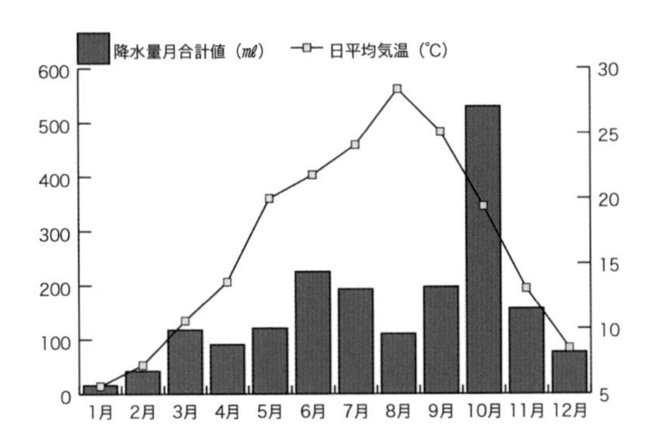

202 タブを使って文字が揃ったメニュー表などを作りたい

使用機能　[タブ] パネル

[タブ] パネルを使うと、テキストオブジェクトにタブの位置を設定することができます。例えばメニューと金額がきれいに整列したメニュー表や、日にちが等間隔に並んだカレンダーの作成など、様々な制作物に利用できます。

TAX OUT

COFFEE

ドリップコーヒー ………… ¥400
アイスコーヒー ………… ¥400
エスプレッソ ………… ¥400
カフェラテ ………… ¥450
カプチーノ ………… ¥450
カフェモカ ………… ¥480

TEA

STRAIGHT
ダージリン ………… ¥400
アールグレイ ………… ¥400
ディンブラ ………… ¥400

SUN	MON	TUE	WED	THU	FRI	SAT
1	2	3	4	5	6	7
8	9	10	11	12	13	14
15	16	17	18	19	20	21
22	23	24	25	26	27	28
29	30	31				

[タブ] パネルの見かた

[ウインドウ] メニュー→ [書式] → [タブ] をクリックすると、[タブ] パネルが表示されます。[タブ] パネルは次のような構成になっています。

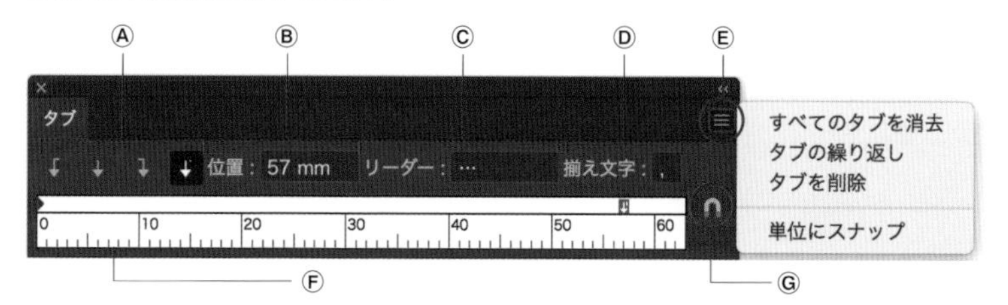

Ⓐ**タブ揃えボタン** …… タブの位置を基準としたテキストの揃え方を指定します。[左揃え]、[中央揃え]、[右揃え]などがあり、クリックして選択します。ボタンにマウスポインタを合わせると、名称が表示されます。
Ⓑ**タブの位置** …… タブの位置を数値で指定します。
Ⓒ**リーダーボックス** …… タブと次のテキストまでの間をドットやダッシュなどの文字で埋めたいときに使用します。
Ⓓ**揃え文字** …… ボックス内に入力した任意の文字や記号で揃えます。例えば小数点で揃える場合に「.」を入力したりします。
Ⓔ **[メニュー] ボタン** …… 追加のコマンドやオプションを表示します。
Ⓕ**タブ定規** …… クリックまたはドラッグすると、タブの位置の指定や移動ができます。
Ⓖ**テキスト上にパネルを配置** …… クリックすると、選択しているテキストの上にパネルが配置されます。

Memo

[タブ] パネルは、選択しているテキストの組み方向に合わせて各項目の向きが変わります。縦組みのテキストにタブを設定すると、自動的に縦組み用の [タブ] パネルが表示されます。

タブ利用の基本

選択ツールでテキストオブジェクトを選択し❶、[タブ] パネルの [テキスト上にパネルを配置] ボタンをクリックします❷。すると、テキストオブジェクトのすぐ上に [タブ] パネルが移動し、定規のゼロがテキストオブジェクトの左端に揃います。

❶ゼロがテキストオブジェクトの左端に揃う

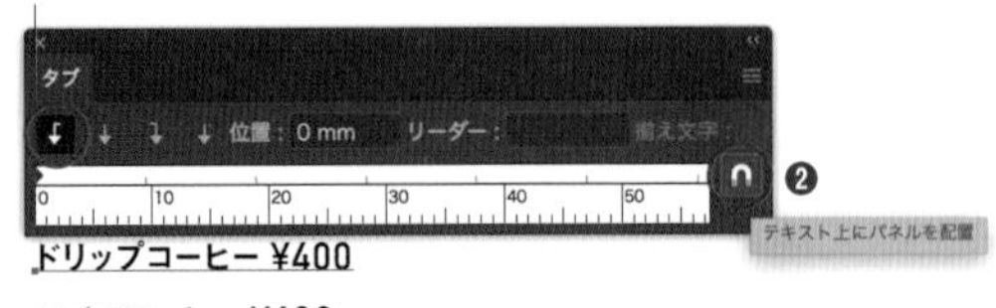

ドリップコーヒー ¥400
アイスコーヒー ¥400
エスプレッソ ¥400
カフェラテ ¥450
カプチーノ ¥450
カフェモカ ¥480

ここでは金額を右揃えにしたいので、[右揃えタブ] ボタンをクリックします❶。タブ定規の任意の位置をクリックするか❷、[タブの位置] ボックスに任意の数値を入力すると❸、タブの位置を示す目印が表示されます❹。

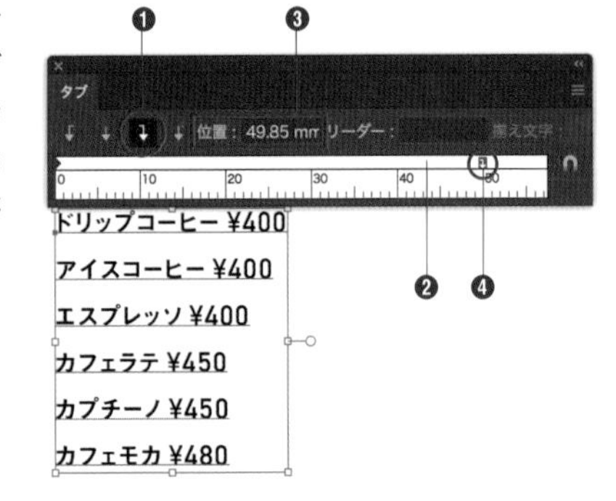

POINT

タブの位置を定規の目盛にスナップしたい場合は、[メニュー] ボタンをクリックして [単位にスナップ] を選択するか、shift キーを押しながら目印をドラッグします。

[文字] ツールを選択し、メニュー名と金額の間でキーボードの tab キーを押してタブを入力します。すると、指定したタブの位置を基準にして金額が右に揃います。

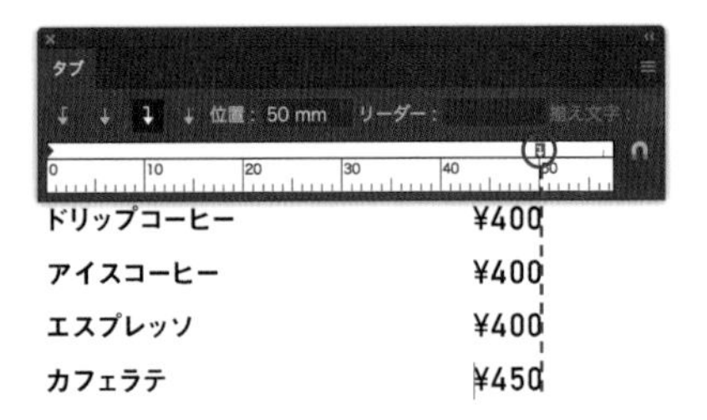

テキストオブジェクトを選択し❶、[リーダー] ボックスに任意の記号や文字を入力して Enter キーを押します❷。ここでは「…」を入力します。すると、メニュー名と金額の間が指定した記号や文字で埋められます❸。

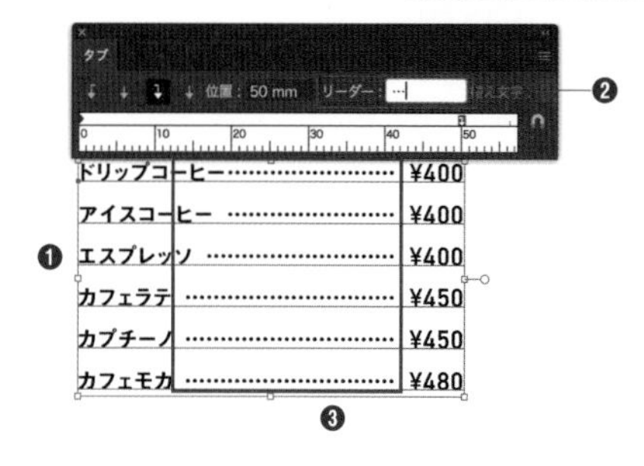

Memo

リーダーボックスで作成した「リーダー」のフォント、カラー、その他の書式を変更するには、文字ツールで選択し、[文字] パネルや [カラー] パネルで設定します。

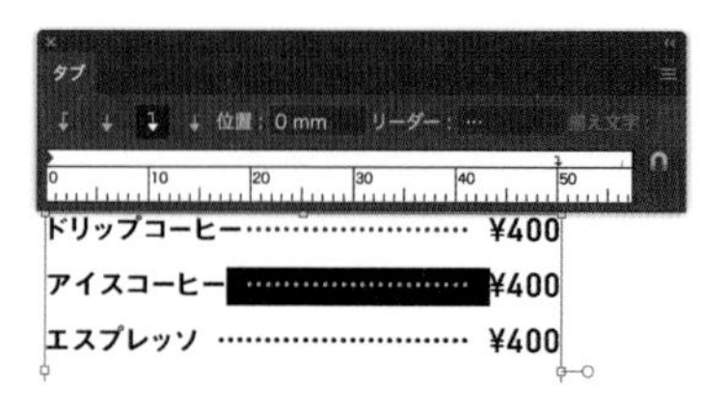

Memo

タブの位置設定を削除したいときは、目印をタブ定規の外にドラッグします。または、不要なタブの目印を選択して、[メニュー] ボタンをクリックし、「タブを削除」を選択します。すべてのタブの位置設定を消去するには、[メニュー] ボタンの「すべてのタブを消去」を選択します。なお、タブの位置設定を削除しても、テキストに入力したタブは削除されません。

タブの繰り返し

1 あらかじめ、テキストをタブで区切ったテキストオブジェクトを作成します。選択ツールで、テキストオブジェクトを選択して❶、[タブ] パネルを表示します。[左揃えタブ] ボタンをクリックし❷、2列目の先頭の位置を指定します❸。

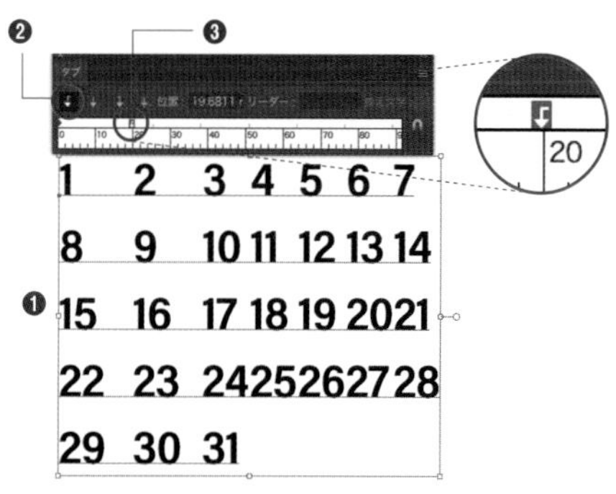

2 [メニュー] ボタンをクリックして❶、[タブの繰り返し] を選択します❷。すると、1 の手順で指定した左揃えタブと等間隔の左揃えタブが、残りのテキストの分だけ作成され、タブで区切られた数字が整列します。

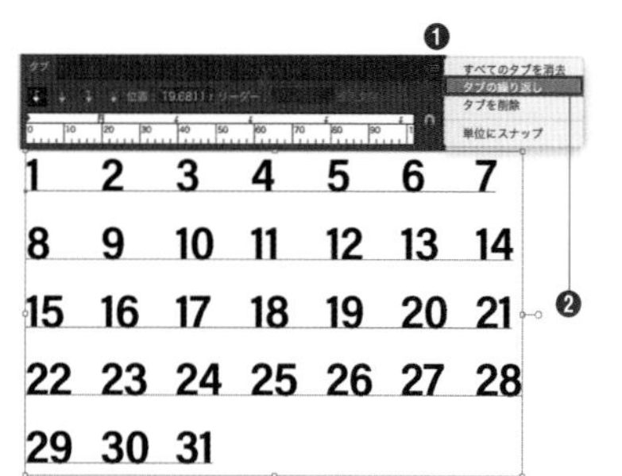

203 グリッドを作りたい

使用機能 [長方形グリッド]ツール、[ブレンド]ツール

グリッドは様々な作り方があります。グリッドの利用目的などにより最適な作成方法は変わりますが、ここでは2種類の方法を紹介します。

[長方形グリッド]ツールで作成

1. [長方形グリッド]ツールを選択し、グリッドを作成したい位置をクリックします。

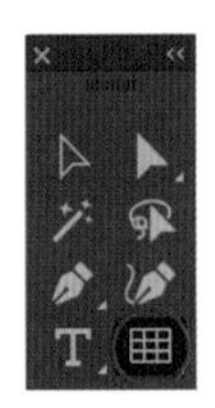

2. [長方形グリッドツールオプション]ダイアログが表示されるので、作成するグリッドのサイズと❶、[水平方向]と[垂直方向]の[線数]を入力します❷。[外側に長方形を使用]にチェックを入れて❸、[OK]ボタンをクリックします❹。

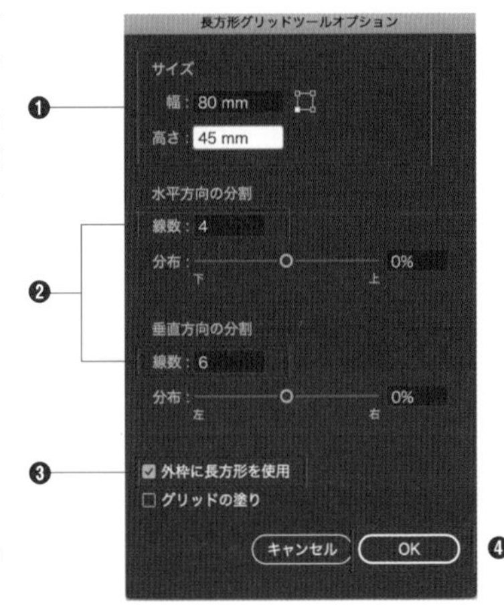

Memo

グリッドに塗りを適用したい場合は、[グリッドの塗り]にチェックを入れます。

3. グリッドが作成されます。

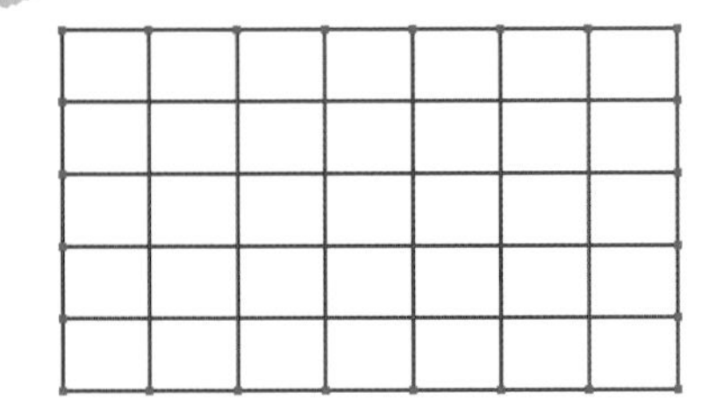

POINT

この方法で作成したグリッドは、水平・垂直の線のグループとそれを囲む長方形で構成されているため、[線]の設定で編集することが可能です。

[ブレンド] ツールで作成

1 [ペン] ツールまたは [直線] ツールを選択し、shift キーを押しながらドラッグして水平な直線を作成します❶。作成した直線を選択し、option ＋ shift キーを押しながら任意の方向にドラッグして❷、直線を平行に複製します❸。

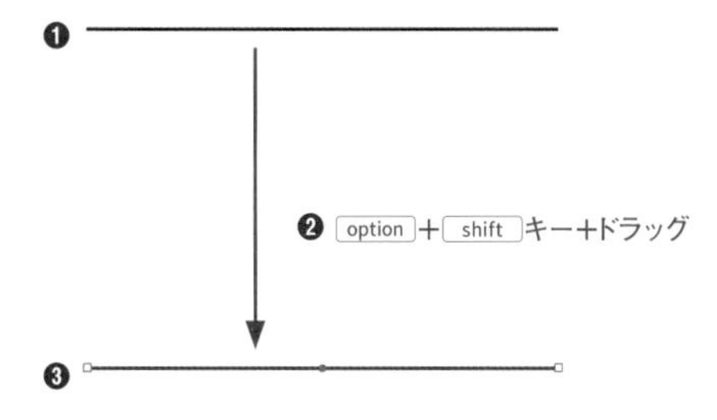

2 選択ツールでふたつの直線を選択し❶、[オブジェクト] メニュー→ [ブレンド] → [作成] をクリックします❷。

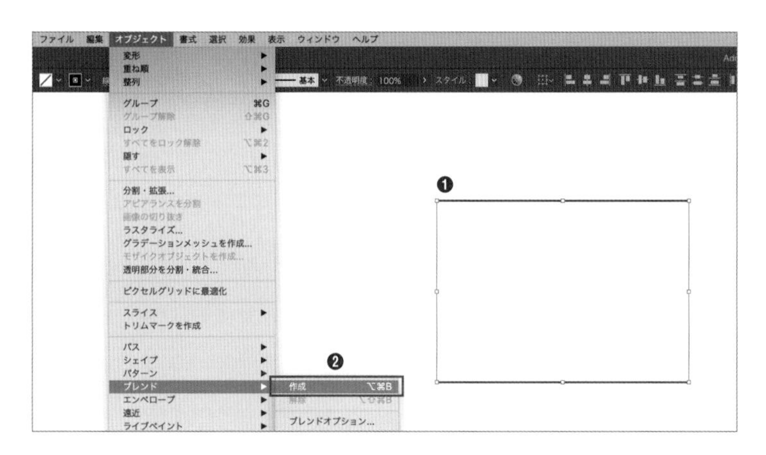

3 [ブレンド] ツールをダブルクリックします❶。[ブレンドオプション] ダイアログが表示されるので、[間隔] を [ステップ数] にし、2本の直線の間に作成したい線の本数を入力します❷。[OK] ボタンをクリックします❸。すると、2本の直線の間に等間隔の線が作成されます❹。

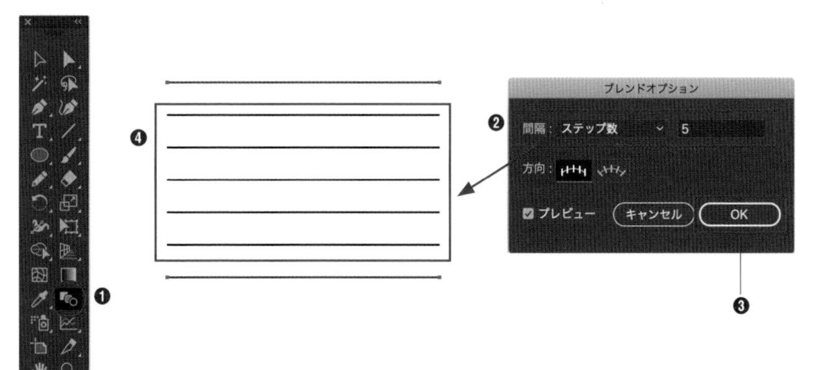

4 選択ツールで 1 ～ 3 の手順で作成した直線をすべて選択し、ロックします ▸▸046。

5 直線の左端とぴったり重なるように ▸▸030 垂直な直線を作成し❶、option ＋ shift キーを押しながらドラッグして❷、右端に複製します❸。

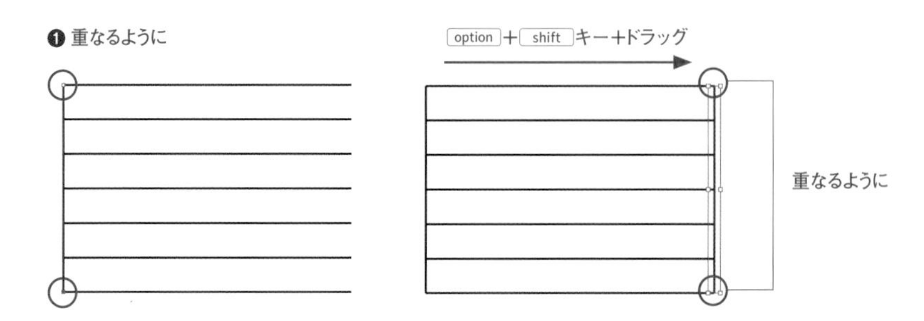

6 左右両端の垂直な直線を選択し、2 ～ 3 と同様の手順を繰り返して、2本の直線をブレンドして間に線を作成します。

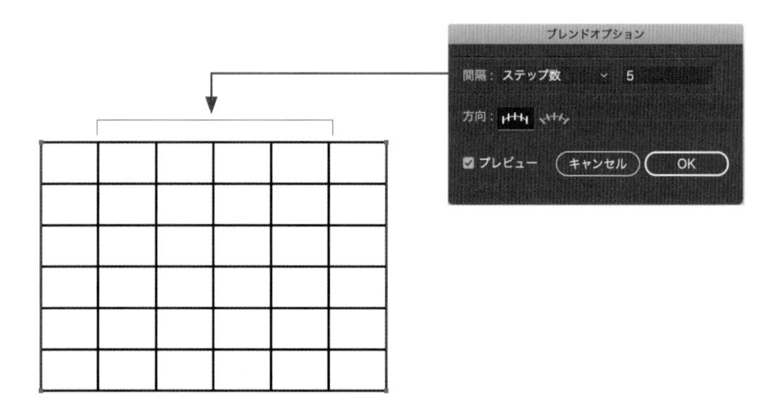

POINT

この方法で作成したグリッドは、作成後に［ブレンドオプション］ダイアログで線の数を変更できるので、線の数に変更がありそうなときに便利です。

204 破線・点線のグリッドをきれいに作りたい

使用機能　アウトライン（パスファインダー）

［線］の設定で破線・点線にしたグリッドは、線と線の交差部分できれいに重ならず、美しくありません。パスファインダー機能を使うと、線は分割されてしまいますが、きれいに交差したグリッドを作成することができます。

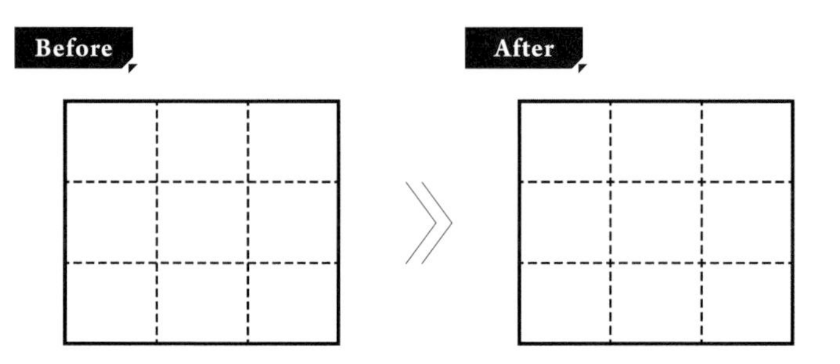

1 前項の方法でグリッドを作成します ▸▸203。長方形の内側の線を選択し❶、［ウインドウ］メニュー→［パスファインダー］をクリックします。［パスファインダー］パネルが表示されるので、［アウトライン］ボタンをクリックします❷。すると線が分割され、線のカラーが「なし」になります❸。

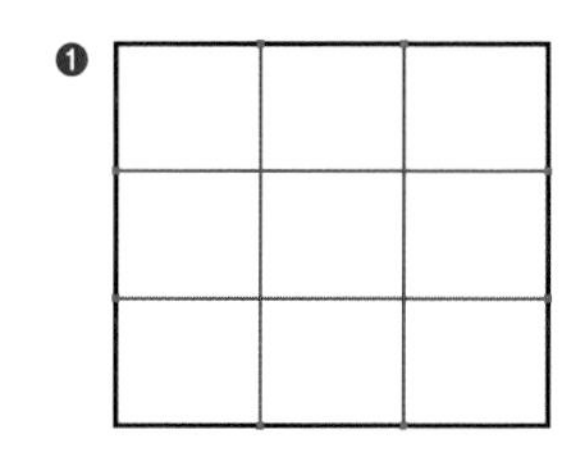

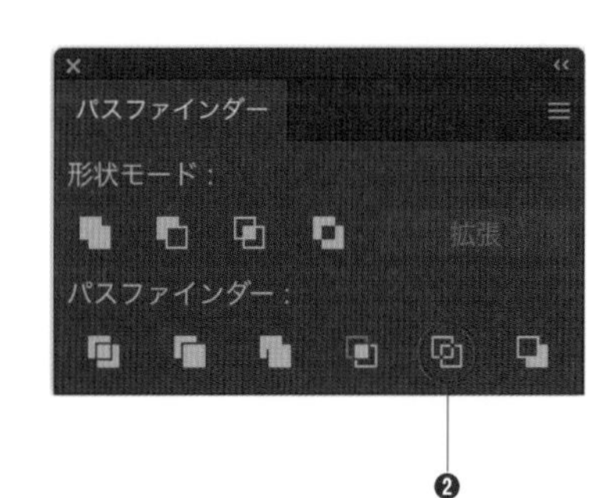

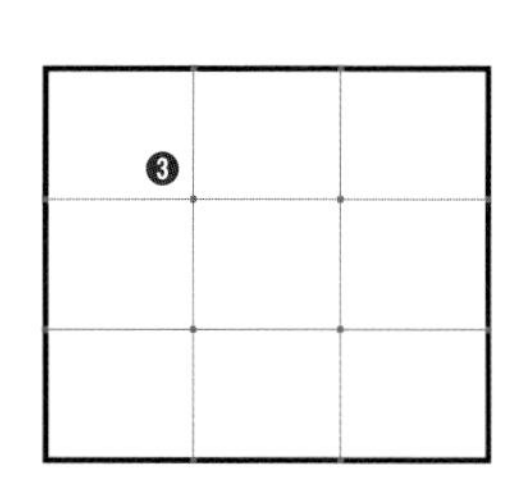

Memo

［ブレンド］ツールで作成したグリッド ▸▸203 では、この操作の前に［ブレンド］メニュー→［分割］をクリックして、ブレンドをオブジェクトに変換する必要があります。

2 線に任意のカラーを設定して、[線] パネルを表示します。破線・点線 ▸▸087 を設定し❶、[コーナーやパス先端に破線の先端を整列] ボタンをクリックします❷。すると破線・点線がきれいに交差します。

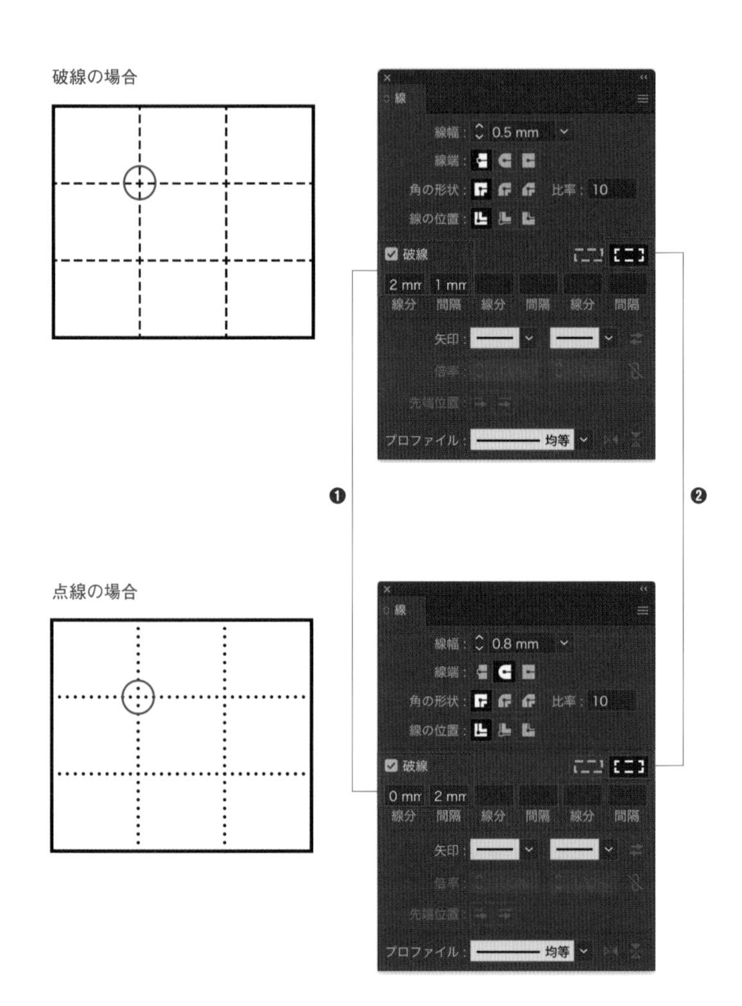

205 オリジナルの地図を作りたい

使用機能 ［線］パネル、図形ツール、［アピアランス］パネル

地図アプリが発展しているとはいえ、チラシやウェブサイトなどにオリジナルの地図を載せる機会は少なくありません。地図の作り方は様々ですが、線や図形を使い、目的地と道中の目印がわかりやすいオリジナルの地図を作ることができます。地図作成の手順とコツを紹介します。

1 ［ペン］ツールなどの描画ツールを利用し、元になる地図を参考にしながら、主要な道路、河川、線路などを大まかに描きます。

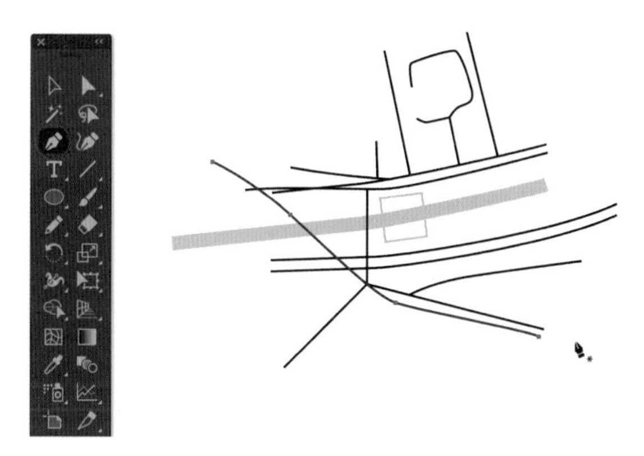

2 道路、河川の色や太さを調整し、鉄道を地図記号にします ▸▸206。

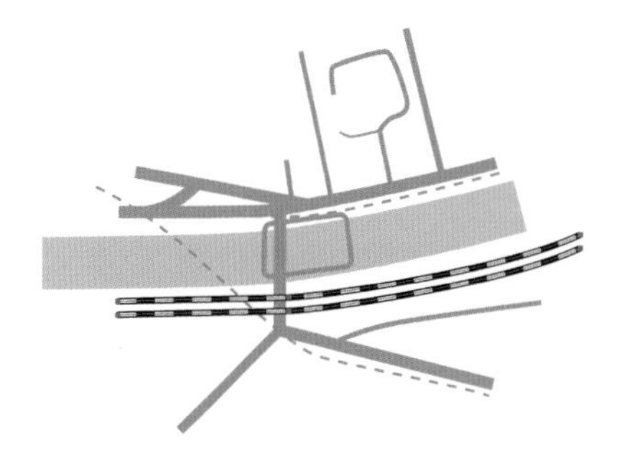

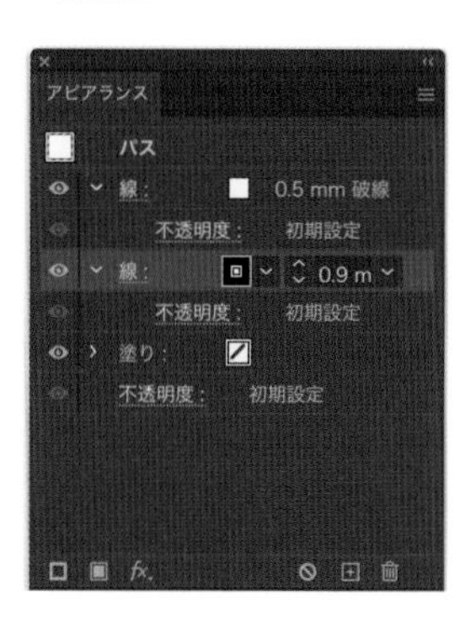

3 目的地と、目印になる建物や信号などを描き込んでいきます。このとき、以下の点に注意します。

- 情報量が多すぎると見にくくなってしまうので、目印にはポイントとなる建物だけをピックアップする。
- 曲がり角は間違えやすいため、目的地付近の曲がり角には必ず目印を置く。
- 目的地は一番目立つように色やフォントのサイズを調整する。

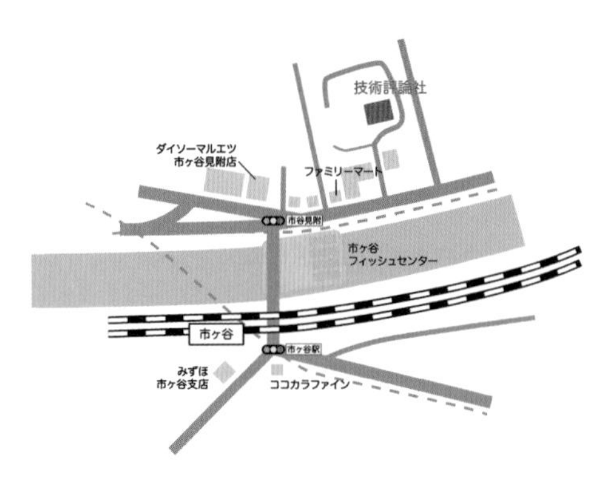

4 見えにくい文字は、[アピアランス] パネルの [新規線の追加] ボタンをクリックして周りを白で囲みます ▸▸181。必要な部分だけが見えるようにクリッピングマスクをかけて ▸▸075 完成です。

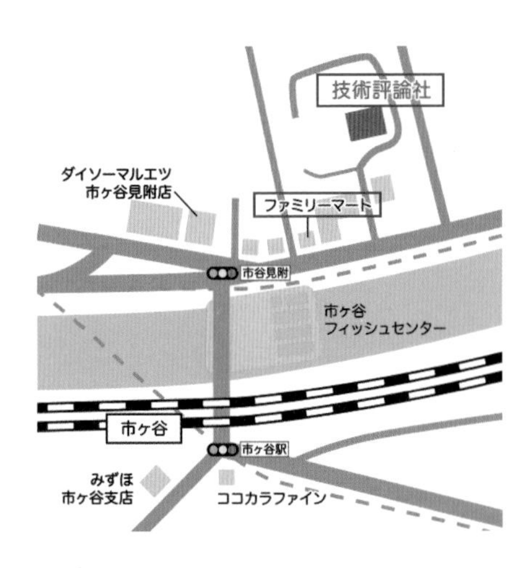

Memo

地図記号はIllustratorにいくつか用意されています。[ウィンドウ] メニュー→ [シンボルライブラリ] → [地図] から使用することができます。

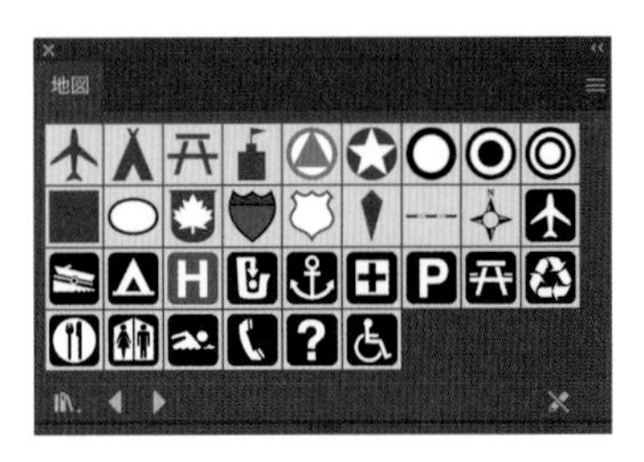

206 鉄道の地図記号を作りたい

使用機能 [アピアランス] パネル

破線で様々な鉄道記号を作ることができます。ここでは国土交通省が発行している2万5千分1地形図図式(表示基準)をもとに作成した、使用頻度が高い鉄道のアピアランス ▸▸100 を紹介します。

JR(単線)

● 線1
線幅 …… 0.4mm
カラー …… C:0 M:0 Y:0 K:0(白)
破線 …… [線分]2.5mm
● 線2
線幅 …… 0.6mm
カラー …… C:0 M:0 Y:0 K:100(黒)
破線 …… なし

JR(複線)

● 線1
線幅 …… 0.4mm
カラー …… C:0 M:0 Y:0 K:0(白)
破線 …… [線分]1.25mm、[間隔]0.1mm、[線分]1.25mm、[間隔]2.5mm
● 線2
線幅 …… 0.6mm
カラー …… C:0 M:0 Y:0 K:100(黒)
破線 …… なし

JR線以外(単線)

● 線1
線幅 …… 0.7mm
カラー …… C:0 M:0 Y:0 K:100(黒)
破線 …… [線分]0.1mm[間隔]4mm
● 線2
線幅 …… 0.3mm
カラー …… C:0 M:0 Y:0 K:100(黒)
破線 …… なし

JR線以外(複線)

● 線1
線幅 …… 0.7mm
カラー …… C:0 M:0 Y:0 K:100(黒)
破線 …… [線分]0.1mm、[間隔]0.5mm、[線分]0.1mm、[間隔]3.5mm
● 線2
線幅 …… 0.3mm
カラー …… C:0 M:0 Y:0 K:100(黒)
破線 …… なし

地下鉄

● 線
線幅 …… 0.3mm
カラー …… C:40 M:60 Y:95 K:10
破線 …… 1mm

路面鉄道

● 線
線幅 …… 0.2mm
変形（効果） …… ［移動］（垂直方向）0.7mm、［コピー］2

特殊鉄道

● 線1
線幅 …… 0.6mm
カラー …… C:0 M:0 Y:0 K:100（黒）
破線 …… ［線分］0.1mm、［間隔］2mm
● 線2
線幅 …… 0.2mm
カラー …… C:0 M:0 Y:0 K:100（黒）
破線 …… なし

Memo

厳密な鉄道記号を必要とする地図でなければ、デザインやサイズに合わせて、適宜アレンジしても構いません。

POINT

路面鉄道の［変形］は、以下の手順で設定します。
［アピアランス］パネルで線を選択し、［新規効果を追加］ボタン→［パスの変形］→［変形］をクリックします。［変形効果］ダイアログが表示されるので［移動］の［垂直方向］に「0.7mm」、［オプション］の［コピー］に「2」と入力します。

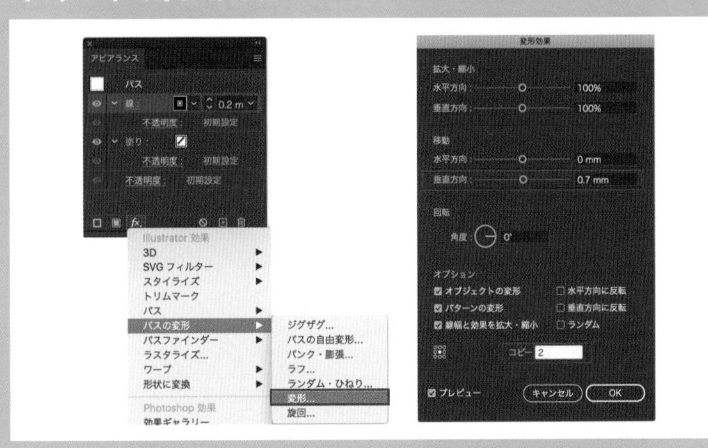

207 立体的な地図を作りたい

使用機能 | 3D

目印の建物を3Dにすると、地図が立体的に見えるようになります。

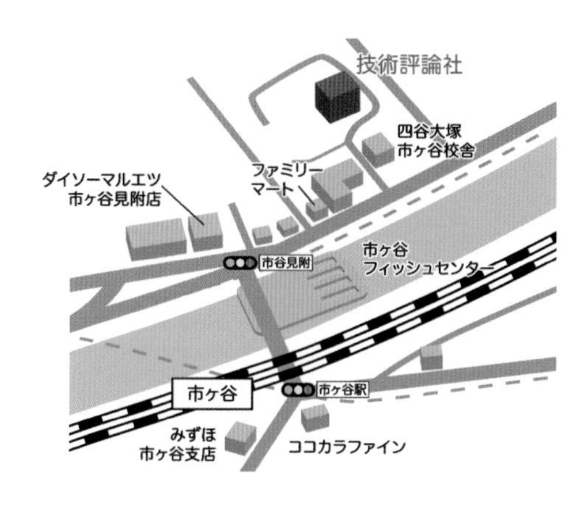

1 あらかじめ2Dの地図を作成します❶ ▸▸205。選択ツールですべてのオブジェクトを選択し、[シアー] ツールを選択して❷、ドラッグします❸。

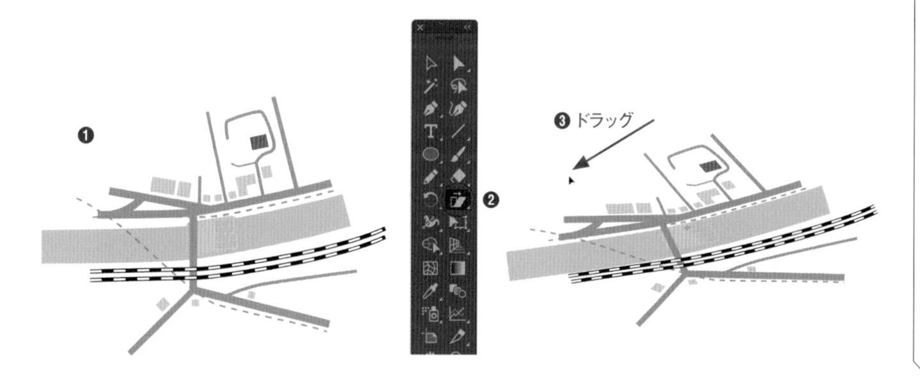

POINT

様子を見ながら数回に分けて斜め上から見下ろすような視点になるようにシアーをかけます。

2 選択ツールで目印を選択して❶、[ウィンドウ] メニュー→ [アピアランス] をクリックします。[アピアランス] パネルが表示されるので、[新規効果を追加] ボタンをクリックし、[3D] → [押し出し・ベベル]を選択します。[3D 押し出し・ベベルオプション]ダイアログが表示されるので、[プレビュー] にチェックを入れ❷、[位置] を [自由回転] に設定し❸、[X軸の回転] のみに値を入力します❹。[押し出しの奥行き] に目印のビルの高さを入力します❺。イメージ通りになったら、[OK] ボタンをクリックします❻。

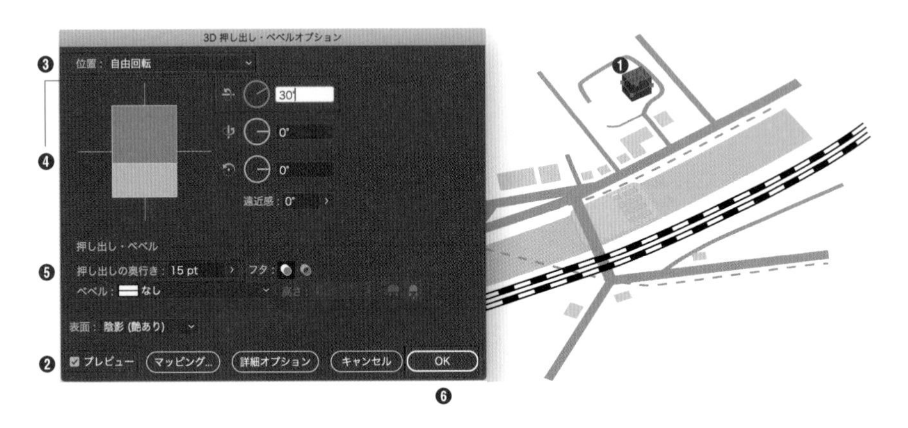

3 2の手順を繰り返して、必要な目印すべてに3D効果を適用します。

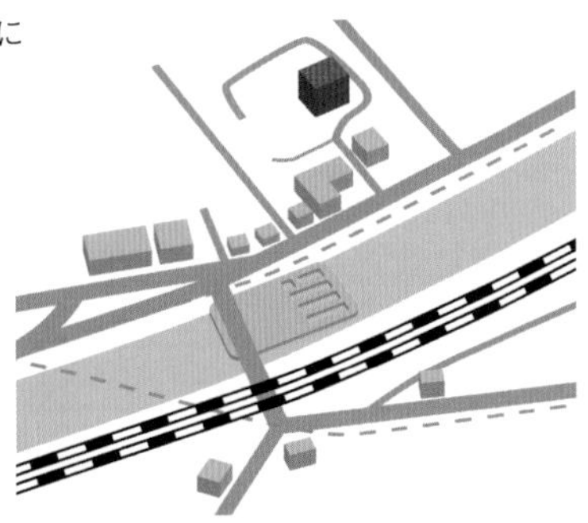

POINT

複数の目印を同じ高さに揃えたいときは、shift キーを押しながらそれぞれの目印をクリックし、まとめて選択してから3D効果のアピアランスを適用します。

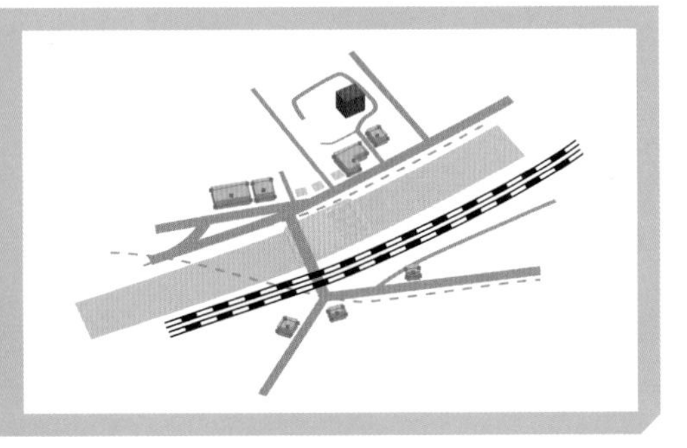

Webパーツ作成

Chapter

14

Web用の環境を整えて制作を開始したい

使用機能　新規ドキュメント、環境設定、カラー設定

印刷用のデータとWeb用のデータでは、使用するカラーモードや単位が異なります。適切ではない環境でデータを作成すると、書き出しの際に色が変わってしまったり、画像がぼやけてしまったり、といったミスにつながります。Web用の新規ドキュメントを作成する際は、適切な環境を整えましょう。

新規ドキュメントの作成

[ファイル]メニュー→[新規]をクリックします。[新規ドキュメント]ダイアログが表示されるので、プロファイルから[Web]を選択し❶、アートボードのサイズは作成するコンテンツの幅と高さに設定します❷。また、[プレビューモード]を「ピクセル」に設定すると❸、アートワークがピクセルで表示され、データを書き出したときとの見た目のギャップがなくなります。最後に[作成]ボタンをクリックします❹。

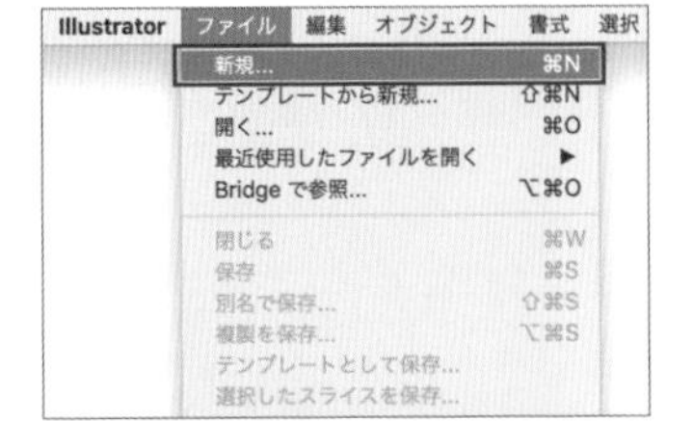

［新規ドキュメント］ダイアログの［詳細設定］ボタンをクリックすると、CC2015以前と同じインターフェイスが表示されます。前記の［新規ドキュメント］ダイアログと設定内容は同じですが、以前のインターフェイスに慣れている方はこちらから設定しても構いません。
プロファイルから［Web］を選択し❶、アートボードのサイズは作成するコンテンツの幅と高さに設定します❷。［プレビューモード］を「ピクセル」にし❸、［OK］ボタンをクリックします❹。

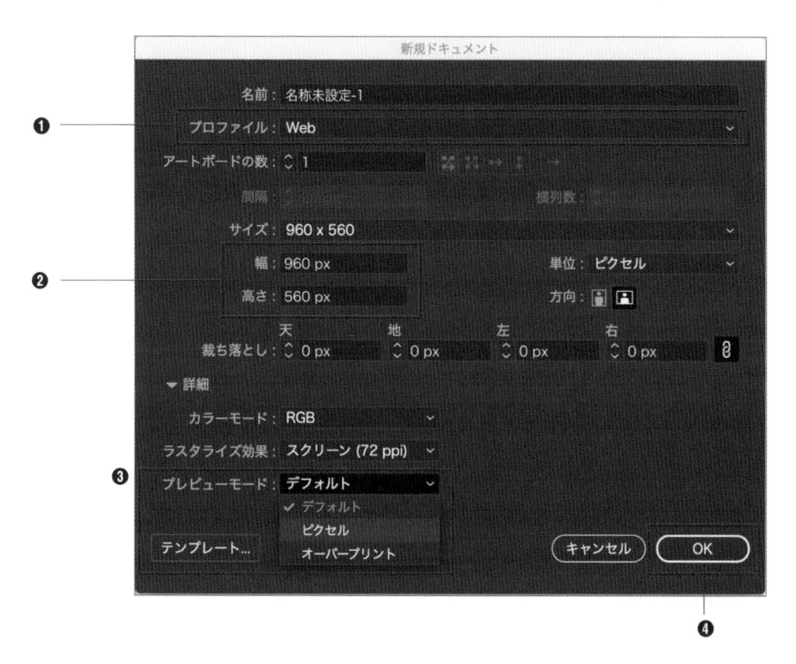

単位の設定

Webのコンテンツはピクセルで表示されるので、Web用の素材を作成する際は単位をピクセルに設定しておくと便利です。Illustrator］メニュー→［環境設定］→［単位］をクリックします。

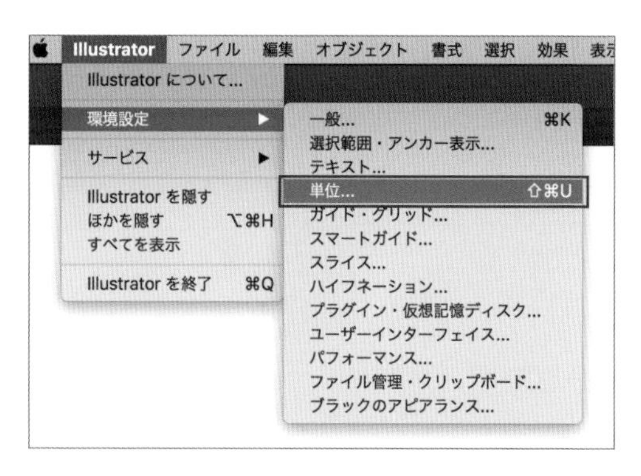

[環境設定]ダイアログの[単位]項目が表示されるので、すべての単位を[ピクセル]に設定し❶、[OK]ボタンをクリックします❷。

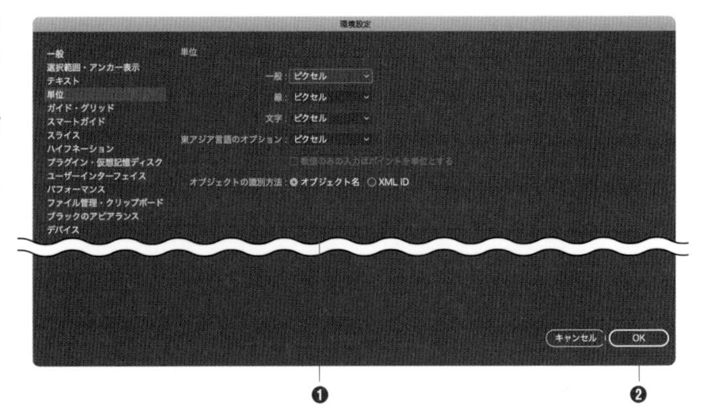

■ キー入力とプレビュー境界の設定

[Illustrator]メニュー→[環境設定]→[一般]をクリックします。[環境設定]ダイアログの[一般]項目が表示されるので、[キー入力]を「1px」に設定します❶。これで方向キーによるオブジェクトの移動の単位が1pxになります。
また、[プレビュー境界を使用]にチェックを入れます❷。こうしておくと、オブジェクトの[整列]を行う際、整列ラインの基準が線幅を含めたオブジェクトになります。最後に[OK]ボタンをクリックします❸。

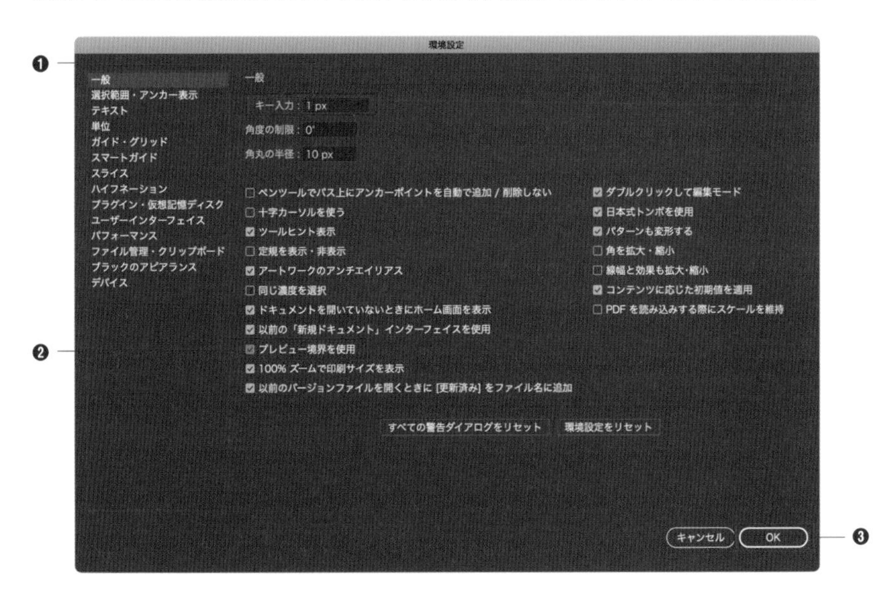

カラー設定

[作業用スペース]と[校正設定]をWeb用に変更します。WebではRGBカラーの規格のひとつである「sRGB」が標準的に使用されています。[作業用スペース]を設定しておくと、「sRGB」以外のカラーの混入を防いだり、検知したりできます。[編集]メニュー→[カラー設定]をクリックします。

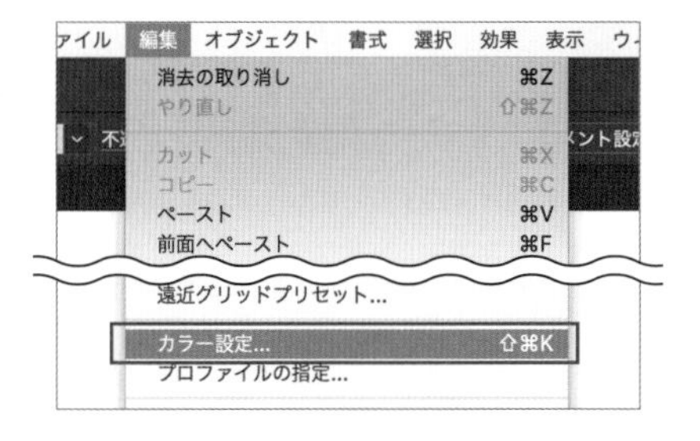

[カラー設定]ダイアログが表示されるので、[設定]で[Web・インターネット用ー日本]を選択します❶。すると[作業用スペース]が自動的に[sRGB]に設定されます❷。[OK]ボタンをクリックします❸。

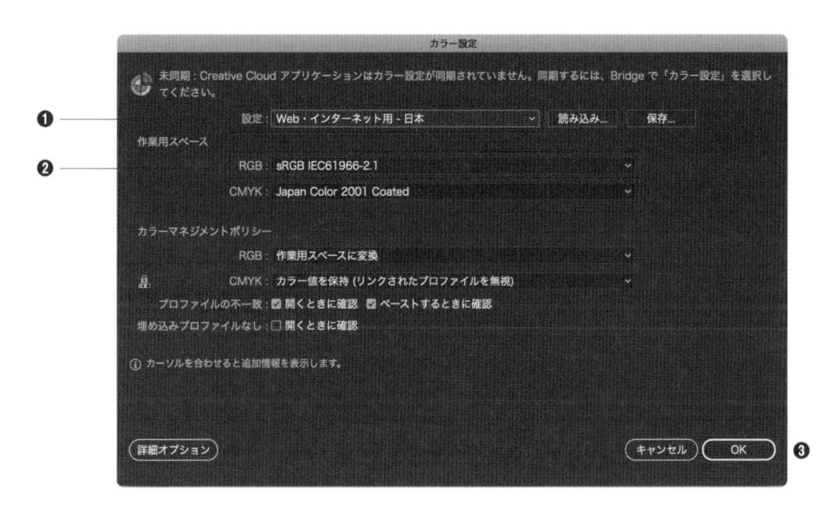

[校正設定]により、モニター上での色校正が「sRGB」で行えるようにします。[表示]メニュー→[校正設定]から、[インターネット標準RGB(sRGB)]をクリックします。

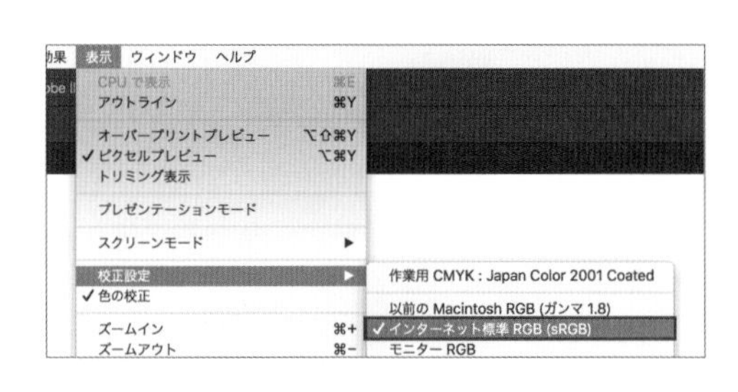

sRGBは、国際電気標準会議が定めた国際標準規格で、モニター、カメラ、プリンターなど幅広く使用されている色空間です。そのため、どのモニターで見ても色の違いが少ないデータを作成することができます。

209 作成済みのドキュメントをWeb用に変換して編集したい

使用機能　カラーモード、ドキュメント設定、ピクセルプレビュー、アートボードオプション

すでに印刷用として作成したドキュメントをWeb用に使用したい、ということがあります。そのような場合には、手動でWebに適した環境に変換することができます。

カラーモードの設定

Web用のデータはRGBカラーに設定する必要があります。[ファイル]メニュー→[ドキュメントのカラーモード]から[RGBカラー]をクリックします。

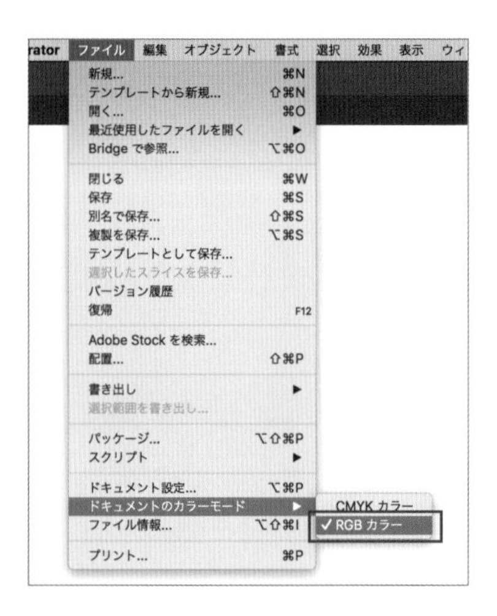

[裁ち落とし]の非表示

アートボードの周りに表示される赤い線は「裁ち落とし」と呼ばれ▸▸229、デフォルトで3mm(8.5039px)が設定されています。Web制作では不要なので、非表示にします。

［ファイル］メニュー→［ドキュメント設定］をクリックします。

［ドキュメント設定］ダイアログが表示されるので、［裁ち落とし］に設定されている数値をすべて「0」に設定し❶、［OK］ボタンをクリックします❷。すると裁ち落としが非表示になります。

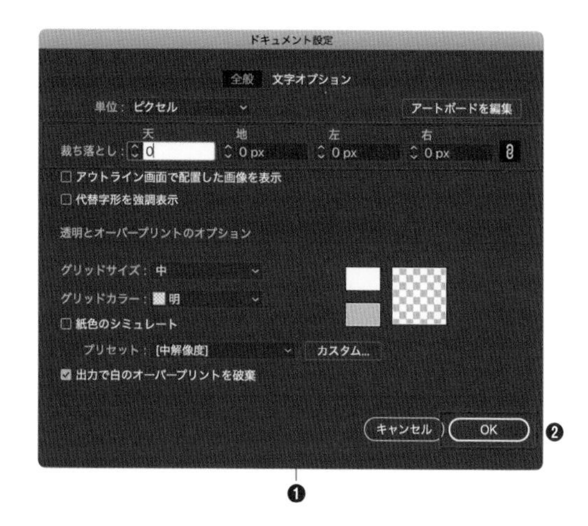

■ プレビューモード

プレビューモードを［ピクセルプレビュー］にしておくと、アートワークがピクセル画像で表示され、データを書き出したときとの見た目のギャップがなくなります。［表示］メニュー→［ピクセルプレビュー］をクリックします。なお、表示倍率を600%以上に拡大すると、ピクセルグリッドが表示されます。

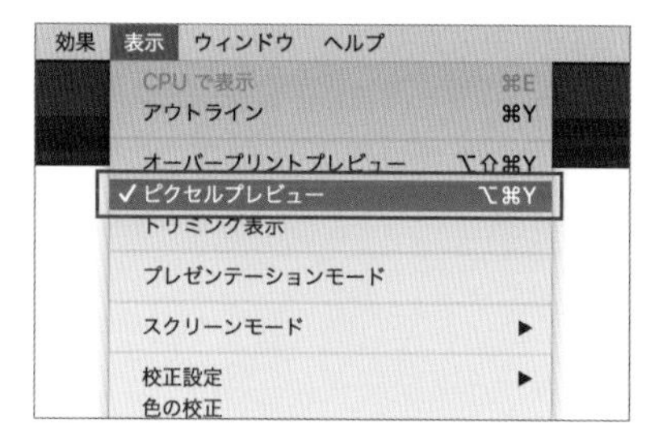

ピクセルプレビュー

市ヶ谷
デンタルクリニック
Ichigaya Dental Clinic

ピクセルプレビューオフ

市ヶ谷
デンタルクリニック
Ichigaya Dental Clinic

600％

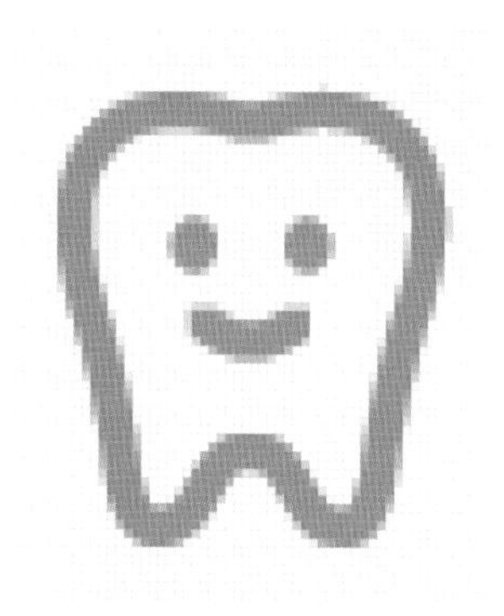

座標軸

アートボードの座標が整数に設定されていないと、画像を書き出した際に輪郭がぼやけてしまいます。そのため、座標の設定変更が必要です。

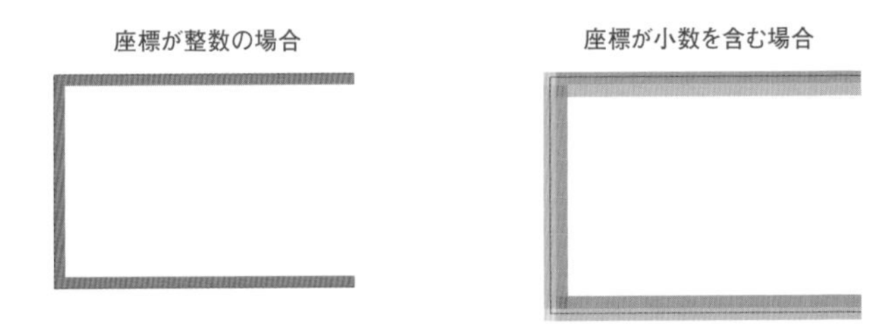

ツールバーの［アートボード］ツールをダブルクリックすると、［アートボードオプション］ダイアログが表示されます。座標軸［X］と［Y］に整数を設定し❶、［OK］ボタンをクリックします❷。

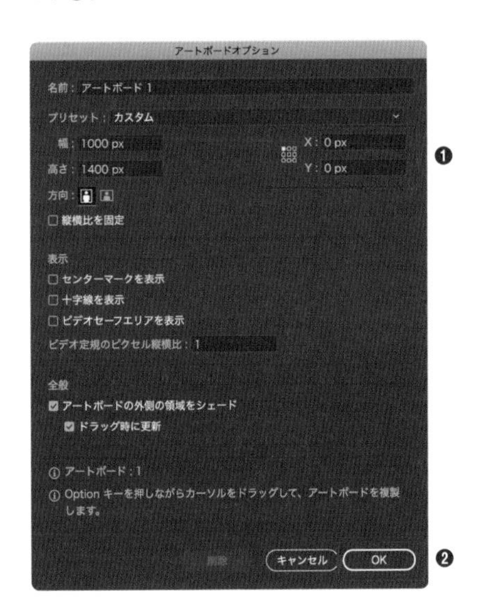

作成するオブジェクトの座標軸も整数に設定します。

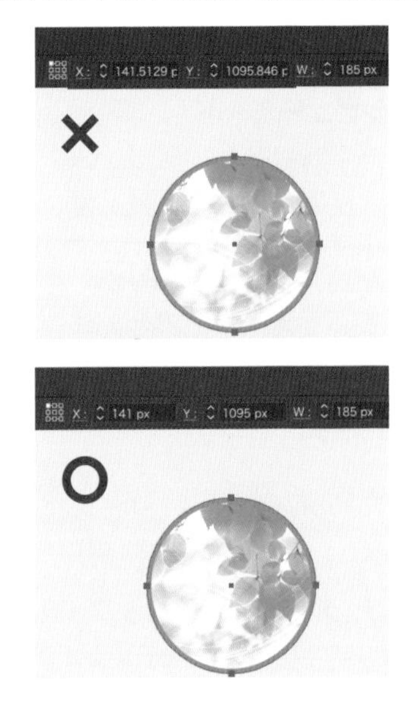

Memo

ドキュメントをWeb用に変換するだけでなく、「単位の設定」「キー入力とプレビュー境界の設定」「カラー設定」を行うと、作業環境が整います▶▶208。

210 パーツごとにWeb用の画像を書き出したい

使用機能 アセットの書き出し

「アセットの書き出し」機能を利用すると、パーツ単位でWeb用の画像を書き出すことができます。PC用、スマートフォン用など、複数の形式で一度に書き出せるので便利です。

アセットの書き出し方法

1 アートワークを作成し、[ウィンドウ] メニュー→ [アセットの書き出し] をクリックします。 [アセットの書き出し] パネルが表示されるので、書き出したいオブジェクトを選択し❶、ドラッグ&ドロップします❷。すると、オブジェクトがアセットに登録されます❸。この操作を繰り返して、書き出したいパーツをすべてアセットに登録します。

❷ ドラッグ&ドロップ

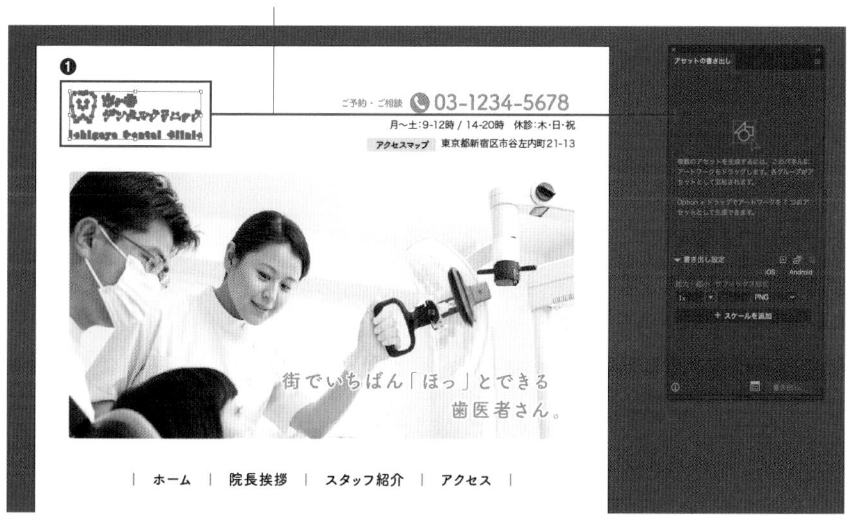

Memo

書き出すオブジェクトは、あらかじめグループ化しておきます ▸▸040。

Chap 14 Webパーツ作成

3 サムネイル下部の名前をクリックして、編集します。

ここで設定する名前が、書き出す際のファイル名に使用されます。

4 書き出したいアセットを shift キーまたは command キーを押しながら選択し❶、[書き出し設定]オプションで詳細を設定します❷。ここでは次のように設定し、[書き出し] ボタンをクリックします❸。

Ⓐ[拡大・縮小] 1x、[サフィックス] なし、[形式] PNG
Ⓑ[拡大・縮小] 2x、[サフィックス] @2x-80、[形式] JPG 80

5 保存先を選択します。すると、サイズごとにフォルダに分かれ、ファイルが書き出しされます。

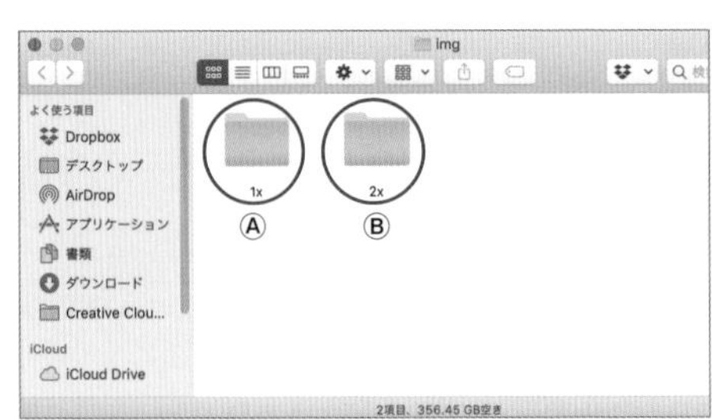

Ⓐの書き出し内容

Ⓑの書き出し内容

ここでは、等倍（1x）のPNGファイルと、2倍に拡大した（2x）画質80％のJPEGファイルとして書き出しています。❷のサフィックスは、自動的に設定されます。

アセットの書き出しのオプション設定

書き出しのオプションについて解説します。

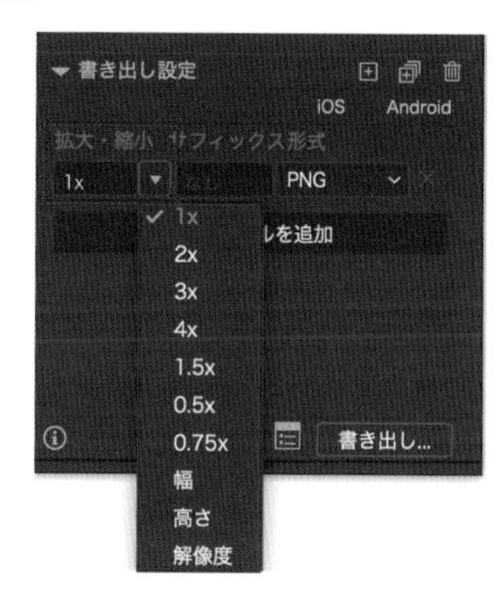

- **拡大・縮小** …… ファイルの倍率を指定します。［2x］は2倍を意味します。［幅］または［高さ］を選択して値を指定すると、縦横比を保ったまま指定のサイズで書き出されます。［解像度］を選択すると、指定の解像度で書き出されます。

- **サフィックス** …… ファイル名の末尾に文字列を追加します。［拡大・縮小］で原寸以外の設定にすると❶、自動的にサフィックスが入力されます❷。

- **形式** …… 必要なファイルの種類を選択します。「JPG」の後ろの数字は、画質を表しています。例えば「JPG 80」は、画質80%のJPGです。

Memo

Webでよく使用されるファイル形式には、JPG、PNGのほかにSVGがあります▸▸010。

- **スケールを追加** …… クリックすると、書き出し形式を追加できます。ファイルを複数の形式で書き出すときに使います。書き出し形式を削除するには右端の [×] ボタンをクリックします。

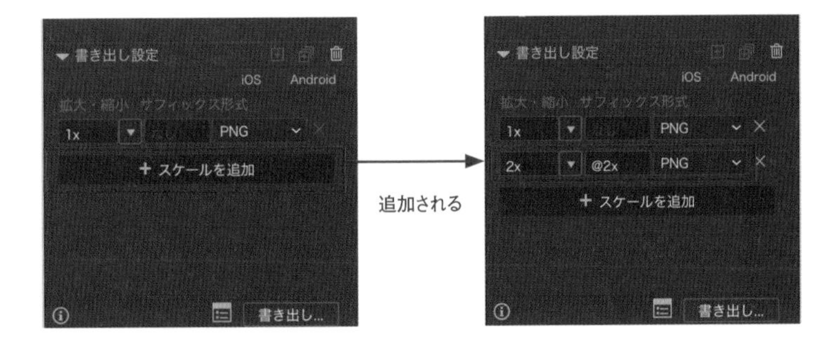

- **iOS** …… iOSデバイス用に書き出す際にクリックします。
- **Android** …… Androidデバイス用に書き出す際にクリックします。

Illustrator CC 2019以前では、クリッピングマスク▸▸075をかけた画像をアセット書き出しすると、クリッピングマスクのサイズの余白を含めてアセットが書き出されます。

211 アートワークを分割してWeb用に書き出したい

使用機能 ［スライス］ツール

「アセットの書き出し」機能の登場によって使用する機会が減りましたが、従来からあるスライス機能では、アートワークをパーツごとに分割してWeb用に書き出すことができます。

1 アートワークを作成し、ツールバーから［スライス］ツールを選択します❶。書き出したいパーツを長方形で囲むように斜めにドラッグします。するとスライスが作成されます❷。

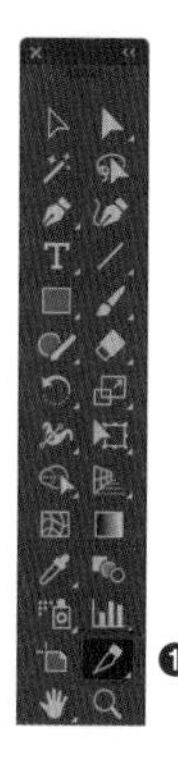

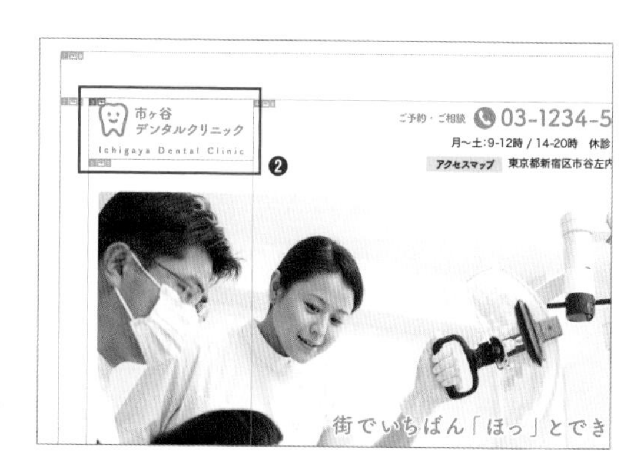

Memo

選択していない箇所も自動的にスライスされます。手動で囲んだ箇所は濃い赤色で囲まれます。

2 操作を繰り返して、書き出したいパーツをスライスしていきます。

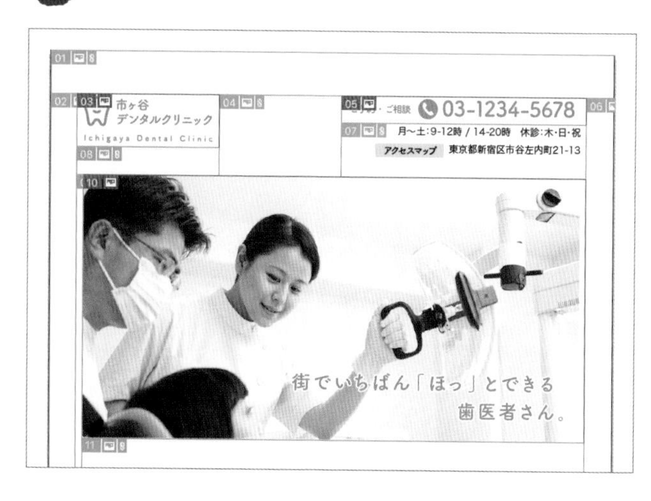

Memo

スライス範囲を修正したいときは、［スライス選択］ツールで、スライスのガイドをドラッグして編集します。［スライス選択］ツールは、［スライス］ツールをマウスのボタンで長押し、または option キーを押しながらクリックすると表示されます。

3 書き出したいパーツをすべてスライスしたら、[ファイル]メニュー→[書き出し]→[Web用に保存(従来)]をクリックします。

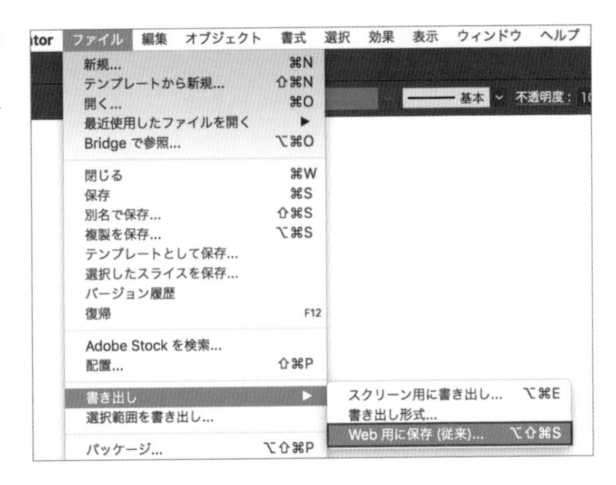

4 [Web用に保存] ダイアログが表示されます。プレビュー画面で、すべての書き出したいパーツを shift キーを押しながらクリックし、選択します❶。[プリセット] と [画像サイズ] を設定し❷、[書き出し] に [選択したスライス] を選択して❸、[保存] ボタンをクリックします❹。

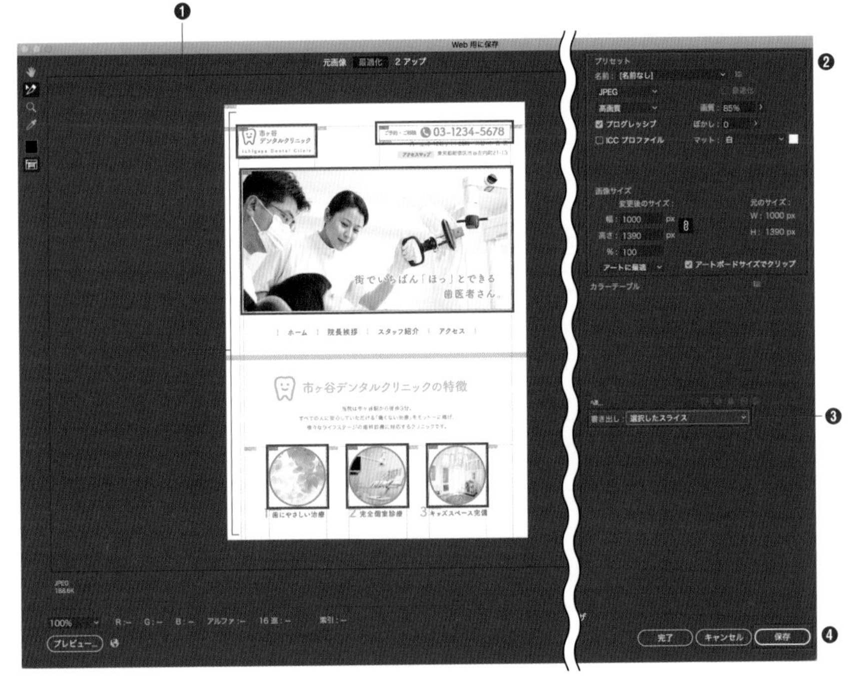

Memo [画像サイズ] はアートボードのサイズです。サイズを変更すると、パーツも同じ倍率で変更されて書き出されます。

5 ダイアログが表示されるので、[名前]を入力します❶。保存する[場所]と[ファイル形式]を選択して❷、[保存]ボタンをクリックします❸。

ここで入力する名前は、書き出すパーツの名前になります。

6 指定した保存先に[images]という名前のフォルダが作成され❶、その中に4の手順で選択したパーツが保存されます❷。

212 アートボードごとにWeb用の画像を書き出したい

使用機能 スクリーン用に書き出し

複数のアートボード▸▸222をそれぞれ1枚の画像として書き出すことができます。デザインを確認するときなどに便利です。

1 アートボードごとにアートワークを作成します❶▸▸222。[ファイル]メニュー→[書き出し]→[スクリーン用に書き出し]をクリックします❷。

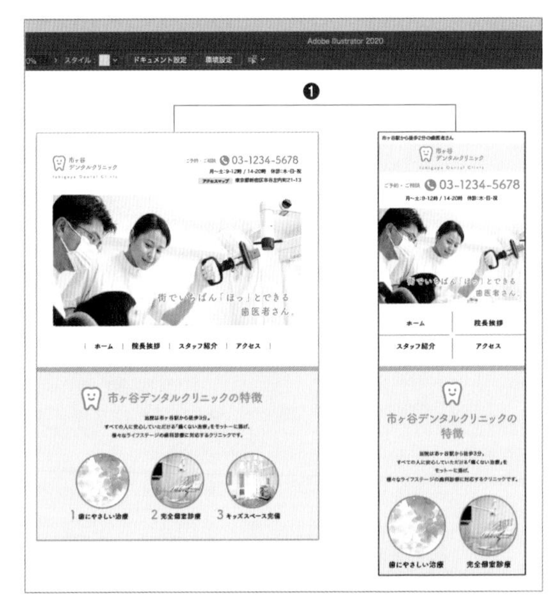

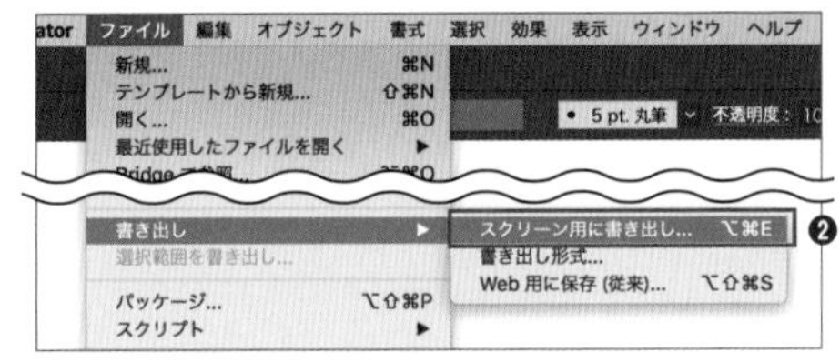

2 [スクリーン用に書き出し]ダイアログが表示されます。書き出したいアートボードにチェックを入れ❶、必要に応じて名前を変更し❷、[書き出し先]を指定します❸。[フォーマット]❹、[プレフィックス]を設定し❺、[アートボードを書き出し]ボタンをクリックします❻。ここでは、以下のように設定します。

- [拡大・縮小] 1x、[サフィックス] –80、[形式] JPG 80
- [プレフィックス] なし

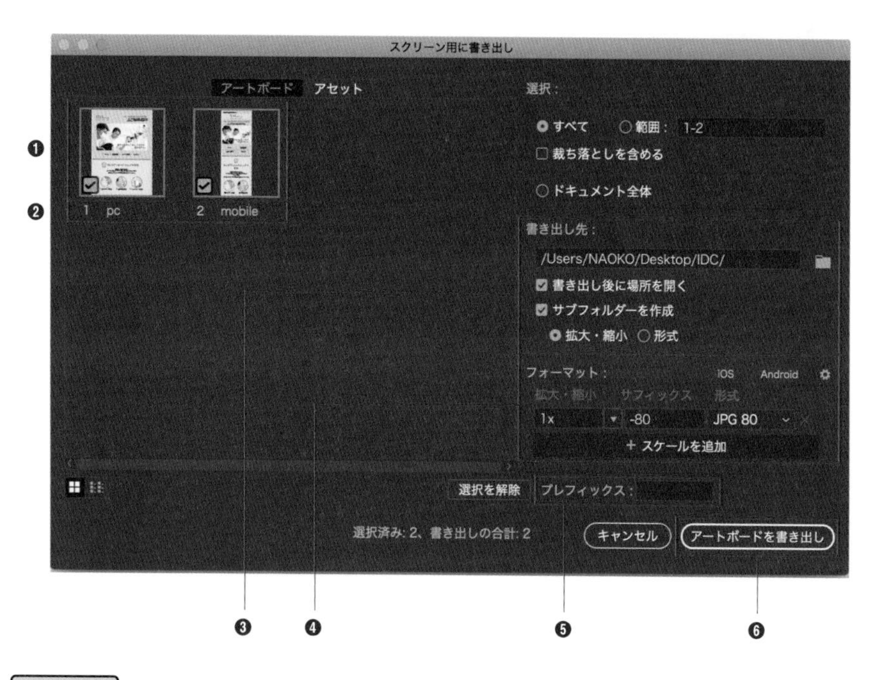

Memo

［サブフォルダーを作成］にチェックを入れると、スケールごとにフォルダを作成して保存します。
また、［フォーマット］で設定できるオプションは、「アセットの書き出し」機能と同じです▶▶210。
［プレフィックス］に文字列を入力すると、ファイル名の先頭に付加されます。

3 指定した保存先にフォルダが生成され❶、その中に選択したアートボードの書き出し画像が保存されます❷。

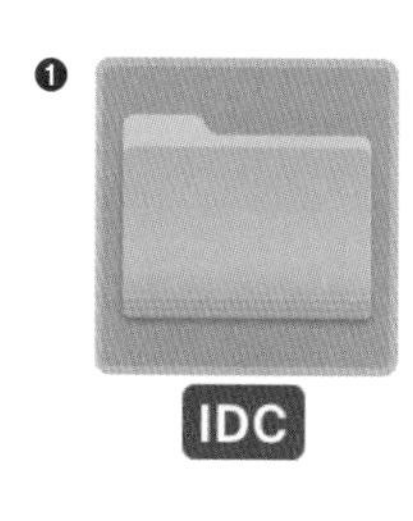

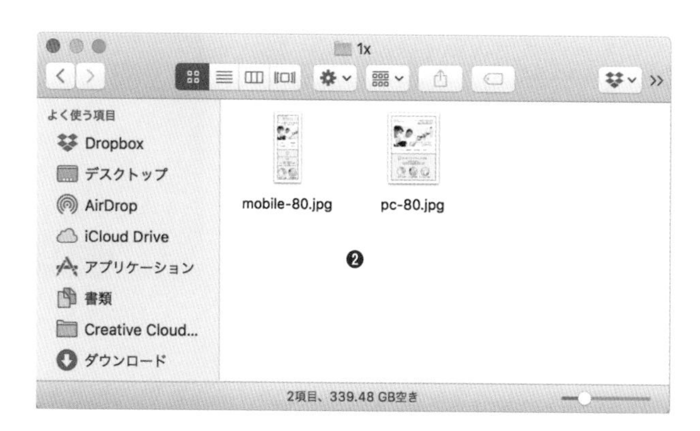

213 Webのパーツ作成に便利な素材を使いたい

使用機能 | シンボルライブラリ

Illustratorには、Webデザインに使用できる素材が多数用意されています。上手にアレンジして使えば作業を時短することもできます。

❶ ［ウィンドウ］メニュー→［シンボルライブラリ］にマウスポインタをあわせ❶、［Webアイコン］または［Webボタンとバー］をクリックします❷。

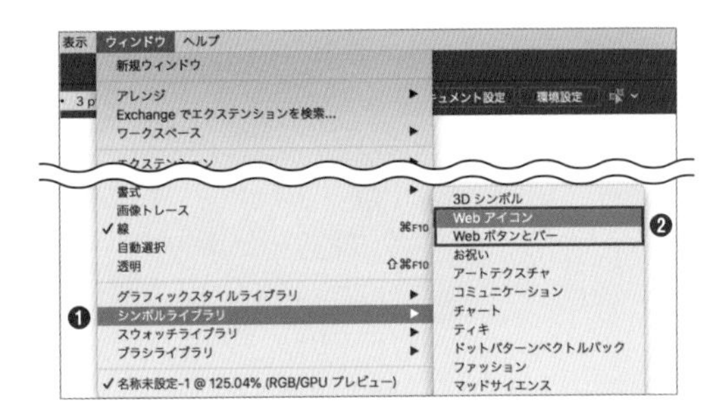

❷ ［Webアイコン］パネルまたは［Webボタンとバー］パネルが表示されます。これらはシンボル ▸▸159 として自由に使用できます。

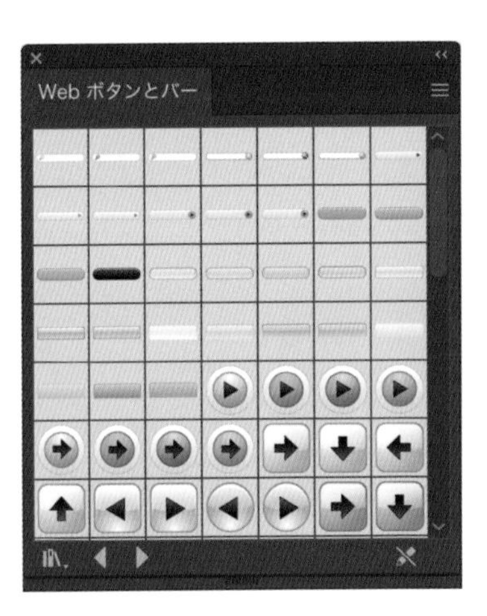

Memo

同一のシンボルを複数箇所で使用した場合、あとで修正が必要になったときにまとめて行えるというメリットがあります ▸▸160。

モバイルアプリと
クラウド活用

Chapter

15

214 よく使う素材などをCCライブラリに保存したい

使用機能 CCライブラリ

よく使うオブジェクトやカラーなどは、CCライブラリ（Creative Cloudライブラリ）に保存しておくと素材としていつでも使用できるようになり便利です。CCライブラリに保存しておくと、Adobeの他のアプリケーションでも使用することができるようになります。

オブジェクトやカラーを保存

［ウィンドウ］メニュー→［CCライブラリ］をクリックします。［CCライブラリ］パネルが表示されるので、［新規ライブラリを作成］をクリックします❶。名前を入力し❷、［作成］ボタンをクリックします❸。

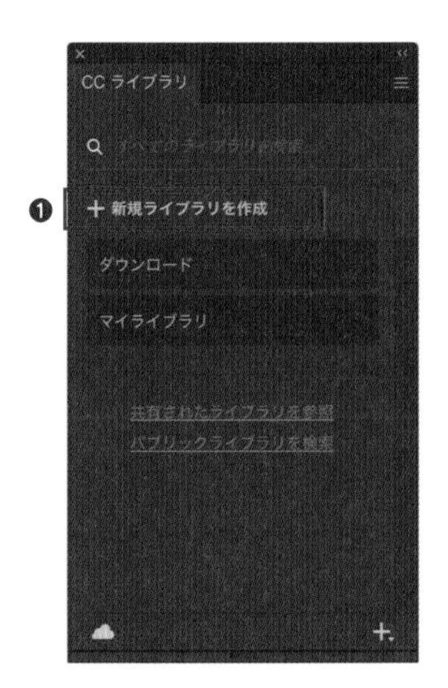

素材やカラーの保存方法はいくつかあります。

● 素材を保存

ライブラリに保存したいオブジェクトを選択し❶、［CCライブラリ］パネルにドラッグします❷。

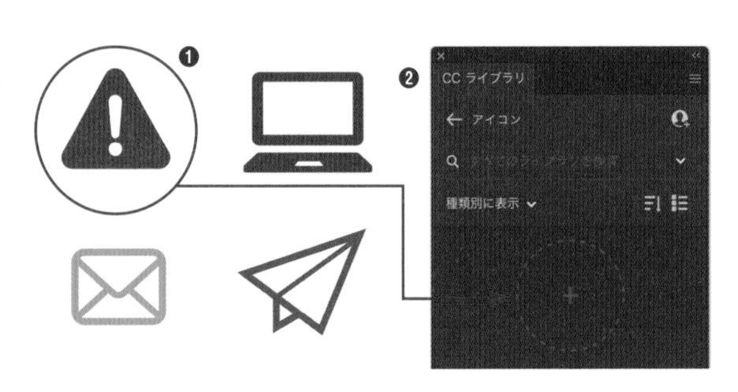

オブジェクトが［グラフィック］として保存されます❶。グラフィックの名前をダブルクリックすると、名前を編集できます❷。

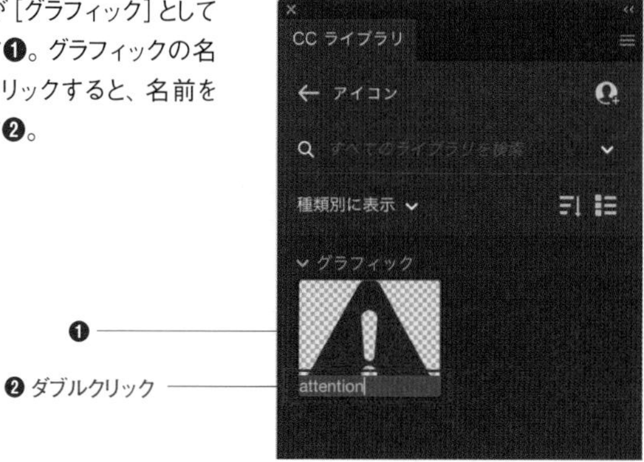

● **オブジェクトとカラーを保存**

ライブラリに保存したいオブジェクトを選択し❶、［CCライブラリ］パネルの［エレメントを追加する］ボタンをクリックします❷。すると、保存対象を［カラー（塗り）］［グラフィック］［すべてを追加］から選択することができます❸。ここで［カラー（塗り）］を選択すると、オブジェクトに適用されているカラーのみが保存されます。

［すべてを追加］を選択すると、カラーとオブジェクトのどちらも保存されます。

Memo

保存できるカラーは単色に限ります。グラデーションの保存はできません。

● **カラーを保存**

オブジェクトを選択せずに［エレメントを追加する］ボタンをクリックすると❶、現在［塗り］と［線］に設定しているカラーが表示されます。［カラー（塗り）］、［カラー（線）］、または［すべてを追加］をクリックすると、カラーが登録されます❷。

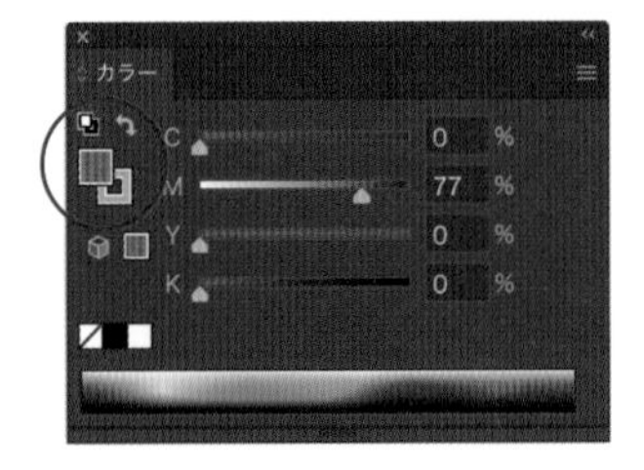

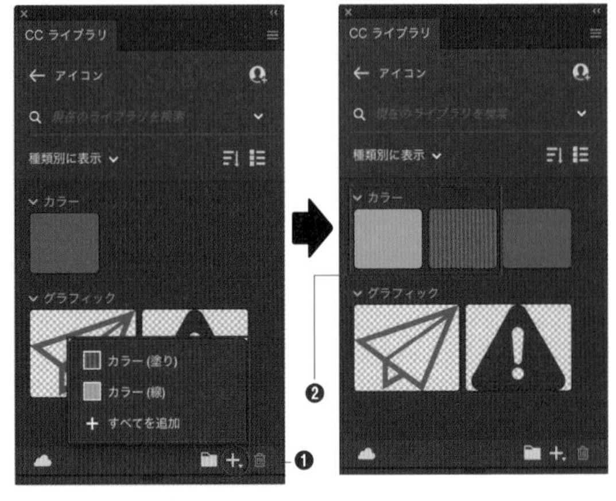

保存したグラフィックの利用

1. ［CCライブラリ］パネルでグラフィックを保存したライブラリをクリックします。

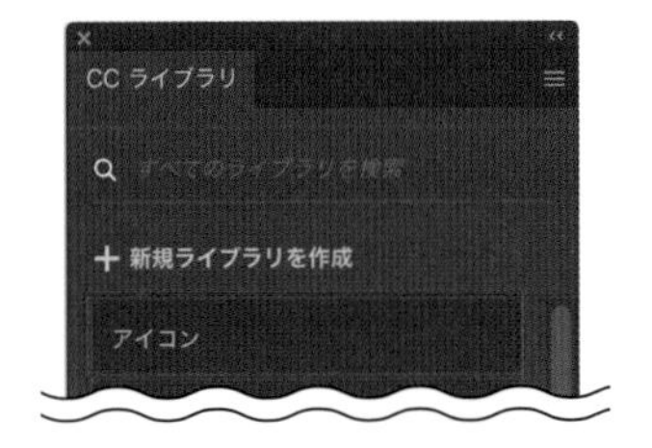

2. ［CCライブラリ］パネルからグラフィックをドキュメント上にドラッグ&ドロップし❶、配置したい位置でクリックするか、配置したいサイズになるようにドラッグします❷。

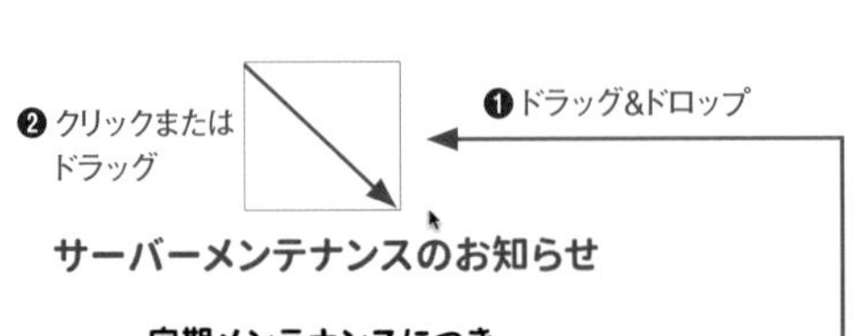

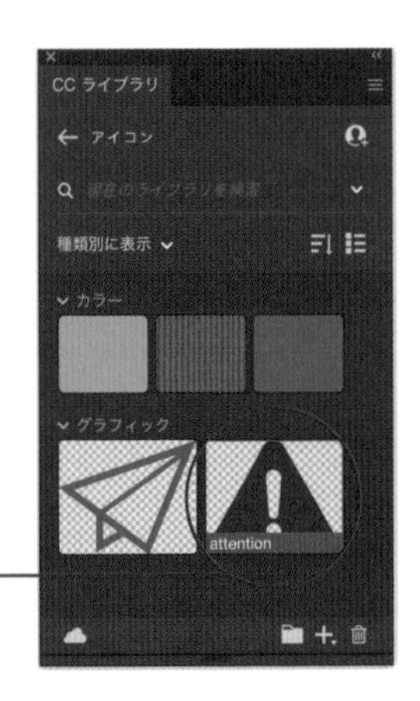

3 グラフィックが配置されます。

サーバーメンテナンスのお知らせ

定期メンテナンスにつき、
7/10(日)1:00～5:00の間、
サーバーにアクセスすることができません。

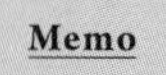

配置された素材は「リンク画像」▸▸104として配置されます。

保存したグラフィックの編集

1 [CCライブラリ] パネルに保存したグラフィックをダブルクリックします❶。グラフィックの詳細画面が表示されるので、[ソースドキュメントを開く] をクリックします❷。すると画面が編集モードに切り替わります❸。

❸ 編集モード

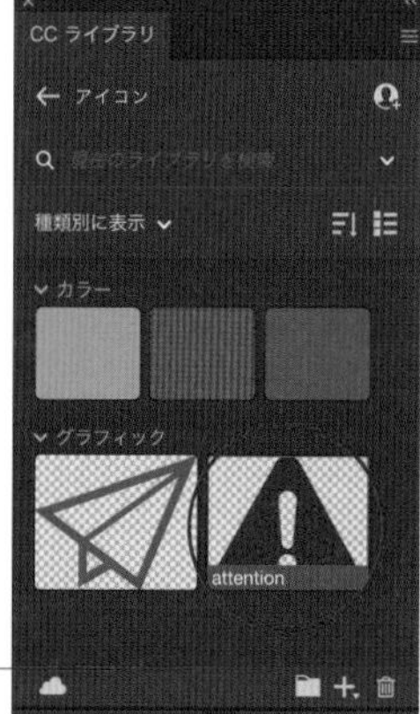

❶ ダブルクリック

❷

2 グラフィックを編集して、[ファイル] メニュー→[保存] をクリックし、保存します。編集画面を閉じます。ここでは [塗り] のカラーを黒に変更しています。

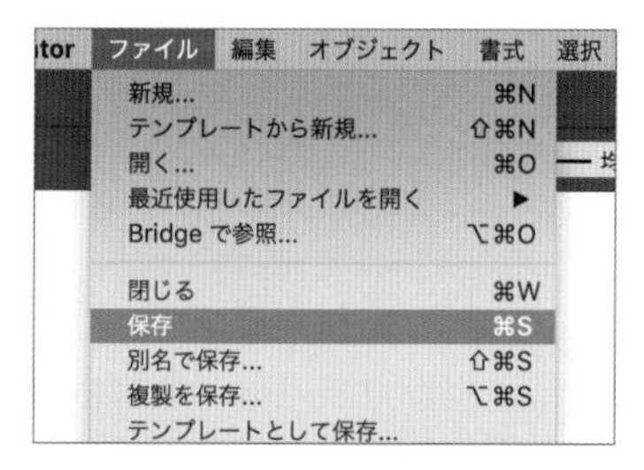

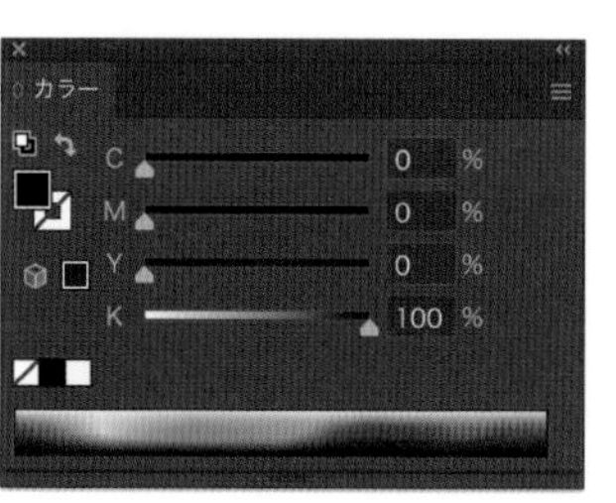

3 グラフィックを配置しているドキュメントに修正が反映されます。

サーバーメンテナンスのお知らせ

定期メンテナンスにつき、
7/10(日)1:00〜5:00の間、
サーバーにアクセスすることができません。

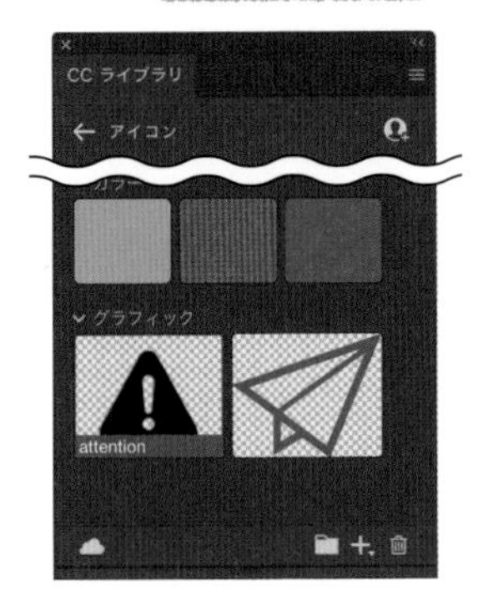

カラーの使用

オブジェクトを選択し❶、CCライブラリに登録したカラーをクリックします❷。オブジェクトにカラーが適用されます。

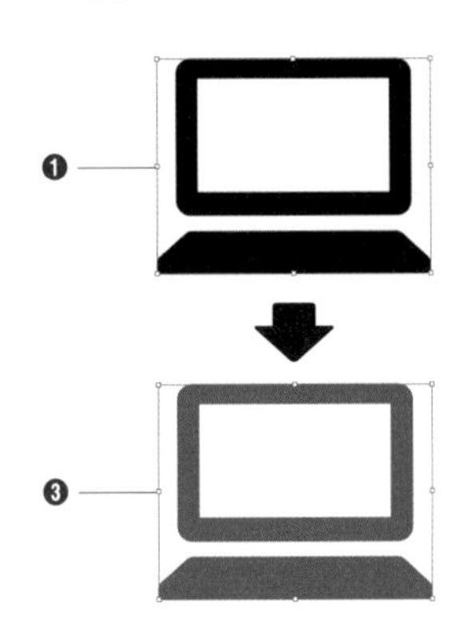

Memo

CCライブラリの容量は、登録しているCreative Cloudのプランによって異なります。容量や現在の使用状況は、「Creative Cloudデスクトップアプリケーション」▸▸216 の[Cloudアクティビティ]をクリックすると確認することができます。

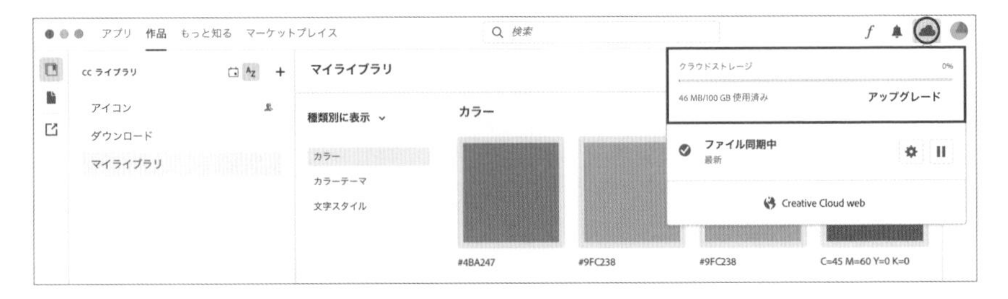

215 CCライブラリの内容を他のユーザーと共有したい

使用機能 CCライブラリ

CCライブラリに作成したライブラリは、Adobe IDを持つ他のユーザーと共有することができます。ライブラリ内のグラフィックの修正等も共有され、共有先にも内容が反映されます。

共有ライブラリに招待

1 [CCライブラリ] パネルにある共有したいライブラリをクリックし❶、[ライブラリを共有] ボタンをクリックします❷。

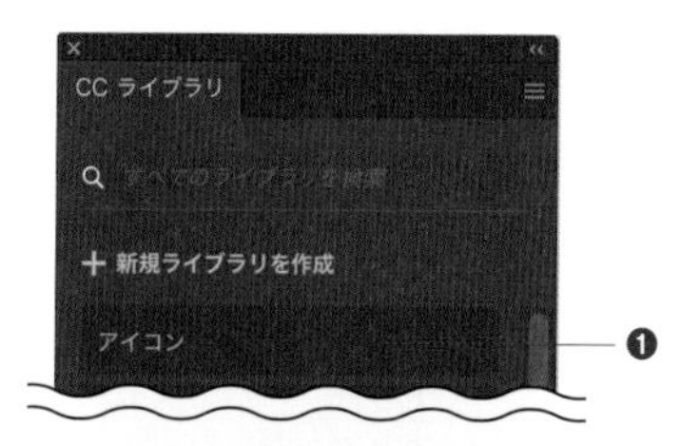

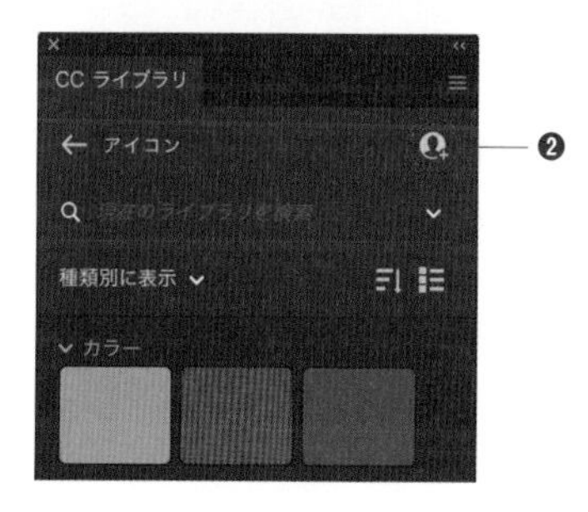

2 Creative Cloudデスクトップアプリケーション ▸▸216 が起動し、[「ライブラリ名」に招待] ダイアログが表示されます。共有したい相手のメールアドレスを入力し❶、任意でメッセージを入力します❷。共有相手にライブラリの編集を許可する場合は、[編集可能] を選択し❸、[招待] ボタンをクリックします❹。

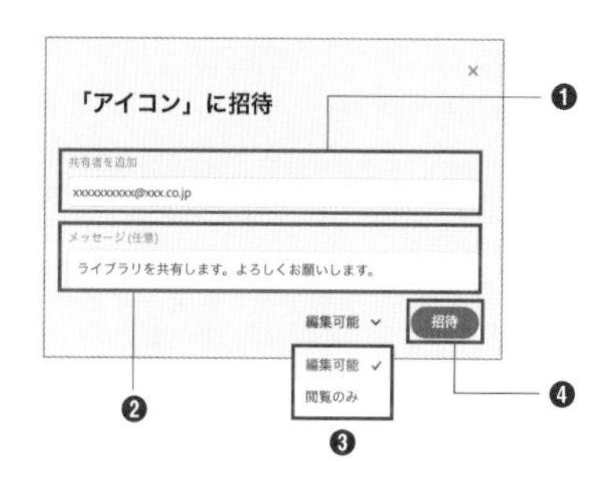

共有ライブラリを承認

1 受信メールの [共同作業を開始] ボタンをクリックします。

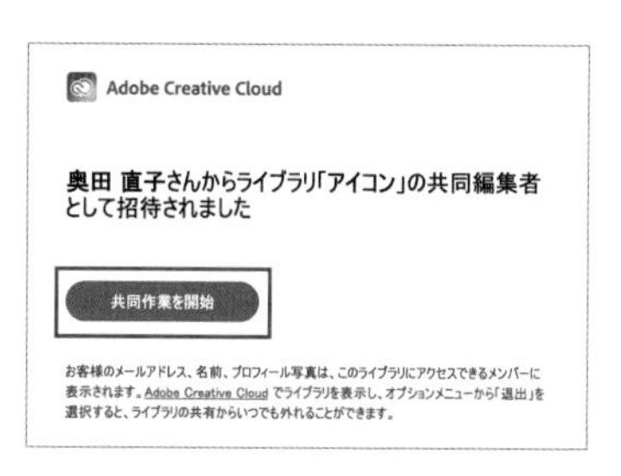

2 WebブラウザでCreative Cloudのページが開きます。リクエストの通知が表示されるので、[承認]をクリックします。

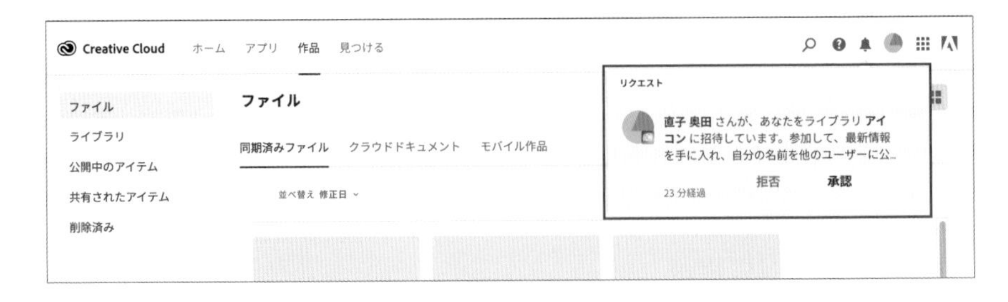

3 [承認済み]の表示に切り替わり、共有ライブラリを使用できるようになります。

4 [CCライブラリ]パネルを表示すると、共有されたライブラリが表示されます❶。

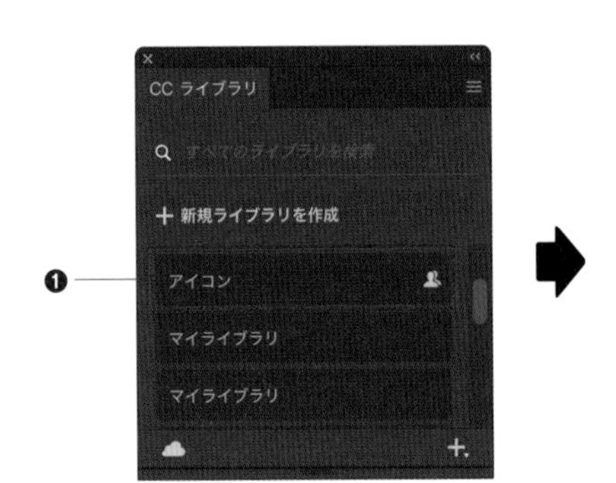

Memo 共有されたライブラリには、アイコン が表示されます。

アイコン

216 Adobe Fontsのフォントを使いたい

使用機能 Adobe Fonts

Adobe Fontsには、1万5千を超えるフォントが用意されています。Creative Cloudを利用していると、Illustratorではそれらすべてを追加料金なしで使用することができます。すべてのフォントは、商用・個人用どちらでも利用可能です。

[文字] パネルからフォントを検索・有効化

1 [ウィンドウ] メニュー→[文字] をクリックします。[文字] パネルが表示されるので、[フォントファミリの設定] 右の▼ボタンをクリックし❶、[さらに検索] タブをクリックします❷。

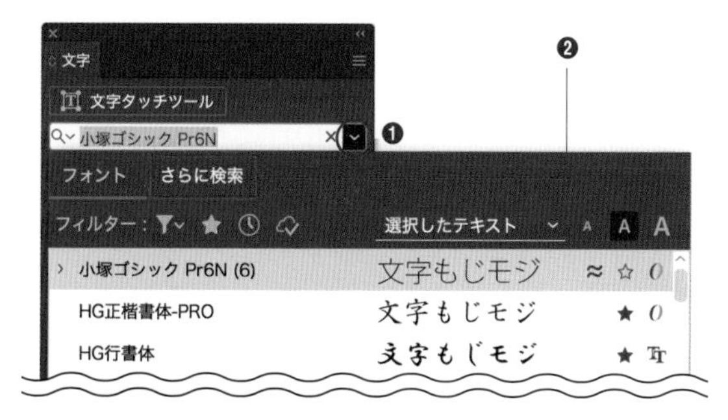

2 Adobe Fontsのフォントが表示されます❶。任意のフォントにマウスポインタを合わせ❷、右端の[アクティベートする] アイコンをクリックします❸。

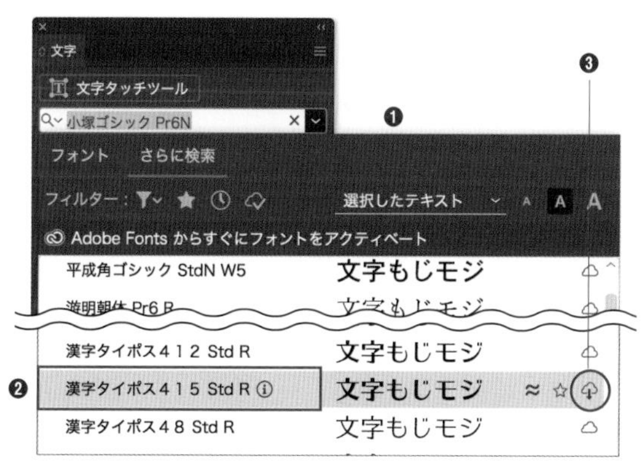

3 アラートが表示されるので、[OK] ボタンをクリックします。

4 フォントのアクティベート（有効化）が完了すると、通知が表示されます。

Memo 有効化されたフォントを無効にする場合も、2の手順と同じアイコンをクリックします。

5 [文字]パネルの[フォントファミリの設定]右の▼ボタンをクリックし❶、[アクティベートしたフォントを表示]ボタンをクリックします❷。

6 Adobe Fontsから有効にしたフォントの一覧が表示されます。

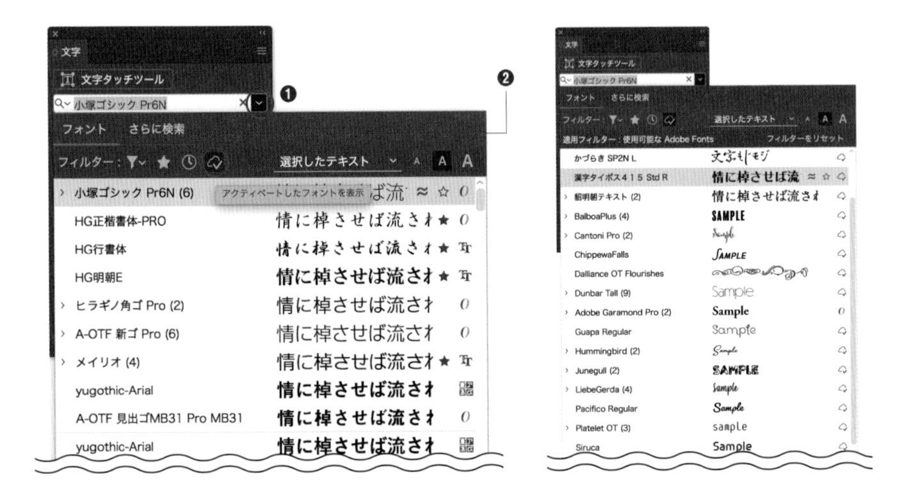

Webブラウザからフォントを検索・有効化

1 Creative Cloudデスクトップアプリケーションを起動し、[Web]をクリックして❶、[Adobe Fonts]の[起動]ボタンをクリックします❷。

Memo

Creative Cloudデスクトップアプリケーションは、IllustratorなどCreative Cloudのアプリケーションをインストールするときに、自動的にインストールされます。アプリケーションのダウンロード、アップデート、他のユーザーとのファイル共有、フォントの管理など、Creative Cloudに関係することを実行することができます。

2 Webブラウザが起動し、[Adobe Fonts]のトップページが表示されます。[フォント一覧]をクリックします。

Memo

Creative Cloudデスクトップアプリケーションを使用せずに、Webブラウザから直接「Adobe Fonts」と検索して、表示することも可能です。

3 [フォント一覧]のページが表示されるので、利用したいフォントを検索します。

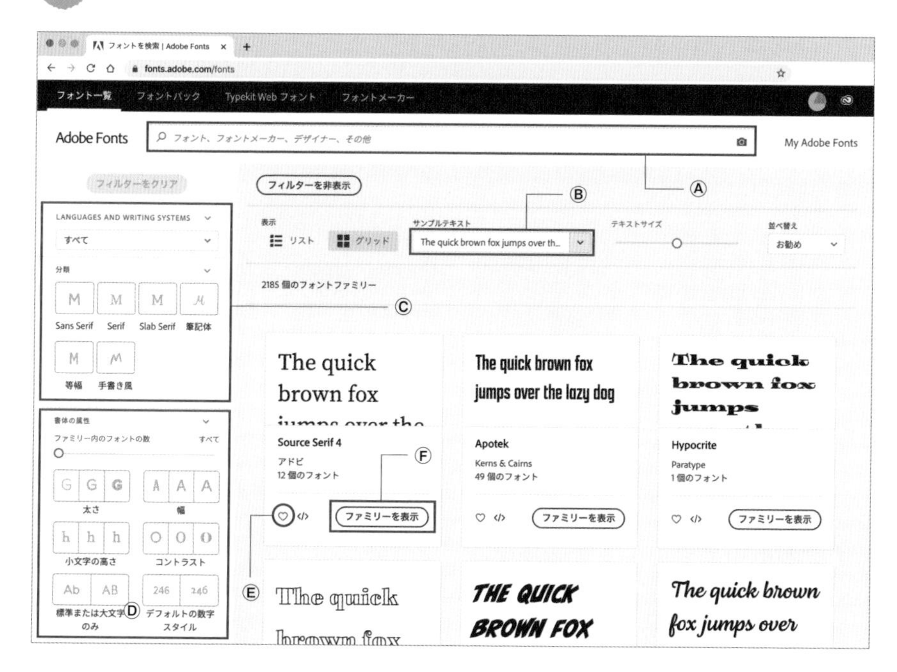

Ⓐフォントを検索します。右端のアイコンをクリックすると、保存した画像をアップロードし、画像と類似するフォントを検索することができます。
Ⓑサンプルテキストを選択します。
Ⓒ検索したいフォントの分類を選択します。
Ⓓ検索したいフォントの属性を選択します。
Ⓔフォントをお気に入りに追加します。
Ⓕフォントのファミリーを表示します。

4 有効化したいフォントの［ファミリーを表示］ボタンをクリックします。

5 フォントファミリーをまとめて有効にする場合は、［フォントをアクティベート］をクリックして❶、表示されるフォントファミリーのトグルボタンをクリックします❷。フォントファミリーを個別に選んで有効にする場合は、それぞれのフォントの［アクティベート］トグルボタンをクリックします❸。

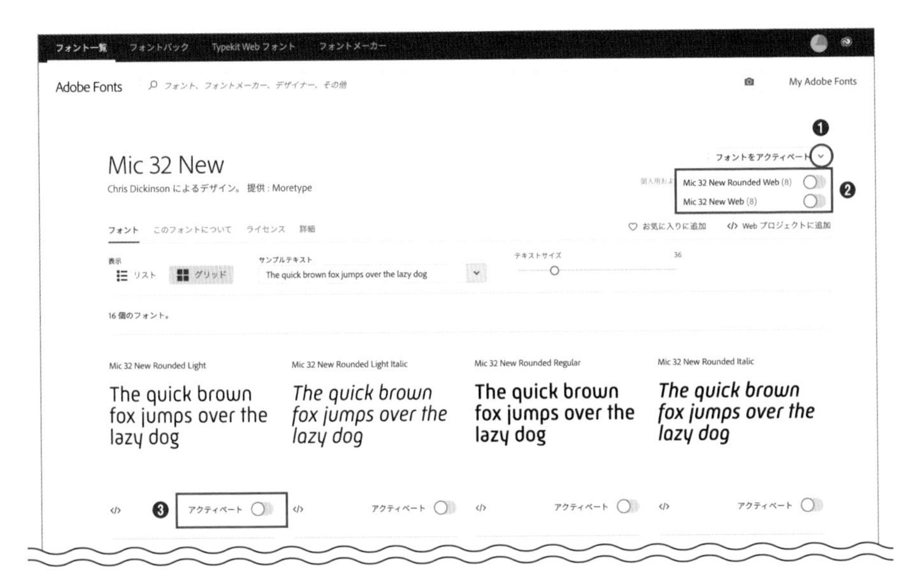

Memo

トグルボタンをクリックするごとに、有効と無効が切り替わります。有効化されるとトグルボタンの色が青になります。

Adobe Fontsのフォントの管理

Creative Cloudデスクトップアプリケーションの[フォントを管理]をクリックすると❶、現在有効化しているフォントの一覧が表示されます❷。右端の[ディアクティベート]トグルボタンをクリックすると❸、無効にすることができます。

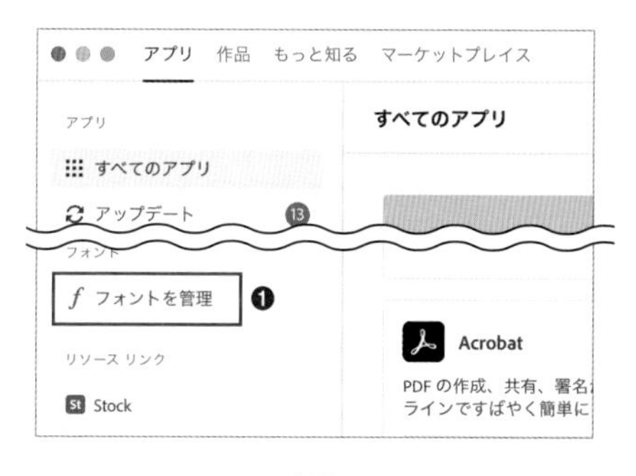

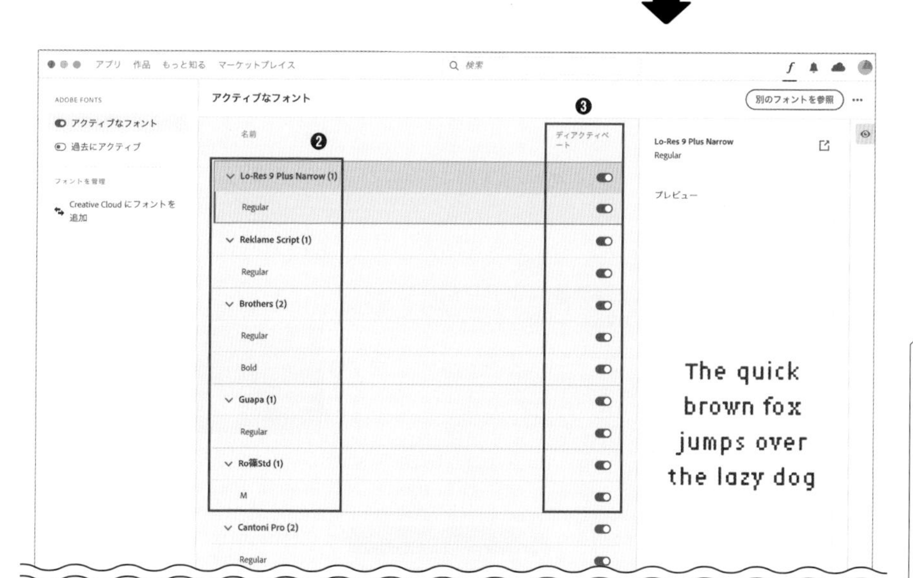

Memo

使用フォント数に制限はありませんが、アクティベート数が増えすぎるとIllustratorの動作が遅くなることがあります。パフォーマンスを最適化するために、アクティベート数を必要最小限に抑えることが推奨されています。無効にしたすべてのフォントは、[過去にアクティブ]タブから再度有効にすることができます。なお、フォントベンダーがフォントの配信を停止した場合は、該当のフォントが使用不可になることがあります。

POINT

Creative Cloudユーザー間でAdobe Fontsを使用したファイルをやりとりするときは、該当のフォントを有効にするだけで、フォントが置き換わるトラブルを回避できるというメリットがあります。

217 モバイルで撮影した手書きの文字やイラストをデータ化したい

使用機能　シェイプ（Adobe Capture）

Adobe Captureは無料で使用できるモバイルアプリです。手書きの文字やイラストをモバイルで撮影し、ベクターデータ化することができます。

1 紙にペンなどで書いた文字やイラストを用意します。

この一瞬が、
一生の宝物。

Memo

Adobe Captureは、iOS端末ではApp Store、Android端末ではGoogle Playから検索し、ダウンロード・インストールしておきます。

2 モバイル端末でAdobe Captureを起動し、プレビュー画面下のメニュー欄を左右にフリックして❶、［シェイプ］をタップします❷。

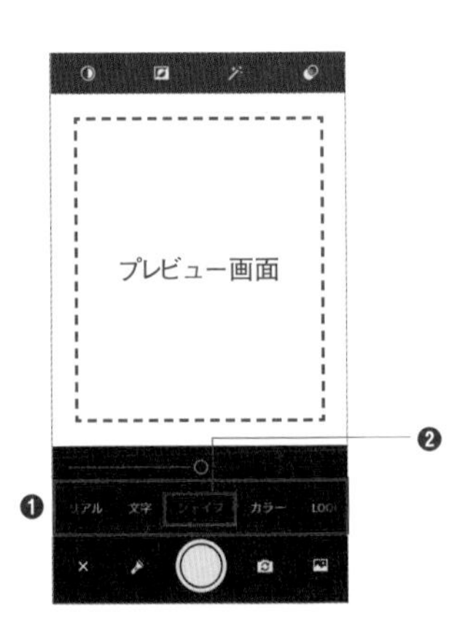

3 データ化したい文字やイラストにカメラをかざすと検出されます。なるべくカメラが平行になるように調整し、文字やイラストがイメージ通りに入ったら画面をタップすると❶、プレビュー画面が停止します。シャッターボタン❷をタップします。

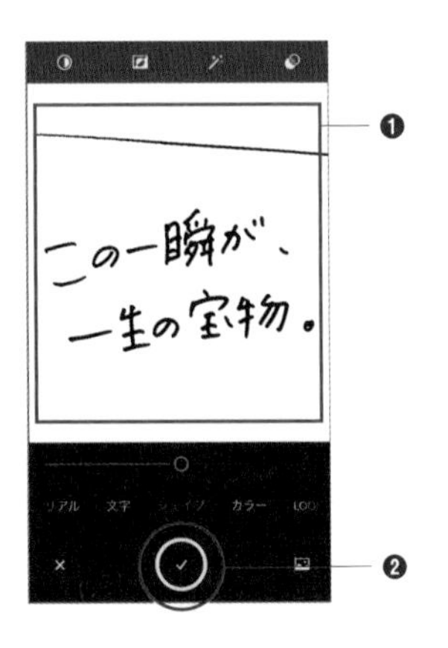

Memo

プレビュー画面を停止したあと、再度タップすると停止が解除されます。

4 ［編集］画面に切り替わります。［調整］、［切り抜き］、［スムーズ］機能があり、それぞれの画面で編集を行います。

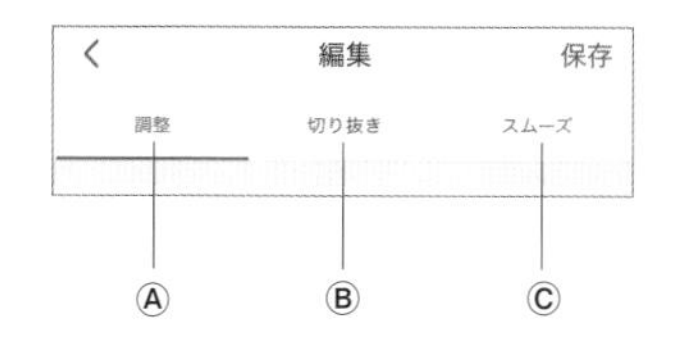

Ⓐ調整

消しゴムで、取り込んだ画像の不要な部分をなぞって削除することができます。また、描画機能があり、ペンで書き足すことができます。

Ⓑ切り抜き

画像を回転またはトリミングします。

Ⓒスムーズ

エッジをなめらかにします。

5 ここでは［切り抜き］をタップし❶、不要なラインをトリミングします。トリミングエリアを指定し❷、［保存］をタップします❸。

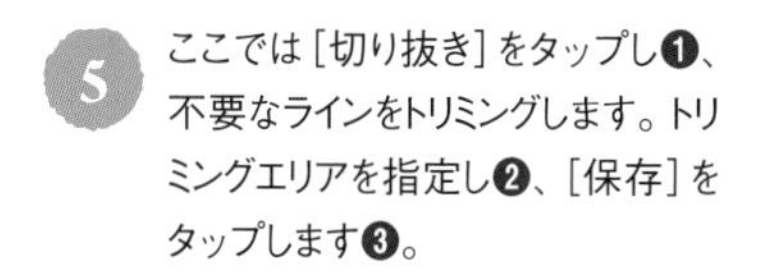

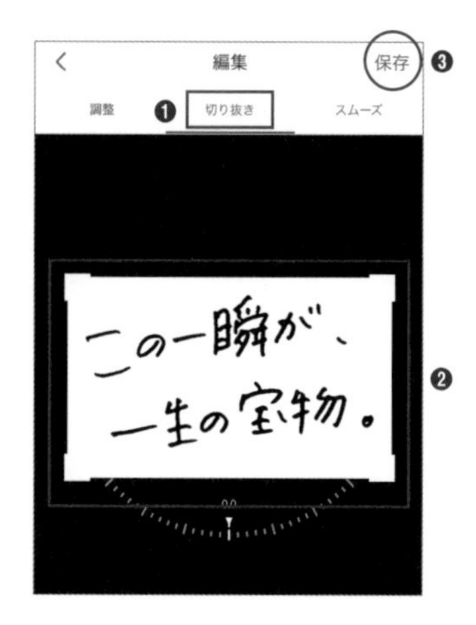

6 ［保存］画面に切り替わります。必要に応じて名前を変更し❶、保存先を選択して❷、［保存］ボタンをタップします❸。ここでは、保存先にCreative Cloudライブラリの「マイライブラリ」を選択しています。

7 Illustratorを起動すると、［CCライブラリ］パネルの指定した保存先に保存されていることが確認できます。［CCライブラリ］パネルからドキュメント上に配置することができます ▸▸214。

ドキュメント上にドラッグすると、パスオブジェクトとして配置することができます。

CCライブラリに反映されるまで時間がかかることがあります。

218 撮影写真のカラーを抽出し、CCライブラリに保存したい

使用機能　カラー（Adobe Capture）

Adobe Captureを使うと、撮影した風景などの写真や端末に保存している画像から、カラーを抽出してCCライブラリに保存することができます。

1　モバイル端末でAdobe Captureを起動し、プレビュー下のメニュー欄を左右にフリックして［カラー］をタップします❶。シャッターボタンをタップして写真を取り込むか❷、画面右下のアイコンをタップして端末に保存した画像を読み込みます❸。

2　ここでは端末に保存された画像を読み込みます。［カメラロール］をタップし、画像を選択します。

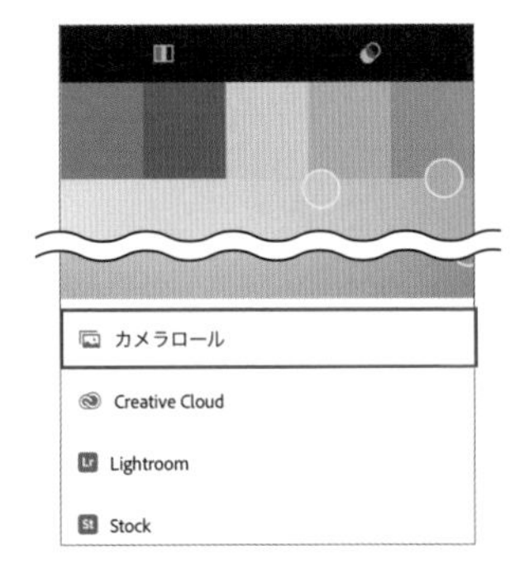

3　選択した画像から、自動的にカラーが5色ピックアップされます。丸いカラーホイールをドラッグすると、抽出するカラーを変えることができます❶。カラーを決定し、シャッターボタンをタップします❷。

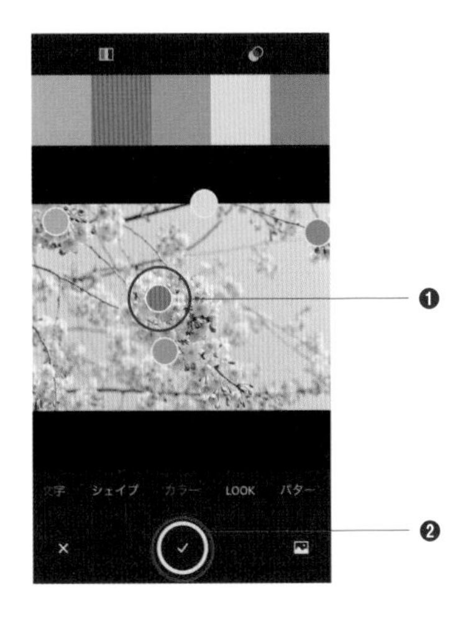

4 ［編集］画面に切り替わります。スライダーをドラッグすると❶、キャプチャしたカラーを編集することができます。［保存］をタップします❷。

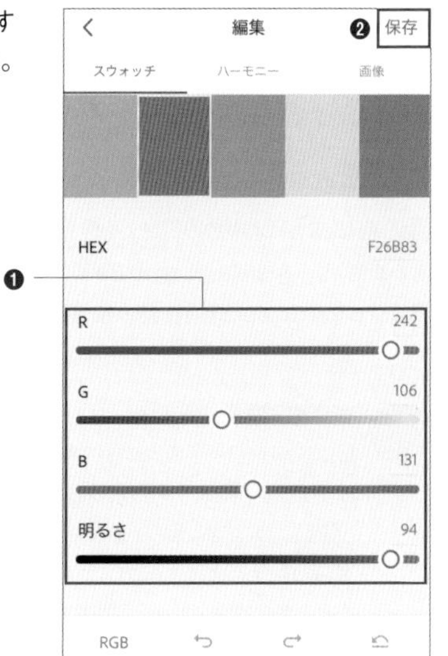

Memo

左下の［RGB］をタップすると❷、保存するカラーモードを選択することができます。

5 ［保存］画面に切り替わります。必要に応じて名前を変更し❶、保存先を選択して❷、［保存］ボタンをタップします❸。

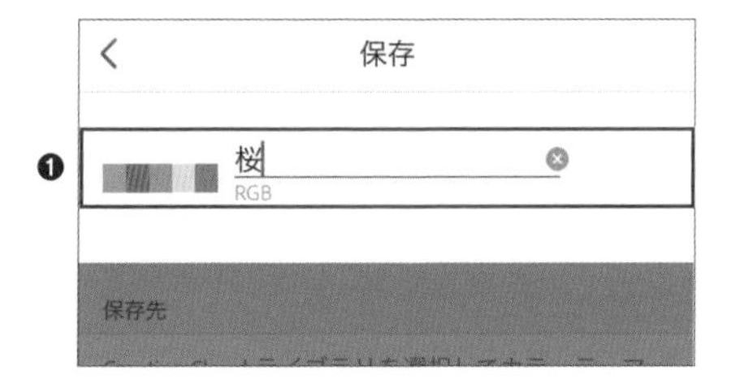

6 Illustratorを起動すると、［CCライブラリ］パネルの指定した保存先の［カラーテーマ］に保存されていることが確認できます。

219 身の回りのフォントを撮影し、Adobe Fontsで類似するフォントを検索したい

使用機能　文字（Adobe Capture）

目の前にある印刷物のフォントを使いたいけどフォント名がわからない、というようなことは少なくありません。Adobe Captureでは、撮影した写真や端末に保存した画像をもとに、類似するフォントをAdobe Fontsから検索し、有効化することができます。

1 モバイル端末でAdobe Captureを起動し、プレビュー下のメニュー欄を左右にフリックして［文字］をタップします❶。文字認識エリアが表示されるので、エリア内に文字が収まるようにカメラを合わせ❷、シャッターボタンをタップします❸。

2 自動的に文字が認識され、青い長方形で囲まれます❶。長方形の四隅をドラッグすると、エリアを調整することができます❷。検索したい文字を確定し、シャッターボタンをタップします❸。

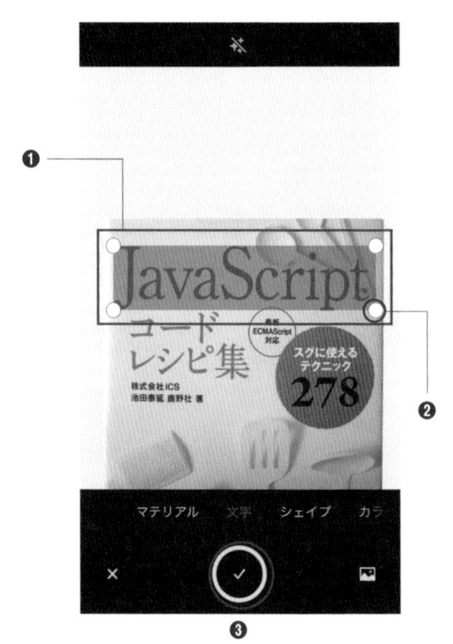

Memo　画面右下のアイコンをタップして、端末に保存した画像を読み込むこともできます。

Memo　フォントの検索は、欧文にのみ対応しています（2021年3月現在）。

3 Adobe Fontsから類似フォントが自動的に検出されます❶。上下にスワイプすると候補を確認することができます❷。有効化したいフォントをタップしてチェックを入れ❸、[保存]をタップします❹。

4 [保存]画面に切り替わります。[保存]ボタンをタップするとCCライブラリにフォントが保存され、同時にAdobe Fontsで有効化されて、Illustratorで使用できるようになります。

5 Illustratorを起動すると、[CCライブラリ]パネルの[マイライブラリ]の[文字スタイル]にフォントが保存されていることが確認できます❶。作成したテキストを選択し❷、保存されたフォントをクリックします❸。

6 フォントが適用されます。

220 タブレットで描いたアートワークをIllustratorで編集したい

使用機能 | Adobe Illustrator Draw

タブレット端末などでモバイルアプリのAdobe Illustrator Drawを利用すると、ベクターデータを描画することができます。作成したアートワークは、Illustratorに送信し、編集することができます。

1 タブレットとスタイラスペンを使うなどして、Adobe Illustrator Drawでアートワークを作成します❶。画面右上の［共有］ボタンをタップし❷、［アドビデスクトップアプリケーション］をタップします❸。

Memo

Adobe Illustrator Drawは、iOS端末ではApp Store、Android端末ではGoogle Playから検索し、ダウンロード・インストールします。

2 [Illustrator] をタップします。

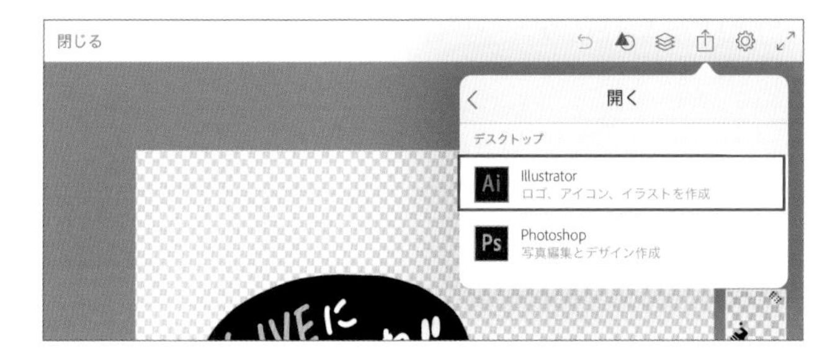

POINT

このとき、Adobe Illustrator DrawとIllustratorに同一のAdobe IDでログインしている必要があります。

3 Illustratorが起動し、ファイルが開きます。

POINT

タブレットとタッチペン、Adobe Illustrator Drawという環境で描画すると、筆跡の再現度が高いので、イラストや手描き文字をベクターデータとして作成したいときに最適です。また、Illustratorで読み込み・編集可能なファイル形式で保存されるので、最初に素材をAdobe Illustrator Drawで作成し、その後Illustratorで詳細な編集を行うといったワークフローが可能です。

221 ストック素材を検索・ダウンロードして利用したい

使用機能 Adobe Stock

Adobe Stockでは、1億点を超えるロイヤリティフリー素材が提供されています。サブスクリプションプランを契約して利用するサービスですが、なかには契約なしで利用できる素材もあります。

1 [ファイル] メニュー→ [Adobe Stockを検索] をクリックします。

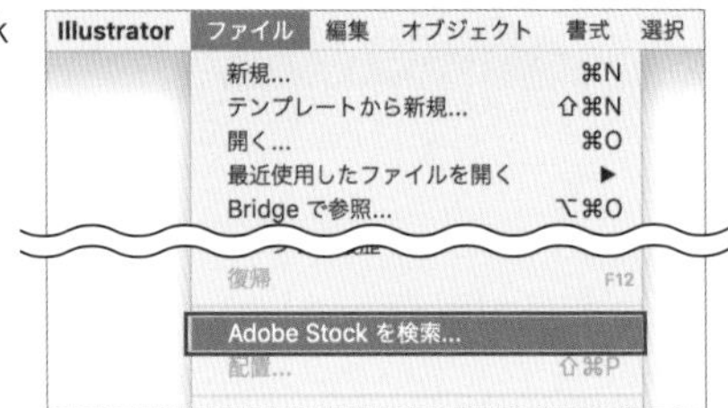

2 Webブラウザが起動し、[Adobe Stock] のページが表示されます❶。検索バーでカテゴリーを選択し❷、キーワードを入力して❸、Enterキーを押します。ここでは [画像] カテゴリを「和柄」のキーワードで検索しています。

Memo

カテゴリーには [画像] [ビデオ] [オーディオ] [テンプレート] [3D] [無料素材] [プレミアム] [エディトリアル] があります。

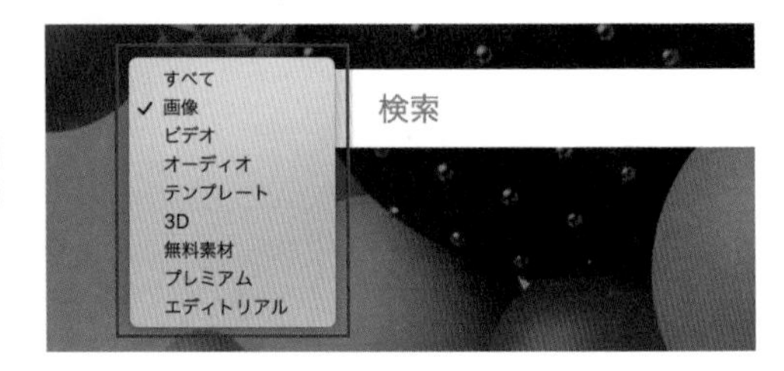

3 検索結果が表示されます。

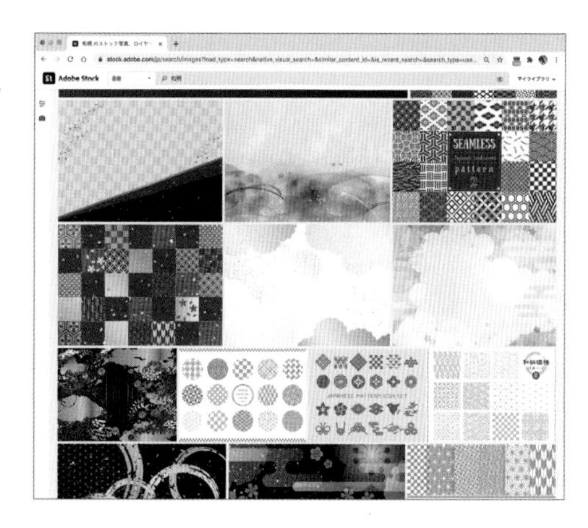

4 サムネイルをクリックすると詳細が表示されるので、利用方法を選択します。ここでは［ライセンスを取得］ボタンをクリックして、実際に使用できるファイルをダウンロードします。

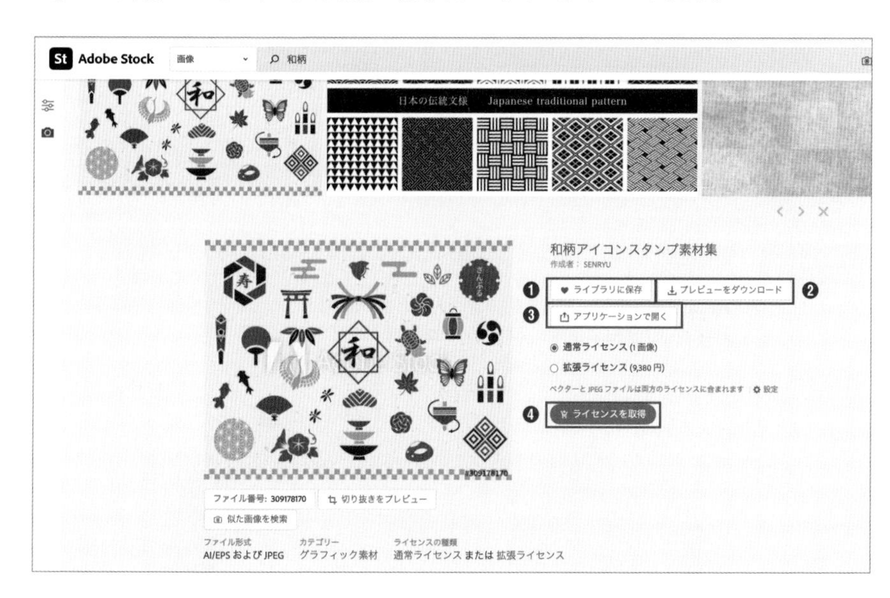

❶**ライブラリに保存** ……［CCライブラリ］パネルの［ダウンロード］に透かし入りのサンプルファイルを保存します。
❷**プレビューをダウンロード** …… ローカルに透かし入りのサンプルファイルをダウンロードします。
❸**アプリケーションで開く** …… 指定のアプリケーションで透かし入りのサンプルファイルを開きます。
❹**ライセンスを取得** …… ファイルをダウンロードし、使用できるようにします。有料ライセンスの場合は購入が必要です。ファイルは、［CCライブラリ］パネルの［ダウンロード］に保存されます。

5 ダイアログが表示されるので、ファイルの種類を選択し❶、[ダウンロード]ボタンをクリックします❷。ここではベクター形式のファイルとしてダウンロードします。

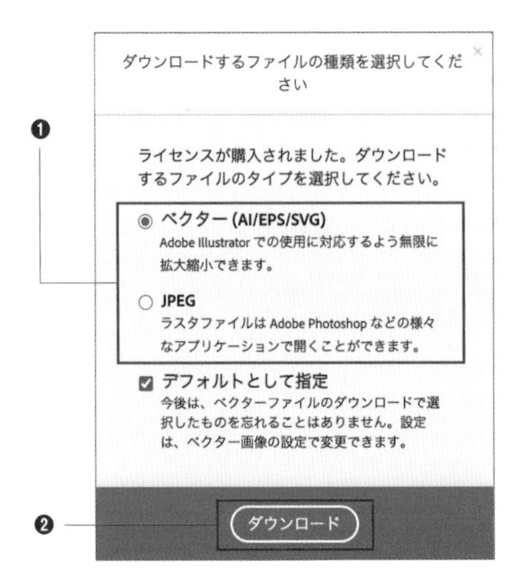

6 [CCライブラリ]パネルの[ダウンロード]にファイルが保存されます。

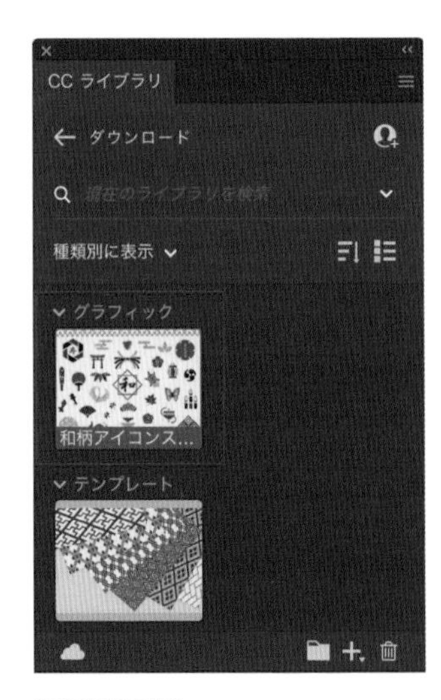

保存した素材は、ダブルクリックしてソースドキュメントを開き ▸▸214、必要なパーツをコピーして素材として使用するとよいでしょう。

Memo

Adobe Stockは、Creative Cloudデスクトップアプリケーションからアクセスすることも可能です。[Stock]をクリックするか❶、または[Web]をクリックして❷、[Adobe Stock]の[起動]ボタンをクリックします❸。なお、Webブラウザから直接「Adobe Stock」と検索してアクセスすることも可能です。

ドキュメントの
整理・PDF出力・印刷

Chapter

16

222 アートボードを作成・編集したい

使用機能 [アートボード]ツール、[アートボード]パネル

ひとつのドキュメントファイルで複数のアートボードを作成することができます。複数ページの印刷物や、関連する制作物を管理するときに便利です。印刷や書き出しはアートボードごとに実行できます。

アートボードの作成・削除

ツールバーの[アートボード]ツールを選択します。アートボードの始点となる位置でマウスのボタンを押し❶、対角線を描くようにドラッグして長方形を描くと、新規のアートボードが作成されます❷。なお、既存のアートボードの外側でしか作成できません。削除するには、[アートボード]ツールでアートボードを選択し、delete キーを押します。

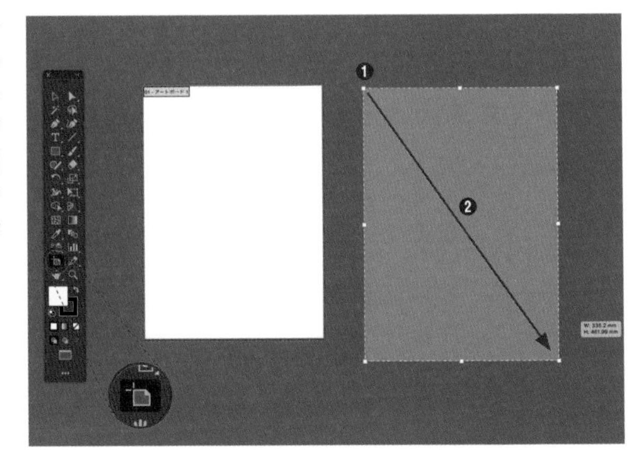

コントロールパネル ▸▸004 または［プロパティ］パネルの［新規アートボード］ボタンをクリックして❶、新規アートボードを作成することもできます。この方法では、既存のアートボードと同じサイズのアートボードを作成できます。［アートボードを削除］ボタンをクリックすると❷、選択しているアートボードを削除します。

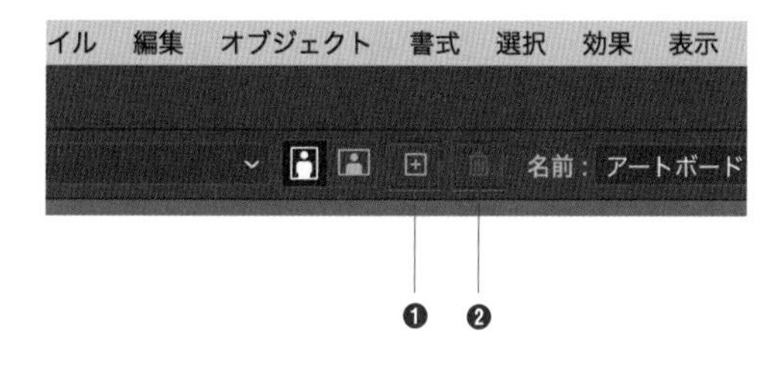

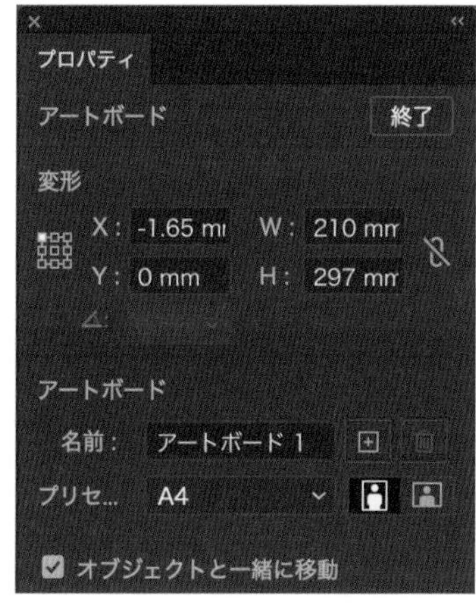

アートボードの移動

［アートボード］ツールを選択すると、アートボードがバウンディングボックスで囲まれます。この状態でアートボードの上にマウスポインタを合わせると、十字に変わり❶、ドラッグするとアートボードが移動します。［オブジェクトと一緒に移動またはコピー］ボタンをクリックして有効にすると❷、オブジェクトごと移動します。

アートボードのサイズ変更

[アートボード] ツールでアートボードをクリックします。アートボードを囲むバウンディングボックスの四隅のハンドルをドラッグするか、コントロールパネルまたは [プロパティ] パネルの [W] (幅) と [H] (高さ) の値を設定します❶。このとき、[変形] の基準点を選択することが可能です❷。また、プリセットメニューからサイズを選択することができます❸。[縦置き] ボタン・[横置き] ボタンをクリックすると❹、アートボードの縦・横を変更することができます。

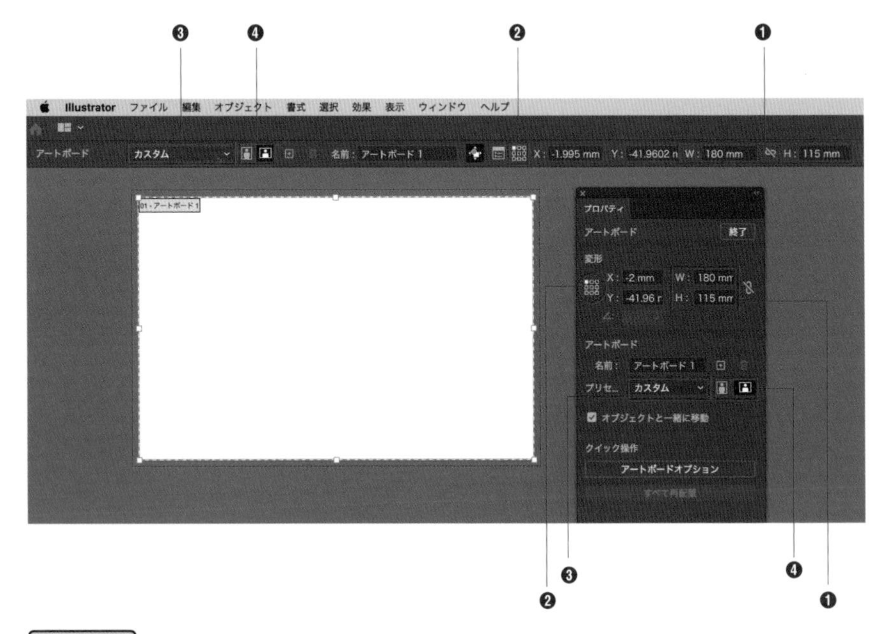

Memo

プリセットメニューには、A4、B5などの日本標準規格の用紙サイズやモバイル端末のピクセルサイズなど、様々なサイズがあらかじめ用意されています。

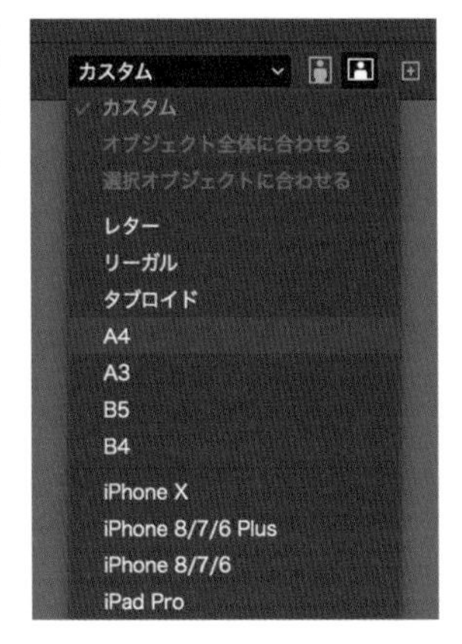

アートボードをオブジェクトと同じサイズに変更

アートボードのサイズを、指定のオブジェクトのサイズに合わせて自動調整することができます。選択ツールでオブジェクトを選択します。

POINT

このとき、クリッピングマスク ▸▸075 をかけているオブジェクトの場合は、[グループ選択] ツールでマスクオブジェクトだけをクリックします。

[オブジェクト] メニュー→ [アートボード] → [選択オブジェクトに合わせる] をクリックします。すると、選択オブジェクトに合わせてアートボードがリサイズされます。

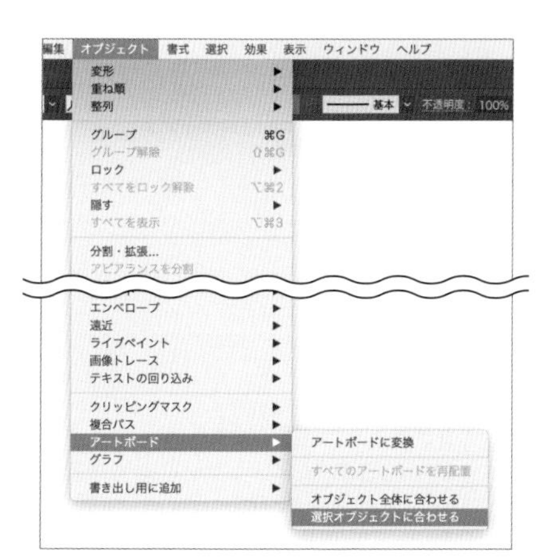

Memo

クリッピングマスクを適用しているオブジェクト全体を選択した場合、マスクで隠れている領域を含んだサイズでアートボードがリサイズされます。

アートボードの名前の変更

［アートボード］ツールでアートボードをクリックします。コントロールパネル、［プロパティ］パネル、［アートボード］パネルいずれかの、［名前］の項目を変更します。［アートボード］パネルは、［ウィンドウ］メニュー→［アートボード］パネルをクリックすると表示されます。

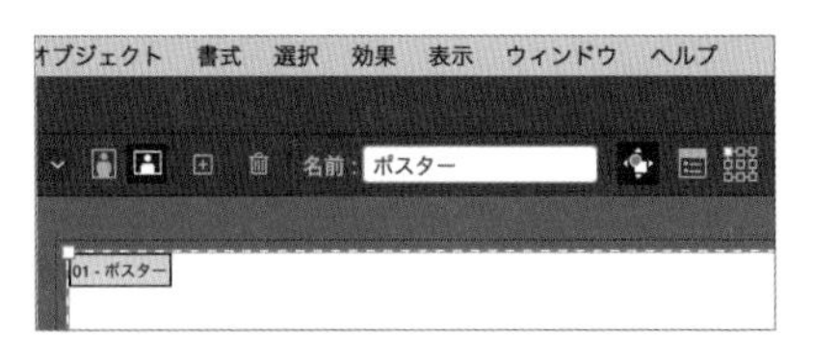

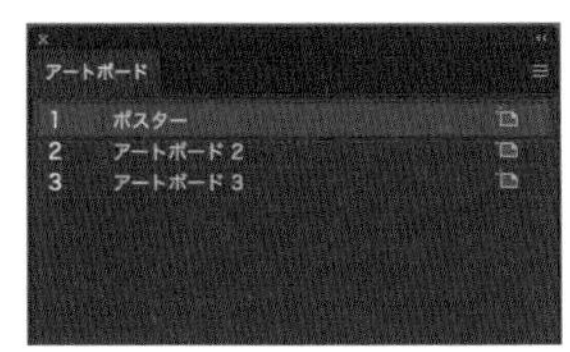

アートボードの複製

［アートボード］ツールで任意のアートボードを選択し、コピー＆ペーストして複製しますⒶ。または、［アートボード］パネルから、任意のアートボードを［新規アートボード］ボタンにドラッグ&ドロップしますⒷ。

Ⓐ コピー＆ペースト

オブジェクトのコピーと同様、option キーを押しながら任意の方向へドラッグしても複製できます。また、ドラッグ時に shift キーを押すと、垂直・水平方向に複製できます。

223 複数のアートボードを並べ替えて整列したい

使用機能 ［アートボード］パネル

必要になるたびにアートボードを増やして作業をしていると、順序や位置が乱雑になりがちです。アートボードは、順序を変更したり、等間隔に整列したりすることができます。

アートボードの順序の入れ替え

［アートボード］パネルで、順序を入れ替えたいアートボードをクリックします❶。［アートボード］パネル下部の［上に移動］ボタンまたは［下に移動］ボタンをクリックするか❷、ドラッグして指定の位置に移動します。

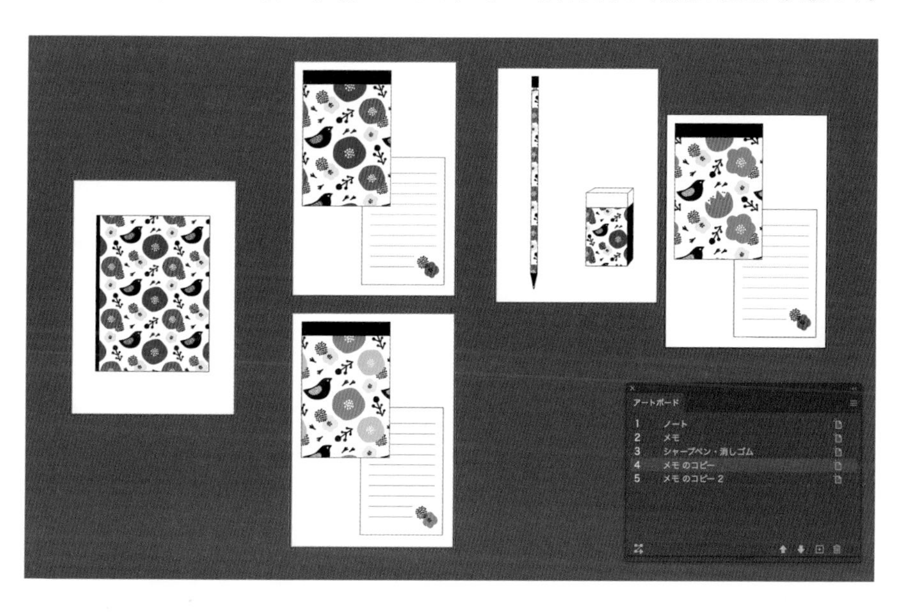

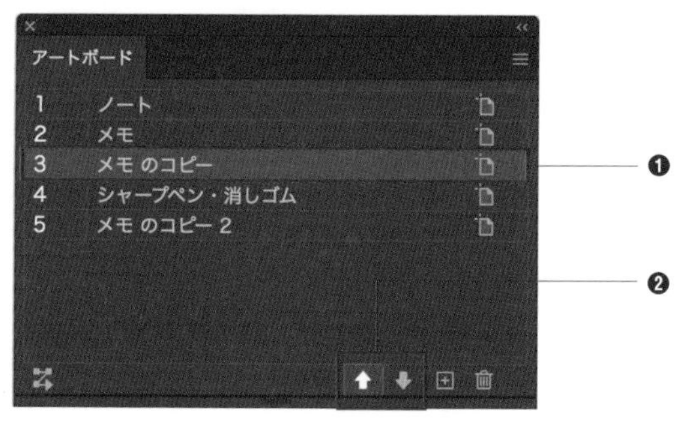

Memo

アートボードの順序はプリントの順序に一致します ▸▸225。

アートボードの再配置・整列

[アートボード]パネルの[すべてのアートボードを再配置]ボタンをクリックします❶。または、[アートボード]ツールを選択し、コントロールパネル ▸▸004 または[プロパティ]パネルの[すべて再配置]ボタンをクリックします❷。

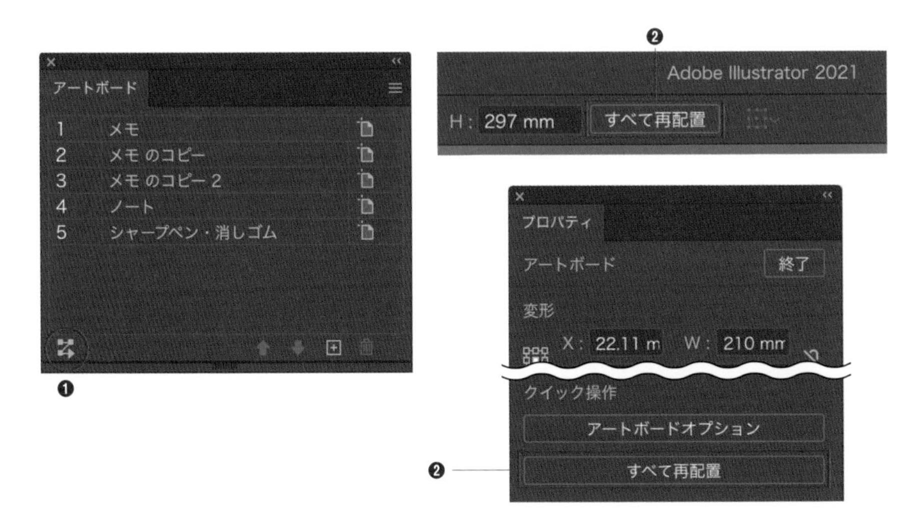

[すべてのアートボードを再配置]ダイアログが表示されるので、[レイアウト]、[横列数]、[間隔]のオプションを設定し❶、[オブジェクトと一緒に移動]にチェックを入れます❷。[OK]ボタンをクリックします❸。すると、アートボードの順序が[アートボード]パネルの通りに入れ替わり、整列されます❹。

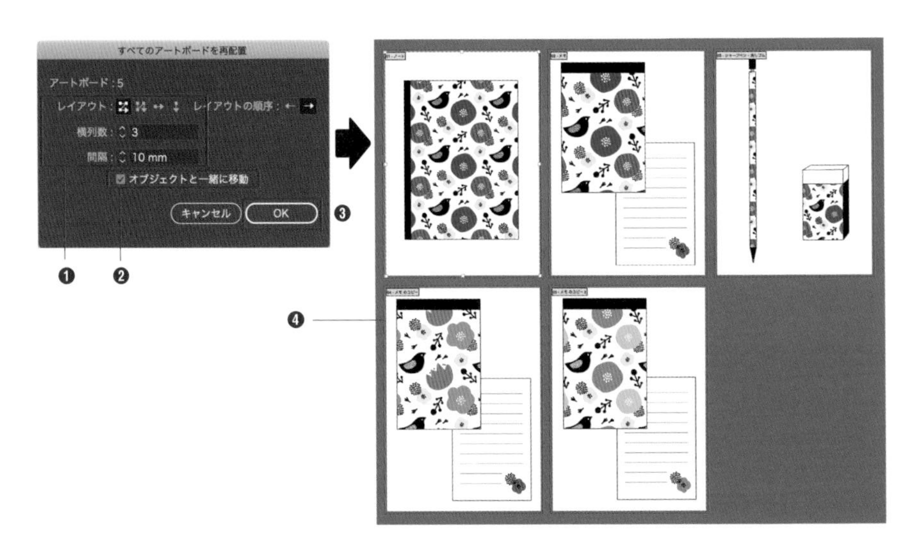

順序の入れ替えが必要ない場合は、コントロールパネルの［整列］ボタンを利用してアートボードを整列することもできます。［アートボード］ツールを選択し、shiftキーを押しながら任意のアートボードをクリックして複数選択します。コントロールパネルで任意の［整列］ボタンをクリックします。次の図では、［垂直方向上に整列］ボタンと［水平方向中央に分布］ボタンをクリックして適用しています。なお、複数のアートボードの整列と分布は、CC 2018以降の機能です。

Memo

［アートボード］パネルのアートボード名をダブルクリックすると、該当のアートボードが画面の中央に表示されます。アートボードを大量に作成しているときなど、特定のアートボードにジャンプしたいときに便利です。

224 複数のアートボードを個別のファイルに分割して保存したい

使用機能　別名で保存

ひとつのファイルに複数のアートボードを作成していても、あとでそれぞれのアートボードに分割し、個別のファイルとして保存することができます。

1 [ファイル] メニュー→ [別名で保存] をクリックします。ダイアログが表示されるので、[名前] を入力して❶、保存する [場所] を設定し❷、[保存] ボタンをクリックします❸。

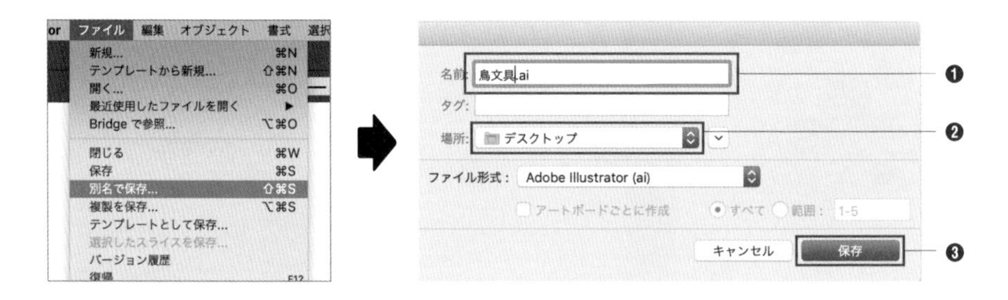

Short Cut　別名で保存：shift＋command＋Sキー

2 [各アートボードを個別のファイルに保存] にチェックを入れ、[すべて] または [範囲] を入力します❶。その他のオプションは任意で変更します ▸▸009 。[OK] ボタンをクリックします❷。

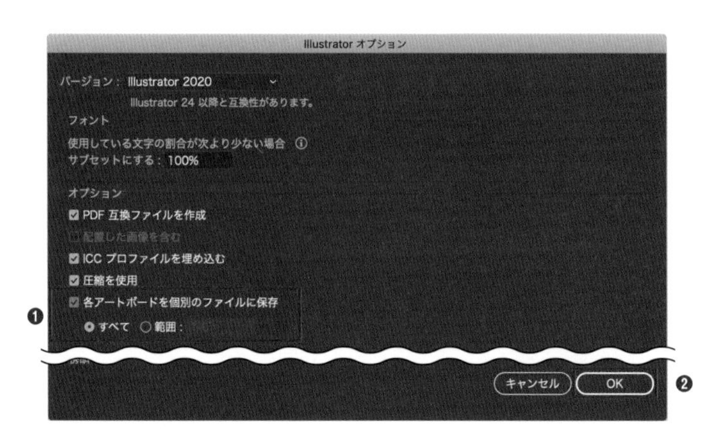

Memo　アートボードには順序があり 、[範囲] では保存したいアートボードの番号を指定できます。

Memo　元のファイルも同時に保存されます。

225 作成したドキュメントをプリントしたい

使用機能 プリントオプション

必要なアートボードのみを選んだり、拡大・縮小したりなど、様々なプリント方法を設定することができます。

1 ［ファイル］メニュー→［プリント］をクリックします。

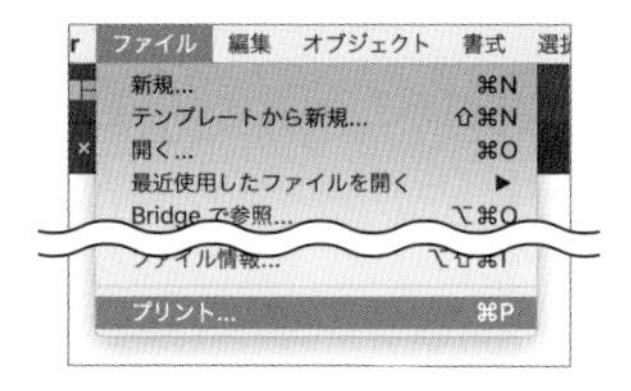

Short Cut プリント：command＋Pキー

2 ［プリント］ダイアログが表示されるので、各項目を設定します❶。プリントのプレビューを確認し❷、［プリント］ボタンをクリックします❸。すると、プリントが開始します。

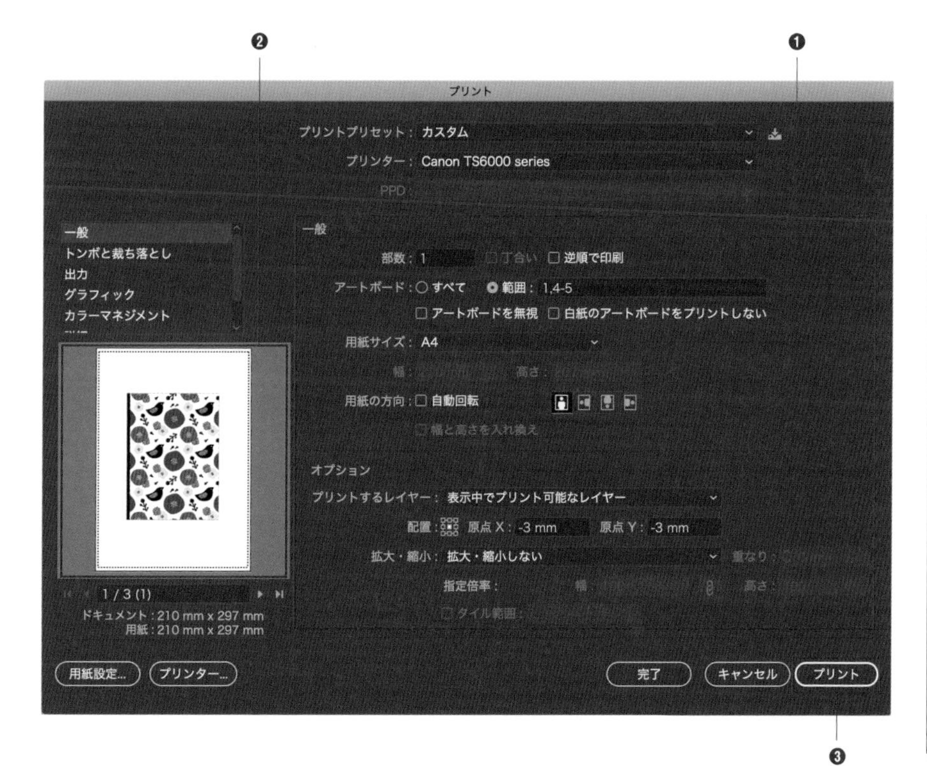

Chap 16 ドキュメントの整理・PDF出力・印刷

プリントの主な設定項目

Ⓐ**プリンター** …… 複数のプリンターに接続している場合、プリント先のプリンターを選択できます。

Ⓑ**部数** …… プリント枚数を設定します。

Ⓒ**アートボード** …… 複数のアートボードをプリントする場合、対象のアートボードを選択することができます。［範囲］をチェックして、アートボードの番号 ▸▸223 が連続する場合はハイフン（-）、連続しない場合はカンマ（,）で指定します。

Ⓓ**用紙サイズ** …… プリントの用紙サイズを選びます。選択中のプリンターによって、使用できる用紙サイズが異なることがあります。

Ⓔ**用紙の方向** …… 用紙の方向にチェックを入れます。［自動回転］にチェックを入れると、アートボードが縦置きか、横置きかによって、用紙の向きが自動的に設定されます。

Ⓕ**拡大・縮小** …… ドキュメントを拡大・縮小するかどうかを設定します。以下の項目を選択できます。

- 拡大・縮小しない …… 拡大・縮小しません。
- カスタム …… 指定した拡大・縮小率でドキュメントをプリントします。
- 用紙サイズに合わせる …… 用紙サイズに合うようにドキュメントが拡大または縮小されてプリントされます。
- タイル（用紙サイズ）…… ドキュメントを分割してプリントする際に選択します ▸▸226。
- タイル（プリント可能範囲）…… ドキュメントを分割してプリントする際に選択します ▸▸226。

Ⓖ**オプション** …… プリントの各オプションを選択できます。トンボを追加したり ▸▸229、カラーマネジメントを変更したりなどといった細かな設定を行うオプションが用意されています。

Ⓗ**プレビューウィンドウ** …… プリント範囲がプレビューされます。プレビューウィンドウのアートワークはドラッグすることが可能で、アートワークの位置を変更してプリントできます。

226 大きなサイズのドキュメントを複数に分割してプリントしたい

使用機能 プリントオプション

大きなポスターや看板のデザインを1枚の用紙にプリントするには、大判印刷機が必要になりますが、身近にある設備ではありません。そのような場合には、分割してプリントし、それらを貼り合わせるという方法があります。オプション設定で、アートワークの分割方法を指定することができます。

1 [ファイル]メニュー→[プリント]をクリックします。[プリント]ダイアログが表示されるので、[用紙サイズ]を設定し❶、[オプション]の[拡大・縮小]から[タイル(用紙サイズ)]を選択します❷。

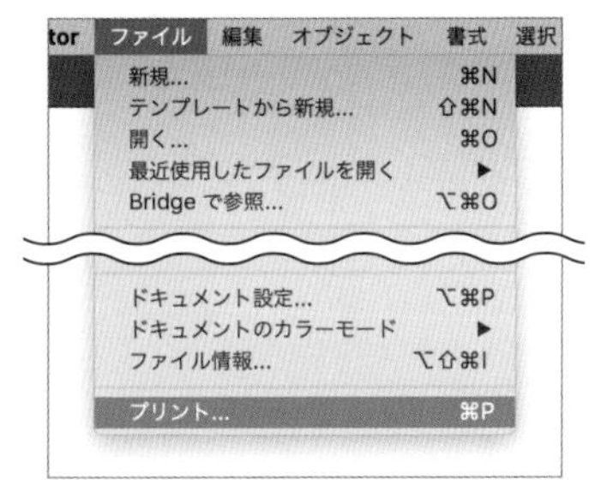

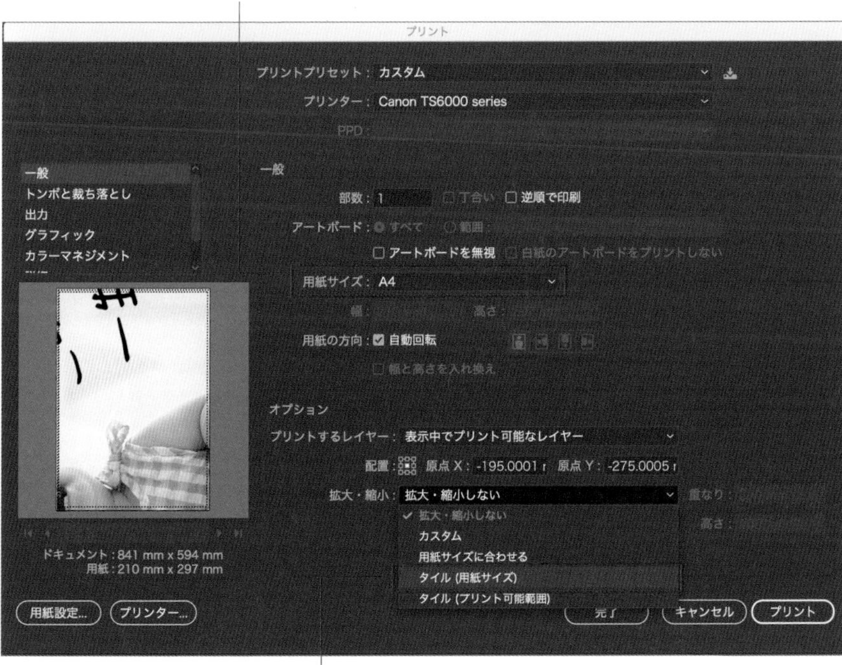

2 [重なり] を設定します❶。ここでは [10mm] に設定します。[プリント] ボタンをクリックすると❷、分割してプリントされます。

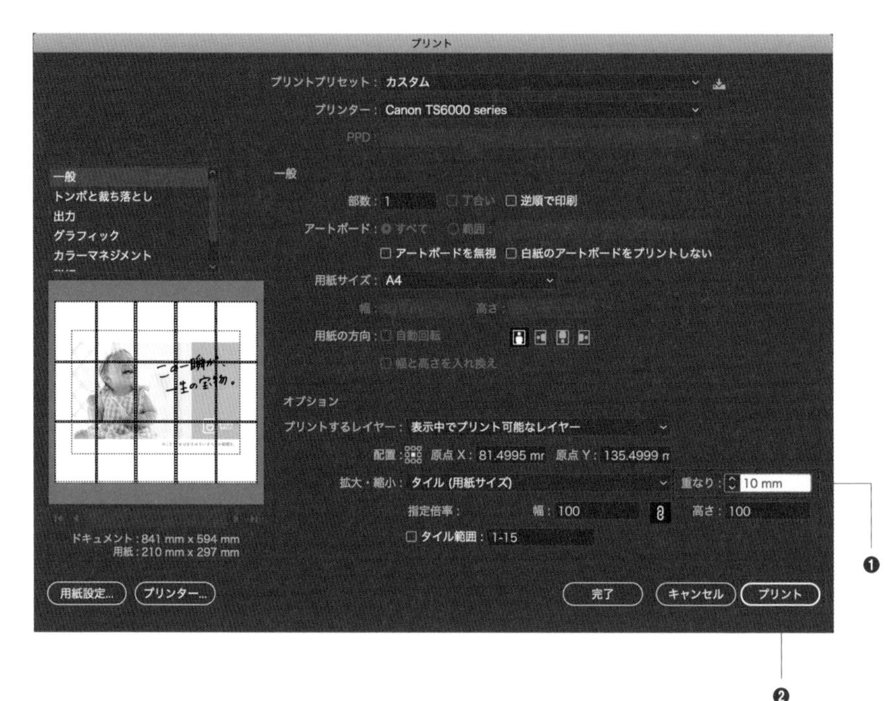

Memo

[重なり] では、用紙ごとの重なり幅を設定します。重なりを設定しておくと、プリントしたものを少し重ねて貼り合わせることにより、すき間ができてしまうのを防ぐことができます。なお、一般的な家庭用プリンターでは白いフチがついてプリントされるので、プリントしたものを貼り合わせる際にはフチを切り取る必要があります。

Memo

[タイル (プリント可能範囲)] を選択した場合は重なりが作成されません。

227 リンク画像を自動的に集めてまとめたい

使用機能 パッケージ

多くの外部ファイルをそれぞれの保存場所から配置した場合、まとめるために手動で集めるのは手間がかかります。パッケージ機能を使うと、Illustratorドキュメント、フォント、リンク画像、パッケージレポートが含まれたフォルダーを自動で作成することができます。入稿データの作成や、データの受け渡しの際に重宝する機能です。

パッケージの作成

1 ［ファイル］メニュー→［パッケージ］をクリックします。

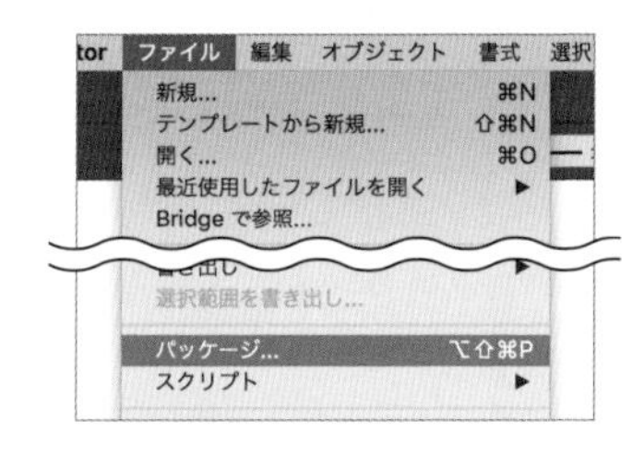

Memo

あらかじめドキュメントは保存（［ファイル］メニュー→［保存］）しておきます。
保存されていない場合、保存を促すアラートが表示されます。

2 ［パッケージ］ダイアログが表示されるので❶、パッケージしたファイルを保存するフォルダーの場所を指定します❷。また、必要に応じてオプションを指定します（デフォルトではすべてにチェックが入っています）❸。

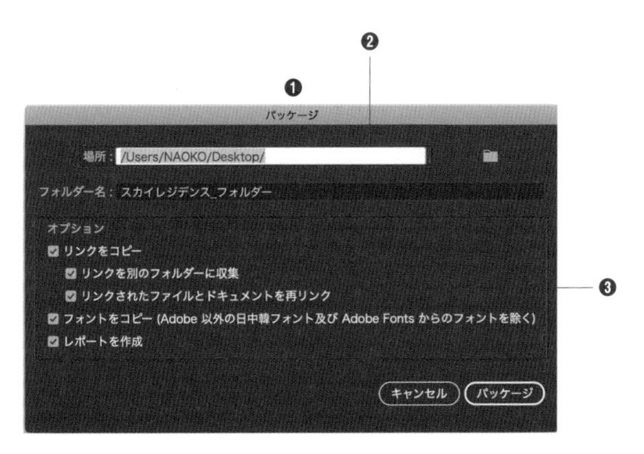

3 ［パッケージ］ボタンをクリックするとメッセージが表示され❶、指定先のフォルダーにパッケージが保存されます❷。

❶

❷

パッケージの設定項目

［パッケージ］ダイアログでは、以下のオプションを設定することができます。

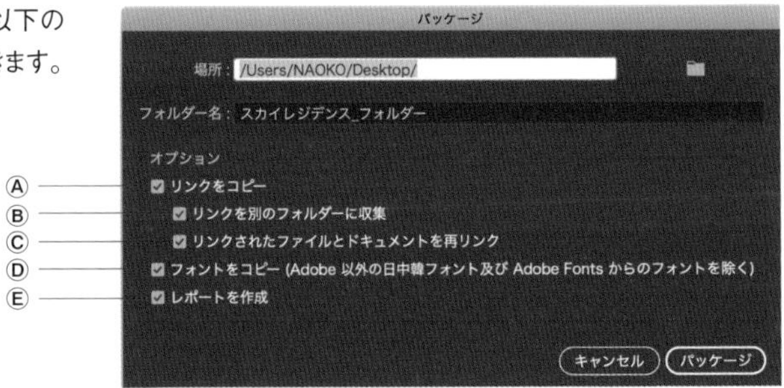

Ⓐ**リンクをコピー** …… リンク画像をパッケージフォルダーにコピーします。チェックを入れておくことを推奨します。

Ⓑ**リンクを別のフォルダーに収集** …… リンクフォルダーを作成して、すべてのリンク画像をそのフォルダーに移動します。このオプションを選択しないと、ドキュメントファイルと同じフォルダー内にファイルのコピーが作成されます。

Ⓒ**リンクされたファイルとドキュメントを再リンク** …… リンクをパッケージフォルダーのリンク画像に設定し直します。このオプションを選択しない場合、リンクは元の保存場所のままになります。チェックを入れておくことを推奨します。

Ⓓ**フォントをコピー** …… ドキュメントファイルに使用されているフォントファイルがコピーされます（欧文フォントのみ）。なお、フォントをパッケージする際はアラートが表示されるので、フォントのコピーにライセンス上の問題がないか確認するようにしましょう。

Ⓔ**レポートを作成** …… パッケージファイルに関する概要レポートを作成します。このレポートには、特色オブジェクト、すべての使用フォントおよび所在不明のフォント、リンク切れに関する概要と、すべてのリンク画像、または埋め込み画像の詳細が記述されます。

228 オブジェクトにトリムマーク（トンボ）をつけたい

使用機能　トリムマーク

プリントした用紙を断裁する位置の目印をトリムマークといいます。一般的にはトンボと呼ばれます。印刷物の入稿時に必要になることがあります。

トリムマーク（トンボ）とは

トリムマーク（トンボ）とは印刷物の外側につけられる目印です。印刷物の断裁や、中心位置の指定のために必要となります。印刷所への入稿形式として、トンボの設定を指定されることが一般的です。
トンボには日本式と西洋式があり、四隅のトンボが二重線になっているのが日本式です。断裁にはズレが生じることがありますが、二重線の間で収まることが想定されており、3ミリほどの間隔を空けていることが一般的です。四隅にあるトンボをコーナートンボ、上下、左右の中央にあるトンボをセンタートンボといいます。
下図では、赤い破線で示したラインが実際の断裁の位置になります。

断裁の位置の外側に余分にアートワークが作成されています。この余分なエリアを「塗り足し」または「裁ち落とし」といいます。塗り足しを作成しておくことで、断裁の際に位置のズレが生じても、フチに白い部分ができずに自然な仕上がりになります。トリムマークの作成には、断裁の位置に［塗り］も［線］も設定されていないオブジェクトを作成しておくと作業がしやすくなります。

トリムマーク（トンボ）の作成

1 選択ツールでオブジェクトを選択します❶。このとき、オブジェクトの［線］にカラーが設定されていないことを確認します。

POINT

線にカラーが設定されていると、2の手順で線幅を含めたサイズでトリムマークが作成されます。

ここでは、アートワークの内側3mmの位置に長方形オブジェクトを作成しています。

Memo

クリッピングマスクが適用されているオブジェクトでは、［ダイレクト選択］ツールでマスクオブジェクトのみを選択します。オブジェクト全体を選択すると、クリッピングマスクで隠れている部分を含めたサイズに対してトリムマークが作成されてしまいます。

2 ［オブジェクト］メニュー→［トリムマークを作成］をクリックします❶。すると、［線］の塗りが［レジストレーション］（C、M、Y、Kすべてが100％の色）のトリムマークが作成されます❷。

POINT

［効果］メニューからトリムマークを作成することもできますが、この方法ではオブジェクトを変形するとトリムマークも一緒に変形します。そのため、気付かないうちにトリムエリアが不正確になってしまう恐れがあります。［オブジェクト］メニューからトリムマークを作成することをおすすめします。

229 アートボードにトリムマークをつけて入稿形式のPDFを作成したい

使用機能 別名で保存

一般的な印刷物の入稿形式のひとつに、PDFファイルがあります。ここでは、トリムマークを同時につけて入稿用PDFファイルを作成する方法を紹介します。

1 [ファイル]メニュー→[別名で保存]で別名保存します。

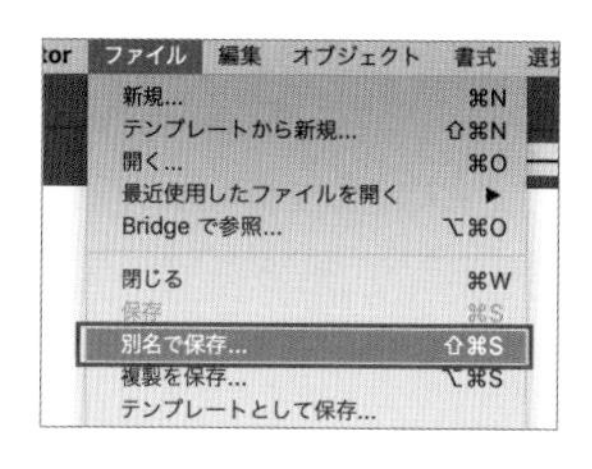

2 ダイアログが表示されます。名前を入力して❶、保存場所を指定し❷、ファイル形式を[Adobe PDF (pdf)]に設定し❸、[保存]ボタンをクリックします❹。

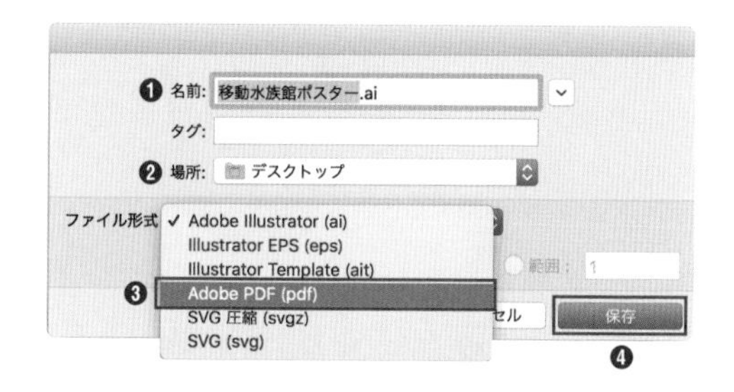

3 [Adobe PDFを保存]ダイアログが表示されます。[トンボと裁ち落とし]をクリックし❶、各項目を設定します❷。ここでは[トンボ]のすべての項目にチェックを入れ、[種類]と[太さ]を以下のように設定しています。[PDFを保存]ボタンをクリックします❸。

- **種類** ……「日本式」
- **太さ** ……「0.25pt」

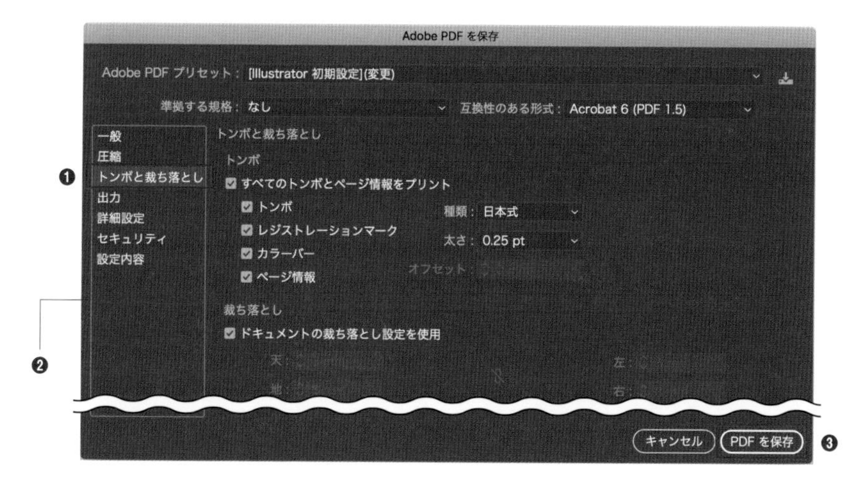

Memo

[裁ち落とし] では、裁ち落としたいエリアを指定できます。ドキュメント作成時に ▶▶008 設定した裁ち落としを採用する場合は、[ドキュメントの裁ち落とし設定を使用] にチェックを入れます。

4 作成されたPDFを開くと、下図のようになります。

Memo

ここでは、あらかじめドキュメント作成時に裁ち落としを設定し、アートボードの裁ち落としに合わせて、アートワークを作成しています。トリムマークを作成すると、ドキュメントサイズが断裁の位置になるようにトンボが設定されます。

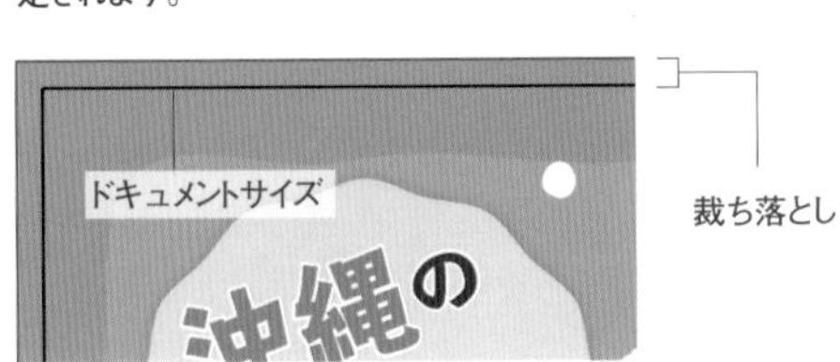

Memo

印刷所によっては、PDFの入稿形式について、詳細なオプションを指定していることがあります。入稿形式については、事前に印刷所に確認しておくとよいでしょう。

230 PDFにロックをかけて保存したい

使用機能　セキュリティ

PDFファイルは通常、Illustratorで開いて編集を加えることができます。第三者が編集できないようにするために、PDFにロックをかけて保存することができます。

1 [ファイル] メニュー→ [別名で保存] をクリックします。ダイアログが表示されるので、[ファイル形式] を [Adobe PDF (pdf)] に設定し❶、[保存] ボタンをクリックします❷。

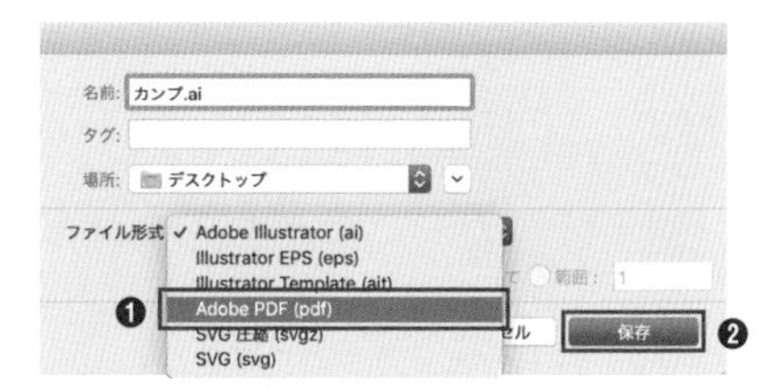

2 [Adobe PDFを保存] ダイアログが表示されます。[セキュリティ] をクリックし❶、[セキュリティと権限の設定変更にパスワードを要求] にチェックを入れて❷、[権限パスワード] に任意のパスワードを入力します❸。[PDFを保存] ボタンをクリックします❹。

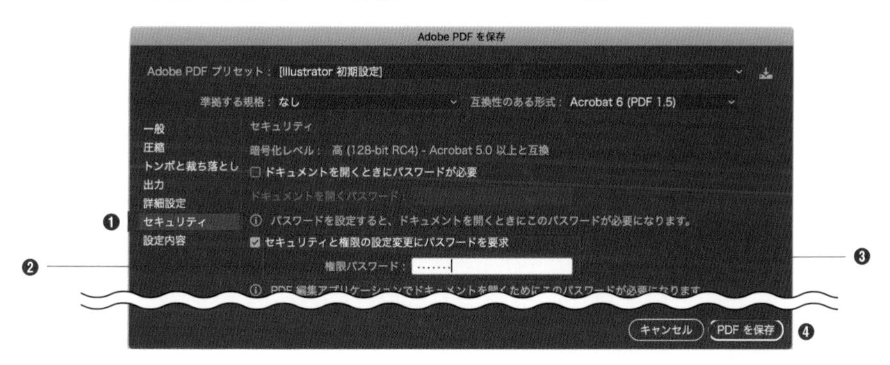

3 [権限パスワードの確認] ダイアログが表示されます。2の手順で設定したパスワードを入力し❶、[OK] ボタンをクリックします❷。すると、ロックをかけられたPDFが保存されます。

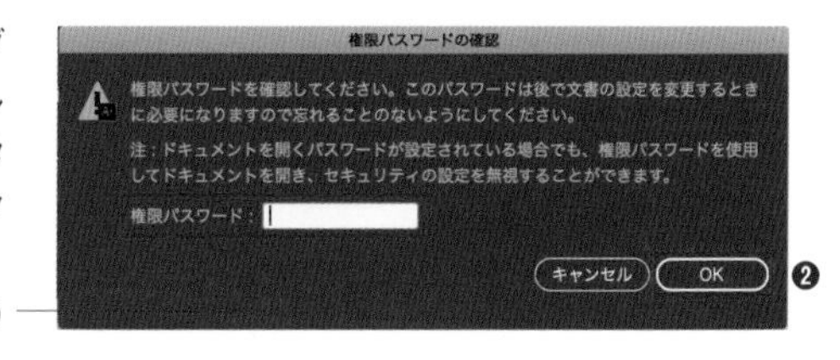

Memo 作成したPDFファイルをIllustratorで開くと、[パスワード] ダイアログが表示され、パスワードの入力を要求されます。これでパスワードを共有している人以外は、PDFファイルの編集ができません。

Memo ロックを外したい場合は、2の手順で設定したチェックを外して保存し直します。

231 繰り返し使うドキュメントをテンプレートとして保存したい

使用機能 | 別名で保存

内容の一部を修正して作成するようなドキュメントは、[テンプレート]という形式で保存すると便利です。テンプレートファイルは通常のドキュメントファイルと異なり、開くと常に新規ドキュメントが作成されるので、ファイルを上書き保存する心配がありません。

1 ここでは、色や肩書き、名前などをカスタマイズできる名刺デザインのファイルをテンプレートとして保存します。[ファイル]メニュー→[別名で保存]をクリックします。

2 ダイアログが表示されるので、[ファイル形式]を[Illustrator Template (ait)]に設定し❶、[保存]ボタンをクリックします❷。すると、拡張子が[.ait]のテンプレートファイルとして保存されます。

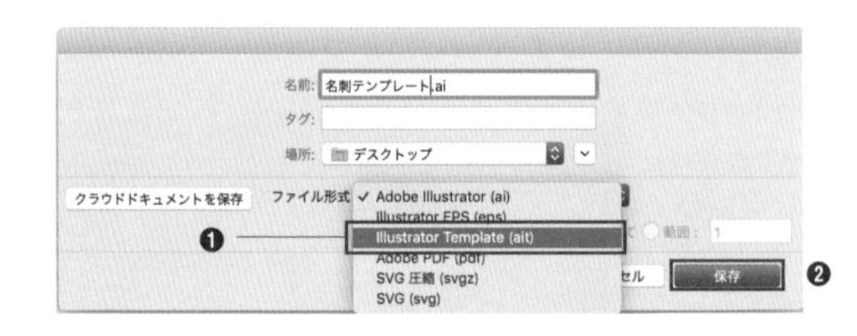

Memo テンプレートとして保存したファイルを開くと、[名称未設定]というファイル名の新規ドキュメントとして作成されます。

ツール一覧

ツールバーにはドキュメントの編集中に使用する様々なツールが格納されています。

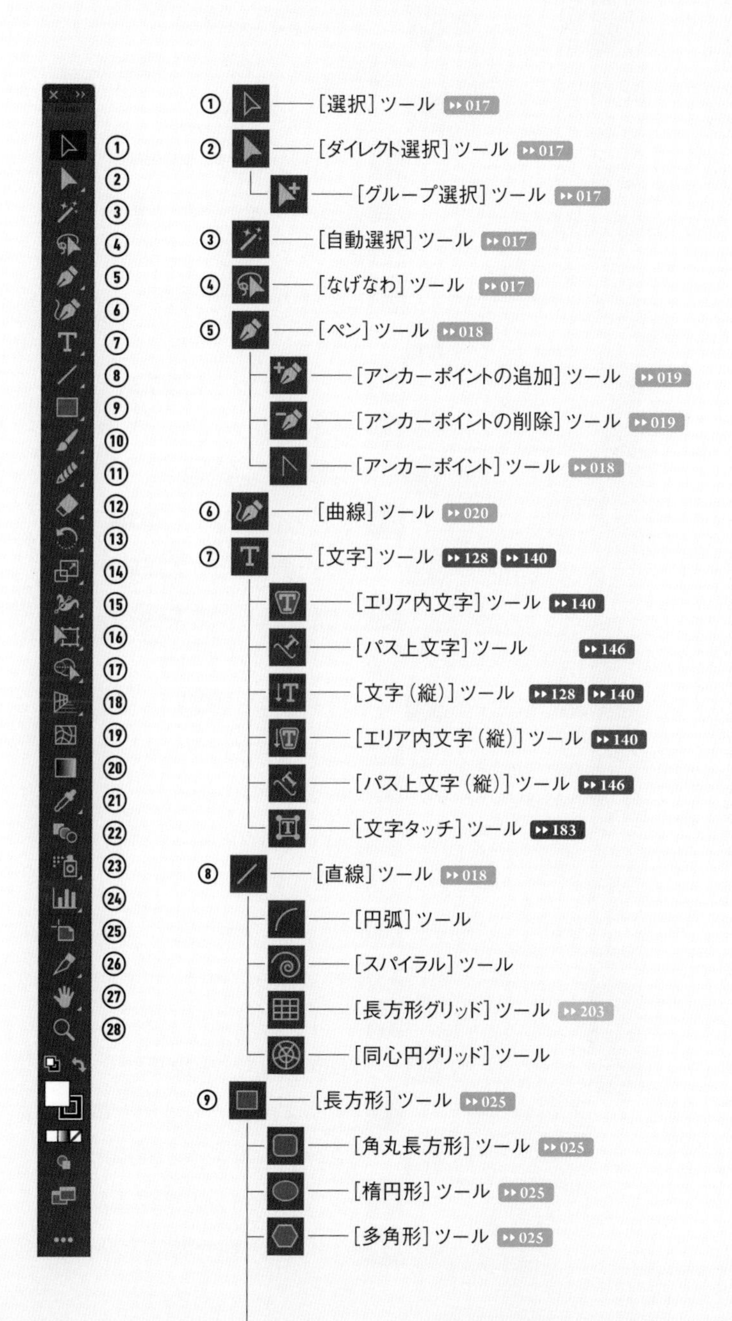

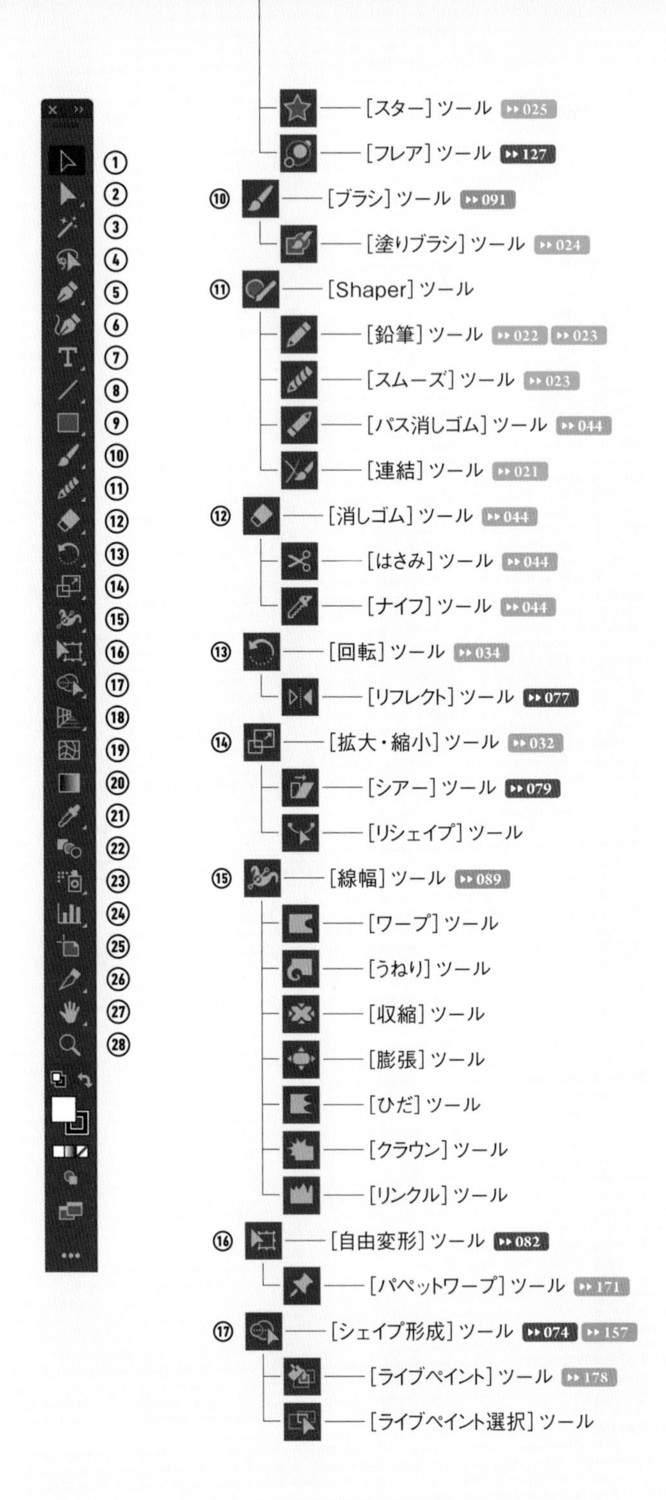
[スター]ツール ▸▸025
[フレア]ツール ▸▸127
⑩ [ブラシ]ツール ▸▸091
[塗りブラシ]ツール ▸▸024
⑪ [Shaper]ツール
[鉛筆]ツール ▸▸022 ▸▸023
[スムーズ]ツール ▸▸023
[パス消しゴム]ツール ▸▸044
[連結]ツール ▸▸021
⑫ [消しゴム]ツール ▸▸044
[はさみ]ツール ▸▸044
[ナイフ]ツール ▸▸044
⑬ [回転]ツール ▸▸034
[リフレクト]ツール ▸▸077
⑭ [拡大・縮小]ツール ▸▸032
[シアー]ツール ▸▸079
[リシェイプ]ツール
⑮ [線幅]ツール ▸▸089
[ワープ]ツール
[うねり]ツール
[収縮]ツール
[膨張]ツール
[ひだ]ツール
[クラウン]ツール
[リンクル]ツール
⑯ [自由変形]ツール ▸▸082
[パペットワープ]ツール ▸▸171
⑰ [シェイプ形成]ツール ▸▸074 ▸▸157
[ライブペイント]ツール ▸▸178
[ライブペイント選択]ツール
①
②
③
④
⑤
⑥
⑦
⑧
⑨
⑩
⑪
⑫
⑬
⑭
⑮
⑯
⑰
⑱
⑲
⑳
㉑
㉒
㉓
㉔
㉕
㉖
㉗
㉘

⑱ [遠近グリッド]ツール ▸▸172 ▸▸191
[遠近図形選択]ツール ▸▸172 ▸▸191
⑲ [メッシュ]ツール ▸▸175 ▸▸185
⑳ [グラデーション]ツール ▸▸062
㉑ [スポイト]ツール ▸▸054 ▸▸103
[ものさし]ツール
㉒ [ブレンド]ツール ▸▸083 ▸▸203
㉓ [シンボルスプレー]ツール ▸▸162 ▸▸163
[シンボルシフト]ツール ▸▸163
[シンボルスクランチ]ツール ▸▸163
[シンボルリサイズ]ツール ▸▸163
[シンボルスピン]ツール ▸▸163
[シンボルステイン]ツール ▸▸163
[シンボルスクリーン]ツール ▸▸163
[シンボルスタイル]ツール ▸▸163
㉔ [棒グラフ]ツール ▸▸195
[積み上げ棒グラフ]ツール ▸▸195
[横向き棒グラフ]ツール ▸▸195
[横向き積み上げグラフ]ツール ▸▸195
[折れ線グラフ]ツール ▸▸195
[階層グラフ]ツール ▸▸195
[散布図]ツール ▸▸195
[円グラフ]ツール ▸▸195
[レーダーチャート]ツール ▸▸195
㉕ [アートボード]ツール ▸▸209 ▸▸222
㉖ [スライス]ツール ▸▸211
[スライス選択]ツール ▸▸211
㉗ [手のひら]ツール ▸▸015 ▸▸140
[プリント分割]ツール
㉘ [ズーム]ツール ▸▸014

主なパネル一覧

すべてのパネルは、[ウィンドウ]メニューから表示することができます。

[Adobe Colorテーマ]パネル

▸▸069 ▸▸070

オリジナルのカラーテーマの作成や、カラーテーマを検索することができます。

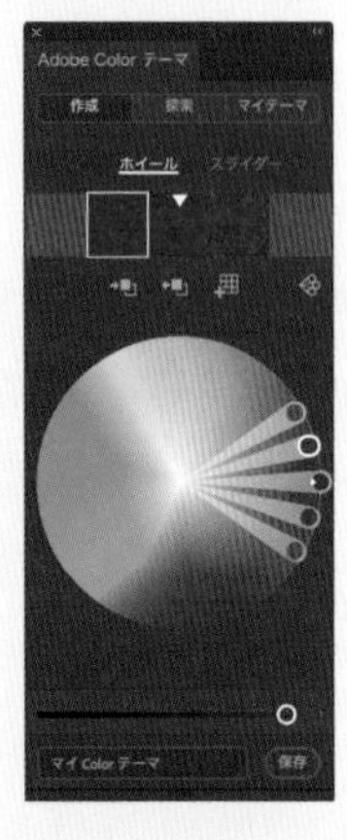

[CCライブラリ]パネル

▸▸214 ▸▸215

素材の管理や、他者とデータを共有することができます。

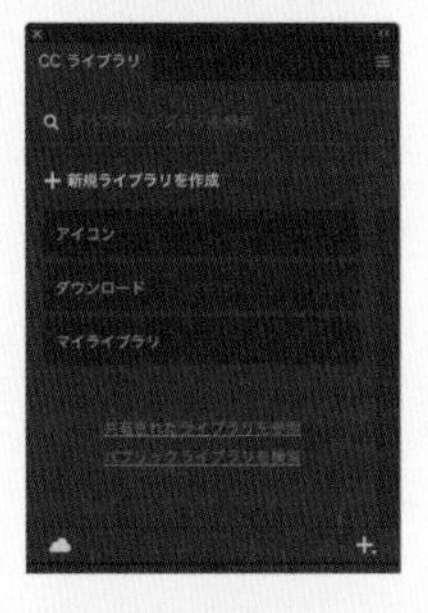

[アセットの書き出し]パネル

▸▸210

アートワークから収集したアセットを表示し、書き出すことができます。

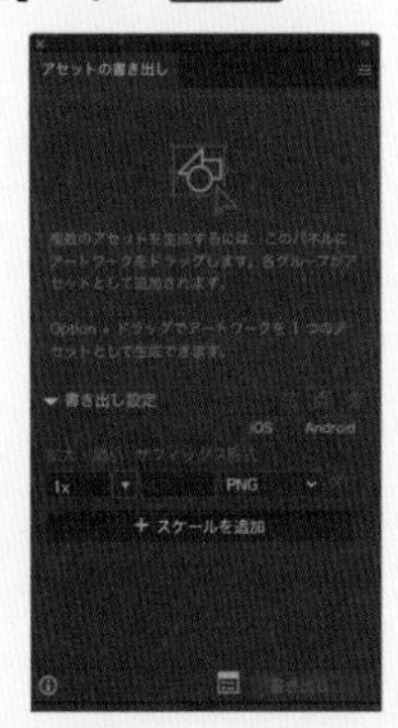

[アピアランス]パネル

▸▸100

オブジェクトのアピアランスを表示します。新規線、新規塗りや、効果を追加することができます。

[アートボード]パネル

▸▸222

アートボードの追加、順番の入れ替え、整頓などの管理をすることができます。

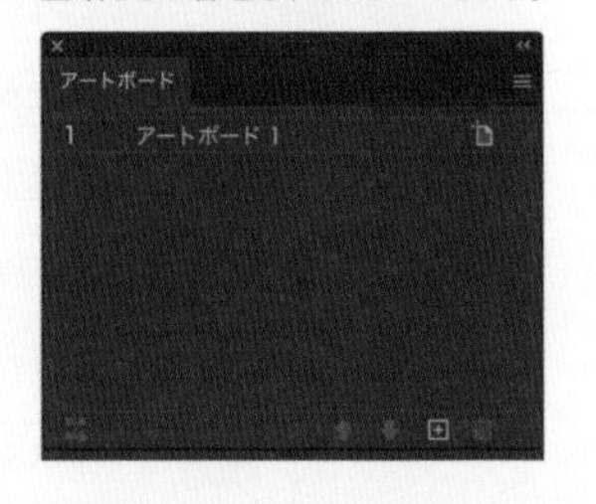

[カラー]パネル

▸▸049

線や塗りのカラーを作成、編集することができます。

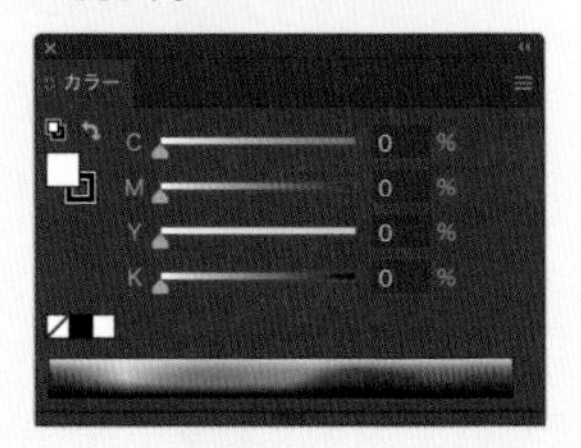

[グラデーション] パネル ▸▸059

グラデーションを作成、編集することができます。

[スウォッチ] パネル

▸▸051 ▸▸052

スウォッチを作成、保存、適用することができます。

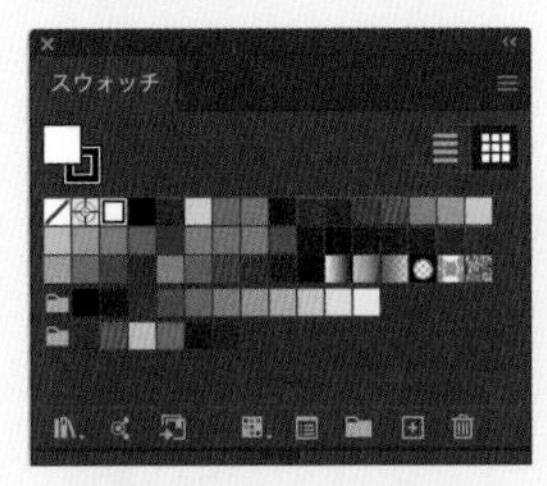

[グラフィックスタイル] パネル ▸▸101

アピアランス属性のセット（グラフィックスタイル）を作成、保存、適用することができます。

[ドキュメント情報] パネル

ドキュメントのカラーモードやサイズ、単位などの情報を確認することができます。

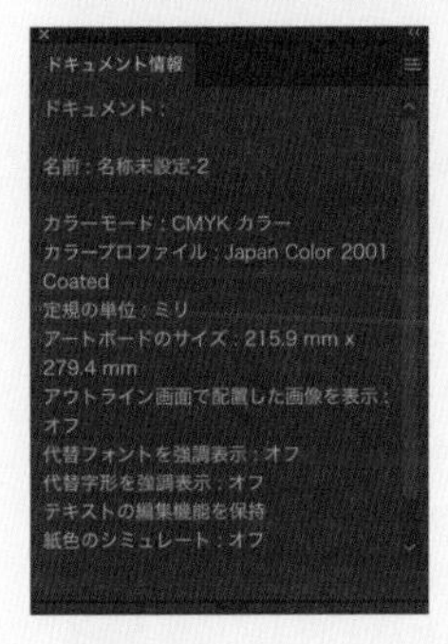

[シンボル] パネル ▸▸159 ▸▸160

同じオブジェクトを繰り返し使用するのに便利なシンボルを作成、保存、使用することができます。

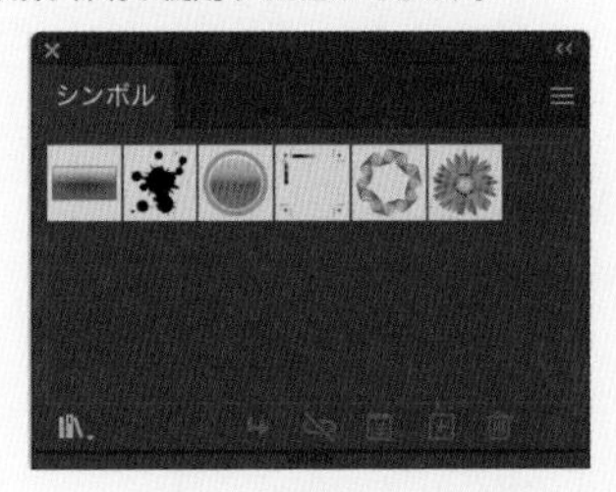

[ナビゲーター] パネル ▸▸015

ドキュメントの全体をサムネイル表示し、目的の位置をクリックしてジャンプすることができます。

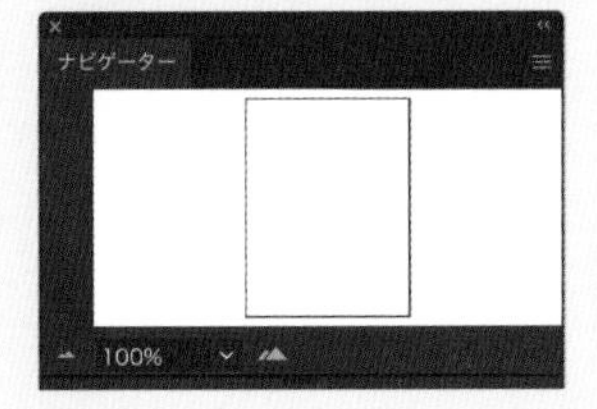

[パスファインダー] パネル ▶▶073

オブジェクト同士を合成して新しい形状を作成することができます。

[パターンオプション] パネル ▶▶097

パターンを作成、編集することができます。

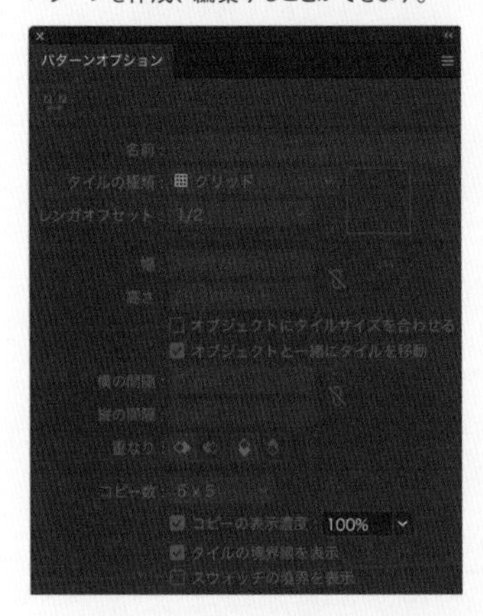

[ブラシ] パネル ▶▶091

ブラシを作成、保存、適用することができます。

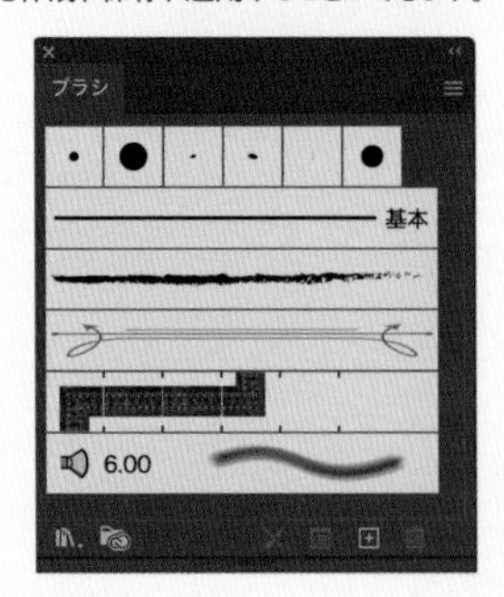

[プロパティ] パネル ▶▶004

選択中のオブジェクトに使用できるツールやショートカットを表示します。

[リンク] パネル ▶▶104 ▶▶108

リンクで配置している画像ファイルを表示し、管理することができます。

[レイヤー] パネル ▶▶045

レイヤーの追加、編集、順番の入れ替えなどの管理をすることができます。

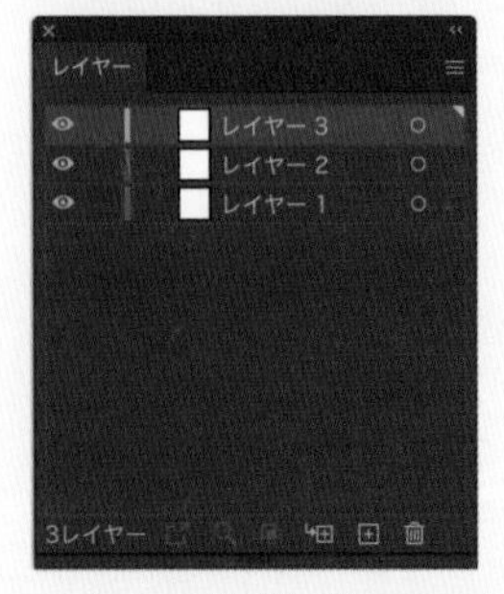

[変形] パネル

オブジェクトを変形したり、変形したオブジェクトを選択して変形を調整したりすることができます。

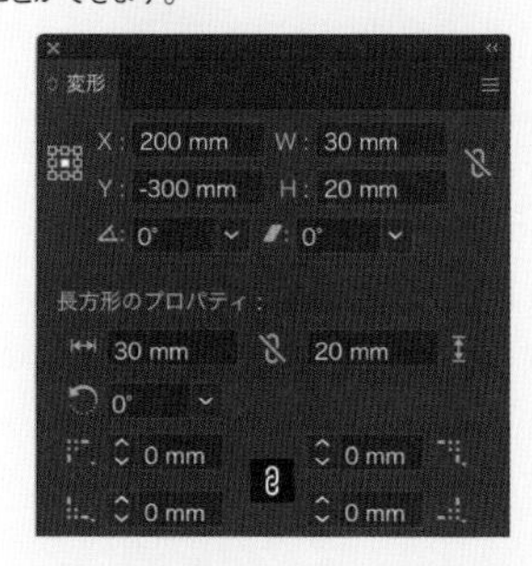

[整列] パネル ▸▸037

オブジェクトを整列することができます。

[OpenType] パネル ▸▸135

ドキュメントで使用しているOpenTypeフォントを管理することができます。

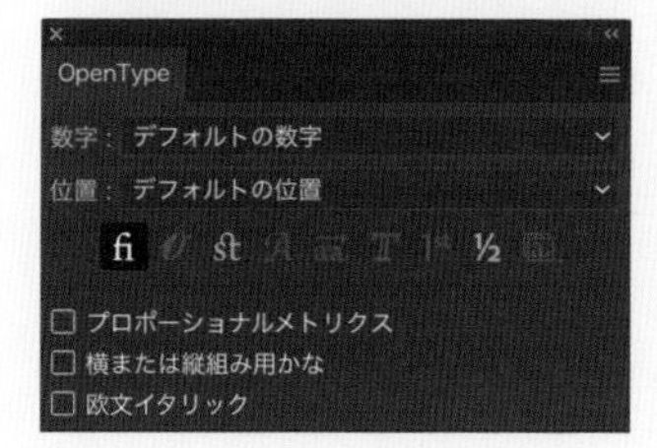

[タブ] パネル ▸▸202

テキストオブジェクトにタブ位置を設定することができます。

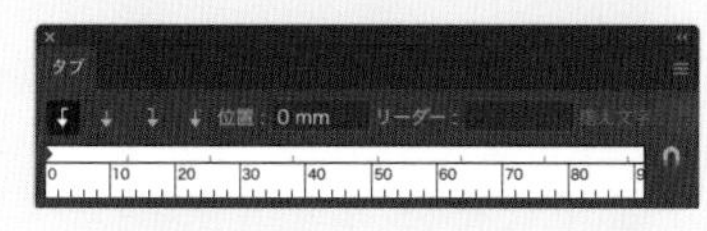

[字形] パネル

任意の書体の字形を表示して挿入できます。

[文字] パネル

▸▸129 ▸▸130 ▸▸131 ▸▸132 ▸▸133

書式を設定することができます。

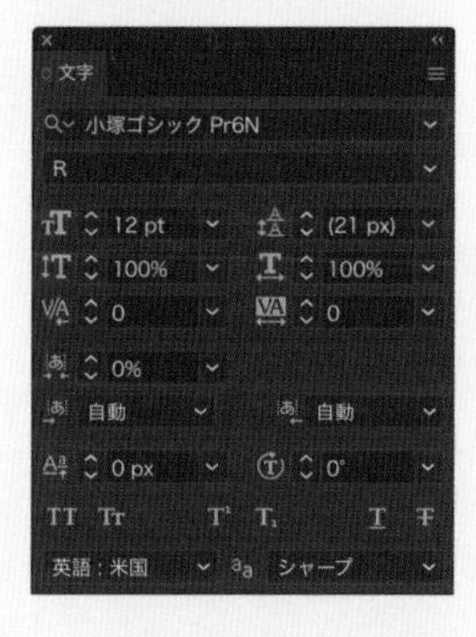

[文字スタイル] パネル

文字スタイルを作成、管理することができます。

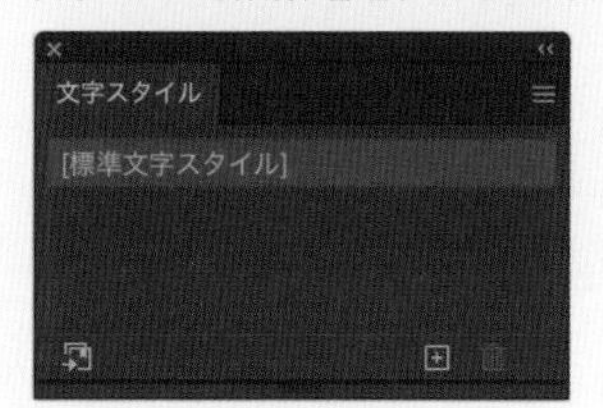

[段落スタイル] パネル

段落スタイルを作成、管理することができます。

[段落] パネル ▸▸143 ▸▸144

テキストの行揃えや文字組みなどを設定することができます。

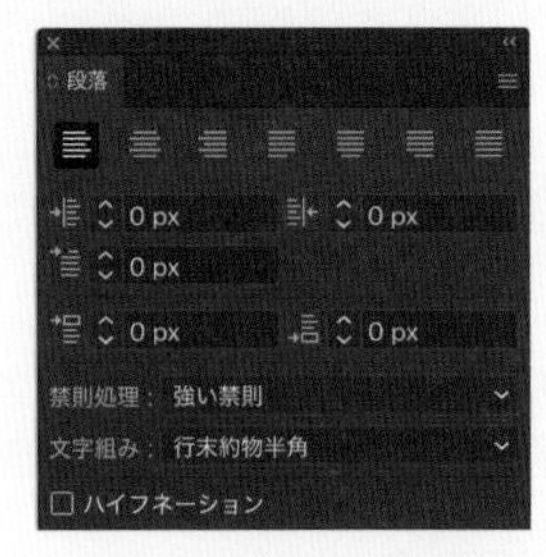

[画像トレース] パネル ▸▸114 ▸▸115

画像をトレースし、パスオブジェクトに変換することができます。

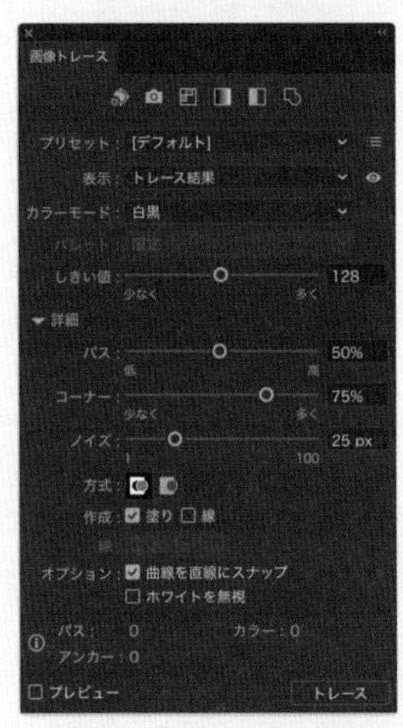

[線] パネル ▸▸086 ▸▸087

線の幅や形状を設定することができます。

[自動選択] パネル ▸▸017 ▸▸068

自動選択の詳細を設定することができます。

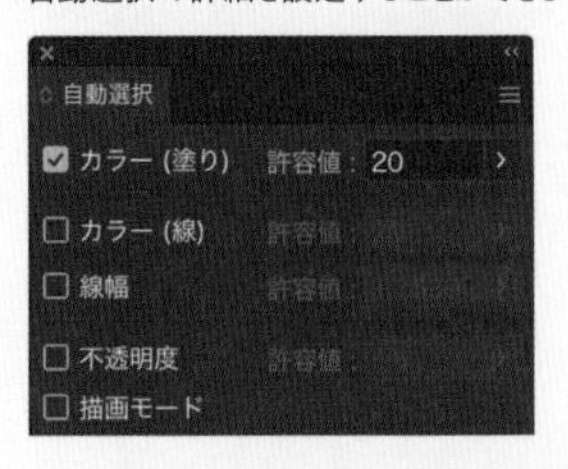

[透明] パネル ▸▸057 ▸▸058 ▸▸076

オブジェクトの不透明度と描画モードを指定したり、不透明マスクを作成したりすることができます。

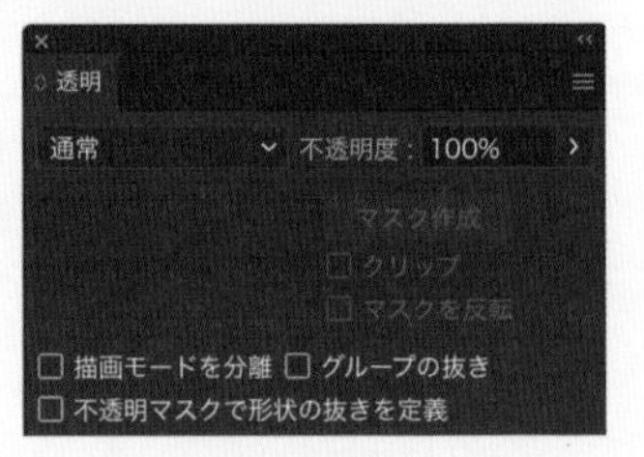

INDEX

か行

さ行

た行

な行

は行

ま行

や・ら・わ行

著者紹介

奥田直子

イラストレーター/グラフィックデザイナー。美容専門広告代理店、エディトリアルデザイン事務所、ステーショナリーメーカー勤務を経て、2018年に独立。イラストはIllustratorで描かれることが多い。代表作は『イケメン付箋©日本ホールマーク』。著書に女子栄養大学栄養クリニックとコラボした『教えて！栄養素男子』（日本図書センター）がある。デザイナーとしても活動しており、主にパンフレットなどの広告デザインを制作している。

ホームページ　**https://nao86ko.tumblr.com/**

アートディレクション・カバーデザイン	＿ 山川香愛（山川図案室）
カバー写真	＿ 川上尚見
スタイリスト	＿ 浜田恵子
本文デザイン・DTP	＿ 原真一朗
DTP協力	＿ 海老本亜紀、広瀬祐樹、rudy69
レビュー協力	＿ 上田晴菜、しぐまでざいん、原真一朗、宮内麻希
写真提供	＿ ピクスタ

Illustratorデザインレシピ集

2021年4月29日　初版　第1刷発行

著　者	奥田　直子
発行者	片岡　巖
発行所	株式会社技術評論社 東京都新宿区市谷左内町21-13 電話　03-3513-6150　販売促進部 　　　03-3513-6166　書籍編集部
印刷/製本	日経印刷株式会社

ISBN978-4-297-12062-7　C3055
Printed in Japan

お問い合わせに関しまして

本書に関するご質問については、本書に記載されている内容に関するもののみとさせていただきます。本書の内容を超えるものや、本書の内容と関係のないご質問につきましては、一切お答えできませんので、あらかじめご了承ください。また、電話でのご質問は受け付けておりませんので、ウェブの質問フォームにてお送りください。FAXまたは書面でも受け付けております。

本書に掲載されている内容に関して、各種の変更などの制作・開発は必ずご自身で行ってください。弊社および著者は、制作・開発は代行いたしません。

ご質問の際に記載いただいた個人情報は、質問の返答以外の目的には使用いたしません。また、質問の返答後は速やかに削除させていただきます。

質問フォームのURL

https://gihyo.jp/book/2021/978-4-297-12062-7

※本書内容の訂正・補足についても上記URLにて行います。
あわせてご活用ください。

FAXまたは書面の宛先

〒162-0846
東京都新宿区市谷左内町21-13
株式会社技術評論社　書籍編集部
「Illustratorデザインレシピ集」係
FAX：03-3513-6183